U0300472

 上海忠诚精细化工有限公司

稳定的品质

和不断创新的追求，是我们一贯的宗旨。

ISO9001　ISO14001　ISO18001

我们还配有专业人员配合您的开发和使用需要，
共同实现价值的提升。

反应性乳化剂

能研制高耐水的膜制品

功能性乳化剂：UCAN-1, UCAN-Ⅲ,
主乳化剂：NRS-1025, V-20S, V-1025S等
专利产品：EXG-25, EXG-30

乳液聚合用无APEO乳化剂

符合环保要求的无APEO乳化剂

硫酸盐系列的，ES-430,ES-730, ES-930等

磷酸酯及盐：PS-625A, PS-725A,PS-925A等

磺基琥珀酸盐：A-6820,A-6828,UCAN-53等

非离子：EFS 1080, EFS-2080, EFS-4070等

环保增稠剂

适用于水性胶的环保增稠剂

胶水需要用增稠方式解决涂布时，

可选用TCK-20, TCK-35, TCK-60

润湿剂系列

WDF系列产品能很好的改善对基
材的润湿性并赋予低泡性：
WDF-200E, WDF-132,
WDF-440, WDF-465

聚醚改性的有机硅：
L-707,L-808，更能提供很低的
表面张力，0.02%水溶液表面张力
就可以达到21.4 达因／厘米

消泡剂系列

具有高消泡效果，低缩孔的消泡剂

DF-538,　DF-558,
DF-568,　DF-588

附着力单体

APE-2005, EXG-40,
EXG-42,　V-50M

环氧树脂固化剂

含可再生结构的酚醛胺环氧固化剂

柔性烷基，不同的胺基结构，
不同的胺值可供选择
Hard-180, Hard-260,
Hard-460, Hard-500

http://www.onist-chem.com

地址：上海市化学工业区奉贤分区苍工路1559号
Tel: +86-021-57448531　　Fax: +86-021-57448535
Email: sales@onist-chem.com　&　onist8923@live.cn

压敏胶制品技术手册

第二版

杨玉昆　吕凤亭　主编

Handbook of Pressure Sensitive Adhesive Products and Technology

化学工业出版社

·北京·

本书在第一版的基础上，以压敏胶制品为中心，全面系统地介绍了研究、开发和生产压敏胶制品所需的基础理论、性能测试方法以及各种原材料。重点介绍了橡胶系、聚丙烯酸酯系、热熔型和辐射固化型等压敏胶黏剂以及基材、底涂剂、背面处理剂、防粘材料和其他各种压敏胶技术；专门介绍了压敏胶制品生产中的涂布工艺、干燥工程及涂布机等各种生产设备。另外，还从应用角度有针对性地介绍了各种压敏胶制品特别是近几年发展很快的特种压敏胶制品及其应用领域、应用方法和应用技术等内容。

　　本书可供从事压敏胶黏剂及其制品的广大工程技术人员、新产品研发人员、管理人员、采购与销售人员以及原材料供应商等查阅，也可作为大中专院校有关专业师生的参考书。

图书在版编目（CIP）数据

　　压敏胶制品技术手册/杨玉昆，吕凤亭主编．—2版．—北京：化学工业出版社，2014.3
　　ISBN 978-7-122-19356-8

　　Ⅰ.①压…　Ⅱ.①杨…②吕…　Ⅲ.①压敏胶粘剂-技术手册　Ⅳ.①TQ436-62

　　中国版本图书馆CIP数据核字（2013）第311908号

责任编辑：刘　军　　　　　　　　　　文字编辑：杨欣欣
责任校对：蒋　宇　　　　　　　　　　装帧设计：关　飞

出版发行：化学工业出版社（北京市东城区青年湖南街13号　邮政编码100011）
印　　装：北京虎彩文化传播有限公司
787mm×1092mm　1/16　印张44　字数1122千字　2014年5月北京第2版第1次印刷

购书咨询：010-64518888　　　　　　售后服务：010-64518899
网　　址：http://www.cip.com.cn
凡购买本书，如有缺损质量问题，本社销售中心负责调换。

定　　价：198.00元　　　　　　　　　　　　　　版权所有　违者必究
京化广临字2014——2号

本书编写人员名单

主　编　杨玉昆　吕凤亭

编写人员（以姓氏拼音字母为序）：

陈轶黎　冯世英　金春明　孔　卫

刘　奕　吕凤亭　齐淑琴　宋湛谦

谭宗焕　田建军　王　捷　王振洪

杨玉昆　曾宪家　赵临五

序

由杨玉昆先生和吕凤亭先生主编的《压敏胶制品技术手册》在 2004 年首版发行以来，受到压敏胶制品业界的广泛关注和广大读者的热烈欢迎。这是本行业唯一的一本中文技术手册，由多名从事本行业研究的专家、教授以及在生产领域工作多年的高级技术人员合作编写，具有很强的权威性。

首版发行已近十年。这十年我国的压敏胶制品工业仍然处在快速发展阶段，无论在制品的产销规模上还是在制品的生产技术和制品的品种质量上，都取得了长足的发展和提高。

根据中国胶粘剂和胶粘带工业协会的统计和估算，2011 年中国大陆地区压敏胶制品的总产销量已达到 148 亿米^2，总产销值已达到 295 亿元人民币。近五年来虽然经历了世界金融危机的冲击，我国大陆地区压敏胶制品总产销量和总产销值的年均增长率仍然都超过了 10％。目前我国压敏胶制品的产销规模已超过美国，居世界首位。

近十年来，我国压敏胶制品工业的技术发展呈现出两大特点。其一是：循环经济和绿色产业的国策逐渐深入人心，绿色环保已成为压敏胶制品行业技术发展的主流。用（水）乳液型压敏胶、热熔型压敏胶和紫外光固化型压敏胶代替传统的、环境污染严重的溶剂型压敏胶，已成为各类压敏胶制品技术改造和升级换代的主要课题。因此，这些低排放或无排放污染的绿色压敏胶黏剂及其制品的生产技术以及相关的原材料和生产设备，在这十年中都得到了更快的发展和更大的提高。其二是：随着压敏胶制品的应用向高新技术领域和民生领域拓展，具有特殊结构和特殊性能的特种压敏胶制品以及医用压敏胶制品的技术发展呈现出倍增的态势。

为了顺应我国压敏胶制品工业的这种发展势头，应广大读者的要求，化学工业出版社组织了原班编写人员，又吸收了部分在研发和生产第一线打拼多年的年轻技术骨干，对本书的首版进行了较大的修改，还简要总结和介绍了近十年来本行业在各个技术领域的新发展和新变化，介绍和评述了近十年来公开发表的各种技术论文和专利文献，编写成了这本《压敏胶制品技术手册》第二版，公开出版发行。

《压敏胶制品技术手册》第二版的出版发行在我国压敏胶制品业界是件大事。中国胶粘剂和胶粘带工业协会表示全力支持，并预祝出版发行工作顺利和成功。我相信，本书的出版发行必将为我国压敏胶制品工业进一步发展增加正能量，并起到积极的推动作用。

中国胶粘剂和胶粘带工业协会副理事长
压敏胶及制品分会主席

王凤

2013 年 11 月于河北涿州

前　言

《压敏胶制品技术手册》于2004年首版发行后，有幸获得了中国石油和化学工业科技进步三等奖，也得到了广大读者的热忱欢迎。十年快过去了。这十年仍然是我国压敏胶制品工业迅速发展的十年。为了顺应这种发展态势，应广大读者的要求，化学工业出版社委托我和吕凤亭先生组织了原班编写人员，又吸收了部分在科研和生产第一线打拼多年的年轻技术骨干，对本书的首版进行了修改和充实，编写成了这本《压敏胶制品技术手册》第二版，公开出版发行。

在编写过程中，除了删除首版中比较陈旧过时的内容和修正个别文字表述上的错误外，作者们花了较多的时间和较大的精力，总结了本行业近十年来在各个技术领域的新发展和新变化，评述了本行业近十年来公开发表的各种学术论文和专利文献，分别介绍了各类压敏胶制品近十年来开发的新产品、新工艺和新技术，努力使本书继续成为能反映出我国压敏胶制品工业现状和发展趋势的一本权威性著作。

本书再版过程中，修改和充实的重点自然是在近十年来发展变化较大的一些领域和方面。

在第二篇"基础与理论"的编写中，值得指出的是：对于压敏胶的黏弹性和动态力学性能与实用黏合性能之间的关系这个多年来一直受到广泛关注的理论问题，我不仅在第一章"压敏胶制品的黏合特性"中专门分节作了总结和介绍，还在其他有关各章中都给予了重点的关注；对于压敏胶制品的初黏、剥离和持黏等实用黏合性能试验的标准化问题，我也用了较多的笔墨加以充实。

在第三篇"压敏胶黏剂及其他原材料"中：第六章"聚丙烯酸酯系压敏胶黏剂"由刘奕教授作了较多的修改，反映出了我国在该领域尤其是作为基础性原料的丙烯酸酯单体工业近十年来快速发展的现状。我们将第七章的标题做了改动，对其内容也进行了较大的增删，基本反映了热熔压敏胶的地位正在我国不断提升的态势；我们还聘请到了在国际知名热熔压敏胶企业的研发和生产第一线工作多年的孔卫博士，对该章进行了多次的修改和充实，使第七章的内容更能贴近实际和发展的前沿。我在第八章"辐射固化型压敏胶黏剂"的改编中，专门用一节总结和评述了这种最有希望的环境友好型压敏胶近十年来的技术发展，引用了大量的国内外权威刊物上发表的学术论文供读者参阅。近几年发展很快的有机硅压敏胶和聚氨酯压敏胶的内容也作了重点的充实。

第四篇改动较大的是关于热熔压敏胶制造设备：这不仅是由于热熔压敏胶及其制品在我国快速发展，促使其制造设备不断更新换代，而且还由于我们聘请到了在国际知名热熔涂布设备企业第一线打拼多年的谭宗焕先生，由他充实了许多新的内容，并与崔汉生先生合作对原作进行了改写，将其独立编写为一章（第四章）。

第五篇"压敏胶制品及应用"的修改吸收了在研发和生产第一线工作多年的年轻技术骨干金春明先生和齐淑琴女士参加，修改的重点是近十年来发展较快的"医用压敏胶制品"

（第七章）和"特种压敏胶制品"（第八章）。第七章仍由在我国医用压敏胶制品领域知名的崔汉生先生负责，主要介绍了近十年来发展较快的医用热熔压敏胶及各种医用热熔压敏胶制品。与该篇前七章介绍的几类已被大量生产和使用的通用压敏胶制品不同，第八章介绍的各种特种压敏胶制品不是有着特殊的构造或特殊的性能，就是有着特殊的应用，往往都带有新、特、高的特征，产品开发和生产的难度更大些，利润常常也会更高些。因而这些特种压敏胶制品更受业界的重视和青睐，发展速度自然也更快些。尤其是像传导性胶黏带、特殊光学胶黏制品、玻璃窗胶黏膜和胶黏便签记事本等一些特殊的压敏胶制品，在我国目前都已发展成或即将发展成为产销值过百亿元人民币的规模产业。我们在本书第二版中对这些制品都分节作了重点的介绍。

本书第二版的编写得到了中国胶粘剂和胶粘带工业协会和中国标准化技术委员会胶粘剂分委员会的大力支持，中国胶粘剂和胶粘带工业协会副理事长王凤先生还为本书第二版撰写了序，在此表示衷心的感谢。限于作者们的水平有限和时间的不足，本书不尽如人意乃至错误之处在所难免，恳请读者们批评指正。

杨玉昆

2013 年 10 月于北京

第一版前言

压敏胶黏剂及其制品（各种压敏胶带、压敏标签和压敏胶片材等）近二十年来在中国得到快速发展。2002 年中国大陆生产和销售各种压敏胶制品已超过 $50 \times 10^8 \, m^2$，年生产量和销售量仅次于美国，跃居世界第二位。压敏胶及其制品的应用已遍及国民经济各个领域，并已进入千家万户。但是，在压敏胶制品的应用基础研究和技术开发方面，中国仍与发达国家有较大差距。一些高性能压敏胶制品和科技含量高的特殊制品仍依赖于从发达国家进口。尤其是高素质的技术人才和管理人才的缺乏以及研究和技术开发队伍的弱小（特别是在企业中），与压敏胶制品蓬勃发展的形势十分不相适应，也制约着压敏胶制品行业的继续发展。出版本手册的目的在于，期望对人才的培养、期望对这种不相适应态势的改变以及对促进我国压敏胶制品的持续快速发展起到一定的推动作用。

压敏胶及其制品方面的科技图书在中国大陆出版很少。十多年前曾出版了吕凤亭先生翻译的《压敏胶技术》及本人撰写的专著《压敏胶粘剂》，前几年又出版了张爱清先生的《压敏胶粘剂》。这些著作促进了压敏胶黏剂的发展，但由于科学技术的发展，有些内容已显陈旧。承蒙化学工业出版社邀请，本人和吕凤亭先生组织国内有关专家共同编写了这本《压敏胶制品技术手册》。这本著作可称是中国大陆出版的第一本以压敏胶制品为中心、全面系统地介绍压敏胶制品生产技术和应用技术、有一定覆盖面的综合性著作。全书共分五篇三十一章。"第一篇概论"由吕凤亭先生执笔，介绍了压敏胶及其制品的概况以及中国和世界主要国家压敏胶制品工业的发展历史和现状。在本人撰写的"第二篇基础和理论"中，深入浅出地陈述了压敏胶制品的黏合特性以及各种重要性能的理论研究、测试方法和影响因素，是压敏胶制品研制开发、生产技术和应用技术的知识基础。"第三篇压敏胶黏剂及其他原材料"由 7 位该领域的专家共同写成，该篇共十章，详细而系统地介绍了生产压敏胶制品所需的各种原材料。作为最重要的原材料，压敏胶黏剂自然是该篇的重点。该篇不仅详细介绍了制备各类压敏胶所需的原料组成、配方及配制和合成的方法，如聚合物弹性体、增黏树脂和重要助剂等，而且还介绍了它们的生产工艺、性能特点和主要应用。辐射固化型压敏胶作为一类极具发展前途的未来"绿色"压敏胶黏剂，也在该篇第八章中做了重点介绍。生产压敏胶制品所需的其他重要原材料，诸如各种基材、底涂剂、背面处理剂和防粘材料等，也做了详细介绍。以吕凤亭先生为主，本人和崔汉生先生协助写成的"第四篇压敏胶制品的生产工艺和工厂设备"是本手册的一个特色。目前，我还不曾看到过一本能如此详细而深入地讨论压敏胶制品制造工艺和各种生产设备的图书。该篇实际上浓缩了作者在生产第一线多年乃至几十年所积累的宝贵实践经验。本书"第五篇压敏胶制品及其应用"由曾宪家先生撰写，其中的第七章由崔汉生先生执笔。该篇从应用的角度出发，分章详细介绍了几乎所有的压敏胶制品。不仅叙述了这些压敏胶制品的构成、所用的具体原材料和生产方法，而且还详细介绍了它们的各种实用性能、应用领域以及各种应用方法和应用技术等。

本手册的作者们有的是长期从事压敏胶及其制品研究和开发的专家、教授，有的则是多年在第一线从事压敏胶及其制品生产的高级技术人员和经营管理人员。因此，本手册不仅是他们历年积累的文献和资料的摘编，而且也有他们自己多年的研究成果和工作经验总结。这是一本实用性很强的技术手册，其内容紧密结合了中国大陆压敏胶和压敏胶制品的生产和应用实际。书中不仅有系统的基础知识，也有许多行之有效的实用配方和制造工艺，还有很多原材料的生产销售厂商、具体的品种牌号及性能指标之类的信息性内容。因此，本手册既可供广大工程技术人员、新产品开发人员和管理人员在研发、生产和应用压敏胶及其制品时参阅，也是流通领域采购人员和销售人员的良师益友。亦可作为大专院校有关专业的教师、研究生和高年级学生的参考用书。

应予说明的是，涉及规范使用的"黏、粘"用字问题，本书力求按照国家语言文字工作委员会和中华人民共和国新闻出版署 1988 年 3 月 25 日联合发布的《现代汉语通用字表》进行规范，但本着求实态度，出于对历史和现状的尊重，凡在书中出现的团体、机构、企业名称，引用标准名称、书刊名称之类，一律据实引用，以有利于读者查找时二者一致。

本书由主编策划、创意，多位专家共同撰写而成，最后由本人做了内容上的统一修改和审核。在编写过程中得到了中国胶粘剂工业协会和北京粘接学会及其他有关人士的大力支持，在此表示衷心的感谢。限于水平，虽经反复推敲、再三斟酌，但是本书不尽如人意乃至错误之处在所难免，恳请读者批评指正。

杨玉昆

2004 年 3 月于北京

目 录

第三篇　压敏胶黏剂及其他原材料 / 121

第十章 / 382
底涂剂、背面处理剂和防粘材料 杨玉昆 吕凤亭

第四篇 压敏胶制品的制造工艺和工厂设备 / 399

第一章 / 401
概述 杨玉昆 吕凤亭

第二章 / 407
涂布机生产线设备 吕凤亭

第三章 / 441
压敏胶黏剂的干燥工程 吕凤亭

第五篇　压敏胶制品及应用 / 509

第一篇

概　论

第一章

压敏胶制品概述

吕凤亭

第一节　胶黏剂、压敏胶和压敏胶制品

一、压敏胶和压敏胶制品

压敏胶的全称为压力敏感型胶黏剂，俗称不干胶。

压敏胶制品包括压敏胶黏带、压敏胶黏标签和压敏胶黏片三大类。它们的全称为压力敏感型胶黏带、压力敏感型胶黏标签和压力敏感型胶黏片。俗称胶带、不干胶标签和压敏胶片。

压敏胶和压敏胶制品的含义有十多种解释，最普遍的定义有如下说法：

定义：采用指触压力，就能使胶黏剂立即达到粘接任何被粘物光洁表面的目的。与此同时，如果破坏被粘物粘接表面时，胶黏剂不污染被粘物表面。此类胶黏剂的粘接过程对压力非常敏感，故称为压力敏感型胶黏剂（pressure sensitive adhesives），简称为压敏胶。

学术性的定义：压敏胶是一种同时具备着液体的黏性性质和固体弹性性质的黏弹性体，这种黏弹性体同时具备着能够承受粘接的接触过程和破坏过程两方面的影响因素的性质。其他的定义和说法还有很多，可参阅文献。

压敏胶一般不直接用于被粘物的粘接，而是通过各种材料制成压敏胶制品（胶带和胶黏标签等），再应用于被粘物的粘接。

二、压敏胶和胶黏剂

压敏胶是胶黏剂系统中的一类，由于它与各种胶黏剂的粘接特性不同，压敏胶已逐渐发展成一种独立的系统。它与结构型胶黏剂（如酚醛树脂类胶黏剂、环氧树脂类胶黏剂等）和非结构型胶黏剂（如柔性聚氨酯黏合剂等）都有不同的特点，如表 1-1-1 所示。

由表 1-1-1 可知，胶黏剂一般是由液态经涂布、固化后使两个被粘物完成粘接过程。而压敏胶则本身呈弹性固态，经过简单的手压后，就能对被粘物完成粘接过程。所以压敏胶的出现使粘接过程大大简化，使之得到迅速的发展。

表 1-1-1　压敏胶和胶黏剂对比

项　　目	胶　黏　剂	压　敏　胶
粘接过程的相变	有	无
黏合强度	高	较低
初黏力	差	好
黏合时涂布状态	需要液态涂布	不需要液态涂布呈固态润湿
黏合工艺	加热、加压、配胶、表面处理、粘接面的设计等条件	指触压力、工艺极简单
固化工艺	需要加热、加压和固化时间等	不需要加热、加压和固化时间等
破坏或剥开时	污染被粘表面、损坏被粘物	不污染被粘表面，不损坏被粘物

◉ 第二节　压敏胶制品的组成、制备和应用

一、压敏胶和压敏胶制品的组成和制备

1. 压敏胶黏剂的类别

压敏胶黏剂按形态来分类有：溶剂型压敏胶、乳液型压敏胶、水溶型压敏胶、热熔型压敏胶、紫外光固化型压敏胶、电子射线固化型压敏胶、压敏型黏合剂等。

压敏胶黏剂按主要化学成分又可分为：橡胶系压敏胶、聚丙烯酸酯系压敏胶、有机硅系压敏胶以及聚乙烯基醚、聚氨酯树脂、聚异丁烯等系列的压敏胶。

2. 压敏胶制品的组成

压敏胶黏带和胶黏标签纸、压敏胶片都是由各种纸品、塑胶薄膜、纺织品、金属箔、泡沫塑料等基材和压敏胶，以及底涂剂、防粘剂和防粘纸（隔离纸）等其他辅料、填充材料等组成，如图 1-1-1 所示。

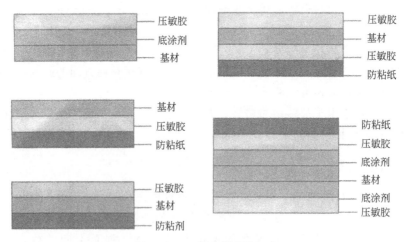

图 1-1-1　压敏胶制品的组成

3. 压敏胶制品的制备

（1）制备方法　上述三类压敏胶制品的制备都是在基材上涂布压敏胶后，卷取成卷状或切成片状而成为产品。为了使压敏胶与基材粘接得更好，有的品种在基材上先涂布底涂剂后

再涂布压敏胶。有的品种为了使涂布后的压敏胶卷取成卷状后，不与基材粘接，在基材背面涂布防粘剂或在卷取之前复合防粘纸再卷取成卷状。也有在防粘纸上涂布压敏胶，在卷取之前复合上基材（或无基材），再卷取成卷状产品的。

（2）涂布工程　各种制备方法依产品的种类而定。制备方法中有不同的涂布工程。

① 液状涂布工程　液状压敏胶通过凹印辊涂布法、料槽刮刀涂布法、挤出流延法等进行涂布后，干燥卷取或复合卷取成产品。

② 热熔挤出涂布工程　热熔压敏胶热熔后通过挤出流延涂布于基材（或防粘纸）上再卷取（或复合卷取）成产品。

③ 固状压延涂布工程　橡胶态固状压敏胶经三辊或四辊压延机压延成薄片，再与基材贴合后卷取（或复合卷取）成产品。

④ 挤出复合工程　橡胶态固状压敏胶和塑胶类基材，通过螺旋挤出机做二层或三层挤出复合，然后卷取（或复合卷取）成产品。

压敏胶制品的制备流程如图 1-1-2 所示。

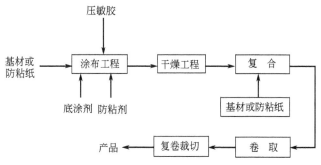

图 1-1-2　压敏胶制品制备流程图

二、压敏胶制品的用途

压敏胶制品广泛应用于包装行业、汽车行业、运输行业、电子通信行业、电器行业、建材行业、机械行业、航空航天、轻工行业、医疗卫生、家庭等各个方面。它们方便地用于封缄、捆扎、遮蔽、密封、保护、增强、拼接、模印、识别、包装、绝缘、固定等各种用途。

典型的品种有：包装胶黏带、电气绝缘胶黏带、遮蔽胶黏带、表面保护胶黏带、双面胶黏带、金属箔胶黏带、管道防腐胶黏带、标识胶黏带、有机硅耐热胶黏带、导电胶黏带、减震胶黏带、医疗胶黏带、转移性胶黏带、胶黏标签、文具胶黏片、广告胶黏贴片、记事胶黏贴片、医疗胶黏贴片等。

压敏胶制品的应用，要求根据被粘对象和粘接环境的需求以及粘接性能的需求等，选择各种适宜的压敏胶制品。表 1-1-2 为压敏胶制品的应用和选择表，可供参考。

表 1-1-2　压敏胶制品应用选择表

类别	压敏胶制品	基材	厚度/mm	剥离力/(g/cm)	抗张强度/10^5Pa	伸长率/%	压敏胶类型	性　能	主要用途
封纸箱用	牛皮纸胶黏带	牛皮纸	0.16～0.18	300～700	6	8	NR，HM	耐低温、耐高温、内聚力大；耐封纸箱反弹力	瓦楞纸箱轻、中量包装封缄
	BOPP 胶黏带	BOPP	0.07	320	5	120	AC		

类别	压敏胶制品	基材	厚度/mm	剥离力/(g/cm)	抗张强度/10⁵Pa	伸长率/%	压敏胶类型	性能	主要用途
封纸箱用（重）	布基胶黏带	混纺布	0.34～0.37	400	8	6	再生 NR	抗张强度大,适于重物包装	瓦楞纸箱重量包装封缄
			0.23～0.28	700～870	8～9.2	6～7	HM		
	BOPP 胶黏带	BOPP	0.09	300	9	150	NR		
	增强胶黏带	PET-PE膜	0.16	400	7	8	AC		
办公家庭用	玻璃纸胶黏带	玻璃纸	0.05	300～400	4	25	NR	使用范围广,手撕性好	家庭用,办公用,修补用,物品包裹用,长期应用。压敏胶采用聚丙烯酸酯类
	醋酸纤维素胶片带	醋酸纤维素片	0.06	300	3.5	32	AC		
	薄纸胶黏带	薄纸	0.08～0.09	120～160	3.6～4.2	—	NR		
	BOPP 胶黏带	BOPP	0.055	420	3.4	60	AC		
罐口瓶口密封	乙烯类胶黏带	PVC,PE膜	0.10～0.15	235	2.3	200	NR-SBR	伸缩性好,罐口瓶口密贴性好,卫生性好	罐口瓶口密贴用
	真空镀铝胶带	聚酯	0.06	340	3.7	80	AC		
	玻璃纸胶黏带	玻璃纸	0.06	380	3.8	25	NR		
袋类密封用	封袋胶黏带	BOPP	0.05	295	4.5	150	NR	适用袋类封口操作,机械操作卫生性好	粮袋、种子袋、各种物袋的袋口密封
		玻璃纸	0.05	300	3.5	25	NR		
		PVC膜	0.06	320	6.8	60	NR		
		聚酯膜	0.06	500	4.0	100	NR		
表面保护用	保护胶黏带	PVC膜	0.12	60～175	3.5	200	AC-NR	耐候性优,剥离无残胶	金属板、塑胶板、玻璃、装饰板等的表面保护
		PE膜	0.05～0.11	20～125	0.7～1.6	220～650	AC-NR		
		橡胶片	0.8～1.5	320	50,破断面	80	橡胶型		
电气用	乙烯类胶黏带	软PVC软PE	0.13～0.20	160～260	2.7	180	NR-SBR	电绝缘性,使用温度-5～70℃	电气配线色别、扎线束
	聚酯胶黏带	聚酯	0.025	315	4.7	80	NR AC	耐热,绝缘E级,-70～150℃	小型电气线圈外接绝缘
	特氟龙胶黏带	聚四氟乙烯膜	0.13	310	3.6	140	有机硅压敏胶	耐热,绝缘H级,260℃	H级电器电机绝缘
	聚酰亚胺胶带	聚酰亚胺膜	0.05	220	5.8	40.2	有机硅AC	耐热,绝缘,难燃(260℃)	H级电器电机绝缘
	云母胶黏带	可柔曲云母纸	0.08	325	3.2	6.0	有机硅AC	耐热,绝缘,难燃(250℃)	电信电气绝缘(AC)
	美纹纸胶黏带	浸渍皱纹纸	0.23	380	3.5	25	交联NR	耐热(180℃)弯曲粘贴	电绝缘用,电子件用,遮蔽
	浸渍纸胶黏带	浸渍纸	0.15	540	8.0	3	交联NR	强度好	电绝缘
	醋酰胶黏带	醋酸纤维素布	0.22	400	6.4	20	交联NR	吸湿性好,防腐蚀性好	A级电绝缘
	复合胶黏带	聚酯、云母、纸布等	0.5各种	400	55	35	交联NR-AC,有机硅	厚度大,机械强度、绝缘性、耐热性好	电气用
	涤纶布胶带	涤纶布	0.23～0.24	360～480	21.4～24	33	交联NR-AC	耐热(120℃),强度高,柔软	A-E级绝缘
	玻璃布胶黏带	玻璃布	0.18	400	25	5	交联NR有机硅	强度高,耐热,防腐性	B-H级绝缘

类别	压敏胶制品	基材	厚度/mm	剥离力/(g/cm)	抗张强度/10^5Pa	伸长率/%	压敏胶类型	性能	主要用途
涂漆用	薄纸胶黏带	薄纸	0.10	100~140	2.8~3.2	48	NR	耐污,好剥离,无残胶,快粘好,内聚好	建筑用板面涂装等
	美纹纸胶黏带	皱纹浸渍纸	0.17	220	2.8	10	交联NR	耐热(180℃),弯曲粘贴	烤漆涂装用
	聚酯胶黏带	聚酯膜	0.05	333	33	90	NR	适性好,无污染	烤漆涂装用
双面使用	双面胶黏带	无纺布	0.16	315			AC	耐候性好,黏力强,内聚力强	一般粘接,铭板粘接等
		桑皮纸	0.13	475			AC		印刷版和其他物体固定
		布	0.55	790			交联NR		壁材固定
		聚酯膜	0.06	420			AC	耐热性	钻加工用
		BOPP膜	0.10	420			AC	热熔断性好	制袋用
		聚氨酯泡沫	1.10	605			AC		家庭用物件固定
		聚丙烯酸酯泡沫	1.14	6800			AC	高强度粘接	汽车工业用,建筑铭板加固
		聚乙烯泡沫	1.10	600			AC	粘接	挂钩用
连接用	聚酯胶黏带	聚酯膜	0.029	250			AC		磁带连接黏合
	双面胶黏带	无纺布	0.10	315			AC	水溶性	造纸卷取料连接黏合
塑胶泡沫	聚氨酯泡沫带	聚氨酯泡沫	5.10	530	0.9	190	AC	强黏力	隔热、隔声
	聚乙烯泡沫带	聚乙烯泡沫	8~20	570	4.0	225	AC	强黏力	隔热、防水
防腐	PVC防腐胶黏带	PVC膜	0.4	315	5.0	220	丁基橡胶,SBR	耐水、耐药品、绝缘、着色	钢管防腐外包敷
	PE防腐胶黏带	PE膜	0.4	435	4.0	500	丁基橡胶	低温性、耐水、耐候、防腐	钢管防腐外包敷
特种	避光胶黏带	玻璃纸聚酯	0.045~0.05	320~340	3.6~5.2	20~75	NR-AC	耐热光学性,剥离无残胶	照相制版用
	菜捆扎胶黏带	BOPP膜	0.06	250	5.2	140	SIS	黏合面性能好	菜类捆扎用
	隔热用胶黏带	铝箔	0.09	640	4.0	6	AC-NR	耐久性好	遮蔽、隔热材料
		布	0.34	380	8.0				
	调节日照胶膜	聚酯	0.05	400			AC	耐候性好	防玻璃碎片飞散,调日照
	遮蔽胶膜	PVC膜	0.08	560	0.8	40	AC	耐久性好,耐候性好	涂料面粘贴用
	金属箔胶黏带	铝箔铜箔	0.10	560	3.2	4	AC	导电性好,反射性好	反射电磁波,遮蔽放射线

类别	压敏胶制品	基材	厚度/mm	剥离力/(g/cm)	抗张强度/10⁵Pa	伸长率/%	压敏胶类型	性能	主要用途
扎结固定	增强复合胶带	聚酯＋玻璃丝	0.18	360	68	4	NR	抗张强度大	结束、固定
		聚酯＋醋纤丝	0.18	480	32	32	NR	抗张强度大,黏力大	家电和家具物品捆扎
胶黏标签	纸胶黏标签纸	光粉纸	0.075	600	4	2	AC-HM	永久粘贴,再剥离性、冷冻性、操作性好,适印、抗污、光泽、平滑、耐折、耐潮	粘贴玻璃瓶、各种塑胶物品、各种金属面、纸箱面、油漆面、纺织品等
		铜版纸	0.08	560	4	3	AC-HM		
		模造纸	0.10	720	5	2	AC-HM		
		铝箔纸	0.065	560	5	4	AC		
	胶黏标签薄膜	醋酸纤维素片	0.05～0.10	580	5	10	AC	永久粘贴,再剥离性、冷冻性、操作性好,适印、抗污、光泽、平滑、耐折、耐潮	粘贴玻璃瓶、各种塑胶物品、各种金属面、纸箱面、油漆面、纺织品等
		PVC膜	0.06～0.10	700	8	105	AC		
		聚酯膜	0.02～0.05	400	11	105	AC		
		合成纸	0.08	350	5	100	AC-HM		
医疗用	橡皮膏带	布	0.26	260	10.2	5	NR		外科固定
	医用胶带	棉纸、桑皮纸	0.10	260	3.3		NR-SIS	透气、残胶少	外科固定
		无纺布	0.12	290	1.3		AC	透气、残胶少	外科固定
		PE膜	0.14	500	1.1	300	AC	耐水性、透气性好	外科固定
	创可贴	PVC膜	0.13	640	2.0	290	NR,SIS	透气孔、吸收性好	小伤保护
	贴药布膏	混纺布	0.34				NR,SIS	不生皮炎,耐久,黏性强	肩、腿镇痛等
	医护胶带	PE膜					AC	密封疗法适性(O.D.T)好	治疗皮肤疾病用
	心脏医用胶贴	聚酯膜					AC	硝酸甘油药适性好	治疗心脏病用
	胶黏绷带	棉布	0.28	370	8.1	6	NR,SIS	外伤处理方便	治疗用

注:1. NR—天然橡胶系,AC—聚丙烯酸酯系,HM—热熔系,SBR—丁苯橡胶系,SIS—嵌段橡胶系。

2. 绝缘种类和容许温度级别:Y级(90℃),A级(105℃),E级(120℃),B级(130℃),F级(155℃),H级(180℃),C级(180℃以上)。

第二章

中国压敏胶制品工业的历史与现状

吕凤亭

● 第一节 **中国大陆的压敏胶制品工业**

一、中国大陆压敏胶制品工业的发展史

膏贴是我国传统医药四大剂型之一，已有 2000 多年的历史，在《黄帝内经》中记载着治疗伤痛的膏药贴布之物。其临床应用在马王堆出土的《五十二病方》中也有记载。它是用中草药与松脂、动物胶熬制的，可以看作是压敏胶的雏形。后来中药界的膏药制品一支延续至今，而在其他方面的发展和应用则未见其果。在西方，古埃及时期出现了松脂、蜜蜡等制作的硬膏在医疗中使用；至现代，1870 年，美国的公司用橡胶和树脂制成硬膏类物质；继而 1882 年，德国药剂师制成氧化锌橡皮膏，后逐渐进入压敏胶黏带的工业生产。所以中国和外国在压敏胶黏带的制作上都是从医药用橡皮膏开始的。

20 世纪 30 年代末，由于第二次世界大战（简称二战）的原因，作为军用物资开始在上海、天津等地有半手工状态的橡皮膏生产，同时，由于电灯、电器的逐渐应用，电工绝缘黑布胶带也应运而生。但是在此时期生产量微乎其微。

二战时期并延续至新中国成立初期，橡皮膏和黑胶布的生产，几乎未能形成规模性生产。直到 1953 年，才在上海、天津、广州、北京等主要城市建立橡皮膏生产厂和黑胶布生产厂，即各城市的卫生材料厂和橡胶制品厂，约计每个品种全年产量 $200 \times 10^4 \, \text{m}^2$。1958 年橡皮膏的生产和黑胶布的生产有了进一步的发展，但仍然集中在各主要城市中，各卫生材料厂和橡胶制品厂均有扩产，年产量达到 $5.0 \times 10^6 \, \text{m}^2$。1963 年开始在北京、天津、上海、广州等地的卫生材料厂改进设备状况，并且逐渐开始研制 PVC 绝缘胶黏带、玻璃纸胶黏带、牛皮纸胶黏带、再湿性牛皮纸胶黏带。

1965 年以后，上海制笔零件三厂、上海橡胶制品研究所逐渐将玻璃纸胶带、PVC 胶带等投入生产，总生产量约计 $300 \times 10^4 \, \text{m}^2$。同时北京的中国科学院化学研究所成功研制了印刷用双面胶黏带，天津胶纸带厂将再湿性牛皮纸胶带投入生产，北京粘合剂厂将 PVC 胶带等投入生产。至此，中国大陆的现代压敏胶制品工业初具规模。

进入 20 世纪 80 年代改革开放后，境外资本在上海、天津、西安、广东等地区进行了规模性的投资，建立独资和合资的压敏胶制品生产基地。以北京东方化工厂为代表的国有企业也引进相关技术和设备，建立较大规模的聚丙烯酸酯和 BOPP 膜基材等的原料基地。同时，以南方广东的中山永大胶粘制品有限公司和宏昌胶粘带制品有限公司以及北方的河北华夏实业有限公司为代表的民营企业相继创建成功，许多民企不久便迅速进入了年产销额上亿元的规模性生产。1987 年全国性的行业协会，中国胶粘剂工业协会（后来改称为中国胶粘剂和胶粘带工业协会，目前拥有 400 家会员单位）成立，进一步促进了压敏胶制品工业的发展。20 世纪 90 年代以来，中国大陆地区逐渐形成了外资、国企和民企共同快速发展二十多年的繁荣局面。

二、中国大陆压敏胶制品工业现状

1. 产销规模

根据中国胶粘剂和胶带工业协会统计和估算，2011 年中国大陆压敏胶制品的总产销量达到 $148 \times 10^8 \ m^2$，已居世界首位。

（1）历史资料　自 1965 年有统计数据起至 2002 年，中国大陆压敏胶带和胶黏标签的历年产销量列于表 1-2-1；2002 年以前各类压敏胶黏剂及其制品的历年产销量列于表 1-2-2。

表 1-2-1　中国大陆 1965～2002 年压敏胶带和胶黏标签的历年产销量

年份	胶黏带/$10^8 m^2$	增长率/%	胶黏标签/$10^8 m^2$	增长率/%	其他类胶黏制品[①]/$10^8 m^2$	合计/$10^8 m^2$
1965	0.005	—	—	—	0.28＋0.04	0.325
1984	0.52	—	—	—	0.29＋0.04	0.85
1989	2.27	—	0.03	—	0.30＋0.05	2.65
1991	8.11	27.5	0.12	—	0.30＋0.05	8.58
1995	19.4	40.0	4.10	—	0.31＋0.06＋0.02	23.89
1997	27.1	10.0	8.03	15	0.32＋0.07＋0.03	35.55
1998	29.8	10.0	9.36	11.0	0.32＋0.07＋0.04	39.58
1999	32.8	9.0	10.40	11	0.33＋0.08＋0.04	43.65
2000	35.7	8.0	11.55	11.0	0.33＋0.10＋0.05	47.74
2001	38.5	7.0	12.80	10.0	0.34＋0.10＋0.06	51.80
2002	41.2	9.0	14.0	12.0	0.34＋0.11＋0.06	55.71

① 此栏数字依次表示橡皮膏、绝缘黑胶布、特种压敏胶制品当年产量。

表 1-2-2　中国大陆 1965～2002 年各类压敏胶（PSA）及其制品的历年产销量[①]

年份	乳液型 PAAPSA		溶剂型 PAAPSA		热熔型 HMPSA		橡胶型 NRPSA		总计	
	PSA 量	制品量	PSA 量	制品量	PSA 量	制品量	PSA 量	制品量	PSA 量	制品量
	53%[②]	50g/m^2[③]	35%[②]	110g/m^2[③]	100%[②]	23g/m^2[③]	22%[②]	130g/m^2[③]		
1965	—	—	—	—	—	—	0.065	0.05	0.065	0.05
1984	0.2	0.40	—	—	—	—	0.156	0.12	0.356	0.52
1989	0.9	1.80	0.33	0.30	0.046	0.02	0.23	0.18	1.437	2.30
1991	3.7	7.38	0.66	0.60	0.057	0.025	0.28	0.22		8.23
1995	11.0(17%)	22.00	1.2	1.09	0.069	0.03	0.49	0.38	12.76	23.5

年份	乳液型 PAAPSA		溶剂型 PAAPSA		热熔型 HMPSA		橡胶型 NRPSA		总计	
	PSA 量	制品量	PSA 量	制品量	PSA 量	制品量	PSA 量	制品量	PSA 量	制品量
	53%[②]	50g/m²[③]	35%[②]	110g/m²[③]	100%[②]	23g/m²[③]	22%[②]	130g/m²[③]		
1997	15.0(10%)	30.00	3.0(9%)	2.72	0.58(7%)	0.25	0.83(7.5%)	0.63	19.41	33.3
1998	16.5(9.0%)	33.00	3.3(9.0%)	3.00	0.63(7.0%)	0.27	0.90(7.5%)	0.69	21.33	36.9
1999	18.0(8.5%)	36.00	3.6(9%)	3.36	0.68(7%)	0.29	0.97(7.5%)	0.74	23.25	40.0
2000	19.5(7.5%)	39.00	4.0(9%)	3.63	0.73(8%)	0.31	1.05(8.0%)	0.80	25.28	43.4
2001	21.0(7.5%)	42.00	4.5(9%)	4.10	0.80(8%)	0.35	1.15(8.0%)	0.89	27.45	47.4
2002	22.6(7.5%)	45.20	4.9(9%)	4.46	0.86(8%)	0.37	1.24(8.0%)	0.96	29.60	51.0

① 表中单位：PSA 量为万吨（10^4t），制品量为亿平方米（10^8m²）。括号中数字为年增长率。PAAPSA—聚丙烯酸酯压敏胶；HMPSA—热熔压敏胶；NRPSA—橡胶压敏胶。本表所列压敏胶数量不含出口量。

② 表示含固量。

③ 各压敏胶涂布制作压敏胶制品时的涂布量（湿）。

（2）2006～2010 年的产销规模　据中国胶黏剂和胶带工业协会近几年的统计和估算：2006～2010 年中国大陆压敏胶带、压敏标签和特种压敏胶制品的产销量和年均增长率列于表 1-2-3；2006～2010 年中国大陆各类压敏胶黏剂及其制品的年产销量和年产值分别列于表 1-2-4～表 1-2-8。从这些表中的数据可看到，中国大陆的压敏胶制品工业发展很快，产销量的年增长率平均保持在两位数，尤其是特种压敏胶制品的增长更为惊人。

表 1-2-3　2006～2010 年中国压敏胶制品的年产销量和增长率

年份	胶黏带		胶黏标签		其中特种胶黏制品		合计	
	产销量/10^8m²	增长率/%	产销量/10^8m²	增长率/%	产销量/10^8m²	增长率/%	产销量/10^8m²	年均增长率/%
2006	60.1	—	13.5	—	1.11	—	73.64	—
2007	72.0	16.7	14.90	10.4	1.53	37.8	86.90	18.0
2009	103.4	21.8	23.70	29.5	2.70	38.2	127.11	20.1
2010	112.1	8.4	26.00	9.7	3.08	14.1	138.11	8.65

表 1-2-4　中国大陆各类压敏胶及其制品 2006 年产销量和产值

类别	BOPP 胶带	PVC 胶带	双面胶带	保护胶带	美纹纸胶带	PET 胶带	铝箔胶带	医用压敏胶制品	其他	不干胶标签纸	总计
制品产销量/10^8m²	40.5	4.1	7.0	8.0	3.5	1.8	0.6	0.7	0.3	13.5	80.0
制品产值/10^8元	42.0	12.3	24.5	12.0	6.6	9.0	4.2	2.5	0.3	27.3	141
制品平均价格/(元/m²)	1.04	3.0	3.5	1.5	1.9	5.0	7.0	3.5	1.0	1.9	—
压敏胶产销量/10^4t	19.43	3.56	13.01	5.01	3.51	1.8	0.6	0.8	0.34	6.35	54.4

表 1-2-5　中国大陆各类压敏胶及其制品 2007 年产销量和产销值

分类	BOPP 胶带	PVC 胶带	双面胶带	保护胶带	美纹纸胶带	PET 胶带	铝箔胶带	医用压敏胶制品	其他	不干胶标签纸	总计
制品产销量/$10^8 m^2$	43.8	4.5	7.4	8.7	3.8	2.0	0.74	0.76	0.30	14.9	86.9
制品产销值/亿元	45.6	14.4	27.4	15.7	7.2	10.0	6.3	3.0	0.45	28.3	158.4
制品平均价格/(元/m^2)	1.04	3.20	3.7	1.8	1.9	5.0	8.5	4.0	1.5	1.9	—
压敏胶产销量/万吨	23.84	4.56	8.91	5.22	3.75	2.1	0.68	0.88	0.34	7.35	57.6

表 1-2-6　中国大陆各类压敏胶及其制品 2009 年产销量和产销值

类别	BOPP 胶带	PVC 胶带	双面胶带	保护胶带	美纹纸胶带	PET 胶带	铝箔胶带	医用压敏胶制品	布基胶带	电子胶带	压敏标签	总计
制品产销量/$10^8 m^2$	65.00	5.50	10.30	10.50	5.00	3.20	3.00	0.70	0.21	0.15	24.2	127.8
制品产销值/亿元	68.90	16.50	39.55	15.80	9.50	16.00	21.0	3.15	2.52	15.00	47.1	255.0
制品平均价格/(元/m^2)	1.05	3.20	3.5	1.5	1.9	5.0	7.0	4.5	1.5	98.0	1.95	—
压敏胶产销量/万吨	32.50	5.56	14.55	5.22	3.75	2.1	0.68	0.88	2.10	1.10	14.4	82.8

表 1-2-7　中国大陆各类压敏胶及其制品 2010 年产销量和产销值

类别	BOPP 胶带	PVC 胶带	双面胶带	保护胶带	美纹纸胶带	PET 胶带	铝箔胶带	医用压敏胶制品	布基胶带	电子胶带	压敏标签	总计
制品产销量/$10^8 m^2$	70.00	6.00	11.30	11.50	5.50	3.50	3.30	0.78	0.23	0.17	25.8	138.1
制品产销值/亿元	72.80	18.00	39.55	17.25	10.40	17.50	23.10	3.51	2.76	17.00	51.6	273.5
制品平均价格/(元/m^2)	1.05	3.20	3.5	1.5	1.9	5.0	7.0	4.5	1.5	98.0	2.0	—
压敏胶产销量/万吨	35.00	5.86	18.65	6.22	4.25	2.50	0.72	0.90	2.50	1.30	15.9	93.8

　　表 1-2-8 列出的另一个统计数据是中国大陆各类压敏胶制品在 2009 年和 2010 年的产量、销售额和年增长率。

　　（3）2011 年的产销规模　最近得到的一组关于 2011 年产销规模的数据如下：中国大陆各类压敏胶制品 2011 年的年产销量和市场份额如表 1-2-9 所示；各类压敏胶制品 2011 年的年产量和销售额及增长率如表 1-2-10 所示；各类压敏胶黏制品 2009～2011 年的进出口情况如表 1-2-11 所示。

表 1-2-8　中国各类压敏胶制品 2009～2010 年产销量及增长率

压敏胶制品	产量(2009)/$10^8 m^2$	产量(2010)/$10^8 m^2$	平均价格/(元/m^2)	销售额(2009)/亿元	销售额(2010)/亿元	增长率/%
BOPP 胶带封箱胶带	65.00	70.00	0.98～1.04	67.60	72.80	7.7
电气绝缘胶(PVC 电气胶带)	5.50	6.00	2.89～3.01	16.50	18.0	9.1
胶黏标签及广告贴	23.70	26.00	1.5～1.94	45.0	49.4	10
保护膜胶带	10.50	11.50	1.2～1.5	15.80	17.25	9.5
双面胶带	10.30	11.30	3.4～3.5	36.05	39.55	9.7
PET 胶带	3.20	3.50	4.4～5.0	16.00	17.50	9.3
美纹纸胶带	5.00	5.50	1.6～1.9	9.50	10.40	9.5
布基胶带	0.21	0.23	7.0～12.0	2.52	2.76	9.5
铝箔胶带	3.00	3.30	5.0～7.0	21.00	23.10	10
电子胶带	0.15	0.17	50～100	15.00	17.00	13
医用胶带	0.70	0.78	3.5～4.5	3.15	3.51	11
特种胶带(防伪、泡绵等)	0.55	0.62	6.0～12.0	6.60	7.44	12.7
总计	127.80	138.9	—	254.72	278.71	8.86

表 1-2-9　中国大陆各类压敏胶制品 2011 年的年产销量和市场份额

各类压敏胶制品	年产销量/$10^8 m^2$	市场份额/%
包装胶黏带	75.26	47.19
电器绝缘胶带	6.50	4.08
双面胶带	12.02	7.54
文具胶带	2.08	1.30
胶黏标签纸	62.61	39.26
其他	1.02	0.64
总计	159.49	100

表 1-2-10　中国大陆各类压敏胶制品 2011 年的年产销量、销售额和年增长率

压敏胶制品	产量/$10^8 m^2$	平均价格/(元/m^2)	销售额/亿元	年增长率/%
BOPP 及纸基胶带	75.00	0.98～1.04	78.00	7.10
电气绝缘胶带(PVC 电气胶带)	7.00	2.89～3.01	19.00	16.70
胶黏标签及广告贴	24.30	1.5～1.94	46.20	10.50
保护膜胶带	12.50	1.2～1.5	18.75	8.70
双面胶带	12.02	3.4～3.5	43.75	10.60
PET 胶带	3.80	4.4～5.0	19.00	8.60
美纹纸胶带	6.00	1.6～1.9	11.35	9.10
铝箔胶带	3.60	5.0～7.0	25.10	9.10
特种胶带(防伪、泡绵等)	3.30	6.0～25.0	34.14	13.80
总计	148.00	—	295.30	8.86

表 1-2-11　中国大陆各类压敏胶黏带制品 2009~2011 年的进出口情况

时间 \ 类别	进　口				出　口			
	数量		金额		数量		金额	
	/万吨	增长率/%	/亿美元	增长率/%	/万吨	增长率/%	/亿美元	增长率/%
2009	11.77	—	15.93	—	45.23	12.5	13.28	1.40
2010	15.42	31.0	23.76	49.2	55.78	23.3	18.72	41.0
2011	14.83	—3.8	27.76	16.8	69.35	24.3	26.20	40.0

上述这些表中的数据，因来源于不同的渠道，可能不尽相同，有些还可能有较大的出入，仅供读者分析参考。

2. 市场特点及主要厂商

中国大陆的压敏胶制品市场正处于逐渐趋向成熟的阶段。在 2000~2010 年期间，市场总的需求是飞速上升的趋势。但是，市场的需求偏重于量的需求、感知性购买。对于质量需求、质量认证、规范质量的要求等，还没达到一定的水平。2008 年以后随着工业的发展，市场需求逐渐走向高端，市场不断向规范化方向发展。

中国压敏胶制品市场的另一大特点是特殊新型压敏胶制品正在崛起。由于高新科技行业发展的刺激，特新胶黏带正走向各个应用部门。

目前中国大陆压敏胶制品行业的厂商已多达数百家。其中产销规模较大的主要厂商及其主导产品如下：

广东中山永大胶粘带制品有限公司	BOPP 胶黏带、双面胶黏带
宏昌胶粘带制品有限公司	BOPP 胶黏带
河北华夏实业有限公司	PVC 胶黏带、BOPP 胶黏带
中山永一胶粘带制品有限公司	胶黏标签纸、PVC 胶黏带
中山富洲胶粘制品有限公司	胶黏标签纸
亿达胶粘带制品有限公司	BOPP 胶黏带
浙江永和胶粘制品有限公司	BOPP 胶黏带
上海北极熊文具胶粘带公司	文具胶黏带、胶黏标签
日东电工(上海)(株)	PVC 胶黏带
三达胶粘带制品有限公司	BOPP 胶黏带
美国 3M(上海)有限公司	双面胶黏带、胶黏标签
汇群胶粘带制品有限公司	BOPP 胶黏带
美国艾利(中国)有限公司	胶黏标签
兰泰不干胶(中国)有限公司	胶黏标签
江苏常熟力宝装潢材料有限公司	胶黏标签
靖江亚华胶粘带有限公司	PET 胶黏带
西安合亚达胶粘带制品有限公司	BOPP 胶黏带
天津台湾四维胶粘带制品有限公司	PVC 胶黏带、胶黏标签

三、中国大陆压敏胶制品的生产和技术情况

1. 生产和技术概况

20 世纪 80 年代初，大规模投产的压敏胶是水乳型聚丙烯酸酯系压敏胶。它大量用于 BOPP 包装胶黏带的生产，其技术特点是：以分别引进中国台湾亚洲化学和美国联碳化学

（UCC）公司的技术为基础，建立以丙烯酸丁酯为主单体的共聚自交联体系。$(0.5\sim1.5)\times10^4t/a$ 规模的生产装置在全国有几十套。

进入 20 世纪 90 年代，中国大陆自行开发的聚丙烯酸酯系溶剂型压敏胶和由中国台湾、日本引进技术而投产的同类压敏胶，大部分应用于双面胶黏带和胶黏标签纸的生产。其技术特点是以丙烯酸酯为主单体制成共聚物，并以外交联的形式应用各种交联剂制得压敏胶。无论是自行开发者，还是引进者都取得较好的成果。广东和北方各胶带厂使用引进技术较多，上海和江浙一带各胶黏带厂使用自行开发的技术较多。后者的生产规模较小，在全国 500～5000t/a 规模的装置约有二十余套。

橡胶系溶剂型压敏胶大部分用于 PVC 电工绝缘胶黏带的生产，也有一两个企业用此系列压敏胶生产纸类包装胶黏带。这种压敏胶技术在大陆有两种体系：一种是以天然橡胶为主要成分的压敏胶体系，一切配伍以天然橡胶特性为主；另一种是以丁苯橡胶为主成分的压敏胶体系，一切配伍以丁苯橡胶特性为主。广东、北方各合资企业，大多数是引进的合成橡胶技术，是后一种体系的配伍；而上海、浙江各企业和北方各地方企业多以前一种体系的配伍为主。这两种体系的制造规模每一种体系总计约在 2000～5000t/a 之间。两种体系的生产规模在全国范围内各占一半。值得注意的是，医药橡皮膏行业应用橡胶系溶剂型压敏胶进行生产，生产规模较大，约计 5000t/a。

在橡胶系溶剂型压敏胶的技术基础上，其底涂剂也大致分为两种系别：一种是橡胶接枝型系列，在各外资企业应用较广；另一种是外交联氯丁橡胶系列，在上海、浙江和北方各地方企业应用较广。而橡胶系乳液型压敏胶也有一两个企业在进行生产。

热熔型压敏胶在广东、江苏、北京发展较快，总计约几万吨的年产量。发展比较迅速，上升势头很猛。主要用于 BOPP 包装胶黏带、双面胶黏带和胶黏标签纸的生产。

其他各种特殊功能的胶黏带在各地研究机构不断推出成果。例如有机硅类压敏胶，四川和上海开发较早，并已达到规模生产状态。

2. 生产设备

（1）涂布裁切成套设备　涂布机和裁切机目前处于中等水平的生产阶段，幅宽 1.3m 者居多。涂布速度依烘箱长短而定，例如涂布机的生产速度有 30～280m/min 不等。并且按生产品种不同，涂布速度也不尽相同。

20 世纪 80 年代初期设备从我国台湾引入较多，尤以台湾骏业公司、嵘昌公司、亚泰公司最先着陆。台湾设备有近百条生产线在大陆运转。也有从日本、英国、美国、意大利、奥地利等国进口的设备，但数量不多。20 世纪 80 年代末以来，国产涂布设备逐渐崛起，以江苏、浙江厂家上马较快。热熔胶涂布设备也有进步，在北京、浙江等地都有生产。

（2）自控设备　进入 20 世纪 90 年代后，国产自控设备进展较快。例如 EPC 装置、张力自控装置、高灵敏度张力传感器、调频调速系统、模拟计算（张力调控、速度调控及 EPC）调控全系统等。各种自控设施和手段都逐渐开发成功并投入生产运行。北京、河北、上海、浙江、湖北、陕西、宁夏等地开发的产品逐渐走向成熟。

（3）静电消除设备　由于压敏胶黏带的生产过程中有许多高速运转的膜纸类基材，静电的产生直接影响着生产速率，因此，静电的消除技术就是首要的重点。一般的静电消除器已不能满足生产的需求，所以逐渐开发硅氟处理的导静电离型辊筒。此类技术是由美国、日本在最近传入中国的，目前正应用于压敏胶黏带的工业生产中。

3. 基材的生产

BOPP 薄膜生产厂家较多，广东、河北、北京、上海等地约有近百条生产线。生产能力

约 34×10^4 t/a。全国目前 BOPP 膜的生产线已超过 150 条。

PVC 薄膜生产厂家也分布于全国各地。PE 薄膜在上海、浙江、北京的生产供应厂家约有 10 家左右。PET 薄膜在上海、天津、山东、浙江等生产厂最多，全国共有生产线约 15 条，生产能力约 10×10^4 t/a。聚酰亚胺薄膜在上海和天津有厂家生产。布基材在浙江、山东有生产，但数量有限。其他胶黏带基材的生产较缺乏。

4. 离型防粘纸的生产

20 世纪 90 年代以后，离型防粘纸生产量增长很快，主要是双面离型纸和标签纸较多。但是离型防粘剂的生产在国内发展较迟缓，质量稳定性较差，只有广东、上海、北京、四川等地生产。所以，一般国内厂家均采用进口离型防粘剂生产离型防粘纸，以道康宁化学公司（美）、罗纳普郎克公司（法）、日本信越（株）生产的离型防粘剂进口为多。而离型纸基纸多采用黑龙江、山东、天津、上海、福建等地的基纸，并复合 PE 膜。所以，使用离型防粘剂也以溶剂型加成类有机硅树脂为多，使用铂类催化剂和促进剂，进行涂布生产。生产速度大约在 100m/min 以上。也有低速生产者，但质量较差。另外，在天津、河北、江苏、浙江等地也有数个使用缩合型有机硅树脂进行生产的工厂，多数应用于牛皮纸胶黏带和胶黏标签纸的生产，生产规模较小。至于质量较高的格拉辛纸（Galassin paper）国内已有小规模生产。C.C.K. 合成纸等离型防粘纸及其基纸国内已有试生产厂家，使用情况还在开发中。随着工业发展的需要，进口此类基纸日益增多。

第二节　中国台湾地区的压敏胶制品工业

一、概况

中国台湾地区生产的压敏胶制品约 150 种左右，用途极为广泛，涉及日常生活、工业应用、外销包装、文化教育、医疗卫生等各个方面。所以，胶带和胶黏标签的工业在台湾成为一种极为重要的产业。

我国台湾胶带行业的成长相当顺利，20 世纪 70 年代第一次石油危机前，平均年成长率约 30%，第一次至第二次石油危机之间降为 20%，此后数年仍维持 10% 上下。但从 1987 年开始，经营环境渐趋恶劣，年成长率每况愈下，促使部分业者试行前往国外及大陆设厂，或从事多元化经营，并纷纷努力朝国际化、自动化发展，重视研发、信息、管理等方面的投入。1994 年成长率回升至 20% 左右，而 1995 年却又有所下降。1995 年台湾地区的胶带的销售值超过 140 亿新台币，每年增长率 12%，以外销为主。

我国台湾生产的各类胶带中仍以 BOPP（双轴延伸聚丙烯）胶带为最大宗，总产量超过 20×10^8 m²，大部分外销。胶黏标签纸近年来发展迅速，销售金额有取代 SPVC（软聚氯乙烯）胶带之势。易而美股份有限公司引进了台湾第一套热熔胶带生产设备，经过一段时间后，各工厂都努力上马，市场对此类热熔胶产品的接受程度已日渐提高。其他如电子工业胶带、双面胶带、牛皮纸胶带、医疗透气胶等亦有进展，产销量稳定上升。

二、产业发展史

中国台湾压敏胶制品工业始于 1954 年。四维企业股份有限公司前身——伟美化工厂首创玻璃纸胶带。目前，四维公司胶带产品约有 1000 多种，为胶带业内较大的厂家。1962

年，亚洲化学股份有限公司开始生产 SPVC 胶带，并于 1970 年获得加拿大国家标准（C. S. A.）认证，开创了 SPVC 胶带的外销业务，后又开发了 BOPP 胶带（双轴延伸聚丙烯胶带）。1968 年，日本菊水胶带公司在台投资设厂，生产压敏型牛皮纸及和纸胶带。1970 年日资在高雄成立台湾日东电工股份有限公司，以 SPVC 电气胶带为主。美国 3M（明尼苏达矿业制造股份有限公司）亦于 1970 年在台设厂。1971 年地球综合工业公司申请 SPVC 免刀胶带专利。1973 年中信财团投资成立高冠企业股份有限公司，以生产商标类胶纸为主，成长相当迅速，销售额是台湾胶带业界第三位。台湾压敏胶制品产业发展至今已有 60 余年，目前生产厂商约 60 家。

三、产业特点

（1）市场集中　较大生产厂商有 60 家左右，其市场占有率约四分之三以上，显示台湾胶带业是属于市场高度集中的产业。

（2）内需增多　多年来台湾胶带以外销为主，产品以 BOPP 及 SPVC 两类胶带居多，内需市场仅局限于电子工业、保护用胶带。

（3）产品集中　各种胶带产品中，以 BOPP 及 SPVC 胶带技术发展最为成熟并极具外销竞争力，其产量约占胶带总产量 80％以上。

（4）技术精密　虽然，胶带业属于三次加工业，然而并非劳力密集工业，需要具有高水平的科技与工业规模才能制造高质量产品。

（5）综合工业　由于压敏胶制品品种繁多，应用广泛，其发展与各项产业息息相关。

四、主要生产厂商及制品

台湾压敏胶制品的主要生产厂商及各类压敏胶制品分别列于表 1-2-12 和表 1-2-13。

表 1-2-12　台湾压敏胶制品的主要厂商

厂　商	资本来源	厂　商	资本来源
四维企业股份有限公司	私企	佳益企业股份有限公司	私企
亚洲化学股份有限公司	股票上市	好加企业股份有限公司	私企
高冠企业股份有限公司	私企	易而美股份有限公司	私企
地球综合工业股份有限公司	股票上市	冠郝企业股份有限公司	私企
晋通化学工业股份有限公司	私企	群益胶带股份有限公司	私企
台湾日东电工股份有限公司	日资		

表 1-2-13　压敏胶制品和生产厂商

制品种类	生　产　厂　商
BOPP 胶带	亚洲、四维、晋通、地球、虹牌、大统、菊水、群益、蔡合源、升耕、三太、王牌
SPVC 胶带	四维、亚洲、晋通、地球、普利、日东、高冠、大统
玻璃纸带	四维、蔡合源、地球
湿敏型牛皮纸胶带	富大、四维、家驹
压敏型牛皮纸胶带	菊水、四维、声丰、三太、王牌、四维、亚洲、高冠、地球、大扬
双面胶带	四维、亚洲、高冠、地球、大扬、群益、拥立、菊水、虹牌、王佳、好加、三太、采安、宝麦、冠郝、慧迅、王牌、佳益
PET 胶带	四维、群益、高冠、地球、全科
皱纹纸胶带	四维、亚洲、高冠、地球、群益、大扬、蔡合源、宝麦
医药/医疗胶带	四维
胶黏标签	高冠、四维、宝麦、三太、合众、好加、大扬、冠郝、慧迅、易而美、众安
其他特殊胶带	四维、王佳、大扬、全科、拥立、王牌、佳益、胶林

五、台湾地区的市场状况

1. 整体的产销和市场概况

台湾地区胶带产业在世界占有举足轻重之地位。在各种不同基材之胶带中以 BOPP 胶带之销售值最高（占 29%），各类商标胶带销售值（占 24%）次之，而 SPVC 胶带（约占 20%）退居第三。BOPP 及 SPVC 胶带为台湾胶带产业中最重要的两类产品，大部分应用于包装及电气绝缘部门，以外销为主，在国际市场上具有相当的分量。21 世纪初，BOPP 胶带总产量约 $20 \times 10^8 \, m^2$，仅次于美、意两国；而 SPVC 胶带总产量约 $2 \times 10^8 \, m^2$，更是名列前茅。BOPP 胶带主要生产厂有亚洲化学公司，号称是 BOPP 胶带之世界第二大厂。四维公司和地球综合则是 SPVC 胶带之重要供应厂商之一。此两项产品之所以能形成如此大的规模，除了厂商本身的努力及注重提高产品质量之外，上游原材料供应厂商能够配合亦为关键因素。由于 BOPP 及 SPVC 胶带等属于大宗产品，其价格为外销竞争力之重要影响因素之一。由于上游基材厂商大量供应，使原材料货源稳定、价格便宜，降低了胶带产品之成本，增强了外销竞争力，从而造就了如此规模。

在内销方面胶黏标签的市场最大，产量约 $2.1 \times 10^8 \, m^2$。随着包装工业的进步和胶黏标签在世界范围内的普及，胶黏标签的作用更为突出，使用者有大量增加之趋势。诸如乳品、饮料、健康食品、冷冻食品、药品、清洁剂、洗发精、化妆品、电子组件、文具用品等皆广为使用。在标签面纸方面有各种材质，包括模造纸、上光纸、PVC、铝箔等多种。在讲究包装及商品管理的时代，胶黏标签的发展会更快。其他类的胶带产品产值仍较少，主要是由于上游基材原料，如玻璃纸、美纹纸、牛皮纸等，多依赖进口。

台湾压敏胶制品工业的生产能力，在自动化设备方面不如欧、美、日等。例如 BOPP 胶黏带，欧、美、日的压敏胶制品制造工厂在制造工艺中，上料、涂布、干燥、卷取、分切、包装等一系列工艺过程，已全部实现自动化作业，涂布速度达到 600m/min 以上。台湾压敏胶制品工业的工厂在制造工艺中，仍然是分段完成、半人工化作业，生产速度 300m/min 以下。

压敏胶黏带产业各进出口项目大致分为塑胶薄膜类、纸、布及医疗胶带四大类。其中塑胶薄膜类为主要项目，2001 年该行业的出口产值约 4.6×10^8 美元，进口产值约 1.4×10^8 美元，目前均有逐渐下降趋势。由进出口统计的总量及总值可看出，台湾目前进口胶带是属于较高单价的产品，如各类工业用胶带及各类特殊胶带，而出口产品则以 BOPP 及 PVC 胶带等较低单价的产品为主。

2. 各类压敏胶制品的市场概况及主要用途

胶带是一种配合性产品，其市场规模随工商业发展态势而起伏。以 BOPP 封箱胶带市场规模最大。近几年台湾的电子、信息、通信等产业高度成长，保护类胶带、电子类胶带、医疗医药类胶带等市场规模有极大的发展。

包装/封箱胶带为各项用途中的大宗，主要用于封箱。包装胶带常用的基材包括 BOPP、PVC 膜、纸（和纸、牛皮纸）、布、复合材料等，所使用的压敏胶包括聚丙烯酸酯系和橡胶系。各种包装胶带之种类如表 1-2-14 所示。

（1）BOPP 胶黏带的市场和主要用途　2001 年台湾市场的 BOPP 胶带总产量约 $20 \times 10^8 \, m^2$，生产厂商数十家。BOPP 胶带主要用于包装封箱，其次亦逐渐取代玻璃纸胶带而成为被广泛使用的文具用胶带，占文具胶带市场份额约 56%。此外，保护表面用的 BOPP 胶带产量约

$0.25 \times 10^8 \, \mathrm{m}^2$（包含上光膜），占保护胶带总产量约 35%。过去台湾的 BOPP 胶带以聚丙烯酸酯系油性胶为主，其制造技术已非常成熟，其基材 BOPP 薄膜也供应充足。目前水性胶扩展为大宗。由于市场竞争激烈，现有厂商均努力研发补强、耐候、超透明、保护用等高级制品。

表 1-2-14　台湾生产的包装胶带种类

包装胶带种类	说　明	包装胶带种类	说　明
BOPP+油性聚丙烯酸酯系胶	通用于我国台湾地区及美国	SPVC+油性聚丙烯酸酯系胶	压纹易撕型，通用于我国台湾地区
BOPP+水性聚丙烯酸酯系胶	在各地区应用较广	牛皮纸+橡胶系胶	通用于日本
BOPP+热熔系胶	美国使用较多	和纸+橡胶系胶	通用于美国
BOPP+橡胶系胶	多数使用于欧洲	布+橡胶系胶	通用于美、日重包装
MOPP+聚丙烯酸酯系胶	用于轻包装业	复合材料+橡胶系胶	用于重包装
UPVC+橡胶系胶	通用于欧洲	PET+聚丙烯酸酯系胶	用于重包装

（2）SPVC 胶带市场和用途　软性聚氯乙烯胶带（俗称 SPVC 胶带）为台湾胶带产品第三大项，1995 年总产量 $2.8 \times 10^8 \, \mathrm{m}^2$。其中 SPVC 电气绝缘胶带占 $1.2 \times 10^8 \, \mathrm{m}^2$，外销世界各地，质量更进入国际一流水平。几家大厂的产品都通过 CNS、CSA、UL、JIS、ISO 9002 等著名质量标准的认证。目前，台湾 SPVC 电气绝缘胶带生产厂商以四维公司和地球综合产量最大。SPVC 包装封箱胶带原为包装胶带主流，但自 BOPP 包装胶带出现后，年产量很少。SPVC 保护胶带年产量约 $0.2 \times 10^8 \, \mathrm{m}^2$，SPVC 管路胶带年产量约 $0.1 \times 10^8 \, \mathrm{m}^2$。

（3）胶黏标签纸　胶黏标签纸即不干胶商标纸，为各项胶带产品中内销市场最大者，纸类商标的销售量为 $10 \times 10^8 \, \mathrm{m}^2$。其中又数铜版纸商标的消耗量最大，PVC 商标的销售量次之，聚酯膜商标又次之。胶黏标签的主要种类有：各种类商标纸、铝箔类商标纸、PET 类商标纸、PVC 类商标纸、镀金银亮纸类商标纸等。在各类进口商标纸中，以聚酯膜商标纸、热转印商标纸、激光印刷商标纸及可剥离式商标纸为主。目前台湾主要生产厂商有四维、高冠、易而美、好加等。由于胶黏标签在使用前多需经过印刷程序，为避免在高速印刷机的印制过程中卡纸而使制造中断，对于面纸、底纸及上胶均匀度、溢胶等问题都要十分注意。

（4）纸类胶带　纸类胶带公害较轻，为许多国家所广泛采用。台湾制纸工业不太发达，多项基材，如长纤牛皮纸、皱纹牛皮纸等，皆需要进口。另如和纸（绵纸）只有长春绵纸公司独家制销。

（5）双面胶带　双面胶带被广泛使用于日常生活建筑装潢、搬运及工业产品中，与商标类胶带同为成长最快速的产品。品种有：双面 EVA 泡绵胶黏带、双面 PE 泡绵胶黏带、双面 PU 泡绵胶黏带、双面绵纸胶黏带、双面 PET 胶黏带、双面 BOPP 胶黏带等。双面胶带主要以绵纸基材为主，用于纸张的贴合或其他物品之贴合，其年销售量近 $10^8 \, \mathrm{m}^2$。

（6）玻璃纸胶带　3M 的 Scotch 玻璃纸胶带是最早的胶带（1930 年），但自 BOPP 胶带盛行以来逐渐衰落。在台湾产销玻璃纸胶带的厂商只有中纤一家。

（7）其他　PET 电气绝缘胶带由于其耐热性质较佳，主要用于耐热性、电容器、电器接头，主要供应厂商为四维、群益。PET 胶带所使用的 PET 薄膜基材由南亚及新光供应。

保护表面用胶带的黏合力较弱，使用后能简单地剥离，主要在于防止物品在运送、装配过程中遭受刮伤、电气绝缘的损害。上光膜的主要用途在于保护纸张，增加其防水性质及美观，在各类保护表面用胶带中以 BOPP、PE 及 SPVC 为主，而 BOPP 保护表面用胶带有一半左右为上光膜，而 PE、SPVC 保护胶带则多用于各种金属板、涂装板、塑胶板的运送保护。

　　另外两种包装胶带为 PVC 及牛皮纸胶带，其销售量仅占包装胶带的 3.4%。在台湾地区所使用的 PVC 包装胶带，属于半硬质 SPVC，大多以压纹易撕型为主。而欧洲则以硬质 PVC 胶带为主。PVC 胶带所使用的基材及胶的厚度均较 BOPP 胶带厚，价格较 BOPP 胶带贵几倍，使用量仅 $2625 \times 10^4 \, m^2$，以内销为主，主要生产厂商为四维、地球、亚洲。牛皮纸包装胶带主要使用地区为日本，主要生产厂商为台湾菊水胶带公司，销售量约 $913 \times 10^4 \, m^2$。

第三章

世界压敏胶制品工业概况

吕凤亭

◎ 第一节　世界压敏胶制品工业发展史和产销概况

一、世界压敏胶制品工业发展史

世界各国的压敏胶制品工业均开始于医药行业的膏贴制剂，但压敏胶制品形成产业却是19世纪以来的事。世界压敏胶及其制品工业早期的历史发展大事记列于表 1-3-1。这些比较早期的事情对于世界压敏胶制品产业的形成和发展，都起到了一定的作用。

表 1-3-1　世界压敏胶及其制品工业早期的历史发展大事记

时间	事　件
19 世纪中叶	Henry、Day 博士开始应用天然橡胶、树脂制成橡胶类压敏胶
1845 年	Shecut 和 Day 发表美国专利（USP 3965），它是由印度橡胶、松脂、氧化铅、辣椒、松节油等组成物混制而成
1874 年	Robert W. Johson 和 George Seabrg 开始生产医用橡皮膏
1882 年	德国药剂师 P. Beiersdorf(拜多福)发表专利。它是由杜仲橡胶并利用氧化锌中和树脂酸制造医疗膏贴。从此医用橡皮膏进入市场
1886 年	Johson & Johson 公司创办独立经营的橡皮膏大规模生产企业，一直延续至今
1899 年	天然橡胶和氧化锌配伍的橡皮膏正式生产并投入市场销售
1902 年	美国 3M 公司建立
1911 年	日本竹内化学研究所的竹内荒次郎也开始试制橡皮药膏贴
1918 年	日本纸橡皮膏和纸胶黏带开始生产，芳川作次郎申请日本特许 44766
1921 年	日本寺冈制作所开始研制电绝缘材料的塑胶带
1925 年	美国 3M 公司 Richard. G. Drew 将遮蔽胶黏带投入生产，并且开发了浸渍纸基材的纸胶黏带
1928 年	日本野村源一开始研制透明纸胶黏带并申请了日本实用新案 129097
1930 年	Richard G. Drew 开发了皱纹纸胶黏带，并申请美国专利（USP 1760820）；同时 R. G. Drew 又开发了透明玻璃纸胶黏带
1930～1940 年	制塑胶品用和制鞋用胶黏带在美国 3M 公司开始研制；同时胶黏标签和印刷品进入市场。中国开始生产医用橡皮膏

时间	事 件
1931 年	美国开发纤维素的高级脂肪酸背面处理剂(US 1837680)
1935 年	日本日进工业(株)歌桥制药所开始研制玻璃纸透明胶黏带
1939 年	美国 R. S. Avery 胶黏标签及其印刷开发成功;美国 R. G. Drew 发明了耐水性再生纤维素胶黏带(US 2177621)
1941 年	浸渍柔性纸胶黏带开发(US 2236527)
1943 年	美国和德国开发了双面胶黏带(US 2323342 和 Ger. 741252)
1945 年	电绝缘塑胶黏带开始投产
1947 年	日本开始生产纸胶黏带;聚异丁烯类压敏胶在英国和美国投入生产(Brit 595569 和 US 2415276)
1949 年	防腐胶黏带开始上市;英国研制成功聚丙烯酸酯系压敏胶(Brit 644291)
1952 年	日本烷基醋酸纤维素胶黏带开发成功(特公昭 27-530531);加拿大聚甲基丙烯酸系压敏胶开发成功(Can. 483243)
1956 年	加拿大开发成功聚丙烯酸酯系压敏胶(Can. P526303);加拿大开发成功丁基橡胶系压敏胶(Can. 523241);美国开发成功有机硅系压敏胶(US 2744079)
1957 年	英国聚乙烯胶黏带投入生产(Brit. 788209);美国导电胶黏带开发成功(US 808352)
1965~1970 年	美国 Shell 公司将 SBS 和 SIS 嵌段共聚物投放市场,热熔压敏胶及其制品开始生产和应用
1966~1985	法国 Novacel 公司和美国 3M 公司率先开发辐射固化型压敏胶及其制品

由表 1-3-1 可见,世界压敏胶制品工业早期的发展主要还是一些西方发达国家的事情。进入 20 世纪 80 年代,随着改革开放的实施,我国的压敏胶制品工业逐渐进入世界的大家庭,并得到了 20 多年的快速发展壮大。目前我国大陆地区压敏胶制品的产销量已跃居世界第一位,中国已是世界压敏胶制品工业发展的主力军。

二、世界压敏胶制品的产销概况

除中国外,美国、欧洲、日本是压敏胶制品的主要生产地。全世界压敏胶制品的统计虽不详尽,但也可以看出它们的趋势。

压敏胶制品中,胶黏带和胶黏标签占主导地位,胶黏片材较少,并都归纳入胶黏标签的统计中。目前,世界压敏胶制品共计约有 14000 种。据统计,2000 年世界压敏胶黏剂总产量为 108.9×10^4 t;压敏胶制品的总产量为 324×10^8 m^2,其中压敏胶带产量为 205×10^8 m^2,胶黏标签总产量为 119×10^8 m^2。2000 年世界各地区的产量分布及近 10 年产量的平均增长率详见表 1-3-2。不难看出,亚太地区(不包括日本)增长前景最好。

表 1-3-2 2000 年世界各地区压敏胶及其制品的产量分布及近 10 年产量的平均增长率

项目 \ 地区		南北美洲	欧洲	日本	中国和东南亚太平洋地区	总计
压敏胶黏剂产量(干)/10^4t		38.0	36.0	0.69	28.0	108.9
压敏胶制品产量/10^8 m^2	胶黏带	67.0	62.0	15.0	61.0	205.0
	胶黏标签	60.0	34.0	10.0	15.0	119.0
	共计	127.0	96.0	25.0	78.0	324.0
近 10 年平均增长率/%	胶黏带	4.0	3.2	1.0	8~10	—
	胶黏标签	4.2	3.8	2.0	10~15	—

各国压敏胶制品工业发展概况

一、美国

美洲的压敏胶黏带和胶黏标签进入 21 世纪就已经形成了 $67 \times 10^8 \, m^2$ 和 $60 \times 10^8 \, m^2$ 的产销量。现在，胶黏带和胶黏标签的产销量都已超过 $90 \times 10^8 \, m^2$，压敏胶黏剂的总消耗量已超过 $50 \times 10^4 \, t$（干）。其中美国约占 70%，加拿大 20%，其他南美国家占 10%。

美国的压敏胶制品工业非常发达，一直是世界压敏胶制品工业发展的火车头。著名的 3M 公司是世界首位制造商。1951 年美国压敏胶黏带工业协会（PSTC）成立，主要从事压敏胶制品试验方法的制订和试验装置的展示、贩卖活动以及主办技术交流、制品介绍和展览等活动。

2000 年美国压敏胶带产值为 55 亿美元，胶黏标签纸产值为 80 亿美元。2002 年美国各类压敏胶在胶黏带生产中的应用比例见表 1-3-3，美国各类压敏胶在胶黏标签生产中的应用比例见表 1-3-4。

表 1-3-3　美国各类压敏胶在胶黏带生产中的应用比例（2002）

溶剂型	27%	压延型	10%
热熔型	40%	其他	略
水乳型	23%	总计	100%

表 1-3-4　美国各类压敏胶在胶黏标签生产中的应用比例（2002）

溶剂型	20%	其他	2%
热熔型	29%	总计	100%
水乳型	49%		

可见，热熔型压敏胶在美国增长很快，在压敏胶总量中占有较大的比例，溶剂型压敏胶在逐年减少。

美国市场几乎拥有全部所有种类的压敏胶制品品种，尤其是布基胶黏带、纸基胶黏带、无纺布胶黏带、塑胶薄膜胶黏带、金属箔胶黏带、双面胶黏带、增强基材胶黏带、无基材胶黏带、塑胶泡绵胶黏带、医用胶黏带、胶黏标签、压敏胶贴片等。

2002 年美国压敏胶制品的结构为：①包装胶黏带占 35%（约 $44 \times 10^8 \, m^2$），年平均增长率 8%～10%。它们消耗的压敏胶比例为：热熔型 53%，溶剂型 30%，水乳型 16%。②工业胶黏带占 19%（约 $24 \times 10^8 \, m^2$），年平均增长率 10%。它们消耗的压敏胶比例为：热熔型 33%，溶剂型 38%，水乳型 24%，压延型 3%。③胶黏标签占 46%（约 $60 \times 10^8 \, m^2$），年平均增长率 8%～10%。它们消耗的压敏胶比例为：热熔型 29%，溶剂型 22%，水乳型 49%。

美国压敏胶制品的主要生产厂商见表 1-3-5。

二、欧洲

欧洲各国以德国和意大利的压敏胶制品工业较先进，生产厂商约 500 家，较大的厂商有 10 家左右。代表性的厂商是拜多福公司（Beiersdorf Co.），3M 公司和麦纽来公司（Manuli Autaedesivi SPA）。这三家企业的产量约占欧洲压敏胶制品总产量的 1/3。21 世纪初欧洲胶黏带的产量占比如表 1-3-6 所示。

表 1-3-5　美国压敏胶制品的主要生产厂商及其主要产品

生产厂商	主要产品
3M 公司(3M Company)	胶黏带,胶黏标签
珀玛索公司(Permacer. Co.)	胶黏带
约翰逊和约翰逊公司(Johnson & Johnson Co.)	胶黏带
华盛公司(艾利国际公司分公司)(Fasson Co.)	胶黏带,胶黏标签
塔克胶带公司(Tuck tape Co.)	胶黏带
肯达劳公司(科改特公司分支)(Kendall Co.)	胶黏带
安科大陆公司(Anchor continencal Co.)	胶黏带
舒富得密耳斯公司(Shuford Mills Inc.)	胶黏带
美国胶带公司(American tape Company)	胶黏带
纳夏公司(Nashua corporation Co.)	胶黏带
弗来斯肯公司(Flexcon corporation Co.)	胶黏标签
摩尔根胶黏剂公司(伯密斯公司分公司)(Morgan Adhesives Co.)	胶黏标签
S. D. 费兹伯格涂布制品公司(S. D. Warren Company)	胶黏标签
艾利国际公司(Avery Co.)	胶黏标签

表 1-3-6　欧洲胶黏带的生产概貌

国家或地区	占总产量比例/%
意大利	40
德国、瑞士、奥地利	26
英国	11
法国	7.5
比利时、荷兰、卢森堡	7.5
西班牙	6.5
斯堪的纳维亚半岛	1.5
总计	100

2001 年欧洲压敏胶制品的生产量中，胶黏带为 64×10^8 m^2，胶黏标签为 34×10^8 m^2。其中，意大利生产的胶黏带占欧洲胶黏带总产量的 35%～40%。增长较快的主要是地中海国家。2000 年欧洲各国胶黏标签产销量如表 1-3-7 所示。

表 1-3-7　欧洲各国胶黏标签生产消费量（2000 年）

国家	年产销量/$10^8 m^2$	比例/%
德国	9.34	27
法国	5.96	18
英国	5.70	17
比利时、荷兰、卢森堡	4.44	13
意大利	4.18	12
其他	4.56	13
总计	34.18	100

欧洲的胶黏带以包装胶黏带产量最大，包装胶黏带中 BOPP 胶黏带占 2/3，半硬 PVC 胶黏带和其他占 1/3。半硬 PVC 胶黏带具有解卷噪声小、印刷性好等特点，所以仍有一定的

应用。但是现已逐渐被其他品种的胶黏带，尤其是聚酯纤维增强胶黏带所取代。

2000 年欧洲工业胶黏带和压敏胶标签的用途分布如表 1-3-8 和表 1-3-9 所示。增长较快的主要是包装胶带和美纹纸遮蔽胶带。

表 1-3-8　欧洲工业胶黏带的用途分布（2000 年）

用途	包装	遮蔽	保护	尿布	双面	电气	增强	其他	总计
比例/％	64	11	4	2	2	2	1	14	100

表 1-3-9　欧洲胶黏标签纸的用途分布（2000 年）

用途	电子数据加工	零售价格标签	食品标签	酒类标签	饮料标签	化妆品标签	药品标签	其他物品标签	总计
比例/％	29	16	11	4	1	12	11	16	100

1. 欧洲压敏胶黏剂概况

21 世纪初欧洲的压敏胶中，溶剂型天然橡胶-树脂类压敏胶占有一定的比例，工厂都有溶剂回收系统。乳液型压敏胶（聚丙烯酸酯类为主）约相当于溶剂型压敏胶的一半，也处于迅速增长中。60％的胶黏标签都采用乳液型压敏胶。欧洲乳液压敏胶的应用方法一般是使用厂家根据性能的要求，直接进行复配后投入使用。热熔型压敏胶的发展也较快，主要应用于生产 BOPP 胶黏带、增强胶黏带、双面胶黏带、胶黏标签纸等方面。压延型压敏胶则很少应用。聚乙烯基醚类压敏胶在欧洲多数使用于特种胶黏带的制造，也有利用它和聚丙烯酸酯类压敏胶复配后使用的情况。紫外线固化型压敏胶正处于快速发展阶段，应用面正在扩大。

欧洲压敏胶黏剂年产量和年销售额列于表 1-3-10 中。

表 1-3-10　欧洲压敏胶黏剂年产销量和年销售额预测

年份	年产销量/10^3 t	年销售额/百万美元	年增长率/％
1997	304.6	535.3	
1998	317.8	536.5	0.2
1999	331.7	555.4	3.5
2000	346.1	620.4	11.7
2001	361.3	687.2	10.8
2002	377.0	712.3	3.7
2003	392.9	731.3	2.7
2004	409.5	748.8	2.4
2005	424.8	764.7	2.1
2006	440.2	782.2	2.3
2007	454.5	796.5	1.8

欧洲最大的压敏胶消耗国是意大利，其次是德国，法国居第三位，但有望超过德国。英国占有一定的市场比重。比利时、荷兰、卢森堡和斯堪的纳维亚地区的压敏胶消费将保持平稳。

欧洲压敏胶制品行业应用的增黏树脂以石油树脂为主。美国埃克森公司（Esson Chimie）、美国大力士公司在欧洲都有石油树脂生产厂。此外，石油树脂生产厂还有 Bergvik 公司（瑞典）、Olon 公司（芬兰）、DSM 公司、Neville 公司等。

压敏胶制品行业应用的聚硅氧烷防粘剂，在欧洲发展较快。德国 Goldschmedt A. G. 最早开发成功聚硅氧烷防粘剂。现在欧洲业界多数使用 100％固含量的聚硅氧烷防粘剂，工艺方法是热交联法。生产厂家有：道康宁公司（美国）、罗纳普朗克公司、罗地亚公司（法国）、Wacker 公司、Chemie GMBH、G. E. Plasties B. V. 等。

2. 欧洲压敏胶制品的主要产销厂商

欧洲压敏胶制品的主要生产和销售厂商列于表 1-3-11 和表 1-3-12。

表 1-3-11　欧洲胶黏带主要生产厂商

公　司	地　点
Beiersdorf A. G. (拜多福公司)	德国汉堡
3M Group(3M 集团公司)	德、法、意
Manuli Autoadesivi SPA(麦纽来公司)	意大利米兰
Lohmann KG(劳赫曼公司)	德国 Neuwied
Transatlantik(川塞兰泰公司)	德国 Schwarzenbach
DRG Sellotape,Ltd(赛洛胶黏带公司)	英国 Boreham Wood,Herts.
Supertape(苏奔胶黏带公司)	Ettenleur
Monta-Klebebandwerk GmbH(蒙塔-克力班公司)	德国 Immenstadt
Comet SARA(考麦特)公司	意大利 Como
Boston SpA(波士顿公司)	意大利 Bolata
Cellux(赛潞克斯公司)	瑞典 Rorchschach
S. A. P. E.	法国 Chenove Cedex
Novacel(诺休公司)	法国 Deville Les Rouen
N. A. R. SpA	意大利 Legnaro(Padova)
Canadian Tape(加拿大胶黏带公司)	英国 Northern Ireland.
Advance Tape(先进胶黏带公司)	英国 Leicester,Leics.
Rotunda(罗纯达公司)	英国 Manchester,Lances.
Nitto Belgium NV(日东-比利时公司)	比利时 Genk.
Autodesivitalia(自发现公司)	意大利 Bergamo
Stalar(斯塔雷尔公司)	西班牙 Barcelina.
Muroll(纽罗公司)	奥地利 Frastanz.
Fasson Adhesive Products,Ltd(发颂胶黏剂制品公司)	爱尔兰 Leiden.
Jackstadt GmbH(加克斯坦公司)	德国 Wuppertal
Raflatac/Sterling(湍福雷德/斯泰林公司)	芬兰 Tanmpere
Samuel Jones 8 Co. ,Ltd. (赛纽约翰公司)	英国 St. Neots,Hunts
Heinrich Hermann(海瑞哈曼公司)	德国 Stuttgart.
Novarode(诺费罗德公司)	比利时 Sin-genesius-Rode.
Mactac(麦克塔公司)	比利时 Soignies.
SA Pilot(皮劳特公司)	法国 Yvelines,Versailes.
Torres Hostench(突尔斯。浩斯吞施公司)	西班牙 Gerona.
Meto(麦突公司)	德国 Hirschborn/Neckar.

表 1-3-12　欧洲胶黏标签纸主要生产厂商

生 产 厂 商	地 点
Fasson Adhesive Products,Ltd(发颂胶黏剂制品公司)	爱尔兰 Leiden.
Jackstadt GmbH(加克斯坦公司)	德国 Wuppertal
Raflatac/Sterling(湍福雷德/斯泰林公司)	芬兰 Tanmpere
Samuel Jones 8 Co. ,Ltd. (赛纽约翰公司)	英国 St. Neots,Hunts
Heinrich Hermann(海瑞哈曼公司)	德国 Stuttgart.
Novarode(诺费罗德公司)	比利时 Sin-genesius-Rode.
Mactac(麦克塔公司)	比利时 Soignies.
SA Pilot(皮劳特公司)	法国 Yvelines,Versailes.
Torres Hostench(突尔斯·浩斯吞施公司)	西班牙 Gerona.
Meto(麦突公司)	德国 Hirschborn/Neckar.

三、日本

日本的压敏胶制品工业是二战之后从医药卫生方面逐渐发展起来的，目前已有 160 多家企业。压敏胶制品在日本消费于工业、家庭等各个领域，如包装、汽车、电气、标签等。最著名的压敏胶制品厂家有：日东电工（株）、积水化学塑胶（株）等。

2001 年日本压敏胶制品的产量，胶黏带 15.5×10^8 m^2，胶黏标签纸 11×10^8 m^2，市场总额预计有 3500×10^8 日元。1960～2001 年日本压敏胶制品产销量的年均增长率如表 1-3-13 所示。20 世纪初的 10 年日本压敏胶制品年均增长率约为 1.8％。

表 1-3-13　1960～2001 年日本压敏胶制品产销量的年均增长率

时　　期	年均增长率/%	备　　注
1960～1969 年	29	
1970～1979 年	7	经历过石油危机的影响
1980～1989 年	5	
1990～1991 年	4	
1991～2001 年	＞25	金融危机的影响后,逐渐恢复

日本的压敏胶生产，以溶剂型占大多数，乳液型为第二位，热熔型居第三位。新发展的紫外线固化压敏胶和电子射线固化型压敏胶也有少量生产。日本的压敏胶制品制造设备比较先进，各种生产方式的设备市场上均有销售。例如压敏胶涂布机、压延机、挤出机、热熔压敏胶涂布机、紫外线固化压敏胶涂布机、电子射线固化型压敏胶涂布机等。

日本压敏胶制品的主要生产企业列于表 1-3-14。

四、其他国家

1. 韩国

韩国的压敏胶制品工业起步虽晚（20 世纪 80 年代），但发展较快。目前有 60 余家生产企业，较著名的企业有：大一化学株式会社（DAEIL CHEMICAL CO. , LTD.）、瑞通化学株式会社（STC CHEMICAL CO.）等。

表 1-3-14　日本压敏胶制品的主要生产企业及主要产品

企业	主要产品
日东电工株式会社 NITTO DENKO CO. ,LTD.	各种工业胶带，医用制品
积水化学株式会社 SEKISUI CHEMICAL CO. ,LTD.	玻璃纸、牛皮纸、OPP 胶带
日绊株式会社 NICHIBAN CO. ,LTD.	文具、医用、工业胶带
王子化工株式会社 OJI KAKO CO. ,LTD.	牛皮纸胶带、胶黏标签纸
菊水テープシ株式会社 KIKUSUI tape CO. ,LTD.	牛皮纸胶带
株式会社共和 KYOWA LIMITED	玻璃纸、乙烯胶黏带
东洋化学株式会社 TOYO CHEMICAL CO. ,LTD.	乙烯胶黏带、OPP 胶带
エニシ株式会社 KONISHI CO. ,LTD.	工业胶带，胶黏标签纸
住友 3M 株式会社 SUMITOMO 3M LIMITED	各种工业胶带，反射胶黏带
株式会社寺冈制作所 TERAOKA SEISAKUSHO CO. ,LTD.	布基、OPP、电气绝缘胶黏带
索尼化学株式会社 SONY CHEMICAL CORP.	
オカモト株式会 OKAMOTO INDUSTRIES. INC.	
工二工业株式会社 UNI INDUSTRIES. CO. ,LTD.	玻璃纸胶黏带、工业胶带
FSK 株式会社 FSK CO. ,LTD.	双面胶黏带
リンレイ胶粘带株式会社 RINREI TAPE CO. ,LTD	布基胶黏带
现代塑胶工业株式会社 MODERN PLASTIC INDUSTRIES CO. ,LTD	胶黏标签纸、双面胶黏带
东洋油墨制造株式会社 TOYO INK MANUFACTURING CO. ,LTD	双面胶黏带
综研化学株式会社 SOKEN CHEMICAL & ENGINEERING CO. ,LTD	聚丙烯酸酯系压敏胶

21 世纪初韩国压敏胶制品的总生产量约 $8 \times 10^8 \text{m}^2$。胶黏带的品种有 BOPP 胶黏带、玻璃纸胶黏带、PVC 胶黏带、PE 胶黏带、聚酯胶黏带等。其中，BOPP 胶黏带占总生产量的 2/3，胶黏标签纸也有一定的产量。

2. 泰国

21 世纪初泰国压敏胶制品约有 $3 \times 10^8 \text{m}^2$ 的产销量，主要品种有牛皮纸胶黏带、玻璃纸胶黏带等。较大的生产企业有：路易斯胶带有限公司（Louis Tape Co.，LTD.）、乌恩泰日绊有限公司等。

3. 南亚各国

印度压敏胶制品的产量约 $2.4 \times 10^8 \text{m}^2$，主要产品有 PVC 胶黏带和工业胶黏带等。主要生产企业有美国的约翰兄弟公司（Johnson & Johnson Co.）设立的生产厂等。

印尼的压敏胶制品主要是 PVC 胶黏带和玻璃纸胶黏带。

菲律宾的胶黏带生产企业有 10 余家，美国 3M 公司在此地有生产厂。生产总量约 $1.2 \times 10^8 \text{m}^2$。主要品种有 BOPP 胶黏带、美纹纸胶黏带、胶黏标签纸等。

新加坡的胶黏带生产企业较少，台湾四维企业有限公司在此地设生产厂，主要产品是 PVC 胶黏带。

澳大利亚胶黏带和胶黏标签纸都有生产，生产量约 $1.5 \times 10^8 \text{m}^2$。主要生产企业有：艾利、法森胶带有限公司（Fasson Co.，LTD.）和扎克纸业公司（JAC Paper CO.，LTD.）等。

马来西亚的压敏胶制品有胶黏带（BOPP 胶黏带、PVC 胶黏带、玻璃纸胶黏带、美纹纸胶黏带、牛皮纸胶黏带、再湿性胶黏带）和胶黏标签纸等。主要生产企业有劳依胶黏带有限公司（Loy tape Berhad）等。

南亚各国压敏胶制品工业发展较快，2001 年总生产量近 7×10^8 m^2。预计 10 年内年均增长率将保持在两位数。

参 考 文 献

［1］柴野富四．粘着ハンドブック.2 版．日本粘着ラ-プ工业会，1995.

［2］Satasd. Handbook of Pressure Sensitive Adhesive Techology. 3rd ed. Satas & Associates，1999.

［3］Exxon M. Chemical Olivier Lacoste．欧洲的压敏胶粘带生产状况，2001.

［4］日本接着剂工业会编．日本接着剂工业会会报，1996-2001.

［5］日本エマルジョン工业会编．合成树脂エマルジョン关连统计集．日本エマルジョン工业会，1997，15：2.

［6］欧洲的压敏胶黏剂市场预测．胶黏剂市场快讯，2001，10：7-10.

［7］曾宪家，吕凤亭．中国压敏胶粘带标准的现状．中国胶粘剂，2001，6：45-48.

［8］日东电工株式会社编．粘着ラプの文化．日东电工株式会社，1993：16-17.

［9］俞永涵，吕凤亭．中国压敏胶粘带工业概况．中国胶粘剂，2000，4：45.

［10］俞永涵，吕凤亭，龚辈凡．我国压敏胶粘带的现状及发展．中国胶黏剂，2001，6：41-43.

第二篇

基础与理论

第一章

压敏胶制品的黏合特性

杨玉昆

任何压敏胶制品的黏合特性是由构成它的主要材料压敏胶黏剂的黏合特性所决定的。压敏胶黏剂是一类具有特殊性能的胶黏剂。众所周知，将一般的液状胶黏剂（溶剂型、水乳型或反应型）或固体状黏剂（热熔胶）在常温下或加热熔化后涂敷于被粘物并润湿被粘物表面后，就能产生一定的黏合力。但是，只有通过溶剂或水的挥发，产生进一步的化学反应或利用冷却等手段将胶黏剂变成固体（即固化）后，才能形成具有一定胶接强度的实用胶接接头，把被黏物粘牢。而压敏胶黏剂却不同，压敏胶黏剂本身已处于半固体状态，使用时一般不需要进一步固化。任何压敏胶黏制品，在使用时只要将它的压敏胶黏剂层与干净的被粘表面接触，施加一定的压力，就会使压敏胶黏剂润湿被粘表面，并把被粘物粘牢，即形成实用的胶接接头，并具有一定的胶接强度。压敏胶黏剂的这种对外加压力（即外力）敏感的黏合特性就是它的最基本性能，也是它们区别于其他胶黏剂或胶黏制品的显著标志。

第一节 压敏胶黏剂的黏弹性

一、高聚物的黏弹性

压敏胶黏剂对外加压力敏感的黏合特性，主要是由组成它们的高聚物的黏弹性质所决定的。众所周知，有机高分子聚合物是一类具有黏弹性质的特殊物质。在外力作用下，高分子聚合物能发生如下三种类型的形变。

（1）弹性形变 这是一般固体物质所共有的性质，系由构成固体的分子中原子之间键角的改变引起的。其特点是形变发生的速度快，而且是可逆的，即外力一经消除形变就得到恢复。形变的范围也比较小，一般在 1% 的数量级。

（2）高弹性形变 这是高分子聚合物所特有的性质，系由高分子链构象的改变引起的。这种形变也是可逆的，但形变的范围可高达 1000%。

（3）塑性形变 这也是高聚物特有的性质，系由高分子链之间相对位置的改变引起的。这种塑性形变是不可逆的，即外力消除后形变不可能得到完全恢复。这种塑性形变无论在作用机理和运动规律上都类似于液体在外力作用下的黏性流动。故这种塑性形变亦称塑性流动。

高分子聚合物在外力作用下既可发生一般固体那样的弹性形变，又可发生类似一般液体那样的黏性流动的这种性质，被称为高聚物的黏弹性。研究像高聚物这样的非线性材料在外力作用下的形变和流动性质即黏弹性质的科学被称为流变学。

二、黏弹性的 Maxwell 流变学模型

为了研究高聚物的黏弹性行为，科学家们提出了许多流变学模型。其中 Voigl 模型和 Maxwell 模型可以最简单而形象地描述高聚物的黏弹性。这里介绍 Maxwell 流变学模型，如图 2-1-1 所示。

该模型由一个弹性模量为 G 的弹簧（线性弹性固体）和一个里面充满黏度为 η 的液体的黏壶（线性牛顿流体）两个部分串联在一起组成。在外应力 F 作用下，弹簧发生弹性形变 r_1，黏壶也发生形变 r_2（即黏性流动）。根据虎克定律，弹簧的形变 r_1 为：

$$r_1 = \frac{F}{G} \qquad (2\text{-}1\text{-}1)$$

按牛顿定律，黏壶的形变速度为：

$$\frac{\mathrm{d}r_2}{\mathrm{d}t} = \frac{F}{\eta} \qquad (2\text{-}1\text{-}2)$$

而总的形变为：

$$r = r_1 + r_2 \qquad (2\text{-}1\text{-}3)$$

将式（2-1-3）微分，并将式（2-1-1）和式（2-1-2）代入即得：

$$\frac{\mathrm{d}r}{\mathrm{d}t} = \frac{\mathrm{d}r_1}{\mathrm{d}t} + \frac{\mathrm{d}r_2}{\mathrm{d}t} = \left(\frac{1}{G}\right) \times \left(\frac{\mathrm{d}F}{\mathrm{d}t}\right) + \frac{F}{\eta} \qquad (2\text{-}1\text{-}4)$$

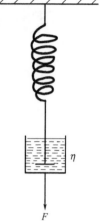

图 2-1-1　Maxwell 流变学模型

这就是表示作用于黏弹性体的外应力和所发生的形变之间相互关系的 Maxwell 基本方程式。

由式（2-1-4）可知，第一项弹性形变的速度与外应力的作用速度 $\mathrm{d}F/\mathrm{d}t$ 有关，而第二项黏性流动的速度与外应力的作用速度无关。当黏弹性体受到外应力快速作用时，式（2-1-4）中的 $\mathrm{d}F/\mathrm{d}t$ 值很大，使第一项的数值大大超过第二项，即弹簧的弹性形变起主要作用。此时的黏弹性体表现出近似于弹性体的性质。相反，当外应力的作用十分缓慢时，式（2-1-4）中的 $\mathrm{d}F/\mathrm{d}t$ 值很小，因而使第二项，即黏壶的黏性流动对总形变产生主要影响。此时的黏弹性体就表现为近似于黏性流体的性质。

温度升高使分子运动的速度加快，这与外应力作用的速度减慢是等效的。故黏弹性体在高温时更近似于黏性流体，在低温时则更近似于弹性固体。根据这种理论，已经建立了温度与外力作用速度之间的定量换算规则。这对于研究黏弹性体的力学性质是十分有用的。

实际上，高聚物的黏弹性行为非常复杂，用简单的 Maxwell 模型是不可能完全描述清楚的。但用这种模型来定性地解释高聚物黏弹性体的一些性质是完全可以的。

当压敏胶制品的压敏胶黏剂层粘贴于被粘物表面并加以适当的压力时，由于所加的压力一般都是均匀而又缓慢的，压敏胶黏剂在这种缓慢（低速）的压力作用下，主要表现为近似于液体那样的黏性流动的性质。这就使压敏胶黏剂可以与被粘物表面紧密接触，并尽可能地流入被粘表面的坑洼沟槽中，使有效接触面积增大，并产生一定的黏合力。根据式（2-1-4），此时压敏胶的流动速度（即总形变速度 $\mathrm{d}r/\mathrm{d}t$）主要取决于第二项的值，即与外压力 F 值成正比，而与胶黏剂的黏度 η 成反比。这就可以定性地解释为什么一般情况下压敏胶黏剂的本体黏度越小其黏合强度就越大的现象。图 2-1-2 所示的实验结果是一个典型的例子。一般的压敏胶黏剂的本体黏度都在 $10^6 \sim 10^8\,\mathrm{Pa \cdot s}$ 范围内。普通的塑料和橡胶也是黏弹性体高聚

物，但不能作为压敏胶黏剂来用，其主要原因是其本体黏度太大（皆在 $10^8 Pa \cdot s$ 以上），在通常的温度和外压力下流动速度太小，因而无法实现与被粘表面紧密接触的缘故。

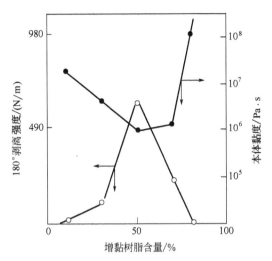

图 2-1-2　一种天然橡胶压敏胶的 180°剥离强度、本体黏度随增黏树脂含量的变化[1]

　　另一方面，当粘贴好的压敏胶制品在受到外力作用与被粘物剥离时，由于剥离外力的速度一般都比较高，压敏胶黏剂此时主要表现为近似于弹性体的性质，因而具有较高的抗剥离能力。根据式(2-1-4)，此时压敏胶的总形变速度 dr/dt 主要取决于第一项，即与外力作用的速度 dF/dt 成正比。在一般情况下，之所以剥离速度越大，压敏胶黏制品的剥离强度越高（详见图 2-2-5），就是这个原因。

　　可见，正是由于组成压敏胶黏剂的基体高聚物的这种黏弹性质，才使压敏胶黏剂具有了对外加压力敏感的黏合特性，也就是使用时只要加以适当的压力而不必进一步固化就能得到一定黏合强度的这种特性。

三、黏弹性的四元流变学模型

　　为了更好地描述高聚物的黏弹性行为，在 Maxwell 模型的基础上，科学家们又提出了许多较复杂的流变学模型[2]。其中如图 2-1-3 所示的四元流变学模型更为准确地描述了高聚物的黏弹性质。利用这个模型可以对高聚物的黏弹性进行一些比较定量的研究。该模型是由一个弹性模量为 G_1 的弹簧、一个由弹性模量 G_2 的弹簧和黏度 η_2 的黏壶并联组件以及一个黏度为 η_3 的黏壶等三者串联在一起组成。在外力 F 作用下，弹簧 G_1 和 G_2 发生典型的符合虎克定律的弹性形变，黏壶 η_2 和 η_3 则产生典型的符合牛顿定律的黏性流动。根据该模型，可以推导出在外力作用下总的黏弹性形变 r 随时间 t 变化的方程式为：

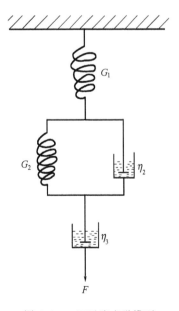

$$r = \frac{F}{G_1} + \frac{F}{G_2} \times (1 - e^{1/\lambda_2}) + \left(\frac{F}{\eta_3}\right) \times t \qquad (2-1-5)$$

式中，$\lambda_2 = \eta_2 / G_2$

用这个四元流变学模型和由此导出的方程式(2-1-5)，不

图 2-1-3　四元流变学模型

仅像 Maxwell 模型一样能定性地描述压敏胶黏剂的黏合特性，而且还可以对压敏胶黏剂的黏弹性质进行一些比较定量的研究。K. Fukuzawa 等[3]曾研究测试了四种聚丙烯酸酯压敏胶在受到 200g 剪切静应力后胶层的形变量 r 随时间 t 变化的情况。所得测试数据与用方程式(2-1-5)计算结果完全一致。后来，刘波等则采用这种四元流变学模型研究测试了几种热熔压敏胶的动态流变学行为与耐剪切蠕变性能（持黏性能）之间的联系。结果表明，压敏胶的持黏力受到体系蠕变过程的控制，完全能够用这个四元流变学模型进行定量的解释，符合方程式(2-1-5)；还可以通过较高温度得到的持黏力数据来预测室温和较低温度时的持黏力大小。

四、压敏胶的动态力学试验和动态力学性能

上述流变学模型都是在静态外应力的作用下考察高聚物的形变性能的。若采用一个周期性变化的动态外应力作用于高聚物来考察其形变情况，也即采用动态力学试验来研究高聚物时，就更能进一步揭示高聚物的黏弹性质，更容易区别高聚物的弹性响应和黏性响应。

用来进行高聚物动态力学试验的仪器称为动态黏弹谱仪。将被测定的高聚物样品夹在两平行板之间，加以一个处于剪切状态下的正弦振荡的外应力，测定其外应力 σ 和高聚物应变 τ 的曲线，可得到图 2-1-4 那样的结果。显然，当 $\sigma=\sigma^\circ\times\sin(\omega t+\delta)$ 时，$\tau=\tau^\circ\times\sin(\omega t)$。式中，$t$ 为时间；ω 为振荡频率；σ° 和 τ° 分别为应力和应变的最大值。显然，应力领先于应变，其相位角为 δ。高聚物材料的弹性响应与应变成正比，它与应变同相；而黏性响应与应变速率成正比，它与应变异相 90°。因此，高聚物在动态外应力作用下的响应可以分解为同相组元和异相组元，相应的模量（应力与应变之比）分别称为储能模量 G' 和损耗模量 G''，分别反映高聚物的弹性形变和黏性形变。损耗因子 $\tan\delta=G''/G'$，表示每个测量周期所损失的能量与贮存的能量之比，反映高聚物的分子链段在运动时受到内摩擦力的大小。用这种动态力学试验所测定的高聚物的 G'、G'' 和 $\tan\delta$ 就是高聚物的动态力学性能。

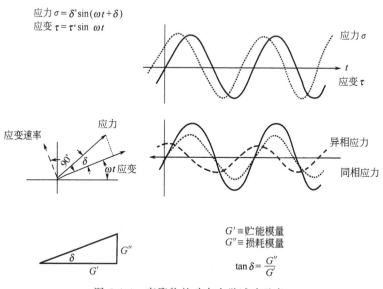

图 2-1-4　高聚物的动态力学试验示意

图 2-1-5 与在恒定外应力作用频率下高聚物典型的动态力学性能与测试温度的关系。在低温时（Ⅰ区），聚合物处于玻璃态。此时聚合物样品较硬、较脆，G' 值较大，在 $10^9\,\mathrm{Pa}$ 的数量级，而 G'' 和 $\tan\delta$ 值较小，聚合物以弹性响应为主。随着温度的上升，聚合物逐渐转化

成高弹态。在该转化区域（Ⅱ区），G' 值迅速下降，而 G'' 和 tanδ 则迅速上升并出现一个极大值（峰值），意味着聚合物的黏性响应成分迅速增加。此时的温度被称为玻璃化转变温度，用 T_g 来表示，随着温度的进一步升高，聚合物处于高弹态（Ⅲ区），此时 G' 和 G'' 曲线皆出现一个台阶，而 tanδ 则有一个最低值，意味着聚合物的弹性响应成分和黏性响应成分相对稳定。在高弹态的台阶模量区，G' 在 $5 \times 10^6 \sim 1.0 \times 10^7 Pa$ 之间，并随聚合物分子量❶的不同而不同，分子量较高的聚合物具有较长的高弹态模量台阶区。高弹态的台阶模量与分子量有关，是聚合物的一种特性。温度继续升高，聚合物开始熔化并进入末端区域（Ⅳ区）。此时，聚合物的 G' 迅速下降（G' 值低于 $5 \times 10^3 Pa$），G'' 值也下降，但 tanδ 却迅速上升。意味着聚合物的黏性响应迅速增加，并成为主要成分。大多数聚合物的 tanδ 值都在 $0.1 \sim 10$ 之间。

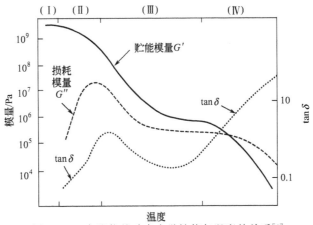

图 2-1-5　高聚物的动态力学性能与温度的关系[4]

在恒定温度下，聚合物的动态力学性能随着外应力作用频率的降低有着与在恒定频率下随测试温度升高相类似的变化规律。

可见，用动态力学试验所测得的动态力学性能是聚合物黏弹性的一种比较定量化的表征。人们不仅已经对组成压敏胶的各种原材料，如天然橡胶、丁苯橡胶、苯乙烯-丁二烯-苯乙烯（SBS）和苯乙烯-异戊二烯-苯乙烯（SIS）等热塑弹性体、丙烯酸酯共聚物以及各种增黏树脂的黏弹性，用动态力学试验进行了表征和研究，而且也对各种重要的商品化压敏胶黏剂的动态力学性能进行了测试和研究。

不同用途的压敏胶黏制品对所用压敏胶黏剂的黏弹性有不同的要求。图 2-1-6 是两种商品化压敏胶黏剂（一种为低温胶带用，另一种为捆扎胶带用）的动态力学性能图。这两种压敏胶在室温时的 G' 值皆为 $10^5 Pa$ 左右，但与捆扎胶带用压敏胶相比，低温胶带用压敏胶的 tanδ 峰值温度（$-20℃$）和 G' 的台阶模量值皆较低些，这是因为低温胶带需要优良的低温性能，而捆扎胶带需要有优良的高温性能。当然，这两种压敏胶在室温下都必须具有良好的压敏黏合性能。在对众多的商品化胶带和标签用压敏胶的黏弹性进行了表征后，人们发现，玻璃化温度（tanδ 的峰值温度）低于使用温度而储能模量 G' 具有一定值时，胶黏剂就有较好的压敏胶黏性能。用途不同，胶带和标签所用压敏胶的动态学性能也不同。但一般来说，胶带用压敏胶比标签用压敏胶有更高一些的玻璃化温度以及在室温下具有更高一些的储能模

---

❶ 指相对分子质量，全书同。

量值。胶带用的压敏胶要求室温下的 G' 值为 $5\times10^4\sim2\times10^5\,\mathrm{Pa}$，$T_g$ 为 $-15\sim+10\,℃$（对橡胶压敏胶而言）或 $-20\sim-40\,℃$（对聚丙烯酸酯压敏胶而言）。而标签用压敏胶则要求室温下的 G' 为 $2\times10^4\sim8\times10^4\,\mathrm{Pa}$，$T_g$ 要求则更低一些。

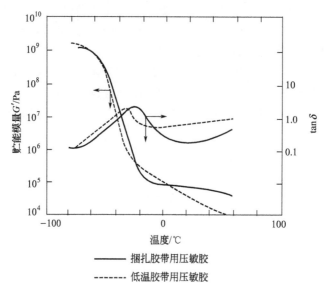

图 2-1-6　两种商品化压敏胶黏剂的动态力学性能[4]

◎ 第二节　压敏胶黏剂对被粘物表面的润湿

如前节所述，正是由于压敏胶黏剂特殊的黏弹性质，才使它能在缓慢而适当的外压力作用下产生黏性流动，从而实现与被粘物表面的紧密接触。但仅有这种紧密接触还不足以产生足够的黏合力。压敏胶黏剂还必须对被粘物表面有很好的润湿性，能使它与被粘物表面达到分子接近即 $5\times10^{-10}\,\mathrm{m}$（5Å）以内的程度，产生分子之间的相互作用力，这样才能具有足够的界面黏合力。因此，压敏胶黏剂的黏合性能还必须从液体对固体表面润湿的角度加以分析。

压敏胶黏制品不仅在粘贴过程中要考虑其压敏胶对被粘物表面的润湿问题，而且在涂布制作过程中也要考虑压敏胶黏剂对基材表面的润湿问题。前者影响压敏胶的黏合力，后者影响压敏胶的黏基力。

压敏胶黏剂对被粘物表面或基材表面的润湿可以从热力学和动力学两个方面进行观察和分析。

一、润湿的热力学问题

润湿（Wetting）就是液体接触固体表面时达到分子接近的过程。液体对固体表面润湿作用的大小主要取决于液体-固体分子和液体-液体分子间吸引力的大小。当液体-固体之间分子吸引力大于液体本身分子间吸引力时，便产生了润湿现象，反之则不能润湿。从热力学上考察，润湿过程的自动进行必须满足液体和固体接触后体系的总自由能降低这一热力学条件。

液体对固体表面的润湿有三种情况。第一种情况是一滴液体能在固体表面上自动展开并润湿整个固体表面，这叫做扩展润湿。此时，润湿后固体表面消失，被同面积的固-液界面和液体表面代替。若固体被润湿的表面积为 1.0cm^2，则此润湿过程的自由能降低 W_S 为：

$$W_S = \gamma_S - \gamma_{SL} - \gamma_L \qquad (2\text{-}1\text{-}6)$$

式中，γ_S 和 γ_L 分别为固体和液体的表面张力或表面自由能；γ_{SL} 为固-液界面的界面张力或界面自由能。第二种情况是把固体整个浸没在液体里，液体能润湿固体表面上的每一个缝隙，这叫做浸没润湿。此时，原有的固体表面被固-液界面所代替。若固体的总表面积为 1.0cm^2，则此润湿过程的自由能降低 W_I 为：

$$W_I = \gamma_S - \gamma_{SL} \qquad (2\text{-}1\text{-}7)$$

第三种情况是液体只能润湿所接触到的固体部分，这叫做接触润湿。此时，原有的固、液表面被固-液界面所代替。若接触固体的表面积为 1.0cm^2，则此润湿过程的自由能降低 W_A 为：

$$W_A = \gamma_S + \gamma_L - \gamma_{SL} \qquad (2\text{-}1\text{-}8)$$

从式(2-1-6)、式(2-1-7) 和式(2-1-8) 不难看出，只有当 $\gamma_S > \gamma_{SL} + \gamma_L$ 时，$W_S > 0$，液体才对固体呈现扩展润湿，也叫完全润湿。而当 $\gamma_S \leqslant \gamma_{SL} + \gamma_L$ 的其余情况下，则呈现不同程度的润湿。润湿程度通常可用液体对固体的接触角来表示。

如果在一个水平固体表面放一滴液体，该液滴将受到各种表面张力的作用，如图 2-1-7 所示。当处于热力学平衡状态时方程式(2-1-9) 成立：

$$\gamma_{SL} + \gamma_L \times \cos\theta = \gamma_S \qquad (2\text{-}1\text{-}9a)$$

或

$$\cos\theta = \frac{(\gamma_S - \gamma_{SL})}{\gamma_L} \qquad (2\text{-}1\text{-}9b)$$

这就是著名的 Young 方程式。式中，θ 为液体对固体表面的接触角。

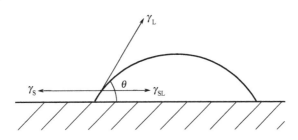

图 2-1-7　液体在固体表面的润湿平衡

显然，当 $\theta = 0°$ 时，$\cos\theta = 1$，$\gamma_S = \gamma_{SL} + \gamma_L$，液体能在固体表面自动展开，也即呈现扩展润湿。当 $\theta > 90°$ 时，$\cos\theta < 0$，$\gamma_S < \gamma_{SL}$，式(2-1-6) 的 W_S 和式(2-1-7) 的 W_I 皆小于零，即既不符合扩展润湿也不符合浸没润湿的热力学条件，而只可能是接触润湿或完全不能润湿了。此时，液体会在固体表面自动收缩。许多难粘材料，如聚四氟乙烯、有机硅隔离纸、聚乙烯、聚丙烯、固体石蜡等不能被大多数胶黏剂所润湿就是这个原因。

当 $\theta < 90°$ 时，$\cos\theta > 0$，即 $\gamma_S > \gamma_{SL}$。此时，根据式(2-1-7)，$W_I > 0$，即符合浸没润湿的热力学条件，液体润湿固体表面的过程在热力学上就能自动进行了。实际上，压敏胶黏剂都是在外力作用下粘贴到被粘表面上的。此时相当于浸没润湿的情况，并不要求扩展润湿即完全润湿的热力学条件。因此，只要满足 $\gamma_S < \gamma_{SL}$，即式(2-1-7) 中 $W_I > 0$，或 $\theta < 90°$的热力学条件，当达到热力学平衡时，压敏胶黏剂就能够润湿被粘固体表面了。

后面的分析将进一步表明，液-固界面张力 γ_{SL} 还可表达为：

$$\gamma_{SL} = \frac{(\gamma_S^{1/2} - \gamma_L^{1/2})^2}{[1 - 0.015(\gamma_S \times \gamma_L)^{1/2}]} \tag{2-1-10}$$

由式（2-1-9）和式（2-1-10）可知，当压敏胶的表面张力 γ_L 和被粘固体的表面张力 γ_S 的值相差越小时，它们之间的界面张力 γ_{SL} 和接触角 θ 就越小，浸没润湿的热力学条件就越能得到满足，润湿程度当然就越好。当 γ_L 与 γ_S 相等时，$\gamma_{SL} = 0$，$\theta = 0°$，就达到了扩展润湿的程度，即达到了最好的完全润湿的程度。

二、润湿的动力学问题

一般情况下，压敏胶黏剂对被粘物表面的接触角均小于 $90°$，浸没润湿的热力学条件都能得到满足。但在粘贴压敏胶黏制品的实际过程中，润湿不良的情况也会常常遇到：压敏胶黏剂制品粘贴在粗糙被粘表面往往比粘贴在光滑被粘表面的黏合力差；粘贴后其黏合力往往会随时间的延长而增加。这些现象都是因为润湿过程还有一个速度问题，即润湿的动力学问题。

研究表明，液体润湿固体表面的速度与固体表面张力和表面粗糙度、液体的黏度和表面张力以及液体对固体表面的接触角都有关系。如果把被粘表面上的孔隙看成毛细管，则黏度为 η 的液体流过半径为 R、长度为 L 的毛细管的速度 $\mathrm{d}L/\mathrm{d}t$ 和所需的时间 t 可以根据下式计算：

$$\frac{\mathrm{d}L}{\mathrm{d}t} = \frac{(\gamma_S - \gamma_{SL}) \times R}{4\eta L} = \frac{R\gamma_L \cos\theta}{4\eta L} \tag{2-1-11a}$$

和

$$t = \frac{2\eta \times L^2}{R(\gamma_S - \gamma_{SL})} = \frac{2\eta L^2}{R\gamma_L \cos\theta} \tag{2-1-11b}$$

可见，被粘物的表面张力 γ_S 越大，或表面粗糙度越小（即 L 越小、R 越大），压敏胶的黏度 η 越小、表面张力 γ_L 越大，接触角 θ 越小或界面张力 γ_{SL} 越小，则润湿过程的速度就越快，达到最佳润湿程度所需的时间就越短，润湿性当然也就越好。这里，对胶黏剂和被粘物的表面张力 γ_L 和 γ_S、界面张力 γ_{SL} 及接触角 θ 的要求与润湿的热力学条件是一致的。而压敏胶的黏度 η 和被粘物表面粗糙度的影响则是润湿动力学所特有的。涂在基材上的压敏胶黏剂都是半固体物质，其本体黏度 η 一般都在 $10^6 \sim 10^8\,\mathrm{Pa \cdot s}$ 范围内，比其他胶黏剂未固化状态的黏度要大很多。因此，压敏胶黏制品在粘贴过程中的润湿动力学问题更应引起重视。

三、接触角、表面张力和表面自由能以及界面张力和界面黏附功

为了深入理解液体对固体的润湿现象，这里对接触角、表面张力和表面自由能以及界面张力和界面黏附功等作进一步介绍。

1. 接触角及其测定方法

从润湿的热力学和动力学分析可知，液体对固体表面的接触角大小是表征液体对固体表面润湿能力的重要参数。因此，在研究和了解胶黏剂对被粘表面的润湿和黏合性质时，常常需要对它们的接触角进行具体的测定。测定液体对固体表面接触角 θ 的方法很多。其中经典的斜板法可以得到精确的结果，因而也最为常用[5]。将待测固体制成宽为几厘米的平板，倾斜地插入待测液体中，通过可调装置转动平板位置，直到液面完全水平地达到固体的表面

为止。此时，测定平板表面和水平液面之间的夹角 θ 即为接触角。如果降低试件位置以致增加平板插入深度，由此所得的接触角称为"前进角"；若提高试件位置而使平板上升，所测得的接触角称为"后退角"。因此，液-固之间的接触角平衡值不是瞬间可以达到的，务必在调节平板位置过程中经历足够的时间才能测得。

2. 表面张力和表面自由能

任何液体或固体的表面都有一层密度比它小得多的饱和蒸气包围着。处于表面层的分子与其周围分子的作用力场是不平衡的，它与蒸气分子作用力小，而与本体相（液体或固体）分子作用力大。因此，表面层分子一直受到一个指向本体相内部的吸引力的作用。正是由于这个吸引力的作用，才使液体或固体保持了一定的形状（通常液体呈滴状）。作用在表面单位长度上的这个吸引力就被称为表面张力，其单位为 N/m（常用单位为 dyn/cm，1dyn/cm ＝ 10^{-3}N/m）。由于这个吸引力的存在，若要将本体相的分子移位至表面上（即增加表面积），就必须使用外力来克服这个力的作用而做功，同时使体系的自由能增加。产生单位面积的新表面所需消耗的可逆功（等于体系新增加的自由能）称为比表面自由能，简称表面自由能，单位为 J/m²（常用单位为 erg/cm²，1erg/cm² ＝ 10^{-3}J/m²）。表面张力和表面自由能是物质表面重要的物理化学性质。虽然它们的物理意义不一样，但它们的量纲是相同的，即 1N/m ＝ 1J/m²。因此，有时候两者可以互换地使用。

测定液体表面张力的方法有很多，但以毛细管上升法最为准确，也最为常用。将一干净的半径为 r 的毛细管（一般为玻璃质毛细管）垂直插入到被测液体中，毛细管内的液柱会因液体的表面张力而上升（或下降）。根据毛细上升原理，当达到平衡时液体的表面张力可由下式求得：

$$\gamma_L = \frac{(\Delta\rho g r h)}{2\cos\theta} \tag{2-1-12}$$

式中，$\Delta\rho$ 为被测液体与气体两相密度差；g 为重力加速度；h 为液柱上升（或下降）的高度；θ 为被测液体在毛细管（固体）表面的接触角。因此，只要测得液柱的高度 h 和接触角 θ，即可计算出该液体的表面张力 γ_L 了。除毛细管上升法外，还有最大泡压法、滴重法、DuNouy 吊环法、吊板法等，也都可以用来测定液体的表面张力[5]。

固体表面张力和表面自由能的测定方法也很多。主要有温度外推法，即测定不同温度下固体熔融状态时的表面张力，然后将温度外推至室温所得的数值。此外，还有受拉法和溶解热法等。但这些方法的实验操作都比较繁杂和困难，测定的精度也都比较差。

为了解决固体表面张力 γ_S 的测定困难，W. A. Zisman 等提出了临界表面张力的概念。固体的临界表面张力 γ_C 就等于接触角 $\theta = 0°$ 时的、润湿该固体的液体表面张力。因此，只要测定一组不同表面张力 γ_L 的液体对被测固体表面的接触角 θ，用 $\cos\theta$ 对 γ_L 作图，得一直线并将直线外推到 $\cos\theta = 1$ 时，所得的 γ_L 值就是该被测固体的临界表面张力 γ_C 值。由于 γ_C 是 $\cos\theta = 1$ 时的液体表面张力 γ_L，所以由 Young 氏方程式(2-1-9)就可得知，此时 $\gamma_C = \gamma_S - \gamma_{SL}$。然而，对于一般的有机固体和有机液体体系来说，$\gamma_{SL}$ 可以忽略不计。这时 $\gamma_C = \gamma_S$，即可以将固体的临界表面张力 γ_C 看做是该固体的表面张力 γ_S。

下节的分析还将看到，对于非极性固体的表面张力 γ_L^{WS}，还可以采用一个表面张力 γ_L^{WL} 已知的非极性液体，并测定它在该固体表面的接触角 θ 值，再用下式求得 γ_L^{WS}：

$$\gamma_L^{WS} = \frac{1}{4} \times \gamma_L^{WS}(1+\cos\theta)^2 \tag{2-1-13}$$

用这些方法测得的某些常见的压敏胶黏剂和被粘材料固体的表面张力 γ_S 列于表 2-1-1。

表 2-1-1　某些常用压敏胶黏剂和被粘材料固体的表面张力 γ_s[6]

压敏胶黏剂（主要成分质量比）	表面张力 $\gamma_s \times 10^3/(\text{N/m})$	被粘材料	表面张力 $\gamma_s \times 10^3/(\text{N/m})$
天然橡胶-萜烯树脂（70∶30）	32.0	有机硅隔离纸	11
天然橡胶-萜烯树脂（50∶50）	24.8	聚四氟乙烯	19
天然橡胶-萜烯树脂（30∶70）	24.1	聚乙烯	32
天然橡胶-松香酯（70∶30）	35①	聚丙烯	34
天然橡胶-松香酯（50∶50）	35①	聚苯乙烯	36
聚异丁烯	30～31①	聚碳酸酯	40
聚乙烯基醚	36①	有机玻璃	42
聚丙烯酸酯	36.9①	硬质聚氯乙烯聚酯	42
		尼龙 66	40
			46①

① 根据 Zisman 的方法，由几种液体的接触角测定并外推求得，其余皆根据苯胺的接触角 θ 测定，用式（2-1-13）推算得到，苯胺的表面张力 $\gamma_L = 42.9 \times 10^{-3}\text{N/m}$。

3. 界面张力和界面黏附功

上述润湿热力学分析中，γ_{SL} 就是液体和固体表面接触后产生的液-固界面张力。界面张力实际上是两相界面间分子相互作用力的一种表征。如果两相表面接触后没有任何分子间的相互作用，即完全不产生润湿现象，则其界面张力应为 $\gamma_{SL} = \gamma_S + \gamma_L$。但只要液体能够润湿固体表面，液-固界面区就存在着两相分子间的相互作用。这种界面上两相分子间的相互作用就是黏附现象的本质。由于界面上这种分子间的相互作用，致使整个体系自由能的降低。这种因界面黏附而降低的体系自由能被定义为界面黏附功 W_a，即：

$$W_a = \gamma_S + \gamma_L - \gamma_{SL} \tag{2-1-14}$$

故此时

$$\gamma_{SL} = \gamma_S + \gamma_L - W_a \tag{2-1-15}$$

这就是液-固的界面张力 γ_{SL} 和界面黏附功 W_a 之间的关系式。界面黏附功也可定义为将单位面积的液-固界面分离成相同面积的液体表面和固体表面所需要做的功。若假定液-固界面上邻近的液-固两种分子间的相互作用力等于固体内聚力和液体内聚力的几何平均值，则液-固界面张力可表达为：

$$\gamma_{SL} = \gamma_S + \gamma_L - 2(\gamma_S \times \gamma_L)^{1/2} = (\gamma_S^{1/2} - \gamma_L^{1/2})^2 \tag{2-1-16}$$

但上式与实验结果差距较大。于是 R. A. Good 等提出了下述修正式：

$$\gamma_{SL} = \gamma_S + \gamma_L - 2\phi \times (\gamma_S \times \gamma_L)^{1/2} \tag{2-1-17}$$

式中，ϕ 为由液体和固体表面物理性质决定的特征因素。进一步研究表明，ϕ 与 γ_{SL} 有线性关系，即 $\phi = \alpha\gamma_{SL} + \beta$。其中，$\alpha$ 约为 0.0784，β 约为 1.004。于是就得到了前面所述的 γ_{SL} 表达式（2-1-10）。

$$\gamma_{SL} = (\gamma_S^{1/2} - \gamma_L^{1/2})^2 / [1 - 0.015(\gamma_S \times \gamma_L)^{1/2}]$$

根据此式就可以由液体和固体的表面张力 γ_L 和 γ_S 计算出它们之间的界面张力来。

理论研究指出[7]，液体和固体的表面张力 γ 还可以表达为它的非极性成分 γ^{LW} 和极性成分 γ^{AB} 之和，而其中的极性成分 γ^{AB} 则可表达为路易斯酸成分 γ^+ 和路易斯碱成分 γ^- 之几何平均值，即：

$$\gamma = \gamma^{LW} + \gamma^{AB} = \gamma^{LW} + 2(\gamma^+ \times \gamma^-)^{1/2} \tag{2-1-18}$$

同样，液-固界面黏附功 W_a 也可看作是它的非极性成分 W_a^{LW} 和极性成分 W_a^{AB} 之和：

$$W_a = W_a^{LW} + W_a^{AB} \tag{2-1-19}$$

而

$$W_a^{LW} = 2(\gamma_S^{LW} \times \gamma_L^{LW})^{1/2} \tag{2-1-20}$$

$$W_a^{AB} = 2[(\gamma_S^+ \times \gamma_L^-)^{1/2} + (\gamma_S^- \times \gamma_L^+)^{1/2}] \tag{2-1-21}$$

所以

$$W_a = 2(\gamma_S^{LW} \times \gamma_L^{LW})^{1/2} + 2[(\gamma_S^+ \times \gamma_L^-)^{1/2} + (\gamma_S^- \times \gamma_L^+)^{1/2}] \tag{2-1-22}$$

将 Young 氏方程式(2-1-9a) 代入式(2-1-14)，得到：

$$W_a = \gamma_L(1 + \cos\theta) \tag{2-1-23a}$$

对于非极性液体，则：

$$W_a^{LW} = \gamma_L^{LW}(1 + \cos\theta) \tag{2-1-23b}$$

从式(2-1-20) 和式(2-1-23b) 可得到式(2-1-13)：

$$\gamma_S^{LW} = \gamma_L^{LW}(1 + \cos\theta)^2 / 4$$

可见，若采用一个表面张力 γ_L^{LW} 已知的非极性液体，并测定它在被测固体表面的接触角 θ，便可从式(2-1-13) 计算出该固体表面张力的非极性成分 γ_S^{LW}。再采用两个表面张力已知的液体（其中至少有一个是极性液体），并测定它们在被测固体表面的接触角，将式(2-1-22) 和式(2-1-23a) 结合，可得到：

对液体 I　　$\gamma_{L1}(1 + \cos\theta_1) - 2(\gamma_S^{LW} \times \gamma_{L1}^{LW})^{1/2} = 2(\gamma_S^+ \times \gamma_{L1}^-)^{1/2} + 2(\gamma_S^- \times \gamma_{L1}^+)^{1/2}$

对液体 II　　$\gamma_{L1}(1 + \cos\theta_2) - 2(\gamma_S^{LW} \times \gamma_{L2}^{LW})^{1/2} = 2(\gamma_S^+ \times \gamma_{L2}^-)^{1/2} + 2(\gamma_S^- \times \gamma_{L2}^+)^{1/2}$

解上述两个方程式就可计算出该固体的表面张力的路易斯酸成分 γ_S^+ 和路易斯碱成分 γ_S^-。进一步就可根据式(2-1-22) 计算出液-固界面的黏附功 W_a 来[3]。

式(2-1-22) 是从热力学的角度推导出来的，因此从式(2-1-22) 计算出的界面黏附功 W_a 是可逆黏附功。实际上，任何黏附现象都是不可逆的。黏合时，由于界面分子之间的相互作用，使分子之间的相对位置发生变化，还由于摩擦或其他原因使体系的能量受到损失，故实际的不可逆黏附功 W_A 往往大于从式(2-1-22) 计算出的可逆黏附功 W_a。有人曾经提出，不可逆黏附功 W_A 可以根据式(2-1-24) 由可逆黏附功 W_a 算出[6]：

$$W_A = (\pi/2) \times (\tan\delta_L \times \tan\delta_S)^{1/2} \times W_a \tag{2-1-24}$$

式中，$\tan\delta_L = G_L'' / G_L'$，$\tan\delta_S = G_S'' / G_S'$，而 G_L''、G_L' 和 G_S''、G_S' 分别为液体（即胶黏剂）、固体（即被粘物）的动态损耗模量和动态储能模量。

也有人对界面黏附功的实验测试进行了较深入的研究和探索。

◎ 第三节　压敏胶制品的实用黏合性能

正是压敏胶黏剂本身的黏弹性质以及对被粘物表面很好的润湿能力，才赋予压敏胶制品对外加压力敏感的黏合特性。然而，对于压敏胶黏制品的这种黏合特性，还可以用一些能够较方便地进行测试的实用黏合性能加以定量地表征。这些实用黏合性能就是：初黏（tack）力 T、黏合（adhesion）力 A、内聚（cohesion）力 C 和黏基（keying）力 K，见图 2-1-8。

对于一个实用的压敏胶制品来说，这些性能之间必须满足如下的要求：

$$T < A < C < K \tag{2-1-25}$$

初黏力亦称快黏力，是指当压敏胶制品的压敏胶面与被粘物表面以很轻的压力接触后、立即快速分离所表现出来的抵抗分离的能力。一般即所谓用手指轻轻接触压敏胶面并立即移

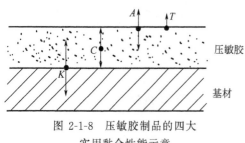

图 2-1-8 压敏胶制品的四大
实用黏合性能示意

开时所显示出来的手感黏力。这是压敏胶制品所特有的一种实用黏合性能，被称为初黏性。现已有许多测试表征方法，将在本篇第三章中详述。

黏合力是指用适当的外压力和时间进行粘贴后压敏胶制品和被粘物表面之间所表现出来的、抵抗黏合界面分离的能力。一般用压敏胶制品的剥离力或剥离强度测试来进行量度和表征。将在本篇第二章中详述。

内聚力是指压敏胶黏制品中压敏胶黏剂层本身的内聚力，即压敏胶黏剂层抵抗因外力作用而受到破坏的能力。一般用压敏胶制品经适当的外压力和时间进行粘贴后，在持久的剪切应力作用下抵抗剪切蠕变破坏的能力，即剪切蠕变保持力（简称剪切持黏力或持黏力）来量度和表征。因此，这种性能也被称为压敏胶的持黏性能，简称持黏性。将在本篇第四章中详述。

黏基力是指压敏胶黏剂与基材或压敏胶黏剂与底涂剂及底涂剂与基材之间的黏合力。压敏胶制品进行剥离强度测试中发生完全的胶层与基材脱开时所测得的剥离强度值即可视为黏基力的大小。正常情况下，压敏胶制品的黏基力大于黏合力，故无法测得此值。

在实用的压敏胶制品中，压敏胶黏带是制成卷盘状供应的，此时压敏胶黏剂被粘贴在基材背面上保护着；压敏胶黏片材中的压敏胶黏剂则是被粘贴在隔离纸或隔离膜的防黏层面上保护着。使用时都必须首先解开压敏胶黏带的卷盘或揭去隔离纸（或膜）。因此，压敏胶黏剂与基材背面或隔离纸（或膜）的防黏层面之间的黏合力也是压敏胶制品重要的实用黏合性能之一。这种黏合性能一般是用压敏胶黏带的解卷力测试或压敏胶对隔离纸（或膜）的剥离力测试来量度和表征的。也将在本篇第二章中详述。

因此，初黏力（或初黏性）、黏合力（用剥离力或剥离强度表征）和内聚力（用持黏力或持黏性表征）是压敏胶黏剂及其制品最重要的实用黏合性能，也就是人们常称的三大压敏胶黏性能。上述几种实用的黏合性能之间如能满足式(2-1-25)那样的条件，该压敏胶制品就不但具备了对外压力敏感的黏合特性，而且还能满足实际应用所需的基本要求。否则，就会产生种种质量问题。例如，若 $T \nless A$，就不可能产生对外压力敏感的性能，本质上就不能称为压敏胶黏剂或压敏胶制品了；若 $A \nless C$，则揭除该胶黏制品时就会出现胶层内聚破坏，导致压敏胶沾污被粘物表面、拉丝或粘背等弊病，这对于许多压敏胶制品是不允许的；若 $C \nless K$，就会产生脱胶（胶层脱离基材）或粘背等现象。这些质量问题，对于任何合格的压敏胶制品都是不允许产生的。此外，压敏胶黏剂与基材背面或隔离纸的防黏层面之间的黏合力也应该保持在适当的范围内。若这种黏合力太大，在压敏胶黏带解卷或胶黏片材揭去隔离纸（或膜）时会发生困难，甚至会产生粘背或隔离纸（或膜）撕断等现象。若这种黏合力太小，则在压敏胶黏制品的贮存、运输和使用过程中可能会出现胶带松卷或隔离纸（或膜）漂浮的情况。

可见，压敏胶制品的上述几种实用黏合性能及其相互之间的关系，就是它们最重要也是最基本的性能。在研究和制造压敏胶黏剂及其各种制品时，首先必须考虑并满足这些基本性能的要求。当然，其他性能要求，如压敏胶制品的机械强度、柔韧性、透明性和色泽、电绝缘性能、耐热、耐燃、耐腐蚀、耐介质和耐大气老化等，在选择基材和压敏胶黏剂的配方时也是必须考虑的。

压敏胶的黏弹性与实用黏合性能的联系

人们早就重视压敏胶黏剂的黏弹性（包括流变性能和动态力学性能）与各种实用黏合性能之间联系的研究。通过动态力学性能或流变性能的测试来表征压敏胶黏剂的黏弹性，并企图通过动态力学性能或流变性能的改变和调整来获得实用黏合性能更好的压敏胶黏剂。

一、压敏胶的 Dahlquist 准则和"黏弹性窗"观点

关于压敏胶的黏弹性与实用黏合性能之间的联系，早在 1966 年 A. C. Dahlquist[15] 就已通过大量的研究和总结，提出了被后人称为"Dahlquist 准则"的论断：在使用温度和使用外力作用的低频率区域内，压敏胶的储能模量 G' 值必须小于 3.3×10^5 Pa（即小于 3.3×10^6 dyn/cm^2 或小于 33N/cm^2），符合此黏弹性要求的材料才可能具有较好的实用压敏黏合性能。此准则后来被逐渐证明具有普适性。[9,19] Dahlquist 准则在压敏胶黏剂的学术领越，甚至在压敏胶制品的行业内已经广为人知。在人们挑选压敏胶原料以及研制新的压敏胶配方的时候，这个准则已经发挥了并正在发挥着很大的指导作用。

后来 E. P. Chang（1991）[18] 根据不同的压敏胶具有相似的动态黏弹性曲线这一事实，提出了压敏胶的"黏弹性窗"观点。他以 $0.01 \sim 100$ Hz 作为压敏胶的剥离强度、初黏性能和剪切持黏性能测试时外力作用的应用频率范围，通过测定不同压敏胶样品在 0.01 Hz 和 100 Hz 这两个频率处的储能模量 G'、损耗模量 G'' 和损耗因子 $\tan\delta(=G''/G')$ 等动态力学性能，建立了一个很实用的压敏胶黏弹性窗，并根据这个黏弹性窗将所有的压敏胶分为五类：第一类在该压敏胶黏弹性窗的左上角高频区，具有高模量、低损耗，是一类低黏性的压敏胶；第二类在该窗的右上角次高频区，具有高模量、高损耗，是一类具有高剪切持黏性的压敏胶；第三类在该窗的左下角次低频区，具有低模量、低损耗，是一类再剥离型压敏胶；第四类在该窗的右下角低频区，具有低模量、高损耗，是一类低温使用型压敏胶；第五类在该窗的中心应用频率区，具有中等模量、中等损耗，是一般的通用型压敏胶。这种压敏胶黏弹性窗的观点也能很好地用于指导各种压敏胶制品的研究开发。

若将 Dahlquist 准则以及压敏胶的弹性模量 G' 和损耗模量 G'' 等值（即损耗因子 $\tan\delta = G''/G' = 1$）时的线与 Chang 的黏弹性窗联系起来，制作出如图 2-1-9 那样的压敏胶 G'-G'' 图。我们就可通过其黏弹性窗的形状和在图中所处的位置，估计各种压敏胶的实用黏合性能。

在图 2-1-9 中，我们可以找到被 Chang 划分的五类压敏胶各自的黏弹性窗的相应位置。由图还可知：

① Dahlquist 准则线可成为判断材料是否可以用作压敏胶的一条参考线，对于大多数可用作压敏胶的材料，它们的黏弹性窗的基线都低于 Dahlquist 线；通过材料的黏弹性窗基线与 Dahlquist 准则线的相对位置，不仅可快速知道该材料是否具有压敏黏合性能，还可大致知道具有什么样的实用胶黏性能。

② 损耗因子 $\tan\delta = 1$ 的线把黏弹性窗分为两个区域：a. 在该线左边的区域，储能模量大于损耗模量（$\tan\delta < 1$），弹性特征占优势。当其黏弹性窗越靠近 G'-G'' 图的左上角区域，其材料的弹性越强，黏性越弱，则其压敏胶的持黏性越好而初黏性差。b. 在该线右边的区域，储能模量小于损耗模量（$\tan\delta > 1$），黏性特征占优势；当其黏弹性窗越靠近 G'-G'' 图的右下角区域，则其材料的黏性越多，弹性越少，其压敏胶的初黏性好而持黏性差，并容易产

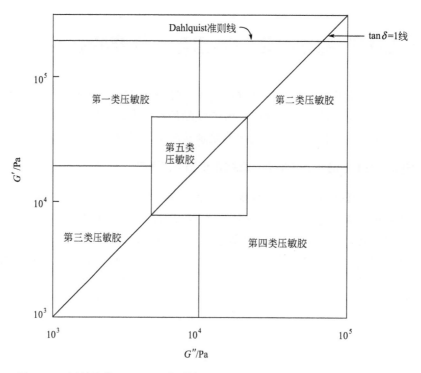

图 2-1-9　压敏胶的 Dahlquist 准则线和 tanδ＝ 1 线与黏弹性窗的联系示意图

生内聚破坏。

　　可见，将 Dahlquist 准则与 Chang 的'黏弹性窗'观点联系起来分析，可以使我们对压敏胶的黏弹性与实用压敏黏合性能之间的联系有更深入的了解，也可以在挑选压敏胶原料以及在研制新的压敏胶配方时给我们更多的指导和帮助。

　　各类压敏胶的黏弹性（包括流变性能和动态力学性能）与各种实用压敏黏合性能之间的具体联系将在本书其他有关章节详细介绍。

二、近年来我国在压敏胶黏弹性研究方面的简介

　　近几年来，聚合物的黏弹性与实用压敏黏合性能之间的相互联系更加引起人们的关注[10]，尤其是也受到了国内学者们的重视。邱洪科等[16]对国内外学者在各类聚合物压敏胶的黏弹性研究方面的进展作了总结和介绍。并得出结论：聚合物压敏胶的黏弹性决定了它们的实用黏合性能，黏弹性的测试和研究可以更准确、快速地反映压敏胶的性质，使产品开发和控制更为便捷。

　　在这方面的实验研究也已经开展。曹通远等[8,14]测定了几种热熔压敏胶的动态力学性能，研究了动态力学性能与压敏胶实用黏合性能之间的关系。结果表明，热熔压敏胶的损耗因子（tanδ）的最小值及其对应的温度是决定压敏胶剪切持黏力的关键流变学参数。吴波等[12]用动态黏弹谱仪测量并研究了一种嵌段共聚物热塑弹性体热熔压敏胶的动态力学性能及其实用压敏黏合性能，并与聚丙烯酸酯乳液压敏胶进行了比较。结果表明，在 0.01～100Hz 的实验频率范围内，两种压敏胶的储能模量 G'、损耗模量 G'' 和损耗因子 tanδ 等动态力学性能以及本体黏度 η 等流变性能都有较大的差别并呈现不同的变化规律。在较低的试验频率时，储能模量 G' 较低的压敏胶，其初黏性能较好；在较高的试验频率时，损耗模量 G'' 较高的压敏胶，其180°剥离强度较大；储能模量 G' 和本体黏度 η 较大的压敏胶，其剪切持

黏性能较好。巫辉等[17]利用黏弹谱仪对乳液型聚丙烯酸酯压敏胶、SIS 和 SBS 热熔型压敏胶进行室温变频率扫描测试时发现：①压敏胶的初黏性与低频率外力下（约 0.01Hz）的储能模量 G' 值相关，若聚合物在低频率外力作用下 G' 值小，则压敏胶的初黏性高；②压敏胶的剥离强度与高频外力下（约 100Hz）的损耗模量 G'' 值相关，若聚合物压敏胶在高频率外力作用下有较高的 G'' 值，则会有较高的剥离强度，但此时如初黏性过大，可能会发生内聚破坏，使剥离强度降低；③压敏胶的持黏性与低频外力下的黏度、储能模量相关，若在低频率下具有较高的黏度，则持黏性较好，但当黏度达到一定值后，提高低频率下的 G' 值，会使持黏性更好。

有人还提出了通过流变行为的测量和调节来对压敏胶的性能进行精细调整的具体方法[11,13]。

参 考 文 献

[1] 福沢敬司. 工业材料 [日]，1981，29（3）：75-81.

[2] Balmer R T. Rheological Modeling. //Satas D，Advances in Pressure Sensitive Adhesive Technology. Warwick，Rhode Island，USA：Satas & Associates，1992，128-149.

[3] Fukuzawa K. Theoretical Research on Physical Properties of Pressure Sensitive Adhesive. Tape. Tokyo，Japan：Fukuzawa Consolting Office，1997：1，2.

[4] 曾宪家. 压敏胶黏剂技术手册. 河北华夏实业（集团）股份有限公司，2000：77-94.

[5] 程传煊. 表面物理化学. 北京：科学技术文献出版社，1995：12-154.

[6] 杨玉昆. 压敏胶黏剂. 北京：科学出版社，1994：19-28.

[7] 陈道义，张军营编著. 胶接基本原理. 北京：科学出版社，1992：55-59.

[8] 刘波，曹通远等. 热熔压敏胶粘接性能的流变学研究. 河南化工，2007，24：36-39.

[9] Bistac S. Relationship between polymer viscoelastic properties and adhesive beheviour. International Journal of Adhesion and Adheheves，2002，22（1）：1-5.

[10] Marin G，Derail C. Rheology and adherenle of Pressure-Sensitive Adhesive. Journal of Adhesion，2006，82（5）：469-485.

[11] F. Deplace et al. Journal of Adhesion，2009，85（1）：18-54.

[12] 吴波，SIS 和 SBS 嵌段型热熔压敏胶的微多相结构动态粘弹性及力学性能研究 [D]. 武汉：武汉理工大学，2007：1-63.

[13] Jia Q. Experiments on contacts of a loop with a substrates to measure work of adhesion. Journal of Adhesion，2003，79（6）：559-579.

[14] 曹通远，杨帆. 热熔压敏胶的粘接性能和流变学行为的关系. 粘接，2007，（5）：1-3.

[15] Dahlquist C A. Tack Adhesion Fundamentals and Practice. London：Mclaren and Sons Ltd，1966.

[16] 邱洪科等. 聚合物压敏胶黏弹性的研究进展. 化工新型材料，2009，37（6）：17-19，22.

[17] 巫辉等，聚合物压敏胶的动态粘弹频率谱表征. 武汉大学学报，2007，53（2）：170-174.

[18] Chang E P. Oelastic Windows of Pressure Sensitive Adhesives. Journal of Adhesion，1991，34：189-200.

[19] Boris E Gdalin et al. Effect. of Temperature on Probe Adhesion. Journal of Adhesion，2011，87（2）：111-138.

第二章

压敏胶制品的抗剥离性能

杨玉昆

绝大多数压敏胶制品所用的基材都是薄而柔软的材料。将压敏胶制品粘贴于被粘物上之后，在存放和使用过程中最有可能受到下述两种类型的外应力作用而被破坏：一是端部受到剥离应力的作用而翘起，甚至被撕开，如图 2-2-1（a）所示；二是受到持久性剪切应力的作用而脱开，如图 2-2-1（b）所示。前一种破坏常常发生在胶接界面附近，主要受压敏胶与被粘表面之间黏合力大小的制约；后一种破坏经常发生在压敏胶胶层，主要决定于胶黏剂层的内聚力。因此，人们通常就用压敏胶制品剥离强度的数值来表征它们的黏合力，而用剪切蠕变的大小来表征它们的内聚力。本章主要讨论压敏胶黏剂及其制品抗剥离性能的测试方法、剥离强度的理论研究概况以及影响剥离强度数值的各种因素。

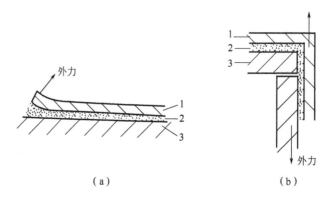

（a）　　　　　　　　　　　（b）

图 2-2-1　压敏胶制品通常所受到的两种外力作用示意
1—基材；2—压敏胶层；3—被粘物

第一节　压敏胶制品剥离强度的测试

一、剥离强度的测试方法

根据目的和要求的不同，压敏胶制品的剥离强度可以有多种测试方法。最常用的有如图 2-2-2 所示的四种。

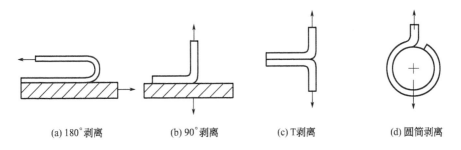

(a) 180°剥离　　　　(b) 90°剥离　　　　(c) T剥离　　　　(d) 圆筒剥离

图 2-2-2　压敏胶制品的几种剥离强度测试方法示意

（1）180°剥离测试和90°剥离测试　主要用于表征压敏胶制品对于较硬或较厚被粘物的黏合力。180°剥离测试操作简便，测试结果的分散性较小，因此是一种最常用于压敏胶制品（尤其是压敏胶黏带）的测试方法。然而，与其他各种剥离测试方法相比，180°剥离测试时胶黏制品基材的性质对测试结果影响较大；有些胶黏带（如玻璃纤维增强胶黏带）在进行180°弯曲测试时有时可能会被折断。90°剥离测试方法在实际中较少被使用，因为它需要一个特殊设计的、结构比较复杂的工件夹具，使剥离角度在整个测试过程中始终保持为90°。90°剥离测试更适用于进行理论研究和分析，因为基材的性质对测试结果的影响较小。

（2）T剥离测试　主要用于测定压敏胶制品对于较软或较薄被粘物的黏合力或胶黏制品胶黏面之间的黏合力（即对黏力）。在压敏胶制品的常规性能表征中并不使用此种测试方法，只有某些特种胶黏制品有这样的要求。胶黏制品的胶黏面之间的对黏剥离测试还常用来快速检测压敏胶在基材上的黏合力（即黏基力）是否足够。如经过数次对黏剥离测试后发生压敏胶从基材上脱落的现象，则必须设法进一步改善该压敏胶制品的黏基力才行。

（3）圆筒剥离测试　与用于蜂窝夹芯板的爬鼓剥离测试类似。测试时需要用一个特殊设计的工件夹具，使圆筒不断地转动，以保持始终一致的剥离角度。用一卷胶黏带代替圆筒，通过这样的剥离测试就可以测定该胶黏带的解卷力。解卷力，尤其是快速解卷力是压敏胶带制品的一个重要黏合性能。

以上几种剥离强度的测试都可以用普通的机械拉力试验机进行，但应附有能自动记录剥离负荷的绘图装置。因为采用没有绘图装置的试验机只能测得剥离强度的最大值，而自动绘图装置能将整个测试过程中剥离强度的变化情况——剥离强度曲线——绘出来，从中既可测得最大值，也可得到平均值以及稳定状态的数值等许多信息。

二、剥离强度测试方法的标准化

绝大多数压敏胶制品都是用于粘贴在各种金属、塑料、木材、玻璃、水泥制品、纸制品等较硬或较厚的被粘物上，因此在上述几种剥离强度测试中，180°剥离强度测试已成为压敏胶黏剂及其制品最重要的实用黏合性能测试之一。

由于测试条件对测试结果影响较大，剥离强度尤其是180°剥离强度的测试方法在许多国家都已经标准化。90°剥离强度的测试方法在不少国家也已经标准化。美国制定的剥离强度测试方法的国家标准为 ASTM D3330M，美国压敏胶黏带协会（简称 PSTC）制定的测试标准为 PSTC 1（单面压敏胶带）和 PSTC 3（双面压敏胶带）。欧洲制定的测试标准为 AFERA 4001。日本的国家标准为 JIS ZO23。中国制定的180°剥离强度测试方法的标准为 GB/T 2792。各国（或地区）的测试标准中所规定的测试条件和要求都有所差别。为了促进世界各国（或地区）之间压敏胶制品的贸易和技术交流，十多年前几个主要国家的技术人员就在为制定剥离强度测试方法的国际标准而进行努力。这个国际标准 ISO 29862：2007（E）现已制定出来并正在世界范围内推广。现将几个主要国家和地区的剥离强度试验方法的标准和相应的国际标准的技术要点列于表 2-2-1 中以资比较。

表 2-2-1 几个主要国家和地区剥离强度试验方法的标准和相应国际标准的技术要点[①]

测试条件 ＼ 标准名称	ASTMD3330M—2010（美国）	PSTC-1（美国）	AFERA 4001（欧洲）	JIS ZO23—2009（日本）	GB/T 2792—1998（中国）	ISO 29862：2007（E）（国际）
试样宽度/mm	24	1.0in	25	25	25	24
压辊质量/kg	2.04	4.5lb	5.0	2.0	2.0	2.0
压辊表面材料	橡胶	橡胶	钢	橡胶	橡胶	橡胶
滚压速度/(mm/s)	5	1.2 in/min	10	5	5	10
滚压次数/次	1	1	2	1	3	2
试样放置时间/min	1.0	1.0	10	20～40	20～40	1.0
被粘试件材料	不锈钢[②]	不锈钢[②]	不锈钢[③]	不锈钢[④]	不锈钢[②]	不锈钢[②]
测试温度/℃	23±1	23±2	23±2	23±2	23±2	23±1
测试湿度/%R.H.	50±2	50±2	50±5	65±5	65±5	50±5
剥离速度/(mm/s)	5.0	12in/min	5.0	5.0	5.0	5.0
剥离强度单位	N/cm	ozf/in	N/cm	N/cm	gf/cm,N/cm	N/cm

① 1.0in=25.4mm；1.0lb=453.6g；1gf/cm=9.8×10^{-3}N/cm=0.98N/m；1ozf=0.278N。

② 302 号或 304 号不锈钢。

③ 限定组成的不锈钢。

④ 304 号不锈钢。

从表 2-2-1 可知，各种不同的标准方法在压辊质、样品滚压速度、滚压次数及放置时间、试验的温湿度等方面存在较大的差异，这些差异是导致测试结果差别较大、不能互相比较的直接原因。2007 年公布了相应的国际标准 ISO 29862：2007（E）后，各种其他标准都在修订过程中努力逐步与它缩小差异，力求一致。

目前我国还一直在采用国家标准 GB/T 2792—1998《压敏胶粘带 180°剥离强度试验方法》进行测试。只规定了测试压敏胶带 180°剥离强度的具体试验方法。而在国际标准 ISO 29862：2007（E）中规定的技术内容相对于我国标准 GB/T 2792—1998 则发生了较大变化：标准的对象从单面胶黏带扩展到了双面胶黏带和转移胶黏带；标准的范围在原有 180°剥离基础上，增加了 90°剥离以及低温下的剥离强度试验方法；相应的标准测试条件如样品宽度、滚压速度和次数、试验温度和湿度、清洗剂、待测试样的停放时间等也有较大变化。已有试验数据证明[32]：同一种胶黏带采用国际标准 ISO 29862：2007（E）进行剥离强度测试所得的结果数据，要比采用我国标准 GB/T 2792—1998 进行测试低 3%～38%。

为了更好地发展我国的对外贸易和技术交流，最近全国胶黏剂标准化技术委员会压敏胶制品分会全面参照上述国际标准对 GB/T 2792—1998 进行了修订。修订的原则是既要与国际接轨，力求与国际标准一致，又要考虑我国目前的实际情况，力求可操作性强。新修订的国家标准 GB/T 2792《胶粘带剥离强度的试验方法》即将公布并在全国执行。

与原标准 GB/T 2792—1998 相比，新修订的国家标准 GB/T 2792 的技术内容有了较大的变化：拓宽了标准的应用范围并增加了新的试验方法，将原标准中只有一种适用于单面胶黏带与不锈钢粘接的 180°剥离强度试验方法，扩展为按适用于不同胶黏带与不同被粘对象粘接的、不同试验温度和不同剥离角度（180°和 90°）时的多种不同的剥离强度试验方法，详见表 2-2-2。在试验条件和操作要求上也作了许多技术性的修改。

表 2-2-2　GB/T 2792 中各种试验方法和附录概要[32]

胶黏带与被粘材料	剥离角度	试验方法	
		23 ℃	低温
胶黏带与不锈钢板	180° 90°	方法 1 附录 B	附录 A ------
胶黏带与胶黏带自身背膜	180° 90°	方法 2 附录 B	附录 A ------
双面胶黏带和转移胶黏带与不锈钢板	180° 90°	方法 3 附录 B	附录 A ------
胶黏带与隔离材料	180° 90°	方法 4 附录 B	附录 A ------

新修订的中国国家标准 GB/T 2792《胶粘带剥离强度的试验方法》的详细摘要如下，供读者参考应用。

（1）试验方法 1：胶黏带对不锈钢板的 180°剥离强度试验方法

① 试验条件的准备

a. 试验环境为恒温恒湿　温度为（23±1）℃，相对湿度为 50%±5%。

b. 试验机　采用恒速拉伸试验机，自动记录仪每剥离 1mm 胶黏带时记录一次数值。试验机必须配备上下两个夹持器。夹持器应夹紧整个试样，施加拉力的下夹持器以（5±0.2）mm/s 的均匀速度下降。自动记录仪绘出剥离曲线。该仪器必须校正，其最大误差为 2%。

c. 清洗剂和清洁材料　清洗剂为一般化学级的丙酮、异丙醇、甲醇、甲乙酮、正庚酮、正庚烷等；清洁材料为不掉绒、易吸收的医用脱脂纱布、棉线或棉纸。

d. 不锈钢试验板　不锈钢板应非常平整，至少 125mm 长、50mm 宽、1.1mm 厚。应退火抛光，钢板表面光亮，粗糙度（GB/T 2523—2008）为（50±25）nm。

e. 压辊　为一表面没有凹凸偏差的不锈钢圆柱体，直径（85±2.5）mm，宽（45±1.5）mm，表面覆盖有约 6mm 厚、邵氏 A 级硬度为 80±5 的橡胶。总质量为（2±0.1）kg。压辊可以用机械或是手动滚压，滚压速度可控制在（10±0.5）mm/s。

② 胶带试样的准备

a. 应将整卷胶黏带样品、实验钢板、压辊等置于试验环境下停放 24h 以上。

b. 从样品卷上撕去外面的 3～6 层胶带，再以 500～750mm/s 的速度将试样胶带解卷，裁取至少三个宽 24mm（允许有±0.5mm 的有限偏差）、长度约 300mm 的胶带试样。需及时在解卷后 5min 内将试样粘贴于试验板。

③ 试验步骤

a. 试验板预处理　用上述清洗剂擦拭钢板，并用上述清洁材料擦干，重复清洗 3 次。

最后一遍擦拭应用甲乙酮或丙酮。钢板至少晾干 10min，若 10h 内不使用则需重新清洗。

新钢板应采用最后的溶剂至少清洗 10 次。

b. 试样的制备　将上述胶带试样长度方向一端的胶黏面对折成约 12mm 长的叠层，握住该折叠层，将该试样的另一端不加任何压力、自然地粘贴在钢板表面，然后以（10±0.5）mm/s 的速度用压辊将钢板上的胶带来回滚压两次，即可制好试样。若胶黏面和钢板之间仍有空气泡残留，则要丢弃试样，重新制备。每个试样应在制好后 1.0min 之内进行剥离试验。

c. 180°剥离试验　将对折胶黏带重叠的一端，从试验钢板上剥下 25mm 左右；把钢板的一端固定在拉力试验机的上夹具里，胶黏带自由端夹在下夹具里；以(5.0±0.2)mm/s 的速度连续 180°剥离被测胶带。忽略剥离第一个 25mm 时获得的值，以剥离下一个 50mm 胶带所获得的平均力值作为剥离力，转换成剥离强度，单位为 N/10mm。

④ 试验结果　在记录曲线中，按剥开后的 20～80mm 之间的距离计算数据。有两种计算方法：

a. 求积仪法计算法　按下式计算：

$$\sigma = \frac{S}{Lb} \times C$$

式中　σ——180°剥离强度，N/10mm；

S——记录曲线中取值范围内的面积，mm²；

L——记录曲线中取值范围内的长度，mm；

b——胶黏带实际宽度，mm；

C——记录纸单位高度的负荷，kN/m(=N/mm)。

b. 读数计算法　在剥离的取值范围内，每隔 20mm 读一个数，共读 4 个数，求其平均值，以 N/10mm 表示。

不管何种计算法，每一组试样个数不得少于 3 个，试验结果以剥离强度的算术平均值表示。

(2) 试验方法 2：胶黏带与自身背膜的 180°剥离强度试验方法

与试验方法 1 相同。但被粘材料改为被试胶带的自身背膜。在试样制备时，先把第一条被试胶带牢固地粘贴在不锈钢板上（要求对胶带背面不能有任何污染和损坏），再将第二条被试胶带严格地按方法 1 的要求，粘贴在第一条胶带的背面上，制成试样。180°剥离试验时，将第二条胶带从第一条胶带背面剥离下去。

(3) 试验方法 3：双面胶黏带和转移胶黏带对不锈钢板的 180°剥离强度试验方法

与试验方法 1 相同。但被试验胶黏带改为双面胶黏带和转移胶黏带。在试样制备时，先在被试双面胶黏带和转移胶黏带的非试验面上粘贴一 25mm 厚、宽度比被试胶带宽约 3mm 的聚酯薄膜以加固被试胶带，再揭去试验面上的隔离纸，并将被试胶带的试验面按方法 1 相同的要求粘贴在不锈钢试验板上，制成试样。剥离试验时，把聚酯薄膜当作被试胶带的基材将它与被试双面胶黏带和转移胶黏带一起从钢板上剥离下去。

(4) 试验方法 4：胶黏带与隔离材料 180°的剥离强度试验方法

与试验方法 1 相同。但被粘材料改为隔离材料，本法测试双面和单面胶黏带与它们自身的隔离纸（或膜）的 180°剥离强度。操作时，对于双面胶黏带，将被测胶黏带按方法 1 的要求粘贴在试验钢板上制成试样，把钢板的一端固定在拉力试验机的上夹具里，下夹具夹住隔离纸（或膜）的自由端，并以 180°角将隔离材料从双面胶黏带上剥离下去；对于单面胶黏带，可先用一双面胶带把被测单面胶带的基材背面粘贴在钢板上制成试样，再用上法将隔离材料从单面胶带上剥离下去。

(5) 附录 A：胶黏带低温剥离强度的试验方法

附录 A 规定了在选定的低温条件下，按照上述任一方法剥离粘贴于物体表面的胶黏带所需力的测量方法。测试前，被测胶黏带按上述任一方法粘贴在测试板表面上制成试样，试样需在选定的低温条件下停放 16～24h，才能进行剥离试验。整个剥离试验应在选定的低温下进行。其余同试验方法 1。

（6）附录 B：胶黏带的 90°剥离强度试验方法

该附录规定了按照上述任一试验方法，90°剥离粘贴于物体表面的胶黏带所需力的试验方法。该方法需要特制的 90°剥离试验仪器，其示意见图 2-2-3。钢板相对于仪器设备水平开口，并可以随着夹具的竖直移动而水平移动，且保持 90°的剥离角度。

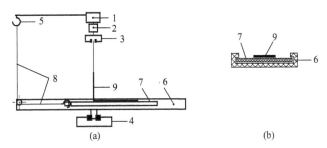

图 2-2-3　90°剥离试验仪器示意图

1—拉力试验机的上部可移动部件；2—荷载传感器；3—上部夹具；

4—下部夹具；5—拉力试验机上部可移动部件上安装的挂钩；

6—钢板的夹持装置；7—试验钢板；8—线；9—胶黏带

把粘贴有胶黏带的试验板固定在仪器中，再将该仪器放入试验机的固定夹具上，胶黏带的自由端固定在可移动夹具里，将胶黏带垂直地从试验板表面剥离，并通过水平移动试验板，从而保证钢板与胶黏带一直保持 90°角度。其余应严格按照相关的试验方法规定进行试验。

关于胶黏带 180°剥离强度和 90°剥离强度的具体试验方法，读者可查阅新修定的国家标准 GB/T 2792《胶粘带剥离强度的试验方法》。其他几种剥离强度的具体试验方法可参考有关书籍[1]。

三、剥离测试时的破坏类型

人们关注剥离测试时的破坏类型跟关注剥离测试的结果一样重要。因为如果破坏类型不同，即使相同的测试结果所能表征的性能也不会一样。一个粘贴好的压敏胶黏制品进行剥离强度测试时，根据所出现破坏地方的不同，有六种可能的破坏类型发生：界面黏合破坏、胶黏剂层内聚破坏、基材-胶层界面破坏、被粘物内聚破坏、基材内聚破坏以及混合破坏等。不同的压敏胶黏制品要求发生不同的剥离破坏类型。

界面黏合破坏发生在压敏胶与被粘物的黏合界面上，严格地说是发生在黏合界面附近胶黏剂或被粘物表面的弱界面层中。发生完全的界面黏合破坏的明显标志是剥离破坏后压敏胶黏制品与被粘物表面干净地分离，没有任何肉眼观察得到的残胶留在被粘表面上，也没有任何肉眼观察得到的被粘物留在胶层表面。因此，只有发生完全的界面黏合破坏时所测得的剥离强度值才能真正表征界面黏合力的大小。若胶黏剂层的内聚力小于界面黏合力，剥离测试时就会发生胶层内聚破坏。试样剥离破坏后被粘表面和基材上皆明显地残留一薄层胶黏剂。此时所得的测试结果只能反映胶黏剂层内聚力的大小。若剥离破坏后胶黏剂层全部残留在被粘表面上而基材上没有留下任何肉眼观察得到的胶黏剂，这就是完全的基材-胶层界面破坏。此时所得的剥离测试结果只能作为黏基力的表征，而界面黏合力和胶层内聚力皆比这个数值大。在用包装胶黏带粘贴纸箱或其他纸制品时，剥离破坏经常出现被粘物内聚破坏，即纸制品被层间剥离撕开。此时的测试结果只能表征纸制品的层间剥离强度，而该压敏胶黏带的剥离强度肯定大于这个数值。在用压敏纸标签（尤其是永久性压敏纸标签）粘贴物品并进行剥离测试时，经常发生基材内聚破坏，即标签纸本身被层间剥离撕开。此时的测试结果也只能反映标签纸的层间剥离强度。若上述五种典型的破坏类型中有两种或两种以上破坏类型同时出现在一次剥离测试中，那就是混合破坏。

除上述少数几种压敏胶制品在剥离时可能出现被粘物或基材的内聚破坏外，大多数压敏胶制品都要求剥离时出现完全的基材-胶层界面黏合破坏，尤其是各种表面保护用及遮蔽用压敏胶制品、反复使用的压敏标签、压敏广告标贴、办公用压敏胶黏带、医用压敏胶制品等。某些永久性粘贴的压敏胶制品，如各种管道保护（防腐）用压敏胶带、永久性压敏标贴等，以及高强度双面压敏胶制品，要求有尽可能高的剥离强度和耐久性，在剥离时往往会出现混合破坏类型，多数是界面黏合破坏和胶层内聚破坏并存的那种混合破坏。对这些压敏胶制品，基材-胶层界面破坏的情况是绝对不允许发生的。如果出现，那肯定是个残次制品。

可见，在进行剥离强度测试时，必须首先注意究竟出现的是属于什么样的破坏类型，如此才能进一步了解剥离强度测试结果的真实意义。

◉ 第二节　剥离强度的理论分析

当剥离测试发生完全的界面黏合破坏时，用上述方法测试所得的剥离强度值，尤其是180°剥离强度值，习惯上都可将它们看作是该压敏胶制品对被粘表面黏合力大小的表征。但它们究竟能在多大程度上反映压敏胶黏剂与被粘物之间的界面黏合力呢？它们的物理意义究竟是什么呢？许多学者对压敏胶制品的剥离强度测试和所得的剥离强度值的本质进行了理论研究和分析，解决了这个问题。

在学术观点上，剥离强度的理论研究有两个学派（两种方法）。这里分别对这两个学派的研究概况及其代表性的研究结果作一简介。

一、弹性力学方法

不少学者用弹性力学的观点和方法对压敏胶制品的剥离测试进行了解析，并得到了各自的剥离强度理论表达式[2~4]。其中，Kaeble（1960）的工作是有代表性的。他认为，在剥离测试时，断裂的胶接界面上同时受到一种拉伸应力和一种剪切应力的作用，而且可以将测得的剥离力 P 看作是胶接界面上同时存在着的拉伸破坏应力 P_c 和剪切破坏应力 P_s 之几何平均值，即：

$$P = (P_C^2 + P_S^2)^{1/2} \tag{2-2-1}$$

若假定胶黏剂和被粘物都是弹性体，则可以从式（2-2-1）推导出下面的剥离强度理论表达式：

$$\frac{P}{b} = a \frac{\dfrac{K\sigma_f}{(2E_a)^{1/2}} + \dfrac{3^{1/2}\lambda_f \cos\theta}{(2G_a)^{1/2}}}{(1-\cos\theta)} \tag{2-2-2}$$

式中，b 为被测试胶黏带的宽度；a 为胶黏剂层厚度；σ_f 为胶接界面上的拉伸破坏应力；λ_f 为胶接界面上的剪切破坏应力；E_a 和 G_a 分别为胶黏剂的拉伸模量和剪切模量；θ 为剥离角度；K 为一个与基材和胶黏剂弹性模量以及剥离角度都有关的无量纲参数。

当 $\pi \geqslant \theta \geqslant \pi/2$，即 θ 在180°和90°之间时，胶接界面上只存在拉伸应力，上式可简化为：

$$\frac{P}{b} = \frac{(a \times K^2 \times \sigma_f^2)}{2(1-\cos\theta) \times E_a} \tag{2-2-3}$$

当 $\theta=\pi$ 时，即对于 180°剥离强度测试来说，参数 K 趋近于 1.0，上式可进一步简化为：

$$\frac{P}{b} = \frac{(a \times \sigma_f^2)}{4E_a} \qquad (2\text{-}2\text{-}4)$$

因此，180°剥离强度 P/b 除了与胶层厚度 a 和胶黏剂的弹性模量 E_a 有关外，主要决定于胶接界面上的拉伸破坏应力 σ_f。毫无疑问，σ_f 实际上反映了胶接界面黏合力的大小。

二、能量平衡方法

更多的学者则是根据剥离强度测试过程中能量平衡的原理推导出剥离强度的理论表达式的。这方面工作的先驱者是日本学者畑敏雄（1947）。他认为，在用恒定的剥离速度和恒定的剥离角度进行剥离强度测试时，剥离外力 P 所做的功应该等于分离（破坏）胶接界面所需的功。据此，他推导出了下面的剥离强度理论表达式[5]：

$$\frac{P}{b} = \frac{W_a}{(1-\cos\theta)} \qquad (2\text{-}2\text{-}5)$$

即剥离强度 P/b 直接正比于胶接界面黏附功 W_a。但根据计算，胶接界面上因分子之间的相互作用而产生的黏附功一般仅为 $10^{-1} \sim 10^0 \text{J/m}^2$，而在高速剥离时，剥离外力所做的功却高达 $10^1 \sim 10^3 \text{J/m}^2$。因此必须考虑其他因素。后来，日本学者畑敏雄考虑到剥离时压敏胶层还发生变形，并认为剥离力所做的功应该等于分离胶接界面所需的功和使压敏胶层变形所需的功之和。在假定压敏胶是一种适应 Voigl 模型的黏弹性材料的情况下，他又提出了一个剥离强度理论表达式（1964）[6]。而他的学生福沢敬司（1969）则假定压敏胶是一种适应 Maxwell 模型的黏弹性材料后，也提出了一个剥离强度理论表达式[7]。西方学者 Kendall（1975）也认为，剥离强度应该是剥离过程中界面断裂能量和黏弹性剥离材料变形的能量损耗的函数。并且提出了一个后人称为 Kendall 方程式的剥离强度理论表达式[22]。

后来，福沢在进一步考虑了剥离测试时还发生基材的变形后，又提出了一个更加完善的理论表达式，同时还测定了压敏胶的黏弹性数据和压敏胶与被粘物之间的界面黏附功。由于该理论表达式中的全部参数均能用实验测定，因此剥离强度值能够用该理论表达式计算出来。这使剥离强度的理论研究提高到了一个新的水平[8,9]。

福沢（1997）认为[9]，压敏胶制品粘贴后的试件在进行剥离破坏测试时，除了必须分离（破坏）胶接界面外，还引起压敏胶黏剂和基材的变形。因此，剥离外力 P 所做的功应该等于界面黏附功 W_a、压敏胶的黏弹性变形功 W_d 以及基材的弹性变形功 W_b 之和，即剥离强度可表达为：

$$\frac{P}{b} = \frac{1}{(1-\cos\theta)} \times (W_a + W_d + W_b) \qquad (2\text{-}2\text{-}6)$$

进一步将 Maxwell 黏弹性模型应用于压敏胶黏剂，就可以计算出在剥离强度测试时压敏胶产生拉伸变形时所做的变形功 W_d 以及基材受到弯曲变形时所做的功 W_b：

$$W_d = AP^{1/2}V^2\left[e^B/(V \times P^{1/4}) + \frac{B}{V \times P^{1/4}} - 1\right] \qquad (2\text{-}2\text{-}7)$$

$$W_b = 2E_s I_s\left(\frac{\theta - \sin\theta}{1 - \cos\theta}\right) \qquad (2\text{-}2\text{-}8)$$

因此，压敏胶制品的剥离强度理论式可表达为：

$$\frac{P}{b} = \frac{1}{(1-\cos\theta)} \times \left[W_a + AX^2\left(e^{B/X} + \frac{B}{X} - 1\right) + 2E_s I_s \frac{\theta - \sin\theta}{1 - \cos\theta}\right] \qquad (2\text{-}2\text{-}9)$$

其中
$$X = VP^{1/4} \tag{2-2-10}$$

$$A = \frac{\eta_a^2 \times (1-\cos\theta)^{1/2} \times \gamma_b}{\sigma^{1/2}(E_s \times I_s)^{1/2} \times E_a} \tag{2-2-11}$$

$$B = \frac{\sigma^{1/4} \times (E_s \times I_s)^{1/4} \times t_a^{1/2} \times E_a \times \gamma_b^{1/2}}{\eta_a \times (1-\cos\theta)^{1/4}} \tag{2-2-12}$$

$$\gamma_b = \frac{f_c}{E_a} \tag{2-2-13}$$

$$I_s = \frac{t_s^3 \times b}{12}$$

式中，V 为剥离速度；η_a 为压敏胶本体黏度；E_a 为压敏胶的弹性模量；t_a 为压敏胶层的厚度；E_s 为基材的弹性模量；I_s 为基材的惯性矩；t_s 为基材的厚度；f_c 为压敏胶与被粘物界面上的分子作用力。

在福泽的剥离强度理论表达式(2-2-9) 中，除 W_a 和 f_c 外，其余的参数如 V、θ、E_s、E_a、t_s 和 t_a 等均能确定或测定。而进一步研究还表明：

$$f_c = M \times [(E_A^{1/2} \times E_a^{1/2} \times W_a)/r_0]^{1/2} \tag{2-2-14}$$

式中，E_A 为被粘物的弹性模量，可测量；r_0 为胶接界面上压敏胶与被粘物分子之间的距离，$r_0 \approx 5 \times 10^{-8}$ cm；M 为一相关因子，一般情况下 $M = 0.69$。因此，只要知道界面黏附功 W_a 就可以从上式计算出 f_c 来。

如果将压敏胶看作液体，则根据前一章的介绍，压敏胶与被粘固体之间的界面黏附功 W_a 可以根据它们的表面张力用式(2-1-21) 计算出来，得到式(2-1-22)：

$$W_a = 2(\gamma_S^{LW} \times \gamma_L^{LW})^{1/2} + 2[(\gamma_S^+ \times \gamma_L^-)^{1/2} + (\gamma_S^- \times \gamma_L^+)^{1/2}]$$

式中，γ_S^{LW}、γ_S^+ 和 γ_S^- 分别为被粘固体的表面张力的非极性成分、路易斯酸成分和路易斯碱成分；γ_L^{LW}、γ_L^+ 和 γ_L^- 分别为压敏胶的表面张力的非极性成分、路易斯酸成分和路易斯碱成分。本篇第一章已介绍被粘固体与压敏胶的表面张力的各种成分均可以从两种以上表面张力各成分已知的液体与它们的接触角测定求得。因此，根据福泽的剥离强度理论表达式(2-2-9)，压敏胶制品对于各种被粘材料的剥离强度 P/b 完全可以计算出来。图 2-2-4 列出了四种压敏胶黏带（PSA-A、PSA-H、PSA-L 和 PSA-T）对于七种被粘材料的 180°剥离强度的理论计算结果和实际测试结果的比较数据。这些数据表明，理论计算结果与实际测试结果基本一致，只是在高剥离强度区域有些差别。图 2-2-4（d）中高剥离强度区内两者差别之所以较大可能是由于压敏胶 PSA-T 是非交联型，其内聚强度较差，因而实际测试时发生了部分胶层内聚破坏的缘故[9]。

从福泽的剥离强度理论表达式(2-2-9) 可看出，剥离强度不仅与界面黏附功 W_a 有关，还与界面上的分子相互作用力 f_c 有关。毫无疑问，W_a 和 f_c 均能够反映出压敏胶对被粘表面的黏合力。

在介绍了两个学派关于压敏胶制品剥离强度测试的理论研究概况和主要结果之后，可以看到：剥离强度的测试是一个非常复杂的过程；测试所得的剥离强度值能够反映出压敏胶黏剂对被粘物表面的黏合力的大小，但还受到测试过程中压敏胶的拉伸变形和基材的弯曲变形等因素的强烈影响；使压敏胶和基材发生这些变形所需的外应力及其所做的变形功不仅与压敏胶和基材的基本性质有关，还与它们的厚度以及测试条件，诸如剥离角度、剥离速度、测试温度等有关。

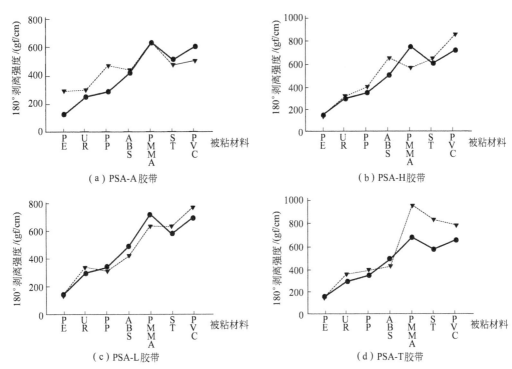

图 2-2-4　四种压敏胶带粘贴七种被粘材料的 180°剥离强度的理论计算值（实践）与实际测试值

（虚线）的比较[9]（1gf/cm＝9.8×10⁻³N/cm＝0.98N/m）

PE—聚乙烯；UR—聚氨酯橡胶；PP—聚丙烯；ABS—丙烯腈丁二烯-苯乙烯共聚塑料；

PMMA—聚甲基丙烯酸甲酯；ST—聚苯乙烯；PVC—聚氯乙烯

三、理论分析的新发展

近几年来，压敏胶制品剥离强度的理论研究还在深入进行。许多学者从理论上研究了胶带的剥离强度 P/b 与剥离速度 V 的关系，并用实验证实了两者符合如下式那样的表达式[29~31]：

$$P/b = k \times V^n \tag{2-2-15}$$

式中，k 是与剥离角度 θ 和胶层厚度有关的函数，当 θ 和胶层厚度一定时 k 是一个常数；n 是一个与压敏胶性质有关的常数。Pesika[23] 等（2007）提出了胶带剥离过程的剥离区域模型，考虑到剥离区域的几何学变化，该模型将一个与剥离角度有关的变量加到了剥离强度的 Kendall 方程中，导出了新的剥离强度理论表达式。Zhou 等[24]（2011）扩展了这种剥离区域模型，用该模型对胶带在不同角度和不同速度下剥离时剥离区域边缘的角度和剥离强度值进行了理论分析，分析结果与三种工业胶带的实验测试结果符合得很好。表明这种模型完全可以用来预测各种不同胶带在各种测试角度和测试速度下的剥离强度值。一种适用于剥离测试时发生胶层自黏破坏情况的胶带剥离的自黏区域模型也已经被提出[25]。用该模型能够预测：在剥离测试发生自黏破坏时，剥离力的大小和拉伸应力在剥离前沿的分布情况，与诸如剥离速度、剥离角度、压敏胶性能以及基材、被粘物的力学性能和几何形状等因素之间的关系。由于医用压敏胶制品发展很快，压敏胶制品在皮肤等特殊表面的剥离也引起了人们的关注。有人提出了一个适用于软聚合物和软组织的非线性弹性胶带的剥离模型[26]。还有人专门对医用胶带从人体皮肤表面剥离的机理进行了详细的二维分析[27]。压敏胶黏带在剥离试验时十分复杂的断裂动力学也已经进行过较为详细的研究[28]。

第三节　影响压敏胶制品剥离强度的因素

上节的理论分析结果说明，测试所得的剥离强度，尤其是180°剥离强度，是能够反映压敏胶与被粘物之间界面黏合力的大小的。但是实际测定的剥离力（或剥离强度）并不等于界面黏合力，因为除了界面黏合力外，它还受到许多其他因素的强烈影响。本节将根据现有的实验研究结果归纳成测试条件、压敏胶黏剂、被粘物和基材等四个方面的因素进一步加以讨论。

一、测试条件对剥离强度的影响

1. 剥离角度的影响

大量实验研究数据表明，剥离测试时所采用的剥离角度对所测得的剥离强度值有很大影响。剥离角度为0°时就是典型的拉伸剪切测试，所测得的数值就是拉伸剪切强度。一般情况下，拉伸剪切强度要比剥离强度大许多。随着剥离角度的增加，所测得的剥离强度值逐渐减小。剥离强度的Kaeble理论表达式(2-2-3)和福泽理论表达式(2-2-9)中，剥离力应该与（$1-\cos\theta$）成反比例。图2-2-5是五种压敏胶黏带在不同剥离角度时实际测得的剥离力的数值随剥离角度的变化曲线。虽然不同的压敏胶黏带实验曲线的形状有所不同，但所有实验曲线的基本形状与根据Kaeble的理论表达式(2-2-3)作出的曲线K相类似。主要差异在于，所有的五条实验曲线在120°～150°剥离角度时剥离力都出现最小值；压敏胶黏带3、4、5的实验曲线在40°～60°剥离角度时剥离力出现一个最大值。说明剥离测试时剥离角度对剥离强度的影响实际上要远比Kaeble的理论表达式复杂得多。

2. 剥离速度的影响

按照剥离强度与剥离速度关系的理论表达式(2-2-15)，胶黏带的剥离强度P/b与剥离速度V的n次方呈正比例关系，n是由压敏胶的性质决定的一个常数。

实际进行剥离强度测试时，剥离速度的变化不仅影响所测得的数值，而且还会引起剥离破坏类型的改变。在非常宽广的剥离速度变化范围内，典型的压敏胶黏带所测得的180°剥离强度值的变化情况如图2-2-6所示。低速剥离时，压敏胶黏剂主要表现为黏性流动的行为，胶层内聚力低于界面黏合力。因此，出现胶层内聚

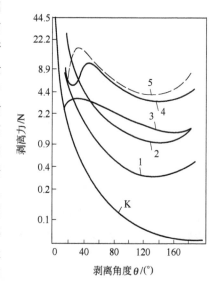

图 2-2-5　五种压敏胶黏带的实测剥离力随剥离角度变化的情况
1—压敏胶带 A；2—压敏胶带 B；
3—压敏胶带 C；4—压敏胶带 D；
5—压敏胶带 E

破坏，剥离强度值较低。随着剥离速度的增加，压敏胶的弹性成分增加，故所测得的剥离强度值迅速增大（如曲线 AB 段所示），直至出现第一个极大值（B 点）。B 点以后，剥离速度开始超过压敏胶分子的松弛速度，因而在胶接界面上出现应力集中，使界面黏合力开始低于胶层的内聚力，并从胶层内聚破坏过渡到界面黏合破坏。随着界面应力集中的增加，剥离强度逐渐下降（曲线 BC 段所示）。当全部转化为界面黏合破坏后，剥离强度出现稳定阶段，然后稍稍增加（曲线 CD 段所示），并出现第二个极大值（D 点）。剥离速度继续增大，剥离强度逐渐下降。当剥离速度增大到 E 点后，剥离测试时出现有规律的颠簸并发出刺耳的声音，拉力试验机记录的剥离曲线也出现有规律的上下振荡，破坏类型也出现界面黏合破坏和胶层内聚破坏有规律地交替变化。这就是所谓的"黏-滑"剥离（"stick-stip"peel）现象。

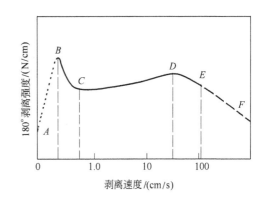

图 2-2-6　典型的压敏胶黏带 180°剥离强度值随剥离速度的变化曲线[11]

···胶层内聚破坏；—— 界面黏合破坏；―――"黏-滑"剥离

剥离强度随剥离速度变化曲线上的两个过渡，即从胶层内聚破坏向界面黏合破坏的过渡（BC 段）以及从平稳的剥离阶段向"黏-滑"剥离阶段的过渡（DE 段），都是由压敏胶黏剂的黏弹性行为所决定的。前一个过渡反映了压敏胶从黏流态向高弹态的转变，而后一个过渡则反映了压敏胶从高弹态向玻璃态的转变。

在剥离试验的稳定阶段（CD 段），剥离强度随剥离速度的增加而平稳上升。这与理论表达式(2-2-15)的结果基本一致。

在各国或地区所制定的剥离强度试验方法的标准中，对剥离速度皆作了严格的规定，大多规定为 5.0mm/s，即 300mm/min（详见表 2-2-1）。这样的剥离速度正好处于图 2-2-6 中的稳定剥离阶段（CD 段）。

3. 测试温度的影响

在不同温度下进行 180°剥离强度测试时，不仅所测得的剥离强度值有很大不同，而且破坏类型也会不一样。在其他测试条件相同的情况下，典型的压敏胶黏带 180°剥离强度测试值和出现的破坏类型随测试温度的变化曲线如图 2-2-7 所示。在高温区测试主要出现胶层内聚破坏，剥离强度数值主要决定于压敏胶的内聚强度（A 区域）；随着测试温度的降低，压敏胶的内聚强度增加，剥离强度出现第一个极大值，并因胶层内聚力逐渐超过界面黏合力而发生向界面黏合破坏的过渡（混合破坏区域 B）；然后是完全的界面黏合破坏区域（BC 段），在此区域内剥离强度随测试温度的降低而迅速增大，直至出现第二个极大值（C 区域）；接着是"黏-滑"剥离区域，剥离强度随测试温度的降低而迅速下降。

压敏胶黏制品剥离强度在测试中随剥离温度降低的这种变化情况也是由压敏胶黏剂的黏弹性行为所决定的。测试温度的降低（或升高）与剥离速度的增加（或下降）对剥离强度和破坏类型的影响具有相同的规律，两者是等效的。图 2-2-7 中变化曲线的两个过渡也反映了压敏胶从黏流态向高弹态的转变以及从高弹态向玻璃态的转变。对应于第二个极大值的温度就是压敏胶的玻璃化转变温度 T_g，而从胶层内聚破坏向界面黏合破坏转变的温度 T_s 则被称为分裂温度（splitting temperature）。T_s 也是压敏胶黏剂的一种有用的性能表征。可以这样

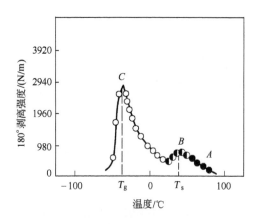

图 2-2-7　典型的压敏胶黏带 180°剥离强度
和破坏类型随测试温度的变化
—●— 胶层内聚破坏区 A；—◐— 混合破坏区 B；
—○— 界面黏合破坏区 C

认为，这里的 T_g 是压敏胶制品耐低温性能的重要表征：T_g 越低，该压敏胶制品的耐低温性能越好；而 T_s 则是压敏胶制品耐高温性能的重要表征：T_s 越高，该压敏胶制品的耐高温性能越好。事实上，T_g 和 T_s 之间的温度区域就是压敏胶制品实际可使用的温度范围。

因此，各国或地区所制定的 180°剥离强度测试标准中，对测试温度也都作了严格的规定。一般都规定为 (23 ± 1)℃ 或 (23 ± 2)℃（详见表 2-2-1）。低于或高于该规定温度进行测试时，所得的剥离强度数值往往会偏高或偏低些。为了更好地判断压敏胶黏剂及其制品的黏合性能，最好能够测出它们的剥离强度-测试温度曲线或剥离强度-剥离速度曲线。

4. 其他测试条件的影响

除了剥离角度、剥离速度和测试温度外，剥离强度测试中的其他条件，如试样准备前被粘材料的表面处理情况，粘贴试样过程中外加压力的大小，加压的方式和时间，试样制备后的放置时间、放置地点的温度以及试样制备、放置和测试时的环境湿度等，都对剥离强度的测试结果有一定影响，有的影响还很大。被粘材料及其表面处理情况对剥离强度的影响将在本节四中专门叙述。

剥离强度测试时，压敏胶制品一般是用一压辊施加以一定的压力粘贴到被粘材料表面制成被测试样的。国际和各国或地区制定的 180°剥离强度试验方法的标准中都规定了压辊的重量、压辊的表面材料以及滚压的速度和次数（详见表 2-2-1）。这是因为这些因素均影响到剥离强度的测试结果。从润湿动力学上考虑，压辊的重量较大（即粘贴时施加的外压力较大）、压辊的表面材料软硬适中或滚压的速度较小、次数较多，皆有利于压敏胶黏剂对于被粘表面的润湿，因而剥离强度的测试数据可能会高些；反之，则可能会低些。对于初黏性较小的压敏胶制品来说，这种影响会更显著。

剥离强度测试样品制备后放置时间和放置时的环境温度对测试结果也有很大影响。几乎所有的压敏胶制品粘贴后，随着放置时间的延长，其剥离强度的测试值都会有所增加，起始时增加得较快，然后增加缓慢直至趋于稳定。有些压敏胶制品粘贴后甚至会随着放置时间的延长而改变其剥离破坏的类型，从界面黏合破坏向混合破坏或胶层内聚破坏转变。这主要是由于压敏胶黏剂的本体黏度较大，粘贴后润湿被粘材料表面并达到热力学上的平衡需要有一定的时间。随着放置时间的延长，这种润湿会越来越充分，界面黏合力也就会逐渐增加，剥离强度测试值也就会逐渐上升。当界面黏合力超过胶层内聚力时，剥离破坏的类型也就会发生改变。但对于初黏性能很好的压敏胶制品来说，尤其是在较高的放置温度下，压敏胶的本体黏度较小，很容易润湿被粘表面，并在很短的时间（可能数秒或数分钟）内就达到了热力学上的平衡，因而会感觉不到剥离强度测试值随时间而增加的现象。而对于有些初黏性能特差的压敏胶黏制品，尤其是在较低的放置温度下，压敏胶的本体黏度很大，润湿被粘表面并达到热力学上的平衡需要很长时间，此时剥离强度测试值随试样放置时间延长而增加的现象也会不那么明显，有的甚至在测试误差范围内，因而也感觉不到有什么影响。

国际和各国或地区所制定的180°剥离强度试验方法的标准中对试样放置温度虽未作具体规定，但一般都与试验温度相同。对试样放置时间则有不同的规定，从1.0min到40min不等，详见表2-2-1。在我国的国家标准GB/T 2792—1998中规定试样应在试验环境下放置20～40min后再进行剥离测试。但在最近新修订的国家标准GB/T 2792中，试样放置时间已改为1.0min，已与美国国标ASTM 3330M或2007年公布的国际标准ISO 29862：2007（E）相同。因为这样做不仅可节省试验时间，很快见到试验结果，而且较少出现因放置时间过长而发生破坏类型改变的情况，使试验结果的可比性较大。

试样放置和试验时的环境湿度对剥离强度的影响可明显地表现在用水乳型压敏胶制备的压敏胶制品上，尤其是用有机硅防粘纸转移涂布法制备的压敏胶商标纸制品。制备这种胶黏制品所用的水乳型压敏胶中，一般都含有较多的乳化剂、润湿剂等亲水性极强的表面活性剂。当试样在湿度较大的环境中放置和测试时，黏合界面和胶黏剂层内部皆会吸收一定的水分。这些水分会使胶黏剂变"软"，从而起到消除界面应力、降低胶层内聚强度等作用，结果引起试样的剥离强度测试值发生变化（一般是使剥离强度值上升），甚至改变剥离破坏类型并产生"粘板"和"残胶"现象。环境湿度越大，这种影响也越大。因此，在国际和各国或地区制定的剥离强度试验方法的标准中，也对试样放置和试验时的环境湿度作了明确的规定，详见表2-2-1。

可见，我们必须严格按照国家标准中规定的条件进行剥离强度的试验操作，才能得到可靠的、互相可比的剥离强度试验数据。否则，在发表或展示试验数据时，必须同时简要说明具体的试验条件才有意义。

二、压敏胶黏剂对剥离强度的影响

压敏胶黏剂的组成及其基本性能是决定压敏胶制品剥离强度值最重要的因素。Keable剥离强度理论表达式(2-2-3)中，胶接界面上的拉伸应力σ_f、胶黏剂的弹性模量E_a以及胶层厚度a三个量都取决于压敏胶黏剂。福泽的剥离强度理论表达式(2-2-9)中，除E_a和压敏胶层厚度t_a外，压敏胶的本体黏度η_a、黏合界面上的分子相互作用力f_c和界面黏附功W_a等也都取决于压敏胶。各种类型的压敏胶黏剂中各组分对剥离强度的影响将在本书第三篇材料篇中详述。这里只根据大量的实验研究结果归纳一些共同性内容加以讨论。

1. 压敏胶层的厚度对剥离强度的影响

D. H. Keable的理论表达式(2-2-4)中，180°剥离强度与压敏胶层厚度呈正比例关系。福泽的理论表达式(2-2-9)中，剥离强度与胶层厚度呈现复杂的关系。

实验研究表明，胶层厚度不仅影响剥离强度的数值，而且改变剥离破坏的类型。在较宽的压敏胶层厚度范围内和不同的剥离速度下，典型的实验研究结果详见图2-2-8。由图2-2-8可知如下规律：①胶层厚度越大，180°剥离强度值越高，也越容易发生胶层内聚破坏。②低速剥离时主要发生胶层内聚破坏，胶层厚度的影响不明显；高速剥离时主要发生界面黏合破坏，胶层厚度影响显著。③胶层厚度越大，胶层内聚破坏向界面黏合破坏的转变在越高的剥离速度时出现。

高速剥离时，在稳定的界面黏合破坏区域内，胶层厚度对剥离强度的影响是人们最感兴趣的。在这种情况下，有实验结果支持Keable的理论表达式(2-2-4)，即180°剥离强度与胶层厚度呈正比例关系。但也有实验结果提出，当胶层厚度较大时 180°剥离强度与胶层厚度的 1/4 次方成正比。也有实验结果表明，当胶层厚度不很大时，压敏胶的 180°剥离强度的对数与它们的胶层厚度之对数成正比，详见图 2-2-9。可见，压敏胶制品的 180°剥离强度与压敏胶层厚度之间的关系实际上要远比 Keable 的理论表达式复杂。

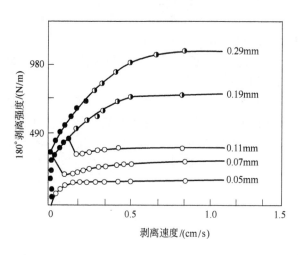

图 2-2-8 180°剥离强度与剥离速度、胶层厚度的关系[12]
━●━胶层内聚破坏；━●━混合破坏；━○━界面黏合破坏

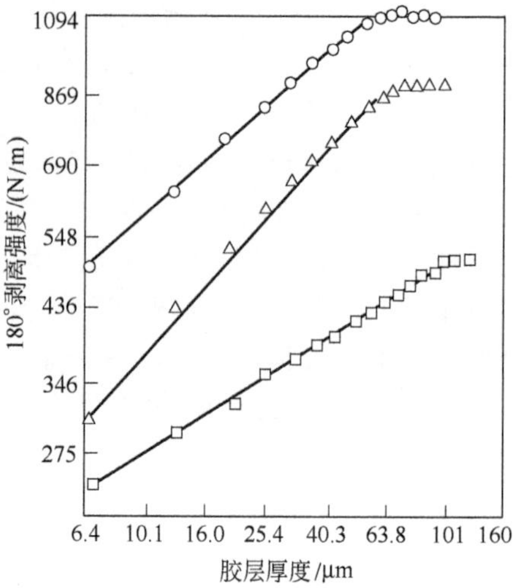

图 2-2-9 三种压敏胶黏剂的 180°剥离强度与胶层厚度之间的关系[14]（纵、横坐标皆为对数坐标）
━○━无填料的合成高聚物压敏胶；
━△━有填料的天然橡胶压敏胶；
━□━无填料的有机硅压敏胶

2. 压敏胶力学性能和动态力学性能的影响

拉伸强度和弹性模量是聚合物材料最基本的力学性能。压敏胶制品的剥离强度在很大程度上取决于它的压敏胶黏剂的拉伸强度和弹性模量。在剥离强度的 Keable 理论表达式（2-2-3）中，剥离强度与胶接界面上的拉伸破坏应力 σ_f 的平方成正比，与压敏胶的弹性模量 E_a 成反比。显然，σ_f 与压敏胶的拉伸强度密切相关。在福沢的剥离强度理论表达式（2-2-9）中，压敏胶的黏弹性变形功 W_d 和界面黏附功 W_a 这两项皆与压敏胶的弹性模量和拉伸强度有关，但皆呈现较复杂的关系。

许多学者对压敏胶制品的剥离强度与压敏胶黏剂的拉伸强度和弹性模量之间的关系进行了实验研究，得到了不同的结果。日本压敏胶带工业会早期发表的数据表明，压敏胶黏带 180°剥离强度的对数与所用压敏胶黏剂的弹性模量的对数成反比，详见图 2-2-10。图 2-2-10(a) 和图 2-2-10(b) 分别是天然橡胶压敏胶和聚丙烯酸酯压敏胶 180°剥离强度与弹性模量 E_a 之间的关系。但图 2-2-10(b) 中，B-3、B-1 和 B-4 这一组压敏胶出现了相反的结果。

Dale 等也在研究聚丙烯酸酯压敏胶的力学性能与压敏胶黏性能之间关系的论文中发表了许多实验数据[15]。图 2-2-11 和图 2-2-12 分别是一组乳液型聚丙烯酸酯压敏胶黏带和一组溶液型聚丙酸酯压敏胶黏带的 180°剥离强度（试样放置 20min 后测试）与压敏胶黏剂的拉伸强度之间的关系。显然，当剥离测试发生界面破坏时，随胶黏剂拉伸强度的上升，胶黏带 180°剥离强度稍稍出现线性的下降；但当剥离测试发生内聚破坏时，两者的关系呈现复杂的情况。

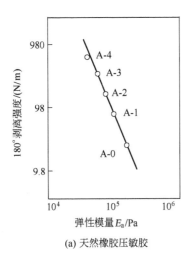

(a) 天然橡胶压敏胶

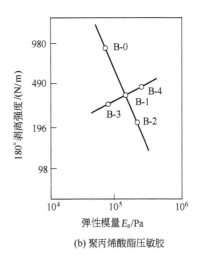

(b) 聚丙烯酸酯压敏胶

图 2-2-10　压敏胶制品 180°剥离强度与压敏胶弹性模量 E_a（70℃）之间的关系

（纵、横坐标皆为对数坐标）

　　压敏胶黏剂的动态力学性能（储能模量 G'、损耗模量 G'' 和损耗因子 $\tan\delta = G''/G'$ 等）能更好地反映压敏胶的黏弹性，因而它们与压敏胶制品的三大实用黏合性能的关系更引起人们的关注。关于压敏胶的 Dahlquist 准则和黏弹性窗的观点，读者可参阅本篇第一章。压敏胶制品 180°剥离强度与胶黏剂的储能模量 G' 之关系的早期研究结果见图 2-2-13。

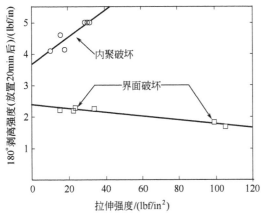
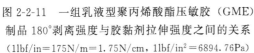

图 2-2-11　一组乳液型聚丙烯酸酯压敏胶（GME）
制品 180°剥离强度与胶黏剂拉伸强度之间的关系

（1lbf/in＝175N/m＝1.75N/cm，1lbf/in² ＝6894.76Pa）

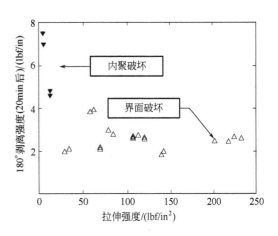

图 2-2-12　一组溶液型聚丙烯酸酯压敏胶（GMS）
制品的 180°剥离强度与胶黏剂拉伸强度之间的关系

（1lbf/in＝175N/m＝1.75N/cm，1lbf/in² ＝6894.76Pa）

　　结合图 2-2-11 的数据可以看出，对 180°剥离强度的影响规律和与剥离破坏的类型有关。对于一组乳液型聚丙烯酸酯压敏胶（GME）制品来说，当压敏胶的拉伸强度和储能模量较低时，180°剥离强度测试出现胶层内聚破坏，剥离强度值随压敏胶的拉伸强度和储能模量的增加而上升；当压敏胶的拉伸强度和储能模量增加到等于或超过胶接界面的黏合力时，剥离破坏类型发生由胶层内聚破坏向界面黏合破坏转变，所测得的剥离强度值也明显下降；当压敏胶的拉伸强度和储能模量较高且剥离测试发生稳定的界面黏合破坏时，所测得的剥离强度

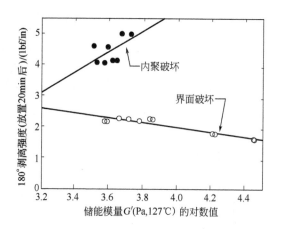

图 2-2-13　一组乳液型聚丙烯酸酯压敏胶（GMS）制品的 180°剥离
强度与胶黏剂储能模量 G' 之间的关系

值随压敏胶的拉伸强度和储能模量的增加而稍稍下降，且与拉伸强度值和 127℃ 时的储能模量对数 $\lg G'$ 值呈现很好的反比例关系。

巫辉等发表的研究结果表明[33]，压敏胶制品的 180°剥离强度与高频（约 100Hz）外应力作用下压敏胶的损耗模量 G'' 相关，若压敏胶在高频率外应力下有较高的 G'' 值，则其压敏胶制品会出现较高的 180°剥离强度。

关于压敏胶黏剂的拉伸强度和弹性模量以及动态力学性能（储能模量 G'、损耗模量 G'' 和损耗因子 $\tan\delta$）的测试方法可参考有关书籍[1]。

3. 压敏胶本体黏度的影响

根据聚合物黏弹性的 Maxwell 基本方程式（2-1-4）和润湿动力学方程式（2-1-11），粘贴压敏胶制品时压敏胶对被粘表面的润湿速度与压敏胶的本体黏度成反比。即本体黏度越小，压敏胶越容易润湿被粘表面。所以，随着本体黏度的减小，剥离强度 Keable 理论表达式（2-2-4）中的界面拉伸破坏应力 σ_f 和福沢理论表达式（2-2-9）中的界面黏附功 W_a 应该明显增加，从而使压敏胶制品的剥离强度值上升。但随着本体黏度的降低，式（2-2-9）中的 A 值减小、B 值增加，因而使压敏胶的本体黏度与剥离强度 P/b 之间呈现较复杂的关系。实验研究则表明，随着压敏胶本体黏度的降低，压敏胶制品的 180°剥离强度会迅速增加，详见图 2-1-2。但随着本体黏度的降低，压敏胶的拉伸强度和弹性模量也会下降，剥离测试时就可能出现胶层内聚破坏。因此，一个实用压敏胶黏剂的本体黏度应该保持在一定的范围内，一般都在 $10^5 \sim 10^7 \, \mathrm{Pa \cdot s}$。

压敏胶本体黏度通常都采用锥板黏度计直接进行测试，也可以采用前一章中介绍的应力-应变的方法。

4. 压敏胶玻璃化转变温度的影响

压敏胶的玻璃化转变温度 T_g 决定于压敏胶的组成。

聚丙烯酸酯压敏胶主要由丙烯酸的各种长链烷基酯（如丙烯酸丁酯、丙烯酸 2-乙基己酯等）与其他烯类单体（如甲基丙烯酸甲酯、乙酸乙烯酯、苯乙烯等）以及烯类功能单体〔如（甲基）丙烯酸、（甲基）丙烯酸羟基酯等〕，经自由基共聚合制成。这类自由基共聚物比较接近理想的共聚物体系。它们的玻璃化温度 T_g 可以用下述 Fox 公式进行计算：

$$1/T_g = W_1/T_{g1} + W_2/T_{g2} + \cdots + W_n/T_{gn} \qquad (2\text{-}2\text{-}16)$$

式中，W_1、W_2……W_n 分别为参与共聚合的各种单体的质量分数；T_{g1}、T_{g2}……T_{gn} 分别为这些单体的均聚物的玻璃化温度（用热力学温度来表示）。

橡胶型压敏胶或热塑弹性体类（无论是热熔型还是溶剂型）压敏胶主要由天然和合成橡胶或热塑弹性体等与增黏树脂、软化剂及其他添加剂共混制成。共混体系的玻璃化温度取决于共混各组分的相容性。大体上讲，各组分能完全相容成为均相的共混体系时，只有一个玻璃化转变温度。这个温度也可以用 Fox 公式加以估算，但有时会与实际测试值相差甚远。各组分部分相容或完全不相容的共混体系，往往有两个或两个以上的玻璃化转变温度。其数值不仅与各组分本身的玻璃化温度和各组分的用量有关，而且还与相容的程度有关。因此，共混体系的玻璃化温度只能依靠实际测试来加以确定。

用于测定压敏胶黏剂玻璃化转变温度 T_g 的方法主要有：差热分析法（DTA 法）和差示扫描量热法（DSC 法）（详见本篇第五章）、应力-应变法及扭辫法等。不同的方法测定的 T_g 值不完全相同，有时甚至会相差较大。因此，在表述压敏胶玻璃化温度时，必须同时说明是用什么方法测定的，抑或是通过 Fox 公式估算的。

虽然压敏胶黏剂的玻璃化温度 T_g 与压敏胶的剥离强度和其他力学性能之间至今还没有发现任何精确的定量关系，但人们常常用玻璃化温度的数值来预测一个共聚物或共混物体系是否适用于作压敏胶黏剂，还可以用以指导如何改进这个共聚物或共混物体系的压敏胶黏性能，尤其是剥离强度值。实验证明，在其他条件相同的情况下，提高压敏胶黏剂的 T_g 值可以使它的剥离强度-测试温度曲线（见图 2-2-7）沿横坐标（即测试温度坐标）的方向向左移动，而使剥离强度-剥离速度曲线（见图 2-2-6）沿横坐标（即剥离速度坐标）的方向向右移动。一个实用的、好的压敏胶黏剂应该在使用温度范围内，在 5.0mm/s 的标准剥离速度下具有较高的剥离强度值和典型的界面黏合破坏。为此，它的玻璃化转变温度 T_g 必须保持在一定的温度范围内。如果在使用温度范围和这种剥离速度下进行 180°剥离强度测试时发生胶层内聚破坏或胶层-界面混合破坏，那么该压敏胶的玻璃化温度还应该设法提高。如果在使用温度范围和这种剥离速度下已经出现"黏-滑"剥离现象，则该压敏胶的玻璃化温度就应该设法降低些。此时，Fox 公式是一个方便而有效的工具。尤其是在研制不同要求的丙烯酸酯共聚物压敏胶黏剂时更是这样。人们可以首先用 Fox 公式设计各种共聚单体的配比，使共聚物的玻璃化转变温度处在一定的范围内，然后根据初步的测试结果，再用 Fox 公式修改设计的单体配比，使共聚物的玻璃化温度提高或降低，直至满足各种性能要求。

许多实验研究结果表明，在其他性能（如高分子的极性、分子量和分子量分布等）相同或相近的情况下，压敏胶制品的剥离强度随压敏胶玻璃化温度的上升（或下降）会出现一个极大值；不同的体系，这个具有最佳剥离强度值的压敏胶玻璃化温度可能是不一样的。表 2-2-3 列出了丙烯酸丁酯（BA）和甲基丙烯酸丁酯（MBA）共聚体系中采用不同单体配比所得的共聚物压敏胶的玻璃化温度 T_g（由 Fox 公式计算而得）与 180°剥离强度实测值之间的关系。由表 2-2-3 可知[16]，在该体系中压敏胶的玻璃化温度 T_g 低于 $-27℃$ 时才产生具有实用性的压敏胶黏性能；而在 $T_g = -43℃$ 时，180°剥离强度出现极大值。我们研究了丙烯酸丁酯（BA）-丙烯酸 2-乙基己酯（2-EHA）-甲基丙烯酸甲酯（MMA）共聚物压敏胶体系的玻璃化温度 T_g 与压敏胶制品（PET 为基材）的压敏黏合性能之间的关系，结果详见表 2-2-4。显然，该体系具有最佳 180°剥离强度时的玻璃化温度 T_g 值处在 $-44℃$ 附近。

表 2-2-3　BA-MBA 共聚物压敏胶的 T_g 与 180°剥离强度的关系

单体配方/%		共聚物 $T_g^{①}$/℃	触黏法 初黏力/N	180°剥离 强度/(N/m)	破坏类型②	本体黏度 /(Pa·s)
BA	MBA					
100	0	−55	3.33	382	C	$2.8×10^5$
80	20	−43	5.29	1058	C-A	$5.4×10^5$
70	30	−37	4.51	323	A-C	$2.8×10^5$
55	45	−27	5.68	284	A	$2.8×10^6$
30	70	−8	0	29.4	A	$>10^7$
0	100	19	0	0	A	$>10^7$

① 根据 Fox 公式计算而得；

② C 为胶层内聚破坏，A 为界面黏合破坏。

表 2-2-4　BA-2-EHA-MMA 共聚物压敏胶的玻璃化温度 T_g 对压敏胶黏性能的影响①

序号	共聚物 T_g/℃②	初黏性能/球号数	180°剥离强度/(N/25mm)	持黏性能/h
1	−53	6.0	5.8	>168
2	−48	3.8	7.1	>168
3	−44	2.5	8.5	>168
4	−40	<2.5	5.7	>168

① 基材为 PET 膜（0.025mm 厚）；

② 按 Fox 公式计算而得。

随着压敏胶玻璃化转变温度值的降低，在相同的测试温度和剥离速度下，压敏胶黏剂逐渐变"软"，压敏胶的拉伸强度、弹性模量和本体黏度皆会出现不同程度的下降。本体黏度的下降有利于压敏胶对被粘表面的润湿，从而增加界面黏合力，使剥离强度增加；而拉伸强度和弹性模量的下降又会降低胶黏剂的内聚强度和剥离破坏时的弹性变形功，使剥离强度下降，甚至可能发生由界面黏合破坏向胶层内聚破坏的转变。这就是为什么压敏胶制品 180°剥离强度会随压敏胶黏剂的玻璃化温度的变化而出现一个极大值的原因。

5. 压敏胶分子极性的影响

将含有极性基团的单体如（甲基）丙烯酸、（甲基）丙烯酰胺、（甲基）丙烯酸羟基酯等以共聚的方式引入聚丙烯酸酯压敏胶中，或将极性较大的增黏树脂与橡胶型压敏胶共混，皆可以增加压敏胶的分子极性。压敏胶分子极性的增加能够显著提高压敏胶制品对极性被粘材料的剥离强度，表 2-2-5 是一组典型的实验数据[17]。显然，丙烯酸和丙烯酰胺的分子极性比甲基丙烯酸和甲基丙烯酰胺大，它们对增加共聚物的分子极性的贡献也大，因而对增加共聚物 90°剥离力的效果也较明显。所以人们常常用引入丙烯酸的办法来提高聚丙烯酸酯压敏胶的 180°剥离强度性能。我们曾经研究过溶剂基聚丙烯酸酯压敏胶共聚单体配方中丙烯酸（AA）用量对它们的压敏胶制品（基材为 $25\mu m$ 厚的聚酯膜）180°剥离强度和其他压敏黏合性能的影响，实验结果详见表 2-2-6。数据表明，随着极性单体 AA 用量的增加，共聚物分子的极性增加，180°剥离强度明显增加，压敏胶的剪切蠕变保持力（持黏性能）也明显提高，但压敏胶的初黏性能则呈现有规律的下降。

压敏胶分子极性的增加不仅增大了胶接界面上分子之间的相互作用力（尤其是对极性被粘表面）、改善了界面黏合条件，从而增加了界面黏附功；而且还改变了压敏胶层的力学性质和流变学性质，例如增加了内聚强度和弹性模量，提高了玻璃化温度和本体黏度等。这些都影响着压敏胶 180°剥离强度和其他压敏胶黏性能。

表 2-2-5　与 MMA 共聚的几种极性单体对共聚物 90°剥离力的影响　　　　　　　　　　　　N

用量(摩尔分数)/%　　　剥离力　　　共聚单体	0	2	5	10	15	20
丙烯酸	1.57	2.16	2.45	3.04	—	4.12
丙烯酰胺	1.57	1.96	2.65	2.74	1.37	—
甲基丙烯酸	1.57	1.67	1.67	0.98	—	—
甲基丙烯酰胺	1.57	1.37	1.67	0.98	—	—

表 2-2-6　丙烯酸（AA）单体的用量对压敏胶黏性能的影响

AA用量(质量分数)/%	180°剥离强度/(N/25mm)	初黏性能(球号数)	持黏性能/h
0	7.6	6.2	25
1	8.3	5.0	>168
3	7.1	3.8	>168
5	11.8	2.5	>168
7	11.2	< 2.5	>168

6. 压敏胶分子量和分子量分布的影响

减小压敏胶主体聚合物的分子量可以降低它的本体黏度，有利于胶黏剂在被粘表面的流动和润湿，从而提高界面黏合力，使压敏胶制品的剥离强度增加。但减小分子量也能使压敏胶层的内聚强度（拉伸强度和弹性模量）下降。当胶层内聚强度低于界面黏合强度时，剥离测试就会发生由界面黏合破坏向胶层内聚破坏的转变。当出现完全的胶层内聚破坏后，剥离强度值随胶黏剂分子量的减小而迅速降低。因此，压敏胶制品的剥离强度随胶黏剂分子量的变化会出现一个极大值，即只有胶黏剂的分子量保持在一定的范围内才可以得到最佳的剥离强度值。

实验研究表明，压敏胶的分子量大小不仅对压敏胶制品的剥离强度和剥离破坏类型有很大影响，而且对压敏胶的初黏性能和持黏性能也有较大影响。表 2-2-7 列出了一组组成和结构相同、但分子量不同的丙烯酸酯共聚物压敏胶的某些压敏胶黏性能[18]。其中共聚物代号是按特性度（即按重均分子量）的大小排列的。显然，剥离时的破坏类型（即从界面黏合破坏向胶层内聚破坏）转变的温度 T_s 以及持黏性能都有规律地随重均分子量的减小而降低，但与数均分子量的关系并不那么密切。图 2-2-14 是这些压敏胶在室温（23℃±1℃）时测试的 180°剥离强度随剥离速度的变化情况；图 2-2-15 是这些压敏胶在标准剥离速度（5.0mm/s）时测试的 180°剥离强度随测试温度的变化。由图可知，共聚物压敏胶 E、F、G 在任何剥离速度和 22℃以上的任何温度进行 180°剥离强度测试时皆发生胶层内聚破坏，剥离强度值不高而持黏力很低。这显然是由于这些共聚物分子量太小、内聚力不足的缘故。这样的压敏胶一般都没有什么实用价值。共聚物压敏胶 A 和 B 则由于分子量很大之故，在任何测试温度和剥离速度时都发生界面黏合破坏，剥离强度也较低，而持黏力却很高。这样的压敏胶适合制作遮蔽、保护用压敏胶黏带及再剥离型压敏标签。分子量适中的共聚物压敏胶 C 和 D 则介于上述两者之间，不仅具有最佳的 180°剥离强度值以及在室温和正常剥离速度下出现完全的界面黏合破坏，而且还具有较好的其他压敏胶黏性能。这些压敏胶适于制作通用型压敏胶制品。

表 2-2-7　丙烯酸酯共聚物压敏胶的分子量对某些压敏胶黏性能的影响

| 共聚物代号 | 特性黏度 | 数均分子量 | 不同接触压力下的探针初黏力[①]/N | | | 持黏力[②]/h | | 分裂温度 |
			0.98kPa	9.8kPa	49kPa	24℃	71℃	T_s/℃
A	4.50	$150×10^4$	1.6	4.83	5.34	>200	16	>93
B	3.04	$77.0×10^4$	1.3	5.03	5.46	120	2	88
C	2.65	$25.1×10^4$	1.76	5.26	6.24	10	0.2	37
D	2.17	$25.0×10^4$	1.54	5.39	6.56	9	0.2	29
E	1.71	$35.3×10^4$	1.40	4.44	4.64	1.8	0.04	20
F	1.67	$27.6×10^4$	1.67	3.04	3.66	1.3	0.03	21
G	1.62	$36.0×10^4$	2.55	5.52	5.81	1.2	0.03	<20

① 不锈钢探针直径 5.0mm，接触时间 1.0s，分离速度 1.0cm/s，测试温度 23℃；

② 1.0kgf/(25mm×25mm)。1kgf=9.8N。

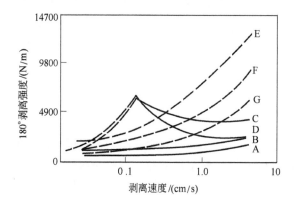

图 2-2-14　各种分子量的丙烯酸酯共聚物压敏胶在
不同剥离速度时测试所得的 180°剥离强度
——— 界面黏合破坏；－－－ 胶层内聚破坏

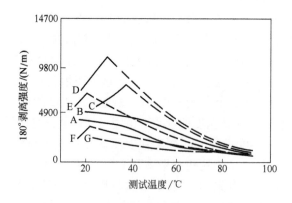

图 2-2-15　各种分子量的丙烯酸酯共聚物压敏胶
在不同温度时测试所得的 180°剥离强度
——— 界面黏合破坏；－－－ 胶层内聚破坏

除压敏胶的分子量外，分子量分布对其制品的剥离强度也有明显影响。但有关的实验研究报道不多。一般认为，在平均分子量较高的压敏胶主体聚合物中加入适量相容的低分子量物质，如同类的低聚体、增黏树脂或增塑剂等，使压敏胶的分子量分布加宽，有利于提高它们的180°剥离强度和初黏性能。

我们曾在丙烯酸酯共聚单体配方相同的条件下，采用不同的溶液共聚合工艺，得到了三种平均分子量和分子量分布不同的溶剂型压敏胶黏剂，并以聚酯薄膜为基材涂制了三种压敏胶制品，测试并研究了分子量和分子量分布对压敏胶制品三大压敏胶黏性能的影响。实验结果列于表2-2-8。从表中的数据可看出，随着分子量分布的加宽（从压敏胶甲到丙），压敏胶的180°剥离强度增加，初黏性能也明显提高。尤其是压敏胶丙和压敏胶乙相比。虽然重均分子量差不多，但分子量分布改变（加宽）了，因而剥离强度和初黏性能都发生了很大的变化，它们都明显改善了。重均分子量相近但分子量分布变宽，意味着数均分子量减小，即共聚物中低分子量的成分增加。这就使压敏胶黏剂较容易在被粘表面上流动并润湿被粘表面，从而增加胶接界面上的分子相互作用力和黏附功。这就是压敏胶的分子量分布变宽能改善其制品剥离强度和初黏性能的主要原因。

表2-2-8　聚丙烯酸酯压敏胶的分子量和分子量分布[①]对压敏胶黏性能[②]的影响

压敏胶	重均分子量 M_w	数均分子量 M_n	分子量分布 M_w/M_n	180°剥离强度 /(N/25mm)	初黏性能 （球号数）	持黏性能/h
甲	363300	72760	5.0	5.8	3	>168
乙	121600	2920	41.6	8.0	5	>168
丙	114300	1390	82.5	9.3	11	>168

① 平均分子量（M_w 和 M_n）及分子量分布（M_w/M_n）是用凝胶渗透色谱（GPC）测定的；聚苯乙烯为标样，四氢呋喃为淋洗剂。

② 按照相应的中华人民共和国国家标准测定。

7. 压敏胶交联的影响

许多实用性能较好的橡胶压敏胶和聚丙烯酸酯压敏胶都是交联型的。在这些压敏胶的配方中使用了少量能与压敏胶主体聚合物分子链上的功能基团发生化学反应从而将两个或多个高分子链联结起来的化学物质，这些化学物质被称为交联剂。在压敏胶涂布和加热干燥时或在压敏胶制品的存放和使用过程中，这些交联剂能使压敏胶主体聚合物发生交联反应，从而使压敏胶的平均分子量迅速增大。也可以不用化学交联剂而使用紫外光或电子束辐射将压敏胶的主体聚合物进行交联。

交联对压敏胶制品的剥离强度和其他压敏胶黏性能有很大影响，但影响的规律和程度随压敏胶主体聚合物和交联剂的不同而有所不同。表2-2-9中列出了一种含有羧基的丙烯酸酯共聚物压敏胶用金属钠盐进行离子型交联后，各种压敏胶黏性能随结合钠离子量的增加而变化的实验数据。显然，随着结合钠离子量的增加，持黏力和分裂温度有规律地明显上升，而探针初黏性能和180°剥离强度显著下降。用乙酸锌对聚丙烯酸酯乳液压敏胶进行交联后，压敏胶黏性能的变化也有类似的规律。我们曾用四丁氧基钛（TBT）及其低聚体（PBT）作交联剂，对两种丙烯酸酯溶液共聚物的压敏胶黏性能和抗溶剂性能随交联剂用量而变化的情况进行了实验研究，结果列于表2-2-10和图2-2-16。显然，压敏胶的持黏性能和抗溶剂性能随交联剂用量的增加而显著上升；但与用钠离子或乙酸锌交联的情况不尽相同，它们的180°剥离强度和初黏性能随交联剂用量的增加而出现一个最大值，即使交联剂用量很大时这些性能也没有太大的下降。可见，用TBT或PBT交联比用钠离子或乙酸锌交联较容易达到三大压敏胶黏性能之间的统一，因而更好些。

表 2-2-9 结合钠离子量对一种含羧基的聚丙烯酸酯压敏胶性能的影响

结合钠离子量/%	探针初黏性能/kPa①	180°剥离强度/(N/cm)	持黏性能②/h	分裂温度/℃
0	59.5	9.52	0.2	21
0.18	—	—	—	32
0.34	24.2	5.03	4.2	68
0.50	13.9	4.92	7.5	77
0.52	13.0	3.47	7.9	77
0.59	9.0	2.73	68	82
0.69	0	2.73	64	88

① 接触压力 0.98kPa,接触时间 1.0s,分离速度 1.0cm/s,室温;

② 2.54cm×5.08cm,1.0kgf(9.8N),室温。

表 2-2-10 交联剂 PBT 用量对一种聚丙烯酸酯溶液压敏胶性能的影响

PBT 用量/%			0	0.18	0.19	0.20	0.22	0.26	0.30
丙酮中的溶解性①/%			100	45	31	16	11	<10	0
压敏胶黏性能③	初黏性(球号数)		12	16	14	12	12	10	—④
	180°剥离强度/(N/cm)		5.61	6.08	6.47	5.49	4.90	4.12	—
	持黏性②/min	25℃	5	240	—	—	>840		—
		40℃	—	—	51	76	390	>600	—

① 胶液经 90℃/10min 干燥后浸泡于常温丙酮中 3h 后溶解的质量分数。

② 试验条件:1.0kgf/(1.5cm×2.0cm)。(1kgf=9.8N)。

③ 胶液涂于 BOPP 膜,经 90℃/10min 干燥后按中华人民共和国国家标准进行测试。

④ 胶液已凝胶,无法涂布。

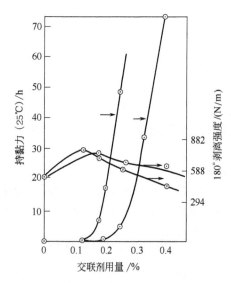

图 2-2-16 交联剂 TBT (—○—) 和
PBT (—⊗—) 用量对一种
聚丙烯酸酯压敏胶性能的影响

随着交联剂用量的增加,压敏胶主体聚合物的平均分子量会迅速增加,压敏胶的本体黏度和内聚强度(反映为拉伸强度和弹性模量等)均会明显上升。这就是交联型压敏胶黏制品在进行 180°剥离强度测试时一般都会出现完全的界面黏合破坏,而 180°剥离强度值则会随着交联剂用量的增加而逐渐下降的主要原因。采用交联时能够形成柔软化学键(如醚键、酯键等)的交联剂以及分子量较大或本身的分子链较柔软的交联剂,则交联时 180°剥离强度和初黏性能随交联剂用量的增加而下降的趋势较缓慢。

8. 压敏胶表面张力的影响

毛胜华等[34]报道了聚丙烯酸酯压敏胶的表面张力对所制成的压敏保护胶膜 180°剥离强度的影响,见表 2-2-11。从表中的试验结果可知,随着压敏胶表面张力的下降并渐渐接近被粘材料,压敏保护胶膜的 180°剥离强度和初黏性能皆不断上升。这是由于无论从润湿热力学还是从润湿动力学考虑,压敏胶的表面张力越接近被粘材料,表面润湿得就越充分,润湿的速度也越快,测试所得的压敏黏合性能当然就越好。

表 2-2-11　压敏胶表面张力对所制成的压敏保护胶膜的 180°剥离强度的影响

压敏胶表面张力/(mN/m)	180°剥离强度/(N/25cm)	初黏性(钢球号)
37.2	3.8	13
36.5	4.1	14
34.0	4.2	15～16
32.0	4.6	19

注：压敏胶为烘干后的聚丙烯酸酯压敏胶；性能按中国国家标准方法测试；被粘材料为不锈钢，其表面张力为 30.0mN/m。

三、基材对剥离强度的影响

剥离测试时压敏胶制品的基材也要发生弯曲变形。因此，基材的厚度和性质也会影响到剥离强度的测试数值。福沢在剥离强度理论表达式(2-2-9)推导时，也是将剥离测试时基材变形所需的功作为剥离力所做功的一部分来考虑的。式(2-2-9)中，基材变形功 W_b 与基材的弹性模量 E_s 成正比，也与基材厚度 t_s 的三次方成正比。因此，基材的厚度越大，基材越硬（即基材的弹性模量越大），使基材弯曲变形所需的功就越大，剥离强度的测试值当然就应该越高。实验研究表明，基材厚度对压敏胶制品 180°剥离强度值的影响是复杂的，不仅与基材的性质有关，还与压敏胶的性质有关。图 2-2-17 是一组典型的实验结果。这些实验结果可以用剥离测试时基材弯曲变形的形状变化来解释[19]。当基材较薄时，剥离测试引起的基材弯曲在形状上没有多大的变化。此时，所测得的 180°剥离强度值随基材厚度的增加而迅速上升，但上升的速度视基材和压敏胶的不同而差别很大。当基材厚度继续增加时，其弯曲的形状逐渐发生变化，曲率半径增大，从而使测试所得的剥离强度值下降。但对较硬的铝箔基材来说，厚度进一步增加时，产生弯曲变形所需的功增加更快，故所测得的 180°剥离强度值稍微下降后又继续上升。

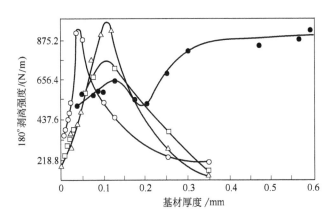

图 2-2-17　压敏胶黏带 180°剥离强度与基材厚度的关系
—○—聚酯基材，有填料的交联型天然橡胶压敏胶；—△—聚酯基材，有填料的非交联型
天然橡胶压敏胶；—□—聚酯基材，有填料的非交联型合成聚合物压敏胶；
—●—软铝箔基材，有填料的交联型天然橡胶压敏胶

可见，对于较硬的基材（即弹性模量较大的基材），基材厚度对 180°剥离强度的影响要比较软的基材更大些。基材厚度对 90°剥离强度测试值的影响要比对 180°剥离强度的影响较小些。

四、被粘材料对剥离强度的影响

被粘材料对压敏胶制品剥离强度的影响主要是由于它们的表面张力不同所引起的。压敏胶黏剂对具有不同表面张力的被粘表面润湿能力不一样，所产生的界面相互作用力和界面黏附功不同，所测得的剥离强度值当然也就不同。图 2-2-18 是几种压敏胶黏剂黏合不同表面张力的被粘材料时测得的 180°剥离强度数据。由图可以看出，当被粘材料的表面张力大于压敏胶的表面张力时，均能得到较好的 180°剥离强度值。对于三种用萜烯树脂增黏的天然橡胶压敏胶来说，被粘材料的表面张力皆在 37×10^{-3} N/m 附近时 180°剥离强度出现最大值；而对聚丙烯酸酯压敏胶来说，180°剥离强度的最大值出现在被粘材料的表面张力为 40×10^{-3} N/m 附近。另有一组实验数据表明，当被粘材料的临界表面张力与压敏胶黏剂的临界表面张力相等或相近时，180°剥离强度测试结果出现最大值，详见表 2-2-12 的数据[21]。这些实验结果显然是与前章中关于压敏胶黏剂对被粘表面的润湿热力学分析相一致，即180°剥离强度出现最大值是由于此时具有最佳的润湿热力学条件的缘故。

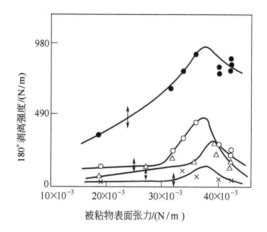

图 2-2-18　几种压敏胶黏剂的 180°剥离强度与被粘物表面张力之间的关系

—×— 天然橡胶-萜烯树脂（70：30）压敏胶；—△— 聚丙烯酸酯压敏胶；

—○— 天然橡胶-萜烯树脂（50：50）压敏胶；—●— 天然橡胶-萜烯树脂（30：70）压敏胶；

↕—这些压敏胶的表面张力

表 2-2-12　压敏胶的临界表面张力（γ_c）与 180°剥离强度出现

最大值时被粘材料临界表面张力（$\gamma_{c,max}$）的关系

压敏胶黏剂或胶黏带	γ_c/(mN/m)[②]	$\gamma_{c,max}$/(mN/m)[②]
天然橡胶压敏胶(松香10%)	32	29
天然橡胶压敏胶(松香3%)	35	34～35
天然橡胶压敏胶(松香50%)	36	38
聚异丁烯压敏胶(LMMS)[①]	30	—
聚异丁烯压敏胶(MML-80)[①]	31	29
聚异丁烯压敏胶(MML-80/LMMS＝70/30)	30～31	29
聚异丁烯压敏胶(MML-80/LMMS＝50/50)	30～31	29
聚乙烯基醚压敏胶(EHBM)[①]	36	37
赛璐玢压敏胶黏带	35	34～36
硬聚氯乙烯压敏胶黏带	37	37～38

① 为主体聚合物的产品牌号。

② 系 20℃时测试的数据。

被粘材料的表面粗糙度对剥离强度也有明显影响，这是由于润湿动力学上的原因引起的。同一种被粘材料，表面粗糙度越大，压敏胶黏剂在其表面达到润湿的热力学平衡所需的时间越长，有些本体黏度较大的压敏胶黏剂也许永远也达不到这种平衡，其界面黏合力及所测得的剥离强度值当然就越小。对于初黏性能较差的压敏胶，被粘材料表面粗糙度对剥离强度的这种影响更为显著。这就是为什么在各国或地区制定的 180°剥离强度测试标准中都具体规定了被粘材料的材质及其表面光洁度或粗糙度的原因。

除了表面张力和表面粗糙度外，被粘材料的弹性模量对压敏胶制品的剥离强度也有一定影响。有人测定了几种高分子材料的弹性模量、临界表面张力 γ_c 以及一种天然橡胶压敏胶制品粘贴这些材料后的 180°剥离强度值，结果见表 2-2-13。由此表的数据可知，虽然有机硅树脂和一种三元共聚物 EPDM 的 γ_c 并不是最低的，但由于它们在常温下处于高弹态，弹性模量比其他材料低两个数量级，所测得的 180°剥离强度值就特别小。如果将测试时的剥离速度提高到 83.3cm/s 以上或将测试温度降低到 −50℃ 左右，使这两个材料皆处于玻璃态，从而使它们的弹性模量提高两个数量级，那么它们的 180°剥离强度也会提高到与其他被粘材料相应的数值，约 147N/m 左右。

表 2-2-13　几种高分子被粘材料的弹性模量、临界表面张力和一种天然橡胶
压敏胶制品的 180°剥离强度值的关系

被粘材料	弹性模量/MPa	临界表面张力 γ_c/(mN/m)	180°剥离强度[①]/(N/m)
聚氯乙烯	490	35.7	603
双轴拉伸聚丙烯	450	30.2	255
高密度聚乙烯	510	28.5	113
聚四氟乙烯	330	17.7	49
低密度聚乙烯Ⅰ[②]	82	25.5	73.5
低密度聚乙烯Ⅱ[③]	70	27.9	55.8
EPDM[④]	0.6	23.9	9.8
有机硅树脂	0.36	19.1	1.8

① 一种天然橡胶压敏胶制品粘贴这些被粘材料的数据。

② 密度为 0.924g/cm³。

③ 密度为 0.918g/cm³。

④ 乙烯-丙烯-非共轭双烯的三元共聚物。

参 考 文 献

[1] 金世九，金晟娟. 合成胶粘剂的性质和性能测试. 北京：科学出版社，1992：273-283.

[2] Kaeble D H. Trans Soc Rheology, 1960：4：45.

[3] Gardon J L. J Appl Polym Sci, 1963：7：643.

[4] Bikerman J J. J Adhesion, 1972：3：333.

[5] 畑敏雄. 高分子（日），1947：4：61.

[6] 畑敏雄. 材料（日），1964，13（128）：541-546.

[7] 福沢敬司. 日本接着協会，1969，5（5）：294；1970，6（6）：441.

[8] 福沢敬司. 日本接着協会，1980，16（6）：230-238.

[9] Fukuzawa K. Theoretical Research on Physical Properties of PSA Tape. 1997：723-745.

[10] 日本粘着テープ工業会. 粘着バンドブック，1985：32-56.

[11] Satas D. Handbook of Pressure Sensitive Adhesive Technology. New York：VNR Co，1982：50-77.

[12] 福沢敬司. 工業材料（日），1981，29（5）：75-79.

[13] 福沢敬司. 日本接着協会，1969，5（5）：294.

[14] Johnston J. Adhesive Age，1968，11（4）：20-26.

[15] Dale W C, Paster M D, Haynes J K. // Satas. D. Advances in Pressure Sensitive Adhesive Technology 2nd ed. Rhode Island, USA: Satas & Associates, 1995: 65-111.

[16] 伊藤俊男. 日本接着协会, 1977, 13 (1): 22-29.

[17] Satas D. Handbook of Pressure Sensitive Adhesive Technology. New York: VAN Co, 1982: 298-330.

[18] 伊藤俊男. 日本接着协会, 1977, 13 (2): 59-66.

[19] Johnston J. Adhesives Age, 1968, 11 (4): 20-26.

[20] 福沢敬司. 工业材料 (日), 1981, 29 (3): 75-81.

[21] 远山, 北崎, 渡边. 日本接着协会, 1970, 6 (5): 8.

[22] Kendall K. Peel Adhesion of Solid Film—The Surface and Bulk Effects. The Journal of Adhesion, 1973, 5 (3): 179-202.

[23] Noshir S P. Peel-Zone Model of Tape Peeling Based on The Gecko Adhesive System. The Journal of Adhesion, 2007, 83 (4): 383-401.

[24] Zhou M. The Extended Peel Zone Model Effect of Peeling Velocity. The Journal of Adhesion, 2011, 87 (11): 1045-1058.

[25] Liang Z. A generaliged cohesive zone model of The peel test for pressure-sensitive adhesives. Wang J. International Journal of Adhesion and Adhesives, 2009, 29 (3): 217-224.

[26] Alain M, Guruswami R. Peeling of Elastic Tapes: Effects of Large Deformation, Prestraining and a Peel-Zone Model. The Journal of Adhesion, 2008, 84 (12): 961-995.

[27] Plaut R H. Two-Dimensional Analysis of Peeling Adhesive tape from Human Skin. The Journal of Adhesion, 2010, 86 (11): 1086-1110.

[28] Ciccotti M. Complex dynamies in The peeling of an adhesive tape. International Journal of Adhesion and Adhesives, 2004, 24 (2): 143-151.

[29] Du J. Journal of Adhesion, 2004, 80: 601-604.

[30] Marin G, Devail C. Rheology and Adherence of Pressure-Sensitive Adhesives. Journal of Adhesion, 2006, 82: 469-485.

[31] Dlum F D. Journal of Adhesion, 2006, 82: 903-917.

[32] 全国胶粘剂标准化技术委员会. 关于对《胶粘带厚度试验方法》等 6 项国家和行业标准征求意见的函. 胶分标字 (2012) 3 号, 2012.

[33] 巫辉. 聚合物压敏胶的动态粘弹频率谱表征. 武汉大学学报, 2007, 53 (2): 170-174.

[34] 毛胜华. 压敏胶表面张力对保护膜性能的影响. 中国胶粘剂, 2011, 20 (11), 26-29.

第三章

压敏胶制品的初黏性能

杨玉昆

关于压敏胶制品的初黏性，亦称快黏（quick stick）、初始黏合性（initial adhesion）等，至今学术界还没有形成一个统一的定义。它不同于轮胎制造商所说的弹性体与弹性体之间的黏性（tack），也不同于印刷商所指的两表面之间的黏性流体抵抗分离的黏性。一般认为，压敏胶制品的初黏性不是一种简单的性能，而是压敏胶黏剂与其他材料接触时其表面的化学和物理性能的综合反映，是压敏胶黏剂区别于其他胶黏剂的一种非常重要而又特殊的黏合性能。

人们对于压敏胶初黏性能的基本印象和初次测量是当人们将拇指或手指与压敏胶黏剂轻轻地短时接触并迅速拉开所感觉到的胶黏剂黏性，即通常所说的手感黏性。通过改变接触的压力和时间并考察手指从压敏胶上拉开时的难易程度，人们可以很快地判断这种压敏胶形成黏合的难易、快慢以及所形成黏合的强度。但作为一种压敏胶初黏性的测试方法，指触试验法的缺点是主观性强、不能定量；除非同时进行测试，否则不能确定各种压敏胶的差异；它只能表征压敏胶对皮肤的黏合性能，而且皮肤的表面特性因人而异，更不能说明压敏胶对其他被粘表面的黏合行为。所以，人们一直在寻找一种好的测试方法，以便能够用来科学地、定量地表征压敏胶黏剂的初黏性能。

第一节　压敏胶制品初黏性能的测试方法

为了科学地研究和评判压敏胶制品的初黏性能，人们曾经提出并应用过各种各样的测试方法。这些测试方法大致可归纳并划分为滚动摩擦法、快速剥离法和探针触黏法三类，详见表 2-3-1。这些测试方法都各有优缺点，其中有些已被各国列为压敏胶及其制品初黏性能的国家或行业标准测试方法。

表 2-3-1　压敏胶初黏性能的测试方法总结

测试方法分类		测定方法或所用仪器	所测定的量	标准化方法
快速剥离法	胶圈剥离	自压式初黏试验机	胶圈的剥离力(loop tack)	—
	胶黏带剥离	快速剥离试验机	90°剥离力	PSTC-5(美国行标)
	胶黏带剥离	Keable 应力解析法	90°剥离力	

测试方法分类		测定方法或所用仪器	所测定的量	标准化方法
滚动摩擦法	球滚动	Bauer-Black 法和 Asland 法	转动距离	—
		滚球斜坡停止法（J. Dow 法）	停止时最大钢球的号数	JIS 20237（日本国标），GB/T 4852—2002（A）
		滚球平面停止法	停止时钢球滚动的距离	ASTM D 3121—73（美国国标），PSTC-6（美国行标），GB/T 4852—2002（B）
		Douglass 法	滚动的距离	—
	圆柱体滚动	转鼓初黏试验机	转动力矩	—
		Voet Ink 初黏试验机	登坡高度	—
		滚动摩擦系数法	滚动摩擦系数	—
触黏法	手指触黏	Nichiban 指压初黏试验机	抗张力和剥离力	—
	球触黏	Matibes 球触黏初黏试验机	抗张力	—
	圆柱体（探针）触黏	Polyken 探针触黏初黏试验机	抗张力	ASTM D 2979（美国国标）

这里只介绍其中最重要的几种压敏胶制品初黏性能的测试方法。

一、球滚动摩擦法

球滚动摩擦法简称滚球法，是滚动摩擦法中应用最为广泛的一种试验方法，也是最早提出的测试压敏胶制品初黏性能的方法之一。其中滚球斜面停止法和滚球平面停止法两种测试方法最为重要。

1. 滚球斜面停止试验法

滚球斜面停止试验法也称斜面滚球试验法，由英国人 Dow 首先在 1954 年提出，故又称 J. Dow 法。试验时将直径不同的一系列钢球从大到小依次从与水平面呈 30°角的倾斜板上滚下，经过平整地放置在倾斜板下端的压敏胶黏带的胶黏面，找出其中因压敏胶的黏性阻滞能完全停止在胶黏面上的最大钢球，详见示意图 2-3-1 (a)。用钢球的球号数 N 来量度该压敏胶制品的初黏性能。

$$N = 32 \times D/25.4\text{mm}$$

式中，D 为该钢球直径，mm。显然，N 为无量纲量，N 越大表示初黏性能越好。此法在日本和中国用得较为普遍，并早已将该法制定为相应的国家标准测试方法。其标准号，日本为 JIS Z0237，中国为 GB/T 4852—2002 (A)。

2. 滚球平面停止试验法

此法早已被美国采用并制定为压敏胶制品初黏性能测试的国家标准方法之一，即 ASTM D-3121；也已为美国压敏胶黏带协会制定为初黏性能测试的行业标准之一，即 PSTC-6 法。测试时，将直径 (D) 为 1.11cm 的钢球从高度 (h) 为 6.51cm、与水平面呈 α ($\alpha = 21°30'$) 角度的倾斜板（槽）顶端沿斜板（槽）滚下，在平整地水平放置的压敏胶制品的胶黏面上滚过，最后因压敏胶的黏性阻滞而停止，详见示意图 2-3-1 (b)。测量钢球滚过胶黏带的距离 l 即为该胶黏带初黏性能的量度，单位为 mm。显然，l 越小，初黏性能越好。此法在欧美各国用得较为普遍。中国台湾以及大陆的有些生产厂家（尤其是在南方地区）也使用这种方法作为初黏性能的企业标准测试方法之一。原中国国家测试标准 GB/T 4852—1984 中没有包括这种测试方法。但在修订后的国家标准 GB/T 4852—2002 中已将这种方法也列为相应的国家标准测试方法之一。

有人曾经对此法进行过深入的力学分析，从理论上研究了滚球的相对密度 g、直径 D、高度 h 等与测试结果 l 之间的定量关系[2]。

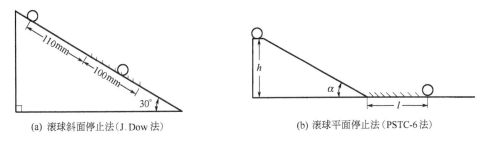

(a) 滚球斜面停止法(J.Dow 法)　　　　(b) 滚球平面停止法(PSTC-6法)

图 2-3-1　滚球法测定初黏性能的示意

3. 关于滚球法的中国国家标准

中国大陆过去普遍采用国家标准 GB/T 4852—1984《压敏胶粘带初粘性测试方法（斜面滚球法）》为压敏胶制品初黏性能的测试方法，现在则都执行修订后的国家标准 GB/T 4852—2002。该标准在原标准的基础上作了如下修改：①原斜面滚球试验法被列为试验方法 A，新增加的斜槽滚球试验法被列为试验方法 B；②方法 A 中试验板的倾斜角，原标准没有具体规定，新标准规定为 30°，特殊情况下可以为 20°或 40°；③滚球的总数量，原标准为 32 个，新标准修订为 29 个。

下面是中国国家标准 GB/T 4852—2002《压敏胶粘带初粘性试验方法（滚球法）》的详细摘要，供读者参考应用。

（1）原理　方法 A：将一钢球滚过平放在倾斜板上的黏性面，根据规定长度的黏性面能够粘住的最大钢球尺寸，评价其初黏性大小。方法 B：将一规定大小的钢球滚过倾斜槽，测量其在水平板上放置的胶黏带黏性面上滚动的距离来评价初黏性的大小。

（2）试验条件　试验室温度（23±2）℃，相对湿度为（50±5）%。制备试样前，被测胶黏带应在该条件下放置 2h 以上。

（3）胶带试验样片

① 方法 A：尺寸为宽（10～80）mm，长 250mm 以上；数量不少于 4 张。

② 方法 B：宽 25mm，长 100mm 以上。

（4）方法 A——斜面滚球法

① 试验装置　本装置主要由能倾斜 20°、30°、40°的倾斜板及其连接机构组成。倾斜板采用光滑的硬质平面板（玻璃板、金属板、木板、塑料板等）。助滚段由长 100mm 以上、厚 0.025mm 的透明聚酯薄膜，在规定位置（使助滚段为 100mm 长）粘贴于被测试片之上而成。测定段从助滚段下端起算，长度为 100mm 范围内的胶黏面。

② 滚球　以 GCr15 轴承钢制造、精度不低于 GB/T 308 规定的等级 40、直径为 1.588～25.4mm 的 29 种号数的钢球，作为测试用钢球。测试时应使用球号数连续的一组钢球。钢球应存放在防锈油中。有锈迹、伤痕的球须及时更换。每次试验前后钢球都应该用脱脂纱布蘸无水酒精、异丙醇、甲苯等溶剂擦洗干净。

③ 试验步骤

a. 用水平仪把试验装置水平地固定在测试台上，倾斜面取标准 30°角，需要时也可取 20°或 40°。

b. 用定位胶带将胶带试验样片的胶面朝上地固定在倾斜板的表面，并将聚酯薄膜粘贴于胶带试验样片的上部助滚段的规定位置，使助滚段和测定段的长度均保持为 100mm。助滚段应平整，无气泡、皱褶等缺陷。

c. 用镊子把清洁钢球夹入放球器内，调节放球器的前后位置，使钢球中心位于助滚段起始线上。在正式测试前，一个试样允许作多次测试，但应调节放球器的左右位置，使钢球每次滚动的轨迹不重合。试样宽度大于 25mm 时，以试样中央 25mm 宽的区域为有效测试区域。预选最大钢球：轻轻打开放球器，观察滚下的钢球是否在测试段内被粘住（停止移动逾 5s 以上），从大至小，取不同球号的钢球进行适当次数的测试，直至找到测试段能粘住的最大球号的钢球。

d. 正式测试取 3 个试样，用最大球号钢球各进行一次滚球测试。若某试样不能粘住此钢球，可换用球号仅小于它的钢球进行一次测试，若仍不能粘住，则须重新测试。

④ 测试结果　测试结果以能粘住的最大钢球球号数表示。

在 3 个试样各自粘住的钢球中，如果 3 个都为最大球号钢球，或者两个为最大球号钢球，而另一个的球号仅小于最大球号，则测试结果以最大球号数表示；如果一个为最大球号钢球，而另两个钢球球号仅小于最大球号，则测试结果以仅小于最大球号的钢球球号数表示。

（5）方法 B——斜槽滚球法

① 试验装置　详见图 2-3-2 所示，其倾斜角为 21°30′。

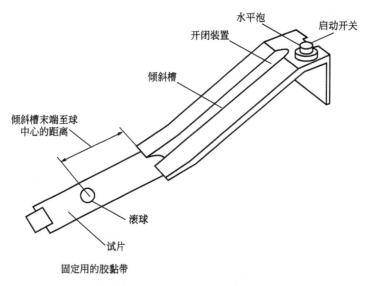

图 2-3-2　斜槽滚球法试验装置示意图

② 滚球　用方法 A 中的 14 号钢球。保存和清洁同方法 A，斜槽也必须保持清洁。

③ 试验步骤

a. 用定位胶带将被测胶带试验片胶面朝上地固定在水平的硬质平面测试板上，切勿使试验片鼓起、起皱或翘曲。

b. 把滚球放在起始位置并使滚球自由滚下，测定从斜槽末端到滚球停止时与胶面接触中心点之间的长度。

④ 试验结果　试验结果以滚球在三张试验片中停止滚动的距离的算术平均值表示，单

位为 mm。

　　用滚球法测试压敏胶制品的初黏性能，其优点是设备简单，操作方便。但试验结果往往不易重复，数据的分散性较大。因此，每个试样常常需要进行反复多次的试验才能得到比较可靠的结果。对于天然橡胶型压敏胶制品来说，用滚球法测得的初黏性能与用指触法测得的手感黏性之间一般都很一致。但对合成橡胶和聚丙烯酸酯压敏胶制品来说，两者之间常常缺乏一致性。有些手感初黏性很好或用其他方法测定的初黏性能很好的聚丙烯酸酯压敏胶制品，用滚球法测试却得不到好的结果。

　　有人用上述两种滚球法测定了同一种压敏胶制品的初黏性能，将测试结果作图得到图2-3-3。显然，滚球平面停止法（即 GB/T 4852—2002 中的方法 B：斜槽滚球法）不能用来测定初黏性能很好的、即用滚球斜面停止法（即 GB/T 4852—2002 中的方法 A：斜面滚球法）测得球号数在 20 以上的压敏胶制品的初黏性能。

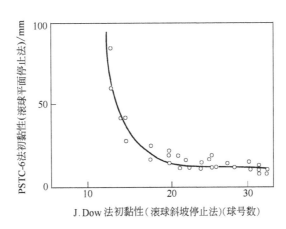

图 2-3-3　两种滚球法测得的一种压敏胶制品初黏性之间的关系[3]

二、快速剥离法

　　此类方法是直接测试压敏胶制品在极轻微的压力和极短的时间接触后与被粘材料快速剥离分开所用的力。有人认为，压敏胶制品的初黏性能可用接触压力和接触时间外推至零时的剥离力极限值来量度。此类快速剥离法就是在这种思想指导下提出和发展起来的。在用快速剥离法测定压敏胶制品初黏性能的方法中，最重要的是胶黏带快速剥离试验法和胶黏带环形初黏试验法两种。

1. 胶黏带快速剥离试验法

　　美国压敏胶黏带协会已将它制定为测定压敏胶黏带初黏性能的另一种标准试验方法，称为 PSTC-5 试验法。测试时，将压敏胶黏带在不施加任何压力的情况下，仅靠自身的重力粘贴在光滑的不锈钢试验板表面上，然后马上（60s 之内）在拉力试验机上以 300mm/min 的速度进行 90°剥离试验，将胶带揭去，所测得的剥离强度值即为该压敏胶黏带初黏性能的量度，单位为 N/m 或 N/cm。此法测得的初黏性能称为 90°快速剥离法初黏性或 90°快黏性（90° quick stick）。类似的初黏性能试验法还有欧洲标准 AFERA 4015。

2. 胶黏带环形初黏（loop tack）试验法

　　在压敏胶制品发展的初期，销售员和用户们常常用指触法或胶黏带环形初黏试验法来粗略地评价产品的初黏性能。胶黏带环形试验法就是将压敏胶黏带在手中制作成一胶黏剂层在外侧的环形胶带圈，让该环形胶带圈与根据用户要求而选定的被粘材料表面轻轻地短时接触，然后拉开，观察胶黏带与被粘表面分离时的难易程度。后来有人进一步将这种方法定量化，规定将 25mm 宽、300mm 长的胶黏带样品弯成胶面向外的环形胶带圈，并将其悬挂在拉力试验机的上夹持钳上，然后以 300mm/min 的速度下降，让胶带圈的压敏胶黏面与在下夹持钳上水平放置的 25mm 宽的不锈钢试验板表面接触，靠压敏胶圈自身的重力形成黏合，待黏合面积达到（25×25）mm^2 后试验机停止下降，经停留短时间（一般为 30s）后，试验机上夹持钳以 300mm/min 的速度上升，将压敏胶黏圈从试验板上剥离下来，记录剥离所需要的最大力，此即为该压敏胶制品环形初黏力的大小，单位为 N 或 gf。这种方法已被许多企业制定为初黏力的企业标准测试方法，尤其是在压敏标签行业。也已被一些国家制定为初黏力的国家标准试验方法之一，如 FINAT FTM9—2003。所测得的初黏力称为环形初黏力（loop tack）。由于该试验方法无须特殊复杂的设备、操作简便易掌握，广受中小企业的欢迎，我国应该及早建立相应的行业标准或国家标准。

无论是胶带快速剥离法还是环形初黏力试验法，其优点是能够反映压敏胶制品的手感黏性，而且无须特殊的测试仪器，操作简便。共同的缺点：一是胶黏带基材的刚性（或柔软性）和厚度对测定的结果有很大影响；二是即使在单次试验中，不同测试段的接触时间在不断变化，而对环形初黏力试验法来说，除接触时间外，不同测试段的剥离角度也在发生变化，故不同测试段的测定值可能相差较大。

三、圆柱体触黏试验法

圆柱体触黏试验法亦称探针试验法或 Polyken 探针试验法，是一种直接模仿手指接触试验法的初黏性能测试方法。用此法测得的初黏力称为圆柱体触黏法初黏力，亦称探针初黏力或 Polyken 初黏力。

为了使指触试验法定量化，最初有人尝试将被测压敏胶制品放在一个测力系统中，让手指作为探针与胶黏剂面短时接触并迅速拉开，将测到的力作为该胶黏制品的初黏力。由于每个人皮肤的纹理状况和表面化学物理性质以及同一个人不同时间皮肤的表面化学物理性质差别较大，此法显然仍不足为取。但后来就逐渐发展成为现在被广泛采用的圆柱体触黏试验法。此法用一个固定在试验机测试头上的不锈钢针形小圆柱体（即探针，其接触端面的直径为 5mm），以很小的压力（一般为 9.8kPa）与固定在另一测试头上的压敏胶带胶黏面接触很短时间（一般为 1.0s），然后以很快的速度（一般为 600mm/min）拉开，记录所需的最大分离力作为该压敏胶制品初黏性能的量度，单位为 N 或 gf（1gf=9.8×10^{-3}N）。

显然，这种方法能更好地反映压敏胶制品的手感黏性，测试结果的精度和重复性皆比较好。因此，除被用于压敏胶黏制品初黏性能的常规测试外，此法还可以用来定量地研究接触压力、接触时间和分离速度等因素对初黏性能的影响。也可以用其他被粘材料如其他金属、塑料等制成探针代替不锈钢探针，用以研究被粘材料对压敏胶初黏性能的影响。已用此法对压敏胶制品的初黏性能进行了许多比较定量的研究工作[2]。此法也早已被美国材料实验学会制定为压敏胶黏剂初黏性能的一种国家标准试验方法，称为 ASTM D—2979，因而在欧美各国用得较多。该测试方法的主要缺点是需要比较复杂而昂贵的专用试验设备，称为 Polyken 触黏法初黏试验机。当然，现在已对该试验的方法和设备进行了改进，使得操作简便，设备价格也下降了[4]。这种圆柱体触黏试验法目前在我国还没有被业界广泛使用，也没有建立相应的行业标准或国家标准。

上述各种重要的初黏性能测试方法、所用设备以及其他测试方法的详情，读者可参阅有关文献[4,5]。

第二节 初黏力的理论分析及影响初黏性能的因素

初黏性能是压敏胶黏剂及其制品的一种重要而又特殊的黏合性能。但至今人们对它的认识还远远没有像对其他性能那样深刻，理论和实验方面的研究皆不多。由于用不同方法测得的初黏性能（或初黏力）具有不完全相同的物理意义，影响因素也不同，这就更增加了问题的复杂性。这里仅根据文献中的某些理论和实验研究结果，对几种最重要的试验方法测得的初黏性能（或初黏力）的理论分析和影响因素作一概述。

一、关于快速剥离试验法初黏力

对于90°快速剥离法（PSTC-5法）测得的初黏力，其理论分析应该与前章中压敏胶制品剥离力的分析基本相同。只是基材的性能和厚薄对快速剥离法初黏力的试验结果影响更大。因为在剥离测试时存在着一对相同的力矩，它由作用于剥离一侧的拉伸应力和作用于另一侧的将胶黏剂压在被粘物上的压缩应力组成。剥离时，较厚的塑料膜、较硬的纸或金属箔胶黏带的基材会沿着剥离线迅速将剥离力矩转变成压缩接触力，使压缩应力增加，这就会导致剥离力由初始的较低值迅速上升至更高的值，结果使测试的初黏力偏高。而较薄的塑料膜、布或柔软的纸基胶黏带的基材不能有效地将剥离力矩转变成压缩应力，所以它们的快速剥离法初黏力的测试结果往往偏低。快速剥离法初黏力测试与90°剥离强度测试的主要不同之处在于前者的接触压力低、接触时间短。在快速剥离法初黏力测试中，接触压力是胶黏带的自身重量。基材厚的胶黏带比基材薄的自身重量大，金属箔基材比塑料膜或纸基材更重，它们的接触压力当然就大，测试结果就会偏高。剥离测试中，测试结果随接触时间 t_d 的增加而增加，这是由压敏胶黏剂润湿被粘表面的动力学过程所决定的。在接触初期，这种剥离力随接触时间的增加而增加的趋势更明显。因此，接触时间对快速剥离法初黏力的测试结果的影响比90°剥离强度测试结果的影响更显著。测试时，必须严格遵守试验法中关于接触时间的规定，测试结果才有可比性。此外，即使在单次测试过程中，越是后面的测试段实际接触时间越长，因而测试数值也会越高。

环形初黏力（loop tack）试验法的理论分析类似于快速剥离试验法，但更为复杂。试验开始时，测试结果可以看作是两个快速剥离力之和，只是剥离角度要稍大于90°。随着测试的进行，剥离角度逐渐减小并向90°接近。快到测试结束时，实际上是反映了拉伸试验的结果。因此，环形初黏力的测试过程实际上是由剥离测试向拉伸测试转变的过程。基材越厚或越硬时，这种转变就越明显。更重要的是，在环形初黏力的测试过程中，不同测试段的接触时间、剥离角度和受力情况（应力分布）都在发生变化。这就更增加了对它进行定量和半定量分析研究的难度。

由于环形初黏力试验法具有较大的实用性、受到企业界的欢迎，这些年来对此试验法的理论分析和实验研究一直在进行着。我国的姜基标等采用环形初黏力的 FINAT FTM9—2003 标准方法，实验研究了聚丙烯酸酯乳液压敏胶带环形初黏力的影响因素。结果表明：①所用的基材及其厚度对压敏胶带环形初黏力的测试结果有很大影响，详见表 2-3-2[23]。其中，作为基材的白卡纸相对于其他塑料膜基材而言，既硬又厚，测试时基材形变所做的功对测试结果的上升有较大贡献；两种厚度不同 BOPP 膜的试验结果有如此大的差别，可见基材厚度对此种试验方法影响之大。②随着压敏胶的胶层（干）厚度的增加，胶黏带环形初黏力的测试值明显上升，详见图 2-3-4。③在乳液压敏胶配方中引入极性功能单体可提高压敏胶的内聚强度，使胶带的环形初黏力和 180°剥离强度同步上升。④在乳液压敏胶配方中使用链转移剂可改变压敏胶的分子量和分子量分布；随着链转移剂用量的增加，胶带的环形初黏力和 180°剥离强度先同步上升，达到最大值后同步下降。吴巨永等也报道了关于压敏胶层厚度、压敏胶的动态力学性能（储能模量）以及被粘材料对胶黏带的环形初黏力影响的实验研究结果。

表 2-3-2　基材及其厚度对一种聚丙烯酸酯压敏胶带环形初黏力的影响

基材	白卡纸	PE 膜	PET 膜	白色 BOPP 膜	透明 BOPP 膜
厚度/μm	50	30	30	50	30
环形初黏力/(N/25mm)	>11.05①	12.17②	7.81	11.12	5.64

① 纸张撕裂；

② 有压敏胶转移至不锈钢试验板，测试数据的波动较大。

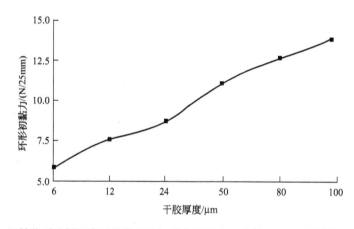

图 2-3-4　压敏胶干胶层厚度对胶带环形初黏力的影响（基材：50μm 厚的白色 BOPP 膜）

由于上述胶黏带环形初黏力试验法有很多缺点，尤其是基材对试验结果的影响太大了，一种改进了的环形初黏力试验法被提出。这种试验方法是将被粘试片代替胶黏带弯成环状，将固定在试验机上夹具的环形被粘试片放下，与平面地固定在下夹具的胶带胶黏面接触，并快速分离，测定分离所需的力。这种改进了的环形初黏力试验法消除了胶带基材对试验结果的影响。用这种改进了的试验方法可便于对环形初黏力进行理论分析和实验研究，其中 Woo 等的工作有代表性[17]。

二、圆柱体触黏法初黏力的理论分析

圆柱体触黏法初黏力亦称探针初黏力或 Polyken 初黏力，是压敏胶制品目前研究得最多也最为深入的一种初黏性能，受到人们广泛的关注。齐藤认为，用圆柱体触黏法测得的初黏力 P_f 由破坏胶接界面所需的应力 P_i、使压敏胶形变所需的应力 P_d 以及毛细管压力 P_c 等三个部分组成[6]：

$$P_f = (P_i + P_d + P_c) \times A \tag{2-3-1}$$

式中，A 为压敏胶与被粘表面之间的实际接触面积。根据实验结果，A 与圆柱体和压敏胶的接触时间 t_d 有关：

$$A = A_e(1 - e^{-t_d/\tau}) = A_e(1 - e^{-t_d \times E_a/\eta_a}) \tag{2-3-2}$$

式中，A_e 为经无限时间后达到平衡时的平衡接触面积；τ 为压敏胶的松弛时间，等于压敏胶的本体黏度 η_a 与弹性模量 E_a 之比（$\tau = \eta_a/E_a$）。

根据计算，$P_i = W_A/x_{12}^*$，$P_d = \eta_a(v/a)^n$，而在一般情况下，毛细管压力 P_c 只有 P_i 和 P_d 的 $0.1\% \sim 0.01\%$，可以忽略。所以，式(2-3-1)可以表达为：

$$P_f = [(W_A/x_{12}^*) + \eta_a(v/a)^n] \times A_e(1 - e^{-t_d \times E_a/\eta_a}) \tag{2-3-3}$$

式中，W_A 为压敏胶和圆柱体之间黏合界面的不可逆黏附功，可根据式(2-1-24)由界面黏附功 W_a 计算出来；x_{12}^* 为黏合界面上圆柱体与压敏胶之间的平均相对距离，一般为10Å左右；a 为压敏胶层厚度；v 为测试时圆柱体与压敏胶的分离速度；n 为 $0 \sim 1$ 之间的常数，一般可取 0.5。

从上述理论分析式(2-3-3)可知，圆柱体触黏法初黏力 P_f 主要取决于黏合界面的不可逆黏附功 W_A、压敏胶的本体黏度 η_a 和弹体模量 E_a 以及分离速度 v 和接触时间 t_d 等测试条件。

三、影响触黏法初黏力的因素

结合大量的实验研究结果，可将影响触黏法初黏力的因素归纳为测试条件、被粘物和胶黏剂的表面张力、压敏胶黏剂本身的性质、基材和被粘物表面粗糙度等分别加以讨论。

1. 测试条件的影响

（1）接触压力　增加不锈钢探针与压敏胶黏剂的接触压力，有利于压敏胶的流动和对探针表面的湿润，从而增加式(2-3-3)中的 A_e 值并使 x_{12}^* 适当减小。因此，触黏法初黏力 P_f 将会随接触压力的升高而增加。实验研究结果（详见图2-3-5）支持了这一点[2]。但增加的速度视基材的表面粗糙度不同而不同：以表面光滑的赛璐玢为基材的胶黏带，初黏力随接触压力的增加而快速增加，且在较小的接触压力下就已达到平衡（图2-3-5中曲线a）；而以表面粗糙的布为基材的胶带，初黏力随接触压力的增加而缓慢增加（图2-3-5中曲线b）。

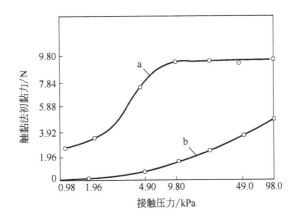

图 2-3-5　接触压力对触黏法初黏力的影响

室温下测试，接触时间 1.0s，分离速度 1.0cm/s

a—赛璐玢胶黏带；b—布基胶黏带

（2）接触时间　式(2-3-3)中触黏法初黏力 P_f 随探针与压敏胶的接触时间 t_d 的增加而增加，并趋于一个稳定的平衡值。实验结果（详见图2-3-6）也支持了这一点。但以表面粗糙的布为基材的胶黏带，初黏力随接触时间的增加而增加得很慢（图2-3-6中曲线b），实际上很难达到这个平衡值。

（3）分离速度　图 2-3-7 的实验结果也支持式(2-3-3)中关于初黏力 P_f 随探针与压敏胶分离速度 v 增加而增加的结论。然而，增加的速度也随压敏胶黏带基材表面粗糙度的不同而不同。

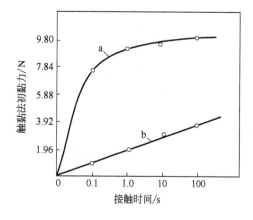 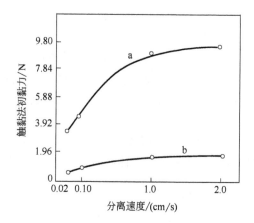

图 2-3-6　触黏法初黏力随接触时间的变化
室温下测试，接触压力 9.8kPa，分离速度 1.0cm/s
a—赛璐玢胶黏带；b—布基胶黏带

图 2-3-7　触黏法初黏力随分离速度的变化
室温下测试，接触压力 9.8kPa，接触时间 1.0s
a—赛璐玢基胶黏带；b—布基胶黏带

（4）测试温度　实验结果（见图 2-3-8）表明，对于基材表面光滑的胶黏带，触黏法初黏力受测试温度的影响很大，当测试温度为 $30\sim40\,℃$ 时初黏力最大。这是因为此时一般压敏胶黏剂的动态压缩柔量（动态储能模量 G' 的倒数）较大，约为 $1\times10^5\,\mathrm{Pa}^{-1}$。当受到 9.8kPa 的压力时，胶黏剂在 1s 的接触时间内能够引起 10％ 左右的形变（流动），足以很好地湿润被粘表面了。从图 2-3-8 和式(2-3-3) 也可看出，初黏力达到最大值是由于此时胶黏剂的本体黏度 η_a 较小，因而实际接触面积增大，并使 x_{12}^* 减小的缘故。随着测试温度的降低，胶黏剂的 η_a 升高，使实际接触面积降低，x_{12}^* 也相应增加。也就是说，此时胶黏剂不能很好湿润被粘表面，因而初黏力很快下降。当测试温度高于 $50\,℃$ 时，胶黏剂的内聚强度下降很快，测得的初黏力也很小。研究进一步表明，压敏胶的初黏力一般在它的玻璃化温度 T_g 以上 $50\sim70\,℃$ 时最大，其数值主要取决于此时胶黏剂压缩柔量的大小。但是，对于基材表面粗糙的胶黏带，初黏力随测试温度的变化并没有那么明显。

2. 被粘物和压敏胶表面张力的影响

若被粘物的化学组成不同，也就是说，测试触黏法初黏力时所用探针的材料不同，即使其他测试条件相同时也会得到不同的测试结果。典型的实验结果如图 2-3-9 所示。图中列出了在 Polyken 试验机上用不锈钢探针和七种不同的塑料探针测试三种商品化压敏胶黏带所得的触黏法初黏力数据。实验数据表明，随着被粘材料（即探针）的表面张力下降，三种压敏胶黏带的触黏法初黏力皆有不同程度的下降。压敏胶黏剂不同，下降的程度以及初黏力测试值的相对排列顺序亦稍有差别。

进一步的实验研究表明，压敏胶黏剂的触黏法初黏力随着被粘物临界表面张力 γ_c 的增加而提高，并出现一个最大值，如图 2-3-10 所示。而图 2-3-11 的结果表明，这个最大值与 $180°$ 剥离强度随被粘物 γ_c 增加而出现的最大值是完全一致的。从前面的理论分析可以看到，触黏法初黏力和 $180°$ 剥离力一样，随着黏合界面的不可逆黏合功 W_A 的增加而增加，详见

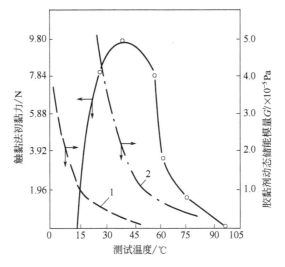

图 2-3-8　触黏法初黏力随测试温度的变化

接触压力为 9.8kPa，接触时间为 1.0s，分离速度为 1.0cm/s

1—1mPa·s；2—100mPa·s

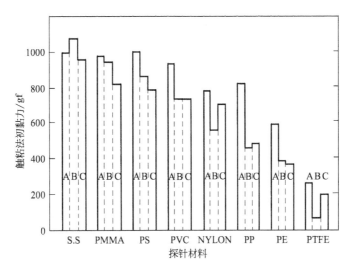

图 2-3-9　用不同材料的探针测试三种商品化压敏胶带（A、B 和 C）的触黏法初黏力[7]（1gf＝9.8×10⁻³N）

探针直径 0.5cm，接触压力为 100g/cm²，室温下接触时间为 1s

S.S—不锈钢；PMMA—聚甲基丙烯酸甲酯；PS—聚苯乙烯；PVC—聚氯乙烯；

NYLON—尼龙；PP—聚丙烯；PE—聚乙烯；PTFE—聚四氟乙烯

式(2-3-3) 和式(2-2-9) 。而从式(2-1-23) 和式(2-1-24) 可知，只有当被粘物和胶黏剂的临界表面张力互相匹配、使接触角 θ 接近 0°时，不可逆黏合功 W_A 才能达到最大值。图 2-2-18 和表 2-2-12 的实验结果已经表明，180°剥离强度的最大值一般出现在被粘物的临界表面张力接近或者大于压敏胶的临界表面张力的场合。

3. 压敏胶黏剂本身的性质的影响

（1）本体黏度　除临界表面张力外，压敏胶黏剂的本体黏度 η_a 是决定其触黏法初黏力的另一个重要因素。式(2-3-3) 中，η_a 对触黏法初黏力 P_f 的影响呈现复杂情况：随着 η_a 的

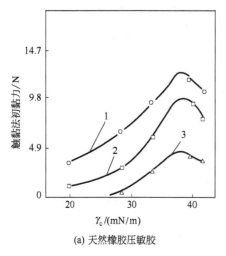

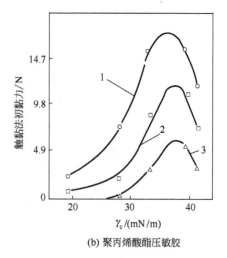

(a) 天然橡胶压敏胶   (b) 聚丙烯酸酯压敏胶

图 2-3-10   触黏法初黏力与被粘物界面表面张力 γ_c 之间的关系[8] （20℃）

1—接触时间 100s，接触压力 49kPa，分离速度 1.0cm/s；2—接触时间 1.0s，接触压力 9.8kPa，
分离速度 1.0cm/s；3—接触时间 0.1s，接触压力 0.98kPa，分离速度 1.0cm/s

减小，有效接触面积 A 增大，使 P_f 值上升；但 η_a 的减小会使压敏胶形变所需的应力 P_d 降低，从而使 P_f 值下降。实验结果证明，只有当胶黏剂的本体黏度 η_a 处于一定值（$10^5 \sim 10^7$ Pa·s）时才能产生较大的初黏力。图 2-3-8 的结果也间接地说明了这一点。

（2）基本力学性能   图 2-3-8 还表明了压敏胶的动态储能模量 G' 与触黏法初黏力的关系。显然，只有当胶黏剂的动态储能模量 G' 小于 4×10^5 Pa 时才能获得较好的触黏法初黏力。这个结果与 Dahlquist 准则基本一致，详见本篇第一章。进一步的研究表明，一组实验性聚丙烯酸酯溶液压敏胶（SPS）在常温下的触黏法初黏力与它们在 22℃ 时的动态储能模量 G' 的对数呈反比例关系，详见图 2-3-12 的曲线 A 所示。可见，在一定的范围内，压敏胶的动态储能模量 G' 越小（即动态压缩柔量越大），它们的触黏法初黏力就越大。

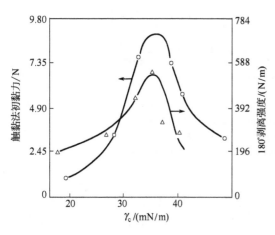

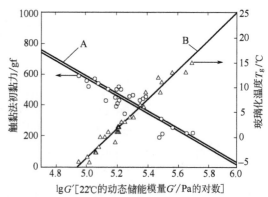

图 2-3-11   天然橡胶压敏胶的触黏法初黏力和 180°剥离强度随被粘物临界表面张力 γ_c 的变化情况（20℃）

图 2-3-12   聚丙烯酸酯溶液压敏胶（SPS）的触黏法初黏力和玻璃化温度 T_g 与其动态储能模量 G' 之间的关系[11] （1gf＝9.8×10^{-3} N）

（3）玻璃化温度   图 2-3-12 的曲线 B 还表明了这组压敏胶的玻璃化温度 T_g 值与它们的

动态储能模量 G' 的对数呈正比例关系，即压敏胶的 T_g 值越低，它们的动态储能模量 G' 就越小。将图 2-3-12 中的触黏法初黏力和玻璃化温度 T_g 值的数据另作一图，就可得到这组溶液压敏胶（SPS）的触黏法初黏力与它们的玻璃化温度 T_g 值之间呈现反比例关系的结果，详见图 2-3-13。可见，在一定范围内，压敏胶的玻璃化温度越低，它们的触黏法初黏力就越好。

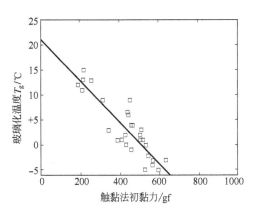

图 2-3-13　一组溶液聚丙烯酸酯压敏胶（SPS）的
触黏法初黏力与玻璃化温度 T_g 之间
的关系（1gf＝9.8×10⁻³N）

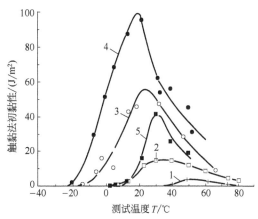

图 2-3-14　几种丙烯酸酯均聚物的
触黏法初黏性能
1—聚甲基丙烯酸甲酯（T_g 105℃）；
2—聚丙烯酸乙酯（T_g −24℃）；
3—聚丙烯酸异丁酯；4—聚丙烯酸正丁酯
（T_g −55℃）；5—聚丙烯酸-2-乙基-己酯（T_g −70℃）

事实上，压敏胶的初黏性能与它们的玻璃化温度之间的关系要复杂得多。有人测定了具有不同 T_g 值的各种丙烯酸酯均聚物在不同温度时的触黏法初黏性能（以圆柱体拉开时单位面积所做的功来表示，单位为 J/m²），将测定结果对测试温度作图，如图 2-3-14 所示。由图可见，并不是 T_g 越低的聚合物初黏性能越好。

（4）压敏胶胶层厚度的影响　根据式（2-3-3），压敏胶的胶层厚度 a 应该对它的触黏法初黏力 P_f 有影响，但实验结果表明其影响不大，见图 2-3-19。

4. 基材和被粘物表面粗糙度的影响

由于测试初黏力时压敏胶和被粘物之间的接触时间要比测试 180°剥离力时短得多，因而基材和被粘物的表面粗糙度对初黏力影响要大得多。图 2-3-5～图 2-3-7 的实验结果表明了基材粗糙度的影响。事实上，被粘物表面的粗糙度影响更大。测试触黏法初黏力时，只有严格地采用表面粗糙度和清洁度一致的不锈钢圆柱体时，才能得到准确而可比较的数值。

显然，粗糙的表面在短时间内不可能达到接触的平衡状态，实际接触面积 A 要比平衡接触面积 A_e 小得多。这就是用表面粗糙的基材制成的胶黏带以及用表面粗糙的不锈钢圆柱体测试时，所得到的触黏法初黏力总要比相应的光滑表面小许多的原因。

5. 触黏法初黏性试验的深入分析

人们对于触黏法初黏性即探针初黏性（probe tack）的理论和实验研究在不断地深入进行[18]。用光学摄像记录探针初黏性测试过程表明[19]：聚异丁烯压敏胶体系表现了典型的胶黏剂断裂破坏特征，包括胶层的"空穴"化以及条状（纤维状）物的形成和破坏；测试所得应力-应变曲线的峰值大小是压敏胶层的内聚强度和对探针表面润湿能力的函数。最近，Peykova 等也用即时摄像的方法研究了聚丙烯酸酯压敏胶在探针初黏性测试时的断裂破坏过程，以及压敏胶的黏弹性和探针的表面粗糙度对破坏过程的影响[20]。结果表明，探针与胶层的分离过程就是胶层的"空穴"化和纤维条状体的形成、变化和断裂的过程，胶层形变开始时空穴数目缓慢增加，随应力的增加空穴数量增加很快，但当应力最大时空穴数保持稳定。试验过程中实际上有两类大小和增长速度均不同的空穴出现。这两类空穴的增长速度均取决于压敏胶的黏弹性，随着胶黏剂分子量的增加而明显降低。随探针表面粗糙度的增加，胶层断裂时的最大应力 σ_{max}（即探针初黏力）下降，实际黏附功 W（即探针初黏性测试曲线下的面积）也降低；表面粗糙度的增加还使两类空穴的总数目增加却都变小了，但两类空穴的增长速度与探针表面粗糙度无关。Gdalin 等[21]详细地研究了五种不同类型压敏胶的探针初黏性和黏弹性之间关系随测试温度的变化情况。其中一种聚丙烯酸酯压敏胶在各种温度时探针初黏性的试验曲线（应力-应变曲线）见图 2-3-15。由这些试验曲线得到的各种温度时的探针初黏力 σ_{max} 和实际黏附功 W 见图 2-3-16。试验测得的这种聚丙烯酸酯压敏胶的动态力学性能（储能模量 G'、损耗模量 G'' 和损耗因子 $\tan\delta$）见图 2-3-17。研究结果表明：随着试验温度从 $-20\,^{\circ}\!C$ 增加到 $80\,^{\circ}\!C$，五种压敏胶都出现从以界面开裂增长为特点的固体弹性破坏机理，向着以胶层的空穴化和纤维化为特点的塑性破坏机理转变；这五种压敏胶发生这种转变开始的时刻，它们的储能模量 G' 都处于 $0.09\sim0.34$MPa 之间；而当这五种压敏胶都被测得最大的黏附功 W 和最大的探针初黏力 σ_{max} 时，它们的储能模量 G' 则都处于 $0.02\sim0.10$MPa 之间，详见表 2-3-3。这个结果与早期关于压敏胶初黏性的 Dahlquist 准则[25]（即认为：当聚合物的储能模量 G' 小于 0.33MPa 时该聚合物才能表现出压敏黏合性能；而当压敏胶的储能模量 G' 处在 $0.02\sim0.10$MPa 时就会表现出最佳的初黏性能）完全一致，进一步证明了这个准则的普遍适应性。从表 2-3-3 的结果还可以看到，这五种压敏胶出现最佳黏合性能（即得到最大的探针初黏力 σ_{max} 和最好的实际黏附功 W）的温度 T 要比从弹性破坏向塑性破坏转变的开始温度高 $9\sim37\,^{\circ}\!C$ 不等，正好都处于从弹性破坏向塑性破坏转变的过程之中，更可能是在这种转变过程的中后期。

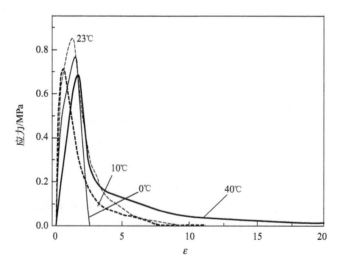

图 2-3-15　测试温度对一种聚丙烯酸酯压敏胶的探针
初黏性测试时的应力-应变曲线的影响

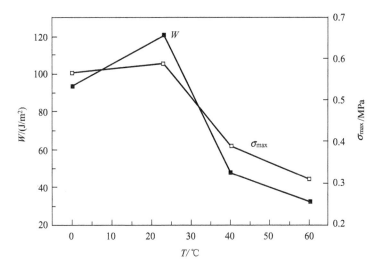

图 2-3-16　测试温度对一种聚丙烯酸酯压敏胶的探针
初黏力 σ_{max} 和实际黏合功 W 的影响

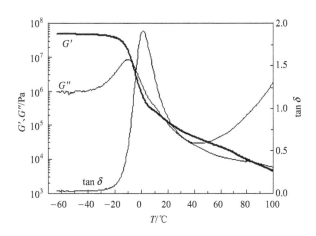

图 2-3-17　一种聚丙烯酸酯压敏胶的动态力学性能
（储能模量 G'、损耗模量 G'' 和损耗因子 $\tan\delta$）

表 2-3-3　五种压敏胶向塑性破坏机理转变开始时和出现最好探针
初黏性能时的温度 T 和储能模量 G' 值

压敏胶	向塑性破坏机理转变开始时		出现最好探针初黏性能时	
	$T/℃$	G'/MPa	$T/℃$	G'/MPa
丙烯酸酯	10	0.25	23	0.10
聚异丁烯（PIB）	10	0.27	20	0.04
热塑弹性体（SIS）	16	0.09	25	0.07
PVP-PEG[①]	30	0.10	40	0.05
PEC[②]	23	0.34	60	0.02
数值范围	10～30	0.09～0.34	20～60	0.02～0.10

① 一种聚乙烯基吡咯烷酮 64% 与聚乙二醇 36% 的混合物组成的压敏胶。

② 一种聚甲基丙烯酸酯电解质络合物压敏胶。

四、滚球斜面停止法初黏力的理论分析和影响因素

在滚球斜面停止法（J. Dow 法）初黏力的测试过程中，假定钢球助跑段的摩擦损失为零，那么当质量为 M 的钢球沿 $\theta=30°$ 的斜面下滚至停止时，钢球的位能 W 全部消耗在钢球和胶黏面摩擦所做的功 W_f 上（见图 2-3-18），即：

$$W=Mg(l+x_e)\sin\theta=W_f \tag{2-3-4}$$

式中，g 为重力加速度；l 为钢球的助滚段距离；x_e 为钢球在胶黏面所滚过的距离。

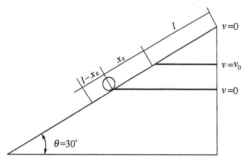

图 2-3-18　滚球斜面停止法（J. Dow 法）
初黏力测试的理论分析示意

可以认为，钢球下滚时与胶黏面的摩擦过程实质上是下述三种能量损失的过程：①不断破坏黏合界面并形成新的黏合界面所做的功，在数值上等于压敏胶和钢球表面的不可逆黏合功 W_A；②压敏胶在钢球压力下产生弹性形变所需的功 W_H；③黏合界面破坏前压敏胶发生塑性形变所需的功 W_P。因此，摩擦功 W_f 就等于三种能量损失的总和。故上式变为：

$$Mg(l+x_e)\sin\theta=W_f=S(W_A+W_H+W_P) \tag{2-3-5}$$

式中，S 为钢球下滚时扫过的面积。经过进一步的分析和数学推导，可以求得能在胶黏面上停止的最大钢球的质量 M、直径 D 以及球的号数 N 的理论表达式[6]。当胶层厚度 a 较大且胶黏剂的形变能支承钢球的重量时，所求得的最大球号数 N 和钢球直径 D（单位为 mm）的理论表达式为：

$$N=\frac{32}{24.5}D=\frac{32}{24.5}\left(\frac{2}{\pi(1+B)}\right)^{2/3}\left(\frac{3}{4l_B g}\right)^{1/3}\left(\frac{\cos\theta}{\sin^2\theta}\right)^{1/3}$$

$$\left[W_A\eta_a^{-\frac{1}{2}}\left(\frac{v_0}{a}\right)^{-\frac{n}{2}}+\left(\frac{2ZW_A}{E_a}\right)^{1/2}\eta_a^{\frac{1+n}{2}}\left(\frac{v_0}{a}\right)^{\frac{2m-n}{2}}\right]^{2/3} \tag{2-3-6}$$

式中，$B=l/x_e$；l_B 为钢球的密度；g 为重力加速度；$v_0=\left(\frac{10}{7}gl\sin\theta\right)^{1/2}$，当 $\theta=30°$，$l=10cm$ 时，$v_0\approx160cm/s$；m 为压敏胶本体黏度 η_a 的非牛顿流体依赖性（$0<m<1$）；n 为 $0\sim1$ 的常数（通常 $n\approx0.5$）；E_a 为压敏胶的弹性模量。当胶层厚度 a 较小且不足以支承钢球重量时，滚球斜坡停止法初黏力 N 的理论解析式有不同的表达形式。

中国滚球法初黏性的国家标准测试方法 GB 8452—2002《压敏胶粘带初粘性试验方法（滚球法）》中的方法 A——斜面滚球法中规定：$\theta=30°$，$l=10cm$。这样，式（2-3-6）就可简化为：

$$N=C\left[W_A\eta_a^{-1/2}\left(\frac{a}{v_0}\right)^{1/4}+\eta_a^{3/4}\left(\frac{a}{v_0}\right)^{(1/4-m)}\left(\frac{2ZW_A}{E_a}\right)^{1/2}\right]^{2/3} \tag{2-3-7}$$

式中，C 为常数。由上述理论解析式可以看出，滚球斜面停止法测得的初黏性数值 N 随着压敏胶与钢球界面的不可逆黏附功 W_A 的增大而增大；随着压敏胶弹性模量 E_a 的增大而减小；随着压敏胶本体黏度 η_a 的变化呈现出复杂的关系，因为式（2-3-7）中前一项值随 η_a 的增大而降低，但后一项值则随着 η_a 的增大而升高。从式（2-3-7）中还可以看出，滚球斜面停止法初黏性数值 N 还应该随着压敏胶层厚度 a 的增加而上升。尤其是当压敏胶本体黏度的非牛顿流体依赖性 $m\leqslant0.25$ 时更应如此。但当 $m>0.25$ 时，N 与压敏胶层厚度 a 的关系就比较复杂了。

实验研究结果表明，滚球斜面停止法初黏性 N 值确实随压敏胶层厚度 a 的增加而上升。一种压敏胶的胶层厚度与各种测试方法所测得的初黏性能之间的关系如图 2-3-19 所示[8]。

在测试条件中，对滚球斜面停止法初黏性测试值 N 影响最大的是斜坡面的倾角 θ 和测试时的环境温度两个因素。理论表达式(2-3-6)中，随着 θ 值的减小，$(\cos\theta/\sin^2\theta)^{1/3}$ 这一项的数值增大，N 值也会增大。例如，当 θ 值从 30°降低到 10°时，$(\cos\theta/\sin^2\theta)^{1/3}$ 这项值增加到原来的 2.1 倍，N 的数值当然也会相应的增加。在大量的滚球斜面停止法初黏性的测试实践中，N 的数值随测试温度的上升而增加的事实是非常明显的。从理论表达式(2-3-7)中也可以看出：随着测试温度的上升，压敏胶的弹性模量 E_a 值下降，压敏胶的本体黏度 η_a 也下降。这就必然会引起 N 值的增大。

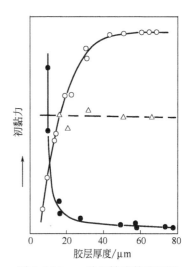

图 2-3-19　一种压敏胶的胶层厚度与各种测定法所得的初黏性能之间的关系

—○— J. Dow 法初黏性（球号数）；

—●— PSTC-6 法初黏性（长度）；

--△-- 触黏法初黏性（力值）

五、关于滚动摩擦系数法初黏性

在用滚球法测试压敏胶制品的初黏性时，所得的结果钢球号数 N（滚球斜面停止法）或滚动距离 l（滚球平面停止法）皆没有明确的物理意义，而且还受到许多测试条件的影响。因此，不少学者正在研究寻找用滚动摩擦法来测试压敏胶制品初黏性能的更好方法。其中日本学者水町浩等提出的用测定滚球或滚筒在压敏胶制品的胶面上滚动时的滚动摩擦系数 f 来表征压敏胶制品初黏性的方法值得注意[9,10]。用压敏胶的各种黏弹性模型对此法测得的滚动摩擦系数 f 进行了理论分析，表明 f 只与压敏胶的物理性质以及压敏胶和辊筒（被粘物）表面的黏合性质有关[10]。因此，用 f 来表征压敏胶的初黏性能比 J.Dow 法的球号数 N 以及滚球平面停止法的球滚动距离 l 等来表征具有更明确的物理意义。

最近，有人报道用扫描探针显微镜（SPM）通过不锈钢探针在胶层表面来回扫描，直接测量了压敏胶与探针之间的摩擦力，并研究了试验条件和压敏胶黏弹性对试验结果的影响。研究表明：摩擦力-扫描速度曲线的峰值随测试温度的提高或压敏胶中增黏树脂含量的增加向较低扫描速度方向移动[22]。

参 考 文 献

[1] 杨玉昆. 压敏胶粘剂. 北京：科学出版社，1994：39.

[2] Sata D. Handbook of Pressure Sensitive Adhesive Technology. New York：VNR Co，1982：33-48.

[3] 新见英雄. 日本接着协会，1983，19（9）：409.

[4] Johnston J. Adhesives Age，1983，26（12）：34-38；1983，26（13）：24-28.

[5] 远山三夫. 接着（日），1985，29（9）：32-38；1985，29（10）：4-10；1985，29（12）：11-15.

[6] 藤隆则. 日本接着协会志，1986，21（7）：275.

[7] 曾宪家编译. 压敏胶粘剂技术手册. 河北涿州. 河北华夏实业股份有限公司，2000：33（未公开出版）.

[8] 远山三夫. 接着（日）.1986，30（6）：27.

[9] 漆崎文男，山口洋，水町浩. 日本接着协会，1984，20（7），295-299.

[10] Mizumachi H. J Appl Poly Sci，1985，30（6）：2675-2686.

[11] Dale W C，Paster M D. Mechanical Property-Performance Relations of Acrylic Pressure Sensitive Adhesives. // Satas

D. Advances in Pressure Sensitive Adhesive Technology. 2nd ed. Rhode Island (USA): Satas & Associates，1995：65-111.

[12] Muny R P. Adhesives Age，1996，39 (9)：20-24.

[13] Lin S B. Adhesion Science & Technology，1996，10：559-571.

[14] Chuang H K. Adhesives Age，1997，40 (10)：18-23.

[15] Tobing S D，Klein A. J Appl Polym Sci，2000，76：1965-1976.

[16] Plaut R H，Journal of Adehesion. 2001，76 (1)：37-53.

[17] Woo Y. Expremints and Inelastic Analysis of The Loop Tack Test for Pressure-Sensitive Adhesives. Journal of Adhesion，2004，80 (3)：203-221.

[18] Kim B J. Probe tack of tackified acrylic emulsion pressure-sensitive adhesives. International Journal of Adhesion and Adhesives，2007，27 (2)：102-107.

[19] O'Connor A E，Willenbacher N. The effect of molecular weight and temperature on tack properties of model polyisobutylenes. International Journal of Adhesion and Adhesives，2004，24 (4)：335-346.

[20] Peykova Y. The effect of sureface roughness on adhesive properties of acrylate adhesive. International Journal of Adhesion and Adhesives，2010，30 (4)：245-254.

[21] Gdalin B. Effect of Temperature on Probe Tack Adhesion：Extension of Dahlquist Criterion of Tack. Journal of Adhesion，2011，87 (2)：111-138.

[22] Sakaguchi Y et al. Rheological analysis of the adhesion surface witk a scanning probe microscope (SPM). International Journal of Adhesion and Adhesives，2011，31 (1)：1-8.

[23] 姜基标. 丙烯酸酯压敏胶环形初黏力的影响因素. 中国胶黏剂，2012，21 (2)：50-54.

[24] 吴巨永. 压敏胶带 Loop Tack 法初探. 中国胶黏剂，2010，19 (10)：28-31.

[25] Dahlquist C A. Tack Adhesion Fundamentals and Practice. London：Mclaren and Sons Ltd，1966.

第四章

压敏胶制品的抗蠕变性能

杨玉昆

压敏胶黏剂最基本的性能就是它们具有对外加压力（即外力）敏感的黏合特性。任何压敏胶制品，只要将它们的压敏胶黏剂层与干净的被粘表面接触并施加一定的压力，就会使压敏胶黏剂润湿被粘表面，并把被粘物粘牢，即形成实用的胶接接头，并且具有一定的胶接强度。这就要求压敏胶黏剂不仅具有足够的流动性（能够润湿被粘表面）和黏性（能够粘住被粘表面），而且还必须具有一定的弹性和足够的内聚力，以及在应力作用下抵抗流动性形变（流变或蠕变）的能力。本章讨论压敏胶黏剂的内聚力，主要是它们抵抗在慢速的或持久性的外应力作用下产生蠕变的能力，即它们的抗蠕变性能。

第一节　压敏胶的内聚力及其表征

内聚力或内聚强度是压敏胶黏剂除抗剥离性能和初黏性能之外的又一种重要实用性能。任何材料在受到外力作用时都会产生形变甚至破坏。所谓材料的内聚力，就是指材料本身抵抗外力作用的能力。外力对于胶接接头的作用不外乎采取正拉（或压缩）、剪切和剥离三种加载方式。一个好的压敏胶制品在粘贴后受到剥离外力（尤其是快速的剥离外力）作用时，一般发生胶接界面破坏，而受到正拉（或压缩）或剪切外力时则主要发生胶层内聚破坏。因此，压敏胶制品在粘贴后进行正拉或剪切测试时所得到的正拉强度或剪切强度都可以用来表征该压敏胶内聚力的大小。尤其是压敏胶黏带粘贴后的剪切强度，有时也被制定为某些压敏胶制品的企业标准性能之一，用以表征压敏胶的内聚强度。

但在绝大多数压敏胶制品的应用场合，受到的都是慢速的或持久性的剪切外力作用。例如，像图 2-2-1（b）那样的包装箱胶黏带长期受到纸板剪切应力的持久作用；用双面泡绵压敏胶黏带将挂衣钩固定在墙面上时受到所挂物体重力的长期作用等。这时，压敏胶带可能会沿受力方向慢慢滑移，直至完全脱落。压敏胶带的这种滑移是由于在持久性的剪切外应力作用下压敏胶黏剂产生缓慢的流动性形变所引起的。这种缓慢的流动性形变简称为蠕变。人们称这种由胶黏剂缓慢的流动性形变而引起的破坏为胶接接头的蠕变破坏。一种令人讨厌的剪切蠕变破坏的例子就是压敏胶黏带小卷的望远镜现象（telescoping）。这种现象的发生是由于压敏胶带收卷时的压缩应力没有均匀地指向纸芯，因而存在着单向性剪切应力作用之故。这种持久性的剪切应力使压敏胶带层连续地向侧面滑移（即蠕变）。

由于这种蠕变发生在压敏胶层，主要决定于压敏胶的内聚力。所以，人们更经常地用压敏胶黏剂抵抗持久性剪切应力所引起的剪切蠕变破坏的能力，即剪切蠕变保持力（亦称剪切持黏力，简称持黏力）来表征它们内聚力的大小。

此外，也有人提出用正拉蠕变保持力、90°剥离蠕变保持力和 T 剥离蠕变保持力等来表征压敏胶的内聚力。但皆因不如剪切蠕变保持力那样更接近实际使用情况，更能反映压敏胶内聚力的本质，也更容易被测试而很少被人们采用，尤其是正拉蠕变保持力的测试方法更为烦琐、复杂。90°剥离蠕变保持力和 T 剥离蠕变保持力已被某些企业制定为压敏胶制品的企业标准，用以表征和控制某些压敏胶制品的产品质量。例如，90°剥离蠕变保持力已逐渐在压敏标签（压敏标签纸和塑料压敏标贴）行业被采纳为产品重要的企业标准之一。因为它不仅表征了压敏胶层内聚力的大小，而且也反映了压敏标签产品粘贴后因基材的变形应力而引起翘角和翘边的综合性能力。

第二节　压敏胶制品抗蠕变性能的测试方法

本节仅简单介绍剪切蠕变保持力（剪切持黏力）和 90°剥离蠕变保持力（90°剥离持黏力）的具体测试方法。

一、剪切蠕变保持力（剪切持黏力）的测试方法

剪切持黏力（简称持黏力）是表征压敏胶及其制品抵抗蠕变能力的最重要性能。对于它的测试方法，许多国家都已制定了相应的国家标准或行业标准，如美国的国家标准 ASTM D 3653 和美国压敏胶带协会的行业标准 PSTC-7，日本的国家标准 JIS Z2037 和 JIS Z1528，欧洲标准 AFERA 4012，中国的国家标准 GB/T 4851—1998，以及国际标准 ISO 29863：2007 等。

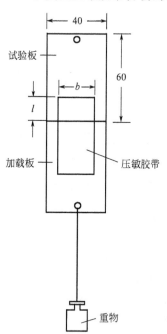

图 2-4-1　剪切持黏力
测试方法示意（mm）

尽管各国的国家标准或行业标准测试方法中有些具体的规定不完全一样，但压敏胶制品剪切持黏力测试的基本方法都是相同的。如图 2-4-1 所示，将被测试的压敏胶制品以一定的面积（长 l×宽 b）、用一定质量的压辊滚压并粘贴在充分清洗干净的一块标准被粘物（一般规定为不锈钢）试验板及另一块紧靠着它的加载板上，使压敏胶带在加载板上的粘贴长度为 l 的 1～2 倍，以确保测试过程中胶黏带的滑移全部发生在试验板上。上述制备好的测试件在规定的测试温度和湿度下放置规定的时间后，将其悬挂在特制的试验架上，然后在加载板下端悬挂一定质量的重物（重物和加载板的总质量 W 一般为 1000g±10g），使胶黏带测试段的受力方向与粘贴面完全平行（成 180°角）（美国 ASTM D3653 和 PSTC 7 标准中规定的受力方向与粘贴面之间成 178°角），并保持在测试温度和湿度下，记录压敏胶黏带在试验板上向下滑移直至完全脱落的时间 t 或读取在规定的时间内压敏胶带在试验板上向下滑移的距离 L，作为该压敏胶制品剪切持黏力的量度。由于测试结果的分散性较大，

一般都要求同时或重复测试不少于三个试样，取其算术平均值作为结果。更由于测试结果与被粘材料的性质、粘贴的面积（$l \times b$）、加载的总质量（W）以及测试时环境的温度和湿度等条件有关，故记录测试结果时必须同时注明这些测试条件。

最近，中国全国胶黏剂标准化技术委员会压敏胶制品分委员会正在对国家标准 GB/T 4851—1998《压敏胶粘带持粘性试验方法》进行修订[6]，修订后的新标准 GB/T 4851—2012《胶粘带持粘性的试验方法》即将公布。新标准的修订全面参照了国际标准 ISO 29863：2007，不仅扩大了应用范围（从单一的普通胶黏带扩大到包括纤维增强胶黏带，从单一的对不锈钢板的粘接扩大到包括对各种纤维纸板的粘接），增加了试验方法（从单一的常温剪切持黏性增加到包括高温剪切持黏性），详见表 2-4-1，而且还修改了试验环境条件和一些具体操作方法，使之与国际接轨，也增强了可操作性。

表 2-4-1 修订后的新标准 GB/T 4851—2012 的试验方法概要

试验方法	使用对象	试验性质	试验结果	样品尺寸/mm	砝码质量/g
A	胶黏带对标准不锈钢试验板	剪切持黏性（试样垂直）	时间/min（对数还原）	$(12\pm0.5)\times150$ 或 $(24\pm0.5)\times150$	1000 ± 5
B	胶黏带对标准纤维纸板	剪切持黏性（试样垂直）	时间/min（对数还原）	$(12\pm0.5)\times150$ 或 $(24\pm0.5)\times150$	1000 ± 5
C	胶黏带对供需双方认可的纤维纸板	剪切持黏性（试样垂直）	时间/min（对数还原）	$(12\pm0.5)\times150$ 或 $(24\pm0.5)\times150$	1000 ± 5
D	纤维增强胶黏带对标准不锈钢试验板	剪切持黏性（试样水平）	位移/mm（算术平均）	$(12\pm0.5)\times300$	4500 ± 200
E	纤维增强胶黏带对标准纤维纸板	剪切持黏性（试样水平）	位移/mm（算术平均）	$(12\pm0.5)\times300$	4500 ± 200
F	纤维增强胶黏带对供需双方认可的纤维板	剪切持黏性（试样水平）	位移/mm（算术平均）	$(12\pm0.5)\times300$	4500 ± 200
G	胶黏带对标准不锈钢试验板（高温下试验）	剪切持黏性（试样垂直）	时间/min（对数还原）	$(12\pm0.5)\times150$ 或 $(24\pm0.5)\times150$	1000 ± 5

我国关于剪切持黏性新修订的国家标准 GB/T 4851—2012 的详细摘要如下，供读者参考使用。

（1）试验仪器和设备

① 试验装置　试样垂直方向剪切持黏性的试验装置如图 2-4-2 所示，试样水平方向剪切持黏性的试验装置如图 2-4-3 所示。

② 试验板

a. 适用于方法 A、B、C 和 G 的标准不锈钢试验板。这种不锈钢板应非常平整，至少 125mm 长、50mm 宽、1.1mm 厚，不锈钢种类符合 GB/T 3280—2006《不锈钢冷轧钢板和钢带》规定的 06Cr19Ni10 材质，退火抛光，钢板表面光亮，粗糙度（GB/T 2523—2008）为 50nm±25nm。使用前应用清洗剂擦拭干净。试验板表面有永久性污染或伤痕时，应及时更换。

b. 适用于方法 D、E 和 F 的不锈钢试验板。这种不锈钢试验板应至少长 125mm、宽 50mm。将不锈钢板一端长 12mm 的板进行弯曲，使其与试验表面成 120°，弯曲部分的曲率半径为 1.5～3mm（如图 2-4-3 中所示），其余要求同 a。

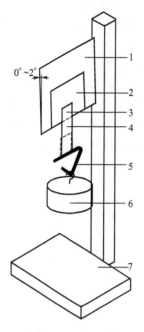

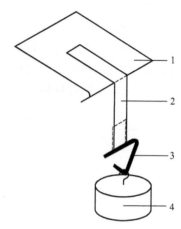

图 2-4-2　试验方法 B 和 C 中使用的典型
持黏性试验仪器简图，A 和 G 使用
不锈钢板取代纤维纸板

1—不锈钢板；2—纤维纸板；3—试验区域；4—试样；
5—钩或夹具；6—砝码；7—带有计时系统的底座

图 2-4-3　试验方法 D 中使用的典型持黏性
试验仪器简图，试验方法 E 和 F 中
钢板表面用纤维纸板覆盖

1—不锈钢板；2—试样；
3—钩或夹具；4—砝码

c. 适用于方法 B 和 F 的标准纤维纸板　符合美国国家标准 NIST SRM 1810A 的纤维纸板。

③ 压辊　压辊是用橡胶包覆的直径（不包括橡胶层）约 85mm、宽度约 45mm 的钢轮子。包覆橡胶硬度（邵氏 A 型）为 80±5，厚度约 6mm。压辊的质量为（2000±50）g。

④ 清洗剂和擦拭材料

a. 清洗剂：甲乙酮、丙酮、甲醇、异丙醇、正庚烷等适用的试剂级或没有残留物的工业级以上溶剂。

b. 擦拭材料：脱脂纱布、漂布、无纺布等，擦拭时既没有短纤维掉落也没有短纤维拉断的柔软的织物，并且不含有可溶于上述溶剂的物质。

⑤ 试验砝码和钩或夹具　除非另有规定，试验砝码和钩或夹具的总质量对于试验方法 A、B、C 和 G 为（1000±10）g；对于试验方法 D、E 和 F 为（4500±200）g。

（2）试样准备

① 调节试验环境的温度为（23±1）℃，相对湿度为（50±5）％。在制备试样前，试样卷（片）应除去包装材料，互不重叠地在此条件下放置 24h 以上。

② 除去试样卷最外层的 3～6 圈胶带后，以约 500mm/min 的速率解开试样卷，每隔 200mm 左右，在胶黏带中部裁取宽 12.0mm 或 24.0mm、长约 150mm 的胶带试样。其他宽度的试样，需在结果中说明。除非另有规定，每组试样的数量不少于 3 个。在解卷后的 5min 内应将试样粘贴在试验板上，进行试验。

（3）试验步骤

① 试验方法 A　胶黏带与标准不锈钢垂直试验板的持黏性测定。

a. 试验板的清洁　用上述清洗剂擦拭不锈钢试验板表面，并用新的吸收性清洁材料擦干。用同种溶剂重复清洗 3 次。最后用甲乙酮或丙酮擦拭。并将钢板干燥至少 10min。10h 内未使用的试验板应重新清洗。为了获得一致结果，在使用新试验板前应使用最后的清洗溶剂至少擦拭 10 次。

b. 试样的制备　使胶带试样集中在试验钢板一端的中心位置，在不施加压力的情况下，将胶黏带试样粘贴在一个 12cm×12cm 或 24cm×24cm 面积的试验区域范围内。

在滚压贴合过程中，为了防止试验板的端部试样损坏，可将另一块相同的试验板或稍薄一点的试验板置于试样自由端下方，与试验板末端对齐。然后用压辊以（10±0.5）mm/s 的速度将试样从粘贴试验区域沿长度方向来回滚压一次。

至少制备 3 个试样。单独准备每个试样，然后在 1min 内开始测试。对于除包装用胶黏带以外的其他胶黏带，可以采用其他的样件放置时间，但应在试验报告中注明。

c. 持黏性试验　试样制备后，应在 1min 内完成以下动作：将夹具夹在试样的自由端，确保夹具完全夹住试样的整个宽度，并使荷载均匀分布；将整个试验样件放在试验架上，使试样的自由端垂直，确保没有剥离力作用在试样上；将砝码轻轻施加到夹具上，以免对试样产生剪切冲击力。

记录试样从试验板上完全分离所用时间，单位为 min。

d. 试验结果　将每个试样的试验结果转化成它的常用对数或自然对数，求得所有对数的算术平均值，然后将其转化为逆对数，即为试验结果，单位为 min。

② 试验方法 B　胶黏带与覆盖标准纤维纸板的垂直试验板的持黏性测定。

a. 试验板的准备　用一段双面胶黏带将一块比受试样品更宽更长的标准纤维纸板粘贴在干净试验钢板的中央，确保粘贴正确，纸板的测试面朝上，纸的纹理与试验板纵向垂直，并滚压牢固。

b. 试样的制备　同方法 A，将被测胶黏带试样粘贴在标准纤维纸板的测试面上。

c. 持黏性试验和试验结果的处理同方法 A。

③ 试验方法 C　胶黏带与覆盖供需双方认可纤维纸板的垂直试验板持黏性测定。以供需双方认可的纤维纸板代替标准纤维纸板，其余同方法 B。

④ 试验方法 D　纤维增强胶黏带与水平标准试验钢板持黏性测定。

a. 设备的准备　采用图 2-4-3 所示的试验设备。采用上述（1）②b. 中规定的试验钢板。试验架应将粘有胶黏带的试验钢板固定在一个水平面上，大约在工作面上方 300mm 处。试验砝码的总质量应为（4.5±0.2）kg，若采用其他规定砝码，需在试验报告中注明。采用读数能够精确到 1mm 的量尺。

b. 试样的制备　被试胶黏带试样的宽度为（12±0.5）mm，长度约为 300mm。沿试验钢板纵向方向，将大概 100mm 的试样一端粘贴到试验钢板中央。胶黏带的粘贴应使之与钢板的弯曲边成一个直角。使试样余下的 200mm 悬在钢板的弯曲边上。利用一把直尺从钢板端部弯曲处前面 75mm 的位置，沿胶黏带宽面切断试样。在长度方向上用压辊以（10±0.5）mm/s 的速度来回滚压一次，制成试样。

c. 持黏性试验　在试样制成后 1min 内，应完成以下动作：将夹具夹住试样的自由端，应确保夹具完全夹住试样的整个宽度，并使荷载均匀分布；将试样放在试验架上，确保试验钢板水平，粘有被测胶黏带的一面向上，试样的自由端垂直；将上述试验砝码轻轻施加到夹具上，防止对试样产生剪切冲击力；在荷载作用下 48h 后，检查试样是否出现滑动，并测定出现的滑动位移，精确到 1mm。

d. 试验结果　计算至少三个试样产生滑动位移的算术平均值作为试验结果，单位为 mm。

⑤ 试验方法 E　纤维增强胶黏带与覆有标准纤维纸板的水平试验板持黏性测定。采用方法 B 相同的操作，用双面胶带将标准纤维纸板粘贴到水平试验钢板上，再将被测胶黏带试样粘贴到标准纤维纸板的被测面上，制成试样。其余同方法 D。

⑥ 试验方法 F　纤维增强胶黏带与覆有买卖双方指定纤维纸板的水平试验板持黏性测定。用买卖双方指定的纤维纸板代替标准纤维纸板，其余同方法 E。

⑦ 试验方法 G　胶黏带与垂直试验钢板的高温持黏性测定。该方法与方法 A 相同，除了要将试验架安装在能够将温度保持在所需高温度 ±1 ℃ 的烘箱中。在悬挂砝码之前，应将试样置于烘箱中恒温 10min。试验温度应记录在结果中。

二、90°剥离蠕变保持力（90°剥离持黏力）的测试方法

许多压敏胶制品制造厂商采用这种 90°剥离持黏力的试验方法来表征压敏胶制品抗剥离蠕变的性能。试验时，将一定宽度的压敏胶制品粘贴在水平支撑着的金属（铝或不锈钢）试验板上，在 90°剥离拉开的制品一端垂直悬挂一质量为 W 的砝码以加载恒定的剥离负荷，如图 2-4-4 所示。压敏胶层在持久性的 90°剥离负荷作用下发生剥离蠕变破坏而与金属试验板分离。记录剥离一定的长度所需的时间（单位：min）或在一定的时间内剥离的长度（单位：mm）作为 90°剥离持黏力的量度。对于压敏标签或一般的压敏胶带，由于剥离持黏力较小，垂直加载的负荷 W 也较小，一般为 0.245～0.49N。对于高强度双面压敏胶制品，将其试验部分粘贴于金属试验板后，在其另一面还需要贴覆一 ABS 塑料试验薄片进行加固，再在薄片下端垂直加载一恒定的负荷 W，如图 2-4-2（b）所示。由于此时胶接端头受到更多的是持久性拉伸应力而不是剥离应力的作用，加载的负荷 W 应该较大些。例如，日本日东电工株式会社采用 W＝4.9N 的砝码。

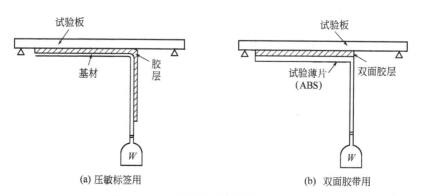

(a) 压敏标签用　　　　　　　　(b) 双面胶带用

图 2-4-4　90°剥离持黏力测试方法示意

● 第三节　剪切持黏力的理论分析和影响因素

用剪切蠕变保持力即剪切持黏力或人们通常所称的"持黏力"（holding power）来表征压敏胶制品的抗蠕变性能，无论在理论研究还是在实验研究或实际测试方法方面都比较成熟。本节将简单介绍压敏胶制品剪切持黏力理论研究方面的成果并讨论影响压敏胶制品持黏

力测试结果的各种因素。

一、剪切持黏力的理论分析

许多学者曾经对压敏胶制品的剪切蠕变保持力进行过理论分析研究，其中下面介绍的
C. A. Dahlquist 对此进行的理论分析和讨论是最有代表性的[2,3]。

假定压敏胶制品在持黏力测试时剪切蠕变破坏都发生在胶黏剂层（实际测试剪切持黏力
时，绝大多数压敏胶制品的蠕变破坏确实都表现为胶层内聚破坏，即破坏都发生在胶黏剂
层。），且是由于胶黏剂的黏性流动引起的，当胶黏剂属于牛顿流体（即稳态流动流体）时，
胶黏剂的本体黏度 η_a 与剪切力的速度无关，这样就可推导出剪切蠕变时间 t 与重物质量 W、
剪切蠕变量 l 之间符合式（2-4-1）的关系：

$$t = \frac{l^2 b \eta_a}{2Wga} \tag{2-4-1}$$

式中，a 为胶黏剂层的厚度；g 为重力加速度；b 为压敏胶黏带的宽度。显然，当 $t=0$
时，$l=0$；当 $t=t_0$ 时，$l=l_0$。

但一般的实用压敏胶黏剂都不是牛顿流体，它们的本体黏度 η_a 随着剪切速度 v 的增加
而降低。实验证明，当剪切速度在 $0.01 \sim 10 \text{ s}^{-1}$ 范围内，η_a 与 v 之间符合下述关系式：

$$\lg \eta_a = \lg \eta_1 - n \times \lg v$$

即
$$\eta_a = \eta_1 \times v^{-n} \tag{2-4-2}$$

式中，η_1 为 $v=1.0 \text{s}^{-1}$ 时的黏度值；n 是常数，对于大多数黏弹性物质，n 约为 $0.75 \sim$
0.85。在剪切蠕变测试时，剪切速度 v 随蠕变时间 t 而变化：

$$v = \frac{\mathrm{d}l}{(a\mathrm{d}t)} \tag{2-4-3}$$

将式（2-4-2）和式（2-4-3）代入式（2-4-1），经积分和简化后可得：

$$t = \frac{(1-n)l^{(2-n)/(1-n)} b^{1/(1-n)} \eta_1^{1/(1-n)}}{(2-n) \times (Wg)^{1/(1-n)} \times a} \tag{2-4-4}$$

根据式（2-4-4），在不同 W 时计算出的蠕变时间 t 和蠕变量 l 的理论曲线与实测值之间
能够很好地符合（详见图 2-4-5），证明了这种理论分析的正确性。

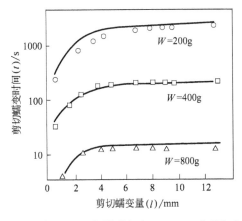

图 2-4-5　剪切蠕变理论曲线［由式（2-4-4）求得］与实测值

（$b=1.27\text{cm}$，$\eta_1=44400\text{Pa·s}$，$n=0.70$）

二、影响剪切持黏力的因素

由式(2-4-1)和式(2-4-4)可知，在压敏胶及其制品的剪切持黏力测试中，所得结果（即剪切蠕变破坏时间 t_0）应该随着压敏胶黏带粘贴的长度 l_0 和宽度 b 的增加而增加，随重物质量 W 和胶层厚度 a 的增加而降低。这就是为什么只有将这些测试因素相对固定后所得的结果才有相互比较的意义。

1. 测试温度的影响

式(2-4-1)和式(2-4-4)还表明，除了上述测试因素外，压敏胶黏剂的持黏力主要还受到胶黏剂本体黏度的制约。测试温度的影响就是通过胶黏剂本体黏度的变化而起作用的。温度升高，胶黏剂的本体黏度降低，它的持黏力也就减小。对牛顿流体来说，稳态黏度 η 与测试温度 T 之间存在如下关系：

$$\eta = \eta_0 \times e^{E/RT}$$

或

$$\ln\eta = A + E/RT \tag{2-4-5}$$

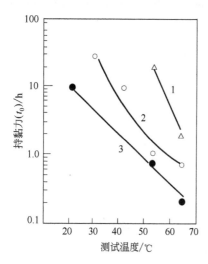

图 2-4-6 一种钠离子交联的聚丙烯酸酯压敏胶的持黏力（t_0）与测试温度之间的关系
钠离子含量：1—0.8%；2—0.08%；3—0%

式中，R 为气体常数；η_0 和 A 对确定的流体也是定数；E 为该流体的流动活化能。根据式(2-4-1)和式(2-4-4)，压敏胶黏剂的剪切持黏力 t_0 与测试温度之间也应该有类似式(2-4-5)的关系，即剪切蠕变破坏时间 t_0 的对数应该与测试温度 T 之间呈现反比例的关系。图 2-4-6 是一种用钠离子交联的聚丙烯酸酯压敏胶黏剂的剪切持黏力 t_0 随测试温度而变化的实验结果，与上述理论分析基本一致。

2. 压敏胶黏剂分子量和分子量分布的影响

像所有的黏弹性高聚物一样，压敏胶黏剂的本体黏度取决于组成它们的主体聚合物的分子量和分子量分布。对于单分散均聚物来说，其稳态流动黏度 η 与它们的重均分子量 M_w 的 3.4 次方成正比，即：

$$\eta \propto M_w^{3.4} \tag{2-4-6}$$

当然，实际有用的压敏胶黏剂都不是单分散的均聚物，它们的本体黏度与分子量的关系会偏离式(2-4-6)。但是式(2-4-6)仍有很好的参考价值。例如，两个由正丁基乙烯基醚和异丁基乙烯基醚共聚制得的压敏胶黏剂，其重均分子量之比为 1.4∶1.0，按式(2-4-6)预计其稳态本体黏度之比为 3.1∶1.0，与实验测定的本体黏度之比 3.6∶1.0 接近。若将式(2-4-6)与式(2-4-1)、式(2-4-4)合并考虑，持黏力 t_0 将与胶黏剂重均分子量的 3.4 次方（对于牛顿流体）或 3.4/（1−n）次方（对于非牛顿流体）成正比。也就是说，当压敏胶的重均分子量增加一倍时，其剪切持黏力将会增加 10.6 倍（对于牛顿流体），乃至几十上百倍（对于非牛顿流体）。由此可见，分子量对压敏胶的持黏力影响之大。

从式(2-4-1)和式(2-4-6)，人们可以粗略地预测满足一定持黏力要求的压敏胶的本体黏度 η 和平均分子量 M_w 应该是多少。例如，若要求在 $W=4.9N$ 的剪切力作用下，$1.27cm \times$

1.27cm×0.0025cm 的压敏胶带粘贴试样至少维持 100min，那么从式(2-4-1) 可计算这种胶黏剂的本体黏度至少需要达到 $7.2×10^5$ Pa·s。若进一步要求制作一种双面压敏胶黏带，它每一面的胶层厚度为 0.005cm，其 1.27cm×1.27cm 的粘贴试样在承受 $W=9.8$ mN 的剪切力时，一年内的蠕变量不得超过 0.127cm（10%），那么根据式(2-4-1)，它的压敏胶的本体黏度必须不小于 $5.4×10^7$ Pa·s，即比前一种压敏胶的本体黏度大 80 倍左右。根据式(2-4-6)，若两种压敏胶属于同一种高聚物的话，后一种压敏胶的重均分子量应该比前一种大 4～8 倍。

在压敏胶黏剂的分子量分布中，高分子量的成分对持黏力有本质的贡献。这可从下面的事实中看到，将高分子量的共聚物 A（M_w 为 $7.2×10^6$）分别以 4.14% 和 6.80% 的质量分数与具有相似组成的低分子量共聚物 B（M_w 为 $4.5×10^5$）相混合。混合后共聚物的持黏力分别从 100s（共聚物 B）提高到 408s 和 834s。可见，仅仅 4%～7% 的高分子量成分就能使混合物的持黏力提高 4～8 倍。在高质量的天然橡胶生胶中，具有某些分子量十分高的凝胶成分，这些成分的存在就是天然橡胶压敏胶黏剂具有很好持黏力的根本原因。

3. 压敏胶黏剂交联的影响

将组成压敏胶主体成分的聚合物进行化学交联可以大幅度地增加聚合物的分子量，从而十分显著地提高压敏胶的本体黏度以及剪切蠕变保持力。可以从式(2-4-1) 和式(2-4-6) 粗略估计，如果将压敏胶主体聚合物的每一个分子交联一次，那么它的重均分子量就会增加一倍，而本体黏度和持黏力则会提高 10.5 倍。因此，化学交联早已成为提高压敏胶黏剂持黏力（尤其是高温下的持黏力）的重要途径。不同类型的压敏胶有不同的交联方法和实施技术，将在本书有关各章中详细讨论。但必须注意，化学交联应当适度。过分交联，即交联点密度过高，往往会显著降低压敏胶的初黏力和剥离力。

采用共聚的方法将能够提供氢键或离子键的单体单元引入聚合物后，可使聚合物产生物理交联。例如，苯乙烯-异戊二烯-苯乙烯三嵌段共聚物（SIS）热塑弹性体，在融体冷却时，苯乙烯嵌段能够通过结晶产生物理交联；侧链含有羧基的聚合物在加入金属离子后能够通过形成离子键而产生交联。物理交联和化学交联都能显著提高聚合物的本体黏度，从而大大增加压敏胶的抗蠕变性能。图 2-4-6 是一个明显的例子，含羧基的丙烯酸酯聚合物压敏胶，其剪切持黏力随钠离子含量的增加而显著提高。

可以说，用各种多功能异氰酸酯交联剂或用紫外（UV）光进行化学交联来提高压敏胶制品的持黏性、耐温性和耐老化等性能，是目前制造各种高性能制品最常用、也是最有效的方法。

三、压敏胶制品的剪切持黏力与压敏胶基本力学性能的关系

压敏胶制品的抗蠕变性能与胶黏剂的基本力学性能尤其是动态力学性能密切相关。经验告诉人们：较硬的压敏胶黏剂，即具有较高拉伸强度和弹性模量的胶黏剂，比软的压敏胶黏剂有较好的抗蠕变性能；用较硬的胶黏剂制成的压敏胶制品具有较好的剪切持黏力。实验研究表明，一组商品聚丙烯酸酯溶液压敏胶制品（GME）、一组实验聚丙烯酸酯乳液压敏胶制品（EPS）和一组实验聚丙烯酸酯溶液压敏胶制品，在标准测试条件下测得的剪切持黏力的对数 $\lg t_0$ 与这些压敏胶在 127℃ 时测得的动态储能模量的对数 $\lg G'$ 呈正比例关系，详见图 2-4-7、图 2-4-8 和图 2-4-9。而一组商品聚丙烯酸酯溶液压敏胶制品在标准条件下测得的剪切持黏力的对数 $\lg t_0$ 与这些压敏胶的拉伸强度 E 之间呈现正比例关系，详见图 2-4-10。

在相同温度下，拉伸强度和弹性模量较大的压敏胶内聚强度较大，这意味着它们分子之间的相互作用力较强，本体黏度也一定较高。这就是为什么压敏胶制品的剪切持黏力与压敏胶的拉伸强度和弹性模量（包括动态弹性模量）呈正相关的原因。

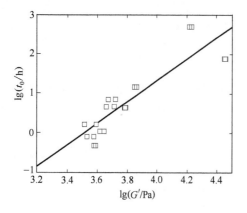

图 2-4-7　一组商品溶液压敏胶（GME）的剪切持黏力 t_0[h，6894.76Pa（1.0 lbf/in²）]与动态储能模量 G'（Pa，127℃）的关系

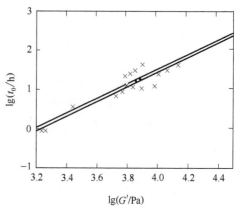

图 2-4-8　一组实验乳液压敏胶（EPS）的剪切持黏力 t_0[h，6894.76Pa（1.0 lbf/in²）]与动态储能模量 G'（Pa，127℃）之间的关系

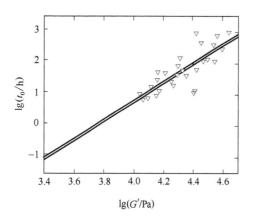

图 2-4-9　一组实验溶液压敏胶（SPS）的剪切持黏力 t_0[h，6894.76Pa（1.0kgf/in²）]与动态储能模量 G'（Pa，127℃）之间的关系

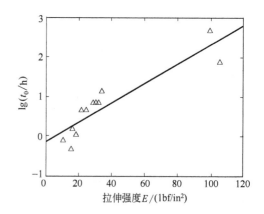

图 2-4-10　一组商品聚丙烯酸酯溶液压敏胶（GME）的剪切持黏力 t_0[h，6894.76Pa（1.0 lbf/in²）]与拉伸强度 E 之间的关系（1lbf/in² ＝ 6894.76Pa）

参 考 文 献

[1] 杨玉昆. 压敏胶粘剂. 北京：科学出版社，1994：52-58.

[2] Dahlquist C A. Treatise on Adhesion and Adhesives，1969，(2)：219-260.

[3] Dahlquist C A. // Satas D；Handbook of Pressure Sensitive Adhesive Technology. New York；VNR Co.，1982：78-98.

[4] Dale W C，Paster M D. Mechanical Property-performance Relations of Acrylic Pressure Sensitive Adhesives. //Satas D Advances in Pressure Sensitive Adhesive Technology 2. RhodeIsland（USA），Satas & Associates，1995：65-111.

[5] Czech Z. Effect of substracte and tackifer on peal strength of SIS（styrene-isoprene-styrene）-based HMPSAs. International Journal of Adhesion and Adhesives，2006，26（6）：414-418.

[6] 全国胶粘剂标准化技术委员会. 关于对《胶粘带厚度试验方法》等6项国家和行业标准征求意见的函. 胶分标字（2012）3 号，附件3《胶粘带持粘性试验方法》. 2012.

第五章

压敏胶及其制品的分析鉴定和其他重要性能

杨玉昆

◎ 第一节　压敏胶及其制品的分析鉴定

在研制和开发某一压敏胶制品时，常常会遇到需要对一个或几个未知的类似压敏胶制品进行分析和鉴定的问题。对未知压敏胶制品进行分析鉴定的目的是为了提供关于它的基材、压敏胶黏剂及底涂剂等其他组成材料的种类、构成成分和构成比例等有用的信息。这些信息对于研制开发类似的压敏胶制品是非常有参考价值的。本节简要介绍对压敏胶制品各组成材料进行分析鉴定所用的工作程序及具体的方法。

一、基材的分析鉴定

压敏胶制品所用的基材有各种塑料薄膜、纸、织物、无纺布、泡绵以及金属箔等。不同的基材采用不同的分析鉴定方法。但在对基材进行分析鉴定前，首先必须将压敏胶黏剂层从基材上分离出去。一般是先用丙酮、甲乙酮、四氯化碳或甲苯等有机溶剂将压敏胶溶胀软化，然后用小刀或其他利器小心地将软化的压敏胶层轻轻刮去，再用有机溶剂将残余的压敏胶从基材上擦干净。操作时必须十分细心，不能伤及基材表面，也不能将基材表面可能存在的涂层擦掉。

必要时可以先对去除压敏胶的基材进行厚度测定以及拉伸强度和断裂伸长等力学性能测试。然后再对基材进行成分分析鉴定。

1. 塑料基材的分析鉴定

常用于压敏胶制品的塑料基材有聚丙烯（PP）薄膜、聚乙烯（PE）薄膜、聚酯（PET）薄膜、聚氯乙烯（PVC）薄膜，以及醋酸纤维素、聚酰亚胺、聚四氟乙烯、聚碳酸酯等薄膜。首先可以从外观、手感以及力学性能测试结果等进行初步的判定。如果基材是透明的薄膜，可以直接进行红外（IR）光谱分析。根据红外光谱的图谱，一般都能容易地确定薄膜的主要成分。

用多重内反射红外（MIR）光谱技术对薄膜的表面进行分析，不仅可知道该基材是否有底涂层或背面处理涂层，而且还可大致了解这些涂层的主要成分。

2. 纸类基材的分析鉴定

如果是纸类基材，则还需要分析它所用的涂层、饱和剂和填料等。如果涂层很平滑，就可直接用 MIR 光谱技术来检测涂层的主要成分。如果涂层不平滑，则需要先用有机溶剂提取涂层。常用的有机溶剂有甲苯、甲乙酮、四氯化碳和邻二氯苯等。一般先用低沸点溶剂试验，因为低沸点溶剂容易从涂层提取物中挥发掉。浓缩后将涂层提取物涂在氯化钠晶片上，加热将溶剂除尽，然后进行红外光谱分析，就可鉴定涂层的主要成分。

纸张中的水溶性添加剂可用沸水提取。浓缩之后涂在氯化银晶片上，在烘箱中加热，将水分除尽后即可进行常规的红外光谱分析，以鉴定其主要成分。在本生灯或隔焰炉上小心将纸基材样品灰化，然后将灰分在红外光谱仪上从 $2.5\mu m$ 到 $25\mu m$ 甚至 $50\mu m$ 波段间进行扫描，可以鉴定纸基材中的无机填料。无机填料的特征吸收峰大多在 $15\sim50\mu m$ 的红外波段。

涂层、饱和剂和填料被鉴定之后，进一步可用红外光谱技术鉴定基材的主体是否真正是纸。具体方法如下：在 15mg 去除压敏胶和涂层及饱和剂的基材碎片样品上加入一滴矿物油（如液体石蜡），用涂料研磨机彻底研磨，将样品的颗粒度降低到 $2\mu m$ 以下，以减小红外光束通过样品时产生的散射。研磨过程中有时需要加入更多的矿物油或更多的样品。将研磨好的样品糊进行红外光谱分析就可以做出正确的判断。若用全氟煤油或六氯丁二烯（HCBD）代替矿物油来制备糊状物，就没有研磨剂的吸收，得到完整而清晰的基材样品红外光谱图。据此可判断纸基材的主体成分。

3. 织物和无纺布基材的分析鉴定

将织物剪碎后，与液体石蜡或全氟煤油、六氟丁二烯等一起研磨，制成糊状物，用红外光谱技术分析糊状物就能识别纤维的品种。尼龙和涤纶等合成纤维织物还可以用甲酚或甲酸溶解制成溶液，再用红外光谱进行分析鉴定。

无纺布是各种纤维用聚丙烯酸酯乳液、丁苯乳液、醋丙共聚乳液等胶黏剂黏合在一起制成的。因此，分析鉴定时必须先用丁酮、甲苯或邻二氯苯等有机溶剂将胶黏剂抽提出去。抽提液经浓缩后可直接用红外光谱分析以鉴定胶黏剂的成分。剩下的纤维可以用矿物油或全氟煤油、六氟丁二烯等研磨成糊状（对于天然纤维），或者用甲酚或甲酸制成溶液（对于合成纤维），再用红外光谱分析技术进行鉴定。

4. 泡绵及其他基材的分析鉴定

用作许多双面压敏胶黏制品基材和骨架的泡沫塑料薄片在业界常被简称为泡绵。这种泡绵通常是由聚氨酯或聚乙烯、聚丙烯酸酯等热塑性塑料，加入高温下能分解成气体的发泡剂或熔融时充入惰性气体而制成。用红外光谱鉴定泡绵时，程序和方法与前面叙述的鉴定有机聚合物或塑料薄膜相同。将可溶的泡绵制成溶液，不溶的泡绵则加入矿物油或全氟煤油、六氟丁二烯等研磨成糊状物，然后进行红外光谱扫描，就可以检测出泡绵的成分了。

二、压敏胶的分析鉴定

压敏胶黏剂按主要成分来分类有橡胶类（包括天然橡胶和各种合成橡胶、热塑性弹性体等）、聚丙烯酸酯类以及其他如有机硅、聚氨酯等类别；按外观形态来分类有溶剂型、水乳液型和 100% 固体型（包括热熔型和紫外固化型）等类别。

1. 橡胶类压敏胶的分析鉴定

橡胶类压敏胶一般都由橡胶弹性体、增黏树脂和软化剂等主要成分以及交联剂、填料和防老剂等辅助成分组成。橡胶类压敏胶各组分的分析鉴定是一项系统工程，必须根据具体情况来制订分析鉴定的方案。

（1）橡胶弹性体的分析鉴定　若压敏胶中不含填料，即压敏胶层是透明的，可直接将压敏胶碎末用溴化钾压片并进行红外光谱扫描，将图谱与已知橡胶弹性体的标准红外光谱图进行对照，就能鉴定出压敏胶中橡胶弹性体的类型。若压敏胶中有填料，则必须首先用甲苯或邻二氯苯等适当的有机溶剂将橡胶弹性体从填料中分离提取出来，然后将浓缩液涂在溴化钾或氯化钠晶片上，加热除去溶剂后进行红外光谱分析。

若从除去填料的压敏胶混合物的红外光谱图无法判断橡胶弹性体的类型，则必须再用正丁醇等醇溶剂将增黏树脂和软化剂等抽提出去，使其与橡胶弹性体分离。然后再用红外光谱法鉴定比较纯的橡胶弹性体。

如果橡胶弹性体无法直接进行红外光谱分析，或从红外光谱的图谱仍不能确定橡胶弹性体的类型，就可以采用热裂解-红外光谱联用的办法。将少量（1g 或更少）弹性体样品放入一开口试管的底部，用本生灯加热试管底部，将样品热裂解。在试管开口端收集液体热裂解产物，再用红外光谱法分析鉴定热裂解产物。将结果与已知热裂解物的 IR 图谱进行比较，从而鉴定弹性体。聚合物热裂解成小分子物质（通常是单体），这些小分子物质比聚合物有更丰富的红外光谱吸收峰，因而可以更容易而且更正确地加以鉴定。如果同时知道了已知聚合物和增黏树脂的热裂解物 IR 图谱，就可以直接将弹性体和增黏树脂的混合物加以热裂解并进行 IR 鉴定。

除热解-红外（IR）光谱联用的方法外，热裂解-气相色谱（GC）-质谱（MS）联用是分析鉴定橡胶弹性体更有用的方法。当弹性体是由多种聚合物或共聚物混合组成或弹性体难以与增黏树脂等低分子化合物分离时，此法尤其适用。为了简化鉴定过程，可以将热裂解流出物同载气一同导入气相色谱柱中，通过程序升温，样品中的单个组分被载气从色谱柱中洗出，并被导入质谱仪中。如果气相色谱柱选择恰当，一次就能成功分离样品热裂解产生的各个组分，从每一个组分的质谱图可以对它们进行成功的鉴定。因此，采用热裂解-GC-MS 联用技术，可以方便地鉴定出复合压敏胶配方中的各个聚合物的成分，甚至还可以同时鉴定出配方中的非聚合物成分。当然，在采用该技术之前能将非聚合物成分分离除去对聚合物鉴定将大有好处。

对各种聚合物进行热裂解机理的研究是热裂解-IR 方法和热裂解-GC-MS 方法的基础。只有充分了解了各种聚合物的热裂解机理和热裂解产物后，才能从压敏胶样品热裂解产物的 IR 和 MS 分析结果准确鉴定出各种聚合物成分来。

此外，只要测定弹性体的玻璃化温度 T_g 就能进一步判断这种弹性体是嵌段共聚物型热塑性橡胶还是无规共聚物型橡胶。因为 SBS 与 SIS 热塑性橡胶有两个 T_g 值，而组成相同的丁苯无规共聚物橡胶（SBR）和苯乙烯-异戊二烯橡胶（SIR）却只有一个 T_g 值。

（2）增黏树脂的分析鉴定　有时直接将压敏胶样品进行红外光谱扫描，并将图谱与已知的增黏树脂 IR 图谱进行对比就可判定样品中增黏树脂的类型。但增黏树脂 IR 图谱的关键吸收峰常常被样品中弹性体的 IR 吸收峰所掩盖。因此，一般都是先用正丁醇等醇类溶剂将增黏树脂和软化剂等从压敏胶样品中抽提出来，增黏树脂和软化剂溶于正丁醇中，而弹性体和填料等则不溶。然后再将醇溶液浓缩后涂在 KBr 或 NaCl 晶片上，待醇挥发干净后用 IR 扫描。从所得 IR 谱图就可鉴定增黏树脂的类型，因为软化剂一般没有干扰性的 IR 吸收峰。

也可先用液相色谱将压敏胶样品中的弹性体、增黏树脂、软化剂三种主要成分加以分离，然后用 IR 或 MS 技术分别加以鉴定。用热裂解-IR 联用技术或热裂解-MS 联用技术可以更准确地对已分离出来的各成分分别加以鉴定。

（3）软化剂的分析鉴定　矿物油是最常用的，也是最难以鉴定的软化剂。一般需要先用正丁醇等醇溶剂将增黏树脂和软化剂抽提出来后，再用气相色谱将两者分离，或者直接用液相色谱将样品中的三种主要成分分离，然后用 IR 技术对软化剂进行鉴定。由于许多矿物油类软化剂的 IR 图谱非常相似，它们的热裂解产物的 IR 图谱也非常相似，所以精确地对它们鉴定是比较困难的，必须十分细心。但用此法可容易地将矿物油类软化剂与其他类型的软化剂加以区别。

（4）填料的分析鉴定　鉴定填料最简捷的方法是将压敏胶样品在高温下烧成灰。通常无机填料以外的有机物成分被高温氧化分解并挥发掉，留下的灰分主要是无机填料。将灰分残留物用矿物油、全氟煤油或六氯丁二烯制成糊并涂在两片碘化铯（CsI）晶片之间，然后用 $2\sim50\mu m$ 的红外扫描。对于无机填料，尤其是金属氧化物，$16\sim50\mu m$ 的红外区域对鉴定十分有用。

在用溶剂分离压敏胶样品中的弹性体、增黏树脂和软化剂时，填料常常以不溶物的形式分离出来。将不溶物加热除去残余溶剂，并用上述方法进行 IR 光谱分析也可鉴定填料的类型。

用诱导偶合等离子-质谱（ICP-MS）联用技术可以鉴定出 54 种元素，检测灵敏度和选择性很高，检测极限可达 $0.03\sim0.3\mu g/L$。可用此方法鉴定出压敏胶中微量的填料。

（5）防老剂的分析鉴定　用乙腈或甲醇抽提压敏胶样品，可将胶黏剂中大多数防老剂抽提出来。用甲醇会抽提出许多软化剂，从而干扰防老剂的鉴定，因此乙腈是最好的抽提剂。将 10g 压敏胶与 50mL 乙腈一起摇振 30min 后过滤混合物。加热滤液浓缩至 20mL，再在 -20℃下冷却 $2\sim3h$。然后，倾出上层清液以除去可能被乙腈抽提出来并集中在容器底部的少量油状物。加热透明的乙腈溶液以除去大部分乙腈后，用 IR 光谱分析富集防老剂的残余物即可鉴定防老剂的类型。再用核磁共振（NMR）和质谱（MS）技术进行鉴定，可获得确切的鉴定结果。用上述方法可分析鉴定压敏胶中含量低至 0.2%（质量分数）的防老剂。

2. 聚丙烯酸酯类及其他压敏胶的分析鉴定

聚丙烯酸酯类及其他类型压敏胶的组成比橡胶类压敏胶简单。它们一般都是各种丙烯酸酯和其他烯类单体的共聚物，很少使用增黏树脂、增塑剂等添加剂。非交联型聚丙烯酸酯压敏胶能溶于乙酸乙酯、丙酮、甲苯等常用的有机溶剂。因此，用这些有机溶剂（或它们的混合溶剂）浸泡从压敏胶制品上小心刮下的压敏胶层，非交联的压敏胶能够完全溶解。将压敏胶的浓缩液涂于溴化钾或氯化钠晶片上，溶剂完全挥发后用 IR 技术即可进行初步鉴定。进一步用 NMR 技术进行分析，有时便可确定共聚物的主要组成。

大部分聚丙烯酸酯压敏胶都是交联型的，在上述有机溶剂中只能溶胀或部分溶解，不能完全溶解。此时就必须采用热解方法首先将它们热裂解成相应的低分子量物质，然后再分离并分析这些热裂解产物。最好是采用热裂解-气相色谱（GC）-质谱（MS）联用技术，这样可以快速而正确地将热裂解产物分析鉴定，进而精确地确定压敏胶共聚物的组成。

如果压敏胶中除主体丙烯酸酯共聚物外还有增黏树脂、增塑剂或填料等辅助成分，它们的分析鉴定方法与前面介绍的相似。

三、压敏胶主体成分的表征

将压敏胶黏剂的组成进行了分析鉴定后，可能有必要对它们的主体成分（聚合物和增黏树脂）做进一步的性能表征或结构表征。例如，由红外光谱分析可以知道压敏胶的弹性体是丁苯橡胶（SBR），但不能反映出该丁苯橡胶的分子量和分子量分布，因为分子量和分子量分布不同而化学组成相同的丁苯橡胶具有完全相同的红外光谱图。对压敏胶性能影响最大、因而最需要进一步加以表征的主体成分性能有：分子量和分子量分布、玻璃化温度以及本体黏度等。

1. 分子量的测定

压敏胶配方中弹性体和增黏树脂的分子量对它们的溶解度参数 δ 值以及压敏胶的初黏、持黏和剥离强度等压敏黏合性能有很大影响。因此，在鉴定了它们的成分后，极需要测定它们的分子量。

绝大多数聚合物都是由分子量不等的许多同系聚合物混合组成的，因此聚合物的分子量都具有统计平均的意义，称为平均分子量。由于统计平均的方法不同，聚合物的分子量有数均分子量（M_n）、重均分子量（M_w）、Z 均分子量（M_z）和黏均分子量（M_v）之分。不同的平均分子量，测定方法也不一样。

采用端基滴定法、沸点升高法、冰点降低法或渗透压法等都能够测定聚合物和增黏树脂的数均分子量（M_n）。这些方法中，渗透压法最常用。将被测样品（溶质）的溶液放在渗透压力计的一边，渗透压力计中间有一由交联聚乙烯醇或玻璃纸制成的半渗透膜将其隔离成两部分，膜的另一边放入纯溶剂。由于溶液的化学势低于纯溶剂的化学势，纯溶剂可以通过半渗透膜进入溶液，从而使溶液的毛细管上升。当达到平衡时，测量毛细管上升的高度就可测定该溶液的渗透压。溶液的渗透压与溶液中溶质的分子量成反比，即溶质的分子量越大，溶液的渗透压越小。因此，测定溶液的渗透压就可计算出溶质的数均分子量（M_n）。用渗透压法可以测定数均分子量在 15000～1000000 之间的聚合物，其他方法可测定数均分子量较小的聚合物和增黏树脂。

聚合物的重均分子量（M_w）可用光散射法测定，超离心法测定的是聚合物的 Z 均分子量（M_z），聚合物的黏均分子量（M_v）则用溶液黏度法进行测定。其中溶液黏度法只适用于能在溶剂中溶解的非交联聚合物。用光散射法测定聚合物的 M_w 是比较重要的。当一束偏振光射入聚合物的稀溶液时，光波的电场振动迫使稀溶液中聚合物分子线团内部的电子产生振动，辐射出散射光。散射光的强度与聚合物的重均分子量（M_w）成正比。因此，测定散射光的强度便可计算出聚合物的 M_w。用光散射法可以测定 M_w 在 1000000 以上的聚合物样品。

一般情况下，聚合物几种平均分子量数值大小的顺序为：$M_n < M_v < M_w < M_z$。图 2-5-1 列出了一种聚合物的四种平均分子量在分子量分布曲线上的位置。由图可见，M_v 比较接近 M_w。因此，通过测定聚合物的黏度也能粗略地判断该聚合物的重均分子量以及聚合物的交联和支化情况。

2. 分子量分布的测定

各种分子量的聚合物质量分数 W_p 对分子量大小 M 作图得到的曲线称为该聚合物的分子量分布曲线（见图 2-5-1）。即使平均分子量相同的同种聚合物，其分子量分布不同，它们的压敏黏合性能也不一样。

凝胶渗透色谱（GPC）为测定聚合物的分子量分布提供了一种便捷的方法。色谱柱中的固定相不是交联高聚物（它与溶剂接触时溶胀）就是具有刚性结构的多孔性聚合物。固定相聚合物的孔径大小非常关键，因为只有尺寸小于孔径的分子才能通过这些孔。选择适当的溶

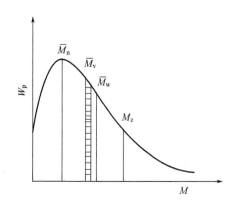

图 2-5-1　一种聚合物的四种平均分子
量在分子量分布曲线上的位置

剂或混合溶剂作流动相，溶于流动相的被测样品随着流动相流过色谱柱时，分子量较大的样品只能进出固定相中一部分较大的孔隙，所经路程较短，因而会跟着溶剂较快地通过柱子；而分子量较小的样品在固定相中的大小孔隙都能进出，所经路程较长，因而通过柱子较慢。这样就达到了按分子量大小进行分离的目的。再在色谱柱后面使用示差折光仪或UV 检测器来测量淋出液中样品的浓度，就可得到该被测样品的分子量分布曲线。

3. 玻璃化转变温度的测定

无定形高聚物从硬而脆的玻璃态转变为柔软的橡胶态或从橡胶态转变为玻璃态，皆称为玻璃化转变，实现这个转变的温度就是玻璃化转变温度，用 T_g 表示。在 T_g 以下，高分子键段的蠕动即分子的内旋转被冻结；在 T_g 以上，分子的热运动克服了分子键之间的相互作用，使分子的内旋转解冻，产生分子键段的蠕动。因此，玻璃化转变是高聚物的一种热力学现象，T_g 的高低决定了高聚物的热学和力学性质。压敏胶中主体聚合物的玻璃化转变温度 T_g 对压敏胶的各种性能都有很大影响。

测定聚合物 T_g 的方法很多，有膨胀计法和折射率法、差热分析（DTA）法、差示扫描量热（DSC）法、扭摆法、动态黏弹谱法、介电松弛法、核磁共振法等，具体可参考有关文献。各种测试方法的原理不同，测试结果也不尽相同，有时甚至相差颇大。因此，在表明某一聚合物的 T_g 值时，最好同时说明是用何种方法测定的。

在这些 T_g 的测试方法中，差热分析（DTA）法和差示扫描量热（DSC）法是目前很流行的热学分析方法。用 DTA 和 DSC 法不仅可以测定无定形聚合物的 T_g，还可以有效地测定结晶聚合物的熔点 T_m 以及聚合物的热分解温度 T_c 和其他热转变温度。对于部分结晶的聚合物样品来说，这些方法还能同时测定它们的 T_g、T_m 和 T_c。

DTA 测定在差热分析仪上进行。在该仪器中，被测样品和一种在测试温度范围内不发生热转变的参比物同时被加热，用热电偶测定它们的温度变化。当达到转变温度时，被测样品发生热效应（吸热或放热），从而对参比物产生明显的温度差变化。将温度差 ΔT 对温度 T 作图，就可得到上述各种转变温度来。

DSC 测定在差示扫描量热仪上进行。在该仪器中，被测样品和参比物被分开加热，仪器中附有补偿加热器，可以调节输给样品和参比物的功率 W，使在升温（或降温）过程中样品和参比物的温度始终保持相等（$\Delta T=0$）。当样品到达转变温度（或在某一温度下发生化学反应）时，由于样品发生热熔的变化（放热或吸热），为保持 $\Delta T=0$，输给样品和参比物的功率差 ΔW 会相应地发生变化。将 ΔW 对温度 T 作图，就可得到各种转变温度的数值。

常用 DTA 或 DSC 法测定压敏胶黏剂及其主体聚合物的玻璃化转变温度 T_g，也可用以测定压敏胶中各种增黏树脂和结晶性聚合物的熔点 T_m。方法简便，测定精度较好。

4. 本体黏度的测定

压敏胶的本体黏度是指压敏胶黏剂经涂布、干燥和固化后形成胶黏剂层本体的黏度。本篇第一章中已经介绍过，压敏胶黏剂是一类黏弹性物质，它们的各种物理力学性能（包括各种压敏胶黏性能）、热学性能以及涂布加工性能都与它们的本体黏度密切相关。压敏胶的流动行为由它们的本体黏度来表征。因此，压敏胶本体黏度的测定具有十分重要的意义。

高聚物在受到一剪切外应力作用时就会发生相应的剪切形变，简称切变，即流动。单位切变速率下的剪切应力被定义为黏度系数，简称黏度，用 η 来表示，其 SI 单位是 Pa·s。该黏度通常称为动力黏度或绝对黏度。动力黏度与密度之比则称为运动黏度，单位为 m^2/s。通常所说的黏度都指动力黏度。高聚物的本体黏度不仅依赖于温度，还依赖于切变速率。高聚物的流动行为是通过测定不同温度、不同切变速率和不同切变时间等不同条件下的黏度来研究的。这些条件不同，所得到的本体黏度值也不一样。因此，在表明本体黏度的测定结果时，要同时说明这些测试条件。

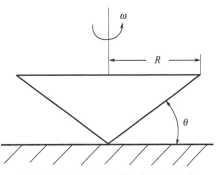

图 2-5-2　锥板黏度计工作原理示意

测定聚合物本体黏度常用锥板黏度计和毛细管流变仪两种方法。

（1）锥板黏度计法　其工作原理如图 2-5-2 所示。将被测样品夹于平板和转动锥子之间，并用外力使锥子转动。测定锥子的转动角速度 ω 就可以计算出切变速率 γ：

$$\gamma = \frac{\omega}{\tan\theta} \qquad (2\text{-}5\text{-}1)$$

式中，θ 为锥子的锥面与平面之间的夹角。同时，测定锥子的转动力矩 G，就可计算出剪切应力 σ：

$$\sigma = \frac{3G}{2\pi R^3} \qquad (2\text{-}5\text{-}2)$$

式中，R 为转动平面上的一点到转动轴的距离。这样，就可求得被测样品的黏度 η：

$$\eta = \frac{\sigma}{\gamma} \qquad (2\text{-}5\text{-}3)$$

实际上，η 值是直接从仪器上读取的。从锥板黏度计可以测定聚合物在不同温度和不同切变速度下的本体黏度。但锥板黏度计只适用于在低切变速率（$<50s^{-1}$）下测定聚合物的本体黏度。

（2）毛细管流变仪法　毛细管流变仪有恒荷重和恒流速两种，以恒流速为最普遍。毛细管接于盛着被测样品的料桶下方，上方是加压杆，恒温后由拉力机施加荷重，使加压杆以给定的速度下压，同时记录仪自动记录荷重，直至实现定态为止。下压的速度乘以压杆横截面积得到体积流速 Q；荷重除以压杆横截面积得到压强 Δp（毛细管出口处为大气压）。流体力学分析证明，若被测样品是牛顿流体，它的黏度 η 与体积流速 Q 和压强 Δp 之间符合下式关系：

$$\eta = \frac{\pi R^4 \Delta p}{8LQ} \qquad (2\text{-}5\text{-}4)$$

式中，R 和 L 分别是毛细管的半径和长度。对于非牛顿流体，上式还要做一定的修正。

根据上式及其修正式，就可用毛细管流变仪测定聚合物的本体黏度。此法适用的切变速率范围较宽，可测定高达 $10^4 s^{-1}$ 切变速率下的黏度。

第二节 压敏胶及其制品的其他重要性能

对外加压力敏感的黏合特性是压敏胶黏剂及其制品最基本的性能。由这个基本黏合特性所决定的初黏性能、抗剥离性能和抗蠕变性能（即持黏性能）等三大实用压敏黏合性能及其相互关系，是压敏胶及其制品最重要的性能，已在本篇前几章中作了详细介绍。本节主要介绍固化前的压敏胶黏剂的一些重要理化性质及其试验方法、压敏胶制品的一些其他重要性能以及关于中国压敏胶制品性能标准化情况等。

一、压敏胶黏剂的理化性质及其测定

涂布和固化前的压敏胶黏剂按形态分有溶剂型、（水）乳液型、热熔型和射线固化型等几大类。目前在中国压敏胶制品的工业生产中，（水）乳液型应用最多，溶剂型和热熔型次之，射线固化型正处在研制开发阶段。

在这些压敏胶黏剂及其制品的生产过程中，为了控制或评定产品的质量，保证生产工艺的稳定性以及压敏胶黏性能的稳定性和可靠性，必须对压敏胶黏剂本身的物理和化学性质进行测定。这些基本理化性质有外观、密度、固体含量和黏度等。对于（水）乳液型压敏胶，还有酸碱度（pH值）、贮存稳定性、冻融稳定性、机械稳定性等。这里只介绍最常用的外观、固体含量、黏度等理化性质及其测试方法，其余可查阅有关书籍和相应的国家标准。

1. 外观

外观是指可用肉眼观察的待测样品的物理性质，包括颜色、状态、均匀性等。对于使用期较短的压敏胶黏剂，在观察胶黏剂外观时必须使用新配制的试样。观察时将20g或20mL的液体胶黏剂倒入50～100mL的玻璃杯中，静止5min后，观察其颜色、透明度；再用干燥清洁的玻璃棒或瓷勺，挑起一部分胶黏剂，高于烧杯口20cm，观察胶液下流时是否均匀、含不含机械杂质或凝结物；也可以把胶黏剂薄而均匀地涂布于洁净的玻璃板上，目测有无固体粒子或团聚物，色调是否均匀等。通常试验在（25±1）℃进行。若实验室温度低于10℃，发现试样产生异状时，应用水浴加热到40～45℃，保持5min，然后冷却到（25±1）℃，再保持5min后进行外观的观察。一般说来，观察分层现象需在静止0.5h后进行。

2. 固体含量

胶黏剂的固体含量亦称不挥发物含量，是在规定的测试条件下测定胶黏剂中非挥发性物质的质量分数。必须知道聚合物溶液的固体含量才能确定相应的配方用量。固体含量是溶液胶黏剂和乳液胶黏剂的重要指标，它直接影响胶的质量价格比，在使用中影响黏度、涂层厚度，以至影响压敏胶的黏合性能。

固体含量的测定均采用烘箱法，但干燥条件、温度和时间因产品不同而异。操作步骤如下：称取1～1.5g试样，置于干燥洁净的恒重坩埚内（称量时要加盖，防止溶液飞溅损失），然后水平放入预先调好温度的烘箱内干燥1h，取出后放入干燥器中，冷却至室温后称重。固体含量用下式计算：

$$R = (G_1/G) \times 100\%$$

式中，R 为固体含量；G_1 是干燥后试样的质量，g；G 是干燥前试样的质量，g。

对一般烘干时不发生化学反应的胶黏剂或聚合物的溶液或乳液，烘干温度只要控制在分散介质的沸点左右或稍高一些即可。例如以丙酮、乙酸乙酯等作溶剂，烘干温度取 80℃，以甲苯为溶剂取 110℃。以水为介质的聚合物乳液（包括乳液压敏胶），固体含量测定时按中国国家标准 GB/T 11175—2002 关于合成树脂乳液试验方法中规定，烘干条件为 105℃恒温鼓风干燥箱内 60min。

3. 胶液黏度

这是指在涂布、干燥和固化前压敏胶黏剂（一般为黏性液体）的黏度。它的大小直接影响其涂布和干燥工艺性能：若黏度过大，涂胶困难；黏度过小，为了保证有一定的胶层厚度，又必须增加涂胶的次数。压敏胶的黏度还与被黏物的湿润速度有关，流胶、缺胶也常因黏度太小或太大所造成，而且两者都会影响产品的压敏胶黏性能。所以，胶黏剂的黏度是评价胶黏剂质量的一项重要指标。黏度的测试条件，特别是温度对黏度值有很大的影响，必须严格控制。

胶黏剂工业中测定黏度的仪器有奥氏黏度计、落球黏度计、涂-1 黏度杯、涂-4 黏度杯、旋转黏度计等。奥氏黏度计、涂-1 黏度杯、涂-4 黏度杯等应用于黏度较小的胶黏剂，高黏度的胶黏剂用此类黏度计测定则费时过长，旋转黏度计测定则无此局限性。因此，国际上美国、日本、法国等都采用旋转黏度计测定胶黏剂的黏度，并有测试标准。中国也有国标 GB/T 2794—1995。这里只介绍压敏胶最常用的黏度测试方法——旋转黏度计试验法。

旋转黏度计结构如图 2-5-3 所示。同步电机以一定的速度稳定旋转，带动刻度盘圆盘，再通过游丝和转轴带动转子。如果转子未受阻力作用，则游丝未经扭转与刻度盘同速旋转；反之，如果转子浸在液体中经受黏滞阻力作用，则游丝将产生扭矩，使之与黏滞阻力抗衡，直至达到平衡为止。此时，与游丝连接的指针在刻度盘指示出一定的读数，可作为该液体黏度的量度。

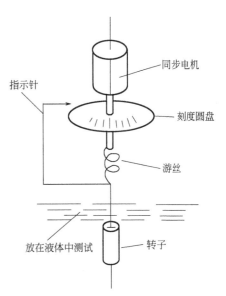

图 2-5-3　旋转黏度计结构示意

本方法适用范围较广。如用 NDJ-1 型旋转黏度计测定，测量范围为 $10^{-2} \sim 10^{2}$ Pa·s；用 Brook field 黏度计测定，测量范围为 $(0 \sim 8) \times 10^{3}$ Pa·s。测定时，先将仪器水平地安装在固定支架上，然后视试样黏度大小，选用适宜的转子及转速，使读数在刻度盘的15%～85%范围内，最后在试样规定的温度下，开启电源，读出旋转 1min（±2s）时的指示数值（测量高黏度试样时，读出旋转 2min 时的读数）。

试样的绝对黏度 μ_1 按下式计算：

$$\mu_1 = ks$$

式中，k 为仪器常数，视转子及转速而不同；s 为圆盘读数。一般被测试样的黏度数值可从仪器直接读出。

必须强调指出的是，压敏胶的黏度对试验温度的变化十分灵敏，故测试温度必须恒定，变动范围不宜超过±1.0℃。一般规定试样的测试温度为 (23±1.0)℃。因测试结果与旋转速度有关，记录测试结果时必须同时记录所用的转子号数和转速大小。

二、压敏胶制品的其他重要性能及其测定方法

除了本篇前几章已经详细介绍过的初黏性能、剥离强度和持黏性能等压敏胶制品的三大黏合性能外,压敏胶制品和压敏胶层的厚度,压敏胶制品的拉伸强度、剪切强度,压敏胶带的解卷强度等力学性能,以及压敏胶制品的耐水性能、电绝缘性能和耐燃性能等,也都是压敏胶制品的重要性能。本小节将简单介绍其中的某些重要性能及其试验方法,其余的重要性能读者可查阅有关的书籍和国家标准。

1. 厚度

压敏胶制品的厚度是基材厚度与压敏胶层厚度之和。压敏胶制品的三大压敏胶黏性能皆与压敏胶层厚度有很大关系,而压敏胶制品的拉伸强度、电绝缘性能和耐燃性能等则主要取决于基材的性质和厚度。因此,测定压敏胶层和压敏胶制品的厚度非常重要。

压敏胶制品的厚度和基材的厚度可直接用各种测厚仪进行测定。常用的测厚仪有机械式和涡流式两种,它们都是由上下可移动的两个相互平行的测量头以及控制测量两测量头之间距离和接触压力的系统组成。测量时,片状压敏胶制品揭去防粘层、卷状胶带揭去最外面的3~5层后,将新鲜干净的压敏胶制品的基材面轻轻放在下测量头的面上,然后将上测量头慢慢放下,使之与压敏胶面接触,将接触压力调节至规定值后,读取两测量头的面之间距离。一般要在不同的部位重复测量3~10次后,取其算术平均值即为该压敏胶制品的厚度值,单位为 mm 或 μm。

测厚仪的形式、测量精度、测量头直径及测量时单位面积所受的压力(即压强)等对压敏胶制品厚度的测量结果影响很大。因此,各国在制定相应的国家标准测试方法或行业标准测试方法时都对这些作了相应的规定。现行的中国国家标准 GB/T 7125—1999《压敏胶粘带和胶粘剂带厚度试验方法》中规定:采用机械式测厚仪;测量至少精确到 0.002mm;测量头直径为 14~16.5mm;所受压强为 48~62kPa。为了与国际标准接轨,最近我国有关单位正在组织修订这个国家标准。修订后的国家标准为 GB/T 7125—2012《胶粘带厚度试验方法》。与上述的原标准相比,新标准的主要修改除名称外,测量头直径修改为 5~16mm,测量压强修改为 40~60kPa,并明确了新标准不适于压缩变形较大的泡绵类胶带。

基材的厚度可将未涂压敏胶的基材作试样或将压敏胶制品的压敏胶层小心而干净地除去后的基材作试样,用上述相同的方法测定。测量头的直径和测试时所受的压强对基材厚度的测量结果影响较小。

压敏胶层的厚度一般不直接测量,而是将压敏胶制品的厚度减去基材的厚度计算得到。为了防止压敏胶层沾污测量头,有些厂家将压敏胶制品胶面对胶面均匀地粘贴在一起,然后测量两层制品的厚度,测量结果除以 2 后减去基材厚度就是胶层的厚度。这种测量方法可以在涂胶生产线上快速测量出胶层的厚度,以便及时调整涂胶量。但用这种方法进行在线测量,测量精度一般都比较差。

2. 拉伸性能

压敏胶制品的拉伸性能包括压敏胶制品的拉伸强度、断裂伸长率和屈服强度三项。其定义分别如下:

① 拉伸强度 压敏胶制品的试样被拉伸直至断裂过程中的最大拉力与试样初始宽度之比,单位为 kN/m 或 N/mm。

② 断裂伸长率 试样拉伸过程中断裂时的伸长量与初始标线长度的百分比。

③ 屈服强度　试样拉伸过程中屈服点出现时的拉力与试样初始宽度之比，单位为 kN/m 或 N/mm。

对于包装和捆扎用胶黏带、电气绝缘胶带及管道缠绕用胶黏带等压敏胶制品来说，上述几项拉伸性能尤其重要。拉伸性能达不到要求，这些压敏胶制品就无法使用。

压敏胶制品的拉伸性能主要决定于基材的拉伸性能和基材的厚度。这是因为，虽然压敏胶层的厚度和拉伸性能也有一定影响，但一般情况下基材的拉伸强度要比压敏胶层大得多。

压敏胶制品的拉伸性能在拉力试验机上进行测试。中国国家标准 GB/T 7753—1987《压敏胶粘带拉伸性能试验方法》中规定，所用的试验机应附有能自动记录拉力和伸长的绘图装置，拉力值的读数误差不应大于 1%，拉伸速度为（300±30）mm/min；伸长标尺的分度为 1mm，量具采用读数值为 0.02mm 的游标卡尺；样品宽度为 ≤25mm，试样数量不应少于 5 个；试验条件为温度（23±2）℃，相对湿度（65±5）%。试验结果所得的拉伸曲线如图 2-5-4 所示。图中 A、B、C 分别为纸类压敏胶带（A）、PET 和 BOPP 类

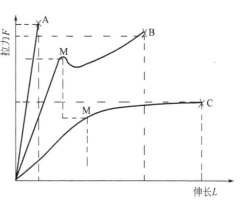

图 2-5-4　压敏胶带的拉伸曲线示意

压敏胶带（B）及 PE 和软 PVC 类压敏胶带（C）的拉伸曲线示意。从曲线的数据可以计算出样品的拉伸强度和断裂伸长率。以塑料薄膜为基材的压敏胶带的拉伸曲线 B、C 上会出现屈服点 M，从屈服点所对应的拉力就可得出样品的屈服强度。

最近我国有关单位也正在组织修订这个国家标准。修订后的国家标准 GB/T 7753—2012《胶粘带拉伸强度和伸长率的试验方法》做了如下主要修改：

① 分为方法 A 和 B 两种，增加了方法 B：长丝纤维基材胶黏带拉伸强度和伸长率的试验方法。

② 试样的宽度从原标准的 25mm 修改为 12mm 或 24mm。

③ 试验条件从温度（23±2）℃、相对湿度（65±5）% 修改为温度（23±1）℃、相对湿度（50±5）%，与国际标准 ISO 29864：2007（E）一致。

3. 剪切强度

压敏胶制品的剪切强度区分为胶面对背面（即压敏胶面对压敏胶带背面）、胶面对胶面以及胶面对被粘物面三种情况，分别用来表征压敏胶制品的三种实用性能。压敏胶制品的剪切强度主要决定于压敏胶黏剂的内聚强度和黏合强度，也与基材或被粘物的性质，尤其是表面性质有关。剪切强度还与试验方法和试验条件有很大关系。

中国国家标准 GB/T 7754—1987 中规定了压敏胶黏带剪切强度（胶面对背面）的试验方法。下面是该标准的详细摘要，可供读者参考使用。

① 试验时将被测胶黏带样品分别粘贴在两块特制的金属试验板（尺寸为 100mm×20mm×3mm）上，粘贴长度分别为 20mm 和 100mm，用 2.0kg 的橡胶辊压装置来回辊压数次，然后再在胶带的背面重叠贴合一层被测胶黏带，切除多余部分后，用辊压装置以 300mm/min 的速度来回辊压三次，取下垫板（尺寸为 50mm×20mm×3mm），制成试样，如图 2-5-5 所示。

② 将试样置于试验机夹持器的中心，并以（300±30）mm/min 的速度使试样加载，记

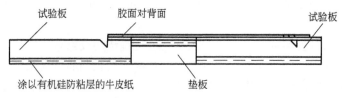

图 2-5-5　胶黏带剪切强度（胶面对背面）粘贴试样示意

录其胶面对背面的黏合发生剪切破坏时的最大载荷 F，单位为 N。

③ 试验时的温度为（23±2）℃，相对湿度为（50±5）%。试验前被测胶黏带必须在该条件下放置 2h 以上。

④ 试验结果的剪切强度 τ 按下式计算：

$$\tau = \frac{F}{LB}$$

式中，L 和 B 为样品黏合部分的长度和宽度，m。试样数量不应少于 5 个，试验结果以剪切强度的算术平均值、最大值和最小值来表示，取三位有效数字，单位为 Pa（即 N/m^2）；记录试验结果时还应同时记录试样属于哪种破坏类型：黏附破坏、胶层内聚破坏还是基材断裂。

胶黏带其余两种剪切强度的试验方法尚未制定相应的国家标准，但试验方法应该参照上述国家标准以及胶黏剂拉伸剪切强度测定方法（刚性材料对刚性材料）的相应中国国家标准 GB/T 7124—2008。主要不同的是，胶黏带样品一般都比较薄，难以单独地在试验机的夹持器上夹紧。因此，除了试验段的粘贴（胶面对胶面或胶面对被粘材料面）外，还必须使用适当的附加试验板，并保证试样在加载时发生典型的剪切破坏。胶黏带的这三种剪切强度试验方法急需修订和制定，修订和制定时必须考虑与国际接轨的问题。

4. 解卷强度

压敏胶制品多数是以卷盘状胶黏带的形式供应的。解卷强度，尤其是低速解卷强度是这些卷盘状压敏胶黏带另一个十分重要的性能。解卷强度过高或过低都会影响这些压敏胶制品的质量，有时甚至根本无法使用。

压敏胶黏带的解卷就是将压敏胶黏带沿卷盘径向剥下，使外层胶带的胶黏面和内层胶带的基材背面发生剥离的过程。解卷强度就是在一定的测试条件下，使卷盘状胶黏带解卷时单位宽度需要施加的载荷。所以，解卷强度实际上就是压敏胶黏带对于它的基材背面的剥离黏合强度。它的本质和影响因素与本篇第二章讨论的剥离强度相同。只是压敏胶带成卷时所用（对基材背面）的粘贴压力比较大，粘贴时间比较长，测试时的剥离角度也比较特殊。压敏胶带的解卷强度主要决定于基材的性质，尤其是基材背面的表面状态和性质。例如，是否采用背面处理剂、背面处理剂的类型、结构特性和厚度以及基材背面的表面张力、平整光滑程度等。此外，压敏胶层的厚度和力学性能尤其是黏合性能也有重要影响。测试条件如解卷速度、测试温度和湿度等，对解卷强度的测试结果也有很大影响，读者可参阅本篇第二章的有关内容。

关于压敏胶黏带低速解卷强度的测试方法，中国大陆现行的相应国家标准为 GB/T 4850—2002《压敏胶粘带低速解卷强度的测定》。该方法模拟手工或机器以较低的速度解开卷状胶黏带。该标准规定的主要内容详细摘要如下，可供读者参考使用：

① 把特制的解卷夹具固定在试验机的下夹持器上，解卷夹具的轴中心套有试样。当夹

着试样起始端的上夹持器以规定的速度移动时，试样随轴的转动而解卷，试验机自动记录仪同时记录解卷载荷。载荷的平均值除以样品胶带的宽度即为该样品胶带的解卷强度，单位为 mN/cm 或 gf/cm。

② 试验时的温度为 (23±2)℃，相对湿度为 (65±5)%，被测胶黏带必须在该环境下放置 2h 以上。

③ 试样宽度不大于 80mm，无明显变形和损伤；解卷速度为 (300±30) mm/min。

④ 试样应不少于 5 个，测试结果以算术平均值、最大值和最小值表示。

5. 耐水性能

压敏胶制品的耐水性能一般是指水或环境中的水蒸气对压敏胶制品各种性能的影响程度。若完全没有影响或影响较小则视为该压敏胶制品的耐水性能很好或较好；若影响较大或很大则视为耐水性能较差或很差。性能的下降主要是由于压敏胶制品在水或水蒸气的环境中吸收了水分而引起的。例如，纸类压敏胶制品在水或高湿环境中因纸基材吸收了较多的水而使纸基材的强度明显下降，从而使压敏胶制品的拉伸强度、剪切强度、剥离强度等力学性能明显下降，测试时甚至发生基材断裂的现象。其他压敏胶制品，尤其是采用乳液型压敏胶黏剂制成的制品，在水或高湿环境中也会因压敏胶层吸收一定的水分而使各种压敏胶黏性能发生变化，一般是随着吸水量的增加，持黏力持续下降、初黏和剥离强度先上升后下降。可见，耐水性能也是压敏胶制品一种很重要的性能。

有很多方法可以用来研究和表征压敏胶制品的耐水性能。最常用的方法是直接测定压敏胶制品的吸水率、水渗透率和水蒸气透过率等。为了研究和表征压敏胶黏剂的耐水性，还可测定压敏胶黏剂的吸水率和在水中的溶解性，也可测定压敏胶制品的初黏性、180°剥离强度和持黏力随着在水中浸泡时间或在饱和水蒸气环境中储存时间的变化情况，进一步还可以研究和测定压敏胶制品在相对湿度不同的环境中上述三大压敏胶黏性能的差别。

吸水率通常是用重量法测定的。在一定温度的水中浸泡或在一定温度和相对湿度的环境中储存一定时间后，精确称量被测压敏胶制品或压敏胶黏剂样品的质量 W，若试验前样品的质量为 W_0，则样品的吸水率为 $[(W-W_0)/W_0] \times 100\%$。

中国已对压敏胶黏带水渗透率的试验方法和压敏胶黏带水蒸气透过率的试验方法制定了国家标准，分别为 GB/T 15330—1994 和 GB/T 15331—1994。具体试验方法和试验条件读者可参阅这两个国家标准。

三、压敏胶制品性能的标准化问题

随着压敏胶黏制品应用的日益扩大，各级政府机构、行业协会、标准组织都制定并发布了许多关于压敏胶制品性能和性能试验方法的标准化文件。其中最具有影响力的标准有 PSTC（美国压敏胶带协会）标准、ASTM（美国国家标准试验方法）标准、AFERA（欧洲自黏带制造协会）标准、IRC（国际电工委）标准以及 ISO（国际标准化组织）标准。这些标准由于国家和地区的不同而存在一定的差异。随着世界贸易和技术交流的加深，这些差异越来越严重地阻碍着世界范围内的各种活动。人们已经开始注意到这一点，并已经开始在寻求标准的国际统一化途径。我国也已经关注相应标准的国际统一化问题，使标准能更好地为世界贸易和技术交流活动服务。为此，我们将中国的有关标准，尤其是压敏胶黏带的核心标准（剥离强度、持黏性、初黏性以及拉伸性能等的测试标准）与世界其他主要标准组织的相应标准进行比较，从中找出它们之间的差异，为今后制定和修订相应标准打下基础，同时推动中国压敏胶制品性能标准的国际统一进程。

1. 我国压敏胶制品性能标准化状况

我国压敏胶制品性能的标准化工作起步较晚。1981 年，上海橡胶制品研究所组织制定了中国第一个有关压敏胶制品性能测试的标准，这就是 GB/T 2792—1981《压敏胶粘带 180 度剥离强度测定方法》。后来成立了全国标准化技术委员会压敏胶制品分会，专门负责压敏胶制品的标准化工作。2001 年底前，发布的有关的国家标准和行业标准见表 2-5-1。

表 2-5-1　2001 年前发布的与压敏胶制品有关的中国国家标准和行业标准

标准编号	标准名称	实施日期	状态	被替代的废止标准
GB 2792—1981	压敏胶粘带 180 度剥离强度测定方法	1982-8-1	作废	
GB/T 2792—1998	压敏胶粘带 180 度剥离强度试验方法	1999-4-1	现行	GB 2792—1981
GB/T 4850—1984	压敏胶粘带低速解卷强度测试方法	1985-7-1	作废	
GB 4851—1984	压敏胶粘带持粘性测试方法	1985-7-1	作废	
GB/T 4851—1998	压敏胶粘带持粘性试验方法	1999-4-1	现行	GB 4851—1984
GB/T 4852—1984	压敏胶粘带初黏性测试方法(斜面滚球法)	1985-7-1	作废	
GB/T 7125—1999	压敏胶粘带和胶粘带厚度试验方法	2000-6-1	现行	
GB 7752—1987	绝缘胶粘带工频击穿强度试验方法	1987-12-1	现行	
GB/T 7753—1987	压敏胶粘带拉伸性能试验方法	1987-12-1	作废	
GB/T 7754—1987	压敏胶粘带剪切强度试验方法(胶面对背面)	1987-12-1	作废	
GB/T 14517—1993	绝缘胶粘带工频耐电压试验方法	1994-4-1	废止	
GB/T 15330—1994	压敏胶粘带水渗透率试验方法	1995-10-1	现行	
GB/T 15331—1994	压敏胶粘带水蒸气透过率试验方法	1995-10-1	现行	
GB/T 15333—1994	绝缘用胶粘带电腐蚀试验方法	1995-10-1	现行	
GB/T 15903—1995	压敏胶粘带耐燃性试验方法　悬挂法	1996-8-1	现行	
GB/T 17875—1999	压敏胶粘带加速老化试验方法	2000-6-1	现行	
HG 4-1550—1984	绝缘用胶粘带电腐蚀试验方法	1994-7-1	作废	
HG 4-1551—1984	胶粘带耐燃性测试方法	1994-7-1	作废	
HG/T 2406—1992	压敏胶标签纸	1994-12-1	作废	
HG/T 2407—1992	电气绝缘用聚酯压敏胶粘带	1994-12-1	废止	
HG/T 2408—1992	牛皮纸压敏胶粘带	1994-12-1	现行	
HG/T 2885—1997	包装用聚丙烯压敏胶粘带	1997-9-1	废止	
HG/T 3596—1999	电气绝缘用聚氯乙烯压敏胶粘带	2001-1-1	废止	
HG/T 3658—1999	双面压敏胶粘带	2001-5-1	现行	

中国压敏胶制品的产品性能标准的制定严重滞后于生产。20 世纪 80 年代末，中国压敏胶黏带工业已经发展到一定的规模，产量已达到 $2.27 \times 10^8 \, \text{m}^2$，主要品种为 BOPP 包装胶黏带，它约占总量的 70%，但是直到 1997 年才制定出这种胶黏带性能的行业标准（HG/T 2885）。聚氯乙烯电气胶黏带在中国生产也比较早。1968 年，北京胶黏剂厂就已经开始专业化生产 PVC 绝缘胶黏带。1997 年电气绝缘胶黏带的年产量已经达到 $1.8 \times 10^8 \, \text{m}^2$，仅次于包装胶黏带。但直到 1999 年 PVC 绝缘胶黏带性能的行业标准（HG/T 3596）才发布。其他品种的胶黏带也存在类似情况。2001 年以后，我国在压敏胶黏带性能标准化方面的工作

已有所加快，又制定或修订并发布了一些有关的国家标准和行业标准，见表 2-5-2。一些即将发布的国家标准和行业标准列于表 2-5-3。

表 2-5-2　2001 年后发布的与压敏胶制品有关的中国国家标准和行业标准

标准编号	标准名称	实施日期	状态	被替代的废止标准
GB/T 4850—2002	压敏胶粘带低速解卷强度的测定	2002-12-1	现行	GB/T 4850—1984
GB/T 4852—2002	压敏胶粘带初粘性试验方法(滚球法)	2002-12-1	现行	GB/T 4852—1984
GB/T 20631.1—2006	电气用压敏胶粘带第 1 部分:一般要求	2007-4-1	现行	
GB/T 20631.2—2006	电气用压敏胶粘带第 2 部分:试验方法	2007-4-1	现行	
GB/T 22375—2008	压敏胶粘制品的制造、使用和回收导则	2009-5-1	现行	
GB/T 22378—2008	通用型双向拉伸聚丙烯膜压敏胶粘带	2009-5-1	现行	
GB/T 22396—2008	压敏胶粘制品术语	2009-5-1	现行	
GB/T 29593—2013	表面保护用牛皮纸胶粘带	2013-12-1	即将实施	
GB/T 29596—2013	压敏胶粘制品分类	2013-12-1	即将实施	
HG/T 2406—2002	压敏胶标签纸	2003-6-1	现行	HG/T 2406—1992
HG/T 3949—2007	美纹纸压敏胶粘带	2008-1-1	现行	
HG/T 4139—2010	压敏胶粘制品用防粘材料	2011-3-1	现行	

表 2-5-3　一些正在的与压敏胶制品有关的中国国家标准和行业标准

标准号	标准名称	标准号	标准名称
GB/T 7125—2012	胶粘带厚度试验方法	GB/T 7753—2012	胶粘带拉伸强度和伸长率的试验方法
GB/T 2792—2012	胶粘带剥离强度的试验方法	GB/T —2012①	PE 保护膜压敏胶粘带
GB/T 4851—2012	胶粘带持粘性的试验方法	HG/T 2406—2012	通用型压敏胶标签

① 为新制定，其余为原标准的修订。

2. 中国国家标准与国际上几个重要标准的比较

剥离强度、初黏性能、持黏性能以及拉伸性能和厚度等是压敏胶制品的几个最重要的性能。测定这几种性能的中国国家标准方法与 PSTC、ASTM、AFFRA、UL 和 JIS 等国际上几个重要的相应标准之间存在一定的差异。

如表 2-2-1 所示，我国现在执行的 180°剥离强度测试标准 GB/T 2792—1998 与国际其他标准在滚压速度、滚压次数以及放置时间和环境的相对湿度等方面存在的差异较大。这些差异是导致测试结果不能比较的直接原因。经最近修订后，即将公布执行的新标准 GB/T 2792—2012《胶粘带剥离强度的试验方法》已经与国际标准一致。

压敏胶制品初黏性的测试标准差别也很大，详见表 2-5-4。美国的 ASTM D 3121 和 PSTC-6 标准采用滚球平面停止法，规定只使用直径为 7/16in（11.1mm）的单一钢球，从与水平面成 21°30′角度的斜面自由滚下，以钢球在水平放置的胶黏面上停止的距离来表示压敏胶制品的初黏性，单位为 mm。最初的中国国家标准 GB/T 4852—1984 和日本标准 JIS Z0237 皆采用滚球斜面停止法（即 J. Dow 法），规定采用一组（1~32 号）大小不同的标准钢球，钢球号以其直径是 1/32in（0.794mm）的倍数值表示；钢球从与水平面成 30°角的斜面自由滚下，初黏性能用能够在放置于斜面的胶黏面上停住的最大钢球球号数表示，为无量纲量。我国现在执行的修订后的国家标准 GB/T 4852—2002 中则将原标准（采用滚球斜面停止法）确定为方法 A，而将参照美国 ASTM D3121 和 PSTC-6 标准采用的滚球平面停止法确定为方法 B。欧洲标准 AFERA 4015 和美国的 PSTC-5 标准则采用快速剥离法测试初黏性能，规定压敏胶带以自身的重力粘贴在不锈钢试验板上，很快（60s 之内）以 300mm/min 的速度进行 90°剥离试验将胶带揭去，初黏性能用测得的剥离强度值表示，单位为 N/cm。美国的 ASTM D 2979 标准则采用圆柱体触黏法（亦称探针试验法或 Polyken 探针试验法）测试初黏性能，单位为 N 或 gf。用这些测试标准所得的结果根本无法进行相互比较，详情可参阅本篇第三章。

表 2-5-4　几种初黏性能测试标准的比较

国家或地区	标准号	测试方法	方法概要	初黏性的单位
中国	GB/T 4852—2002	A：滚球斜面停止法；	钢球沿 30°角斜面自由滚下，并在斜面上停止	最大球号数
		B：滚球平面停止法	钢球沿 21°30′角斜面自由滚下，在平面上停止	mm 或 cm
美国	ASTM D 3121	滚球平面停止法	钢球沿 21°30′角斜面自由滚下，在平面上停止	mm 或 cm
美国	ASTM D 2979	Polyken 探针试验法	圆柱体（探针）快速接触胶面，并拉开	N 或 gf
美国	PSTC-5	快速剥离法	胶带自由落下并快速 90°剥离	N/cm 或 gf/cm
美国	PSTC-6	滚球平面停止法	同 ASTM D 3121	mm 或 cm
日本	JIS Z 0237	滚球斜面停止法	钢球沿 30°角斜面自由滚下，并在斜面上停止	最大球号数
欧洲	AFERA 4015	快速剥离法	胶带自由落下并快速 90°剥离	N/cm 或 gf/cm

压敏胶各种持黏性能标准测试方法之间的差异不很明显，详见表 2-5-5。只是欧洲 AFERA 4012 标准规定载荷质量可变；美国 ASTM D 3654M 和 PSTC-7 标准规定试验板除了使用不锈钢板外，还可使用纤维板，加载的角度为 178°而不是其他标准那样的 180°。

表 2-5-5　几种持黏性能测试标准的比较

国家或地区	标准号	试验板材质	载荷	载荷角度
中国	GB/T 4851—1998	不锈钢（唯一）	9.8N	180°
美国	ASTM D3654M	不锈钢或纤维板	9.8N	178°
美国	PSTC-7	不锈钢或纤维板	9.8N	178°
欧洲	AFERA 4012	不锈钢（唯一）	可变	—
日本	JIS Z023-11	不锈钢（唯一）	9.8N	180°

在压敏胶制品的拉伸性能和厚度的测试标准中，我国的原标准 GB/T 7753—1987 和 GB/T 7125—1999 与相应的几个国际标准也有较大差异。最近经修订后，即将发布的新标准 GB/T 7753—2012《胶粘带拉伸强度和伸长率的试验方法》和 GB/T 7125—2012《胶粘带厚度试验方法》已与国际标准一致了。

在压敏胶制品的其他性能标准和测试标准中，中国的现行标准与世界几个主要标准系统也存在着或多或少的差异。读者可参阅有关标准进行详细比较。

3. 对我国压敏胶制品性能标准化的几点建议

（1）进一步加快性能标准化工作的进程　鉴于中国压敏胶制品性能标准化工作起步较迟，虽然近几年已明显加快了工作的步伐，但至今仍不能满足产品发展的需要，必须进一步加快这方面的工作进程。性能标准化方面的工作内容包括：①制定新的产品性能的国家标准或行业标准以及性能试验方法的标准；②修订和完善现有的标准，使其更加实用和易推广，并尽可能与国际标准统一。此外，还需要加强宣传和推广执行各种国家标准和行业标准的力度。中国目前已是世界上最大的压敏胶制品生产和消费国。2010 年我国大陆地区压敏胶制品的产销量已达 $139 \times 10^8 m^2$，生产和消费的压敏胶制品有数百种，但目前已制定出国家或行业性能标准的品种仅有十几种，而且仅限于一些最通用的品种。因此，我国压敏胶制品行业的标准化工作还任重而道远：①一些产量很大、近几年发展很快的普通压敏胶制品和特种压敏胶制品，如管道防腐胶黏带、压敏广告贴、铝箔压敏胶黏带、医用压敏胶制品、玻璃窗胶膜、道路交通反光胶黏制品等，急需尽快制定出它们的国家标准或行业标准，包括产制品的性能标准和某些特殊性能的试验方法标准；②一些对胶黏带很重要的性能试验标准，无论在国际上还是在国内行业内都有着广泛的应用，也急需制定出它们的国家标准或行业标准，如胶黏带环形初黏性（loop tack）试验方法、胶黏带探针初黏性试验方法、胶黏带剪切试验方法等；③在现有的国家或行业标准中，一些内容已不适应实际的发展变化，有些内容则与相关的国际标准差异较大，需要进行修订。一般情况下，国家和行业标准应该每隔 10 年左右时间进行一次修订。

为了加快性能标准化方面的工作，急需加大国家有关部门及行业协会的支持力度，也需引起行业的全体成员尤其是一些大型压敏胶制品企业的高度重视。

（2）试验环境规定的统一性　在制定或修订性能试验方法的国家和行业标准时，必须注意试验环境条件的规定要尽可能地统一，并与国际上有影响的几个标准的规定保持一致。在中国已制定的几个性能试验方法的国家标准中，对试验环境温度的要求是一致的，均为 $(23\pm2)℃$。但该要求过于宽松，也与几个重要的国际标准不一致。在今后的标准制定和修订中，建议试验环境温度都改为 $(23\pm1)℃$，以保持与国际标准一致。对试验环境相对湿度的规定则我国几个现标准之间有着较大的差异。其中，国家标准 GB/T 2792—1998、GB 4850—2002、GB/T 4851—1998 和 GB 4852—2002 中规定，环境的相对湿度为 $(65\pm5)\%$，而中国国家标准 GB 7125—1999、GB 7752—1987、GB 7753—1987、GB 7754—1987 和 GB/T 14517—1993 中则规定环境的相对湿度为 $(50\pm5)\%$。其余几个标准则对环境的温度和湿度未做出规定。由于在实际操作中，压敏胶制品的几项性能往往是在同一个试验室同时或连续地进行测试的，相对湿度的不同规定势必要在测试不同性能时将环境的相对湿度做出必要的调整，这会给实际操作带来不便。鉴于中国气候的实际情况以及国际上几个著名标准的相应规定，建议今后将所有试验方法标准中的相对湿度都规定为 $(50\pm5)\%$。

（3）与国际标准接轨　在制定和修订国家或行业标准时，必须既重视标准的实用性和可操作性，又应该考虑标准的国际统一趋势。如果性能测试标准与国际标准相差太悬殊，在经济和技术交流活动中，中国产品的技术指标就很难与用国际流行标准测定的结果进行比较，从而受到影响。如压敏胶黏带耐燃性测试方法的中国国家标准 GB/T 15903—1995 是根据法国标准 NF X41 027—1985 制定的。虽然此标准所采用的仪器简单，但是与 ASTM、PSTC、IEC 等标准的结果无可比性。PSTC 等的压敏胶黏带标准在世界范围内影响较大，在今后的标准制定和修订工作中我们应该优先选择和参照 PSTC、ASTM、ISO、IEC 和 UL 等知名的标准，尽力与国际标准接轨。

（4）密切结合国情　在制定或修订中国国家或行业标准时，若需要采用或参照其他国家的标准，则首先必须对中国的具体国情进行深入的调查研究，如此才能制定或修订出符合中国国情的标准。过去有一些经验教训值得注意。例如，在制定包装用 BOPP 压敏胶黏带的性能标准 HG/T 2885—1997 时，等效采用了日本的相应标准 JIS Z 1539—1991。但日本市场上的 BOPP 包装胶带普遍采用的是基材厚度为 0.04mm、0.05mm 和 0.06mm 三种规格，因此该日本标准体现了这三种规格胶黏带的性能要求。而中国市场上 BOPP 包装胶带的基材厚度一般为 0.028mm。因此在制定或修订中国 BOPP 包装胶带的性能标准时，显然不能完全照搬日本标准的性能指标，尤其是拉伸性能的指标。在电气绝缘用 PVC 压敏胶黏带的性能标准 HG/T 3596—1999 中也存在类似情况。该标准等效采用了日本相应的标准 JIS C 2336—1991。由于当时日本市场上主要有基材厚度为 0.20mm 的一种规格，所以该日本标准中也只有这一种规格的性能指标。而中国市场上 PVC 电气绝缘胶带的基材厚度有 0.10mm、0.11mm、0.12mm、0.16mm 和 0.18mm 等多种规格。显然，标准中只采用基材为 0.20mm 一种规格的性能指标是不妥当的。必须根据我国市场的具体情况，多做工作，才能制定或修订出完全符合中国国情的国家或行业标准来。

（5）加强基础研究　要开展关于压敏胶制品性能的基础研究，为制定出更科学的性能标准和性能试验方法的标准提供理论依据。尤其是关于压敏胶制品的初黏性能，虽然欧美和日本等发达国家的科学家们已经做过许多研究工作，但至今我们对此性能仍缺乏深刻的科学认识，还没有找到一种公认为很满意的试验方法。作为压敏胶制品的生产和消费大国，我们也应该为此做出努力。

参 考 文 献

[1] 李斌才. 高聚物的结构和物理性质. 北京：科学出版社，1989：101-144.

[2] 拉贝克 J F. 高分子科学实验方法物理原理与应用. 吴世康，漆宗能，等译. 北京：科学出版社，1987：57-61，87-96，153-176，365-376，381-404.

[3] 张爱清. 压敏胶粘剂. 北京：化学工业出版社，2002：251-266.

[4] 全国胶粘剂标准化技术委员会. 关于对《胶粘带厚度试验方法》等 6 项国家和行业标准征求意见的函：胶分标字 (2012) 3 号，2012.

第三篇

压敏胶黏剂及其他原材料

第一章

基 材

冯世英　陈轶黎

　　基材和压敏胶是构成压敏胶制品的两大要素。胶黏制品的性能除了压敏胶赋予的压敏特性外，其他性能都由基材的固有特性所决定。在制备压敏胶制品时，正确选择基材和压敏胶同等重要。在压敏胶制品制造中使用的基材，除了它能成卷外还应考虑品质、制造工艺和环保三个方面。

　　品质方面包括：① 外观，透明性、色泽、表面平整性、针孔性；②尺寸，厚、宽、长；③物理性能，拉伸强度、伸长率、蠕变性、耐热性、耐寒性、耐候性、耐老化性、电绝缘性等；④化学性质，耐药品（酸、碱、油）性、耐水性、耐有机溶剂性、耐燃性；⑤胶黏带使用上，可印刷性、手撕裂性等。

　　制造工艺方面包括：①厚薄均匀性（纵、横方向）；②无松弛、皱纹、折痕、卷边等。

　　环保方面包括：①无公害；②废料处理上是否有问题；③是否符合法规。

第一节　基材的品种、特性和应用

　　常见应用于制造压敏胶制品中的基材如表 3-1-1 所示。

表 3-1-1　用于制造压敏胶制品的基材

名称	类　别
纸	牛皮纸、和纸、皱纸、合成纸
布	棉布、人造棉布、醋酸纤维布、玻璃布、聚酯布、维尼纶布等以及它们的混纺织布，聚芳酰胺无纺布、聚酯无纺布、玻璃无纺布等
塑料薄膜	赛璐玢、聚氯乙烯、聚乙烯、聚丙烯、聚酯、聚四氟乙烯、聚酰胺、聚碳酸酯、聚苯乙烯等
橡胶薄片	天然橡胶、丁苯橡胶、丁基橡胶、氯丁橡胶等以及它们的混合体
发泡体	聚氨酯、聚丙烯酸酯、聚乙烯、丁基橡胶、氯丁橡胶、EVA 发泡体等
复合体	玻璃丝、尼龙丝、人造丝和薄膜的复贴以及纸、布、塑料薄膜、金属箔、发泡体等的同种或不同种的二层或三层的复合物
其他	石棉、云母

一、纸类基材

纸在压敏胶制品中是使用量最大的一种基材。随着原纸和制造时处理方法的不同，纸的品种较多，性能也有所不同。中国和日本使用牛皮纸较多，欧美国家以皱纹纸为主。

1. 牛皮纸

国内曾普遍采用过未经饱和处理的牛皮纸做包装胶黏带的基材。这种牛皮纸一般通过挤出机单面涂布了一层聚乙烯膜，因此，强度大、价格便宜，是纸中用量最多的一种。

其中 Clupak 牛皮纸的物理性能见表 3-1-2。

表 3-1-2　Clupak 牛皮纸的物理性能

性　　能	指标	性　　能	指标
厚度/mm	0.119	伸长率(纵向)/%	7.3
单位质量/(g/m²)	91	撕裂强度(横向)/N	1.25
拉伸强度(纵向)/MPa	5.4	180°剥离强度/(kN/m)	8.62～12.54

用白瓷土单面涂布的漂白牛皮纸（81～97g/m²）大量用在标签纸的生产中。表 3-1-3 列出了国外某些标签纸的物理性能。金属箔和纸的复合标签在各种饮料、啤酒及美容制品的容器上使用得相当普遍。

表 3-1-3　某些标签面纸的物理性能

名称	规格(1006m)	厚度/mm	拉伸强度/(kN/m)		硬度(Gurlay)	
			纵	横	纵	横
流延涂布纸	60 号	0.1	5.95	3.33	208	113
CISLitho 纸	60 号	0.08	4.38	2.8	113	94
Matte Litho 纸	60 号	0.09	5.43	2.8	169	94
荧光涂布纸	60 号	0.11	5.95	2.63	217	118
防伪 Litho 纸	60 号	0.10	4.36	2.45	184	92
8pt. Tag 纸	110 号	0.20	9.63	5.78	2100	1021
乳液饱和纸	60 号	0.08	5.25	2.98	76	43
EDP①特级纸	60 号	0.1	6.3	3.15	197	89
EDP-经济级纸	50 号	0.09	4.38	5.25	228	120
20 号 NCR 黏合纸	50 号	0.10	4.9	2.28	183	95

① EDP 表示电子反应处理。

2. 浸渍纸

浸渍纸又称饱和纸。原纸经天然橡胶、合成橡胶或其他树脂的溶剂或乳液浸透后制成，结构致密，强度和涂胶性能得到很大提高，更适于用作压敏胶制品的基材。浸渍纸的性质是原纸和浸渍剂（又称饱和剂、浸透剂）相结合的结果。浸渍后能对纸的拉伸强度、湿拉伸度、伸长率、耐撕裂性、耐层离性、劲度、松度、对溶剂的敏感性以及颜色等都会产生影响。

浸渍纸的物理性能主要取决于原纸。浸渍剂能提高纸的性能，但提高的幅度取决于原纸。作为胶黏带基材使用的浸渍纸既可以是皱纹的，也可以是平滑的。皱纹浸渍纸有轻重量级（42g/m²）、标准重量级（46~50g/m²）和重重量级（>54g/m²）三种商品级别。可根据不同用途选择合适的品种。光面浸渍纸的商品级别有：中等强度浸渍纸（33~65g/m²）、高强度光面木麻纸（又称麻绳纸）和高强度木浆纸（>65g/m²）。

浸渍剂主要有两类：溶剂型和水基乳液型。目前以水基乳液型为主，如丁苯胶乳、丁腈胶乳、聚丙烯酸酯乳液、氯丁胶乳、羧基丁苯胶乳等，它们可以单独或混合使用。用于电气纸胶黏带时必须使用溶剂型浸渍剂。纸的大多数物理性能会随浸渍程度的增大而提高。影响胶黏带使用效果的最重要性能是耐层离性和边缘撕裂性。一般来说，浸渍聚合物越硬，纸的耐层离性越高，拉伸强度越大，但这会使纸变硬，边缘撕裂性差。

为了降低成本，浸渍纸的浸渍剂用量一直在下降。隔离涂层的改善以及浸渍树脂均匀分散技术的发展使大多数商品级浸渍纸的浸渍剂用量降至50%或以下。

皱纹纸在中国又称美纹纸。使用不同的原纸和浸渍剂处理可以得到不同性能的皱纹纸。皱纹纸在欧美国家使用得较为普遍。由于皱纹纸具有强度大、伸缩性大以及耐层离性好的特点，适用于掩蔽涂装（特别是曲面掩蔽涂装）以及在制鞋、包装、电绝缘中使用。在制造皱纹纸为基材的纸胶黏带时，纸的背面需要进行防粘处理。

普通皱纹纸遮蔽胶黏带有很多用途，诸如油漆在室温或较低温度（80℃以下）干燥时的喷漆遮蔽以及轻固定、捆扎、包装等方面。耐层离性大于330g/cm以及成本较低的纸就能够满足要求。纸的拉伸强度为0.34~0.4MPa、伸长率为8%~12%较合适。

高温皱纹纸胶带主要在汽车制造中用于喷漆之前遮蔽铬、玻璃和橡胶件。为了抵抗在油漆烘烤时油漆溶剂对胶黏剂的浸湿和软化作用，要求纸基具有较高的层离值。在胶黏剂牢固地粘贴在被遮蔽物表面的情况下，将胶带揭去时不能发生纸的层间撕裂。

3. 和纸

和纸又称日本纸，由马尼拉大麻制成。纸薄而强度高，但价格较贵。在日本用于制造涂装掩蔽胶黏带、轻包装胶黏带及医用胶黏带。和纸的物理性能见表3-1-4。

表3-1-4　和纸的物理性能

项目	技术指标	项目	技术指标
厚度/mm	0.059~0.060	拉伸强度（横向）/MPa	1.07~1.3
单位质量/(g/m²)	31.0~31.9	伸长率（纵向）/%	2.4~3.1
密度/(g/cm³)	0.52~0.56	伸长率（横向）/%	2.9~3.5
拉伸强度（纵向）/MPa	5.67~6.6	撕裂强度/gf[①]	46~48

① 1gf=9.8×10⁻³N。

4. 合成纸

由高密度聚乙烯制成的合成纸具有防水、抗油渍、耐撕裂、受气候和温度的变化小等特点。法国普丽亚（Polyart）公司制造的合成纸性能见表3-1-5。杜邦公司生产的由聚芳酰胺制成的NoMex纸由于有优良的耐高温性能和电绝缘性，在电工设备上得到广泛应用，但价格昂贵。表3-1-6列出了杜邦公司生产的410型绝缘纸的性能。

商品级纸类压敏胶带逐步被价格低廉的塑料膜压敏胶带所取代，尤其是普通包装、表面保护和某些遮蔽用途的纸类胶带。尽管如此，纸类胶带仍保持其特殊的应用，目前压敏标签中使用的基材中，纸基材还是占了绝大部分。

表 3-1-5 各种 Polyart 合成纸的物理性能[1]

项目		技术指标						测试方法
单位质量/(g/m²)		75	90	110	140	170	200	DIN 53352
厚度/μm		95	110	140	175	215	250	DIN 53370
白度/%		87	87	87	87	87	87	DIN 2470
不透明度/%		92	94	95	97	98	98	DIN 53146
光泽/%		12	12	12	12	12	12	DIN 67530(85°)
拉伸强度/MPa	纵	440	440	421	392	372	333.2	DIN 53455
	横	343	343	343	314	294	274	
伸长率/%	纵	120	120	120	130	130	130	DIN 53455
	横	130	130	130	130	120	120	
抗撕裂强度/(kN/m)	纵	110	110	115	115	105	105	NFT 54-107
	横	115	115	120	120	120	125	
脆裂强度/kPa		450	500	550	650	750	850	BS 3137
刚度/mN·m		0.15	0.27	0.43	0.85	1.30	2.10	ISO 5629
耐折性/10⁴ 次 >		5.0	5.0	5.0	5.0	5.0	5.0	
电阻/10⁴Ω <		1.0	1.0	1.0	1.0	1.0	1.0	ASTM D-257
密度/(g/cm³)		0.82	0.82	0.82	0.82	0.82	0.82	

[1] 公司产品说明书。

表 3-1-6 杜邦公司 410 型绝缘纸的性能[1]

性能		技术指标				测试方法
厚度/mm		50	75	125	254	ASTM-374
质量/(g/m²)		41	64	115	248	ASTMD-646
相对密度[2]		0.72	0.80	0.87	0.96	
拉伸强度/MPa	纵	8.6	9.3	11.2	12.2	ASTMD-828
	横	3.6	4.5	5.6	6.9	
伸长率/%	纵	11	11	16	20	ASTMD-828
	横	8	9	13	16	
拉断力/N	纵	11	16	32	71	ASTMD-1004
	横	6	8	16	41	
300℃下收缩率/%	纵	2.0	1.1	0.7	0.5	—
	横	1.3	0.9	0.5	0.4	
交电电压急升/(kV/mm)		17	21	26	31	ASTM D-149
全波脉冲/(kV/mm)		39	39	55	63	ASTM D-3426
介电常数(60Hz)		1.6	1.6	2.4	2.7	ASTM D-150
损耗因子(60Hz)		0.004	0.005	0.006	0.006	ASTM D-150

[1] 摘自公司产品说明书。
[2] 采用标准质量和厚度的计算值。

二、布类基材

1. 棉布和人造棉布

主要用于制造包装胶黏带、双面胶黏带及一部分电器用胶黏带。在中国，以布为基材的医用橡皮胶布还在普遍使用，黑色电工绝缘胶布也在市场上销售使用。布基材在浸水时机械强度好。包装用的布基胶黏带大部分需要用聚乙烯涂层，主要使用在重包装场合。

2. 醋酸纤维布

有黑色和白色两种。由于它的机械强度、耐电蚀性和耐热性优良，能耐 2000V 的击穿电压，可用于制造电器产品的层间绝缘等的电绝缘胶黏带。表 3-1-7 列出了醋酸纤维布压敏胶带的性能。

表 3-1-7　醋酸纤维布压敏胶带的性能

项目	技术指标	项目	技术指标
厚度/mm	0.23	180°剥离强度/(kN/m)	0.304
伸长率/%	15	击穿电压/V	2000
拉伸强度/MPa	29.1		

3. 玻璃布

玻璃布基材的机械强度、耐热性、耐电弧性能优良，用途以制造电绝缘压敏胶带为主。根据所涂的压敏胶不同，可以制得不同耐热等级的胶黏带，使用有机硅、聚四氟乙烯、环氧树脂等处理过的玻璃布也可作为胶黏带基材使用。

4. 合成纤维布

有维尼纶布、涤纶（聚酯）布、尼龙布、聚烯烃树脂的经纬布等，它们的特性完全由其织布的原材料所决定。

5. 无纺布

除了上述合成纤维的无纺布外，芳香族聚酰亚胺无纺布、玻璃纤维无纺布也可以用作双面胶黏带和电绝缘胶黏带的基材使用。

三、塑胶薄膜类基材

在压敏胶黏带制造中，塑胶薄膜作为基材的用量仅次于纸用量，居第二位。其中聚丙烯和聚氯乙烯占了大部分，其次是聚酯薄膜、聚乙烯薄膜和赛璐玢薄膜。

1. 赛璐玢（玻璃纸）薄膜

赛璐玢基材是由增塑的再生纤维素薄膜制成。增塑剂（乙二醇、二缩乙二醇、丙三醇、聚乙二醇等）加入量在 10%～20% 之间。作为胶黏带基材使用的赛璐玢薄膜，强度需在 ♯500 型号以上。表 3-1-8 列出了作基材用的赛璐玢薄膜的物理性能。

表 3-1-8　作基材用的赛璐玢薄膜的物理性能

型号	质量/(g/m²)	厚度/mm	拉伸强度/MPa		伸长率/%		撕裂强度/N	
			纵向	横向	纵向	横向	纵向	横向
♯500	49.6	0.34	111.4	63.4	9	14	0.09	0.13
♯600	59.6	0.41	98.0	58.5	21	41	0.17	0.23

赛璐玢薄膜具有亲水性，根据其含水量多少性能有很大的变化。含水量在5%以下会变得很脆，易撕裂，无法作为胶黏带基材使用。为了保持赛璐玢的柔软性，含水量需要在7%以上，存放环境的相对湿度在50%以上。

赛璐玢薄膜具有透明性好、机械强度适中、非带电性优良等特点，以往常用于制造办公用和轻包装用的压敏胶带。由于它存在耐水性差、物理性能受温湿度变化大的缺点，现在有逐渐被其他薄膜所取代的趋势。

2. 聚氯乙烯（PVC）薄膜

软聚氯乙烯压延膜由PVC树脂与增塑剂、稳定剂及其他助剂配合后以压延成型方法制得，分为工业用、农业用和印花用等几种。国家标准GB/T 3830—2008《软聚氯乙烯压延薄膜和片材》中，对这种材料的性能做了规定。标准中关于材料外观的规定见表3-1-9，黑点和杂质的累计许可量及分散度见表3-1-10，物理性能指标见表3-1-11、表3-1-12。

表3-1-9　PVC薄膜外观质量指标

项　目	要　求	项　目	要　求
色泽	均匀	穿孔	不应存在
花纹	清晰，均匀	永久性皱褶	不应存在
冷疤	不明显	卷端面错位	≤5mm
气泡	不明显	收卷	平整
喷霜	不明显		

表3-1-10　PVC薄膜黑点和杂质的累计许可量及分散度

性能项目	指标				
	雨衣膜	印花膜	民杂片	玩具膜	民杂膜
	特软膜		工业膜	高透膜	农业膜
0.8mm以上的黑点、杂质	不允许				
0.3～0.8mm的黑点，杂质许可量/(个/m²)	20	25	35	20	25
0.3～0.8mm的黑点，杂质分散度/[个/(100mm×100mm)]	5	6	7	5	6

表3-1-11　雨衣膜、民杂膜、民杂片、印花膜、玩具膜、农业膜、工业膜物理性能

序号	项　目		指标						
			雨衣膜	民杂膜	民杂片	印花膜	玩具膜	农业膜	工业膜
1	拉伸强度/MPa	纵向	≥13.0	≥13.0	≥15.0	≥11.0	≥16.0	≥16.0	≥16.0
		横向							
2	断裂伸长率/%	纵向	≥150	≥150	≥180	≥130	≥220	≥210	≥200
		横向							
3	低温伸长率/%	纵向	≥20	≥10		≥8	≥20	≥22	≥10
		横向							
4	直角撕裂强度/(kN/m)	纵向	≥30	≥40	≥45	≥30	≥45	≥40	≥40
		横向							
5	尺寸变化率/%	纵向	≤7	≤7	≤5	≤7	≤6	—	—
		横向							
6	加热损失率/%		≤5.0	≤5.0	≤5.0	≤5.0		≤5.0	≤5.0
7	低温冲击性/%		—	≤20	≤20				
8	水抽出率/%		—	—	—			≤1.0	
9	耐油性		—	—	—		—	—	不破裂

注：低温冲击性属供需双方协商确定的项目，测试温度由供需双方协商确定，其试验方法见GB/T 3830—2008的附录A。

表 3-1-12　特软膜、高透膜物理性能

序号	项　　目		指　　标	
			特软膜	高透膜
1	拉伸强度/MPa	纵向	≥9.0	≥15.0
		横向		
2	断裂伸长率/%	纵向	≥140	≥180
		横向		
3	低温伸长率/%	纵向	≥30	≥10
		横向		
4	直角撕裂强度/(kN/m)	纵向	≥20	≥50
		横向		
5	尺寸变化率/%	纵向	≤8	≤7
		横向		
6	加热损失率/%		≤5.0	≤5.0
7	雾度/%		—	≤2.0

　　我国生产软聚氯乙烯压延薄膜的主要单位有：北京塑料厂、上海化工厂、上海塑料厂、晨光化工研究院三分厂、河北华夏集团薄膜公司。

　　根据增塑剂的有无、含量多少及其种类能得到物性范围广泛的 PVC。软质聚氯乙烯薄膜是一种延伸率大、拉伸强度大的强韧薄膜，但其滑移性、耐黏性（叠放时）欠缺，机械适应性也不好。无论是硬质聚氯乙烯还是软质聚氯乙烯的物理性能都会随着温度的变化发生较大的改变。软质聚氯乙烯薄膜主要用于制造电绝缘、包装、保护用压敏胶带。硬质聚氯乙烯薄膜的用途与赛璐玢相似。压延的聚氯乙烯薄膜可做轻包装、重包装胶黏带基材用。由于在制作聚氯乙烯胶带时会有增塑剂的迁移现象，对聚氯乙烯胶黏带的质量影响很大，所以一般生产厂专门设计配方来制造适合于胶黏带使用的聚氯乙烯薄膜。表 3-1-13 是河北华夏集团薄膜公司生产的用来制造电工绝缘胶黏带的软质聚氯乙烯薄膜的物理性能。

表 3-1-13　软质 PVC 薄膜的物理性能[①]

厚度/mm	拉伸强度/MPa		断裂伸长率	热收缩	击穿电压	体积电阻率
	纵	横	/% ≥	/% ≤	/(kV/mm) ≥	/Ω·cm ≥
0.10	15	17	180	7	45	1.0×10^{12}
0.13	13	22	180	7	45	1.0×10^{12}
0.16	14	17	180	7	45	1.0×10^{12}
0.18	14	18	180	7	45	1.0×10^{12}

① 摘自河北华夏集团薄膜公司产品说明书。

3. 聚酯（PET）薄膜

　　PET 薄膜由聚对苯二甲酸乙二醇酯经铸片及双轴定向拉伸而制得。与其他薄膜比较，该薄膜吸水率低，耐油耐溶剂性优良，耐冲击性优良，透明性好，对温湿度尺寸稳定性好，电气性能也好，有极广的使用温度范围（-70～150℃）。聚酯胶带主要用于电绝缘（包括双面胶带），一部分也用于包装上。聚酯薄膜的物理性能见表 3-1-14，聚酯薄膜的耐化学药品性能见表 3-1-15，聚酯薄膜与其他一些薄膜的性能比较见表 3-1-16。

表 3-1-14 聚酯薄膜（6020）的物理性能

性　能	指标值	性　能	指标值
拉伸强度(15～100μm)/MPa	≥150	体积电阻率/$\Omega\cdot m$	≥1.0×10^{14}
断裂伸长率(15～50μm)/％	≥60	相对介电常数(50Hz)	2.9～3.4
收缩率(15～190μm)/％	≤3.0	介质损耗因子(50Hz)	≤5.0×10^{-3}
密度/(kg/m³)	1.390	长期耐热性(温度指数)/℃	≥115
表面电阻率/Ω	≥1.0×10^{13}		

表 3-1-15 聚酯薄膜在各种化学药品中浸泡后的强度保留率/％

化学药品	5 天	10 天	20 天	耐腐蚀性
冰醋酸	91	90	91	极好
18％盐酸	100	94	92	极好
60％硫酸	100	91	99	极好
20％硫酸	92	92	90	极好
丙酮	97	94	98	极好
二甲苯	94	93	93	极好
苯	81	90	91	极好
35％盐酸	97	85	84	好
35％硝酸	100	92	87	好
10％氢氧化钠	74	47	0	差
28％氨水	0	0	0	差
12％氨水	94	57	0	差

表 3-1-16 聚酯薄膜与其他薄膜性能的比较

性能项目 ＼ 薄膜种类	聚酯(PET)	拉伸聚丙烯(PP)	拉伸聚苯乙烯(PS)	拉伸硬质聚氯乙烯(PVC)	拉伸尼龙(PA)	聚碳酸酯(PC)	聚乙烯(PE)	三醋酸纤维(CA)	(PVDC)[①]	玻璃纸(PT)
密度/(g/cm³)	1.40	0.91	1.05	1.40	1.15	1.20	0.92	1.30	1.68	1.40
拉伸强度/MPa	220	190	60	100	220	100	20	120	100	60
伸长率/％	120	110	8	50	100	140	400	30	50	20
断裂强度/kgf[②]	22	15	2	8	20	10	2	3	10	5
透湿率/[g/(m²·24h)]	28	8	100	35	130	60	20	700	3	1000
氧气透过率/[mL/(m·h·atm[③])]	3	100	300	6	2	300	250	110	0.4	2
吸水率/％	0.3	0.01	0.05	0.05	10	0.2	0.02	4.4	0.1	83
击穿电压/kV	6.5	6.0	6.0	4.0	3.0	5.0	4.0	3.0	—	—
体积电阻率/$\Omega\cdot cm$	10^{17}	10^{16}	10^{17}	10^{16}	10^{15}	10^{17}	10^{17}	10^{15}	—	—
介电常数/(F/m)	3.2	2.1	2.5	3.0	3.8	3.0	2.3	3.5	—	—
介质损耗角正切	0.005	0.003	0.004	0.01	0.02	0.002	0.005	0.02	—	—
熔点/℃	260	170	240	180	223	240	135	290	200	—
脆化温度/℃	−70	−40	−70	−45	−60	−100	−60	—	−40	—
使用温度范围/℃	−70～150	−40～120	−70～90	−20～80	−70～130	−100～130	−50～75	约120	−40～100	约100
耐有机溶剂性	好	较好	差	一般	好	一般	较好	差	较好	较好
耐酸性	好	好	好	好	差	好	好	差	好	差
耐碱性	较好	好	好	好	好	差	好	差	好	差

① 聚氯乙烯-偏氯乙烯共聚物。

② 1kgf＝9.8N。

③ 1atm＝101325Pa。

注：采用厚度为 0.025mm 的薄膜测定。

4. 聚乙烯（PE）薄膜

包括低密度、高密度的聚乙烯、乙烯/乙酸乙烯酯和乙烯/丙烯共聚物制成的薄膜以及辐射聚合乙烯薄膜等，各种薄膜的性能有所不同。一般来说，聚乙烯薄膜强度不大，但撕裂强度、耐冲击性能较好，薄膜柔软强韧，电气性能好，可作为电绝缘、防腐蚀、保护、自黏胶黏带中的基材使用。

5. 聚丙烯（PP）薄膜

作为胶黏带基材使用的是压延拉伸聚丙烯薄膜。它是薄膜中最轻的一种（相对密度为 0.88～0.91），耐湿防水性好。与聚乙烯薄膜相比其耐湿、耐热、耐水性好，强度刚性大，耐冲击性好，但拉伸强度不佳。将其进行双轴拉伸可大大提高其拉伸强度。

通用型双向拉伸聚丙烯（BOPP）薄膜现在多用平片法生产：先挤出制得 PP 厚片——坯膜，然后在特定工艺条件下，使坯膜纵向及横向分别经过 4～6 倍的拉伸而得。由于薄膜在制造过程中经受过双向拉伸处理，聚丙烯分子在平面上高度定向，因而它的性能得到显著提高。首先是拉伸强度大幅度提高，双向拉伸聚丙烯薄膜的拉伸强度为普通低密度聚乙烯（LDPE）薄膜的 10 倍左右，达到 100MPa 以上；光学性能也明显得到改善，透光率在 90% 以上，雾度为 2%～3%（或更低）；耐低温性能亦明显改善，最低使用温度可达 -20℃ 左右，但又能保持良好的耐热性。通用型双向拉伸聚丙烯薄膜的物理性能见表 3-1-17。

表 3-1-17 通用型双向拉伸聚丙烯（BOPP）薄膜的物理性能

项 目	指标		测试方法
	A 类	B 类	
拉伸强度/MPa ≥ 纵向 横向	120 200	140 130	GB 1040
断裂伸长率/% ≥ 纵向 横向	180 160	120 120	GB 1040
热收缩率/% ≥ 纵向 横向	5 4	6 6	(120±3)℃,2min, 热风烘箱中
摩擦系数/% ≤ 静摩擦系数 μ_s 动摩擦系数 μ_k	0.8 0.8	0.8 0.8	GB 10006
雾度/% ≤ 表面张力/(mN/m) ≥ 透湿度/[g/(m²·24h)]	1.5 38 ≤2	2.5 38 ≤3	GB 2410 甲酰胺/乙二醇乙醚溶液 GB 1037

注：通用型双向拉伸聚丙烯薄膜根据生产方法分为平膜（A 类）和管膜（B 类）两种。

国产双轴拉伸聚丙烯膜（BOPP）大量使用于包装胶带上。为了改进其使用时的手撕性，已提出了一些改进方案，特别是在胶黏带分切时设备上的改进，可以解决手撕性的问题。河北华夏集团薄膜公司生产的 BOPP 薄膜的物理性能见表 3-1-18。

表 3-1-18　双向拉伸聚丙烯薄膜的物理性能

厚度/mm	拉伸强度/MPa	伸长率/%	热收缩/%	电晕处理面的表面张力/(mN/m)
0.025	140	160	2	40
0.028	114	160	2	40
0.038	118	160	2	40

6. 醋酸纤维素薄膜

有二醋酸纤维素薄膜（熔融挤出法）和三醋酸纤维素薄膜（溶液流延法）两种。它们的透明性很好，有优良的光泽，电气性能也极好。但由于价格较高（和聚酯薄膜相仿），使用不太多。用无光泽的这类薄膜制成的胶带是一种理想的文具用胶黏带。

7. 聚酰亚胺薄膜

耐热性极高，低温性能也好，能在 $-269\sim250℃$ 的温度范围内使用，是目前耐热等级最高的薄膜。电气绝缘性、耐辐射性、耐介质性都十分优良。但价格较高，限制了它的使用范围，仅作为高档电气绝缘胶黏带的基材使用。目前以聚酰亚胺为基材的胶带用量日益增长，由上海市合成树脂研究所生产的聚酰亚胺薄膜的物理性能见表 3-1-19。

表 3-1-19　聚酰亚胺薄膜的物理性能[①]

外观	透明或半透明的金黄色		
厚度/mm	0.02～0.03	0.031～0.04	0.041～0.12
拉伸强度/MPa	≥140	≥150	≥150
断裂伸长率/%	≥40	≥40	≥40
击穿强度/(MV/m)	≥150	≥150	≥150
表面电阻/Ω	$\geq10^{13}$	$\geq10^{13}$	$\geq10^{13}$
体积电阻/Ω·cm	$\geq10^{15}$	$\geq10^{15}$	$\geq10^{15}$
介电常数(10^6 Hz)	3～4	3～4	3～4
介质损耗(10^6 Hz)	10^{-3}	10^{-3}	10^{-3}

① 摘自上海市合成树脂研究所产品说明书。

8. 其他塑胶薄膜

（1）氟塑胶薄膜　按氟塑胶组分可分为 PTTE、PFA、FEP、CTFE、PFV、PVF2、PEDF 等数种，这些薄膜耐热性、耐寒性、耐药品性优良，而且摩擦系数小，可用于制造耐热电绝缘胶带、防粘胶带和耐候性用胶带。

（2）聚碳酸酯薄膜　是一种透明性好的硬薄膜，其力学性能和电气性能优良，但不耐碱和有机溶剂，是使用较少的一种基材。

（3）聚氨酯薄膜　透明性好、耐磨，但不耐老化、不耐湿，利用其耐磨性好的特点可做保护胶黏带基材使用。

（4）尼龙、聚乙烯醇、聚丁烯、聚丙烯酸酯薄膜　根据需要，这些薄膜也可以作为制造胶黏带基材使用。

塑胶薄膜的种类很多，每一种塑胶薄膜都有它的固有特性，再加上采用同一种薄膜时的厚度差别，用的压敏胶不同，所以以塑胶薄膜为基材的胶黏带种类很多，用途也各种各样。通常厚度为 0.02～0.15mm 的塑胶薄膜用得较多。

四、其他类基材

1. 金属箔

（1）铜箔　利用它的优良导电性，在涂布导电压敏胶、有机硅压敏胶后，可用于低弱电压电子器件中屏蔽和导电体的连接。

（2）铅箔　根据铅的特性，可在电镀时作掩蔽用，在防 X 射线和其他放射线中使用。

（3）铝箔　由于其具有金属光泽、轻、光滑及对热的反射、耐透湿性等优良特性，可在电镀时的掩蔽、隔热、防震、防湿中使用，它是金属箔中使用最多的一种基材。

2. 橡胶薄片

（1）天然橡胶片及丁苯橡胶片　过去天然橡胶片作为电绝缘胶带用，现在用得较少。它们单独或二者并用时可在喷砂时使用。

（2）丁基橡胶片　该材料具有耐热、耐臭氧、耐老化、电绝缘性能好、透气性差等优点，可作为自融胶带使用。

（3）氯丁橡胶片　该材料耐老化性能好，又不易燃，可在需要这种性能的胶黏带中使用。

（4）硅橡胶片　该材料耐热、耐寒、耐水、耐油、耐电弧、耐臭氧、耐候性优良，可作耐热电绝缘胶带基材使用。

（5）乙丙橡胶片　该材料耐臭氧、耐候性、耐热性优良，可作户外建筑材料用胶带基材使用。

（6）其他橡胶薄片　除上述品种橡胶片材外，尚有丁腈橡胶片、丁二烯橡胶片、异戊二烯橡胶片、氟橡胶片、聚氨酯橡胶片、聚硫橡胶片、丙烯酸酯橡胶片等材料，但很少用作压敏胶制品的基材。

3. 泡沫材料片

包括聚氨酯、聚乙烯、聚苯乙烯、EVA、丁基橡胶、氯丁橡胶等泡沫体，它们具有防震、耐重荷的特点，并且与被粘材料黏合好。在空调、冰箱、汽车中用得较多，也作双面胶带基材使用。

4. 复合材料片

（1）丝和塑胶薄膜的复合材料　玻璃丝、强力人造丝、聚酯丝等与聚酯薄膜或醋酸纤维薄膜复合成的复合材料，具有机械强度好的特点，可作重物的捆扎、封口增强等用途的胶黏带基材使用。

（2）其他各种基材之间的复合材料　指纸、布、塑胶薄膜、金属箔、橡胶薄片相互间，同种或异种的二层或三层复合，主要作为电气绝缘胶黏带的基材使用。如聚酯膜-绝缘纸、聚酯膜-醋酸纤维布、聚酯膜-聚酯无纺布、玻璃布-铝箔、玻璃布-玻璃布-玻璃布、醋酸纤维布等复合材料。

五、各类基材制成的压敏胶制品的用途

表 3-1-20～表 3-1-24 汇总了用各种基材制成的压敏胶制品的用途（表中画圈者表示适用）。

表 3-1-20　纸类基材的压敏胶带和标签的用途

基材种类	一般用(轻包装)	强粘接力用(重包装)	高温、耐热用	固定、保护、缓冲用	封口、封印用	电气用	其他工业用(防腐、防锈)	事务、文房用具、装饰用	标识、印刷用	园艺、农业用	建材、涂装用	标签、记事贴用
和纸	○	○	○	○	○	○	○	○	○	○	○	
牛皮纸	○	○	○	○	○	○	○	○	○		○	○
皱纹纸	○		○	○	○	○					○	○
涂层纸(含树脂加工)												○
水溶性纸									○			○
铜版纸									○			○
耐水纸												○
板纸												○
上质纸(含树脂加工)					○			○	○			○
平面纸				○		○						
压敏发色纸												○
铸涂层纸					○				○			
上质纸＋铝箔							○		○	○		○
合成纸＋化纤纸		○		○								○
纸＋无纺布				○								
薄叶纸				○								
A模造纸												○
和纸＋人造丝											○	
橡胶浸渍纸												○
其他特殊加工纸		○		○		○		○				○
箔纸												○

表 3-1-21　布类基材的压敏胶带和标签的用途

基材种类	一般包装用(轻包装)	强粘接力用(重包装)	高温、耐热用	固定、保护、缓冲用	封口、封印用	电气用	其他工业用(防腐、防锈)	医疗、运动用	事务、文房用具、装饰用	标识、印刷用	园艺、农业用	建材、涂装用	标签、记事贴用
人造棉	○	○	○	○	○	○	○			○		○	
棉布		○	○	○		○	○	○		○			
尼龙布													○
聚酯无纺布				○		○						○	○
其他无纺布			○	○						○	○		○
醋酸纤维布(＋醋酸纤维布)			○				○	○					
醋酸纤维布(＋聚酯薄膜)						○							
聚酯布(＋聚酯布)						○							○
聚酯布(＋玻璃布)						○							
玻璃布(＋玻璃布)			○		○	○	○					○	
玻璃布(＋四氟乙烯树脂)			○			○							
玻璃布(＋醋酸纤维布)						○							
合成布			○				○						
布-牛皮纸		○											

表 3-1-22　橡胶、塑料薄膜为基材的压敏胶带和标签的用途

基材种类 / 用途	一般包装用(轻包装)	强粘接力用(重包装)	防腐、防水、防锈用	高温、耐热、隔热、吸音用	固定、保护、缓冲用	封口、封印用	电气、去静电用	医疗、运动用	事务、文房用具、装饰用	标识印刷用	园艺、农业用	建材、涂装用	标签、记事贴用
橡胶(包括发泡体)			○	○	○		○			○	○	○	
硬 PVC	○		○		○					○		○	○
软 PVC	○		○		○	○	○		○	○		○	○
各种聚丙烯	○	○	○		○	○	○		○	○		○	○
各种聚乙烯	○	○	○		○	○	○		○	○		○	○
尼龙-聚四氟乙烯树脂				○					○				○
维尼纶				○					○				
其他树脂			○		○		○					○	○
聚乙烯网,聚乙烯(+网)			○		○		○				○		
聚酯薄膜(+牛皮纸)												○	
聚酯薄膜(+聚酯无纺布)	○		○	○	○		○		○	○	○	○	○
聚酯薄膜(+玻璃布)		○					○						
聚酯薄膜(+醋酸纤维膜)							○						
聚酯薄膜(+铝箔)					○	○							
聚酯薄膜(+矿物粒子)					○	○						○	
醋酸纤维膜(+铝箔)													
醋酸纤维膜									○				○
氯丁二烯膜				○	○								
聚氨酯薄膜	○				○						○		
聚氨酯薄膜(+聚酯膜)					○								
聚酯薄膜+聚酯纤维		○			○								
聚酯薄膜+玻璃纤维		○			○								

表 3-1-23　双面压敏胶带的基材和用途

基材种类 / 用途	一般包装用(轻包装)	强粘接力用(重包装)	耐热、隔热、吸音用	固定、保护、缓冲用	封口、封印用	电气、去静电用	其他工业上用	事务、文房用具用	标识、印刷用	园艺、农业用	建材、涂装用
和纸	○			○	○			○	○		
薄叶纸	○			○	○			○	○		
牛皮纸											
玻璃纸	○			○							
无纺布	○	○	○			○	○	○	○	○	○
人造棉布		○	○						○		
维尼纶布				○							

基材种类 \ 用途	一般包装用(轻包装)	强粘接力用(重包装)	耐热、隔热、吸音用	固定、保护、缓冲用	封口、封印用	电气、去静电用	其他工业上用	事务、文房用具用	标识、印刷用	园艺、农业用	建材、涂装用
棉布				○							
硬 PVC 膜①				○							○
软 PVC 膜	○			○							
聚乙烯膜											
聚酯膜			○	○					○		○
水溶性薄膜									○		○
热黏结膜									○		
聚乙烯网			○	○							
聚乙烯泡沫								○			
聚氨酯泡沫			○	○							
橡胶(含泡沫)				○							
无支持体	○				○				○		

① 含泡沫。

表 3-1-24　金属箔、玻璃纸以及特殊材料为基材的压敏胶带和胶片的用途

基材种类 \ 用途	一般轻包装用	电镀用	耐热、耐燃、光反射用	固定缓冲、隔音、防震用	封口用	电气用	事务、文房用具、装饰用	标识用	建材、管道、涂装用	耐药品、耐磨损用	电波遮断、屏蔽用	耐热、耐水、耐油用	标签、记事贴用
铝箔	○	○	○	○					○		○	○	
半硬质铝箔								○	○				
铝箔+硬 PVC									○				
铝箔+牛皮纸									○				
铝箔+结构纸							○	○					
铝箔+聚酯薄膜					○	○			○			○	
真空镀铝聚酯膜					○		○	○					
铝箔+矿物粒子							○						
不锈钢箔										○			
铅箔		○		○									
铜箔						○							
玻璃纸	○	○			○		○	○	○				
玻璃纸+铝箔				○									
特殊脆性膜									○				

基材的表面处理

压敏胶制品的压敏特性主要取决于压敏胶的性能，但基材也会影响到胶黏制品的压敏特性。首先就基材表面状态而言，平滑表面还是粗糙表面以及是否有底胶等都会影响压敏胶对基材的投锚效果和胶层的平滑性，最终影响到压敏胶的特性和解卷力。其次，基材的种类不同其压敏特性会有差异，即使同一种基材，不同的厚度也会对粘接力产生影响。含有增塑剂的基材（如赛璐玢、醋酸纤维薄膜、软质聚氯乙烯薄膜），由于增塑剂的迁移能严重影响到压敏胶的性能。另外，在基材背面处理时的防粘剂、加工基材时混有的隔离剂、热稳定剂、润滑剂、颜料等微量成分迁移到表面也会影响胶黏制品的压敏特性，这些因素在制造胶黏制品时都需要加以考虑。

在压敏胶制品中基材的表面能和压敏胶相差甚远时，二者就不能牢固地黏合起来。使用时容易脱胶，在胶带解卷时会使压敏胶沾污在基材的背面，使用后再次剥开时压敏胶会残留在被粘物表面上。为了防止这些现象的出现，一是采用基材的背面防粘处理，另一是对基材的表面（涂胶面）进行适当处理。

基材表面处理的目的主要是为了增加压敏胶层与基材表面的黏合力（黏基力）。工业上基材表面处理的方法主要有底涂剂处理和电晕或等离子体处理两种。

一、底涂剂处理

这种方法是在涂布压敏胶之前在基材的表面上涂一薄层叫做底涂剂或叫做底胶（primer）的物质。底涂剂大致可分为混合型和共聚型两大类。

混合型底涂剂由对基材亲和性好和对压敏胶亲和性好的两种聚合物溶液混合而成，以溶液型为多数。例如，在由 10 份（质量份，下同）聚异丁烯（平均分子量为 10×10^4）、4 份松香、80 份三氯乙烯混合后制成的溶液中，在使用前加入 5 份多异氰酸酯 20％氯甲烷溶液，均匀混合后可作赛璐玢基材的底涂剂。显然，该配方中聚异丁烯成分对天然橡胶压敏胶有很好的亲和性，而松香和多异氰酸酯反应生成物则对赛璐玢有较好的亲和性。

共聚型底涂剂一般都是那些对压敏胶亲和性好的聚合物和对基材亲和性好的单体通过接枝共聚而得到的接枝共聚物的溶液。如天然橡胶接枝甲基丙烯酸甲酯的共聚物溶液可用作聚氯乙烯胶黏带的底涂剂。

与混合型底涂剂相比，共聚型底涂剂可以将两种完全不相混溶的、性能差别大的成分结合在一起。其次，由于两种成分是通过化学键结合在一起的，因此不容易发生像混合型底涂剂有时发生的那样一种成分向压敏胶层迁移的现象，也不容易受到基材中增塑剂的影响。所以，共聚型底涂剂更好些。

二、电晕处理和等离子体处理

对于某些塑胶薄膜基材，尤其是聚烯烃薄膜基材，工业上更经常是通过火焰处理、电晕处理、等离子处理、电子射线处理和紫外线处理的方法进行表面处理，因为这些表面处理比底涂剂处理更方便、更经济，因而更实用。这些处理方法原理上大致相仿，都是先把基材表面附近的空气变成等离子状态，生成的电子、正离子、负离子或者臭氧再与塑胶基材表面发生反应，生成的含氧官能团使基材表面的极性增加、表面能上升。在这些方法中，电晕放电处理使用得最为普遍，等离子处理次之。

1. 电晕处理

电晕放电处理的装置示意见图 3-1-1。从负极飞出的电子冲撞大气中的分子，使电极间形成了如图 3-1-2 这样的电晕带。在数万伏电压、数万赫兹的交流电条件下进行电晕放电。为了实施电晕放电，高压电是必需的。当交流电变成直流电时就会产生连续放电，直至成为火花放电。火花放电时产生的极端过热，会导致试料和电极受损。从电晕放电至火花放电需要一段时间。因此，当用交流电时仅产生电晕带，不会发生火花放电状态。数万赫兹高频交流电在使用时，除了上述不同之外，其他方面和直流电晕放电没有什么不同之处。下侧电极的材料一般采用铁或铝。在它们的表面应该覆上一层介电体薄膜，以使电晕处理均匀。环氧树脂、有机硅橡胶和陶瓷等可作介电体材料使用。放电电极的表面平滑程度会影响到放电的状态。当长期使用后，由于电极表面磨损使之失去平滑性，会导致不能产生良好的电晕放电，处理时会不均匀。因此，电极需要经常保养。另外，当电压过高时会变成火花放电，也会损伤电极。所以，把多个电极并列能进行电晕放电的多刀型装置已在市场上出现了。两电极之间的距离通常为几个毫米，当使用 200kV、106Hz 以上交流电时，30cm 的极距也可以进行电晕放电处理。处理薄膜时速度一般为 50～150m/min，最高时可达 300m/min，处理效率很高。

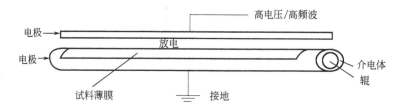

图 3-1-1　电晕放电装置示意

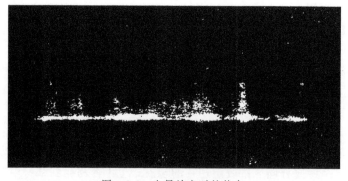

图 3-1-2　电晕放电时的状态

电晕放电处理通常在大气中进行，氧和材料反应时表面生成含氧官能团。由于空气中氮的存在，也能生成极少量的含氮官能团，含氮官能团的生成随电晕处理的条件和被处理材料而变化。一般来说，电晕处理时，主要生成羧基、烃基、羰基，但也能生成过氧化基和环氧基。基材表面上这些官能团的生成能够用 X 射线光电子谱（XPS）确认。对聚乙烯薄膜进行电晕放电处理的 C1sXPS 光谱见图 3-1-3。图中，未处理时的 C1s 谱图中在 285eV 处有一个—CH_2—CH_2—对称峰。当电晕放电处理后在此峰的高能量一侧出现了一个台肩。考虑到在 532eV 处存在 O1s 的峰时，这一台肩的出现明显是由氧和碳的键合所造成的。对此进行波形分离后呈现出虚线表示的几个峰。根据每个峰的面积能求得这些官能团的比例。在宏观上反映出对水的接触角有明显的变化。对聚乙烯和聚丙烯薄膜而言，未处理前对水的接触角为 $100°\sim105°$；处理后对水的接触角下降为 $60°$ 左右。薄膜的表面能力也从 $27\sim30mN/m$ 上升到 $45mN/m$。

2. 等离子体处理

除了电晕放电处理外，等离子体处理已逐渐受到人们的关注和使用。等离子体是一种电离了的气体。利用等离子体进行化学反应时，一般使用非平衡低温等离子的辉光放电。在等离子体中存在较多的活性种。由于大多数活性种透过力小，因而几乎只限于在材料表面上进行反应，使材料整体不受影响，而在短时间内能有效地改变材料的表面性质。利用等离子体的表面改性有等离子聚合和等离子处理两种。这个区别由所使用的气体种类决定。用聚合性气体的叫等离子聚合，用非聚合性气体的叫等离子处理。在非聚合性

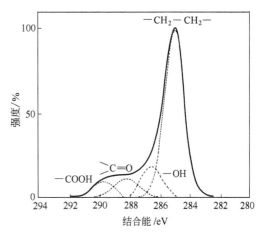

图 3-1-3　处理 PE 时的 C1s XPS 图谱

气体中，化学上活性或非活性成分会使反应有较大的差异。He、Ne、Ar 等惰性气体的等离子体中不起化学反应，但它们的活性原子在基材表面会产生物理作用，也能起到表面净化和粗糙化的效果。H_2、O_2、N_2 等这样的活性气体在等离子体中能发生种种化学反应，导致官能团的生成。聚合反应可使基材产生侵蚀等现象。

为改善表面的黏合性，基本上都使用 O_2 等离子处理。绝大多数的有机聚合物在 O_2 等离子体处理时材料表面生成亲水性的含氧官能团，表面能增加，致使表面的黏合性能提高。O_2 等离子体还容易引起表面侵蚀，使表面粗糙，最终使基材的比表面积增加，表面形态发生变化。

等离子体的频率会影响处理效果。一般来说，高频处理效果大于微波，更大于无线电波。各种聚合物薄膜在 O_2 等离子体处理时，官能团生成的速度非常快。2s 内的照射就能生成高密度的含氧官能团，使表面能明显上升。过度照射会使材料表面生成弱界面层（weak boundary layer），使黏合力下降。表 3-1-25 中明显看到聚酰亚胺薄膜用惰性气体或各种非聚合性气体等离子体处理后薄膜表面能的明显提高。

表 3-1-25　各种等离子体处理的聚酰亚胺薄膜表面能

等离子气体	表面能/(mJ/m^2)	等离子气体	表面能/(mJ/m^2)
未处理	37	NO_2	67
Ar	67	CO	67
N_2	65	CO_2	69
NO	67	O_2	69

基材今后的发展动向有两个方面。一方面是新基材的开发，例如耐磨耗性和润滑性优良的超高分子量聚乙烯薄膜、耐热和导电性优良的碳纤维织物以及耐腐蚀性很好的锌箔等。另一个方面是对现有材料的改进，从节约资源和能源、环保安全，需要多样化以及降低价格和增强竞争力等要求考虑，对现有基材通过共混、复合、拉伸、放电处理、电子射线和紫外线

照射、基材的形状改变等方法使基材向高性能、高强度和基材的轻、薄、长、大的方向发展。

参 考 文 献

［1］日本粘着テープ工业会. 粘着ハンドプック初版. 东京：日本粘着テープ工业会，1985：58，69，564.

［2］Donatas S，Keiji F. // Satas D. Handbook of Pressure Sensitive Adhesive Technology. New York：VNR Co，1989：669.

［3］佐佐木贞光. 高分子加工（日）. 别册8，粘着，1971：177.

［4］远山三夫. 高分子加工（日）. 别册8，粘着，1971：181.

［5］《中国航空材料手册》编委会. 中国航空材料手册：第七卷.2版. 北京：中国标准出版社，2002：48-49.

［6］小川俊夫. 日本接着协会，2000，36（3）：34-37.

［7］小川俊夫. 日本接着协会，2000，36（8）：68-72.

第二章

聚合物弹性体

冯世英　陈轶黎

第一节　天然橡胶

一、概述

天然橡胶是橡胶型压敏胶黏剂中使用得最多的弹性体之一。天然橡胶是在橡胶树体内生物合成的聚异戊二烯，其中 97% 以上为顺式-1,4 结构，分子量在 $(10\sim180)\times10^4$ 之间，平均分子量为 70×10^4 左右。天然橡胶的鲜胶乳是一种胶体水分散体系。连续相中除水外，还包括各种水溶性物质，诸如蛋白质、糖、有机酸、脂肪酸和无机盐等。非水溶性的各种粒子构成胶乳的分散相，包括几种特殊的粒子：橡胶粒子、黄色体、FW 粒子等。产地不同，其橡胶成分也有所不同。

新鲜的天然胶乳在放置过程中由于细菌、各种微生物及酶的作用能促使胶乳早期自然凝固。为了保证胶乳在储运过程中的稳定性，必须在鲜胶乳中加入氨水等稳定剂。胶乳加入氨水后，可引起非橡胶颗粒相的破坏以及蛋白质和卵磷脂等物的水解，产生的游离脂肪酸的阴离子吸附于橡胶烃颗粒的表面，促进了胶乳的稳定。

新鲜的和加氨水的天然橡胶胶乳都可直接用于配制乳液型天然橡胶压敏胶黏剂。

根据不同的制法，可以得到各种类型的固体天然橡胶。橡胶树中采得的胶乳被送至工厂过滤，除去垃圾等杂质，稀释至一定浓度后倒入凝固槽中，在搅拌下加入 5% 左右的乙酸（或甲酸）水溶液，并插入隔离板凝固成板状物，放置一夜后，使其完全凝固，通过等速辊筒挤压除去水，同时进行水洗成为一定厚度的橡胶薄片。把一片片橡胶薄片排列挂起放入熏烟室。在通风的熏烟室里，用木材、椰子树皮等燃烧出的烟边熏边烤干即成为烟胶片。若在凝固前加入少量焦亚硫酸钠，凝固后不用烟熏，通过辊筒挤压水洗时还采用了较大的机械力，就可制得浅色的绉胶片。

二、天然橡胶的品种

固体天然橡胶的品种有两种分级方法：一是按外观分级的片状胶，仍使用原来的烟胶片、风干胶片、绉胶片等传统名称。一共有 8 个胶种，它们是烟胶片、白绉胶片和浅色绉胶片、胶园褐绉胶片、混合绉胶片、薄褐绉胶片（再炼胶）、厚毡绉胶片、平树皮绉胶片及纯烟毡绉胶片。表 3-2-1 是烟胶片和绉胶片的化学组成比较。表 3-2-2 和表 3-2-3 分别是 GB/T 8089—2007 中对烟胶片、白绉胶片、浅色绉胶片的外观要求和物理、化学性质要求。

另一种是按固体天然橡胶（生胶）的理化性能分级，称为标准胶。国际标准 ISO 2000：1978、UDC 678-4 规定了五个等级的天然生胶最低质量规格，生胶的各个等级是以其最高杂质含量的数字来定名的。而且在最低杂质含量的一级中加上一个字母 L 表示浅色级（表 3-2-4）。我国的天然橡胶质量标准基本上和国际标准一样，就是少了 5L 这一规格（表 3-2-5）。

表 3-2-1　烟胶片和绉胶片的化学组成

项　目	烟胶片		绉胶片		项　目	烟胶片		绉胶片	
	均值	范围	均值	范围		均值	范围	均值	范围
挥发分/%	0.6	0.3~1.0	0.4	0.2~0.9	灰分/%	0.4	0.2~0.8	0.3	0.1~0.9
丙酮抽出物/%	3.0	2.0~3.5	2.9	2.2~2.5	橡胶粒①/%	93.2	—	93.6	—
蛋白质/%	2.8	2.2~3.5	2.8	2.3~3.0					

① 减差法测得。

表 3-2-2　GB/T 8089—2007 中烟胶片、白绉胶片和浅色绉胶片的外观要求

种类	等级	外观
烟胶片	一级	干燥、清洁、强韧、坚实。无缺陷、胶锈、火泡、砂砾、污秽和任何其他外来物。无氧化斑点或条痕、发霉、不合格胶块。允许有轻微分散的屑点和分散的针头大小的小气泡。拉维邦色泽应≤6.0
	二级	干燥、清洁、强韧、坚实。无缺陷、火泡、砂砾、污秽和任何其他外来物。无氧化斑点或条痕、不合格胶块。允许有轻微的胶锈、少量的干霉。允许有微小的树皮屑点和针头大小的小气泡。拉维邦色泽应≤6.0
	三级	干燥、强韧。无缺陷、火泡、砂砾、污秽和任何其他外来物。无氧化斑点或条痕、不合格胶块。允许有轻微的胶锈、少量的干霉。允许有微小的树皮屑点和针头大小的小气泡
	四级	干燥、强韧。无缺陷、火泡、砂砾、污秽和任何其他外来物。无氧化斑点或条痕。允许有轻微的胶锈、少量的干霉。允许有中等树皮颗粒、气泡、半透明的斑点、轻度发黏和轻度的烟熏过度橡胶
	五级	干燥、坚实。无缺陷、火泡、砂砾、污秽和任何其他外来物。无氧化斑点或条痕。允许有轻微的胶锈、少量的干霉。允许有中等树皮颗粒、气泡和小火泡、斑点、烟熏过度橡胶和缺陷、轻度烟熏不透胶
白绉胶片	特一级	色泽极白而且均匀,干燥、坚实。无变色、酸臭味、灰尘、屑点、沙砾或其他外来物质、油污或其他污迹、氧化或过热的迹象。拉维邦色泽应≤1.0
	一级	色泽白,干燥、坚实。无变色、酸臭味、灰尘、屑点、沙砾或其他外来物质、油污或其他污迹、氧化或过热的迹象。允许有极轻微的色泽深浅的差异,拉维邦色泽应≤2.0
浅色绉胶片	特一级	色泽很浅而且均匀,干燥、坚实。无变色、酸臭味、灰尘、屑点、沙砾或其他外来物质、油污或其他污迹、氧化或过热的迹象。拉维邦色泽应≤2.0
	一级	色泽浅,干燥、坚实。无变色、酸臭味、灰尘、屑点、沙砾或其他外来物质、油污或其他污迹、氧化或过热的迹象。允许有极轻微的色泽深浅的差异,拉维邦色泽应≤3.0
	二级	干燥、坚实。无变色、酸臭味、灰尘、屑点、沙砾或其他外来物质、油污或其他污迹、氧化或过热的迹象。允许略有斑迹和条痕。色泽略深于一级浅色绉胶片,允许有极轻微的色泽深浅的差异,拉维邦色泽应≤4.0
	三级	色泽淡黄,干燥、坚实。无变色、酸臭味、灰尘、屑点、沙砾或其他外来物质、油污或其他污迹、氧化或过热的迹象。允许略有斑迹和条痕。允许有色泽深浅的差异,拉维邦色泽应≤5.0

表 3-2-3　GB/T 8089—2007 中烟胶片、白绉胶片和浅色绉胶片的物理和化学性能要求

性　能		各级烟胶片的极限值			检验方法
		一级~三级烟胶片、特一级和一级薄白绉胶片、特一级~三级薄浅色绉胶片	四级烟胶片	五级烟胶片	
留在 $45\mu m$ 筛上的杂质含量(质量分数)/%	≤	0.05	0.10	0.20	GB/T 8086
塑性初值	≥	40	40	40	GB/T 3510
塑性保持率	≥	60	55	50	GB/T 3517
氮含量(质量分数)/%	≤	0.6	0.6	0.6	GB/T 8088
挥发分含量(质量分数)/%	≤	0.8	0.8	0.8	ISO248:2005 (烘箱法,105℃±5℃)
灰分含量(质量分数)/%	≤	0.6	0.75	1.0	GB/T 4498
拉伸强度/MPa	≥	19.6	19.6	19.6	GB/T 528

表 3-2-4　国际标准 (ISO 2000—1978) 天然橡胶 (生胶) 规格

性　能		各级橡胶的极限值					检验方法
		5L	5	10	20	50	
		颜色带的色泽					
		绿	绿	褐	红	黄	
留在 $45\mu m$ 筛网上的杂质含量/%	≤	0.05	0.05	0.10	0.20	0.50	ISO 249
塑性初值	≥	30	30	30	30	30	ISO 2007
塑性保持率(PRI)	≥	60	60	50	40	30	ISO 2930
氮含量[①](质量分数)/%	≤	0.6	0.6	0.6	0.6	0.6	ISO 1656
挥发分含量[②](质量分数)/%	≤	1.0	1.0	1.0	1.0	1.0	ISO 2481
灰分含量(质量分数)/%	≤	0.6	0.6	0.75	1.0	1.5	ISO 247
颜色指数	≤	6					ISO 4660

① 对原浓度凝固的橡胶 (ICR),氮含量不应超过 0.7% (质量分数)。

② 对原浓度凝固的橡胶 (ICR),挥发分和灰分含量应与有关单位协商解决,但这两项都不应超过 1.5% (质量分数)。

表 3-2-5　中华人民共和国国家标准天然橡胶规格

质　量　项　目		级别的极限值			
		5 号	10 号	20 号	50 号
杂质含量(质量分数)/%	≤	0.05	0.10	0.20	0.50
塑性初值	≥	30	30	30	30
塑性保持率(PRI)	≥	60	50	40	30
氮含量[①](质量分数)/%	≤	0.6	0.6	0.6	0.6
挥发分含量[②](质量分数)/%	≤	1.0	1.0	1.0	1.0
灰分含量(质量分数)/%	≤	0.6	0.75	1.0	1.5

① 对原浓度凝固的橡胶 (ICR),氮含量不应超过 0.7% (质量分数)。

② 对原浓度凝固的橡胶 (ICR),挥发分和灰分含量应与有关单位协商解决,但这两项都不应超过 1.5% (质量分数)。

三、天然橡胶的优缺点

作为压敏胶黏剂的弹性体，天然橡胶的结构决定了它有许多优点：①平均分子量高，尤其是由于存在着部分分子量很高的凝胶体，还具有一定的结晶性，因而内聚强度大，制成的压敏胶具有很好的内聚力；②含有98％以上的顺式-1,4-聚异戊二烯的分子结构，决定了它在较广的温度范围内（−70～130℃）内具有很好的弹性，因此制成的压敏胶比较柔软、弹性好、低温性能也好；③分子内无极性基因，决定了它易与增黏树脂，特别是非极性增黏树脂兼容，制成的压敏胶表面能较低，易于湿润各种固体表面，因而初黏和黏合力也都比较好，容易达到三大压敏胶黏性能的平衡；④由于分子内含有双键，可以进行交联，从而能提高压敏胶的耐温、耐介质和耐老化等性能。

天然橡胶作为压敏胶弹性体的主要缺点有：①分子中含有不饱和双键，因而耐老化性能较差；②橡胶的分子量及非橡胶成分的含量和组成因产地、树种等不同而有差异，使压敏胶的质量不易稳定；③耐增塑剂、油和有机溶剂的性能较差。

天然橡胶可以单独或和其他橡胶弹性体混合使用于压敏胶中。压敏胶黏剂中所使用的天然橡胶的类型在很大程度上取决于产品的最终用途。对于透明胶带而言，须使用白绉片级天然橡胶；对于颜色不重要的产品，如深色胶黏带、某些遮蔽胶黏带、布基胶黏带，常使用价廉的烟胶片。

天然橡胶用于制造压敏胶黏剂之前必须经过塑炼。如不塑炼，胶黏剂很难获得理想的初黏力。同时，由于大多数是以溶液型压敏胶进行涂布，所以如不使用过量的溶剂，未经塑炼的橡胶很难获得适合于涂布的流动性。

我国生产天然橡胶的单位有海南省国有八一农场、农垦总局、三亚市南田农场、国有南俸农场、东升农场、红田农场、福报农场、红岗农场，广东省国有晨光农场、湛江市湖光农场、国有南华农场、国有红峰农场、国有曙光农场，云南省西双版纳国有东风农场、农垦工商联合企业总公司、景洪农场等。还有从东南亚国家进口的天然橡胶。

◎ 第二节　丁苯橡胶和丁苯胶乳

一、丁苯橡胶

丁苯橡胶是最早工业化的合成橡胶。丁苯橡胶是以丁二烯和苯乙烯为单体，乳液或溶液共聚合得到的高聚物弹性体，其结构式为：

$$\{CH_2-CH=CH-CH_2\}_x\{CH_2-CH\}_y\{CH_2-CH\}_z$$

丁苯橡胶按制造方法不同可分为乳聚丁苯橡胶和溶聚丁苯橡胶两类。

1. 乳聚丁苯橡胶

乳聚丁苯橡胶中丁二烯和苯乙烯两种单体链节在共聚物大分子中呈无规分布。丁二烯的加成聚合反应80％发生在1,4位置，约20％在1,2位置。其中1,4位置上的链节又有顺式和反式两种构型。此外，还有少量支化和交联结构存在。典型的乳聚丁苯橡胶的结构特征详见表3-2-6。乳聚丁苯橡胶的性质受结合苯乙烯量、聚合温度及乳化剂种类等的影响。通常用的乳聚丁苯橡胶苯乙烯含量为（23.5±1）%。冷法（5℃）聚合时，松香酸皂或脂肪酸皂可作为乳化剂。得到的聚合物玻璃化温度为−57～−52℃，具有较好的综合物理力学性能。用于制造 PVC 胶带的压敏胶中，丁苯橡胶的苯乙烯含量相对要高些。

用乳液共聚合的方法制得丁苯橡胶胶乳，简称丁苯胶乳。在丁苯胶乳中加入一定量的盐酸、明矾或骨胶等凝固剂就可以将其再加工成固体状乳聚丁苯橡胶，即通常所说的乳聚丁苯橡胶。丁苯胶乳和固体乳聚丁苯橡胶都可以用来配制压敏胶黏剂。

表 3-2-6　典型乳聚丁苯橡胶的结构特性

丁苯橡胶类型	宏观结构				微观结构（质量分数）			
	支化	凝胶	数均分子量 M_n	分子量分布 M_w/M_n	结合苯乙烯含量/%	顺式丁二烯/%	反式丁二烯/%	乙烯基含量/%
高温乳聚丁苯橡胶（1000 系列）	大量	多	10×10^4	7.5	23.4	16.6	46.3	13.7
低温乳聚丁苯橡胶（1500 系列）	中等	少	10×10^4	4～6	23.5	9.5	55	12

早期乳聚丁苯橡胶的缩写是由德国的丁钠橡胶（Buna）演变而来的，称为 Buna-S，美国则称为 GR-S，1961 年以后统称为 SBR。同时，采用数字系列表示乳聚丁苯橡胶的品种和牌号如下：1000 系列，热法聚合无填料丁苯橡胶；1100 系列，热法聚合充炭黑母炼胶；1200 系列，热法聚合充油母炼胶；1300 系列，热法聚合充油炭黑母炼胶；1500 系列，热法聚合无填料丁苯橡胶；1600 系列，热法聚合充炭黑母炼胶；1700 系列，冷法聚合充油橡胶；1800 系列，冷法聚合充油充炭黑母炼胶；1900 系列，其他丁苯橡胶。

有的国家采用独自的标示法，如俄罗斯的丁苯橡胶称为 CKC。中国及其他国家乳聚丁苯橡胶部分重要品种的质量标准详见表 3-2-7 和表 3-2-8。

表 3-2-7　中国的 SBR-1500 的质量标准（GB/T 8655−2006）

项　　目		指标		
		优等品	一等品	合格品
挥发分的质量分数/%	≤	0.60	0.80	1.00
灰分的质量分数/%	≤	0.50		
有机酸的质量分数/%		5.00～7.25		
皂的质量分数/%	≤	0.50		
结合苯乙烯的质量分数/%		22.5～24.5		
生胶门尼黏度 $ML_{1+4}^{100℃}$		47～57	46～58	45～59
混炼胶门尼黏度 $ML_{1+4}^{100℃}$	≤	88		
300%定伸应力(145℃)/MPa	25min	11.8～16.2	10.7～16.3	—
	35min	15.5～19.5	14.4～20.0	14.2～20.2
	50min	17.3～21.3	16.2～21.8	—
拉伸强度(145℃、35min)/MPa	≥	24.0	23.0	23.20
扯断伸长率(145℃、35min)/%	≥	400		

表 3-2-8　SBR-1502 的质量标准

项　目		中国 GB 12824—1991	意大利 Europrene 1502	日本 JSR 1502	法国 Cariflex S1502
挥发分/%	≤	0.75			
总灰分/%	≤	0.75			
有机酸/%		4.50～6.75			
皂/%	≤	0.50			
结合苯乙烯/%		22.5～24.5			
生胶门尼黏度 $ML_{1+4}^{100℃}$		45～55	73	＜84	
混炼胶门尼黏度 $ML_{1+4}^{100℃}$		≤90			
拉伸强度(35min)/MPa	≥	23.7	27.5	25.5	27.7
断裂伸长率(35min)/%	≥	415	460	380	390
300%定伸应力/MPa	25min	11.3～15.8	12.7	16.2～20.1	16.7
	35min	14.1～18.6	16.7	18.1～22.1	20.1
	50min	14.9～19.4	18.6	19.5～23.4	22.1

2. 溶聚丁苯橡胶

用溶液聚合方法制得的丁苯橡胶简称溶聚丁苯橡胶。按单体序列分布有无规型、部分嵌段型、嵌段型以及渐变嵌段型等。溶液聚合采用的引发剂一般为烷基锂。无规溶聚丁苯橡胶的结构与乳聚丁苯橡胶类似，但由于聚合工艺不同，故丁二烯与苯乙烯单体的结合方式以及丁二烯的微观结构也有所差异。溶聚丁苯橡胶中丁二烯链节的顺式-1,4 含量明显高于乳聚丁苯橡胶。在苯乙烯含量相同时，溶聚丁苯橡胶的玻璃化温度有所提高，T_g 约－50℃。溶聚丁苯橡胶的分子量分布窄，分散指数一般小于2，而乳聚丁苯橡胶则达4以上。同时溶聚丁苯橡胶杂质少，橡胶成分高，灰分含量低。一般不含凝胶，线性度较高。

溶聚丁苯橡胶品种可按苯乙烯含量、防老剂类型、门尼黏度进行划分。牌号有美国的Solprene、日本的 JSR SL、德国的 Buna SL、英国的 Unidene、法国的 Stereon、俄罗斯的ДССК 等。

溶聚丁苯橡胶也可用来配制压敏胶黏剂。但除嵌段型，尤其是苯乙烯-丁二烯-苯乙烯（SBS）嵌段共聚物外，其余的溶聚丁苯橡胶在压敏胶和其他应用中没有乳聚丁苯橡胶那么重要。关于 SBS 热塑弹性体将在下节详细介绍。

丁苯橡胶是一种不饱和的烃类聚合物，溶解度参数约为 8.5～8.6（cal/cm³）$^{1/2}$（1cal＝4.1868J），能溶于大部分溶解度参数相近的烃类溶剂中。丁苯橡胶在光、热、氧和臭氧的作用下会发生物理化学变化。但它和氧的作用比天然橡胶缓慢，即使在高温下老化反应的速度也较缓慢。光对丁苯橡胶的作用不明显，但臭氧对它的作用比天然橡胶要厉害。丁苯橡胶的脆化温度约－45℃，低温性能稍差。丁苯橡胶与天然橡胶并用可以改善丁苯橡胶的自黏性，提高撕裂强度、弹性以及拉伸强度。由于丁苯橡胶是非结晶型，天然橡胶为结晶型，它们之间的兼容性非常小，两种橡胶的本体黏度也不相同，因此并用时要注意。

1998 年中国丁苯橡胶年总生产能力在 $30×10^4$ t 以上，居世界第四位，2005 年我国丁苯橡胶年生产能力为 51 万吨，2011 年则达到 110 万吨。国内丁苯橡胶主要生产单位见表

3-2-9。生产能力最大的是南通申华公司是吉林化学工业公司和齐鲁石化公司。采用前苏联技术的兰州化学工业公司生产能力最小。中国台湾也有一条年产 10×10^4 t 的乳聚丁苯橡胶生产装置。

表 3-2-9 中国丁苯橡胶主要生产公司及其生产能力（2004 年）

品种	生产单位	产量/万吨	技术来源
乳聚丁苯橡胶	兰州化学工业公司	4.5	前苏联技术
	吉林化学工业公司	14.0	JSR 技术
	齐鲁石化公司	13.0	Zeon 技术，1999 年扩至 13×10^4 t/a
	南通申华公司	12.0	与中国台湾合成橡胶公司合资
	台湾合成橡胶公司（高雄）	10.0	
溶聚丁苯橡胶	中国燕山石化公司	3.0	国内技术
	中国茂名石化公司	3.0	Fina 公司技术

燕山石化公司合成橡胶厂的溶聚丁苯橡胶生产装置采用燕山石化公司研究院开发的单釜间歇聚合技术，1996 年建成投产，当时的年生产能力为 1.5×10^4 t，现已大幅提高。茂名石化公司的溶聚丁苯橡胶装置是引进比利时 FINA 公司的技术（Phillips 技术体系），装置年生产总能力为 5×10^4 t，采用单釜间歇聚合，一条生产线的年生产能力为 3×10^4 t 溶聚丁苯橡胶，另一条生产线每年可生产 SBS 和低顺式聚丁二烯橡胶各 10000t。

二、丁苯胶乳

丁苯胶乳亦称丁苯乳液。20 世纪 70 年代，丁苯胶乳就被用于制造压敏胶黏剂。水基压敏胶由于无污染，适合环保要求，同时借助于共聚物的组成不同以及共混等手段可得到所需要的各种性能。因而很受欢迎。苯乙烯为刚性单体，丁二烯是软性单体，可以通过调节共聚物中苯乙烯和丁二烯之间的比例来满足使用温度范围下对柔性或刚性的要求。丁苯胶乳通过乳液聚合方法得到，最常用的乳化剂是阴离子乳化剂。丁苯橡胶的相对密度为 0.9～1.05，结合苯乙烯量为 23％～85％。大量生产的丁苯胶乳结合苯乙烯量在 23％～25％。而高苯乙烯胶乳结合苯乙烯量则高达 80％～85％。一般方法制得的丁苯胶乳总固含量为 40％～50％，而高固胶乳总固含量则为 63％～69％。丁苯胶乳的耐热性优于天然胶乳，老化后不发黏、不软化，但却变硬。现在已生产出防冻丁苯胶乳，在−5～0℃不冻结。

国外丁苯胶乳的牌号有美国的 Dow Latex 202、221、308，日本的 JSR 2108、0561、0602，加拿大的 Polysar 889、110，俄罗斯的 CKC30P、50P。防冻丁苯胶乳的牌号有中国的防冻 SBR-5050、兰化-5050，加拿大 Polysar-456 等。表 3-2-10 列出了国产丁苯胶乳的性能指标。

表 3-2-10 国产丁苯胶乳的性能指标

项目	丁苯-50	丁苯-5050	丁苯-5060	丁苯-5050P
总固含量/％ ⩾	43	44	44	44
黏度/mPa·s	20～150	20～60	20～60	⩽100
pH 值	10～13	⩾10	⩾10	⩾8

丁苯胶乳在中国国内的生产单位有兰州化学工业公司合成橡胶厂、上海高桥巴斯夫分散体有限公司、山东齐鲁石化公司橡胶厂、辽宁抚顺合成化工厂、浙江宁波海曙化学工业公司、吉林化学工业集团公司有机合成厂。

表 3-2-11 是压敏胶用丁苯胶乳的典型性能。表 3-2-12 是一个可用于压敏胶的丁苯共聚乳液的基本配方。

表 3-2-11　丁苯胶乳的典型性能

项目	数值	项目	数值
苯乙烯/丁二烯质量比	40：60	乳液 pH 值	8.5
颗粒电荷	阴离子	平均粒径/μm	0.15
聚合物固体含量(质量分数)/%	50	乳液黏度(25℃)/Pa·s	0.085
乳液相对密度(25℃)	1.01	乳液表面/(10^{-3}N/m)	50

表 3-2-12　用于压敏胶的丁苯胶乳配方

组分	用量(质量分数)/%	组分	用量(质量分数)/%
苯乙烯单体	20	烷基苯磺酸钠	2
丁二烯单体	30	过硫酸钾	0.5
水	47.5		

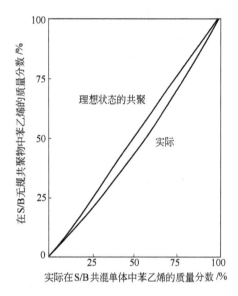

图 3-2-1　S/B 的无规共聚合

乳液共聚反应是以无规共聚形式进行的。在一定时间内,共聚物的组成大体与单体组成相同(图3-2-1)。共聚物中含有残余单体,能进一步起反应,这使丁苯乳液具有独特的支化和交联的功能,从而形成三维网状结构。它能改变物理力学性能,但不会显著改变玻璃化温度。加入功能性单体能显著改变乳液的性能,当功能性单体的加入量小于10%时,它们成为聚合物骨架的一部分,增强颗粒与颗粒之间的键合或交联,也可提高聚合物对基材的黏附力。如加入乙烯基羧酸时可以改善乳液对基材的黏附性,同时提高乳液的稳定性。聚合反应温度、引发剂和链转移剂的类型都能影响到分子结构。分子量大小也会影响到压敏胶的黏合力和内聚强度。

为了赋予其压敏特性,必须加入乳化的增黏树脂。乳化的松香类及合成烃类树脂可选用。它们与丁苯乳液的兼容性较好,其中松香类增黏树脂的乳液是丁苯乳胶最常用的增黏树脂。表3-2-13列出了一些压敏胶黏剂可使用的乳化松香的商品。和溶剂型胶一样,丁苯乳液也能与天然胶乳混用以改进天然胶乳的性能。

表 3-2-13　松香类增黏树脂乳液的品种

商品名	特征(软化点)/℃	生产厂家
Foral 85	稳定型松香(83)	Hercules
Staybelite Ester 10	稳定型松香(83)	Hercules
Snowtack 301CF	树脂松香(66)	Tennecco
Snowtack SE80CF	树脂松香(80)	Tennecco
Snowtake SE42CF	树脂松香(42)	Tennecco
Snowtake SE25CF	树脂松香(25)	Tennecco
Aquatac 5560	浮油松香(60)	Sylvachem
Aquatac 5541	浮油松香(41)	Sylvachem
Aquatac 5527	浮油松香(27)	Sylvachem

嵌段共聚物热塑性弹性体

A-B-A 嵌段共聚物是热塑性弹性体。A 代表聚苯乙烯末端链段，B 代表聚异戊二烯、聚丁二烯或聚（乙烯/丁烯）的中间链段。这类弹性体在制备溶剂型压敏胶时不需进行塑炼就能迅速地溶解于常用溶剂中，同时它们又是制备无溶剂热熔压敏胶的重要原料。

A-B-A 嵌段共聚物热塑性弹性体有两种基本类型。一类是由不饱和橡胶中间链段组成，这类弹性体有两种，即苯乙烯-丁二烯-苯乙烯（SBS）和苯乙烯-异戊二烯-苯乙烯（SIS）嵌段共聚物。这类弹性体最早由壳牌（Shell）化学公司于 1965 年商品化，我国岳阳化工厂现在也有产品销售。另一类是由饱和烃类橡胶为中间链段的聚合物，如苯乙烯-（乙烯/丁烯）-苯乙烯（S-EB-S）嵌段共聚物和苯乙烯-乙烯/丙烯-苯乙烯（S-EP-S）嵌段共聚物。这类弹性体由壳牌化学公司于 1972 年商品化。表 3-2-14 是一些常用的商品化热塑性弹性体。

表 3-2-14　热塑性弹性体的商品名

商品名	生产厂家	聚合物类型	商品名	生产厂家	聚合物类型
Kraton D	壳牌	SBS,SIS,(SB)$_n$,(SI)$_n$	Stereon	Firestone	SBS
Cariflex TR[①]	壳牌	SBS,SIS,(SB)$_n$	Tufprene and Asaprene[①]	AsahiS	SBS
Kraton G	壳牌	SEBS,SEP(二嵌段)	SFinaprene[①]	Fina	(S I)$_n$
Europrene SOL T	Enichem	SBS,SIS	Solprene[①]	飞利浦	(S B)$_n$

① 不在美国。

制备嵌段共聚物最普通的方法是在溶剂中进行阴离子聚合反应，采用烷基锂（如丁基锂）为催化剂。SBS 和 SIS 型聚合物的合成有两种途径：三种链段顺序聚合或将两种链段顺序聚合后再偶合。

$$BuLi \xrightarrow{苯乙烯} S\text{-}Li \xrightarrow{异戊二烯} S\text{-}I\text{-}Li \xrightarrow{苯乙烯} S\text{-}I\text{-}S \quad 顺序聚合$$
$$\xrightarrow{偶合剂} S\text{-}I\text{-}I\text{-}S \quad 偶合工艺$$

顺序聚合工艺制得的是线型 S-I-S 聚合物，偶合工艺制得的可以是线型聚合物（SI）$_2$，也可以形成星型聚合物(SI)$_n$（又称多臂聚合物），常用的偶合剂为多卤化物或多烯类化合物，如二甲基二氯硅烷、二溴甲烷、二乙烯基苯等。表 3-2-15 是壳牌化学公司生产的热塑性弹性体的产品牌号和性能。

表 3-2-15　Cariflex 和 Kraton 产品的物理性能

项　目	Cariflex					Kraton		
	TR1101	TR-1102KX-65	TR1107	TR1112	TR1117	G1650	G1652	G1657
聚合物类型	SBS	SBS	SIS	SIS	SIS	SEBS	SEBS	SEBS
结构	直链	直链	直链	直链	直链	直链	直链	直链
相对密度	0.94	0.94	0.92	0.92	0.92	0.91	0.91	0.90
硬度(邵氏 A)	71	62	38	34	32	75	75	65
300%定伸应力/(kgf/cm^2)[①]	28	28	7	4	4	56	40	25
拉伸强度/MPa[①②]	31.75	31.75	21.36	7.55	8.23	34.50	30.97	23.42
伸长率/%	880	880	1300	1500	1300	500	500	750
溶液黏度(25℃)/(Pa·s)	4[③]	1.2[③]	1.6[③]	1[③]	0.5[③]	1.5[④]	0.55[④]	1.1[④]
苯乙烯与橡胶质量比	30/70	28/72	14/86	14/86	17/83	28/72	29/71	14/86

① ASTM D 412，1kgf/cm^2=98.0665kPa。

② 用甲苯溶液做的浇注膜。

③ 聚合物的 25%甲苯溶液。

④ 聚合物的 20%甲苯溶液。

在我国压敏胶中使用的热塑性嵌段共聚物主要有 SBS 和 SIS 两种。

SBS 弹性体有线型结构和星型结构两种。线型 SBS 平均分子量为 $(8 \sim 12) \times 10^4$；星型 SBS 平均分子量为 $(1.4 \sim 3) \times 10^5$。

热塑性弹性体 SBS 为两相结构，它有两个玻璃化温度 T_{g1}（橡胶相）和 T_{g2}（树脂相）。国产不同型号 SBS 的 T_{g1} 和 T_{g2} 如下：

SBS 型号	SBS 1301	SBS 1401	SBS 4303	SBS 4402	SBS 4452
$T_{g1}/℃$	−90	−90	−89	−86	−83.5
$T_{g2}/℃$	84	82	94	92	77

SBS 外观为白色疏松柱状，相对密度 0.92～0.95。SBS 具有优良的拉伸强度、弹性和电性能，永久变形小，屈挠和回弹性好，耐臭氧、氧和紫外线照射性能与丁苯橡胶类似，透气性优异。由于主链含有双键，致使 SBS 耐老化性差，在高温空气的氧化条件下，丁二烯嵌段会发生交联，从而使硬度和熔融黏度增加。SBS 溶于环己烷、甲苯、苯、甲乙酮、乙酸乙酯、二氯乙烷，不溶于水、乙醇、溶剂汽油等。SBS 的品种牌号有中国的 SBS 1201、SBS 1301、SBS 1401、SBS 4303；美国的 Kraton 1101、Solprene 411、Solprene 414、Cariflex TR、Elexar；日本的 Solprene T、JSR TR、Tufprene、电化 STR、Asaprene；德国的 Cariflex；比利时的 Solprene、Finaprene；西班牙的 Solprene；意大利的 Europrene SOL T；墨西哥的 Salamanca；俄罗斯的 ДСТ-30。表 3-2-16 列出了国产 SBS 的质量指标。SIS 弹性体是苯乙烯-异戊二烯-苯乙烯（SIS）的嵌段共聚物。也有线型结构（S-I-S）和星型结构 $[(S-I)_n R]$ 之分。星型的形态结构比线型的更加规整。S-I-S 和 $(S-I)_n R$ 的数均分子量 M_n 分别为 $(15 \sim 30) \times 10^4$ 和 $(15 \sim 40) \times 10^4$。与 SBS 类似，SIS 也有两个玻璃化温度，聚异戊二烯嵌段（I）的 T_{g1} 和聚苯乙烯嵌段（S）的 T_{g2}。对于 SIS，$T_{g1} = -45℃$，$T_{g2} = 111℃$；对于 $(SI)_n R$，$T_{g1} = -51℃$，$T_{g2} = 113℃$。$(SI)_n R$ 的三大压敏性能都优于 SIS。SIS 的熔融黏度比 SBS 低。由于高温氧化引起老化时 SIS 以断链为主，因此热氧老化后 SIS 产品会变软甚至发黏，内聚强度下降，熔融黏度降低。SIS 的其他性能基本与 SBS 相似。表 3-2-17 列出了国产 SIS 的质量指标。

表 3-2-16　国产 SBS 的质量指标

牌号 项目	SBS 1301 （YH 791）	SBS 1401 （YH 792）	SBS 4303 （YH 801）	SBS 4402 （YH 802）	SBS 1551 （YH 795）	SBS 4452 YH 805）
外观	白色	白色	白色	白色	白色	白色
S 与 B 质量比	3/7	4/6	3/7	4/6	4.8/5.2	4/6
结构类型	线型	线型	星型	星型	线型	星型
环烷油/%	0	0	0	0	50	50
拉伸强度/MPa ≥	25.1	36.5	18.8	27.9	16.8	20.8
300% 定伸应力/MPa	2.55	3.86	2.32	3.76	2.73	2.15
断裂伸长率/% ≥	915	755	800	750	950	1055
永久变形/% ≤	20	48	16	42	30	36
硬度(邵氏 A)	70	92	76	92	60	68
相对分子质量 $/\times 10^4$	10±2	10±2	28±2	16±2	10±2	23±2
总灰分/% ≤	0.2	0.2	0.2	0.2	0.2	0.2
挥发分/% ≤	1.5	1.5	1.5	2.0	2.0	2.0
防老剂 264/% ≥	0.7	0.7	—	0.7	—	—

表 3-2-17　国产 SIS 的质量指标

项目		线型 SIS1200	线型 SIS1204	线型 SIS1105	星型 SIS4104
S 与 I 质量比		20/80	24/76	15/85	14/86
相对密度		0.92	0.92	0.92	0.92
分子量/$\times 10^4$		15～30	15～30	15～30	15～40
拉伸强度/MPa	≥	9.0	10.0	7.0	8.0
断裂伸长率/%	≥	1000	1000	1500	1000
永久变形/%	≤	40	40	40	40
硬度(邵氏 A)		40～55	45～60	35～50	30～50

　　热塑性弹性体的结构随着分子量、苯乙烯含量、聚合所用的单体、聚合度以及 S-I-S 与 (S-I)$_n$R 比的变化而有所不同。热塑性弹性体最重要的是橡胶中间链段具有比室温低的 T_g，它的两端必须有一种硬的类似塑胶的末端链段，其玻璃化温度高于室温。当这些条件满足时聚合物由两相组成：连续的橡胶相和不连续的塑胶相。图 3-2-2 是热塑性橡胶理想的分子结构示意，末端链段的区域结构起着橡胶链末端交联的作用，从而封住了橡胶链，并阻止它们内在的缠结。热塑性弹性体就是通过塑性末端链段区域结构的物理交联联结起来，而不是普通硫化橡胶的化学交联方法。可用各种方法将这些交联点解散和重新恢复，如溶解后溶剂的蒸发或加热后冷却等。

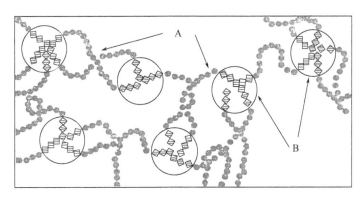

图 3-2-2　热塑性橡胶分子中理想化的两相网络

A—橡胶中间链段形成的橡胶相；B—聚苯乙烯末端链段形成的区域结构

　　用于压敏胶中的嵌段共聚物末端链段相，其比例比较小，且分散在连续相的橡胶基质中。用电子显微镜可观察到末端链段相（即分散相），它的形态可以是球形、棒状或层状，如图 3-2-3 所示。

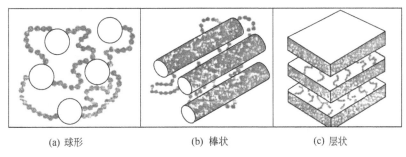

(a) 球形　　　　　　(b) 棒状　　　　　　(c) 层状

图 3-2-3　聚苯乙烯团的结构和形态

这些嵌段共聚物的产品以粉末、碎屑、多孔或致密的颗粒状形式出现。聚合物相对密度在 0.90～0.96 之间变化。热塑性弹性体的硬度和拉伸强度取决于聚合物中苯乙烯的含量及橡胶中间链段的类型。用于压敏胶的热塑性弹性体中苯乙烯含量通常在 10％～35％（质量分数）之间，邵氏 A 硬度在 32（含 10％苯乙烯的 SIS 聚合物）至 75（含 30％苯乙烯的 SEBS 聚合物）之间。嵌段共聚物的溶液黏度与溶剂有很大关系。甲苯是一种较好的溶剂。25％的甲苯溶液黏度大约为 0.2～20Pa·s。在低剪切速率时，纯嵌段共聚物的熔融黏度很大；高剪切速率时，熔融黏度会降低几个数量级。这为热熔压敏胶的配制和加工提供了方便。

嵌段共聚物热塑性弹性体既可用于配制热熔压敏胶也可用于配制溶剂型压敏胶。在配制压敏胶时还需要加入增黏树脂和增塑剂、填料、防老剂等添加剂。热塑性弹性体压敏胶将在本篇第七章中详述。

◎ 第四节　聚异丁烯和丁基橡胶

聚异丁烯和丁基橡胶在压敏胶制造中既可用作弹性体，又可用作增黏剂和改性剂。

1. 丁基橡胶

丁基橡胶是异丁烯与少量异戊二烯的共聚物，在分子结构上也是一个长直链的纯碳氢化合物，但含有少量的双键和活性点可以进行硫化。在聚合物主链上连着许多体积小、排列规则的侧基：

$$\begin{array}{c} H\ \ CH_3\ \ H\ \ CH_3\,H \\ | \ \ \ | \ \ \ | \ \ \ | \ \ | \\ -C-C=C-C[C-C]_n \\ | \ \ \ | \ \ \ | \ \ \ | \ \ | \\ H\ \ \ H\ \ \ H\ \ CH_3\,H \end{array}$$

通过异丁烯和少量异戊二烯（用量小于 3％）溶于氯甲烷中与溶解于氯甲烷的三氯化铝催化剂混合，在 −96℃ 的温度下进行反应即可制成丁基橡胶胶条，进一步除去未反应单体和氯甲烷，挤压脱水干燥成固态的丁基橡胶。所有常规的丁基橡胶是具有黏性的橡胶状浅琥珀色固体，数均分子量 $M_n = (35\sim45)\times10^4$，相对密度（17℃/4℃）0.92、（27℃/4℃）0.91，折射率 1.5078～1.5081，玻璃化温度 −69℃，比热容 1.94kJ/(kg·K)，热导率 0.091W/(m·K)，体积电阻率 10^{16}Ω·cm，介电常数（50Hz）2.2～2.3。异戊二烯链节仅占主链的 0.6％～3.0％。因此，丁基橡胶分子链的饱和度很高。丁基橡胶的质量指标列于表 3-2-18。国内唯

表 3-2-18　丁基橡胶的质量指标

项目	Exxon165	Exxon 268	Polsar 301	BK 1645T
门尼黏度（$ML_{1+4}^{100℃}$）	45			45
门尼黏度（$ML_{1+12}^{100℃}$）			50	
门尼黏度（$ML_{1+3}^{100℃}$）		55		
相对密度	0.92	0.92	—	—
数均分子量/×10⁴	35	45	—	—
不饱和度（物质的量）/％	0.8	1.2	1.6	0.8
拉伸强度/MPa ≥	17.2	16.4	15.2	17.5
断裂伸长率/％ ≥	650	550	450	600

一的丁基橡胶生产单位是燕山石化公司合成橡胶厂。采用的是意大利 PI 公司的技术，年生产能力为 $3 \times 10^4 t$。

（1）丁基橡胶的分类　丁基橡胶的品种和牌号按其不饱和度、门尼黏度、所用稳定剂类型进行划分，可分为以下几种。

① 美国 Exxon Butyl 系列　牌号中第一位数字表示不饱和度：

0——0.6%～1.0%；1——1.0%～1.4%；2——1.5%～2.0%；3——2.1%～2.5%。

第二位数字表示防老剂类型：

0——未加防老剂；6——非污染型防老剂。

第三位数字表示门尼黏度：

5——$ML_{1+4}^{100℃}$ 为 45；7——$ML_{1+4}^{100℃}$ 为 65～70；8——$ML_{1+4}^{100℃}$ 为 55。

② 加拿大 Polysar Buttyl 系列　牌号中第一位数字表示不饱和度：

1——0.5%～0.9%；2——1.4%；3——1.6%；4——2.2%；6——3.0%。

第二位数字一般均为 0。第三位数字表示防老剂类型。

③ 俄罗斯丁基橡胶 BK 系列　前两位数字表示不饱和度：

08——0.8%±0.2%；10——1.0%±0.2%；16——1.6%±0.2%；20——2.0%±0.2%。

后二位数字表示门尼黏度（ML100℃1+4），数字后的字母表示防老剂类型。

（2）丁基橡胶的优缺点

① 丁基橡胶的优点：a. 透气性是烃类橡胶中最低的，在高温下也差别不大；b. 丁基橡胶的化学不饱和度低，使得其耐热性和耐氧化性能优于其他通用橡胶，耐热老化性能优异；c. 能长时期暴露在阳光和氧气中而不损坏，耐候性优良；d. 与高不饱和橡胶相比，丁基橡胶耐臭氧性能特别好，抗臭氧性能比天然橡胶、丁苯橡胶要高出 10 倍之多；e. 能耐酸、碱及极性溶剂；f. 丁基橡胶的电绝缘性和耐电晕性能比一般合成橡胶好，体积电阻可达 $10^{16} \Omega \cdot cm$ 以上，比一般橡胶要高出 10～100 倍，介电常数（1kHz）为 2～3，功率因数（100Hz）为 0.0026；g. 丁基橡胶的水渗透率极低，耐水性能优异，在常温下的吸水率比其他橡胶低 10～15 倍；h. 丁基橡胶在 −30～+50℃ 的温度范围内具有良好的减震性能，在 −73℃ 时仍具有屈挠性。

② 丁基橡胶的缺点：a. 硫化速度慢，需要高温或长时间硫化；b. 自黏性和互黏性差，需借助增黏剂和其他材料。尽管初黏力很好，但对其他材料的黏结力不高；c. 与天然橡胶和其他通用性橡胶兼容性差，不能并用，但能与乙丙橡胶和聚乙烯并用；d. 添加填料时需要加热处理。

（3）其他　丁基橡胶也能用乳化剂乳化成固含量约 60%、pH 值为 5.5、Brookfield 黏度为 2500mPa·s、平均粒径为 $0.3 \mu m$ 的典型丁基橡胶胶乳。丁基橡胶胶乳有着优异的机械、化学和抗冻融的稳定性，可在广泛的范围内与其他组分混合和配合。

改性的氯化丁基橡胶可以改善和其他橡胶的兼容性，同时由于氯的存在增加了硫化的活性。工业上也生产部分交联的丁基橡胶和其他改性丁基橡胶，使这些产品具有更好的韧性、强度和抗流动性能，用作建筑和汽车行业的密封胶带。

2. 聚异丁烯

聚异丁烯是一种均聚物，只是在分子末端含有双键，低分子量的聚异丁烯是软而黏的无色透明半流质，而高分子量聚异丁烯则是硬而强度大的弹性体。聚异丁烯的优缺点：聚异丁烯十分惰性，不能采用通常的橡胶加工工艺进行硫化。低分子量聚异丁烯主要用于各种胶液、压敏胶黏剂和热熔胶黏剂中作永久性的增黏剂，具有触黏性、柔软性和可屈挠性，能够润湿各种难黏基材而改善其黏合性能，这对于增强聚烯烃塑胶表面的黏合性特别有用。高分子量聚异丁烯用于溶剂型压敏胶和压敏标签中赋予强度和抗流动性。表3-2-19列出了商品级的丁基橡胶和聚异丁烯均聚物。

表3-2-19　商品化 EXXON（埃克森）丁基橡胶和 VISTANEX 牌聚异丁烯[①]

品　种		数均分子量 （近似值）	每100个单体单元中异 戊二烯的单元数（不饱和）	备　注
Vistanex	LM-MS	44000	0	—
	LM-MH	53000	0	半液体黏性聚合物,主要用作增黏剂
	LM-H	63000	0	—
Exxon Butyl	065	350000	0.8	低分子量级别,老化稳定性高
	165	350000	1.2	
	268	450000	1.6	用于高内聚强度
	269	450000	1.6	最高黏度和内聚强度的品种
	365	350000	2.1	用于固化应用
	077	425000	0.8	用 BTH 稳定了的 FDA 品种
Chlorlbutyl(Exxon)	1065	350000	1.9	含有 1.2%（质量分数）的氯
	1066	400000	1.9	含有 1.2%（质量分数）的氯
Exxon	1068	450000	1.9	含有 1.2%（质量分数）的氯
Bromobutyl(Exxon)	2222	375000	1.6	含有 2.0%（质量分数）的溴
	2233	400000	1.6	含有 2.0%（质量分数）的溴
	2244	450000	1.6	含有 2.0%（质量分数）的溴
	2255	450000	1.6	含有 2.0%（质量分数）的溴
Vistanex	MML-80	900000	0	最低黏度的 MM 级
	MML-100	1250000	0	广泛用于压敏胶中
	MML-120	1660000	0	广泛用于压敏胶中
	MML-10	2110000	0	最高黏度的 MM 级

① 溴化丁基橡胶相对密度为 0.98，其他级别橡胶相对密度为 0.93。

● 第五节　聚乙烯基醚及其他聚合物弹性体

一、聚乙烯基醚

乙烯基醚的均聚物和丙烯酸酯形成的共聚物是制造压敏胶黏剂的原料，其中均聚物应用较多，均聚物的通式为：

$$\left[\begin{array}{cc} \overset{\displaystyle H}{\underset{\displaystyle |}{C}} & \overset{\displaystyle H}{\underset{\displaystyle |}{C}} \\ & | \\ & OR \end{array}\right]_n$$

$$[R:-CH_3（甲基），-CH_2CH_3（乙基），\ -CH_2\overset{CH_3}{\underset{|}{-}}CH-CH_3（异丁基）]$$

乙烯基醚聚合物由相应的单体聚合得到。工业上最重要的三种单体是乙烯基甲醚、乙烯基乙醚和乙烯基异丁醚，都是用 REPPE 反应由相应的醇与乙炔加成反应制得。这三种单体的性能见表 3-2-20。

表 3-2-20 乙烯基醚单体的性能

品 名	分子量	密度(20℃)/(g/cm³)	闪点/℃	熔点/℃	沸点/℃
乙烯基甲醚 CH₂=CH—OCH₃	58.1	0.747	−60	−122	约 6
乙烯基乙醚 CH₂=CH—OC₂H₅	72.1	0.754	−45	−115	约 36
乙烯基异丁基醚 CH₂=CH—OCH₂CHCH₃ ‖ CH₃	100.2	0.769	−15	−112	约 83

乙烯基醚单体活性较大，在阳离子引发剂（如三氟化硼、三氯化铝）存在下就会发生快速聚合。聚合反应可以用溶液聚合或本体聚合方法进行。聚合反应在压力下进行，由于反应热相当多，所以反应必须小心进行。将单体及引发剂连续计量并加入反应器中，反应温度的控制取决于单体及溶剂的沸点，反应热由回流冷凝器或反应器的冷却带走。连续低温聚合是另一种制备高分子量聚乙烯基异丁基醚的方法。视聚合条件的不同可以制得不同分子量的聚合物。乙烯基醚与丙烯酸酯的共聚物是通过乳液共聚得到的。视聚合度的不同，聚乙烯基醚可以是黏性油状物、黏而软的树脂或橡胶状物质。产品一般为无色或淡黄色甚至会有褐色，但色泽对性能没有影响。可用作压敏胶黏剂原料的各种乙烯基醚均聚物和共聚物列于表 3-2-21，表中 K 值是衡量聚合度的一种指标，K 值越大，聚合物的平均分子量越大。

表 3-2-21 压敏胶黏剂用的聚乙烯基醚

聚合物	商品名	生产商	K 值	T_g/℃	聚合物状态
聚乙烯基甲醚	Lutanol M 40	BASF	约 50	−25	软树脂
	Gantrez M 574	GAF	约 40	−34	软树脂
	Gantrez M 555	GAF	约 50	−34	软树脂
聚乙烯基乙醚	Lutanol A 25	BASF	约 12	−45	黏性油
	Lutanol A 50	BASF	约 60	−30	软树脂
	Lutanol A 100	BASF	约 105	−25	黏性橡胶
聚乙烯基异丁基醚	Lutanol I 30	BASF	约 25	−25	黏性油
	Lutanol I 60	BASF	约 60	−25	软树脂
	Lutanol IC	BASF	约 125	−15	橡胶
	Lutanol I60 D	BASF	约 50	−20	软树脂
	Lutanol I65 D	BASF	约 60	−15	软树脂
甲基丙烯酸酯/乙烯基异丁基醚/丙烯酸共聚物	Acronal 550D	BASF	约 65	−15	软树脂

聚乙烯基醚耐水解、无味。一般无气味，低分子量至中等分子量的产品（$K<65$）会略带气味，这是由残余单体及低聚体而引起的。乙烯基醚聚合物对皮肤刺激性很小，可用于医用产品上。乙烯基醚聚合物的溶解性见表 3-2-22。受氧、热及光的影响，聚合物会发生断链、交联并与氧发生反应，使聚合物的分子量、分子量分布、黏合性能以及颜色发生变化。为了获得性能稳定的胶黏剂，必须加入抗氧剂。

表 3-2-22　乙烯基醚聚合物的溶解性

聚合物	脂肪烃	芳香烃	卤代烃	低级醇	酯	低级酮	高级酮	水
聚乙烯基甲醚	－	＋	＋	＋	＋	＋	＋	＋
聚乙烯基乙醚	＋	＋	＋	＋	＋	＋	＋	－
聚乙烯基异丁基醚	＋	＋	＋	－	＋	－	＋	－

注：＋能溶解；－不溶解。

二、其他聚合物弹性体

（1）聚异戊二烯橡胶　聚异戊二烯橡胶与天然橡胶化学结构相类似，故有合成天然橡胶之称。聚异戊二烯根据制造时采用催化剂的不同可以分成两种类型：①钛型顺式聚异戊二烯橡胶（齐格勒-纳塔催化剂），它含有较高的顺式-1,4-结构（96%～97%），分子量较低，数均分子量在（25～50）×10^4 之间，分子量分布较宽因而较易结晶，高温下有较好的内聚力；②锂型顺式聚异戊二烯橡胶（丁基锂催化剂），它含有较低（92%～93%）的顺式-1,4-结构，分子量较高，数均分子量为 250×10^4 左右，分子量分布较窄，因而弹性好，低温性能好。

国产顺式聚异戊二烯橡胶的品种和国外产品的主要牌号列于表 3-2-23。

表 3-2-23　顺式聚异戊二烯橡胶的主要品种和牌号

种类	催化剂	顺式-1,4-结构含量/%	门尼黏度（$ML_{1+4}^{100℃}$）	污染性[①]	国外主要对照牌号				
					美国 Natsyn	美国 Ameripol	俄罗斯 СКИ	荷兰 Cariflex	美国 Coral
钛型顺式聚异戊二烯橡胶	R₃Al/TiCl₄（TiBr₄）	97	80～100	S	100		СКИ-3		
			80～100	NS	200	SN-600			
			80～100	NS	2200				
			75～95	NS	400				
			50～60	NS	410				
				NS	450[①]				
锂型顺式聚异戊二烯橡胶	丁基锂	92	＞55	S					Coral
			＞55	NS			СКИ-Л	IR-305	
			＞55	NS				IR-307	
				NS				IR-309	
								IR-310	
			＞40	NS				IR-500[①]	

① S 表示有污染；NS 表示无污染。

用聚异戊二烯橡胶制成的压敏胶的性能见表3-2-24。从表中可看出，聚异戊二烯橡胶组

表 3-2-24　顺式聚异戊二烯橡胶和天然橡胶压敏胶压敏黏合性能的比较

性　能		橡胶品种 钛型顺聚异戊二烯橡胶（Natsyn 2200）	锂型顺聚异戊二烯橡胶（Cariflex IR-305）	白绉片天然橡胶
顺式-1,4-结构含量/%		96.8	92.0	98.2
门尼黏度（$ML_{1+4}^{100℃}$，塑炼 5min 后）		67.5	73	66.5
压敏黏合性能[①]	180°剥离强度（对不锈钢）/(N/m)	478	475	310
	持黏力[②]/min 对不锈钢（35℃）	31	8.9	96
	对瓦楞纸（20℃）	110	86	2240

① 压敏胶配方（质量份）：橡胶弹性体 100，萜烯树脂 90。

② 粘贴面积 12mm×25mm，荷重 1kg。

成压敏胶的内聚强度显然比天然橡胶要差得多。这是由于钛型异戊二烯橡胶的分子量较低和锂型异戊二烯橡胶的结晶性较差而导致的结果。异戊二烯橡胶可以和其他弹性体（天然橡胶和嵌段共聚物弹性体等）混合用于压敏胶中。极低分子量的液态聚异戊二烯可以改善天然橡胶的初黏性和黏合性能。

（2）再生橡胶　再生橡胶是以废旧橡胶制品和橡胶加工生产的边角料为原料，经粉碎、脱硫和精炼一系列工艺过程而制成的弹性体，这种弹性体可以用来配制压敏胶黏剂。再生橡胶一直是压延型橡胶压敏胶的主要原料。脱硫工艺是再生橡胶生产的中心环节。脱硫的方法有碱法、油法和水油法三种，而以水油法较为先进。配制压敏胶用的再生橡胶最好是再生的天然橡胶，因为它有如下的优点：①黏合性能比丁苯橡胶等的合成橡胶要好；②由于多少还保留着部分的硫化交联结构，因此它的耐蠕变性能、耐候性和耐热性等比天然橡胶本身还要好；③价格低廉；④可塑度可以在精练时加以调节。所以，再生天然橡胶特别适合于制备压延涂布用的无溶剂型压敏胶黏剂。

（3）硅橡胶　硅橡胶是有机硅压敏胶黏剂中的一个弹性体组分，它是一种分子量在15000～50000之间的直链状聚硅氧烷。硅橡胶与硅树脂一起使用组成有机硅压敏胶，与其他橡胶相比，它具有优良的耐老化性、耐热性、耐寒性、耐药品性，并对低表面能的物质有良好的黏合性。但价格较高，只在一些特殊场合使用。

（4）聚丁二烯　以聚丁二烯为原料制成的压敏胶具有较好的耐水性和耐低温性能，但在压敏胶的制备中很少使用。

（5）聚氨酯　由聚醚型或聚酯型的多元醇和二异氰酸酯反应可制成一定分子量的聚氨酯树脂（重均分子量在 5×10^4 左右），用于压敏胶时可制成低黏、低剥离性的压敏保护膜。

（6）丁腈橡胶　将丁腈橡胶加入到其他橡胶中能改善耐溶剂性能，可用于制造 PVC 胶带用的压敏胶中。

（7）乙烯-乙酸乙烯酯共聚物（EVA）　高乙酸乙烯酯含量的乙烯-乙酸乙烯酯共聚物可用于热熔压敏胶。复配型的 EVA 压敏胶有较好的初黏力和剥离力，但老化性能差，现已被嵌段共聚物弹性体所取代。

（8）无规聚丙烯　无规聚丙烯是聚丙烯的副产物，价格便宜，用于热熔压敏胶中可提高对聚烯烃塑胶等难粘材料的黏合力。

（9）聚乙烯基吡咯烷酮　可制造水溶性和水可分散的压敏胶，它能吸收水分而不失去黏性，可用于造纸用拼接胶带压敏胶、手术袋用压敏胶和导电压敏胶的配制。

参 考 文 献

[1] 谢遂志，刘登祥，周鸣峦．橡胶工业手册：第一分册，生胶与骨架材料．修订版．北京：化学工业出版社，1989：46，114.

[2] 橡胶工业手册编写组．橡胶工业手册．第一分册．北京：燃料化学工业出版社，1974：1-27.

[3] 李子东，李广宁，于敏．实用胶黏剂原材料手册．北京：国防工业出版社，1999：165-166，199：187-188.

[4] 张爱清，压敏胶黏剂．北京：化学工业出版社，2002：24.

[5] Hickman A D. // Satas D. Handbook of Pressure Sensitive Adhesive Technology. 2nd ed. New York：VNR Co, 1989：297-306.

[6] Ewins E E. // Satas D. Handbook of Pressre Sensitive Adhesive Technology. 2nd ed, New York：D. Satas VNR Co, 1989：319，376.

［7］粘着ハンドブック編集委員会．粘着ハンドブック．初版．东京：日本粘着テ-ブ工业会，1985：93.

［8］Helmut W J M. ∥Satas D. Handbook of Pressure Sensitive Adhesive Technology，2nd ed.，New York：D. Satas VNR Co，1989：496-499.

［9］笠坊俊行．高分子加工（日）．别册 8，1971：139-157.

［10］杨玉昆．压敏胶粘剂．北京：科学出版社，1994：79.

第三章

增黏树脂

王振洪　宋湛谦

　　树脂通常是指半固态、固态或假固态的无定形有机物质，一般是高分子物质。外观透明或半透明。无固定熔点，但有软化点或熔融范围，在应力作用下有流动趋向；不导电；受热变软，并逐渐熔化，熔化时发黏；大多数不溶于水，可溶于有机溶剂。根据来源，树脂可分为天然树脂、合成树脂和人造树脂。根据受热后树脂性能的变化可分为热塑性树脂和热固性树脂。根据溶解性可分为水溶性树脂、醇溶性树脂和油溶性树脂。本章主要介绍与压敏胶制造技术有关的以松香为主的天然树脂，以松香为原料经加工改造而生成的改性松香树脂，以及萜烯树脂、石油树脂等人造树脂。这些树脂通常称为压敏胶黏剂用增黏树脂。

● 第一节　松香及其衍生物

一、松香及改性松香

　　松香分为脂松香、浮油松香和木松香（浸提松香）三种。中国的松香产量约 40 万吨/年，以脂松香为主，浮油松香及木松香产量仅数千吨。

　　脂松香是在生长健康的松树上，用锋利的刀具将松树表皮割破后，松树分泌出一种油性汁液，经收集后成为松脂。松脂中含有松节油和松香树脂酸物质。将采收的松脂经过松香厂的加工提纯，生产出松香和松节油两种产品，这样的产品称为脂松香及脂松节油。

　　浮油松香是造纸制浆厂以针叶松木为原料，在亚硫酸盐法制造纸浆的过程中，松木中的树脂浮在纸浆料的上层，经收集后成为一种称作浮油的物质。该浮油中富含有松节油、树脂酸、脂肪酸等成分，将其中的树脂酸分离提纯后得到固体的树脂称为浮油松香。

　　木松香是从松树被采伐后残留在土里的松树根中，用溶剂浸提出树根根材中的树脂成分，经加工提纯后得到的。

　　松香是天然萜类化合物，主要成分是二萜烯树脂酸，化学结构为一个三环菲骨架结构的含有两个双键的一元羧酸。通过利用或改变三环菲骨架结构上的双键，经化学改性和加工后，可以成为各种改性松香产物。如经过高温高压催化氢化，成为氢化松香；经过催化歧化成为歧化松香；经过与马来酸加成反应成为马来松香；经过用 Louis 酸催化成为聚合松香。这些经过改性的松香，保留了松香羧酸基团，改变了松香菲环的环状结构，使改性松香具有不同的软化点、抗氧化性、热稳定性以及与聚合物的相容性。

1. 国产产品

（1）松香（脂松香）　脂松香是从松树树干上经切割流淌出的树汁液——松脂，经采集提炼后的产物。松脂中含有松节油和松香树脂酸成分，松节油是单萜类化合物，松香树脂酸是二萜类化合物。松脂经水蒸气蒸馏法蒸出松节油成分后，松香树脂酸成分就富集在蒸馏釜中，经冷却后成为固体状的松香。因生产设备和工艺上的区别，松香产品可分为滴水法和连续蒸汽法两种产品。连续蒸汽法生产出的产品质量好，特级和一级成品率高。松香的主要化学成分是枞酸型树脂酸，分子式为 $C_{20}H_{30}O_2$。各种级别的松香产品的理化性能指标（国标）详见表 3-3-1。

表 3-3-1　各级松香的理化性能指标（GB/T 8145—2003）

指　标		特级	一级	二级	三级	四级	五级
外观		透　明　体					
颜色		微黄	淡黄	黄色	深黄	黄棕	黄红
		符合松香色度标准块的颜色要求					
软化点（环球法）/℃	≥	76.0		75.0		74.0	
酸值/（mgKOH/g）	≥	166.0		165.0		164.0	
不皂化物含量/%	≤	5.0		5.0		6.0	
乙醇不溶物/%	≤	0.030		0.030		0.040	
灰分/%	≤	0.020		0.030		0.040	

（2）氢化松香　氢化松香是脂松香在高温高压的氢气条件下，经过钯碳催化剂的催化氢化而生成的改性松香产品。由于经过氢气的加成，松香菲环上原来的不饱和双键全部或部分被氢气饱和，生成的氢化松香产品质量稳定、颜色浅、耐氧化，和许多高分子弹性体的相容性增加。氢化松香的主要化学成分是二氢树脂酸，分子式为 $C_{20}H_{32}O_2$。各种级别的氢化松香产品的理化性能指标（国标）详见表 3-3-2。

表 3-3-2　各级氢化松香的理化性能指标（GB/T 14020—2006）

项　目			指　标				
			普通氢化松香			高度氢化松香	
			特级	一级	二级	特级	一级
外观			透明				
颜色	玻璃色块比色		符合松香色度标准块的要求				
	不深于罗维邦色号	黄	12	20	30	12	20
		红	1.4	2.1	2.5	1.4	2.1
酸值/（mgKOH/g）		≥	162.0	160.0	158.0	164.0	160.0
软化点（环球法）/℃		≥	72.0	71.0	70.0	73.0	72.0
乙醇不溶物/%		≤	0.020	0.030	0.040	0.020	0.030
不皂化物/%		≤	7.0	8.0	9.0	7.0	8.0
枞酸/%		≤	2.00	2.50	3.00	0.50	1.00
去氢枞酸/%		≤	10.0	10.0	15.0	8.0	10.0
氧吸收量[①]/%		≤	0.20	0.20	0.30	0.20	0.20
四氢树脂酸/%		≥	—			30.0	

① 根据用户需要选测。

（3）歧化松香　是脂松香在钯碳催化剂的催化反应下，松香树脂酸中的枞酸型树脂酸发生脱氢和加氢作用，生成以去氢枞酸为主要成分的改性松香树脂。通常歧化松香中去氢枞酸含量达到 45% 以上，枞酸型树脂酸含量降低到 1% 以下。通过钯碳催化歧化反应，松香树脂的稳定性和耐氧化性大大提高。歧化松香产品的理化性能指标详见表 3-3-3。

（4）马来松香　是由脂松香和顺丁烯二酸酐（马来酸酐）发生加成反应生成的产物，加成物主要是马来海松酸。马来海松酸的分子式为 $C_{24}H_{32}O_5$，分子量为 400.52。马来松香根据马来酸酐加入量的不同，分 115 马来松香和 103 马来松香两个品种。它们的理化性能指标详见表 3-3-4。

表 3-3-3　各级歧化松香的理化技术指标（LY/T 1357—2008）

项　目			特级品	一级品
颜色	罗维邦色号　　　≤	黄	20	40
		红	2.1	3.4
	玻璃色块比色		符合松香特级的要求	符合松香三级的要求
外观			透明	
枞酸/%		≤	0.10	0.50
去氢枞酸/%		≥	52.0	45.0
软化点(环球法)/℃		≥	75.0	75.0
酸值/(mgKOH/g)		≥	155.0	150.0
不皂化物/%		≤	10.0	12.0

表 3-3-4　马来松香的理化技术指标（GB/T 14021—2009）

指标名称		115 马来松香	103 马来松香
颜色	色泽	红棕	黄红
	不深于"中国松香颜色分级标准"	—	五级
外观		透明固体	
软化点(环球法)/℃　　　　　　≥		106.0	84.0
酸值/(mgKOH/g)　　　　　　≥		220.0	178.0
皂化价/(mg/g)　　　　　　　≥		280.0	192.0
马来酸酐加成物含量/%　　　　≥		47.0	10.0
乙醇不溶物含量/%　　　　　　≤		0.060	0.050

（5）聚合松香　是一种无定形的透明固体，它是由脂松香在强酸或路易斯酸的催化下，松香树脂酸中的双键发生聚合反应后生成的产物。聚合松香主要化学成分是二聚树脂酸，分子式为 $C_{40}H_{60}O_4$。按二聚树脂酸含量的不同，分为 115 和 140 两种牌号。又根据不同的聚合工艺，分为 A、B 两个品种。聚合松香的理化性能指标详见表 3-3-5。

2. 国外松香及改性松香产品

美国 Hercules 公司是生产和销售松香及改性松香的代表厂商。该公司的主要产品牌号及其理化性能如表 3-3-6 所示。

表 3-3-5　各种聚合松香的理化技术指标（LY/T 1744—2008）

项　目		A 型		B 型	
		115	140	115	140
颜色	玻璃色块　浅于或等于	二级		四级	
	加纳色号　浅于或等于	8		10	
外　观		透　明			
软化点（环球法）/℃		110.0～120.0	135.0～145.0	110.0～120.0	135.0～145.0
酸值/（mgKOH/g）　≥		145.0	140.0	145.0	140.0
乙醇不溶物/%　≤		0.050		0.030	
热水溶物/%　≤		0.20		0.20	

注：品种 A 采用以硫酸为催化剂，以汽油为溶剂的聚合工艺；品种 B 采用以硫酸-氯化锌为催化剂，以汽油为溶剂的聚合工艺。

表 3-3-6　美国 Hercules 公司松香及改性松香产品牌号及其理化性能

产品牌号	外观	软化点/℃	颜色	酸值/（mgKOH/g）
Staybelite Resin（富油松香）	玻璃状固体	70（环球法）	X（USDA）	160
Staybelite Resin E（氢化松香）	玻璃状固体	80（滴落法）	5（加纳色号）	162
Foralax-E Resin（全氢化松香）	浅色玻璃状固体	81（滴落法）	≤1（加纳色号）	165
Resin 731DTM（歧化松香）	浅色玻璃状固体	80（滴落法）	N（USDA）	154
Poly-Pale Resin（聚合松香）	玻璃状固体	102（环球法）	WG（USDA）	144
Dymerex Resin（二聚松香）	玻璃状固体	137（环球法）	M（USDA）	145

二、松香及改性松香树脂产品

松香及改性松香树脂产品，是指通过利用普通松香或改性松香中的羧基，发生酯化、皂化、氨解、还原等化学反应，生成松香酯、松香盐、松香腈、松香胺、松香醇等化合物。这些松香或改性松香树脂产品比普通的松香或改性松香具有更优良的性质：提高对氧气、高温、紫外线的稳定性，减少结晶，增加耐低温性能和增加与高分子材料的相容性。其中松香及改性松香与各种各样的醇经酯化反应后生成的酯类化合物，具有不同的分子量、软化点、黏度及相容性。松香及改性松香酯类产品是松香树脂中最庞大的一类产品，通过设计和制造，可以生产出各种性能的树脂产品满足不同的要求。

1. 国产松香及改性松香酯类产品和理化性能

（1）松香酯类树脂　主要成分是枞酸型树脂酸的酯类化合物，松香与不同分子量的醇经高温酯化反应后，生成具有各种软化点的酯类树脂，应用于不同的需要，如表 3-3-7 所示。

（2）氢化松香酯类树脂　主要成分是二氢枞酸型树脂酸的酯类化合物，二氢枞酸只含一个双键结构，比普通松香（含共轭双键的枞酸）耐候性、抗氧化性强。氢化松香与不同分子量的醇反应生成具有各种软化点的氢化松香酯类树脂，应用于不同的需要，如表 3-3-8 所示。

表 3-3-7 松香酯类树脂的物理性能

名　称	分子量	外观	黏度/Pa·s	软化点/℃	颜色①	酸值/(mgKOH/g)	溶解性
松香甲酯	316	浅黄色透明黏稠液体	4.0~5.0（25℃）	—	≤3	10	溶于绝大多数有机溶剂,包括甲醇、乙醇、异丙醇、乙醚、丙酮、氯仿、乙酸乙酯、甲苯等;不溶于水
松香乙酯	330	浅黄色透明黏稠液体	3.5~4.0（25℃）	—	≤3	13	溶于大多数有机溶剂,包括乙醇、异丙醇、乙醚、丙酮、氯仿、乙酸乙酯、甲苯等;不溶于水
松香丁酯	358	浅黄色透明黏稠液体	2.8~3.3（25℃）	—	≤4	15	溶于大多数有机溶剂,包括异丙醇、乙醚、丙酮、氯仿、乙酸乙酯、甲苯等,不溶于水
松香辛酯	414	浅黄色透明黏稠液体	1.6~2.0	—	≤5	20	溶于大多数有机溶剂,包括异丙醇、乙醚、丙酮、氯仿、乙酸乙酯、甲苯等;不溶于甲醇、乙醇和水
松香乙二醇酯	630	浅黄色透明固体	—	6~65	5~7	30	溶于乙醚、丙酮、氯仿、乙酸乙酯、甲苯等;不溶于水
松香二甘醇酯	674	浅黄色透明固体	—	40~45	6~7	30	溶于乙醚、丙酮、氯仿、乙酸乙酯、甲苯等;不溶于水
松香多聚甘醇酯	700~800	浅黄色透明黏稠体	—	20~30	6~8	30	溶于乙醚、乙酸乙酯、甲苯等;不溶于水
松香甘油酯	800	浅黄色透明固体	—	85~95	4~7	11	溶于乙醚、丙酮、氯仿、乙酸乙酯、甲苯等;不溶于水
松香季戊四醇酯	1130	浅黄色透明固体	—	95~105	5~7	20	溶于乙醚、丙酮、氯仿、乙酸乙酯、甲苯等;不溶于水

① 指加纳色号。

表 3-3-8 氢化松香酯类树脂的物理性能

名　称	分子量	外观	黏度/Pa·s	软化点/℃	颜色①	酸值/(mgKOH/g)	溶解性
氢化松香甲酯	318	浅黄色透明黏稠液体	4.0~4.8（25℃）	—	≤2	10	溶于甲醇、乙醇、异丙醇、乙醚、丙酮、氯仿、乙酸乙酯、甲苯等,不溶于水
氢化松香辛酯	416	浅黄色透明黏稠液体	1.5~2.0（25℃）	—	≤3	20	溶于异丙醇、乙醚、丙酮、氯仿、乙酸乙酯、甲苯等,不溶于水
氢化松香乙二醇酯	632	浅黄色透明固体	—	55~60	5~6	30	溶于乙醚、丙酮、氯仿、乙酸乙酯、甲苯等,不溶于水
氢化松香二甘醇酯	676	浅黄色透明固体	—	35~40	6~7	30	溶于乙醚、丙酮、氯仿、乙酸乙酯、甲苯等,不溶于水
氢化松香多聚甘醇酯	700~800	浅黄色透明黏稠液体	—	20~30	6~7	≤30	溶于乙醚、乙酸乙酯、甲苯等,不溶于水
氢化松香甘油酯	800（平均）	浅黄色透明固体	—	85~90	4~6	≤11	溶于乙醚、丙酮、氯仿、乙酸乙酯、甲苯等,不溶于水
氢化松香季戊四醇酯	1130（平均）	浅黄色透明固体	—	95~100	5~6	20	溶于乙醚、丙酮、氯仿、乙酸乙酯、甲苯等,不溶于水

① 指加纳色号。

（3）其他松香酯类树脂

① 歧化松香酯　主要成分是去氢枞酸酯。歧化松香酯热稳定性、耐氧化性和耐候性都优于普通松香酯，如表 3-3-9 所示。

表 3-3-9　歧化松香酯的物理性能

名称	分子量	外观	软化点（环球法）/℃	颜色[①]	酸值/(mgKOH/g)	溶解性
歧化松香甘油酯	800	浅黄色透明固体	85～90	4～6	11	溶于乙醚、丙酮、氯仿、乙酸乙酯、甲苯等，不溶于水
歧化松香季戊四醇酯	1130	浅黄色透明固体	95～100	5～6	20	溶于乙醚、丙酮、氯仿、乙酸乙酯、甲苯等，不溶于水

① 指加纳色号。

② 马来松香酯　主要成分是马来海松酸及海松酸型树脂酸的酯，根据原料马来松香中马来海松酸加成物的含量不同，其酯类化合物的软化点不同，马来海松酸加成物的含量越多，马来松香酯的软化点越高，主要马来松香酯的物理性能如表 3-3-10 所示。

表 3-3-10　马来松香酯的物理性能

名称	外观	软化点/℃	颜色[①]	酸值/(mgKOH/g)	溶解性
来松香甘油酯	棕黄色透明固体	125～130（环球法）	8～10	10	溶于乙醚、丙酮、氯仿、乙酸乙酯、甲苯等，不溶于水
马来松香季戊四醇酯	棕黄色透明固体	130～135（环球法）	8～10	20	溶于乙醚、丙酮、氯仿、乙酸乙酯、甲苯等，不溶于水

① 指加纳色号。

③ 聚合松香酯　聚合松香酯分为聚合松香酯和二聚松香酯，两者主要是松香二聚体的含量不同，松香二聚体含量越多，聚合松香酯软化点越高。聚合松香的物理性能如表 3-3-11 所示。

表 3-3-11　聚合松香酯的物理性能

名称	外观	软化点/℃	颜色[①]	酸值/(mgKOH/g)	溶解性
聚合松香甘油酯	棕黄色透明固体	120～125（环球法）	8～10	10	溶于氯仿、乙酸乙酯、甲苯、矿物油等，不溶于水
二聚松香甘油酯	棕黄色透明固体	145～150（环球法）	9～10	10	溶于氯仿、乙酸乙酯、甲苯、矿物油等，不溶于水
聚合松香季戊四醇酯	棕黄色透明固体	130～135（环球法）	8～10	20	溶于氯仿、乙酸乙酯、甲苯、矿物油等，不溶于水
二聚松香季戊四醇酯	棕黄色透明固体	155～160（环球法）	10～11	20	溶于氯仿、乙酸乙酯、甲苯、矿物油等，不溶于水

① 指加纳色号。

2. 国外松香及改性松香酯类产品

美国 Hercules 公司生产和销售的主要产品牌号及其物理性能如表 3-3-12 所示。

表 3-3-12　美国 Hercules 公司松香及改性松香酯类产品的物理性能

序号	产品牌号	外观	软化点(滴落法)/℃	颜色(USDA)	酸值/(mgKOH/g)
1	ABALYN(松香甲酯)	浅黄色液体	—	≤6(加纳色号)	6
2	HERCOLYN-D(氢化松香甲酯)	浅黄色液体	—	≤2(加纳色号)	7
3	STAYBELITE ESTER 3(氢化松香三甘酯)	液体	—	N	7
4	STAYBELITE ESTER 10(氢化松香甘油酯)	玻璃状固体	83	WG	8
5	PENTALYN H(氢化松香季戊四醇酯)	浅黄色固体	104	N	12
6	FORAL 85(全氢化松香甘油酯)	浅黄色固体	82	X	9
7	FORAL 105(全氢化松香季戊四醇酯)	浅黄色固体	104	WW	12
8	PENTALYN-A(松香季戊四醇酯)	黄色固体	111	N	12
9	POLY-PALE ESTER 10(聚合松香甘油酯)	黄色固体	114	N	7
10	LEWISOL-7(二聚松香甘油酯)	黄色固体	167	M	7
11	PENTALYN C(聚合松香季戊四醇酯)	黄色固体	133	K	14
12	PENTALYN K(二聚松香季戊四醇酯)	黄色固体	188	G	13
13	LEWISOL 28(马来松香甘油酯)	黄色固体	141	N	37
14	PENTALYN G(马来松香季戊四醇酯)	黄色固体	135	N	14
15	PENTALYN X(马来松香季戊四醇酯)	黄色固体	159	N	14

三、松香类乳液型树脂产品

松香树脂通常是一类油溶性树脂，不溶于水。随着胶黏剂工业中乳液型胶黏剂的发展和大量应用，乳液型增黏树脂的应用和需求也日趋增加。乳液型松香树脂能很好地和各种乳液型胶黏剂混合。根据选用的树脂品种不同，可以得到不同性能的乳液型树脂，满足不同乳液型胶黏剂的需要。

1. 乳液型松香树脂生产工艺简介

乳液型松香树脂是由松香酯类树脂在乳化剂的作用下，经过乳化分散，在水中形成一种稳定均匀的乳液。乳液型松香树脂制备工艺有三种方法：常压逆转乳化法、溶剂助溶乳化法和高温高压乳化法。

常压逆转乳化操作简单，设备要求低，生产成本较低，但只适用于低软化点的树脂品种。

溶剂助溶乳化操作不复杂，比较容易掌握，设备要求不高，适用于大部分树脂品种，但需溶剂回收装置，产品中有少量溶剂存在。

高温高压乳化设备要求高，投资大，操作不易掌握，乳化剂需耐高温，优点是成品中无溶剂、原料成本低。

2. 国产乳液型松香树脂产品

国内生产和销售的各种松香酯类增黏树脂乳液产品及其理化性能如表 3-3-13 所示。

3. 国外主要乳液型松香树脂产品

① 美国 Hercules 公司乳液树脂产品的牌号和主要技术指标如表 3-3-14 所示。

② 日本荒川化学工业（株）乳液树脂产品牌号和技术指标如表 3-3-15 所示。

表 3-3-13 各种松香酯类树脂乳液产品及其理化性能

品　　种	软化点/℃	外观	固含量/%	粒径/μm	pH 值	稳定性/月
松香甲酯	黏稠液体	乳白色	55	≤1	5～6	≥6
松香二甘醇酯	35～40	乳白色	52～55	≤1	6～8	≥6
松香乙二醇酯	55～60	乳白色	52～55	≤1	6～8	≥6
氢化松香甘油酯	80～85	乳白色	50～52	≤1	6～7	≥6
松香甘油酯	85～90	乳白色	48～52	≤1	5～7	≥6
氢化松香季戊四醇酯	95～100	乳白色	50～52	≤1	5～7	≥6
松香季戊四醇酯	100～105	乳白色	48～52	≤1	5～7	≥6
聚合松香	115	乳白色	45～48	≤1	5～7	≥6
聚合松香甘油酯	130	乳白色	45	≤1	5～7	≥6
萜烯树脂	100	乳白色	50	≤1	5～7	≥6

表 3-3-14 美国 Hercules 公司乳液树脂产品牌号和主要技术指标

牌号	固含量/%	离子型	pH 值	稳定性/月
HERCOLYN D55WK(氢化松香甲酯)	53.5～56.5	阴离子	9～11	＞6
STAYBELITE 10 Ester55WKX(氢化松香甘油酯)	54～56	阴离子	9～11	＞6
PENTALYN H 55 WBX(氢化松香季戊四醇酯)	53.5～56.5	阴离子	7～10	＞6
DRESINOL 155(聚合松香酯)	39～41	阴离子	10.7	＞6

表 3-3-15 日本荒川化学工业（株）乳液树脂产品牌号和技术指标

项目　　牌号	E-720	E-730-55	E-650	E-102	KE-756B
pH 值	5～7	5～7	5～8	6～8	6～8
不挥发分/%	50～51	55～56	50～51	52～54	50～51
黏度/mPa·s	200 以下	200 以下	200 以下	200 以下	200 以下
平均粒径/μm	0.5～0.6	0.5～0.6	0.5～0.6	0.5～0.6	0.5～0.6
离子型	阴离子	阴离子	阴离子	阴离子	阴离子
软化点/℃	100±5	125±5	160±5	150±5	100±5
外观	白色乳液	白色乳液	白色乳液	—	—
树脂品种	稳定松香	稳定松香	聚合松香	萜酚树脂	石油树脂
放置稳定性	优异	优异	优异	优异	优异

第二节　萜烯类树脂

一、概述

萜烯类树脂主要指以松节油为原料，经阳离子催化聚合反应后生成的树脂状固体。如将原料松节油中的 α-蒎烯和 β-蒎烯先分离提纯后再聚合反应，则相应生成 α-萜烯树脂和 β-萜烯树脂。中国的松节油主要以 α-蒎烯为主。萜烯树脂生产厂家所用的松节油不经过分离而直接用于聚合，其产品通常称为萜烯树脂。松节油中有少量的双戊烯（柠檬），柑橘橙类果皮的油中含有丰富的双戊烯，通过提取纯化后也可以聚合成固体树脂，这种树脂称为柠檬树脂。另外，各种萜烯可以和苯酚共聚，生成的树脂称为萜烯-苯酚树脂或萜酚树脂。这些树脂通称为萜烯类树脂。

萜烯类树脂和松香类树脂的主要区别是：萜烯类树脂主要成分是碳氢链化合物，不含氧原子及羧酸和酯基团，所以萜烯类树脂的极性比松香类树脂弱，与橡胶类弹性体的相容性好。

二、萜烯类树脂生产工艺简介

1. 原料

已除去水分和氧化物的萜烯原料（松节油、α-蒎烯、β-蒎烯等）、甲苯、阳离子催化剂（无水三氯化铝等）。

2. 生产工艺

在聚合反应釜中加入与松节油量相等量的甲苯溶剂，控制温度在 $-5\sim10$℃，加入部分量的无水三氯化铝催化剂（催化剂的总量为萜烯原料的 5%～8%），搅拌下滴加入松节油等萜烯原料，控制反应温度在 5℃左右，直至全部加完松节油等萜烯原料。保温（5℃左右）3h 后酸性水解，经水洗二次，测树脂液 pH 为中性后，分去水分。常压蒸馏除去甲苯、水分、萜烯低聚物（低分子量萜烯）。减压蒸馏除去液体状树脂物馏分。冷却放空，放出蒸馏釜中的树脂，得固体状萜烯树脂产品。

国内生产和销售的萜烯树脂产品分为三级，其技术指标见表 3-3-16。

表 3-3-16　国产萜烯树脂产品技术指标

指标名称		特级	一级	二级
软化点(环球法)/℃	≥	80～120	80～120	80～120
色泽(加纳色号)	≤	6′	8	10
酸值/(mgKOH/g)	≤	1.0	1.0	1.0
皂化值/(mgKOH/g)	≤	1.0	1.0～1.5	1.5
碘值/(mgI/g)	≤	40～75	40～75	40～75
甲苯不溶物/%	≤	0.05	0.05	0.05

3. 国外萜烯类树脂主要产品牌号及其技术指标

美国 Hercules 公司的产品及其性能指标如下。

① PICCOLYTE A 系列（α-蒎烯树脂）产品如表 3-3-17 所示。

表 3-3-17　美国 Hercules 公司的 PICCOLYTE A 系列（α-蒎烯树脂）产品

名称	软化点(环球法)/℃	色泽(加纳色号)	酸值/(mgKOH/g)	皂化值/(mgKOH/g)	溴值/(mgBr/g)	相对密度(25℃)
PICCOLYTE A115	115	6	<1	<1	31.5	0.97
PICCOLYTE A125	125	5	<1	<1	31	0.98
PICCOLYTE A135	135	5	<1	<1	27	0.98

② PICCOLYTE C 系列（D-柠烯树脂）如表 3-3-18 所示。

③ PICCOLYTE S 系列（β-蒎烯树脂）如表 3-3-19。

④ PICCOFYN A 系列（萜酚树脂）如表 3-3-20 所示。

表 3-3-18　美国 Hercules 公司的 PICCOLYTE C 系列（D-柠烯树脂）产品

名称	软化点 （环球法）/℃	色泽 （加纳色号）	酸值 /(mgKOH/g)	皂化值 /(mgKOH/g)	溴值 /(mgBr/g)	相对密度 （25℃）
PICCOLYTE C10	10	4	<1	<2	—	—
PICCOLYTE C100	100	4	<1	<2	27	0.99
PICCOLYTE C115	115	4	<1	<2	28	0.99
PICCOLYTE C125	125	4	<1	<2	28	0.99
PICCOLYTE C135	131	4	<1	<2	27	0.99

表 3-3-19　美国 Hercules 公司的 PICCOLYTE S 系列（β-蒎烯树脂）产品

名称	软化点 （环球法）/℃	色泽 （加纳色号）	酸值 /(mgKOH/g)	皂化值 /(mgKOH/g)	溴值 /(mgBr/g)	相对密度 （25℃）
PICCOLYTE S10	10	2	<1	<1	15	0.93
PICCOLYTE S25	25	2	<1	<1	19	0.94
PICCOLYTE S55	55	2	<1	<1	23	0.96
PICCOLYTE S70	70	2	<1	<1	25	0.98
PICCOLYTE S85	85	2	<1	<1	25	0.99
PICCOLYTE S100	100	2	<1	<1	30	0.99
PICCOLYTE S115	115	2	1	<1	30	0.99
PICCOLYTE S125	125	2	<1	<1	27	0.99
PICCOLYTE S135	135	2	<1	<1	27	0.99

表 3-3-20　美国 Hercules 公司的 PICCOFYNA 系列（萜酚树脂）产品

名称	软化点(环球法)/℃	颜色(加纳色号)	酸值/(mgKOH/g)	相对密度(25℃)
PICCOFYN A100	100	7	0	1.03
PICCOFYN A115	115	7	0	1.03
PICCOFYN A135	135	7	0	1.03

● 第三节　石油树脂

一、概述

石油树脂主要是指以裂化石油的副产品（烯烃或环烯烃）进行聚合反应生成的聚合物。裂化石油的副产品烯烃和环烯烃主要指 C_5 和 C_9 馏分。C_5 为脂肪烃族馏分，C_9 为芳香烃族馏分。C_5 脂肪烃族馏分中可提纯出环戊二烯烃组分，C_5、C_9 和环戊二烯烃可分别聚合或混配聚合生成各种性能的树脂。通常混合 C_5 脂肪烃族馏分的聚合物叫脂肪烃树脂，简称 C_5 树脂；混合 C_9 芳香烃族馏分的聚合物叫芳烃树脂，简称 C_9 树脂。C_5、C_9 混合烯烃聚合物叫混合石油树脂，纯环戊二烯烃的聚合物叫纯 C_5 脂肪烃树脂或纯单体烯烃树脂等。石油树脂具有酸值低、混溶性好、耐水、耐乙醇和耐化学品等特点。石油树脂经催化氢化加氢后成为氢化石油树脂。氢化石油树脂具有色泽浅、耐热、耐氧化以及品质稳定等优点。

二、国内石油树脂产品介绍

国内石油树脂生产厂家，在 20 世纪 80～90 年代主要是一些依附在大型石化企业附近的中小型树脂合成厂。通过获得大型石化企业的副产品 C_5 和 C_9 馏分直接用于聚合生产，产品质量不高，品种少，产品技术指标不稳定。20世纪90年代后期至今，国内许多厂家经过技术进步和引进，或与国外大型树脂厂合作、合资，产品质量不断提高，产品形成系列，产品技术指标稳定。如中国和美国埃克森美孚石油化工控股公司合资的上海金森石油树脂有限公司等。

上海金森石油树脂有限公司生产的石油树脂产品 ESCREZ-1000 系列和 ESCREZ-2000 系列的规格指标如表 3-3-21 及表 3-3-22 所示。

表 3-3-21　ESCOREZ-1000 系列

物化性能	E-1102F	E-1265	E-1310	E-1304	E-1401
软化点/℃	97~104	94~101	91~97	96~104	115~123
色泽(加纳色号)	6.5	6.5	6.0	6.0	6.0
不溶物(体积分数)/%	0.050	0.050	0.050	0.050	0.050

表 3-3-22　ESCOREZ-2000 系列

物化性能	E-2101	E-2184	E-2203	E-2203LC
软化点/℃	97~104	94~101	91~97	96~104
色泽(加纳色号)	6.5	6.5	6.0	6.0
不溶物(体积分数)/%	0.050	0.050	0.050	0.050

三、国外石油树脂产品技术指标

美国 Hercules 公司生产和销售的石油树脂产品牌号及主要技术指标如表 3-3-23～表 3-3-25 所示。

表 3-3-23　美国 Hercules 公司脂肪族烯烃树脂牌号及主要技术指标

名称	软化点(环球法)/℃	颜色[①]	酸值/(mgKOH/g)	相对密度(25℃)
PICCOPALE 100BHT	100	8	<1	0.97
PICCOYAC BBHT	100	5+	<1	0.96
PICCODIENE 2285	140	12	<1	1.10

① 加纳色号。

表 3-3-24　美国 Hercules 公司纯单体烯烃树脂牌号及主要技术指标

名称	软化点(环球法)/℃	颜色[①]	酸值/(mgKOH/g)	相对密度(25℃)
PICCOLASTIC A75	75	2	<1	1.06
PICCOTEX 75	75	<1	<1	1.04
KRISTALEX 3085	85	<1	<1	1.06
PICCOTEX 120	120	<1	<1	1.04
PICCOLASTIC D150	146	3	<1	1.05

① 加纳色号。

表 3-3-25　美国 Hercules 公司芳烃族树脂牌号及主要技术指标

名称	软化点(环球法)/℃	颜色[①]	酸值/(mgKOH/g)	相对密度(25℃)
PICCVAR AP25	32	13	<1	1.01
PICCOVAR L60	58	11	<1	1.05
HERCOTAC AD4100BH	100	7	<1	1.04
PICCO 6100	100	9	<1	1.06
PICCO 6140	140	11	<1	1.07

① 加纳色号。

第四节　国内外松香树脂和石油树脂生产情况

一、概况

胶黏剂工业所应用的树脂品种主要是松香及改性松香、松香酯类、萜烯树脂、石油树脂等。松香、改性松香、松香酯类、萜烯树脂是以天然萜烯类化合物为原料加工制造的，其属性可归为天然树脂，是一种可再生资源型树脂。石油树脂是以石油工业的副产品 C_5、C_9 馏分中的烯烃部分为原料加工制造的，属于不可再生资源型树脂。

中国的松树资源丰富，年可采松脂货源达 120 万吨，主要分布在广东、广西、福建、江西、云南等省。21 世纪初，中国松香产量已达 40 万吨以上，松节油 8 万吨左右。其中松香产量的一半出口日本、西欧等地区，占世界松香贸易量的 40%。中国的松香树脂生产历史不长，20 世纪 50 年代后期主要在各省区松香产地就近加工生产，即各地的松香生产厂。中国松香年产量基本保持在 40 万吨，以松香为原料加工改性的松香树脂和松香酯类树脂的生产能力有 6 万～8 万吨，年生产量分配情况大约为：氢化松香 6000t、歧化松香 15000t、马来松香 8000t、聚合松香 10000t、松香酯类树脂 30000t、其他树脂 10000t。

中国的松香及松香树脂生产厂的分布很广，松香产地的各个县市及乡镇都有生产厂。根据各个生产厂的规模和技术水平的差异，其松香产品的质量和品种相差很大。中国金龙松香集团公司所属生产厂具有较大生产规模和较高的技术水平，其产品质量和品种都达到国内领先水平。如：广西梧州松脂厂、广东封开林化厂、广东德庆林化厂、广西苍梧松脂厂、广西玉林松香厂、湖南株洲林化厂、福建永安松香厂等。20 世纪 90 年代后期，这些企业中有部分厂家和国外树脂厂组成合资企业，利用中国的松香资源优势，引进和开发了一些高品质、新品种的松香树脂产品。

松香树脂和石油树脂的生产在国外已有相当长的历史和产量。国外的主要生产厂在美国的有 Hercules Inc.（大力士）公司、Sylvachem 公司、Arizona 公司、Reichhol 公司。其中 Hercules Inc.（大力士）公司产量最大，品种最多。生产松香树脂和石油树脂的日本企业有荒川化学工业（株）、播磨化成（株）、安源化成（株）等。美国的松香树脂工业主要原料以本国庞大的造纸工业中回收的浮油松香为基础，日本则以进口中国的脂松香和国外的浮油树脂加工提炼成浮油松香为基础。

二、国内主要生产企业及其产品

国内松香树脂和石油树脂主要生产企业及其产品如表 3-3-26 所示。

表 3-3-26　国内松香树脂和石油树脂主要生产企业及其产品

生产厂家	主要产品
广西梧州松脂股份有限公司	脂松香、松节油、歧化松香、歧化松香钾皂、松香酯树脂等
广东封开林化厂	脂松香、松节油、马来松香、松香酯树脂、萜烯树脂等
湖南株洲林化厂	氢化松香、氢化松香酯树脂、食用级氢化松香酯树脂等
广西玉林松香厂	脂松香、松节油、马来松香、松香酯树脂等
广东德庆林化厂	脂松香、松节油、松香酯树脂等
广西苍梧松脂厂	脂松香、松节油、氢化松香、松香酯树脂、氢化松香酯树脂等
福建永安松香厂	脂松香、松节油、马来松香、聚合松香、松香酯树脂等

生产厂家	主 要 产 品
广东广宁林化厂	脂松香、松节油、聚合松香、松香酯树脂等
广西桂林化工厂	聚合松香
福建清流香料厂	萜烯树脂
上海金森石油树脂有限公司	石油树脂
山东淄博树脂厂	石油树脂

三、国外主要生产企业及其产品

生产厂家的主要产品：美国 Hercules Inc.（大力士）公司有浮油松香、马来松香、歧化松香、松香酯、萜烯树脂、石油树脂等，日本荒川化学工业（株）有浮油松香、氢化松香、歧化松香、松香酯等。

参 考 文 献

[1] 孙玉. 国内外 C_5 石油树脂市场分析. 化工科技，2010，(4)：67-70.
[2] 杜新胜. C_5 石油树脂的研究与进展. 上海涂料，2009，(1)：32-35.
[3] 阎慧. C_9 石油树脂的研究进展. 应用化工，2011，(6)：1083-1088.
[4] 毛兵. 国内石油树脂消费现状及预测. 粘接，2012，(5)：32-33.

第四章

交联剂和其他助剂

冯世英　陈轶黎

第一节　交联剂

　　压敏胶中作为主要成分使用的天然橡胶、合成橡胶以及丙烯酸酯聚合物均是热塑性聚合物。当提高压敏胶的一些性能和使用温度时，这些聚合物的耐蠕变性将成为问题。为了改进这些缺点，可以用以下几种方法加以解决：①使用分子量大的原料；②加入填料防止橡胶分子链段的滑移；③像 SIS、SBS 这样的热塑性弹性体那样，用苯乙烯共聚提高橡胶的蠕变性能；④利用橡胶加硫或使热塑性树脂得到改性的各种交联反应。以上这些方法中，交联是提高压敏胶黏剂耐蠕变性能的最佳有效办法。图 3-4-1 显示了交联密度与压敏胶性能的关系。很明显，交联能很好提高压敏胶的耐蠕变性能，同时也能提高耐溶剂性、耐湿性和耐化学品性。很多交联方法已在压敏胶黏剂工业中得到了应用。弹性体的种类不同，交联剂和交联方法也不同。大多数的橡胶弹性体交联方法是将硫化剂加入到弹性体中，经加热或其他方式处理使弹性体分子产生交联，形成三维网状结构。丙烯酸酯聚合物的交联是通过共聚物中所含的官能团和

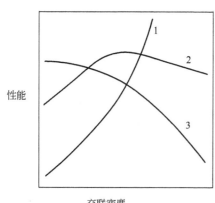

图 3-4-1　交联密度对压敏胶黏剂性能的影响
1—耐蠕变性能；2—剥离黏合力；3—初黏力

交联剂起反应来实现的。交联度的大小由所需要的压敏胶黏剂性能决定，尤其是初黏性所决定。本节将对压敏胶黏剂中常用的一些交联剂进行介绍。

一、硫黄及其他含硫交联剂

　　硫黄和其他含硫交联剂统称为含硫交联剂。硫交联剂可用于天然橡胶、丁苯橡胶和其他二烯类橡胶为基体的压敏胶黏剂中。在使用酚醛树脂进行交联之前，该法是首选的交联方法。硫交联剂的主要缺点是碳硫键不稳定，硫在电气胶黏带中会存在腐蚀性，含硫的胶黏剂具有污染性。硫黄或硫给予体化合物与橡胶在加热时的交联反应相当缓慢，在配方中加入硫

促进剂可以缩短交联时间、降低硫化温度及减少硫黄用量。表 3-4-1 和表 3-4-2 分别列出了压敏胶中常用的给硫化合物和常用促进剂，其中噻唑类和次磺酰胺类是最主要的促进剂。

表 3-4-1 常用硫给予体交联剂

化学名称	分 子 式	化学名称	分 子 式
二硫化四甲基秋兰姆	$(CH_3)_2NC(S)SSC(S)N(CH_3)_2$	二硫代吗啡啉	
二硫化四乙基秋兰姆	$(C_2H_5)_2NC(S)SSC(S)N(C_2H_5)_2$		
二硫化四丁基秋兰姆	$(C_4H_9)_2NC(S)SSC(S)N(C_4H_9)_2$	2-(4-吗啡啉二硫代)苯并噻唑	
二硫化双五亚甲基秋兰姆	$C_5H_{10}NC(S)SSC(S)NC_5H_{10}$		
四硫化双五亚甲基秋兰姆	$C_5H_{10}NC(S)SSSSC(S)NC_5H_{10}$	二硫代氨基甲酸硒	$[R_2NC(S)S]_2Se$

表 3-4-2 常用的硫化促进剂种类和特点

分类	化 学 名	分子结构式	用 途 特 点
二硫代氨基甲酸盐类	五亚甲基二硫代氨基甲酸哌啶（PPDC）		NR、BR、NBR 和胶乳用的最强超促进剂
	甲基五亚甲基二硫代氨基甲酸甲基哌啶（PMPDC）		NR、SBR、NBR、IIR 和胶乳用超促进剂
	二甲基二硫代氨基甲酸锌（ZnMDC）		NR、SBR、NBR、IIR 和胶乳用，促进效力比 TMTD、TETD 大
	二乙基二硫代氨基甲酸锌（ZnEDC）		超促进剂
	二丁基二硫代氨基甲酸锌（ZnBDC）		超促进剂
	乙基苯基二硫代氨基甲酸锌（ZnEPDC）		用途与 ZnMDC、ZnEDC、ZnBDC 相同
	二甲基二硫代氨基甲酸钠（NaMDC）		用于胶乳
	二乙基二硫代氨基甲酸钠（NaEDC）		用于胶乳，比 NaMDC 促进效力大

分类	化 学 名	分子结构式	用 途 特 点
二硫代氨基甲酸盐类	二丁基二硫代氨基甲酸钠（NaBDC）	H_9C_4、H_9C_4-N-C(=S)-S-Na	用于胶乳，比 NaMDC 促进效力大
	二甲基二硫代氨基甲酸钾（KMDC）	H_3C、H_3C-N-C(=S)-S-K	用于 NR 和 SBR 胶乳
	二甲基二硫代氨基甲酸铜（CuMDC）	$[H_3C、H_3C$-N-C(=S)-S$]_2$Cu	促进效力比 TMTD、ZnMDC 等大，适用于 SBR、IIR
	二甲基二硫代氨基甲酸铁（FeMDC）	$[H_3C、H_3C$-N-C(=S)-S$]_3$Fe	超促进剂
	乙基苯基二硫代氨基甲酸铅（PbEPDC）	$[H_5C_2$、(苯基)-N-C(=S)-S$]_2$Pb	聚氨酯橡胶用硫化促进剂
	二乙基二硫代氨基甲酸硒（SeEPDC）	$[H_5C_2、H_5C_2$-N-C(=S)-S$]_4$Se	NR 和合成橡胶用超促进剂，耐热性无硫硫化剂
	二乙基二硫代氨基甲酸碲（TeEDC）	$[H_5C_2、H_5C_2$-N-C(=S)-S$]_4$Te	NR 和合成橡胶用超促进剂
黄原酸盐	正丁基黄原酸锌（ZnBX）	$[C_4H_9$-O-C(=S)-S$]_2$Zn	NR、SBR、NBR、CR 和胶乳用低温硫化促进剂
	异丙基黄原酸钠（NaPX）	CH_3、CH_3-CH-O-C(=S)-S-Na·$2H_2O$	水溶性超促进剂
硫磷酸盐类	哌嗪-双（O,O-二硬脂酰二硫代磷酸盐）（ZnPX）	$[C_{18}H_{37}O、C_{18}H_{37}O$-PSH(=S)$]_2$·HN(哌嗪)NH	在 EPDM 和高不饱和橡胶并用体系中有优异效果，适用于 EPDM/NR、EPDM/SBR、EPDM/NBR 等并用胶的共硫化
秋兰姆类	二硫化四甲基秋兰姆（TMTD）	$H_3C、H_3C$-N-C(=S)-S-S-C(=S)-N-CH_3、CH_3	超促进剂，用于 NR、SBR、NBR、IIR、BR、CR 硫化剂
	二硫化四乙基秋兰姆（TETD）	$H_5C_2、H_5C_2$-N-C(=S)-S-S-C(=S)-N-C_2H_5、C_2H_5	超促进剂，用于 NR、SBR、NBR、IIR、CR、BR 中
	二硫化四丁基秋兰姆（TBTD）	$H_9C_4、H_9C_4$-N-C(=S)-S-S-C(=S)-N-H_9C_4、H_9C_4	超促进剂，用于 NR、SBR、BR 中
	一硫化四甲基秋兰姆（TMTM）	$H_3C、H_3C$-N-C(=S)-S-C(=S)-N-CH_3、CH_3	超促进剂，用于 NR、SBR、NBR、IIR、BR 中
	四硫化双五亚甲基秋兰姆（DPTT）	(哌啶基)N-C(=S)-S-S-S-S-C(=S)-N(哌啶基)	用于 NR、SBR、NBR、IIR、BR 和胶乳

分类	化 学 名	分子结构式	用 途 特 点
噻唑类	2-硫醇基苯并噻唑(MBT)		半超促进剂,用于 NR、SBR、IIR、BR
	二硫化二苯并噻唑(MBTS)		半超促进剂,用于 NR、SBR、NBR、CR、BR
	2-硫醇基苯并噻唑锌盐(Zn-MBT)		半超促进剂,用于 NR、SBR 和胶乳
	2-硫醇基苯并噻唑钠盐(NaMBT)		半促进剂
	2-(4-吗啉基二硫代)苯并噻唑		迟效性促进剂,用于 NB、IR、BR、SBR、NBR、EPDM
	2-(2,4-二硝基苯基苯硫代)苯并噻唑(DBM)		迟效性促进剂,用于 NB、SBR、NBR
	2-硫醇基苯并噻唑环己铵盐(MH)		半超促进剂,用于 NR、SBR、NBR、BR
	N,N-二乙基二硫代氨基甲酸-2-硫醇基苯并噻唑		迟效性促进剂,用于 NR、SBR、NBR、BR
次黄酰胺类	N-环己基-2-苯并噻唑次磺酰胺(CBS)		NR、SBR、NBR、BR 用迟效性促进剂
	2-(4-吗啉基硫醇基)苯并噻唑(OBS)		NR、SBR、NBR、BR 用迟效性促进剂
	N-叔丁基-2-苯并噻唑次磺酰胺(BBS)		NR、IR、SBR、NBR、BR 用迟效性促进剂
	N,N-二环己基-2-苯并噻唑次磺酰胺		NR、IR、SBR、NBR、BR 用迟效性促进剂
	N,N-二异丙基-2-苯并噻唑次磺酰胺(DPBS)		NR、SBR、NBR、BR 用迟效性促进剂
胍类	二苯胍(DPG)		碱性促进剂,促进效力中等
	二邻甲苯胍(DOTG)		促进效力中等

分类	化 学 名	分子结构式	用 途 特 点
胍类	邻甲苯基二胍(OTBG)		促进效力与 DPG 相似
	邻苯二酚硼酸的二邻甲苯基胍盐		用于 CR
醛胺类	六亚甲基四胺(促进剂 H)		NR、SBR、NBR 用弱促进剂
	正丁醛苯胺缩合物(BAA)		用于 NR,SBR,NBR,CR
硫脲类	N,N'-二苯基硫脲(DPTU)		用于 NR、CR,促进效力类似 DPG
	二邻甲苯基硫脲(DOTU)		用于 NR、CR
	N,N'-二乙基硫脲(DEU)		用于 CR
	四甲基硫脲(TMTU)		CR 用超促进剂
	1,2-亚乙基硫脲(ETU)		CR 用超促进剂
	N,N,N'-三甲基硫脲(TMU)		CR 用超促进剂
混合促进剂	MBTS,DPG,促进剂 H 的混合物		用于 NR、SBR、NBR、BR
	FeMDC,MBT 的混合物		用于 EPDM
	ZnEDC,MBT 的混合物		用于 EPDM
	TMTD,ZnMDC 的混合物		用于 EPDM

分类	化 学 名	分子结构式	用 途 特 点
混合促进剂	TMTD,MBT 的混合物		用于 IIR,也可用于 NR、SBR、NBR,超促进剂
	TMTD,ZnMBT 的混合物		用于 IIR
	FeMDC, TMTD, MBT 的混合物		用于 EPDM
	MBT,H 的混合物		用于 NR、SBR、NBR
	MBT,MBTS,H 的混合物		使用方法同 MBT/H
	MBTS,H 的混合物		使用方法同 MBT/H

注：NR：天然橡胶；BR：丁基橡胶；SBR：丁苯橡胶；NBR：丁腈橡胶；IIR：异戊二烯橡胶；CR：氯丁橡胶。

天然橡胶典型的加硫促进剂是二丁基二硫代氨基甲酸锌（BZ），若需污染少时可用四甲基秋兰姆二硫化物（TT）和氧化锌以及 BZ 组合。表 3-4-3 是一种交联型天然橡胶压敏胶的配方，配成 25%甲苯溶液进行涂布可得到性能稳定的压敏胶黏带。

表 3-4-3　天然橡胶型压敏胶配方示例

组分	质量份	组分	质量份
天然橡胶(门尼黏度 55)	100	促进剂	
氧化锌	5	四硫化双五亚甲基秋兰姆	0.5
萜烯树脂(软化点)	90	二甲基二硫代氨基甲酸锌	2
5-叔戊基氢醌	2		

二、酚醛树脂

用热固性的烷基酚醛树脂（Resoles）可以与橡胶中的双键进行交联。它的特点是耐热性好，属非污染性交联剂。关于酚醛树脂交联的机理有两种说法：Hultzsch 的苯并二氢吡喃机理和 Van der Meer 假说，见图 3-4-2。Lattimer 的研究表明，酚醛树脂交联是属于苯并二氢吡喃机理。酚醛树脂单独使用时交联时间较长，速度较慢。为了减少交联时间，可以加入促进剂或催化剂，如氧化锌、树脂酸锌、对甲苯磺酸等。表 3-4-4 是天然橡胶用树脂酸锌促进酚醛树脂交联的压敏胶配方。

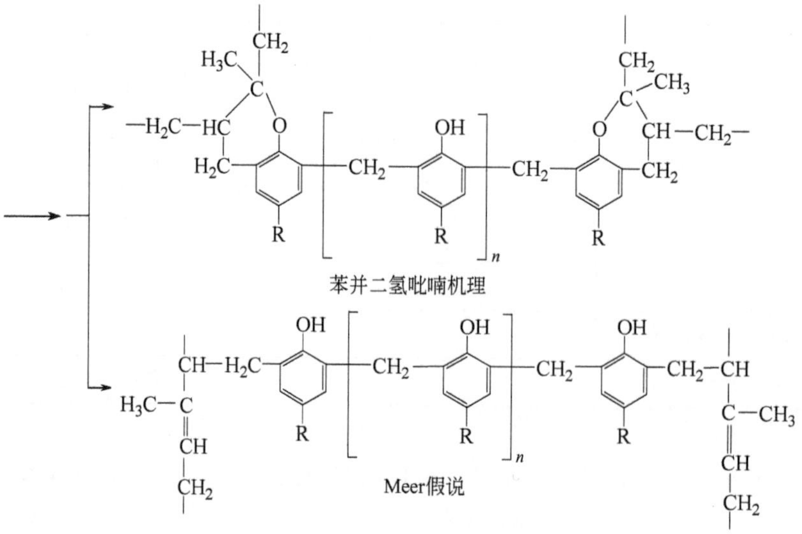

图 3-4-2　酚醛树脂交联的机理（R 为烷基）

表 3-4-4　树脂酸锌促进酚醛树脂交联的天然橡胶压敏胶配方

组分	质量份	组分	质量份
天然橡胶(生烟胶片)	100	热处理型木松香	20
氧化锌	20	烷基酚醛树脂	20
二氧化钛	20	树脂酸锌	5
萜烯树脂	60		

与普通的酚醛树脂相比，溴化酚醛树脂是最有效的交联剂。除酚醛树脂外，脲甲醛与醇的缩合物以及双酚 A 与甲醛的反应物都能用于交联，后者对丁基橡胶尤其有效。

三、三聚氰胺-甲醛树脂及其他树脂

三聚氰胺-甲醛树脂又称密胺甲醛树脂（简称蜜胺树脂），是三聚氰胺与甲醛的反应物。带有羟基、羧基的聚丙烯酸酯树脂或橡胶弹性体可以使用丁基或甲基醚化的三聚氰胺-甲醛树脂进行交联。反应机理见图 3-4-3。

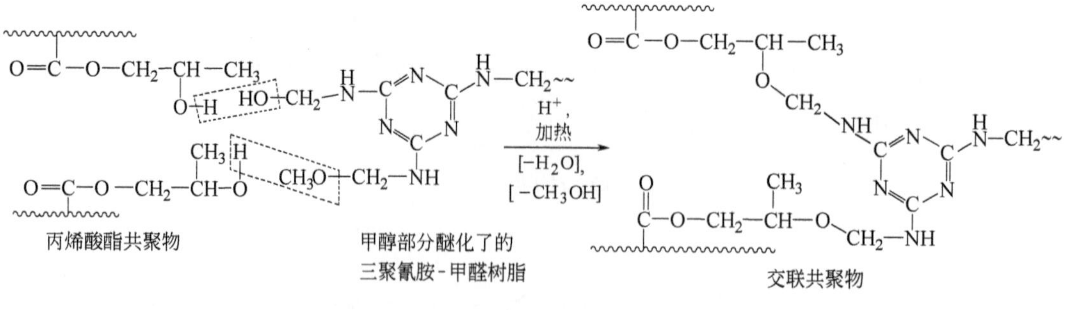

图 3-4-3　三聚氰胺树脂交联机理举例

尿素和甲醛的反应物（脲醛树脂）、环氧树脂等这样的反应性树脂有时在压敏胶中也可以作交联剂使用。

四、有机过氧化物

顺丁橡胶、丁苯橡胶和天然橡胶等这样的弹性体用有机过氧化物交联能得到非污染性的压敏胶。

有机过氧化物加热分解生成自由基，此自由基夺取在弹性体中烯丙基上的氢原子或者在双键上加成，使弹性体变成新的自由基。这样，按照通常的自由基反应原理就可使产品达到交联的目的。有机过氧化物的交联效率较高，交联速度取决于过氧化物的分解速率，随温度升高而增大。这类化合物中有代表性的是过氧化苯甲酰（BPO）和过氧化二异丙苯（DCP）。表 3-4-5 列出了交联用的主要有机过氧化合物的一些性能。

表 3-4-5　一些有机过氧化物的性能

名　称	分子量	理论活性氧含量/%	活化能/(kcal/mol)[①]	纯度/%	形状	分解温度/℃	
						半衰期 1min 时	半衰期 10h 时
过氧化苯甲酰(BPO)	242	6.62	30.0	98	白色结晶	133	72
对二氯过氧化二苯甲酰	311	5.14	30.6	50	白色糊状	133	75
2,4-二氯过氧化二苯甲酰	380	4.12	28.1	50	白色糊状	112	54
叔丁基异丙苯基过氧化物	208	7.68	38.2	90	淡黄色液体	178	120
过氧化二异丙苯(DCP)	270	5.92	40.6	97	白色结晶	171	117
对异丙苯基过氧化氢	152	10.51	30.0	80	黄色液体	—	158

① 1kcal＝4.1868kJ。

五、多异氰酸酯

多异氰酸酯以单体或预聚物的形式用于橡胶的交联中，也可作为聚丙烯酸酯压敏胶的交联剂使用。多异氰酸酯是溶剂型胶黏剂有效的交联剂。但随着交联的进行，压敏胶溶液的黏度会迅速上升。在这种情况下可用预聚物，它们是多异氰酸酯与羟基化低聚物的反应物。

多异氰酸酯交联的特点是能在室温下进行交联，所以一般在涂布前加入。由于异氰酸酯会吸收溶剂中的水分和空气中的潮气使胶液浑浊，此时对水分要严加控制。多异氰酸酯同样也是聚丙烯酸酯压敏胶中较为常用的交联剂之一，它的反应机理见图 3-4-4。表 3-4-6 中列出

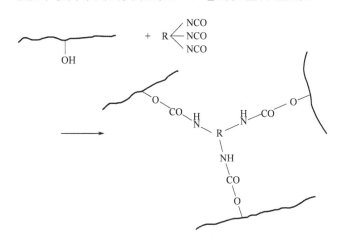

图 3-4-4　多异氰酸酯的交联机理

了作为交联剂使用的一些多异氰酸酯化合物。

表 3-4-6   一些多异氰酸酯类交联剂

名　称	结　构　式	名　称	结　构　式
六亚甲基二异氰酸酯	$OCN-(CH_2)_6-NCO$	聚亚甲基苯基多异氰酸酯	（结构式见图）
苯二亚甲基二异氰酸酯	（结构式见图）		
二苯甲烷对二异氰酸酯（MDI）	$OCN-\phi-CH_2-\phi-NCO$	TMP（1,1,1-三羟甲基丙烷）与 TDI 的加成物	（结构式见图）
甲苯二异氰酸酯（TDI）	（结构式见图）		

六、金属氧化物

氧化锌、氧化铅、氧化镁等的碱金属氧化物与含有羧基的高分子聚合物混合，常温或加热下也容易引起高聚物的交联并生成三维网状结构。

在周期表中，钙、锶和钡为代表的ⅡA族金属氧化物与含有羧基的高聚物混合时，在完全干燥的场合下，即使加热也不会生成网状结构，但在空气中湿气等这样的微量水分存在下就会固化生成三维网状结构。

七、其他交联剂

水溶性聚酰胺-环氧氯丙烷型树脂、锆化合物、多功能型氮丙啶衍生物等是含有羧基的乳液压敏胶的有效交联剂。加入少量的二胺或多胺至普通压敏胶中，可提高压敏胶的抗蠕变性能。若胺和过氧化物共用效果会更好。马来酰亚胺的衍生物、醌衍生物（苯醌二肟）可用作二烯类橡胶的交联剂。

在酸性环境下醛可用于交联天然橡胶、丁苯橡胶、丁基橡胶以及其他弹性体。最有效的醛类交联剂是甲酚醛、多聚甲醛和聚甲醛。

八、交联度的测定方法

多种技术被用于测定聚合物膜（包括压敏胶黏剂）的交联度。测定交联度主要有两种方法：①通过测定聚合物的各种物理性能；②通过测定聚合物在溶剂中的凝胶含量。

1. 通过物理性能的测定

压敏胶的持黏力或者蠕变的标准化测定可反映交联度。动态力学性能的测定被用于确定交联的影响，这一过程同样适用于测定交联度与交联温度的关系，或者交联度与一定温度下交联时间的关系。随着交联度的增大，玻璃化温度（T_g）上升，最小储能模量增大，$\tan\delta$ 的极大值下降。

通常天然橡胶和丁苯橡胶的交联度用门尼黏度或者类似的方法进行测定。

将胶黏带样品粘贴在钢板上，在不同温度下进行剥离，以此来确定分裂温度或玻璃化温度的极限值。剥离破坏类型由界面破坏向内聚破坏转变时的温度与胶黏剂的玻璃化温度有关。实验很容易进行，而且结果对交联度的影响相当敏感。剪切-黏合破坏温度（SAFT）是测定 $25mm \times 25mm$ 的样品在 1kg 负载下被破坏时的温度。SAFT 随交联度的增大而增大。

微介电技术已被用于加工条件下交联的控制，用这种技术测定介电回应。介电回应是由胶黏剂中流动偶极所产生的，涂层交联后，偶极的流动性下降。微介电传感器可跟踪这种变化，因而对交联过程的监控十分有用。介电损耗因子是监控这类变化最有用的参数。

2. 通过凝胶含量的测定

凝胶百分含量或者可抽提物的百分含量可用来表示交联程度。对于完全不溶性胶黏剂的凝胶，可以用疏松或致密来评价交联水平。溶胀系数也可用来表示交联程度。将胶黏带样品称重，在脂肪烃溶剂中浸泡 15h，然后将基材与胶分离。将湿胶过滤，然后立即称量胶和溶胀后进入胶中溶剂的总量，最后将胶干燥，溶剂溶胀后胶的总量与干胶的质量比称为溶胀系数。交联型压敏胶黏剂的凝胶含量是将胶黏剂样品用甲苯抽提 16h 后测定的。溶剂诱导溶胀用于确定交联薄膜的交联程度。溶胀是用一小块样品膜进行，一滴溶剂能使薄膜润湿并溶胀，在显微镜下观察薄膜尺寸的变化，溶胀与交联程度有关。

第二节　增塑剂

以橡胶弹性体为主体的压敏胶中，加入增塑剂往往可以降低压敏胶的玻璃化温度，提高低温时的流动性能，增加其快黏性能。增塑剂的分子插入到聚合物分子链之间，削弱了聚合物分子链间的引力，结果增加了聚合物分子链的移动性，降低了聚合物分子链的结晶度，从而使聚合物的塑性增加。一个理想的增塑剂应满足如下的要求：①与弹性体有良好的兼容性；②塑化效率高；③对热和光稳定；④耐水、油和有机溶剂的抽出；⑤挥发性低；⑥迁移性小；⑦低温柔软性好；⑧具有阻燃性；⑨电绝缘性良好；⑩此外还要求无色、无味、无毒，耐霉菌性好，耐污染性，价廉等。显然，就一种增塑剂而言，要完全满足上述这些要求几乎是不可能的。

市场上出售的增塑剂基本上有三种类型：二元酸酯的合成增塑剂（DBP、DOP）；橡胶加工使用的工艺油及扩展油等的石油系列增塑剂（有石蜡系、环烷烃系和芳香族系）和液态橡胶（液状聚异丁烯、聚丁烯、二烯烃液状橡胶）。增塑剂的种类和特性见表 3-4-7。

增塑剂与弹性体的兼容性是使用增塑剂时首先要考虑的基本点。根据增塑的机理，增塑剂的作用是把聚合物分子溶剂化，使聚合物分子被增塑剂分子包起来，达到阻止聚合物分子之间相互作用，提高分子的流动性，使玻璃化温度下降的目的。若增塑剂分子之间的相互作用比增塑剂和聚合物分子的相互作用大时，增塑效果就小，并产生增塑剂的表面迁移，影响压敏胶黏带的性能。所以，压敏胶成分和增塑剂分子的亲和性可用它们的溶解度参数（SP）值来表示，SP 值越接近，它们之间的兼容性越好。因此 SP 值就成为选择增塑剂的重要因素。增塑剂的 SP 值通常有如下的顺序：

石蜡系增塑剂 $[6.0 \sim 8.0(cal/cm^3)^{1/2}]$ ＜环烷烃系增塑剂 $[7.3 \sim 8.5(cal/cm^3)^{1/2}]$ ＜芳香族增塑剂 $[8.0 \sim 9.5(cal/cm^3)^{1/2}]$ ＜二元酸酯系增塑剂 $[8.0 \sim 10.5(cal/cm^3)^{1/2}]$

表 3-4-7　增塑剂的种类和特性

类别	名称	特 性
石油系	石蜡系工艺油	与橡胶兼容性差,低温特性、耐老化性、耐污染性优良
	环烷烃工艺油	性能位于石蜡系和芳香系之间,性能比较平衡
	芳香族工艺油	兼容性好,低温特性、耐污染性稍差
植物性油系	蓖麻油	可塑化天然和合成橡胶,耐寒性好,较少使用压敏胶中
	妥尔油	增塑效果好,可用于压敏胶,赋予压敏性
邻苯二甲酸酯	DBP	可塑化乙烯系树脂、天然橡胶、合成橡胶,与聚氯乙烯、聚乙酸乙烯酯树脂兼容性好。挥发性、耐油性差
	DOP	可塑化乙烯系树脂,与合成橡胶和橡胶配合时不影响硫化
液态橡胶	聚丁烯	塑化效果小,可改善压敏特性等,迁移性小
	聚异丁烯	—
	液状异戊二烯	—
液状增黏树脂		塑化效果小,能提高粘接力

石油系增塑剂随极性的变大,着色度也变大,特别是芳香族增塑剂着色度大,被称为污染性油。要求着色性小、透明性好时还是选择二元酸酯类增塑剂较好。表 3-4-8 列出了一些增塑剂的溶解度参数值。

表 3-4-8　一些增塑剂的溶解度参数值

增塑剂	溶解度参数/$(cal/cm^3)^{1/2}$	增塑剂	溶解度参数/$(cal/cm^3)^{1/2}$
磷酸三异辛酯	8.2	氯化石蜡	9.0
己二酸异辛异癸酯	8.4	油酸丁酯	9.0
己二酸二异癸酯	8.4	邻苯二甲酸二正己酯	9.1
壬二酸二异辛酯	8.4	邻苯二甲酸二正丁酯	9.3
壬二酸二(2-乙基己酯)	8.4	磷酸二苯一辛酯	9.3
癸二酸二(2-乙基己酯)	8.5	磷酸三(二甲基酯)	9.7
己二酸二(2-乙基己酯)	8.6	丁基邻苯二甲酰基甘醇酸丁酯	9.7
邻苯二甲酸二异癸酯	8.7	邻苯二甲酸二(甲氧基乙酯)	9.8
邻苯二甲酸己二(2-乙基己酯)	8.8	磷酸三甲苯酯	9.8
邻苯二甲酸二异辛酯	8.8	磷酸三苯酯	9.9
邻苯二甲酸二(十三酯)	8.8	邻苯二甲酸二苄酯	9.9
邻苯二甲酸二(正辛酯)	8.9	磷酸甲苯二苯酯	10.2

注：在 25℃时，根据 Small 的方法计算。1cal＝4.1868J。

含有增塑剂的聚合物玻璃化温度可用下式表示：

$$T_g = V_1 T_{g1} + V_2 T_{g2} + KV_1V_2$$

式中，V_1、V_2 为聚合物、增塑剂的体积分数；T_{g1}、T_{g2} 为聚合物、增塑剂的玻璃化温度；K 为由聚合物和增塑剂之间相互作用引起的溶剂化参数。

增塑剂的低玻璃化温度（这种场合为熔点）或是高的浓度都会使混合体系的玻璃化温度显著下降。为了兼顾压敏胶的综合性能，加入到压敏胶中的增塑剂量是受限制的。同时，考虑到增塑剂的迁移性，增塑剂的添加量以少为宜。

液状橡胶增塑剂的增塑作用可视为橡胶的稀释效果。液状橡胶的增塑效果比低分子量的增塑剂小。只考虑低温初黏性时，使用低分子量增塑剂是有利的。如考虑到增塑剂的迁移，挥发以及用于多孔材料（如和纸、牛皮纸、皱纸、布等）涂布时，增塑剂的分子量越大越好，这时液态橡胶的特性可达到充分发挥。

第三节 溶剂

溶剂型压敏胶尽管存在着易燃、污染环境等问题，但由于它具有良好的性能，所以在整个压敏胶中仍占有很重要的地位。这里仅对橡胶型压敏胶中使用的溶剂作一介绍。

在橡胶型压敏胶中选择溶剂时需要注意以下几个方面：①对橡胶的溶解特性；②溶剂本身的化学稳定性（不与胶料发生化学反应）；③毒性；④可燃性和爆炸性；⑤挥发性；⑥吸湿性（溶剂中所含水分会影响到胶料的硫化）；⑦溶剂的成本和来源。其中最主要的是对橡胶的溶解特性，也就是溶剂和橡胶之间作用力的大小。在化学结构和分子极性上与橡胶相类似的溶剂，其对橡胶的溶解力就大。通常认为，非极性橡胶能很好地溶解在非极性溶剂中。分子极性的概念可以用溶解度参数来表示。一般可按溶解度参数来选择溶剂，选择那些溶解度参数与橡胶比较接近的溶剂。表 3-4-9 和表 3-4-10 分别列出了一些溶剂和橡胶的溶解度参数。

表 3-4-9　一些溶剂的溶解度参数值

溶剂	溶剂溶解度参数/$(cal^{①}/cm^3)^{1/2}$	溶剂	溶剂溶解度参数/$(cal^{①}/cm^3)^{1/2}$
己烷	7.33	乙酸乙酯	9.1
环己烷	8.25	乙酸丁酯	8.5
甲苯	8.97	异亚丙基丙酮	9.21
对二甲苯	8.83	乙醇	12.97
丙酮	8.74	三氯甲烷	9.3
甲乙酮	9.56	三氯乙烯	9.3
甲基异丁基甲酮	9.58	丁酸乙酯	8.24
环己酮	9.26		

① 1cal=4.1868J。

表 3-4-10　一些橡胶的溶解度参数值

橡胶	溶解度参数/$(cal^{①}/cm^3)^{1/2}$	橡胶	溶解度参数/$(cal^{①}/cm^3)^{1/2}$
丁苯橡胶（丁二烯/苯乙烯,质量分数）		天然橡胶	8.1
		顺丁橡胶	8.1
96/4	8.1	丁腈橡胶	8.7~10.3
87.5/12.5	8.31	硅橡胶	7.3
85/15	8.33	氯化橡胶	9.7
71.5/28.5	8.5	丁基橡胶	7.84
60/40	8.67	氯丁橡胶	8.85

① 1cal=4.1868J。

溶剂溶解能力的大小还可以用溶剂和聚合物的相互作用系数 μ 来判别。μ 值与聚合物的分子量和溶解度参数以及溶剂的体积分数和溶剂的溶解度参数有关。μ 值越小溶解能力就越大。当 $\mu > 0.55$ 时，此溶剂就不能溶解该聚合物，被称为非溶剂。当 $\mu = 0.5$ 时能部分溶解该聚合物。当 μ 在 0.45~0.25 时，该溶剂能很好溶解该聚合物。当 $\mu < 0.25$ 时，该溶剂即使在低温时也能很好溶解该聚合物。天然橡胶在己烷中 $\mu = 0.48$；在甲苯中 $\mu = 0.35$；在甲乙酮中 $\mu = 0.856$；在乙酸乙酯中 $\mu = 0.752$。溶解温度影响 μ 值的大小，升高温度使 μ 值变小。表 3-4-11 列出了各种橡胶的适用溶剂。

表 3-4-11 各种橡胶的适用溶剂

胶种	适用溶剂	胶种	适用溶剂
天然橡胶	溶剂汽油、苯、甲苯、二甲苯	氯磺化聚乙烯	苯、甲苯、乙酸乙酯
异戊二烯橡胶	溶剂汽油、苯、甲苯、二甲苯	氯醚橡胶	氯化苯
丁苯橡胶	溶剂汽油、庚烷、二甲苯	聚氨酯橡胶	乙酸乙酯、丙酮、丁酮、四氢呋喃
丁腈橡胶	苯、甲苯、二甲苯、乙酸乙酯、甲乙酮、丙酮	三元乙丙橡胶	汽油
氯丁橡胶	苯、甲苯、二甲苯、乙酸乙酯、丙酮、乙酸戊酯/汽油	硅橡胶	苯、二甲苯
顺丁橡胶	苯、汽油	氟橡胶-26	丙酮、丁酮、乙酸乙酯、甲苯
聚硫橡胶	芳香烃、氯化脂肪烃、氯化芳香烃、烷基酯	亚硝基橡胶	三氯-氟乙烷、过氟环醚、过氟三丁胺
丙烯酸酯橡胶	甲苯、二甲苯、甲乙酮、丙酮、乙酸乙酯	丁基橡胶	己烷、庚烷、四氯化碳

有时为了使压敏胶得到良好的溶解性能和适当的挥发速度，需要采用混合溶剂。使用混合溶剂可降低毒性、降低成本、降低冰点和增加橡胶在某些溶剂中的溶解能力。在使用混合溶剂时，应遵循的原则是：必须使良性溶剂的挥发速度低于非良性溶剂的挥发速度。否则会发生良性溶剂首先挥发掉而产生相分离，出现胶料结团现象。表 3-4-12 列出了一些溶剂的相对挥发速度。

表 3-4-12 溶剂的相对挥发速度

溶剂名称	相对挥发速度	溶剂名称	相对挥发速度
乙醚	1.0	苯	3.0
二硫化碳	1.8	汽油	3.5
丙酮	2.1	三氯甲烷	4.1
乙酸甲酯	2.2	甲苯	6.1
二氯甲烷	2.5	甲醇	6.3
乙酸乙酯	2.9	乙醇	8.3
四氯化碳	3.0		

第四节 其他助剂

一、防老剂

橡胶系压敏胶中使用的弹性体大多数都含有双键。双键的存在使压敏胶在热和光（主要是紫外线）的作用下氧化或交联，从而使压敏胶的黏合力和内聚力发生变化。

天然橡胶的异戊二烯结构中位于双键旁的 α-氢原子比较活泼，该活泼氢原子在光和热的促进下受氧的作用易脱离而生成自由基：

$$\text{—C}=\text{CH—CH}_2\text{—CH}_2\text{—} \xrightarrow{O_2} \text{—C}=\text{CH—}\overset{\cdot}{\text{CH}}\text{—CH}_2\text{—}$$

（以 R—H 表示）　　　　　（以 R· 表示）

$$R·+O_2 \longrightarrow ROO· \xrightarrow{RH} R· + ROOH$$
$$\xrightarrow{R·} ROOR \longrightarrow 2RO·$$
$$ROOH \longrightarrow RO· + ·OH$$

$$RO· \longrightarrow \text{—C}=\text{CH—CH} + ·CH_2\text{—}$$

（降解）

这就使天然橡胶的主链被切断而发生老化降解，引起内聚力和黏合力的明显下降。

丁苯橡胶分子中活泼双键的含量比天然橡胶少，因而耐老化性能比天然橡胶好。它的老化不是主链被切断而是产生交联，这种交联的结果则可以使丁苯橡胶压敏胶黏剂层逐渐变脆，失去弹性和黏性，最后无法使用。

因此，橡胶系压敏胶中必须使用防老剂。根据防老机理的不同有三类防老剂，其中第一、第二类防老剂又合称抗氧剂。

第一类防老剂是一种活泼氢原子给予体，应用最广。它们都是一些含有活性氢的芳胺衍生物和受阻酚衍生物，实际上是一种自由基抑制剂。抗氧剂1010和4010NA分别是它们的典型代表，它们在加热时生成的自由基和活泼氢可与弹性体受氧作用产生的自由基相结合而生成稳定的物质：

$$R \cdot + AH \longrightarrow RH + A \cdot$$
$$RO \cdot + AH \longrightarrow ROH + A \cdot$$
$$ROO \cdot + AH \longrightarrow ROOH + A \cdot$$
$$R \cdot + A \cdot \longrightarrow RA$$
$$RO \cdot + A \cdot \longrightarrow ROA$$
$$ROO \cdot + A \cdot \longrightarrow ROOA$$
$$A \cdot + A \cdot \longrightarrow A—A$$

（AH表示防老剂，RH表示橡胶弹性体）

第二类防老剂是过氧化物分解剂，它们能及时分解橡胶氧化后生成的过氧化物，使之变成稳定的物质。代表物有硫、含磷化合物和苯并咪唑类化合物（例如2-硫醇基苯并咪唑、亚磷酸三对烷基酚酯等）。这类防老剂通常与第一类防老剂混合使用，称为二次防老剂。

第三类防老剂是紫外吸收剂和光稳定剂。它们能够吸收引起橡胶弹性体老化的紫外线，从而防止自由基的生成。苯甲酰酚类和三唑类化合物是比较有代表性的紫外线吸收剂。

抗氧剂（即第一和第二类防老剂）按化学结构分类可以分成胺类、酚类、亚磷酸酯类、硫酯类和其他类。其中酚类和胺类抗氧剂是防老剂的主体，占总量的90%以上。胺类抗氧效果优良，但能着色橡胶，故有污染性。酚类抗氧效果没有胺类好，但不产生污染和着色。表3-4-13和表3-4-14分别列出了主要防老剂和紫外线吸收剂的品种。

到目前为止，使用的防老剂在挥发性、溶剂的抽提性以及对其他材料的污染性方面都存在着缺陷。增加防老剂的分子量或使防老剂分子与橡胶反应而用化学键连接起来的方法是解决这些问题的有效途径。

表3-4-13　主要防老剂品种

化 学 名 称	结 构 式	熔点/℃
2,6-二叔丁基对甲苯酚[①]（防老剂264）	$(H_3C)_3C$—〔酚环 OH〕—$C(CH_3)_3$，CH_3	>69
2,6-二叔丁基对乙苯酚	$(H_3C)_3C$—〔酚环 OH〕—$C(CH_3)_3$，C_2H_5	—
苯乙烯化苯酚	〔酚环 OH，CH_3〕—$\overset{H}{\underset{}{C}}$—〔苯环〕 $(n=1\sim3)$	黏稠液体

化 学 名 称	结 构 式	熔点/℃
2,5-二叔丁基对苯二酚		>200
2,5-二叔戊基对苯二酚		>172
2,2′-亚甲基双(4-甲基-6-叔丁基苯酚)		>120
2,2′-亚甲基双(4-乙基-6-叔丁基苯酚)		>115
4,4′-硫代双(3-甲基-6-叔丁基苯酚)		>155
4,4′-亚丁基双(3-甲基-6-叔丁基苯酚)		>208
1,3,5-三甲基-2,4,6-三(3,5-二叔丁基-4-羟基苯甲基)苯		244
四[3-(3′,5′-二叔丁基-4-羟基苯基)丙酰氧基甲基]甲烷		110

化学名称	结构式	熔点/℃
聚 2,2,4-三甲基-1,2-2H-喹啉		>70(软化点)
2,2,4-三甲基-6-乙氧基-1,2-2H-喹啉(防老剂 AW)[①]		液体
二苯胺和酮的反应物	—	—
N-苯基-α-萘胺[①](防老剂 D)		>50
烷基化二苯胺	—	黏稠液体
辛基化二苯胺	—	>75
4,4'-双(α,α-二甲基苄基)二苯胺		>90
N,N'-二-β-萘基对苯二胺		>225
N,N'-二苯基对苯二胺		>130
N-环己基-N'-苯基对苯二胺[①](防老剂 4010)		115
N-苯基-N'-异丙基对苯二胺[①](防老剂 4010NA)		>70

化学名称	结构式	熔点/℃
4-(对甲苯磺酰氨基)苯二胺	H_3C——$\overset{O_2}{S}$—NH——NH——	>135
N-(3-甲基丙烯酰氧基-2-羟基丙基)-N'-苯基对苯二胺	——NH——NH—CH_2—$\underset{OH}{CH}$—CH_2—O—$\overset{O}{C}$—$\underset{CH_2}{\overset{CH_3}{C}}$	>115
2-硫醇基苯并咪唑[①](防老剂 MB)	$\overset{H}{N}$—C—SH	>285
2-硫醇基甲基苯并咪唑	H_3C—$\overset{H}{N}$—C—SH	>250
2-硫醇基苯并咪唑锌盐	$\left[\overset{H}{N}—C—S\right]_2$—Zn	>270(分解点)
2-硫醇基甲基苯并咪唑锌盐	$\left[H_3C—\overset{H}{N}—C—S\right]_2$—Zn	>270(分解点)
二乙基二硫代氨基甲酸镍	$\left[\underset{H_5C_2}{\overset{H_5C_2}{N}}—\overset{S}{C}—S\right]_2$—Ni	>225
二丁基二硫代氨基甲酸镍	$\left[\underset{H_9C_4}{\overset{H_9C_4}{N}}—\overset{S}{C}—S\right]_2$—Ni	>85
亚磷酸三对壬基酚酯	$\left(H_{19}C_9\text{——}O\right)_3 P$	液体
硫代二丙酸十二酯	$CH_2CH_2COOC_{12}H_{25}$ S $CH_2CH_2COOC_{12}H_{25}$	>37

① 为橡胶型压敏胶中常用的防老剂品种。

表 3-4-14　主要紫外线吸收剂和光稳定剂

化 学 名 称	结构式	熔点/℃
水杨酸苯酯		41～43
水杨酸对叔丁基苯酯		62～64
2-羟基-4-甲氧基二苯甲酮		>62
2-羟基-4-辛氧基二苯甲酮		46～48
2-(2'-羟基-5'-甲基苯基)苯并三唑		>128
2-(2'-羟基-3',5'-二叔丁基苯基)苯并三唑		152～156
双(2,2,6,6-四甲基-4-哌啶)癸二酯		81～86

二、阻燃剂

为了防止压敏胶的燃烧或使其在着火后能离火自熄，可以向橡胶中添加阻燃剂。阻燃剂主要从以下几个方面起阻燃作用：①稀释效应，稀释压敏胶中可燃物的浓度和燃烧过程中氧的浓度；②隔热效应，在燃烧过程中产生难燃气体或泡沫层，或形成一层液体或固体的覆盖层，使火焰与氧气隔离；③冷却效应，吸收在燃烧时释放的热量，使物质温度下降，从而阻止聚合物继续降解或裂解，使挥发性气体的来源中断；④消除效应，通过钝化作用，消除燃烧过程中 O·、·OH 等自由基，使燃烧过程的链反应中断。

阻燃剂可分为添加型和反应型两大类。前者使用较广，后者是通过共聚或缩聚的方法使卤素等阻燃基团进入聚合物分子中从而达到阻燃目的。

具有使用价值的阻燃剂必须具备以下几个条件：①加入后不降低压敏胶的压敏黏合性能；②分解温度不能太高，但在涂布干燥时又不能分解；③耐久性、耐候性好；④不迁移、不喷霜；⑤价廉。

添加型阻燃剂有四类：①有机卤化物，这类阻燃剂阻燃效果较好，若与三氧化二锑并用阻燃效果会更佳；②有机磷化物，如磷酸酯、磷腈、磷化物、膦酸酯、氢化膦等，其中以磷酸酯用量最大；③含氮化合物，如三聚氰胺及其衍生物；④无机阻燃剂，含有结晶水的无机盐，如水合氧化铝、硼化物、红磷等。

在使用卤化物做阻燃剂时通常与三氧化二锑一起使用，此时会产生协同效应，使阻燃效果更佳。这是因为氧化锑与卤化氢反应生成 SbOX· 及 SbO₃· 等这样能捕捉自由基的自由基，隔绝效应也很强，同时还能冲淡可燃气体的浓度并促进表面炭化，故协同效果很好。

三氧化二锑的粒子细度对阻燃效果有一定的影响。平均粒径在 $1\mu m$ 以下时，其用量要比在 $3\sim 4\mu m$ 以下时减少 $10\% \sim 20\%$。由于加入阻燃剂的用量较大，因此在配方设计时还需考虑其成本等问题。尽管含溴化合物（如十溴联苯醚）阻燃剂阻燃效果较好，但由于环保的原因，目前正逐步被含磷化合物（如磷酸酯）阻燃剂取代。

三、抗静电剂

压敏胶制品表面与其他物体摩擦时会引起电荷分离而产生静电。在溶剂型压敏胶涂布成胶黏制品时，静电产生的火花会引起燃烧爆炸，所以应引起足够的重视。消除静电可以从抑制电荷产生和助长漏电两方面着手。最常用的方法是在压敏胶配方中加入能导电的物质，将胶的表面层电阻率降低到 $10^{10}\Omega$ 以下，从而减少在加工和使用过程中静电的积累。抗静电剂主要是一些表面活性剂。抗静电剂加入到压敏胶中时应满足以下几个要求：①耐热性良好；②与弹性体兼容，不发生喷霜；③不损害压敏胶的性能；④混炼容易；⑤能与其他添加剂并用；⑥无毒或低毒；⑦价廉。

抗静电剂主要有四种类型：①阴离子型抗静电剂，硫酸衍生物、磷酸衍生物、高分子量阴离子型抗静电剂；②阳离子型抗静电剂，季铵盐、铵盐、烷基咪唑类；③两性离子型抗静电剂，季铵内盐、两性烷基咪唑啉、烷基氨基酸、胺类衍生物；④非离子型抗静电剂，多元醇和多元醇酯、脂肪酸酯、烷基酚的环氧乙烷加成物。上面四个类型中，阳离子型及非离子型二类使用较广。阳离子型抗静电剂抗静电能力较强，而非离子型抗静电剂耐温较高，个别场合也能用炭黑作为抗静电剂使用。

四、填料

很早以前人们就在天然橡胶中加入松脂和沉淀类植物性填料制成医用橡皮膏，后改用氧化锌做填料并一直延续到如今的医用氧化锌橡皮胶布。

在压敏胶中添加填料除了以降低价格以及着色为主要目的外，还有提高压敏胶的内聚力、耐热性和电气性能等功能。选择填料的种类和数量最终还是取决于压敏胶制品的使用性能。

无机化合物是填料的主流。表 3-4-15 列出了可供压敏胶选用的填料种类以及它们的性能。

表 3-4-15　填料的种类和性能

分类		名称	化学组成	相对密度	折射率	粒度/μm	粒子形状
碳酸钙	天然品	胡粉	$CaCO_3$	2.7	1.49～1.66	1～10	薄板形
		白垩	$CaCO_3$	2.7	1.49～1.66	0.3～10	不定形
		重质碳化钙	$CaCO_3$	2.7	1.49～1.66	0.3～10	不定形
	合成品	轻微性碳化钙	$CaCO_3$	2.6	1.49～1.66	0.5～6	柱形
		极微细碳化钙	$CaCO_3$	2.6	1.49～1.66	0.02～0.1	立方形
碳酸镁	合成品	碱性碳酸镁	$4MgCO_3 \cdot Mg(OH)_2 \cdot 4H_2O$	2.2	1.50	0.5～2	薄片形
钙镁碳酸盐	天然品	白云石	$CaMg(CO_3)_2$	2.8	1.62	0.5～1.0	不定形
	合成品	特殊碳酸钙	$CaMg(CO_3)_2$	2.4	1.62	0.5～3	不定形
硅酸盐	天然品	高岭土	$Al_2O_3 \cdot 2SiO_2 \cdot 2H_2O$	2.6	1.55	0.2～5	六角板
		烧结黏土	$Al_2O_3 \cdot 2SiO_2$	2.6	1.60	1～5	板形
		寿山石	$Al_2O_3 \cdot 4SiO_2 \cdot H_2O$	2.8	1.60	0.5～5	薄片形
		膨润土	$Al_2O_3 \cdot 4SiO_2 \cdot 2H_2O$	2.5		0.2～3	薄片形
		云母	$K_2O \cdot 3Al_2O_3 \cdot 6SiO_2 \cdot H_2O$	2.8	1.58	0.5～5	薄片形
		沸石粉	$Na(AlSi_3O_{12}) \cdot H_2O$	2.1	1.48	0.5～15	板形
		长石粉	$NaKAl_2Si_2O_3$	2.6	1.53	0.5～8	板形
		滑石粉	$3MgO \cdot 4SiO_2 \cdot H_2O$	2.8	1.57	0.2～8	板、针形
		硅灰石	$CaO \cdot SiO_2$	2.9	1.63	5～10	针形
	合成品	合成硅酸铝	—	2.1	1.4～1.5	0.02～0.05	球形
		合成硅酸钙	—		1.5～1.6	0.02～0.1	薄片形
硅酸	天然品	硅藻土	$SiO_2 \cdot nH_2O$	2.1	1.4	—	不定形
		硅石粉	SiO_2	2.6	1.5	—	不定形
	合成品	含水硅酸	$SiO_2 \cdot nH_2O$	2.0	1.4～1.5	0.02～0.05	球形
		无水硅酸	SiO_2	2.1	1.5～1.6	0.01～0.05	球形
铝水合物	合成品	氢氧化铝	$Al(OH)_3$	2.4	1.35	0.1～1.0	板形
硫酸钡	天然品	重晶石	$BaSO_4$	4.5	1.64	2～10	不定形
	合成品	沉降硫酸钡	$BaSO_4$	4.3	1.65	0.5～2.0	板、柱形
硫酸钙	天然品	天然石膏	$CaSO_4 \cdot 2H_2O$	2.3	1.5～1.6	10～100	不定形
	合成品	石膏	$CaSO_4 \cdot 2H_2O$	2.3	1.5～1.6	3～50	柱形
亚硫酸钙	合成品	亚硫酸钙	$CaSO_4 \cdot 1/2H_2O$	2.6	1.6	3～10	不定形

白炭黑（二氧化钛）和炭黑既可做填料又有颜料的作用，在制造白色和黑色胶带中经常使用。氧化锌有时也可以做白色颜料使用，但它又是橡胶的交联促进剂，在热硬化型压敏胶黏剂和医用胶黏制品中用得较多。

在天然橡胶：松香：填料＝1：1：0.5 的配方中，就 8 种填料对胶带性能的影响进行了研究，结果见表 3-4-16。从表中可看出，以轻质碳酸钙、氢氧化硅为填料的压敏胶具有较好的黏合力和快黏性，氢氧化硅胶的内聚力也最好。而硫酸钡和滑石粉则具有较低的流动活化能。由此看出，相同的胶液使用不同的填料会使压敏胶的性能有所不同。

表 3-4-16　不同填料对压敏胶黏带性能的影响

物理性能	填料	氧化锌	活性 氧化锌	沉降 碳酸钙	轻质 碳酸镁	氢氧 化硅胶	硅藻土	滑石粉	硫酸钡
180°剥 离强度[1] /(g/cm)	对酚醛胶木板	594	530	600	454	678	698	646	402
	对聚乙烯	360	302	376	270	420	296	274	254
	对玻璃	444	442	590	362	608	432	326	346
快黏力[2] /(g/cm)	对酚醛胶木板	478	443	586	418	560	606	434	378
	对聚乙烯	330	256	334	236	360	222	174	242
	对玻璃	438	416	580	360	532	410	304	322
内聚力(TCF 法，30cm/min)/(g/cm)		524	739	769	943	1375	970	831	
流动活化能(TCF 法)/(kcal[3]/mol)		10.5	9.0	7.5	8.0	7.5	4.5	4.0	

① 180°剥离强度系把试片(1cm×5cm)用 40g/cm³ 荷重加压 100s 后在 30℃、剥离速度为 300mm/min 下进行测试。

② 快黏力系在样品受压时间为 5s 后，与 180°剥离强度同样方法进行测试。

③ 1kcal＝4.1868kJ。

五、着色剂（颜料和染料）

压敏胶黏带的着色有两种方法：基材的着色和胶黏剂的着色。后者对于透明塑胶薄膜为基材的胶带较为适合。一般方法是在压敏胶制造中，橡胶在混炼时将着色剂加入，并搅拌溶解成有色的压敏胶黏剂。对于着色剂有如下要求：①在少量添加时对压敏胶黏特性影响较少，着色力要高，分散性要好；②制成的胶带在使用时受热和光的作用不变色；③在压敏胶交联时不影响，撕揭时对被粘物不沾污。这些因素在选择着色剂时是应予考虑的。

着色剂一般分成无机颜料和有机染料两大类。有机染料色调、着色性好，但受热、光、氧的作用容易变色，表 3-4-17 和表 3-4-18 列出了可供压敏胶选择的无机颜料和有机染料的某些品种。

表 3-4-17　无机颜料的种类

名　称	分　子　式	名　称	分　子　式
二氧化钛	TiO_2	氧化铁黄(铁黄)	$FeO(OH) \cdot nH_2O$
锌钡白(立德粉)	$ZnS \cdot BaSO_4$	硫化镉(镉黄)	CdS
氧化锌(锌白)	ZnO		
硫酸锌	$ZnSO_4$	镉黄(镉钡黄)	$CdS \cdot BaSO_4$
硫酸钡	$BaSO_4$	氧化铁红(铁丹)	Fe_2O_3
碳酸镁	$MgCO_3$	镉红(硒镉颜料)	$CdS \cdot xCdSe$
碳酸钙	$CaCO_3$	硫化汞(朱砂)	HgS
铬黄(铅铬黄)	$PbCrO_4$		
铝粉(银粉)	Al	三氧化铬	Cr_2O_3
炭黑	C	群青	$Na_6 Al_4 Si_6 S_4 O_{20}$
锌黄(锌铬黄)	$4ZnO \cdot CrO_3 \cdot 3H_2O$ $ZnO \cdot 4CrO_3 \cdot K_2O \cdot 3H_2O$	华蓝(普鲁士蓝)	$[Fe_4 Fe(CN)_6]_3 \cdot xH_2O$

表 3-4-18　有机染料的种类

名称	结构式	名称	结构式
耐晒黄 G	H₃C—〔苯环〕—N=N—N=C(H)—CO—NH—苯基，CO—CH₃ （含 NO₂）	酸性金黄	[⁻O₃S—〔苯环〕—N=N—〔萘环，OH〕]₂ Ba²⁺
耐晒黄 10G	Cl—〔苯环，NO₂〕—N=N—C(H)=…—CO—NH—〔苯环，Cl〕，CO—CH₃	永固橙 RN	O₂N—〔苯环，NO₂〕—N=N—〔萘环，OH〕
联苯胺黄	[苯基—NH—CO—C(H)(COCH₃)—N=N—〔苯环，Cl〕，（含 O）]₂	还原艳橙 GR	（苯并咪唑-苝二酮稠环结构，含 O、N）
汉沙黄 R	〔苯环，2,5-Cl₂〕—N=N—C(H)=C(CH₃)—，环（O，N—苯基）	银珠 R	O₂N—〔苯环，Cl〕—N=N—〔萘环，OH〕
永固黄	[〔苯环，2,5-Cl₂〕—N=N—C(COCH₃)(H)—CO—NH—〔苯环，CH₃〕]₂ 及 [Cl—〔苯环〕—N=N—C(COCH₃)(H)—CO—NH—〔苯环，CH₃〕]₂	大红粉	苯基—N=N—〔萘环，OH，CONH—苯基〕
		颜料亮红	O₂N—〔苯环，CH₃〕—N=N—〔萘环，OH，CONH—苯基〕
醇溶耐晒黄 CGG	苯基—N=N—C(=)—C—CH₃，HO—C，环 N—〔苯环—SO₃Na〕	永固亮红 F₄R	〔苯环，CH₃，NO₂〕—N=N—〔萘环，OH，CONH—〔苯环，Cl〕〕
		甲苯胺红	H₃C—〔苯环，NO₂〕—N=N—〔萘环，OH〕
颜料永固橘黄 G	[H₃C—C=C(H)—N=N—〔苯环，Cl〕，环（O，N—苯基）]₂	金光红 D（色淀红 D）	[⁻OOC—〔苯环〕—N=N—〔萘环，OH〕]₂ Ba²⁺

名 称	结 构 式	名 称	结 构 式
金光红 C	CH_3, Cl, SO_3^-, OH 萘环偶氮结构 Ba^{2+}	色淀酱紫 BLC	OH, SO_3^- 萘偶氮萘结构 Ca^{2+}
橡胶大红 LG	Cl, SO_3^-, $OHCOO^-$ 萘偶氮结构 Ba^{2+}	颜料褐红	H_3C—苯基—N=N—萘(HO、$CONH$—苯基—NO_2)
永固红 F_5R	Cl, H_3C, SO_3^-, HO COO^- 萘偶氮结构 Ca^{2+}	酞菁蓝	Cu 酞菁结构
立索尔宝红	SO_3^-, H_3C, HO COO^- 萘偶氮结构 Ca^{2+}	靛蓝	靛蓝结构
立索尔深红	SO_3^-, OH 萘偶氮萘结构 Ca^{2+}	油溶性蓝	H_5C_2HN—萘—C(OH)(苯基—$N(CH_3)_2$)$_2$
		油溶黑（油墨用）	$(C_6H_5NH_2\cdot C_6H_5NO_2)_x$

六、消泡剂

在涂布水性压敏胶时，乳化剂的存在使胶在应用时容易产生气泡。因此，在压敏胶涂布时往往需要加入消泡剂，以使涂得的胶层无针孔存在。

表面张力比较低的物质都能作为消泡剂使用。消泡剂的种类很多，常见的有：①醇类，常用的是具有分支结构的醇，如异辛醇、异戊醇等；②脂肪酸及脂肪酸酯，如失水山梨醇、月桂酸醇；③酰胺；④磷酸酯、膦酸三酯；⑤有机硅化合物，如烷基硅油；⑥其他有机卤化物。

参 考 文 献

[1] 山下晋之，金子东助，交联剂手册，纪奎江等译，北京：化学工业出版社，1990：97.
[2] Blum A. US 3978274 [P] .1976-08-03.
[3] Hultzsch K J. Prakt Chem，1941，158：275.
[4] Vander M S. Rubber Chem and Technol.，1947，20：173.
[5] Lattimer R P，Kinsey RA，Layer RW. Rubber Div Meeting，American Chemical Society，Dallas，Texas，1988，4：19-22.
[6] BP 1132908 [P]，1968 -11-06.

［7］ Graham G E（Armstrong Cork Co.）. US 3000847［P］. 1961-9-19.

［8］ 日本粘着テ-プ工業会. 粘着ハンドブック. 东京：日本粘着テ-プ工業会，1985：115，117-119，123-129，138-141.

［9］ 粘着技术应用研究会. 日本粘着（粘接着）の新技术とその用途，各种应用制品の开发资料集，1978：190.

［10］ 山西省化工研究所. 塑胶橡胶加工助剂. 北京：化学工业出版社，1983：15.

［11］ Breitman L. Rubber Chem Technog, 1956，29：492.

［12］ 王梦蛟，龚怀耀，薛广志. 橡胶工业手册：第二分册. 北京：化学工业出版社，1989：401、422、423、443、444.

第五章

橡胶系压敏胶黏剂

杨玉昆　吕凤亭

　　压敏胶黏剂是制造压敏胶制品最重要的原材料，也是本篇主要讨论的对象。压敏胶黏剂按形态可分为溶剂型压敏胶、乳液型压敏胶、热熔型压敏胶和射线固化型压敏胶四大类；按其组成的主要成分则可分为橡胶系压敏胶、聚丙烯酸酯系压敏胶、热塑弹性体系压敏胶以及其他聚合物系列的压敏胶等几大类。本篇前几章已介绍了制造压敏胶制品所用的另一类重要原材料基材以及制造压敏胶黏剂所用的主要原材料橡胶弹性体、增黏树脂和各种助剂等。本篇自本章起将详细介绍各类压敏胶黏剂。

　　制造各类压敏胶黏剂所用的原材料、具体配方以及制造方法等都是按照压敏胶制品的使用目的和性能要求进行选择，并经过认真的试验筛选而确定的。各个生产厂家都有自己的技术秘密和专利。这里，我们将根据国内外已经发表的有关学术论文、技术报告和大量的专利文献，结合自己的研究工作和实践经验，对主要的几类压敏胶黏剂所用的原材料及其配合原则、制造方法以及其性能特点和应用等方面作较为详细的阐述和讨论。

　　天然橡胶压敏胶黏剂是开发最早而且至今仍占重要地位的一类压敏胶。各种合成橡胶压敏胶黏剂虽然都不如天然橡胶压敏胶重要，但由于品种很多且各具特色，故在压敏胶领域中也有一定地位。鉴于这两类压敏胶在组成和制造方法上有很多相同之处，因此我们可以将这两者通称为橡胶系压敏胶黏剂，加以系统叙述。

　　橡胶系压敏胶黏剂一般都是以高分子量的橡胶弹性体为主体，配以适当的增黏树脂、软化剂、防老剂、填料和着色剂、交联（硫化）剂等添加剂混合组成。它们的主要原料及一般性配方如表 3-5-1 所示。根据混合方法的不同，可以制成溶剂型、水乳液型和无溶剂型（主

表 3-5-1　橡胶系压敏胶黏剂的主要原料及其一般性配方

组　成	主要原料	质量份
橡胶弹性体	天然橡胶、丁苯橡胶、聚异戊二烯橡胶、聚异丁烯和丁基橡胶、嵌段共聚物弹性体等	100
增黏树脂	松香及松香酯衍生物、萜烯类树脂、石油树脂等	60～150
软化剂	邻苯二甲酸酯类、操作白油、萘酚油、液体聚异丁烯等	2～30
防老剂	芳香族胺类和酚类衍生物、有机金属类衍生物等	1～3
填料和着色剂	氧化锌、碳酸钙、钛白粉、无机颜料、有机染料等	0～280
交联（硫化）剂	硫及硫载体、酚醛树脂、氨基树脂、多异氰酸酯、环氧树脂及环氧化合物、金属盐类等	0～30
其他添加剂	阻燃剂、发泡剂、导电剂等	适量
溶剂或分散介质	有机溶剂(甲苯、汽油、二甲苯等)或水	适量

要是压延型）等不同形式的压敏胶黏剂产品。其中溶剂型橡胶压敏胶用得最多，因而也最为重要，但水乳液型橡胶压敏胶也有很大的发展前途。

橡胶系压敏胶黏剂，尤其是天然橡胶压敏胶，是最早发展起来并在工业和日常生活中得到广泛应用的一类重要压敏胶。橡胶系压敏胶可以用来制造各种类型的压敏胶制品，如表3-5-2所示。

表 3-5-2　橡胶系压敏胶的用途

用途 ＼ 压敏胶	天然橡胶系	聚异戊二烯橡胶系	丁苯橡胶系	再生橡胶系	嵌段共聚物系	聚异丁烯和丁基橡胶系
包装、办公用胶带	○	○	○	○	○	
双面胶带	○				○	○
美纹纸胶带	○					
保护胶带	○	○			○	○
防腐胶带				○		○
电绝缘胶带	○		○	○		
电子工业用胶带	○					
医疗用胶黏制品	○				○	
压敏胶黏标签	○	○			○	

◉ 第一节　橡胶系压敏胶黏剂的原材料及其配合原则

一、橡胶弹性体

橡胶弹性体是组成橡胶系压敏胶的基础（主体）聚合物。它的主要作用是赋予压敏胶以必要的成膜性、内聚强度、黏弹性中的弹性成分以及耐介质老化等性能。原则上，所有的天然橡胶和合成橡胶皆能用作橡胶系压敏胶的弹性体。但迄今为止，实际上只有天然橡胶、顺式-1,4-聚异戊二烯橡胶、丁苯橡胶、聚异丁烯和丁基橡胶以及它们的再生橡胶等几种用得比较多。以苯乙烯-异戊二烯-苯乙烯三嵌段共聚物（简称 SIS 嵌段共聚物）为代表的热塑橡胶弹性体在结构、组成和性能上有其不同的特点，它们的压敏胶黏剂将在本篇第七章中专门介绍。

1. 天然橡胶

从三叶橡胶树割胶而得的新鲜白色天然橡胶胶乳就可作为乳液型天然橡胶压敏胶的原料；天然胶乳再经凝固、加工而得的固体片状、块状或颗粒状生橡胶产品则可作为溶剂型或压延型天然橡胶压敏胶的弹性体[1]。

（1）天然橡胶胶乳　新鲜的天然橡胶胶乳是橡胶烃类颗粒相和少量的非橡胶烃类颗粒相在水相（乳清）中的一种均匀分散体系。虽然它的化学成分和结构极为复杂，而且还因树种、树龄、地质气候条件甚至割胶季节的不同而有差异，但其总的化学组成可大致表达如下：

橡胶烃类	30%～38%
蛋白质	1.6%～2.0%
丙酮抽出物	1%～1.3%
灰分	0.3%～0.5%
其余为水分（总固体含量 36%～45%）	

胶乳中的非橡胶烃类成分，一部分吸附于橡胶烃类颗粒的表面，一部分溶解于乳清中，一部分形成非橡胶烃类颗粒。胶乳中的橡胶烃类颗粒呈圆球形，直径为 0.03～6μm，平均直径为 0.1～0.5μm，分外、中、内三层。外层是由蛋白质、卵磷脂、脂肪酸及其他表面活性物质等非橡胶成分组成的保护层。中层和内层除 10% 左右的水以外，其余都是橡胶烃类。这些橡胶烃类都由 98% 以上的顺式-1,4-聚异戊二烯和不到 2% 其他结构的异戊二烯聚合物组成。顺式-1,4-聚异戊二烯的结构式如下：

$$\left[CH_2 - \overset{\overset{\textstyle CH_2}{|}}{C} = CH - CH_2 \right]_n$$

中层和内层的橡胶烃类聚合度不同：内层为聚合度较低的黏稠溶胶体；中层则为聚合度很高的不溶于乙醚的凝胶体，含量一般为橡胶烃类总量的 20%～45%。橡胶烃类的聚合度在 5000 左右，平均分子量约为 30 万。

新鲜的天然橡胶胶乳在放置过程中，由于细菌、各种微生物及酶的作用促成胶乳早期自然凝固。为了保证胶乳在储运过程中的稳定性，必须在新鲜胶乳中加入氨水等稳定剂。根据加入氨水量的不同，工业上有高氨型天然胶乳和低氨型天然胶乳两种。胶乳加氨后，可引起非橡胶颗粒相的破坏以及蛋白质和卵磷脂等物质的水解，产生的游离脂肪酸的阴离子吸附于橡胶烃颗粒的表面，促进了胶乳的稳定。除氨水外，也可加入氢氧化钾、表面活性剂等来稳定天然胶乳。但天然胶乳的不稳定因素较多，如 pH 值、温度、杂质以及铁、铜、锌等金属离子的存在等。天然橡胶胶乳的使用期限一般为半年至一年。

新鲜的和加氨的天然橡胶胶乳都可直接用于配制乳液型天然橡胶压敏胶黏剂。

(2) 固体天然橡胶 天然橡胶胶乳用酸酸化后，橡胶烃类颗粒由于表面不再稳定而相互凝结，最后呈固体块状沉淀出来，成为固体天然橡胶。根据天然胶乳凝固和加工方法的不同，有各种规格的固体天然橡胶品种，如烟胶片、风干胶片、白绉胶片、浅色绉胶片、颗粒橡胶（即标准橡胶）、胶清橡胶和充油橡胶等。制造溶剂型压敏胶最常用的是烟胶片、白绉胶片和浅色绉胶片三种。

① 烟胶片 烟胶片是一种表面带菱状花纹的黄棕色带烟味的片状天然橡胶。将新鲜的天然橡胶胶乳过滤除去垃圾、尘土等杂质后置于凝固槽中稀释至 10%～15% 的浓度，于搅拌下加入 5% 左右的乙酸（或甲酸）水溶液调至胶乳的 pH 值为 3～4，然后插入隔离板。放置过夜后，橡胶烃完全凝固成板状固体。橡胶板在不断用清水冲洗的情况下通过两个等速辊筒将所含的液体挤干，形成 3.0～3.5cm 厚的橡胶片。然后将橡胶片通过用木材、树皮等烧制而成的烟室（保持在 50℃ 左右），用烟经 8～10 天熏干，即成烟胶片。由于烟中有机酸等的作用，橡胶的内聚强度和耐老化性能都得到了增强。根据外观标准、化学成分以及物理力学性能，按国家标准（GB 8089—2007），烟胶片又分为一～五级及等外级，一～五级外观要求见表 3-2-2，物理和化学性能要求见表 3-2-3。这些等级的烟胶片都用作压敏胶的弹性体，只是配出的压敏胶质量不同而已。

② 白绉胶片和浅色绉胶片 白绉胶片和浅色绉胶片是一种白色或浅黄色的片状天然橡胶，制备方法与烟胶片类似。但为了得到浅色产品，凝固前需加入少量焦亚硫酸钠，凝固后不用烟熏，通过辊筒冲洗挤干时还采用了较大的机械力。这种橡胶片材所含的非橡胶成分比烟胶片少，但分子量和内聚强度皆不如烟胶片高。工业产品白绉胶片分两个等级，浅色绉胶片分四个等级，都能用于制备压敏胶黏剂。白绉胶片和浅色绉胶片的外观要求见表 3-2-2，物理和化学性能要求见表 3-2-3。

具体选用何种天然橡胶弹性体，主要视最终压敏胶制品的要求而定。如需要制造浅色透明的制品，则必须选用色浅的白绉胶片为原料；对于像深色胶黏带、遮蔽用胶黏片材或电工绝缘胶黏带等那些不透明的或颜色并不重要的制品，则常常选用性能更好而价格又便宜的烟胶片。

（3）天然橡胶弹性体的优缺点　作为压敏胶黏剂的弹性体，天然橡胶的结构决定了它有许多优点：①由于平均分子量高（尤其是由于存在着部分分子量极高的凝胶体），还具有一定的结晶性，因而内聚强度高，制成的压敏胶具有很好的持黏力；②含有98%以上的顺式-1,4-聚异戊二烯的分子结构，决定了它在较广的温度范围（-70~130℃）内具有很好的弹性，故制成的压敏胶比较柔软，弹性好，低温性能也好；③分子内无极性基团，决定了它易于与增黏树脂尤其是非极性增黏树脂相混溶，制成的压敏胶表面能较低、易于湿润各种固体表面，因而初黏和黏合性能也都比较好，容易达到三大压敏黏合性能的平衡。因此，天然橡胶是压敏胶黏剂比较理想的弹性体，是橡胶弹性体中最适于制作压敏胶黏剂的。

天然橡胶作为压敏胶弹性体的主要缺点有：①分子中含有大量的不饱和双键，因而耐气候老化（主要是耐氧化和紫外线）的性能较差；②橡胶的分子量及非橡胶成分的含量和组成因产地、树种等的不同而有差异，使压敏胶的质量不易稳定；③耐增塑剂、油和有机溶剂的性能较差等。

2. 顺式聚异戊二烯橡胶

这种合成橡胶是以异戊二烯单体为原料，采用烷基金属化合物催化体系，在有机溶剂中定向聚合而成，其化学结构与天然橡胶相似，因而有合成天然橡胶之称。根据催化体系的不同，顺式-1,4-聚异戊二烯的含量、聚合物的分子量和分子量分布有所不同，性能也有差别。工业上主要有两种类型。钛型顺式聚异戊二烯橡胶是采用齐格勒-纳塔催化剂（三烷基铝/卤化钛）制得的聚异戊二烯橡胶，顺式-1,4-结构的含量较高（96%~97%），分子量较低，数均分子量在$(25~50)×10^4$之间，分子量分布较宽，因而较易结晶，在高温下有较好的内聚力。锂型顺式聚异戊二烯橡胶是采用烷基锂催化剂制得的聚异戊二烯橡胶，顺式-1,4-结构的含量较低（92%~93%），分子量较高，黏均分子量为$250×10^4$左右，分子量分布较窄，因而弹性好，低温性能好。

国产顺式聚异戊二烯橡胶的品种（吉林化学工业公司）和国外主要对照牌号的品种列于表3-2-23中。

由于顺式聚异戊二烯橡胶的结构和性能皆与天然橡胶相似，因而很适于作为压敏胶黏剂的弹性体。这些橡胶配成压敏胶后的压敏黏合性能与天然橡胶的比较见表3-2-24和表3-5-3。由这些数据可知，虽然它们的初黏和黏合性能与天然橡胶相比没有太大差别（表3-5-3），但其持黏力却明显地低于天然橡胶压敏胶（表3-2-24）[4]。这主要是因为这些聚异戊橡胶中顺式-1,4-结构的含量较低，因而结晶性较小（尤其是锂型顺式聚异戊二烯橡胶）以及平均分子量较低（尤其是钛型顺式聚异戊二烯橡胶）的缘故。工业上制造像天然橡胶那样的高分子量和高顺式-1,4-结构含量的合成聚异戊二烯橡胶目前还有一定困难。

3. 丁苯橡胶

丁苯橡胶是由丁二烯和苯乙烯经乳液共聚合制得的无规立构共聚物，化学结构式为：

$$-(CH_2-CH=CH-CH_2)_x-(CH_2-CH)_y-(CH_2-CH)_z-$$

表 3-5-3　钛型顺式聚异戊二烯橡胶与天然橡胶压敏胶黏合性能的比较[3]

橡胶弹性体	门尼黏度 (ML$_{1+4}^{100℃}$)	自黏黏合强度① /kPa	黏合强度② /kPa	压敏胶初黏力③ /kPa
钛型顺式聚异戊二烯橡胶	84	180.6	6.9	86.9
钛型顺式聚异戊二烯橡胶(塑炼5min后)	65	260.8	13.8	—
白绉片天然橡胶	89	17.2	0	88.3
白绉片天然橡胶(塑炼5min后)	80	220.6	6.2	—

　① 胶料在202℉ $\left[t/℃ = \frac{5}{9}(t/℉ - 32) \right]$ 于模具中与一正方形织物热压5min制成0.6125cm×4.9cm×0.245cm试样，两试样放在Tel-Tak试验机中常温下以一定的压力接触1.0min，使其黏合，测定立即分开两试样所需的力。

　② 方法同①，测定分开橡胶试样与不锈钢表面黏合所需的力。

　③ 压敏胶配方：橡胶100，增黏树脂20，甲苯适量。基材：PET膜。被粘物：不锈钢。测试方法同上。

其平均分子量随聚合情况而异，一般在（10～150）×10^4 之间。工业上生产的丁苯胶乳可直接用于配制乳液型压敏胶；由丁苯胶乳凝聚得到的固体丁苯橡胶则可用于配制溶剂型压敏胶黏剂。

乳液共聚合可以采用过硫酸钾为引发剂、歧化松香酸皂或硬脂酸皂为乳化剂在40～50℃进行，也可采用异丙苯过氧化氢、硫酸亚铁那样的氧化还原引发剂在5～7℃的低温下进行。前者所得的高温共聚丁苯橡胶是最老的品种，由于聚合温度较高，生成的聚合物支链较多，分子量分布较宽，还有一定量的凝胶体，故物理力学性能较差。采用低温共聚则减少了共聚中的支化反应和交联程度，使共聚物的分子量较高，且分子量分布较窄，因而产品质量大为提高。但高温共聚产品的上述结构特性却使它更适于配制压敏胶黏剂。国产丁苯-50和丁苯-60两种胶乳就是由高温聚合法制得的高苯乙烯含量的丁苯橡胶胶乳产品，可以用来配制乳液胶黏剂。

在丁苯胶乳中加入一定量的盐酸、明矾和骨胶等凝固剂，就可以发生破乳而使丁苯共聚物沉淀为固体，再经一定加工后即可得到各种片状或颗粒状丁苯橡胶产品。由于共聚温度、苯乙烯含量、乳化剂、凝固剂以及加工方法的不同，可以制得多种性能和牌号的固体丁苯橡胶产品。国内兰州化学工业公司等多家合成橡胶厂生产和销售各种丁苯橡胶的产品。其中丁苯1000系列产品为高温法聚合无填料丁苯橡胶，适合配制溶剂型压敏胶。有人对工业生产的几种丁苯橡胶配制的压敏胶进行了黏合性能试验，结果列于表3-5-4[3]。从该表可以明显看出，苯乙烯含量较高的1013型丁苯橡胶具有较好的黏合性能；以松香酸皂为乳化剂的压敏胶黏合性能比以脂肪酸皂为乳化剂的好；门尼黏度太高或交联太多的丁苯橡胶黏合性能差。表中的1011、1013和4502等品种可用于配制实用的溶液型丁苯橡胶压敏胶黏剂。

以烷基锂作催化剂将苯乙烯和丁二烯在有机溶剂中进行溶液共聚合，根据催化剂和聚合条件的不同可以得到无规的、部分嵌段的或ABA型三嵌段的丁苯橡胶弹性体，统称为溶聚丁苯橡胶。其中三嵌段溶聚丁苯橡胶就是SBS热塑弹性体，广泛地用于配制热熔压敏胶黏剂。无规的和部分嵌段的溶聚丁苯橡胶则可用来配制溶液型压敏胶。橡胶的门尼黏度越大，制成压敏胶的持黏力越高，初黏力和180°剥离力则越差。不同门尼黏度的品种互相混合使用，可在一定程度上改善压敏黏合性能[4]。

与天然橡胶弹性体相比，丁苯橡胶具有耐老化性能好、吸水性低以及耐油、耐增塑剂等优点。当苯乙烯含量高时，它的抗蠕变性能很好，价格也较低。因此，丁苯橡胶弹性体经常用来与天然橡胶混合使用或单独使用，以配制要求有较好耐增塑剂、耐老化和耐水性的压敏胶黏剂。但当苯乙烯含量高时，分子极性较大，致使其与增黏树脂的相容性一般不如天然橡

表 3-5-4　几种丁苯橡胶及其压敏胶的黏合性能比较

丁苯橡胶牌号	共聚温度	苯乙烯含量/%	乳化剂	凝固剂	门尼黏度（$ML_{1+4}^{100℃}$）	特性	自黏黏合强度[①]/kPa	黏合强度[②]/kPa	压敏胶初黏力[③]/kPa
1006	高温	23.5	脂肪酸皂	盐酸	46～54	—	34.5	0	79.3
1009	高温	23.5	脂肪酸皂	盐酸	—	交联	16.5	0	40.0
1011	高温	23.5	松香酸皂	盐酸	50～58	—	73.8	11.7	82.0
1012	高温	23.5	脂肪酸皂	盐酸	90～115	高黏度	24.8	0	37.9
1013	高温	43.0	脂肪酸皂	氢氧化铝	40～50	高苯乙烯	93.8	6.2	84.1
4502	低温	23.5	松香酸皂	—	50～58	低灰分	37.2	6.9	75.1
4503	低温	30.0	松香酸皂	盐酸	—	—	36.5	0	56.7

注：①②③同表 3-5-6 的①②③。

胶好，其黏合性能也不及天然橡胶（可比较表 3-5-4 和表 3-2-24）。因此，丁苯橡胶作为压敏胶黏剂原料，仍没有天然橡胶那样重要。

4. 聚异丁烯和丁基橡胶

（1）聚异丁烯　是由异丁烯单体在三氟化硼或三氯化铝的催化下经低温溶液聚合制得的聚合物，其化学结构为：

$$\left[\begin{array}{c} CH_3 \\ | \\ -C-CH_2- \\ | \\ CH_3 \end{array}\right]_n$$

采用不同的聚合条件可以制得各种聚合度的产品，可从无色透明、分子量只有几万的黏稠液体到分子量高达几百万的浅色透明弹性体。国内目前已有聚异丁烯产品的生产和销售，但是品种不全。国外典型的市售品种列于表 3-5-5。这些品种都可以用来配制无色（或浅色）透明的压敏胶黏剂：高分子量的坚韧弹性体和低分子量的黏性液体或半固体按不同比例互相混合，即可制得具有各种不同黏合性能的压敏胶黏剂。

表 3-5-5　国外典型的聚异丁烯品种和牌号

Exxon 的 Vistanex	BASF 的 Opanol	数均分子量	Exxon 的 Vistanex	BASF 的 Opanol	数均分子量
—	B-1	$0.1×10^3$	MM-L80	B-80	$(6.4～8.1)×10^4$
—	B-3	$0.3×10^3$	MM-L100	B-100	$(8.1～9.9)×10^4$
LM-MS	—	$(0.87～1.0)×10^4$	MM-L120	B-120	$(9.9～11.7)×10^4$
LM-MH	B-10	$(0.1～1.17)×10^4$	MM-L140	—	$(11.7～13.5)×10^4$
—	B-15	约 $1.5×10^4$	—	B-150	约 $1.5×10^5$
—	B-50	约 $5.0×10^4$	MM-L200	B-200	$(1.79～2.10)×10^5$

这类聚合物的特点是：分子内没有不饱和双键，因而耐候性、耐臭氧、耐药品性、耐水性等都非常好；压敏胶中一般不需配合另外的增黏树脂，也不必采用防老剂和其他添加剂，因此，配方相当简单。再加上外观色浅而透明、对人体无毒等优点，使这类聚合物配成的压敏胶很适于制造医疗器械或食品包装用的各种压敏胶制品。

这类聚合物用作压敏胶时的主要缺点有：①分子结构中既无极性基团也无凝胶成分，故内聚强度和抗蠕变性能较差，尤其是在高温时更差，这就是聚异丁烯压敏胶带在天热时容易出现"望远镜"现象的原因；②分子结构中也没有易反应的官能团，因而无法采用交联的方法进一步提高它的内聚力和耐热性能；③与天然橡胶、顺式聚异戊二烯橡胶、丁苯橡胶等通用的橡胶弹性体相容性差，即使先机械混合后再配成溶剂型胶黏剂，也会出现分层，因此，难以用上述通用的弹性体来进行改性。这些缺点使聚异丁烯压敏胶始终不能成为一类很通用的压敏胶黏剂。

（2）丁基橡胶　将异丁烯与少量的异戊二烯或丁二烯在三氯化铝或三氟化硼催化下进行低温溶液共聚合，即可得到具有下述化学结构式的丁基橡胶：

$$\left[\begin{array}{c} CH_3 \\ | \\ C-CH_2 \\ | \\ CH_3 \end{array}\right]_n -CH_2-CH= \begin{array}{c} CH_3 \\ | \\ C-CH_2 \end{array} \left[\begin{array}{c} CH_3 \\ | \\ C-CH_2 \\ | \\ CH_3 \end{array}\right]_n$$

其黏均分子量为（40～70）$\times 10^4$，异戊二烯的含量一般为 0.5％～3.3％。

丁基橡胶既保留了聚异丁烯的特点，分子中又增加了可供交联的双键。用丁基橡胶弹性体部分或全部代替高分子量的聚异丁烯配制成的压敏胶黏剂可以进行硫化交联，因而耐蠕变性能，尤其是高温下的蠕变性能比纯聚异丁烯压敏胶有较大提高。此外，还有卤化丁基橡胶、部分硫化的丁基橡胶等也可用来配制压敏胶。但由于其三大压敏胶黏性能难以达到较高水平的平衡，这类压敏胶仍然不能作为通用型的压敏胶黏剂来使用。一般可以利用它们优良的耐候性、耐药品性和耐水性来制造金属表面保护用以及防腐蚀用的压敏胶黏制品。

5. 再生橡胶

再生橡胶是以废旧橡胶制品和橡胶加工工业产生的边角废料为原料，经过一定工序的加工而获得的具有一定生橡胶性能的弹性材料。这种弹性材料可以用来配制橡胶系压敏胶黏剂，并且一直是压延型橡胶压敏胶的主要原料。

再生橡胶的生产工艺大致可分为粉碎、再生（脱硫）和精炼三个过程。粉碎过程是通过切碎、洗涤、粉碎、空气分离等工序将废旧橡胶制品变成直径约 1mm 的细胶粉并清除掉夹杂在其中的泥沙、纤维、金属等各种杂质。再生过程又叫脱硫，就是设法将硫化的废旧橡胶的交联结构破坏或部分破坏，并将硫化剂和其他添加剂去除或部分去除，以恢复或部分恢复到生橡胶硫化前的状态和性能。因此，这是再生橡胶生产的中心环节。再生的方法有碱法、油法和水油法三种。碱法生产工艺落后，产品质量低劣，现已基本淘汰。油法生产设备简单，工艺简便，此法适于中小企业使用。水油法生产设备先进，产品质量好、产量大，适于较大的企业使用。水油法再生是将废旧硫化橡胶用油类软化剂、活化剂和水在高温下蒸煮的办法破坏交联结构的。废旧橡胶的种类不同、要求制造的压敏胶制品不同，所采用的软化剂和活化剂的配方以及再生的工艺条件也不尽相同。现以天然橡胶胎面胶为例，用水油法再生的具体工艺操作如下：先将 200 份（质量，下同）热水（80℃）加入再生罐，再加入 6～7份松焦油、3～4 份松香、2～3 份双萜烯、0.2～0.4 份活化剂 420 号（一种多烷基苯酚二硫化物），经充分搅拌后，再加入 100 份细胶粉。然后在搅拌下升温，在保持再生罐的蒸汽压力 0.98MPa 的情况下加热 2～3h。降温后，将混合料打入清水罐，用 60～80℃热水在压缩空气搅拌下清洗 5～10min，以去除游离硫、纤维和其他悬浮物。然后滤去水并将胶料从罐底排出，经过压水和干燥后再进行精炼。精炼过程是通过捏炼、滤胶、回炼和精炼等工序将再生后的胶料进一步提纯，并将胶料的可塑度提加到最终产品质量的要求。

再生时所用软化剂和活化剂的配方以及再生和精炼的工艺条件，对于再生橡胶的性能有很大影响。在制造专门用于压敏胶黏剂的再生橡胶时，需要根据压敏胶制品的具体要求来确定软化剂和活化剂的配方以及生产工艺条件。例如，若需要制备浅色制品，必须选用松焦油、松香等非污染性软化剂，而不能选用煤焦油、裂化渣油等污染性较大的软化剂；若需要制造黏合性能较大而持黏力并不太重要的压敏胶制品，则可以用较多量的软化剂和活化剂，或者采用较为苛刻的再生和精炼工艺条件，使所得的再生胶具有较大的可塑度。

配制压敏胶用的再生橡胶最好是再生的天然橡胶，因为再生天然橡胶有下列优点：①黏合性能比丁苯橡胶等合成橡胶好；②由于多少还保留着部分的硫化交联结构，因此，它的耐蠕变性能、耐候性和耐热性等比天然橡胶本身还要好；③价格低廉；④可塑度可以在精炼时加以调节。所以再生天然橡胶特别适合于制造压延涂布用的无溶剂型压敏胶黏剂。由丁苯橡胶、氯丁橡胶等合成橡胶的废旧制品生产的再生橡胶，虽然也能用来配制压敏胶黏剂，但它们的性能则没有再生天然橡胶压敏胶好。

6. 其他合成橡胶

除上述几类橡胶弹性体外，氯丁橡胶、丁腈橡胶、顺式聚-1,4-丁二烯橡胶、聚氨酯橡胶以及各种改性橡胶也都可以配成压敏胶黏剂，但在实用上都不很重要。

改性的液体橡胶，例如用羧基或羟基改性的液体聚异戊二烯橡胶，已被尝试用作无溶剂型橡胶压敏胶的主体材料，采用适当的交联体系后可以获得很好的压敏黏合性能。这是一类很有希望的压敏胶黏剂新材料。

7. 各种橡胶弹性体的混合使用

鉴于天然橡胶的综合性能好而其他橡胶弹性体又各具特点，在实际配制压敏胶时往往采用天然橡胶与其他橡胶混合使用的方法，以满足对于压敏胶各种性能的要求或者达到降低成本的目的。例如，丁苯橡胶和天然橡胶混合使用可以改善胶黏剂的老化性能，因为热氧老化后丁苯橡胶因氧化交联而变硬，可以弥补天然橡胶因氧化降解变软所引起的内聚力的损失。加入高含量苯乙烯的丁苯橡胶可以提高压敏胶的抗蠕变性能；加入一般的丁苯橡胶可以降低成本。部分天然橡胶用高分子量的聚异丁烯代替可以改善压敏胶的耐老化性能。然而，这些合成橡胶的使用量是有限的，因为它们的加入往往会使体系与增黏树脂的相容性变差，使其他性能相应降低。

二、增黏树脂

增黏树脂是橡胶型压敏胶黏剂中除主体橡胶弹性体外的另一个最重要成分，它的主要作用是赋予压敏胶以必要的黏性。就是说，正是由于在橡胶弹性体中混入了增黏树脂才使混合体系对被粘材料表面产生必要的初黏性和黏合力，才使其成为一个真正的压敏胶黏剂。

常用的增黏树脂主要有松香及其衍生物、萜烯树脂和改性萜烯树脂以及石油树脂三大类。早期都采用前两类天然产物及其改性物，随着压敏胶黏剂的发展和增黏树脂用量的增大，由于价格及天然产物不能大量而稳定的供应等原因，石油树脂才逐渐发展成为目前最重要的一类增黏树脂。

1. 松香及其衍生物

松香是从松树中提炼得到的一种酸性天然树脂，常温下为微黄色至棕红色的透明脆性固体。根据来源和提炼方法不同，松香分为三种：从松树干上割出的松脂经水蒸气蒸馏提取松节油后再经过滤纯化得到的松香称为脂质松香；将老松树根洗净切碎，经水蒸气蒸馏分离挥发性油后，再用轻油萃取得到的松香称为木质松香；从造纸工业的副产物松浆油经水蒸气蒸馏纯化得到的松香称为松浆油松香，亦称浮油松香。其中，脂质松香质量较高，因而在压敏胶制造中被大量使用。尽管这三种松香软化点和化学组成都不完全相同，但都是由占90%以上的各种树脂酸以及不到10%的树脂酸酯、酸酐、脂肪酸等杂质组成的混合物。组成松香主要成分的树脂酸的分子式为 $C_{19}H_{29}CO_2H$，它有九种异构体，其中含量最多的是下面三种：

松香酸 （abietic acid）	新松香酸 （neoabietic acid）	左旋海松酸 （palustric acid）
CO_2H	CO_2H	CO_2H

软化点　　170～175℃　　　　　167～169℃　　　　172～175℃
含量　　　＞50%　　　　　　　20%～35%　　　　　0～30%

　　国产松香按质量分为八个等级（详见表 3-5-6），它们原则上都可以用作橡胶的增黏树脂。但由于松香酸容易结晶并受到氧化和其他化学反应，作为增黏树脂应用更好的却不是松香本身，而是它的衍生物。松香经过歧化、聚合、氢化和酯化反应后可以产生各种各样的衍生物。在铂或碘的催化下松香加热到 270℃ 左右就会发生歧化反应，将两分子松香酸转化为一分子脱氢松香酸和一分子氢化松香酸。松香的聚合可在三氟化硼或硫酸等的催化下，在苯、甲苯、汽油或四氯化碳等惰性有机溶剂中进行，得到的聚合物主要是松香的二聚体。在新鲜的还原镍催化下将氢气通入 180～220℃ 的松香融体中，既可将松香酸还原成二氢化松香酸，也可将部分二氢化物继续还原成饱和的四氢化松香酸。在氧化锌或醋酸钙的催化下，松香酸又可以在高温（285～290℃）下与各种醇进行酯化反应，产生各种松香酸酯的衍生物。最常用的醇有乙二醇、甘油和季戊四醇等多元醇。用高分子量的醇反应可得到高软化点的衍生物。将聚合松香、氢化松香等衍生物酯化则可以得到更加稳定的松香酸酯。先将松香酸与顺丁烯二酸酐加成，然后酯化，也可制得双键含量少的稳定松香酯衍生物。这些衍生物由于分子中减少了活泼的双键和羧基，因而物理和化学稳定性都得到了不同程度的提高。它们作为增黏树脂应用一般都要比松香本身来得好。图 3-5-1 是几种松香衍生物增黏的天然橡胶压敏胶在热空气中老化性能的比较[7]。

　　由于生产方法和反应条件不尽相同，各厂家生产的各种松香衍生物的分子量、软化点和其他性能也可能不一样。表 3-5-6 中还列出了几种国产松香衍生物的主要性能。

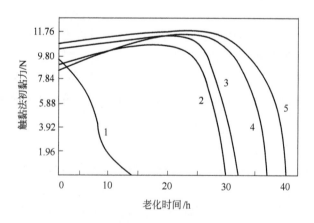

图 3-5-1　不同松香衍生物增黏的天然橡胶压敏胶在 93℃ 热空气中老化时触黏法初黏力的变化情况[7]

（配方：增黏树脂：天然橡胶=3:2）

1—木质松香季戊四醇酯；2—氢化松香季戊四醇酯；3—氢化松香甘油酯；
4—邻苯二甲酸氢化松香酯；5—高度稳定的松香甘油酯

表 3-5-6　国产松香和松香衍生物的主要性能

名称(等级)	色泽	软化点(杯球法)/℃	酸值/(mgKOH/g)	非皂化物含量/%	机械杂质/%
松香(特、一、二级)	微黄~黄	>72	>166	<6	<0.05
松香(三~八级)	深黄~棕红	>70	>160	<8	<0.1
氢化松香	浅黄	约77	162		
聚合松香	深黄~棕红	90~100	150		
松香甘油酯		91	7		
松香季戊四醇酯		112	14		
聚合松香甘油酯		113	6		
聚合松香季戊四醇酯		136	15		
氢化松香甘油酯		83	8		
氢化松香季戊四醇酯		105	16		
顺酐松香甘油酯		>128	<30		
顺酐松香季戊四醇酯		>120	<16		

2. 萜烯树脂及其改性物

（1）萜烯树脂　由 α-蒎烯、β-蒎烯或萜二烯（亦称二戊烯）等天然原料聚合或共聚而得。在提炼松香的同时可得到松节油，松节油的主要成分就是 α-蒎烯和 β-蒎烯。松树的种类和产地不同，两种蒎烯的含量也不一样。萜二烯主要是从柑橘类的果皮中提炼出来的，它们都是分子式为 $C_{10}H_{20}$ 的异构体，其结构式为：

	α-蒎烯	β-蒎烯	萜二烯（二戊烯）
沸点	155℃	164℃	157℃

它们的聚合一般是用无水三氯化铝或其他路易斯酸作催化剂，在有机溶剂中进行。所得的萜烯树脂是浅色的固体，平均相对分子质量为 300~2000，软化点为 10~140℃，分子结构如下：

聚 α-蒎烯　　　　聚 β-蒎烯　　　　聚萜二烯

工业上经常是将松节油不经分离提纯而直接聚合，得到的萜烯树脂实际上是聚 α-蒎烯、聚 β-蒎烯以及 α-蒎烯和 β-蒎烯共聚物的混合物。因此，松节油的成分不同、聚合方法和聚合条件不同，所得萜烯树脂的组成和性能也不一样。萜烯树脂及其改性物的生产厂商、产品牌号以其理化性能详见本篇第三章。

萜烯树脂在分子结构上与天然橡胶接近，与天然橡胶相容性很好，低温时仍有良好的增黏效果，是天然橡胶理想的增黏树脂。尤其是 β-蒎烯树脂，它一度曾被当作天然橡胶增黏树脂的选择标准。在相同软化点的情况下，β-蒎烯树脂的分子量较萜二烯树脂大。因此，前者适用于要求较高内聚力的场合，后者适用于要求较好初黏性的地方。图 3-5-2 是两者共聚物作增黏树脂时共聚物的组成对天然橡胶压敏胶黏剂性能的影响[8]。α-蒎烯树脂的性能则更接近于萜二烯树脂。

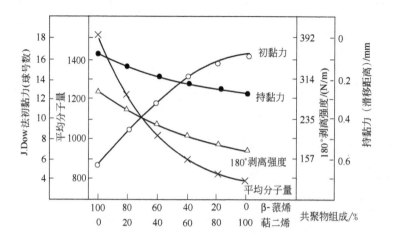

图 3-5-2　萜烯共聚树脂的共聚物组成对压敏胶性能的影响
（压敏胶配方：70 份天然橡胶，30 份萜烯树脂）

（2）萜烯树脂改性物　萜烯-酚醛树脂是最重要的一类改性萜烯树脂。从不同的萜烯树脂和酚醛树脂可以制得不同性能的萜烯-酚醛树脂，如 α-蒎烯-酚醛树脂、萜二烯-酚醛树脂、萜烯-双酚树脂等。酚醛树脂的掺入增加了树脂分子的极性，对增加压敏胶的内聚强度有贡献，也可增加与丁苯橡胶的相容性。但极性太大时，与天然橡胶的相容性就差。因此，作天然橡胶用的增黏树脂一般都是酚醛树脂含量不多的萜烯-酚醛树脂。经常是将萜烯-酚醛树脂与萜烯树脂混用，此时压敏胶的持黏力和剥离强度增加了，但初黏力却不降低，详见图 3-5-3。混用时最好的用量为 30∶70，因为此时还有较好的耐老化性能。酚醛树脂含量较多的萜烯-酚醛树脂更适于作丁苯橡胶的增黏树脂用。

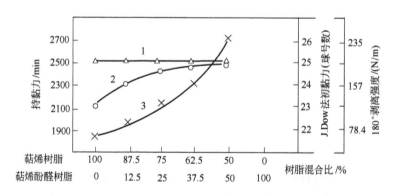

图 3-5-3　萜烯-酚醛树脂的用量对天然橡胶压敏胶性能的影响
[压敏胶配方：70 份天然橡胶∶30 份萜烯酚醛树脂（SP 115℃）和萜烯树脂（SP 100℃）混合物]
1—初黏力；2—180°剥离强度；3—持黏力

（3）石油树脂类　作为增黏树脂用的石油树脂，按其化学成分可以分为脂肪族、芳香族和脂环族三类。脂肪族石油树脂由石脑油裂解所得的 C_5 馏分（主要成分是 1,3-戊二烯）经 BF_3 或 $AlCl_3$ 等催化聚合而成。故亦称为 C_5 系石油树脂。脂肪族石油树脂常温下为无色或浅黄色固体，平均分子量 500～2000，软化点 70～110℃。若用 BF_3 催化，主要是其中一个双键的链状聚合，得到的树脂双键含量高、软化点低；用 $AlCl_3$ 催化，则主要是共轭双键的环状聚合，得到的树脂双键含量低、软化点较高。芳香族石油树脂则由石脑油裂解所得的

C_9 馏分（主要成分是甲基苯乙烯、茚等）经 BF_3 催化聚合而成。因此，它亦称为 C_9 系石油树脂。常温下这类树脂为淡黄色至深琥珀色固体，软化点 $80\sim140℃$。脂环族石油树脂是由双环丙二烯为主要原料聚合而成或由 C_9 系石油树脂氢化得到的。常温下，它是一种接近无色的固体。几种增黏树脂的分子量和软化点的关系见图 3-5-4[9]。三类石油树脂中，由于 C_5 系石油树脂和脂环族石油树脂具有色浅，与天然橡胶相容性好，耐热、氧和光的老化以及储存稳定等优点，故大量用作天然橡胶压敏胶的增黏树脂。而 C_9 系石油树脂虽然价格较低，但由于极性较大，与天然橡胶相容性差，仅能在 SBR、SIS、SBS 等橡胶压敏胶中使用。将 C_9 馏分和 C_5 馏分共聚，控制 C_9 馏分的比例，可调节所得石油树脂与各种橡胶的相容性，详见表 3-

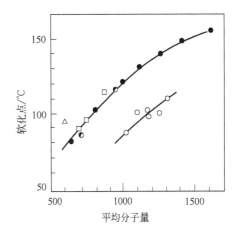

图 3-5-4　几种常用增黏树脂的软化点
与平均分子量的关系
○—脂肪族石油树脂；●—芳香族石油树脂；
◐脂环族石油树脂；△—古马隆-茚树脂；□—萜烯类树脂

5-7。据此有可能根据需要设计制造出各种性能的石油系增黏树脂来。将 C_5 馏分加热处理除去易生成高聚物的环状二烯后，再与二甲基-2-丁烯、异丁烯等烷基取代的烯类单体共聚合，可得到分子量分布很窄的石油树脂。这些新的石油树脂用于增黏天然橡胶比 C_5 系石油树脂具有更好的性能。

表 3-5-7　C_9 馏分与 C_5 馏分共聚石油树脂与各种橡胶的相容性

共聚原料的组成/%		共聚石油树脂的软化点/℃	丁基橡胶	天然橡胶	顺丁橡胶	丁 苯 橡 胶	
						1502 号	2001 号
C_9 馏分	C_5 馏分		7.69[①]	8.19[①]	8.22[①]	8.29[①]	8.57[①]
0	100	103	○	○	○	△	×
25	75	101	×	○	○	○	△
50	50	106	×	△	○	○	○
100	0	117	×	×	△	△	○

① 为橡胶的溶解度参数单位为 $(cal/cm^3)^{1/2}$，$1cal=4.1868J$。

注：○—完全相容；△—部分相容；×—完全不相容。

（4）其他增黏树脂　除了上述三类主要的增黏树脂外，古马隆-茚树脂、烷基酚醛树脂和改性的二甲苯树脂等，也常用作橡胶弹性体的增黏树脂。

古马隆-茚树脂由制造焦炉气的副产物（主要由 49.3%茚、14.8%α-甲基苯乙烯和 9.6%古马隆组成）聚合而得，结构式可表达为：

$$\left[\overset{HC——CH}{\underset{O}{\bigcirc_3}} \right]——\left[CH——CH_2 \atop \overset{}{\bigcirc}—CH_3 \right]_n$$

由于分子结构中含氧，有极性，一般可作为丁苯橡胶以及 SIS 和 SBS 等热塑弹性体的增黏树脂。缺点是有较强的臭味，但价格便宜。

烷基酚醛树脂一般不单独作为增黏树脂，而是在用作金属氧化物交联剂的螯合剂时兼作增黏树脂使用。

松香或烷基酚醛树脂改性的二甲苯树脂可用作聚丙烯酸酯压敏胶的增黏树脂，但也常用来增黏丁苯橡胶等极性较大的橡胶弹性体。

三、增黏树脂的选择原则

增黏树脂的种类和最佳用量的选择应该分别从与橡胶弹性体的相容性、本身的色泽、增黏效果、耐老化性能以及价格等各个方面加以综合考虑。

能与橡胶弹性体相混溶是增黏树脂的前提条件。如果增黏树脂与橡胶弹性体完全不相混溶，那么制得的混合物必然会产生严重分相甚至分层，不可能成为一个好的压敏胶黏剂。相互混溶的浓度和温度范围越宽，两者的相容性就越好，选择的余地也就越大。

材料之间的相容性与它们的溶解度参数有关。溶解度参数越接近的两种材料相容性越好。溶解度参数被定义为内聚能密度的平方根。材料的内聚能是组成材料的分子间相互作用力的总和，是由分子结构尤其是分子的极性决定的。因此，分子结构和分子极性越相近的材料溶解度参数越接近，相容性也就越好。图 3-5-5 列出了各种增黏树脂与各种高聚物材料的溶解度参数及大致的相容性范围[8]。

在制备浅色透明的压敏胶制品时，增黏树脂本身的色泽则是首先必须考虑的另一个重要因素。

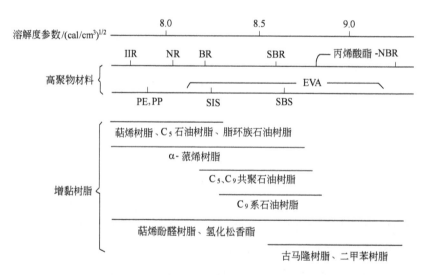

图 3-5-5　各种高聚物材料和各种增黏树脂的溶解度参数与大致的相容性范围
(1cal＝4.1868J)

增黏效果主要是指增黏树脂的加入对胶黏剂的压敏黏合性能（即初黏性、180°剥离强度和持黏性以及它们之间的平衡关系）的影响。在维持三者正常的平衡关系的基础上，这三种物理性能越好，增黏树脂的增黏效果就越佳。

增黏树脂对压敏胶初黏力的影响是人们最感兴趣的问题。早在 50 多年前就有人发现[11]，随着增黏树脂用量的增加，开始时初黏力增加很慢，当达到一定浓度后，初黏力就迅速增大并达到一最大值，然后迅速下降直至完全消失。典型的一例见图 3-5-6。大量的实验研究表明，几乎所有的增黏树脂对天然橡胶压敏胶初黏力的影响都有这样的规律。只是增黏树脂的软化点不同，达到最大初黏力所需的树脂浓度以及最大初黏力的数值也不同。从表 3-5-8 的实验数据可知，树脂的软化点越低，达到最大初黏力所需增黏树脂的浓度越高，得到最大初黏力的数值也越大。

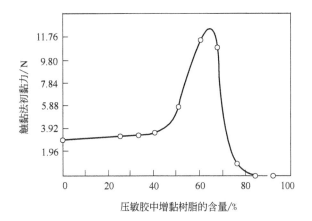

图 3-5-6　氢化松香季戊四醇酯（增黏树脂）的用量对天然橡胶压敏胶初黏力的影响[7]

表 3-5-8　松香类增黏树脂的软化点对天然橡胶压敏胶初黏力的影响[8]

增　黏　树　脂		软化点/℃	达到最大初黏力时树脂的浓度/%	达到的最大初黏力/gf②
牌号①	种类			
Dymerex	聚合松香	150	50	1200
Pentalyn A	松香季戊四醇酯	110～114	61	1250
Polypale Ester 10	聚合松香酯	110	65	1360
Pentalyn H	氢化松香酯	105	65	1300
Polypale	聚合松香	101	67	1500
Staybelite Ester 10	氢化松香酯	80～85	>75	>1600
Perhydrogenated Rosin	氢化松香	80～82	>75	>1600
Staybelite	氢化松香	76	>75	>1600

① 为美国 Hercules Co. 的牌号。

② 触黏法初黏力。$1gf=9.8\times10^{-3}N$。

在通常情况下，随着增黏树脂用量的增加，压敏胶黏剂的 180°剥离强度也增加，持黏力则相反。图 3-5-7 是增黏树脂用量对天然橡胶压敏胶黏剂的初黏力、180°剥离强度和持黏力影响的一个典型例子。不同熔点的增黏树脂，尽管曲线的形状和位置可能不一样，但对三大压敏黏合性能影响的趋势大致都是相似的。一般认为，在相同用量的情况下，增黏树脂软化点的高低对压敏胶的初黏力、180°剥离强度和持黏力的影响有表 3-5-9 列出的那种规律性。

表 3-5-9　增黏树脂软化点的高低对压敏胶黏性能的影响规律

增黏树脂软化点　　压敏胶黏性能	高	低
初黏力	低	高
180°剥离强度	高	低
持黏力	高	低

根据上述一般的规律性以及如图 3-5-7 那样的实验数据[12]，再参照对所制压敏胶制品黏合性能的具体要求，便可选择最好的增黏树脂和最佳的用量范围了。

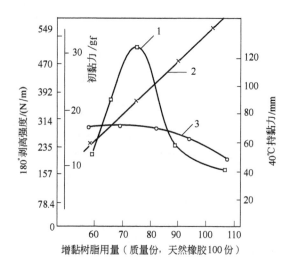

图 3-5-7　一种增黏石油树脂的用量对天然橡胶压敏黏剂黏合性能的影响

（1gf＝9.8×10⁻³N，1kgf＝9.8N）

（初黏力用 R.F.Bull 的转鼓法测定；持黏力的测定条件为：12.5mm×12.5mm，1.5kgf，40℃）

1—初黏力；2—剥离强度；3—持黏力

在一般的橡胶系压敏胶配方中，对每 100 质量份橡胶弹性体来说，增黏树脂的用量约为 60～150 份为宜；树脂软化点高则可少用些，树脂软化点低则应多用些。

此外，在制造要求耐老化性能好的压敏胶制品时，还必须考虑尽可能选择脂环族石油树脂、氢化松香酯、萜烯树脂等分子内没有或很少有双键的耐老化性能好的增黏树脂。在制造电工用绝缘胶带时，应尽量采用电绝缘性能好的增黏树脂。通常，不含极性基团的树脂，如萜烯树脂、各种石油树脂等皆具有较好的电绝缘性能。在制造医用压敏胶制品时，具有酸性的增黏树脂，如松香及其衍生物、某些酚醛改性物等常常会引起皮肤炎，在选用时也必须加以注意。在制造低档制品时，则必须较多地考虑增黏树脂的价格问题。

几种常用增黏树脂的上述各种特性定性地比较列于表 3-5-10 中，可供参考。

表 3-5-10　几种常用增黏树脂特性的比较

特性 增黏树脂种类	相容性		色泽	初黏力	180° 剥离力	持黏力	耐老化 性能	价格
	与 NR,IIR	与 SBR						
松香	良	可	可	优	劣	劣	劣	最低
氢化松香	良	良	良	优	可	可	良	较高
萜烯树脂	优	劣	良	优	良	良	良	较高
萜烯-酚醛树脂	良	良	良	良	优	优	可	最高
脂肪族石油树脂	良	劣	良	良	良	良	良	较低
芳香族石油树脂	劣	优	劣	劣	可	优	良	最低
脂环族石油树脂	良	劣	优	可	良	良	优	较高

四、增黏作用机理的研究

橡胶弹性体和增黏树脂在室温下一般都是固体，基本上没有黏性。为什么两者互相混合后就会产生黏性，即能够将基材黏合于被粘表面并产生一定的初黏力和剥离力呢？为什么初黏力随着增黏树脂浓度的增加会出现一极大值？也就是说，增黏树脂的增黏作用机理究竟是什么呢？很早就有人对此进行了研究。至今已形成了两种理论观点：一种观点认为，压敏胶的黏性本质上是由胶黏剂的两相体系的形态学所决定的；另一种观点则认为压敏胶的黏性是由胶黏剂的黏弹形变特性所决定的。

Wetzel 和 Hock 等用电子显微镜观察天然橡胶和某些合成橡胶的压敏胶胶膜时发现[11~15]，当增黏树脂（一种氢化松香酯）加入量超过 50％时，初黏力迅速增加（见图 3-5-6），此时胶膜中出现许多微小的颗粒，颗粒的数目和大小随增黏树脂含量的增加而增加，达到极大值后再逐渐消失，基本上与初黏力的极大值相一致。并且还发现，压敏胶在空气中热老化后胶膜中这种小颗粒会逐渐消失，胶黏剂的初黏力也同时下降，直至完全失去。因此认为，当增黏树脂的用量小于 50％时，增黏树脂能很好地溶解在橡胶的连续相中；当树脂的溶解达到饱和状态后就出现树脂相的相分离，一部分低分子量的橡胶溶解在树脂相中。这种分散在橡胶连续相中的树脂相就是电子显微镜观察到的小颗粒。它们的出现使胶黏剂的初黏力增加，它们的逐渐增多使初黏力达到最大值。进一步增加树脂用量可使胶层发生急剧的相转变，树脂相转变为连续相，而橡胶相反过来成为分散相，从而使胶层失去初黏力。

他们还进一步认为，树脂分散相在胶接界面形成一个很薄的黏性层，该黏性层能够在外力作用下发生黏性流动、湿润被粘表面，从而使初黏力增加。但由于这一黏性层太薄而无法被破坏。因此，压敏胶的内聚强度主要由橡胶连续相的强度所决定。

后来，有人用表面反射红外光谱（ATR）技术研究了天然橡胶-松香酯混合体系的化学组成后发现，在胶层的表面层松香酯的浓度确实比中间的高，从而支持了上述观点[16]。这种两相形态学的观点也与当前流行的多相高聚物的海岛结构理论相一致，因此至今仍有不少人赞成。

但是，两相形态学的观点并不能令人满意地说明初黏力随外力作用速度而变化的现象，也不能解释不产生两相结构的体系，如天然橡胶/β-蒎烯树脂的混合体系同样也具有初黏性的事实。因此，另一些人又从压敏胶层黏弹性的角度研究了树脂的增黏现象。

Dahlquist 首先指出，增黏树脂的加入能降低压敏胶黏剂的弹性模量[17]。Sherriff 等用膨胀计法测定了天然橡胶与两种 β-蒎烯树脂、一种萜二烯树脂和一种氢化松香等增黏树脂的混合体系的玻璃化温度随树脂用量的变化[18]。发现，虽然这四个体系当树脂用量增加时它们的初黏力皆明显增加，但只有天然橡胶-氢化松香酯混合体系在树脂用量超过 50％时出现两种玻璃化温度，即出现两相结构，其余三种混合体系在任何树脂用量下皆未出现两相结构。福沢[19] 和伊藤[20] 等用扭摆分析法（TBA）研究了天然橡胶与萜烯树脂、氢化松香酯等增黏树脂的混合体系的对数衰减温度谱，发现当树脂用量超过一定数量时，体系的对数衰减出现两个峰，即确实出现了两个不同的相。但从对数衰减峰求得两相的玻璃化温度（图 3-5-8）表明，树脂相的玻璃化温度比较高。而玻璃化温度高于室温的树脂相能够产生初黏性，这显然是不可思议的。因此，他们从高聚物黏弹性的角度出发，认为不管是否出现相分离，树脂的溶解使橡胶相的黏度下降是初黏性增大的主要原因。

福沢又对天然橡胶和各种增黏树脂的压敏胶混合体系的表观黏度进行了测定，并研究了表观黏度和初黏力的关系[21]。实验结果有力地支持了上述观点，详见图 3-5-9。实验所用的增黏树脂是三种软化点分别为 70℃、100℃和 125℃的萜烯树脂 Pecorite S-70、Pecorite S-100 和 Pecorite S-125，初黏力用胶黏带对不锈钢试片黏合接触 5s 后立即进行 180°定速剥离所测得的剥离强度表示。图 3-5-10 是为了明显起见根据图 3-5-9 的实验数据重新绘制的。

由图 3-5-9 和图 3-5-10 的结果可以看出：①随着树脂浓度的增加，体系的表观黏度降

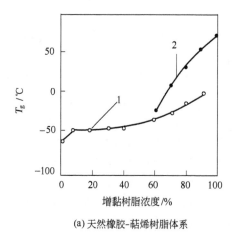
(a) 天然橡胶-萜烯树脂体系

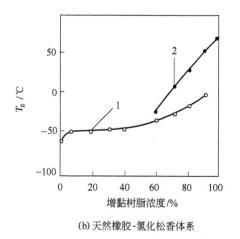
(b) 天然橡胶-氢化松香体系

图 3-5-8　混合体系的玻璃化温度 T_g 随增黏树脂浓度的变化

1—橡胶相；2—树脂相

低，初黏力增加；②当表观黏度达到最低值时，初黏力达到最高值，此时增黏树脂的浓度分别为＞70％、70％和50％，即增黏树脂的软化点越低，达到极值所需的树脂浓度越大；③树脂的软化点越低，所达到的最低黏度值越小，而最高的初黏力则越大。从聚合物黏弹性的角度考虑，根据计算，当体系的黏度降低到 $10^6 \sim 10^5 \, Pa \cdot s$ 时，聚合物即使在轻微的压力下也足以产生较大的形变和流动，即使在几秒钟的时间内，它也能够很好地湿润被粘物的表面，从而产生较大的初黏力。体系的黏度越小，这种湿润就越充分，初黏力当然就越大。

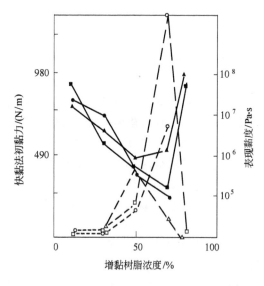

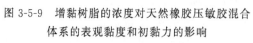

图 3-5-9　增黏树脂的浓度对天然橡胶压敏胶混合体系的表观黏度和初黏力的影响

—●，○----Pecorite S-70 体系；—■，□----Pecorite S-100 体系；

—▲，△----Pecorite S-125 体系；——表观黏度；----初黏力

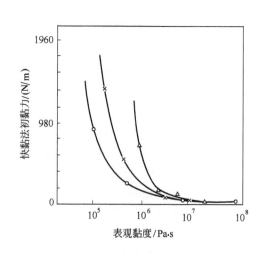

图 3-5-10　天然橡胶-增黏树脂混合体系的表观黏度和初黏力的关系

—○—Pecorite S-70；—×—Pecorite S-100；

—△—Pecorite S-125

按照这种观点，不管体系是否出现两相结构，只要溶解有树脂的橡胶相的黏度降低到一定值时，体系的初黏力就会增加。对于具有海岛结构的两相体系来说，若树脂相的玻璃化温度低于室温，则低分子量（低黏度）树脂相的存在会使整个体系的表观黏度更低，从而使体系的初黏力增加；但当树脂相的玻璃化温度高于室温时，高黏度的固体树脂相的存在就像填料一样，反而会使整个体系的表观黏度上升，从而使初黏力降低。实验事实也已证明了这种分析[19,20]。

显然，这后一种用压敏胶的黏弹性质来解释增黏现象的观点能够更透彻、更科学地说明增黏作用的本质和机理，也能解释更多的实验事实，因而已为更多的人所接受。

五、防老剂

除聚异丁烯和丁基橡胶外，橡胶型压敏胶黏剂及其制品在使用环境中因长期受到空气中的氧气、紫外线和其他因素的作用发生明显的老化现象，使它们的性能逐渐下降，以致不能使用。因此，在这些压敏胶配方中还必须加入适当的防老剂。

天然橡胶和合成顺式聚异戊二烯橡胶的老化是由分子链中双键附近 α-位碳氢键被空气中的氧气进攻而引起的，产生的自由基可进一步引起橡胶大分子链的断裂和降解。

分子内含有双键的增黏树脂如松香、萜烯树脂等也能发生类似的氧化降解作用。分子链降解的结果会使压敏胶的内聚强度下降，使胶黏制品发黏，甚至完全失去压敏黏合性能。热、紫外线以及铜、锰等金属能够促进上述氧化降解的进程。

丁苯橡胶分子中活泼双键的含量比天然橡胶少，因而耐老化性能比天然橡胶好。丁苯橡胶在空气中氧化时，氧气也首先进攻双键 α-位的碳氢键，但生成的自由基却使大分子链产生交联而不是降解。这种氧化交联的结果使丁苯橡胶压敏胶黏剂层逐渐变脆、失去弹性和黏性，最后无法使用。

加入防老剂的目的是防止或延缓这种氧化降解或氧化交联过程的发生。根据作用原理的不同有下述三类防老剂。

第一类是自由基链抑制剂，它们能够很容易地与橡胶或增黏树脂氧化时产生的各种自由基反应，生成稳定的化合物，从而防止大分子链的进一步降解或交联。各种带有大取代基的酚类防老剂，如 2,6-二叔丁基对甲苯酚（防老剂 BHT）、2,5-二叔丁基对苯二酚（防老剂 NS-7 或称防老剂 DBH）、2,2′-亚甲基双-（4-甲基-6-叔丁基苯酚）（防老剂 NS-6 或称抗氧剂 2246）、苯乙烯化酚（防老剂-P）等；以及各种苯胺类防老剂，如 N,N'-二-β-萘-1,4-苯二胺（防老剂 D）、2,5-二叔丁基喹啉、聚（2,2,4-三甲基-1,2-二氢喹啉）（防老剂 RD）、N-苯基-α-萘胺（防老剂 A）等均属这一类。单独使用这些防老剂皆有明显的防老化作用，称为一次防老。其中苯胺类化合物防老效果更好，但由于本身易氧化变黑而污染压敏胶制品，故不宜应用于制造浅色透明制品的胶黏剂配方中。

第二类是过氧化物分解剂，它们能及时分解橡胶氧化后生成的过氧化物使之变成稳定的物质，从而防止了大分子链的进一步降解或交联。代表性的有某些含硫或含磷类化合物以及苯并咪唑类化合物，例如 2-硫醇基苯并咪唑（防老剂 MB）及其锌盐（MBZn）、亚磷酸三对烷基酚酯、二烷基二硫代氨基甲酸镍等。它们通常需与第一类防老剂联合使用，称为二次防老。

第三类是紫外吸收剂和光稳定剂，它们能够吸收加速橡胶老化的紫外线，也能防止自由基的生成。代表性者有苯甲酰酚类和三唑类化合物，如水杨酸苯酯、2-苯甲酰基-4-甲氧基苯酚、2-(2′-羟基-3′,5′-二叔丁基苯基)苯并三唑等。

将上述三类防老剂混合使用往往效果更好。但是，有些防老剂有污染性，有些防老剂如MB、MMB等本身对橡胶的硫化有促进作用，选用时必须加以注意。在一般的橡胶型压敏胶黏剂配方中，每100质量份橡胶弹性体宜用1～3质量份防老剂。

为了克服常用防老剂能够挥发并被有机溶剂萃取的缺点，努力开发高分子量的或能与橡胶大分子以化学键相结合的新型防老剂是今后的发展方向。

六、软化剂

为了降低压敏胶黏剂的本体黏度，改善其对基材的密着性和涂布工艺，提高低温下的初黏性，在一般的橡胶型压敏胶配方中通常还要加入软化剂。软化剂的使用有时还能降低胶黏剂的成本，软化剂亦称增塑剂或黏度调整剂，它们能与橡胶弹性体相容。当它们的分子均匀地分散在橡胶大分子之间时，可以降低橡胶分子之间的相互作用力，从而促进橡胶分子的相互滑移（即塑性流动），达到上述改性目的。但软化剂的加入总要使压敏胶的持黏力下降，一般也要降低压敏胶的180°剥离强度。因此，软化剂必须根据具体要求在性能许可的范围内适量使用。在一般压敏胶配方中，对每100质量份橡胶弹性体，软化剂的使用量皆在30份以下。常用的软化剂有如下三类：

① 油脂类，包括矿物油系（如各种脂肪族、芳香族和环烷族润滑油脂）和植物油系（如羊毛脂、松浆油、卵磷脂等）。

② 液态橡胶（如低分子量聚异丁烯、聚丁烯和液态聚异戊二烯、解聚橡胶等）和液态增黏树脂（如液态萜烯树脂、液态古马隆-茚树脂等）。

③ 合成增塑剂类，如邻苯二甲酸二丁酯、磷酸三甲酚酯等。

矿物油脂类因软化效果好且价格便宜而大量被应用，其中：脂肪族润滑油脂低温性能好，耐老化和耐污染性较好，但与橡胶的相容性稍差；芳香族润滑油脂则相容性好，但低温性能和耐污染性一般；环烷族润滑油脂则介于两者之间，因而用得最多。液态橡胶和液态树脂由于分子量比油脂类大，其软化效果一般都比较小。但除软化外它们还具有一定的增黏作用。尤其是在必须防止软化剂迁移的场合（如多孔性基材），更应该选用分子量较大的液态橡胶作为软化剂。合成增塑剂不但软化效果好而且无色透明、与橡胶弹性体相容性好，尤其适用于制造浅色透明的压敏胶黏剂制品。

七、填充剂和着色剂

1. 填充剂（填料）

为了降低成本和改善性能（如增加内聚强度、提高耐热性、满足某些电气性能的要求等）的目的，橡胶系压敏胶黏剂配方中还经常使用填充剂（亦称填料）。对填充剂的要求除了价格要低廉外，还应该颗粒度要小、容易在胶黏剂中分散均匀、在胶黏剂中的容量要大以及化学惰性强，即不与胶黏剂的其他组分发生化学作用等。常用的填充剂一般都是一些常见的无机盐和金属氧化物，如碳酸钙、各种黏土以及硅酸盐、滑石粉、氧化锌、氧化钛（钛白粉）、氢氧化铝、硅胶和硫酸钡等。一些常用填充剂的成分、性能、特点和应用等列于表3-5-11中。其中在橡胶系压敏胶配方中最常使用的有各种碳酸钙、氧化锌、各种土和硅酸盐、滑石粉等。

各种碳酸钙、各种膨润土、硅藻土和硅酸盐、滑石粉等填充剂价格低廉，主要是为了降低压敏胶的成本而使用，尤其是那些压敏胶用量较多的制品，如布基胶黏带及遮盖用胶黏片材。

表 3-5-11　填充剂的种类、特性和应用

名　称	成　分	密度/(g/cm³)	粒径,形状/μm	特性和应用
重质碳酸钙	$CaCO_3$	2.7	0.3~10 不定形	由粗晶石灰石粉碎制备,多用于填充增量
轻质碳酸钙	$CaCO_3$	2.6	0.5~6 柱状	用沉淀法制备,结晶细,用于有机物表面处理、橡胶补强等,微细级也有用纳米技术制备者
微细碳酸钙	$CaCO_3$	2.6	0.02~0.1 立方体	
碱式碳酸镁	$4MgCO_3 \cdot Mg(OH)_2 \cdot 4H_2O$	2.2	0.5~2 薄片状	用于橡胶补强,中和制品的酸性等
碳酸钙镁	$CaMg(CO_3)_2$	2.4	0.5~3 不定形	用于橡胶补强,中和制品的酸性等
结晶水硅酸铝	$Al_2O_3 \cdot 2SiO_2 \cdot 2H_2O$	2.6	0.2~5 六角板	颗粒较细,用于提高胶料的内聚强度、硬度等
煅烧硅酸铝	$Al_2O_3 \cdot 2SiO_2$	2.6	1~5 板状	用于电绝缘改良剂,提高胶料的内聚强度
卤石粉	$Al_2O_3 \cdot 4SiO_2 \cdot H_2O$	2.8	0.5~5 薄片状	用于胶料的塑炼填充和防黏敷粉
膨润土	$Al_2O_3 \cdot 4SiO_2 \cdot 2H_2O$	2.5	0.2~3 薄片状	填充增量
云母粉	$K_2O \cdot 3Al_2O_3 \cdot 6SiO_2 \cdot 2H_2O$	2.8	0.5~5 薄板状	特种用途使用,如增加胶料绝缘性等
沸石粉	$Na(AlSi_3O_{12})_3 \cdot H_2O$	2.1	0.5~15 板状	填充增量
长石粉	$NaKAl_2Si_2O_8$	2.6	0.5~8 板状	填充增量
滑石粉	$3MgO \cdot 4SiO_2 \cdot H_2O$	2.8	0.2~8 针状	用于胶料的塑炼填充和防粘敷粉
石灰石粉	$CaO \cdot SiO_2$	2.9	5~10 针状	填充增量
合成硅酸铝	$Al_2O_3 \cdot nSiO_2 \cdot nH_2O$	2.1	0.02~0.05 球状	颗粒较细,用于提高胶料的内聚强度和硬度,也用作电绝缘改良剂等
合成硅酸钙	$CaO_2 \cdot nSiO_2 \cdot nH_2O$	2.1	0.02~0.1 薄片状	颗粒较细,用于提高胶料的内聚强度、硬度等
硅藻土	$SiO_2 \cdot nH_2O$	2.1	0.02~0.05 不定形	填充增量
纯硅石粉	SiO_2	2.6	0.02~0.05 不定形	填充增量
氢氧化铝	$Al(OH)_3$	2.4	0.1~1 板状	用于橡胶补强,中和制品的酸性等
沉淀硫酸钙	$CaSO_4$	4.3	0.5~6 柱状	颗粒较细,用于提高胶料的内聚强度和硬度
石膏	$CaSO_4 \cdot 2H_2O$	2.3	0.02~0.1 柱状	颗粒较细,用于提高胶料的内聚强度、硬度,防水
亚硫酸钙	$CaSO_2 \cdot 1/2H_2O$	2.6	2~10 不定形	特种应用
氧化锌[①]	ZnO	1.7	0.5~10 球状	用于白色填料,橡胶硫化促进剂等,如热固性压敏胶,医疗橡皮膏等采用

名　称	成　　分	密度 /(g/cm³)	粒径,形状 /μm	特性和应用
钛白粉②	钛白粉 TiO₂	2.1	0.02~0.1 球状	它是遮盖力大的白色颜料,品种多,应用广。
炭黑	C		0.1~0.5 不定形	用作补强剂,以各种方法制备各种不同用途的产品,压敏胶中用槽法炭黑较多

① 制备:锌矿石或金属锌灼出锌蒸气后氧化而成;也用硫酸锌溶液沉淀后灼烧而成。

② 由钛铁矿熔融后还原铁,沉淀出氢氧化钛烧制而成。

　　氧化锌是一种白色填料,但对橡胶的硫化有促进作用,因而它的使用可增加压敏胶的内聚力和耐热性。氧化锌还能中和松香的酸性,减少松香对皮肤的刺激作用;氧化锌还有轻微的防腐性能。由于氧化锌的上述多种功能,在天然橡胶压敏胶黏剂,尤其是在医用橡皮膏制造中,它是一种不可缺少的填料。

2. 着色剂 (颜料和染料)

　　为了各种目的,有些压敏胶制品要求压敏胶黏剂具有各种颜色。橡胶系压敏胶黏剂的着色是在它们的配方中使用适当的无机颜料或有机染料来完成的。在选用无机颜料或有机染料时,除了要使压敏胶层干燥后的色泽符合制品的使用要求外,它们的色泽还要尽量不受使用环境的热、光、气候变化等的影响。这方面,无机颜料比有机染料有优势。另外,还要求它们在压敏胶黏剂中的分散性好、不影响压敏胶制品的黏合性能、不污染环境等。工业上常用着色剂的品种和应用详见本篇第四章。实际上,许多无机颜料同时也起着填充料的作用。

　　二氧化钛亦称钛白粉,是一种最常用的优质白色无机颜料。虽然它也是一种填充剂,但使用它的目的主要是为了着色。常常是与其他颜料配合使用以产生所需要的颜色。例如,以透明的塑料薄膜为基材的包装用胶黏带常常采用氧化钛、氧化铁等颜料混合配成的棕色压敏胶黏剂。

　　一般来说,适当使用颜料和填料皆能或多或少地增加胶黏剂的内聚力,但同时会稍稍降低初黏力和剥离力。此外,颜料和填料的粒径、形状、含水量、比表面积及酸碱性等对压敏胶的黏度和涂布工艺也有一定影响,选用时必须加以全面考虑。

八、其他添加剂

　　在橡胶系压敏胶黏剂的配方中,橡胶弹性体和增黏树脂是主要成分,软化剂、防老剂、填充剂和着色剂、交联剂等是辅助成分。这些辅助成分统称添加剂或助剂。除了上述常用的添加剂外,橡胶系压敏胶黏剂配方中有时还根据制品性能和用途的要求分别加入阻燃剂、发泡剂和导电剂等其他添加剂。

1. 阻燃剂

　　目前,阻燃剂广泛应用于电器和建材行业,在这些行业应用的压敏胶制品也有阻燃的要求,也要满足 UL 标准、CSA 标准等各种规范。压敏胶制品的非燃化是靠使用阻燃型基材和阻燃型压敏胶黏剂来实现的。根据具体使用要求,采用阻燃型主体材料或在基材和压敏胶中混入各种阻燃剂可以达到压敏胶制品非燃化的目的。

　　常用的阻燃剂有卤族化合物系列、含磷化合物系列以及无机阻燃剂系列等几大类。其品种和性能详见本篇第四章。不同种类的阻燃剂有不同的阻燃机理和阻燃效果。因此,实际使用时多数采用几种阻燃剂复配在一起的方式，阻燃效果较好。

选用阻燃剂时除阻燃效果外，还必须考虑能与压敏胶主体材料和其他助剂混合均匀、不影响压敏胶的性能、不发生迁移、不污染使用环境等。

2. 发泡剂

有些压敏胶制品除了要求使用泡沫型材料（如泡绵、泡沫塑料等）作基材外，还要求所用的压敏胶黏剂也是泡沫状多孔型的。这样不仅可以提高压敏胶制品整体的隔热防震性能，还可以增加压敏胶层的厚度，从而提高压敏黏合性能。

在压敏胶黏剂配方中加入发泡剂就可以达到此目的。常用的发泡剂有各种碳酸氢盐和偶氮化合物等。在压敏胶涂布加热干燥时，这些发泡剂会同时发生分解，释放出二氧化碳或氮气等气体，使胶层变成泡沫状。但胶层中含有气泡后会使胶层的内聚强度迅速下降。因此，在加入发泡剂后压敏胶配方还要进行适当调整

3. 导电剂

有些压敏胶制品要求压敏胶层具有一定的导电性，此时在压敏胶黏剂配方中还必须使用导电剂。常用的导电剂有银粉、铜粉等金属细粉末以及炭黑、碳纤维、各种无机盐等。须根据不同的导电性要求选用不同的导电剂和不同的用量。例如，医用压敏电极所用的压敏胶层只要求中等的导电性，但要求透明、清洁、对皮肤无刺激性等。选用无机盐类作导电剂加在聚丙烯酸系压敏胶配方中就可满足这些要求。

第二节 几类重要的橡胶系压敏胶黏剂

本节将对溶剂型、交联型、乳液型和压延型等几类重要的橡胶系压敏胶黏剂的具体配方、制造方法、性能特点和应用范围等作较详细的介绍。

一、溶剂型橡胶系压敏胶黏剂

这是橡胶系压敏胶黏剂中用途最广、产量最大的一类。以前，这类压敏胶（包括非交联和交联型）曾经一直占据着压敏胶黏剂的主导地位，后来由于环境保护等原因而逐渐被聚丙烯酸酯乳液压敏胶所代替。但其在压敏胶黏剂和压敏胶制品中至今仍占有重要地位。

1. 制造方法

溶剂型橡胶系压敏胶黏剂皆由前面所述的各种橡胶弹性体和增黏树脂、软化剂、防老剂、填充剂、着色剂等添加剂按一定配比在有机溶剂中溶解混合制成。

工业上，溶剂型橡胶压敏胶有两种制造方法：一种是先将固体块状生橡胶切断成小块并在炼胶机上进行塑炼，调整分子量后再在切断机上切成碎片，然后在溶解混合釜中用有机溶剂溶解，并混入增黏树脂及其他添加剂，搅拌均匀后再用有机溶剂调节到所需的黏度和固体含量。另一种方法是先将固体橡胶弹性体切成小块，并在炼胶机上进行塑炼后直接混入增黏树脂及其他添加剂进行混炼，然后将混炼胶料切碎后在溶解混合釜中用有机溶剂溶解并混合均匀。

两种制造方法的工艺流程见图 3-5-11。

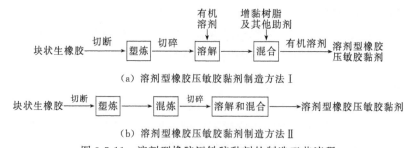

(a) 溶剂型橡胶压敏胶黏剂制造方法Ⅰ

(b) 溶剂型橡胶压敏胶黏剂制造方法Ⅱ

图 3-5-11　溶剂型橡胶压敏胶黏剂的制造工艺流程

若要得到橡胶弹性体和增黏树脂等添加剂完全理想的混合物，最好先将橡胶弹性体和增黏树脂等分别制成溶液，然后互相混合，但这样操作比较复杂。上述的第一种方法比较接近于理想的溶液互混法，故在实际生产中应用较多。对于那些分子量较低的合成橡胶弹性体，有时采用后一种方法。

2. 橡胶弹性体的塑炼和混炼

天然橡胶弹性体尤其是烟胶片，总是含有一部分分子量很高的成分以及少量凝胶成分。它们的存在使固体天然橡胶难以直接溶解成为均匀的、黏度适于涂布操作的压敏胶溶液。因此，天然橡胶弹性体在配合前必须先进行塑炼。塑炼（或混炼）是溶剂型橡胶压敏胶黏剂制造过程中最重要的步骤。塑炼的目的就是破坏天然橡胶弹性体中的凝胶成分并使其平均分子量降低到所需要的程度。塑炼的实质是使橡胶弹性体的大分子链发生断裂和降解。断裂和降解作用既可发生在大分子主链，也可发生在大分子的侧链。塑炼方法和塑炼温度不同，大分子链的断裂和降解机理也不一样。塑炼的方法有机械塑炼法和化学塑炼法两种。前者是在较低的温度下，在两个不同转速的辊筒之间将橡胶弹性体用机械的力量挤压、撕裂，达到切断橡胶大分子链的目的。此法亦称低温塑炼法，大分子链以机械降解为主。后者是在较高的温度下，在密闭式炼胶机中通过高温氧化将橡胶弹性体的大分子链切断。此法亦称高温塑炼法，大分子链以化学氧化降解为主。

按塑炼使用的设备类型，橡胶弹性体的塑炼又可分为三种方法：开炼机塑炼法、密炼机塑炼法和螺杆机塑炼法。但不论用何种方法，在用塑炼机进行塑炼前都必须先将块状橡胶弹性体切断成小块。现将橡胶块切断及各种塑炼方法的塑炼工艺简要介绍如下。

（1）橡胶块的切断　购进的天然橡胶弹性体都是块状固体，其尺寸为(60～80)cm×(80～100)cm×(20～30)cm 大小。使用时必须要在 25℃ 以上将其先行切断成小块才能进行塑炼操作。如果室温低于 25℃，就需要将块状橡胶弹性体经 60℃ 烘烤 24h 以上，确保橡胶块温度维持在 25℃ 以上时才进行切断操作。一般切断是将橡胶块均分为 6 份。切断操作大多采用压铡式切断机。

切断后的橡胶小块可以检查其内在质量，如杂质、白渣、可塑度等，以便将质量相近的小胶块配在一起进行塑炼。这样可以获得均匀的塑炼效果并减少塑炼操作时间。

（2）开炼机塑炼法　开炼机即开放式炼胶机，亦称开放式双辊塑炼机。用开放式炼胶机进行天然橡胶弹性体的塑炼是最早采用的塑炼方法。此法的优点是塑炼胶料的质量好、收缩小，但生产效率低，劳动强度大。此法适合于胶料品种变化多但每次用胶量较小的工厂。开炼机塑炼属于低温塑炼，塑炼时橡胶大分子链以机械降解为主。因此，降低橡胶温度并增大机械作用力是开炼机塑炼的关键。与温度和机械作用力有关的各种设备性能和工艺条件都是影响塑炼效果（即胶料可塑度的变化）的重要因素。

为了降低胶料温度，开放式炼胶机的辊筒必须进行有效的冷却。因此，辊筒内一般都设有带孔眼的水管，直接向辊筒内表面喷冷却水进行冷却，以降低辊筒的温度。不同的橡胶弹性体品种应该选择不同的最佳辊筒温度。表 3-5-12 列出了各种橡胶弹性体用开炼机塑炼时常用的辊筒温度范围。

表 3-5-12　各种橡胶弹性体常用的塑炼辊筒温度应用

胶种	辊筒温度范围/℃	胶种	辊筒温度范围/℃
天然橡胶	45～55	通用氯丁橡胶	40～50
顺式聚异戊二烯橡胶	50～60	顺丁橡胶	70～80
丁苯橡胶	约 45	丁腈橡胶	≤40

采用直接冷却经辊筒碾压的胶片也是有效的方法。例如，将碾压过的胶片通过较长的运输带（或导辊）进行自然冷却后再返回辊筒上；进行薄通塑炼，即缩小两辊筒的间距，使胶片变薄，以利于胶片的冷却等。

也可以采用分段塑炼的方法来降低胶料温度。分段塑炼就是将整个塑炼过程分成若干段来完成，每段塑炼后胶料停放一段时间以保证充分自然冷却。一般可分为 2～3 段，每段塑炼后胶料停放自然冷却 4～8h。胶料停放一段时间后还可以使胶料内部的应力得到释放，有利于提高塑炼效果。

增大机械作用力的一种方法是通过调节开炼机上两个辊筒的转速比实现。两个辊筒的转速比越大，则剪切作用力越强，塑炼效果就越好。但是随着两个辊筒转速比的增大，塑炼时胶料的温度升高加速，电力消耗也增加。所以，两辊的转速比要保持在一定的范围内，一般为 (1.0∶1.25)～(1.0∶1.27)。其中立辊的表面转速一般保持在 150r/min 左右较适宜。

缩小两辊的间距也可增大机械作用力，提高塑炼效果。胶料通过辊筒后的厚度 b 总是大于辊间距 e，其比值 b/e 称为超前系数。超前系数越大，说明胶料在两辊筒间所受的剪切作用力越大，胶料的塑炼效果就越好。实际操作中，两辊的间距若在 2.0mm 时，超前系数很小，塑炼效果很差。随着两辊间距缩小到 1.0mm 左右，超前系数迅速增加，胶料可塑度的变化也迅速增大。但两辊间距进一步缩小，胶料的塑炼效果增加趋缓，而胶料的温升加速，电力消耗明显增加。因此，两辊间距应该保持在一定的范围内。用开炼机塑炼时，两辊的最佳间距对于天然橡胶为 1.25～1.30mm，对于合成橡胶为 1.10～1.15mm，对于再生橡胶为 1.30～1.50mm。此时的超前系数一般在 2～4 之间。

（3）密炼机塑炼法　密炼机即密闭式炼胶机。用密炼机进行橡胶弹性体的塑炼时，胶料在密炼室内一方面在转子和空壁之间受到剪切应力和摩擦力的作用，另一方面还受到上顶栓的外压力。密炼时胶料的生热量极大，而且来不及冷却，因此胶料的温度上升很快。所以，密炼机塑炼属于高温塑炼。温度常常会高于 120℃，甚至有时会处于 160～180℃ 之间。生胶在密炼机中主要是通过高温下强烈氧化断链机理来提高其可塑度的。因此，温度的选择是密炼的关键。塑炼效果随温度的升高而增大。但温度过高也会导致橡胶的物理力学性能明显下降。天然橡胶密炼时，温度一般不超过 150℃，以 110～120℃ 为最好。

密炼时，装胶容量和上顶栓压力也影响塑炼效果，装胶过少或过多都不能使生胶得到充分撕扯。由于塑炼效果在一定范围内随压力的增加而增大，因此上顶栓压力一般保持在 49kPa 以上，甚至更高。

用密炼机塑炼的生产能力大、劳动强度较低、电力消耗少。但由于是密闭系统，胶料的清理较难。密炼机塑炼适用于胶料品种变化较少而每次用量较大的场合。

（4）螺杆机塑炼法　螺杆机塑炼的特点是高温下进行连续塑炼，生产效率比密炼机更高，并能连续生产。但在操作运行中产生大量的热，对胶料的物理力学性能破坏较大。螺杆机塑炼时胶料受到螺杆强烈的搅拌。由于胶料与螺杆、机筒内壁之间的挤压和摩擦而产生大量的热，加速了胶料大分子链的氧化裂解。因此，螺杆机塑炼时温度的选择非常重要。实际生产中，机筒温度一般保持在95～110℃之间，而机头温度以80～90℃为宜。若机筒温度高于110℃，塑炼时胶料的可塑性变化较小，超过120℃时则因排胶温度太高而使胶料发黏，产生粘辊现象。低于90℃时，设备负荷增大，也常会出现胶料的夹生现象。

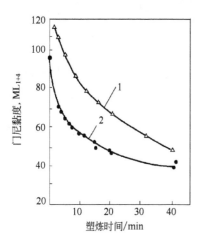

图 3-5-12　固体生天然橡胶的门尼黏度（100℃）随塑炼时间的增加而下降[8]

1—烟胶片（SMR-5）；2—白绉胶片

工业上制造溶剂型橡胶系压敏胶时，由于开放式双辊炼胶机塑炼能得到性能稳定的产品、操作上容易控制、设备投资也较低，故一般皆采用开炼机塑炼法。在产量较大、技术力量较强的工厂，也有采用密炼机进行塑炼的。螺杆机塑炼法则很少采用。

（5）塑炼程度的控制　橡胶弹性体经塑炼后不仅降低了平均分子量，而且也显著改变了它们的分子量分布。塑炼的程度不仅影响溶剂型压敏胶黏剂的涂布性能，还对最终压敏胶制品的压敏胶黏性能有很大影响。因此，塑炼程度必须加以严格控制。

橡胶弹性体塑炼的程度可用塑炼后胶料的威氏可塑度、门尼黏度或德氏硬度来表示。其中门尼黏度用得最多。

门尼黏度表征橡胶试样于一定温度、压力和时间的条件下，在活动面与固定面之间产生变形时所受到的扭力。胶料的门尼黏度值随塑炼时间的增加而下降。不同的塑炼方法、不同的塑炼工艺条件，下降的速度和程度则不一样。图 3-5-12 是两种天然橡胶弹性体用开炼机塑炼时，胶料的门尼黏度（100℃测试）随塑炼时间的增加而下降的曲线。在制造压敏胶黏剂时，胶料的塑炼程度要根据最终压敏胶制品的使用要求来选择合适的门尼黏度值。通常，生胶料塑炼到门尼黏度值在60～75之间为宜。若要求压敏胶制品有更高的持黏力，如配制重包装带用压敏胶时，塑炼时间可短一些、门尼黏度可控制得高一些。但是如果生胶的门尼黏度控制得过高，配成的胶液黏度往往很大，常会使涂布操作带来困难。故此时选择并确定一个合适的塑炼条件显得十分重要。在实际生产中，合适的塑炼条件常常是根据工程技术人员的经验并经过多次的试验才能确定下来。同时，还必须经常根据生胶批、次之间质量的变动而加以适当的调整。当然，对于那些内聚力要求不高的压敏胶制品来说，塑炼条件的确定和塑炼程度的控制要比较容易些。

生胶的塑炼要消耗很多动力和能量。加入某些溶胶剂，例如五氯硫酚可以加速生胶的塑炼过程，缩短塑炼时间并减少动力和能量的消耗。

由于丁苯橡胶、聚异戊二烯橡胶等合成橡胶的平均分子量不如天然橡胶高，故它们一般不需要塑炼。

（6）混炼　许多溶剂型橡胶压敏胶配方中常使用合成橡胶为弹性体或将合成橡胶和天然橡胶混合使用。制造这些压敏胶黏剂时往往采用第二种制造方法（见图 3-5-11）。此时，在开炼机或密炼机上经塑炼过的橡胶直接与其他分子量较低的合成橡胶及增黏树脂等添加剂混合，并碾压均匀，这个过程称为混炼。混炼作业多数都在开放式双辊炼胶机上进行。大多采用 4mm 以上的宽辊距，通过将胶料打包、打卷、打三角卷、半混切断和全混等操作，使胶料和其他物料混合均匀。混炼时也会发生胶料的大分子链切断和降解等塑炼时发生的现象。一般情况下，混炼作业在 15～30min 内完成为好。混炼作业时要有工时记录卡，其内容有：混炼辊筒的温度和间距；添加剂的添加顺序和各自的混炼时间；混炼橡胶和添加剂的质量数；混炼胶料的温度；冷却水量及水温；通过观察胶料断面来目测混合程度等。

采用密炼机也可以进行橡胶的混炼作业。用密炼机和开炼机进行混炼时，各有优缺点。表 3-5-13 中列出了 30L 密炼机与相应的 16～18in(1in＝0.0254m)双辊炼胶机以及 75L 密炼机与相应的 22～24in 双辊炼胶机进行混炼作业时优缺点的比较。

表 3-5-13　密炼机和双辊炼胶机进行混炼作业时的比较

项目	密炼机混炼作业	开炼机混炼作业
优点	① 混炼效果好；② 合成橡胶与天然橡胶的混炼量相同；③ 占地面积小；④ 不要求熟练操作能力；⑤ 混炼料均匀性大；⑥ 无粉尘飞扬	① 配合物分散性好；② 合成橡胶混炼量比天然橡胶大；③ 混炼量可大量调节
缺点	① 配合物分散不良；② 混炼量不宜大量调节	① 占地面积大；② 要求熟练操作能力；③ 混炼料均匀性小；④ 有粉尘飞扬；⑤ 混炼效率较差

3. 溶剂的选择和胶液的黏度

溶剂的选择以对固体生橡胶的溶解性好、挥发速度适宜、低毒和价廉为原则。天然橡胶以及顺式聚异戊二烯橡胶、聚异丁烯和丁基橡胶等都是非极性材料，常用非极性的脂肪烃作溶剂，如溶剂汽油、正己烷、戊烷等，也常常用一些芳香烃溶剂如甲苯等。丁苯橡胶的极性较大，常用芳香烃如甲苯、二甲苯等作溶剂。实际上则经常采用混合溶剂。各种橡胶弹性体所适用的溶剂详见本篇第四章。

溶剂用量的多少决定了所得胶液的固体含量的大小。胶液的黏度则取决于生胶的分子量及胶液的固体含量，如图 3-5-13 所示。显然，胶液的黏度随固体含量的增加而增加。橡胶弹性体的分子量越高（即生胶的门尼黏度越大），胶液的黏度随固体含量增加的速度就越快。

在实际生产中，往往是先根据压敏胶制品的性能要求来选定橡胶弹性体分子量的大小（即控制橡胶的塑炼程度和门尼黏度），根据涂布设备的要求来确定压敏胶液所需的黏度范围（详见本书第四篇第二章），然后再根据图 3-5-13 那样的规律性来确定胶液的固体含量。当然，从经济角度考虑，胶液的固体含量应该尽量控制得高一些。

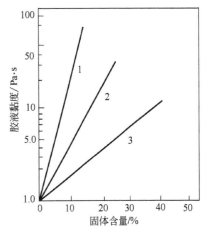

图 3-5-13　溶剂型橡胶压敏胶的黏度与固体含量的关系
1—高分子量橡胶；2—标准分子量橡胶；3—低分子量橡胶

4. 溶剂型橡胶压敏胶配方举例、性能和应用

上述由橡胶弹性体和增黏树脂、防老剂、软化剂、填充剂等添加剂组成的溶剂型压敏胶（尤其是天然橡胶压敏胶）是一类最为通用的压敏胶黏剂。它们虽然没有交联，但其性能也足以满足许多常用的、没有特殊性能指标的压敏胶制品的要求，因而广泛地用于制造各种包装胶黏带（包括牛皮纸胶带、BOPP 胶带、PET 胶带等）、各种办公事务用透明胶黏带、软

质PVC电气绝缘胶黏带、各种压敏胶黏标签、医用橡皮膏和其他各种医用药膏等压敏胶制品。这类压敏胶的一些重要配方及其基本性能和主要用途举例于表3-5-14中。

表 3-5-14　常用的溶剂型橡胶压敏胶黏剂配方举例

序号	配方		适用制品	基本性能	
	组分	质量份			
1	天然烟胶片	60～70	软聚氯乙烯塑料压敏胶黏带(用于电气绝缘包敷、轻包装等)	初黏力(30℃)(球号数)	18
	丁苯橡胶	40～30		180°剥离强度(不锈钢,25℃)/(gf/cm)	320
	萜烯树脂	80～100		持黏力(50℃)/min	>60
	2,6-二叔丁基对甲酚	1～2		60℃/300h后180°剥离强度/(gf/cm)	250
	溶剂汽油	700～1000			
	甲苯	300～500			
2	天然烟胶片	50	包装用压敏胶黏带,包括牛皮纸带、BOPP带、PVC带、薄纸胶黏带等	—	
	丁苯橡胶	50			
	C_5系石油树脂	50			
	操作油	20			
	防老剂	2			
	溶剂(汽油-甲苯)	适量			
3	天然白绉胶片	100	办公事务用透明压敏胶黏带,包括玻璃纸带、BOPP带、PET带等	—	
	萜烯树脂(软化点115℃)	75			
	聚异丁烯(低分子量)	5			
	防老剂	2			
	溶剂	适量			
4	天然烟胶片	100	布基医用橡皮膏等	—	
	氢化松香甘油酯	75			
	氧化锌	50			
	羊毛脂	5			
	防老剂	2			
	溶剂(汽油-甲苯)	适量			
5	丁基橡胶(分子量45×10⁴)	100	合成材料地毯粘背用压敏胶黏片材	—	
	聚异丁烯(低分子量)	20			
	萜烯酚醛树脂	70			
	溶剂	适量			
6	丁苯橡胶	50	通用型压敏胶黏带	—	
	氯化丁基橡胶	50			
	氢化松香甘油酯	30			
	聚异丁烯(低分子量)	30			
	防老剂	0.5			
	溶剂	适量			
7	聚异丁烯	100	无基材压敏胶,用于PE、PP与金属的粘接	涂胶后5～10min压合,180°剥离强度	≥4.9N/25mm
	萜烯树脂	80			
	石油醚(配成20%～30%溶液)	适量			
8	天然烟胶片	100	布基医用橡皮膏	—	
	古马隆树脂	30～150			
	氧化锌	30～150			
	防老剂D	1.5			
	溶剂(汽油-甲苯)	适量			

序号	配方		适用制品	基本性能
	组分	质量份		
9	天然烟胶片	70	用于封口的压敏胶带	—
	丁苯橡胶	30		
	松香甘油酯	70		
	癸二酸二辛酯	2		
	水杨酰苯胺	1.5		
	防老剂 DNP	2.0		
	溶剂汽油	350		
	酒精	23		
10	天然橡胶	100	薄荷粘贴膏,用于治疗肩膀痛、神经痛等疾病	—
	聚异丁烯	20		
	聚丁烯	20		
	氢化松香	100		
	羊毛脂	10		
	氧化锌	100		
	防老剂	1.5		
	薄荷脑	36		
	水杨酸甲酯	22.5		
	樟脑	27		
	抗组织胺剂	2.3		

近几年来溶剂型橡胶系压敏胶的配方研究和新产品开发还在进行[27,28]。另据报道,将天然橡胶的双键环氧化制得环氧化天然橡胶,部分代替天然橡胶后制得的溶剂型橡胶系压敏胶的综合性能有了明显改善[29]。

二、交联型橡胶系压敏胶黏剂

尽管未交联的溶剂型橡胶压敏胶已能够满足制造许多常用压敏胶制品的要求,但在某些特殊应用的场合下,为了进一步提高橡胶压敏胶的耐热、耐水、耐溶剂和抗蠕变等性能,还常常在上述溶剂型胶黏剂配方中加入交联剂(亦称硫化剂)和交联促进剂(亦称硫化促进剂),制成各种较高性能的交联型橡胶压敏胶黏剂。有时为了降低成本,提高胶黏剂溶液的固体含量,也将一些常用的溶剂型橡胶系压敏胶制成交联型的。

1. 交联剂和交联促进剂

橡胶系压敏胶黏剂的交联体系有四类:

(1) 硫黄和硫化促进剂并用 适用于天然橡胶压敏胶的交联。常用的硫化促进剂有噻唑类、秋兰姆类和二硫代氨基甲酸盐类等,其中二丁基二硫代氨基甲酸锌(促进剂 BZ)是最有代表性的一个。硫黄有污染性,对铜等金属有腐蚀作用。在这种情况下,可以不用硫黄而直接采用兼有交联及促进作用的一类助剂,如四甲基秋兰姆(TMTD)、氧化锌和促进 BZ 的混合物。

(2) 多异氰酸酯及其与多元醇的加成物类 适用于天然橡胶和羧基化合成橡胶压敏胶的交联。常用的多异氰酸酯有甲苯二异氰酸酯(TDI)、二苯甲基二异氰酸酯(MDI)和六亚甲基二异氰酸酯(HMDI)等。它们的交联活性较大,交联反应能在室温下进行。但由于配成胶液后使用期较短,只能将胶液制成双组分储运。

(3) 烷基酚醛树脂类 适用于丁基橡胶和天然橡胶压敏胶的交联。其特点是耐热性好,对制品无污染性。缺点是交联反应活性较差，需要较高的交联温度。为了提高交联反应活性，还经常采用交联促进剂，如四丁氧基钛、四异丙氧基锆、各种酸式磷酸酯、树脂酸盐等。

（4）有机过氧化物类　适用于丁苯橡胶、顺式聚异戊二烯橡胶和天然橡胶等的交联，可得到非污染性的压敏胶黏剂。代表性的过氧化物有过氧化苯甲酰、异丙苯过氧化物等。还常用多官能的甲基丙烯酸酯如三甲基丙烯酸季戊四醇酯、二甲基丙烯酸乙二醇酯等作为交联助剂。

橡胶系压敏胶黏剂所用的交联剂和交联促进剂详见本篇第四章。

2. 交联程度的影响和控制——交联剂用量和交联条件的选择

橡胶型压敏胶的交联程度对其性能有很大影响。通常，随着交联程度的增加，压敏胶的持黏力和耐溶剂能力增加，初黏力下降，180°剥离强度先上升后下降，如图 3-5-14 所示。因此，在制造交联型橡胶压敏胶时，控制交联程度是十分重要的。

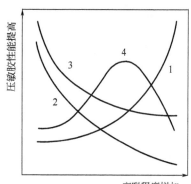

图 3-5-14　交联程度对橡胶压敏胶
性能的影响（示意图）
1—持黏力；2—溶剂抽出量；
3—初黏力；4—180°剥离强度

对已确定的橡胶弹性体和交联体系来说，交联剂和交联促进剂的用量以及交联反应的条件（温度和时间）决定了压敏胶的交联程度。工业上，交联反应的实施一般有两种方法：一是在压敏胶涂布后加热干燥的同时进行交联反应；一是在压敏胶制品制成后再增加一个热处理工序进行交联反应。前者采用高温短时间的交联条件，后者则采用中温较长时间的处理工序。在实际工程中，交联剂和交联促进剂的最佳用量以及交联反应的最适条件都是根据压敏胶制品的具体性能要求以及生产中的各种工程条件，经过反复的试验和技术、经济方面的论证后加以确定的。这些都是工厂的专利和技术秘密。例如，Johnson 兄弟公司在专利中公布的两个交联型橡胶压敏胶的具体配方和最佳交联条件如表 3-5-15 所示。

表 3-5-15　交联型压敏胶的配方和最佳交联条件示例

配 方 一		配 方 二	
组分（作用）	质量份	组分（作用）	质量份
天然橡胶（弹性体）	50	天然橡胶（弹性体）	100
丁苯橡胶（弹性体）	50	萜烯树脂（增黏树脂）	51
松香酯（增黏树脂）	10.9	氧化铝水合物（颜填料）	10
氧化锌（颜填料）	55.3	2,5-二叔戊基氢醌（防老剂）	2
2,5-二叔丁基对甲酚（防老剂）	2.18	二丁基二硫代甲酸锌（防老剂）	1
2,5-二叔戊基氢醌（防老剂）	2.18	烷基酚醛树脂（交联剂）	7
烷基酚醛树脂（交联剂）	8.2	树脂酸锌（交联促进剂）	12
二乙基四乙酸钠盐（交联促进剂）	0.56	溶剂	适量
甲苯（溶剂）	43.5		
交联条件　138℃/2.5min		交联条件　163℃/20s	

3. 交联型橡胶压敏胶的配方举例及其性能和应用

由于交联提高了压敏胶的耐热、耐溶剂和抗蠕变等性能，因此这类压敏胶可以用来制造各种具有某些特殊性能的胶黏制品。例如，喷漆保护用压敏胶黏片、某些电绝缘胶黏带以及重包装用压敏胶黏带等。这里介绍几种要求具有某些特殊性能的交联型橡胶压敏胶黏剂。

(1) 耐热型橡胶压敏胶　喷漆保护用压敏胶黏片要求经受 130℃/40min 的烘烤后，仍能从被保护的金属表面揭下而不遗留任何胶黏剂的痕迹。用烷基酚醛树脂或硫黄和硫载体与氧化锌配合作为交联体系的交联型天然橡胶压敏胶有可能满足这种苛刻的要求。

表 3-5-16 中配方一和配方二就是这样的两个例子。前述表 3-5-15 所示的 Johnson 兄弟公司在专利中公布的两个配方也是耐热型的。

表 3-5-16　交联型橡胶压敏胶配方一览表　　　　　　　单位：质量份

配方一(BP1 172 670)		配方二(USP 2 881 096)	
天然白绉胶片	100	天然橡胶	100
萜烯树脂(软化点 115℃)	65	增黏树脂	50～120
溴化烷基酚醛树脂	10	氧化锌	25～50
树脂酸锌	10	碳酸钙或二氧化钛	35～60
防老剂 Santovar A	1	炭黑	6～15
防老剂 Ionol	1	防老剂	0～1.5
二丁基二硫代甲酸锌	1	硫黄或等价的硫载体	0.5～2.25
溶剂	适量	黄原酸丁酯锌盐	0.5～3.0
		溶剂	适量
配方三(BP1 234 860)		配方四(日本公开特许公报昭 50-7830)	
天然橡胶	100	天然橡胶(门尼黏度 30)	100
萜烯树脂(软化点 115℃)	50	增黏树脂 YS-700	100
萜烯树脂(软化点 70℃)	30	软化剂 DOP	10
软化剂	15	MDI	5
防老剂	2	三氟化硼-苯酚络合物	2
MDI(或 TDI)	0.5～5.0	甲苯	300
溶剂	适量		
配方五(日本公开特许公报昭 28-5331)		配方六(日本公开特许公报昭 39-28898)	
丁苯橡胶	100	天然橡胶	60
松香酯	40	丁苯橡胶	40
古马隆-茚树脂	40	萜烯树脂(软化点 115℃)	80
脂肪烃润滑油	25	2,5-二叔丁基对甲酚	1
氧化锌	5	顺丁烯二酸酐	5
二氧化钛	10	烷基酚醛树脂	5
烷基酚醛树脂	12	氧化锌	20
戊烷	300	氯化锌	2
乙醇	100	三氯化铝	2
		溶剂	适量

(2) 耐溶剂型橡胶压敏胶　在变压器中应用的某些电绝缘胶黏带长期浸泡在清漆和变压器油中，要求优良的耐有机溶剂性能。一般未交联的橡胶压敏胶不耐溶剂，表 3-5-16 中配方一和配方二所示两种耐热型交联压敏胶的耐溶剂性能也不够好。只有将上述耐热型配方中烷基酚醛树脂交联剂的用量增加到 20～30 质量份，并在胶黏带粘贴后再在 150℃进一步处理 30min，它们的耐溶剂和耐油的性能才能达到使用要求。此时，胶黏剂的交联程度已相当大。这种耐溶剂的天然橡胶压敏胶实际上属于可硬化型压敏胶〔Hardnable PSA（美）、粘接着剂（日）〕。

（3）高强力型橡胶压敏胶　重包装用压敏胶黏带要求有十分优良的内聚强度和持黏力，必须采用高强度基材（如纤维增强的纸或塑料膜、单向拉伸的聚丙烯膜等）以及交联型天然橡胶压敏胶黏剂。此时，最好采用多异氰酸酯的交联体系，增黏树脂以高软化点和低软化点两种萜烯树脂配合使用为佳。这样，既可进一步增加压敏胶的持黏力，又能保持较好的初黏性。表 3-5-16 中配方三就是这种压敏胶的例子之一。

表 3-5-16 中配方四的特点是在一般性的非交联型橡胶压敏胶配方中，使用分子量较低的弹性体，同时又利用多异氰酸酯的交联作用将压敏胶的持黏力提高。这种交联型压敏胶虽然只能作一般性的应用，但由于胶液的固体含量可提高到 42％左右，因而降低了生产成本。用三氟化硼作交联促进剂也是该专利技术的特征。

表 3-5-16 中还列出了两个交联型丁苯橡胶压敏胶的例子，这些压敏胶配方也可用来制作耐热型压敏胶黏带和电绝缘压敏胶黏带。

本小节介绍的几种交联型橡胶压敏胶黏剂也都是属于溶剂型的。它们的制造方法与前小节介绍的溶剂型橡胶系压敏胶相同，这里不再赘述。有些水乳液型橡胶压敏胶也是交联型的，将在下面介绍。

三、水乳液型橡胶压敏胶黏剂

这是一类以水为分散介质、以各种橡胶胶乳为主体材料，与增黏树脂乳液、抗氧剂及其他添加剂共同配制而成的橡胶系压敏胶黏剂。

1. 优缺点及发展概况

与同类的溶液型压敏胶相比，水乳液型橡胶压敏胶具有下述优点：①由于不必使用有机溶剂，因而涂布时无火灾危险，也不污染环境；②乳液的黏度随固体含量的变化较小，因而可制得具有较高固体含量的胶黏剂；③胶乳中橡胶聚合物的分子量较高，故干燥后胶膜的内聚力较大，耐候性也比较好。因此，这类压敏胶很早就受到人们的注意。

但是，它们的初黏力和 180°剥离强度一般都不如相应的溶剂型压敏胶。其原因除了橡胶胶乳（尤其是天然橡胶胶乳）的分子量太大之外，主要还由于胶乳颗粒的表面存在着较多的表面活性剂，涂布后干燥成膜时这些表面活性物质会富集在压敏胶的表面以及胶层和基材的黏合界面上，形成薄弱界面层，从而导致压敏胶制品初黏力、黏合力和黏基力的下降。

因此，水乳液型橡胶系压敏胶的开发几乎都是围绕着如何提高胶黏剂的初黏力和剥离力的问题进行的。虽然已在专利文献中提出过许多改善黏性的方法，但由于在全面性能上始终赶不上同类的溶剂型产品和聚丙烯酸乳液压敏胶产品，故长期以来一直没有得到很大的发展。只有在 20 世纪 70 年代中期石油危机的冲击下以及制定严格的环境污染法以来，人们才真正大力进行开发。目前，在工业上已得到了许多成功的应用，尤其是在制造牛皮纸胶黏带、压敏胶黏标签和其他纸基压敏胶制品方面。今后，它们的重要性还将不断增加。

2. 橡胶胶乳

（1）橡胶胶乳的选用原则　橡胶胶乳是乳液型橡胶压敏胶的主体原料，橡胶胶乳的性能决定着最终压敏胶制品的性能。因此，橡胶胶乳的选择对于乳液型橡胶压敏胶的配制至关重要。在选用橡胶胶乳时，必须考虑以下三个方面的问题。

① 橡胶胶乳分子量的大小　橡胶胶乳，尤其是天然橡胶胶乳的平均分子量一般比较大，确切地说是高分子量部分比较多。而且，天然橡胶胶乳中还有一部分分子量特别大的凝胶成分。这些高分子量的橡胶相不易与增黏树脂很好相容，制成的压敏胶往往内聚强度较好而初

黏性不足。但如果选择平均分子量太小或低分子量部分太多的橡胶胶乳，则配制的压敏胶初黏性较好而内聚强度可能不足。因此，首先必须选择平均分子量适当的橡胶胶乳来配制压敏胶，或者采用平均分子量大小不同的两种或数种橡胶胶乳进行共混调配，才能制得压敏黏合性能优秀的乳液压敏胶。

② 橡胶胶乳的分子量分布　橡胶胶乳的分子量分布较宽者比分布较窄者更容易获得好的综合压敏胶黏性能。因为橡胶弹性体的低分子量部分易于被增黏树脂所融合，有利于提高压敏胶的初黏性和黏合性能；而弹性体的高分子量部分能使压敏胶保持较好的内聚强度。

③ 橡胶胶乳的玻璃化温度（T_g）。一般情况下，橡胶胶乳的 T_g 或多种橡胶胶乳混合物的 T_g 处于较低状态时易于制成性能较好的压敏胶。因为 T_g 较低的橡胶胶乳可以与性能范围较广的增黏树脂乳液配合，使压敏胶的压敏黏合性能容易得到提高。乳液型橡胶压敏胶的 T_g 一般应控制在 $-5 \sim +5$℃ 范围或以下较为适宜。

（2）天然橡胶胶乳　其四类工业产品（详见本篇第二章）原则上皆可用来配制乳液压敏胶。但最好尽量采用具有低的氨含量、低的非橡胶烃含量和凝胶成分较少、平均分子量较低的产品。在日本则较多地采用部分解聚了的天然橡胶胶乳，将它们与未解聚的天然橡胶胶乳混合，可较好地调节初黏力、剥离力和持黏力之间的平衡，如表 3-5-17 所示。天然橡胶胶乳的解聚方法，有用盐酸羟胺处理的，有用过氧化物解聚的，也有将空气中的氧气通入含自由基的胶乳而解聚的[22]。

表 3-5-17　部分解聚的天然橡胶胶乳对压敏胶性能的影响

配方/质量份	天然橡胶胶乳	100	75	50	0
	部分解聚天然橡胶胶乳	0	25	50	100
	增黏树脂乳液	100			
压敏胶性能	180°剥离强度/(gf[①]/25mm)	500	550	580	600
	持黏力/h	600	200	60	30
	初黏力（球号数）	19	28	30	28
	老化性能保持率/%	100	95	95	95

① $1gf = 9.8 \times 10^{-3}$ N。

（3）丁苯橡胶胶乳　丁苯橡胶胶乳中苯乙烯含量的多少决定着丁苯橡胶和配成的压敏胶的软硬程度和内聚力的强弱。苯乙烯含量增多时，丁苯橡胶的 T_g 上升，配成的压敏胶内聚力增加，但室温流动性会下降，对基材和被粘物的润湿性也会下降，从而使压敏胶的初黏性和黏合性能降低。一般认为，选用苯乙烯含量 25%～35%、T_g 为 $-35 \sim -45$℃ 的丁苯胶乳较适于配制乳液型压敏胶；而苯乙烯含量为 37%～54%、T_g 在 -17℃ 以上的丁苯胶乳一般不适于配制乳液压敏胶。但苯乙烯含量较高的高温丁苯胶乳也适于用来配制乳液型橡胶压敏胶，因为高温共聚的产品分子量分布较宽。

将一定数量的羧基引入这类乳液共聚物中可以制成黏合性能更好的羧基化丁苯橡胶胶乳，这类专用于制造压敏胶的丁苯胶乳早已商品化。例如，美国 Polysar 胶乳公司生产的 PL-208 和 PL-222 两种羧基化丁苯胶乳已广泛地被用来配制通用型丁苯橡胶乳液压敏胶黏剂，具有较好的综合性能。中国也有羧基丁苯橡胶胶乳的生产，可以用来配制乳液压敏胶。

（4）其他橡胶胶乳　一般的氯丁橡胶胶乳不能用于配制压敏胶黏剂，但专门生产的羧基化氯丁胶乳具有胶膜不易结晶化、凝胶成分少、很易与增黏树脂乳液混合以及机械和化学稳定性好等特点，很适于配制乳液压敏胶。例如，美国杜邦公司生产的两种羧基化氯丁胶乳 NL102 和 NL115 可以与各种增黏树脂乳液配合，制成具有各种性能的乳液压敏胶黏剂。

以异戊二烯为主体的乳液共聚物也可与石油树脂一起配制成乳液压敏胶黏剂，但其压敏黏合性能不如相应的天然橡胶乳液胶黏剂。

将天然橡胶胶乳与羧基化丁苯胶乳、羧基化氯丁胶乳或聚丙烯酸酯乳液等并用，可以发挥它们各自的优点，制得各种性能更好的乳液压敏胶黏剂。但当两种胶乳混合后常常会产生黏度增加的现象。这是由于混合时两种不完全相同的乳化稳定体系在两种乳液粒子之间发生重新分布的缘故。混合前适当补加一些表面活性剂或混合后充分搅拌一段时间，皆可使混合胶乳的黏度降低甚至趋于正常。

3. 增黏树脂乳液

使用增黏树脂是改善橡胶胶乳黏合性能的最有效途径。但增黏树脂必须设法形成乳液后才能与橡胶胶乳均匀混合。

（1）增黏树脂乳液的制备　本篇第三章中介绍的各种增黏树脂皆可以形成乳液，但乳化剂的选择、乳化方法和乳化装置的确定对所得增黏树脂乳液乃至压敏胶黏剂的性能有很大影响。

所用乳化剂必须与橡胶胶乳的稳定剂属于同一个体系。多数都采用阴离子型和非离子型乳化剂，或者两者并用。阴离子型乳化剂的特点是所得乳液的机械稳定性和储存稳定性优良；用非离子型乳化剂制得的乳液，其化学稳定性、冻融稳定性及颜填料的分散性好，泡沫少。阳离子型乳化剂在混合时会引起天然橡胶胶乳的破乳，因此绝对不能用来制备天然橡胶胶乳的增黏树脂乳液。像松香那样含有较多羧基的增黏树脂，用碱中和后能够自乳化，可以不必外加乳化剂。为了提高乳液的稳定性，有时还采用聚乙烯醇等保护胶体。

增黏树脂的乳化方法如下。

① 反转乳化法　先将增黏树脂加热熔融，搅拌下加入少量乳化剂的水溶液形成油包水的体系，然后加入大量温水使之转化为水包油的乳液。采用这种方法，在相转变时体系的黏度最高，保证充分搅拌是得到颗粒细且乳液稳定的关键所在。

② 高压乳化法　先将增黏树脂用适量有机溶剂溶解，加入乳化剂的温水溶液进行预乳化，然后在特制的高压乳化机里在 20.27MPa 压力下进行充分的乳化，最后在 60℃减压下脱去有机溶剂即得所需的乳液。

③自乳化法　将含羧基较多的增黏树脂加热熔融，于搅拌下加入氢氧化钾等碱的温水溶液，一边中和一边乳化成所需的乳液。

④ 聚合同时乳化法　先将增黏树脂溶解于单体（例如苯乙烯和丁二烯）中，然后进行乳液共聚合，直接得到含增黏树脂的橡胶胶乳。用此法可以得到乳化剂含量最少而增黏树脂和橡胶弹性体之间混合最均匀的乳液胶黏剂，它的压敏黏合性能应该更好。

工业上有各种乳化装置：单纯搅拌式乳化器、高压乳化机、胶体磨和超声波乳化器等，各有各的特点和用途。以最常用的前两种设备相比，单纯搅拌式乳化器设备投资小、动力消耗少，但间断式生产，所得乳液的粒径较大、分布较宽，适于一般性要求的增黏树脂乳液或较小规模的生产；高压乳化机则设备投资大、动力消耗多，但可以连续化生产，所得乳液的粒径小、分布较窄，适于高质量要求的增黏树脂或较大规模的生产。

增黏树脂乳液产品的性能和质量除了要看所用的增黏树脂类型及其软化点、乳液的 pH 值、不挥发物含量和黏度等外，还要看所用乳化剂的类型及其用量、有害可挥发物（主要是有机溶剂）含量、乳液粒径的大小及其分布以及乳液的稳定性（包括机械稳定性、储存稳定性、化学稳定性和冻融稳定性）等。一个质量好的增黏树脂乳液产品应该是不挥发物含量较高（50%以上）、黏度不大（2000mPa·s 以下）、可迁移乳化剂用量尽可能少、有害可挥发物含量尽可能小、乳液粒径较小（平均粒径在 $1000\mu m$ 以下，最好在 $500\mu m$ 左右）且粒径分布较窄、乳液的稳定性尽可能好（储存稳定性必须在 6 个月以上）。

中国大陆目前已有许多用自己开发的技术进行生产和销售的增黏树脂乳液产品。虽然品种还不够全，而且质量也可能还不如进口产品，但成本和售价较低。国际上生产和销售增黏树脂乳液有代表性的是美国的 Hercules 公司和 Exxon 公司、日本的荒川公司等。国内外增黏树脂乳液产品及其主要性能详见本篇第三章。

（2）增黏树脂乳液的作用和选择原则　前节已经说明，增黏树脂的主要作用是降低橡胶弹性体的本体黏度，从而增加压敏胶的初黏性和剥离力。除了这一主要作用外，在乳液压敏胶的成膜过程中，增黏树脂的混入还会使橡胶胶乳颗粒发生溶胀，从而加速它的破乳和成膜进程。有些增黏树脂还能部分溶解橡胶胶乳颗粒表面的稳定剂，从而阻止这些稳定剂在胶膜表面的富集，进一步提高胶膜的黏合性能。

因此，在选择增黏树脂乳液时首先要考虑增黏树脂的类型必须与橡胶胶乳的弹性体类型相匹配，两者应该有很好的相容性。这样才能发挥出好的增黏效果。对于天然橡胶胶乳来说，最常用的增黏树脂乳液是各种萜烯树脂、脂肪族石油树脂和氢化松香酯的乳液。这些增黏树脂乳液的用量对一种天然橡胶乳液压敏黏剂初黏力的影响

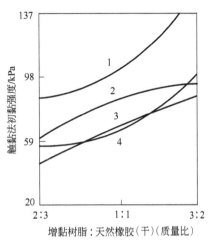

图 3-5-15　几种增黏树脂（软化点为 85℃）
的乳液对一种天然橡胶胶乳的增黏效果
1—α-蒎烯树脂；2—β-蒎烯树脂；
3—脂肪族石油树脂；4—氢化松香酯

见图 3-5-15。各种氢化松香酯和芳香石油树脂的乳液是丁苯橡胶胶乳常用的增黏树脂。这些增黏树脂乳液对羧基化丁苯胶乳 PL-222 之压敏黏合性能的影响详见图 3-5-16。各种增黏树脂乳液对羧基化氯丁胶乳的增黏效果也可查阅有关文献[23,24]。

另据报道，几种低软化点的改性松香酯可以用简单的装置很容易地自乳化成稳定的乳液，适于用作天然胶乳、羧基化丁苯胶乳和羧基化氯丁胶乳的增黏树脂，效果很好[25]。

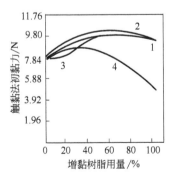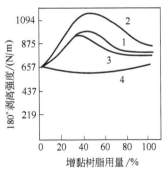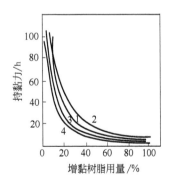

图 3-5-16　几种增黏树脂乳液对羧基化丁苯胶乳 PL-222 的增黏效果[22]
1—氢化松香季戊四醇酯（软化点 104℃）；2—氢化松香甘油酯（软化点 84℃）；
3—芳香石油树脂（软化点 32℃）；4—芳香石油树脂（软化点 49℃）

在选用增黏树脂乳液与橡胶胶乳混合时，还应该考虑以下诸点。

① 要求选用的增黏树脂乳液所用的乳化剂和 pH 值应尽量与橡胶胶乳相似或相近；树脂乳液的粒径大小应尽量与橡胶胶乳接近；增黏树脂的软化点应该与橡胶弹性体的 T_g 相匹配。这样，树脂和橡胶在水分挥发后才能更好地融合并发挥出理想的性能。

② 若增黏树脂乳液和橡胶胶乳的乳化剂体系和 pH 值差别较大，混合时产生不稳定现象，即混合乳液不是耐离子乳液，在混合时要外加适当的表面活性剂进行调节并采用高速搅拌等手段来处理，以保证混合乳液的耐离子性。例如，用脂肪酸和松香酸皂制成的阴离子增黏树脂乳液的 pH 值较高，它与酸性的橡胶胶乳混合后的乳液不稳定。此时可以采用适当的非离子表面活性剂进行后稳定化处理。

③ 许多乳化剂都有迁移到压敏胶层表面以及压敏胶与基材界面上的倾向，也有迁移到多孔性基材（纸）中的情况，这样容易造成压敏胶黏性的下降或脱胶（压敏胶与基材脱开）现象；乳化剂也容易造成压敏胶产生泡沫。所以，在制造增黏树脂乳液时，应尽可能少用乳化剂等表面活性剂，使用非迁移性乳化剂或反应性乳化剂也是较好的工艺途径。这样做还对乳液压敏胶的耐水性有好处。使用适当的消泡剂可以减少或消除乳液混合时产生的气泡，但消泡剂的种类和用量必须在不影响压敏胶性能的前提下加以选择。

4. 乳液型橡胶压敏胶的配制方法、配方举例和应用

在乳液型橡胶压敏胶的配方中，除了橡胶胶乳和增黏树脂乳液外，还必须加入防老剂，其中二丁基二硫代氨基甲酸锌盐为乳液中最常用的防老剂；根据需要还可以加入软化剂、颜料以及橡胶的交联体系等添加剂。为了能混合均匀，这些添加剂最好也事先进行乳化。这些添加剂的作用、类型和品种与溶剂型橡胶压敏胶基本相同，但具体选用时更偏重于能否在混合乳液中分散均匀以及将它们乳化时所用的乳化剂类型和乳化状况等。此外，还应该注意它们的加入是否影响乳液压敏胶的稳定性。除了上述这些添加剂外，在乳液型橡胶压敏胶配制时还常常根据需要加入润湿剂、流平剂、消泡剂和防霉剂等其他助剂。这些助剂的主要作用是改善涂布性能，加入量一般都很小，以不影响压敏胶的黏合性能为前提。乳液型橡胶压敏胶的配制方法一般是这样的：先制备增黏树脂乳液，然后在室温不断搅拌下按一定配比加入橡胶胶乳，搅匀后再加入其他添加剂或它们的乳液，搅拌均匀后即可过滤出料和包装。

乳液型橡胶压敏胶虽不如溶剂型橡胶压敏胶那样重要，但在工业上也能用于制造包装胶黏带、各种压敏标签纸、遮蔽用胶黏带以及其他各种压敏胶制品。表 3-5-18～表 3-5-22 中列举了一些典型的乳液型橡胶压敏胶配方及其各种性能[26]。

表 3-5-18　包装胶带用乳液型橡胶压敏胶配方和性能①

编号	压敏胶配方(干质量份)/份				压敏胶性能		
	丁苯橡胶乳液②	松香酯乳液（软化点 104℃）	天然橡胶胶乳	脂肪族石油树脂乳液（软化点 85℃）	180°剥离强度/(gf③/cm)	Polyken初黏力/gf	剪切持黏力/h
1	100	74	10	14.5	983④	830	4
2	100	74	25	36.3	>890⑤	1423	3
3	100	74	51	74	983④	1569	8
4	100	74	70	101.5	>890⑤	1690	16

① 基材为 BOPP 薄膜（膜厚 25μm），100℃烘干 3min。

② Dow Latex PSA 578A。

③ 1gf＝9.8×10⁻³N。

④ 内聚破坏。

⑤ 薄膜基材撕裂。

表 3-5-19　普通压敏标签用丁苯橡胶乳液压敏胶配方[①]及

其对瓦楞纸板和高密度聚乙烯（HDPE）的黏合性能

压敏胶配方（干质量份）/份			压敏胶黏合性能		
丁苯胶乳[②]	松香乳液[③]（软化点66℃）	松香乳液[④]（软化点25℃）	快剥法初黏力/(gf/cm)[⑤]		剪切持黏力[⑥]/min
			对瓦楞纸板	对HDPE	
50	50	—	214[⑦]	197[⑩]	34
	40	10	214[⑧]	286[⑪]	30
	30	20	214[⑨]	250	18
	20	30	214[⑨]	232	74
45	55	—	232[⑦]	107[⑩]	26
	50	5	250[⑦]	214[⑩]	30
	40	15	232[⑨]	268	19
	30	25	232[⑨]	304	16
40	60	—	232[⑦]	107[⑩]	18
	50	10	250[⑦]	268[⑩]	18
	40	20	250[⑧]	322	11
	30	30	250[⑧]	304	9

① 按干质量计，各配方中均另加入 0.3 份增稠剂 ASE-60，转移涂布，干胶层厚均 25μm。

② 道化学公司的 Dow Latex PSA 578A 牌号产品。

③ Tennecco 公司的 Snowtack 301 CF 牌号产品。

④ Tennecco 公司的 Snowtack SE 25CF 牌号产品。

⑤ 参照 PSTC-5 测试方法：将压敏标签按自身的重量垂直落下粘贴在被粘物表面后立即快速垂直揭开，测试所得的 90°剥离强度值；1gf=9.8×10⁻³N。

⑥ 178°剪切持黏力[对不锈钢板，500g/(1.25mm×1.25mm)]。

⑦ 80%以上的纤维被揭起。

⑧ 60%以上的纤维被揭起。

⑨ 40%以上的纤维被揭起。

⑩ 揭开时标签撕破呈穗状。

⑪ 揭开时标签有裂口。

表 3-5-20　低温压敏标签用乳液型橡胶压敏胶配方[①]及其胶黏性能

压敏胶配方（干质量份）/份				压敏胶黏性能			
丁苯胶乳	天然胶乳	Hercolyn D 增黏树脂	增塑剂	180°剥离强度（低温）[②]/(gf/cm)[⑤]	纤维黏合力[③]（级别）	PE黏合力[③]（级别）	室温180°剥离强度[④]/(gf/cm)[⑤]
20	20	60	—	撕裂	1.5	0	179
30	20	50	—	撕裂	2.0	0.5	197
40	20	40	—	357	1.5	0.5	179
20	20	60	2	撕裂	2.5	0.5	268
30	20	50	2	撕裂	2.5	0.5	304
40	20	40	2	撕裂	2.5	1.0	268
20	20	60	4	撕裂	3.0	1.5	214
30	20	50	4	715	3.0	1.0	232
40	20	40	4	撕裂	2.5	1.0	214

① 转移涂布，115℃烘干 3min，干胶层厚 25μm。

② 在 −20℉（−29℃）下使用，然后按 PSTC-1 方法测试，72℉（22℃）环境中立即揭开。

③ 在 −20℉（−29℃）、75%相对湿度下使用并测试，相对等级为 0～3，3 为最佳。

④ 按 PSTC-1 法在室温下进行测试。

⑤ 1gf=9.8×10⁻³N。

表 3-5-21 遮蔽胶黏带用丁苯乳液压敏胶配方及其性能

压敏胶配方(干质量份)/份			压敏胶黏性能		
丁苯胶乳	增黏树脂乳液[①]	填料[②]	180°剥离强度[③] /(gf/cm)[⑤]	快剥法初黏力[④] /(gf/cm)[⑤]	剪切持黏力 /h
40	60	0	983	661	2.4
40	60	15	1072	482	2.4
40	60	25	1054	375	2.3
40	60	40	858	357	3.2
40	60	45	715	268	8.0
40	60	64	590	161	2.1

① 软化点 85℃的增黏树脂与软化点 25℃的增黏树脂的混合比为 70:30。
② 为高岭土分散液。
③ 按 PSTC-1 法在室温测试。
④ 按 PSTC-5 法在室温测试。
⑤ 1gf＝9.8×10⁻³N。

表 3-5-22 几种乳液型橡胶压敏胶配方及其性能

编号	压敏胶配方(干质量份)/份		压敏胶黏性能				
			90°快剥法 初黏力 /(gf[⑤]/cm)	Polyken 法 初黏力 /(gf[⑤]/cm)	180°剥离 强度 /(gf[⑤]/cm)	178°剪切持黏力/min	
						1.0kgf[⑥] /(25cm×25cm)	1.0kgf[⑥] /(25cm×12.5cm)
1[①]	羧基化丁苯橡胶乳液 (中低分子量,含 35%苯乙烯) 部分氢化松香甘油酯乳液 (软化点 83℃)	50 50	748	1768	1317[⑦]	4800	476
2[①]	羧基化丁苯橡胶乳液 (中等分子量,含 25%苯乙烯) 部分氢化松香甘油酯乳液 (软化点 83℃)	50 50	484	1218	1038[⑦]	1826[⑦]	—
3[②]	羧基化丁苯橡胶乳液 (高分子量,含 50%苯乙烯) 部分氢化松香甘油酯乳液 (软化点 83℃)	70 30	413	660	837	＞7000	＞60[⑧]
4[③]	天然橡胶乳液 烷基芳烃树脂乳液 (软化点 32℃)	50 50	104	90	223	1250	—
5[④]	羧基化丁苯橡胶乳液 (高分子量,含 35%苯乙烯) 部分氢化松香甘油酯乳液 (软化点 83℃)	70 30	312	657	791	＞67500	10000

① 特点:高初黏力和高剥离强度。
② 特点:优良的高温剪切持黏力 (对瓦楞板)。
③ 特点:低黏合力。
④ 特点:高剪切持黏力。
⑤ 1gf＝9.8×10⁻³N。
⑥ 1kgf＝9.8N。
⑦ 胶层内聚破坏。
⑧ 测试温度 50℃。

近几年来,天然胶乳型橡胶压敏胶的研究在我国也得到了发展,不仅在天然橡胶胶乳的解聚、与各种增黏树脂乳液的配合以及天然胶乳压敏胶的配方研究方面做了不少工作，而且还发展了能用可见光进行固化的天然橡胶胶乳型压敏胶。

四、压延型橡胶系压敏胶概述

这是一类无溶剂的、百分之百固体成分的橡胶型压敏胶黏剂，因采用压延贴覆法（详见本书第四篇第二章第六节）加工成胶黏制品而得此名。

由于用压延贴覆法加工成制品时所消耗的胶黏剂较多，故绝大多数压延型压敏胶皆以比较便宜的再生橡胶为主体原料配制而成。橡胶再生时软化剂和活化剂的用量以及再生和精炼的条件决定了所得再生橡胶的可塑度；再生橡胶的可塑度则大大影响着胶黏剂的压敏胶黏性能。因此，压延型橡胶压敏胶的配方应该根据所用再生橡胶的可塑度而定。为了使压敏胶在压延贴覆时能产生较好的流动性，配方中软化剂的用量一般要比相应的溶液型压敏胶多得多。通常，每 100 份再生橡胶需要用 80～200 份软化剂。但是，若大量采用软化剂就会显著降低压敏胶的内聚强度和持黏力。为了提高持黏力，在压敏胶配方中采用某些无机填料作补强剂，并加入一些硫化剂使再生橡胶进一步交联等方法是有效的。常用的补强作用较好的填料有碳酸钙、氧化锌和钛白粉等，每 100 份再生橡胶填料的用量通常为 80～120 份。为了增加压敏胶的初黏性，配方中也还要加入一些增黏树脂，如松香酯、石油树脂等。但由于软化剂的大量使用，配方中增黏树脂的用量一般比相应的溶剂型压敏胶要少得多。

列举一压延型橡胶压敏胶的典型配方及其配制方法如下：100 份（质量）再生天然橡胶、3 份硫化剂（二硫化四甲基秋兰姆）、3 份硬脂酸、3 份松香酯、10 份氧化锌、20 份钛白粉、80 份碳酸钙、100 份软化剂（机油），在开炼机辊筒上混合均匀，然后在热压罐中于145℃下加热 45min，制成饼状的硫化再生橡胶。再在混炼机辊筒上塑炼 10min，即得固体状压延型天然橡胶压敏胶黏剂，可直接在压延贴覆式涂布器上加工成压敏胶制品。

由于压延贴覆法只限于涂布加工基材强度较大和压敏胶层较厚的压敏胶制品，尤其是布基医用橡皮膏和防腐用胶黏带等，因此这类压延型橡胶压敏胶虽然很早就已在工业上出现并占有一定的地位，但至今无论在产量上还是品种上皆没有像其他类型的压敏胶那样得到很大的发展。

参 考 文 献

[1] 杨玉昆. 压敏胶粘剂. 北京：科学出版社，1994：64-120.

[2] 张爱清. 压敏胶粘剂. 北京：化学工业出版社，2002：156.

[3] Hallman R H. Adhesive Age，1969，12（1）：22.

[4] 笠坊俊行. 高分子加工（日），1971，别册 8：139-157.

[5] 港野尚武. 日本接着协会，1983，19（3）：86-94；19（4）：132-138.

[6] Schlademan J S. // Satas D. Handbook of Pressure Sensitive Adhesive Technology. USA：VNR Co，1982：353-369.

[7] Autenrieth J S. In：Handbook of Adhesives，Ed. by Skeist I.，USA：VNR Co，1977：222-241.

[8] 日本粘着テープ工业会. 粘着ハンドブック，1985：88-112.

[9] 和田昭. 日本接着协会，1983，19（9）：414.

[10] 前田正义. 接着（日），1984，28（11）：19-24.

[11] Wetzel F H. Rubber Age，1957：82：291.

[12] Butler G L. // Satas D. Handbook of Pressure Sensitive Adhesive Technology. USA：VNR Co，1982：189-219.

[13] Wetzel F H，Alexander B B. Adhesive Age，1964，7（1）：28.

[14] Hock C W，Abbott A N. Rubber Age，1957，82（Dec.）：471.

[15] Hock C W. Adhesive Age，1964，7（3）：21；J Polym Sci，Part C，1963，(3)：139.

［16］ Whitehouse R S. lymer，1976，17：699.

［17］ Dahlquist C A. Adhesive Age，1959，2：25.

［18］ Sherriff M. J Appl. Polym Sci，1973，17：3423.

［19］ 福沢敬司 . 日本接着协会，1970，6（6）：23；工业材料（日），1981，29（7）：106.

［20］ 伊藤俊男 . 日本接着协会，1976，12（2）：22.

［21］ 福泽敬司 . 工业材料，1981，29（3）：75-81.

［22］ 玉吉，日本接着协会，1983，19（9）：417-424.

［23］ Oldack R C，Bloss R E. Adhesives Age，1979，22（4）：38-44.

［24］ Matulewicz C M，Snow A M. Adhesives Age，1981，24（3）：40-43.

［25］ Evans J M，Krajca K E. Adhesives Age，1982，25（3）：25-29.

［26］ 曾宪家 . 压敏胶黏剂技术手册，河北涿州：河北华夏实业（集团）股份有限公司，2000，176-194，341-351.

［27］ 廖辉，曾雷 . 松香酯在弹性体压敏胶中的应用研究 . 中国胶粘剂，2005，14（1），32-34.

［28］ 胡家朋，熊联明 . 溶剂型橡胶压敏胶的研究 . 中国胶粘剂，2008，17（2），24-26.

［29］ Poh B T，Yong A T. Journal of Applied Polymer Science，115（2），1120-1124.

［30］ 唐盛斌 . 天然胶乳压敏胶粘剂的研究进展，材料科学与工程学报，2008（4），661-664.

［31］ 唐盛斌 . 可见光固化天然胶乳压敏胶的研制 . 热带作物学报，2009，（8）：1147-1152.

第六章

聚丙烯酸酯系压敏胶

刘奕　赵临五

第一节　概述

一、聚丙烯酸酯系压敏胶发展史

丙烯酸的首次合成是在 1843 年。1901 年德国的 Otto Rohm 发表博士论文[1]，描述醇钠作用于丙烯酸甲酯及丙烯酸乙酯所得到的液体缩合产物，并讨论了在这些反应中同时形成的聚合物的化学性质。Rohm 博士的工作开始了丙烯酸酯系聚合物在胶黏剂、塑料、涂料及其他工业部门的应用研究。1927 年德国的 Rohm 与 Haas A. G. 首次合成商品聚甲基丙烯酸甲酯。1929 年以来，BASF 公司一直从事丙烯酸酯乳液生产[2]。尽管早期做了很多工作，但是直到 20 世纪 50 年代，丙烯酸酯系聚合物才被广泛用作压敏胶黏剂，而直到 60 年代丙烯酸酯系聚合物在压敏胶领域才占有重要地位。

与其他压敏胶黏剂用的聚合物不同，丙烯酸酯系聚合物能以多种形式应用。聚丙烯酸酯系压敏胶有溶液型、水乳型、热熔型和 100％反应性固体。最初使用的是聚合物溶液，为解决溶剂排放环境污染问题，逐步发展聚合物乳液。聚合物乳液压敏胶的应用到 20 世纪 70 年代才达到较高水平，其用量超过聚合物溶液型压敏胶。热熔型聚丙烯酸酯压敏胶需进一步研究改进。辐射交联型 100％固体聚丙烯酸酯类压敏胶已经投产，但仅用于特殊领域，用量并不大。

二、聚丙烯酸酯系压敏胶的优点

由一定单体组成的丙烯酸酯共聚物本身就具有压敏性，不需要添加其他增黏剂等即可作压敏胶用。除丙烯酸酯系共聚物外，只有聚乙烯基醚和某些乙烯-醋酸乙烯酯共聚物才具有这一特性。这类单组分胶黏剂比复配型胶黏剂具有更多的优点。

单组分聚丙烯酸酯系压敏胶的胶层组分均一，不存在低分子量添加剂向胶层表面迁移的现象，避免了由此而造成的胶黏剂与被粘物之间胶接强度的变化。

丙烯酸酯系聚合物没有不饱和键，作为压敏胶用具有优良的抗氧化性，良好的低温性能，还有无色、透明、阳光照射不泛黄等优点。

丙烯酸酯的品种较多，通常丙烯酸和甲基丙烯酸的 4～17 碳原子的烷基酯被选用为主要单体，配以适量硬单体和少量官能性单体，可以在广泛的温度范围内，按需要制备性能和用途不同的聚丙烯酸酯系压敏胶。由于聚丙烯酸酯系压敏胶具有上述优点，因而从 20 世纪 60 年代起在压敏胶领域占有重要地位。

三、聚丙烯酸酯系压敏胶的产业概况

20 世纪 80 年代初中国大陆大规模投产的压敏胶是水乳型聚丙烯酸酯系压敏胶，它大量用于 BOPP 包装胶黏带的生产，其技术来源于台湾亚洲化学的技术基础和美国罗姆哈斯的技术基础。目前全国有几十套每年 0.5 万～5 万吨规模的生产装置。进入 20 世纪 90 年代后，中国大陆在压敏胶黏剂的生产技术方面逐渐向全面化方向发展。中国大陆自行开发的聚丙烯酸酯系溶剂型压敏胶和由中国台湾、日本引进技术而投产的同类压敏胶大部分应用于双面胶黏带，胶黏标签纸的生产。无论是自行开发者，还是引进者都取得较好的成果。广东和北方各胶黏带厂使用台湾技术较多，上海和江浙一带的胶黏制品厂使用上海技术较多。

我国压敏胶黏剂行业发展迅速，前景广阔。从压敏胶的产销量来看，2004 年全年各类压敏胶产销量约 34.38 万吨，其中乳液型约 26.00 万吨（主要是聚丙烯酸酯系）、溶剂型约 5.90 万吨（多数是聚丙烯酸酯系）、热熔型约 1.04 万吨、橡胶型约 1.44 万吨。到 2008 年则发展到全年产销量约 45.60 万吨，其中乳液型约 33.70 万吨（主要是聚丙烯酸酯系）、溶剂型约 7.70 万吨（多数是聚丙烯酸酯系）、热熔型约 1.54 万吨、橡胶型约 1.96 万吨。从压敏胶制品来看，2009 年各类制品产销量约为 125.0 亿平方米、2010 年则约为 136.0 亿平方米，到 2011 年则上升到约 148.0 亿平方米。从胶黏制品进出口量以及金额来看，2009 年进口约 11.77 万吨、15.93 亿美元；出口分别为 45.23 万吨和 13.28 亿美元；到 2011 年则为进口约为 14.83 万吨和 27.76 亿美元；出口分别为约 69.35 万吨和 26.20 亿美元[3,5]。

就世界范围来说，北美作为全球压敏胶带应用市场，地位举足轻重，2011 年胶带用量约占全球总用量的 26% 左右。作为国外压敏胶市场发展分析对象比较有代表性。北美压敏胶带市场 2010 年约为 6800 兆平方米、预计 2014 年约为 8100 兆平方米，每年增长率约为 3.50%[3~5]。

◉ 第二节　聚丙烯酸酯系压敏胶的构成及影响其性能的因素

聚丙烯酸酯压敏胶主要是由各种丙烯酸酯单体共聚合得到的共聚物、各种外加助剂（如交联剂、增黏树脂、消泡剂、引发剂、乳化剂等）、聚合过程介质（如水、各种溶剂等）及单体残存物组成。这些构成组分对最终的聚丙烯酸酯压敏胶性能均有不同程度的影响。其中影响最大的还是聚合物本身。组成聚合物的各种丙烯酸酯单体结构、共聚合的工艺条件、单体在共聚物中的组成及排列方式、共聚合物分子量大小及分子量分布、共聚物分子链与链段之间物理化学作用，均对压敏胶性能有重大影响。这一节将对此做一些概要性的讨论。

一、单体

1. 制法

丙烯酸酯制备工艺不断改进，生产规模不断扩大，使得它的价格更加低廉。从而，使丙烯酸酯有可能在包括压敏胶在内的胶黏剂、涂料等行业中大规模应用。目前制备各种丙烯酸酯类单体工业方法主要有氰醇法、烯酮法、改良 Reppe 法、丙烯腈水解法、丙烯直接氧化

法、酯化法（和酯交换法）六种方法[6]。

（1）氰醇法

$$HOCH_2-CH_2Cl + NaCN$$

$$\left.\begin{array}{l} CH_2-CH_2 + HCN \longrightarrow HOCH_2CH_2CN \\ \quad\diagdown O\diagup \\[6pt] CH_3-\overset{O}{\overset{\|}{C}}-CH_3 + HCN \longrightarrow CH_3-\overset{CH_3}{\underset{OH}{\overset{|}{C}}}-CN \end{array}\right\} \xrightarrow[H_2SO_4]{ROH} \left\{\begin{array}{l} CH_2=CHCO_2R \\[6pt] CH_2=\overset{CH_3}{\overset{|}{C}}-CO_2R \end{array}\right. \tag{3-6-1}$$

（2）烯酮法

$$\left.\begin{array}{l} CH_3-\overset{O}{\overset{\|}{C}}-CH_3 \quad -CH_4 \\[6pt] CH_3-\overset{O}{\overset{\|}{C}}-OH \quad -H_2O \end{array}\right\rangle \longrightarrow H_2C=C=O \xrightarrow[硼酸系列催化剂]{HCHO} \begin{array}{l} CH_2-C=O \\ \quad|\qquad| \\ CH_2-O \end{array} \xrightarrow[H_2SO_4]{ROH} CH_2=CHCO_2R$$

$$\tag{3-6-2}$$

（3）改良 Reppe 法

$$CH\equiv CH + CO + ROH \xrightarrow{镍络合物} CH_2=CHCO_2R \tag{3-6-3}$$

（4）丙烯腈水解法

$$CH_2=CH-CN \xrightarrow{H_2O} CH_2=CH-CO_2H \xrightarrow{ROH} CH_2=CH-CO_2R \tag{3-6-4}$$

（5）丙烯直接氧化法

$$CH_2=CH-CH_3 \xrightarrow[催化剂]{[O]} CH_2=CH-CHO \xrightarrow[催化剂]{[O]}$$

$$CH_2=CH-CO_2H \xrightarrow{ROH} CH_2=CHCO_2R \tag{3-6-5}$$

（6）酯化法和酯交换法

$$CH_2=\overset{R'}{\underset{CO_2H}{\overset{|}{C}}} + ROH \xrightarrow{H^+} CH_2=\overset{R'}{\underset{CO_2R}{\overset{|}{C}}} + H_2O \tag{3-6-6}$$

$$CH_2=\overset{R'}{\underset{CO_2R}{\overset{|}{C}}} + R''OH \xrightarrow{H^+} CH_2=\overset{R'}{\underset{CO_2R''}{\overset{|}{C}}} + ROH \tag{3-6-7}$$

$$(R'=H \text{ 或 } CH_3)$$

以上几种方法以改良 Reppe 法及丙烯直接氧化法比较先进，发展也快。目前世界上大的丙烯酸酯单体生产公司，如联合碳化、东亚合成、日本触媒、Rohm and Haas 等公司，均采用这两种方法。制备各种丙烯酸高级酯及官能单体则主要为酯化法。

20 世纪 80 年代后新建和扩建装置均采用丙烯二步氧化法。该法是在复合金属氧化物催化剂存在下，丙烯经空气氧化成丙烯醛，进一步催化氧化成丙烯酸。该法生产丙烯酸主要取决于催化剂。日本触媒化学及三菱油化公司生产的催化剂活性好、寿命长、机械强度高，因此被广泛采用。目前在工业上使用的催化剂是含有钼、锑、钴、镍、铁、钒、铜等金属的复合氧化物。

2. 单体的市场状况

（1）全球丙烯酸行业概况

① 全球装置产能概况　近年来，由于世界丙烯酸及丙烯酸酯市场供不应求，欧洲、美国和日本的一些大企业已纷纷在世界各地新建或扩建生产装置，以满足旺盛的市场需求。至2010年12月，全球粗丙烯酸（酯化级丙烯酸）的装置产能达到了515.6万吨/年，较2009年年底的505.3万吨/年增长了2.0%。表3-6-1所示为近6年全球酯化级丙烯酸装置产能的增长情况。

表 3-6-1　全球酯化级丙烯酸（CAA）装置产能

年份	产能/万吨	同比增长幅度	年份	产能/万吨	同比增长幅度
2005	396	7.0%	2008	499.3	1.6%
2006	448	13.1%	2009	505.3	1.2%
2007	491	9.6%	2010	515.6	2.0%

至2010年年底，全球通用丙烯酸酯（AE）的装置产能为447.6万吨/年，较上年下降了3.7%。通用丙烯酸酯（丙烯酸甲酯、丙烯酸乙酯、丙烯酸正丁酯和丙烯酸2-乙基己酯）的产能显著小于酯化级丙烯酸的产能，这是因为越来越多的酯化级丙烯酸用于生产高纯丙烯酸。用于生产通用丙烯酸酯的酯化级丙烯酸比例逐年减小。高纯丙烯酸主要用于超吸水性树脂（SAP）的生产。表3-6-2为2010年12月全球酯化级丙烯酸（CAA）和通用丙烯酸酯（AE）的装置产能情况。

表 3-6-2　2010 年底全球酯化级丙烯酸（CAA）和通用丙烯酸酯（AE）装置的产能

公　司	地　址	CAA产能/（万吨/年）	AE产能/（万吨/年）
StoHaas Monomer	美国（得克萨斯州迪尔帕克）	16.5	0
American Acryl	美国（得克萨斯州帕萨迪纳）	12	5
阿科玛	美国（得克萨斯州克利尔莱克）	32	19.5
陶氏化学	美国（得克萨斯州迪尔帕克）	41	39
陶氏化学	美国（路易斯安那州塔夫特）	11	17
巴斯夫	美国（得克萨斯州佛里波特）	23	18
塞拉尼斯	墨西哥	4.5	5
巴斯夫	德国（路德维希港）	27	38
StoHaas Monomer	德国（马尔）	26.5	6
陶氏化学	德国（伯伦）	8	6
阿科玛	法国（卡林）	27.5	27
巴斯夫	比利时（安特卫普）	32	15
Hexion	捷克（索科洛夫）	5.5	6
Akrilat	俄罗斯（捷尔任斯克）	2.5	4
Sasol Acrylates	南非（萨索尔堡）	8	11.5
日本触媒	新加坡	7.5	8

公　司	地　址	CAA产能/(万吨/年)	AE产能/(万吨/年)
日本触媒	印尼(芝勒贡)	6	10
BASF Petronas	马来西亚(关丹)	16	16
出光石化	日本爱知县	5	5
三菱化学	日本(三重县)	11	11.5
日本触媒	日本(姬路)	38	13
大分化学	日本(大分县)	6	0
LG化学	韩国(丽珠)	6.5	0
LG化学	韩国(丽川)	12.8	23
台塑集团	中国台湾高雄	6	10
台塑集团	中国台湾麦寮	10	10
北京东方石化	北京	8	8
吉林石化	吉林	3.3	3
上海华谊	上海	20	19.5
江苏裕廊	江苏盐城	20.5	25
扬子巴斯夫	南京	16	15.5
浙江卫星	嘉兴	4	4.5
台塑集团	宁波	16	20
沈阳蜡化	沈阳	8	12
山东开泰	山东淄博	4	0.6
山东正和	山东广饶	6	6
兰州石化	兰州	8	10
合计		515.6	447.6

② 生产装置的地区分布　表 3-6-3 所示为 2010 年底全球酯化级丙烯酸生产装置的地区分布。美国、欧洲和中国是全球主要丙烯酸生产地区，中国是近年丙烯酸生产发展最快的国家。

表 3-6-3　2010 年年底全球酯化级丙烯酸装置产能的地区状况分布

地区	CAA装置产能/(万吨/年)	所占比例/%	地区	CAA装置产能/(万吨/年)	所占比例/%
美国	135.5	26.3	日本	60	11.6
欧洲	129	25.0	其他地区	77.3	15.0
中国大陆	113.8	22.1	全球合计	515.6	100.0

③ 国外丙烯酸产能的发展　全球主要发达地区的丙烯酸装置经过近 20 年的不断发展，基本满足了市场需求。但中东地区一直没有丙烯酸及酯类生产装置。中东地区有原料优势，兴建丙烯酸及酯类生产装置只是时间问题。目前中东地区正在建设的丙烯酸及酯项目有如下两项，这两个项目均建在沙特的朱拜勒，一个是沙特丙烯酸单体公司的生产装置，计划总产能为 25 万吨/年；另一个是达曼 7 石油化工有限公司的生产装置，该项目计划总投资 10 亿美元，生产能力为 40 万吨/年的丙烯酸及酯装置，其中含 18 万吨/年的酯化级丙烯酸装置、

18万吨/年的丙烯酸丁酯装置、2.5万吨/年的丙烯酸甲酯装置、2万吨/年的丙烯酸辛酯装置和2万吨/年的高纯丙烯酸装置,预计2014年2月建成投产。

(2) 国内丙烯酸及酯行业概况

① 历年装置的产能和产品产量　中国大陆近年丙烯酸及酯的生产装置的产能发展极其迅速。自1984年北京东方石油化工有限公司东方化工厂的国内首套装置投产后,国内装置的产能发展很快。经过2005~2007年的产能大发展,2008~2010年产能的增长显著放慢。2009年国内仅上海华谊丙烯酸有限公司投产了一套6万吨/年的丙烯酸装置。但至2011年起国内又迎来一个装置建成的高峰期,其中包括浙江卫星集团2011年2月成功投产的6万吨/年的丙烯酸装置、2011年底投产的裕廊化工有限公司的16万吨/年的丙烯酸装置和中海油公司的14万吨/年的丙烯酸装置。

表3-6-4所示为中国大陆历年酯化级丙烯酸装置的产能,表3-6-5所示为中国大陆历年丙烯酸及通用丙烯酸酯的实际产销量。

表3-6-4　中国大陆历年酯化级丙烯酸装置的产能

年份	产能/万吨	年份	产能/万吨
1984	3	2002	14
1986	3	2004	18
1988	3	2006	85
1990	3	2007	98.4
1992	6	2008	106.4
1994	9	2009	112.4
1996	11	2010	113.8
1998	14	2011	136
2000	14	2012	166

表3-6-5　中国大陆历年丙烯酸及通用丙烯酸酯的产销量

年份	酯化级丙烯酸/t	通用丙烯酸酯/t	年份	酯化级丙烯酸/t	通用丙烯酸酯/t
1998	104 640	111 670	2005	326 900	405 930
1999	130 990	144 320	2006	513 000	611 000
2000	136 940	158 310	2007	697 000	732 400
2001	147 540	206 268	2008	764 450	758 883
2002	149 340	232 695	2009	836 530	849 378
2003	154 800	244 074	2010	1 028 643	1 023 280
2004	170 010	252 284			

② 2010年各企业装置产能与产品产量明细　2010年国内丙烯酸产量为102.9万吨,同比增长23.1%;通用丙烯酸酯产量102.3万吨,同比增长20.5%,参见表3-6-5。2009年中国大陆丙烯酸装置的开工率为74.4%、通用丙烯酸酯装置的开工率为67.6%,较2008年分别提高2.4和4.6个百分点。2010年中国大陆丙烯酸装置的开工率为90.4%、通用丙烯酸

酯装置的开工率为 81.4%，较 2009 年分别提高 16 和 13.8 个百分点，这其中出口所作的贡献较大。表 3-6-6 为 2010 年国内丙烯酸及通用丙烯酸酯产品产量统计，表 3-6-7 为 2010 年底国内丙烯酸及酯装置的生产能力。

表 3-6-6　2010 年国内丙烯酸及通用丙烯酸酯产品产量统计　　　　单位：t

序号	公司	酯化级丙烯酸(CAA)	高纯丙烯酸(HPAA 或 GAA)	聚合级丙烯酸(PAA)	丙烯酸甲酯(MA)	丙烯酸乙酯(EA)	丙烯酸丁酯(BA)	丙烯酸 2-乙基己酯(2-EHA)
1	北京东方	79 222	24 179	5 689	15 043	15 864	48 180	0
2	浙江卫星	39 357	0	0	3 202	19 150	45 474	0
3	沈阳蜡化	80 974	0	0	2 753	15 155	10 8608	0
4	江苏裕廊	190 800	70 900	40 200	5 100	31 000	59 000	25 000
5	吉林石化	26 689	0	0	13 643	0	18 933	0
6	上海华谊	203 254	0	0	0	27 411	143 816	23 153
7	南京扬巴	141 000	52 000	0	42 000	0	112 000	0
8	宁波台塑	160 190	45241	0	11 699	0	109 721	36 822
9	开泰实业	24 711	0	19 950	5 230	0	0	0
10	正和集团	16 000	0	0	0	0	18 600	0
11	兰州石化	66 446	0	0	0	0	66 723	0
	合计	1 028 643	192 320	65 839	98 670	108 580	731 055	84 975

表 3-6-7　2010 年底国内丙烯酸及酯装置的生产能力　　　　单位：t

公司	粗丙烯酸(CAA)	高纯丙烯酸(HPAA)	聚合级丙烯酸(PAA)	丙烯酸甲酯(MA)	丙烯酸乙酯(EA)	丙烯酸丁酯(BA)	丙烯酸 2-乙基己酯(2-EHA)
北京东方	80 000	24 000	5 000	15 000	15 000	50 000	0
浙江卫星	40 000	0	40 000	7 500	7 500	30 000	0
沈阳蜡化	80 000	0	0	10 000	10 000	80 000	20 000
江苏裕廊	205 000	80 000	80 000	40 000	40 000	130 000	40 000
吉林石化	33 000	0	5 000	15 000	0	15 000	0
上海华谊	200 000	0	0	0	30 000	150 000	15 000
扬巴	160 000	70 000	32 800	27 500	27 500	100 000	0
宁波台塑	160 000	30 000	0	30 000	10 000	120 000	40 000
开泰实业	40 000	0	40 000	6 000	0	0	0
正和集团	60 000	0	0	0	0	60 000	0
兰州石化	80 000	0	0	10 000	10 000	80 000	0
合计	1 138 000	204 000	202 800	161 000	150 000	815 000	115 000

（3）国内丙烯酸及酯进出口情况　从 2005 年起我国丙烯酸及酯生产厂家由之前的 3 家而增至 11 家，装置产能不断扩大逐渐满足了国内市场的需求，因此进口丙烯酸及酯数量呈

逐年下降趋势。但是，2009 年我国丙烯酸及酯产品进口数量结束了连续 4 年下降趋势，较 2008 年大幅上升了 31.1％。受全球金融危机的影响，2009 年我国丙烯酸及酯出口数量较 2008 年下降 40.6％。2010 年由于欧美有多套丙烯酸及酯生产装置先后出现故障，市场出现供不应求的局面，我国因此出现了丙烯酸及酯出口猛增的局面，丙烯酸及酯出口同比增长了 210％。表 3-6-8 所示为 2010 年丙烯酸及酯产品进出口统计。

表 3-6-8　2010 年丙烯酸及酯产品进出口统计

项目		进口量/t	进口额/万美元	出口量/t	出口额/万美元
丙烯酸及其盐		50 890	7 526.2	55 684	11 340.6
丙烯酸酯	丙烯酸甲酯	2 198	469.2	24 949	4 566.3
	丙烯酸乙酯	1 781	352.3	10 797	2 195.3
	丙烯酸丁酯	28 568	5 778.6	48 969	12 220.5
	丙烯酸辛酯	21 286	4 820.9	8 051	2 316.4
	其他丙烯酸酯	9 627	4 679.3	31 152	11 334.8
合计		63 461	16 100.6	123 920	32 633.4

（4）国内丙烯酸行业未来发展形势　2010 年由于国外丙烯酸装置出现较多运行故障，导致丙烯酸及酯产品短缺，中国丙烯酸及酯产品出口猛增。欧美丙烯酸及酯产品的产能与需求正常情况下是基本平衡的，因此未来中国丙烯酸及酯产品出口相对 2010 年不会有大的增长。中国丙烯酸及酯产品应立足国内市场的不断开发。从 2011 年起中国丙烯酸及酯装置产能又快速增长，下游应用市场的拓展显得更为紧迫。从 2011 年至 2014 年国内主要有如下装置将建成投产：

2011 年 2 月浙江卫星第二套丙烯酸装置建成投产，产能 6 万吨/年。

2011 年年底江苏裕廊第五套丙烯酸装置建成投产，产能 16 万吨/年。2011 年年底浙江卫星第三套丙烯酸装置建成投产，产能 6 万吨/年。

2012 年江苏裕廊第六套丙烯酸装置建成投产，产能 16 万吨/年。

2013 年山东开泰第二套丙烯酸装置建成投产，产能 8 万吨/年。

2014 年宁波台塑第二套丙烯酸装置建成投产，产能 16 万吨/年。

此外，烟台万华集团也正在筹备大型丙烯酸装置的建设项目。

3. 性质

用丙烯酸酯单体制得的聚合物，其特点是能形成柔软而富有弹性的膜。可以使用本体、悬浮液、溶液和乳液等各种聚合方法将丙烯酸酯单体进行均聚或共聚。在工业上应用最广的是乳液和溶剂聚合法。聚合物为饱和化合物，具有极强的耐热、耐光化学和耐氧化水解的特性。酯基有很强的氢键结合性质，作为胶黏剂有广泛的用途。一般而言，压敏胶的玻璃化温度低于室温 50～70℃时初黏性最好。而让压敏胶黏剂行业人士最感兴趣的是，许多丙烯酸酯单体的均聚物玻璃化温度小于 −20℃，正好处在通常压敏性能要求的玻璃化温度范围内。由于石油化工业的发达，丙烯酸酯单体价廉，供应充足且种类丰富，给压敏胶行业发展提供了极大可能性。

表 3-6-9 所示为各种丙烯酸酯均聚物的玻璃化温度。表中数据显示随着长链侧烷基增长，玻璃化温度下降。这主要是它们的长链侧烷基缓和了高分子主链之间的相互作用力，起到了内增塑的作用，但若侧烷基链太长，玻璃化温度反而上升。这是因为此时形成结晶区而

使聚合物变得刚性。

表 3-6-9 丙烯酸酯均聚物的玻璃化温度　　　　　　　　　　　单位：℃

酯基团	聚甲基丙烯酸酯	聚丙烯酸酯	酯基团	聚甲基丙烯酸酯	聚丙烯酸酯
甲酯	105	8	正辛酯	−20	−80
乙酯	65	−22	正癸酯	−70，−60	—
异丙酯	81	−5	正十二酯	−65	—
正丙酯	33	−52	正十四酯	−9	20
异丁酯	48	−24，−40	正十六酯	—	35
正丁酯	20	−54	肉桂酯	−65	15
叔丁酯	107	41	环己酯	66	15
正戊酯	10	—	苯酯	110	—
正己酯	−5	—	2-羟乙酯	55	—
2-乙基己酯	—	−85，−70	2-羟丙酯	76	—

　　另外同样侧链烷基长度的聚甲基丙烯酸酯类的玻璃化温度要比聚丙烯酸酯类的高。这主要甲基丙烯酸酯类在 α 位置上有一个甲基，妨碍了分子链之间和链段之间的运动，链的稳定更高，因此使前者可挠性变差，聚合物从而更刚性。

　　丙烯酸酯、甲基丙烯酸酯的均聚物，其突出特征是耐候性优越。与之相反，聚苯乙烯就有变黄性的问题。变黄的原因主要是由于结合在芳香环中的叔碳原子对氧化敏感，一旦氧化就造成主链切断，生成了发色基团。此外聚甲基丙烯酸酯类比聚丙烯酸酯类的耐候性更为优越，这是因为乙烯基的 α 位置 H 被甲基所置换，消除了容易被氧化的断裂点。丙烯酸酯聚合物的耐碱性与耐水解性优于聚醋酸乙烯酯。一般而言，耐碱性及耐水解性的难易程度取决于酯基碳原子的数目，碳原子的数目愈多，耐碱性及耐水解性愈好；而且均聚物分子链愈长，耐碱性与耐水解性亦愈好。

　　由于压敏胶有初黏力、内聚力、180°剥离强度及其他特殊性能，如物理化学交联要求，能在特殊场合使用，因此不宜直接使用某种丙烯酸酯均聚物作为压敏胶使用。虽然有用不同丙烯酸酯均聚物按比例复配做压敏胶使用，但绝少真正让人满意。压敏胶行业一般使用不同丙烯酸酯与其他种类单体共聚来获得令人满意的压敏胶性能。为了平衡好压敏胶的初黏力、内聚力、180°剥离强度等性能，需设计适当的聚合物 T_g、分子量及分子量分布、链节化学结构、链段的立体规整结构等，如有需要还可以设计物理化学交联及使用外加性能改进剂。

　　压敏胶行业一般将用作聚合的丙烯酸酯类单体分成软单体、硬单体及官能单体。官能单体主要是提供内聚力及为交联等改性目的而用，通过这些单体具有的强极性官能团使压敏胶黏剂黏合性能得到显著提高，而且伴随而来的物理化学交联可使压敏胶内聚强度、耐热性和耐老化性能大大提高。常用于制造压敏胶的丙烯酸酯类及其他单体的特征和其均聚物的玻璃化温度 T_g 见表 3-6-10[10]。几种（甲基）丙烯酸酯均聚物的 T_g 与压敏胶黏性能见表 3-6-11[9]。

4. 几种常用单体

（1）丙烯酸（acrylic acid）　又称败脂酸，英文缩写为 AA，结构式为 $CH_2=CHCOOH$，分子量 72.06。无色透明液体，有辛辣刺激味。相对密度（20℃/20℃）1.052，凝固点 13.2℃，沸点 141.3℃，闪点（开口）54.5℃，折射率 1.4185。溶于水、乙醇、乙醚。有氧存在时极易聚合。有较强的腐蚀性，易燃。中等毒性，其水溶液或高浓度蒸气刺激皮肤和黏膜。在压敏胶生产中用作交联单体，质量指标见表 3-6-12。

表 3-6-10　丙烯酸压敏胶常用单体

	单　　体	$T_g/℃$	特　　征
软单体	丙烯酸乙酯(EA)	-22	非常剧臭
	丙烯酸丁酯(BA)	-55	黏性大
	丙烯酸-2-乙基己酯(2-EHA)	-70	黏性大
硬单体	乙酸乙烯酯(VAc)	32	便宜,提供内聚力
	丙烯腈(AN)	97	内聚力,有毒
	丙烯酰胺(AM)	65	内聚力
	苯乙烯(St)	80	内聚力
	甲基丙烯酸甲酯(MMA)	105	内聚力,控制黏性
	丙烯酸甲酯(MA)	8	内聚力,亲水性
官能单体	甲基丙烯酸(MAA)	225	胶黏力、交联点
	丙烯酸(AA)	106	胶黏力、交联点
	衣康酸(IA)	—	交联点
	丙烯酸羟乙酯(HEA)	-60	交联点
	丙烯酸羟丙酯(HPA)	-60	交联点
	甲基丙烯酸羟乙酯(HEMA)	—	交联点
	甲基丙烯酸羟丙酯(HPMA)	76	交联点与 NCO 反应慢
	甲基丙烯酸乙二甲胺(DM)	130	交联点不用乳化剂能乳化
	甲基丙烯酰胺(MAM)	165	内聚力、交联点
	N-羟甲基丙烯酰胺(NMA)	—	交联点
	甲基丙烯酸缩水甘油酯	—	本身可交联
	马来酸酐	—	胶黏性、交联点

表 3-6-11　几种(甲基)丙烯酸酯均聚物的 T_g 与压敏胶黏性能

聚合物名称	$T_g/℃$	$[\eta]$	$\overline{M}_W$	触黏法初黏力 /N	180℃剥离强度 /(N/m)	破坏状态[①]	表观黏度 /Pa·s
聚丙烯酸甲酯 (PMA)	8	0.60	$2.5×10^6$	0	0	—	—
聚丙烯酸乙酯 (PEA)	-24	0.68	$2.2×10^5$	1.47	372	A	$6.2×10^6$
聚丙烯酸丁酯 (PBA)	-55	0.72	$2.3×10^5$	3.33	382	C	$2.8×10^5$
		1.76	$7.6×10^5$	3.23	216	A	$1.2×10^7$
聚丙烯酸异辛酯 (P2-EHA)	-70	0.43	—	2.45	39	C	$4.8×10^3$
聚甲基丙烯酸正丁酯(PBMA)	19	0.58	$4.4×10^5$	0	0	—	—

① A 为界面破坏,C 为内聚破坏。

表 3-6-12　丙烯酸的质量指标 (GB/T 17529.1—2008)

项目		优等品	一等品
外观		无色透明液体	
含量/%	≥	99.2	99.0
色度(Hazen)号	≤	15	20
水分/%	≤	0.10	0.20
阻聚剂(MEHQ)含量/(mg/kg)		200±20	

储存于阴凉、通风的库房内，远离火种、热源、防火、防潮。

（2）丙烯酸甲酯（methyl acrylate） 又称败脂酸甲酯，英文缩写为 MA，结构式为 CH_2＝$CHCOOCH_3$，分子量 86.09。无色透明液体，有令人恶心的刺激味，挥发性大，有催泪性。相对密度（20℃/4℃）0.9535，凝固点－76.5℃，沸点 80.3℃，闪点（开口）－3℃，折射率 1.4040，蒸气压 9.09kPa（20℃），比热容 2.0J/（g·℃），玻璃化温度 8℃。溶于乙醇、乙醚、丙酮、苯、甲苯。稍溶于水，水中溶解度 6g/100mL（20℃）。易聚合。易燃烧，遇高热、明火、氧化剂有引起燃烧的危险。爆炸极限为 2.8%～25%（体积分数）。中等毒性。对皮肤、眼睛、黏膜有较强的刺激和腐蚀性，并能经皮肤吸收而引起中毒，空气中最高容许浓度 35mg/m³（或 0.001%）。在压敏胶生产中用作内聚单体。其质量指标见表 3-6-13。

表 3-6-13　丙烯酸甲酯的质量指标 （GB/T 17529.2—1998）

项　　目		优等品	一等品
含量/%	≥	99.5	99.5
色度（Hazen）号	≤	10	10
酸度（以丙烯酸计）/%	≤	0.01	0.02
水分/%	≤	0.05	0.10
阻聚剂（MEHQ）含量/（mg/kg）		100±10	

储存于阴凉、通风的库房内，温度不超过 20℃，防火、防晒。

（3）丙烯酸乙酯（ethyl acrylate） 又称败脂酸乙酯，英文缩写为 EA，结构式 CH_2＝$CHCOOCH_2CH_3$，分子量 100.12。无色透明液体，有刺激性气味。相对密度（20℃/4℃）0.9234，凝固点－75℃，沸点 99.8℃，闪点（开口）15.6℃，折射率 1.4068，蒸气压 3.93kPa（20℃），比热容 1.97J/（g·℃），玻璃化温度－22℃。溶于乙醇、乙醚、氯仿，微溶于水，水中溶解度 1.5g/100mL（25℃）。久储能聚合，热、光及过氧化物能增加其聚合速度。易燃烧，遇高热、明火、氧化剂有引起燃烧的危险。爆炸极限下限 1.8%（体积分数）。有毒，对眼睛、皮肤、黏膜有强烈的刺激性，空气中最高允许浓度为 86mg/m³（或 0.0025%）。其质量指标见表 3-6-14。

表 3-6-14　丙烯酸乙酯的质量指标 （GB/T 17529.3—1998）

项　　目		优等品	一等品
含量/%	≥	99.5	99.2
色度（Hazen）号	≤	10	10
酸度（以丙烯酸计）/%	≤	0.01	0.01
水分/%	≤	0.05	0.10
阻聚剂（MEHQ）含量/（mg/kg）		15±5	

在压敏胶生产中用作黏性单体。储存于阴凉、通风的库房内，温度不超过 20℃，远离火种、热源，防止日光直射。

（4）丙烯酸丁酯（butyl acrylate） 又称丙烯酸正丁酯，英文缩写为 BA，结构式为 CH_2＝$CHCOOC_4H_9$，分子量 128.17。无色透明液体，水果香味。相对密度（20℃/4℃）0.8988，凝固点－64℃，沸点 146～148℃，闪点（开口）48.9℃，折射率 1.4185，玻璃化温度－55℃。溶于乙醇、乙醚、丙酮，几乎不溶于水，水中溶解度 0.14g/100mL（20℃）。受热易聚合。易燃，遇高热、明火、氧化剂有引起燃烧的危险。爆炸极限 1.0%～2.1%（体积分数）。低毒性，空气中最高容许浓度 0.001%。BA 在压敏胶生产中用作黏性单体，其质量指标见表 3-6-15。

表 3-6-15　丙烯酸丁酯的质量指标 (GB/T 17529.4—1998)

项　目		优等品	一等品
含量/%	≥	99.5	99.0
色度(Hazen)号	≤	10	15
酸度(以丙烯酸计)/%	≤	0.01	0.01
水分/%	≤	0.05	0.10
阻聚剂(MEHQ)含量/(mg/kg)		50±5	

储存于阴凉、干燥、通风的库房内，远离火种、热源。防止日晒，储期不宜过长。

（5）丙烯酸-2-乙基己酯（2-ethylhexyl acrylate）　又称丙烯酸异辛酯，英文缩写为 2-EHA，结构式为 $CH_2=CH-CO_2-CH_2-CH(C_2H_5)-C_4H_9$，分子量 184.16。无色透明液体，无臭无味。相对密度（20℃/4℃）0.8896，凝固点-90℃，沸点229℃，闪点（开口）82℃，折射率1.433，玻璃化温度-70℃。溶于乙醇、乙醚，几乎不溶于水，水中溶解度0.01g/100mL（25℃）。易聚合，易燃，爆炸极限0.6%～1.3%（体积分数）。低毒，对皮肤有轻度的刺激性。其质量指标见表 3-6-16。

表 3-6-16　丙烯酸-2-乙基己酯的质量指标 (GB/T 17529.5—1998)

项目		优等品	一等品
含量/%	≥	99.0	99.0
色度(Hazen)号	≤	10	15
酸度(以丙烯酸计)/%	≤	0.01	0.01
水分/%	≤	0.10	0.15
阻聚剂(MEHQ)含量/(mg/kg)		50±5	

2-EHA 在压敏胶生产中用作主要的黏性软单体。还用作生产传递（Post-it）便条本用微球型压敏胶的主单体。

储存于阴凉、通风的库房内，远离火种、热源。

（6）丙烯酸-2-羟乙酯（2-hydroxyethyl acrylate）　英文缩写为 HEA，结构式 $CH_2=CHCOOCH_2CH_2OH$，分子量 116.06。无色透明液体，相对密度（20℃/4℃）1.1098，凝固点-70℃，沸点82℃（0.667kPa），折射率1.4469，闪点（开口）77℃，黏度（25℃）5.3mPa·s，玻璃化温度-60℃。溶于乙醇、乙醚等一般有机溶剂。溶于水，极易聚合。易燃，有毒，吸入后有明显的刺激作用，对皮肤有轻度刺激性，对眼睛伤害较严重。HEA 在压敏胶生产中用作交联单体，其质量指标如下：

含量	≥96.5%
酸度(以丙烯酸计)	≤1.5%
水分	≤0.5%
色度(APHA)	≤50 号
阻聚剂(MEHQ)	0.036%～0.044%

储存于阴凉、通风的库房内，远离火种、热源。生产单位为北京东方化工厂。

（7）丙烯酸-2-羟丙酯（2-hydroxypropyl acrylate）　英文缩写为 HPA，结构式为 $CH_2=CHCOOCH_2C(OH)HCH_3$，分子量 130。无色透明液体。相对密度（20℃/4℃）

1.0536，凝固点＜－60℃，沸点77℃（0.667kPa），闪点（开口）100℃，折射率1.4443，玻璃化温度－60℃。溶于水，溶于一般有机溶剂。易聚合，易燃。有毒，与皮肤或眼睛接触时，会引起炎症。空气中最高容许浓度3mg/m³（或0.001％）。HPA在压敏胶生产中用作交联单体。其质量指标如下：

含量	≥96.5％
酸度(以丙烯酸计)	≤0.1％
水分	≤0.5％
色度(APHA)	≤15号
阻聚剂(MEHQ)	0.05％

储存于阴凉、通风的库房内，远离火种、热源，防止日晒。

（8）甲基丙烯酸（methacrylic acid）　又称异丁烯酸，英文缩写为MAA，结构式为$CH_2=C(CH_3)COOH$，相对分子质量86.09。室温下为无色透明液体，相对密度（20℃/4℃）1.0153，凝固点16℃，沸点159～163℃，闪点（开口）77℃，折射率1.4314，黏度（25℃）1.3mPa·s。溶于热水、乙醇及大多数有机溶剂。易聚合成水溶性聚合物。可燃，遇高热、明火有燃烧危险，受热分解能产生有毒气体。能与空气形成爆炸混合物，爆炸极限为2.1％～12.5％（体积分数）。中等毒性，对皮肤和黏膜有较强的刺激性和腐蚀性，未发现致癌现象。空气最高容许浓度0.01％。MAA在压敏胶生产中用作交联单体，其质量指标如下：

外观	＞16℃时无色微黄,色透明液体,无机械杂质;＜16℃时白色结晶
含量	≥98％
色度(Pt-Co)	≤15号

储存于阴凉、通风的库房内，温度为25℃左右，远离火种、热源，不宜久存，一般期限为3个月。

（9）甲基丙烯酸甲酯（methyl methacrylate）　英文缩写为MMA，结构式为$CH_2=C(CH_3)COOCH_3$，分子量100.11。无色透明液体，易挥发，有强烈的刺激性气味。相对密度（20℃/4℃）0.9440，凝固点－48.2℃，沸点100～101℃，闪点（开口）10℃，折射率1.4142，蒸气压5.33kPa（25℃）。溶于乙醇、乙醚、丙酮、苯、甲苯等多种有机溶剂，微溶于水、乙二醇，在光、热、催化剂存在下易聚合。易燃，遇高热、明火、强氧化剂有引起燃烧的危险。能与空气形成爆炸混合物，爆炸极限1.7％～8.2％（体积分数）。微毒，空气中最高容许浓度410mg/m³（或0.01％）。MMA在压敏胶生产中用作内聚单体，其质量指标见表3-6-17。

表3-6-17　甲基丙烯酸甲酯的质量指标（HG 2305—1992）

项　目		优级品	一级品	二级品
外观		无色透明液体,无机械杂质		
相对密度(20/4℃)		0.942～0.932	0.942～0.932	0.942～0.932
含量/%	≥	99	98.5	98
游离酸(以甲基丙烯酸计)/%	≤	0.03	0.05	0.05
馏出物/%		≥98(98.5～101.5℃)	＜2(95～98℃)	＜3(95～98℃)
			＞97(98～102℃)	＞96(98～104℃)
			＜1(＞102℃)	＜1(＞104℃)

储存于阴凉、通风的库房内，温度不超过 30℃。远离火种、热源，防止日光直射，不宜久露于空气中或长期储存。

（10）甲基丙烯酸乙酯（ethyl methacryolate）　又称异丁酸乙酯，英文缩写为 EMA，结构式为 $CH_2 =\!\!=\!\! C(CH_3)COOC_2H_5$，分子量 114.14。无色液体，有刺激性臭味。相对密度（20℃/4℃）0.9135，凝固点－75℃，沸点 117℃，闪点（开口）25℃，折射率 1.4147。溶于乙醇、乙醚，不溶于水，易聚合，易燃，遇高热、明火、氧化剂有燃烧的危险，爆炸极限 1.8%（下限，体积分数）。微毒，EMA 在压敏胶生产中用作共聚单体，其质量指标见表 3-6-18。

表 3-6-18　甲基丙烯酸乙酯的质量指标

项目		优级品	一级品
含量/%	≥	98	98
游离酸/%	≤	0.2	0.5
色度（Hazen）号	≤	20	20

储存于阴凉、通风的库房内，温度不超过 20℃。远离火种、热源。

（11）甲基丙烯酸丁酯（n-butyl methacrylate）　又称甲基丙烯酸正丁酯，英文缩写为 BMA，结构式为 $CH_2 =\!\!=\!\! C(CH_3)COOC_4H_9$，相对分子质量 142.20。无色透明液体。相对密度（20℃/4℃）0.8936，凝固点＜－76℃，沸点 160℃，闪点（开口）66℃，折射率 1.4240。溶于乙醇、乙醚，不溶于水。易聚合，易燃。微毒，LD_{40} 1787mg/kg BMA 在压敏胶生产中用作黏性软单体，其质量指标见表 3-6-19。

表 3-6-19　甲基丙烯酸丁酯的质量指标

项目		一级品	合格品
外观		无色或微黄色透明液体	
含量/%	≥	97	95
酸度（以甲基丙烯酸计）/%	≤	0.2	1.0
活性（落球法）/min		110～210	

（12）甲基丙烯酸异丁酯（iso-butyl methacrylate）　其结构为 $CH_2 =\!\!=\!\! C(CH_3)COOCH_2CH(CH_3)_2$，分子量 142.0。无色透明液体。相对密度（20℃/4℃）0.8858，沸点 155℃，闪点（开口）49℃，折射率 1.4199，黏度（25℃）1.24mPa·s。溶于乙醇、乙醚，不溶于水。易聚合，易燃，微毒。该品在压敏胶生产中用作黏性单体，其质量指标如下：

色度（Pt-Co）　　　　　　　　　　　　　　≤20 号
含量　　　　　　　　　　　　　　　　　　≥98%
阻聚剂（对苯二酚）　　　　　　　　　　　0.005%～0.01%
游离酸（以甲基丙烯酸计）　　　　　　　　≤1%

储存于阴凉、通风的库房内，远离火种、热源。

（13）甲基丙烯酸-2-羟乙酯（2-hydroxyethyl methacrylate）　又称甲基丙烯酯-β-羟乙酯，结构式为 $CH_2 =\!\!=\!\! C(CH_3)COOCH_2CH_2OH$，分子量 130.15。无色透明液体，相对密度（20℃/4℃）1.074，沸点 95～86℃（0.666kPa），闪点（开口）108.3℃，折射率 1.5405。溶于水及有机溶剂。易聚合，易燃。微毒，在压敏胶生产中用作交联单体，质量指标如下：

色度（APHA）	≤30号
游离酸	≤0.5%
含量	≥97.0%
阻聚剂（MEHQ）	0.004%～0.006%
水分	≤0.3%

储存于阴凉、通风的库房内，远离火种、热源。生产单位有北京东方化工厂，上海华溢塑料助剂合作公司。

（14）甲基丙烯酸-2-羟丙酯（2-hydroxypropyl methacrylate）　又称甲基丙烯酸-β-羟丙酯，分子量144.7，结构式为 $CH_2=C(CH_3)COOCH_2C(OH)HCH_3$。无色透明液体，相对密度（20℃/4℃）1.066，沸点90～93℃（0.933kPa），闪点114.8℃，折射率1.4460。溶于普通溶剂，在水中有一定的溶解度。易燃，微毒。该品在压敏胶生产中用作交联单体，其质量指标如下：

色度（APHA）	≤50号
游离酸	≤1.0%
含量	≥97.0%
阻聚剂（MEHQ）	0.0040%～0.006%
水分	≤0.3%

储存于阴凉、通风的库房内，远离火种、热源。

（15）甲基丙烯酸环氧丙酯（glycidyl methacrylate）　其结构式为

$$CH_2=\overset{\overset{\displaystyle CH_3}{|}}{C}-COOCH_2-\overset{\overset{\displaystyle}{\diagup}\hspace{-0.3em}\underset{O}{\diagdown}}{CH}-CH_2$$

分子量142.15。易燃，低毒，其质量指标见表3-6-20。

表 3-6-20　甲基丙烯酸环氧丙酯的质量指标

项　目		一级品
外观		无色透明液体
含量（溴化法）/%	≥	80
环氧值/(mol/100g)		0.70～0.75
机械杂质		无

该品在压敏胶生产中用作改性单体，提供光固化功能。储存于阴凉、通风的库房内，远离火种、热源。

（16）丙烯酰胺（acrylamide）　英文缩写为AM，结构式为 $CH_2=CHCONH_2$，分子量71.08，无色透明片状结晶，无臭。相对密度（20℃/4℃）1.122，熔点74.5℃，沸点125℃（3.3kPa）。溶于水、乙醇、乙醚、丙酮、三氯乙烷，微溶于甲苯，室温下稳定，但熔融时则骤然聚合。易燃，受高热分解放出腐蚀性气体。毒性较大，对中枢神经系统有危害，对眼睛和皮肤亦有强烈的刺激作用。空气中最高容许浓度 $0.3mg/m^3$。其质量指标见表3-6-21。在压敏胶生产中用作改性单体。

表 3-6-21　丙烯酰胺的质量指标

项目		优级品	一级品	合格品
外观		白色鳞片状或粉状结晶		
含量/%	≥	95	90	85
水分/%	≤	1	1.5	1.5

储存于阴凉、干燥、通风的库房内，温度 20～30℃，严防雨淋日晒，储存期 1 年。

（17）丙烯腈(acrylonitrile) 又称乙烯基氰，英文缩写为 AN，结构式为 $CH_2=CHCN$，分子量 53.06。无色透明液体，有刺激气味。相对密度（20℃/4℃）0.8055，凝固点 −83.7℃，沸点 77.3℃，闪点 −5℃，折射率 0.3888，黏度（20℃）0.34mPa·s，表面张力（20℃）21.61mN/m。溶于丙酮、苯、乙醚、乙醇、甲醇等，微溶于水，与水形成共沸混合物，共沸点为 71℃，此时丙烯腈含量 88%。纯品易自聚，尤其是在缺氧或暴露于可见光情况下更易聚合，在浓碱存在下强烈聚合。易燃、易挥发，能与空气形成爆炸性混合物，爆炸极限为 3.05%～17.0%（体积分数）。毒性较大，吸入丙烯腈蒸气能引起恶心、呕吐、头痛、疲倦等症状。其质量指标见表 3-6-22。

表 3-6-22　丙烯腈的质量指标（GB 7717.1—2008）

项　目		质量指标		
		优等品	一等品	合格品
外观		透明液体，无悬浮物		
色度(Pt-Co)/号	≤	5	5	10
密度(20℃)/(g/m³)		0.800～0.807		
酸度(以乙酸计)/(mg/kg)	≤	20	30	—
pH 值(5%的水溶液)		6.0～9.0		
滴定值(5%的水溶液)/mL	≤	2.0	2.0	3.0
水分的质量分数/%		0.20～0.45	0.20～0.45	0.20～0.60
总醛(以乙醛计)的质量分数/(mg/kg)	≤	30	50	100
总氰(以氢氰酸计)的质量分数/(mg/kg)	≤	5	10	20
过氧化物(以过氧化氢计)的质量分数/(mg/kg)	≤	0.20	0.20	0.40
铁的质量分数/(mg/kg)	≤	0.10	0.10	0.20
铜的质量分数/(mg/kg)	≤	0.10	0.10	—
丙烯醛的质量分数/(mg/kg)	≤	10	20	40
丙酮的质量分数/(mg/kg)	≤	80	150	200
乙腈的质量分数/(mg/kg)	≤	150	200	300
丙腈的质量分数/(mg/kg)	≤	100	—	—
噁唑的质量分数/(mg/kg)	≤	200	—	—
甲基丙烯腈的质量分数/(mg/kg)	≤	300	—	—
丙烯腈的质量分数/%	≥	99.5	—	—
沸程(在 0.10133MPa 下)/℃		74.5～79.0		
阻聚剂(对羟基苯甲醚)的质量分数/(mg/kg)		35～45		

在压敏胶生产中用作内聚单体。储存于阴凉、通风的库房内，防止日晒，远离强酸性物质。

5. 储运及处置方法

（1）储运与处置方法　丙烯酸酯在储存及运输过程中，因混入水分和铁，或因温度升高均可引起聚合。由于聚合反应为自动催化反应，一旦聚合开始，轻则反应形成似爆米花状的端基聚合物，重则反应不断加速，很短时间即可达到危险状态，形成暴聚。因此对丙烯酸酯储存及运输有一定要求及相关处置方法。

一般而言，丙烯酸酯储存于不锈钢或塑料容器中，库房应通风良好，避免太阳光直射，温度应保持在 25℃ 以下。夏天时，条件许可下使用软管浇水等措施进行冷却。应绝对避免与铁、铜等金属接触，微量的铁存在也会使单体聚合；而铜及铜合金会使产品着色，生成的铜离子或铜盐也同样会带来其他不良影响。

除了上述要求，为防止丙烯酸酯在运输及储存中聚合，常需添加阻聚剂。添加的阻聚剂一般为链转移型阻聚剂氢醌单甲醚。使用氢醌单甲醚 HO—$\langle\bigcirc\rangle$—OCH$_3$ 稍过量，不需要很长的引发期即可简单地使之消耗尽，且聚合结果良好；具有重现性。另外使用氢醌单甲醚还有在碱性条件不着色的优点，因此被广泛使用。添加量因情况不同而变化，自 10×10^{-6} 至 30×10^{-6} 不等；在酯中含水分等杂质不多，储运时发生聚合可能性减小，因此阻聚剂的添加量可以减少。一般而言，应用时阻聚剂可不予脱除，在稍有过量阻聚剂存在下，经过一段引发期就能发生聚合反应。假如酯类单体做化学反应中间体时，也不必脱除阻聚剂。特别是在高温进行反应时，往往还需要追加对羟基二苯胺、N,N'-二苯基二胺以及 2,5-二叔丁基氢醌一类高沸点阻聚剂。如果需要脱除阻聚剂，有蒸馏法、碱洗法及离子交换法三种方法可供选择。

低温下，空气中的氧气也是一种良好的阻聚剂，这也是在单体储运过程中应使容器中有足够空间的理由。氧气的阻聚机理如下：

$$M\cdot + O_2 \longrightarrow MO_2\cdot \qquad\qquad (3\text{-}6\text{-}8)$$
$$MO_2\cdot + M\cdot \longrightarrow MO_2M \quad （终止）$$

另外，丙烯酸酯类单体有很低的闪点和着火点，且极易燃烧，在储运过程中，应充分通风，要消除出现明火、火花等以免引起火灾及爆炸。

（2）毒性　丙烯酸甲酯和丙烯酸乙酯毒性问题报告指出，在有人环境中最大单体蒸气浓度应在 $(50\sim70)\times10^{-6}$。在一个大气压力和 25℃ 的条件下，空气中丙烯酸甲酯和丙烯酸乙酯的蒸气平衡浓度相当于上述数值的 10 倍。因此在处理此类单体时必须充分考虑通风问题。一般丙烯酸酯类单体均有特殊异味，在 50×10^{-6} 以下的蒸气浓度，人的嗅觉即有感觉，因而这种特殊异味就成为判断安全与否的一种尺度。但是单靠人的感觉是很危险的，因为久而久之感官容易产生麻痹。原则上作业区内应该每隔 $2\sim3$min 更换一次新鲜空气。

（3）脱臭　为除掉空气中丙烯酸酯类令人讨厌的特殊异味可采用多种方法，有代表性的是洗涤、吸附和氧化等方式。

氧化方法可完全去除空气中丙烯酸酯的特殊异味，可采用铂族金属催化氧化和直接燃烧法，需要较高温度，费用不低。

洗涤法很简单，其中低级酯以苛性碱为洗涤液、高级酯以胺为洗涤液。使丙烯酸酯类气体与洗涤液逆流接触。被吸收的单体水解皂化生成丙烯酸盐被固定下来。可经济地将气体吸收而达到脱除异味目的。

吸附法在丙烯酸酯类单体浓度不同时使用，可使单体气体通过活性炭层吸附臭气。活性炭吸附酯蒸气达饱和状态时必须予以更换再生。另吸附过程中伴有吸附热，为防止产生的热量致使温度上升，有必要设置冷却装置。

6. 成分分析和质量鉴定

一般丙烯酸酯类单体需要对含量、色度、酸度、水分、阻聚剂等分析。

各种丙烯酸酯类单体含量分析均有相应的国家标准。若需要可查相应国家标准。如丙烯酸 2-乙基己酯单体含量分析标准为 GB/T 17530.2—1998。主要是用气相色谱仪进行分析。

色度分析可按 GB 3143—1982《液体化学产品颜色测定法（Hazen 单位——铂-钴色号）》进行。

酸度测定可按 GB/T 17530.4—1998《工业丙烯酸酯酸度的测定》进行。

水分测定可按 GB 6283—2008《化工产品中水分含量的测定　卡尔·费休法（通用方

法)》进行。两次测定误差值应≤0.005％。

阻聚剂测定可按 GB/T 17530.5—1998《工业丙烯酸及酯中阻聚剂的测定》进行。

一般而有实验条件的大工厂可进行上面测定。而一般小化工厂不太可能有此条件，从成本核算角度来讲亦无此必要。

一般可对买来的单体进行目测。常用丙烯酸酯单体为无色纯净水样黏度液体。如单体发黄，有杂质可视为不合格品。其次如单体黏度变大则极有可能已经预聚了，也应视为不合格品。另外，单体包装桶中不能有爆米花状透明凝胶体，如有也应视为不合格品。

二、单体聚合反应机理

1. 聚合的一般原理

作为压敏胶黏剂的丙烯酸酯共聚物是通过前述三类不同丙烯酸酯及其他种类单体聚合而成。反应历程属于高分子反应历程中的自由基链锁加聚反应。自由基加聚反应是合成高聚物的一类重要办法，它有操作简单、易于控制、重现性好等优点。反应绝大多数是不可逆的（高于分解温度时除外）、在整个反应过程中单体浓度逐渐减少，具有迅速生成共聚物，分子量很快达到定值且变化不大，反应时间增加时产率增大而分子量变化不大等典型特征。

自由基聚合反应主要包括链引发、链增长、链转移和链终止等反应阶段。链引发过程所用引发剂一般为热分解型引发剂和氧化还原引发剂。前者在加热情况下能分解，所产生的初级自由基能引发单体聚合，最常用的有过氧化物和偶氮双腈两类。后者由于氧化还原作用产生初级自由基引发单体聚合。一般自由基聚合形成空间结构杂乱的无规聚合物，是无定形高聚物，而不像离子配位聚合可以得到立体结构规整的高聚物。由于链自由基的反应活性很大，除了和单体作用进行链增长这一主体反应之外，它还可能和存在于反应体系中的其他物质分子发生链转移反应。一般向单体链转移、向大分子转移和活性溶剂及分子量调节剂转移，形成支化和交联。链终止的反应机理有双基结合和双基歧化两种主要方式，都称为双基终止。实验证明：$CH_2{=}CH$ 类单体链终止方式一般以双基结合为主；而 $CH_2{=}CX$ 类单体
$\qquad\qquad\qquad\qquad\ \ R$ $\qquad\qquad\qquad\qquad\qquad\qquad\qquad R$
的链终止方式一般为双基歧化终止，且反应温度越高，这种终止方式越占优势。

自由基聚合反应的聚合方法通常有本体聚合、悬浮聚合、溶液聚合和乳液聚合等几种，在压敏胶行业中丙烯酸酯类单体聚合通常采用乳液聚合与溶液聚合两种。其反应特征将在后面的乳液型聚丙烯酸酯压敏胶与溶剂型聚丙烯酸酯压敏胶中叙述。

影响丙烯酸酯自由基聚合反应因素很多。通常有温度、单体结构、引发剂、单体纯度及浓度、阻聚剂与缓聚剂等。

（1）温度对聚合反应影响　一般温度升高，反应速率加快，且温度升高 10℃ 左右时，聚合速率增快 2～3 倍。另外温度升高时，聚合度减小。这主要是温度升高时，引发剂分解特别快，而生成更多的自由基，导致链引发速率及链终止速度增大，故生成的聚合物其聚合度小了。温度对聚合物微观结构也产生影响，一般温度升高时，会导致支链较多。这主要是由于温度升高，有利于链转移反应，因而生成支链较多的高聚物。另外温度升高，有利于链增长时按首-首或尾-尾方式排列，而不利于首-尾排列方式。

（2）单体结构对聚合能力的影响　单体的聚合能力可从热力学及动力学两方面加以考察。前者决定聚合过程能否在一定条件下进行，即反应有无进行的可能性；后者决定了其反应速率等。从热力学观点研究单体结构对聚合性能的影响，可根据一定温度下聚合反应自由能来判断：

$$\Delta G = \Delta H - T \Delta S \qquad (3\text{-}6\text{-}9)$$

式中，ΔG 表示聚合时摩尔自由能变化；ΔH 表示聚合时摩尔热熔变化；ΔS 表示聚合摩尔熵值变化；T 表示反应温度。

表 3-6-23 为几种压敏胶共聚用单体聚合热与熵，它显示当空间阻碍效应、共轭及超共轭效应、氢链形成均使 $-\Delta H$ 变小。单体只要达到 $\Delta G < 0$ 的条件就有聚合的可能性。相同温度，聚合难易程度随各单体种类不同而不同[11]。

表 3-6-23   几种压敏胶共聚用单体聚合热与熵（25℃）

单 体	$-\Delta H$ /($\times 10^4$ J/mol)	$-\Delta S$ /($\times 10^2$ J/mol·K)	单 体	$-\Delta H$ /($\times 10^4$ J/mol)	$-\Delta S$ /($\times 10^2$ J/mol·K)
苯乙烯	7.0	1.0	丙烯腈	7.2	—
醋酸乙烯酯	9.0	1.1	丙烯酸	6.7	—
丙烯酸甲酯	7.8	—	丙烯酰胺	8.2	—
甲基丙烯酸甲酯	5.7	1.2			

（3）引发剂的影响   在聚合过程中，引发速率对总聚合速率起决定性影响（如有自加速作用则情况更复杂）。在一定温度下。可认为聚合速率主要决定于引发速率。一般在稳态条件下，在某一温度时，聚合速率与引发剂浓度平方根成正比，而分子量则与引发剂用量的平方根成反比。

（4）单体纯度与浓度的影响   单体纯度对聚合有很大影响，因为许多杂质的作用与调节剂、缓聚剂、阻聚剂差不多，对聚合速率与产物分子量均存在影响。而单体浓度对反应速率和分子量也有影响。一般单体浓度升高，反应速率与分子量升高，且前者与单体浓度的一次方成正比。

（5）阻聚剂与缓聚剂的影响   聚合体系中有阻聚剂的存在，就会出现反应诱导期，诱导期与链引发方式无关，仅随阻聚剂的量多而加长。缓聚剂是活性较小的阻聚剂时，通常不出现诱导期，但可使聚合速度放慢。同一化合物对甲单体可能是阻聚剂，对乙单体则可能是缓聚剂。如苯醌对醋酸乙烯酯、苯乙烯是阻聚剂，对甲基丙烯酸甲酯、丙烯腈等只是缓聚剂。

2. 共聚的一般原理

由两种（或三种）单体进行共聚合反应，可得到二元（或三元）共聚物。依二元共聚物中两种单体链节的序列排布大致可分为交替共聚物、无规共聚物、嵌段共聚物及接枝共聚物等。许多适宜于进行自由基聚合的单体常有可能进行共聚合反应，并产生性能得以改善的共聚物。从链段及其聚集态结构来看，均聚物由于具有单一的链节，其链段间结构较为规整紧密，而共聚物则因为两种链节交错或无序的排列，降低了链段间的规整性，具有类似于外加增塑剂的内增塑作用。另外通过共聚可以引入各种具有极性或非极性侧链基团和双链链节，因而共聚物的物理化学性质随之而变，并为进一步改进聚合物性能提供可能性。这就是聚丙烯酸酯压敏胶一般采用不同种类丙烯酸酯单体共聚以平衡其物理化学性原因之所在。

共聚反应一般包括链引发、链增长、链终止与链转移几个阶段，而链增长反应是单体转化为聚合物的主要步骤。一般地说共聚反应进行的难易取决于自由基和单体的活性、空间位阻以及单体极性影响等因素。如自由基在共轭现象发生、空间位阻大时，其稳定性强，活性小，共聚活性低。另外一个有供电子基的烯类单体更易于与有吸电子基的烯类单体共聚。为定量地说明共聚反应中单体及自由基的反应活性和极性因素对聚合速率及对竞聚率的影响，可用下面经验式表示。

$$r_1 = \frac{K_{11}}{K_{12}} = \frac{Q_1}{Q_2} e^{-e_1(e_1 - e_2)} \tag{3-6-10}$$

$$r_2 = \frac{K_{22}}{K_{21}} = \frac{Q_2}{Q_1} e^{-e_2(e_2 - e_1)} \tag{3-6-11}$$

式中，r_1、r_2 为单体 1 与单体 2 的竞聚率；K_{11}、K_{22} 为单体 1 与单体 2 的均聚反应速率常数；K_{12}、K_{21} 为单体 1 与单体 2 的共聚反应速率常数；Q_1、Q_2 为单体 1 与单体 2 的相对反应活性数值；e_1、e_2 为单体 1 与单体 2 的相对极性因素数值。

一般地说，不同单体对的 r_1、r_2 的数值存在三种情况，分别反映了三种共聚反应：

① $r_1 < 1$、$r_2 < 1$ 时，反映了两种单体进行共聚反应的能力都比均聚反应为大，故可得到无序共聚物。当 r_1 和 r_2 的值愈小且接近于 0 时，则表明交替共聚的倾向愈大，因此可得到接近交替的共聚物。

② 当 $r_1 > 1$、$r_2 > 1$ 时，情况刚好与上面相反，两种单体不易进行共聚，主要得到各自均聚物的混合物。r_1、r_2 值愈大时，愈是如此。如其中 r_1（或 r_2）接近于 1，则可得嵌段共聚物。

③ 当 $r_1 < 1$、$r_2 > 1$ 时，反映了单体 1 进行共聚反应的能力较大，单体 2 进行均聚反应的能力较大，故可得到均嵌共聚物。当 $r_1 > 1$、$r_2 < 1$ 时，情况正相反，但也得到均嵌共聚物。

从表 3-6-24 中各种丙烯酸酯单体的 Q、e 值来看：丙烯酸酯单体之间活性相差不大，共聚比较容易进行；且反应产物组成与单体共混物组成相差不大，比较均一，是理想的共聚合体系。而丙烯酸酯与苯乙烯及醋酸乙烯酯共聚则不同。共聚合产物不是很均一。前者反应开始时聚合物组成中苯乙烯含量较多，结束时则丙烯酸酯含量多。而醋酸乙烯酯则与苯乙烯相反，开始时聚合物组成中丙烯酸酯为多，结束时则醋酸乙烯酯组分多。自由基共聚反应虽然在特殊单体搭配及反应条件下可以得到嵌段等规整性较强的聚合物。但一般用作压敏胶的丙烯酸酯单体共聚产物常为无规共聚物，分子链排列随条件不同无序程度不同。如要改进压敏胶某些性能，需要提高聚合物规整性可以用其他反应类型实现[11]。

表 3-6-24　几种压敏胶单体的 Q 值及 e 值（60℃）

单　　体	e	Q	单体	e	Q
苯乙烯	−0.80	1.00	丙烯酸	0.77	0.15
醋酸乙烯酯	−0.22	0.026	甲基丙烯腈	0.81	1.12
甲基丙烯酸甲酯	0.40	0.74	丙烯腈	1.20	0.60
丙烯酸甲酯	0.60	0.42	丙烯酰胺	1.30	1.18

三、影响压敏胶性能的几个因素

1. 组成影响

聚丙烯酸酯压敏胶一般以 T_g 较低而柔软的丙烯酸长链烷基酯为主要成分，配以一定量 T_g 较高的丙烯酸酯或其他含乙烯基单体，加少量官能团单体经聚合反应而成。

综合众多专利文献，聚丙烯酸酯压敏胶的组分范围归纳如下：

(甲基)丙烯酸长链烷基酯(主单体)	50%～90%
(甲基)丙烯酸短链烷基酯或其他乙烯基单体	10%～40%
官能团单体	2%～20%

根据不同用途，聚丙烯酸酯压敏胶的 T_g 在 $-20～-60℃$ 之间。设计聚丙烯酸酯压敏胶配方时，常用 Fox 方程计算 T_g：

$$\frac{1}{T_g} = \frac{W_1}{T_{g1}} + \frac{W_2}{T_{g2}} + \cdots + \frac{W_n}{T_{gn}}$$ (3-6-12)

式中，W_1、W_2……W_n 分别为参加共聚反应的各种单体的质量分数；T_{g1}、T_{g2}……T_{gn} 分别为这些单体的均聚物的玻璃化温度（用热力学温度表示）。

聚丙烯酸酯压敏胶常用的单体的 T_g 在前文已有叙述，根据不同用途即可按 Fox 方程设计不同 T_g 的聚丙烯酸酯压敏胶配方。

T_g 较低的丙烯酸酯共聚物比较柔软，易于润湿黏附表面，并有足够的冷流动性，能较快地填补黏附表面的参差不齐，因而有较好的快黏力和剥离强度。4～17 碳原子的（甲基）丙烯酸烷基酯是常选的主要成分。丙烯酸酯聚合物的柔性及黏性随侧链的长度增加而增大，直到侧链大到一定程度，链开始形成结晶，从而导致聚合物变硬为止。侧链为直链的丙烯酸酯聚合物中，丙烯酸正辛酯（$T_g-80℃$）柔性最大。而甲基丙烯酸酯聚合物中，甲基丙烯酸正癸酯（$T_g-60℃$）柔性最大。实际上常用的是丙烯酸 2-乙基己基酯（$T_g-70℃$）和丙烯酸正丁酯（$T_g-55℃$）。但是，T_g 太低，聚合物太软，将影响其应用性能。为此，在配方中引入一定数量高 T_g 的短链（甲基）丙烯酸酯类或其他乙烯类单体，以改善丙烯酸酯共聚物的内聚性能。常用的这类改性单体有醋酸乙烯酯、（甲基）丙烯酸甲酯、（甲基）丙烯酸乙酯或丙烯酸等。

为了改善聚丙烯酸酯压敏胶的性能，常在配方中引入少量含有羧基、羟基、环氧基、氨基、酰氨基的不饱和单体。官能团单体的用量不多，但对胶黏性能有较大影响。例如，活性基团的存在可以改善对各种基材的黏附性能。羧基化的丙烯酸乳液具有良好的稳定性和自增稠性。更重要的是活性基团提供了可交联的位置，通过自身交联或外加交联剂可得到交联的聚合物，使内聚力大大提高。但是，交联也降低了聚合物链的自由度，使剥离强度、初黏性有所下降，只有保持低交联密度，才可保证聚合物的压敏性。

2. 结构影响

在丙烯酸酯聚合中引入带不同长度侧链的共聚单体与改变聚合物中侧链的支化度，两者的效果是不相同的。侧链较长的聚合物，其侧链存在结晶的趋势，但聚合阻碍了结晶的形成，侧链在聚合物中起内增塑作用。共聚单体在聚合物中的分布是相当重要的，通过控制单体的加入顺序可改变其分布。如果单体在反应初期加入，它在聚合物中的分布取决于单体的竞聚率。部分单体在聚合反应进行后加入，这种单体的导入会滞后。通常丙烯酸酯压敏性聚合物是无规共聚物，单体分布的细微改变不会显著改变聚合物的性能。

Rohm and Hass 公司首先在专利中提出用丙烯酸酯的接枝共聚物代替普通的无规共聚物作压敏胶黏剂[12]。以后又出现了这方面的许多专利文献[13]。将 T_g 在 $0℃$ 以上的硬单体，在有压敏黏合性能的 T_g 较低的丙烯酸酯共聚物存在下，进行自由基聚合，可以在原丙烯酸酯共聚物分子主链上引入具有高 T_g 的硬质分支链段。这样制成的接枝共聚物不仅保持了原共聚物良好的初黏性能，而且大大增加了持黏力。用接枝共聚法改进溶液型丙烯酸酯压敏的实例见表 3-6-25。

表 3-6-25 两步聚合法制得的接枝共聚物改善丙烯酯酯压敏胶黏性能

序号	单体配方[①]				共聚方法[②]	压敏胶黏性能	
	软单体 I		硬单体 II			180°剥离强度/(N/m)	40℃持黏力/min[③]
1	EA	47.6	St	30	A	417	>1000
	2-EHA	47.6	AA	5.0			
	AA	4.8			B	284	46
2	2-EHA	42.6	MMA	50	A	412	>1000
	BA	42.6	AA	3.0			
	VAc	8.5					
	AA	2.1					
	2-HEA	4.2			C	304	65
3	OA	93.5	MMA	30	A	436	>1000
	AA	6.5	AA	7.0	B	24.5	>1000
4	OA	93.5	VAc	50	A	451	>1000
	AA	6.5			B	402	35

① 为质量份。

② A法：先将单体 I 溶液共聚合，然后加入单体 II 再进行接枝共聚合（两步聚合法）。B法：将单体 I 和单体 II 混合均匀，然后进行溶液共聚合（一步无规共聚法）。C法：分别将单体 I 和单体 II 进行溶液共聚合，然后混合均匀。

③ 被粘物：不锈钢，测试条件 25mm×25mm，1.0kg。

从表 3-6-25 可见，虽然共聚单体的配比相同，用接枝共聚合法（两步共聚法）（A 法）得到的接枝共聚物，要比一步聚合法（B 法）得到的无规共聚物或分别用一步法聚合(C 法)得到的两个无规共聚物的混合物有更好的压敏胶黏性能。

T_g 不同的两种共聚物接枝后提高了两者的相溶性，这可能是接枝共聚物比共混物性能好的主要原因。如果在共聚反应时产生相分离，就会影响接枝并生成不透明产物。为了得到透明的、性能优良的接枝共聚物，软、硬两种共聚物的组成配比必须很好地选择[15]。据报道，以 MMA 为硬单体的主成分比用其他硬单体更易得到好的接枝共聚物[16]。提高接枝效率、增加支化密度可使两种聚合物的相溶性进一步提高。众所周知，接枝聚合开始于自由基向主链的转移，由于这类自由基转移的活化能较高，反应在较高的温度下进行更有利。实际上，这种接枝共聚反应在无溶剂和高温情况下进行，其接枝效率和支化密度常常更高些，所得共聚物的压敏胶黏性能也更好些。因此，这种接枝共聚合的方法对于热熔型聚丙烯酸酯压敏胶的开发更有意义[17]。

除接枝共聚物外，将低 T_g 有黏性的丙烯酸酯聚合物链段与高 T_g 烯类聚合物的硬链段连接起来形成嵌段共聚物并制成热熔压敏胶，其性能也比相应的无规共聚物压敏胶好[18]。

分子链的立体规整性对丙烯酸酯共聚物压敏胶性能的影响至今尚未详细研究过。已经知道，分子链具有立体规整性的聚合物其玻璃化温度一般要比相应的无规立构聚合物低。T_g 的不同必然引起压敏胶黏剂性能的不同。例如表 3-6-26 的数据表明，无规立构的聚甲基丙

表 3-6-26 两种分子链立体规整性不同的聚甲基丙烯酸正丁酯的压敏胶黏性能

聚合物	分子链立体规整性	聚合方法	T_g/℃	$\overline{M}_w$	触黏法初黏力 /N	180°剥离强度 /(N/m)	破坏状态	表观黏度 /Pa·s
A	无规立构	自由基聚合 (AIBN/苯)	19	$4.4×10^5$	0	0	—	—
B	等规立构	阴离子聚合 (n-BuLi/甲苯)	-24	$4.5×10^9$	0.29~0.59	78.4~147	界面破坏	>10[7]

烯酸正丁酯常温下没有任何压敏胶黏性能，但分子量相同的等规立构的聚甲基丙烯酸正丁酯却因 T_g 较低而在常温下出现了一定的压敏胶黏性能。分子链的立体规整性还会影响聚合物的表面张力，从而也会对压敏胶黏性能产生一定影响[19]。

3. 分子量及分子量分布的影响

（1）初黏力、剥离强度、持黏力与分子量的关系　丙烯酸酯共聚物分子量大小对压敏胶黏性能影响较大。低分子量聚合物具有较好的初黏性，但其力学性能差，若不进行交联，不适合用作压敏胶黏剂。一般认为聚合物的聚合度至少要达到 300 以上，其物理性能才接近可应用水平。高分子量聚合物耐蠕变性好，有较高的内聚力，但初黏性差，聚丙烯酸酯压敏胶性能随其分子量变化的定性关系如图 3-6-1 所示[20]。随丙烯酸酯聚合物分子量的增大，初黏力和剥离强度增大，直到达到最大值。极值出现在较低分子量处，分子量继续增大时初黏力和剥离强度逐渐下降并趋于平缓。一种好的压敏胶在过渡区域后，随分子量增大，初黏力变化应当微小。耐蠕变性随分子量的增大而增大，在相当高的分子量处急剧下降。

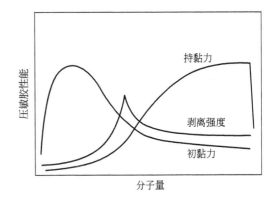

图 3-6-1　压敏胶的性能与分子量的定性关系示意图

（2）分子量对压敏胶性能的影响　Satas 研究了分子量对聚丙烯酸酯压敏胶性能的影响[21]，其所制备的丙烯酸酯聚合物系列 A～G 的单体组成是相同的，采用不同的聚合速度导致分子量不同。数均分子量用渗透计法测定，特性黏度采用常规测定。初黏性采用 Polyken 探针初黏仪测定。抗蠕变性测定是在胶黏合处施加剪切力，观察胶接完全破坏所需要的时间。开裂温度是 180°剥离强度测定时，由界面破坏到内聚破坏转变时的温度。试验结果列于表 3-6-27。随着分子量的增大，胶的内聚强度增大，因而胶的耐蠕变性增强。

表 3-6-27　分子量对压敏胶性能的影响

聚合物	数均分子量	探针初黏力/gf[①]			蠕变性/h		开裂温度/℃
		10g	100g	500g	240℃	71℃	
A	1 500 000	163	493	545	＞200	16	＞93
B	770 000	133	513	557	120	2	88
C	251 000	180	537	637	10	0.2	37
D	250 000	157	550	670	9	0.2	29
E	353 000	143	453	473	1.8	0.04	20
F	276 000	170	310	373	1.3	0.03	21
G	360 000	260	563	593	1.2	0.03	＜20

① 接触时间为 1s，分离速度为 1cm/s，温度为 23℃。1gf=9.8×10⁻³N。

图 3-6-2 显示了剥离强度对剥离速度的依赖关系，图 3-6-3 则表明了不同分子量聚合物（表 3-6-23）的剥离强度对温度的依赖关系。实线表示界面破坏，虚线表示内聚破坏，内聚破坏时，剥离强度测试后试验用钢板上有一层可见的残胶。由图 3-6-2 可知，分子量对压敏胶的性能有重要影响。在测试速度范围内，高分子量胶 A 与 B 为界面破坏；中分子量胶 C

和 D 则为界面破坏到内聚破坏的过渡区；低分子量胶 E、F 和 G 在整个剥离速度范围内，都表现为内聚破坏。在更高的剥离速度下测试时，E、F 和 G 也向界面破坏转化。内聚破坏向界面破坏的转变是模量和内聚强度随应力速率增大而增大的结果，剥离速率大时，内聚强度将超过黏合强度，因而破坏点发生转变。由图 3-6-3 可知，在测试温度范围内，高分子量胶 A 和 B 为界面破坏；中分子量胶 C 和 D 在 40℃ 以下为界面破坏；低分子量胶 E 和 F 在低温下存在内聚破坏到界面破坏的转变。

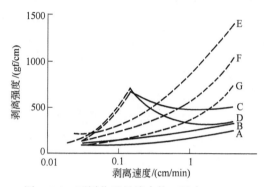

图 3-6-2　不同分子量聚合物（见表 3-6-27）
的剥离强度与剥离速度的关系

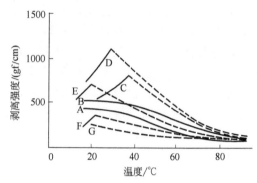

图 3-6-3　不同分子量聚合物（见表 3-6-27）
的剥离强度与温度的关系

（3）分子量分布对压敏胶性能的影响　分子量分布对聚丙烯酸酯压敏胶性能的影响较难评估。初黏力和低速剥离强度对低分子量成分比较敏感，因而可以通过添加低分子量聚合物来提高初黏力和低速剥离强度。但加入低分子量聚合物后，内聚力下降。

聚丙烯酸酯压敏胶黏剂的分子量分布比较宽，其中含有相当多的低分子量成分，图 3-6-4 是一典型的分子量分布图。某些情况下，将两种不同分子量聚合物进行共混可提高压敏胶性能[32]。图 3-6-5 为共混物的分子量分布图。

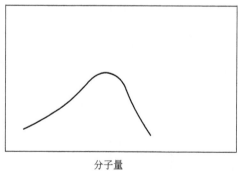

图 3-6-4　一种典型聚丙烯酸酯压敏胶黏剂
的分子量分布（示意图）

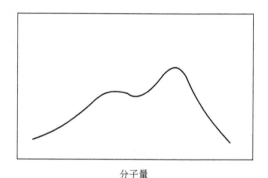

图 3-6-5　两种聚丙烯酸酯压敏胶黏剂的典型
混合物的分子量分布（示意图）

赵临五等研制的聚丙烯酯酯系列乳液压敏胶中：P 型胶分子量较大，持黏力较好；A 型胶分子量较小，剥离强度较高。用 A 型胶和 P 型胶以适当比例混合，得到分子量分布更宽的混合乳胶，改变内聚力和剥离强度的平衡点，以满足不同应用要求。也可用黏度或含固量不同的同系列乳胶相混，改善涂布性能。不同比例 A 型和 P 型胶混合结果见表 3-6-28[23]。

表 3-6-28　不同比例 P 型和 A 型乳液压敏胶混合后的性能[①]

P 胶/A 胶质量比	100/0	70/30	50/50	30/70	0/100
180°剥离强度[①]/(gf[③]/25mm)	600	650	740	770	1300[②]
持黏力 40℃（1kgf/25m×25m)/min(位移/mm)	1500(0)	60(0) 120(0.5)	60(0) 120(1)	60(0.5) 120 掉	40 掉

① 干胶层厚 20～25μ。
② 胶层破坏。
③ 1gf=9.8×10^{-3}N。

4. 交联的影响

交联可改善聚丙烯酸酯压敏胶的耐蠕变和耐剪切外力的性能。即使交联密度低时，也能降低聚合物分子的运动，因而提高了压敏胶的耐蠕变性能，同时压敏胶的初黏力下降。大多数情况下交联对压敏胶的剥离强度的影响是不利的；有时也能观察到由于交联使剥离强度上升的情况。因而控制聚丙烯酸酯的交联密度对压敏胶的性能有重要影响，交联密度必须低，使压敏胶的初黏力和剥离强度较好，同时聚合物又有较好的内聚力。交联密度太高，影响压敏胶的初黏性和剥离强度，甚至产生没有压敏黏性的产品。

（1）化学交联的影响　聚丙烯酸酯压敏胶的交联是在聚合过程中将带活性官能基团的单体引入到聚合物链中，通过活性基团的反应起交联作用。重要的是如何保持低的交联密度，并使制得的各批聚合物具有相同的性能。交联最好在长而柔软的链中进行，可以保持链的柔性及较高的应力松弛率，链的柔性下降越小，对压敏胶性能影响越小。

化学交联有下列两种途径：①在聚合物链上引入反应性基团，然后加入一种能与这些基团反应的带多个反应性基团的添加剂（交联剂）。②在聚合物链上引入多个能相互作用的反应点，为分子之间的交联提供场所。

聚合物可以在聚合过程中或聚合后，通过加热或老化进行交联，交联基团的活性可以通过改变交联基团的类型、含量及运动自由度进行调节。

常用于交联的反应性基团有：羧基、羟基、环氧基、酰氨基、烯丙基双键及异氰酸酯基。

① 羧基　羧基是最常用的反应性基团。它除了与带多个反应性基团的添加剂反应外，还能与其他基团反应。含有羧基的聚合物能进行下列反应：

a. 形成羧基金属盐。二价与多价金属离子能与羧基反应。单价金属离子形成羧酸盐，同时与邻近的羧基发生作用[24]。通过锌进行的离子交联如下图所示：

$$—CH_2—CH—CH_2—CH—CH—CH_2—CH_2—CH— \quad\quad (3\text{-}6\text{-}13)$$

$$
\begin{array}{cccc}
CO_2R & CO_2 & CO_2R & CO_2R \\
 & Zn & & \\
 & CO_2 & & \\
\end{array}
$$

$$—CH_2—CH—CH_2—CH—CH_2—CH—$$

$$CO_2R \quad\quad CO_2R$$

b. 形成多胺盐或酰胺。带多个反应性基团的胺是相当有效的交联剂：

$$P—\overset{O}{\overset{\|}{C}}—OH + H_2N—R—NH_2 \longrightarrow P—\overset{O}{\overset{\|}{C}}—NH—R—NH—\overset{O}{\overset{\|}{C}}—P \quad\quad (3\text{-}6\text{-}14)$$

c. 与多环氧化合物反应生成酯：

$$P-\overset{\overset{\text{O}}{\|}}{C}-OH + H_2C-CH-R-CH-CH_2 \longrightarrow P-\overset{\overset{\text{O}}{\|}}{C}-O-CH_2-\underset{\underset{OH}{|}}{CH}-R-\underset{\underset{OH}{|}}{CH}-CH_2-O-\overset{\overset{\text{O}}{\|}}{C}-P$$

$$\text{(3-6-15)}$$

d. 与多元醇反应生成酯，酯化反应是慢反应，需要高温除去水：

$$P-\overset{\overset{\text{O}}{\|}}{C}-OH + HO-R-OH \longrightarrow P-\overset{\overset{\text{O}}{\|}}{C}-O-R-O-\overset{\overset{\text{O}}{\|}}{C}-P \qquad \text{(3-6-16)}$$

e. 与聚酰亚胺反生成酯：

$$P-\overset{\overset{\text{O}}{\|}}{C}-OH + R'-\left[\overset{\overset{R''\quad R'''}{|\quad\;\;|}}{\underset{\underset{N}{\underset{|}{H}}}{C-C}}-R''''M\right]_n \longrightarrow$$

$$\text{(3-6-17)}$$

f. 与碳化二亚胺或聚碳化二亚胺反应。

g. 与多异氰酸酯反应生成酯。

h. 形成酸酐。

i. 经辐射脱除羧基形成自由基，然后通过聚合或重新结合进行交联。

② 羟基　羟基也是常用于交联目的的反应性基团。羟基在高温下能与环氧基、脲、甲醛的缩合物及羧基反应[25]。将乙二醛加入到胶黏剂乳液内，在干胶膜中与含羟基的聚合物反应形成缩醛。

③ 环氧基团　环氧基团能与羧酸、酸酐及胺反应。含缩水甘油基团的单体，如甲基丙烯酸缩水甘油酯，可用作交联剂。在乳液聚合过程中，环氧基团大部分保持稳定，只有7%环氧化物转变为二羟基化合物，后者与羧基有一定反应活性[26]。在含羧基的单体中，同时引入一种含环氧基团或含羟基的单体，能降低交联反应的温度，当甲基丙烯酸氨基酯（如甲基丙烯酸二甲氨基乙酯）存在时，环氧基会与之发生反应。一种室温自交联型压敏胶黏剂的制备方法是，在聚合物中引入五份丙烯酸及一份甲基丙烯酸甘油酯[27]。

含丙烯酸缩水甘油酯或甲基丙烯酸缩水甘油酯的聚丙烯酸酯胶黏剂在60~100℃下，经氧化锌催化交联[28]；在100℃下交联时可不经催化，但必须有羧基存在[29]。

④ 酰氨基　丙烯酰胺及其衍生物作为交联单体常于制备加热时进行交联的自交联型乳液。这类单体是水溶性的且反应活性高，因此不容易进行共聚合，趋向于形成均聚物。羟甲基丙烯酰胺及甲氧基甲基丙烯酰胺的聚合活性小，因而容易进行共聚合。这两种单体是水溶性的，它们与丙烯酰胺有相似的交联效果。羟甲基丙烯酰胺是含有羟基或羧基聚合物的有效交联剂。异丁氧基甲基丙烯酰胺更容易进行聚合，但其交联需要较高的温度。

酰氨基能与甲醛、脲、三聚氰胺的缩合产物反应。醛对含酰氨基聚合物的交联如下所示：

$$
\begin{array}{c}
—CH_2—CH—CH_2—CH—CH_2—CH—CH_2—CH—CH_2— \\
\quad\ \ |\qquad\quad |\qquad\qquad |\qquad\qquad | \\
\quad\ \ CO_2R\quad\ CONH\quad\ CO_2R\qquad CO_2R \\
\qquad\qquad\qquad\ |\\
\qquad\qquad\quad CH_2—NHCO \\
—CH—CH_2—CH—CH_2—CH—CH_2—CH— \\
\ \ |\qquad\qquad |\qquad\qquad |\qquad\qquad | \\
\ \ CO_2R\qquad CO_2R\qquad CO_2R\qquad\ CO_2R
\end{array}
\qquad (3\text{-}6\text{-}18)
$$

⑤ 烯丙基双键　大多数弹性体（包括完全饱和的弹性体）可用过氧化物进行交联。有机过氧化物的交联效率较高，容易导致交联过度，这对压敏胶黏剂是不利的。溶液或乳液聚合物胶黏剂涂层经过氧化物交联后，聚丙烯酸酯胶黏剂的耐溶剂性能得到改善[30]。烯丙基双键能够被过氧化物催化剂交联[31]。对于过氧化物，尤其是过氧化物与各种活性助剂的应用，Mendlsohn 作了评述[32]。

⑥ 异氰酸酯基　二异氰酸酯是溶剂型胶黏剂高效的交联剂，它能与含活泼氢的化合物反应。封闭式二异氰酸酯还能用于乳液聚合物。甲基丙烯酸异氰酸根合乙基酯是有用的交联剂。异丁烯酸基团能进行自由基聚合反应，从而在聚合物中导入异氰酸酯基[33]。

⑦ 其他反应性基团　在聚合物中引入烷氧甲硅烷基的单体，如 3-（三甲氧甲硅烷基）-丙基-甲基丙烯酸酯，获得室温稳定而加热交联的胶黏剂[34]。

在聚合物中引入二乙烯基单体是制备交联型聚合物众所周知的方法。只要这种多官能团单体的浓度低，就可能获得低交联密度。二乙烯基苯、双甲基丙烯酸乙二醇酯及类似的单体常用于交联的目的。据报道双甲基丙烯酸乙二醇酯能改善聚丙烯酸酯压敏胶的拉伸强度[35]，用于聚丙烯酸酯压敏胶黏剂的交联，能提高胶的内聚强度及耐水性[36~38]。在溶液聚合物中，双甲基丙烯酸聚乙二醇酯和丙烯酸的影响见表 3-6-29[37]。

表 3-6-29　双甲基丙烯酸聚乙二醇酯和丙烯酸对胶黏剂性能的影响

项　目			配方 1	配方 2	配方 3	配方 4	配方 5
配方组成（摩尔分数）/%	丙烯酸-2-乙基己酯		94.8	89.9	94.8	81.0	95.5
	甲基丙烯酸		5.2	10.1	5.2	4.8	—
	丙烯酸		—	—	—	—	5.0
	丙烯酸甲酯		—	—	—	14.2	—
	双甲基丙烯酸聚乙二醇酯		—	—	0.02	0.02	0.01
物理性能	剥离强度/(gf/cm)		130	40	70	86	130
	拉伸强度/(gf/cm)		1800	3400	3300	4500	6800
	耐溶剂性/s	丙酮	450	92	1000	>1000	>1000
		甲苯	46	37	56	54	>100
		异丙醇	480	195	1800	>1800	>1800

注：1gf/cm=0.98N/m。

（2）物理交联的影响　引入能形成二级键合作用的极性基团，可影响聚合物的内聚强度，相互作用可分为：氢键、偶极-偶极作用及偶极-诱导偶极作用。具有此类键合作用的聚合物是可溶性的，随着温度的上升，键合强度急剧下降，这是由于原子间的距离增大的结果。

很多含有极性基团的烯类单体，通过其极性基团引入二级键，可用于改善聚丙烯酸酯胶黏剂的性能。表 3-6-30 列举了一些用于聚丙烯酸酯压敏胶的极性基团。

偶极-偶极作用是两个偶极之间的相互作用，键能与偶极的强度相等，它随两个原子中心之间距离的六次方的增大而减小，力作用的范围为 0.40～0.50nm。

表 3-6-30 用于聚丙烯酸酯压敏胶黏剂的极性基团

基团（正极在左端）	偶极矩/D[①]	基团（正极在左端）	偶极矩/D[①]
H—F	1.9	>C—F	1.5
H—Cl	1.1	>C=NH	1.9
H—O	1.6	—C≡N	3.8
H—S	0.9	>C—C< (O)	0.9
H—N	1.6		
>C—Cl	1.7	>C—N=O	1.9
H—C<	0.4		
>C=O	2.5	>C=S	3.0

① 德拜，偶极矩的常用单位。

偶极-诱导偶极键在强度偶极一端与另一分子中偶极化部分之间产生，二级偶极是诱导产生的，其键与两个永久偶极子之间的键相似。下面列举了一些易极化基团：

氢键在一个偶极子的负极与另一个偶极子带正电的氢原子之间产生，如下所示：

氢键的作用范围在 0.26～0.30nm 之间，键能相当强。

丙烯腈具有很强的偶极子—CN，能形成氢键或与它的偶极子发生作用，将丙烯腈作为共聚单体引入，即使很少量也能影响丙烯酸酯聚合物的压敏性能。同时它也是二级键重要性的典范。其他极性基团的作用较之小得多。丙烯腈的影响见表 3-6-31[8]。

表 3-6-31 丙烯腈单体对压敏胶黏剂性能的影响

聚合物[①]	T_g/℃	探针初黏力[②]/gf			耐蠕变性/h		
		10g	100g	500g	21℃	43℃	66℃
H	−60	113	400	447	0.9	0.04	0.01
I	−60	102	433	473	1.2	0.07	0.02
J	−55	133	405	440	2.0	0.06	0.01
K	—	103	432	492	48	0.3	0.03
L	−40	57	337	338	48	48	0.5

① 聚合物按丙烯腈含量递增的顺序排列，按质量分数，聚合物 L 含 10% 丙烯腈。
② 探针初黏力用 Polyken 探针初黏力测试仪测定，接触时间为 1s，分离速度为 1cm/s，温度 83℃。

随着丙烯腈含量的增加，玻璃化温度逐渐升高，耐蠕变性增大，初黏力开始保持稳定；随含量升高（如聚合物 L 含 10% 丙烯腈），其初黏力有所下降。

剥离强度与剥离速度及温度的函数关系见图 3-6-6 及图 3-6-7。图 3-6-6 中的 H、I 及 J，可观察到从内聚破坏到界面破坏的转变。在界面破坏范围内，随着丙烯腈含量的增加，剥离强度降低。胶层屈服性的下降在一定区域内分散了应力，这是所观察到剥离强度下降的根源。

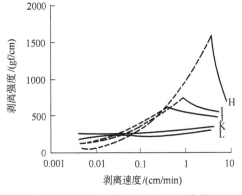

图 3-6-6　含不同量丙烯腈的聚合物
（见表 3-6-31）的剥离强度与剥离速度的关系

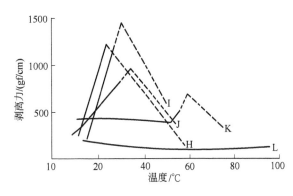

图 3-6-7　含不同量丙烯腈的聚合物（见表 3-6-31）
的剥离强度与温度的关系

用透度计测定的这些聚合物的屈服数据表明，由于氢键或偶极之间的相互作用而导致丙烯腈发硬（图 3-6-8），通过引入可聚合性酸（丙烯酸及甲基丙烯酸）以及可聚合性甘醇单酯，可获得高剪切强度的聚丙烯酸酯压敏胶黏剂，剪切强度的提高归因于二级键的形成。

5. 核-壳结构的影响

制备核-壳结构的丙烯酸酯共聚物是提高压敏胶黏性能常用的方法，可以用 T_g 低的单体共聚制成聚合物的核，再用接枝共聚法将 T_g 高的硬单体引入成为聚合物的壳层。或是反之，用 T_g 高的单体共聚制成聚合物的核，再将 T_g 低的软单体接枝共聚引入聚合物的壳层。也可以通过接枝共聚制成 T_g 为低-高-低的三层聚合物结构。在聚丙烯酸酯乳液压敏胶制备中采用分步乳液聚合法，将部分混合单体先引发聚合形成种子聚合物为核，然后再滴加组成与种子单体不同的混合单体或单体预乳液，进行接枝共聚反应引入壳层，即可制得性能优良的核-壳结构聚丙烯酸酯乳液压敏胶。有关专利文献列于表3-6-32。

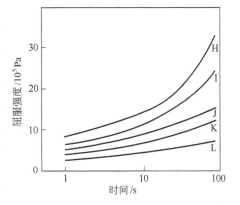

图 3-6-8　表 3-6-31 中不同聚合物透度计
测定的屈服强度与温度的关系

6. 增黏树脂及其他添加剂的影响

通常聚丙烯酸酯压敏胶黏剂不必加入增黏树脂及其他添加剂，就具有优良的压敏胶黏性能。有时，为了改善对难粘材料的胶黏性能或降低成本、着色等其他目的也可以加入各种添加剂。

加入增黏树脂能改善聚丙烯酸酯压敏胶的初黏力和 180°剥离强度，但同时会损害内聚力。添加 Celloyn21（大力士公司的氢化松香酯类）的试验结果见表 3-6-33[22]。

表 3-6-32　核-壳结构的聚丙烯酸酯乳液压敏胶性能范例[6]

序号	核-壳多层结构组成及特点		压敏黏合性能[1]	性能改进要点	参考文献
	核层(特点)	壳层(特点)			
1	St　　25 T_g　　97℃ (硬)	HA　　65 EA　　30 AA　　5 T_g　　−52℃ (软)	—	在保持黏合力的情况下提高持黏力	公开特许公报昭 57—102975(1982)
2	2-EHA　50 EA　　45 AA　　5 T_g　−45℃ (软)	壳层与核层相同,中间层 St　　　50 T_g　　97℃ (硬)	180°剥离强度:92N/m(417) 持黏力:80℃　500min(1.0) 40℃　>1000min(700)	在保持黏合力的情况下提高持黏力	公开特许公报昭 57—102976(1982)
3	EA　　10 VAc　　5 GMA　0.5 T_g　−5℃ (较硬)	BA　　84 MMA　0.5 T_g　−55℃ (软)	基材 PE 初黏力(球号数): 　20℃　13(9) 　−10℃　3(0) 180°剥离强度: 　20℃　120N/m(145) 　−10℃　129N/m(13.7) 持黏力(20℃): 　>300min(25)	全面提高了难粘材料为基材的压敏黏合性能	公开特许公报昭 58—145773(1983)
4	2-EHA　88 VAc　　10 AA　　30 (亲水性)	St　　31.1 丁二烯　55.6 2-EHA　11.1 AA　　2.2 (疏水性)	—	提高了耐热性、耐水性和耐辐射性能	公开特许公报昭 59—04610(1984)
5	BA　　50 EA　　20 AA　　30 (亲水性)	2-EHA　470 BA　　300 VAc　　200 AA　　30 (疏水性)	基材 PE 初黏力(J. Dow 法):14(9) 180°剥离强度:470N/m(137)	提高了对难粘材料的黏合性能	公开特许公报昭 60—53552(1985)
6	VAE 乳液 185	2-EHA　200 BA　　186 AA　　12 N-MAM　2	基材 PE 180°剥离强度:196N/m(51)	提高了对难粘材料的黏合性能	公开特许公报昭 57—16082(1982)

① 括号中为配方相同,但用一般乳液聚合方法制得的乳液压敏胶的相应数据,作对比用。

表 3-6-33　增黏树脂对压敏胶性能影响[1]

增黏树脂用量 (质量分数)/%	180°剥离强度 /(gf/cm)[3]	持黏力 (1kgf/2.5cm×2.5cm)/h	初黏力[2]/g		
			10g	100g	500g
0	275	32	117	530	515
5	319	25	183	540	548
10	341	11	200	540	555
20	352	5	322	548	555
30	462	2.7	315	570	622

① 测试温度 23℃。

② Polyken 探针初黏测试仪,接触时间 1s,分离速度 1cm/s。

③ 1gf/cm=0.98N/m。

　　赵临五等采用中国林科院林化所制造的水乳型松香甘油酯增黏剂,添加到聚丙烯酸酯乳液压敏胶中,试验结果见表 3-6-34,剥离强度有所增加,初黏力和持黏力无明显变化[23]。

表 3-6-34　水乳型松香酯类增黏剂用量对压敏胶性能影响

增黏剂用量/%	0	3	6	9	12
180°剥离强度/(gf[①]/25mm)	700	700	730	810	870
持黏力40℃(1kg)/min(位移/mm)	420(0)	420(0)	420(0)	1000(0)	580(0)

① 1gf=9.8×10⁻³N。

加入增塑剂与加入增黏树脂对压敏胶的影响相似，表 3-6-35 是在聚丙烯酸酯压敏胶中加入一种磷酸酯增塑剂的结果[42]。

表 3-6-35　增塑剂对压敏胶黏剂性能的影响

增塑剂用量/%	180°剥离强度/(gf/cm)[①]	初黏力		增塑剂用量/%	180°剥离强度/(gf/cm)[①]	初黏力	
		定性	滚球/cm			定性	滚球/cm
0	429	良好	3.0	10	363	优良	2.8
4	407	良好	3.6				

① 1gf/cm=0.98N/m。

无机颜料、填料可以加入聚丙烯酸酯压敏胶中，以降低成本。某些填料的影响见表 3-6-36[43]。

表 3-6-36　填料对聚丙烯酸酯乳液压敏胶 180°剥离强度的影响

180°剥离强度/(gf/cm)[①]　　100份乳胶中加入填料的份数　　填料	10	20	30	40	50	100	150
水分散型黏土(70%分散液)	380	380	413	436	436	447	0
碳酸钙	402	413	402	402	413	424	405~525
氧化锌(50%分散液)	405	447	424	447	559	469	—
硅胶 AM(30%分散液)	536	447~559	380	—	—	—	—
硅胶 HS(40%分散液)	458	536					

① 1gf/cm=0.98N/m。

非活性填料如碳酸钙和黏土可以大量应用，甚至可以加到胶黏剂重量的 100% 以上，对压敏胶的性能影响并不明显。但氧化锌和胶体二氧化硅等活性填料只能少量应用。加入 2% 左右的由二氧化钛、氧化铁、黄铅等调配而成的浅棕黄色颜料，制成溶液型聚丙烯酸酯压敏胶，涂布于透明的 BOPP 薄膜基材上，可以制成类似牛皮纸颜色的 BOPP 包装胶黏带[44]。

加入磷酸酯和氧化锑等阻燃剂可使聚丙烯酸酯压敏胶具有阻燃性能。与相容性不太好的合成橡胶复配，可以制备特别适合在较广温度范围内具有阻尼振荡性能的聚丙烯酸酯压敏胶。总之，为了各种目的，在聚丙烯酸酯压敏胶配方中还可以加入其他各种各样的添加剂。

第三节　溶剂型聚丙烯酸酯压敏胶

早期聚丙烯酸酯压敏胶以溶剂型为主，可通过溶液聚合手段获得。一般溶液聚合体系包含溶剂、单体、引发剂和改性树脂等组分。溶液聚合与乳液聚合相比较，由于溶剂存在，自由基向溶剂链转移，使聚合产物分子量比较低；溶剂化作用使单体共聚反应速率慢；另外随着共聚物分子量增长，使得黏度直线上升，控制不好易使反应热传递不畅造成暴聚。由于溶液聚合的这些特点，要求在制备溶剂型聚丙烯酸酯压敏胶时，有针对性地采取措施。

一、配方设计

1. 单体配比

单体配比的设计首先根据 Fox 公式使共聚物的玻璃化温度 T_g 在所需要的数值范围内。对于要求初黏力小的或再剥离型的压敏胶，可将 T_g 设计得高一些；对于要求初黏力大的或低温下使用的压敏胶，T_g 可稍低些。为此，在大多数聚丙烯酸酯压敏胶配方中，主单体即软单体一般总占 70% 以上，丙烯酸 2-乙基己酯（2-EHA）和丙烯酸正丁酯（BA）是最常用的两种软单体，其余不到 30% 的硬单体和功能单体对压敏胶的性能也起很重要的作用。其中功能单体有助于进行交联改性。

2. 引发剂

大部分聚丙烯酸酯溶剂压敏胶所用引发剂为过氧化二苯甲酰（BPO）与偶氮二异丁腈（AIBN）。引发剂用量能直接影响产品分子量，一般分子量和引发剂用量的平方根成反比，如 MMA 用过氧化二苯甲酰及偶氮二异丁腈引发，分子量与引发剂浓度关系见表 3-6-37[6]。

表 3-6-37　不同引发剂浓度时聚合物的分子量

聚合物分子量 ＼ 引发剂浓度 ＼ 引发剂	0.02%	0.05%	0.1%	0.5%	1%
过氧化二苯甲酰	2.4×10^6	1.71×10^6	1.45×10^6	—	7.4×10^5
偶氮二异丁腈	1.46×10^6	—	1.26×10^6	7.05×10^5	5.65×10^5

合成高聚物时一定要控制好引发剂的用量，因为引发剂不但影响聚合速率、产物的分子量，而且在生产过程中还牵涉到热量的排除问题。一般引发剂用量为单体总质量的 0.2%～0.5%。

3. 溶剂选择

表 3-6-38 列出了几种常用的（甲基）丙烯酸酯单体聚合的各种链转移常数值。其中，C_M、C_I、C_S 和 C_P 分别为单体、引发剂、溶剂和聚合物链转移常数[11]。

表 3-6-38　几种（甲基）丙烯酸酯单体的链转移常数

单体	$C_M \times 10^4$	$C_S \times 10^{-4}$					C_I (BPO)	C_P
		苯	乙酸乙酯	甲苯	氯仿	异丙苯		
MA	0.16 (60℃)	0.326 (80℃)		1.775 (80℃)	2.144 (80℃)	6.966 (80℃)	0.0246 (60℃)	0.5 (60℃)
EA	—	0.27 (60℃)	0.69 (60℃)	1.84 (70℃)	1.57 (70℃)	—	—	—
MMA	0.25 (80℃)	0.075 (80℃)	0.24 (80℃)	0.525 (80℃)	1.9 (80℃)	1.9 (80℃)	约 0(60℃)	2.48 (80℃)
EMA	0.456 (80℃)	0.081 (80℃)	0.919 (80℃)	0.436 (80℃)	0.703 (80℃)	2.067 (80℃)	—	—
BMA	0.14 (60℃)	0.158 (80℃)	—	—	—	—	—	—

从表 3-6-38 得知，C_M 与 C_S 值比 C_I 与 C_P 大得多。可见在聚丙烯酸酯中，单体与溶剂对链转移影响较大。其中压敏胶单体配比一旦选定，C_M 则不可改变。而溶剂则不同，有很大选择余地。一般选用自由基链转移常数不大，沸点在 70~100℃ 左右，价廉而毒性小的有机溶剂。最常用的是乙酸乙酯及甲苯。苯虽然比甲苯链转移常数小，但其毒性更大，故一般不宜使用。国外出于环保及对保护操作工人身体考虑只用乙酸乙酯。

二、聚合条件

1. 反应温度

聚合反应温度一般采用反应混合物的回流温度。这样可借助溶剂的回流而带走部分反应热，反应也比较容易控制。在用乙酸乙酯或乙酸乙酯和甲苯的混合物作溶剂时，反应混合物的回流温度一般在 75~85℃ 之间。AIBN 的分解温度比 BPO 的分解温度稍低些，因此，在用 AIBN 作引发剂时反应温度比用 BPO 作引发剂时低一些。由于聚合反应在初期比较激烈，为了便于控制，初期反应温度可稍低一些。聚合反应在后期比较缓慢，为了提高单体的转化率和缩短反应时间，反应温度可适当提高些。

2. 反应时间

反应时间取决于反应温度以及引发剂的种类和用量，原则上在保证单体有较高的转化率（96% 以上）的前提下尽可能缩短反应时间，以提高设备的利用率和生产效率。但是，反应温度在 80℃ 左右和引发剂用量为 0.3%~0.5% 的一般条件下，聚合反应时间仍需要 6~8h。

3. 引发剂加入方式

一般是将引发剂溶于溶剂或单体中，配成一定浓度的引发剂溶液，分数批加入到反应混合物中，引发剂的分批加入，可使聚合反应在整个过程中都保持较稳定的引发剂浓度，有利于聚合反应顺利进行，提高单体的转化率。

4. 单体加入方式

反应开始时单体和溶剂的比例（即单体的浓度）、混合溶剂中甲苯含量的大小以及单体和溶剂的加入次序和方式等皆影响所得共聚物的分子量。反应开始时单体的浓度越大，混合溶剂中甲苯的用量越小，所得共聚物的平均分子量就越高。也就是说，为了得到平均分子量较高的共聚物，可以采用少含甲苯的混合溶剂，甚至采用单独的乙酸乙酯作溶剂，或采用开始时高单体浓度（甚至大于 60%）、剩余的溶剂后加的操作方法，但此时往往会因开始 1h 内反应太激烈而难以控制，甚至会因聚合热来不及带走而出现暴聚，这一点必须加以注意。相反，若采用含较少量甲苯的混合溶剂并采用开始时单体浓度较低而剩余的单体后加的操作方法，聚合反应则比较容易控制，但所得聚合物的平均分子量也就比较低。

由于特殊的原因，可改变共聚单体的加入顺序。据称如果胶中含有不同软化点的组分，可改善热熔胶的性能。除了与不同的聚合物共混之外，也可以通过顺序式聚合达到共混目的；即控制单体的滴加顺序，将生成高 T_g 聚合物的单体先加入，生成软而且有低 T_g 聚合物的单体后加入。

三、交联改性

非交联的溶液型聚丙烯酸酯压敏胶黏剂配方简单、制造容易、储存稳定性好，胶层无色透明，对各种塑料膜基材的涂布性能和胶着性能优良，剥离强度和初黏性能很好。适于制造各种一般性的压敏胶黏带、压敏标签和医用压敏胶黏制品。它的主要缺点是持黏力尤其是高温下的持黏力不高，耐溶剂性不好。因此，这类压敏胶不能用于制造包装、捆扎等要求有较高持黏力的压敏胶黏带以及耐热和耐溶剂的压敏胶黏制品。

为了提高它们的持黏力，可采用接枝共聚和交联的方法。交联则是最常用、也是最有效的途径。

交联型丙烯酸酯共聚物比不需交联的分子量一般应控制得稍小一些。除分子量外，共聚物中反应性基团的含量对胶液的性能也有很大影响。

交联剂一般都配成稀溶液，在室温及充分搅拌下慢慢地加入共聚物溶液中。尤其是多价金属盐、烷氧基金属化合物[41]、多异氰酸酯等活性较大的交联剂，若配成的溶液较浓、加入的速度太快或搅拌不够充分等，皆有可能产生局部的凝胶小块，影响胶液的质量。对每一个共聚物溶液来说，所用的交联剂皆可找到一个最佳的用量，使配成的压敏胶具有最好的综合性能。交联剂的最佳用量主要与交联剂的性质、共聚物中反应性基团的含量以及共聚物的分子量有关。共聚物中反应性基团含量较多、共聚物的分子量较大，用较少的交联剂即可使压敏胶获得最佳的压敏胶黏性能。杨玉昆等的实验结果表明[39]，在用丁醇部分醚化的三聚氰胺-甲醛树脂作交联剂、用丙烯酸（AA）作官能单体的压敏胶体系中，只有当 AA 的含量百分数 X 与交联剂的用量百分数 Y 的乘积在一定范围（$5.1 \times 10^{-4} \sim 6.3 \times 10^{-4}$）内时，才能得到最佳的压敏胶黏性能，详见表 3-6-39。

表 3-6-39　共聚物中官能单体 AA 含量和交联剂用量对压敏胶黏性能的影响

丙烯酸压敏胶		1	2	3	4	5	6
共聚物中 AA 含量 X（质量分数）/%		7.0	7.0	4.5	4.5	4.5	3.0
交联剂用量 Y（质量分数）/%		1.76	0.90	1.35	1.13	0.90	1.13
XY 的乘积 $/\times 10^{-4}$		12.3	6.3	6.1	5.1	4.1	3.4
胶层的抗溶剂能力[①] /%		86	80	80	77	0	0
压敏胶黏性能[②]	压敏胶层厚度 /μm	30	29	28	28	29	27
	初黏力（J.Dow 法，室温球号数）	4	7	8	8	—	—
	180℃ 剥离强度（室温）/(N/m)	353	430	430	430	430	412
	持黏力（40℃，15mm×25mm，1kg）/min	>600	>200	>200	>200	38	14

① 胶液经 100℃/10min 加热干燥后在室温（15℃）下浸泡于丙酮中 3h 后未溶解的质量分数。
② 基材 BOPP 膜，50μm 厚；干燥条件：100℃/5min。

溶剂型聚丙烯酸酯压敏胶黏剂由于有有机溶剂存在，成本高，易着火，生产不安全，另外在生产及使用过程中易污染环境，制约了它的发展。近年来随着其他种类压敏胶发展，其市场拥有量逐渐下降。

四、国内溶剂型聚丙烯酸酯压敏胶一览表

我国从 20 世纪 70 年代中期开始对聚丙烯酸酯压敏胶进行研究，经过几十年发展，已有不少产品及其制成品，主要牌号、生产厂家见表 3-6-40[46]。

表 3-6-40　国内溶剂型聚丙烯酸酯压敏胶一览表

名称	用途	单位
SH-427 通用型	各种基材的压敏胶带、金属铭牌、双面胶带、特殊不干胶商标贴、即时贴等	江阴市双华粘结材料有限公司
SH-605 保护膜专用胶	制作高档的黑白 PE 保护膜和各种类型的透明保护膜	江阴市双华粘结材料有限公司
SH-1016 耐高温型	制作特殊用途的耐高温压敏胶带	江阴市双华粘结材料有限公司
长城牌® 204 压敏胶	用于压敏型商标,能粘贴塑料薄膜,用于各种包装用压敏胶带,变能用于有色金属和塑料薄膜纸张的粘贴	上海长城精细化工公司
华立牌 401 压敏胶黏剂	用于压敏型商标,能粘贴塑料薄膜,用于各种压敏胶带,亦能用于有色金属和塑料薄膜纸张的粘贴等	上海华立胶黏剂厂
BC-1 型医用压敏胶	用于制医用压敏黏带、手术薄膜、切口黏合带,还可用于婴儿尿布、卫生巾等	化工部晨光化工研究院
HT 压敏胶	用于不锈钢、铝、铜、陶瓷、玻璃、木材、聚烯烃塑料、牛皮纸、人造革、橡胶、化纤织物、棉布等的粘贴	江苏省连云港市红光化工厂
JH-1 溶剂型聚丙烯酸酯压敏胶	用于制备各种基材的透明胶带及各种不干胶商标和制品,亦可用于教科书和各种铜板纸的覆膜	中科院长春应用化学科技总公司
M-64 聚丙烯酸酯压敏胶	适宜于夜间定向反光材料植株时,黏合玻璃微珠用,也可用作粘贴	上海振华造漆厂
MB-10 溶剂型压敏胶	用于各种塑料、纸张、发泡材料等,还可制自粘标签	沈阳市石油化工研究院
PS 压敏胶	用于各种塑料薄膜与金属箔、金属和非金属材料的粘贴,如金属、塑料铭牌的粘贴,纸张、塑料及标签粘贴	上海市合成树脂研究所
PS-8 阻尼胶	用作扬声器纸盒上的阻尼材料,能降低阻抗、提高输出功率、改善中频谷点,降低失真,改善扬声器的音质和提高可靠性	上海市合成树脂研究所
PT-02 可再剥离型丙烯酸溶剂压敏胶	适用于铝合金框架等小面积的表面保护胶带	北京东方化工厂
SL-B404 自粘胶	在塑料、橡胶、胶木、皮革、木材、金属、陶瓷、搪瓷、玻璃等制品上粘贴铭牌、商标。可涂于各种薄膜基材上制成各种压敏胶带	湖州市双林压敏胶材料厂
Winner-300 聚丙烯酸酯溶剂型压敏胶	用于双面胶带、不干胶胶带、BOPP 封箱胶带、文具胶带等多种产品	广州宏昌化学工业有限公司
TP-5	通用型	江苏太仓塑料助剂厂

◎ 第四节　乳液型聚丙烯酸酯压敏胶

聚丙烯酸酯乳液压敏胶黏剂是近年来的发展较快的品种、目前主要用于制造压敏性标签等。它的主要优点:①成本低、安全、无公害;②聚合物合成时操作容易、聚合时间短;③聚合物的分子量比较高;④容易制成高浓度、低黏度的压敏胶黏剂。其缺点是耐水性、电性能差,干燥速度慢,能量消耗大,表面张力较高,涂布性能不如溶剂型聚丙烯酸酯压敏胶。

丙烯酸酯自由基乳液聚合体系通常包括水、单体、表面活性剂、引发剂、缓冲剂等,有时为了调节反应,还可以使用其他的组分。单体的组成,根据乳液压敏胶的不同用途可作种种变化。当表面活性剂在水相中的浓度超过一定限度时,即形成胶束。在充分搅拌的情况下,单体分散为细小的油珠,部分单体因表面活性剂对它的增溶作用而进入胶束。添加引发剂后,经加热,引发剂分解产生自由基。自由基进入胶束,引发胶束中的单体开始聚合。更多的单体从油珠中通过水相扩散,又进入胶束进行聚合。聚合率达到 $10\%\sim20\%$,表面活性剂浓度达到了 CMC 以下,胶束消失。聚合系统的所有表面活性剂都被吸附到了聚合物粒子和水的界面上。达到这一点,表面张力将显著增大,不再生成新粒子。这时,聚合物粒子数就固定了下来,聚合就专在这些已有的粒子中进行。聚合率达到 $50\%\sim60\%$ 时,聚合物粒子将吸收全部的游离单体,单体油滴从而消失。从这个阶段开始,聚合物粒子中单体浓度逐渐减少,当粒子中单体耗尽时,聚合就完成。不断的聚合终于形成表面附有极薄表面活性剂层的细微颗粒,这些颗粒悬浮于水中,因表面活性剂的功能而得以稳定。

一、配方设计

1. 单体搭配

乳液共聚合时单体的配方原则与溶液共聚合相似,即可以根据所需共聚物的玻璃化温度用 FOX 公式进行设计。但必须注意,在乳液共聚物中分子构成常常是不均一的:亲水性单体如丙烯酸、丙烯酰胺、羟甲基丙烯酰等的链段以及反应活性小的单体的链段,容易较多地分布在共聚物颗粒的表面。国内外厂家普遍设计配方时,软单体主要以丙烯酸丁酯与辛酯为主,辅以各类硬单体以及极性单体,玻璃化温度设计在 $-50℃$ 附近。几种乳液单体配比举例见表 3-6-41。

表 3-6-41　聚丙烯酸酯压敏胶乳液单体配比举例

项目	乳液号	P_s-1	P_s-2	P_s-3
单体配比 (质量份)	BA	80	85	60
	EA	10	—	—
	VAc	5	10	30
	AA	5	5	4
	N-MAM	—	—	6
乳液性能	pH 值	6.2	6.4	6.0
	钙离子稳定性	通过	通过	通过
	黏度/mPa·s	62	44	46

极性单体选择也有讲究,一般时候含羧基的丙烯酸单体就可,但是在医药以及电子等行业、考虑到腐蚀以及不许羧基反应交联等时候,羟基类丙烯酸单体则为首选。其他的还有酰胺基丙烯酸单体。极性单体一般用量不超过 5%。各种极性单体比例用量可根据实际情况设计。引入极性单体便于后期交联,交联剂种类很多,工业上常用的氮丙啶就是一个很广泛的选择。

2. 乳化剂

单体分散于水中而出现了单体相和水相,表面活性剂存在于两者之间,起到减低两相间界面张力的作用。表面活性剂对生成乳液之物理性质有重要影响,决定着乳液的粒度。因此,进行聚合时,要根据单体的组成对表面活性剂进行选择,进行充分的搅拌。选择了适当的表面活性剂，就能得到稳定的乳液聚合物。

表面活性剂分三种，阴离子和非离子型在丙烯酸酯的聚合中得到广泛应用，阳离子型则应用有限。阳离子型表面活性剂只是用来赋予某种纤维整理剂乳液以特殊性能。非离子型表面活性剂，对电解质等的化学稳定性良好，但使聚合速度减慢，而且乳化力弱，聚合中易生成凝块。阴离子型表面活性剂与非离子型比较，化学稳定性不那么好，但有生成乳液粒度小、乳液机械稳定性好，聚合中不太容易生成凝块的优点。因此，在使用阴离子型表面活性剂时，易得到浓度高而稳定的乳液。多数情况下，在乳液聚合中，总是将阴离子和非离子型两种表面活性剂混合使用，有效地发挥两者之特点。

常用的阴离子型乳化剂，有十二烷基硫酸钠、十二烷基磺酸钠、烷基苯磺酸钠以及脂肪酸、松香酸和环烷酸的钠盐等。常用的非离子型乳化剂，有十二醇聚环氧乙烷、丙二醇聚环氧乙烷、聚环氧乙烷山梨糖醇单脂肪酸酯（吐温）等，但最常用的是各种壬基酚聚环氧乙烷。乳化剂的用量对共聚乳液压敏胶的性能影响很大。一般来说，乳化剂用量越多，聚合反应速率越快，所得聚合物的分子量越大；乳化剂用量越多，乳液的粒径越小，乳液的稳定性也越好。但是，乳化剂会迁移到压敏胶层的表面从而使压敏胶黏性能下降，用量越多，下降越大，详见表3-6-42[47]。尤其是当乳化剂的用量超过临界胶束浓度时，乳液压敏胶的$180°$剥离强度会迅速下降。此外，由于乳化剂都是亲水性的，它们的存在还使压敏胶的耐水老化性能下降，也会使压敏胶黏性能受到环境湿度变化的影响。因此，乳化剂用量以在能够得到足够稳定的乳液聚合物前提下尽量少用为原则。

表3-6-42　乳化剂的用量对聚丙烯酸酯乳液压敏胶①$180°$剥离强度的影响（对不锈钢）

乳化剂 ＼ 乳化剂用量② /% ＼ $180°$剥离强度/(N/m)	0	0.0005	0.5	1.0	5.0
十二醇聚环氧乙烷	568	556	458	442	233
吐温-20	568	532	401	388	18.6
丙二醇聚环氧己烷	568	512	431	415	28
十二烷基硫酸钠	568	565	446	428	103

① 共聚单体配比为 BA∶AN=1∶1（摩尔比）。

② 聚合物（干量）的质量分数。

国内外工业上现阶段常用乳化剂一般是既有非离子分子链段也有离子部分，包括一个或者多个磺酸基或者硫酸基的盐类。市场上类似结构式乳化剂很多，国内外各生产厂家都有自己喜好的类似结构牌子。

3. 引发剂

最为普遍使用的产生自由基的引发剂为水溶性、加热分解的过硫酸钾、过硫酸铵、过氧化氢等。使用浓度一般在 $0.01\%\sim0.75\%$ 之间。

通过电子授受而产生自由基的氧化还原型引发剂则在低温下亦可引发反应。水溶性氧化还原引发剂系统是由氧化剂和还原剂组成的。

氧化还原系统中有金属盐存在，使自由基的生成得到催化加速。例如，在过硫酸钾（$K_2S_2O_8$）和焦亚硫酸钠（$Na_2S_2O_5$）系统中的硫酸亚铁即是。

上述的氧化还原聚合，可在低温下进行，故能制得高分子量聚合物。

4. 缓冲剂

反应时共聚物水解，pH 值有降低的情况。添加缓冲剂是为了调节 pH 值，使之维持在 4～5 之间。所添加的物质是碳酸氢钠等盐。在使用酸性单体时，需要追加缓冲剂。碳酸氢钠、磷酸氢钠、碳酸氢铵等都是国内外生产厂家广泛使用的缓冲剂类型。使用方式也有很多种。

5. 链转移剂

乳液聚合物的平均分子量要比溶液和本体聚合物大得多，有时可高达数百万。因此，作压敏胶用时常常会因分子量太大而初黏力和剥离强度不够。此时就必须在聚合时加入适量的硫醇、硫醚、四氯化碳等自由基链转移剂（或称自由基链调节剂）来降低聚合物的分子量。十二烷基硫醇是最常用的链转移剂。使用时，将它溶解于预制好的乳化剂溶液中即可，准确掌握链转移剂的用量就可以控制共聚物的平均分子量在 30 万～100 万之间，并使最终的乳液压敏胶具有所需的初黏力、剥离强度和持黏力。有时也可加入适量的有机溶剂，如异丙醇、甲苯、乙酸乙酯等，利用溶剂的自由基链转移作用来控制聚合物的分子量。

二、乳液聚合

1. 单体加入方式

一般采用单体添加法进行乳液聚合。单体添加法有助于控制大量聚合热的发生，并予以调节。此外，对于各单体竞聚率差异很大的共聚体系，或者有意要延缓添加活性单体的情况，此法都是有用的。

添加单体的方法又可分为以下两种：①先将单体乳化于乳化剂水溶液中，制成单体乳液，以单体乳液向釜中添加；②以混合单体直接添加到釜中。

2. pH 值

聚合过程中，要把 pH 值调节到稍偏酸性一侧，以防止单体水解，并调节反应速率。

为了使聚合终了后的乳液具有机械稳定性，并调节其黏度，防止对容器的腐蚀等原因，又要把 pH 调成微碱性，国内外工业上一般为 7.0 左右。假如体系中的聚合单体有醋酸乙烯酯则调为略酸性，主要是因为碱性下醋酸乙烯酯容易水解，从而给制品带来很多性能降低与外观发黄等各种问题。

3. 引发剂添加量

引发剂浓度一高，不仅分子量小，而且乳液也不稳定。生成物分解、产生自由基是造成不稳定的原因。随着反应温度的上升，水溶性引发剂的分解速度增加。一般添加量在 0.45%～0.75% 之间。有时，为维持主反应速率，要在聚合中追加引发剂。

4. 搅拌速度

搅拌太快时会延长聚合物的诱导期，且使粒径变大，导致凝聚。在实验室中，搅拌速度以 100～400r/min 为最适宜。工业生产中，搅拌速度视搅拌机的形状及反应器的大小和内部结构而定。锚式搅拌机的搅拌速度以 60～80r/min 为宜。

5. 反应温度

除氧化还原法外，大多在 80～90℃进行聚合。为了使反应得以开始，必须加热。反应开始后，由于反应放热，虽不再继续加热，仍可维持未反应单体在回流的温度。接近聚合终点时，回流单体减少，温度一般要升高保温，以减小残留单体。氧化还原体系温度则为60～70℃。根据不同聚合单体体系而定。

6. 残存单体的脱除（脱臭）

乳液聚合终了时，大多数情况下总会有一些未反应单体残存，这就带来乳液有丙烯酸酯独特恶臭的问题。如果单体配方中可聚合单体有丙烯酸乙酯和甲酯，那么脱除残单过程更加有必要性。

一般可采用以下方法除去残存单体：

① 乳液聚合后期保温阶段，延长保温时间。

② 边加热乳液，边吹入热空气或氮气，以驱除这些残存单体。

③ 在聚合临近终期时，补加少量催化剂，使得残存单体含量降低。现在国内外工业上常用氧化还原体系，根据不同单体体系选择合适氧化还原体系。常用的是叔丁基过氧化氢与二水甲醛合次硫酸氢钠体系。用量为 0.1%～0.3%。

④ 前几种方式还没满足要求情况下，可以在采取前面措施情况后辅以真空脱除残存单体。

对于包括乳液聚合在内的各种制备压敏胶胶黏剂过程，脱除残存单体的过程与方式国内外研究很多，有兴趣者可参阅相关文献。

实验室制备聚丙烯酸酯乳液压敏胶的具体操作方法举例如下：

按表 3-6-43 的用量配好 A、B、C、D 各原料组分，先将组分 D 加入四口反应瓶中，搅拌下升温至 80℃时加入组分 C，待温度稳定在（80±2）℃后同时滴加组分 A 和 B，保持适当的滴加速度使两组分在约 3h 内同时滴加完毕，然后在 82℃保温 1h 后降温至 40℃左右，用 60～100 目的滤布过滤出料，测定所得乳液的性能列于表，这样制得的丙烯酸酯共聚物乳液是稳定的，经半年室温存放后无分层、沉淀和絮凝现象[50]。

表 3-6-43　聚丙烯酸酯压敏胶乳液配方举例

原料组分	原料名称	质量份
A	混合单体	100
B	乳化剂	1.8
	过硫酸铵	0.5
	碳酸氢钠	0.5
	水	60
C	过硫酸铵	0.1
	水	10
D	水	30

三、影响聚丙烯酸酯乳液压敏胶物理性能的因素

1. 黏度

低黏度乳液近似于水的黏度。高黏度乳液呈糊状。乳液之实际黏度，因固体含量的高低、粒度的大小、粒度分布、所用乳化剂类型的不同而异，但黏度与聚合物的分子量无关。

2. 粒度及粒径分布

一般来说，聚合物粒度依表面活性剂的浓度而变化。生成的聚合物乳液的黏度依聚合物粒度的大小而变低或变高。就是说，表面活性剂的浓度增高，胶束生成数就多，聚合物粒度变小。反之，浓度低时胶束减少，粒度变大。表面活性剂浓度如果过低，当然会导致乳液系统的不稳定，致使凝聚。

在相对加大聚合物粒度的情况下，为了得到稳定的乳液，可采用以下方法：即先在低表面活性剂浓度下开始聚合，然后在聚合进行中，在保持临界浓度以下的条件和不致产生新胶束的情况下，再追加表面活性剂。

粒度大致相同的乳液被称为单分散乳液，黏度分布宽的乳液被称为多分散乳液。

一般的乳白色乳液是透明的聚合物粒子悬浮于透明的水中而形成的。

但是，这两个透明相的折射率不一致，光在两相之中变成漫射，目视为不透明。这种两相系统的不透明度，通过缩小分散的聚合物粒子粒度可得到改善。分散粒子的粒度一变小，乳液粒子小到一定程度，乳液将趋向透明状，两相内部漫射光量从而减少。这种现象通过极细粒乳液呈荧光色便可观察到。

3. 化学稳定性

以非离子型表面活性剂为乳化剂的聚合物乳液中，非离子型表面活性剂的亚乙氧基作用发生水合，将水分子引到并覆盖于聚合物粒子的表面上，由于粒子被水覆盖，使粒子之间不能发生融合，从而维持在分散状态。因此，要想破坏这种稳定性，使粒子融合、乳液凝聚，就要使用高浓度的电解质，产生脱除水合作用。

阴离子表面活性剂使聚合物粒子带负电荷，负电荷相互排斥，维持分散之稳定性。因此，添加持有正电荷的阳离子型沉淀絮凝剂来中和负电荷，就可以使粒子之间融合，发生凝聚。

4. 机械稳定性

在丙烯酸酯中加入少量不饱和酸单体进行共聚，进行羧基变性。再把 pH 值调到碱性，使共聚合物中的羧基解离，则整个系统的机械稳定性将显著得到改善。

据认为，这是因为高浓度地分布于聚合物粒子表面上的不饱和酸，在碱性一侧发生了离子化，产生了聚合物离子和与之相对应的铵（或钠）离子。由于聚合物链上的羧基被离子化，产生电荷形成斥力，聚合物粒子之间互相排斥，结果保持了系统的稳定性，提高了机械稳定性。

阴离子活性剂比非离子活性剂更能赋予乳液良好的机械稳定性，其道理亦在此。

5. 冻融稳定性

冷冻引起的乳液凝聚，据认为是由于聚合物粒子被闭锁在冰晶集合体之间，在冰晶形成过程中产生压力，使粒子凝聚。因此，当聚合物粒子受到冷冻引起强大压缩力时，聚合物粒子表面一旦有离子存在，静电相斥使离子相互排斥，就可以防止粒子的凝聚。

此外，含亚乙氧基的物质的量高的非离子型表面活性剂所形成的水合层，或高分子保护胶所造成的亲水性基吸附层，都可以抵抗上述压力。但羧基改性则是改善冻融稳定性的颇为有效的方法。

四、助剂选择

为了使乳液适于压敏胶的涂布工艺并得到其他实用性能，上述方法制得的聚丙烯酸酯乳液中还必须根据需要加入各种助剂和添加剂，才能配制成乳液压敏胶黏剂。聚丙烯酸酯乳液压敏胶的一般配方见表3-6-44。一般聚丙烯酸酯乳液压敏胶的固体含量为 $40\%\sim60\%$，黏度（25℃）为 $2\sim20Pa \cdot s$[8]。

表 3-6-44 聚丙烯酸酯乳液压敏胶黏剂的一般性配方

成分	质量份	成分	质量份
共聚物乳液	100(干量计)	润湿剂	0~5
增黏树脂乳液	0~100(干量计)	中和剂	适量
交联剂	0~5	防腐剂	0.5 以下
增稠剂	0~5	填料	0~50
消泡剂	2 以下	着色剂	0~5

1. 增稠剂

为了适于涂布工艺操作的要求，使之一次涂布就能得到足够厚度的压敏胶层，有时必须用增稠剂将乳液的黏度从数十或数百毫帕秒增加到数千至数万毫帕秒。可以采用羧甲基纤维素、聚乙烯醇等传统的增稠剂，但用新型的丙烯酸乳液增稠剂效果更好。加入的增稠剂溶解之后能固定大量的水分，从而使水溶液的黏度显著上升。增稠剂的分子中含有极性和非极性部分，因此，它们在表面互相分离并以极薄的一层膜包围在分散的颗粒上，即形成一层松散的水化层，从而赋予其亲水胶体的性质。各种增大黏度及水分保持性的保护性胶体和增稠剂也能提高乳液的机械稳定性，改善乳液与电解质和其他辅助剂的相溶性。为了获得最佳效果，精确计量是十分必要的，保护胶体和增稠剂的选择及混用必须慎重。增稠剂的用量必须尽量小，因为增大增稠剂的用量会导致聚合物乳液涂层的耐水性下降。大量的增稠剂会对胶黏剂的性能产生不利的影响。大多数情况下，增稠剂会降低初黏力和剥离强度。

2. 润湿剂

通常，使用增稠剂的乳液润湿不同的被粘物并不困难，甚至对于表面张力极低的基材，如硅纸和聚乙烯薄膜，从涂胶缝隙均匀流出的胶液也能湿润。较高的耐流动性（即高黏度）阻止了涂布后胶的收缩，因而不会有不润湿的部分。为了获得适度的黏合强度，聚乙烯薄膜必须经过电晕处理。

如果涂布技术需要较低的黏度，情况则不同。在这种情况下，抗流动性低，乳液的涂层最初在表面是平整分布的，如果胶的表面张力太高，胶层将会迅速收缩。因此，只有通过加入润湿剂使胶黏剂的表面张力与被粘物（如薄膜和硅纸）的表面张力一致。

增加 pH 值以提高乳液的黏度可以改善浮液在低能表面深涂布时的收缩倾向。起泡性相当低的表面活性剂，如磺基琥珀酸酯的钠盐（Lumiten I-RA/阴离子型）、脂肪酸缩合产物的钠盐（Lumiten I-AFK/阴离子型）、一种烷基磺酸钠（Bayer AG 的乳化剂 K 30）以及非离子型 Emulan P 均为有效的润湿剂。

在进行润湿剂应用和评价时很重要的一点是，混合物必须进行熟化处理，至少应放置过夜，以便于乳液中的乳化剂与随后加入的表面活性剂达到平衡。熟化过程将提高润湿剂的效果。通常，加入润湿剂后立即测试不会有任何效果。

另外，这些表面活性剂型润湿剂用量应尽可能小，以免增加胶层吸水量，使胶耐水能力下降，性能受到影响。

3. 消泡剂

乳化剂、润湿剂和保护胶体是产生泡沫的根源，如果涂布速度很高，或者如果乳液被辊筒或循环强烈搅拌，泡沫会使涂布产生困难。加工过程中就必须采取抑止泡沫的措施。常用的方法是添加消泡剂，如高级醇及其衍生物、非离子型炔类化合物以及含有非离子型部分的脂肪烃。大量消泡剂会伤害乳液流动性，从而使涂布产生缺陷，如环形斑点及鱼眼。

4. 防霉剂及防腐剂

在乳液的运输及短期储存过程中，通常加入防腐剂以防细菌和真菌的作用。

向涂布商提供压敏胶黏剂的制造商，在其产品中必须加入杀菌剂和杀真菌剂。配制过程中乳液的 pH 值必须保持在中性至微碱性范围内，此时各组分的相容性最好。但是在这一pH 值范围内，乳液最容易受到细菌和真菌的作用。诸如甲醛及其衍生物、苯并咪唑、异噻唑啉酮及氯乙酰胺等物质，用于乳胶漆证明是有效的，乳液胶黏剂也使用这类防腐剂。

5. 色料

将颜料很均匀地加入到胶黏剂中是很不容易的事。因为配制过程中通常没有涂料工业常见的打浆或研磨设施。首先应用很少量的水制备浆料。在水中加入诸如氨水、聚丙烯酸盐及聚磷酸盐等添加剂，可防止填料颗粒的凝聚，有利于填料分散。将颜料与由 1％氨、1％颜料分散剂 A（BASF）、1％Calgon N（聚磷酸钠，Benckiser，Ladenburg）及 97％水组成的润湿剂进行打浆，可获得很好的效果。

对压敏胶黏剂着色最好而且经常采用的方法是加入颜料配制剂。颜料配制剂可具有不同的颜色，而且易分散于水乳液中。因此，实际上任何颜色的胶黏带都可由透明薄膜和彩色胶黏剂制成。

五、乳液压敏胶的发展趋势

1. 高固含量聚丙烯酸酯乳液压敏胶的制备

目前工业上采用的聚丙烯酸酯乳液压敏胶的固体含量一般在 55％以下。与相应的溶液型压敏胶相比，存在着涂布时干燥速度慢、能耗高等缺点。若将乳液的固含量提高到 60％左右，其干燥速度就能增加到与 40％的溶液压敏胶相当。因此，研制开发高固含量的乳液压敏胶，能够适应高速涂布的需要，是乳液压敏胶的发展方向。

Ruckenstein 等从 20 世纪 80 年代末发展起来的超浓乳液聚合方法，能够制备固体含量高达 74％以上的超浓乳液聚合物[49~51]。虽然进行过多种尝试，但用这种方法至今还无法制备出有足够稳定性的以丙烯酸丁酯或丙烯酸异辛酯等软单体为主体的超浓聚合物乳液[52]。M. Kenna 和他的合作团队也做了很多高固含方面的研究工作，使用 BA/MMA/AA 单体搭配，采用油溶性引发剂将引发剂溶解在单体液滴里进行聚合，得到一系列 65％固含量、黏度在 3000mPa·s 以下的稳定乳液，有的达到 73％固含量而黏度只有 300~1000mPa·s。工业化与否未见报道[55~58]。

日本昭和高分子株式会社首次在专利中报道了固含量高达 65％~80％的可以用作压敏胶黏剂的丙烯酸酯共聚乳液的制备[53]。这是用常规的乳液聚合技术制得的，只是采用了不小于 1％的反应乳化剂以及 0.1％~1.2％的凝聚剂，在聚合过程中一部分小粒径的乳液粒子逐渐凝聚成了大粒径乳液粒子，同时实现了粒径大小不同的 2 种粒子的紧密堆积，形成了稳定的高固含量聚合物乳液。日本东亚合成也报道开发出了一种固含量高达 70％的能快速干燥（涂布）的聚丙烯酸酯乳液压敏胶[54]。后来，BASF公司宣布正在美国、加拿大和墨西哥地区发展一种新的乳液聚合技术，用来生产具有高固含量（＞65％）、低黏度（400～1000mPa·s）和低的可挥发性有机物含量（＜800×10⁻⁶）的新型聚丙烯酸酯乳液压敏胶；并预计将使水基压敏胶在压敏标签中的市场份额增加到接近75％。

一定固含量的聚合物乳液，其黏度比水大。主要由于聚合物粒子本身及聚合物分子链上与乳化剂分子链上的极性基团在粒子表面形成的水合双电层，造成乳液中自由水的体积减小，动态剪切时，粒子之间的相互作用及空间位阻等因素使乳液黏度增加。乳液固含量增加，其黏度相应也增长。当乳液固含量达到55％以上，黏度急剧上升。严重时在生产中使乳液体系反应热无法传递，造成凝胶暴聚。因此，要合成高固含量聚合物乳液，控制体系黏度是根本，也是难点所在。

要合成高固含、低黏度聚合物乳液，必须根据乳液聚合内在机制对症下药。要求解决下面三个问题：①所选高固含量乳液聚合工艺、乳化剂用量等能保证高固含量聚合物乳液稳定存放；②乳液聚合物粒径多分散化，使小粒子有效分布于大粒子形成的空隙中，逼近粒子的最紧密堆砌；③多分散聚合物中大粒子尽可能多，保证体系总的粒子表面积尽可能小；④另外尽可能压缩乳胶粒表面水合双电层厚度，减少粒子虚体积及虚表面积，以达到固含量高时聚合物乳液黏度尽可能小。

目前，获得高固含乳液方法除用不同粒径的低固含乳液复配后再物理浓缩外，主要是用聚合法直接获得，包括一阶段法及在聚合过程中补乳化剂与加第二种子聚合乳液的二阶段法。刘奕等在用聚合过程中补加乳化剂的二阶段法及一阶段法成功制成固含量达70％聚丙烯酸酯乳液压敏胶，并实现工业化生产[59]，到2002年年底已连续生产累计超过800t，产品在玻纤网格布及土工格栅增强材料上使用，同时对产品稳定性与应用性能及工业化生产中高固含乳液黏度控制作了相关报道[60,61]。

该产品的物理性能以及用它生产的玻纤胶带性能指标分别列于表3-6-45与表3-6-46。

2. 可聚合的非表面活性的新单体引入

乳液型丙烯酸酯聚合时采用新的单体进行共聚。如常用丙烯酸异壬酯，或丁二烯、苯乙烯与丙烯酸酯单体共聚方法，以改善压敏胶带的耐水性。在共聚时，引入安息香酸乙烯酯，或饱和脂肪酸乙烯酯、丙烯酸环己酯、丙烯酸 2-酚氧羟乙酯、甲基丙烯酸四氢呋喃等单体来提高对非极性基材的润湿性和胶着力[62~65]。

表 3-6-45　高固含量、低黏度聚丙烯酸乳液压敏胶性能指标

乳液	固含量/%	70.0～71.5
	黏度(20℃)/mPa·s	300～500
	未反应单体/%	＜0.2
	粒径	多元分散
	絮结物	＜0.2%
	pH 值	4～7
	储存期(室温 5℃以上)	＞6 个月
BOPP 胶带	180°剥离强度/(N/25mm)	7～8
	持黏力	1h 无位移
	初黏力	12 号

表 3-6-46　乳液胶及玻纤胶带的性能指标

项目		ACER-1 号	ACER-2 号
压敏胶[①]	外观	乳白	乳白
	pH 值	4～7	4～7
	黏度/mPa·s	470	425
	固含量	70.0%	69.3%
网格胶带[②]	外观	无糊眼、单面上胶	无糊眼、单面上胶
	初黏/s	平均值＞1200(指标值≥900)	
	持黏/s	平均值＞1200(指标值≥60)	

① 测试标准 QJ/JDC-101-06-17。

② 测试标准 Q/3206828B01—1999(江苏九鼎集团企业标准)。

3. 无乳化剂（无皂）聚合反应

乳液压敏胶中由于乳化剂的存在使胶层容易吸水变白，胶层的透明性和内聚强度下降；乳化剂还容易迁移到胶接界面并在那里富集，引起界面粘接性能的下降，尤其是界面耐水老化性能的下降。因此，不用或少用乳化剂是提高乳液压敏胶性能尤其是耐水性能的重要途径[66]。无皂乳液聚合是对传统乳液聚合体系不加入乳化剂的一种聚合技术。这种聚合技术在制备具有窄粒径分布及功能化表面特性的胶乳方面，具有传统乳液聚合所无法比拟的优越性，并解决了由于传统乳液聚合使用乳化剂而造成产品的不纯净及聚合物乳胶膜耐水性差等问题。

无皂乳液聚合的发展最早可追溯到 1937 年由 Gee、Davis 和 Melville 在乳化剂浓度小于 CMC 条件下进行的丁二烯乳液聚合。Matsumuto 和 Ochi 于 1965 年首次在完全不加入乳化剂情况下制备出一系列分散均匀、体系稳定的无皂胶乳。为了解释这种没有加入乳化剂情况下稳定胶乳的形成，迄今为止，已有低聚物胶束成核理论及均相沉淀成核理论等理论模型被提出[67]。

无皂体系中虽然不存在乳化剂，但主要通过以下方法引入反应性组分，发挥类似乳化剂的作用，从而使体系得以稳定。

（1）引发剂碎片法　即利用引发剂分解产生的自由基引发聚合而引入离子基团。利用这种方法制得的胶乳，仅仅依靠引发剂分解产生的离子基团而稳定，乳胶聚合物表面电荷密度低，含量往往低于 10%，与传统乳液体系的粒子浓度 10^{15} 个/cm^3 相比，无皂聚合体系一般为 10^{12} 个/cm^3，因此无皂聚合速率缓慢。无皂乳液聚合理论产生时，主要依靠这种手段制备无皂胶乳，而研究的体系多限于 MMA、St 的均聚。

表面活性引发剂用于乳液聚合，可以使通常的四个组分减少到三个组分，即单体、水和引发剂。最常用的为表面活性偶氮引发剂，其分子结构如下[68]：

它的最大特点是制备的乳胶有非常低的电解质含量和减少泡沫的形成。

在不同引发剂-乳化剂体系的研究中发现，过硫酸盐（如 KPS 等）引发剂和偶氮表面活性引发剂对分子量的影响有较大差别，偶氮表面活性引发剂（如 PEGAS200）可以制备较高分子量的压敏胶，其结果见表 3-6-47。

表 3-6-47　不同引发剂-乳化剂体系对聚合度的影响

引发剂-乳化剂体系	聚合度 DP	引发剂-乳化剂体系	聚合度 DP
KPS-无乳化剂	246	PEGAS200-10mgE_{30}	456
KPS-5mg SDS	272	PEGAS200-100mgE_{30}	728
KPS-100mg SDS	530	AIBN-100mgE_{30}	939
KPS-100mgE_{30}	520	PEGAS200-无乳化剂	2295

注：E_{30}为壬基酚聚氧乙烯醚。

（2）与非离子水溶性单体共聚　共聚单体由于亲水性而位于粒子表面，这些亲水基或者在一定 pH 值下以离子形式存在，或者依靠它们间的空间位阻效应而稳定胶粒。用这种方法进行无皂乳液聚合，所采用的单体一般为羧酸类、丙烯醛、丙烯酰胺及其衍生物。在聚合过程中，共聚单体由于其强亲水性而位于聚合物表面，对于羧酸类单体，在一定 pH 值下，其亲水基以离子形式存在，胶粒之间通过静电排斥作用保持稳定。而对于酰胺类，则利用空间位阻效应来维持体系的稳定。赵临五等人采用此类型无乳化剂聚合成功制得聚丙烯酸酯乳液压敏胶。产物为均匀乳白色液体，具有 $50\%\sim60\%$ 含固量及较高剥离强度[23]。

（3）加入离子性单体参与反应　离子性单体也称可聚合表面活性剂单体。这些单体本身带有离子基团，由于其强亲水性而倾向于排列在聚合物粒子-水界面，发挥类似乳化剂的作用。其成核机理与上述非离子型亲水性单体的机理是不同的。其粒子形成机理则与传统乳液聚合机理非常相同，也就是说，当这类单体的浓度低于 CMC 时，粒子为均相成核；当高于 CMC 时，则胶束成核占主导地位。

可聚合表面活性剂单体由三部分构成：疏水烃键、亲水端、能参与聚合的基团。可聚合表面活性剂单体因分子中含有 α-乙烯基，可参加自由基乳液聚合，同时还起乳化剂的作用，有较大应用价值的主要品种如下：

① 烯丙基聚醚类磺酸盐[71]

$$CH_2=CH-CH_2-O\left(C_4H_8O\right)_m\left(C_2H_4O\right)_n-SO_3^-$$

该类化合物是由烯丙醇同聚环氧丁烷和聚环氧乙烷反应的产物。其中，$m=12$，$n=26$，可以单独作乳液聚合的乳化剂，制备的聚合物乳胶显示了优良的机械稳定性，干膜具有较好的耐水性。

② 丙烯酰氨基烷基磺酸盐

$$CH_2=CH-\overset{\overset{\displaystyle O}{\|}}{C}-NH-\underset{\underset{\displaystyle (CH_2)_n-CH_3}{|}}{CH}-CH_2-SO_3^-$$

该化合物是由相应的 α-烯基丙烯腈与浓硫酸一步反应而成。当 $n>7$ 时，是一个典型的表面活性剂单体，可用于丙烯酸酯乳液聚合。制备的乳胶与普通乳化剂相比，显示了较低的起泡性和较高的耐水性。

③ 表面活性马来酸衍生物[72]

$$SO_3^-(CH_2)_3-O-\overset{\overset{\displaystyle O}{\|}}{C}-\overset{\displaystyle H}{\underset{}{C}}=\overset{\displaystyle H}{\underset{}{C}}-\overset{\overset{\displaystyle O}{\|}}{C}-O-(CH_2)_n-CH_3$$

该化合物由两步反应合成，第一步是马来酸酐同长链醇部分酯化，生成相应的半酯；第二步是剩余的羧基同丙烷砜酯化。当亚甲基数 $n>6$ 时具有表面活性。

④ 烯丙基琥珀酸烷基酯磺酸钠[73]

$$CH_2=CH-CH_2O-\overset{\overset{\displaystyle O}{\|}}{C}-\underset{\underset{\displaystyle SO_3^-}{|}}{CH}-CH_2-\overset{\overset{\displaystyle O}{\|}}{C}-O{\left(CH_2\right)}_{\overline{n}}CH_3$$

该类乙烯基乳化剂，当 $n\geqslant11$ 时为优良的乳化剂，可用于醋酸乙烯酯、丙烯酸酯等多数乙烯基单体的乳液聚合和共聚合中。对聚合物乳液有良好的稳定作用。用于乳胶涂料制备中可提高胶膜的耐水性和机械强度[74]。

无皂乳液聚合由于不加入乳化剂，可制备具有单分散性表面洁净（即不含小分子乳化剂）、可带多种功能性基团的聚合物胶乳，在国内外已研究得很多。但用无皂乳液聚合方法制备固体含量高、稳定性好的实用聚丙烯酸酯乳液压敏胶却还不多见。用可聚合乳化剂代替普通乳化剂制备聚丙烯酸酯乳液，可以阻止乳化剂向粘接界面的迁移和富集，从而提高乳液聚合物的性能尤其是耐水性。杨玉昆等用相同的单体配方制备了溶液压敏胶 A、乳液压敏胶 B（采用可聚合乳化剂 SIP-Ⅰ，主要成分是烯丙氧基羟丙基磺酸钠）和乳液压敏胶 C（采用普通混合乳化剂 MS-1 和 OP-10），测定了它们的胶膜在室温水中浸泡 3 天后的吸水率分别为 4%、18.8% 和 30.2%[75]。将这些压敏胶制成聚酯胶黏带后粘贴于不锈钢板上制成试样，待黏附充分后将试样浸泡于 60℃ 的水中，测定它们的 180° 剥离强度随浸泡时间下降的情况。结果表明，用可聚合乳化剂制得的聚丙烯酸酯乳液压敏胶 B 的吸水率和耐水老化性能，皆比普通乳化剂制得的乳液压敏胶 C 好得多；水浸泡后的粘接性能下降幅度已与溶液压敏胶 A 相当，但由于吸水率较高故剥离时出现胶层内聚破坏的概率仍比相应的溶液压敏胶高，胶膜的透明性也不如溶液型压敏胶。

近几年出现了许多用可聚合乳化剂制备压敏粘接性能、耐水老化性能和透明性达到或接近相应的溶液压敏胶的高性能聚丙烯酸酯乳液压敏胶的专利和报道[76,77]。

六、国内聚丙烯酸酯乳液压敏胶现状

国内聚丙烯酸酯乳液压敏胶现状详见表 3-6-48[46]。

表 3-6-48　国内聚丙烯酸酯乳液压敏胶一览表

名　称	用　途	生　产　单　位
高剪切多用途聚丙烯酸系列乳液压敏胶	本系列乳液压敏胶储存稳定性良好，还可加氨水自增稠，在较大范围内变化黏度，用增黏法或本系列乳液混合等方法调节内聚力和黏结力的平衡。P 型胶涂布的 BOPP 胶带，持黏力极好；用 A 型、P 型混配涂布 BOPP 胶带，降低用胶量，保证持黏力和提高剥离强度；T 型胶无需增稠，直接用转移法涂布铝箔胶带、商标贴和双面胶带，无局部结团的缺点；A 型和 HS 型乳胶可用于丝网漏印 PVC 铭牌胶合工艺	中国林科院林产化学工业研究所及联营厂
压敏胶乳液	有较好的耐光、耐热及耐老化性能	广州市化工研究所
聚丙烯酸酯压敏胶	用于玻璃珠反光路标及测绘系统地图制版的黏合，胶透明、耐油，使用温度范围 −40～+100℃	北京市第二轻工业研究所

名　称	用　途	生　产　单　位
水乳型压敏胶	主要用作相册压敏胶、纸品黏合剂	石家庄市农药厂
BBY-1 压敏胶	用于保护胶带	河北省永清县有机化工厂
BBY-2 压敏胶	汽车保温材料专用	河北省永清县有机化工厂
BCY-401 压敏乳液	用于制备自粘商标纸，广泛用于各类商品及包装材料上	天津市有机化工实验厂
DFA-9231 压敏乳液	用于 BOPP 膜和其他各种基材的压敏胶带	江阴市陆桥东风助剂厂
DFA-9232 压敏乳液	用于转移涂布法生产的自黏性标贴、牛皮纸胶带等	江阴市陆桥东风助剂厂
DFA-9233 压敏乳液	用于 PVC 基材的金属保护膜上胶之用	江阴市陆桥东风助剂厂
DFA-9234 压敏乳液	用于 BOPP、CPE 基材的金属等保护膜上胶之用	江阴市陆桥东风助剂厂
DNT-01 聚丙烯酸酯压敏胶	用于涂制各种商标贴与铭牌，适用于棉毛等纺织品、塑料、玻璃等包装装潢，使儿童玩具及化妆用品造型别致	上海市纺织工业局印刷厂
EM-220 乳液压敏胶	用于 BOPP、PET 等胶带	沈阳市石油化工研究院
J-401 压敏胶	用于 PVC 绝缘胶带的生产，也可用于牛皮纸封箱胶带的生产	汕头市裕华化工有限公司
J-402 压敏胶	涂于 PVC 膜等做电子、汽车、铝材、不锈钢等金属表面保护膜，在冲击、加工、运输、安装过程起保护作用	汕头市裕华化工有限公司
J-403 压敏胶	用于 BOPP 基材的各种胶带及牛皮纸胶带、双面胶带、不干胶商标及医用透气胶带等生产	汕头市裕华化工有限公司
M95-6 聚丙烯酸酯乳液压敏胶		上海振华造漆厂
PS-02 压敏胶	制作各种商标原纸，用于帛纸和各种基材的压敏粘贴商标	北京东方罗门哈斯有限公司
PS-11 压敏胶及胶带	粘贴不锈钢、铝、铜等多种金属材料和多种非金属，应用于电气绝缘	上海市合成树脂研究所
Primal ® PS-90 压敏胶	各种胶带，及不同基材的商标等	北京东方罗门哈斯有限公司
Primal ® EJG-02 压敏胶	制作各种商标原纸，及各种基材压敏商标	北京东方罗门哈斯有限公司
PS-9317 压敏胶	用于 OPP 胶带，纸胶带，PVC 胶带和商标等	北京东方罗门哈斯有限公司
PT-03 可再剥离型聚丙烯酸酯乳液压敏胶	适用于装饰等大面积板材的表面保护胶带	北京东方化工厂
SBY-1 压敏胶	商标纸专用	河北省永清县有机化工厂
TP-1、2、3、5 压敏胶	TP-1 用于永久性标签，可复贴纸、薄膜、隔离纸和金属箔 TP-2 胶用于印花，可粘贴纸、铝箔 TP-3 胶用于 PVC 薄膜与难粘表面黏合 TP-5 胶为通用型压敏胶	江苏省太仓塑料助剂厂
Winner-100 聚丙烯酸酯压敏胶乳液	用于 BOPP 封箱胶、文具胶、双面胶及不干胶制品	广州宏昌化学工业有限公司
YBR-1 压敏胶	药用	河北省永清县有机化工厂
YBR-2 压敏胶	医用	河北省永清县有机化工厂
YM-2 型压敏胶乳液	用于纸张、皮革、陶瓷、塑料、金属、木材、人造革等各种材料面及涂层表面的压敏型粘接	广州市东风化工厂
Z-604 胶	生产装饰布静电植绒面胶，也可做其他织物背涂胶	汕头裕华化工有限公司

第五节　热熔型聚丙烯酸酯压敏胶

热熔型压敏胶的优点是100%固含量，不含溶剂，低公害，涂布速度快，适于自动化生产线，生产率高，因此20世纪70年代以来，这类压敏胶黏剂成为无溶剂型压敏胶黏剂中发展最快的品种之一。热熔聚丙烯酸酯压敏胶黏剂是热熔胶中一大品种，这类压敏胶以聚丙烯酸酯弹性体为主体成分，与相应的增黏树脂等辅剂组成。在加热熔融状态下涂布于基材上，冷却后显示出所需要的压敏胶黏性能。

早期开发的这类压敏胶所用的弹性体主要是乙烯-丙烯酸乙酯的共聚物以及丁基橡胶、聚苯乙烯等丙烯酸丁酯的接枝共聚物。例如，50份丁基橡胶溶于50份丙烯酸丁酯单体中，加入0.3份过氧化苯甲酰和0.4份二异丙基过氧化物，在100℃捏合2h，再在180℃加热30min，得到的200℃时黏度为32Pa·s的弹性体，可以制成热熔压敏胶。再如，15份苯乙烯与75份丙烯酸丁酯、5份丙烯酸接枝聚合，获得150℃熔融黏度为60Pa·s的共聚物，也可作热熔压敏胶用。

这类压敏胶虽然也具有成本低、操作安全、无环境污染、能高速涂布以及生产过程中能耗低等一般热熔压敏胶的优点，但它们的内聚强度（尤其是高温下的内聚强度）较差，熔融黏度又较高。因此，至今一直没有得到大量的应用。改进的方法主要有以下三种[80]。

1. 在丙烯酸共聚物基体上加入光引发剂

USP4052527提出一种制备丙烯酸酯基的热熔压敏黏合剂的方法。它是由一种以上 α, β-不饱和羧酸的3-(氯化芳氧基)-2-羟丙酯，与一种以上丙烯酸酯基可共聚单体共聚合反应制得的，将反应物即乙烯基不饱和预聚物加热到120～180℃使其具有流动性，然后将熔融流动的黏合剂涂布在指定的基材上。将涂胶的基材经受波长为180～400nm的紫外线照射一段时间，使预聚物充分交联。

这种黏合剂表面具有优异的黏性和黏着强度，经过储存也仍保持黏性，不包含未结合的光引发剂，而且，熔体黏度低，便于一般的热熔胶设备涂布使用。

热熔压敏胶黏剂的实验室制备：在一个1L的三颈烧瓶上安装温度计、回流冷凝管和机械搅拌器。从缓冲加料漏斗加入50g丙烯酸甲酯、50g丙烯酸2-乙基己酯、250g甲醇和1g叔丁基叔戊酸酯。混合物回流15min。之后，在3h内逐次加入如下单体和催化剂：150g丙烯酸甲酯、535g丙烯酸2-乙基己酯、200g甲基丙烯酸甲酯和1.5g甲基丙烯酸3-(五氯苯氧基)-2-羟基丙酯、280g甲醇和11.5g叔丁基叔戊酸酯。全部原料加完后，反应混合物回流2h，出料。用真空抽气提法除去溶剂，制得饱和的聚合物，其Williams塑性值为1.15。

2. 含有叔胺单体和有机金属盐的丙烯酸共聚物

USP3925282提出一种热熔压敏胶黏剂，在环境温度下具有很高的黏着强度，且是可逆性的，而在较高温下具有所需的熔体黏度，它被称为第二代聚丙烯酸酯热熔压敏胶。

在含有叔胺的共聚单体的丙烯酸酯无规共聚物中加入指定的有机金属盐，制得的压敏热熔黏合剂在常温下因含有交联基团而具有很高的黏着强度。在较高温度下，交联基团分解，从而在使用时具有所需的熔体黏度。

这类黏合剂在177℃时的熔体黏度为 200 000mPa·s（以 2 000～80 000mPa·s 为宜）。丙烯酸酯无规共聚物包括一种或几种的丙烯酸酯类单体的黏性共聚物。例如丙烯酸和甲基丙烯酸的烷基酯，其中的烷基包括 4～12 个碳原子。

共聚物也可以由几种以上可聚合的共聚单体制成，其中包含乙烯酯类、乙烯醚类、卤化乙烯、偏二卤乙烯、腈基或乙烯基不饱和的单羧酸或二羧酸，和它们的部分或全部酯类，以及乙烯基不饱和烃类。

含胺的可共聚合单体与丙烯酸单体，和选用的可共聚合单体形成热熔黏合剂的无规共聚物，其中至少含有 7 个碳原子，最好是含有 7～12 个碳原子，而且包含叔氨基。较理想的含胺共聚单体包括 2-乙烯基吡啶、4-乙烯基吡啶、正乙烯基吡咯烷酮、丙烯酸二甲基烷基乙酯、甲基丙烯酸二甲基氨基乙酯、丙烯酸二乙基氨基乙酯和甲基丙烯酸二乙氨基乙酯。

共聚中所采用的金属盐类包括某些多价金属的有机盐，适用的金属包括过渡金属和锡、铅等。必要时，也可采用两种以上这类金属的混合物，以达到既定的要求。较理想的过渡金属有铜、镉、钴、镍、锌和铁等。金属盐的阴离子部分包含一个有机酸阴离子，最好是脂肪酸阴离子。根据对共聚物体系溶解度的要求，可选用其他特种酸类。

较好的有机金属盐有月桂酸锌、月桂酸铜、水杨酸锌、辛酸镉、辛酸铬、辛酸钴、辛酸镍、树脂酸锌、树脂酸钴和辛酸锌等。如果采用混合型的，最好是用树脂酸锌和辛酸钴的混合物。

金属盐或盐类的用量为共聚物质量的 0.25％～25％，最好是 1.0％～15％。共聚物可先熔化。然后加入金属盐。如果要就地形成有机金属盐，则可将金属的氧化物或过氧化物分散在共聚物中，然后加入酸组分，使之在聚合物中形成所需的有机金属盐。

使用时，热熔胶黏剂只需加热到 120～210℃，使胶黏剂熔化流动，并保证在操作时间内仍保持其流动性。

如果须在衬背或基材上涂胶，可采用一般的涂胶方法如辊涂、浸涂、挤出涂塑或喷涂等工艺。衬背材料多种多样，包括纺织品、塑料薄膜、无纺布、金属片或金属箔、橡胶或合成橡胶、装饰片、胶合板或移画印花等。如果待涂敷的基材是成卷的，则须在基材的背面涂敷分离剂或涂料。

3. 不同玻璃化温度（T_g）的丙烯酸酯共聚物掺合物

USP 4045517 提出一种聚丙烯酸酯热熔胶黏剂，不需要非丙烯酸的添加剂，具有很浅的颜色，而且对氧和紫外线很不敏感。

这类胶黏剂掺合物的主要成分如下。

A：35～90（质量）份具有玻璃化温度（T_g）为 -20～-65℃的共聚物，其中包含 88～98.5（质量）份的低烷基（C_1～C_6）丙烯酸酯和 1.5～12（质量）份的乙烯不饱和酸或胺。

B：10～65（质量）份具有玻璃化温度（T_g）为 35℃ 或更高（最好是在 35～110℃范围）的共聚物，其中包含 88～98.5（质量）份具有如下分子结构的单体。

$$CH_2=\overset{\overset{\textstyle R^1}{|}}{C}-CO_2R^2$$

式中，R^1 是氢或甲基；R^2 是较低级的烷基、低级脂环或异冰片基。

最好的压敏胶黏剂可由 15～30（质量）份下述的共聚物（D）制成。如果共聚物（D）

的含量大于 30（质量）份，则所制得的产物适用作非黏性的复合黏合剂。

特别理想的压敏黏剂配方包含如下成分。

C：60～85（质量）份的共聚物，其中包含：94～98（质量）份的下列单体即丙烯酸丁酯、丙烯酸 2-乙基己酯、丙烯酸甲酯、丙烯酸乙酯、丙烯酸异丁酯、丙烯酸异戊酯或丙烯酸正丙酯以及 2～6（质量）份丙烯酸或甲基丙烯酸的二甲基氨基乙酯、丙烯酸或甲基丙烯酸的二乙基氨基乙酯或甲基丙烯酸叔丁氨基乙酯。

D：15～40（质量）份的共聚物，其中包含 94～98（质量）份的甲基丙烯酸异丁酯、丙烯酸异冰片酯、甲基丙烯酸异冰片酯、甲基丙烯酸甲酯等和 2～6（质量）份的甲基丙烯酸、丙烯酸或衣康酸。

掺合物中的各组分最好是相容性的，也就是其中的一种聚合能够溶解或基本上能够溶解于其他的聚合物中。

◎ 第六节　水溶型聚丙烯酸酯压敏胶

水溶型聚丙烯酸酯压敏胶从严格意义上讲可分为水溶胶型及可再浆化型聚丙烯酸酸酯压敏胶。常用的聚丙烯酸酯压敏胶对耐水性要求较高。事实上，人们想尽办法改善聚丙烯酸酯压敏胶的耐水性。它是压敏胶一个重要的改性方向。而通过少加乳化剂、选用高效乳化剂、反应型乳化剂等办法以及一些场合只能用溶剂型压敏来达到目的。但是在一些场合又需要水溶能力强的压敏胶。比如造纸行业、缓释药物行业、树木嫁接、植物记号等园艺方面、啤酒瓶用热水溶与碱溶标签胶行业。因此发展出水溶胶型压敏胶及可再浆化型压敏胶。

一、水溶胶型聚丙烯酸酯压敏胶

将一定配比的各种丙烯酸酯单体（其中至少有一种是亲水性的酸性官能单体如丙烯酸、甲基丙烯酸、马来酸或马来酸酐等），用本体共聚、溶液共聚、悬浮共聚或乳液共聚的方法，制得不含溶剂或只含少量有机溶剂的共聚物，然后用氨水或氢氧化钠水溶液将共聚物的羧基部分或全部中和，再用水稀释至一定的黏度，即可得到乳白色半透明的聚丙烯酸酯水溶胶（hydrosol）。这种水溶胶也可作为压敏胶黏剂。

用本体聚合方法制备的共聚物可直接中和并用水稀释；用溶液共聚的方法时，若有机溶剂较多则中和前应将溶剂尽量除去；用悬浮或乳液共聚的方法，则必须先将共聚物分离，洗去乳化剂和保护胶等杂质，干燥后用少量有机溶剂溶解，然后再中和并制成水溶胶。本体聚合和少量有机溶剂的溶液聚合方法用得较多。

在水溶胶中，共聚物是以极其微小的颗粒状态分散在水相中的。聚合物的平均粒径比乳液小，一般在 0.01～0.1μm 之间。亲水性的羧基及其中和后的盐基分布在共聚物颗粒的表面，使这种分散体系稳定。共聚物中羧基和盐基越多，形成的共聚物颗粒就越小，水溶胶也就越稳定。但亲水性基团太多，就会影响胶黏剂的耐水性。因此，控制共聚物中羧基的含量以及中和的程序，是制造一个性能好而又稳定的水溶胶型压敏胶的关键。据报道，采用烷基酚聚环氧乙烷或脂肪醇聚环氧乙烷将部分羧基酯化后再中和的办法，可以更好地调节压敏胶黏性能和水溶胶稳定性之间的关系。

用本体聚合或溶液聚合时，由于操作上的原因，共聚物的平均分子量不能太大，为了提高压敏胶的持黏力和耐老化性能，水溶胶中一般还需要加入三聚氰胺-甲醛树脂或其甲醇醚化物、多价金属盐或其螯合物等交联剂。为了进一步提高初黏力和剥离强度，也可加入松香类或石油树脂类增黏树脂。交联剂和增黏树脂等添加剂一般在共聚物中和以前加入，也可在聚合前或聚合过程中加入。

水溶胶型聚丙烯酸酯压敏胶黏剂的配方、实验室制备方法和主要性能举例如下：将丙烯酸 2-乙基己酯（2-EHA）80g、丙烯酸乙酯（EA）20g、甲基丙烯酸（MAA）10g、丙烯酸 2-羟基乙酯（2-HEA）5g、十二烷基硫醇 0.05g、偶氮二异丁腈 0.15g 均匀混合，置 10g 混合物于 1.0L 四口烧瓶中，搅拌下加热通氮 40min，然后在 83℃ 下滴加其余的单体混合物并在此温度下反应 4h，即可得到重均分子量为 7×10^5 的共聚物。再在 69℃ 强烈搅拌下滴加相当于共聚物中羧基含量的 0.45 倍的氨水和 200g 水进行中和和稀释，制得黏度（25℃）20Pa·s、固体含量 32.5%、平均粒径 0.09μm 的水溶胶型压敏胶黏剂。

这类压敏胶黏剂采用水为介质，避免了溶剂型压敏胶污染环境、易着火等缺点。但是，它在聚合时不用或只用少许溶剂，故聚合物的黏度往往很大，不易操作。最终压敏胶的黏度也较相应的乳液压敏胶大，因而胶黏剂的固含量不能做得像乳液压敏胶那样高，一般只能在 30%～45% 范围内。水溶胶的储存稳定性也不如乳液好。这些缺点使得它不能得到很快的发展。

二、可再浆化型聚丙烯酸酯压敏胶

在过去四十年中有许多专利文献也提出了增加压敏胶水溶性的方法，它们包括：

① 丙烯酸酯与含氨基的甲基丙烯酸酯的共聚物[88]；

② 被至少含一个醚键的可水溶增塑剂所增塑的丙烯酸与丙烯酸烷氧基烷基酯的共聚物[89]；

③ 将丙烯酸烷基酯与乙烯基羧酸共聚，并添加聚环氧乙烷作为增黏剂[90]；

④ 将丙烯酸酯与丙烯酸共聚，用强碱中和共聚物[91]；

⑤ 将丙烯酸烷氧基烷基酯与 N-烷氧氨基丙烯酸酯共聚，并用分子量小于 3000、室温下为液态的聚醚多元醇为增塑剂[92]；

⑥ 将丙烯酸、丙烯酸丁酯的共聚物混以浮油松香树脂增黏剂[93]；

⑦ 丙烯酸异辛酯、甲基丙烯酸和含羟基的（甲基）丙烯酸酯的共聚物[94]；

⑧ N-乙烯基内酰胺、N-乙烯基酰胺、丙烯酸和烷基乙烯醚的共聚物[95]；

⑨（甲基）丙烯酸烷基酯、含醚键的（甲基）丙烯酸酯、含羧基或羟基的不饱和单体的共聚物，加入金属螯合物，形成碱溶黏合剂[96]；

⑩ 将 1,4-环己烷二羟酸、5-钠代磺基间苯二甲酸二甲酯、二乙二醇、1,4-环己烷二甲醇和三羟甲基丙烷制成透明、无味带有支链结构的水分散性聚酯，177℃ 下与增黏剂和油混合 2h，得与聚乙烯膜有良好黏附性的热熔胶[97]。

聚合物主链具有亲水链段才拥有水溶性，通过改变不同的亲水链段，能获得在碱性、中性乃至酸性 pH 范围内完全的水溶性。

制备可再浆化型压敏胶的方法大致有两种：

① 先制成含羧基的压敏胶共聚物，再将含羟基的亲水基团在一定溶剂介质中酯化接到共聚物上，使其具有亲水性。如 Witt 等人即用此法制备可再浆化型压敏胶[98]。以丙烯酸丁酯、醋酸乙烯酯和马来酸酐制成三元共聚物，再用酯化剂 CO-630 使其酯化，中和后即得可

再浆化型压敏胶，性能见表3-6-49。

表 3-6-49　三元共聚可再浆化压敏胶的性能

共聚物质量比	CO-630/MAH （摩尔比）	180°剥离强度 /(N/25mm)	探针初黏性 /gf[①]	71℃蠕变/h
BA/VAc/MAH 78/10/12	0.355	8.8	34	>100
	0.399	9.5	29	>100
	0.532	14.3	106	>100
	0.666	23	389	>100
	0.798	6.5	150	0.02
BA/VAc/MAH 45/25/30	0.133	0	0	0
	0.353	0.25	0	0
	0.797	13.3	161	>100

① 1gf=9.8×10^{-3}N。

② 先制备水溶性大分子单体，其结构可用通式 X-Y-Z 表示。X 是可参与共聚反应的烯键基团，Y 是二价连接基团，Z 是亲水基团。将大分子单体与丙烯酸酯、极性单体共聚可得可再浆化型压敏胶。再浆化度定量分析按 TAPPI（制浆造纸技术协会）UM204 及 UM213 标准执行。如 D′HAESE 等即采用这种方法[99]。性能见表3-6-50。

表 3-6-50　三元共聚可再浆化型压敏胶的性能

三元共聚物组分（质量份）			180°剥离强度 /(N/25mm)	耐热剪切蠕变性能	
BA	AA	亲水单体		时间/s	位移/mm
50	20	30[①]	8.6	300	0.25
50	20	30[②]	7.5	300	<0.25
50	20	30[③]	6.3~6.8	300	0.25
55	20	25[①]	7.5	300	<0.5
55	15	30[①]	7.5	300	0.5
60	15	25[①]	—	300	1.0
60	20	20[①]	5.8	300	0.5

① $H_2C\!=\!CHCOO(CH_2CH_2O)_nH$。

② $H_2C\!=\!CH(CH_3)(C_6H_4)ONHCONHO(CH_2CH_2CH_2O)_nH$。

③ $H_2C\!=\!CHCONHC(CH_3)_2CONHO(CH_2CH_2CH_2O)_nH$。

要得到性能优异的压敏胶，还须加入中和剂、增塑剂、增黏剂、交联剂等改性剂。中和剂的加入可大幅度提高压敏胶的水溶性能，同时也可改善其胶黏性能。在实际应用中使用的中和剂包括 KOH、NaOH 等碱金属氢氧化物，或将其与三乙醇胺混用为中和剂。中和剂的种类及中和度对压敏胶性能的影响分别见表3-6-51和表3-6-52。

表 3-6-51　不同中和剂对剥离强度的影响

中和剂的种类及配比[①]	中和度/%	180°剥离强度/(N/25mm)
NaOH	50	3.1~4.0
NaOH/KOH　3/1	75	3.8~4.4
NaOH/TEA　3/1	75	5.5~7.6
NaOH/TEA　2/1	75	8.3~9.1
NaOH/KOH/TEA　6/1/1	75	6.3~7.5

① 指物质的量之比。

表 3-6-52 中和度对压敏胶性能的影响

酯化剂/MAH(摩尔比)	中和度/%	180°剥离强度/(N/25mm)	探针初黏/gf[①]	71℃蠕变性	水溶性	可浆化性
0.399	0	3.8	—	—	×	×
	50	13.3	24	100h	×	×
	75	12.8	50	100h	×	×
	100	9.5	29	100h	水分散	通过
0.532	0	3.0	—	—	×	×
	50	19.3	208	2min	×	×
	75	14.5	127	100h	通过	通过
	100	14.3	106	100h	通过	通过
0.666	0	20.0	—	—	×	×
	50	21.5	401	1min	×	×
	75	23.3	341	1min	通过	通过
	100	23.0	389	100h	通过	通过
0.798	0	5.5	274	—	×	×
	50	15.5	281	1min	通过	通过
	75	13.3	194	1min	通过	通过
	100	6.5	150	1min	通过	通过

① 1gf = 9.8×10^{-3} N。

注：共聚物为 BA/VAc/MAH（78/10/12），酯化剂为 CO-630，中和剂为 NaOH。

随着对环保及废物回收利用的日益关注，能节约纸浆而不产生污染的可再浆化型压敏胶必将得到推广。同时由于其独特性能，也能在其他领域得到应用。国内对于可浆化型压敏胶的报道不多，金立维等作了综述[100]，唐晓湘[101,102]等人做了相关工作。随着对这方面研究的逐步深入，国内也将出现可替代进口产品的相关国产胶带。

第七节 辐射固化型聚丙烯酸酯压敏胶

近几年由于溶剂，能源价格上涨，对环境污染的限制，各国对非溶剂型压敏胶的开发十分重视，目前溶剂型压敏胶有减少的趋势，水剂（或乳液）型压敏胶正在形成主流，热熔型压敏胶已经达到实用阶段。作为下一代的辐射固化（包括电子束、紫外线）压敏胶，从 1960 年发表专利以来，一直引起人们的注意。

它是一种由不含溶剂的液状低分子量聚合物，加入适当交联剂、链增长剂等助剂配合组成的压敏胶黏剂。当涂于背材上通过热、紫外线或电子束照射等方法使低聚体交联，即可制成压敏胶黏制品。这种压敏胶既保持了热溶压敏胶的长处，又因化学交联克服了热熔压敏胶易受到热氧老化和不耐高温的不足。与水基压敏胶相比，既不存在耐水性的问题，又能实现高速涂布，因而在几类环境友善的压敏胶中最为理想。

这类辐射固化压敏胶一般含有光聚合性低聚物、单体、光引发剂、活化剂、链转移剂、增黏树脂等组成物。辐射能量一般有 UV（紫外线）与 EB（电子束）两种。用 UV 辐射固化一般需加光敏剂；而电子束的能量大，只要通过照射便能直接使压敏胶固化。不过，需要小心控制辐射剂量，以免伤害基材。辐射固化压敏胶主要有以下三种组分搭配体系。

① 增黏树脂和某些无机填料如粉末状硅胶、细微的中空玻璃纤维簇等与各种丙烯酸酯

单体的混合物。由于增黏树脂的溶解和无机填料的混入，使单体混合物变成适于涂布的糖浆状液体压敏胶。涂于基材并经电子束照射后，单体发生共聚反应，固化成具有一定压敏胶黏性能的丙烯酸酯共聚物[105,106]。若用紫外线照射固化，则在配方中还必须加入安息香醚、二苯甲酮等光敏剂。

② 将丙烯酸酯聚合物溶解在一定配比的丙烯酸酯单体中[107]或者将丙烯酸酯单体的混合物聚合到转化率为约 10％左右所得到的黏稠液体[108]。为了提高性能，一般还要加入双丙烯酸乙二醇酯、三丙烯酸三羟甲基丙酯等交联剂。这样配制成的液体压敏胶涂于基材上经电子束照射后就能形成具有压敏胶黏性能的接枝或嵌段共聚物，若采用紫外线固化，则配方中还必须加入安息香醚、苯乙酮等光敏剂，有时还需加入氯化石蜡、氯化芳香醚等固化促进剂。据报道，某些三嗪类化合物是这种压敏胶的有效光交联剂[109]。

③ 反应性丙烯酸酯预聚物及其与丙烯酸酯单体的混合物。属于这些反应性预聚物的有：带环氧基的丙烯酸酯共聚物与丙烯酸的反应产物[110]、带羧基的丙烯酸酯共聚物与（甲基）丙烯酸环氧丙酯的反应产物[111]，以及聚酯、聚醚、环氧树脂和聚氨酯等丙烯酸双酯[112]。表 3-6-53 为几种代表性的光聚合性的丙烯酸酯单体物理性质[113]。

表 3-6-53　代表性的光聚合性丙烯酸酯单体的物理性质

分类	单体名称	代号	相对分子质量	色相（APHA①）	相对密度 d_4^{25}	黏度（25℃）/mPa·s	着火点（OC）/℃
单官能团	丙烯酸-2-乙基己酯	EHA	184	＞20	0.887②	1.54	245
	丙烯酸-2-羟基乙酯	HEA	116	＞50	1.109②	5.34③	104
	丙烯酸-2-羟基丙酯	HPA	130	＞50	1.054②	8.06③	100
二官能团	1,3-丁二醇二丙烯酸酯	BGDA	198	＞50	1.05	9	118
	1,4-丁二醇二丙烯酸酯	BUDA	198	＞150	1.08	29	132
	1,6-己二醇二丙烯酸酯	HDDA	226	400～500	1.01	5	109
	二乙二醇二丙烯酸酯	DFGDA	214	0～10	1.11	7	130
	新戊二醇二丙烯酸酯	NPGDA	216	50	1.02	5	108
	聚乙二醇 400 二丙烯酸酯	PEG400DA	522	40	1.12	50	＞115
	羟基叔戊酸新戊二醇酯二丙烯酸酯	HPNDA	312	＞50	1.04	20	166
三官能团以上	三羟甲基丙烷三丙烯酸酯	TMPTA	295	＞100	1.11	50～150	181
	季戊四醇三丙烯酸酯	PETA	298	200	1.18	600～900	82
	二季戊四醇六丙烯酸酯	DPHA	578	130～200	1.17	3000～6000	140

① 美国公共卫生协会：氯铂酸钾标准色度。

② 20℃时的相对密度。

③ 28℃时的黏度。

近几年，在一些发达国家出现了一股射线固化型压敏胶的开发热。Satomer 公司介绍了一种以两种丙烯酸酯单体［丙烯酸 2-（2-乙氧基）-乙氧基乙酯（SR-256）和丙烯酸乙氧基壬基酚酯（CD-504）］为主体，配以增黏树脂、聚氨酯低聚体以及少量光引发剂、抗氧剂和阻聚剂混合而成的可 UV 固化交联的压敏胶黏剂[114]，可以在常温下以 7.6m/min 的速度涂布，经中压汞灯照射后即可制得性能很好的压敏胶带。H. B. Fuller 公司报道了一类用丙烯酸酯化了的聚酯低聚体、增黏树脂和丙烯酸酯单体 SR-256 混合制成的 UV 固化交联型压敏胶，可在80～110℃进行涂布操作，具有很好的耐热和紫外线稳定性、色泽以及很好的粘接性能，尤其是对聚乙烯的粘接性能比溶剂型压敏胶还好。若采用分子量较低的聚酯低聚体，甚至还能配制出可在室温进行涂布操作的 UV 固化压敏胶[115]。BASF 公司开发的 UV 固化交联型压敏胶是一种分子量为 20 万～50 万的丙烯酸酯可热熔聚合物，可以单独或与增黏树脂混合后在120～140℃温度下将其涂布于各种基材上，经紫外线照射后产生化学交联，制得各种性能优良，可以在－30～110℃宽广温度范围内使用的压敏胶黏制品。苯乙酮类光引发剂分子是直接连接在丙烯酸酯的酯基上的，无需另加低分子量的光引发剂。这是该项技术的特点，具有无空气表面阻聚、不存在过量光引发剂分子迁移、分解而产生有毒物质以及性能重现性较好等特点[116,117]。

南京中雪目前尝试了用 UV 辐射引发和热引发本体聚合制备泡绵压敏胶。通过调节配方工艺使得本体聚合顺利平稳进行，预聚物黏度得到有效控制，转化率达到95％以上。预聚物再与助剂混合均匀后进行交联发泡，这样使得基材与压敏胶一体化，最后达到防震、隔热、耐候目的。在一定程度上改进了一般泡绵胶带压敏胶聚合物涂布于泡面基材形成的胶带所带来的脱胶以及耐候、耐持久性差等缺点[118～120]。

第八节　非水分散型聚丙烯酸酯压敏胶

分散聚合是一种特殊类型的沉淀聚合。它是英国 ICI 公司于 20 世纪 70 年代初最先提出来的。其单体、稳定剂和引发剂都溶解在介质中，反应开始前为均相体系，但生成的聚合物不溶在介质中，聚合物链到达临界链长后，便从介质中沉淀出来。与沉淀聚合不同的是沉淀出来的聚合物链不是形成粉末状或块状的聚合物，而是形成类似于聚合物乳液的稳定分散体系。当反应介质不是水时，则称为非介质的分散聚合，即非水分散聚合。该聚合方法工艺简单，可适用各种单体。一般情况下，聚合物颗粒粒径为 0.005～2.0μm，平均分子量可达100 万，且在固含高达 60％～70％时依然适于涂布操作[121,122]。

分散聚合中，分散介质通常为脂肪烃类（如溶剂、汽油、庚烷）和烃氯代物（如四氯化碳）等。分散聚合中的稳定剂须有很大的位阻效应。常用的稳定剂有聚乙烯基吡咯酮（PVP）、羟丙基纤维素（HPC）等。另外稳定剂分子若能接枝到聚合物链上可得更好效果的位阻型稳定剂；预先制成的嵌段和接枝共聚物也是极好的位阻型稳定剂。这种稳定剂一部分是亲聚合物的，而另一部分是亲介质的。在应用较多的分散聚合中，引发剂与溶剂和乳液聚合相同，一般为过氧化物、偶氮双腈类。

分散聚合稳定机理与乳液聚合不同。它是通过位阻稳定机理来实现的。通过在微粒的表面建立起一层可以溶解在分散介质中的聚合物保护性屏障，达到分散和稳定目的。其聚合粒子生成与增长的理论目前尚无定论，但人们主要倾向于两种机理：一种是低聚物沉淀机理；另一种是接枝共聚物聚结成核机理。前种机理也是乳液聚合成核机理之一。后一种是反应开始后，由自由基引发，在稳定剂分子链上活化氢位置进行接枝反应，形成接枝共聚物。这些接枝共聚物中的聚合物链聚结到一起形成核，而稳定剂链则伸向介质，以使颗粒稳定地悬浮在介质中。颗粒不断地从介质中吸收单体进行聚合反应，使颗粒不断长大，直至反应结束。

分散聚合反应动力学很复杂。影响反应动力学的因素较多，主要有：

① 温度　温度上升时，聚合物粒径变大，分布变宽，聚合反应速率加快，聚合物平均分子量下降。

② 稳定剂　稳定剂接枝链的长度、分子量、浓度对聚合物粒径、聚合物平均分子量、聚合反应速率都有一定的影响。Kajari K 等[123]认为接枝链的长度增长，使聚合物平均分子量及反应速率增长。稳定剂用量对聚合速度的影响是：在低浓度（<1%）范围，聚合速度与稳定剂浓度约呈一次方关系；浓度较高时，对聚合反应速率的影响不明显。

③ 溶剂　当溶剂百分含量变大，粒径及分子量变大。溶剂的极性对粒度分布也有很大影响。

丙烯酸酯类单体通常也可用于非水分散聚合。由于非水分散聚合得到的聚合物有高的聚合度，其分散液有高固含、低黏度特点。分散聚合得到的聚丙烯酸酯的非水分散液也可作为压敏胶黏剂使用。文献报道了甲基丙烯酸、丙烯酸丁酯、丙烯酸羟丙酯等非水分散聚合，得到稳定非水分散液[124~126]。丙烯酸与甲基丙烯酸十八烷基酯共聚合也可得到稳定的非水分散乳液[127]。适当单体搭配下可获得粘接强度高的压敏胶[128]。

参 考 文 献

[1] Peckmann H V, Rohm O. Berichte der Deutschen Chemis Chen Gesellschaft, 1901, 34：429.

[2] Bauer W. Roehm, Haas AG. German, Patent 575327. 1933.

[3] 王建雄. 北美胶粘剂及密封剂行业综述. 第十五届中国胶粘剂和胶粘带行业年会资料, 2012.

[4] Michael. 美国压敏胶粘带市场报告. 第十五届中国胶粘剂和胶粘带行业年会资料, 2012.

[5] 杨羽. 中国大陆胶粘剂和胶粘带市场报告. 第十五届中国胶粘剂和胶粘带行业年会资料, 2012.

[6] 杨玉昆. 压敏胶粘剂. 北京：科学出版社, 1994. 152-155.

[7] 大森英三著. 丙烯酸酯及其聚合物. 朱传棨译. 北京：化学工业出版社, 1985.

[8] 曾家宪. 压敏胶粘剂技术手册. 河北华夏实业（集团）股份有限公司内部资料, 2000.

[9] 伊藤俊男. 日本接着协会志, 1977, 13 (1)：22-29.

[10] 福沢敏司著. 压敏胶技术. 吕凤亭译. 北京：新时代出版社, 1985：48.

[11] 林尚安. 高分子化学. 北京：科学出版社, 1998.

[12] Rohm and Hass, US 4045517. 1977.

[13] 早乙女和雄. 接着（日）, 1984, 28 (6), 15-20.

[14] 公开特许公报, 昭 56−26966. 1981.

[15] 公开特许公报, 昭 57−137373. 1982.

[16] 公开特许公报, 昭 58−61160. 1983.

[17] 公开特许公报, 昭 58−53969 (1983)；58−53970 (1983)；58−53973 (1983)；58−53974 (1983)；56−74166 (1981)；57−137371 (1982).

[18] 公开特许公报, 昭 56−67380 (1981).

[19] 伊藤俊男. 日本接着协会志, 1977, 13 (2)：59-66.

[20] Satas D. Adhesives Age, 1972, 15 (10)：19-23.

[21] Satas D. Adhesive Tapes, Polymer Conference Series. 1967.

[22] Satas D. Handbook of Pressure-Sensitive Adhesive Technology, 1982.

[23] 赵临五、王体明. 高剪切多用途丙烯酸系列乳液压敏胶研究报告. 中国林科院林化所.

[24] Satas D, Mihalik R. J Appl Poly Sci, 1968, 12：2371-2379.

[25] USP 3738971. 1973.

[26] Warson H. Eur Adhesives sealants. 1986 (Dec.)：4-14.

[27] US 3284423. 1966.

[28] US 4038454. 1977.

[29] US 3579490. 1977.

［30］ US 2973286. 1961.

［31］ British patent 930761. 1963.

［32］ Mendelsohn M A. Ind Eng chem.，Prod Res Dev，1964，3：67-72.

［33］ Fravel H G，Cranley P E. Adhesive Age，1984，27（11）：18-20.

［34］ Brenner，W. Explorary Rsearch on Novel Ambient Temperature Curing Techniques for Adhesive s，Sealants and Laminates. NYU DAS 79-07. Naval Air Systems Contract NO. N00019-78-c-0169，New York University. 1979.

［35］ Mark，H. Proceedings of the Symposium on Adhesion and Cohesion，Elsevier，Amsterdam，1962，240-269.

［36］ US 3492260. 1970.

［37］ US 3971766. 1976.

［38］ US 3983297. 1976.

［39］ 杨玉昆，李宗禹. KHP-1丙烯酸酯压敏胶的研制. 中国科学院化学研究所研究报告，1985.

［40］ Hagen J. Adhesives Age，1979，22（3）：29.

［41］ 杨玉昆，李宗禹. 粘接，1988，9（5）：1-5.

［42］ US 3728148. 1973.

［43］ US 4540739. 1985.

［44］ 日本综研化学株式会社末华技术座谈资料，1985.

［45］ 伊藤俊男. 日本接着协会志，13（1），22-29（1977）.

［46］ 张在新. 化工产品手册. 北京：化学工业出版社. 1999，47-497.

［47］ 大久保政芳. 日本接着协会志，17（5），185-191（1981）.

［48］ 金正中. 涂料工业，1984（2）9-11.

［49］ Ruckenstein E，Kim K. Polymerization in Gel-like Emulsion. J Appl Polym Sci，1988，36（4）：907-23.

［50］ Ruckenstein E，Li H. A new Concentrated Emulsion Polymerization Pathway. J Appl Polym Sci，1992，46：1277.

［51］ 张洪涛. 超浓乳液聚合及应用. 高分子通报，1995，（2）：25.

［52］ 廖世平，杨玉昆. 苯乙烯-丙烯酸丁酯体系超浓乳液的稳定性及共聚合的研究. 化学与黏合，1999，（2）：57-59.

［53］ 山文俊. 日本特许公开 05255411. 1993.

［54］ Yoichi K. Advance in Acrylic Emulsion Type PSAS，PIPSAT'97 Japan，1997. 121-124.

［55］ Schneider M J，Claverie C. High solids content emulsions. 1. A study of the influence of the particle size distribution and polymer concentration on viscocity. J Appl Polym Sci，2002，84：1878-1896.

［56］ Schneider A. High solids content emulsions. 2. Preparation of seed lattices. J Appl Polym Sci，2002，84：1897-1915.

［57］ Schneider A. High solids content emulsions. 3. Synthesis of concentrated lattices by classi emulsion polymerization. J Appl Polym Sci，2002，84：1916-1934.

［58］ Schneider A. High solids content emulsions. 4. Improved strategies for producing concentrated lattices. J Appl Polym Sci，2002，84：1935-1948.

［59］ 刘奕. 高固含、低黏度丙烯酸乳液压敏胶研制. 粘接，2000，21（4）：1-3.

［60］ 刘奕. 玻纤网格用高固含丙烯酸乳液压敏胶研制. 丙烯酸化工与应用，2000，13（3）：14-16.

［61］ 刘奕. 高固含、低黏度丙烯酸乳液压敏胶工业化生产中黏度控制讨论. 中国胶黏剂，2003，1（3）：1-6.

［62］ 公开特许公报，昭 57-57707. 1982.

［63］ 公开特许公报，昭 58-185667. 1983.

［64］ 公开特许公报，昭 58-187476. 1983.

［65］ 公开特许公报，昭 58-189274. 1983.

［66］ 杨玉昆. 压敏胶黏剂的技术发展. 粘接，1999（增刊）：56.

［67］ Matsumoto T，Ochi A. Kobunshih Kagaku，1996，22：481.

［68］ DE 3118373. 1982.

［69］ Tauer K. Makromol Chem，Macromol. symp，1990，31：107.

［70］ Chen S A. J Appl Polym Sci，1983，28：2615.

［71］ US 209249. 1988；DE 3239527. 1984.

［72］ Brit. Pat. 1427789. 1976.

［73］ Urquiola M B. J Polymer Sci，Polym Chem，1992，30：2619.

［74］ 张洪涛. 可聚合表面活性剂及其乳液聚合. 中国胶黏剂，1994（3）：44-47.

[75] 廖世平. 超浓乳液及乳液型丙烯酸酯压敏胶改性研究 [D]. 中国科学院化学研究所, 1998: 22-27.

[76] 竹中彰. 丙烯酸系压敏胶的技术动向. 日本接着学会志, 1998, 34 (12): 494-499.

[77] 山本卓彦. 丙烯酸系乳液. 接着, 1998, 42 (8): 1-6.

[78] 公开特许公报, 昭 57－70142. 1982.

[79] 公开特许公报, 昭 56－161484. 1981.

[80] 贝特曼 D L 著. 热熔胶黏剂, 石镇楷译, 北京: 轻工业出版社, 1989: 426－437.

[81] US 4052527.

[82] US 3925282.

[83] US 4045517.

[84] US 3152940.

[85] 公开特许公报, 昭 58－136671. 1985.

[86] USP 4482675 (1984).

[87] 公开特许公报, 昭 60－76577. 1985.

[88] USP 3321451. 1965.

[89] USP 3441430. 1969.

[90] USP 3865770. 1975.

[91] DE 2904233. 1979.

[92] USP 4442258. 1980.

[93] USP 4413080. 1982.

[94] EP 147067. 1984.

[95] DE 3818425. 1988.

[96] JP 06184508. 1994.

[97] WO 9708261. 1997.

[98] US 4482675. 1984.

[99] WO 93106184. 1993.

[100] 金立维. 可再浆化压敏胶的研究进展, 中国胶黏剂, 2001 (3): 42-44.

[101] 唐晓湘, 周秀云. 97′中国粘接及密封技术论文集 [C], 1997, 320.

[102] 完定邦. 97′中国粘接及密封技术论文集 [C], 1997, 357.

[103] 佐佐木隆. 日本接着协会志, 1982, 18 (1): 26-31.

[104] 冈田纪夫. 日本接着协会志, 1984, 20 (6): 256-267.

[105] US 4223067. 1980.

[106] Shanks. J Mackromol Sci Chem, 1982, A17: 77.

[107] US 3897295. 1975; US 4150170. 1979.

[108] US 4181751. 1980; EP 24839. 1981.

[109] PCT Int. Appl. WO 81-02261 (1981); 82-02559 (1982).

[110] Ohta T. Radiat Phys Chem, 1983, 22795.

[111] 公开特许公报, 昭 57－14670; 57－14671; 57－14672; 57－14471; 57－109873; 61－118480 (1986).

[112] US 4305854. 1981.

[113] 种红. 中国胶粘剂工业协会第二届年会会刊, 1984: 60.

[114] Craig G. UV Curabale Monomers and Oligmers In PSA Applications. Adhesive Age, 1997, (3): 50-55.

[115] Tom K. UV Curabale PSAs Argument Existing Adhesive Technologies. Adhesive Age, 1998, (7): 29－33.

[116] Jurgen B. UV Curabale Polyacrylate Itot-Melt Polymers for PSAs. Adhesive Age, 1997, 4: 22-24.

[117] James J. Emerging Acrylic Emulsion and UV Cure Progress for PSA, Labels, Adhesive Age, 1998 (10): 34-38.

[118] 南京中雪胶黏带制造有限公司技术资料, 2012.

[119] Rehmer G R. UV-cross-linkable materials based on (methyl) acrylate polymers. U. S. patent5128386 assigned to BASF AG, 1992.

[120] Meyer-Roscher. Radiation curable acrylic systems, in handbook of pressure sensitive adhesive technology, Satas D, Ed. Satas&Associates: Warwick, RI, 1999.

[121] Croucher M D. Future Dir Polym Colloid, 1987, 138: 209.

[122] Barret K E J. Dispersion Polymerization In Organic Media，New York，Interscience，1975.

[123] Kajari K. J Appl Polym Sci，1993，49：1309-1329.

[124] 唐康泰. 应用化学，1994，11（2）.

[125] Tseng C M. J Appl Polym Sci，Part A：Polym Chem ED，1986，24：2995.

[126] Ober C K. J Polym Sci，Part A：Polym Chem ED，1987，25：1395.

[127] 徐克强. 石油化工．1990，9：700-703.

[128] Mikhil M. Technology of Pressure-sensitive Adhesives and Products，Edited by Istvan B. CRC press，2009.

第七章

热熔压敏胶和热塑弹性体压敏胶

杨玉昆 孔卫 田建军

热熔压敏胶黏剂（hot melt pressure sensitive adhesive，HMPSA）是以热塑性聚合物弹性体为主要基体材料制成的压敏胶黏剂，集热熔胶和压敏胶的特点于一体，无溶剂，无污染，使用方便。它可以在熔融状态下进行快速涂布加工，用隔离纸或隔离膜保护，冷却固化后具有压敏胶的特性。施加轻度指压就能起到黏合作用。在涂布后也可直接将基材加压黏结复合在一起，它经冷却固化后可以快速形成粘接。

与溶剂型压敏胶和乳液型压敏胶相比，热熔压敏胶主要有以下几个优点：①可快速涂布，不需要干燥，适于高速生产的要求；②能涂布较厚的胶层，胶层中无残留溶剂；③能黏合聚乙烯、聚丙烯等难粘接材料；④生产和使用过程中无三废排放，不含有机溶剂，有利于环保；⑤因无溶剂，储存时间长，在 0℃ 以下的温度储存时，对产品性能没有显著的影响；⑥制作和使用简单，可以很方便地在生产和停产之间切换。

近几年，热熔压敏胶产业得到了快速发展。它的这些特性决定了热熔压敏胶在很多方面的广泛应用。其广泛应用于尿布、妇女用品、双面胶带、标签、包装、医疗卫生、书籍包装、表面保护膜、木材加工、壁纸及制鞋等方面。

在欧美国家，热熔压敏胶工业经过不断发展，已经成为市场上最重要的压敏胶种类之一。由于工业水平及原材料的问题，我国的热熔压敏胶的研究和生产起步较晚。经过近十几年工业的快速发展，我国热熔压敏胶产品的市场需求量大幅度提升，一些胶黏剂跨国公司，如汉高（Henkel）、富乐（H B Fuller）、波士（Bostik）等，都相继在我国投资建厂。近几年，台湾的南宝、宏盛、诚泰也加入到该行业的竞争中，国内生产热熔压敏胶的厂家也增加到多家，如嘉好等。随着我国工业化进程的加速及人民消费水平的迅速提高，热熔压敏的技术及产量将继续保持快速的发展和提高。

目前，热熔压敏胶的绝大多数都是采用苯乙烯嵌段共聚物（styrenic block copolymers，缩写为 SBC，如 SBS、SIS 等）这类热塑弹性体作为主体材料，配以增黏树脂、软化剂、防老剂及其他添加剂等材料，经加热熔融并均匀混合后即可制成，可直接进行涂布使用。因此这类压敏胶也称为热熔型 SBC 热塑弹性体压敏胶。目前人们所说的热熔压敏胶一般就是指这一类。

本章主要介绍这类热熔型 SBC 热塑弹性体压敏胶黏剂。此外，本章第四节还介绍了由
SBC 热塑弹性体配制成的溶剂型压敏胶。

第一节 苯乙烯嵌段共聚物（SBC）的基本结构和性能

一、苯乙烯嵌段共聚物（SBC）的基本结构

苯乙烯嵌段共聚物（SBC）热塑性弹性体是热熔压敏胶的主体成分。这类共聚物热塑性
弹性体具有 A-B-A 型三嵌段分子结构。A 代表硬的苯乙烯塑料链段，B 代表柔的弹性橡胶
链段。苯乙烯嵌段共聚物热塑性弹性体中最常见的就是苯乙烯-异戊二烯-苯乙烯（SIS）和
苯乙烯-丁二烯-苯乙烯（SBS）嵌段共聚物。其中，苯乙烯链段的玻璃化温度（T_g）远远高
于室温，而弹性橡胶链段的 T_g 远远低于室温。由于 A 段和 B 段的化学特性不同而导致的热
力学不相容，使体系产生微观结构的相分离，形成两相结构，如图 3-7-1 所示。

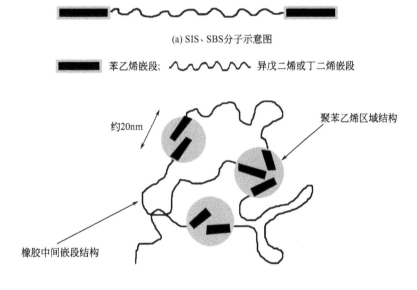

(a) SIS、SBS分子示意图

■■■ 苯乙烯嵌段；　～～～ 异戊二烯或丁二烯嵌段

约20nm

聚苯乙烯区域结构

橡胶中间嵌段结构

(b) SIS、SBS微观两相结构示意图

图 3-7-1　SIS、SBS 两相结构示意图

苯乙烯类嵌段共聚物最大的特点是室温下它的性能与硫化橡胶相似。已经有两种机理来
解释这种独特的现象。第一种机理假设硬的聚苯乙烯相起到了类似常规硫化橡胶中增强填料
（如炭黑）的作用，这一机理得到了如下事实的支持：聚苯乙烯相的大小约与典型的增强填
料颗粒尺度相同，能很好地分散在橡胶相中，并与橡胶相牢固结合。另一种机理则认为缠结
聚合物链的滑动造成了强度上升。SBC 的另外一个特点是其弹性模量异常高，并且不随分
子量而变化。有人将这种现象归因于中间弹性嵌段之间的相互缠结，起到了交联的作用。苯
乙烯嵌段共聚物中聚苯乙烯相为刚性相，而聚二烯烃（聚丁二烯或聚异戊二烯）相为软性
相。由于热力学不相容，体系会表现出两个玻璃化转变温度。在室温下体系的硬段部分
具有硫化橡胶的性质，能像其他橡胶弹性体那样赋予压敏胶黏剂以足够的弹性和内聚强
度。当温度高于硬段的 T_g 时，硬段相的微观相结构消失，使体系在高温下又具有可塑

性，加热后能够熔融，并使压敏胶具有热熔可涂布的特点。这个过程是可逆的。塑料相的交联是可逆的物理交联，当将它溶于有机溶剂或加热熔融时，硬段塑料相被溶解或熔融，失去交联作用；而在溶剂挥发或融体冷却后，塑料相又分离沉淀出来，并恢复了原来的交联作用。

一般情况下，球状塑料相的直径只有几十纳米，比可见光波长还短。因此，此时的热塑弹性体都是透明的橡胶状固体。

目前，工业上已有两类比较重要的热塑性弹性体的生产和销售。其中一类的中间分子链段是不饱和的橡胶链段，代表性的有苯乙烯-丁二烯-苯乙烯（简称 SBS）嵌段共聚物和苯乙烯-异戊二烯-苯乙烯（简称 SIS）嵌段共聚物。其中 SIS 更适合因而更多地被应用于制造压敏胶。这类不饱和的热塑性弹性体最早由壳牌（Shell）化学公司在 1965 年投放市场。之后发展很快，2006 年世界仅 SIS 的年销售量就已达 30×10^4 t，其中约 80% 用于胶黏剂。我国目前也已有成熟的 SBS 和 SIS 嵌段共聚物的工业化产品：岳阳巴陵石化已有年产 20×10^4 t SBS 和 2.8×10^4 t SIS 的生产能力。另一类的中间分子链段是饱和的橡胶链段，代表性的有苯乙烯-乙烯/丁烯-苯乙烯（简称 SEBS）嵌段共聚物和苯乙烯-乙烯/丙烯-苯乙烯（简称 SEPS）嵌段共聚物。这类饱和热塑性弹性体从 1972 年开始投放市场，我国大陆目前也已有工业化产品：岳阳巴陵石化有年产 2×10^4 t SEBS 的生产能力。

二、SBC 热塑性弹性体的合成

SBS 和 SIS 嵌段共聚物热塑性弹性体通常是在有机溶剂（环己烷）中用金属烷基化合物（如正丁基锂或仲丁基锂）作催化剂、四氢呋喃为活化剂，由相应的单体经分步阴离子聚合制得。也可以采用先进行分步阴离子聚合，然后将两个分子链段用偶联剂偶联起来的方法制得。

用分步聚合法只能得到线性嵌段共聚物；当采用多官能偶联剂时，用偶联的方法则还可以制得多分枝的嵌段共聚物。常用的偶联剂有有机多卤化物和多烯类化合物，如二溴甲烷、二乙烯基苯等。

用分步合成方式，可以得到两嵌段共聚物（即 A-B 结构）和三嵌段共聚物（即 A-B-A 结构）。在常用的 SIS 和 SBS 牌号中，有纯三嵌段共聚物，如科腾的 Kraton D1160。但多数牌号都是两嵌段共聚物和三嵌段共聚物的混合物。除线型结构外，用偶联的方法可合成星型结构，通常有三臂、四臂或多臂的星型结构。

饱和的热塑性弹性体 SEBS 和 SEPS 也可用上述方法制得，但一般是采用 SBS 和 SIS 催化氢化的方法制得的。

三、SBC 热塑性弹性体的基本性能

绝大多数商业化的 SBC 热塑性弹性体是通过阴离子聚合制得的。阴离子聚合的特点是聚合过程可以得到精确的控制，高分子链的长度几乎相同。SBC 分子量的高低是非常重要的参数，用来平衡其热塑性弹性体的强度和加工性能。如果分子量太低，则机械强度太低，尤其是抗剪切蠕变力差。如果分子量太大，则热熔黏度太高，将无法加工。一般分子量会在 $(0.5 \sim 5) \times 10^5$ 之间。硬段和软段的分子量也将影响到热塑性弹性体的性能及压敏胶的性能。不同 SBC 热塑性弹性体的相应嵌段各自具有不同的 T_g（见表 3-7-1），不同 SBC 热塑性弹性体的动态力学性能也不同（见图 3-7-2）。这些性能直接影响压敏胶的工作温度、耐低温性能和压敏黏合性能。SBC 热塑性弹性体中 SIS 的模量最低，所以更适合制作

压敏胶。

表 3-7-1　SBC 相应嵌段的玻璃化温度 T_g

表 3-7-1　SBC 相应嵌段的玻璃化温度 T_g

相应嵌段	苯乙烯	异戊二烯(SIS)	丁二烯(SBS)	乙烯-丁烯(SEBS)	乙烯-丙烯(SEPS)
T_g/℃	100	−60	−85	−55	−55

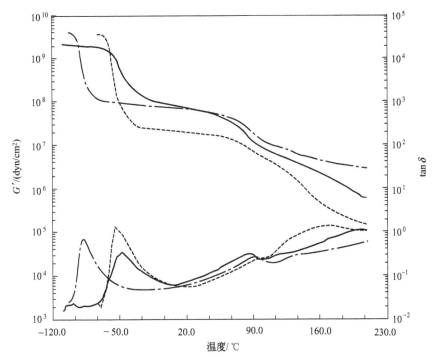

图 3-7-2　不同 SBC 的储能模量 G'（上）和损耗因子 $\tan\delta$（下）对温度的曲线[1]

（苯乙烯含量都是 30％，$1\mathrm{dyn/cm^2}=0.1\mathrm{Pa}$）

——— SEBS；-------- SIS；—·—·— SBS

　　嵌段共聚物组成的变化可以引起两相结构以及共聚物物理和力学性能的相应变化。当聚苯乙烯的含量较高（大于 20％）时，塑料相开始由球状转变为尺寸较大的棒状或片状分散在橡胶相中。此时聚合物开始变成半透明或不透明的橡胶状固体，但拉伸时的应力-应变曲线仍与硫化橡胶相似。当聚苯乙烯含量超过 30％ 时，开始出现连续的棒状或片状塑料相，此时聚合物在拉伸时就开始表现出具有塑性特点的屈服应力和冷流现象。随着聚苯乙烯含量的继续增加，塑料相可以全部由分散相转变为连续相。此时，聚合物则完全由热塑弹性体变为硬而韧的塑料。聚苯乙烯含量对线性 SBS 拉伸性能影响的例子见图 3-7-3。

　　市售的热塑弹性体一般都是苯乙烯含量在 10％～40％ 范围内的嵌段共聚物。外观视后加工的不同有粉末状、碎屑状、多孔状或致密的颗粒状固体等数种。

四、市售 SBC 热塑性弹性体产品的品种牌号和技术指标

　　目前，SBC 热塑性弹性体的生产厂商主要有：科腾（KRATON）公司，意大利的宝利马利（Polimeri Europa）公司，日本的瑞翁（ZEON）和旭化成（ASAHI）株式会社，韩国的 LG 公司，我国大陆的岳阳巴陵石化公司、北京燕山石化公司，以及台湾的台橡公司和李长荣（LCY）公司等。这些公司生产的 SBS、SIS、SEBS 和 SEPS 等热塑性橡胶的部分（主要是适用于压敏胶的）产品牌号和技术指标如表 3-7-2～表 3-7-9 所示。

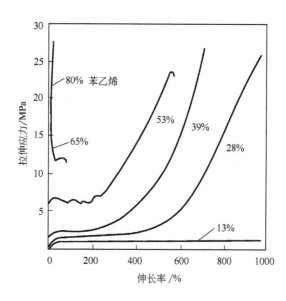

图 3-7-3　聚苯乙烯含量对一种线性 SBS 应力-应变性能的影响[2]

表 3-7-2　主要生产厂商的部分 SBS 产品的技术指标

生产厂商	产品牌号	苯乙烯含量/%	熔融指数/(g/10min)	双嵌段含量/%	拉伸强度/MPa	断裂伸长率/%	邵氏 A 硬度
KRATON	D1101K	31	<1	16	31	880	69
	D1153E	28	14	17	31	880	66
台橡	3201	30	—	18	>13	>700	80
	4230	38	13	—	>9	>800	87
李长荣	3501	32	—	10	—	—	—
	3546	40	6	0	—	—	88
	3566	30	6	10	—	—	70
巴陵石化	188	32	4	—	20	—	80
	791	30	1	—	15	—	70
	792	40	1	—	24	—	90

表 3-7-3　科腾（KRATON）公司的 SIS 产品技术指标

产品牌号	苯乙烯含量/%	双嵌段含量/%	熔融指数/(g/10min)	邵氏 A 硬度	拉伸强度/MPa	断裂伸长率/%
Kraton D1111K	22	18	3	45	20	1200
Kraton D1113P	16	55	24	23	4	1500
Kraton D1119P	22	66	25	30	4	1000
Kraton D1124K	30	30	4	54	14	1100
Kraton D1126P	19	0	9	52	32	1300
Kraton D-1161	15	17	12	37	31	1300
Kraton D1163P	15	38	23	25	10	1400
Kraton D1193P	24	20	14	53	18	1200

表 3-7-4 台橡公司的 SIS 产品技术指标

产品牌号	苯乙烯含量 /%	双嵌段含量 /%	熔融指数 /(g/10min)	邵氏 A 硬度	拉伸强度 /MPa	断裂伸长率 /%
1307	16	18	8	35	10	1050
1308	16	44	23	30	8	1200
2393	25	24	29	56	12	900
2311	18	0	11	50	11	900
2411	30	0	9	66	17	900

表 3-7-5 岳阳巴陵石化公司的 SIS 产品技术指标

产品牌号	苯乙烯含量 /%	双嵌段含量 /%	熔融指数 /(g/10min)	邵氏 A 硬度	拉伸强度 /MPa	断裂伸长率 /%
1105	15	0	8	39	15	1000
1106	15	17	8	39	8	800
1126	16	50	12	36	6	—
1209	29	0	10	70	20	800
4019	19	30	14	46	7	—

表 3-7-6 李长荣公司（LCY）的 SIS 产品技术指标

产品牌号	苯乙烯含量 /%	双嵌段含量 /%	熔融指数 /(g/10min)	邵氏 A 硬度	拉伸强度 /MPa	断裂伸长率 /%
5516	16	25	9	—	—	—
5517	15	38	20	—	—	—
5518	17	33	30	—	—	—
5519	19	<10	5	—	—	—
5525	25	25	3.5	—	—	—
5526	25	25	8	—	—	—

表 3-7-7 科腾（KRATON）公司的 SEBS 产品技术指标

产品牌号	苯乙烯含量 /%	双嵌段含量 /%	熔融指数 /(g/10min)	邵氏 A 硬度	拉伸强度 /MPa	断裂伸长率 /%
G1641H	34	0	<1	52	>17	>800
G1650M	30	0	<1	73	>27	500
G1651H	33	0	<1	61	>27	>800
G1652M	30	0	<1	70	>31	500
G1657M	13	29	8	47	23	750

表 3-7-8 台橡公司的 SEBS 产品技术指标

产品牌号	苯乙烯含量 /%	双嵌段含量 /%	熔融指数 /(g/10min)	邵氏硬度 A	拉伸强度 /MPa	断裂伸长率 /%
6150	29	—	<1	76	>20	>500
6151	32	—	<1	—	—	—
6152	29	—	<1	76	>15	500
6154	31	—	<1	—	—	—
6159	29	—	8	—	—	—

表 3-7-9　科腾（KRATON）公司的 SEPS 产品的技术指标

产品牌号	苯乙烯含量/%	双嵌段含量/%	熔融指数	邵氏 A 硬度	拉伸强度/MPa	断裂伸长率/%
G1701M	37	100	<1	64	2	<100
G1702	28	100	<1	41	—	—
G1730M	20	<1	3	61	—	—

第二节　SBC 热塑弹性体压敏胶的配合

与天然橡胶和其他合成橡胶一样，热塑性弹性体本身没有初黏性能。要将它们配成压敏胶黏剂，还必须添加增黏树脂、软化剂、防老剂以及其他添加剂。由于热塑弹性体具有两相聚集态结构，各种添加剂会因在两相中的相容性不同而对胶黏剂的性能有不同的影响。这就增加了热塑弹性体压敏胶黏剂配合的复杂性。

一、热塑弹性体压敏胶配合的基本原理

根据美国压敏胶带协会的定义[3]，压敏胶是一类固态具有持久黏性，在很轻的压力下就可以牢固地粘在被粘基材上的材料。它不需要借助水、溶剂、加热等辅助手段以形成足够的持黏力。一般来说，材料具有压敏胶的特性，其材料必须足够柔软，且弹性模量应低于 3.3×10^5 Pa（即 3.3×10^6 dyn/cm²）。这一准则最初由 Dahlquist 发表[4]，并被后人称为 Dahlquist 准则。按照这一准则，SBC 热塑性弹性体本身因在室温下的弹性模量太高，不能直接用做压敏胶。因此用低分子量的增黏树脂和增塑剂混入 SBC 中来降低体系的弹性模量，就成为必须。同时，这些材料的混入又降低了融熔黏度，有利于加工。一般来讲，典型的 SBC 热熔压敏胶配方由 20%～40%SBC 热塑性弹性体、30%～75%增黏树脂、10%～35%增塑剂和少量的抗氧剂（<2%）组成。既没有有机溶剂，也没有水。在 SBC 热熔压敏胶配方中，增黏树脂和增塑剂的用量一般高达 60% 以上。如何选择合适的 SBC、增黏树脂和增塑剂来制造一个好的热熔压敏胶，不仅是配方的技巧，而且需要对热熔压敏胶各种材料的力学性能、微观相结构、黏弹性能等有基本和充分的了解。原则上来讲，要找到一个好的 HMPSA 配方使之能够满足一系列黏合性能的要求，需要掌握以下方面：①了解配方中所需每种材料的功能和作用，以及它们对压敏胶最终性能的影响；②了解相分离的机理和各种材料在每一相中的相容性；③了解材料的流变性能和力学性能，以及它们与压敏胶实用黏合性能（如剥离力、初黏性、持黏性和耐高低温性能）之间的关系[1]。

材料流变性能的分析和拉伸性能的测试是帮助配方设计非常有用的工具。了解在小变形下的黏弹性和动态力学性能，可以帮助配方工作者对压敏胶的实用性能做到预测，从而大大减少费时的实际性能试验，提高配方设计的准确性。

材料流变性能的测试和分析可以提供许多有用的信息。图 3-7-4 是一条典型的热熔压敏胶（HMPSA）的流变性能曲线。从温度扫描曲线中可以提供 HMPSA 的玻璃化转变温度 T_g、软化点、橡胶态平台的模量，SBC 之间、SBC 与其他材料之间的相容性，耐热性和持黏性等宝贵的信息。

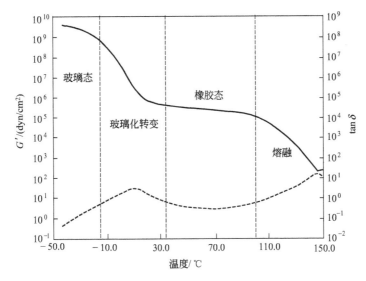

图 3-7-4　典型热熔压敏胶的动态储能模量 G' 和损耗因子 $\tan\delta$ 的温度曲线

（1dyn/cm² ＝ 0.1Pa）

—— G';　----- $\tan\delta$

二、SBC 热塑弹性体在压敏胶配方中的主要功能

SBC 材料在配方中最为重要，更准确地说，SBC 是压敏胶配方的核心。市面上有大量的各种不同性能的 SBC 热塑性弹性体可供选择，它们具有不同的融熔指数（MI 值）、苯乙烯含量、二嵌段与三嵌段的比例、线型或星型结构、溶液黏度等。正是这些不同的 SBC 热塑性弹性体才使我们有很大的空间来设计 HMPSA 的配方，以满足各种各样的性能要求。

1. 分子量的影响

通常，高分子量或低 MI 的 SBC 提供高的内聚力，但是配制成的热熔压敏胶的黏度过高。另一方面，高的分子量也使其与其他高分子材料和增黏树脂的混合相对困难。例如从表 3-7-10 中的例子可以看出，压敏胶 A 用了中等分子量的 SBS（MI ＝ 6，30％苯乙烯含量）和压敏胶 B 用了高分子量的 SBS（MI ＜ 1，30％苯乙烯含量）。从表 3-7-10 中的性能对比可以看出，高的分子量使压敏胶 B 的 SAFT 分裂温度大大提高，但是压敏胶 B 的黏度也远远高于压敏胶 A。

表 3-7-10　SBS 分子量对热熔压敏胶性能的影响

项　目	HMPSA A	HMPSA B
SBS（MI ＝ 6）中等分子量	30％	
SBS（MI ＜ 1）较大分子量		30％
增黏树脂	69.65	69.65
抗氧剂	0.35	0.35
熔融黏度（177℃）/Pa·s	5.4	23.4
SAFT/℃	88	106
对钢板的 180°剥离（20min 后）/(N/m)	893	876
对钢板的 180°剥离（24h 后）/(N/m)	928	858
环形初黏力/(gf/cm²)	176	225

2. 苯乙烯含量的影响

苯乙烯的含量对 HMPSA 的拉伸强度和压敏黏合性能有至关重要的作用。通常，SIS 的苯乙烯含量在 14%～35% 之间；而 SBS 的苯乙烯含量一般要在 30% 以上。这是由于丁二烯和苯乙烯的溶解度参数差异较小，所以需要较高的苯乙烯含量才能达到足够的相分离。所以 SBS 中的苯乙烯含量一般要 30%～45%。苯乙烯含量的增加可以提高 HMPSA 的持黏性和耐热性能，但是也影响 PSA 的模量和润湿性。图 3-7-5 是三个 HMPSA 的拉伸应力-应变曲线，展示了苯乙烯含量的影响。这三个 HMPSA 都是用纯三嵌段的 SIS，但苯乙烯含量不同，分别为 44%、30% 和 18%。

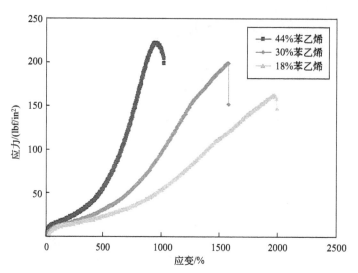

图 3-7-5　不同苯乙烯含量 SIS 配合成的三个 HMPSA 的拉伸应力应变曲线

($1lbf/in^2 = 6894.76Pa$)

3. 二嵌段和三嵌段的影响

SBC 的二嵌段和三嵌段含量是另外一个非常重要的参数。它会影响到 HMPSA 的流动性和内聚力。二嵌段分子的异戊二烯或丁二烯自由段一端不会被苯乙烯相固定，所以降低了 HMPSA 的机械强度。但是这些异戊二烯或丁二烯自由端有助于吸收分散能量和流动性，使其具有更好的压敏性和柔软性。现有的 SBC 热塑性弹性体牌号有各种不同的二嵌段含量，从 20% 到 80% 不等。相反，三嵌段 SBC 提供了较强的交联点，使压敏胶具有较高的内聚强度和抗蠕变性能。图 3-7-6 的例子就展示了不同二嵌段含量所带来 HMPSA 性能上的不同。

三、增黏树脂及其选择原则

增黏树脂是热熔压敏胶配方中用量最大的材料。增黏树脂通常是高玻璃化温度且是无定形的一类材料。加入增黏树脂后可增加橡胶链段的玻璃化温度 T_g 并降低热熔黏度。增黏树脂直接影响热熔压敏胶的润湿性、初黏性、热稳定性和加工性能。

1. 增黏树脂的选择原则

在市面上有大量的增黏树脂。如何选择适当的牌号和规格，则需要对它们及热塑弹性体材料的特性有深入的了解，其中它们与热塑弹性体的相容性是至关重要的。它们与热塑弹性

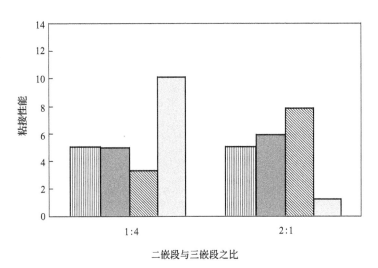

图 3-7-6　由两个不同二嵌段含量的 SIS 配合成的两个 HMPSA 的性能比较

▥ 20min星型聚合物的剥离强度(lbf/in,1lbf/in=175.127N/m)；▦ 24h星型聚合物的剥离强度(lbf/in,1lbf/in=175.127N/m)；
▨ 星型聚合物的环形快黏性(lbf,1lbf=4.45N)；▢ 4psi(1psi=6894.76Pa)下的黏持力(天)

体的相容性可以根据溶解度参数匹配的原则来决定。常用的热塑性弹性体与增黏树脂的相容性可参照图 3-7-7 中各种材料的溶解度参数来确定[1]。

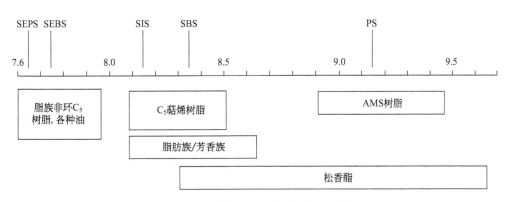

图 3-7-7　热熔压敏胶材料的溶解度参数

　　根据在热塑性弹性体两相中溶解度的不同，可将橡胶胶黏剂常用的增黏树脂分为三类。第一类只能与非极性的橡胶相相容，它们的溶解度参数一般都比较低，各种脂肪族和脂环族石油树脂、松香和氢化松香酯、萜烯树脂以及低软化点的萜烯-酚醛树脂等都属于这一类。第二类则只能与极性较大的聚苯乙烯塑料相相容，它们的溶解度参数一般都比较高，各种芳香族石油树脂、古马隆-茚树脂、芳香族单体改性的萜烯树脂和茚树脂等皆属于这一类。第三类则属于中间状态，它们在两相中皆能溶解，一些软化点较高的萜烯-酚醛树脂和软化点较低的芳香石油树脂属于这一类。

　　一般来讲，脂肪族石油树脂、脂环族改性脂肪族石油树脂以及萜烯树脂都与异戊二烯段相容性好，是 SIS 理想的树脂；而脂环族改性脂肪族石油树脂和脂环族改性的萜烯树脂都与丁二烯段相容性好，是 SBS 理想的增黏树脂。高软化点芳烃族树脂与苯乙烯段相容性好。松香和松香的衍生物与异戊二烯段、丁二烯段、苯乙烯段的相容性都很好，所以都常用于

SIS 和 SBS 压敏胶配方中。

　　不同类型的增黏树脂对 SBS 和 SIS 热塑性弹性体的各种性能的影响情况可从下述实验研究看到[5]。四种代表性的增黏树脂分别以 1∶1（质量比）与 SBS、SIS 热塑弹性体混合，用扭辫分析法测定两相玻璃化温度（T_g）的变化以及相容的情况。由表 3-7-11 的结果可以看出：古马隆-茚树脂溶于聚苯乙烯相（S 相），使 S 相的 T_g 提高；萜烯树脂溶于橡胶相（R相），使 R 相的 T_g 提高；而高沸点的萜烯酚醛树脂在 S 相和 R 相皆能溶解，使两相的 T_g 都提高了。这些增黏树脂的混入对 SIS 热塑性弹性体应力-应变性能、180°剥离强度和初黏性的影响详见图 3-7-8。

表 3-7-11　各种增黏树脂与 SBS，SIS 混合（1∶1）后两相 T_g 的变化情况

名称	增黏树脂			混合后两相的 T_g/℃	
	名称(产品牌号，生产厂)	T_g/℃	相容性	橡胶相	聚苯乙烯相
SBS 热塑性弹性体 （Cariflex TR-4113）	未加	—	—	−69	66
	古马隆-茚树脂(Cumar-LX-509，Neville)	139	溶于 S	−70～−60 −70～−60	112
	芳香石油树脂(Piccotex LC，Hercules)	62	S>R	0	64
	萜烯树脂(Piccolyte-C-115，Hercules)	117	溶于 R	20	75
	萜烯-酚醛树脂（YS-Polystar S-145，安源油脂）	138	溶于 S,R		72
SIS 热塑性弹性体 （Cariflex TR-1107）	未加	—	—	−50	76
	芳香石油树脂(Piccotex LC，Hercules)	62	S>R	−38	55
	萜烯树脂(Piccolyte-C-115，Hercutes)	117	溶于 R	−10	104
	萜烯-酚醛树脂（YS-Polystar S-145，安源油脂）	138	溶于 S,R	35	100

　　由图 3-7-8 可知：①只溶于橡胶相的增黏树脂的作用与其他橡胶系压敏胶的增黏树脂一样，能够降低混合物的弹性模量和内聚强度，并赋予混合物以初黏力和剥离力，如图中曲线 3 所示；②只溶于塑料相的增黏树脂则仅仅起到增加塑料相含量的作用，表现为只增加混合物的弹性模量和内聚强度，但并不能使混合物产生初黏力和剥离力，如图中曲线 1 所示；③在两个相中都能溶解的增黏树脂，兼具上述两种作用，在哪一相中的溶解度大，哪种作用就大，如图中曲线 2 和 4 所示。

　　此外，不管哪种增黏树脂，只要能溶解在其中的某一相中，加入后均能使混合物的熔融体黏度和溶液黏度下降。这对压敏胶黏剂的涂布加工工艺是有利的。

　　在这三类增黏树脂中，由于第一类增黏树脂与嵌段共聚物橡胶的中间橡胶相相容后能赋予混合物初黏性和压敏性，因此在配制嵌段共聚物压敏胶，尤其是在配制热熔压敏胶时主要选用这类增黏树脂。

　　选择增黏树脂的另一个因素是树脂的软化点。增黏树脂的软化点对压敏胶的 T_g 有直接的影响。通常，树脂供应商都会提供树脂的软化点作为树脂的一个关键指标。树脂的软化点一般比树脂的 T_g 高 40～45℃。

2. 市售的部分增黏树脂介绍

　　部分能与热塑性橡胶的中间橡胶相相容的增黏树脂的商品名称、牌号和技术指标等列于表 3-7-12～表 3-7-19。

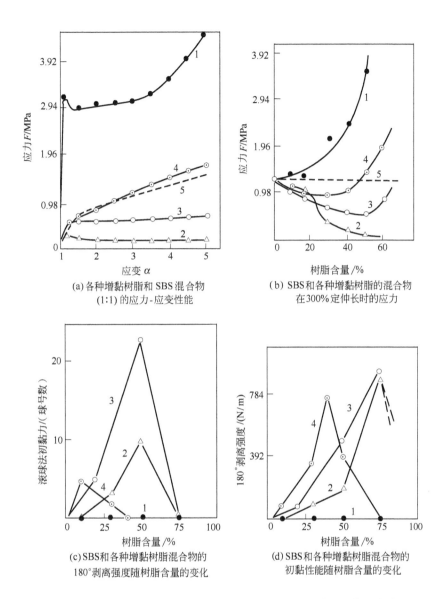

图 3-7-8　各种增黏树脂的混入对 SBS 的力学性能和黏合性能的影响

●—●：古马隆-茚树脂（S）；-△-：芳香石油树脂（S＞R）；
—○—：萜烯树脂（R）；⊙：萜烯-酚醛树脂（S，R）

表 3-7-12　伊士曼化工公司 C5 石油树脂的技术指标

| 牌号 | 环球软化点/℃ | Gardner 色号 | 熔融黏度/mPa·s | | 数均分子量 | 重均分子量 |
			190℃	160℃		
C 100 L	100	＜1	150	—	550	1100
C 100 R	100	2	150	—	550	1100
C 100 W	100	＜1	150	—	550	1000
R 1090	88	＜1	—	190	500	700
R 1100	100	＜1	—	500	600	850
R 1125	123	＜1	—	6800	750	1200

表 3-7-13   Exxon 公司 Estorez5000 系列石油树脂

牌号	环球软化点 /℃	色相 YI	玻璃化转变 温度/℃	数均分子量	重均分子量	熔融黏度 /(177℃)/mPa·s
5300	105	2max	50	210	420	300
5320	122	2max	65	190	430	1500
5340	140	2max	85	230	460	5000
5380	85	2max	31	190	370	100
5400	103	2max	55	210	440	200
5415	118	2max	70	250	470	900
5600	103	2max	55	270	520	300
5615	117	2max	65	310	560	900
5690	89	2max	45	250	480	100

表 3-7-14   日本 ZEON 公司石油树脂

牌号	种类	环球软化点/℃	Garner 色号	熔融黏度(200℃)/mPa·s	数均分子量
A100	C5	100	4	240	1350
K100	C5	101	4	170	1250
R100	C5	96	4	120	1100
D100	C5/C9	99	4	150	1100
N180	C5/C9	80	4	70	950
U190	C5/C9	89	5	80	1000
C200H	C5	101	4	190	1350
D200	C5/C9	102	7	180	1150
E200SN	C5/C9	102	4	210	1200
P195N	C5/C9	94	1	100	1150

表 3-7-15   上海金森石油树脂有限公司石油树脂

牌号	环球软化点/℃	色相 YI	蜡雾点/℃
1202	98	70max	175max
1204	100	60max	105max
1304	100	60max	85max
1310	93	60max	90max
2203LC	93	40max	105max
807	90	60max	105max

表 3-7-16   美国 CRAVALLY 公司石油树脂

牌号	环球软化点/℃	玻璃化转变温度/℃	Gardner 色号	数均分子量	重均分子量
Wingtack 86	87	42	1	650	1300
Wingtack 95	98	55	2	1100	1700
Wingtack 98	99	48	3	1000	2000
Wingtack ET	95	50	2	1000	1600
Wingtack Extra	97	52	1	1100	2000

表 3-7-17   美国 Arizona 公司萜烯树脂

牌号	环球软化点/℃	玻璃化转变温度/℃	Gardner 色号	数均分子量	熔融黏度(177℃)/mPa·s
Zonatac NG 98	98	57	2	720	175
Sylvares TP 95	95	50	4	525	180
Sylvares TP 105	105	55	4	540	250
Sylvares TP 115	115	55	4	530	315
Sylvares TP 2040	125	80	4	600	400

表 3-7-18   广东科茂公司松香脂

牌号	环球软化点/℃	Gardner 色号	酸值(最大值)/(mg KOH/g)	熔融黏度(150℃)/mPa·s
KF364	80	3～5	25	100～250
KF384S	95	3～5	15	350～700
KF399S	105	1～2	25	1000～2000
KA100	100	2～3	30	1000～2000
KA120	120	3～5	30	6000～16000
KS2100	100	0	30	1000～2000

表 3-7-19   日本荒川公司松香脂

牌号	环球软化点/℃	Gardner 色号	酸值/(mg KOH/g)
GA-90	90	＜5	＜7
GA-100	103	＜5	10～20
GA-120	120	＜7	10～20
D-125	125	＜13	＜16
D-135	135	＜13	＜16

四、软化剂

软化剂又称增塑剂。在热塑性弹性体压敏胶配方中使用软化剂的目的有三：①为了降低压敏胶熔融黏度，以利于涂布；②为了增加压敏胶的初黏性并改善低温性能；③为了降低压敏胶的成本。要特别指出的是：热塑性弹性体中所用的软化剂还有一个在两个相中溶解度不同的问题。

在通常情况下，是希望软化剂的加入不要太多地降低压敏胶的内聚强度。因此，一个好的软化剂应该只与橡胶相相容而完全不溶于塑料相。此外，一个好的软化剂还应该具有低挥发性、低黏度、低密度和好的耐老化性能，价格也要尽可能低。各种脂肪族矿物油、环烷烃矿物油、低分子量的液体聚烯烃（以液体聚丁烯/异丁烯为主）能够较好地满足上述要求，是热塑性弹性体较理想的软化剂。此外，一些在室温下呈液态液体的石油树脂和松香脂也可以作为软化剂来使用。

在脂肪族矿物油中混杂的少量芳香族矿物油成分，即使含量为 2％～3％ 也会溶解在塑料相中，并引起胶黏剂内聚强度的下降。因此，溶解度参数越低（即芳香族的成分越少）而分子量越高的脂肪族矿物油越不容易在塑料相中溶解，对胶黏剂内聚强度的影响也越小，质量也应该越好。相反，如果要制造内聚强度低的压敏胶黏剂，则可以选择能够溶解在塑料相中的、溶解度参数较大的芳香族矿物油作为软化剂。

通常，软聚氯乙烯（PVC）制品中含有大量的增塑剂，如邻苯二甲酸酯类增塑剂（DBP、DOP等），这些增塑剂与热塑弹性体中的塑料相具有很好的相容性，故热塑性弹性体压敏胶黏剂用以制作软PVC胶带或贴合在PVC薄膜及皮革表面时会因增塑剂逐渐迁移到胶层中去而降低压敏胶的内聚强度，进而破坏胶的黏合性能。这种增塑剂迁移的问题要比天然橡胶和其他合成橡胶的压敏胶严重得多。

能用作热塑性弹性体压敏胶（尤其是热熔压敏胶）软化剂的矿物油和液体聚丁烯部分产品的牌号和主要技术指标如表3-7-20～表3-7-22所示。

表 3-7-20　韩国 Kukdong 公司 Broom 系列白油

牌号	运动黏度(100℃)/(mm²/s)	密度/(g/cm³)	闪点/℃	倾点/℃
Broom-60	60	0.857	160	−42.5
Broom-70	70	0.855	170	−25.0
Broom-80	80	0.855	180	−17.5
Broom-100	100	0.854	210	−17.5
Broom-150	150	0.863	220	−17.5
Broom-350	350	0.873	236	−15.0
Broom-500	500	0.877	244	−15.0

表 3-7-21　克拉玛依石化公司的环烷烃油产品的技术指标

牌号	运动黏度/(mm²/s)		闪点/℃	倾点/℃	苯胺点/℃	黏度-比重常数	碳型分析		
	40℃	100℃					C_P/%	CN/%	CA/%
KN4006	52.63	5.921	188	−32	95	0.843	49	50	1
KN4008	109.0	8.856	200	−27	>100	0.838	49	50	1
KN4010	166.1	10.50	215	−24	>100	0.841	49	50	1
KN4012	180.2	11.23	216	−24	108	0.835	49	50	1
KN4016	262.4	16.62	232	−24	117	0.827	49	50	1

表 3-7-22　INEOS 公司 Indopol 系列液体聚丁烯产品的技术指标

牌号	运动黏度(100℃)/(mm²/s)	密度(15.5℃)/(g/cm³)	闪点/℃	倾点/℃	数均分子量
H-7	11.0～14.0	0.850	>145	−36	440
H-8	14.5～16.0	0.857	>141	−35	490
H-15	27.5～33.5	0.865	>141	−35	570
H-25	48.5～55.5	0.869	>150	−23	635
H-35	70.0～78.0	0.879	>154	−15	700
H-50	100～115	0.884	>190	−13	800
H-100	200～235	0.894	>210	−7	910
H-300	605～655	0.904	>240	3	1300
H-1200	2300～2700	0.906	>250	15	2100
H-1500	2900～3200	0.908	250	18	2200
H-1900	3900～4200	0.912	270	21	2500
H-2100	3900～4600	0.912	270	21	2500

五、防老剂和其他添加剂

1. 防老剂

SBS 和 SIS 等热塑弹性体的不饱和橡胶相，在空气中会受到氧气、臭氧和紫外线的作用而发生热氧老化，尤其是热熔胶在高温下配制和熔融涂布时，这种老化更为严重。因此，在压敏胶配方中必须加入以抗氧剂为主体的防老剂。所使用的防老剂基本上与天然橡胶相同。

常用防老剂的品种牌号和作用原理详见本篇第四章。若将几种防老剂配合起来使用、发挥各自的独特作用，往往会有更好的效果。用量一般为热塑弹性体的 0.1%～5%。

热塑性弹性体压敏胶配方中最常使用的防老剂是受阻酚类抗氧剂。市售产品有巴斯夫公司的 Irganox 1010、Irganox 1076 等，同类的有美国大湖化学公司的产品以及台湾的妙春，双键公司、大陆的烟台通世化工和其他厂家都有同类产品生产。这里将最重要的三个受阻酚类抗氧剂介绍如下。

(1) 抗氧剂 1010　抗氧剂 1010，化学名称为四[β-(3,5-二叔丁基-4-羟基苯基)丙酸]季戊四醇酯，分子量 1178，外观为白色分散晶体粉末，无味，密度（20℃）1.045g/cm³，闪点 299℃，熔融温度 110～125℃（晶体形态不同会影响熔融温度范围）。溶解性（20℃，g/100mL 溶剂）：丙酮＞100，苯＞100，乙烷 0.45，甲醇 2.0，水 0.03。

(2) 抗氧剂 BHT　俗称 264，化学名称为 2,6-二叔丁基 4-甲酚，分子量 220，外观为固体粉末状，无味，纯度 98% 以上，密度（20℃）1.05g/cm³，闪点 126.7℃，熔融温度 68～70℃。溶解性（20℃，g/100mL 溶剂）：甲醇 16.0，乙醇 22.8，苯 58.6，汽油 53.6，甘油 0.14，异丙醇 20.9。

(3) 抗氧剂 1076　化学名称为 β-(3,5-二叔丁基 4-羟基苯基)丙酸十八醇酯，分子量为 531，产品有固体粉末状、粒状和片状等，无味，纯度 98% 以上，密度（20℃）1.07g/cm³，闪点 273℃，熔融温度 49～53℃。溶解性（20℃，g/100mL 溶剂）：丙酮 50，氯仿 140，乙酸乙酯 95，己烷 52，二甲苯 104，矿物油 10，甲醇 1.0，水不溶。

2. 其他添加剂

为了降低成本，可以用天然橡胶、合成橡胶弹性体、甚至低分子量的聚烯烃代替一部分热塑性弹性体，但必须注意它们之间的相容性。天然橡胶和聚异戊二烯橡胶能够很好地与 SIS 相容，丁苯橡胶和聚丁二烯橡胶则可用来加入到 SBS 热塑性弹性体胶黏剂中去。

在热塑性弹性体压敏胶配方中，也可以加入某些非增强性填料，如黏土、滑石粉、钛白粉等，以降低成本或使胶黏剂着色。但是填料的加入往往会严重影响压敏胶的初黏和剥离强度等性能，也会给生产过程带来清洗混合器等问题，所以在设计有填料的配方时也要考虑这些因素。

此外，为了提高热塑弹性体压敏胶的高温性能，有时还需在配方中加入某些交联剂，使它的不饱和橡胶链段发生化学交联（硫化）。常用的交联剂与天然橡胶的硫化剂相同，有硫黄或含硫化合物、过氧化物以及活性酚醛树脂等三类（详见本篇第四章）。现在新发展了一种用紫外线（UV）进行交联的方法，广受人们的关注。

六、确定压敏胶配方的一种基本方法——性能等值图法

我们可以就热塑弹性体压敏胶配方中各组分对胶黏剂性能的影响系统地总结出下述一些

规律。

①与橡胶相相容的增黏树脂使压敏胶产生初黏性，而溶解于橡胶相的软化剂会增加压敏胶的润湿效果，可使初黏性进一步增加。但与塑料相相容的增黏树脂不能增加压敏胶的初黏性。

②增黏树脂可使压敏胶变硬，使其弹性模量和内聚强度增加。

③由于180°剥离强度随胶黏剂弹性模量的增加而增加，所以对极性或金属被粘物的180°剥离强度随着溶于塑料相的增黏树脂的增加而增加，随着溶于橡胶相的增黏树脂和软化剂的增加而降低。

④压敏胶的最高使用温度取决于与塑料相相容的增黏树脂软化点的高低，并随着树脂用量的增加而升高或降低；压敏胶的最低使用温度则取决于与橡胶相相容的增黏树脂的软化点，并随树脂用量的增加而升高。

⑤任何与橡胶相相容的增黏树脂和软化剂皆能显著地降低压敏胶的熔融黏度和溶液黏度，而无机颜填料将增加黏度。

可见，热塑性弹性体压敏胶的一些重要性能主要取决于能溶于橡胶相的增黏树脂和软化剂，以及能溶于塑料相的增黏树脂等配合剂的选择和用量。可以逐个改变这些组分，进行一项一项的试验，最后根据对压敏胶黏剂的性能要求来确定最佳配方。采用优选法可以减少试验的次数。这里通过一个示例介绍另一种确定配方的方法——性能等值图法[2]。

例如，为了确定一种用于牛皮纸遮蔽胶黏带的 SBS 型热熔压敏胶配方，要求该胶黏剂具有较低的初黏力、中等的持黏力和低的熔融黏度，选择影响这些性能最重要的两个因素即：能溶于橡胶相的增黏树脂和软化剂的用量来进行实验。设计 16 个配方；每 100 质量份 SBS 弹性体中分别采用 75 份、100 份、150 份和 200 份脂肪族石油树脂作增黏树脂，而每一个弹性体和增黏树脂的组合中分别采用 0 份、25 份、50 份、100 份脂肪族矿物油作为软化剂，将它们配成 16 个压敏胶黏剂，并分别测定它们的初黏力、持黏力和熔融黏度等性能，然后分别做出三张压敏胶性能等值图，见图 3-7-9。从这些图就可以清楚地看到增黏树脂和软化剂的用量对压敏胶黏剂三种性能的影响规律。将这些图重叠起来就可以立即找出具有所要求性能的最佳配方来。如果需要找出具有另一种性能要求的压敏胶配方，这些根据试验结果绘制的性能等值图仍然有用。

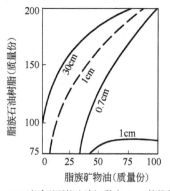

(a) 滚球平面停止法初黏力 (cm) 的等值图　(b) 持黏力 (min) 的等值图

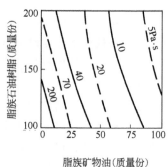

(c) 熔融黏度 (Pa·s) 的等值图

图 3-7-9　脂肪族石油树脂和脂肪族矿物油的用量对 SBS 热
熔压敏胶三种性能的影响

一、概述

热熔型 SBC 热塑性弹性体压敏胶是热熔压敏胶中最重要的一类。在 20 世纪 80 年代后期，国内才开始发展和应用。在这 30 多年中，这类热熔压敏胶的发展相当快。从最初应用在卫生用品发展到应用于包装装潢、各种压敏胶带、标签、医用产品等，数量从最初的每年几十吨发展到现在的数十万吨。热熔压敏胶之所以发展如此快速，主要由于以下两方面的因素。

（1）市场需求旺盛　人们生活水平和生活质量不断提高，妇女卫生巾、卫生护垫、婴儿纸尿裤、成人尿裤及卫生床垫等得到广泛的应用，市场渗透率在近十几年增长很快。另外，随着妇女卫生巾从普通直条型发展到超薄型、丝薄型护翼卫生巾，从简单包装到快易包装，每一个产品的更新，都增加了新品种的热熔压敏胶。可以这样说，一片丝薄的卫生巾是由几种材料通过热熔压敏胶复合而成的。卫生护垫是近几年发展起来的一个新品种，并迅速被消费者认可，在城镇地区市场渗透率接近了卫生巾。因此，一次性卫生用品对热熔压敏胶的需求量增加得相当快。

最近十几年，随着快速的城镇化，人们的生活节奏加快，以及人们收入的不断提高，婴儿纸尿裤的发展也非常迅猛。除了国际知名品牌，像宝洁的帮宝适，国内的品牌也在迅速增加，这也使得热熔压敏胶的需求量增加非常迅速。

热熔压敏胶的优异的初黏性能，在不同材料上的良好黏着性能，以及方便快速的涂布性能，使热熔压敏胶在标签、胶带等方面有着广泛的应用，所以热熔压敏胶的需求量也非常大。

（2）技术上的可行性　进入 20 世纪 90 年代后，随着国内外对热熔压敏胶原材料的不断开发，热熔压敏胶在原材料的选择和配方设计上都相当宽阔。热熔压敏胶还具有不含溶剂、无毒，100％固含量，常温下是固体，加热熔融形成液体，可涂布性，以及较好的黏着性和配方的易调整性等特点。在使用热熔压敏胶时，具有生产速度快、生产效率高、无污染、原材料利用率高等特点。其涂布范围广，涂布量从每平方米几克到几百克，并且可以实施各种条状涂布、间隙涂布、透气涂布等涂布方式。热熔压敏胶产品的涂布设备在这二十几年发展也相当快，最初国外整套设备引进，如美国的诺信和玳纳特、瑞士的乐百得等外国热熔胶涂布设备公司在国内设厂。现在国内也有很多热熔胶涂布设备生产厂家，如 NDC 新日成、皇尚国等。这些都为热熔压敏胶的应用创造了很好的基础。使得热熔压敏胶在单（双）面胶带、泡绵胶带以及各类标签纸、制鞋、邮政等方面得到广泛应用，在医用敷料和医用压敏胶行业也广泛应用。

虽然已有其他类型的热熔压敏胶（如聚丙烯酸酯和聚氨酯等）的开发和少量应用，但目前在工业上生产和应用的热熔压敏胶绝大多数都是本节介绍的 SBC 热塑弹性体压敏胶。

二、热熔型热塑弹性体压敏胶的制造

按照配方将热塑性弹性体、增黏树脂、软化剂以及其他添加剂的混合物加热到熔融状态并充分搅拌均匀，即可得到热熔压敏胶黏剂。但由于 SBS 和 SIS 热塑性弹性体中间含不饱和链段，在高温熔融状态下会引起严重的氧化交联（对 SBS 来说）或氧化降解（对 SIS 来说），使胶黏剂的性能发生变化（老化）。所以，如何在不产生或尽可能少产生老化的情况下，保证将各种成分混合均匀，就是热熔压敏胶制造技术的关键。

1. 混合温度和搅拌速度

在保证混合均匀的前提下，应尽可能缩短加热时间以使热老化减到最低程度。为此，必须使融体的黏度尽可能地小。配方中采用各种增黏树脂和软化剂可使融体的黏度显著减小，对热熔压敏胶的制造工艺是非常有利的。此外，融体的黏度还随温度的升高和切变速度（即搅拌速度）的增加而降低。图 3-7-10 是一种 SBS 热塑性弹性体在各种切变速度下融体黏度随温度升高而变化的情况。即使在同样的黏度下，加快搅拌速度也有利于混合得更充分。所以，高速搅拌总比低速搅拌好。但温度并不是越高越好，因为温度越高，老化速度也越快。因此，混合温度必须保持在一定的范围内。对于 SBS 和 SIS 的热熔压敏胶来说，采用 135～160℃的混合温度以及较快的搅拌速度（$10^2 \sim 10^3 \, s^{-1}$）为最好。对饱和的 SEBS 和 SEPS 热熔压敏胶来说，混合温度可以更高一些。

2. 氧气的排除

在熔融混合时排除或减少与氧气的接触是防止或减少制造过程中热老化的最直接、最有效的方法。密闭的混合器比敞开的好，采用连续的氮气或二氧化碳气流将空气排除就更好。图 3-7-11 是一种 SIS 热熔压敏胶在 177℃的空气中以及氮气保护下长期加热后熔融黏度和持黏力的变化情况。显然，在氮气保护下，胶黏剂的老化降解情况要比空气中好得多。

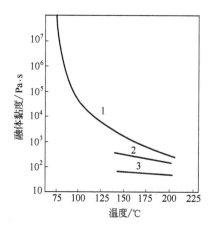

图 3-7-10　一种 SBS 热塑弹性体的融体黏度与
切变速度和温度的关系

（切变速度：1—0.2s^{-1}；2—$10^2 s^{-1}$；3—$10^3 s^{-1}$）

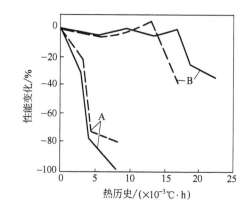

图 3-7-11　一种 SIS 热熔压敏胶在 177℃的空气中
（曲线 A）和氮气保护下（曲线 B）长期
加热后性能的变化

——持黏力；- - - -融体的黏度

3. 制造方法和设备

工业上制造热熔压敏胶的方法有连续法和间歇法两种。连续法是将配方中各固体成分经粉碎和初步混合后连续地送进被加热到一定温度的密闭双螺杆混合挤出机中，在那里熔融并搅拌混合均匀，然后连续地被螺杆挤出。最好是把涂布装置与双螺杆混合挤出机连接在一起，将熔融状态的胶黏剂直接涂布成最终的压敏胶制品。间歇法是将一定量的胶黏剂各成分粉碎后加入带有搅拌机的混合器内，加热熔融并搅拌均匀后出料，然后再制造第二批。根据搅拌机的不同有各种类型的混合器，如 ε-叶片式混合器、双混合柱式混合器等。

采用各种热熔混合设备制造 SIS 热熔压敏胶时，胶黏剂受热降解的程度与它的热历史（用受热温度×受热时间来表示，单位为℃·h）之间的关系详见图 3-7-12。显然，连续式双螺杆混合器最好，其次是高速搅拌的间歇式混合器。用低速搅拌的间歇式混合器制造时，只有在通氮气流的情况下才有可能得到合格产品。热熔压敏胶的涂布工艺和涂布设备详见本书第四篇第四章。

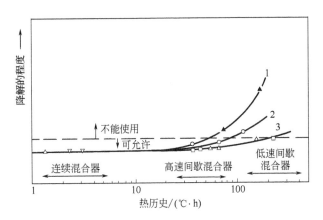

图 3-7-12　一种 SIS 热熔压敏胶用不同的热熔混合设备制造时的热
历史对降解程度的影响

▽连续式双螺杆混合器；□间歇式 ε-叶片式混合器；
△，▲连续式双混合柱式混合器；○间歇式双混合柱式混合器；
－－－－最大可允许的降解程度
1—敞开设备，与空气接触；2—密闭设备，与空气接触；3—密闭设备，通氮气流

三、各类 SBC 热塑弹性体热熔压敏胶介绍

从性能和应用角度可以将热塑性弹性体热熔压敏胶分为通用型和特殊性能型两类。前者目前已得到大量发展，可以用来制造各种通用型压敏胶黏带、压敏胶黏标签、缠绕金属管子用的保护胶黏带等一般性能和用途的压敏胶制品。后者目前正在积极发展中，可以用来制造各种具有特殊性能和用途（例如耐高温、耐低温、耐老化和医用等）的压敏胶制品。

1. 通用型热塑弹性体热熔压敏胶

表 3-7-23 中列出的配方 1 是一个以 SIS 热塑弹性体为基础的用于胶黏带的通用型热熔压敏胶典型配方。在惰性气体保护下，将它用双螺杆混合挤出机熔融混合并挤出涂布于牛皮纸、单向拉伸聚丙烯或聚乙烯膜等基材上，可以得到高质量的压敏胶黏带。这些胶黏带既具有很好的初黏性能和 180°剥离强度，又具有很好的持黏力，完全能满足通用型压敏胶黏带的要求，可以在包装、办公事务、装饰和表面保护等各个方面应用。

对压敏标签用胶黏剂的要求与通用型压敏胶黏带有所不同。前者的持黏力可以低一些，但还有些特殊的要求，如在 60℃放置 2~3 星期后，胶黏剂不应从标签基材渗出，冲切性要好，即将标签冲切下来时胶黏剂不能粘连刀具等。因此，在它的配方中，增黏树脂和软化剂应该稍多一些。表 3-7-23 中列出的压敏胶配方 2 能满足这些要求，可以用来制造一般性的压敏胶黏标签。

金属管子保护用胶黏带一般是以镀银灰色的聚乙烯膜和织物的复合物作基材，用天然橡胶压敏胶经压延涂布工艺制得。若用表 3-7-23 中列出的配方 3 那样的热熔型热塑性弹性体压敏胶代替传统的天然橡胶压敏胶，制成的这类胶黏带具有更好的压敏胶黏性能，尤其是180°剥离强度和持黏力，详见表 3-7-23。

表 3-7-23　几种通用型热塑弹性体热熔压敏胶配方及其制品的性能

项目		配方 1		配方 2	配方 3
配方 (质量份)	SIS 嵌段共聚物①	100.0		100.0	100.0
	脂肪族石油树脂②	140.0		150.0	140.0
	矿物油③	10.0		50.0	10.0
	N,N-二丁基二硫代氨基甲酸锌(抗氧剂)	5.0		5.0	5.0
	二氧化钛	—		—	5.0
压敏胶 制品的 性能	压敏胶制品名称	通用型压敏胶带		压敏胶标签	金属管子保护胶带
	所用基材	牛皮纸	聚酯膜	—	聚乙烯/布复合膜
	压敏胶涂布量/(g/m)	43.0	36.0	—	210　(204)⑦
	初黏力(PSTC-6 法)/cm	1.3	1.3	2.0	0.5　(1.7)
	初黏力(触黏法)/N	5.88	12.74	3.92	8.82　(7.82)
	180°剥离强度对不锈钢/(N/m)	550	800	无渗出④	2100　(520)
	持黏力(1.25cm×1.25cm, 1.0kgf)/min 对不锈钢	500	2000	200⑤	190　(28)
	对牛皮纸	300	2000	—	5470　(31)
	纸箱胶圈试验/d	>30	>30	较好⑥	>35　(<1)

① 为 Shell Chem. Co. 的 Kraton D-1107。
② 为软化点 100℃左右的 C_5 系石油树脂。
③ 为 Shell Chem. Co. 的 Shllflex 371(一种脂肪族矿物油和芳香族矿物油的混合物)。
④ 为 60℃下,放置三星期后,压敏胶从基材的渗出性。
⑤ 试验条件:1.27cm×1.27cm,500g。
⑥ 为冲切性。
⑦ 括号中为天然橡胶压敏胶的同类制品的相应性能,以资比较。
注:1kgf=9.8N。

上面介绍的三个热熔压敏胶是国外早期发展和应用的典型配方,用的是 Kraton 生产的 SIS 产品。若采用国产巴陵 SIS 为原料,则巴陵牌 SIS-1105 适合配制通用型胶带用热熔压敏胶;含有一定量双嵌段的 SIS-1106、SIS-1124 和 SIS-1126 配制的热熔压敏胶具有较好的模切性能,适用于压敏胶黏标签的生产;SIS-1209 适用于一次性卫生用品的生产。在用国产巴陵牌 SIS 配制通用型热熔压敏胶时,石油树脂是首选的增黏树脂,环烷油是首选的软化剂;其基础配方(质量份)为[11]:

SIS	30
软化剂	15~20
增黏树脂	35~50
抗氧剂 1010(或 1076)	0.2~0.5

下面再介绍几个通用型热熔压敏胶的配方设计、生产工艺和性能。

(1) 卫生巾和卫生护垫背面用热熔压敏胶　中国国家技术标准要求卫生巾和卫生护垫背面用热熔压敏胶的黏合强度必须符合要求,喷胶效果良好,产品常规使用时不位移,与内衣剥离时不损伤衣物且不得有明显的残留胶,防粘纸不应自行脱落并能自然完整撕下。因此,该热熔压敏胶必须做到:①自身具有较好的内聚强度;②对纺织品具有适当的黏合强度;③在正常的施工条件下具有较低的熔融黏度;④具有优异的耐热老化和抗自然老化性能;⑤无毒、对皮肤无刺激性。

为此,在配方设计时选用高苯乙烯含量的 SBS 热塑性弹性体作为主体材料,因为它能提供压敏胶自身较高的内聚强度;选用环烷烃油作为软化剂,因为它对 SBS 的聚丁二烯橡胶链段具有良好的增塑作用,并能相应地降低成本;选用氢化松香酯作为增黏树脂,因为它与 SBS 的橡胶相具有极佳的相容性,能使压敏胶有较好的黏性。具体配方(质量份)如下:

环烷油 KN-4006	30
SBS 4461	23
氢化松香酯 KF-399S	47
抗氧剂	1.0

具体的生产工艺如下:在反应釜中加入环烷油 KN-4006 和抗氧剂,升温到 140℃,再加入 SBS 4461,升温到 160℃,约 1h,待 SBS 完全熔融后加入 KF-399S 增黏树脂继续搅拌至充分均匀,抽真空除去气泡后出料,冷却后包装。

该热熔压敏胶产品的外观为浅色透明黏弹性固体,软化点 80℃。熔融黏度为:180℃ 时 900mPa·s,170℃ 时 1300mPa·s,160℃ 时 1600mPa·s,150℃ 时 2100mPa·s。通过在进口热熔涂布机和国产热熔涂布机上使用检测,设定工作温度为 165℃,不仅具有很好的刮涂效果,而且产品的检测结果都令人满意。

张荣军等报道了一种能在较低的工作温度(120～150℃)涂布的卫生巾和卫生护垫背面用热熔压敏胶[12]。在配方设计中采用了部分星型 SIS 与常用的线型 SIS 配合使用,并采用水白色 C5 和水白色 C5/C9 石油树脂作增黏树脂、环烷油作软化剂,采用由酚类抗氧剂和亚磷酸酯类抗氧剂复配而成的复合抗氧剂 AT-225、AT-215 和 AT-220,用量为总量的 0.1%～0.3%。涂布温度的降低不仅节省了能源,而且还大大降低了由于原材料的高温老化而产生的设备故障和废品率。

(2)标签用热熔压敏胶 国家有关行业标准中,对压敏胶标签纸进行了标准化,其中对压敏胶的性能指标要求见表 3-7-24 和表 3-7-25。

表 3-7-24 化工行业标准(HG/T 2406)对标签纸用压敏胶性能的技术要求

项　目		标准要求		
		优等品	一等品	合格品
180℃剥离强度(老化前和老化后)/(N/cm)	≥	4.5	4.0	3.5
持黏性位移(1.0kgf/25mm×25mm,1h)(老化前和老化后)/mm	≤	2.0	3.0	3.0
初黏性(钢球号)	≥	10	9	8

表 3-7-25 原国家邮电部标准 YD/T892－1997《邮政特快专递详情单》
中对标签纸用压敏胶的技术要求

检验项目		标准要求
180°剥离强度/(N/cm)	≥	5.0(老化前);5.0(老化后)
持黏性位移/mm	≤	1.0(老化前);1.0(老化后)
初黏性(钢球号)	≥	8

标签用热熔压敏胶由合成橡胶 SIS 与独特的增黏剂和增塑剂等组分混合制成。合成橡胶选用低苯乙烯的 SIS;增黏剂可选用石油树脂、萜烯树脂、松香改性树脂等固体树脂以及液体烃树脂、液体聚萜烯、液体松香脂等液体树脂;增塑剂可选用石蜡油、环烷油、液体聚丁

烯等。在配方设计时主要根据用途、性能以及材料成本来选择不同的材料，以满足实际需要的要求。

以下是几个标签用热熔压敏胶的配方实例和产品性能。

【例1】　（通用型，质量份）

合成橡胶 SIS-1107	30	环烷油	20
萜烯树脂	50	抗氧剂	1

性能：

软化点	95℃	180℃熔融黏度	8000mPa·s
初黏性	＞8号球	180°剥离强度	5.2N/cm
持黏力	＞5h		

【例2】　（通用型，质量份）

合成橡胶 SIS	29	环烷油	21
C₅石油树脂	50	抗氧剂	1

性能：

软化点	98℃	180℃熔融黏度	9000mPa·s
初黏力	＞8号球	180°剥离强度	5.5N/cm
持黏力	＞5h		

【例3】　（耐低温配方，质量份）

	1号	2号		1号	2号
SIS	30	30	C₅石油树脂	0	40
萜烯树脂	42	0	石蜡油	8	10
液体树脂	20	20	抗氧剂	1	1

生产工艺如下：在具有较大功率搅拌的特定反应釜中，在175℃氮气保护下，将合成橡胶 SIS 和增塑剂及部分增黏树脂熔化完全。然后加入剩余增黏树脂及抗氧剂，熔融混合均匀。在150℃下保温1h，抽真空除气泡后出料，冷却成型即可包装。

（3）胶带用热熔压敏胶　热熔压敏胶被广泛应用于制造封箱胶带、泡绵胶带、双面胶带、医用胶带以及其他各类特殊要求的胶带。各类胶带由于用途的不同，所要求的指标也各有不同，可以根据不同的要求来设计配方。以下是几个配方实例（质量份）及产品性能。

【例4】　通用胶带的压敏胶配方

SIS-4111	34	白油	13
E-1310	52	抗氧剂	1

性能：

软化点	110℃	180℃熔融黏度	15000mPa·s
初黏性	8号钢球	180°剥离强度	5.5N/cm
持黏力	＞24h		

【例5】　可剥离型胶带配方

SIS 4111	33	环烷油	26
氢化 C₅树脂(T-80)	41	抗氧剂	1

性能：

软化点	85℃	180℃熔融黏度	10000mPa·s
初黏性	16 号球	180°剥离强度	3.5N/cm
持黏力	>1h		

生产工艺类同标签用热熔压敏胶的。

（4）其他类型压敏胶制品　热熔压敏胶还可以应用在制鞋及鞋衬、塑料地砖、汽车衬垫等其他特殊产品的压敏胶制品中。这些类型的产品可以选择 SBS 为主体或者 SIS 为主体，亦可以用 SBS 和 SIS 混合为主体。这主要根据具体产品的特性要求来进行选择。对于耐老化性、抗紫外性能要求较高者可选择 SEBS、SEPS 为主体来制作热熔压敏胶。

2. 特殊性能的热塑弹性体热熔压敏胶

前面介绍的通用型热塑性弹性体热熔压敏胶，能够满足大多数压敏胶制品的性能要求。但与橡胶系或聚丙烯酸酯系溶剂型压敏胶相比，它们还存在着耐热性不好（只能在 90℃ 以下使用）、低温和耐老化性能较差等缺点。这类特殊性能的热塑性弹性体压敏胶能够弥补这些方面的不足。

（1）耐高温热塑性弹性体热熔压敏胶　在高温下使用的热塑性弹性体压敏胶必须是化学交联型的。含有不饱和双键的 SBS 和 SIS 热塑弹性体可以用硫黄或硫载体、有机过氧化物或活性酚醛树脂等交联剂进行化学交联。但由于在热熔混料的温度下，这类交联反应便可快速发生。因此，不能将含有交联剂的热塑性弹性体压敏胶配制成热熔型，而只能配制成溶液型。交联反应一般在涂布后胶层干燥的过程中进行。表 3-7-26 中列出的配方 1 是一个典型的溶剂型交联热塑性弹性压敏胶配方，它是以活性酚醛树脂为交联剂、以树脂酸锌为交联反应催化剂的，可以在 100℃ 以上的高温下使用。

表 3-7-26　几个耐高温化学交联型热塑性弹性体压敏胶配方（质量份）

名　　称	配 方 1	配 方 2	配 方 3
SIS 嵌段共聚物[①]	100	100	100
C₅ 系石油树脂[①]	50	100	80
矿物油[①]	—	25	—
活性酚醛树脂	20	—	—
树脂酸锌	10	—	—
三羟甲基丙烷三丙烯酸酯	—	25	25
N,N-二丁基氨基二硫代甲酸锌	2	2	1
2,5-二叔戊基氢醌	1	—	—
苯乙酮(UV 引发剂)	—	—	6
在甲苯中的固含量/%	50	100	100

① 同表 3-7-23 中注。

SBS 和 SIS 热塑性弹性体也可以通过紫外线或电子束的照射来实现化学交联。用这种方法就可以把这类交联型压敏胶制成热熔型的，将其涂布后再经照射而化学交联。表 3-7-26 中列出的配方 2 和 3 是两个交联型热熔压敏胶。在氮气保护下将配方 2 的压敏胶热熔涂布于基材后经电子束 0.02～0.06mGy 剂量的照射便可产生化学交联。用配方 3 涂布的胶黏带在氮气保护下以 20m/min 的速度，通过两个 200W/in（1in=2.54cm）的中压汞灯的紫外线照射也能实现化学交联。不含不饱和双键的 SEBS 和 SEPS 热塑性弹性体的化学交联更为困难，只能通过紫外线或电子束的照射来实现。用 UV 辐射交联对热塑性弹性体热熔压敏胶进行改性已受到广泛关注，详见本篇第八章。

（2）低温用热塑性弹性体热熔压敏胶　冷冻食物包装用或某些电气绝缘用的压敏胶黏带和压敏胶标签，要求它们的胶黏剂在－20℃左右的低温下仍具有较好的初黏性能。实验证明，只要使用软化点较低的增黏树脂和软化剂，使配合成的压敏胶的玻璃化温度 T_g 足够低，就可以在较低的温度下仍然保持较好的初黏性能。

表 3-7-27 列出了几个能在低温下使用的热熔型热塑性弹性体压敏胶配方，这些压敏胶既在低温下有较好的初黏性，又在常温下有优良的持黏力，详见表 3-7-27 中的配方 1～3。

表 3-7-27　几种耐低温和耐候性好的热塑性弹性体压敏胶的配方（质量份）和性能

	项　目	T_g/℃	配方 1	配方 2	配方 3	配方 4
配方	SIS 嵌段共聚物	－58	100	100	100	100(SEBS)
	增黏树脂(Wingtack 76)	32	75	—	—	115①
	增黏树脂(Super Static 80)	—	—	62.5	—	—
	增黏树脂(Wingtack 95)	51	—	—	50	—
	软化剂(Wingtack 10)	－28	50	62.5	100	15②
	N,N-二丁基氨基二硫代甲酸锌	—	5	5	5	1.0③
	紫外吸收剂(Tinuvin 327)	—	—	—	—	0.25
性能	T_g/℃		－21	－24	－25	
	初黏性(PSTC-6 法)/cm		1.2	1.0	1.0	2.0
	触黏法初黏力(－18℃)/N		3.8	4.1	4.6	8.8(RT)
	180°剥离强度(对不锈钢)/(N/m)		580	620	770	550
	持黏力(1.25cm×1.25cm,1kg,对钢)/min		>1000	>1000	350	150(对牛皮纸)
						6.0
	175℃熔融黏度/Pa·s		4.3	4.1	2.3	

① 牌号为 Arkon P85。

② 牌号为 Tuffalo 6056。

③ 牌号为 Irganox 1010。

（3）耐候性优良的热塑性弹性体热熔压敏胶　用饱和的 SEBS 和 SEPS 热塑性弹性体代替不饱和的 SIS 或 SBS 作主体聚合物，可以配制出耐氧化和紫外线老化性能极好的热熔压敏胶黏剂。表 3-7-27 中的配方 4 是典型的一例。它的样品在 Xe 灯照射的人工气候老化箱中经 60 多天加速老化后，180℃剥离强度没有下降，而在同样条件下 SIS 为主体的压敏胶样品则已完全失去了强度。

由于 SEBS 和 SEPS 中饱和橡胶链段的玻璃化温度较高，由它们制成的热熔压敏胶的初黏性一般不好。为此，也曾开发了过氧化物改性的 SEBS 系热熔压敏胶。这是一种先将 SEBS 和聚异丁烯（PIB）一起与过氧化物混合并在 140℃混炼 10min 再配制成的胶黏剂。由于 EB 橡胶链段与 PIB 的链段在混炼时通过断裂和再结合而重新组合，形成了玻璃化温度较低的橡胶新链段，从而大大地改善了压敏胶的初黏性能[6,7]。

四、热塑弹性体热熔压敏胶的性能及其影响因素

热塑性弹性体热熔压敏胶的主要物性有外观、软化点、熔融黏度以及初黏性、180°剥离强度和持黏性等三大压敏黏合性能。本节将讨论这些物性以及影响这些物性的主要因素。

1. 外观

热熔压敏胶的外观会受到原材料本身的色泽以及原材料热稳定性的影响。在一般条件

下，原材料的色泽是主要的影响因素。对于热熔压敏胶，热塑性弹性体一般是白色固体，影响色泽的主要原料是各种增黏树脂，如石油树脂和松香脂等。如果对外观色泽有特定的要求，如需要浅色或水白的压敏胶，可选择色浅或水白的增黏树脂。

2. 热熔压敏胶的软化点

热熔压敏胶具有加热熔化的特性，不同品种的热熔压敏胶都有特定的熔融温度。软化点就是显示热熔压敏胶开始软化流动的温度，软化点可作为胶的熔化难易以及耐热性的衡量尺度。软化点的高低也影响压敏胶制品的溢胶现象。软化点的测定方法通常采用环球法，中国国家标准试验方法为 GB/T 15332—1994。影响热熔压敏胶软化点的因素如下。

（1）增塑剂的添加比例对软化点的影响　与热塑性橡胶末端或中间段相容的增塑剂在与热塑性橡胶混溶后，会影响到橡胶的内强度，并降低热塑性橡胶的塑化温度，从而影响到热熔压敏胶的内聚强度和软化温度。增塑剂用量对热熔压敏胶软化点的影响见图 3-7-13。

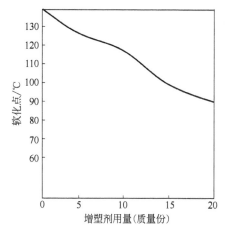

图 3-7-13　一种热熔压敏胶的软化点与
配方中增塑剂用量的关系
（配方中热塑性弹性体 30 份，增黏树脂 50 份）

（2）热塑性橡胶对软化点的影响　热塑性橡胶是一个嵌段共聚物，末端是硬的塑料相，而中间段是软的橡胶相。随着末端塑料相浓度的增加，热塑性橡胶中苯乙烯含量会增加，共聚物的硬度及热塑温度也随之增高。因此，热熔压敏胶的软化点会上升。具体例子详见图 3-7-14。

（3）增黏树脂对软化点的影响　一般情况下，采用同类增黏树脂时，增黏树脂自身的软化点越高，配制成的热熔压敏胶的软化点也越高。相反情况下，软化点就低。图 3-7-15 所示是一个具体的例子。

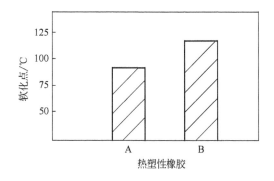

图 3-7-14　热塑性橡胶中苯乙烯
含量对软化点的影响
［配方：橡胶：树脂：油（质量份）=30：50：20］
A—橡胶中苯乙烯含量 15%；
B—橡胶中苯乙烯含量 29%

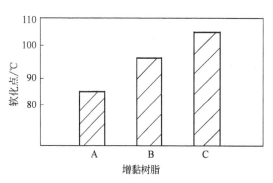

图 3-7-15　增黏树脂软化点对热熔
压敏胶软化点的影响
［配方：橡胶：树脂：油（质量份）=30：50：20］
A—树脂软化点 80℃；B—树脂软化点 95℃；
C—树脂软化点 110℃

因此，针对热熔压敏胶软化点的要求，可根据上面各种影响热熔压敏胶软化点的因素，通过调整增塑剂的用量，选择不同的热塑性橡胶、不同的增黏树脂达到对配方设计的要求。

3. 热熔压敏胶的熔融黏度

熔融黏度是指热熔压敏胶在熔融状态下的黏稠度。在熔融状态下，热熔压敏胶的熔融黏度随温度的升高而降低。熔融黏度的大小主要影响热熔压敏胶在涂胶时的工艺，包括涂胶量的控制和涂布均匀度的控制。熔融黏度的大小在某些施胶工艺中还影响它的渗透性。因此，可以根据热熔压敏胶的熔融黏度以及软化点来选择涂布工艺（辊涂、喷涂、刮涂等）和涂布时的最佳温度。熔融黏度的测定方法按我国行业标准 HG/T 3660—1999 进行。温度与熔融黏度关系的实例如表 3-7-28 所示。

表 3-7-28　热熔压敏胶 Technomelt PS 1573E 的熔融黏度与温度的关系

温度/℃	180	160	140	120
熔融黏度/mPa·s	4000	5300	7400	12200

影响热熔压敏胶熔融黏度的因素如下。

（1）增塑剂的添加比例　由于增塑剂通常在常温下是低黏度的液体，与热塑性橡胶混溶后可明显改变热熔压敏胶的熔融黏度。随着增塑剂添加量的增加，熔融黏度迅速降低，如图 3-7-16 所示。此外，增塑剂的黏度越低，压敏胶的熔融黏度也会降低。

（2）热塑性橡胶对熔融黏度的影响

① 热塑性橡胶添加比例的影响　在热熔压敏胶原材料的组成中，增塑剂和增黏树脂通常在高温或熔融状态下都有较低的黏度，而热塑性橡胶在熔融状态下显示出较高的黏度。因此，热塑性橡胶在热熔压敏胶配方中的比例强烈地影响着热熔压敏胶的熔融黏度，图 3-7-17 是一个明显的实例。

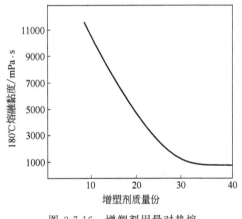

图 3-7-16　增塑剂用量对热熔
压敏胶熔融黏度的影响
[配方中其余成分（质量份）：
热塑性橡胶 20，增黏树脂 40]

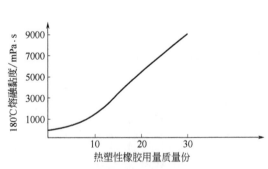

图 3-7-17　热塑橡胶用量对热熔压敏胶 180°
熔融黏度的影响
[配方中其余成分（质量份）：
白油 20，树脂 50]

② 热塑性橡胶自身物性对熔融黏度的影响　目前国内外生产热塑性橡胶的厂家有几十家，各自的产品都有不同的牌号、不同的分子量和不同的熔融指数。橡胶分子量越高熔融黏度越大，熔融指数越高，则熔融黏度越低。不同熔融指数的热塑性橡胶也影响热熔压敏胶的熔融黏度，举例见图 3-7-18。

（3）增黏树脂对熔融黏度的影响　增黏树脂的分子量不同，熔融黏度不同，对热熔压敏胶的熔融黏度有不同的影响。一般情况下，增黏树脂的熔融黏度越高，配制成的热熔压敏胶的熔融黏度就越大。具体示例见图 3-7-19。

因此，在设计配方时，热熔压敏胶的熔融黏度可以通过上述各种因素来加以调整。

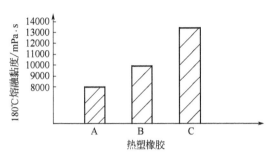

图 3-7-18　热塑性橡胶的熔融指数对
热熔压敏胶熔融黏度的影响
［热熔压敏胶配方（质量份）：油：树脂：橡胶＝
20：50：30，橡胶熔融指数
（MI）：A23，B14，C6］

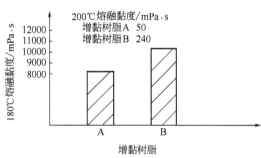

图 3-7-19　增黏树脂的熔融黏度与热熔
压敏胶熔融黏度的关系
［配方：油：橡胶：树脂（质量份）
＝20：30：50］

4. 热熔压敏胶的初黏性

初黏性通常亦称为快黏性，是压敏胶制品的一个重要压敏黏合性能。它有几种试验方法。一种称为"速粘法"（quick stick）的试验是将胶黏带靠自身重力，不另外加压力地黏附在被粘表面上，测量将胶带沿 90°角分离所需的力。另一种称为"胶圈黏性试验法"（Loop tack）或"环形初黏法"，是将压敏胶带做成一个圆圈，只用胶带的压力进行黏附，然后测其粘接强度。第三种称为"滚球初黏法"。滚球法分为两种，一种称为"滚球平面停止试验法"，是将一定质量的钢球沿斜置的槽板滚到水平放置的胶黏带上，测量钢球停止滚动所需的距离，数值越高，滚球黏性越差；另一种则称为"滚球斜面停止试验法"，将不同直径的钢球滚过平放在倾斜板上的胶黏带黏性面，根据一定长度的黏性面能够粘住的最大钢球尺寸，用球的大小号数来评价压敏胶初黏性大小，球号数越大初黏性越好。滚球初黏法的具体测试方法详见中国国家标准 GB/T 4852—2002。"速粘法"和"环形初黏法"与"滚球初黏法"所表现的初黏性有一定差异。前两种方法所表现的性能与剥离强度、内聚强度有一定的关系。关于压敏胶的初黏性能及其试验方法，详细可参阅本书第二篇第三章。

影响热塑弹性体热熔压敏胶初黏性的因素如下。

（1）增塑剂对初黏性的影响　增塑剂在热熔压敏胶中起到改善低温柔软性、降低硬度和模量、增加润湿效果等作用。增塑剂的加入量对初黏性的改变起着主要作用，随着增塑剂用量的增加，热熔压敏胶的初黏性能迅速提高，详见表 3-7-29 的实例。

表 3-7-29　增塑剂的用量对热熔压敏胶初黏性能的影响

增塑剂加入量（质量份）	滚球初黏性（球号数）	增塑剂加入量（质量份）	滚球初黏性（球号数）
0	小于 3 号	14	6 号
5	小于 3 号	16	8 号
10	3 号	18	12 号
12	5 号	20	20 号

（2）增黏树脂对热熔压敏胶初黏性的影响　用于热熔压敏胶的增黏树脂通常与热塑性橡胶的中间链段相容。增黏树脂与热塑性橡胶混溶后，使中间嵌段相的 T_g 升高，结果使压敏胶的柔软性降低。但这个降低可以通过使用增塑剂的办法来补偿。增黏树脂软化点的高低会影响压敏胶的柔软性，从而影响其初黏性，详见表 3-7-30。可见，热熔压敏胶的初黏性可以通过增塑剂用量以及增黏树脂类型的选择来加以调节。

表 3-7-30　增黏树脂软化点对热熔压敏胶初黏性的影响

增黏树脂类型 （软化点）	滚球初黏性 （球号数）	增黏树脂类型 （软化点）	滚球初黏性 （球号数）
T80(80℃)	32	T100(100℃)	16
T90(90℃)	20	T110(110℃)	8

注：配方为增塑剂：橡胶：增黏树脂＝20：30：50（质量份）。

5. 热熔压敏胶的剥离强度

剥离强度是热熔压敏胶一个重要的性能指标。关于压敏胶及其制品剥离强度的理论分析、影响因素和试验方法，详细介绍可参阅本书第二篇第二章。对于热塑弹性体热熔压敏胶，其剥离强度的具体影响因素包括以下几个方面。

（1）测试温度对剥离强度的影响　通常，热熔压敏胶的剥离强度受测试温度的影响程度比较明显。随测试温度的升高，剥离强度呈现下降趋势。表 3-7-31 列出了热熔压敏胶 HPA-3 的 180°剥离强度随测试温度变化的趋势。

表 3-7-31　热熔压敏胶 HPA-3 的 180°剥离强度与测试温度的关系

测试温度/℃	12	14.5	17.5	19.5	22	25	27	30
180°剥离强度/(kN/m)	0.972	0.871	0.673	0.534	0.455	0.375	0.298	0.212

（2）增塑剂的添加量对剥离强度的影响　热熔压敏胶通常由增塑剂、热塑性橡胶和增黏树脂组成。当热塑性橡胶与增黏树脂混溶而没有加入增塑剂时，混合物虽然也能通过热熔将被粘物粘住，而且冷至室温后还会有较高的剥离强度，但在常温下却没有压敏性。此时的混合物本质上只是一种热熔胶，而不是热熔压敏胶。随着增塑剂的加入，混合物的本体黏度和弹性模量下降，才出现压敏性。随增塑剂用量的增加，它的初黏性会增加，但 180°剥离强度却会逐渐下降。详见图 3-7-20 的示例。

（3）热塑弹性体对剥离强度的影响　热塑弹性体中苯乙烯含量的大小影响热熔压敏胶的硬软程度。采用苯乙烯含量不同的热塑弹性体所制的热熔压敏胶，即使配方相同，剥离强度也有所不同。图 3-7-21 是两种不同规格的热塑弹性体所表现出来的实际结果。

（4）增黏树脂对剥离强度的影响　在热熔压敏胶中，增黏树脂对剥离强度的影响尤为明显，不同的增黏树脂体现出不同的结果。由于增黏树脂的品种较多，因此不同类型的增黏树脂对剥离强度的影响就不宜对比，下面只将同类增黏树脂作比较。

① 增黏树脂软化点的影响　在同一配方中，选用同类增黏树脂时，随增黏树脂软化点的增高，180°剥离强度表现出提高趋势，详见图 3-7-22。

② 增黏树脂添加量的影响　在选定同一热塑性橡胶、增黏树脂和增塑剂的热熔压敏胶

配方中，随增黏树脂添加量的增加，180°剥离强度也呈上升趋势，详见图 3-7-23。

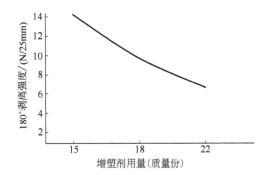

图 3-7-20　环烷油增塑剂用量对热熔
压敏胶 180°剥离强度的影响
［配方中其余成分（质量份）：热塑橡胶 30，
增黏树脂 50；压敏胶涂布量：40g/m²］

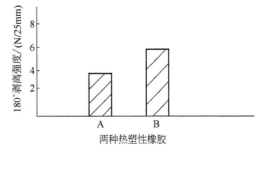

图 3-7-21　热塑弹性体中苯乙烯含量对
热熔压敏胶 180°剥离强度的影响
［配方（质量份）：热塑性橡胶：增黏树脂：油＝30：50：20；
热塑性橡胶中苯乙烯含量：A 15％，B 29％］

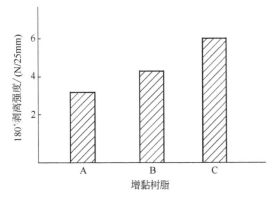

图 3-7-22　同类增黏树脂的软化点
对热熔压敏胶 180°剥离强度的影响
［配方（质量份）：热塑性橡胶：增黏树脂：油＝
30：50：20；增黏树脂软化点：A 80℃，B 95℃，C 110℃］

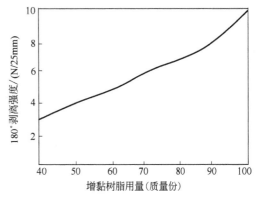

图 3-7-23　增黏树脂用量对热熔
压敏胶 180°剥离强度的影响
［配方中其余成分（质量份）：
热塑性橡胶 30，油 20］

因此对一个热熔压敏胶剥离强度的要求，在配方设计中可以调整增塑剂的用量，增黏树脂的类型以及增黏树脂的用量来满足。

6. 热熔压敏胶的持黏力

持黏力反映热熔压敏胶的内聚强度，影响到热熔压敏胶制品的实际应用，如载重压敏胶带粘贴的持久性，封口标签的起翘性等。关于压敏胶及其制品的持黏力可参阅本书第二篇第四章。对于持黏力的具体测试方法可详见国家标准 GB/T 4851—1998。影响热塑弹性体热熔压敏胶持黏力的因素主要有以下几个：

（1）增塑剂的影响　增塑剂的加入会显著降低热熔压敏胶的内聚强度，因此会影响到热熔压敏胶的持黏力，详见表 3-7-32。

（2）热塑性橡胶对持黏力的影响　热塑性橡胶在热熔压敏胶中起的作用主要是提供压敏胶的内聚强度。因此，热塑性橡胶在配方中的比例显著影响持黏力。详见表 3-7-33。此外，橡胶的苯乙烯含量越高、分子量越大也会增加内聚强度，进而增加压敏胶的持黏力。

表 3-7-32　增塑剂的用量对热熔压敏胶持黏力的影响

增塑剂用量 (质量份)	持黏力 (1.0kgf/25mm×25mm)	增塑剂用量 (质量份)	持黏力 (1.0kgf/25mm×25mm)
10	>24h	35	1h
15	>24h	40	<1h
20	>24h	45	30min
25	15h	50	<10min
30	3h		

注：配方中其余成分（质量份）：热塑橡胶 30，增黏树脂 50。1kgf＝9.8N。

表 3-7-33　热塑性橡胶用量对热熔压敏胶持黏力的影响

热塑性橡胶用量(质量份)	持黏力(1.0kgf/25mm×25mm)/h
10	<1
20	6
30	>24

注：配方中其他组分（质量份）：增黏树脂 50，白油 20。1kgf＝9.8N。

（3）增黏树脂对持黏力的影响　热熔压敏胶所选择的增黏树脂不仅可以赋予胶黏剂以压敏性，而且可以增加中间嵌段橡胶相对极性基材的黏合力。不同类型树脂所表现出来的增黏效果并不一样。在热熔压敏胶配方中，热塑性橡胶、增黏树脂和增塑剂比例不变的条件下，同类型增黏树脂软化点的高低可影响热熔压敏胶的柔软性和内聚强度，从而影响它们的持黏力。具体数据详见表 3-7-34。此外，选择高分子量的增黏树脂也会对增加持黏性起到一定的作用。

表 3-7-34　增黏树脂的软化点对热熔压敏胶持黏力的影响

增黏树脂类型(软化点)	持黏力(1.0kgf/25mm×25mm)/h
T80(80℃)	<1
T95(95℃)	3
T110(110℃)	7

注：橡胶：树脂：增塑剂（质量份）＝25：45：30。1kgf＝9.8N。

因此，通过调整增塑剂、热塑性橡胶和增黏树脂的种类和用量可以有效地获得具有不同持黏力的热熔压敏胶产品，满足不同条件的使用要求。

热熔压敏胶的初黏力、剥离强度和持黏力这三个基本的性能指标相互之间是一个矛盾体，此消彼长，不太可能三项指标都达到最高的数值。在实际应用中，各种压敏胶制品的应用不同，对三项指标的要求也不同。因此，在调整和设计配方时，必须抓住主要指标，力求达到平衡，这样才能获得性能优异的热熔压敏胶产品。

● 第四节　溶剂型热塑弹性体压敏胶

SBS 和 SIS 等热塑弹性体的分子量一般比天然橡胶和其他合成橡胶小。因此，溶解后形成的溶液黏度以及熔融后的融体黏度皆相应地小得多。图 3-7-24 是各种橡胶弹性体在甲苯中的溶液黏度。由图可见，热塑性弹性体比较容易形成高浓度、低黏度的溶液。另一方面，由于分子链两端的聚苯乙烯链段形成了硬的塑料相并起到了物理交联作用，使它们同样也具有很高的内聚强度。因此，热塑性弹性体不仅非常适宜配制热熔型压敏胶，而且也比其他橡胶弹性体更适于配制溶剂型压敏胶黏剂。只是目前在工业上还没有出现乳液型热塑性弹性体压敏胶黏剂的产品[6]。

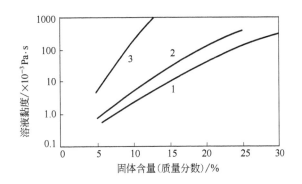

图 3-7-24　各种橡胶弹性体在甲苯中的溶液黏度（25℃）
1—SIS；2—SBS；3—天然白绉片

一、溶剂型热塑弹性体压敏胶的制造

在制造溶剂型热塑弹性体压敏胶时，除原材料的选择和配方设计外，溶剂体系的选择十分重要。采用不同的溶剂或溶剂混合物时，由于对热塑性弹性体两相的溶解度不同，所得溶液的黏度会有很大的差别；胶黏制品干燥时，溶剂的挥发速度也会有较大的差别；甚至还会影响到最终压敏胶制品的性能。人们总是希望选择一个最佳溶剂体系，它应满足下列条件：能产生最小的溶液黏度因而可得到最高固含量的胶液，有较快的挥发速度，对最终产品的性能无多大影响，且价格便宜。

1. 溶剂对胶液黏度的影响

一个好的溶剂必须既能很好地溶解橡胶相又能很好地溶解塑料相。通常，溶解度参数 δ 在 6.9～9.4$(cal/cm^3)^{1/2}$ 范围内的溶剂能够溶解聚丁二烯、聚异戊二烯、乙烯-丁烯共聚物等合成橡胶[δ 值为 7.9～8.4$(cal/cm^3)^{1/2}$]；而溶解度参数 δ 在 7.7～10.1$(cal/cm^3)^{1/2}$ 范围内的溶剂能够溶解聚苯乙烯[δ 值为 9.1$(cal/cm^3)^{1/2}$]。因此，只有溶解度参数 δ 在7.7～9.4$(cal/cm^3)^{1/2}$ 范围内的溶剂才能很好地溶解这些热塑性弹性体，并且得到较低的黏度。当溶剂的 δ 值低于 7.7$(cal/cm^3)^{1/2}$ 时，由于聚苯乙烯塑料相只能溶剂化而不能很好溶解，所得溶液黏度会随溶剂 δ 值的降低而很快增加。图 3-7-25 就是这样一个例子。汽油-甲苯混合溶剂的 δ 值随甲苯含量的降低而减小，当甲苯含量为 20％～30％时，图中曲线 A、B 出现最小值；随着甲苯含量的进一步降低，溶液的黏度显著上升。图中曲线 C 表示在其中一种 SBS 中加入了等量的能溶于橡胶相的增黏树脂（一种松香酯）后，溶液的黏度明显下降，甚至可以不用甲苯。软化剂也有类似的作用。

图 3-7-26 是两个压敏胶配方 A 和 B 在不同比例的己烷-甲苯混合溶剂中的溶液达到 5.0Pa·s 时的固含量[6]。两个压敏胶的具体配方见表 3-7-35。显然，当采用相同甲苯（例如 40％）含量的混合溶剂时，配方 B 具有更高的固含量；若要达到相同的固含量（例如

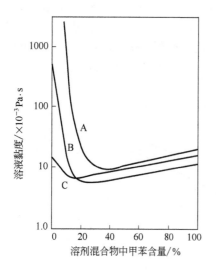

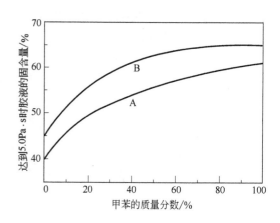

图 3-7-25　甲苯含量对两种 SBS 热塑性弹性体在汽油-甲苯混合溶剂中的溶液（15％浓度）的黏度（23℃）的影响

A—KratonD. 1101；B—Kraton 1102；

C—Kraton 1102 加松香酯（1∶1，26％浓度）

图 3-7-26　己烷-甲苯混合溶剂中甲苯含量对 A 和 B 两种 SIS 压敏胶液黏度的影响

表 3-7-35　A 和 B 两个溶剂型压敏胶配方

压敏胶配方组分	质量份数		压敏胶配方组分	质量份数	
	A	B		A	B
SIS	100	100	矿物油	10	10
脂肪石油树脂	140	140	抗氧剂	1	1
烷基芳香茚树脂	0	40			

50％），配方 B 可以少用甲苯。可见，配方 B 中能溶于塑料相的软化剂（一种低分子量的烷基芳香茚树脂），明显地降低了胶液的黏度，改善了工艺性能，也可改变溶剂的成分。

2. 溶剂对胶液干燥速度的影响

压敏胶液涂布后的干燥速度取决于溶剂的性质。溶剂的沸点越低，或溶解性越差，干燥速度就越快。图 3-7-27 是 10％浓度的 SIS 热塑性弹性体的甲苯溶液和甲苯-汽油（50∶50）溶液的干燥速度比较。汽油比甲苯的沸点低、溶解性差，因此，汽油的混入使胶液的干燥速度加快。

3. 溶剂对压敏胶性能的影响

由于压敏胶干燥后不可避免地会在胶层中残留一小部分溶剂，这部分挥发较慢的溶剂有时会影响最终产品的性质。图 3-7-28 是由三种不同溶剂体系的溶液制得的 SEBS 嵌段共聚物膜的应力-应变性能。甲苯作溶剂时（曲线 A），由于甲苯既能很好地溶解橡胶相，又能很好地溶解塑料相，因此即使有些残留对性能的影响也不大。曲线 B 是己烷-甲乙酮混合溶剂的情况，由于只能溶解塑料相的甲乙酮挥发较慢，它的残留犹如增加了塑料相的含量那样使聚合物变硬。曲线 C 是乙基苯-乙酸正丁酯-Shell Sol 340EC 混合溶剂的情况，由于只能溶解橡胶相的溶剂 Shell Sol 340EC 最慢挥发，它的残留犹如增加了橡胶相的含量那样使聚合物变软。可见，在选用混合溶剂时，必须考虑最慢挥发的溶剂是否影响最终产品的性能。应该选择像甲苯那样对两相都能很好溶解的溶剂作为最慢挥发的溶剂，使溶剂的残留对压敏胶的性能影响较小。

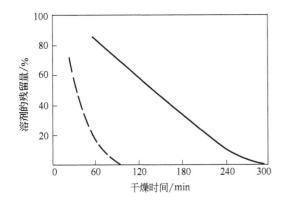

图 3-7-27　溶剂对 SIS 热塑性
弹性体胶液干燥速度（23℃）的影响
——甲苯作溶剂；———甲苯-汽油（50∶50）混合溶剂

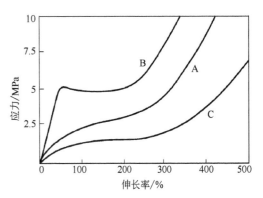

图 3-7-28　溶剂对 SEBS 热塑性
弹性体胶膜力学性能（23℃）的影响
A—甲苯；B—正己烷-甲乙酮（60∶40）；
C—乙基苯-乙酸正丁酯-Shell Sol 340EC(16∶20∶64)

综上所述，汽油和甲苯混合溶剂是热塑性弹性体压敏胶黏剂最为理想的溶剂体系。根据具体配方可用实验确定一个汽油与甲苯的最佳配比，使之获得最小的溶液黏度、最适当的挥发速度以及最便宜的价格。

4. 压敏胶液的制造方法

溶剂型热塑弹性体压敏胶液一般都是这样制造的：先按照配方将热塑性弹性体和其他橡胶弹性体（如果采用的话）溶于甲苯，将增黏树脂、软化剂、抗氧剂等溶于部分的溶剂汽油，然后在混合器中将两者均匀混合，再加入颜料、填料、其他添加剂和其余的溶剂汽油配成在黏度上最适于涂布操作的压敏胶溶液。这样配制的热塑性弹性体压敏胶液，固体含量一般可高达 50％以上。

二、溶剂型热塑弹性体压敏胶的配方、性能和应用

原则上，前节介绍的那些热塑弹性体的热熔压敏胶配方，只要选择适当的溶剂体系，都能配制出性能相同或相似的溶剂型压敏胶。但由于溶剂的加入不仅提高了压敏胶的生产成本，而且还严重地污染了环境，因此在工业上溶剂型热塑性弹性体压敏胶远远没有热熔型压敏胶那样重要。只是在一些没有热熔涂布设备的中小工厂中或一些特殊要求的场合，还有这类溶剂型压敏胶的少量生产和应用。

经过实验研究，张建英等确定的溶剂型 SBS 热塑性弹性体压敏胶一个典型的实用配方如下[9]：

SBS 热塑性弹性体 YH-792(岳化橡胶厂)	17.0 质量份
混合增黏树脂(萜烯树脂∶萜烯酚醛树脂∶石油树脂=1∶1∶1)	23.0 质量份
软化剂(邻苯二甲酸二丁酯)	8.0 质量份
防老剂(N,N-二丁基氨基二硫代甲酸锌)	1.5 质量份
助剂(白炭黑)	0.5 质量份
混合溶剂[甲苯-汽油(90 号)]	50.0 质量份
总量	100 质量份

按上述配方采用前述的配制方法，制造出的压敏胶黏剂性能如下：外观为淡黄色透明液体，固体含量≥50%，黏度1200～1500mPa·s。制成压敏胶带后有很好的初黏性和较好的持黏性，180°剥离强度为4.37N/cm。

用上述配方制成的压敏胶液具有很好的涂布性能，可用于制造BOPP和牛皮纸包装胶带，也可涂于PET和PE薄膜基材上制成相应的压敏胶制品，也可用于制作压敏标签纸、PVC塑料标贴等。与相应的溶剂型聚丙烯酸酯压敏胶相比，原材料和生产成本皆有所降低。

近年来，为了提高溶剂型SBS压敏胶的性能（尤其是耐老化性能），对SBS热塑性弹性体进行改性的报道较多。将SBS热塑性弹性体分子中的不饱和双键进行环氧化就是其中的一种改性方法。张伟君等的实验研究表明[10]，用过氧化氢与甲酸生成的过甲酸作氧化剂，对SBS进行了环氧化改性，以合成的环氧化SBS热塑性弹性体（ESBS）为基料配制成的溶剂型压敏胶具有比相应的SBS压敏胶更好的压敏黏合性能和抗老化性能。用优选法确定该溶剂型压敏胶的配方如下：

ESBS	100质量份	环氧化大豆油	50～70质量份
聚合松香	120～150质量份	防老剂	0.5～1.0质量份
甲苯	若干质量份		

其性能与未改性SBS为基料的相应压敏胶比较见表3-7-36。由表中数据可知，双键环氧化后高分子的极性增加，因而压敏胶的持黏性和180°剥离强度提高、初黏性下降；双键减少后胶层的耐老化性能也明显提高。

表 3-7-36　溶剂型 ESBS 压敏胶与 SBS 压敏胶性能的比较

溶剂型压敏胶	180°剥离强度 /(N/25mm)	初黏性 （球号数）	持黏性 (1.0kg/25mm×25mm,60℃)/h	耐老化性能 （空气中放置1个月后）
SBS	14.7	18	16	失去黏性,发脆
ESBS	21.6	12	24	未失去黏性

● 第五节　热熔压敏胶的最新发展

随着热熔压敏胶各种新材料的发展，热熔压敏胶及其制品和制造技术也在不断地快速发展，以满足工业技术、市场发展的需要，例如绿色环保、生产效率提高、生产成本的降低、发展的可持续性和技术的创新等。另一方面，由于热熔胶上游原材料的变化，供应短缺也给热熔胶和热熔压敏胶的技术发展提出新的机遇和挑战。

本节将就近十年来国内在SBC热塑性弹性体热熔压敏胶配方研究方面的新发展以及国外在新型热熔压敏胶材料方面的发展做一个总结和简介。

一、在 SBC 热塑弹性体热熔压敏胶配方研究方面

近十年来我国国内采用国产原料在热塑性弹性体热熔压敏胶的配方和制备方面也进行了不少新的研究开发工作。张荣军等报道了一种能在较低的工作温度（120～150℃）涂布的卫生巾和卫生护垫背面用热熔压敏胶[12]。在配方设计中采用了部分星型SIS与常用的线型SIS配合使用，并采用水白色C_5和水白色C_5/C_9石油树脂作增黏树脂、环烷油作软化剂，采用由酚类抗氧剂和亚磷酸酯类抗氧剂复配而成的复合抗氧剂AT-225、AT-215和AT-

220，用量为总量的 0.1%～0.3%。涂布温度的降低不仅节省了能源，而且还大大降低了由于原材料的高温老化而产生的设备故障和废品率。

王清华以国产巴陵牌 SIS-1105、南京扬子公司的 C_5 石油树脂、克拉马伊石化的环烷油 KN-4010 和锦州产的聚异丁烯（PIB）为主要原料，通过正交实验制得了一种高性能通用型热熔压敏胶；并认为，加入总量 8%～30% 的氧化锌（ZnO）填料对压敏胶黏性能影响不大，但可降低成本并改善其他物理力学性能[13]。他还研究了各种抗氧剂体系对压敏胶热氧老化的影响，结果表明：采用两种主抗氧剂体系（一种为含硫酚类抗氧剂 4426-S 和另一种为酚类抗氧剂 264）与一种副抗氧剂（亚磷酸酯类抗氧剂 168）的复合抗氧剂体系，比采用上述单一主抗氧剂与副抗氧剂的复合抗氧剂体系要效果好。得到的最佳配方为（质量份）：

KN-4010	60
ZnO	80
抗氧剂(4426-S/264/168＝1/1/1)	1.5
PIB	60
偶联剂	5

性能：

180°剥离强度	11.1N/cm
初黏性	6.45cm

将热塑性弹性体热熔压敏胶用于制造医用压敏胶制品方面近年来有不少开发研究。郑琦等报道了一种能粘贴于皮肤的医用热熔压敏胶，其配方为（质量份）[14]：

SBS	300	SIS	100
萜烯树脂	42	石油树脂	18
环烷油	60	DOP	5
碳酸钙	10	抗氧剂 264	5
抗氧剂 1010	5		

其黏度（160℃）为 1800～2200mPa·s；制成医用压敏胶制品的 180°剥离强度为：1.2 N/cm；对人体无毒，不过敏，剥离时不沾污皮肤。

高铁等研究了用具有较大极性的环氧化 SIS（简称 ESIS）代替 SIS 为基体树脂配制热熔压敏胶，提高了压敏胶与极性基材的相容性和粘接力，还可利用环氧基团的二次反应进行接枝和交联改性[15]。他们以环氧大豆油为增塑剂和高度氢化的松香树脂为增黏树脂，进行了正交试验研究，得到压敏胶黏性能最佳的基础配方（质量比）为：

ESIS(自制,环氧值 3.20 mol/kg)	100	环氧大豆油	66.7
氢化松香	100	抗氧剂 1010	1.33

将其涂于无纺布，干胶层 0.04～0.06 mm。制得的压敏胶制品的性能达到：初黏（球号数）32，180°剥离强度 7.60N/cm，持黏力 24.0h。明显高于以 SIS 为基础的相应热熔压敏胶。他们还将 15% 的一种中药浸膏加入上述 ESIS 热熔压敏胶中制成中药浸膏贴片（医用药物透皮释放制品），调整上述配方使贴片对皮肤具有适中的剥离强度。调整后的最佳配方（质量份）为：

ESIS(同上)	100	环氧大豆油	80
氢化松香	100	抗氧剂 1010	1.40
中药浸膏	42.2		

此时的 180°剥离强度为 3.50N/cm，压敏胶层的软化点为 83℃。中药浸膏在这种 ESIS 型热熔压敏胶贴片中的最大载药量以及贴片的水蒸气透过率皆比普通的 SIS 医用热熔压敏胶好，更比传统的医用天然橡胶压敏胶好，详见表 3-7-37。因此，ESIS 型更适于制造医用压敏胶制品，尤其是医用药物透皮释放制品。

表 3-7-37　ESIS 型 HMPSA 与同类产品的性能对比

中药贴片类型	水蒸气透过率/[g/(m² · d)]	w(最大载药量)/%	性能比较
天然橡胶膏	0.096	10	A
SIS 型	0.731	22	B
ESIS 型	1.297	34	C

注：A 为载药量超过 10%时，贴片易失去黏性；B 为载药量超过 22%时，贴片内聚强度变差，揭贴后皮肤有残胶痕迹；C 为载药量低于 34%时，贴片黏性和内聚强度均较好，揭贴后皮肤无残胶痕迹。

Qing 等也报道了 ESIS 型医用热熔压敏胶的研究[16]。他们发现，随着 SIS 的环氧化程度从 10%增加到 50%，ESIS 分子中软链段的玻璃化温度 T_{g_1} 从 -57.8℃提高到 -17.3℃。T_{g_1} 的提高和分子极性的增加，虽然能增加亲水性药物的载药量，但也降低了与极性较小的 C_5 石油树脂和矿物油的相容性，是 ESIS 型热熔压敏胶比较硬的原因。因此他们采用 SIS 和 ESIS 的混合体系为基体树脂来配制医用热熔压敏胶，具体配方如下（质量份）：

SIS(YH-1105)	30	ESIS(自制)	30
矿物油(KH-4010)	40	C_5 石油树脂(C-100R)	100
抗氧剂(1010)	2.0	药物(Geniposide)	7.0

将其热熔涂布于聚酯（PET）膜，涂层厚 0.12mm，制得医用透皮吸收制品。其压敏胶黏性能比配方相同但只用 ESIS 为基体树脂的相应医用压敏胶制品明显要好。

二、在新型热熔压敏胶材料方面的发展

1. 新型 SBC 热塑弹性体

在发达国家，SBC 热塑弹性体材料的发展日趋成熟，已形成完整的系列。值得注意的是，美国的科腾（Kraton）公司近几年又开发出一种新的 SIBS 系列热塑弹性体产品。它们是 SIS 和 SBS 热塑弹性体的结合体。它的苯乙烯-异戊二烯/丁二烯-苯乙烯的独特分子结构使其具有比传统的 SIS 和 SBS 热塑性弹性体更宽的配合性，更好的热稳定性和可喷涂性，以及比 SIS 配方体系更低的生产成本。这些全新的 SBC 热塑弹性体已经被逐步用于热熔胶和热熔压敏胶的配方中，并已开发出一系列新型热熔胶和热熔压敏胶产品。

2. 烯烃嵌段共聚物（OBC）弹性体

烯烃嵌段共聚物（olefine block copolymer，OBC）弹性体是美国的陶氏（Dow）化学公司最新开发出来的一种专用乙烯-辛烯嵌段共聚物。其商品名为 Infuse。该公司采用独特的茂金属催化剂技术合成出这种烯烃嵌段共聚物（OBC）弹性体。它由交替的软硬聚烯烃嵌段组成，所以具有较好的柔软性和耐热性。OBC 的熔融温度和结晶温度比普通聚烯烃材料高出 50～60℃。OBC 可以应用于制造热熔胶和热熔压敏胶，具有良好的耐热氧老化性能、喷涂性能、颜色浅、气味低以及耐紫外线老化好等优越性能，其热熔压敏胶制品已用于婴儿纸尿裤、压敏标签等。

3. 聚丙烯酸酯类嵌段共聚弹性体

日本 Kuraray 公司已成功合成了一种新型聚丙烯酸酯类嵌段共聚弹性体[18]。这种新型的嵌段共聚物弹性体与苯乙烯嵌段共聚弹性体（SBC）具有非常类似的分子结构。它是由聚甲基丙烯酸甲酯作为硬段、由聚丙烯酸丁酯作为软段构成的 ABA 型嵌段共聚物，其英文名称为 poly (methyl methacrylate)-block-poly (*n*-butyl acrylate)-block-poly(methyl methacrylate)，可简称为 (M-*n*BA-M)BC。其分子结构式如图 3-7-29 所示。这种聚丙烯酸酯类嵌段共聚物弹性体可以用来制成高性能的热熔型压敏胶和溶剂型压敏胶。它们具有非常好的光学透明性、融熔黏度低、压敏胶黏性能好、耐气候老化性能好和高的使用安全性。

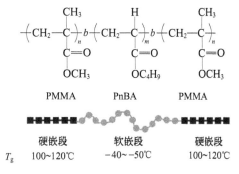

图 3-7-29　聚丙烯酸类嵌段共聚物弹性体的分子结构式

与 SBC 相似，由聚丙烯酸酯类嵌段共聚弹性体制成的各种压敏胶的性能，可以通过选用不同 PMMA 含量和三嵌段、二嵌段的比例来调节。这类压敏胶已用于制造医用压敏胶制品、可剥离性压敏胶带、广告胶贴等。

4. 紫外线固化型热熔压敏胶

溶剂型压敏胶对环境的影响受到越来越高度的重视，溶剂型压敏胶的替代技术都受到欢迎，其中热熔压敏胶是很好的选择。但是由于普通的热熔压敏胶的耐热性能和高温下的持黏性较差，通常不能满足高性能压敏胶的需求。所以在近十年有大量的研究和技术开发集中在紫外线光固化型热熔压敏胶上。目前报道，已有以下几类紫外线光固化型热熔压敏胶的制造技术[19]：

① 高分子链上接枝光引发剂的聚丙烯酸酯高分子材料[20]；
② 含有（甲基）丙烯酸酯功能基团的聚氨酯混合体系[21]；
③ 苯乙烯嵌段共聚物材料，光引发剂可外加或接枝在高分子链上[22]；
④ 环氧化聚异戊二烯，光引发剂外加入[17]。

上述每种体系都有各自独特的压敏胶性能和应用。但是到目前为止，最为成功的是高分子链上接枝光引发剂的聚丙烯酸酯体系。它们的性能可以与溶剂型聚丙烯酸的压敏胶媲美，并且已有工业化的生产和应用。上述几种不同体系的紫外线固化热熔压敏胶的比较列于表 3-7-38。

表 3-7-38　几种不同体系的紫外线固化热熔压敏胶的比较

性能　　体系	接枝光引发剂的聚丙烯酸酯类	聚氨酯混合体系	苯乙烯嵌段共聚物材料	环氧化聚异戊二烯
交联机理	接枝	自由基	接枝	阳离子
主高分子材料	聚丙烯酸	聚氨酯	苯乙烯/丁二烯	异戊二烯
最大涂胶量/(g/m²)	80	100	80	100
涂胶温度/℃	130	90	180	90
耐久性	好	一般	差	差

紫外线固化的压敏胶标签和胶带是将来的技术发展方向。在技术的发展和完善过程中，如何用适合的技术以满足客户广泛的性能是关键。到目前为止，紫外线固化压敏胶已有成熟的工业化产品和应用。关于紫外线固化型热熔压敏胶的详细介绍，可参阅本书第三篇第八章。

参 考 文 献

[1] Hu Y，Paul C. Handbook of Pressure-Sensitive Adhesives and Products，Chapter 3：Block Copolymer-based Hot-Melt Pressure-Sensitive Adhesives，2008，3：1-45.

[2] Korcz W H.∥Satas D. Handbook of Pressure Sensitive Adhesive Technology. USA：VNR Co，New York，1982：220-275.

[3] PSTC Test Methods for Pressure Sensitive Tapes，15th edition. Glossary-3，USA：Pressure Sensitive Tape Council，2007.

[4] Dahlquist C A.∥Satas D. Handbook of Pressure Sensitive Adhesive Technology，2nd edition. USA：Van Nostrand Reinhold，New York，1989：97.

[5] 高岛米司，大田敏雄.日本接着协会.1978，14（7）：245；1984，20（6）：235；1984，20（4）：143.

[6] 早乙女和雄.接着（日）.1984，28（2）：4-8；高分子加工（日），1985，34（3）：135-138.

[7] 立石臣史.接着（日）.1985，29（8）：273；1985，29（9）：399.

[8] 曾宪家.压敏胶粘剂技术手册.华夏实业（集团）股份有限公司，2000，198-235.

[9] 张建英.中国胶粘剂，1998，7（1）：23-26.

[10] 张伟君，邸明伟，刘晓波.中国胶粘剂，2002，11（3）：28-29.

[11] 袁煜艳.SIS、SEBS产品及其在热熔胶中的应用.粘接，2007，28（5）：49-52.

[12] 张荣军.山东科学，2007，20（4）：59-64.

[13] 王清华.新型SIS热熔压敏胶的制备及其性能研究［D］.南京：南京理工大学，2005.

[14] 郑琦.医用热熔压敏胶的研制.中国胶粘剂，2007，16（5）：28-30.

[15] 高铁，张军营.中国胶粘剂，2011，20（5）：22-25.

[16] Qing W. Synthesis of SIS-based hot-melt pressure sensitive adhesive for transdermal delivery of hydrophilic drug. International Journal of Adhesion & Adhesives，2012，34（1）：62-67.

[17] Paul C W. WO 03002684. 2003.

[18] Oshita S. Acrylic Block Copolymer for Adhesive Application. USA：PSTC，2011.

[19] Palaz P. UV Cationic Acrylic PSAs，USA：PSTC May 2011.

[20] Roan G A. Palasz Proceedings of the 30th annual meeting of the adhesion society，Adhesion Society of USA，2007.

[21] Zhao M. PSTC，2009，45-55；WO 2008/119399 A1.

[22] Cain C. PSTC 2010，Tech 33.

第八章

辐射固化型压敏胶黏剂

杨玉昆

近20年来，中国压敏胶制品工业蓬勃发展，产量逐年上升。据中国胶粘剂和胶粘带工业协会近几年的统计和估算：2010年中国大陆地区压敏胶制品的总产销量已达到$138×10^8 m^2$，年总产销值达到273亿元，年均增长率保持在两位数；制造这些压敏胶制品所需的压敏胶黏剂达到$93.8×10^4 t$（湿胶）。这些压敏胶中主要是乳液型、溶剂型和热熔型三种，尤其是乳液型和溶剂型压敏胶在市场上占据主导地位。

乳液型压敏胶的固体含量一般在55%左右。涂布和干燥速度较慢，干燥过程中需要消耗大量能源。由于乳化剂的存在，性能上还有许多不足之处。溶剂型压敏胶的固体含量一般在30%～50%之间，压敏胶中含有大量的有机溶剂。中国大陆的涂布设备多数没有溶剂回收装置，涂布和干燥时，有机溶剂被直接排放到空气中。不仅造成环境污染，而且使产品的成本上升。热熔压敏胶虽然不使用溶剂，但也还存在着许多缺点和不足。如耐热性和耐溶剂性较差；具有较强的冷流性，因而持黏性能较差；可用于制作热熔压敏胶的原料品种还不够丰富等。这些缺点和不足限制了热熔压敏胶的应用。这也是热熔压敏胶的市场份额至今还不如乳液型和溶剂型压敏胶的原因。

因此，不使用有机溶剂或水而又能避免普通热熔压敏胶缺点的新型压敏胶是压敏胶制品业界追求的目标。辐射固化型压敏胶黏剂的研究开发给压敏胶制品工业带来了新的曙光。

辐射固化型压敏胶是将可聚合单体、低聚体或聚合物弹性体以及增黏树脂、光引发体系和防老剂等其他添加剂组成的混合物均匀地涂布于基材或防粘纸上，再通过特殊的装置用一定剂量的高能量射线［目前主要是紫外线（UV）或电子束（EB）射线两种］辐照涂层使其聚合、交联并固化，从而获得各种性能的压敏胶制品。辐射固化型压敏胶无需溶剂或水等介质，是一类100%活性成分的压敏胶。这类压敏胶既可具有溶剂型压敏胶优良的综合性能，又没有溶剂的环境污染问题，既保持了热熔压敏胶能耗较小且可实现高速涂布的优点，又克服了热熔压敏胶耐蠕变性、耐热性和耐氧化性差等缺点。而且还没有像乳液压敏胶那样因乳化剂存在而耐水性差等问题。因此，辐射固化型压敏胶应该是目前最为理想的"绿色"压敏胶黏剂。

涂料行业中，使用辐射技术进行聚合和交联已相当成熟。辐射技术在高分子材料改性方面应用也相当广泛。虽然早在20世纪60年代就有关于辐射固化型压敏胶的报道，但直到最近20年才开始重视辐射固化型压敏胶的开发。目前，在一些发达国家已经有不少工业化产品问世[1]。可以预料，今后10年内辐射固化型压敏胶将会得到快速发展。中国目前仍处在研究开发阶段，工业上还只有极少数真正的辐射固化型压敏胶产品。

本章主要介绍紫外线（UV）固化型压敏胶和电子束（EB）固化型压敏胶的组成、固化原理、制造方法、性能和应用以及一些最新的发展。

第一节　辐射固化型压敏胶的组成

1966 年，法国 Novacel 公司首次发表用紫外线（UV）辐照技术制造压敏胶制品的专利。此后，许多大公司纷纷加入这一领域的研究开发。尤其是 1982 年后，3M 公司在 Novacel 公司失效专利的基础上进行了大量的研究工作，又申请了许多专利。从此，辐射固化型压敏胶及其制品开始进入市场。20 世纪 90 年代，辐射固化型压敏胶的研究开发在一些发达国家中掀起了一个高潮[2]。

由于紫外线（UV）辐照技术的设备比电子束（EB）辐射技术的设备简单，价格也较低，所以 UV 固化型压敏胶及其制品的开发远较 EB 固化型压敏胶及其制品的开发来得活跃，有关的文献报道也多得多[3]。

UV 固化型压敏胶一般都由低聚体或聚合物弹性体、能够溶解低聚物或聚合物弹性体的可聚合单体、光引发剂体系以及增黏树脂和防老剂等其他添加剂混合组成。EB 固化型压敏胶的组成与 UV 固化型压敏胶基本相同，只是由于电子束辐射的能量比紫外线辐照大得多，EB 固化型压敏胶配方中一般不需要光引发剂体系。

根据配方和所用原料的不同，配制成的辐射固化型压敏胶可以是能够在常温下涂布于基材上的黏性液体，也可以是在常温下难以涂布于基材上的高黏度胶状体、甚至是固体。后者只能用热熔涂布设备将其加工成压敏胶制品。因此，辐射固化型压敏胶从形态和涂布工艺上又可以分为常温涂布型和热熔涂布型两大类。

一、低聚体或聚合物弹性体

低聚体（亦称齐聚体）或聚合物弹性体与能够溶解这些低聚体或聚合物弹性体的可聚合单体（亦称活性稀释剂）构成了辐射固化型压敏胶的主体，是这类压敏胶最重要的成分。

辐射固化型压敏胶中常用的低聚体有烯类单体（主要是丙烯酸酯类单体）的预聚体和液体远螯型聚合物（liquid telechelic polymers）两类。这些低聚体或聚合物弹性体的使用不仅增加了压敏胶的黏度，使它们被可聚合单体溶解后制成的压敏胶能很容易涂布在基材上，而且经 UV 或 EB 辐射后，它们能在单体聚合的同时与之发生化学反应，形成交联或接枝共聚物，使固化后的压敏胶层具有足够的内聚强度和抗蠕变性能。目前在辐射固化型压敏胶中应用的低聚体和聚合物弹性体有下述几种。

1. 丙烯酸酯低聚体和共聚体

（1）丙烯酸酯低聚体　早期发明的 UV 固化压敏胶中多数都采用这种低聚体。实际上这是一种将与普通溶剂型或乳液型聚丙烯酸酯压敏胶相同或相似的丙烯酸酯单体配方（详见本篇第六章）预先共聚合成具有一定黏度（1 000～100 000mPa·s）的胶浆。这种胶浆是丙烯酸酯低聚体和未反应的丙烯酸酯单体的混合物。通常情况下，胶浆中丙烯酸酯低聚体的含量（亦即预聚合的聚合程度）为 5%～20%；低聚体的分子量从几万到几十万不等。预聚合的方法有采用紫外线引发聚合者，也有采用加热聚合者。根据压敏胶制品的性能要求和涂布工艺的不同，控制预聚合的聚合程度和预聚物的分子量大小是关键所在。控制的方法可以采用调节紫外线的辐照剂量或加热聚合的温度和时间以及引发剂的用量等方法，也可以采用加入自由基链转移剂或链终止剂等方法。

用这种方法制得的丙烯酸酯预聚体胶浆，加入光引发剂和其他助剂后可以直接涂布于基材上，经 UV 或 EB 辐射固化后即可制得各种压敏胶制品。这样制得的压敏胶制品的性能不仅取决于预聚单体的配方、预聚合的程度和预聚物的分子量，而且还决定于预聚物胶浆在 UV 或 EB 辐照下的最终聚合程度和压敏胶层的最终分子量。胶浆的聚合程度可以用测量胶层折射率的方法加以跟踪。即随着丙烯酸酯预聚胶浆在 UV 或 EB 辐射下的不断聚合，胶层的折射率可从 1.4300 上升到 1.4700。此时，单体转化率可达 95％。

用此法制得的丙烯酸酯预聚体胶浆作为主体来配制辐射固化型压敏胶的研究开发一直非常活跃[4]。例如，近期 Winslow 的专利报道的一种新型 UV 固化压敏胶所用的丙烯酸酯预聚体胶浆的制法如下[5]：在氮气下将 90 质量份丙烯酸异辛酯、10 质量份丙烯酸和 0.04 质量份光引发剂 Irgacure TM 651（Ciba-Geigy 公司产品）混合均匀，再将该混合物暴露于紫外线辐照下进行光预聚合，直至其黏度增加到 3000mPa·s 成为预聚体胶浆为止。

采用丙烯酸酯预聚体胶浆作为主体的辐射固化型压敏胶，一般都可以配制成黏度适于常温涂布的胶液，因而涂布加工比较简单方便。然而，这类能常温涂布的辐射固化型聚丙烯酸酯压敏胶也存在一些不足：①由于黏度的限制，预聚体的分子量一般都不很大，预聚体的含量也不高，因而较难制成内聚强度很大的压敏胶制品；②为了克服上述缺点，往往要采用特殊的功能单体，这不仅增加了配方的复杂性并使产品的成本上升，而且也很难得到综合性能很好的产品；③由于预聚体胶浆中未聚合的单体较多，经辐射固化后的压敏胶层中残余单体的含量也往往比较高。

（2）丙烯酸酯共聚物　聚丙烯酸酯系辐射固化压敏胶也有采用分子量较高的丙烯酸酯共聚物作为主体，并制成热熔涂布型的情况。确切地说，这是一类辐射交联改性的聚丙烯酸酯热熔压敏胶。先在聚合反应釜中用普通的方法将丙烯酸酯单体共聚，制备丙烯酸酯共聚物溶液，加入适量的光引发剂和其他助剂后再在真空下将溶剂蒸馏除去，制成的固体块状或粒状压敏胶可用热熔涂布设备涂布在基材上，再用 UV 或 EB 辐照使胶层产生交联。由于丙烯酸酯共聚物的分子量可以在溶液聚合时加以调节，所以除去溶剂后压敏胶的本体黏度也可以得到控制。这就使这类压敏胶的热熔涂布温度可以比一般的热塑弹性体系热熔压敏胶低，从而方便了涂布工艺，也减少了高温涂布时胶体被氧化的可能性。显然，这类压敏胶主体聚合物的分子量比上述常温涂布型高，经 UV 或 EB 辐射后又产生了适度的交联，因而胶层的内聚强度和耐温性能比较好。据报道[6]，用此方法制得的双面胶带的持黏性和初黏性皆比普通双面胶带有明显提高。此类压敏胶的另一优点是配方中既不需采用特殊的功能单体，聚合过程中所使用的溶剂又可回收重复使用，因而成本相对较低。分离和回收溶剂的办法一般采用先在反应釜中真空蒸馏，将大部分溶剂和残余单体蒸出，再通过管道将其输送到另一容器中，抽真空并不断通入氮气、水蒸气或其他夹带剂，将溶剂和残余单体的含量降到最低程度。经这样处理后，产物中挥发性有机物含量（VOC）可降低至 0.05％以下。因此，1992年以来，国际上许多大公司都纷纷推出了用此法生产的商品化 UV 或 EB 交联改性型聚丙烯酸酯热熔压敏胶。而 BASF 公司的牌号为 Acronals DS3429 和 Acronals DS3458 的两种商品化 UV 固化压敏胶是其中典型的代表[7]。

2. 功能化聚酯低聚体

平均分子量在 3000～8000 之间的液体饱和聚酯早就作为低聚体在配制辐射固化型压敏

胶中使用。但在使用前必须将这些聚酯低聚体分子连接上能够在辐射下发生化学反应的功能基团，最常用的是（甲基）丙烯酰基团[8]，制成远螯型低聚体：

$$HO \left[R^1-O-\overset{\overset{\displaystyle O}{\|}}{C}-R^2-\overset{\overset{\displaystyle O}{\|}}{C}-O \right]_n R^1-OH \quad + \quad \overset{\displaystyle CH_2=CH(CH_3)}{\underset{[-HX]}{O=C-X}} \longrightarrow$$

液体聚酯树脂

$$\overset{\displaystyle CH_2=CH(CH_3)}{O=C-O} \left[R^1-O-\overset{\overset{\displaystyle O}{\|}}{C}-R^2-\overset{\overset{\displaystyle O}{\|}}{C}-O \right]_n R^1-O-\overset{\displaystyle CH_2=CH(CH_3)}{C=O}$$

功能化聚酯低聚体

　　这些全部或部分丙烯酰化了的聚酯低聚体分子主链是线性的，也可以有少许分支结构。已报道有 6 种基体共聚酯制成的 12 种功能化聚酯低聚体被用来配制辐射固化型压敏胶。这些聚酯低聚体的毒性都很低，对皮肤无刺激性。由于它们的黏度较大，混合和涂布最好在高于室温的温度下（约 50℃）进行。由于它们的分子结构和平均分子量不同，玻璃化温度（−10～−50℃）和 50℃时的黏度（900～14 000mPa·s）也不同，配制成压敏胶的三大压敏黏合性能也不一样。根据需要，它们之间还可以互相混合，或与增黏树脂及其他改性剂混合，配制成各种不同性能要求的辐射固化型压敏胶黏剂。

　　后来，Fuller 公司也报道了三种商品化低分子量丙烯酸聚酯[9]，它们的商品牌号、分子量和分子量分布以及玻璃化温度等列于表 3-8-1。

表 3-8-1　三种丙烯酸聚酯低聚体（Fuller）

商品牌号	M_n	M_w	M_w/M_n	T_g/℃（预固化）	T_g/℃（后固化）
WM-3251	8600	23200	2.7	−24	−12
WM-3351	10600	31800	3.0	−32	−18
WM-7001	6700	50250	7.5	−29	−5

　　这些具有分支结构的低分子量聚酯不仅色浅，而且具有很好的热稳定性和紫外线稳定性，很低的挥发性有机物含量（VOC）。分子中分支结构的存在使这些非结晶性材料具有很好的柔韧性、能够润湿和黏合各种材料的表面。由这些低分子量丙烯酸聚酯单独配制的热熔涂布型 UV 固化压敏胶能够在较低的温度（80～100℃）下用普通的热熔涂布设备涂布加工，制成的压敏胶制品具有类似溶剂型聚丙烯酸酯压敏胶制品的优良性能，详见表 3-8-2 和表 3-8-3。

表 3-8-2　WM-7001 制成的热熔涂布型 UV 固化压敏胶性能

项　　目	数　　值	项　　目	数　　值
180°剥离强度/(lbf/in)[①]		胶圈法初黏力/(lbf/in²)[②]	3.0
黏合 1min 后	3.0	持黏力/(1.0kgf/in²)[③]	24h
黏合 24h 后	5.0	剪切黏合破坏温度（SAFT）	350℉（162℃）

① 1lbf/in=175.127N/m。

② 1lbf/in²=6894.76Pa。

③ 1kgf/in²=15.20kPa。

注：胶层厚度 38μm（1.5mil）；被粘物为不锈钢。

　　若将这些低分子量丙烯酸聚酯与适当的增黏树脂和可聚合单体混合，也可配制成各种常温可涂布的 UV 固化压敏胶黏剂。所推荐的典型基本配方如下：

丙烯酸聚酯 WM-3251(H. B. Fuller 公司)	35%
增黏树脂 Kristalex 3070(Hercules 公司)	40%
(α-甲基苯乙烯-苯乙烯共聚物)	
可聚合单体 SR-256(Sartomer 公司)	25%
丙烯酸 2-乙氧基乙酯	

表 3-8-3　溶剂型制品 A、移胶带 B 与 WM-3251-T 性能比较

项目	溶剂型制品 A	转移胶带 B	WM-3251-T	WM-3251-T
涂布方式	转移法	—	转移法	直接法
涂胶量/mil[①]	5	5	5	5
180°剥离强度(30min 后)/(lbf/in)[②]				
对不锈钢	6.4	5.4	5.2	5.2
对聚碳酸酯	6.0	2.6	5.5	4.1
对高密度聚乙烯	1.0	0.2	2.5	2.0
胶圈法初黏力/(lbf/in²)[③]				
对不锈钢	5.5	3.0	6.0	6.3
对聚碳酸酯	6.5	3.0	6.3	5.8
对高密度聚乙烯	1.5	0.5	2.8	3.7
剪切黏合破坏温度(对不锈钢)	336	350	350	350

① 1mil＝25.4μm。

② 1lbf/in＝175.127N/m。

③ 1lbf/in²＝6894.76Pa。

注：在测试条件下所有试样都发生胶接界面破坏。　　根据配方的不同，这些常温涂布的 UV 固化压敏胶还可以制成高性能的、高初黏性低黏度或高持黏性高黏度等各种性能要求的压敏胶及其制品。

3. 功能化聚氨酯低聚体

丙烯酰化的聚氨酯低聚体据报道已用于配制辐射固化型压敏胶黏剂[10]。这些功能化了的低分子量聚氨酯一般制法如下：先将低分子量聚酯或聚醚多元醇（软链段组分）与多异氰酸酯反应，或与多异氰酸酯经多元醇或多元胺扩链反应形成的异氰酸酯基封端的多异氰酸酯低聚体（硬链段组分）反应，形成异氰酸酯基封端的聚氨酯低聚体，再将这种低聚体与（甲基）丙烯酸羟基酯反应，生成（甲基）丙烯酰化的聚氨酯低聚体[11]。反应方程式可简示如下：

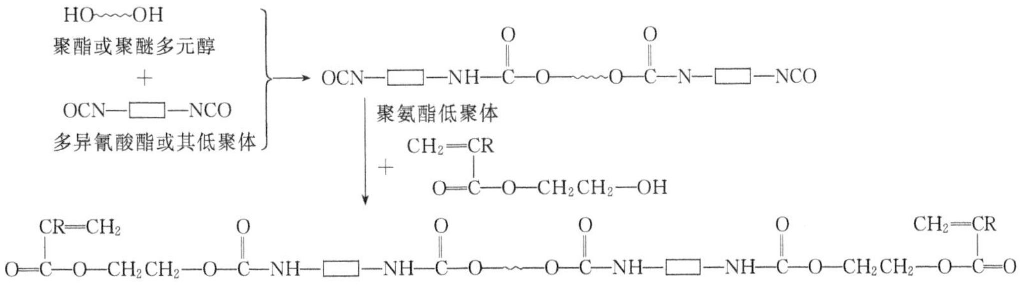

由于这些丙烯酰化聚氨酯低聚体的分子量一般都比较高，要配制成室温可涂布的、100% 活性成分的辐射固化压敏胶黏剂，必须要用可聚合单体加以稀释，并用增黏树脂进行

增黏。可聚合单体和增黏树脂的选择首先必须考虑它们与这些聚氨酯低聚体的相容性。经过实验研究，提出了这类压敏胶的几个较好配方，如表 3-8-4 所示。在配方 1 的基础上，研究了各种不同分子结构的丙烯酰化聚氨酯低聚体和其他类型低聚体的玻璃化转变温度 T_g 和玻璃化转变区域的温度宽度对压敏胶 180° 剥离强度的影响。结果表明，低聚体在玻璃化转变区的温度宽度比其玻璃化转变温度 T_g 之绝对值对压敏胶 180° 剥离强度的影响更大。玻璃化转变区的温度宽度越小，配成的压敏胶有越大的 180° 剥离强度值。低聚体的化学结构对压敏胶的 180° 剥离强度也有影响，非晶态材料比结晶性材料更好。

表 3-8-4　聚氨酯低聚体配制的常温涂布 UV 固化压敏胶配方（质量份）

配方成分	配方 1	配方 2	配方 3	配方 4
氨酯低聚体，CN973H85（sartomer Co.）	15.8	19.0	15.8	15.8
聚氨酯低聚体 CN973H85（sartomer Co.）	31.6	31.6	31.6	31.6
可聚合单体，丙烯酸 2-（乙氧基）乙酯	21.0	21.0	32.4	43.9
可聚合单体，丙烯酸乙氧基壬基酚酯	22.9	19.7	11.5	—
阻聚剂，MEHQ①	0.08	0.08	0.08	0.08
抗氧剂，Irganox 1010②	0.80	0.80	0.80	0.80
光引发剂，KIP 100F②	7.82	7.82	7.82	7.82
固化后胶层外观	透明	透明	不透明	较透明

① Ciba Geigy 公司产品。

② Sartomer 公司产品。

这类聚氨酯低聚体的分子结构对配制成的室温可涂布的 UV 固化型压敏胶的压敏胶黏性能和老化性能的影响，后来又有研究者做了进一步的研究，并作了报道[17]。

4. 其他类型的低聚体

其他类型的低聚体，如异戊二烯低聚体、环氧化异戊二烯-丁二烯低聚体等也已报道成功地用于配制辐射固化型压敏胶黏剂。

（1）异戊二烯低聚体[12~14]　Anthony J. Berejka 等很早就报道过在配制辐射固化压敏胶时采用了两种不同分子量的异戊二烯低聚体 Isolene 40 和 Isolene 400。这两个异戊二烯低聚体都由聚异戊二烯弹性体通过解聚制得。它们的重均分子量分别为 40 000 和 90 000，38℃时的黏度分别为 360~550Pa·s 和 3 000~5 000Pa·s，不饱和度都是 92%。这些异戊二烯低聚体能够与多环烃类增黏树脂、双丙烯酸-1,6-己醇酯和其他可聚合单体等配制成能实现高速涂布、性能很好的 EB 固化型压敏胶。

（2）环氧化异戊二烯-丁二烯低聚体[15]　Shell 公司报道了一种新的低聚体 KLPs（Kraton Liquid Polymers）L-207，它能够与同一家族的其他两个低聚体 L-1203 和 L-1302 一起应用于配制 UV 固化型压敏胶黏剂。这三种低聚体皆采用活性阴离子聚合的方法合成。其中 L-1203 是一种氢化了的一端有一个羟基的液体聚丁二烯，羟基当量 4 200g/mol，玻璃化温度 T_g 为 -60℃；L-1302 是一种部分氢化了的一端有一个羟基的液体异戊二烯-丁二烯双嵌段交替共聚物，双键当量 530g/mol，羟基当量 6 400g/mol，T_g 为 -60℃；L-207 是由 L-1302 再经环氧化制得，环氧当量 590g/mol，羟基当量 6600g/mol，T_g 为 -53℃。这些低聚体都是色浅和无毒的，具有很窄的分子量分布，稍高于室温时都是牛顿液体，其黏度随温度的变化如图 3-8-1 所示。

L-207 在阴离子光引发剂存在时能够被 UV 辐照固化，由 L-207、L-1203、增黏树脂、光引发剂和其他助剂如抗氧剂组成的 UV 固化型 KLPs 基压敏胶的两个典型配方列于表 3-8-5。

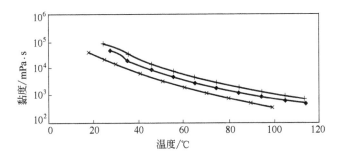

图 3-8-1　三种 Kraton 液体聚合物黏度随温度的变化

+—L-207; ◆—L-1302; ×—L-1203

将这些成分在 60~95℃的温度下充分混合后用普通的热熔涂布设备涂布到各种基材上，再用 UV 辐照固化后可得到各种性能和用途的压敏胶制品。由上述两个典型配方制得的两种 KLPs 基 UV 固化型压敏胶的性能列于表 3-8-6。由表可知，它们的压敏胶黏性能可以与溶剂型聚丙烯酸酯压敏胶媲美。

表 3-8-5　两个典型的 UV 固化型 KLPs 基压敏胶配方（质量份）

成分（供应厂商）	压敏胶 1 号	压敏胶 2 号
低聚体 L-207（Shell Chem Co.）	24.8	24.9
低聚体 L-1203（Shell Chem Co.）	24.8	24.9
增黏树脂 Regalite R-91（Hercules）	49.8	49.8
光引发剂 UV1-6974（Union Carbide）	0.50	—
光引发剂 CD-1012（Sartomer）	—	0.25
抗氧剂 Irganox 1010	0.15	0.15

表 3-8-6　KLPs 基 UV 固化压敏胶的性能

性能名称	KLPs 基压敏胶[①]		供比较的商品化样品	
	压敏胶 1 号	压敏胶 2 号	丙烯酸转移胶带	溶剂型聚丙烯酸酯压敏胶
凝胶含量/%	91	95	—	—
滚球法初黏力/in[②]	7.5	6.3	14	4.4
胶圈法初黏力/(lbf/in)[③]	6.6	6.2	2.7	5.1
Probe 初黏力/kgf[④]	1.3	1.6	1.2	1.3
180°剥离强度[⑤]/(lbf/in)				
对不锈钢	4.7	4.4	4.8	5.1
对玻璃	4.4	4.5	5.5	6.7
对聚甲基丙烯酸甲酯	4.4	4.6	4.4	5.5
对聚碳酸酯	4.9	4.6	4.6	6.2
对高密度聚乙烯	2.5	1.6	0.3	0.7
持黏力（对不锈钢）				
2.0kgf/1in×1in(23℃)/h	>112	>118	>113	>113
0.5kgf/1in×1in(95℃)/h	>161	>100	>173	>173
SAFT[⑥]（0.5kgf/1in×1in)/℃	>204	>204	>204	>204

① 用转移涂布法涂布，基材 PET，胶层（干）127μm（5.0mil）。UV 辐照剂量 180mJ/cm²。

② 1.0in＝2.54cm。

③ 1lbf/in＝175.127N/m。

④ 1kgf＝9.8N。

⑤ 剥离测试时皆出现胶接界面破坏。

⑥ 剪切黏合破坏温度。

5. 聚合物弹性体

原则上，只要能在可聚合单体中溶解的所有高分子聚合物弹性体皆能够用于辐射固化型压敏胶黏剂的配制。但事实上因受到在可聚合单体中溶解性的限制，只有少数几种聚合物弹性体已被实际应用。其中应用较多的是线性嵌段共聚物热塑弹性体，尤其是线性苯乙烯-异戊二烯-苯乙烯（SIS）嵌段共聚物弹性体。

与之配合的可聚合单体一般都是丙烯酸单酯，最好的是丙烯酸环状烷基酯，如丙烯酸四氢呋喃酯。此时，因受到溶解性和黏度的制约，嵌段共聚物弹性体在压敏胶配方中的用量一般都低于20%。此外，还要根据需要在配方中加入增黏树脂、光引发剂和其他助剂，如矿物油、丙烯酸双酯或叁酯、抗氧剂等。

除嵌段共聚物弹性体外，其他已报道过的聚合物弹性体有丁腈橡胶。它能够溶解在丙烯酸长链烷基酯和少量含氮烯类单体（如乙烯基吡咯烷酮）的混合单体中，在压敏胶配方中的用量在10%左右[16]。

二、可聚合单体

在辐射固化型压敏胶，尤其是在常温涂布型辐射固化压敏胶配方中，可聚合单体是另一个重要成分。其主要作用是：①将低聚体或聚合物弹性体以及增黏树脂、光引发剂和其他助剂溶解，从而将压敏胶的黏度降低到在常温或较低的高温下可以涂布加工的程度；②经 UV或 EB 辐照聚合和交联后使压敏胶层固化并赋予其内聚强度和黏合性能。所以，可聚合单体有时也称为活性稀释剂。

对可聚合单体的要求如下：

① 不仅要求能够溶解所选用的低聚体或聚合物弹性体、增黏树脂和其他助剂，而且溶解性应该越大越好，使之能用尽可能少的可聚合单体获得黏度合适的压敏胶液。

② 在 UV 或 EB 辐射的条件下，应该有尽可能高的辐射聚合反应活性，使固化后的压敏胶层中残余单体的含量尽可能少。

③ 经辐射聚合后形成的聚合物应该与配方中的低聚体或聚合物弹性体、增黏树脂及其他成分相容，使固化后的压敏胶层均一透明并具有好的物理力学性能。

④ 应该具有尽可能低的挥发性和尽可能小的气味，以免在涂布和辐射固化工艺过程中产生较大的损失并污染工作环境。

⑤ 无毒或低毒性。

⑥ 价格尽可能低一些。

在辐射固化型压敏胶配方中已经应用的可聚合单体绝大多数都是各种丙烯酸酯和甲基丙烯酸酯，也有少数其他烯类单体或非烯类单体。这些可聚合单体大致可以分为单官能（甲基）丙烯酸酯和多官能（甲基）丙烯酸酯两类。

1. 单官能（甲基）丙烯酸酯

主要是指各种低挥发性丙烯酸单酯。在以丙烯酸酯预聚体胶浆为主体的室温涂布型辐射固化压敏胶中，主要采用这类单体。这类单体也用来溶解各种低聚体和聚合物弹性体。常用的几种单体的名称、化学结构式及主要理化性能列于表 3-8-7。其中最常用的是丙烯酸异辛酯和丙烯酸正丁酯。其余各种单体除丙烯酸羟乙酯（2-HEA）和丙烯酸羟丙酯（2-HPA）外，目前国内还没有工业化产品。

表 3-8-7　辐射固化压敏胶中常用的某些丙烯酸单酯及其理化性能

化学名称（英文缩写）	化学结构式	分子量	沸点/℃（mmHg）[①]	折射率 n_D^{25}	相对密度（25℃）	均聚物 T_g/℃
丙烯酸异辛酯（2-EHA）	$CH_2=CH$ … $C=O$—O—CH_2—$CH(—CH_2)_4^{}H$，CH_2CH_3	184	85(8)	1.4365	0.8852	−70
丙烯酸正丁酯（n-BA）	$CH_2=CH$ … $O=C$—O—$(CH_2)_4$ H	128	149(8)	1.4190	0.8998	−55
丙烯酸苄酯（BZA）	$CH_2=CH$ … $O=C$—O—CH_2—（苯环）	162	111(8)	1.5232	1.0630	—
丙烯酸四氢呋喃甲醇酯（THFMA）	$CH_2=CH$ … $O=C$—O—CH_2—（四氢呋喃环）	157	87(9)	1.4580	1.0643	—
丙烯酸-2-乙氧基乙酯（2-EEA）（溶纤剂丙烯酸酯）	$CH_2=CH$ … $O=C$—O—CH_2—CH_2—O—CH_2—CH_3	144	174	1.4274	0.9834	—
丙烯酸乙氧基壬基酚酯	$CH_2=CH$ … $O=C$—O—（苯环）—$(CH_2)_9$ OCH_2CH_3	318	—	—	—	—
丙烯酸异冰片酯	$CH_2=CH$ … $O=C$—O—（异冰片环，$CH_3—CH—CH_3$，CH_3）	208	—	1.4738	0.987	93
丙烯酸十二烷基酯	$CH_2=CH$ … $O=C$—O—$(CH_2)_{12}$ H	240	120	1.4440	0.8727	−75
丙烯酸-β-羟乙酯（2-HEA）	$CH_2=CH$ … $O=C$—O—CH_2CH_2—OH	116	82(5)	1.4505	1.1038	
丙烯酸-β-羟丙酯（2-HPA）	$CH_2=CH$ … $O=C$—O—CH_2—CH—CH_3，OH	130	77(5)	1.4448	1.0560	

2. 多官能（甲基）丙烯酸酯

主要是指各种双（甲基）丙烯酸酯和叁（甲基）丙烯酸酯。它们的加入主要是使辐射固化后的压敏胶层具有交联结构，从而提高其内聚强度。常用的多官能（甲基）丙烯酸酯列于表 3-8-8。这些多官能单体均已有少量生产和销售。

近几年来，许多新的多官能（甲基）丙烯酸酯单体被合成出来并用于配制辐射固化型压敏胶。例如，一项美国专利描述了用 2-乙烯基-4,4-二甲基-1-氧唑啉酮-5（AZL）和甲基丙烯酸、2-异氰酸乙酯（IEM）分别与（甲基）丙烯酸-2-羟基乙酯、乙烯基-4-羟基丁醚、2-氮杂环丙基乙醇、2-丁烯基醇和丙烯基胺等反应制得了 10 多种新的双官能烯类单体，并将它们加入到以丙烯酸异辛酯（2-EHA）为主体的预聚物胶浆中，制成室温可涂布的 UV 固化压敏胶，其性能尤其是持黏性和耐温性能得到显著提高[5]。

表 3-8-8　辐射固化压敏胶中常用的多官能（甲基）丙烯酸酯单体

化学名称	化学结构式	分子量	黏度（25℃）/mPa·s	相对密度 d_4^{20}
二乙二醇二丙烯酸酯（DEGDA）	$CH_2{=}CH$ … $CH{=}CH_2$；$O{=}C{-}O{\leftarrow}CH_2CH_2{-}O)_2C{=}O$	214	10～15	—
三乙二醇二丙烯酸酯（TEGDA）	$CH_2{=}CH$ … $CH{=}CH_2$；$O{=}C{-}O{\leftarrow}CH_2CH_2{-}O)_3C{=}O$	258	10～20	—
1,6-己二醇二丙烯酸酯（HMDA）	$CH_2{=}CH$ … $CH{=}CH_2$；$O{=}C{-}O{\leftarrow}CH_2)_6O{-}C{=}O$	226	10	1.01～1.03
新戊二醇二丙烯酸酯（NPGDA）	$CH_2{=}CH$，CH_3，$CH{=}CH_2$；$O{=}C{-}O{-}CH_2{-}C{-}CH_2{-}O{-}C{=}O$，$CH_3$	212	10～15	1.02～1.03
甲基丙烯酸缩水甘油酯（GMA）	$CH_2{=}C{-}CH_3$；$O{=}C{-}O{-}CH_2{-}CH{-}CH_2$（环氧）	142	5	—
聚乙二醇二丙烯酸酯-200（PEG200DA）	$CH_2{=}CH$ … $CH{=}CH_2$；$O{=}C{-}O{\leftarrow}CH_2CH_2O)_nC{=}O$	308	<30	—
聚乙二醇二丙烯酸酯-400（PEG400DA）	$CH_2{=}CH$ … $CH{=}CH_2$；$O{=}C{-}O{\leftarrow}CH_2CH_2O)_nC{=}O$	508	<60	1.11～1.12
季戊四醇三丙烯酸酯（PETA）	$O{=}C{-}CH{=}CH_2$，$CH_2{=}CH$，CH_2，$CH{=}CH_2$；$O{=}C{-}O{-}CH_2{-}C{-}CH_2{-}O{-}C{=}O$，$CH_2{-}OH$	298	600～1000	—
三羟甲基丙烷三丙烯酸酯（TMPTA）	$O{=}C{-}CH{=}CH_2$，$CH_2{=}CH$，CH_2，$CH{=}CH_2$；$O{=}C{-}O{-}CH_2{-}C{-}CH_2{-}O{-}C{=}O$	268	70～110	—

三、光引发剂

光引发剂是紫外线固化型压敏胶的另一个重要组成成分。为了提高光固化的效果，除光引发剂外，有时还要采用某些光敏剂（或称作敏化剂）和其他添加剂与之匹配。

电子束（EB）固化型压敏胶配方中一般不必加入光引发剂，但有时为了提高压敏胶固化的效果，也加入少量类似促进剂那样的特殊物质。

光引发剂的主要作用是在紫外线的辐照下产生活性体（如：自由基或阳离子），进一步引发可聚合单体和其他组成中可聚合官能团的光聚合，从而将压敏胶层固化并产生必要的交联结构，使压敏胶具有所需要的各种性能。

光引发剂应该满足下述具体要求：①在光源的发射光谱内，要具有较高的吸光效率；②具有较高的活性体（自由基或阳离子）产生率；③在压敏胶基体中有良好的溶解性；④具有足够的热稳定性；⑤放置过程中不泛黄；⑥无刺激性气味，毒性低；⑦成本低，容易得到。

在紫外线固化型压敏胶中使用的光引发剂有自由基型和阳离子型两大类。这些光引发剂以及与之相配合的其他成分将在本章第二节中与辐射固化原理一起介绍。

四、增黏树脂及其他添加剂

1. 增黏树脂

在辐射固化型压敏胶配方中，由于作为主体成分的可聚合单体及液体远螯型低聚体或聚合物弹性体经辐射聚合和交联后，产生的压敏胶层不是分子量较大就是玻璃化温度较高，因此一般都需要采用增黏树脂来增加这类压敏胶的黏合性能，尤其是初黏性能。增黏树脂的加入有时还可以降低压敏胶的黏度，以利于涂布加工。以丙烯酸酯（尤其是均聚物玻璃化温度较低的丙烯酸酯，如丙烯酸-2-乙基己酯）的预聚体胶浆为主体的常温可涂布型辐射固化压敏胶中，一般可不使用增黏树脂。以丙烯酸酯共聚物为主体的热熔涂布辐射交联型压敏胶，一般也可不使用增黏树脂。但增黏树脂的加入可使这些压敏胶的性能和品种多样化，从而拓宽它们的应用范围[18,19]。

原则上，本篇第三章介绍的那些增黏树脂都应当可以在辐射固化型压敏胶中使用。但实际上由于受到在可聚合单体中的溶解性以及与主体聚合物相容性的限制，增黏树脂必须认真进行选择。更重要的是，许多增黏树脂的加入会对压敏胶的辐射固化产生不同程度的阻碍作用。例如，不饱和松香类和苯乙烯类增黏树脂，由于分子结构中双键的 α-位氢原子容易转移辐射固化时产生的自由基链，从而阻止活性单体和远螯型低聚体的辐射聚合。因此，辐射固化型压敏胶中，一般都采用脂肪族和脂环族石油树脂等饱和的或氢化的增黏树脂。中光彦还专门研制了一种对 UV 辐照聚合没有影响的新型增黏树脂。根据他的实验结果，各种增黏树脂对 UV 辐照聚合的影响如图 3-8-2 所示[18]。

2. 其他添加剂

（1）防老剂（抗氧剂）　辐射固化型压敏胶配方中还经常加入以抗氧剂为主体的防老剂，以提高压敏胶层耐热氧老化和耐紫外线老化的性能。在丙烯酸酯不占主体成分的配方中，尤其是橡胶弹性体和增黏树脂较多的那些配方中，必须使用防老剂。在本篇第四章中介绍的那些防老剂，只要能在压敏胶液中溶解，原则上都可以使用。其中最常用的是防老剂1010，用量一般为总胶量的 0.1%～1.0%（质量份）。

（2）阻聚剂　由于光引发体系的存在，使 UV 固化型压敏胶液在常温下的储存期较短。为了延长储存期，在这类压敏胶的配方中还必须加入少量的阻聚剂。阻聚剂的选用以考虑在胶液中溶解性以及阻聚效果为原则。常用氢醌类阻聚剂，其中甲氧基苯酚（MEHQ）为最常用。用量一般为总胶量的 0.1%（质量份）左右。

（3）其他　此外，根据压敏胶制品的要求，配方中也还可以加入软化剂（如矿物油、增塑剂等）、着色剂、填料、阻燃剂等其他添加剂。这些添加剂的详细介绍读者可参阅本篇其他有关章节。

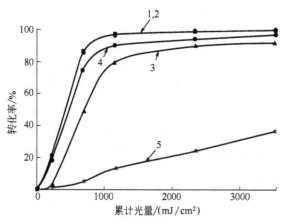

图 3-8-2　各种增黏树脂对 UV 辐照聚合的影响
（UV 辐照条件：高压汞灯，辐照强度 40mW/cm²）

1—丙烯酸酯预聚体胶浆（未加增黏树脂）（不挥发分 20%）；
2—加入 20%（质量分数）新型增黏树脂的胶浆；
3—加入 20%松香类树脂的胶浆；
4—加入 20%石油树脂类的胶浆；
5—加入 20%苯乙烯类树脂的胶浆

第二节　辐射引发聚合和辐射固化原理

辐射引发聚合和辐射固化属于光化学范畴，是目前研究和发展极为活跃的领域。本节结合辐射固化压敏胶中使用的各类光引发体系对辐射引发聚合和辐射固化原理作简单介绍。

一、电磁波谱和辐射引发聚合

1. 波谱

本章所指的"辐射"即电磁波的辐射。紫外线、可见光和电子束射线只是广义的电磁波谱辐射的一部分。按照电磁波的波长 λ 和辐射能量 E 的大小排列成的电磁波谱详见图 3-8-3。

可见，电磁波的波长越短，辐射能量越大。紫外线的波长为 100~400nm，辐射能量为 10~2.5eV；X 射线和 γ 射线均为电子射线；电子束发射的电子射线波长一般小于 50nm，辐射能量高于 50eV。

2. 射引发和辐射聚合

辐射引发聚合中，辐射能量适中的电磁波，尤其是紫外线的引发聚合最为重要，也研究得最多。因为辐射能量太低的红外波、微波和无线电波难以引发官能单体聚合，而辐射能量太高的电磁波则常常会在引发聚合的同时引起聚合物分子链的断裂或其他复杂的反应。

（1）光引发和光聚合机理　光引发聚合一般都是从光引发剂的激发和分解成活性物质（自由基、阳离子等）开始的。光引发剂（PI）在遇到电磁照射后吸收电磁波的能量 $h\nu$，成为激发单重态或激发三重态。这些激发态的光引发剂（PI*）可能放出能量回到基态，也可能发生分解产生自由基（I·）或其他活性物质。产生的自由基或其他活性物质可以进一步

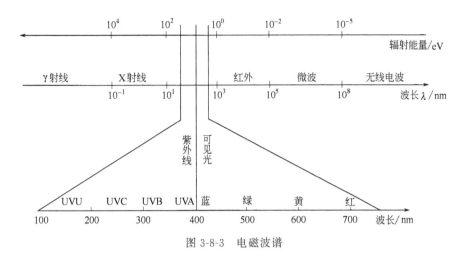

图 3-8-3 电磁波谱

引发单体（M）聚合，但也可能发生淬灭反应而失去活性。其过程大致可表述如下：

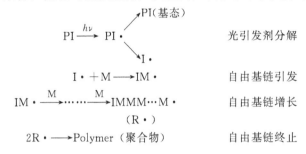

PI $\xrightarrow{h\nu}$ PI·	光引发剂分解
I· ＋M $\longrightarrow$ IM·	自由基链引发
IM· $\xrightarrow{M}$ ……$\xrightarrow{M}$ IMMM…M·	自由基链增长
2R· $\longrightarrow$ Polymer（聚合物）	自由基链终止

（2）光引发和光聚合速度　光引发速度与热引发速度不同。通过光引发剂引发单体聚合的引发速度 v_i，即光引发剂自由基的生成速度可表述如下：

$$v_i = \frac{d[I\cdot]}{dt} = 4.6 \times \phi \times I \times \varepsilon_i \times [PI] \tag{3-8-1}$$

式中，I 为入射光的辐射强度，即每秒钟入射光辐射在每平方厘米胶层上的能量；ϕ 为光量子效率，即每生成一对自由基所需吸收的光量子分数；ε_i 为光引发剂的摩尔消光系数；[PI] 为光引发剂的浓度。可见，光引发速度不仅与光的辐射强度和光引发剂浓度有关，还与光引发剂的摩尔消光系数和量子效率有关。但光引发速度与温度无关。

入射光在通过胶层时，由于胶层中各种化合物会吸收能量，其辐射强度 I 会逐渐降低。根据朗伯-比耳定律：

$$\lg\left(\frac{I_0}{I}\right) = \varepsilon c l \tag{3-8-2}$$

式中，I_0 为入射光的强度；ε 为胶层中各化合物的摩尔消化系数的平均值；l 为通过胶层的光程；c 为吸收光能的化合物浓度；I 为通过胶层后光的强度。因此，在紫外线辐射胶层时，不同深度的胶层受到的辐射强度 I 不同，光引发剂的引发速度当然也就不一样。较厚的 UV 固化压敏胶层往往会出现固化和交联的"梯度"就是这个原因。

光引发剂分解产生活性自由基并引发单体的聚合后，光聚合速度 v_p 与一般的自由基聚合反应速率具有相同的动力学规律。即在稳态时，聚合速度 v_p 为：

$$v_p = k_p \times \left(\frac{v_i}{2k_t}\right)^{1/2} \times [M] \tag{3-8-3}$$

式中，k_p 和 k_t 为自由基链增长速率常数和链终止速率常数；[M] 为单体的浓度。

（3）氧气的阻聚　空气中的氧气能阻止自由基型光引发剂的光引发聚合反应，使引发和聚合反应的速度降低。一方面，氧可能淬灭光引发剂的激发态，使之不能分解成自由基；另一方面，氧也可以淬灭生成自由基的活性，终止光引发和光聚合。由于氧分子的基态是三重态，所以氧对光引发剂激发态的淬灭主要是指淬灭其激发三重态。

为了消除空气中氧气对光聚合的影响，可以采用惰性气体保护，或用石蜡、透明塑料膜等在胶层表面形成隔断层，或采用在压敏胶配方中加入有机胺等助剂的办法。

氧气对离子型光引发剂的光引发和光聚合没有影响。

（4）光引发剂与光源的匹配　光引发剂的吸收光谱应与所用光源发出的光谱相匹配，才能有较大的摩尔消光系数 ε_i。从而才能产生较高的光引发速度 v_i。例如，一般的高压汞灯在 365nm 和 312nm 处有很高的光强度，Ar^+ 激光光源在 488nm、氦氖（He-Ne）激光光源在 633nm 有很大的光强度。所以，采用的光引发剂必须在这些区域有很强的吸收才可能充分地利用这些光源。

（5）光引发剂与单体等的匹配　光引发剂的激发态可以产生自由基，也可以与体系中的单体或添加剂作用，将能量转移给单体或其他添加剂。因此，在压敏胶配方中不能采用其激发态的能量低于光引发剂激发态能量的单体或添加剂。否则，这些单体或添加剂会淬灭光引发剂的激发态，从而降低光引发剂的引发效率。例如，苯乙烯激发三重态的能量（255.4kJ/mol）低于安息香激发三重态的能量，所以安息香作苯乙烯体系的光引发剂时其光引发效率不会很高。

二、自由基型光引发剂及其引发机理

自由基型光引发剂是目前应用最广泛的一类光引发剂，有许多这类光引发剂的商品可供选择。自由基型光引发剂按其引发原理可分为 Type Ⅰ 型和 Type Ⅱ 型两种。

1. Type Ⅰ 型光引发剂

这类光引发剂在光照后产生的激发态是通过发生分子内化学键的均裂而引成一对自由基的，其中一个或两个自由基能进一步引发单体的光聚合。因此，这类光引发剂亦称均裂型光引发剂。这类光引发剂按分子结构划分主要有下面几种。

（1）安息香醚和苯偶缩酮类　安息香醚类是最早用于紫外线固化的光引发剂，有安息香甲醚、安息香乙醚等。它们的特点是其激发态可直接分解成苯甲酰自由基和 α-烷氧基苯甲基自由基。这两种自由基都能引发单体聚合或从适当的底物抽取一个氢原子，从而生成一个二级自由基来引发单体聚合：

安息香醚
（R＝CH₃、C₂H₅ 等）

由于安息香醚的分子内存在活泼的 α-氢原子，所以它们的稳定性不好。若这个 α-氢原子被烷氧基取代，即得到苯偶缩酮类光引发剂，可以增加稳定性。代表性的有苯偶酰二甲基缩酮。其光引发机理与安息香醚相同。

（2）苯乙酮类　其中最常用的有 α-羟基苯乙酮、二烷氧基苯乙酮以及 α-氨基苯乙酮等。在光照以后，它们的激发态发生羰基碳原子和 α-碳原子之间的化学键均裂，产生的自由基都可以引发单体的聚合。例如：

$$\text{α-羟基苯乙酮} \xrightarrow{h\nu} \text{二级自由基} + \cdot CHCH_3$$

α-羟基苯乙酮

这类光引发剂中有许多都已商品化，如 Ciba 公司销售的 I-84、D-173、I-07 和 I-69 等。

（3）其他均裂型光引发剂　除了上述两类常用的均裂型光引发剂外，还有酰基磷氧化物类。其中以 2,4,6-三甲基苯甲酰基磷氧化物为代表，通常以叔胺为增效剂与之配合。此外，还有六芳基双咪唑类，其中以邻氯代 2,2′,4,4′,5,5′-六苯基双咪唑为最常用；以及某些有机钛化合物，如二（五氟代苯基）有机钛化合物、联环戊二烯有机钛化合物等也皆属于均裂型光引发剂。

2. Type Ⅱ型光引发剂

与上述 Type Ⅰ（均裂）型光引发剂所不同的是，这类光引发剂是通过其激发态与底物之间的双分子夺氢反应来产生自由基的，因而也称为夺氢型光引发剂。

二苯酮和米氏酮是最早报道，也是研究和应用得最多的夺氢型光引发剂。这类羰基化合物的激发态能够从一个合适的底物或助引发剂（用 DH 表示）中夺取一个氢原子，从而形成频呐醇自由基和一个二级自由基（D·）。这些二级自由基可直接引发单体聚合，而频呐醇自由基一般不能引发单体聚合。其引发机理可表述如下：

二苯酮　　　　　　　　　　　　　　　　　　频呐醇自由基　　二级自由基

$$D \cdot + M \longrightarrow DM \cdot \quad （引发产生自由基链）$$

带氨基的化合物是常用的助引发剂。其中，叔胺类化合物最好。此时，二苯酮、米氏酮等羰基化合物激发态能与胺相互作用形成激基络合物，此激基络合物更容易发生夺氢反应形成频呐醇和氨基取代的自由基。后者是非常活泼的自由基，因而可使这类光引发体系的引发效率大大提高。

二苯酮和米氏酮的复合体系是一个非常有效的夺氢型光引发体系。但由于米氏酮有致癌性，最近开发出了毒性很小的二（N,N-二甲乙氨基）二苯甲酮代替米氏酮，引发效率不降。此外，噻唑酮及其衍生物、硫杂蒽酮及其衍生物、香豆素酮以及 9-苯基吖啶等化合物也都是有效的夺氢型光引发剂。它们与胺类助引发剂一起使用时光引发效率都很高。

三、阳离子型光引发剂及其引发机理

重氮盐作为阳离子型光引发剂早已为人们熟悉。但是直至 20 世纪 70 年代末期，发现了二芳基碘鎓盐和三芳基硫鎓盐可以作为阳离子型光引发剂后，由于这两类光引发剂的热稳定性好，光解时无气泡产生，克服了传统重氮盐的缺点，阳离子型光引发剂才开始得到广泛的研究和应用。

研究发现，当二芳基碘鎓盐（$Ar_2I^+X^-$）或三芳基硫鎓盐（$Ar_3S^+X^-$）受到紫外线辐照时，这些分子激发态内的 $Ar\text{-}I^+$ 和 $Ar\text{-}S^+$ 键可以断裂成一个活泼的阳离子自由基和一个芳基自由基。产生的阳离子自由基可以直接引发单体进行阳离子型聚合，也可以从底物（DH）中夺取一个氢原子生成质子酸，再由质子酸引发单体进行阳离子型聚合。其引发聚合机理可简单描述如下：

$$\begin{matrix} Ar_2I^+X^- \\ \text{或} \\ Ar_3S^+X^- \end{matrix} \xrightarrow{h\nu} [\text{激发态}] \longrightarrow ArI^+ \cdot (\text{或 } Ar_2S^+ \cdot)X^- + Ar \cdot$$

$$ArI^+ \cdot (\text{或 } Ar_2S^+ \cdot)X^- \xrightarrow{DH} ArI^+ \cdot (\text{或 } Ar_2S^+ \cdot) + H^+ + X^- + D \cdot$$

$$ArI^+ \cdot (\text{或 } Ar_2S^+ \cdot) \text{ 或 } H^+ \xrightarrow{M} \cdots \xrightarrow{M} \text{\textasciitilde} M^+$$

产生的芳基自由基（Ar·）和底物自由基（D·）也可以同时引发单体进行自由基型聚合。阳离子型和自由基型二者中，究竟是何者引发聚合为主，则不仅取决于这类光引发剂的分子结构，还取决于单体的分子结构和极性大小。例如，对于含环氧基团的单体，光聚合主要以阳离子型机理为主：

$$H^+X^- + \triangle\!\!\!O \longrightarrow \overset{H}{\triangle\!\!\!O^+} X^- \xrightarrow{+n \triangle\!\!\!O} H \big[O \big]_n O^+ X^-$$

这类锍盐阳离子的分子结构决定了它们的吸收光谱和引发效率。没有进行分子结构修饰的二苯基碘锍盐和三苯基硫锍盐的共同缺点是吸收波长偏短。这两个锍盐的最大吸收都在 230nm 左右，而在 300nm 以上基本上没有吸收。因此在通常使用高压汞灯或中压汞灯作光源时，光能的利用率太低。为此，必须对它们进行分子结构修饰，增加分子中双键的共轭效应和基团的极性效应，使它们的吸收光谱发生红移，即向长波方向移动。这已成为这类锍盐光引发剂的研究热点。许多新的在紫外线甚至可见光波段有较大吸收的二芳基碘锍盐和三芳基硫锍盐光引发体系已经陆续合成并研究出来。

二芳基碘锍盐和三芳基硫锍盐的配位负离子通常有六氟磷酸负离子、六氟砷酸负离子、六氟锑酸负离子和四氟硼酸负离子四种。配位负离子对光引发剂的引发效率也有一定影响。研究表明，对同一种锍盐的正离子来说，配位负离子的引发效率通常有下列顺序：$SbF_6^- > AsF_6^- > PF_6^- > BF_4^-$。

与自由基型光引发剂相比，阳离子型光引发剂有如下优点：①活性阳离子的寿命比自由基长，因此即使光照停止后仍可以持续一段时间继续引发单体聚合；②氧气对阳离子型光引发聚合的阻聚作用很小；③阳离子聚合后的收缩率比自由基聚合小得多；④阳离子聚合所用活性单体的毒性一般比自由基聚合活性单体小。因此，锍盐阳离子光引发剂体系的研究和应用近几年来得到迅速发展。

四、辐射固化

辐射固化就是指将配制好的液状压敏胶黏剂涂布于基材并经紫外线或电子束射线辐射后，由于发生了一系列的化学反应和物理现象而转变成具有黏弹性质的固体压敏胶层的过程。对于常温可涂布型紫外线固化压敏胶来说，辐射固化过程中主要发生可聚合单体和功能性低聚体的辐射引发、聚合和交联等化学反应。对于热熔涂布型紫外线固化压敏胶来说，辐射固化过程中主要发生辐射交联反应以及冷却固化等物理现象。

关于紫外线引发、聚合和交联的机理已在前面作了介绍。电子束（EB）固化的机理一般都是自由基型反应。由于 EB 射线的能量较紫外线高，它能直接打开压敏胶中单体和低聚体功能基团的双键产生自由基，从而引发它们的辐射聚合和交联。EB 射线有时也能直接打断聚合物链上较弱的碳氢键和碳碳键并产生自由基，从而引发聚合物的辐射接枝和辐射交联。所以，EB 固化压敏胶配方中一般不需要使用引发剂。

由于电子束射线的波长较短而能量又较高，它可以穿透不透明的材料而不被吸收。因此，EB 射线能对较厚的压敏胶层进行均匀固化和交联，即使胶层厚度达到几毫米，也不会形成交联的"梯度"。这是电子束固化最大的优点。

当然，由于电子束固化反应是属于自由基型的，空气中的氧气对它也有阻聚作用。EB 固化也需要在惰性气氛中进行，或采取隔离层等其他措施。

● 第三节　辐射固化型压敏胶的制造方法、 性能和应用

辐射固化型压敏胶是一类新型的、未来的压敏胶，它们的工业生产和应用仅有 20 多年的历史。辐射固化型压敏胶制品目前在美国、欧洲等发达国家和地区也仅占有压敏胶制品市场较小的份额。因此，关于它们的制造方法、所用设备以及性能和应用等方面的报道并不多。本节仅对此作一简单介绍。

一、制造方法和主要设备

1. 制造方法

目前已工业化的辐射固化压敏胶从形态上可分为常温涂布和热熔涂布两种类型；按所用的辐射源则有紫外（UV）光固化和电子束（EB）固化两种。这些压敏胶及其制品的制造方法和所用设备也是不同的。

（1）常温涂布型辐射固化压敏胶及其制品的制造方法　这类压敏胶在常温下是黏稠的液体。制造时，一般是根据配方先将主要单体预聚合成胶浆，或者先将低聚体聚合物弹性体、增黏树脂等主要成分用事先溶解有适量阻聚剂的可聚合单体在常温或稍高于常温的温度下搅拌溶解成胶浆，再加入光引发剂体系和防老剂等助剂，充分搅拌均匀即可制成。产品的室温黏度根据配方和要求一般在几百至几万毫帕秒。产品需密封包装，常温或低温下避光储运。

这类辐射固化压敏胶可在常温下稍加改装的一般涂布机上进行涂布操作，胶层经紫外线或电子束辐射后便可固化。可以直接涂布于各种基材；也可涂布在隔离纸（膜）上，辐射固化后与基材复合并转移到基材（转移涂布）。收卷后即成为各种压敏胶制品。

（2）热熔涂布型辐射固化压敏胶及其制品的制造方法　这类压敏胶在常温下是固体，工业上有两种制造方法。

① 先按配方将单体用溶液共聚的方法制成主体共聚物溶液，再根据需要加入增黏树脂、光引发剂体系以及防老剂等助剂，搅拌均匀后真空蒸馏脱去溶剂、残留单体和其他挥发性成分。冷却过程中将其制成固体粒料或其他形状的固体压敏胶产品。

② 先将聚合物弹性体或官能化低聚体、增黏树脂等主体成分在事先溶入适量阻聚剂的可聚合单体中加热搅拌溶解，再在保温并不断搅拌下加入光引发剂体系及防老剂等助剂。搅拌均匀后在冷却过程中制成各种形状的固体压敏胶产品。

这类压敏胶黏剂需要用稍加改装的热熔涂布机才能进行涂布操作。但热熔涂布的温度一般都要比热塑性弹性体系热熔压敏胶低。根据配方的不同，涂布温度在 $50 \sim 150\,℃$ 之间。可以直接涂布，也可以转移涂布。涂布于基材或隔离纸（膜）上经过紫外线或电子束辐射并冷

至室温，即可制得各种压敏胶制品。

2. 主要设备

这里仅介绍与辐射有关的主要设备，其他设备读者可参阅本书第四篇。

（1）紫外线辐照设备　其主要部件包括具有紫外灯和反射器的辐射器、电源、冷却鼓风机及屏蔽部件等。辐射器是其中的核心设备。紫外灯常用弧灯（arc lamp），弧灯中通常采用汞弧灯，最常用的是高压汞灯和中压汞灯。这两种灯发出的紫外线波长主要在 $300\sim400nm$ 范围。反射器一般由高抛光的阳极化金属片构成，形状有椭圆面和抛物面两种。紫外灯射出的紫外线经反射器反射后形成的光束能比较均匀地照射到压敏胶涂层上。最新的设备还包括紫外线强度和剂量测定装置。实际上，这种测定装置非常重要。因为压敏胶的最终性能随紫外线辐射剂量的改变而改变，只有在涂布生产过程中，视车速和压敏胶性能要求可自动测量并调节紫外线的剂量时，才能自始至终都能获得性能理想而稳定的制品。

由于紫外线辐照时总要产生一些热量，使压敏胶层和基材的温度升高，同时也会产生一些臭氧的特殊臭味；紫外线对人的皮肤也有一定的伤害作用。因此，辐射设备中还必须包括冷却鼓风机和某些屏蔽部件。

激发紫外灯（Excimer UV Lamp）是新发展起来的一种紫外线光源。它根据激光原理制成，发出的紫外线为准单色，没有红外波段的辐射，因此也称为"冷"灯。这种光源尤其适合在热敏感基材上涂布压敏胶的光固化。

（2）电子束辐射设备　主要由电子束发生器、反射器、电源和遮蔽部件等组成。电子束发生器是其中主要部件，有扫描型和线型两种。扫描型发生器是将钨丝通电使其发生电子流，然后经高压加速。这种高速电子流危害性很大，设备必须备有厚的遮蔽层，以免电子束与人体接触。线型发生器的能量要低一些，它产生的电子束适合于固化较薄的压敏胶层。

电子束辐射设备昂贵是电子束固化方法的最大缺点。EB 辐射设备一般比 UV 设备贵 $2\sim10$ 倍。这限制了 EB 固化压敏胶的研究开发和应用。

3. 紫外线和电子束固化技术的比较

此处将压敏胶的紫外（UV）光和电子束（EB）两种固化技术的优缺点比较列于表 3-8-9。

表 3-8-9　压敏胶的 UV 和 EB 固化技术的比较

比较项目	UV 固化技术	EB 固化技术	比较项目	UV 固化技术	EB 固化技术
主要辐射设备	UV 灯	电子束发生器	惰性气体	需要①	需要
设备费用	便宜	昂贵	热稳定剂	需要②	不需要
屏蔽设备	简单	复杂	固化机理	自由基或阳离子型	自由基型
设备占地	小	大	固化均匀度	有固化梯度	均匀无梯度
辐射能量来源	紫外线	电子束射线	固化速度	快	快
辐射能量	小，穿透力弱	大，穿透力强	热敏感性基材	不适用②	适用
可固化胶层深度	$0\sim1mm$	0 至 1 毫米	毒性	有	无
固化用辐射剂量	$500\sim1000mJ/cm^2$	$(1\sim30)\times10^{10}Gy$	胶层的耐 UV 性	对 UV 不稳定	对 UV 稳定
引发剂	需要	不需要			

① 使用阳离子型光引发剂和聚合物型自由基光引发剂除外。

② 使用激发 UV 灯时除外。

二、配方和性能举例

大量的辐射固化压敏胶配方和性能已在本章第一节中列举。这里再列举一些早期文献发表的例子。表 3-8-10 中列举了五个典型的由丙烯酸酯单体、聚合物弹性体和增黏树脂为主体组成的室温涂布型 UV 固化压敏胶配方，可供参考[4]。

表 3-8-10　丙烯酸酯单体为基础的 UV 固化压敏胶配方（质量份）

配方组成	配方 A	配方 B	配方 C	配方 D	配方 E
丙烯酸苄酯	100	—	—	—	—
丙烯酸正丁酯	—	100	—	—	—
丙烯酸四氢呋喃酯	—	—	100	—	—
丙烯酸苯基乙氧基乙酯	—	—	—	100	100
工业氢化松香醇	—	34.79	—	—	—
松香甘油酯	60	—	—	—	—
高稳定化松香季戊四醇酯	—	—	143.4	300	100
多环烃树脂	—	66.7	—	—	—
线型 SBS 嵌段共聚物	50	33.3	33.45	—	—
端羧基丁腈橡胶	—	4.1	10.0	200	100
二乙氧基苯乙酮	5.80	5.80	4.75	5.80	2.0
芳香工艺油	—	4.1	6.67	—	—
季戊四醇酯三丙烯酸酯	2.0	—	—	—	—
抗氧剂	0.25	0.167	0.167	—	—

BASF 公司进一步报道了他们发展的一些新的热熔涂布型聚丙烯酸酯 UV 固化压敏胶——acResin UV[26]。这些压敏胶主体也是由溶液聚合再除去溶剂后的丙烯酸酯共聚物熔体。但二苯酮类光引发剂分子已经连接在聚合物的主链上。因此，光引发剂在主体聚合物中分布均匀，也不存在低分子光引发剂的毒性和污染环境问题。这些压敏胶能够在 99~138℃（210~280℉）用装有 UV 辐照设备的普通热熔涂布机加工成各种压敏胶制品。涂布制造过程如图 3-8-4 所示。压敏胶制品的性能可通过 UV 辐射剂量的大小加以调节，而 UV 剂量的大小由 UV 灯的紫外线强度和涂布速度控制。这些压敏胶的 UV 交联机理以及它们的性能随 UV 辐射剂量的变化趋势如图 3-8-5 所示。其中，压敏胶 acResin A 258 UV 的 180°剥离强度和耐温性能随 UV 辐射剂量的增加而变化的详细数据列于图 3-8-6。根据这些数据可以设计所用 UV 灯的强度和涂布速度。例如，若要制造具有最高剥离黏合力的压敏胶制品，则从图 3-8-6（a），可知，采用 25mJ/cm² 的 UV-C 辐射剂量最好。此时如用六个 200W/cm 输出功率的中压汞灯（发出的紫外线波正好在 UV-C 段，220~280nm）时涂布车速控制在 228m/min 即可。如果压敏胶制品需要有最佳的耐高温性能，则根据图 3-8-6（b），最好的 UV-C 剂量是 35mJ/cm²。此时，用同样的设备涂布车速需控制在 152m/min 左右。此外，已经工业化的同类产品还有压敏胶 acResin A 203 UV（其配方中含有增黏树脂，涂布量低

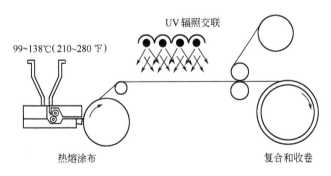

图 3-8-4　acResin UV 压敏胶的涂布加工过程示意

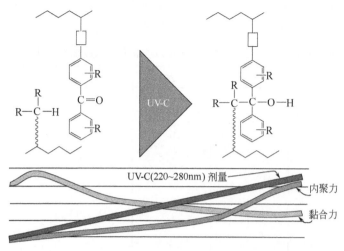

图 3-8-5　acResin UV 压敏胶的 UV 交联机理及性能随
UV 剂量的变化趋势

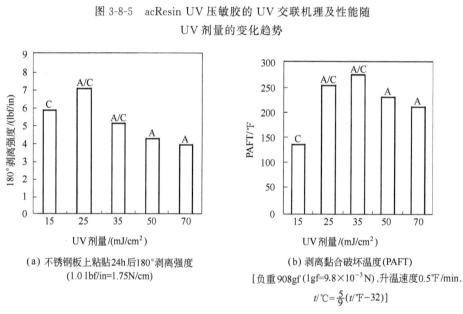

（a）不锈钢板上粘贴24h后180°剥离强度
（1.0 1bf/in=1.75N/cm）

（b）剥离黏合破坏温度（PAFT）
[负重908gf（1gf=9.8×10⁻³N），升温速度0.5℉/min，
$t/℃=\frac{5}{9}(t/℉-32)$]

图 3-8-6　acResin A 258 UV 压敏胶在不同 UV 剂量时的典型性能
（基材为聚酯膜；胶层厚度为 76μm；A＝界面破坏；C＝内聚破坏）

于 60g/m²）和 acResin DS 3532 等，后者主要用于制造可剥性标签、低温用标签和压敏
胶带。

三、主要应用

辐射固化压敏胶的发展主要取决于是否能开发出传统压敏胶不可能或难以生产的特殊制
品。到目前为止，辐射（尤其是 UV）固化压敏胶在西方发达国家的市场上已得到很好的应
用[4,21]。在丝网印刷、减震和防撞用胶黏制品、标记、薄膜开关、铭牌和广告牌的制作以
及特种胶带和压敏标签等领域，UV 固化压敏胶都发挥了特殊的作用。尤其是需要网印涂布
的压敏胶制品。由于室温可涂布的 UV 固化压敏胶在光引发前很容易洗掉，且能保持完全
相同一致的黏度，能用网印涂布成任何需要的图案，UV 光照后又能实现快速固化。因此，

用网印涂布 UV 固化压敏胶，可加工出许多用传统压敏胶不能制造的特殊产品。在与 UV 油墨、UV 防粘剂等一起使用时，还可以简化生产工序、节省生产成本。

辐射固化压敏胶最可宝贵的应用可能是在制造压敏印刷标签方面[21]。这种压敏印刷标签是一种压敏胶夹在印刷的标签纸（或塑料膜）和有机硅防粘纸（或膜）之间的复合物。传统的做法是标签印刷商将这种未经印刷的标签原纸（或膜）买来，再进行所需要的标签印刷。印刷过程中产生大量的防粘纸（膜）废弃物。估计，目前全球每年约有 300×10^4 t 以上这种废弃物产生。如果在采用 UV 固化压敏胶的同时，也采用 UV 固化有机硅防粘剂和 UV 固化油墨，那么压敏标签印刷商就可以自行采用连续在线操作的方法，在将有机硅防粘剂和压敏胶涂布并固化的同时将标签印刷好。这样做既可以提高生产效率、减少废弃物的环境污染，又能大大降低压敏印刷标签的制作成本。

第四节　其他压敏胶的辐射交联改性

除前面几节介绍的 100％ 活性成分的辐射固化型压敏胶黏剂外，辐射交联技术还用于溶剂型、热熔型和乳液型等一些传统压敏胶及其制品的改性。

一、溶剂型压敏胶的辐射交联改性

梅雪峰等报道了在传统的溶剂型聚丙烯酸酯压敏胶主体共聚物中引入少量环氧功能基团作为活性交联点，再将制得的压敏胶液涂布于基材并在溶剂挥发后用紫外线辐照进行主体共聚物的交联；通过改变紫外线辐射剂量、光引发剂和交联单体的用量等因素研究了压敏胶制品的综合性能。研究结果表明，在一定范围内，随着紫外线辐射剂量的增加，或随着光引发剂用量或交联单体用量的增加，压敏胶制品的剪切持黏和耐温性能明显地增加，但初黏性和 180° 剥离强度却没有明显的降低。研究结果还表明，与传统的化学交联（以多异氰酸酯为交联剂）型聚丙烯酸酯溶液压敏胶相比，这种紫外线交联型聚丙烯酸溶液压敏胶的储存稳定性要好得多（表 3-8-11），完全可以配成单组分胶液使用，而前者则必须配成双组分或多组分。此外，涂布和固化后压敏胶制品的性能，紫外线交联也比传统的化学交联来得稳定。图 3-8-7 是两种压敏胶制品的 180° 剥离强度随室温放置时间的变化情况[22]。

表 3-8-11　相应的两种交联体系的压敏胶液在常温储存时的黏度变化

储存时间/d	0	1	2	3	10	60	180
UV 交联压敏胶液黏度/mPa·s	500	500	500	500	500	500	500
化学交联压敏胶液黏度/mPa·s	750	1250	10050	凝胶	—	—	—

可见，紫外线辐射交联确是溶剂型聚丙烯酸酯压敏胶及其制品的一种很好的交联改性方法。这种方法在工业生产中实施也并不困难。可采用一般的溶剂型压敏胶涂布机，只要在烘道与收卷装置之间增加一套紫外线辐照设备即可。

二、热熔压敏胶的辐射交联改性

与前几节所述的热熔涂布型辐射固化压敏胶不同，这里的热熔压敏胶是指普通的热塑性弹性体热熔压敏胶。这些热熔压敏胶通常都存在着耐温性不高，耐溶剂性、耐老化和持黏性能不够好等缺点。这主要是由于它们的主体成分 SIS 或 SBS 等嵌段共聚物热塑性弹性体只

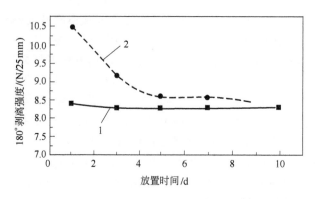

图 3-8-7　两种压敏胶制品的 180°剥离强度随室温放置时间的变化情况
1—紫外线交联的压敏胶制品；2—化学交联的压敏胶制品

存在物理交联而没有化学交联的缘故。用紫外线或电子束射线辐射这些热熔压敏胶的胶层就可以打开其主体嵌段共聚物主链或侧链中的不饱和双键，将它们进行化学交联，从而提高这些热熔压敏胶的性能。例如，Shell 公司开发的一种热熔压敏胶 Kraton D 1320 X 经电子束辐射后剪切持黏性和耐热性都有了明显提高，但初黏和剥离黏性变化不大，详见表 3-8-12[23]。熊开生等报道了用紫外线辐射改性 SIS 热熔压敏胶的研究结果。他们用紫外灯直接辐照经涂布和冷却固化后制成防伪标签的 SIS 热熔压敏胶层，然后测试其性能随辐照时间的变化，结果详见表 3-8-13[24]。显然，随着 UV 辐照时间的增加，防伪标签的 180°剥离强度、剪切持黏性和耐热性均得到了明显的提高。

表 3-8-12　一种热熔压敏胶（Kraton D 1320X）在电子束辐射前后性能的变化

项目	电子束辐射前	电子束辐射后	项目	电子束辐射前	电子束辐射后
初黏性（滚球平面停止法）/cm	1.2	1.8	180°剥离强度/(N/cm)	5.0	5.6
剪切持黏性（牛皮纸）/min	2400	>4000	剪切黏合破坏温度（SAFT）/℃	111	200

表 3-8-13　一种 SIS 热熔压敏胶防伪标签经 UV 辐照后性能的变化

UV 辐照时间/min	180°剥离强度/(N/cm)	剪切持黏性/h	耐热性[①]	UV 辐照时间/min	180°剥离强度/(N/cm)	剪切持黏性/h	耐热性[①]
0	4.17	1.12	差	70	8.02	6.34	好
30	5.0	2.23	较好	90	8.45	8.00	好
50	6.0	4.05	好	120	7.80	7.53	好

① 将压敏胶制品在 150℃加热 3h 后冷至室温，观察其压敏性。

　　可见，辐射交联确是热塑弹性体系热熔压敏胶改性的一种有效方法。

三、乳液压敏胶的辐射交联改性

　　由于乳液聚合物的分子量一般都比相应的溶液聚合物大得多，中国大量生产和应用的聚丙烯酸酯乳液压敏胶（主要用于包装胶带和压敏标签的生产）通常都不需要进行交联。但目前正在开发的某些有特殊性能要求的丙烯酸酯乳液压敏胶，如用于制造压敏保护膜、PVC 压敏广告贴以及再剥离型压敏标签等制品的乳液压敏胶，要求有很高的内聚强度和耐气候老化性能，则也需要进行适度的交联改性。此时，除本篇第六章所介绍的离子型交联和共价键交联等化学交联外，辐射交联也应该是一种有效的方法。

Glotfelter 报道了一种新的 UV 固化型乳液压敏胶[10]。它们是由活性单体、增黏树脂乳液、光引发剂和水经过强烈摇振制成稳定的糊状乳液，活性成分高达 79% 以上，可在常温下用一般的方法涂布于基材上，水分挥发后用 UV 辐射进行固化和交联。这些 UV 固化型乳液压敏胶的配方和性能列于表 3-8-14。

表 3-8-14　UV 固化型乳液压敏胶配方（质量份）和性能

<table>
<tr><td colspan="2">项　　目</td><td>配方 W-1</td><td>配方 W-3</td><td>配方 W-6</td></tr>
<tr><td rowspan="5">配方成分</td><td>丙烯酸乙氧基壬基酚酯[CD-504(Sartomer)]</td><td>63.7</td><td>55.0</td><td>52.0</td></tr>
<tr><td>增黏树脂乳液(57%)(Arizona Chemecal 6085)</td><td>21.2</td><td>32.0</td><td>30.5</td></tr>
<tr><td>乙氧基化的三羟甲基丙烷三丙烯酸酯[SR-415(Sartomer)]</td><td>5.8</td><td>5.0</td><td>9.5</td></tr>
<tr><td>光引发剂 KIP 100F(Sartomer)</td><td>9.3</td><td>8.0</td><td>7.5</td></tr>
<tr><td>水</td><td>10</td><td>10</td><td>10</td></tr>
<tr><td rowspan="3">性能</td><td>滚球平面停止法初黏力/cm</td><td>27.2</td><td>30.5</td><td>30.5</td></tr>
<tr><td>180°剥离强度/(N/cm)</td><td>1.4</td><td>2.7</td><td>1.8</td></tr>
<tr><td>剪切持黏力/h</td><td>>550</td><td>1.0</td><td>>550</td></tr>
</table>

第五节　辐射固化型压敏胶近十年来的发展

辐射固化型压敏胶在四大类（其余三类为溶剂型、乳液型和热熔型）压敏胶中，不仅综合性能很好，而且还节能环保，能满足大规模、高速连续化生产的要求，是目前最理想的一类压敏胶黏剂，也是近十年来技术发展最快的一类压敏胶。但由于发展较晚，目前技术还不十分成熟，在制品的生产规模上仍是最小的。

我国已将辐射固化型压敏胶及其制品列为国家的合成胶黏剂和胶黏带"十二五"发展规划的重点发展项目。在国家政策的支持和行业需求的推动下，辐射固化型压敏胶及其制品将在未来几年进入快速发展阶段。本节将对辐射固化（尤其是 UV 固化）型压敏胶及其制品近十年来的技术发展做一总结。

一、在辐射固化型压敏胶的组成（配方）和制造方法方面的发展

UV 固化型压敏胶通常都由低聚体或聚合物弹性体、能够溶解低聚物或聚合物弹性体的可聚合单体（常称活性稀释剂）、光引发剂体系以及增黏树脂和防老剂等其他添加剂混合组成。其中低聚体或聚合物弹性体是压敏胶的主体成分。按主体成分，可以分为多种不同的 UV 固化型压敏胶，其中主要的有聚丙烯酸酯类、功能化聚氨酯类以及聚合物弹性体类等三种。这三种近几年在国内外都得到了较多的研究和开发。

1. 聚丙烯酸酯类压敏胶

制造 UV 固化型聚丙烯酸酯压敏胶主要有三种方法：①先将丙烯酸酯单体和其他烯类单体混合物在反应器中进行有控制的本体聚合反应制成低聚体/单体胶浆，再加入光引发剂体系和其他添加剂混合并涂布于基材上，进行 UV 聚合和交联固化；②在挤出机中进行有控制的本体聚合反应制成胶浆，并连续地直接挤出涂布于基材，进行 UV 交联固化；③先在反应器中进行溶液聚合，减压除去溶剂后熔融涂布于基材并 UV 交联固化。

（1）第一种制造方法　　上述第一种制造方法适于小规模的试制和生产，受到我国科研单位和中小企业的重视。该方法的技术关键是如何实现有控制的本体聚合并得到综合性能好的

压敏胶制品。继梅雪锋等报道了有关的科研开发结果后，陈榕珍等对常用于制备压敏胶的丙烯酸酯单体进行了有控制的本体热聚合研究[27,28]，结果表明：①在使用不少于单体总量0.6％的链转移剂十二烷基硫醇（HDM）时，采用分步加料方式，即先将5％～10％单体和引发剂、HDM 的混合物在80℃聚合反应0.5h，再在回流状态下缓慢滴加其余单体混合物，可使实验规模的本体聚合反应得到很好控制，制得所需黏度的压敏胶浆；②在本体聚合的后期加入功能单体 N-羟甲基丙烯酰胺（NMA）与之共聚，并在涂布前加光引发剂的同时加入适量的改性环氧树脂交联剂，可使所得常温涂布型 UV 固化的内聚强度和耐温性能得到较大提高，获得持黏力大于48h 的压敏胶制品。改性环氧树脂交联剂的用量对压敏胶性能的影响见表3-8-15。

表 3-8-15　交联剂的用量对压敏胶性能的影响

交联剂用量/％	初黏力（球号数）	1800 剥离强度/(N/25mm)	持黏力/h
0	4	0.25	2
0.5	4	1.12	28
1.0	6	1.12	>48
1.5	6	1.24	>48
2.0	4	1.10	>48
2.5	2	1.00	>48
5.0	2	0.56	>48

Kajtna J. 等在适量链转移剂十二烷基硫醇（HDM）的存在下用自由基引发剂偶氮二异丁腈（AIBN）将 2-EHA、AA 和丙烯酸叔丁酯（t-BA）的混合单体进行有控制的本体热聚合，制备了无溶剂 UV 可交联聚丙烯酸酯压敏胶的预聚物胶浆[38]。他们的研究结果表明，单体的最终转化率能达到75％～90％。

（2）第二种制造方法　上述第二种制造方法适于较大规模的试制和连续化生产。但设备投资和运行的技术难度都较大。有人报道了以74％丙烯酸异辛酯（2-EHA）、20％丙烯酸甲酯（MA）、5％丙烯酸（AA）、0.5％热引发剂 AIBN 和0.5％不饱和光引发剂 ZLI 3331 的混合物为基本配方，采用螺杆挤出机进行连续化制造 UV 固化聚丙烯酸酯压敏胶制品的研究结果[29]，认为：①螺杆挤出机的转速（即物料在螺杆挤出机中的停留时间）是影响单体转化率和胶液黏度的主要因素。当螺杆挤出机内8个区间的温度控制在90～120℃的情况下，螺杆转速为3.0r/min 时可获得99.3％的最高单体转化率。单体转化率和胶液黏度随螺杆转速的增加而快速下降，详见图3-8-8。可见，如何在较高的螺杆转速（即较大的涂布速度）时也能获得较高的单体转化率和胶液黏度是该方法的主要技术关键。②单体配方中的热引发剂 AIBN 和硬单体 MA 的用量对单体转化率和胶液黏度也有很大影响，详见图3-8-9 和图3-8-10。在螺杆转速为3.0r/min 的情况下，MA 和 AIBN 的用量分别为10％和0.3％时可获得最大的体系黏度和平均分子量（M_w 42100）。这种高分子量和高黏度的压敏胶经涂布和 UV 辐射固化后可获得很好的压敏胶黏性能，其初黏、180°剥离强度和持黏性能与 UV 辐射固化时间的关系见图3-8-11 和图3-8-12。

（3）第三种制造方法　上述第三种制造方法也适于较大规模的工业化生产，而且市场上早已有相应的商品出售[26]。为了能将有机溶剂干净地除去，应采用尽可能低沸点的溶剂。据报道，有人采用低沸点溶剂丙酮和可聚合光引发剂进行丙烯酸酯的溶液聚合，减压除去溶剂后制得了热熔涂布型 UV 固化压敏胶，其压敏胶黏性能优于相应的商品[29]。

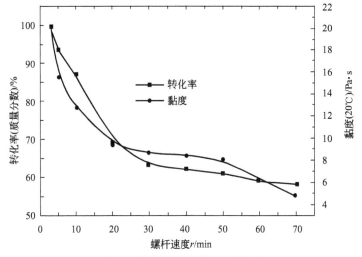

图 3-8-8　单体转化率和胶液黏度与螺杆转速的关系

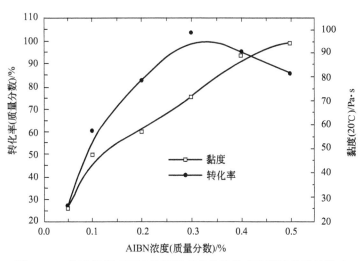

图 3-8-9　热引发剂 AIBN 的用量对单体转化率和胶液黏度的影响

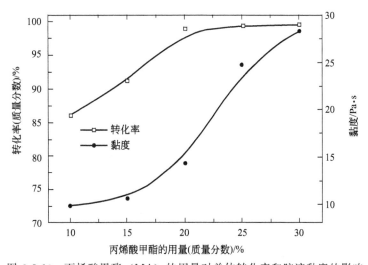

图 3-8-10　丙烯酸甲酯（MA）的用量对单体转化率和胶液黏度的影响

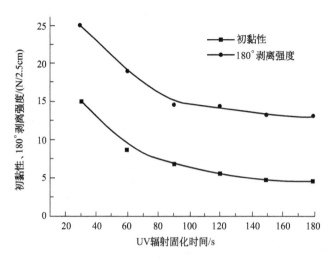

图 3-8-11　压敏胶的初黏性和 180° 剥离强度与 UV 辐射固化时间的关系

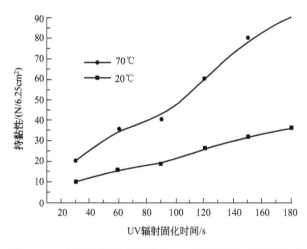

图 3-8-12　压敏胶的持黏性能与 UV 辐射固化时间的关系

2. 功能化聚氨酯类压敏胶

由于聚氨酯具有很好的柔韧性、耐磨性和抗老化性、附着力强以及好的力学性能等优点，功能化聚氨酯低聚体作为 UV 固化压敏胶的主体近年来引起了我国业界的广泛关注。魏军等对这类压敏胶的制备和性能进行了详细的研究，取得了下述主要结果[30,31]：①采用三种不同分子量的聚醚 PPG210、PPG220 和 PPG240 与甲苯二异氰酸酯（TDI）反应制得聚氨酯低聚体后，再与丙烯酸羟乙酯（HEA）进行封端反应，合成了不同分子量和不同软化点的各种聚氨酯-丙烯酸酯低聚体，再配以适量的增黏树脂、活性稀释剂和光固化剂，制得了综合性能较好的 UV 固化压敏胶。配方研究表明：采用安息香双甲醚 651 号作光固化剂、松香失水苹果酸甘油酯 422 号作增黏树脂并采用单官能的 HEA 与双官能的新戊二醇二丙烯酸酯（NPGDA）、三官能的三羟甲基丙烷三丙烯酸酯（TMPTA）的混合稀释剂为最佳选择。表 3-8-16 列出了增黏树脂 422 号的用量对压敏胶黏性能的影响，表 3-8-17 列出了三官能稀释剂 TMPTA 的用量对压敏胶黏性能的影响。②用四氢呋喃聚醚 PTMEG220 代替 PPG 聚醚为原料，以相同的配方和制备方法制得的聚氨酯-丙烯酸酯 UV 固化压敏胶，具有更高的 180° 剥离强度值。③为了克服 UV 固化易受氧气阻聚的不足，将具有气干性能（即可用某种氧化还原反应来加强 UV 的引发和固化）的烯丙基醚官能基引入上述聚氨酯-丙烯酸酯低聚体分子中，合成了含有烯丙基醚支链或部分用烯丙基醚封端的相应功能性低聚体。配方中选用环烷酸钴作光固化的催化剂，可使氧气的阻聚作用明显降低，使压敏胶的 180°剥离强度明显提高。

表 3-8-16　增黏树脂 422 号的用量对压敏胶黏性能的影响

项　　目	1	2	3	4	5
增黏树脂 422 号用量/%	19	31	36	43	47
180°剥离强度/(N/cm)	2.28	2.44	2.75	3.13	2.78
初黏性(球号数)	7	12	11	10	12
持黏力/h	>24	>24	>24	>24	>24

注：基于聚醚 PPG240 的聚氨酯-丙烯酸酯压敏胶，PVC 基材，UV 固化时间 15min。

表 3-8-17　TMTPA 的用量对压敏胶黏性能的影响

项　　目	1	2	3	4	5
TMPTA 用量/%	0	0.73	1.35	2.02	2.68
180°剥离强度/(N/cm)	1.57	2.03	2.38	3.25	3.66
初黏性(球号数)	14	14	14	14	12
持黏力/h	<10min	<10min	>24	>24	>24

注：基于聚醚 PPG240 的聚氨酯-丙烯酸酯压敏胶，PVC 基材，UV 固化时间 5min。

任耀彬等以二聚酸聚酯二元醇（Diol）、氢化蓖麻油（HCO）和异弗尔酮二异氰酸酯（IPDI）、丙烯酸羟乙酯（HEA）等为主要原料合成了聚氨酯-丙烯酸酯低聚体 P-1、P-2 和 P-3（合成时 Diol 和 HCO 的摩尔比分别为 8/5、9/4 和 10/3）。再分别配以增黏树脂 Norsalene A-100（C_5/C_9 石油树脂）、活性稀释剂 EM211[2(2-乙氧基)乙基丙烯酸酯]和 EM-210（2-苯氧基乙基丙烯酸酯）、光固化剂 Irgacure184（1-羟基环己基苯乙酮）及其他添加剂等组分，制成常温涂布型 UV 固化压敏胶，刮涂于 25mm 厚的 PET 基材（胶层厚 20），涂布速度为 30 m/min，经高压汞灯照射后制得性能很好的压敏胶带制品，详见表 3-8-18[32]。可见，由于含有 36 个碳原子的饱和碳氢结构且高度支化的二聚酸聚酯二元醇（Diol）具有良好的柔顺性、低的玻璃化温度、优异的耐水性、热氧稳定性和黏合性能，非常适用于制备 UV 固化的聚氨酯型压敏胶。

表 3-8-18　聚氨酯-丙烯酸酯 UV 固化压敏胶的配方和性能

配方编号	配方主要成分[①]/g		性　　能	
	PUA	A-100	180°剥离强度/(N/cm)	持黏力/h
A1	10(P-1)	0.8	7.7	73
A2	10(P-2)	0.8	8.6	61
A3(A3-8)	10(P-3)	0.8	10.4	46
A3-0	10(P-3)	0	8.1	54
A3-15	10(P-3)	1.5	12.8	17
A3-20	10(P-3)	2.5	15.3[②]	5

① 配方的其他成分（g）为：EM211　1.0，EM210　0.3，Irgacure 184　0.5，其他 0.5。
② 胶层内聚破坏，其余为界面破坏。

3. 聚合物弹性体类压敏胶

这类辐射固化型压敏胶由各种聚合物弹性体（主要是各种天然和合成橡胶，ABA 型嵌段共聚物热塑弹性体等）溶解于可聚合单体（即活性稀释剂）中，再配以光引发剂、增黏树脂及其他添加剂制成。原则上，这些聚合物弹性体都能采用。但实际上由于受到溶解性的限制，除了一些低分子量的液体橡胶外，只有以 SIS 和 SBS 为主体的热塑弹性体以及丁腈橡胶等少数几种聚合物弹性体受到人们的重视[33]。

以 SIS 和 SBS 为主体的嵌段共聚物热塑弹性体已广泛用于配制热熔压敏胶和溶剂型压敏胶。近年来将它们配制成能常温涂布的 UV 固化型压敏胶也引起了国内业界的重视。唐敏锋等研究了苯乙烯-丁二烯-苯乙烯嵌段共聚物热塑弹性体（SBS）溶于丙烯酸丁酯（BA）、丙烯酸异辛酯（2-EHA）、丙烯酸乙酯（EA）和丙烯酸（AA）混合物的体系在 UV 辐照下的化学反应[34]，也研究了由该体系制成的 UV 固化型压敏胶的性能[35]。结果表明：①在 UV 辐照下，由 SBS 和丙烯酸酯单体组成的胶液发生了聚合、接枝和交联反应，形成了典型的半互穿聚合物网络（semi-IPN）结构，固化后胶层的凝胶含量随 SBS 含量的增加而增大，SBS 的用量在 5%～20% 时该胶液可配制成能常温涂布的 UV 固化型压敏胶；②该压敏胶采用 HCP（羟基环己基苯甲酮）作为光固化剂为好，当 HCP 的用量为 1.0%～1.5% 且辐照时间为 25s 时，压敏胶具有较好的综合性能。HCP 的用量对压敏胶性能的影响详见表 3-8-19。该 UV 固化型压敏胶适于制作表面保护胶黏带。

表 3-8-19 光固化剂 HCP 的用量对压敏胶性能的影响

HCP 用量/%	180°剥离强度/(N/25mm)	初黏性（球号数）	持黏性/h
0.2	0.71	9	6
0.5	1.28	8	18
1	1.24	8	>48
1.5	1.12	9	>48
2	0.88	8	>48
3	0.61	8	>48

他们还报道了一种 SBS 含量为 15% 的 UV 固化型聚丙烯酸酯压敏胶[36]，在常温下均匀地涂于聚丙烯（BOPP）膜基材（胶层厚 0.020mm）并覆盖一层离型聚丙烯膜后，置于 2000W 下 20cm 处辐照 60s，制得了性能较好的压敏胶带，其 180°剥离强度为 6.5 N/25mm，初黏（球号数）为 19，持黏>24h。

刘仕芳等报道了将丁腈橡胶溶于丙烯酸酯单体混合物的胶液制成能常温涂布的 UV 固化型压敏胶的研究[37]。他们采用 2-羟基-2-甲基-1-苯基丙酮为光固化剂。当光固化剂的用量为 0.6%，丙烯酸用量为 10%，链转移剂十二烷基硫醇用量为 0.08%，UV 辐照剂量为 1.97J/cm² 时，得到压敏胶的综合性能最佳。光固化剂的用量对压敏胶性能的影响见表 3-8-20，十二烷基硫醇用量对压敏胶性能的影响见图 3-8-13。在中国发明专利中他们还报道了一种丁腈橡胶含量为 9% 的 UV 固化型聚丙烯酸酯压敏胶，用以制得的聚酯（PET）压敏胶带性能较好：其 180°剥离强度为 6.3N/25mm，初黏（球号数）为 17，持黏>24h。

表 3-8-20 光固化剂的用量对压敏胶性能的影响

光引发剂用量/%	胶层厚度/μm	初黏性（球号数）	180°剥离强度/(N/25mm)	持黏性/h
0.2	20	9	4.37	2.5
0.4	21	8	5.56	18
0.6	19	13	6.65	>48
0.8	21	11	7.14	>48
1	20	10	5.83	>48

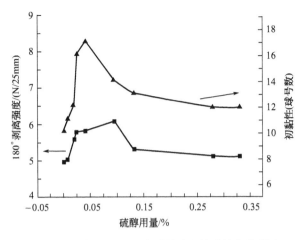

图 3-8-13　十二烷基硫醇用量对压敏胶性能的影响

二、在紫外线引发和固化体系方面的发展

紫外线引发和固化体系是这类压敏胶配方中极为重要的组成部分。以安息香醚、苯乙酮和二苯酮为代表的自由基型引发体系及以芳基碘鎓盐和芳基硫鎓盐为代表的阳离子型引发体系是这类压敏胶目前常用的两类紫外线引发和固化体系，其中自由基型引发体系在 UV 固化压敏胶中最常用因而也最重要。但这两类紫外线引发和固化体系，尤其是自由基型引发体系，还存在许多不足，主要有：①引发和固化效率还有待进一步提高，不少的现有光引发剂在配方中还必须采用光引发助剂配合才能发挥作用，有的光引发体系需要采用很多的量（5％甚至更多）才能达到满意的效果。②引发和固化反应完成后，这些光引发剂和引发助剂会转变成一些低分子量的甚至有毒的化合物残留在胶层中，并逐渐迁移至胶层表面或挥发到空气中，不仅可能影响黏合性能，还会污染被粘物甚至污染环境。这对于医用压敏胶来说，尤其是不能允许的。③空气中的氧气会阻止自由基型光引发剂的光引发聚合反应，使反应速率明显降低。因此，在胶层固化时必须用惰性气体或用透明的塑料薄膜覆盖来保护胶层表面，这使操作工艺复杂化。④自由基型引发体系还存在着固化体积收缩率大、难以实现深层处的固化等问题。而阳离子型引发体系则难以用于常用的烯类单体和预聚体。因此，研究和开发新的高效、无毒的紫外线引发和固化体系以克服上述之缺点和不足，是紫外线固化压敏胶黏剂及其制品发展中的一个极为重要问题。

有人在不加胺类光引发助剂的情况下，比较了七个二苯酮类夺氢型自由基光引发剂对溶剂型聚丙烯酸酯压敏胶的 UV 交联固化效率的影响[39]。结果表明：分子内有叔氨基的 4,4-（二甲氨基）二苯酮（MK）的光引发固化效率为最好；随这类光引发剂用量的增加，压敏胶的初黏性下降、持黏性上升，剥离强度先升后降；当光引发剂 MK 的用量为 0.8％且辐照固化时间为 1.5min 时 180°剥离强度达到最大值（14.0N/25mm）。可见，分子内的叔氨基也起到了光引发助剂的作用。

他们还合成了一类新型的吡啶盐光引发聚合和光固化剂，并研究了它们在无溶剂型 UV 固化聚丙烯酸酯压敏胶合成中的作用[40]。具体合成方法是：先将常用的丙烯酸酯类单体和这类光引发剂混合后进行部分 UV 自由基共聚，形成预聚体和单体的混合浆料，再将其涂布于薄膜基材进行 UV 固化，得到无溶剂型压敏胶。这类吡啶盐光引发的合成过程如下：

2 [pyran perchlorate] $\xrightarrow[\triangle]{H_2N(CH_2)_nNH_2,\ n\text{-BuOH}}$ [bis-pyridinium] $2ClO_4^-$ $\xrightarrow[\triangle]{KBH_4}$ [reduced product] ClO_4^-

英文缩写	R^1	R^2	R^3	n
PPP	H_3C—〔苯基〕—	Cl—〔苯基〕—	H_3C—〔苯基〕—	5
HPP	H_3C—〔苯基〕—	Cl—〔苯基〕—	H_3C—〔苯基〕—	6
OPP	H_3C—〔苯基〕—	Cl—〔苯基〕—	H_3C—〔苯基〕—	8

　　研究表明：①这类新型的吡啶盐光引发剂仍属于夺氢型自由基光引发剂，但它们一般只夺去聚合物侧链中的叔碳氢原子，如压敏胶配方中常用的丙烯酸异辛酯侧链中的叔碳氢原子；②这类光引发剂中 PPP 的引发和固化效果最好。在配方中使用 3％的 PPP 时压敏胶层就可获得 99.6％的最终单体转化率，压敏胶涂层经 UV 光照 30s 时得到最好的初黏性，光照 60s 时达到最大的剥离强度和持黏性能，光照 90s 时可得到 PVC 基材能接受的体积收缩率（0.25％）。

　　他们还报道了一种新的三嗪类光引发剂——2,6-双(三氯甲基)-4-(4-甲氧基)苯基-1,3,5-三嗪（XL-353)[45]。它在聚丙烯酸酯压敏胶体系中，可以作为一个高效的 UV 交联引发剂单独使用，能得到具有很好的持黏性和均衡的其他压敏黏合性能的制品。此时的光引发机理是：在 UV 辐照下发生 XL-353 分子中碳氯键均裂，产生的氯自由基夺去聚丙烯酸酯分子链上的叔碳氢原子并生成大分子自由基，实现聚丙烯酸酯压敏胶的交联。XL-353 还可以在双组分可见光引发体系中作为助引发剂来提高光敏剂染料的光引发效率。在菁染料/硼酸盐/XL-353 和菁染料/XL-353/芳香杂环硫醇等三组分光引发体系中，XL-353 也是一种非常有效的助引发剂。他们认为，XL-353 与其他光引发剂之间的协同效果可归因于各种引发剂分子之间的电子转移和能量传递过程。

　　采用可聚合光引发剂可将引发剂分子连接到聚合物大分子中，是防止和减少引发剂毒化和污染被粘物及环境的重要方法。BASF 公司早期报道的已商品化压敏胶 acResin UV[26]，就是采用可聚合光引发剂的。据报道，4-丙烯酰氧基苯乙酮可用做可聚合光引发剂[38]。Zbigniew Czech 等在采用螺杆挤出机进行连续化制造 UV 固化聚丙烯酸酯压敏胶制品的研究中采用的光引发剂 ZLI 3331 就是可聚合的均裂型自由基光引发剂 2-羟基-2-甲基-1-[4-(2-丙烯酰氧基乙氧基)苯基]乙酮[29]。他们还通过氯甲酸乙烯酯与含羟基或氨基的二苯酮、苯乙酮和二苯乙醇酮等反应性化合物反应,合成了几种新的碳酸酯类可聚合光引发和固化剂,并配制了 UV 固化的聚丙烯酸酯压敏胶,研究了它们的用量和光照时间对压敏胶性能的影响[41]。结果表明,其中光引发剂 4-苯乙酮基乙烯基碳酸酯(ABP)的引发和固化效果最好,它的最佳用量为 1%。他们还用该可聚合光引发剂合成了一种低收缩率的溶剂型 UV 固化聚丙烯酸酯压敏胶,用于 PVC 基材时只要使用 0.2% 的 ABP 即可获得固化收缩率小于 0.5%的压敏胶膜,其持黏力可达到 100~120N[42]。最近,我国李娜等用丙烯酸羟乙酯与 1,6-六亚甲基二异氰酸酯反应,生成物再与 4-羟基二苯酮反应,合成了一种新的可聚合光引发剂 UV-1。将 1.0%UV-1 加入由 30%丙烯酸酯预聚物、20%丙烯酸丁酯、30%丙烯酸异辛酯和 20%醋酸乙烯酯组成的压敏胶浆中,制成了常温涂布型 UV 固化压敏胶。在常温下涂于基材上并用 1kW 高压汞灯在距离 10cm 处照射 20s 后,压敏胶层已完全固化。该压敏胶经 UV 固化后具有优异的耐热氧老化和耐候性能[43]。高雅等则用这种可聚合光引发剂 UV-1 制成了一种热熔涂布型 UV 固化聚丙烯酸酯压敏胶[44]。

在光固化涂料和光固化结构胶黏剂的研究和开发中,紫外线引发和固化体系得到了更快和更大的发展。采用双重固化体系或混杂固化体系等复合的固化体系就是其中很有前途的发展方向[46]。双重固化体系就是两种不同反应机理的固化体系同时存在。除光固化体系外还有加热固化、湿气固化或厌氧固化等体系。例如,在含有异氰酸酯基的聚氨酯-丙烯酸酯低聚体的组成中,可以采用光和湿气双重固化体系,将苯烯酸基双键和异氰酸酯基同时进行交联反应;在由丙烯酸环氧酯、丙烯酸单体和预聚体、光引发剂和环氧固化剂组成的体系中,UV 照射和加热可以将双键和环氧基同时进行交联反应。混杂固化体系就是同时采用自由基型和阳离子型两种光固化体系。例如,在含有丙烯酸单体和预聚体、丙烯酸环氧酯或环氧树脂的混合体系中,以及在由含有丙烯酰基和乙烯氧基的单体和预聚体组成的混合体系中,可以采用这种混杂固化体系。

光固化涂料和光固化结构胶黏剂的研发实践已经证明,采用这些复合固化体系可以提高固化效率,克服单一光固化体系的前述缺点和不足(尤其是自由基型光固化剂存在的氧气阻聚、固化体积收缩大、不能三维均匀地固化等缺点),固化后胶层得到更好的性能。因此,这些复合固化体系今后一定也能在光固化压敏胶黏剂及其制品中得到发展和应用。实际上,我国已经有人在做这方面的工作。例如,陈榕珍等在研制 UV 固化聚丙烯酸酯压敏胶时就采用了加入一些环氧树脂和环氧固化剂的办法来提高压敏胶的性能[27];魏军等在研制聚氨酯型 UV 固化压敏胶时,合成了含有烯丙基醚支链或部分用烯丙基醚封端的聚氨酯-丙烯酸酯低聚体,并采用了双重固化体系,即能使丙烯酰基发生自由基交联反应的 UV 固化剂和能使烯丙基醚发生氧化还原反应而交联的环烷酸钴固化剂[31]。烯丙基醚的引入和环烷酸钴的使用明显地降低了氧气的阻聚作用,提高了压敏胶的 180°剥离强度。

三、在其他压敏胶辐射交联改性方面的发展

辐射交联技术用于溶剂型、热熔型和乳液型等其他压敏胶及其制品的改性,近几年也得到了长足的发展。

嵌段共聚物热塑弹性体压敏胶因分子中只有物理交联而存在着耐温和耐老化性能不够的缺点,因而用辐射交联将其进行改性引起了广泛关注[47]。蒋岳和和吴国梁等通过 4-马来酰亚胺二苯甲酮(MBP)与苯乙烯-丁二烯-苯乙烯嵌段共聚物(SBS)的接枝共聚反应,将具

有自由基光引发活性的二苯甲酮基团引入 SBS 大分子中，合成了新的接枝产物 SBS-*g*-MBP；并将其与适量的增黏树脂、软化剂和抗氧剂配合，制得了能实现 UV 辐射交联的溶剂型 SBS 压敏胶及其制品。UV 辐射交联后，压敏胶的凝胶含量和持黏性能有了明显提高；当接枝共聚反应中 MBP 的用量为 20％时，压敏胶取得最高的凝胶含量和最好的持黏性能。他们还进一步报道[49]：①在 MBP 与 SBS 的接枝共聚反应中，接枝效率随热引发剂 BPO 用量的增加而提高，BPO 用量在 SBS 的 1.5％时达到最高值。②由 SBS-*g*-MBP 配制的溶剂型压敏胶及其制品的胶黏性能随接枝效率的提高和 UV 辐照时间的增加有如下变化规律：初黏性能和 180°剥离强度逐渐下降而持黏性能明显提高。这种压敏胶比较适用于生物和医用领域。郑阳等将 10％的丙烯酸长链烷基酯作为活性增塑剂和光引发剂一起加入到 SBS 热熔压敏胶配方中，不仅降低了熔融黏度、改善了涂布性能，涂胶并用 UV 辐射固化后，制品的初黏和持黏性能也同时得到了改进[51]。

用于制造可反复剥离的压敏标签及记事贴的微球压敏胶，一般由以丙烯酸异辛酯（2-EHA）为主体的丙烯酸酯单体经悬浮共聚合制得。通过加入多功能单体使之适度交联及控制微球粒经的大小和分布，是获得高性能微球压敏胶的技术关键。最近有人报道了一种能 UV 交联的微球压敏胶[50]：在悬浮共聚合时，除双官能单体（丁二醇二丙烯酸酯）外还采用了带有光引发剂基团的功能单体 4-丙烯酰氧基二苯甲酮（4-ABF）。研究表明，4-ABF 的采用对所得微球的粒径大小和分布影响不大，但对 UV 照射后压敏胶的性能影响很大：只要照射 10s 就已实现成功的交联；随着 4-ABF 的用量从 0 增加到 1.0％，胶层的凝胶含量从 74％提高到 88％；即使采用 0.2％的 4-ABF，光照后压敏胶的剥离强度和持黏强度仍下降很大，而初黏性能下降不多。这说明，紫外线引起的交联比加入多功能单体引起的交联更有效。

参 考 文 献

[1] Dowbenko R. Radiation Curing. // Satas D. Handbook of Pressure Sensitive Adhesive Technology. 2nd ed. New York：Van Nostrand Reinhold，1989：906-924.

[2] 曾宪家，杨玉昆．辐射固化压敏胶粘剂研究进展，第五届中国辐射固化年会论文集，2001，1-8.

[3] 杨玉昆．丙烯酸压敏胶的研究进展．粘接，1999，（增刊）：54-57.

[4] Satas D. Radiation Curable Pressure Sensitive Adhesives. // Satas D. Advances in Pressure Sensitive Adhesive Technology. Wawick，Rhode Island，USA：Satas & Associates，1992：77-91.

[5] Winslow L E. Process For the Production of an Article Coated with a Crosslinked Pressure Sensitive Adhesive：US, 5741543998.

[6] Satas D. Handbook of Pressure Sesitive Adhesive Technology. 3rd ed. Warwick，Rhode Island，USA：Satas & Associates，1999：515-546.

[7] Jrgen B. Adhesives Age，1997，（4）：22-24.

[8] Huber H F. Radiat Phys Chem，1989，33（5）：443-450.

[9] Kauffman T. Adhesives Age，1998：29-33.

[10] Glotfelter C. Adhesives Age，1997：50-55.

[11] Kim H D，Kim T W. Journal of Applied Polymer Science，1998，67：2153-2162.

[12] Anthory J B，Ralph W L. Adhesives Age，1991，（1）：30-34.

[13] Anthory J B. Adhesives Age，1993，（4）：26-27.

[14] Anthory J. Adhesives Age，1997，（7）：30-36.

[15] James R E，Paul A M. Adhesives Age，1998（11）：27-34.

[16] Karim N. US 4943461. 1980.

[17] Deborah A S. Adhesives Age，2000：25-31.

［18］　中光彦．日本接着学会，2000，36（2）：507-512.

［19］　Karl H S. Adhesives Age，2003（1/2）：38-40.

［20］　梅雪锋．紫外线固化压敏胶粘剂的研究［D］．北京：中国科学院化学研究所．2001：1-19.

［21］　Adhesives Research Inc，Adhesives Age，2003，（4/5）：10.

［22］　梅雪锋，杨玉昆．一种用紫外光交联的高性能单组分丙烯酸酯压敏胶粘剂．化学与粘合，2000，（增刊）：22-24.

［23］　熊开生，徐溢．中国胶黏剂，2003，12（4）：23.

［24］　熊开生，徐溢，张云怀．中国胶黏剂，2003，12（1）：38-40.

［25］　李善君，纪才圭．高分子光化学原理及应用．上海：复旦大学出版社，1998，105-112.

［26］　Karl H. Adhesives Age，2003：38-40.

［27］　陈榕珍．中国胶粘剂，2006，15（8）：28-30.

［28］　陈榕珍．无溶剂聚丙烯酸酯压敏胶的研究［D］．上海：华东师范大学，2006：10-35.

［29］　Zbigniew C，Marta W. European Polymer Journal，2007，43：3604-3612.

［30］　魏军．塑料工业，2006，1（增刊）：206-208.

［31］　魏军．聚氨酯丙烯酸酯光固化压敏胶的研究［D］．成都：四川大学，2006：18-94.

［32］　任耀彬．中国胶粘剂，2005，14（5）：1-5.

［33］　Decker C. Journal of Applied Polymer Science，2001，82（9）：2204-2216.

［34］　唐敏锋．中国胶粘剂，2009，18（11）：12-15.

［35］　唐敏锋．化工新型材料，2009，31（8）：91-93.

［36］　唐敏锋，吴伟卿．一种可紫外光固化的压敏胶及压敏胶带的制备方法．CN101824280．2010-09.08.

［37］　刘仕芳．粘接，2009（6）：43-46.

［38］　Kajtna J，Krajne M. International Journal of Adhesion and Adhesives，2011，31（8）：822-831.

［39］　Zbigniew Czech，et al. European Polymer Journal，2011，47：225-229.

［40］　Zbigniew C. International Journal of Adhesion and Adhesives，2011，31（7）：634-638.

［41］　Zbigniew C. International Journal of Adhesion and Adhesives，2007，27：195-199.

［42］　Zbigniew C，Dagmara M. International Journal of Adhesion and Adhesives，2004，24：533-534.

［43］　李娜．紫外线固化用可聚合型光引发剂的合成研究［D］．哈尔滨：哈尔滨工业大学，2011.

［44］　高雅．紫外线固化丙烯酸酯热熔压敏胶的研究［D］．哈尔滨：哈尔滨工业大学，2007.

［45］　Janina K. Journal of Photochemistry and Photobiology A：Chemistry，2011，219：16-25.

［46］　姚海等．中国胶粘剂，2006，15（6）：33-36.

［47］　Dong-H. Journal of Adhesion Science and Technology，2007，21（7）：589-603.

［48］　蒋岳，吴国梁．化工新型材料，2009，37（7）：43-46.

［49］　Hu G L. International Journal of Adhesion and Adhesives，2010，30（1）：43-46.

［50］　kajtna J. International Journal of Adhesion and Adhesives，2011，31（1）：29-35.

［51］　郑阳．化工新型材料，2010，（7）：93-96.

第九章

其他系列压敏胶黏剂

冯世英　王捷　杨玉昆

◎ 第一节　聚异丁烯系压敏胶

聚异丁烯系压敏胶是一些以聚异丁烯（PIB）或聚异丁烯和丁基橡胶为主弹性体配制而成的压敏胶黏剂。由异丁烯系聚合物结构特点所决定的基本性能，尤其是化学惰性、耐老化、耐热性和耐久性、低温柔韧性等，使聚异丁烯系压敏胶制品具有吸引力。另外，聚异丁烯系列相互之间以及它们和其他聚合物（如天然橡胶、丁苯橡胶、乙烯-醋酸乙烯酯共聚物、低分子量聚乙烯和无规聚丙烯等）之间具有很好的混合性，便于得到耐老化性、耐药品等性能优良的压敏胶。

一、聚异丁烯系压敏胶的配置和加工

1. 聚合物的选择

在配制这类压敏胶时，适当选择异丁烯聚合物（均聚物及其与丁二烯的共聚物）是最重要的。由于聚异丁烯的内聚强度较低，所以需要通过如下一系列方法来提高它的内聚强度：

① 选择高分子量的聚异丁烯或丁基橡胶；

② 将丁基橡胶与聚异丁烯共混并将丁基橡胶硫化，由于聚异丁烯不能硫化，故体系中的硫化程度由丁基橡胶的含量决定；

③ 部分硫化丁基橡胶加入精确称量的可硫化成分并将其完全硫化或采用一种预硫化的品种；

④ 将聚异丁烯或丁基橡胶与卤化丁基橡胶相混合，利用卤原子的功能将卤化丁基橡胶硫化，例如氧化锌是一种只能与氯化丁基橡胶而不与丁基橡胶反应的硫化剂；在组成中加入低分子量的聚异丁烯可以提高压敏胶的初黏性。

2. 填料

与其他橡胶系压敏胶一样，填料与聚异丁烯系压敏胶配合可以增加它们的内聚强度和刚性，但在减小冷流的同时也降低了初黏性。云母、石墨和滑石粉可以增加压敏胶的耐酸、耐化学药品性和降低透气性。某些粗粒填料（如 ZnO）可增加初黏性。氢氧化铝、立得粉、粗粒炭黑和氧化锌除了增加初黏性外，还能适度增加黏合强度。陶土、水合硅胶、硅酸钙、硅酸铝盐以及微粒炉炭黑和热裂法炭黑能增加内聚强度和刚度。采用很细的微粒硅酸、氧化镁或碳酸盐也能增加压敏胶的刚度。碳酸钙是廉价的填料，而气相滑石粉和陶土适用于电气绝缘胶带。在用于制造汽车玻璃封装的密封胶带压敏胶中采用补强炭黑可以提高产品强度。

综上所述，填料的品种能影响到产品的性能，应该根据需要加以认真选择。

3. 增黏剂、增塑剂和其他添加剂

很多增黏剂和增塑剂可以用来拓宽聚异丁烯黏度范围，并控制其初黏性和内聚强度。低分子量聚丁烯本身就是一种常用的增塑剂，根据用途的需要可以选用不同分子量的聚丁烯。其他液态增塑剂还有石蜡油、凡士林和长脂肪侧链的邻苯二甲酸酯（如邻苯二甲酸双十三烷基酯）。萜烯树脂、萜烯酚醛树脂改性松香酯以及石油树脂都可以作为增黏剂使用来提高这类压敏胶的初黏性。无规聚丙烯、各种石蜡的加入可降低成本、改善加工性能并赋予产品以热塑性，在某些场合它们也得到了应用。

在恶劣环境下使用时可以在胶中加入抗氧剂来提高它的耐老化性能。

4. 交联剂

丁基橡胶和卤化丁基橡胶的交联剂有四种，即醌类、硫黄或硫给予体、树脂以及氧化锌（氧化锌仅用于卤化丁基橡胶）。

（1）醌类硫化体系　醌类硫化是一个易控制的交联体系，交联后能得到紧密的交联网络。交联的产品耐臭氧、耐热、耐化学试剂和其他环境侵蚀，并具有良好的电性能，但产品呈深色。常用的醌类硫化体系是对苯醌二肟或二苯甲酰对苯醌二肟与氧化剂（二氧化锰、二氧化铅、Pb_3O_4）或苯并噻唑二硫化物等。

（2）硫黄硫化体系　硫黄硫化体系包括元素硫、秋兰姆或二硫代氨基甲酸酯促进剂以及噻唑或噻唑二硫化物活化剂。为了取得更好的交联效果，还需添加氧化锌和其他金属氧化物。硫黄体系由于交联温度高，使用受到限制。

（3）树脂硫化体系　树脂硫化通常采用一系列活泼的酚醛树脂。树脂硫化的特点是有好的稳定性和耐热性，并能制成浅色或白色产品。交联的温度高低受所选树脂及活化剂的类型和浓度影响，可以在室温或高温下进行。

（4）氧化锌硫化体系　氧化锌硫化的优点是只和卤化丁基橡胶起反应而不影响配方中其他弹性体。交联的引入增加了内聚强度，但也降低了初黏性和在烃类溶剂中的溶解度，使之在压敏胶中的应用受到一定限制。

5. 溶剂

丁基橡胶和聚异丁烯溶于烃类溶剂和氯化烃类溶剂，不溶于一般的醇、酯、酮以及其他低分子量的含氧烃类溶剂。挥发性的脂族烃类溶剂如己烷、庚烷和石油醚常用于该类压敏胶的配制。

丁基橡胶和聚异丁烯中由于存在少量的稳定剂和硬脂酸金属盐，使聚合物在完全溶解时呈现稍微浑浊的状态，严重时还会从低黏度溶液中沉淀。

各种方法使用的压敏胶其最佳固体含量随所选择的溶剂、填料含量等有着很大的变化。用于刮刀涂布时通常总固含量能在 $50\%\sim70\%$ 之间。各种丁基橡胶和聚异丁烯溶液黏度和固含量之间呈对数关系[1]。固含量的微小变化能引起溶液黏度较大的差别，尤其是在较高固含量的范围时。溶液黏度变化也与聚合物分子量大小有关，聚合物分子量的微小变化能引起溶液黏度较大的改变[2]。

6. 压敏胶的加工方法

生产不同黏度的这类压敏胶时所需要的设备也有所差异。制备较低黏度（低于 50Pa·s）的压敏胶时，采用高速高剪切转动锯条型搅拌可以将少量聚合物溶解于大量的溶剂中。此时，聚合物通常以小的颗粒形式加入到搅拌机中。制备低黏度（约 200Pa·s 以下）胶黏剂时，可采用带夹套高速高剪切的涡轮搅拌机。制备中等黏度（约 200~1000Pa·s）压敏胶时，可以用带夹套的高速高剪切的涡轮搅拌机或双臂式齿轮搅拌机。在制备高黏度（大于 10^3Pa·s）压敏胶时则需要以捏炼机或密炼机进行操作。为了加速固体聚异丁烯和丁基橡胶的溶解，在溶解前将它们切成小块或捣碎后马上投入溶剂中，这样可增加与溶剂接触的表面积，缩短溶解时间。切成的小块在存放过程中会重新结块。

丁基橡胶和聚异丁烯的乳液黏度很低。因此，一般用相当简单的设备就可配置成乳液型压敏胶。

由于丁基橡胶和聚异丁烯具有低的渗透力，所以在涂胶时应涂得薄一些，以便使溶剂干燥并避免产生针孔。当需要多次涂胶以增加胶层厚度时，每次涂布之间应保持足够的干燥时间间隔。含有较多填料时，此要求不太严格。

二、配方及应用

1. 标签和胶黏带用溶剂型压敏胶

丁基橡胶和聚异丁烯由于老化性能好，老化后仍能保持胶层的完整，而且使用分子量较高的聚合物时具有较好的模切性，因此是制造可剥性压敏标签和保护胶带用压敏胶时首选的弹性体材料。另外，它还具有良好的耐低温性，因而更适宜制造低温时使用的标签纸和标签贴。

聚异丁烯的低毒性使它适宜于生产各种医用压敏胶黏剂和压敏胶制品，包括外科胶黏带、口腔绷带和手术器械中应用的各种制品。

用丁基橡胶和聚异丁烯配制的压敏胶还能用于制作以 PE、PVC、PET 和纸张等为基材的压敏胶制品。表 3-9-1 列出了在一些场合下使用的这类溶剂型压敏胶配方[3]。

表 3-9-1　几种用途的聚异丁烯系压敏胶配方①

配　方	成　分	用量(质量份)
1. 可剥性标签用压敏胶	Vistanex MML-100(高分子量聚异丁烯)	100
	氧化锌	20
	Escorez 5300(石油树脂)	30
	聚丁烯(M_w=1300)	15
	抗氧剂②	0.5
	Vistanex LM-MS(低分子量聚异丁烯)	40
	碳酸钙	20
	萜烯树脂(软化点 115℃)	30
	石蜡工艺油	15
2. 外科胶黏带用溶剂型压敏胶	Vistanex MML-100③	100
	氧化锌	50
	USP 白油	40
	Vistanex LM-MS	30
	水合氧化铝	50
	酚醛树脂⑤	50

配　方	成　分	用量(质量份)
3. PVC 地板砖用压敏胶	Exxon Butyl 268(丁基橡胶)	100
	萜烯酚树脂④	70
	Vistanex LM-MS	20
4. 纸张用压敏胶	Vistanex MML-100 的 10% 的溶液	—
5. 通用型胶带用压敏胶	Chlorlbutyl 1066(氯化丁基橡胶)	50
	Vistanex LM-MS	30
	Escorez 2393(石油树脂)	30
	SBR 1011(丁苯橡胶)	50
	氢化松香脂	30
	抗氧剂	0.5
6. 透明胶带用压敏胶	Exxon Butyl 268	100
	Vistanex LM-MS	75
	Vistanex MML-100	100

① 加入溶剂（如己烷、庚烷、石油醚等），调至合适的黏度和固含量。

② 抗氧剂为 Irganox 1010 或 Ethanox 702。

③ 需要增加内聚强度时，少量的 Vistanex MML 100 可用天然橡胶代替。

④ Schenectady SP-553。

⑤ Schenectady SP-1068。

最近国内还有人报道了一种以丁基橡胶和高分子量聚异丁烯为主体的、性能优异的电子通信器材防水绝缘用压敏胶[16]，当配方中丁基橡胶∶聚异丁烯∶增黏树脂∶填料(炭黑)的质量比为 5∶10∶15∶2 时，压敏胶的综合性能最好，其拉伸强度和 180°剥离强度为4.42MPa 和 3.2kN/m。也有人报道了一种能用于粘贴和密封三元乙丙橡胶防水卷材接缝的丁基橡胶压敏胶黏带的制备方法和性能[17]。

2. 热熔型压敏胶黏剂

聚异丁烯和丁基橡胶也能配成热熔型压敏胶，很多性能与溶剂型压敏胶相似。这些聚合物可以改善柔性，尤其是低温下的柔韧性，提供良好的耐老化和化学稳定性，赋予产品以韧性和强度。对于热熔型压敏胶来说，丁基橡胶通常与大量的可熔融物质如增黏树脂、软蜡和无规聚丙烯等相混合使黏度降低到所需程度。低挥发性的烃类油、聚丁烯、蜡和微晶蜡也能降低熔融黏度，但石蜡用量过多会使初黏力下降。低分子量的聚异丁烯是丁基橡胶有效的增塑剂并能增加初黏力。表 3-9-2 是一个地毯背衬用的热熔压敏胶配方。

表 3-9-2　丁基橡胶热熔压敏胶配方

项　目	质　量　份	项　目	质　量　份
Exxon Butyl 065 (丁基橡胶)	100	矿脂(凡士林) (MP＝57℃)	50
Escorez 1034 (石油树脂)	100	微晶蜡(Square 175)	150
		抗氧剂(Irganox 1010)	1

低分子量的聚异丁烯最易熔融混合，且由于其低的分子量而产生低黏度的混合物。树脂、石蜡以及热塑性塑胶，如低密度聚乙烯、乙烯-醋酸乙烯酯共聚物、晶态和非晶态聚丙烯等，可增加其硬度和内聚强度。因而，能扩大压敏胶的使用温度范围。表 3-9-3 列出了低分子量聚异丁烯在热熔压敏胶中使用的一个例子，该配方中使用 SBS 主要是为了改善聚异丁烯和 SIS 的兼容性。

表 3-9-3　一种低分子量聚异丁烯热熔压敏胶（低温标签用）

项　　目		数　　据	
配方（质量份）	Kratan 1107（SIS）	50	
	Finaprene 1205（SBS）	50	
	Vistanex LM-MS	90	
	Escorez 2393	130	
	环烷工艺油	58	
	抗氧剂[①]	2	
性能	180°剥离强度/（kN/m）	对不锈钢[③]	0.862	1.225[②]
		对处理过的 LDPE	0.559	0.088[②]
	初黏性（滚球平面停止法）/cm	2.5	
	18℃胶圈剥离法初黏力/（kN/m）	对不锈钢	0.931	
		对波纹板	0.284[④]	
		对涂蜡板	0.402[③]	

① Irganox 1010。

② 在 -18℃ 测试。

③ 从聚酯基材上转移了少量胶。

④ 纤维被撕裂。

3. 管道缠绕胶黏带和电绝缘胶黏带用压敏胶

异丁烯聚合物的耐老化、低吸水性和低透水性、固有的初黏性及电绝缘性能，使异丁烯系压敏胶在管道缠绕胶黏带和电绝缘胶黏带中应用效果优异。管道缠绕胶黏带是最普遍的一种以丁基橡胶或丁基橡胶与乙丙橡胶的混合物为基料的压敏胶和以聚乙烯或聚氯乙烯为基材制成的压敏胶黏带。为了获得最佳耐老化性能，可以采用低不饱和度含量的 Exxon Butyl 065 丁基橡胶品种，通过树脂的选择来获得初黏和内聚强度的平衡。聚丁烯与高含量的树脂相配合可给予压敏胶以较大的黏性。这些压敏胶既可压延到基材上，也可以溶解成溶液后进行涂布。表 3-9-4 是一个管道缠绕胶黏带用的压敏胶配方。

表 3-9-4　管道缠绕胶带用丁基橡胶压敏胶配方

项　　目	质　量　份
Exxon Butyl 268（丁基橡胶）	100
炭黑 N550	100
滑石粉	200
聚丁烯（$M=950$）	100
石蜡工艺油	80
Escorez 1304（石油树脂）	75
无规聚丙烯	50

以丁基橡胶为基料的电绝缘胶带一般以自黏带形式出现，用于导线和电缆的接头、末端等场合。用聚异丁烯 Vistanex LM 增黏的胶带对聚乙烯有良好的黏合性能，因而常作连接交联聚乙烯绝缘电缆接头使用。表 3-9-5 是丁基橡胶为基料用于电绝缘自黏胶带的配方。表 3-9-6 是以塑料薄膜为基材的电绝缘胶带用压敏胶配方。

表 3-9-5　丁基橡胶的电绝缘自黏胶带配方[①]

项　　目	质　量　份
Exxon Butyl 268（丁基橡胶）	100
Vistanex MML-100（聚异丁烯）	10
AgeRite Resin D（酚醛树脂）	1

项　　目	质　量　份
氧化锌	5
滑石粉	60
黏土	60
炭黑 N990(中粒子热裂炭黑)	10
低密度聚乙烯	5
Escorez 1315(石油树脂)	5
烷基酚醛树脂	5
Poly. DNB(促进剂)	0.5
QDO(促进剂)	0.2[①]

① 该料在密炼机中制备，在 163℃维持 3min，促进剂 Poly. DNB 和 QDO 可以将聚合物和填料偶联起来。

表 3-9-6　塑料薄膜为基材的电绝缘胶带用压敏胶配方

项　　目	质　量　份
Vistanex MML-100(聚异丁烯)	10
Escorez 2101(石油树脂)	35
液体氢化松香脂	35
聚丁烯($M=950$)	35

第二节　有机硅压敏胶

　　有机硅压敏胶是压敏胶中一类质优高档的品种。当遇到恶劣的条件，如苛刻的温度、接触化学品、湿气、辐射，和需耐高温、使用寿命长等要求时，应首先考虑选择有机硅压敏胶。国外已有专业公司（如道康宁公司、奇异公司、信越化学公司、东丽有机硅公司等）生产经营各种性能、规格的有机硅压敏胶产品。国内也有不少产品的生产和开发。

一、有机硅压敏胶的组成

　　有机硅压敏胶通常由有机硅橡胶、有机硅树脂、缩合催化剂和交联剂、填料和其他添加剂以及有机溶剂等组成。其中主要是聚合物弹性体（有机硅橡胶）和增黏树脂（有机硅树脂）两个组分。

1. 硅橡胶

　　作为有机硅压敏胶基本组分的硅橡胶是聚合度从数千到数万的硅、氧原子交替排列成主链的线型聚硅氧烷。最常用的是甲基硅橡胶，它是由二甲基硅氧烷的低聚体(D_4)在酸性或碱性催化下开环聚合得到的高分子量线型聚合物[4]：

$$D_4 \xrightarrow{H^+ 或 OH^-} HO\left[\begin{array}{c}CH_3\\|\\Si\\|\\CH_3\end{array}-O\right]_n H$$

D₄　　　　　　　　　　甲基硅橡胶

　　该聚合物分子末端含有残留的硅烷醇官能团，外观呈无色透明黏稠的半固体状态。分子中硅氧键很容易自由旋转，分子链易弯曲，形成 6～8 个硅氧键为重复单元的螺旋形结构。这种螺旋形结构对温度比较敏感，当温度升高时，螺旋结构的分子链就舒展开来引起黏度增加。线型聚硅氧烷具有较低的结晶温度（$-55～65℃$）、低的内聚能和表面张力以及其他的特殊表面性质。

2. 有机硅树脂

有机硅树脂可以用两种途径合成：一是由通式为 R_2SiCl_2、R_3SiCl、$RSiCl_3$ 等的数种氯硅烷经水解和缩合反应制得[5]：

$$R_nSiCl_{4-n} + H_2O \longrightarrow R_nSi(OH)_{4-n} + HCl$$

$$\downarrow -H_2O$$

有机硅树脂(R=CH₃, Ph; n=1,2,3)

当 R 为甲基时，就成为通常使用的甲基硅树脂，有时也可用部分苯基进行改性。作为压敏胶使用的硅树脂平均分子量一般都不大，常温下为无色透明易流动的黏稠液体。有机硅树脂合成的另一种方法是通过水玻璃的硅烷基化来完成[6]。例如，MQ 有机硅树脂的合成路线如下：

$$Na_2O(SiO_2)_n + H_2O \xrightarrow[H^+]{水解} HO\left[\begin{array}{c}OH\\|\\Si\\|\\OH\end{array}O\right]_n H$$

水玻璃   硅溶液

$$(CH_3)_3Si-O-Si(CH_3)_3 + H_2O \xrightarrow[H^+]{水解} 2(CH_3)_3SiOH$$

硅醇

$$HO\left[\begin{array}{c}OH\\|\\Si\\|\\OH\end{array}\right]_n H + (CH_3)_3SiOH \xrightarrow{缩聚} \left[\begin{array}{c}O-Si(CH_3)_3\\|\\Si\\|\\O-Si(CH_3)_3\end{array}\right]_n$$

MQ有机硅树脂

水解时反应的投料比、水解温度、萃取用的溶剂以及交联的种类都会影响压敏胶的性能[20]。有机硅树脂中留下来反应的极性硅醇基团对于压敏胶的湿润能力、初黏性和剥离力都有很大影响[5]。R 基团不同、反应条件不同，得到的有机硅树脂的分子量和分子结构也不同，压敏胶的性能也会不同。

高度支化结构的有机硅树脂（MQ 有机硅树脂）具有三甲基硅氧烷基团（$OSiMe_3$）封端的三维结构，同时还含有残留的硅烷醇官能团。它具有很宽的玻璃化温度转变区域。

这类压敏胶黏剂配方中所使用的有机硅树脂与硅橡胶的比例，以及这些组分中所含硅醇官能团的量是决定压敏胶的综合性能及使用范围的两个最重要因素。需要加入一定量的硅树脂对硅橡胶进行增黏。有机硅压敏胶的性能很大程度上取决于硅树脂对硅橡胶的比例[7]。由高硅树脂含量（质量比 MQ 树脂/107 硅橡胶=2.5)的压敏胶所制的胶带具有很好的持黏性和 180°剥离强度，但初黏性较差。相反，高 107 硅橡胶含量（MQ 树脂/107 硅橡胶=1.2)的有机硅压敏胶在室温下具有很好的初黏性，但内聚强度很差，在持黏性能测试时胶黏带数十秒就脱落。当硅树脂与硅橡胶比例一定时，胶黏剂的性能受树脂和橡胶中存在的硅醇基团多少的影响，若二者不含硅醇官能团则不能通过缩合进行交联。这种压敏胶黏剂的初黏性能较好，有一定的剥离强度，但内聚强度一般都很低。大多数情况下可通过树脂中官能团含量的控制来得到压敏胶所需的性能。此外，压敏胶的使用性能和物理性能还会受到树脂和硅橡胶分子量变化的影响。

3. 缩合催化剂和交联剂

为了提高压敏胶的内聚力，提高硅橡胶和硅树脂的兼容性，在制造压敏胶时还要加入适量的缩合催化剂，使橡胶和树脂的部分分子通过硅醇基团相互缩合反应而连接起来。代表性的缩合催化剂有有机锡化合物或其他碱等，添加量应尽量少些。反应结束后应将残余催化剂中和或添加少量反应抑止剂。否则，残余的缩合催化剂会使反应继续进行下去，直至最后产生凝胶。将硅橡胶和硅树脂进行缩合反应后，压敏胶的内聚力有所提高，但本质上还是非交联型，具有热塑性。此种压敏胶在某些场合下已能使用，但高温下的黏合力和耐热老化性、耐药品性还不能满足某些需要。此时，可在配方中加入适量的交联剂（一般在涂胶带前加入到压敏胶中）。最常用的交联剂有：有机过氧化物、氨基硅烷和有机酸的金属盐三类。其中，有机过氧化物（过氧化苯甲酰、2,4-二氯苯甲酰过氧化物）使用最为普遍。在高温下这类交链剂分解成自由基，它们能从硅橡胶侧链的取代基上夺取氢原子形成交联：

$$(C_6H_5CO)_2O_2 \longrightarrow 2C_6H_5COO\cdot$$

$$C_6H_5COO\cdot + \equiv SiCH_3 \longrightarrow C_6H_5COOH + \equiv SiCH_2\cdot$$

$$\equiv SiCH_2\cdot + \equiv SiCH_2\cdot \longrightarrow \equiv SiCH_2CH_2Si\equiv$$

式中，$\equiv$Si 代表硅橡胶主链骨架的硅原子。

过氧化物交联剂的类型和用量直接与压敏胶的内聚强度有关。交联剂用量过高时会降低初黏力和黏合力，所以交联剂的浓度一般控制在 0.5%～3.0% 之间。各种交联剂的用量及固化条件见表 3-9-7[8]。

4. 溶剂

目前大量使用的有机硅压敏胶仍然是溶剂型有机硅压敏胶。典型的溶剂是苯、甲苯、二甲苯、二氯甲苯、石油醚、烃类溶剂，或它们的混合物。实际应用上常选用甲苯、二甲苯、石油醚、烃类作溶剂。使用溶剂的首要目的是降低有机硅压敏胶的黏度以便于生产上的涂胶。溶剂在压敏胶的干燥过程中完全被除去。因此，溶剂的加入量应以使胶液的黏度达到要求时的最低用量为宜。

表 3-9-7　交联剂的用量及交联条件

交联剂名称	用量[1]	交联条件
过氧化苯甲酰	0.5～3.0	150℃,5min
2,4-过氧化二氯苯甲酰	0.5～3.0	130℃,5min
辛酸铅	0.01～0.10	150℃,5min
氨基硅烷[2]	1.0～2.0	150℃,3min

① 100 份固体含量添加的质量份数。

② $(CH_3O)_3Si(CH_2)_3NH(CH_2)_2NH_2$。

Dow Corning 公司选用高沸点的溶剂和增塑剂合成的有机硅压敏胶具有很好的初黏性和剥离强度，不需要分离硅醇缩合催化剂[9]。该有机硅压敏胶可用于制造标签贴和胶带、商标纸等压敏胶制品。表 3-9-8 介绍了两种溶剂型有机硅压敏胶的性能。

表 3-9-8　两种市场上销售的有机硅压敏胶黏剂的性能

压敏胶 项目	道康宁 Q2-7406	信越 KR101-10
类型	二甲基硅氧烷及树脂的分散体	—
颜色	透明	淡黄色透明
不挥发分/%	55～58	58～62
稀释剂	二甲苯	甲苯/二甲苯
相对密度(25℃)	0.98	0.98～1.02
黏度(25℃)/Pa·s	20～80	40～120
保存期/a	1.0	0.5

注：摘自这些公司的产品说明书。

二、底胶

有机硅压敏胶具有较低的表面张力（18～22mN/m），是优良的成膜材料。它能够润湿并黏合大多数基材，包括常见的难润湿低表面能的材料，如聚四氟乙烯和聚酰亚胺膜、硅橡胶以及有机硅处理过的玻璃纤维等。尽管如此，某些胶黏制品需要压敏胶对基材有更大的黏基力，以防压敏胶从基材上脱落。在制造胶带时，为了提高有机硅压敏胶对基材的黏基力，在涂布压敏胶前可使用底胶或黏合促进剂。它们能与基材交联，从而能提高压敏胶对基材的黏合力。聚二甲基硅氧烷被广泛用作底胶。由于它与胶本身具有相似的表面能及化学结构，能改善对基材的黏合。这类底胶通常只涂很薄的一层（1～3μm），而且能低温交联。例如，日本信越公司的 KR-3006A 底胶由三个组分组成，在使用前配制。在基材上涂布 1～3μm 厚，在 80～100℃下固化 30s 后即可涂上有机硅压敏胶。KR-3006A 底胶的特性见表 3-9-9。

表 3-9-9　KR-3006A 底胶的特性[①]

项　目	数　据	项　目	数　据
外观	几乎无色透明	溶剂	甲苯
黏度(25℃)/Pa·s	0.26	作业时间(25℃)/h	10
不挥发分(150℃,1h)/%	10	保存稳定性(25℃)/月	3
相对密度(25℃)	0.880		

① 日本信越公司产品说明书。

如果不能涂底胶时，可以在压敏胶涂布前加入硅烷偶联剂，用以改善压敏胶对基材的黏基力。

三、有机硅压敏胶的性能及应用

与其他压敏胶相比，有机硅压敏胶具有很多优点：具有很低的玻璃化温度（T_g 约为 −120℃）、热稳定性高（表 3-9-10）、使用温度范围很宽（表 3-9-11）。不难看出，有机硅压敏胶在 −73～250℃ 之间都具有一定的黏合力[11]。

表 3-9-10　有机硅压敏胶热老化性能[①]

热老化条件	180°剥离强度(25℃)/(kN/m)		
	无交联	1%BPO 交联	2%BPO 交联
老化前	0.656	0.579	0.733

热老化条件		180°剥离强度(25℃)/(kN/m)		
		无交联	1%BPO 交联	2%BPO 交联
150℃老化	1h	0.579	0.540	0.656
	24h	0.656	0.540	0.579
	7h	0.772	0.540	0.540
250℃老化	1h	0.656	0.540	0.579
	24h	0.694	0.694	0.540
	7h	内聚破坏	0.694	0.540

① 上胶量 64.5g/m²。

表 3-9-11 有机硅压敏胶在不同温度下的 180°剥离强度

温度/℃	180°剥离强度/(kN/m)	温度/℃	180°剥离强度/(kN/m)
−73	2.067	100	0.109
−50	1.575	150	0.53
0	0.456	200	0.51
50	0.285	250	0.25

注：基材为 25μm 的聚酰亚胺薄膜，压敏胶为 38μm 道康宁 Q2-7406 胶黏剂，被粘材料为不锈钢板。

有机硅压敏胶还具有优良的电气性能，较好的耐电弧性以及低的损耗因子（见表 3-9-12)[10]。即使在恶劣环境中放置较长时间仍能保持这些性能。特别是当暴露在电流中时，能抵抗击穿而不产生碳残留或电流泄漏。因此，可作为制造 H 级电绝缘胶黏带的压敏胶来使用。例如，用四氟乙烯、玻璃布、聚酰亚胺、聚酯、尼龙纸、四氟乙烯涂塑的玻璃布作为基材的有机硅压敏胶黏带可用于马达、飞机引擎等电线线圈的包覆。

表 3-9-12 有机硅压敏胶的电性能

电性能项目		测定值	
		50%RH	96%RH
击穿电压/(kV/mm)		35.5	33.5
介电常数	10²Hz	2.95	3.00
	10⁵Hz	2.90	2.95
介电损耗因子	10²Hz	0.004	0.005
	10⁵Hz	0.003	0.004
体积电阻/Ω·cm		4×10¹³	3×10¹³

注：在 23℃不同相对湿度下放置 96h 后测定；有机硅压敏胶采用东丽有机硅公司的 SH4280A 和 SH4281 两种胶。

有机硅压敏胶的另一个优点是能黏结表面张力比较低的材料，如聚四氟乙烯、聚四氟乙烯涂塑物质及有机硅涂布织物等。表 3-9-13 显示了有机硅压敏胶带对各种被粘材料的黏合性能。

有机硅压敏胶还具有良好的耐水性、耐湿性和耐候性，且耐紫外线、耐辐射，化学活泼性差，耐油、酸、碱性好，同时又能耐生物侵袭（细菌和霉菌）。

表 3-9-13 有机硅压敏胶带对各种材料的黏合性能

被粘材料	180°剥离强度/(kN/m)	被粘材料	180°剥离强度/(kN/m)
玻璃	1.196	聚甲醛	1.196
瓷砖	1.312	聚碳酸酯	0.965
铜	1.157	聚甲基丙烯酸甲酯	1.157
硬质铬铜	1.312	聚四氟乙烯	0.193
铝(酸处理)	1.119	尼龙	0.849
铝(硫酸阳极化处理)	1.119	聚氯乙烯	1.196
聚酯	0.965	酚醛树脂	1.119
聚乙烯	0.386	ABS 塑胶	1.177

在工业上有机硅压敏胶的最大应用领域是印刷线路板的制造，即所谓的"金手指"。以聚酰亚胺为基材的有机硅压敏胶带被用于波焊和热气平整过程中线路板各种区域的遮蔽。在这些操作过程中，当浸入流动的水溶液和260℃的焊剂中以及热空气吹过面板时，胶黏带应保持在原位。

在等离子或火焰喷射、喷砂操作对金属表面进行遮蔽时，胶带需要有足够的耐热性和黏合性能，使用后又必须易于除去而不污染被粘材料。有机硅压敏胶能满足这些方面的需要。

有机硅压敏胶的另一类独特的使用就是黏合表面张力较低的材料，如聚四氟乙烯、聚四氟乙烯涂塑织物以及有机硅涂布织物等。表3-9-14列出了各种有机硅压敏胶黏制品在工业上的主要用途[4]。

表3-9-14　各种有机硅压敏胶制品及其在工业上的主要用途

所用基材	使用温度范围/℃	主要用途
聚酯	−60～160	各种遮蔽带;发电机上各种沟槽的护衬及线圈绝缘包扎;各种蜡纸的粘贴、修补等
玻璃布(单面)	−75～290	各种电机上的H级绝缘带,高温遮蔽带等
玻璃布(双面)	−75～290	各种高温零部件的连接和密封
含浸有机硅树脂的玻璃布	−75～290	H级绝缘带;高温遮蔽带等
增强有机硅橡胶	−75～290	黏结硅橡胶电缆;捆扎电器件等
含浸有机氟树脂的玻璃布	−75～290	各种沟槽的护衬;造纸机辊筒的包覆
铝箔	−75～430	热处理用黏结带;宇宙飞船的高温粘贴等
背面有机氟处理的铝箔	−75～200	高温防湿、防摩擦保护等
聚酰亚胺	−60～260	H级电器绝缘带
处理过的聚四氟乙烯	−75～200	电绝缘带,防湿和防摩擦保护
高分子量聚乙烯	−60～150	防磨损和防污垢的保护

医用有机硅压敏胶的性能与工业上用的截然不同。大多数医疗用途不需要有太高的内聚强度，所以胶黏剂不需要使用交联剂交联。在医疗领域，有机硅压敏胶主要用于粘贴皮肤方面，尤其是透皮药物释放系统。透皮药物释放是指药物透过皮肤以控制的速度释放。药物储存在膏药中，通过压敏胶固定在皮肤上；或者药物在一种透皮体系的基质中，压敏胶作为药物的载体或附着手段。据报道，医用有机硅压敏胶已在防治心血管病的硝酸甘油控释贴片、降血压贴片、镇痛镇静药膜、止血贴片、避孕药膜、眼用控释药膜以及手术治疗等方面得到了应用，应用面还在日益扩大，需求量也在不断增加[18]。

随着环保法规的确立，在溶剂型压敏胶方面应提高固含量，减少有害空气的污染，降低成本。环保型有机硅压敏胶（如热熔型、乳液型和辐射固化型）目前正在加紧研究开发[19]。另外，生物降解型有机硅压敏胶也有人开始研究[12]。

近几年来有机硅压敏胶的研究和开发逐渐增多，尤其是在国内。新的和高性能的有机硅压敏胶黏剂及其制品不断被研发出来。读者可参阅有关文献[20～24]。

● 第三节　聚氨酯系压敏胶

以聚氨酯树脂为主体制造压敏胶的研究较多，但有实用性的聚氨酯压敏胶制品则不很多。聚氨酯压敏胶在工业上的应用多数只局限于低黏性、低剥离性表面保护膜，而应用较多的则是在医疗领域中。

一、基本组成和特性

聚氨酯树脂是典型的缩聚型聚合物，它是由多元醇（软链段）和异氰酸酯（硬链段）缩聚得到的聚合物。聚氨酯压敏胶的特性主要由聚氨酯树脂自身的性质决定，可以通过聚合时配方的精心设计来得到需要的性能。聚氨酯压敏胶的基本组成见表 3-9-15[13]。

表 3-9-15　聚氨酯压敏胶的基本组成

基本组成	举　　例
异氰酸酯	甲苯二异氰酸酯(TDI)，二苯基甲烷-4,4′-二异氰酸酯(MDI)，1,6-己烷二异氰酸酯(HDI)，异佛尔酮二异氰酸酯(IPDI)
多元醇	聚醚多元醇，聚酯多元醇，低聚物多元醇
扩链剂	氨基化合物，多元醇化合物
固化剂	多异氰酸酯加成物，环氧化合物，连氮基化合物

不同的多元醇与二异氰酸酯制备的聚氨酯性能各不相同。聚酯型聚氨酯比聚醚型聚氨酯具有较高的强度和硬度。这归因于分子中酯基 $\left[\begin{array}{c} O \\ \| \\ -C-O- \end{array}\right]$ 的极性大，内聚能（12.2kJ/mol）比醚基（—C—O—C—）的内聚能（4.2kJ/mol）高，软链段分子间作用力大，内聚强度较大，机械强度高。由于酯基的极性作用，与极性基材的黏合力比聚醚型优良，抗热氧化性也比聚醚型好。为了获得较好的黏合强度，通常采用聚酯作为聚氨酯的软段。然而，软段为聚醚的聚氨酯，由于醚基较易旋转，具有较好的柔顺性，有优越的低温性能，并且耐水解性也好。

异氰酸酯的结构对聚氨酯压敏胶的性能有很大的影响。MDI 制得的聚氨酯比 TDI 制得的聚氨酯具有较高的模量和撕裂强度；芳香族异氰酸酯制备的聚氨酯比脂肪族异氰酸酯制得的聚氨酯强度大，但抗紫外线差，易泛黄，不能制成浅色或透明的压敏胶。脂肪族聚氨酯则不易泛黄。

扩链剂对聚氨酯性能也有影响，二元胺扩链的聚氨酯比二元醇扩链的聚氨酯具有较高的机械强度、模量、黏合性和耐热性，并且还有较好的低温性能。

一定程度的交联可提高压敏胶的黏合强度、耐热性、耐水解性以及耐溶剂性。所以，一般聚氨酯压敏胶是以主剂和硬化剂双组分形式出现的。

聚氨酯树脂分子量大时能确保压敏胶的内聚力。聚氨酯树脂本身由于异氰酸酯或脲的作用，也有一定的内聚力。所以，压敏胶中用的聚氨酯树脂的重均分子量在 5×10^4 左右即可，要比聚丙烯酸酯压敏胶（20×10^4 左右）小得多。

在制造聚氨酯压敏胶带时，需采用增湿气体处理。这样，可以消除压敏胶中游离的异氰酸基(—NCO)或低分子量的异氰酸基化合物，不会出现压敏胶带随储存时间的延长而黏合力下降、直至胶面完全失去黏性的现象。

聚氨酯压敏胶与其他压敏胶相比有以下的一些特性：①微黏性，内聚强度大；②较低的臭味，对皮肤刺激小；③有高的透湿性和透明性；④耐低温性能好；⑤剥离力小，初黏性较差；⑥与聚烯烃材料粘接力小；⑦价格较高。表 3-9-16 列出了日本东洋油墨株式会社生产的聚氨酯压敏胶性能。

表 3-9-16　几种聚氨酯压敏胶的压敏胶黏性能

压敏胶的种类	180°剥离强度 /(kN/25mm)	滚球法初黏力(23℃，65%RH)(球号数)	持黏力(40℃,1kgf/ 25mm×25mm)
サイワバン SH-101(微黏)	0.02～0.28	4～5	72000s 以上
サイワバン SH-201(中黏)	0.28～0.6	7～11	72000s 以上
试制品(强黏)	0.6～0.8	4～5	72000s 以上

注：1kgf=9.8N。

二、聚氨酯压敏胶的应用

1. 再剥离型压敏胶

在接受苛刻的耐候实验时，聚丙烯酸酯压敏胶的黏合力会变大，甚至出现粘背现象，而聚氨酯压敏胶不会出现这样的情况。要使聚氨酯具有强的黏合力比较困难，但在低黏合领域中黏合力调整比较容易。而且聚氨酯的内聚力比聚丙烯酸酯大，所以作为再剥离型压敏胶使用时，聚氨酯压敏胶比聚丙烯酸压敏胶有利得多。下面所述是一个低黏合力的聚氨酯压敏胶带制作的实例[14]。

将聚氧化丙烯三醇(一种聚醚)($M=3500$，OH 值＝2mgKOH/g)和甲苯二异氰酸酯(TDI)(80/20)各 8g、辛酸亚锡 1g、MOCA 0.8g、含 66.7％甘油树脂的甲苯溶液 40g、热塑性酚醛甲苯溶液(66.7％)40g 混合，混合后的胶液直接涂布在浸渍处理过的纸张上，于 121℃加热干燥 2～3min，制得压敏胶带。在抛光的钢表面粘贴后于 163℃下加热 17min，将胶带撕开，无残余胶留在钢材表面上。

2. 医疗领域的应用

表 3-9-17 是日本东洋油墨株式会社生产的聚氨酯压敏胶和聚丙烯酸酯压敏胶的透湿性试验结果。很明显，聚氨酯压敏胶制品的透湿性比聚丙烯酸酯压敏胶好 3～4 倍。聚氨酯压敏胶带粘贴在人体皮肤时，当剥去后没有一种黏糊糊的非常湿的感觉，而聚丙烯酸压敏胶带却有这种感觉出现。

表 3-9-17　聚氨酯压敏胶的透湿性能①

压敏胶种类		透湿性(24h,JIS 1099)/(g/m²)
サイワバン(聚氨酯型)	SH-101(微黏)	2000～2200
	SH-201(中黏)	2100～2500
BPS-5448(聚丙烯酸酯型)		600～700

① 胶膜厚 30μm。

聚丙烯酸酯压敏胶中不可避免地存在着残留单体(也有一些刺激性强的丙烯酸单体)，而聚氨酯压敏胶残留单体很少，所以对皮肤无刺激，臭味也小。而且聚氨酯压敏胶由于周波数特性优良，因而在生体电极材料、药物经皮肤吸收材料以及其他方面的用途也在被开发[25,26]。

3. 生物可分解的聚氨酯压敏胶

随着聚乳酸制成的生物分解薄膜的诞生，生物分解性压敏胶的需求也逐渐成为现实。用生物可分解的脂肪族多元醇制成的聚氨酯树脂，能够制成生物可分解的聚氨酯压敏胶加以使用。

三、聚氨酯压敏胶的技术发展

前面介绍的这些较早发展的聚氨酯压敏胶都是溶剂型的。近十年来，环境污染较少的水性聚氨酯压敏胶和紫外光固化型聚氨酯压敏胶引起了业界的关注，并取得了很大的发展。

1. 水性聚氨酯压敏胶

水性聚氨酯压敏胶是以水为分散介质的一种新型聚氨酯压敏胶。其制备多数采用自乳化方法，举例如下[27]：将聚丙二醇醚(N-220 和 N-210)和二羟甲基丙酸(DMPA)加入到反应器中，真空脱水 1h；再加入计量的异佛尔酮二异氰酸酯 (IPDI) 和催化剂，在一定温度反应 0～4h 后，加入交联剂三羟甲基丙酸（TMP）；待体系中异氰基（—NCO）含量基本达到理论值时，在高速搅拌条件下加入胺类成盐剂（通常为三乙胺）中和，并加水乳化，即可制得透明或半透明的水性聚氨酯压敏胶。研究还表明：随着 IPDI 与聚醚多元醇的摩尔比的降低，所得压敏胶的初黏力提高，持黏力先降后升再降。适度交联可使其综合性能达到最佳：初黏力（球号数）13，持黏力（23℃）1.0h，180°剥离强度 20.14N/20mm。

一些类似的研究也指出[28,29]：在水性聚氨酯压敏胶的制备过程中，用多官能交联剂如三羟甲基丙酸（TMP）进行适度交联有利于提高压敏胶的性能；在实验条件下，当交联剂 TMP 与聚醚中羟基（OH）的摩尔比为 0.5 时，可得到初黏性、持黏性和稳定性都很好的水性聚氨酯压敏胶。用上述方法，但用部分聚乙二醇醚代替聚丙二醇醚，所制得的水性聚氨酯压敏胶具有更大的亲水性，应更适于用来制作医用压敏胶制品[30]。

近几年来还出现了一些关于对上述水性聚氨酯压敏胶进行改性的研究报道。在上述水性聚氨酯压敏胶制备过程中，加入适量丙烯酸酯低聚体（应该是含有能与异氰酸酯基反应的羟基或氨基的低聚体），制成能形成互穿网络结构或交联结构的、聚丙烯酸酯改性的水性聚氨酯压敏胶，不仅其压敏胶黏性能得到了全面的提高，而且乳液的稳定性和胶膜的耐热性也有了一定的改善[31,32]。若在制备过程中加入含有硅氧基的有机硅单体或低聚体，用有机硅改性上述水性聚氨酯压敏胶，就可使水性聚氨酯压敏胶的耐水性和耐热性得到明显提高。

2. 紫外光固化型聚氨酯压敏胶

通常是先制成异氰酸基封端的聚氨酯低聚体，并与（甲基）丙烯酸羟基酯反应制成（甲基）丙烯酰基封端的聚氨酯低聚体作为主体材料，再配以紫外光固化剂体系以及增黏树脂、活性稀释剂和其他添加剂，即可制成 100％固体成分的紫外光固化型聚氨酯压敏胶。这类压敏胶无环境污染问题，性能可通过分子设计进行广泛而灵活的调节，因而近几年来受到国内外广泛的关注[34~36]。详细可参阅本篇第八章。

第四节 聚乙烯基醚压敏胶

除了橡胶和聚异丁烯外，聚乙烯基醚也属于经典的压敏胶黏剂用原料。它们适于制造医用压敏胶制品以及压敏标签、压敏胶膜等工业用压敏胶制品。

商品化的聚乙烯基醚有无溶剂型和溶剂型两种。聚乙烯基醚压敏胶的特点是产品质量稳定，在普通的有机溶剂中很容易溶解，不需要塑炼和专门的溶解设备。

聚乙烯基醚通常与类似的聚合物或其他物质混合使用。将聚合度不同的同种乙烯基醚聚合物与另一种聚合物混合时，通过改变聚合物的比例就可以得到预期的压敏胶性能。

在水分散性压敏胶中加入聚乙烯基甲醚可以赋予压敏胶亲水性，并能提高黏合力。如 70 份 Acronal V205、30 份 Lutonal M40（聚乙烯基甲醚的 50％水溶液），40 份水和 5 份甲苯组成的压敏胶对潮湿的表面有良好的黏结力，能用于深度冷冻的物体表面上。同样，它可以用在增塑型 PVC 装饰膜的压敏胶中以提高黏合力。例如，由 70 份 Acronal 80D、30 份 Lutonal M40 和 5 份乙酸乙酯制成的压敏胶，用来涂布软 PVC 薄膜时，乙烯基醚聚合物还有降低增塑剂迁移的功能。这是由于基材迁移出的增塑剂和聚乙烯基醚具有较好的兼容性，并能形成稳定混合物的缘故。

聚乙烯基乙醚的水蒸气渗透率与通过人体皮肤的平均失水率相等，所以尤其适合应用于医疗领域中。

聚乙烯基异丁醚是配制压敏胶最古老和曾经应用最广泛的一种材料。现在作为制作压敏制品的压敏胶，其大部分用途均被其他材料如聚丙烯酸酯所取代，但作为混合组分来提高压敏胶的黏合力的功能仍被应用。使用不同聚合度的聚合物及其不同的比例，可得到不同性能的压敏胶（见表3-9-18）。

表 3-9-18　聚乙烯基异丁醚型压敏胶

组成	质量份		组成	质量份	
	配方 1	配方 2		配方 1	配方 2
Lutonal IC	30	30	溶剂油	150	150
Lutonal I60	40	60	（沸点 65～90℃）		
Lutonal I30	10	30	性能	优良的内聚强度、	优良的黏结力、
抗氧剂 ZKF	0.5	0.5		适宜的黏结力	适宜的内聚强度

医用压敏胶制品对压敏胶的要求各不相同，应根据需要进行配方设计。任何情况开发出的压敏胶都需要进行皮肤刺激试验。例如，10 份 Lutonal IC、60 份 Lutonal I60、5 份 Lutonal I30、0.5 分抗氧剂 ZKF、25 份氧化锌、80 份溶剂油（沸点 65～95℃）的配方可用于医用压敏胶制品。

目前，乙烯基醚聚合物在压敏胶中的应用逐渐在减少。有人用它作为提高黏合力的组分，来制备无溶剂热交联型聚氨酯压敏胶以及制备无溶剂辐射交联型聚丙烯酸酯压敏胶。通过精心选择单体能改变丙烯酸酯共聚物的性能，所以用乙烯基醚共聚物改性聚丙烯酸酯压敏胶方面的应用有望得到发展。

参 考 文 献

[1] Exxon Chemical Company. Viscosities of Solutions of Exxon Elastomers. Buttetin SC-75-108，USA Houston，1975.

[2] Stucker N E, Higgins J J. Adhesives Age，1968，11（5）：25.

[3] Higgins J J, Jagisch F C, Stucker N E. //Satas D. Handbook of Pressere Sensitive Adhesive Technolog. 2nd ed. New York：VNR Co，1989：387-393.

[4] 杨玉昆. 压敏胶粘剂. 北京：科学出版社，1994.

[5] 加藤良克. 高分子加工（日），1971，20（增刊别册 8）：93-101.

[6] 潘慧铭，谭必恩，黄素娟. 中国胶粘剂，1998，8（6）：1-4.

[7] 尹朝辉，潘慧铭. 中国胶粘剂，2002，11（3）：21-24.

[8] Merill D E. Adhesives Age，1979，22（3）：39-41.

[9] Dow Corning Co. US 5776614. 1998-07-07.

[10] 新见黄雄. 日本接着协会，1983，19（9）：403-410.

[11] Loretta A S, Thomas J T. //Satas D. Handbook of Pressure Sensitive Adhesive Technology. 2nd ed. New York，VNR Co，1989：513.

[12] 尹朝辉，潘慧铭，李建宗. 中国胶粘剂，2001，10（6）：36-39.

[13] 大规司，重森一靶. 接着（日），2001，37（6）

[14] 李绍雄，刘益军. 聚氨酯胶粘剂. 北京：化学工业出版社，1998.

[15] Helmutw J M. //Satas D. Handbook of Presseve Sensitive Adhesive Technology. 2nd ed. New York，VNR Co，1989：501.

[16] 朱金鑫，丁基橡胶压敏胶的制备与性能研究. 中国胶粘剂，2010，19（11）：10-13.

[17] 董洲，范雯静. 丁基橡胶压敏胶带的制备与性能研究. 中国建筑防水，2010，（8）：3-6.

[18] 胡耀全. 医用有机硅硅氧烷压敏胶及其应用的研究，华南理工大学学报：自然科学版，1994，22（6）：52-59.

[19] 王东红. 有机硅压敏胶的研究进展. 粘接，2006，27（2）：49-50.

[20] 何敏等，MQ 硅树脂的合成及其在有机硅压敏胶中的应用. 固体火箭技术，2008，（3）：288-290.

［21］ 胡艳丽．有机硅压敏胶的合成与性能．粘接，2009，(6)：39-42.

［22］ 刘小兰．高性能有机硅压敏胶的研制．有机硅材料，2010，24 (5)：293-297.

［23］ Willians J A，Kauzlarich J J. Application of the Bulk Properties of a Silicone PSA to Peeling. International Journal of Adhesion and Adhesives，2008，28 (4-5)：192-198.

［24］ Mecham S. Amphiphilic silicone copolymers of PSA applications. J Applied Polym Sei，2010，116 (6)：3265-3270.

［25］ 李军．皮肤用亲水性聚氨酯压敏胶的制备及性能研究．化学工业与工程，2004，24 (4)：235-238.

［26］ 张斌．亲水性聚氨酯压敏胶经皮给药应用性能研究．中国胶粘剂，2007，16 (2)：14-17.

［27］ 黎兵．水性聚氨酯压敏胶的合成及其性能研究．中国胶粘剂，2008，17 (3)：5-8.

［28］ 杜郅．聚醚对水性聚氨酯乳液压敏胶性能的影响．精细石油化工，2008，25 (5)：5.

［29］ 杜郅．适度交联对水性聚氨酯乳液压敏胶性能的影响．精细石油化工，2009，26 (5)：64-68.

［30］ 石鑫．水性聚氨酯压敏胶的制备和性能研究．中国胶粘剂，2009，18 (9)，32-34.

［31］ 杜郅．丙烯酸酯类低聚体的制备及其在水性聚氨酯压敏胶改性中的应用．石油化工，2011 (8)，895-900.

［32］ 周春利．丙烯酸酯类低聚体改性水性聚氨酯压敏胶的性能研究．中国胶粘剂，2011，20 (3)，36-40.

［33］ 杜郅等．有机硅改性水性聚氨酯压敏胶的合成和性能．精细石油化工，2009，26 (1)：49-53.

［34］ 任耀兵．聚氨酯丙烯酸酯的合成及紫外光固化压敏胶的性能研究．中国胶粘剂，2005，14 (5)，1-5.

［35］ 魏军等．聚氨酯丙烯酸酯预聚体的合成及其光固化压敏胶的结构和性能．塑料工业，2006，34 (增刊)：206-208.

［36］ David E. US 7166649. 2007.

第十章

底涂剂、背面处理剂和防粘材料

杨玉昆　吕凤亭

在压敏胶黏带和压敏胶黏片材等压敏胶制品的制造和生产中,除压敏胶黏剂和基材等主要材料外,还必须有基材的底涂剂和背面处理剂以及防粘剂和防粘纸(膜)等防粘材料。为了制造和生产一个好的压敏胶制品,这些材料的选择也像压敏胶黏剂和基材的选择一样重要。这里将对这些材料作一概述[1]。

◉ 第一节　底涂剂

一、基材的表面处理

在生产压敏胶制品时,若选用的压敏胶黏剂和基材这两种材料的分子极性(或表面张力、表面能)相差较大时,例如分子极性较大的聚丙烯酸酯压敏胶涂于聚乙烯(PE)、聚丙烯(PP)等非极性基材,或分子极性较小的天然橡胶压敏胶涂于分子极性较大的聚氯乙烯基材时,它们之间的黏合力(即黏基力)常常因不够大而使生产的压敏胶制品出现"粘背"或"脱胶"等质量问题。也就是说,这些压敏胶带在解卷时压敏胶会与基材脱开并残留在基材的背面,或者在使用后将压敏胶带再剥离时压敏胶会与基材脱开并残留在被粘物的表面上。为了解决这个问题,必须在涂胶前对基材的表面(涂胶面)进行处理以增强压敏胶与基材的黏合力(黏基力)。

工业上,实用的基材表面处理方法有两种:电晕处理和底涂剂处理。

1. 电晕处理

电晕处理亦称高压电火花处理。基材在高压放电产生的电火花(电晕)作用下,表面的分子被氧化而激活,分子极性的增加使基材的表面张力或表面自由能增加,从而增强压敏胶的黏基力。关于基材的电晕处理可参阅本篇第一章。电晕处理的具体设备和方法在本书第四篇有关章节中也做了详细介绍。

电晕处理对于非极性基材或极性较小的基材有明显的效果。电晕处理设备也比较简单,并且可以直接安装在涂布机上进行"在线"操作。也就是说，基材的电晕处理与压敏胶的涂布作业同时连续进行。因此，电晕处理的方法在 PE 和 BOPP 等非极性基材的压敏胶制品（如 PE 保护胶带和 BOPP 包装胶带等）的生产中普遍被采用。

2. 底涂剂的处理

这是一种更为重要的基材表面处理方法。在压敏胶涂布前，许多基材常常必须涂布一层称为底涂剂的处理剂，这种底层处理剂有时亦称为底胶（primer）。

电晕处理只能用以增加基材表面的分子极性（从而增加基材的表面张力或表面自由能），但分子极性的增加有一定的限度，而且无法使分子极性较大的基材降低极性。因此，电晕处理的方法只适用于非极性或低极性的基材。而底涂剂处理不仅可使低极性或非极性基材增加极性，也可使高极性基材降低极性。因此，原则上可适用于所有的基材。当基材的极性与压敏胶相差较大时，底涂剂的使用尤为重要。电晕处理后的基材表面在空气中放置较长时间后往往会逐渐"失活"，即表面的分子极性会逐渐降低，基材的表面张力会逐渐减小。而底涂剂处理后的基材表面，只要不被重新污染，一般不会"失活"。使用底涂剂处理基材表面，除了能增强压敏胶的黏基力外，有时还能起到使基材表面平整光滑，涂布时防止压敏胶液向基材内部渗透，进一步提高基材的强度，甚至可以阻止或减慢基材中的增塑剂向压敏胶层迁移等多种作用。因此，在压敏胶制品生产中，基材的底涂剂处理方法比电晕处理方法应用得更普遍，因而也更为重要。

二、对底涂剂的要求

底涂剂是处于压敏胶层和基材之间的一薄层物质，厚度一般在 $0.5\sim5\mu m$ 之间。在实际生产中都是采用涂布的方法，将底涂剂的溶液或乳液在压敏胶的涂布机生产线上均匀地涂于基材待涂胶的面上，再经加热、干燥去除溶剂或水分固化而成。因为底涂剂的涂层很薄，因此底涂剂首先必须要求能够制成黏度较小的溶液或乳液，具有很好的涂布性能，能够被均匀地涂布在基材上。此外，一种好的底涂剂还应该具备下述必要的性能。

（1）它的表面张力或表面能必须介于压敏胶和基材之间，因而它比压敏胶具有对基材更好的黏合性能。

（2）底涂剂的效果不能因为周围环境温度和湿度的变化，或者压敏胶和基材中某些成分的迁移而降低。

（3）底涂剂中的成分不能向压敏胶中迁移而改变压敏胶的性能，底涂剂必须对压敏胶呈化学惰性，尤其不能促进压敏胶的老化。

（4）底涂剂不能在压敏胶溶液或乳液中溶解。

（5）不能因为底涂剂渗透到基材中而使基材的性能下降。

三、底涂剂的组成

纵观目前已经成功采用的各种底涂剂，它们都是由两种不同性质的成分配合而成的。其中一种成分对基材的亲和性好，而另一种成分对压敏胶的亲和性好。根据两种成分配合方式的不同，底涂剂大致可分为混合型和共聚型两类。

1. 混合型底涂剂

混合型底涂剂由对基材亲和性好和对压敏胶亲和性好的两种或两种以上聚合物的溶液或乳液混合而成，以溶液型为多数。将这类底涂剂涂布于基材后，对基材亲和性好的那部分聚合物相对地集中在基材表面附近，从而增强了对基材表面的黏合力。

一个典型的混合型底涂剂的例子如下：在由 10 份(质量份，下同)聚异丁烯(平均分子量为 $10×10^4$)、4 份松香、80 份三氯乙烯混合后制成的溶液中，使用前加入 5 份含多异氰酸酯 20% 的氯甲烷溶液，均匀混合后配成的溶液作玻璃纸基材的底涂剂，涂布天然橡胶压敏胶后有良好的效果。显然，该配方中聚异丁烯成分对天然橡胶压敏胶有很好的亲和性，而松香和多异氰酸酯反应后生成的成分则对玻璃纸有较好的亲和性。所以，该底涂剂能明显增加天然橡胶压敏胶对玻璃纸基材的黏基力。

2. 共聚型底涂剂

共聚型底涂剂一般都是那些对压敏胶亲和性好的聚合物(A)为主链以及对基材亲和性好的单体(B)，通过接枝共聚而得到的接枝共聚物的溶液或乳液。将这种底涂剂涂于基材表面时，底涂剂会发生分子的定向，即对基材亲和性好的分子链段会较多地朝向基材表面，从而增加了对基材的黏基力。例如，在制作天然橡胶压敏胶的聚氯乙烯胶黏带时，用天然橡胶(对压敏胶亲和性好)和接枝甲基丙烯酸甲酯(对聚氯乙烯基材亲和性好)的共聚物溶液作为底涂剂，效果很好。

这种底涂剂的具体制作方法举例如下[2]：将 10g 塑炼的天然橡胶溶于甲苯(170mL)中，加入 20g 聚合级的甲基丙烯酸甲酯单体，搅拌均匀后室温放置 0.5h 以上。然后加入 2% 的过氧化苯甲酰的甲苯溶液 10mL，搅拌下通氮升温，将反应液在 80℃ 加热回流 10h，冷却后即得所需的底涂剂。此时，单体的转化率仅 50%～60%，故实际上只是一种接枝共聚物和未反应单体的混合物。接枝共聚物中甲基丙烯酸甲酯链段的含量为 53%～55%。未反应的单体可作为溶剂在底涂剂干燥时随甲苯一起挥发掉。

除接枝共聚物外，有时用两类不同性质单体的嵌段共聚物或无规共聚物溶液作底涂剂，也有良好效果。例如，在制作聚四氟乙烯压敏胶带时，用丙烯酸酯无规共聚物溶液作底涂剂有很好的效果。这种底涂剂的制作方法如下：将 67 份(质量份，下同)甲基丙烯酸甲酯、30 份丙烯酸丁酯、3 份甲基丙烯酸缩水甘油酯、0.4 份偶氮二异丁腈、50 份甲苯和 50 份异丙醇混合后于 80℃ 搅拌反应 7h，再加入 66.5 份甲乙酮和 66.5 份异丙醇稀释，得到无规共聚物溶液。再将该共聚物溶液 100 份与浓氨水(28%)7.9 份、异丙醇 12 份和乙醇胺 0.03 份混合后于 70℃ 搅拌反应 12h。然后加入上述浓氨水 5.3 份和异丙醇 8 份，即可得到固含量为 25% 的丙烯酸酯共聚物底涂剂溶液。

与混合型底涂剂相比，共聚合型底涂剂可以将两种完全不相混溶的、性能差别很大的成分结合在一起。其次，由于两种成分是通过化学键结合在一起的，因此不容易发生像混合型底涂剂有时发生的那样有一种成分向压敏胶层迁移的现象，也不容易受到基材中增塑剂的影响。所以，接枝共聚物型底涂剂更为理想，也更常用些。

表 3-10-1 中列举了各种基材和压敏胶组合时所采用的底涂剂的例子[4]。美国化学文摘报道的部分压敏胶制品所用底涂剂的主要成分读者可参考有关书籍[1,3]。

表 3-10-1　各种基材和压敏胶组合时所用的底涂剂

基材	压敏胶类型	底　涂　剂	参考文献
玻璃纸	NR，SBR	橡胶胶乳、酪素、聚乙烯基吡咯酮的混合物	日特昭 35-11768
	PVE[①]，NR，SBR	乙烯基乙醚-马来酸酐共聚物和橡胶胶乳的混合物	日特昭 35-17671
	NR，SBR	苯乙烯-马来酸共聚物和聚乙烯基丁醚的混合物	日特昭 38-14018
	NR	NR 与醋酸乙烯酯、马来酸酐的接枝共聚物	日特昭 42-2893
	NR	丁腈橡胶(NBR)和 N-羟甲基丙烯酰胺的混合物	日特昭 47-8720

基材	压敏胶类型	底 涂 剂	参考文献
聚氯乙烯(PVC)	聚乙烯基醚(PVE)	NBR 和酚醛树脂的混合物	日特昭 34-2585
	NR,SBR	氯乙烯、乙酸乙酯、马来酸酐的共聚物	日特昭 35-1831
	氯化橡胶	丙烯酸乙酯与氯化乙基醚的共聚物	日特昭 38-9133
	NR	NR 与甲基丙烯酸甲酯(MMA)的接枝共聚物	日特昭 40-7633
PE[②]	聚丙烯酸酯(PA)	乙烯-醋酸乙烯酯共聚物	日特昭 49-39634
PE,PP	NR,SBR,PA	橡胶与丙烯酸的接枝共聚物和多异氰酸酯的混合物	日特昭 50-20108
PP	NR,SBR,PA	氯化聚丙烯	日特昭 49-3635
聚酯(PET)	NR,SBR	NBR 和聚酰胺的混合物	日特昭 40-18449
	NR	NR 与甲基丙烯酸丁酯、甲基丙烯酰胺的接枝反应物	日特昭 50-3779
	SBR	SBS 与酚醛树脂的反应物	日特昭 48-33260
铝箔	聚丙烯酸酯	氯化橡胶、含活泼氢的物质和多异氰酸酯的混合物	日特昭 39-30054
铜箔	NR 与 MMA 的接枝共聚物	NR、NBR 与 MMA 的接枝共聚物和环氧树脂、胺的混合物	日特昭 36-15529
PTFE	有机硅	(萘钠处理后)氯化钡水溶液	日特昭 39-3571

① NR—天然橡胶，SBR—丁苯橡胶，PVE—聚乙烯基醚。

② PE—聚乙烯，PP—聚丙烯，PTFE—聚四氟乙烯。

第二节　背面处理剂和防粘剂

一、背面处理的目的

在将压敏胶涂于基材之前，基材除了在正面（涂胶面）用底涂剂处理外，背面常常还要进行必要的处理。处理基材背面所用的物质统称为背面处理剂。基材背面处理的目的主要有三个。

① 降低压敏胶黏剂与基材背面的黏合力（黏背力），便于使用时压敏胶带的解卷和展开。这种为了降低黏背力的目的而使用的背面处理剂通常称为防粘剂，有人也称之为隔离剂或离型剂。

② 增强基材的强度。例如，薄纸胶黏带用虫胶树脂处理基材背面后，不仅可具备很好的防粘功能，还可增加薄纸的强度，防止出现基材的层间剥离破坏。

③ 赋予基材特殊的性能。在基材背面用特殊的树脂涂料处理后，不但能增加其表面平滑性，还能防止静电或增加耐水性、耐溶剂性和耐候性等。也可使基材背面染色、具备可印刷性或具有荧光等特性。例如，常用的布基橡皮膏用聚氯乙烯、聚醋酸乙烯酯、合成橡胶等乳液作背面处理后，不仅解卷容易，而且还能使布面平整光滑并使橡皮膏具有耐水性。

诚然，有的背面处理剂能兼有多种功用，但大多数背面处理剂却只有防粘的功能。下面还要重点介绍这类称之为防粘剂的背面处理剂。

二、对背面处理用防粘剂的要求

一个好的防粘剂应该满足下列各种性能上和工艺上的要求：

① 首先要有良好的防粘性能，涂于基材背面后足以使压敏胶带容易解卷。但并不是防粘程度（即防粘剂处理后压敏胶带的快速解卷力下降的程度）越大越好。防粘程度过大，使胶黏带的解卷力过小，使用时就容易拉出过长的胶黏带，重新卷回去则很不方便，还可能会

出现压敏胶带松卷的现象。一般来说，如果涂防粘剂后的快速解卷力是未涂防粘剂时的一半左右，就可以认为该防粘剂的防粘性能良好。

② 防粘性能应不受或少受防粘剂涂布量的影响，尤其是希望在尽量少涂防粘剂时也能得到良好防粘性能的情况下。一个好的防粘剂的涂布量（干）为 $0.1 \sim 1.0 \mathrm{g/m}^2$，即不足 $1 \mu \mathrm{m}$ 的防粘剂涂层就能显示良好的防粘性能。

③ 防粘剂与基材的结合力要好，解卷时不会因结合力不好而转移到压敏胶层上，使压敏黏合性能下降。

④ 具有非迁移性。即使在高温高湿环境中长期放置后也不会因防粘剂中残存的低分子物质迁移到压敏胶层中去而使黏合力下降，甚至出现层层松卷的现象。

⑤ 耐老化性能好，不因高温或高温高湿长期作用而使防粘性能下降。

⑥ 在制造透明压敏胶制品时，防粘剂必须浅色透明。

⑦ 防粘剂必须具有良好的涂布性能，在涂布量很小时也能实现均匀涂布；背面处理的操作工艺应尽可能简单易行。

三、防粘剂的结构特征和种类

在压敏胶黏带的卷盘中，防粘剂处于基材和压敏胶层之间。防粘剂若要有良好的防粘性能，则必须具备对基材有牢固的黏合性而对压敏胶只有较低的黏合性这样矛盾的性质。这就决定了防粘剂的分子结构中既应当含有对基材表面有较大相互作用力的极性官能团，又应当含有对压敏胶分子只有很小相互作用力的非极性基团。例如，对于纸类、赛璐玢及棉布类基材，防粘剂必须含有羟基和羧基等那样的极性官能团；对于聚氯乙烯、聚酯等基材则防粘剂必须含有氰基、卤素基团或酯基等那样的极性官能团。对胶黏剂分子只有很小相互作用力的非极性基团有长链烷基、有机硅基、氟代烷基等。操作时既可以采用共聚的方法，也可以利用其他各种化学反应的方法将上述各种极性官能团和非极性基团结合在同一分子结构中，制成防粘剂。

现将文献中报道过的各种防粘剂分类介绍如下。

1. 含长链烷基的化合物、共聚物或共混物

这类防粘剂最早在 20 世纪 30 年代初期就被应用于赛璐玢胶黏带的背面处理。正是由于它们的发现，才使压敏胶黏带的应用进入工业领域。至今，这类防粘剂已有了更大的发展。

（1）含长链烷基的共聚物　据报道，（甲基）丙烯酸十八烷基酯与丙烯酸、丙烯腈或丙烯酸甲酯的无规共聚物早已被用作赛璐玢、醋酸纤维素和牛皮纸等基材的防粘剂。硬脂酸乙烯酯或硬脂酸丙烯酯与马来酸酐的共聚物、乙烯基十八烷基醚与丙烯酸或马来酸酐等的共聚物也已被用作防粘剂。N-十八烷基丙烯酰胺与丙烯腈或丙烯酸的共聚物可用作硬质聚氯乙烯或赛璐玢基材的防粘剂。

马来酸单十八烷基酯和丙烯酸乙酯的共聚物作橡胶基的皱纹纸遮蔽胶黏带的防粘剂时，可以先用由 80 份（质量份，下同）醇酸树脂、10 份丁基醚化的三聚氰胺甲醛树脂和 10 份羧基化聚氯乙烯组成的背面处理剂处理，然后再用上述防粘剂的 2％甲苯-异丙醇溶液直接涂于背面处理涂层上（称为两次处理法）。也可以将上述防粘剂以其 5％的量加入上述背面处理剂中混匀后再涂于基材背面（称为一次处理法）。两种处理方法的防粘效果[防粘效果是指涂防粘剂后快速解卷力（或 180°剥离力）下降的程度，下降越大则防粘效果越好]不尽相同，详见表 3-10-2。

表 3-10-2　马来酸单十八烷基酯和丙烯酸乙酯的共聚物作防粘剂的防粘性能

老化条件	快速解卷力/(N/m)			180°剥离强度（对于玻璃）/(N/m)
	两次处理法	一次处理法	未涂防粘剂	
未老化	80	125	240	510
66℃/16h	87	138	315	510
66℃/7d	100	150	475	490
66℃高湿/7d	110	160	490	475

（2）极性物质与含长链烷基的化合物相互反应的产物　例如，通过硬脂酰氯（$C_{17}H_{35}COCl$）与纤维素、聚乙烯醇或多亚乙基亚胺的羟基或氨基反应生成的产物以及通过异氰酸十八烷酯与聚乙烯醇、纤维素衍生物、多亚乙基亚胺或其他含有活泼氢的聚合物反应生成的产物都已被用作赛璐玢基材的防粘剂。

（3）长链烷基羧酸与铬盐的络合物　$C_{14} \sim C_{18}$ 脂肪酸与铬盐反应制得的各种络合物早就被用作防粘剂。这些络合物在 60～93℃ 加热时会很快聚合形成牢固的防粘剂涂层。此外，硬脂酸的络合物与羟乙基纤维素的反应产物也用作牛皮纸的防粘剂，硬脂酸铬的络合物与酚醛树脂并用可改善聚酯基材的防粘性能。

（4）带长链烷基的化合物和各种聚合物的混合物　例如，磷酸十八烷基酯的胺盐和脲醛树脂的混合物，硬脂酰胺和醇酸树脂、氨基树脂的混合物，二硬脂酰胺与醋酸乙烯酯、氯乙烯的共聚物或与氨基树脂的混合物等皆可用作防粘剂。

这类含长链烷基的防粘剂，尤其是含长链烷基的共聚物，其防粘效果适中（快速解卷力一般在 50～150N/m 之间），而且可以调节；原材料易得，制备方便，价格较低；使用工艺也比较简便，因而长期以来一直被广泛应用着。在胶黏带制造业中使用的防粘剂，除有机硅聚合物外，大多数都属于这一类。

2. 有机硅聚合物

单独的有机硅聚合物已被用作某些胶黏带基材的防粘剂，防粘效果极好是它们的特点。例如，天然橡胶基的包装用牛皮纸胶黏带就是在牛皮纸背面复合一层聚乙烯后再用有机硅防粘剂处理的，防粘效果很好。

但若将有机硅防粘剂用于其他的极性或多孔性基材的背面处理时，就会有以下的缺点：若不进行高温处理则他与基材的结合力很差；进行高温处理将有机硅聚合物交联虽可提高与基材的结合力，但高温时有机硅容易渗透到基材中，致使压敏胶与基材的结合力降低，有些软化温度低的塑料膜基材本身也不能承受高温的处理。况且，有机硅防粘剂的防粘效果太好了，以至快速解卷力一般只有 10～50N/m，这对于一般胶黏带来说也是不希望的。再加上有机硅聚合物的价格比较高。因此，工业上一般不单独用它作为压敏胶黏带的防粘剂。有机硅防粘剂已大量用于防粘纸和防粘膜的生产中。

若将有机硅聚合物与极性的非硅聚合物混合，不仅可以增加它们对于极性基材的结合力，降低价格，而且还可以适当降低其防粘效果以满足应用要求，这里举一例，见表 3-10-3。因此，这种有机硅聚合物的混合物用作压敏胶黏带的防粘剂比有机硅聚合物本身更合适。这种混合物不仅有溶液型的，而且还可以有乳液型的。然而，由于不太容易解决两种聚合物的混溶性问题，而且混合后的价格仍然较高，故这类混合型有机硅防粘剂在胶黏带制造业上仍然没有像含长链烷基的防粘剂那样得到广泛应用。

表 3-10-3　有机硅聚合物与乙烯基甲醚-马来酸酐共聚物混合后作防粘剂用时的防粘效果

有机硅聚合物含量/%	非硅共聚物含量/%	快速解卷力/(N/m)	有机硅聚合物含量/%	非硅共聚物含量/%	快速解卷力/(N/m)
100	0	20	50	50	7
90	10	8	25	75	18
75	25	7	10	90	58

3. 含全氟化烷基聚合物

甲基丙烯酸全氟烷基酯的均聚物和共聚物、聚乙烯醇全氟化氨基甲酸酯以及含全氟化烷基的氨基树脂等含氟聚合物曾被介绍用于防粘剂。这类防粘剂耐热性高、防粘效果好。但由于价格极高、溶剂不易选择等原因，至今在工业上仍很少应用。

4. 其他聚合物

当压敏胶的黏合力不很强，或者压敏胶是聚丙烯酸酯等表面能较大的聚合物时，采用与基材有较好结合力的一般性不含长链烷基的聚合物作防粘剂，也可以达到满意效果。例如，丙烯腈和偏氯乙烯共聚物以及丙烯腈-丙烯酸乙酯共聚物与酚醛树脂的混合物，已用作聚氯乙烯基材的防粘剂。

必须指出，并不是所有的基材都必须用防粘剂进行背面处理。有些表面能很低的难粘基材，如聚乙烯、聚丙烯、聚四氟乙烯等，在制成胶黏带时一般不必使用防粘剂，尤其是在使用聚丙烯酸酯类那样具有高表面能的压敏胶时更不必采用。但是，在这些难粘基材的正面却必须经过底涂剂、电晕、酸蚀或其他特殊的表面处理才行。

四、防粘剂分子结构与防粘性能的关系

对防粘剂尤其是含长链烷基的防粘剂的分子结构和防粘性能之间的关系已作过不少研究，其结果可总结如下。

（1）防粘剂分子的定向排列　与底涂剂的作用机理相类似，当防粘剂涂于基材的背面形成一薄薄的防粘涂层时，它的分子会发生一定程度的定向排列：较多的极性官能团集中在防粘涂层与基材的黏合界面附近，使涂层与基材的结合力增加；而较多的长链烷基则富集在防粘涂层的表面，使涂层的表面能降低，从而起到防粘作用。防粘涂层的表面能越低，它的临界表面张力 γ_c 越小，压敏胶在上面的黏合力就越小，它的防粘效果当然就越好。

（2）长链烷基的碳链长度对共聚物的临界表面张力 γ_c 有很大影响　图 3-10-1 的结果表明[6]，聚甲基丙烯酸正烷基酯的临界表面张力 γ_c 随着烷基碳原子数目 $n+1$ 的增加而逐渐降低。大量实验证明，只有含有碳原子数目超过 10 的长链烷基的聚合物才可能有较好的防粘效果。由于来源方便，工业上一般皆采用硬脂酸及其衍生物（如硬脂酸酰氯、十八烷基醇、异氰酸十八烷基酯等）作为长链烷基的原料[7]。

（3）共聚物的构成比对其防粘效果也有很大影响　为了保证对基材有较好的黏合力，共聚物中极性单体的成分应该尽可能多一些，但从对压敏胶的防粘效果来看，共聚物中长链烷基的成分应该更多一些。这是相互矛盾的两个因素。实验证明，只有当共聚物处在一定的构成比时才能较好地解决这个矛盾。例如，图 3-10-2 是甲基丙烯酸十八烷基酯（SMA）-甲基丙烯腈（MAN）共聚物的构成比与共聚物临界表面张力 γ_c 之间的相互关系。由图可知，当极性单体 MAN 的摩尔分数低于 0.8 时，共聚物的 γ_c 无明显变化。因此，只有当共聚物中 MAN 的摩尔分数接近 0.8 时，才能获得最好的防粘性能。

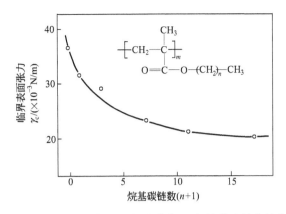

图 3-10-1 聚甲基丙烯酸正烷基酯的 γ_c 与烷基碳链数的关系

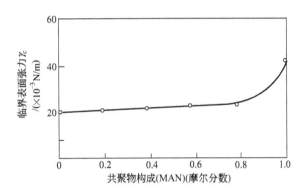

图 3-10-2 共聚物构成比与 γ_c 之间的关系

（4）长链烷基的结晶化程度对共聚物的 γ_c 也有一定影响 即使化学构成和分子结构相同的共聚物，成膜条件不同，γ_c 也不一样，加热熔融后急剧冷却所得的聚合物膜，结晶度一般比缓慢冷却的膜低，因而 γ_c 要稍高些。

第三节 防粘纸（膜）和有机硅防粘剂

一、防粘纸和防粘膜

防粘纸和防粘膜亦称隔离纸和隔离膜（或离型纸和离型膜），是压敏胶制品生产中的一类重要材料。压敏胶黏标签、粘贴胶纸、双面压敏胶黏带、胶黏壁纸及其他胶黏片材等类压敏胶制品，都是由压敏胶黏剂、基材和防粘纸或防粘膜构成的。防粘纸或防粘膜在这些压敏胶制品中的主要作用是保护涂布在基材上的压敏胶层，以防止被污染或粘住其他物品或胶层相互粘住后失去使用价值。因此可以说，没有防粘纸（膜），这些压敏胶制品就不可能产生和发展。此外，在许多压敏胶制品生产时，必须采用转移涂布工艺，先将胶黏剂涂布在防粘纸上，干燥后再与基材复合并转移到基材上。此时防粘纸也是不可缺少的材料。

将适当的防粘剂涂布于各种纸张或塑料薄膜基材上，经固化后即可得到防粘纸或防粘膜。这样制得的防粘纸或防粘膜一般呈大卷状产品储运和供应。若在基材的两面皆涂布防粘剂，就可制得双面防粘纸或防粘膜，主要在双面压敏胶黏带的生产中应用。

1. 防粘纸和防粘膜用基材

此种基材主要有纸张和塑料薄膜两大类，其产品分别称为防粘纸和防粘膜。工业上常用的基材如下。

（1）聚乙烯（PE）涂覆纸　一般的牛皮纸、铜版纸和薄纸等纸张的表面多孔而且平整度差，直接涂布防粘剂的溶液或乳液时，防粘剂往往会渗透入纸张中，而且也不容易得到厚度均匀的涂层。因此，在涂布防粘剂前一般都要在这些纸基材表面热熔涂覆一层聚乙烯涂层，聚乙烯涂层的厚度一般在数微米至 10 微米。这样得到的聚乙烯涂覆纸表面平整、光亮，渗透性小，耐水性也得到了提高。再将防粘剂溶液涂布在聚乙烯涂层表面时容易得到薄而均匀的防粘涂层。但 PE 的涂覆也带来了耐热性降低的缺点。目前在我国工业上生产的防粘纸多数采用这类纸基材。

（2）玻璃纸、高级牛皮纸和羊（桑）皮纸、高级铜版纸、黏土涂布纸等表面光滑而平整的纸张　这类纸基材可直接涂布防粘剂的溶液或乳液，耐热性好，有的还有光透性。缺点是耐水性差，受潮后尺寸易变化，表面平整性和耐渗透性也不如前一种基材。

（3）超级压光密度纸（格拉辛纸）　由于这类纸张进行了特殊的压光处理，密度高，表面平整而且光亮，不仅保持了纸张耐热性好的优点，而且耐水性也得到了提高，受潮后不易引起尺寸的变化，因而是一种比较理想的防粘纸用基材。缺点是价格较高，目前我国主要依靠境外进口。

（4）皱纹纸（美纹纸）和 KK 纸　美纹纸是经过特殊处理、表面有均匀而美观皱纹的一种纸张。KK 纸是一种用聚乙烯醇和纤维素等材料进行表面处理过的纸张。共同的优缺点是耐热性好且受潮后尺寸不易变化，但表面不平整、不光亮。

（5）聚酯、聚丙烯或聚乙烯膜复合纸　在各种纸张上用胶黏剂粘覆一层聚酯（PET）、聚丙烯（PP）或聚乙烯（PE）薄膜后，可以改善纸张的耐水性，使纸张表面平滑、光亮、受潮后尺寸不易变化，而仍保持纸张耐蠕变性好的优点。但覆上塑料薄膜后，纸张的耐热性降低，尤其在使用 PE 薄膜时。

（6）聚酯（PET）、双向拉伸聚丙烯（BOPP）和聚乙烯（PE）等塑料膜　用这类塑料膜作为防粘膜的基材具有透明、表面平滑而且光亮、耐水性好、受潮后尺寸不易变化等优点，但也有耐热性和耐蠕变性较差的缺点，尤其是 PE 膜。PET 膜的耐热性和耐蠕变性要较好些，因此 PET 膜常用于制作高级透明防粘膜的基材。

2. 防粘纸（膜）用防粘剂

防粘剂是防粘纸（膜）生产中最重要的材料。由于使用防粘纸（膜）的大多数压敏胶制品都不是带状而是片状的，即防粘的面积较大，这就要求防粘纸（膜）比胶黏带背面有更好的防粘效果，如此才能保证揭除面积较大的防粘纸（膜）时不必使用太大的剥离力。正是由于这个原因，有机硅防粘剂才成了目前防粘纸（膜）生产中最适合的、几乎也是唯一的防粘剂。关于有机硅防粘剂，将在下面详细介绍。

二、有机硅防粘剂的特性和组成

1. 有机硅防粘剂的特性

有机硅防粘剂的特性是由组成它的有机硅聚合物（聚硅氧烷）的特性所决定的。

① 有机硅聚合物的表面能很低，它的临界表面张力 γ_c 只有 $19\sim24\text{mN/m}$。因此，它的防粘效果要比含长链烷基的聚合物好得多。这是有机硅防粘剂最重要的特性。

② 有机硅聚合物在常用的芳香族和脂肪族溶剂(如甲苯、汽油等)中溶解性好，能制成这些溶剂或混合溶剂的稀溶液；再加上有机硅聚合物的黏性流动活化能小，涂布性能好，因而在前述那些基材上很容易涂成极薄的防粘涂层，干涂层的厚度仅 $0.1 \sim 1.0 \mu m$ 左右。

③ 有机硅聚合物经适当交联后可以增强有机硅涂层的内聚强度及其与基材的结合力，使用时可明显降低涂层向压敏胶层的迁移。

④ 改变聚合物的交联密度和交联点之间的分子量可以在一定范围内调节有机硅涂层的防粘效果。显然，随着交联点之间分子量的减小和交联密度的增加，有机硅聚合物链段的运动变得困难，这就使它减少了与压敏胶分子接触的机会，从而降低了压敏胶与涂层的黏合力，即增加了防粘效果。反之，则会降低防粘效果。这就可以使有机硅防粘剂能适应不同产品的诸多要求。

况且，在防粘纸（膜）产品中也不存在像在压敏胶带中用作基材背面处理剂那样的有机硅聚合物向基材渗透而影响压敏胶黏基力的问题。有机硅聚合物的这些特性使它无论在性能上还是在工艺上都非常适合作为防粘纸（膜）的防粘剂。

2. 有机硅防粘剂的组成

有机硅防粘剂由作为主体的活性有机硅聚合物、交联剂、交联催化剂以及其他添加剂等混合组成。根据交联体系的不同，可分为缩合型和加成型两类。

（1）缩合型有机硅防粘剂　该产品早在 1954 年就在工业上得到了应用，至今发展得已很成熟。通常，它的活性聚合物是由二甲基二氯硅烷水解缩合而得的以硅醇为端基的二甲基聚硅氧烷。交联剂是分子量较小的含硅氢键的有机硅树脂，一般由三甲基氯硅烷和甲基二氯硅烷水解共缩聚而成。交联催化剂一般都是二羧酸二烷基锡酯。将上述三者以及其他添加剂的混合物涂于基材并经高温处理($120 \sim 150℃$，$20 \sim 30s$)后发生交联反应而得到一个热固性有机硅防粘涂层：

$$(3-10-1)$$

催化剂中最常用的是二肉桂酸二丁基锡酯和二乙酸二丁基锡酯，用量一般为有机硅的 $3\% \sim 10\%$。实际上它们不是真正的催化剂，它们的水解产物二丁基锡的氧化物才是真正的催化剂。因此，该交联反应对体系内的微量水甚至空气中的湿气非常敏感。

（2）加成型有机硅防粘剂　最早在 1975 年得到工业化。它的主体聚合物是由甲基乙烯基二氯硅烷、二甲基乙烯基氯硅烷和二甲基二氯硅烷水解共缩聚而得的带乙烯基的二甲基聚硅氧烷。在金属铂或铑的化合物催化下与上述含硅氢键的交联剂进行硅氢加成反应而交联固化：

$$—\overset{\displaystyle|}{Si}—CH\!=\!CH_2 \ + \ H—\overset{\displaystyle|}{Si}— \xrightarrow{HPtCl_6} \ —\overset{\displaystyle|}{Si}—CH_2—CH_2—\overset{\displaystyle|}{Si}— \tag{3-10-2}$$

铂氯酸是最常用的催化剂，用量一般为有机硅的$(50\sim150)\times10^{-9}$。交联反应的条件一般为$(120\sim175℃)\times30s$。

与缩合型相比，加成型有机硅防粘剂有许多优点：①容易进行分子设计，也就是说容易通过调节单体的原料配比来控制聚合物的分子量和交联度，从而得到所需的防粘效果；②储存和运输过程中不会发生交联反应，因而产品质量容易得到保证，性能再现性好；③适于制备无溶剂的防粘剂。它的缺点是价格高，涂布工艺上的适应性不如缩合型好。

三、有机硅防粘剂的种类

按形态来看，目前使用的有机硅防粘剂可以分为溶剂型、水乳液型和100％固体的无溶剂型三类[1,9]。它们的特征、使用方法和主要性能总结归纳在表3-10-4中[7,8]。

表3-10-4　三类有机硅防粘剂的特征、使用方法和主要性能

项目		溶剂型	水乳液型	无溶剂(100％固体)型
主要特征(优缺点)		防粘效果以及固化温度和速度的可调范围广，涂布工艺上适应性大；但有空气污染和火灾危险	防粘效果很好，无空气污染和火灾危险；但固化温度较高、时间长，涂布工艺上适应性较小，有时还需要后固化	防粘效果可调范围广，性能的再现性好，能耗小，无空气污染和火灾危险；但涂布工艺上适应性较小，固化温度高
适应的主要基材		双面上浆半漂白牛皮纸、黏土涂布牛皮纸、聚乙烯涂布牛皮纸、各种塑料膜等	精加工牛皮纸、玻璃纸、聚乙烯涂布纸等	双面上浆超级轧光牛皮纸
主要涂布方法		直接凹印辊涂布器、钢丝缠绕辊涂布器	钢丝缠绕辊涂布器	改良凹印辊涂布器
涂布时的固含量/％		2～7	5～10	100
典型的固化周期		80～150℃,5～30s	120～150℃,30～40s	120～175℃,20～30s
添加剂		使用期延长剂、交联促进剂、增黏剂等	增稠剂、支持剂、湿润剂、消泡剂等	—
防粘效果：典型的防粘剥离强度/(gf/cm)①	对丁苯橡胶压敏胶	10～63	10～18	8～63
	对丙烯酸酯压敏胶	10～47	12～20	12～69
1984年使用量比例/％	美国	45	15	40
	全世界②	45	20	35
主体聚合物类型		缩合型、加成型(少量)	缩合型	加成型

① 1gf/cm=0.98N/m。

② 为估计数字。

1. 溶剂型有机硅防粘剂

除上述主体有机硅聚合物、交联剂和交联催化剂外，一个典型的溶剂型有机硅防粘剂还含有使用期延长剂、交联促进剂等添加剂以及大量的溶剂。

(1)缩合型有机硅防粘剂　有机硅防粘剂绝大多数属于缩合型。所用的主体聚合物二甲基聚硅氧烷的聚合度(x值)越大、交联剂的分子量越小(y值越小)，所得防粘剂的防粘效果就越小。调节主体聚合物和交联剂（主要是前者）的分子量，即可得到具有各种不同防粘效

果的有机硅防粘剂。因此，它们的防粘剥离值范围较宽。防粘剥离值是指将压敏胶黏带粘贴于防粘纸（膜）的防粘涂层后进行180°剥离强度测试所得的180°剥离强度值。防粘剥离值越低，表明该防粘纸（膜）或该防粘剂涂层的防粘性能越好。对于丁苯橡胶压敏胶和聚丙烯酸酯压敏胶来说，典型的防粘剥离值分别为 $10\sim65$gf/cm 和 $10\sim50$gf/cm（1gf/cm＝0.98N/m）。

通常采用芳香烃和脂肪烃的混合溶剂。芳香烃中最常用的是甲苯和二甲苯，脂肪烃中最常用的是己烷。芳香烃溶剂越多，防粘剂的使用期越长。但脂肪烃溶剂能改善防粘剂在基材上的湿润性。因此，若需要在表面能较低的基材如聚乙烯或聚丙烯上涂布时，尤其是当主体有机硅的分子量较小时，更需要用较多的脂肪烃溶剂，以增加湿润性。溶剂型有机硅防粘剂的固体含量为2%～7%，通常在5%左右。

由于溶剂中的水以及空气中湿气的影响，上述有机硅防粘剂溶液即使在常温下也会发生交联反应，使溶液的黏度上升，甚至出现凝胶。因此，有机硅防粘剂溶液必须现用现配，在常温下的使用期一般只有数小时。为了延长它的使用期，通常还要在溶液中加入使用期延长剂（或称稳定剂），尤其是在采用较多的脂肪族溶剂时更应如此。最常用的使用期延长剂是甲乙酮、异丙醇、乙酸以及含氨基或羟基的功能硅烷等，添加量一般在1%～5%。甲乙酮的使用还能减少涂布时防粘剂在涂布头上的堆积；有机硅功能硅烷则还能增加涂层对于基材的黏合力。

为了缩短高温固化的时间以加快涂布速度或是为了降低固化温度，有时还在有机硅防粘剂溶液中加入某些交联促进剂，这都是一些高级脂肪酸的锌盐或铅盐，添加量一般在3%～6%。这些交联促进剂还能改善有机硅防粘剂在聚乙烯涂布纸和塑料膜基材上的涂布性能，有时则还可以增加防粘剂涂层对基材的黏合力。但交联促进剂的使用必须慎重，因为选择不好会影响防粘剂的防粘性能，还会缩短防粘剂的使用期。

交联催化剂的选择和用量会显著影响防粘剂的防粘性能和使用期。在常用的几种有机锡催化剂中，二乙酸二丁基锡的催化活性最大，也最容易挥发（沸点为142～145℃）。因此，在使用它时，烘箱的第一段温度应低于150℃。若温度不能低于150℃时，可使用活性和挥发性皆较低的二（2-乙基己酸）二丁基锡和二月桂酸二丁基锡。若防粘纸必须符合美国食品与药品管理局(FDA)食品卫生标准要求时，应该选择二月桂酸二丁基锡作为防粘剂的交联催化剂。

（2）加成型有机硅防粘剂　溶剂型有机硅防粘剂中也有属于加成型的。这类防粘剂使用的主体聚合物分子量一般都比较大。因此，它们的防粘性能较差，防粘剥离值较高。但主体聚合物分子量大可减少防粘剂向多孔性基材中的渗透。为了调节涂层的防粘性，常使用防粘调节剂，它们通常都是一些分子量较低的有机硅树脂。

加成型有机硅防粘剂的溶液都采用贵金属铂的化合物作催化剂。也是以双组分或多组分的形式供应，涂布前现用现配。但加成型防粘剂所用的铂催化剂一般是放在主体聚合物中，交联剂则在另一组分中。而缩合型防粘剂所用的有机锡催化剂常单独作一组分供应。铂催化剂的催化活性更容易被含硫、氮、磷的有机化合物以及锡、铬等金属的化合物和杂质所抑制或中毒，使体系的交联反应变慢或完全停止。因此，使用加成型有机硅防粘剂时必须十分小心。

溶剂型有机硅防粘剂可应用于各种基材上，主要用于涂布超压光牛皮纸、双面上浆半漂白牛皮纸、瓷土涂布纸和聚乙烯涂布纸，也可以涂布那些精加工牛皮纸、玻璃纸、玻璃纸复合的牛皮纸、格拉辛纸、各种金属箔以及聚乙烯、聚丙烯、聚酯塑料膜等，以制造各种类型的防粘纸和防粘膜。

综合性能好、适用范围广以及比较容易制造是溶剂型防粘剂的主要优点。这使它在有机硅防粘剂市场中迄今仍保持着优势地位。但空气污染、火灾危险以及溶剂和能量的浪费等问题将使它有逐渐被水乳型，尤其是100％固体的无溶剂型有机硅防粘剂所取代的倾向。

2. 水乳液型有机硅防粘剂

高速搅拌下将乳化剂的水溶液不断加入到主体有机硅聚合物和交联剂的混合物中，就可制得有机硅乳液；也可由有机硅单体经乳液聚合的方法制得主体二甲基聚硅氧烷乳液，然后再加入交联剂混合均匀。使用前再在有机硅乳液中调入催化剂、增稠剂、湿润剂、消泡剂及其他添加剂，即可制得水乳液型有机硅防粘剂。

由于高分子量的聚合物难以用机械搅拌的方法乳化，而乳液聚合的方法也得不到分子量很高的有机硅聚合物。因此，水乳型有机硅防粘剂选择余地较小，只能制造交联点之间的分子量较小而交联密度较大、防粘效果较高的那些产品。为了实现充分交联，固化温度较高，固化时间也较长。

主要的涂布对象是纸类基材，尤其是精加工牛皮纸。有时也可涂布一些玻璃纸、玻璃纸复合的牛皮纸、聚乙烯涂布纸等。由于湿润问题，很少用于涂布塑料薄膜类基材。这类防粘剂尤其适用于制造压敏胶转移涂布工艺所用的防粘纸。由于防粘效果很好，即使高速作业也有很好的转移压敏胶的性能。

涂布那些纸类基材时存在的主要问题是大量的水渗透入基材，使纸纤维溶胀，从而破坏基材的尺寸稳定性。解决的方法之一是在乳液中加入某些支持剂（hold-out agent）。例如羧甲基纤维素钠、藻酸钠、聚乙烯醇以及其他水溶性聚合物。这些物质与纸和有机硅涂层皆有较好的黏合性，密度较有机硅涂层大。涂布后它们能首先渗入纸的孔隙中，并在纸的表面附近形成一个薄层，以阻止水的继续渗入。

水乳液型有机硅防粘剂所用的交联催化剂与溶剂型相同。缩合型有机硅防粘剂用有机锡系催化剂，而加成型有机硅防粘剂用金属铂系催化剂。只是有机锡催化剂在水乳体系中更易被水解，从而影响防粘剂的使用期。因此，锡系催化剂必须最后加入。加入一些乙酸（0.5％～1％）可以阻迟交联反应，延长缩合型有机硅防粘剂乳液的使用期。金属铂系催化剂在水乳体系中催化活性较差，故加成型有机硅防粘剂很少制成水乳液型的。

水乳液型有机硅防粘剂几乎是与溶剂型防粘剂同时发展起来的。与溶剂型有机硅防粘剂相比，水乳液型防粘剂存在着防粘性能和工艺性能上的选择余地小、防粘性能不易稳定并容易受到环境温湿度的影响、应用范围较窄等缺点，因此在工业上的重要性至今仍赶不上溶剂型。但由于环境污染小、没有火灾危险、能耗小、价格相对又比较低，故水乳液型有机硅防粘剂仍有很大的发展潜力。

3. 无溶剂型有机硅防粘剂

这是一类1975年后才开始发展起来的较新的有机硅防粘剂。迄今为止，只有加成型有机硅聚合物才能用于制造这类100％固体含量的无溶剂防粘剂。

这类防粘剂具有一系列优点：①无环境污染和火灾危险；②涂布速度快、能耗低，因而总的使用成本也低；③防粘性能和涂布工艺皆较易控制，因而防粘涂层的质量较高。所以目前已发展成为三类有机硅防粘剂中最重要的一类。根据交联固化方法的不同，无溶剂型有机硅防粘剂又分为加热交联固化型和辐射交联固化型两类。

（1）加热交联固化型　目前，市场上的无溶剂型有机硅防粘剂大多数属于这一类。它们

都是由带 $\equiv Si—CH=CH_2$ 基团的主体有机硅聚合物、带 $\equiv Si—H$ 基团的有机硅树脂（交联剂）、金属铂或铑的化合物（交联催化剂）、防粘调节剂和其他添加剂等混合组成。

开发无溶剂型有机硅防粘剂的主要技术问题是 100% 固含量的有机硅聚合物如何能在基材上涂布成 $0.8\sim1.0\mu m$ 那样薄（$0.8\sim1.0g/m^2$ 的涂布量）而均匀的涂层。无疑，主体聚合物的分子量必须做得足够小，以保证防粘剂在整个涂布过程中有相当低的黏度（小于 $1000mPa\cdot s$，最好在 $100\sim300mPa\cdot s$ 之间）。为此，主体聚合物的数均分子量需控制在 $10000\sim20000$。这是非常关键的技术。为了保证防粘涂层的机械强度，分子量较低的主体有机硅聚合物必须具有较高的 $\equiv Si—CH=CH_2$ 基团含量，使涂层保持较高的交联密度。同样，作为交联剂的有机硅树脂也必须具有较低的分子量和较高的 $\equiv Si—H$ 基团含量。

但是这种低分子量、高交联密度的有机硅聚合物涂层必然具有很高的防粘性，而且选择和调节的余地也比较小。为了解决这个问题，一般在这类防粘剂中还常常加入高剥离添加剂（亦称防粘调节剂）。这也是一种有机硅树脂，但不含 $\equiv Si—H$ 基团，不与主体聚合物交联，本身的防粘性较低。采用不同用量的防粘调节剂与之混合，可以配制出防粘性能从高到低的一系列实用的无溶剂有机硅防粘剂。例如，三份低防粘性的硅树脂（防粘调节剂）与一份高防粘性的无溶剂有机硅防粘剂混合，可使一种丁苯橡胶压敏胶的防粘剥离值从 $7.9gf/cm$ 增加到 $23.6gf/cm$（$1gf/cm=0.98N/m$）[7]，使一种聚丙烯酸酯压敏胶的防粘剥离值从 $14.6gf/cm$ 增加到 $55.1gf/cm$。当然，混合后的固化条件也应作相应的调整。

所用的金属铂或铑化合物催化剂与溶剂型防粘剂相同。用量一般为 $(50\sim150)\times10^{-9}$。增加催化剂用量既能缩短交联固化时间，又能降低交联固化的温度，但会缩短防粘剂的使用期。一般都采用调节催化剂用量的办法来控制混合后防粘剂的使用期，使之在低于 $40℃$ 时不小于 $8h$，此时的固化条件约为 $(120\sim170℃)\times(30\sim20s)$。

根据需要，有时还在配方中加入交联抑制剂来延长防粘剂的使用期。也有在配方中加入交联促进剂来降低交联固化温度的。

这类防粘剂的商品一般以双组分形式供应。交联催化剂与主体聚合物、防粘调节剂和交联抑制剂等混合在一起包装，而交联剂则单独组成一小包装。有的则以三组分形式供应，将防粘调节剂也单独包装。这样，使用时可根据需要调配出具有不同防粘性能的防粘剂来。

几乎所有的无溶剂有机硅防粘剂都是通过三辊或四辊照相雕刻凹印涂布器或转移辊涂布器涂布的。为了获得最佳涂布效果，必须注意线速度、基材的张力、辊筒的压力及结构架和轴承的状况。还要注意这种极精细的雕刻凹印版极易受到机械损伤以及雕刻处积累凝胶和杂质的状况。在最佳状态时，这类防粘剂的涂布速度可高达 $450\sim600m/min$。

无溶剂有机硅防粘剂主要用来涂布两面上浆的超级压光牛皮纸。许多基材不是表面平整光滑性不够，就是表面惰性或是基材本身承受不了固化所需的高温而不能使用。

加热固化型无溶剂有机硅防粘剂的主要发展是进一步解决降低交联固化温度和延长使用期的矛盾。例如，有公司开发出一种新的低温固化无溶剂有机硅防粘剂，不仅可以将交联固化温度降低到 $82\sim120℃$，而且防粘性能也可以在更宽的范围内加以调节。这种新防粘剂已成功地用于涂布聚乙烯（PE）涂覆牛皮纸、PE 膜等那些高温固化的防粘纸无法使用的基材上。

这类热固化无溶剂有机硅防粘剂的主要缺点是铂、铑等贵金属催化剂容易被微量的含硫、氮、磷和锡、铬等的物质所污染，因而在制备、储运和使用过程中必须严格排除这些物质，也影响了它们在含有这些物质的那些基材上使用。此外，固化温度较高，对基材表面的平滑度要求较高。这一切都使这类防粘剂的应用受到一定的限制。目前，在中国大陆的市场仍远不如溶剂型防粘剂。

（2）辐射交联固化型　这一类无溶剂有机硅防粘剂是为克服加热固化型的缺点而逐渐发展起来的。这类防粘剂完全不使用铂、铑等贵金属交联催化剂，而是采用紫外线（UV）或电子束（EB）等高能辐射，在室温或接近室温下进行交联固化的。

① 紫外（UV）线交联固化型防粘剂　它们的基本组成与热固化型无溶剂有机硅防粘剂类似。但它们的交联固化不是像热固化型防粘剂那样，靠 $\equiv$Si—H 基团与 $\equiv$Si—CH$\equiv$CH$_2$ 基团的加成反应来完成的，而是靠光敏引发剂在紫外光辐射下产生的活性自由基或阳离子，引发主体有机硅聚合物分子中的（甲基）丙烯酰基团（ $CH_2=C(R)\overset{\displaystyle O}{\overset{\|}{C}}-$ ，R 为 CH$_3$ 或 H）或环氧基团（ $CH_2\underset{\displaystyle O}{\overset{}{—}}CH—CH_2—$ ）等活性基团，从而发生这些基团之间的相互反应来实现交联的[10]。因此，主体有机硅聚合物分子中必须含有这类活性基团。并不需要像热固化防粘剂中那样的含 $\equiv$Si—H 基团的交联剂，但必须要有安息香乙醚、苯乙酮那样的光敏引发剂。此外，配方中通常还有防粘调节剂（一种不参与交联反应的有机硅树脂）、光敏促进剂和副反应抑制剂等成分。

这类防粘剂的商品一般以双组分形式供应，将主体聚合物与光敏引发剂分开包装，使用前混合。混合后的防粘剂使用期较长，涂布后在室温下经紫外线照射能完成交联固化。

② 电子束（EB）交联固化型防粘剂　这类防粘剂的组成与紫外线固化型相似。电子束辐射的能量要比紫外辐射大得多。因此，不必使用光敏引发剂和促进剂。这类防粘剂的组成中一般使用含硫醇类的物质，因为电子束更易引发硫醇基团向碳碳双键加成，从而完成交联固化。

由于辐射固化型无溶剂防粘剂克服了加热固化型防粘剂固化温度高、催化剂易中毒等缺点，因而扩大了它们的应用范围。但目前它们还不很成熟，工业上实际应用并不多。

四、防粘剂涂层的评价方法

防粘纸（膜）的质量好坏，最主要的就是看它们的有机硅防粘剂涂层的质量，尤其是涂层的均匀性和交联固化状况。若涂层的交联固化不完全，部分低分子量有机硅涂层会转移到压敏胶层上，污染压敏胶层，使压敏胶制品的压敏黏合性能下降。涂层的厚度不均匀，则会使防粘纸（膜）的防粘剥离值不稳定。

评价防粘剂涂层质量的方法有两类：一类是在线的快速试验方法，另一类是标准试验方法。

1. 在线快速试验方法

这些方法仅用于在涂布生产线上快速地、定性地检查和评价防粘涂层的质量。这些方法主要有：

（1）指划法　用一个手指在防粘涂层上用力划过，固化完全的涂层不显或很少有痕迹，而交联固化差的涂层会留下一条油性线条。

（2）胶带压贴法　将长条的标准压敏胶带粘贴在防粘涂层上，用手指用力压贴胶带，然后再将胶带揭开。根据揭开时所用力的大小可以定性地判断防粘涂层的防粘性能及涂层的均匀性。再将揭下的胶带胶面对胶面粘合起来，然后拉开。根据拉开时所用力的大小，并与未试验的新胶带比较，可以定性地判断有机硅涂层的转移程度，从而判断涂层的交联固化状况。

（3）染料试验法　将一种染料溶液涂在有机硅防粘涂层上，再用吸水纸擦干。观察涂层上残留颜色的量及渗入基材中染色的量来定性地判断防粘涂层的质量。质量越好，残留的颜色越少。最常用的颜料是1％若丹明6GDN（杜邦公司产品）的双丙酮醇溶液。但此法不适用于乳液型有机硅防粘剂涂层。

2. 标准试验方法

这些方法可以定量地评价防粘涂层的性能和质量。

（1）防粘剥离强度测试　这是防粘涂层最重要的性能。将一种标准的压敏胶黏带用一定的压力均匀地粘贴在被测试的防粘纸（膜）的防粘涂层上，在规定的条件下放置规定时间后，在一定的角度（一般为180°或90°）和速度下测试将单位宽度的胶带从防粘涂层上剥离时所需的力，单位为gf/cm（1gf/cm＝0.98N/m）。有些国家已制定了相应的行业标准，如美国压敏胶带协会的PSTC-4、美国纸浆和纸工业技术协会的TAPPI 504等。从测试防粘剥离强度时所得数据的分散性可以判断防粘涂层的均匀性。

（2）后剥离强度测试　将一种标准的压敏胶带用一定的压力均匀地粘贴在被测试的防粘纸（膜）的防粘涂层上，在规定条件下放置一定时间后，将胶带从防粘涂层上揭下，然后立即粘贴在一标准被粘试件（一般为不锈钢）表面上，并按标准测试方法测定180°剥离强度或90°剥离强度，单位为gf/cm（1gf/cm＝0.98N/m）。显然，后剥离强度值与这种胶带的标准剥离强度值之差，能够定量地反映防粘涂层转移的程度，从而定量地判断防粘涂层的固化状况。后剥离强度值下降越小，防粘涂层的质量越好。通常认为，下降幅度不超过10％的防粘涂层其质量是好的。

参 考 文 献

［1］杨玉昆．压敏胶粘剂．北京：科学出版社，1994：235-255.

［2］中尾一宗．日本接着协会，1967，3（4）：23.

［3］张爱清．压敏胶粘剂．北京：化学工业出版社，2002：229-234.

［4］日本粘着テープ工业会．粘着ハンドブック．1985：57-69.

［5］Satas D. Hand book of Pressure Sensitive Adhesive Technology. USA：VNR Co，1982：371-383.

［6］Kamagata K，Toyana M. Jounal of Applied Polymer Science，1974，18：167.

［7］Fey M D，Wilson J E. //Satas D. Handbook of Pressure Sensitive Adhesive Technology. USA：VNR Co，1982：385-403.

［8］中尾一宗．接着（日），1984，28（11）：484-494.

［9］曾宪家．压敏胶粘剂技术手册．河北华夏实业（集团）股份有限公司，2000：374-389.

［10］孙芳．光敏有机硅防粘剂的合成与性能．辐射研究与辐射工艺学报，2007，25（1）：43-46.

第四篇

压敏胶制品的制造工艺和工厂设备

第一章

概　述

杨玉昆　吕凤亭

一、压敏胶制品的制造工艺

各类压敏胶制品，不管其种类和用途如何，一般都是由基材（极少数是无基材的）、压敏胶黏剂、隔离纸或隔离膜（有些是无隔离纸或隔离膜的）三部分组成。所以，压敏胶制品的制造工艺为：用各种方法将各类压敏胶黏剂涂布于经电晕或底涂剂以及隔离剂处理过的基材或临时性载体上，干燥固化后复合上隔离纸再卷取成卷（或不需复合隔离纸而直接卷取成卷），然后切割成规定尺寸的产品并包装。压敏胶制品制造的工艺流程如图 4-1-1 所示。

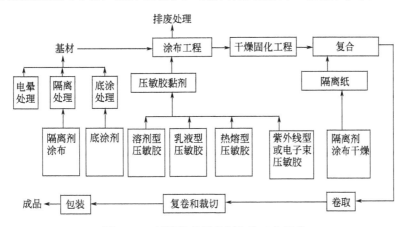

图 4-1-1　压敏胶黏制品制造的工艺流程

基材有塑胶薄膜类、泡沫片材类、橡胶片材类、纸类、织物类和金属箔类等，这些材料的介绍详见本书第三篇第一章。由于这些材料除用作压敏胶制品的基材外，更多的是应用于其他各领域中，因此压敏胶制品生产厂一般不自行生产基材，而是从其他专业生产厂直接购置。但使用前必须根据各类基材的不同特性和压敏胶种类的不同来决定基材是否要进行表面处理以及如何进行处理。若要增加压敏胶黏剂和基材的黏基力，基材可进行涂胶面的底涂剂处理或电晕处理；若要降低压敏胶制品的解卷力、防止解卷时发生粘背等质量问题，基材的背面可进行隔离剂处理。也有少数压敏胶制品不用基材，只是将压敏胶黏剂涂布在临时性载体（如隔离纸或隔离膜）上，干燥固化后直接卷取并制成压敏胶制品。

压敏胶黏剂是制造压敏胶制品的最重要材料。压敏胶黏剂按类型分为（有机）溶剂型、（水）乳液型、热熔型以及射线固化型四大类。不同种类压敏胶黏剂的制备方法也不同，其涂布工艺亦各异。

溶剂型压敏胶由各种橡胶弹性体经塑炼和混炼后与增黏树脂和其他助剂混合，并溶解在适当的有机溶剂中制成，或者由各种丙烯酸酯和其他烯类单体经溶液共聚合制成。这些压敏胶溶液的涂布是在一般的涂布机生产线上进行的。将它们涂布于基材上还要经过烘道进行干燥固化，将有机溶剂挥发去除并作回收和净化处理。干燥固化后的压敏胶制品才能进行复合和卷取。

乳液型压敏胶由各种橡胶弹性体的水乳液（胶乳）与增黏树脂乳液及其他助剂混合制成，或者由各种丙烯酸酯和其他烯类单体经乳液共聚合制成。这些压敏胶水乳液的涂布也是在一般的涂布机生产线上进行的。将它们涂布于基材上也要经过烘道进行干燥固化，将水挥发去除，然后才能将压敏胶制品进行复合和卷取。

热熔型压敏胶是由热塑弹性体与增黏树脂及其他助剂在加热熔融的情况下混合制成的。它们都是无溶剂型压敏胶，涂布于基材上不需要经过烘道进行干燥过程，而只需要经过自然冷却即可固化成压敏胶制品并进行复合和卷取。因此，热熔压敏胶的涂布不是在一般的涂布机生产线上进行，而是在特制的热熔压敏胶涂布设备上进行。一般情况下，都是在同一台设备上同时连续进行热熔压敏胶的制造和涂布工艺操作。

紫外线（UV）和电子束（EB）固化型压敏胶也是无溶剂压敏胶黏剂。将它们涂布于基材上也不需要经过烘道进行干燥，但必须经过特制的射线发射装置将它们进行紫外线照射或电子束辐射后，才能固化成实用的压敏胶制品。可见，这类压敏胶制品的制造工艺和设备既不同于溶剂型和乳液型压敏胶，也不同于热熔型压敏胶。

二、压敏胶黏剂的制造设备

鉴于压敏胶黏剂的重要性和多样性，大中型压敏胶制品生产厂家常常自行生产所需要的压敏胶。国内也有一些压敏胶专业生产厂，他们生产的压敏胶黏剂一般只是供应一些较小的压敏胶制品生产厂家。本书第三篇已对各类压敏胶黏剂及其制备工艺作了详细介绍，这里仅对压敏胶黏剂的主要制造设备作一概述。

1. 溶解釜

溶剂型橡胶压敏胶一般是将块状生胶先用切胶机切成小块，再在炼胶机中经塑炼和混炼制成薄片，再切成小薄片后投入溶解釜中用溶剂溶解并与增黏树脂及其他助剂混合均匀制得。因此，切胶机、炼胶机和溶解釜是制造溶剂型橡胶压敏胶的主要设备。由于切胶机和炼胶机是橡胶制品生产的通用设备，这里不予赘述，仅将溶解釜作一介绍。

（1）溶解釜的种类　制造溶剂型橡胶压敏胶黏剂常用的溶解釜的容量可视生产规模而定，从 $0.5m^3$ 到 $20m^3$ 不等。其材质有碳钢搪瓷和抛光不锈钢两种，以前者为多。根据搅拌机形式的不同，溶解釜有下述两种类型。

① 翅型溶解釜　搅拌机为翅片式结构，搅拌转速为 $80\sim120r/min$，翅片与釜的横截面平面呈 $30°\sim45°$ 角，翅片数目一般为 $5\sim10$ 对。这些翅片分别装于搅拌轴上和釜壁上，呈交错排列状。此类溶解釜一般都有冷却夹套。

② 强力剪切框式溶解釜　釜内的搅拌机上装有一特制的剪切框。框呈圆筒状，筒径约为 1/2 釜径。釜内搅拌时剪切框不随搅拌机一起转动，这就提高了搅拌效率，使塑炼的橡胶小薄片更容易溶解。这类溶解釜的搅拌转速一般为 $80\sim150r/min$。图 4-1-2 是强力剪切框式溶解釜的示意图，此类溶解釜都有冷却夹套。因橡胶的溶解速度加快，溶解时的发热现象更

明显，因此更应注意外部冷却。

（2）投料系数和投料量　在上述溶解釜中进行溶剂型橡胶压敏胶的生产制备时，都要确定一个最理想的投料系数和最佳的投料量。如果投料系数设计得过高，在快速搅拌时物料就可能从溶解釜溢出，造成安全方面的问题；如果投料系数设计得过低，则生产效率低下。化工设备的投料系数 α 与设备的容量 A（不含封头）和投料量 B 之间有下述关系：

$$\alpha = B/A$$

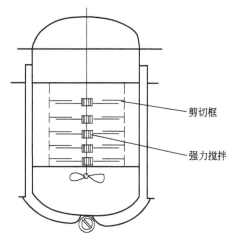

图 4-1-2　强力剪切框式溶解釜示意

溶剂型橡胶压敏胶在生产制备时溶解釜的最佳投料系数 α 为 0.50～0.80。因此，最佳投料量 B 应为 $0.5A$～$0.8A$。从投料配方和最佳投料量即可计算出每种物料的投料量。例如，在容量 $A=1000\text{kg}$ 的溶解釜中进行某种溶剂型橡胶压敏胶的生产，确定最佳投料系数 $\alpha=0.80$，则最佳投料量 $B=0.8\times1000\text{kg}=800\text{kg}$。如果该溶剂型橡胶压敏胶的投料配方（质量份）为甲料 5.0、乙料 11.0、丙料 8.0 和丁料 72.0，总计为 96.0，各种原料的投料量应该是：

甲料　　　　　$\dfrac{5.0\times800}{96.0}=41.67(\text{kg})$

乙料　　　　　$\dfrac{11.0\times800}{96.0}=91.66(\text{kg})$

丙料　　　　　$\dfrac{8.0\times800}{96.0}=66.67(\text{kg})$

丁料　　　　　$\dfrac{72.0\times800}{96.0}=600.00(\text{kg})$

投料总量为 800.00kg。

2. 聚合反应设备

溶剂型聚丙烯酸酯压敏胶或乳液型聚丙烯酸酯压敏胶都是由各种丙烯酸酯单体和其他烯类单体经溶液共聚或乳液共聚反应制得的。目前，中国多数生产厂家都采用间歇式聚合反应生产工艺生产溶剂型聚丙烯酸酯压敏胶，而乳液型聚丙烯酸酯压敏胶的制备则大多采用半连续式的单体预乳化乳液聚合生产工艺。主要生产设备有预乳化釜、聚合反应釜、滴加罐、冷凝器、调合釜和贮罐等，辅助设备还有加料流量计、温度计、冷热温度自控装置等。管式聚合反应器适合连续化大生产，但在聚丙烯酸酯压敏胶的生产中目前还未见到应用。图 4-1-3 是目前在我国应用最多的乳液型聚丙烯酸酯压敏胶生产工艺流程和所用设备简图。生产时，先按配方的量将丙烯酸酯和其他烯类单体在预乳化釜 1 中与去离子水、乳化剂及其他配料混合，并进行共聚单体的预乳化，然后通过流量计 7 将预乳化单体定速定量地加入反应釜 2 中，并在这里进行乳液共聚反应，通过温度自控装置调节夹套中介质（一般为水蒸气和冷水）的温度，使聚合反应在所要求的温度范围内进行。反应结束后通过滴加罐 4 加入必要的助剂，以调制成合格的乳液压敏胶产品。冷却后过滤出料或打入成品贮罐 6。为了提高生产效率，聚合反应结束后可立即将乳液半成品打入调合釜 5，在调合釜中加入必要的助剂并进行冷却。空出来的反应釜就可进行第二批次的生产。这样一套聚合反应装置也能进行溶剂型聚丙烯酸酯压敏胶的生产，此时预乳化釜就可以作为加料釜用。

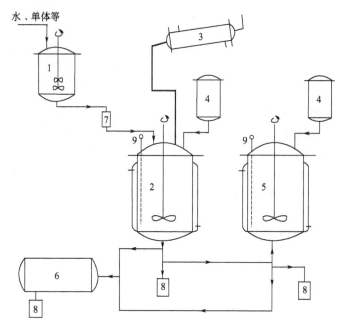

图 4-1-3　乳液型聚丙烯酸酯压敏胶生产工艺流程及设备简图

1—预乳化釜；2—聚合反应釜；3—冷凝器；4—滴加罐；5—调合釜；
6—成品贮罐；7—流量计；8—成品箱；9—温度显示及自控装置

聚合反应釜是主要生产设备。其材质有抛光不锈钢和碳钢搪瓷两种，其容量视生产规模而定，从 0.1t 到 40t 不等。反应釜上配备的搅拌机一般采用多层或单层桨式或翅片式搅拌器，桨或翅片安装成与反应釜的横截面呈一定的角度，而且上层和下层的角度不一样，使之在搅拌时可以产生物料上下翻动的效果，以提高搅拌效率。搅拌机最好是无级变速的，可以随时调节搅拌速度。聚合反应釜的加热和冷却系统有夹套式、分段夹套式、管状外冷式和管状内冷式等几种，可根据设备容量的大小加以选择。

冷凝器的大小和容量要与聚合反应釜的容量相匹配。一般，$10m^3$ 以下容量的反应釜，其经验数据以每立方米的反应釜容量采用 $1.5m^2$ 换热面积的冷凝器为宜。对于要兼用于溶剂型聚丙烯酸酯压敏胶生产的设备，冷凝器的面积要更大些，冷却效率要更高些。

预乳化釜和调合釜的结构与聚合反应釜基本相同。但预乳化釜的容量可以比聚合反应釜略小些，也不需要夹套加热和冷却设备，搅拌机也不要求是无级变速的。

聚合反应设备的具体设计和制造要根据聚合反应的特点和材质的性能进行精确的计算（包括物料衡算、热量衡算等）才能确定。搅拌电机、变速箱、温度计、流量计以及自动温控装置等辅助设备，国内都有成熟的系列产品可供选择。

聚合反应釜的投料系数和投料量的确定比溶解釜复杂，要根据具体的反应特点和不同的操作工艺加以考虑。溶液聚合反应在反应引发的初期往往比较激烈，聚合热大量释放引起溶剂激烈回流，甚至可能产生"冲釜"现象。此时，投料系数必须设计得小些。若采用单体分批加入的操作工艺，引发后的激烈反应现象可以得到缓解。但无论如何，溶液聚合的总投料系数最好选择在 0.70 以下。乳液聚合采用单体预乳化的半连续操作工艺时，由于反应比较平稳，聚合反应釜的总投料系数可以设计得高一些。此时，聚合釜和预乳化釜的总投料系数设计在 0.80 为宜。在总投料系数确定后，总投料量以及各种原料的投料量就可以如前那样计算确定。

三、压敏胶制品的制造设备

根据压敏胶制品的制造工艺（见图 4-1-1），压敏胶制品的制造设备主要如下：

① 基材的处理设备。

② 压敏胶的涂布机生产线设备，包括送卷设备、涂胶设备、干燥设备（烘箱或烘道）、冷却设备、增湿设备、复合设备、收卷设备以及张力控制、厚度测定、静电消除、纠偏和废气中溶剂浓度检测等自动控制和测定设备等。

③ 其他设备，包括溶剂回收设备、裁切设备、包装机械设备和安全设备等。

1. 基材的处理设备

基材的涂胶面有底涂剂处理和电晕处理两种，基材的背面则常常有隔离剂（亦称防粘剂）处理。电晕处理有专用的电晕发生器设备，一般安装在涂布机生产线的基材送卷设备之后和涂胶设备之前。在涂胶以前对基材进行在线电晕处理，可以使电晕处理过的基材立即进入涂胶工序，保持很好的处理效果。也有的基材是在生产厂家进行电晕处理的，电晕发生器设备则安装在基材薄膜收卷之前。压敏胶制品生产厂购到这种基材后，涂胶前不必再进行电晕处理。但这种基材不能在仓库存放太长时间，否则电晕处理效果会逐渐变差，甚至会完全失效。

底涂剂和隔离剂的处理可以在一般的涂布机生产线上进行。只是由于底涂剂和隔离剂的涂布量一般比压敏胶的涂布量小得多，必须采用那些适于涂布量小但能涂布均匀的涂布器，如凹印辊涂布器、Mayer 涂布器等。

2. 压敏胶的涂布机生产线设备

压敏胶黏剂的种类不同，所适用的涂布设备也不尽相同。

（1）（水）乳液型压敏胶的涂布机生产线设备　目前，中国的大多数压敏胶制品都是用乳液型压敏胶，尤其是乳液型聚丙烯酸酯压敏胶制得的。由于这类压敏胶以水为分散介质，将它们均匀地涂布于基材上之后，还必须经过加热至一定温度的烘箱或由若干个烘箱组成的烘道将水分挥发，促使压敏胶干燥固化，再经冷却、复合并卷取后才能成为压敏胶制品。通常，这一系列的加工工艺步骤都是在一种称为压敏胶涂布机生产线（简称涂布机）的设备上完成的。这种涂布机设备是由专业生产厂商设计生产的。这些厂商可以根据压敏胶制品生产厂的不同要求逐个设计涂布速度和控制精度各不相同的各种涂布机生产线设备。小型涂布机的宽度一般在 $500\sim600mm$，烘道较短（数米至十几米），车速较低（一般在 $10\sim50m/min$）。这种小型涂布机占地面积小、造价低，适于小型压敏胶制品生产厂使用。配备有多种涂布器而且控制精度较高的小型涂布机则可以作为试验性涂布机，用来进行新的或特殊的压敏胶制品的研制开发。目前，我国压敏胶制品生产厂使用最普遍的是中型涂布机设备。这种涂布机的宽度一般在 $1000\sim1300mm$，烘道长度一般为 $20\sim40m$，车速一般在 $80\sim280m/min$。用这种中型涂布机每天可生产 $10\times10^4\sim20\times10^4m^2$ 压敏胶制品。大型涂布机的宽度可在 $2000mm$ 以上，烘道更长，车速也更快，有的可以达到 $500m/min$ 以上。这种大型涂布机设备一般要求很高的自控精度，制造技术要求高，造价也高，一度依靠进口，目前国内已有生产厂家。

无论何种涂布设备生产线，都是由基材送卷设备、送胶和涂布设备、烘道（或称干燥机）设备、冷却设备、复合和收卷设备等主要设备，以及增湿、张力控制、厚度测定、静电消除、自动纠偏等辅助设备组成。但控制精度差一些的涂布机，辅助设备也相应少一些。这些主要设备和辅助设备将在本篇第二章中详细介绍。

（2）（有机）溶剂型压敏胶的涂布机生产线设备　溶剂型压敏胶与乳液型压敏胶一样，在压敏胶涂布于基材上之后必须将溶剂挥发才能使压敏胶干燥并固化。因此，上述适用于涂布生产乳液型压敏胶制品的涂布设备生产线也能用于涂布生产溶剂型压敏胶制品。只是有机溶剂比水更容易挥发，因此涂布生产溶剂型压敏胶制品时，烘道温度可以稍低一些，或者涂布速度可以稍快一些。此外，在用上述涂布机设备生产溶剂型压敏胶制品时，还必须注意有机溶剂的易燃易爆问题以及溶剂的回收问题。为此，涂布设备生产线上还需要配备废气中溶剂浓度的检测设备、溶剂的回收设备以及各种安全防火设备等。

（3）热熔型压敏胶的涂布设备　热熔压敏胶制品通常是在特制的热熔压敏胶涂布机生产线上进行涂布生产的。这种涂布机没有烘箱或烘道这样的加热干燥设备，而是由压敏胶的加热熔融设备、熔融压敏胶的涂布设备以及冷却固化、复合和收卷等设备连接在一起组成。由于压敏胶是在加热熔融状态下涂布的，涂布时压敏胶的黏度较大（一般都在 10000mPa·s 以上），通常采用辊涂法或挤压嘴涂布法，涂胶时还需要用氮气保护，以防止胶黏剂的氧化。因此，涂布设备也不同于前述一般的乳液型和溶剂型压敏胶涂布机。另外，由于温度对压敏胶的熔体黏度影响非常大，从而对涂布精度带来影响，热熔胶涂布机对温度的控制和自动化程度的要求更高。目前，我国大陆地区已经有了中小型热熔胶涂布设备的专业生产厂家，但自动化程度要求很高的大型热熔涂布设备仍需要从境外进口。本篇第四章将详细介绍热熔压敏胶涂布设备。

（4）射线固化型压敏胶的涂布设备　紫外线或电子束射线固化型压敏胶按构成的不同，在常温下有两种不同的形态：一种是由反应性单体、低聚体和其他成分组成的黏稠液体，常温下的黏度在 1000～20000mPa·s 之间；另一种由分子量较大的聚合物为主组成，常温下为固态。前一种射线固化型压敏胶可以用一般的涂布机进行涂布，但必须加以改装：将烘箱或烘道等加热干燥设备去掉，并增加紫外灯或电子束发生装置。后一种射线固化型压敏胶则必须用热熔涂布机进行涂布，但也需要在热熔涂布器后面增加紫外灯或电子束发生装置。目前，在我国大陆地区，射线固化型压敏胶尚处在研制开发阶段。

3. 压敏胶制品的其他制造设备

经过上述各种压敏胶涂布机生产线生产的是宽幅大卷的压敏胶制品，还必须进行裁切、复卷等工序制成各种规格的产品。因此，压敏胶制品的工厂设备除了基材处理设备和涂布机生产线设备外，还有各种裁切设备、包装设备、溶剂回收设备和安全设备等。这些设备将在本篇第五章中加以详细介绍。

第二章

涂布机生产线设备

吕凤亭

涂布机生产线设备包含有基材的送卷设备、压敏胶的涂布设备、干燥和冷却设备、收卷设备以及增湿、复合、自动化纠偏、自动化张力调节、自动化在线测量和同步传动平衡等辅助设备。

涂布机生产线的生产要求是高速化、适应性广、能自动调节各种生产工艺参数。一般多功能性涂布机可以涂布多种基材和多种胶黏剂，但不宜做生产应用，做试制性应用较多。生产应用者多为 1～2 个品种的胶带，用一台专用涂布机为宜，便于生产的稳定和管理。

● 第一节 送卷设备

一、送卷设备的种类

送卷设备因送出基材的不同，有中心轴送卷和表面轴送卷之分。中心轴送卷适用于强度较大、张力较大的基材，如双轴拉伸聚丙烯薄膜、聚酯薄膜、聚酰亚胺薄膜、纸类、金属箔、布类等。表面轴送卷适用于张力较小的基材，如软聚氯乙烯压延薄膜、聚乙烯吹塑薄膜、流延成型薄膜等。

基材一般呈卷状送出，当送出到尾端更换新基材卷时，如果是单轴送卷设备，要暂停全机或降低机器速度，如果是双（多）轴多功位送卷设备，可以高速运转不停机换卷。因此，换卷自动化是重要条件。尤其是换卷时旧卷的残量要尽量缩小，在旧卷卷径变小、新卷卷径较大的情况下，接续后其卷取轴速要求平稳变化，最新的控制水平是在 200m/min 运行速度下，接续的残量能达到 30cm 以内。残量尾端对涂布机构和干燥机喷风嘴都有挤压和堵塞等不利影响，因此残量尾端越短越好。

二、送卷设备的自控

送卷设备中，需要做到恒定张力地送出基材，因此采用自动化调节最为重要。一般，采用磁粉制动器通过张力检测器和传感器实现自动化控制，或用气动制动器通过张力控制系统实现自动化控制。这种自动化有闭环电路自动控制的，也有开环电路人工调节制动器调节的。自控设备闭环电路的工作方框图如图 4-2-1 所示。

控制交流电机或直流电机转速变频器调节电流频率基材送出张力检测张力传感器制动器。

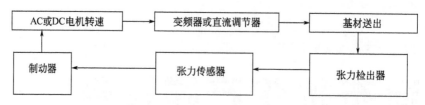

图 4-2-1 闭环电路自动控制

为了更好地实现自动控制，在装置中采用直流电机与调速器或交流电机与变频器都能收到同样效果。

采用气动控制器做自动调节有较高的稳定性和准确性，如图 4-2-2 所示。各种形式的送卷装置示意图如图 4-2-3 所示。

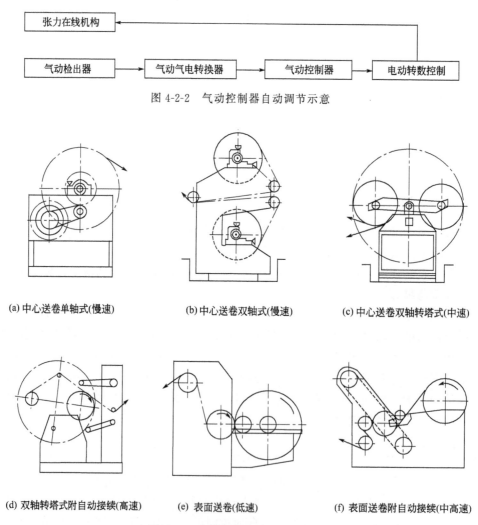

图 4-2-2 气动控制器自动调节示意

(a) 中心送卷单轴式(慢速)　　(b) 中心送卷双轴式(慢速)　　(c) 中心送卷双轴转塔式(中速)

(d) 双轴转塔式附自动接续(高速)　　(e) 表面送卷(低速)　　(f) 表面送卷附自动接续(中高速)

图 4-2-3 各种形式的送卷装置示意

三、卷芯装配方式和卷制机

卷芯的装配方式有采用气胀芯轴结构的，其卷芯套进芯轴，其气胀片卡充气后胀起而胀紧卷芯；也有采用机械片卡结构的，用弹簧使片卡弹起胀紧卷芯；还有采用旧式双顶尖式顶紧卷芯的，采用机械卡头等自动抓紧的三爪卡头等。气胀芯轴结构如图 4-2-4 所示。

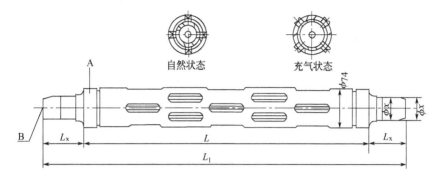

图 4-2-4　气胀芯轴结构

〔自然状态有 ($\phi 65$、$\phi 74$、$\phi 95$、$\phi 120$、$\phi 150$) mm；A、B 是充气位置，由用户自己确定；
L_x、ϕ_x、L、L_1 由用户设计尺寸，头部形状随意；耐压强度 0.4～0.6MPa，保压时间≥8h〕

卷芯多用纸品制备，一般采用国产 $120g/m^2$ 茶板纸为多，通过卷制机卷成。卷芯所用的黏合剂和卷芯厚度对卷芯强度有较大影响。通常采用聚醋酸乙烯酯乳液类胶黏剂，控制卷芯壁厚为 3～10mm。纸卷芯卷制机的工作原理和设备如图 4-2-5 所示。图中，铁杠芯为中心，左右两侧放置原纸；原纸 1 系在铁杠芯上涂布滑爽剂；在原纸 2～3 上涂布 PVAC 黏合

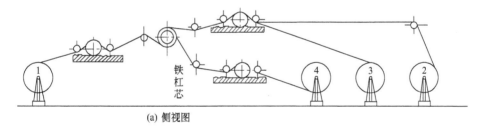

(a) 侧视图

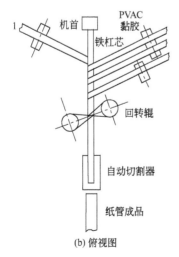

(b) 俯视图

图 4-2-5　纸卷芯卷制机工作原理和设备

剂缠入铁杠芯；原纸 4 为牛皮纸，涂胶后缠入铁杠芯。回转辊带动传动皮带，并交叉于铁杠芯上，使之运转并带动纸管旋转行进。除卷纸芯外，卷芯也有的采用聚乙烯塑料管、树脂管、铝铁管等。

第二节　涂布设备

涂布设备是将压敏胶高质量地、定量涂于基材上的机械，通常也叫做涂布器。高质量地涂布是指：涂层应平整光滑、无条纹、无折皱、无气泡等。定量涂布是指：设备对于各种涂布量都适应，对于各种黏度的压敏胶适应性广，设备对涂层厚度的控制容易；暂时停止整机运行时，不产生胶液的堆积、溢流、停胶痕等。因此，涂布设备是压敏胶制品的涂布生产线中最重要的设备。

一般压敏胶的涂层厚度为 $15\sim70\mu m$（干），经常使用的厚度约 $20\sim25\mu m$（干）。经常使用的压敏胶固含量约为 $20\%\sim40\%$（溶液型）或 $30\%\sim60\%$（乳液型）。压敏胶黏度使用的范围为 $80\sim80000mPa\cdot s$，不同黏度的压敏胶配用不同方式的涂布设备。

涂布方法有直接涂布法和转移涂布法之分，即压敏胶直接涂布于基材上和涂布于防黏材料上再复合转移到基材上。此外，也有前计量涂布和后计量涂布之分。前者是指压敏胶通过控制涂层厚度的计量辊、计量棒、计量刮刀等然后涂布于基材上；后者是指压敏胶先涂布于基材上，再通过控制涂层厚度的计量辊、计量棒、计量刮刀等装置。

防黏剂（隔离剂）和底涂剂的涂层涂布量为 $0.6\sim1.2g/m^2$（干），属于稀薄液体的涂布。涂布方式的选择和涂布设备的细节改进是重要的课题。本节将较详细地逐个介绍各种涂布设备（涂布器）的构造、工作原理、优缺点及其应用。100% 固体含量的压敏胶（热熔型、压延型、射线固化型）涂布设备及其特殊之处，将在有关章节另作详细介绍。

一、麦勒棒涂布器

麦勒（Mayer）棒一般为 $\phi12\sim14mm$ 的冷拔钢棒（也有 $\phi6\sim8mm$ 者），经调质调直后缠绕不同直径的不锈钢丝构成。不锈钢丝的直径一般为 $\phi0.08\sim0.8mm$，不同直径的不锈钢丝可以形成不同的涂布量。钢丝棒放置在 V 形槽底座上，基材带着胶液面向钢丝棒通过，基材背面压着橡胶压辊，压辊与钢丝棒平行对齐或处于两旁。麦勒棒和麦勒棒涂布器如图 4-2-6 和图 4-2-7 所示。

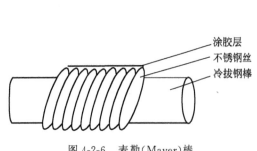

图 4-2-6　麦勒（Mayer）棒

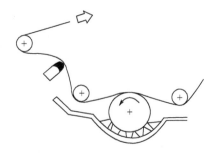

图 4-2-7　麦勒（Mayer）棒涂布器

麦勒棒依靠缠绕的不锈钢丝之间的空间间隙进行定量，间隙形成在基材上的胶层面积，其经验式为 $0.49r^2$（r 为不锈钢丝直径），这样的理论涂胶层厚度为 $0.2145r$。但是，还需要考虑其他因素，诸如基材张力、缠绕包角、涂胶层流变特性、涂布速度、麦勒棒的转动速度、基材的吸附性等。涂布操作中，经常使麦勒棒的转动按正螺旋方向，它与钢丝缠绕方向相同。转动可以防止堵塞现象。如果使用两根麦勒棒（前细后粗的钢丝）操作，可以起到涂胶层的抹平作用。

此种涂布机适用的胶液黏度范围广，100～40000mPa•s的压敏胶液均可应用。一般多用于低黏度胶液和乳胶液的涂布。涂胶层厚度可达到100μm(湿)。

在胶液黏度低于1000mPa•s时，涂布速度可以达到200m/min。

二、凹印辊涂布器

1. 直涂式凹印辊涂布器

(1) 结构　它由涂布液的供给部分（胶槽）、凹印辊、背衬橡胶辊、刮刀等几部分组成（图4-2-8）。

① 涂布液的供给部分一般由附带下漏孔的胶槽和循环泵组成。由于胶槽内的凹印辊高速运转会使胶液在高速扰动下带入空气产生气泡，所以在供给胶槽的形状上制成有阻隔挡泡的装置或加入消泡剂，以解决产生气泡的问题。

② 凹印辊是镀硬铬的雕刻钢辊。雕刻的网纹有各种形状，雕刻方法采用电子雕刻法，化学雕刻法应用较少。

凹印网纹的外观有金字塔型、四方锥型、三螺线型、四方锥通道型、六方锥型等雕刻纹（图4-2-9）。金字塔型、四方锥型、六方锥型雕刻纹

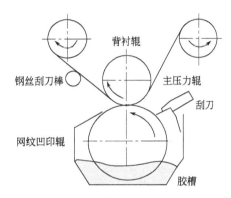

图 4-2-8　直接凹印辊涂布器

的凹印辊是一般经常应用的类型。三螺线型雕刻纹凹印辊的涂布量较多，但是涂层密度较粗，需要利用抹平辊进行涂胶层的抹平。四方锥通道型雕刻纹凹印辊的雕穴互相连通，使其雕刻面积增大，并且使压敏胶与刮刀之间产生的剪切力降低，有利于获得平整的涂胶层。凹印辊网纹的形状参数见表4-2-1。

金字塔型　　　　四方锥型　　　　三螺线型　　　　四方锥通道型　　　　六方锥型

图 4-2-9　凹印辊雕刻纹的类型

表 4-2-1　凹印辊网纹的形状参数

凹印辊网纹的形状	网线/25.4mm	网线/cm	雕穴深度/mm	涂胶量/(g/m²)
金字塔型	200	79	0.003	2.4
	40	16	0.037	27.6
四方锥型	200	79	0.005	3.6
	16	6	0.065	49.5
三螺线型	120	47	0.010	11.7
	24	9	0.055	63.1

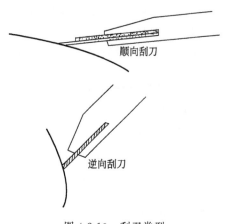

图 4-2-10　刮刀类型

③ 刮刀的结构与安装如图 4-2-10 所示。它刮去凹印辊上多余的胶液，使胶液只留在雕穴中。刮刀与凹印辊轴线呈 15°～26° 的挒角，有时也安装成 30°～35° 的逆角。刮刀片由 0.1mm 厚的弹簧钢片和 0.2mm 厚的钢垫片组成。挒角式刮刀会使胶液压力增高，影响涂布精度。所以，涂布速度在 150m/min 以下时，挒角式刮刀可以正常工作。更高的涂布速度时，挒角式刮刀和逆角式刮刀的涂布状态都不佳，此时多采用塑胶刮刀。

（2）用途　一般在小涂布量、低黏度胶液的底涂剂涂布中以及隔离剂涂布中使用最多，涂胶层厚度一般为 6～50μm（湿）。涂布量依基材材质、凹印辊材质、机械速度等因素而变化。涂布幅宽依橡胶压辊的材质、硬度、研磨加工精度而定。

2. 转递胶印式凹印辊涂布

这种涂布方法是在直涂式凹印辊的基础上，在凹印辊涂胶后，先传递到包着胶版的胶印辊上，或是传递到另一个辊上，最后通过胶印辊或另辊，涂印在背衬辊支撑着的基材上（图 4-2-11）。它适用于不易流动的胶液。

有的场合需要对胶印辊或背衬辊等施加较高的压力（2～10kPa），目的是为了涂布粗糙面的基材，或应用于涂布量小的涂布，例如 100% 含固量的聚硅氧烷防黏剂涂布。施加涂布压力不会损坏凹印辊。

胶印凹印辊涂布操作时，可以调节凹印辊的转速，使其高于或低于其他两辊的线速度，低速涂布量变小，高速则涂布量变大。通常五辊、三辊转递式胶印凹印辊涂布机应用较广。

各种凹印辊涂布装置如图 4-2-12 所示。

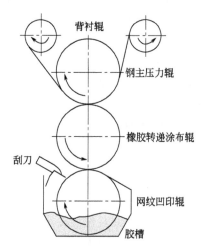

图 4-2-11　传递胶印凹纹辊涂布器

 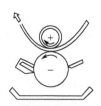  

槽供下给料直接式凹印辊涂布器　　腔供侧给料直接式凹印辊涂布器　　溢式槽侧给料直接式凹印辊涂布器　　槽供下给料传递式凹印辊涂布器

图 4-2-12　各种凹印辊涂布装置

三、刮刀式涂布器

1. 结构

刮刀式涂布器由各种形状的刮刀和基材的背衬托板或背衬辊构成。压敏胶处在基材上面刮刀一侧，由挡板形成的供胶槽中，通过刮刀和背衬托板或背衬辊之间的间隙供给基材。这样，通过调节间隙大小进行计量后涂布成一定厚度的胶层。

2. 安装和应用

刮刀垂直安装在背衬辊中心线或基材和背衬辊的切入点区，并稍做偏离的位置。刮刀也可以形成一定的角度（如30°）安装在背衬辊上，这种形式为抹捱式刮刀涂布器；若刮刀垂直安装在两个背衬托辊之间的基材上，则构成浮动式刮刀涂布器。

背衬辊采用橡胶辊，涂胶层厚度除了由刮刀、背衬辊之间的间隙决定外，还由刮刀对背衬辊橡胶面的变形压力决定。一般应用于100％聚硅氧烷防粘剂的涂布。

3. 刮刀

刮刀有各种形状和安装方法，便于适应各种不同用途。

（1）形状　刮刀的形状，有圆形、半圆形、钩形、楔形、牛鼻形、薄刀形等。

（2）安装　刮刀有时做倾斜安装，原因在于刮刀的涂胶剪切力较大，压敏胶的物化特性各有不同。涂布速度越高，刮刀刃越薄，刀的角度越小，刀上产生的动态压力就越大，得到的涂胶层就越厚，并且胶面平滑。对于多孔性基材（如纸类），其胶液的渗透度也较好。

（3）应用　各种形式的刮刀涂布机构适于厚涂胶层和高黏度的压敏胶。一般涂胶层在 $60\mu m$（湿）以上，压敏胶黏度在 $30\sim400Pa\cdot s$ 之间。涂胶层的厚度与刮刀间隙和间隙宽度、压敏胶的黏度、密度和表面张力以及基材的涂布速度等有密切的关系。涂胶层的厚度一般是刮刀间隙的一半，其他因素会使涂胶层的厚度产生10％的误差，而刮刀的形状和厚薄是一个重要因素。关于它们之间的定量关系，其经验公式可参照 Freestton 方程式（1973）、Hwang S. S. 方程式（1979）和 Middleman 方程式（1977）。

各种刮刀式涂布器和各种刮刀的形状可参见图 4-2-13～图 4-2-19 示意图。

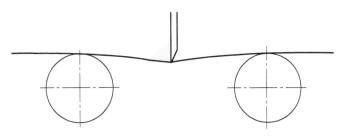

图 4-2-13　浮动刮刀涂布器

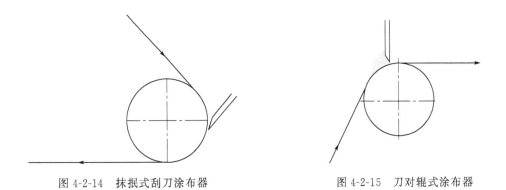

图 4-2-14　抹捱式刮刀涂布器　　　　　图 4-2-15　刀对辊式涂布器

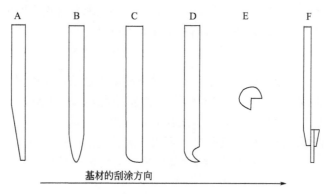

图 4-2-16　刮刀的形状

A—刮展刀；B、C—圆头刀；D—钩形刀；

E—牛鼻子刀；F—西班牙成刀

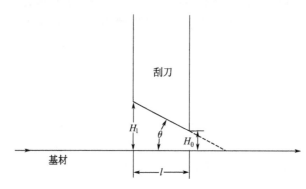

图 4-2-17　涂布刀的参数

H_1—刮刀刀刃的高度；θ—刮刀刀刃的倾斜角；

H_0—刮刀刀刃断面的高度；l—刮刀刀刃的长度

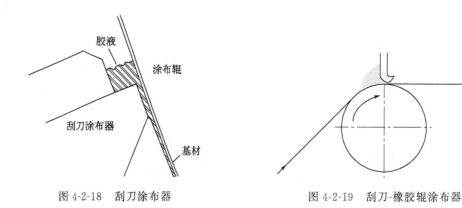

图 4-2-18　刮刀涂布器　　　　　图 4-2-19　刮刀-橡胶辊涂布器

四、气刮刀式涂布器

1. 结构

利用从窄缝中冲出的高速气流束做刮刀的涂布器就是气刮刀涂布器。气流束如同计量型刮刀，也是一种形式的软刮刀。它可以使涂胶层厚度保持不变，利用气流的压力和高速，对压敏胶层进行定量。而硬刮刀涂布只能依靠间隙使涂胶层和基材的总厚度保持不变。

气刮刀涂布器中，由沾胶辊和胶槽组合成涂胶器，气刮刀刮下的余胶液流入胶槽结构，同时还有消除气泡的除气泡室，除气泡室与胶槽相连。也还有其他各种形式的胶槽结构。

气刮刀的结构由一个通气室和一对刀片组成。通过调节刀片的夹缝（A）确定冲出的高速气流束之速度。刀片尖与背衬辊上的基材之间的距离（B）、高速气流束的冲出方向和背衬辊的接触角（θ）等参数都是调整气刮刀的重要因素。一般情况下，气刮刀涂布器的技术参数如下：刀片的夹缝 A 0.25～0.75mm；刀片尖与背衬辊之间的距离 B 3.5～5.5mm；接触角 θ 5°～12°；气流速度 30～40m/min；空气压力 0.1～0.6Pa；空气体积流速 2～10m³/(h·cm)；涂胶量 3～30g/m²；涂胶速度 10～750m/min。

2. 应用

气刮刀涂布器多数适用于含有高填料的乳液压敏胶，尤其是纸品类多孔性膜片。压敏胶的一部分水分被纸吸收，胶液和填料的高固含量使压敏胶在纸上沉积，另一部分水和胶液被气流束刮除去，这样形成一定的涂胶层厚度。这种软刮刀的性质使涂胶时的剪切作用有利于获得平整的涂胶层，也有利于涂胶层的流平。所以，气刮刀涂布器适用于低涂布量的工程，如 18g/m²（干）的情况。气刮刀涂布头和涂布器如图 4-2-20 和图 4-2-21 所示。

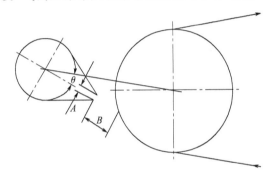

图 4-2-20　气刮刀涂布头示意图

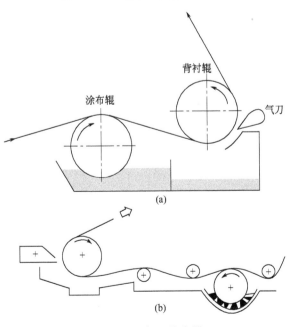

(a)

(b)

图 4-2-21　气刀涂布器

五、逗号辊涂布器

1. 结构

逗号辊涂布头实际上是利刃刮刀和圆辊形刮刀的组合，各种逗号辊涂布器如图 4-2-22 所示。它克服了利刃刮刀的缺点，即易被胶垢撕破基材等现象，也减小了胶液在刃前的压阻力，使胶层易于形成平滑表面。它也克服了圆辊刮刀容易出现的条纹胶面和长辊表面易变形等缺点。

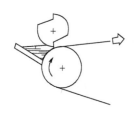 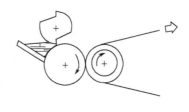 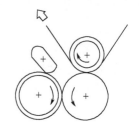

(a)逗号辊单背辊直接式上给料涂布器　　(b)逗号辊二辊逆转式上给料涂布器　　(c)转印辊三辊逆转挤出上给料涂布器

图 4-2-22　各种逗号辊涂布器示意

逗号涂布器综合了二者的优点：能适应高黏度胶液；克服了涂胶面的中凸现象；可调整涂布胶面得到较好的平滑均匀状态。在制作上，逗号辊刃面经研磨加工，精度提高，刚性加强，不易变形，并且可以在辊中间装有调节螺钉，使涂胶面的中凸现象得到调整。

2. 应用

此装置在一般涂布工作中，应用于涂布速度低于 100m/min 的情况。涂布速度过高时，容易出现随基材的通过进入空气泡等弊病。

六、逆转辊涂布设备

1. 设备特点

涂布挂度高，涂布厚度可以任意调节，它适应的胶液黏度较广，其范围为 200～30000mPa·s，适应的涂布速度约为 100m/min(10～200m/min 均可)。

2. 操作控制

涂布厚度由各对吻合辊的间隙和它们的转速比所决定。计量辊的转速是涂胶辊转速的 5%～50%，涂胶辊和背衬辊的转速比为 0.6～4，一般取 1～2。各对吻合辊的运转方向都是逆向回转。

涂布面的平滑度受胶液的蠕变性能、流平性能和各对吻合辊的转速比、辊面精度等因素控制。因此，涂布辊加工要求质量高，需经过多次加工、多次热处理达到镜面磨的精度和不变形的质量。同时还需要采用高精度等级轴承装配，才能达到预期效果。各对辊的精度要求是，锥度误差 1μm/m、轴跳误差 1μm/m 为最佳状态。落实到涂布胶层厚度上，可以达到 5% 的误差。

3. 组合

此装置可以与逗号辊涂布装置结合为：两辊式逆转辊涂布装置和三辊式、四辊式逆转辊涂布装置。它们又有不同方式的供料机构：上方给料（挡板式胶槽）、下方给料（斗式胶槽）、密闭喷溢式供胶器等。各种逆转辊涂布装置如图 4-2-23～图 4-2-29 所示。

4. 机理

辊式涂布有很多理论，最常用的有流动性和流平性经验、胶液在辊上经受的剪切力和夹角压力的机理等，它们对于获得平整的涂层有很好的帮助。

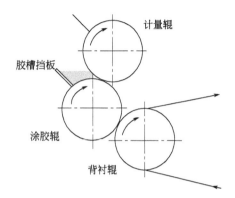

图 4-2-23　上给料三辊逆转辊式涂布器

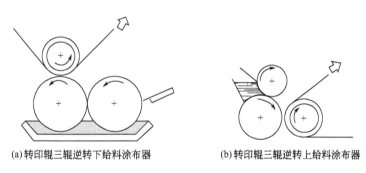

(a)转印辊三辊逆转下给料涂布器　　　(b)转印辊三辊逆转上给料涂布器

图 4-2-24　下给料三辊逆转辊式涂布器

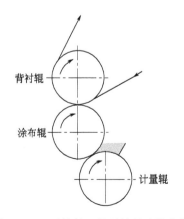

图 4-2-25　下给料三辊逆转辊式涂布器

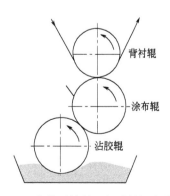

图 4-2-26　胶槽下给料三辊逆转辊式涂布器

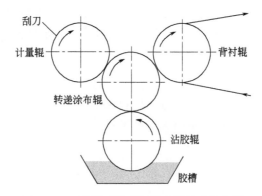

图 4-2-27　胶槽下给料四辊逆转辊式涂布器

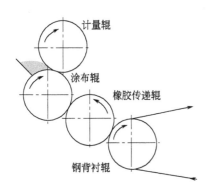

图 4-2-28　转移辊式涂布器

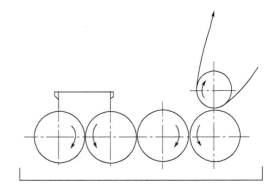

图 4-2-29　转移辊式涂布器的示意

（1）流动性和流平性　此种涂布机的幅宽通常为 1.00～1.5m，也有 2.0m 和 4.0m、8.0m 宽的设备。由于计量辊和涂胶辊之间剪切压力对胶层的作用，很容易造成胶层的纵向条纹，这种现象与压敏胶的流动性和流平性有关。经验表明，计量辊和涂胶辊之间的高剪切速率（$10^4 s^{-1}$）可以产生胶的流动性，低剪切速率（$0.01～0.1 s^{-1}$）则不易产生胶的流平性。

（2）夹压力区　计量辊和涂胶辊之间对胶层形成夹压力区域，这种夹压力的行为特征如图 4-2-30 所示。

此区域入口处的夹压力最大，它有助于压敏胶进入区域。出口处的夹压力最小，容易导致压敏胶产生条纹的隐包，隐包随着辊的转动形成肋状条纹。条纹被擦抹到基材上之前开始流平，由于带着基材的背衬辊和涂胶辊之间的擦抹作用力，有助于条纹的流平。如果流平不利，则压敏胶在基材上形成条纹状胶层。一般情况下都希望在胶层干燥至不能流动之前将条纹流平。条纹密度越大涂层越平滑；条纹粗度越大，涂层流平时所需的流动性越小。此区域控制的越窄，胶层条纹出现得越少。条纹密度越密，涂层越平滑。

计量辊和涂胶辊之间对胶层形成夹压力区域的间隙与压敏胶的物化性质参数、各对辊的转速有定量关系，其经验公式见下式：

$$\frac{I}{L} = \left(\frac{R_{P_0}}{R_P}\right)^{1/2} \times \left(\frac{R_{a_0}}{R_a}\right)^{2/3} \times \left(\frac{R_{I_0}}{R_I}\right) \times \left(\frac{N_{H_0}}{N_H}\right) \times \left(\frac{r}{r_0}\right) \times \left(\frac{a_0}{a}\right)$$

式中，L 为涂胶层厚度，mm；N_H 为胶层在高剪切速率下的黏度，mPa·s；a 为胶层的体积固含量，即体积分数；R_P 为计量辊转速（线速），r/min（m/min）；R_I 为背衬辊转速（线

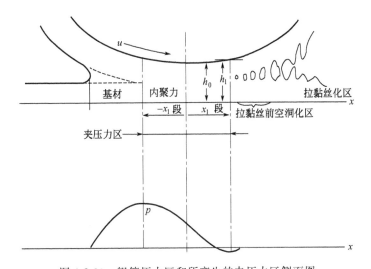

图 4-2-30　辊筒压力区和所产生的夹压力区侧面图

u—背衬辊转速，r/min；h_0—胶液在 $-x_1$ 段的黏度，mPa·s；h_1—胶液在 x_1 段的黏度，mPa·s；

$-x_1$—胶液承受夹压力及其内聚力段，mm；x_1—胶液承受夹压力及其临界内聚力段，mm；

x—胶液在夹压力区的长度，mm；p—胶液进入夹压力区时承受的夹压力，N

速），r/min(m/min)；r 为表面张力，N/m；I 为夹压力区域的间隙，mm；R_a 为涂胶辊转速，r/min；涂胶辊的线速，m/min；下角有 0 的为相应的起始状态参数。

（3）流平性　流平性取决于胶层在低剪切速率下的物性，如压敏胶的黏度、表面张力和胶层厚度等。最明显的例子是，胶层厚度 1～5μm 时最容易出现条纹。

总之，胶层在高剪切速率下的黏度越高，在低剪切速率下的黏度越低，这样的压敏胶液流平性较好，有利于获得平整的涂胶层。对辊间的间隙调节来说，它是获得平整胶涂层的重要因素之一。

（4）涂胶层厚度和压敏胶的物化性质　涂布过程中，涂胶层厚度与压敏胶的黏度与固含量等有密切的关系。另外，当生产条件一定时，胶层黏度（N_H）与夹压力区域的间隙（I）呈反比关系。黏度上升一倍，则间隙降低一半，产生条纹的密度也增大，涂层易于平滑。

七、流延落帘涂布设备

1. 结构和控制

（1）结构和流程　它通过给压机构（如挤出机等）将压敏胶压入涂布头。涂布头由进胶腔室和出胶缝隙组成，腔室将胶均匀地从出胶缝隙中挤出，形成落帘短胶膜落于由背辊托着运转的基材上，达到涂布效果，如图 4-2-31 所示。

（2）机件　挤出机的螺杆覆有等离子喷涂防粘层，在进料分配处配有擦净螺杆粘连残胶的装置。螺杆的长径比要大（40∶1），各种胶料经过螺杆运转混合均匀，最后通过模口挤压到基材上。

（3）涂胶量　此种涂布设备中胶液供给系统和基材运转速度要有一定比例的配合，配合调整系统要完善。它适于高速涂布，胶液损失小，胶液和外界接触很少，所以有利于特种胶液的涂布。采用此种涂布装置时，涂胶量（即供胶泵的挤出量 Q）与基材运转速度 v 之间有以下的定量关系：

$$Q = \frac{twv}{1 - \frac{s}{100}}$$

式中，Q 为涂胶量，mL/min；t 为涂胶层厚度（干），μm；s 为涂胶液主体不挥发组分的容积率，％；w 为涂胶幅宽，m；v 为基材运转速度，m/min。

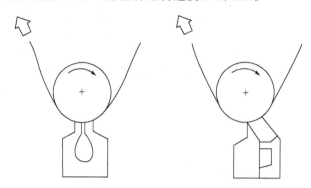

图 4-2-31　腔式挤出流延涂布器

而供胶泵的挤出量 Q 可由下式计算：

$$Q = AN$$

式中，A 为泵回转一圈的挤出量，mL/圈；N 为泵的转速，圈/min。

（4）装配要求　以上两式表明，可以通过调节基材的运行速度 v 和泵的转速 N 来得到任何所需要的涂胶厚度。为了避免泵的不稳定脉冲（转速）引起的涂胶厚度变化，乃至出现断层涂布，此种设备需要精密的运转泵和精密的装配，避免在基材背辊和涂胶嘴之间的流延胶液发生内压不稳和热膨胀的变形。

2. 应用

对于极高黏度的胶黏剂，如 100％固含量的树脂类压敏胶和热熔压敏胶，都可采用此种设备进行涂布。此种涂胶设备也可以通过控制涂胶机构用于各种溶液型压敏胶和乳液型压敏胶的涂布。一般，它适应的涂胶液黏度为 170℃时达到 $0.02 \sim 2.0$mPa·s；常温时的涂胶液黏度为 $40 \sim 80000$mPa·s。

第三节　干燥设备和冷却设备

将溶剂型或乳液型压敏胶用上述各种涂布设备均匀地涂布于基材上之后，在涂布机生产线上还需进行加热干燥，将有机溶剂或水分挥发掉；然后再进入冷却工序，这样才能使压敏胶溶液或乳液在基材上固化成各种压敏胶制品。因此，完成上述两道工序的干燥和冷却设备是涂布机生产线设备中仅次于涂布设备的另一类重要设备。

干燥设备需要满足下列条件：①干燥能力强；②干燥效率高；③被干燥的压敏胶和基材运送安全；④压敏胶在基材的全幅面上烘干均匀；⑤基材在干燥过程中不发生或少发生皱褶和卷曲；⑥便于清洁和检查等。

涂布机生产线上的干燥设备亦称干燥机，一般由干燥箱（或称烘箱，多个干燥箱连接起来组成烘道）、换热器、风机、风嘴机构、传送带或传送辊、能源发生机构（诸如热风炉或汽锅炉、燃油锅炉、其他高温介质锅炉）等组成。

涂有压敏胶液的基材进入干燥机后一般是靠不断吹入的热空气将其加热并把挥发的有机溶剂或水蒸气带走的。热风干燥在能源的获取和能量调节范围广泛等方面都比其他干燥方式有利。根据热风吹入和循环方式以及涂胶基材在干燥机中行进方式的不同，干燥机有多种形式。热风吹入和循环方式有热风单面循环干燥、热风双面循环干燥；基材行进方式有传送带运送干燥和无传送带的气垫悬浮式干燥等。目前在工厂最常用的是喷嘴气流式干燥箱和气垫式（或称悬浮式）干燥箱两种。下面将对这两种干燥机进行介绍。

一、喷嘴气流式干燥机

1. 机构和工艺

一般采用热风垂直喷出式干燥设备。热风对流式或顺流式干燥的效率都低于热风垂直式干燥，工业上较少采用前者。

此种干燥机采用热风干燥涂胶层的单面方式，基材的行进方式则一般采用传送带（辊）运送。干燥机由数个单元干燥箱组成。每个单元干燥箱由加热器、进风风机、进风道、进风分配箱、喷嘴、回风道、循环风道和排风风机等组成。热风是通过喷嘴垂直喷向行进中的压敏胶涂层并加热涂层使涂层中的有机溶剂或水逐渐挥发的。

压敏胶液的涂层在经过一小段无热有风的单元后，进入首单元干燥箱并在这里保持较低的温度（60~70℃），以延长恒速干燥阶段。然后进入其他单元干燥箱。这些干燥箱的温度排列依次为中低、中高、高、中高、中低，这样可以保证除去残余溶剂并完成交联反应。也利于干燥后的压敏胶涂层离开干燥机。

热风的循环或排出的热风作下一单元干燥箱的预热源，这样可以节省能量。但是溶剂型压敏胶涂层要受溶剂气体爆炸下限的安全线控制。乳液型压敏胶涂层要受涂层表面上水蒸气浓度渐渐上升的影响，这些因素都控制着干燥速率。乳液型压敏胶涂层比溶剂型压敏胶涂层的热风循环实施量大。

2. 干燥箱的传热系数和干燥速率

当干燥箱只有热度而空气为静止状态时，其传热系数为 10cal[1]/(h·m²·℃)；干燥箱为高速气流喷出状态时，其传热系数为 170~370cal/(h·m²·℃)。由此可知，单纯热干燥效果较之又有热又有气流的干燥效果低 10~40 倍。

不同气流方式，干燥箱中水分的干燥速率有很大差别。水在几种不同气流方式的干燥箱中，其干燥速率有如下范围：通道式平行气流干燥箱 7~15kg/(m²·h)；喷嘴气流式干燥箱 36~65kg/(m²·h)；气垫式干燥箱 50~140kg/(m²·h)。

3. 喷嘴的设计参数

(1) 喷嘴设计参数喷嘴气流式干燥箱中，喷嘴的设计非常重要。其参数有喷嘴的形状、类型、喷嘴与涂胶层表面的距离、相邻喷嘴间的距离、喷嘴的排列、喷嘴的宽度等几何尺寸、喷嘴的高度和锥度等。这些参数不仅与喷向涂胶层表面气流的湍流状态有关，而且还影响着它们的干燥速率。

(2) 狭缝式锥形喷嘴的典型设计数据：喷嘴与胶层表面的距离为 2~5cm，相邻喷嘴间的距离为 150~300mm，喷嘴的排列为等距直排式，喷嘴的宽度为 3~5mm，喷嘴的高度为 80mm，喷嘴的锥度为 50°~80°。

适宜应用的气流运动状态为湍流式；雷诺数 Re 为 80 000＜Re＜500 000。

(3) 圆形喷嘴和圆孔板式喷出气流干燥箱的喷出参数主要是开口比。一般选择开口总面

---

[1] 1cal＝4.1868J。

积与分布箱总面积之比为 0.3 左右。

图 4-2-32、图 4-2-33 为气流在干燥箱中的流动情况和结构示意。气流式干燥箱和悬浮式干燥箱的结构形式如图 4-2-34 所示。

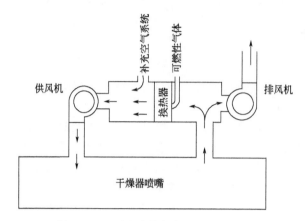

图 4-2-32　对流式烘箱中空气流动示意

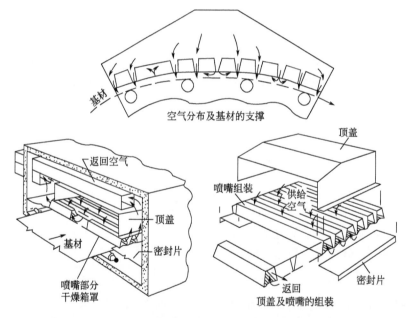

图 4-2-33　狭槽喷嘴对流式烘箱中空气的分布

二、气垫式干燥机

1. 原理和结构

气垫式干燥机又称悬浮式干燥机。此种干燥机中涂胶基材的运行既不靠传送带也不靠传动辊，而是靠热气流托垫着悬浮地行进。由于干燥道内没有传送带和传送辊，所以热传导效率高，形成了它独具的特点。两种悬浮式干燥箱示意见图 4-2-35 和图 4-2-36。

悬浮式干燥箱的喷气嘴有各种气垫形式，如图 4-2-37 和图 4-2-38 所示。图 4-2-39 是装有翼型喷嘴的悬浮式干燥箱结构（局部）示意。图 4-2-40 是传送带式干燥箱结构示意。

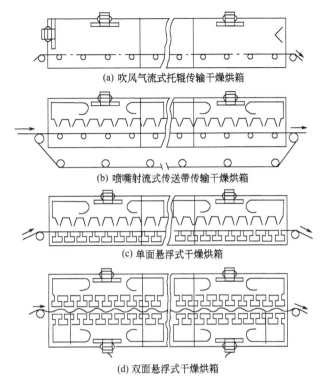

(a) 吹风气流式托辊传输干燥烘箱

(b) 喷嘴射流式传送带传输干燥烘箱

(c) 单面悬浮式干燥烘箱

(d) 双面悬浮式干燥烘箱

图 4-2-34　四种不同形式的干燥箱结构示意

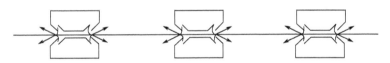

图 4-2-35　以相对方式安装的悬浮式干燥箱

图 4-2-36　以交错方式安装的悬浮式干燥箱

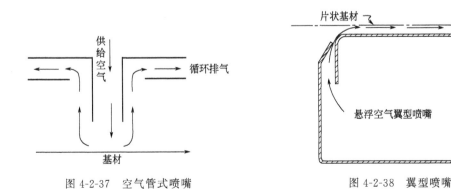

图 4-2-37　空气管式喷嘴　　　　图 4-2-38　翼型喷嘴

气垫是由基材张力和气浮力（喷嘴喷出气体到基材面上的静压力）形成，并且能阻止基

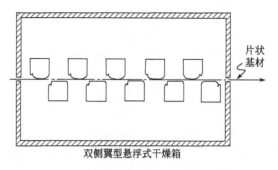

双侧翼型悬浮式干燥箱

图 4-2-39　翼型悬浮式烘箱局部结构

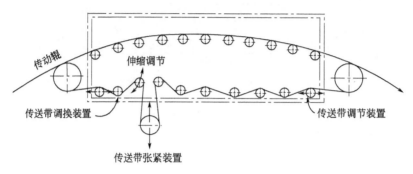

图 4-2-40　传送带式干燥箱结构

材的颤动和皱褶的发生。重要的是需要调整好喷嘴到基材的距离和风压。气垫可以在低张力下操作基材（如 $40gf/cm$❶）并维持基材的平稳，也避免了边缘的卷曲现象。

气垫式喷嘴和垂直热风喷嘴在基材上形成的压力分布如图 4-2-41 和图 4-2-42 所示。

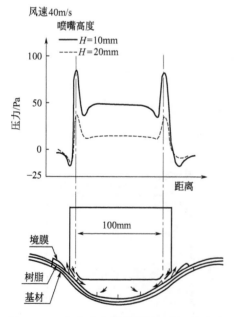

图 4-2-41　气垫式喷嘴在基材上的压力分布

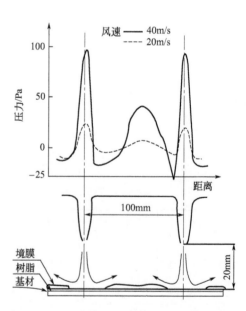

图 4-2-42　垂直热风喷嘴在基材上的压力分布

❶　$1gf/cm=0.98N/m$。

所以，热风干燥以对流形式做热传导，阻碍热传导的主要是胶层表面形成的膜层，它是由喷嘴直吹下热风后，胶层表面的溶剂或水迅速挥发形成的。热风喷嘴形成的表面膜层比气垫式喷嘴形成的表面膜层厚，因此气垫式喷嘴在高风速和距基材胶面距离很小的情况下，两面干燥的热效率很高，干燥速度较快。

2. 悬浮式干燥机的特点

① 由于没有传动辊，避免了传动辊和基材在运转中由于其速度差引起的基材划伤和传动辊的轴承凝固等弊病。也可以通入 N_2 气等惰性气体使压敏胶在有机溶剂的浓度爆炸下限以下做干燥作业，以节省能源。

② 气垫式喷嘴形成的热传导效率高，可以减短干燥道的长度，一般可以减少 $30\%\sim40\%$。

③ 基材的两面在悬浮状态干燥，干燥效果均匀，无托辊等支承的过热现象，也防止了干燥时产生气泡。

④ 由于开机前确定基材和气流的参数，有利于防止皱褶等现象的发生。

在基材上喷嘴的风速（m/s）、基材张力（kgf/m）、喷嘴和基材间的距离与传热效率的关系图如图 4-2-43、图 4-2-44 所示。

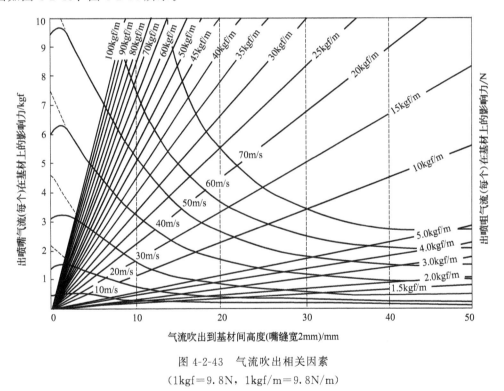

图 4-2-43　气流吹出相关因素
（1kgf＝9.8N，1kgf/m＝9.8N/m）

据以上所述，可以将干燥过程的全部因素考虑后获得最优化的干燥工程。

三、冷却设备

1. 冷却方法

胶黏带在干燥工序之后即进入冷却阶段。一般使用冷空气强制喷向胶面进行冷却，也可使用水冷却辊进行冷却，也有二者并用的。

水冷却的冷却辊，在辊内壁容易形成滞留水膜，影响冷却效果。它是冷却辊在运转中离

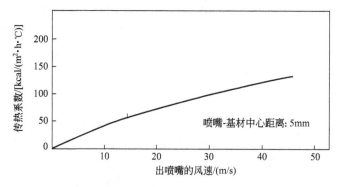

图 4-2-44　气流吹出喷嘴的传热效率

心力的作用下形成的，一般采用定期强制排除方法解决。

水冷辊制作成壁通管道，靠近表面进行冷却水双重循环，或用带有搅拌的方式，其效果都比较好。

采用减压法靠冷却辊内的冷水蒸发冷却的方法效果最佳。

2. 冷却效果

采用空气喷风冷却时，当喷嘴到胶面距离一定时，冷却效果一般为 $210\sim504$kJ/$(m^2 \cdot h \cdot ℃)$。水冷却辊的冷却效果一般为 $630\sim1050$kJ/$(m^2 \cdot h \cdot ℃)$。壁通管道双重循环水冷辊或采用搅拌方式的水冷辊时，冷却效果一般为 $840\sim2100$kJ/$(m^2 \cdot h \cdot ℃)$。减压法的冷却效果一般为 $3360\sim5040$kJ/$(m^2 \cdot h \cdot ℃)$。

3. 各种冷却方法的选定

需视现场情况而定。冷却辊使用的水温要低，如果辊面出现露珠现象，要强制排除。因此水冷却辊一般应用于湿度小的场合。

○ 第四节　增湿、复合和收卷设备

一、增湿设备

1. 增湿工艺

胶黏带和胶黏标签纸的制造过程中，在干燥工程之后，基材内部含水量变小，尤其是纸类、布类等基材。这使后工序裁切时基材强度显得不足，同时基材在运转中的带有静电和皱褶等毛病也显现出来。皱褶现象是由于基材的里、表收缩性不同所致，胶和基材的收缩性也不同。这些毛病均是由干燥工程引起的。因此，采用增湿的方法是解决问题的重要途径。

2. 常用的增湿方法

① 用凹印辊上装有笼布的辊，笼布直接沾水黏附于基材上进行增湿，或用水喷雾黏附于基材上进行增湿。

② 将水和水蒸气通过它们的流态化，制成喷雾式加湿器进行增湿以及以静电加湿器增湿。

③ 湿蒸气或饱和水蒸气直接喷出法增湿。

3. 流态化增湿的原理和应用

用饱和水蒸气在 1~2m 长的小型腔室中进行加湿，这是流态化防止皱褶的方法。其设备结构如图 4-2-45 所示。

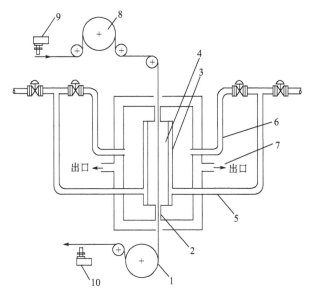

图 4-2-45　水蒸气流态化增湿设备结构示意
1—加湿量调整辊；2—空气遮断喷嘴；3—加热壁；4—凝结室；
5—加热壁用蒸气供给泵管；6—加湿蒸气供给泵管；7—排气孔；
8—急冷辊；9—入口水分检出器；10—出口水分检出器

流态化增湿的原理是水蒸气的凝结原理，水蒸气流态化成超微粒子(约 20μm)，通过基材表面时进入其内部组织的毛细管孔洞并凝结于其中达到增湿的目的。

蒸气的凝结传热效率如图 4-2-46 所示。对冷却辊上的基材用流态化方法进行增湿的示意见图 4-2-47。

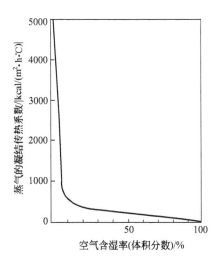

图 4-2-46　蒸气的传热效率和空气含湿率的关系

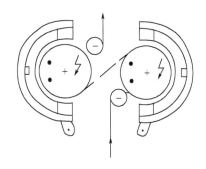

图 4-2-47　对冷却辊支持的基材进行加湿

用流态化方法增湿时，环境空气的混入可以降低增湿效果，应尽量避免之。对于有机硅离型纸、皱纹纸等表面紧密的基材，在一定时间内能够达到增湿效率高和均一的效果。对于吸湿性低的薄膜类基材，如果需要增湿时有静电的障碍，大多采用薄膜自身的制造工艺解决。其他方面都把增湿方法用于消除静电。

增湿量方面，小者可以控制加湿量在0.5%以下。一般加湿量为3%～4%，并且在此范围内可以调整。

二、复合设备

1. 设备构成

冷却增湿后的胶黏带、胶黏标签纸等压敏胶制品，有时需要在胶面上贴合一层离型防粘纸（膜）或其他基材。用转移涂布方法制造的压敏胶制品，它是将压敏胶涂于防粘纸上，并经过干燥、冷却、增湿后与基材复合，压敏胶层转移到基材上，经收卷后形成制品。也有的是将压敏胶直接涂在基材上，经过干燥、冷却、增湿后与防粘纸复合。所以，复合工艺是某些压敏胶制品的制造过程中重要的工序，完成这一工序的设备就是复合设备。复合设备由加热的金属辊（有时不用加热）和加压力用的耐热橡胶辊组成。湿式和干式复合工艺与设备系统如图4-2-48所示，前者是干燥前复合，后者是干燥后复合。

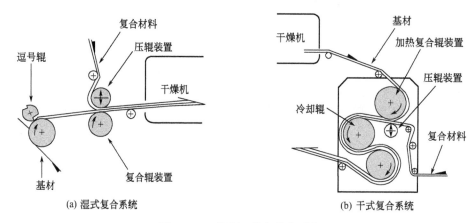

图 4-2-48　复合工艺与设备系统

2. 应用和调节

在此种复合设备上进行复合时容易产生皱褶现象，这是由于两种基材进入加压辊组时的入射角没有调整好。此外，两种基材在贴合前最好都经过加热辊使其温度接近一致。因此在贴合之前，最好设置两个可调对辊，使入辊的基材张力和出辊的基材张力达到相应的平衡，一般加压辊压力达到 $5～50N/cm^2$ 较好。复合辊的直径大些对复合工艺有益。

在调整贴合材料的张力时，尽量以干燥机内的基材运行张力为基准。使两个基材复合时的张力尽量保持一致，并以此调节传动机构的运转。

三、收卷设备

1. 设备功能

收卷设备的功能类别有：长尺码大卷卷取和小尺码小卷卷取，同时有中心轴卷取和表面卷取两种形式。中心轴卷取大多用于长尺码胶带（如30m/卷以上），如卫生胶带等方面。长尺码胶带（如800mm胶带卷）经常再通过复卷机，分解为若干短尺码胶带卷，利于裁切；

也可直接利用分裁复卷机，一边复卷一边分裁成一定尺码的胶带卷。

目前小尺码胶带收卷设备具有自动调节张力、自动供给纸芯、自动落下成品卷等多功能自动化机械。收卷设备的拖动动力有直流电机、力矩电机和交流电机变频调速等方法。

2. 设备调节

卷取时的卷取张力从开始到卷取最后是变化的，因此需要控制一般卷芯内圈的卷取张力和外层卷取张力，其差别在0～5％范围内进行。如图4-2-49和图4-2-50所示。卷取装置的几种形式如图4-2-51、图4-2-52所示。

卷取操作中要避免端面的进出不齐现象和望远镜现象，胶带卷每层间造成的空气泡要尽量避免。所以，卷取时卷取卷的表面要放上加压辊（图4-2-53），此辊随着卷径的增大而浮动，从而达到卷实的目的。表面卷取中的两次穿布方式见图4-2-54。表面卷取设备结构见图4-2-55。

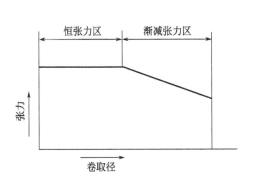

图 4-2-49　恒张力卷取和减张力卷取过程

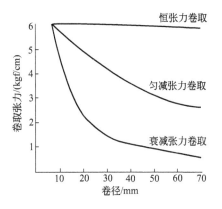

图 4-2-50　卷材张力与卷径的关系
（1kgf/cm＝9.8×10²N/m）

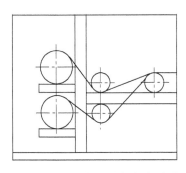

图 4-2-51　中心卷取固定式（慢速度）

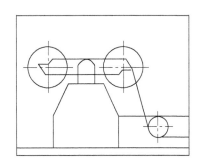

图 4-2-52　中心卷取转塔式（快速度）

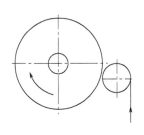

图 4-2-53　复卷用表面压辊

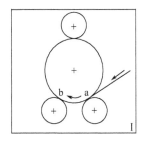

图 4-2-54　表面卷取中的两次穿布方式

卷取卷径的测定，一般采用光电管等转换方式；卷径的测量采用计算机计算等装置，它可直接读取长度。

卷取设备有各种自控张力和卷径的机构，它可以解决大卷径和小卷径卷取时产生的张力不平衡、卷品的松紧不一、卷品的端面不齐、卷品的气泡现象等弊端。这些卷取自控机构在北京、上海、江浙地区均有生产。

送卷设备和卷取设备运行的调控原理如图 4-2-56 所示。

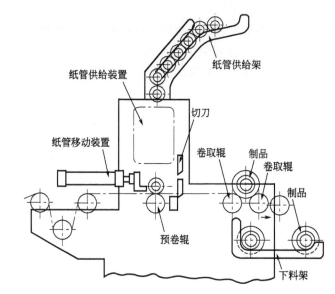

图 4-2-55　表面卷取（适于 PVC 胶带等小卷自动卷取）

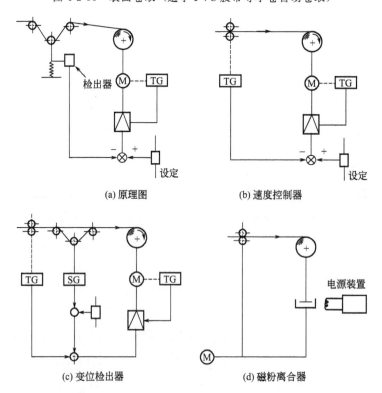

(a) 原理图　　　　　　(b) 速度控制器

(c) 变位检出器　　　　(d) 磁粉离合器

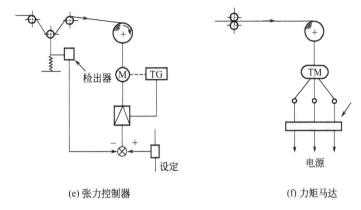

(e) 张力控制器   (f) 力矩马达

图 4-2-56 送卷设备和收卷设备调控原理

第五节 涂布生产线的自动化设备

一、张力自动控制机构

胶黏带和胶黏标签纸的涂布过程中，基材的运行与张力的变化有很大关系。基材张力变化会引起基材运行中的跑偏、中断、收缩、涨宽等各种不利现象，也会引起卷取的卷品松紧不一和它们的裁切困难。所以，在涂布过程中，需要对基材运行的张力进行控制。

1. 检测

自动控制的在线张力检测是通过检测器进行的。检测器分为两类，一类是微动感测器，其传感作用的位移很小，反映的直线性、反馈性较好。另一类是大位移传感器，它可以检测较大的张力变化；运行中的惯性冲力造成张力的变化，也可以采用大位移传感器实现张力检测。

另外，还可利用基材运行的控制辊和它的位移进行检测，检测信号通过气动汽缸的压力转换器和气电转换器达到检测和调节的目的，这种检测精度较好。

2. 张力的控制范围

基材运行中的张力由基材材质、横断面面积、放卷状态、涂布机构特点、干燥工程指标和干燥传动状态、复合状况等诸因素决定。它的范围可以看作是：从静张力最小值直到临近断裂前的最大张力。

运行中的张力范围，在放卷状态为中心轴放卷时，如果卷径比在1:5情况下，静张力范围为1:8，则运行中基材张力的变化为1:4。当然，在涂布阻力、干燥传动等方面的其他阻力也会引起张力变化和张力幅度的变化。各种基材的张力如表4-2-2所示。

表 4-2-2 基材张力数据表

项目 基材	铝箔	聚酯	聚氯乙烯	醋纤布	双轴拉伸聚丙烯	防粘纸	牛皮纸	纸板
厚度/mm	0.0127 0.0254 0.0508	0.0127 0.0254 0.0508	0.0127 0.0254 0.0508	0.0127 0.0254 0.0508	0.0254	0.0254 ～0.0508	0.127 ～0.254	105,157, 196,262, 327

基材\项目	铝箔	聚酯	聚氯乙烯	醋纤布	双轴拉伸聚丙烯	防粘纸	牛皮纸	纸板
张力 /(10N/cm)	0.09 0.18 0.36	0.045 0.0135 0.27	0.0225 0.045 0.09	0.045 0.09 0.18	0.09	0.18 ～0.36	0.27 ～0.72	0.54,0.72, 0.9,1.26, 1.98

3. 控制过程

在张力控制范围内进行检测时，将检测信号转换为电信号，进而控制电机的转速，这样可使基材运行的线速度随传动各部位的电机转速而变化，达到调整张力的目的。

在检测的信号输送给调张执行机构时，执行机构起动机的灵敏度，即起动、停止、反动、增速、减速的灵敏度（要考虑其中的惯性力）等，对于张力的调整有很大的影响。对于张力较大（如 4.5N/cm）、挺度较好的基材，它的张力检测机构和执行机构都易于控制。对于小张力的柔软而伸缩性大的基材，由于张力小而材质软〔例如在 4.9N/m(0.5kgf/m) 以下的基材张力状态〕，难以实现较好的张力控制。

4. 张力检测控制和执行机构

张力测控机构要设计好基材运行中张力的作用。最廉价的方法是检出器直接显示电流变化从而控制电机转速。传动电机的转速调节，一般采用直流电机或变频控制的交流电机。因此，各部位（放卷、卷取、干燥、复合等）的转动机构或电机也可以认为是张力检测控制的执行机构，它对于配合张力的调节有适当的平衡。

张力控制的精度要求取决于检测器的误差。挺度大、张力大的基材多数采用压力式张力调节器，它由传感器和托辊组成，基材呈锐角形入出通过带有压力感测器的托辊。基材入出角(θ)，一般以 45°～60° 为宜。运行基材的张力变化可以转变为压力的变化，压力感测器的信号传给执行机构，从而达到检测和控制张力的目的。所以，张力传感器多为压感型，它有压力应变片传感器、压电陶瓷传感器等。

传感器的压力变化信号转换成电信号或气动信号时，信号经电子处理后，转变为调节张力执行机构之起动动力源。其原理图如图 4-2-57 所示。

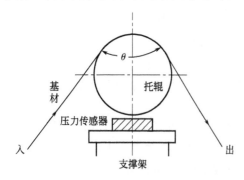

图 4-2-57　压力式张力调节器装配示意

5. 磁粉离合器和磁粉制动器

磁粉离合器和磁粉制动器是控制输入电流、达到改变输出转矩的张力自动化调节器件。它可以并入恒张力调节自动化系统应用。

磁粉离合器安装在卷取装置的中心卷取轴上，该器内有电磁线圈和许多磁粉，线圈通入电流时，磁粉在磁力线的作用下，沿着磁力线通过的方向形成磁链，使主动转子轴和从动转子卷取轴形成一个刚体而转动。如果转矩超过一定范围，工作间隙中磁链产生剪切而实行滑差运行。输入的电流适当，可以形成对卷取轴产生缩紧的作用，这样就像刹车片的作用一样，限制了卷取轴的转速。通过控制通入电流的大小，可以改变卷取轴的转数，这样就起到了调节卷品张力的作用。如果在线圈中不输入电流，即为无激磁状态，磁力线消失，工作间隙中的磁粉处于松散状态，输入轴（电机轴的联轴）转动时，磁粉在离心力的作用下压附于圆的夹磁环内壁，这就是空转状态。

磁粉制动器的作用原理与上述相同，它是一定的电流形成一定的制动力，起到限制送卷中心轴转速的作用。它多数安装在送卷中心轴上使用。

6. 力矩电机

力矩电机安装在卷取轴的位置上，依靠电机的力矩指标调节卷取轴上的转矩，从而起到调节卷品张力的作用。

二、厚度测定器

压敏胶涂层的厚度直接影响到制品的质量。由于胶液性质和涂布设备等各种因素的影响，涂胶层厚度在涂布过程中变化较频繁。因此，随时做在线测定并且随时进行在线调整非常重要。在线测定是非接触测量，它多数采用电磁波的能量，非接触地穿透涂胶层和基材的厚度，由于其厚度和穿透能量之间有正比例关系，所以从穿透的能量数据可以反映出涂胶层的厚度数据。涂胶层厚度的测定，对于薄膜等基材多采用 β 射线测厚器进行在线干燥后的测定。近来发展为湿胶层的测厚控制，同时要求精度高、价格低廉的非接触型在线测厚器。

选择测厚计时要根据表面状态、物质透明度等情况酌定。当测定误差大时需要取样测定后校正。经常使用的非接触式测厚计有如下几种。

1. 红外线测厚计

其原理是测定被测物吸收红外线的量，再将其换算成被测物的厚度。为修正它们产生的误差，多采用 2 个或 3 个波长作为发出的红外线信号。目前，它多应用在（20 ± 1）g/m² （湿）涂布量的场合，其测定厚度范围在 $10\mu m$ 左右。但在 $10\mu m$ 以下的测定会遇到某些困难，具有更精确测定范围的仪器尚有待开发。

2. 放射线厚度计

利用放射线的射线强度通过被测物质后产生的衰减，从中得到的数据可转换为厚度计量值。射线强度与被测物厚度之间的关系式如下：

$$N = N_0 e^{-\mu\rho t} \tag{4-2-5}$$

式中，N 为通过物质的射线强度，C/kg；N_0 为没有通过物质的射线强度，C/kg；μ 为物质的吸收系数，m²/g；ρ 为物质的密度，g/m³；t 为物质的厚度，m。

由上式可知，N 和 t 有比例关系，测定了 N 即可得出厚度值和单位面积涂布量。一般的射线源有发射 β 射线的钷 147、氪 85、锶 90 等；发射 γ 射线的镅 241 和锔 244 等。

3. 氦氖、氙灯厚度计

通过在背衬辊和刮刀的间隙安装一受光器测定厚度。测定范围为 $0.5\sim10\mu m$。

除以上三类测厚计外，还有超声波测厚计、导电率测厚计，涡流电测厚计等接触型和非接触型的测厚计。选择测厚计时要根据表面状态、物质透明度等进行。当测定误差大时需要取标样测定后进行校正。

三、纠偏机构及其自动化

1. 基材的偏歪现象

在压敏胶的涂布过程中，基材运行时，其边缘位置常常不能稳定地固定在一个位置上行走，这样就出现"蛇行"现象。涂布机的机身水平度和垂直度，以及各辊系的平行度、水平度、垂直度和精度等各种因素都会使基材在运行中产生"蛇行"现象。

在涂布机中容易产生"蛇行"现象的部位有：涂布头部位、卷取部位、复合部位、放卷部位等。这些部位都需要进行校正组合，这样可以达到校正"蛇行"现象的目的。

2. 纠偏机构的构成

涂布机中将上述各部位进行组合校正以纠正基材运行时产生"蛇行"现象的机构称为纠偏机构。纠偏机构由检出器和执行机构组成。

（1）执行机构　按照检出信号通过单个或数个校正辊的平动、扭动、错动等动作带动偏歪的基材进行校正。实行校正辊的扭动、错动等动作，可以调整基材的行进方向，这样就达到校正基材运行偏歪问题的目的。除了这种执行机构外，还需要配备基材边缘偏歪的检出机构，通过检出的信号使执行机构动作。执行机构的动作动力有油压式、气压式和电动式等。

（2）检出机构　它是鸭嘴式形状，基材边缘在嘴内进出就有信号检出，它有如下三种形式。

① 机械式　基材边缘触及制动片而发出信号，使执行机构的辊系产生各种动作，如辊系不同程度的偏斜动作和横向移动动作，从而对基材运行中的边缘偏歪进行校正。

② 光电式　通过光电管的光束被基材边缘遮挡与否检出基材边缘的变化，这种变化就是检出信号。

③ 气流式　采用气流的吹出检出基材边缘是否挡住气流，反映出检出信号的变化，传输给执行机构。

3. 纠偏控制系统

纠偏机构和纠偏控制系统如图 4-2-58 所示。纠偏控制系统指导和控制纠偏机构的运行。一般情况下，该控制系统多数采用位置连续跟踪伺服系统，按负反馈闭环原理进行工作。在基材运行过程中，当基材边缘偏离检出点时，经检出头的差动电路，输出弱的偏差信号，通过放大和 PID（比例、积分、微分）调节器及 PWM（脉冲宽度调制）调制器，将偏差信号调制到某一频率的脉冲信号，经延时保护电路，其输出信号通过功率放大器，推动伺服电机，经减速器使基材边缘自动跟踪检出点，不断纠偏。偏差信号大，脉冲波形宽度相应也大，边缘跟踪检出点速度也快。反之亦然。偏差信号若为正极性，电机为正转，若为负极性，电机则反转，使基材边缘始终准确又快速地跟踪检出点（机械制动片、光电管的光点或气流束的气点等）。纠偏控制系统的工作原理如图 4-2-59 所示。

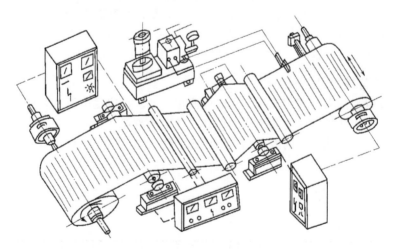

图 4-2-58　纠偏机构和纠偏控制系统

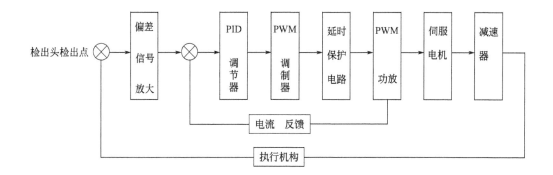

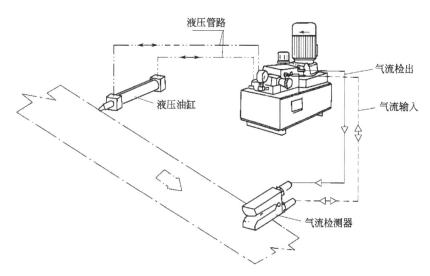

图 4-2-59　纠偏控制系统的工作原理

第六节　压延涂布工艺和设备

将无溶剂（或无水）的、100%固体成分的压敏胶黏剂在压延辊组合装置的压力下压延成均匀的薄胶膜或薄胶片，然后再在复合辊的压力下将它们粘贴复合在织布、聚乙烯薄膜等基材上，这样制成压敏胶黏带（如布基胶黏带、防腐胶黏带等）的过程就是压延涂布工艺。这种涂布方法的特点是只能涂布加工压敏胶层较厚的制品，胶层厚度一般都在 0.05mm 左右或在其以上。若要制造压敏胶层较薄的制品，这种涂布加工方法难以得到厚度均匀的胶黏剂层。压延涂布方法尤其适合再生天然橡胶类压敏胶黏剂的涂布加工。

用压延涂布制备压敏胶制品的整个工艺是：先在开放式双辊炼胶机上将再生橡胶的胶料按配方配伍、混炼并预热到一定温度，然后经过压延涂布设备按工艺要求压延成胶膜或胶片，再与基材贴敷制成压敏胶黏带等制品。

压延涂布设备可按其辊组的数量和排列配合方式、起动方法以及调整方法等组合成各种形式。不同形式的设备有不同的功能和用途。人们可根据不同压敏胶制品的不同要求来选择各种形式的压延涂布设备。

一、压延涂布设备

压延涂布设备中最重要的是压延辊和支撑体以及它们的调整机构。

1. 压延辊和支撑体

（1）压延辊的组合排列形式　其形式有很多种，如图 4-2-60 所示。实际生产中，压延涂布机的压延辊操作运行示意见图 4-2-61～图 4-2-64。实际应用较多的为立式三辊排列和逆L 型四辊排列。

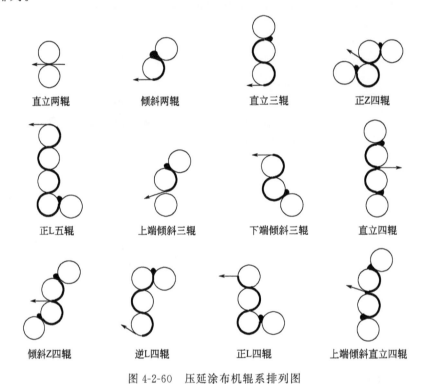

图 4-2-60　压延涂布机辊系排列图

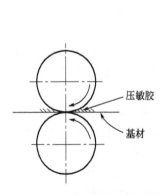

图 4-2-61　两辊压延涂布机示意

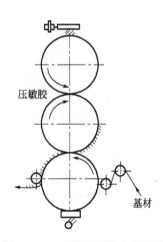

图 4-2-62　三辊压延涂布机示意

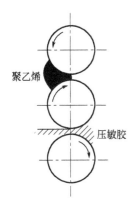

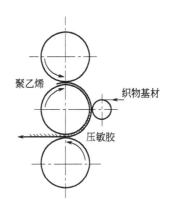

图 4-2-63　聚乙烯基材和压敏胶同时压延
　　　　　生产聚乙烯胶带示意

图 4-2-64　聚乙烯涂塑型织物胶带
　　　　　压延涂布机示意

（2）压延辊的规格尺寸　一般都以长径比来说明。通常采用的长度与直径比为 5∶2～3∶1，即长度是直径的 2.4～3.2 倍。压延辊的规格见表 4-2-3。

表 4-2-3　压延辊的规格

辊径/mm	475	508	559	610	660	710	762	812	863	914
辊长/mm	1370	1520	1520～1680	1680～2030	1780～2160	1950～2340	2080～2540	2230～2670	2360～2840	2540～3050

（3）压延辊的结构　有中空辊和壁空辊两种结构形式，如图 4-2-65 所示。

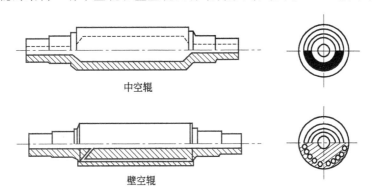

图 4-2-65　压延辊内结构示意

中空辊的壁厚约为 100～140mm，辊中空部也做精度加工。但是传热面有端面温度低、中间面温度高的现象，即有辊面长度方向温度分布不均等缺点。

壁空辊是为了克服中空辊的缺点而发展起来的。它是在辊面内部 50～70mm 的厚度内钻孔（φ25mm），沿辊端面满布。这种结构热源冷源均可使用，同时辊面温度分布较均匀。但是造价比中空辊高。国内大连橡胶机械厂为制造此类产品较好的厂家。

压延辊的材质多为铸钢和圆钢、合金钢。按表面硬度的用途分类有：①低合金辊（表面硬度 HS70±2）；②高合金辊（表面硬度 HS72±2）；③煅钢辊（表面硬度 HS72 以上）。

（4）轴承和支撑体　压延辊要求精度高，机械尺寸严格，在装配上轴承是很重要的。压延辊轴端和轴承的配合间隙要达到最小，除去浮标间隙保证压延辊运转时的轴跳精度。因此，常用辅助轴承装置，按压延辊承受负荷方向来装配。

压延辊轴端和轴承配合安装在支撑体的框架上，框架的材质多采用铸铁，这样可避免由于框架支撑的变形而导致的压延误差。支撑框架的加工安装都有严格的尺寸要求，故加工和安装的精度都要有严格的工艺要求。

2. 压延辊的调整机构

为了达到加工产品幅宽面上厚薄均匀的效果，压延辊的安装需要有均匀性补偿装置。间隙的调整是采用高速机构通过滑块移动压延辊两端轴承来实现的，也可以采用减速机，以手动或电动等自动控制方法来实现。

（1）传动机构　各个压延辊的传动较多地采用单独电机传动的方式。电机通过减速机和十字联轴器与压延辊相连，每个压延辊有这样一套机构来控制压延辊的转数。主电机的变速通常通过直流电机或变频交流电机来实现。

压延辊机械视用途的不同有不同的辊数和排列，各辊之间的转数比由加工不同产品的工艺确定。

压延辊本体和减速机转动分开的设计有如下几个优点：

① 减速机齿轮咬合时的振动与压延辊隔离，避免了产品压延过程中的起皱纹现象；

② 压延辊间隙的调节对减速机传动系统的固定位置不产生影响；

③ 减速系统的润滑是独立系统，保证了润滑的稳定性；

④ 压延辊装卸方便，便于维修和安装；

⑤ 压延辊的加热和减速系统隔离使机械的使用寿命延长。

标准的压延涂布机如图 4-2-66 所示。

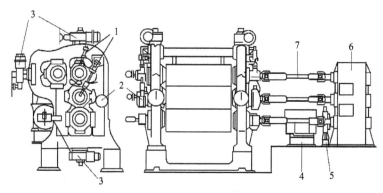

图 4-2-66　逆 L 四辊压延涂布机

1—辊的油压装置；2—辊的调歪斜装置；3—辊的间隙调整装置；

4—主电机；5—急停装置；6—电机调速动力箱；7—联轴器

（2）压延辊的研磨修正　压延涂布过程中，在压延辊之间通过物料时常常会使辊的中间部分变形，产生厚薄不均匀的中高现象。为了修正这种现象，经常把压延辊研磨成凸形或凹形，如图 4-2-67 所示。

其研磨修正量要根据压延辊材质的硬度、产品的厚度要求、辊的尺寸大小、辊的温度和转速等决定。

（3）压延辊的轴交叉调整　各压延辊的中心线是平行的。如果将一个辊的中央作中心点，把两端做反方向平动，使辊两端间隙增大，则压延产品幅面两端就会加厚。这样就可取得凸形研磨修正辊的同样效果。如此的调整机构有手动、电动、油压等各种形式。标准的倒 L 型四辊压延机一般是对第三辊进行轴交叉，见图 4-2-68。

（4）压延辊的弯曲调节　在压延辊的运行中，需要修正辊的中高现象。一般可在辊的主

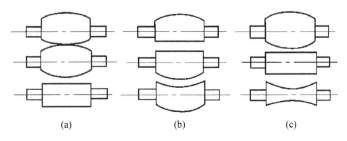

(a)   (b)   (c)

图 4-2-67 辊的凹凸修正示意

轴承内侧设一个辅助轴承。在修正时用油压方式在辅助轴承上加压力，使主轴承形成支点，辊面则可产生中高变形。在辊的辅助轴承上加压则辊中央向下方弯曲凸起，相反加压则辊中央向上方弯曲凹起。这样操作可修正微量的中高现象。如图 4-2-69 所示。

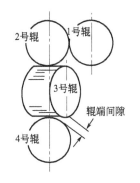

图 4-2-68 辊的轴交叉调整

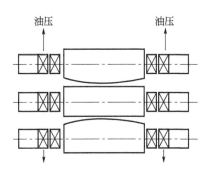

图 4-2-69 辊的压力调整方式

二、压延涂布工艺和工序

根据压敏胶制品的不同要求，压延涂布工艺可采用不同的操作工序。

1. 压延作业

将压敏胶料按确定的厚度压延成片状产品的工序就是压延作业。进行压延作业时，一般顶辊温度为 120℃，中间辊为 150℃，底辊为 100℃。若胶料有预热操作的工艺，压延辊的温度配置为：顶辊温度 128℃，中间辊 50℃，底辊 95℃。这种温度配置可应用于各种压延作业中，如图 4-2-70 所示。

各压延辊之间调整好间隙后，其开始的进料辊转速可不同。为了避免产生气泡，其他辊之间应作等速运转。这样的作业对三辊压延和四辊压延均可，以四辊压延较好。

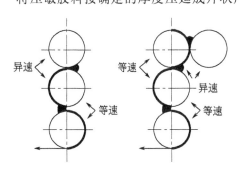

图 4-2-70 不同的压延作业示意

2. 压涂作业

一般都采用三辊或四辊压延机做压涂作业。

压涂作业可以像上述压延作业一样进行，只是在等速的底辊和中间辊之间将布基材通过，使压延胶料压涂在布基材上，如图 4-2-71 所示。进行这种作业时，在辊面上会留有一些残余胶料，不会将胶料全部压入布基上。

3. 压贴作业

它是将压延作业时在辊上形成的胶片，与辊下进入的基材直接压贴在一起，然后再通过下辊形成压贴制品。一般用三辊或四辊进行这种作业，以中间辊的转速为起始，调整上下辊的转速，找到适宜的转速比，使布基材通过下辊和中间辊之间时胶料全部压贴在布基材上，辊面上不留多余胶料。进行压贴作业时，布基材的强度要求好一些。上、中、下辊间的转速比一般为 1.0∶1.5∶1.0。压贴作业如图 4-2-72 所示。

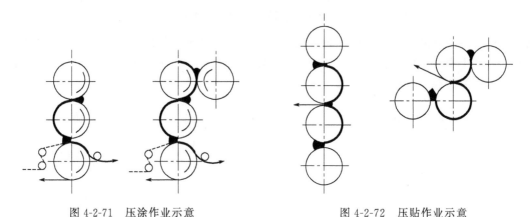

图 4-2-71　压涂作业示意　　　　　　　　图 4-2-72　压贴作业示意

4. 复合作业

产品厚度要求较厚时，胶料通过单辊压延后贴涂较困难。此时就采用双层复合的压延贴涂合二为一的工艺，形成一个较厚的制品。复合作业一般可用 Z 型四辊压延机。第一、二辊之间和第三、四辊之间进行喂料，第二、三辊之间复合压延成型。也可以两面不同颜色、不同材料进行复合作业。如图 4-2-73 所示。

5. 挤压成型作业

一般采用一个雕刻有花纹的压延辊进行压延作业，形成有压纹的片型胶料，如图 4-2-74 所示。

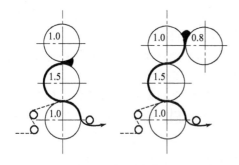

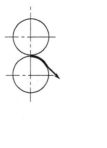

图 4-2-73　复合作业示意(图中数字为辊筒转速比)　　　图 4-2-74　挤压成型作业示意

第三章

压敏胶黏剂的干燥工程

吕凤亭

溶剂型压敏胶和乳液型压敏胶必须经过干燥后才能体现其优异性能。干燥过程也伴随有胶液的热固化反应，通过这些干燥过程和热固化反应可以提高压敏胶制品的物化性能。因此，干燥过程是这类压敏胶制品的生产中最重要的环节，也是整个涂布工程的控制步骤。干燥过程是通过热和风将压敏胶中的水分或有机溶剂成分快速挥发掉，同时要借助热能完成压敏胶的交联反应。所以，它是生产中最慢的工艺步骤，控制着压敏胶制品的涂布生产线之生产能力。

为了达到干燥过程的目的，我们希望以最优化的热能和风能达到最好的干燥程度和固化程度。所以，需要研究它们的干燥特性，计算出控制热、风、基材运行速度、设备参数等各方面的最优条件，以此指导涂布生产线的运行，形成最可靠、最科学的生产运作。

由于干燥过程是通过热能源将热能传递到胶层中，使胶层中的溶剂和水挥发，也使胶层中的分子活化之后产生交联反应，所以，它是利用热能和风能经过热传导过程和传质过程形成的干燥生产。这个干燥过程可以使胶层从起始状态（含溶剂或水的湿胶层状态）变到另一种状态（不含溶剂或水的干胶层状态），这就是干燥静力学研究的内容。通过干燥静力学的分析，采用物料衡算、热量衡算等方法解决热能的定量关系和风能的定量关系，计算出胶层中溶剂和水的挥发量以及它们所需要的热量、风量等关系数据。由这些数据可以确定各个涂布设备的机械尺寸和功能。

与此同时，通过热能的传递，胶层中的溶剂和水分子从内部向外部运动，这种分子扩散行为决定了胶层中的溶剂或水分子的挥发速度，即干燥进行的快慢。这就是干燥速率，是干燥动力学研究的内容，干燥过程中溶剂和水分的含量与各种支配因素之间的关系。这些支配因素包括：压敏胶的性质、结构、状态，热风的温度、湿度、流动方向、流动速度、安全系数等。通过求取干燥速率可以解决干燥过程所需要的干燥时间，借此可以确定满足干燥时间所需的干燥设备长度等机械参数。这些参数也影响着干燥过程的工艺操作参数。如干燥箱内的基材运行速度、干燥温度、干燥进风风速、干燥排风量、干燥循环风量等。

● 第一节　干燥工程的原理和计算

一、干燥工程的原理

1. 关于热和风的利用

（1）热风的流向和热传导　在溶剂型压敏胶和乳液型压敏胶的干燥过程中，热和风总是相伴而行的。其中热量的传导都是通过热空气向压敏胶涂层中传递，所以，热量的传导速度与热空气的运动方向和热空气的运动速度有关。

热空气的运动可用雷诺数表示，不同的雷诺数在压敏胶涂层上形成不同的热空气边界层，热量通过这种边界层传向涂胶层。热空气和涂胶层的运行流向有对流、逆流和垂直流，如图 4-3-1 所示。

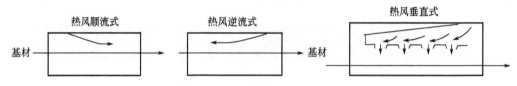

图 4-3-1　热风的主要供给方式

关于热空气在胶层表面流动速度对传热效率的影响可以从下述有关公式做定性的了解。

① 在对流情况下，在雷诺数大于 50×10^4 时，热空气的湍流作用良好。定量关系有 Colburn 公式：

$$h_m = 0.0128G^{0.8} \tag{4-3-1}$$

式中，h_m 为热空气在长度方向上温度平均值 Δt 时的热导率，J/(m•h•K)；G 为热空气质量流量，kg/h；0.0128 为热空气在长度方向上温度平均值 Δt 时的平均定压质量比热容，J/(m•kg•K)。

此式表明，传热速度随着空气流量的 0.8 次方升高，热空气流量越大，热导率 h_m 越大，热传导效率越好。

② 在低雷诺数如 80000 时，边界层决定着热传导速率，其定量关系有 Pohlhausen 公式：

$$h_m = n(v/L)^{\frac{1}{2}} \tag{4-3-2}$$

式中，h_m 为热导率，J/(m•h•K)；n 为热空气在长度方向上温度平均值 Δt 时的平均定压容积比热容，J/(m³•K)；v 为热空气体积流量，m³/h；L 为加热长度，m。

此式表明，热传导速率随着热空气速度的平方根升高。

③ 垂直热空气的热传导速率大于对流和逆流者，并且有其固定的定量关系式。因为垂直热空气流形成的湍流区域大，并且边界层的形成较薄，更有利于热传导速率增大。其定量关系也是其热导率 h_m 随着空气速度的升高而升高：

$$h_m = C G^{0.78} \tag{4-3-3}$$

式中，h_m 为热导率，J/(m•h•K)；C 为常数，>1.0 J/(m•kg•K)；G 为空气质量流量，kg/h。

由上可知，在压敏胶的干燥过程中，多数采用热空气高速度垂直于胶面喷出（15~30m/s）的方式，喷向涂胶层的距离不宜太高（20~40mm），这样可以使热空气在涂层上形成高雷诺数的湍流区，获得的热导率最好，传热效率最高。

虽然热空气喷出速度越高，传热越好，但喷出速度不能无限高，因为要考虑涂胶层不可被喷出的热空气流破坏，也不可形成基材和涂胶层的抖动。

（2）热辐射和热传导　除了热传导之外，还有热辐射的传热方式，尤其使用红外线的辐射热，一般波长在 0.7~11nm 的区域对干燥有利。其定量关系有 Stefan-Boltzmann 定律：

$$q = \gamma E(T_s^4 - T_t^4) \tag{4-3-4}$$

式中，q 为传递热量，cal[●]/(cm²·s)；γ 为 Stefan-Boltzmann 常数，1.356×10^{-12} cal/(cm²·s·K⁴)；E 为辐射率；T_s 为辐射源温度，K；T_t 为终点温度，K。

各波长红外线的辐射速度分布不均匀时，辐射能量在物体上的传送、反射、被吸收等效果也不同。能量依不同的波长，在被辐射的物体上有不同的吸收量，不同的物体对某一波长能量的吸收量也不同，吸收量的不同就使物体的温升不同。一般，红外线辐射的穿透能力，对压敏胶层约为 $15 \sim 400 \mu m$。

（3）风利用中存在的影响因素　风是由电动风机产生的，因此影响因素有：①压力损失，通风道内、过滤机构、集气装置、喷嘴等处压力的损失；②喷嘴喷气速度、方向及喷嘴的机械参数等。

喷嘴参数是影响热风干燥效果的重要因素，也是影响胶层的传热、传质过程的重要因素。风能够迅速扩散掉压敏胶层上面的溶剂（或水）汽化气，加速传热、传质过程。所以，胶层表面附近热和风的速度分布，风的流动形式（层流、乱流）分布等都非常重要。这些取决于喷嘴的设计参数（喷嘴的缝宽、高度、锥度、长度、开口比、间距、数目和基材的距离等）。

热和风在基材横向的分布均匀是保证均匀干燥的重要条件。均匀干燥多数取决于喷嘴的风速和各喷嘴喷出气流的均衡性。否则容易使基材产生褶皱、卷边、弯曲等不平整现象。

（4）热风循环的利用原理　以水系压敏胶为例予以说明。设干燥过程中进入干燥系统的热风的水分含量（即湿度）为 H_0，按空气中含有的水分的质量分数来计算，排出的热风水分含量即为 H_w。按湿度和热风温度作图，如图 4-3-2 所示。

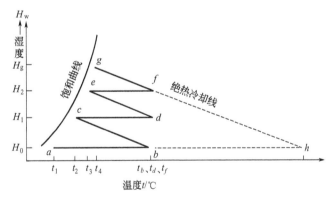

图 4-3-2　多阶的加热原理

图 4-3-2 中，$a(t_1, H_0)$ 点表示起始温度和湿度，排出热风状态为 $g(t_4, H_g)$ 点。如果需要从 $a(t_1, H_0)$ 经过热风干燥后达到 $g(t_g, H_g)$ 的排出热风，通过图解法得到，需要使过程达到 h 点的热风状态，才可获得排出热风为 g 点状态。这是绝热干燥冷却过程，但是由于热源产生的热风温度和热量都是有一定限度的，基材也不容许太高的温度，h 点热风状态的温度较高，不适宜操作，因此要采取经济的多段过程，利用较低温度的热风，使排出热风掺入热量后加热再利用，如此循环后可以达到一定的效果。

图 4-3-2 中多段过程的解析为，提供 $a(t_1, H_0)$ 条件的 h 状态热风，经加热后达到 $b(t_b, H_0)$ 点的热风状态，此时由于胶层中水分受热挥发，排出热风温度会下降，湿度会增加，而

●　1cal=4.1868J。

排出热风的状态达到 $c(t_2, H_1)$ 点，然后再将 c 点状态的热风加热到 $d(t_d, H_1)$ 点，再经过胶层中的水分受热挥发，使排出热风状态达到 $e(t_3, H_2)$ 点。如此循环，热风维持 t_b 温度，并且使排出热风在不同状态下反复获得 g 点的排风状态，这样就可以满足排风状态为 (t_4, H_g) 的目的。t_b、t_d、t_f 的加热温度相近，比 h 状态的温度较低，适于操作。这样分几次完成干燥过程即为循环热风的经济利用原理。

溶剂型压敏胶的干燥过程和循环热风的利用，由于有溶剂爆炸下限的计算因素，使用循环热风时需要有爆炸下限的监控手段才可实现。这样也可避免大量排出热风的热损失。

由上述热和风的关系得知，从微观现象和工程计算方面来认识热和风的关系，它是静态干燥过程。通过干燥静力学过程的分析，经过设计计算得出各方面热量、风量、相关的设备参数等，这些计算结果就是生产中的设备数据和工艺数据。

压敏胶干燥工程需要确定的工艺参数、设备参数包括如下若干个：

① 压敏胶中固形组分在干燥过程中各干燥阶段的数量；

② 压敏胶中溶剂（或水）组分在干燥过程中各干燥阶段的数量；

③ 基材在干燥过程中各干燥阶段的数量；

④ 干燥过程中各干燥阶段需求的进风量、循环风量、排风量、风速；

⑤ 干燥过程中各干燥阶段需求的热量、温度、热消耗、热损失；

⑥ 干燥过程中各干燥阶段需求的循环风热量和温度、排风热量和温度；

⑦ 干燥过程中各干燥阶段需求的换热器面积；

⑧ 干燥过程中各干燥阶段需求的风机选择；

⑨ 干燥过程中各干燥阶段需求的干燥时间和干燥器长度；

⑩ 干燥过程中各干燥阶段需求的干燥设备参数，如烘箱内胆尺寸、喷嘴尺寸、导风板尺寸、风扇叶尺寸和角度、风机选型等。

2. 干燥工程的规律

（1）干燥工程的三个阶段　干燥工程的规律可以分成三个阶段进行分析：初期干燥阶段、恒速干燥阶段和降减速干燥阶段。它们都可以用干燥曲线表示。干燥曲线是某一温度下，涂胶层中溶剂（或水）量、基材温度等参数，随着干燥时间变化而形成的曲线，如图4-3-3所示。图中示出 A、B、C 三种压敏胶涂布的干燥情况。由此干燥曲线可以了解到各干燥阶段的干燥速度。

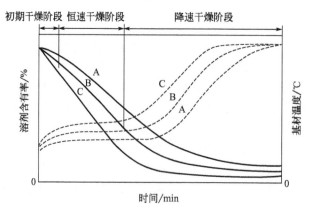

图 4-3-3　干燥曲线

（实线表示干燥曲线；虚线表示基材升温曲线）

① 初期干燥阶段　压敏胶涂层中溶剂的体积分数快速减少；基材温度快速升高。此阶段中需要防止湿溢、发泡、突沸等。

② 恒速干燥阶段　溶剂含量的下降呈线性，基材温度保持恒定。

③ 降速干燥阶段　胶层中的溶剂丧失流动性，压敏胶中溶剂的体积分数的下降趋于平缓稳定，涂胶层中扩散动力加大，容易生成胶层的皮膜，基材温度明显地随着时间的增长而呈正比例地升高。

干燥过程中基材温度的变化需要测定，但是在线检测较难，多采用非接触式红外线温度计，并且要在避免外部条件干扰的情况下进行测定。因此，采用高温干燥其能量消耗更少些。

一般情况下，压敏胶在干燥过程中，涂胶层的涂布量较大时以及温度过高时，容易起泡和结膜。尤其当基材耐热性差时，控制干燥工艺更为重要。所以，选择适当的干燥机需要多方面综合考虑。

(2) 干燥过程的微观现象　压敏胶涂层从涂完胶液到进入干燥烘箱之前有一段自由挥发阶段。此时溶剂不定量地自由挥发，含量略有下降，同时基材温度也略有变化。自由挥发阶段后，压敏胶涂层内的液体（有机溶剂或水）由内部向表面扩散，达到胶层表面的液体，在压敏胶表面层处于饱和状态时，就向外界挥发。由于液体在压敏胶层内部的相对浓度较高，液体向胶层表面扩散较快，这时的传质速率是由热量向压敏胶层中的传导速率所决定的。提高传热速率可以提高传质速率，即提高干燥速率。也就是说，热能使压敏胶中的溶剂在胶层表面的挥发加快，促进溶剂在涂胶层内部进行扩散，使传质能力加强，从而提高干燥效率。该阶段的干燥过程是恒速干燥阶段。

恒速干燥阶段时，热量向压敏胶层中的传导速率$(hA\Delta t/\lambda)$与液体从压敏胶表面的挥发速率$(K_gA\Delta p)$处于动平衡状态。干燥速率由下式表示：

$$\frac{\mathrm{d}w}{\mathrm{d}\tau} = hA\Delta t/\lambda = K_gA\Delta p \tag{4-3-5}$$

式中，$\mathrm{d}w/\mathrm{d}\tau$ 为干燥速率，g/s；K_g 为传质系数，g/(m²·s·mPa)；h 为传热系数，J/(m²·s·℃)；A 为传热和挥发面积，m²；λ 为温度 t_s 时的汽化热，J/g；Δt 为气体温度 t 与汽化表面温度 t_s 的差值，℃；Δp 为在温度 t_s 时液体蒸气压 p_s 与气体中液化气分压 p 的差值，mPa。

由该关系式可以定性地看出，单位时间内挥发的液体，也就是液体从压敏胶表面的挥发速率与液体本身具备的传热性能(h、λ)、传质性能(K_g)有关，也与传热、传质的原动力(Δt、Δp)有关。在干燥过程中必须注意这些参数。

恒速干燥阶段末期，当压敏胶表面的液体浓度随着胶层表面上液体的挥发下降到饱和度以下时，干燥速率就开始由液体在压敏胶层内部向表面的扩散速率所控制，液体一到表面就被挥发，热量传导速率比液体挥发速率高。压敏胶层内的液体含量下降渐缓，它与干燥时间不呈正比例地变化，干燥阶段逐渐进入降速干燥阶段。此时，由于热量传导速率比液体挥发速率高，基材和压敏胶层的温度会很快上升，压敏胶层表面容易形成膜并且阻止液体扩散到表面后的挥发。如果温度高于液体沸点时，液体汽化产生的气体容易在压敏胶层中形成气泡，气泡达到胶层表面后破裂而气体挥发。因此操作时，需要控制温度，避免产生此种现象。

降速干燥阶段的定量关系式是扩散方程式如下：

$$\frac{\partial \omega}{A \partial \tau} = -D\frac{\partial C}{\partial X} \tag{4-3-6}$$

式中，ω 为压敏胶层内液体的扩散流量，g；τ 为时间，s；C 为单位体积液体的质量分数；X 为压敏胶层表面的干胶层厚度，cm；A 为传质面积，cm^2；D 为扩散系数，$g/(cm \cdot s)$。

从降速干燥阶段的扩散方程式中可同样定性地了解到，此时胶层中液体的挥发速率与液体本身的特性液体的扩散流量(ω)、胶层内部和表面的液体浓度差，即扩散行为的动力(C、A)等有很大的关系。因此，在工艺控制中需要掌握这些参数。

（3）干燥曲线的内容和应用

① 干燥曲线　由干燥速率对干燥时间作图而成，如图 4-3-4 所示。干燥曲线表明，在干燥初期，由于压敏胶中的溶剂挥发，使压敏胶水分含量迅速下降(AB 段)。然后溶剂（或水）的挥发控制着干燥速率，形成 BC 段的恒速干燥期。此后，干燥速率迅速下降，在下降前期有一段 CD 的过渡期。这一阶段溶剂（或水）的挥发完全在不饱和的压敏胶表面上进行，基材和压敏胶的温度开始上升，溶剂的扩散过程式控制着干燥速率。这就是 DE 降速干燥阶段，干燥速率的提高是由提高温度、增加热量才得以完成的。

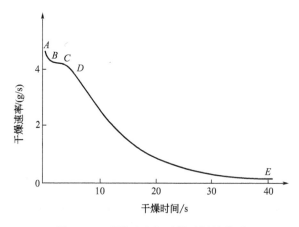

图 4-3-4　干燥速率与干燥时间的关系

② 干燥曲线的解析　压敏胶涂层的干燥曲线可以从其他相似材料的干燥特性中得到同样的分析结果。

在干燥过程中，溶剂型压敏胶和乳液水基型压敏胶的干燥和吸水材料的干燥基本相同。它们也符合材料的含水率（含溶剂率）和基材温度、干燥时间的变化曲线，即干燥性能曲线。如图 4-3-5 所示。

开始干燥进程时是预热阶段 I，即压敏胶的溶剂（或水）含有率略有下降，基材温度也略有上升。

然后是恒速干燥过程 II，即压敏胶表面被溶剂（或水）覆盖，含有率呈直线下降，基材温度达到平衡状态，干燥速度也保持平衡状态。当含有率进一步降低并到达基材温度开始升高的时候，就是压敏胶内部溶剂（或水）的浓度降低到一定程度，它的扩散速度满足不了表面的溶剂挥发速度。干燥速率下降，受压敏胶层内部溶剂（或水）扩散的控制。基材温度上升。此时进入降速干燥阶段 III，而此点即为临界溶剂（水）含有率点，以此分界为 II 阶段和 III 阶段。降速干燥阶段到最后，基材温度上升到顶点，即给热到最高温度时，压敏胶中溶剂（或水）含有率开始平衡，此点为平衡点。此点以后的加热干燥已经没有干燥意义，白白消

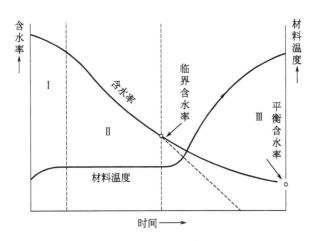

图 4-3-5　随着时间变化的含水率和材料温度

耗热能。

按此图解析上述微分方程式可得出如下解析式：

恒速干燥公式　　　$R_c = h_c \dfrac{t - t_w}{\lambda_w} = \alpha(H_w - H) = \alpha(p_w - p)$　　　(4-3-7a)

降速干燥公式　　　　　　　$R_d = R_c \dfrac{F}{F_c}$　　　　　　　(4-3-7b)

式中，t_w 为基材温度，℃；t 为热风温度，℃；λ_w 为汽化热，kcal/kg；α 为压敏胶表面蒸发系数，kg/(h·m²·mPa)；H_w 为 t_w 时空气饱和湿度，kg/kg；H 为热风湿度，kg/kg；p_w 为 t_w 时溶剂（或水）蒸气分压，mPa；p 为空气中溶剂（或水）蒸气分压，mPa；h_c 为传热系数，kcal/(h·m²·℃)；F 为含溶剂（或水）率，%；F_c 为临界含溶剂（或水）率，%。

由上述分析可知，影响干燥速率的因素中如下几点最为重要：热风温度、热风速度、热风流向、热风含溶剂（或水）量。

热风在压敏胶表面上形成的饱和蒸气压或溶剂分压越高越有利于溶剂（或水）的挥发。同时压敏胶的温度高，黏度小，有利于溶剂（或水）在压敏胶内的扩散，可以加快干燥速度。

（4）干燥曲线的制作　应用干燥曲线可以分析出提高干燥效率的途径，如缩短干燥时间，减少干燥器的尺寸，以及如何增加风速、热量、温度，如何得到适宜的工艺效果等。干燥曲线的制作如下：

① 仪器　水分快速测定仪、热风温度计、热风吹风机、磨口密封玻璃样品皿、秒表、万分之一天平、玻璃干燥器。

② 测定步骤　在样品器中注入压敏胶样品，在密封条件下，于样品器内的平面上，用流延方式摊成一定厚度的干燥面积并使之呈湿膜状。在测定仪上称量样品质量。然后开启一定温度的热风，暖风吹入（风速不影响压敏胶干燥曲线）的同时计量干燥时间，每隔一定时间（如 2～5s）记录样品的减少质量，直到恒重为止。

③ 制图　按取得的"质量递减数字"和"时间递增数字"，在纵坐标和横坐标上作图，得到质量-时间曲线图。

在曲线上取 5～15 个点，量出其斜率。此斜率为该点每单位时间内溶剂（或水）的挥发量［斜率＝样品质量(纵轴)/干燥时间(横轴)＝$\tan\theta$］。

列出干燥曲线的数据表，如表 4-3-1 所示。

表 4-3-1　干燥曲线数据表

按不同干燥时间取点/s	在各时间点将样品称重得各数据点/g	斜率/(g/s)	干燥速度/[g/(cm²·s)]
取 5～15 个点	每点样品质量×(1－胶液含固量)=此点溶剂(水)的含量	此点的纵轴数据/横轴数据(g/s)	斜率点数值除以干燥面积

由表 4-3-1 中干燥速度项对时间或对样品总含溶剂（或水）量作图即得各种干燥曲线，如正比例曲线图或对数比例曲线图。

④ 干燥曲线的制作　举例以试样质量为纵坐标，以干燥时间为横坐标作图，如图 4-3-6 所示。

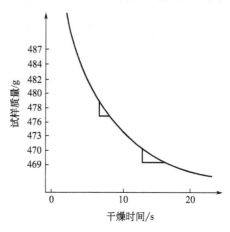

干燥时间/s	试样质量/g
0	487
2.0	484
4.0	482
6.0	480
8.0	478
13.0	476
19.0	473
24.5	470
30.5	469

图 4-3-6　干燥曲线

⑤ 测量和计算　测直线部分的斜率，此即为恒速干燥阶段的干燥速度，计算式如下：

$$U_{恒} = \frac{\mathrm{d}\omega}{\mathrm{d}\tau} = \frac{hA\Delta t}{\lambda} = K_g A \Delta p = 对边 / 邻边$$

直线部分和曲线部分斜率开始变化时的拐点为临界点，此点的斜率所反映的干燥速度为临界干燥速度。临界点对应的横坐标轴上的时间点即为恒速干燥阶段的时间，$\tau = 18\mathrm{s}$。

测临界点以后曲线上各点之斜率，即为降速干燥阶段的干燥速度：

$$U_{降1} = \frac{\mathrm{d}\omega}{\mathrm{d}\tau} = \frac{\partial \omega}{A \partial \tau} = -D\frac{\partial C}{\partial X} = 对边 / 邻边$$

用同样方法可以测得各点的干燥速度 $U_{降2}$、$U_{降3}$……和各点对应的干燥时间 $\tau_1 = 19\mathrm{s}$、$\tau_2 = 24\mathrm{s}$、$\tau_3 = 30\mathrm{s}$……

（5）干燥曲线的各种形式　如图 4-3-7～图 4-3-13 所示。图 4-3-7 是压敏胶中挥发分量占未挥发前压敏胶总量的百分比(TVR)。随干燥的进程，TVR 有变化。用此量反映在对数坐标纸上，以 TVR 为纵坐标，以干燥时间为横坐标，就可以得到规整的干燥曲线。由此图可以看出 a 为恒速干燥段，b 为加热干燥段，c 为降速干燥段。

图 4-3-8 是表示恒速干燥期的变化对干燥曲线的影响，平行线表示恒速干燥段的长短不同，降速干燥的降速也有所不同。它可以提供考虑干燥状态的选择依据。图 4-3-9 表示恒速干燥段和加热段不改变时，只有降速干燥段变化对干燥曲线的影响。图 4-3-10 表示热风速度变化时对于降速干燥段的影响，它们均为平行关系。图 4-3-11 表示温度对溶剂型压敏胶降速干燥段的影响，即温度高者降速干燥段缩短。图 4-3-12 表示温度对乳液型压敏胶降速干燥段的影响，即温度高者降速干燥段延长。图 4-3-13 表示压敏胶涂层厚度对降速干燥段的影响，即厚度厚时降速干燥段的降速率快。一般，干燥速率与涂胶层厚度的平方呈反比关系：

$$\frac{\mathrm{d}\omega}{A\,\mathrm{d}\tau} = \pi^2 D(W - W_c)/4X^2 \tag{4-3-8}$$

式中，W 为开始时压敏胶中溶剂气（或水汽）的质量分数，%；W_c 为达到与环境中溶剂气（或水汽）含量平衡时，压敏胶中溶剂气（或水汽）的质量分数，%；X 为压敏胶涂层厚度，cm；D 为溶剂气（或水汽）在压敏胶中的扩散系数，g/(cm·s)；A 为传质面积，cm^2；$d\omega/d\tau$ 为干燥速率，g/s。

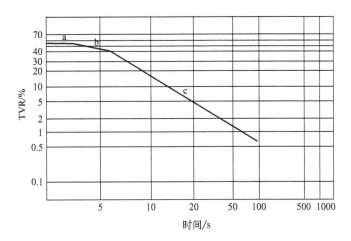

图 4-3-7　残余总挥发物百分含量(TVR)对干燥时间的关系
a—恒定速率干燥期；b—加热期；c—干燥速率下降期

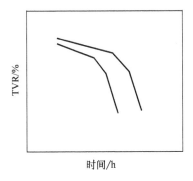

图 4-3-8　恒定速率干燥期的变化对干燥曲线的影响　　图 4-3-9　速率下降段变化对干燥曲线的影响

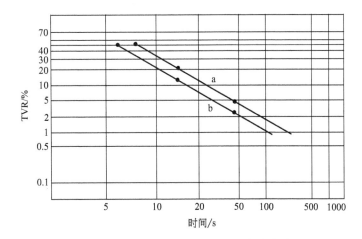

图 4-3-10　空气速度对溶液胶黏剂干燥的影响
a—空气速度为 100ft/min；b—空气速度为 8000ft/min
1ft/min＝5.08×10⁻³m/s

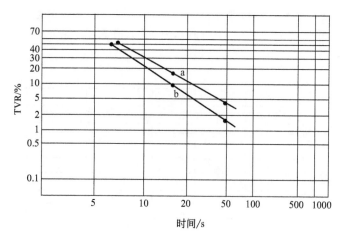

图 4-3-11 温度对溶剂胶黏剂干燥的影响
a—66℃(150℉)；b—121℃(250℉)

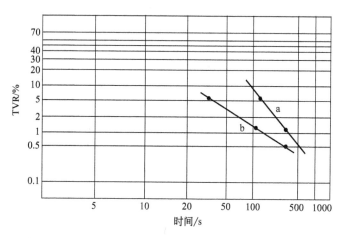

图 4-3-12 温度对乳液胶黏剂干燥的影响(涂层厚度为 2mil)
a—66℃(150℉)；b—121℃(250℉)

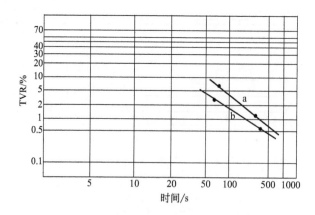

图 4-3-13 厚度对乳液胶黏剂干燥的影响
a—胶黏剂厚度为 5.08×10^{-5}m；
b—胶黏剂厚度为 2.54×10^{-5}m

由上可知，连续几次涂布时干燥所需的总干燥时间比一次涂布干燥同一厚度的胶涂层时的干燥时间要短。

图 4-3-14 表示，延长恒速干燥时间或者减少降速干燥时间都有不同的干燥效果，它可以使干燥时间缩短。干燥曲线下面的面积为溶剂（或水）的挥发量，两条曲线下方面积是相等的。所以，采用不很高的温度开始干燥等于延长恒速干燥期，对总的有效干燥有利。

图 4-3-15 表示涂层厚度 $50\mu m$ 时，干燥曲线 a 为一次连续涂布干燥，干燥曲线 b_1、b_2 为两次涂布干燥，每次涂布的胶层厚度为 $25\mu m$。从图中可以看出，多次涂布的干燥时间大为缩短，但是可能引起涂布设备成本升高。

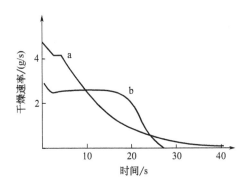

图 4-3-14　具有不同恒定速率干燥期的干燥曲线

a—短恒速干燥段干燥；b—较长的恒速干燥段干燥

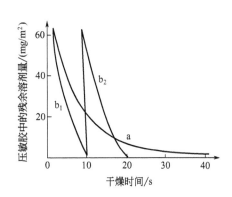

图 4-3-15　两次连续涂布与干燥时间的比较

a——一次干燥；b_1、b_2——两次涂布

图 4-3-16 及图 4-3-17 表示残余溶剂与干燥时间、干燥速率的关系。

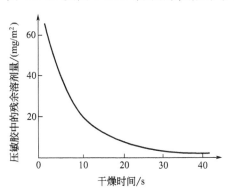

图 4-3-16　残余溶剂与干燥时间的关系

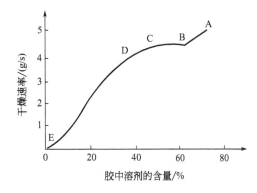

图 4-3-17　干燥速率与残余溶剂的关系

二、干燥工程的计算

1. 静态干燥过程的计算

静态干燥过程是干燥工程中热、风、基材、压敏胶、干燥机构等定量关系的描述，即为干燥的最初状态和最终状态的各种定量关系。可以以此作为干燥工艺和干燥装置设计的依据。

静态干燥过程的计算步骤是首先设定全过程利用的因素、符号、单位；然后选定物料衡算的公式及其应用的因素、符号、单位；再选定热量衡算的公式及其应用的因素、符号、单位；一般可由实例说明带有数字内容的因素、符号、单位，并进行物料衡算和热量衡算；从而得到所需结果。

2. 动态干燥过程的计算

动态干燥过程的计算是根据静态干燥过程中热和风的定量关系，描述传热和传质过程中的速度，也就是解决干燥速度的问题，明确干燥时间。

动态干燥过程中首先选择其微观原理中利用的公式、因素、符号、单位；其次是进行干燥曲线的制作，确定干燥速度，计算干燥箱长度，同时需要了解各种形式的干燥曲线，便于掌握干燥工艺的变化；再次是了解热风循环的利用，计算出干燥工艺各种参数的综合结果；最后是按实例做全面干燥过程的数字运算和验算。计算步骤的注意要点具体说明如下。

（1）经验数据的利用

① 根据实际情况依经验数据将干燥过程进行分段干燥，如起始加热干燥段、加热干燥段、强加热干燥段、回温和固化反应段、冷却段等。

② 分配各干燥段的温度及其排列顺序，根据压敏胶的特性预估出较低温度、中等温度、较高温度、中等温度、低温度等的分配。

③ 在恒速干燥阶段和降速干燥阶段中，压敏胶涂胶层中的溶剂挥发量按实际工艺条件进行经验性的比例分配。

④ 根据各干燥段中溶剂挥发量的分配，对各干燥段的设备中喷嘴喷出的风速进行分配、设计和验算。

（2）在设定干燥温度的情况下，制作压敏胶液的试验样品，准确记录干燥试验数据，描绘出恒速干燥曲线和降速干燥曲线，读出曲线斜率相应的干燥速率。

（3）计算压敏胶涂胶层在各干燥段的干燥时间，并且要验算各干燥段需要的热量、风量等数据，验算确认上述各种经验数据的合理性。

（4）确定全部数据的可靠性，确定各干燥段长度。

（5）根据计算数据核定换热器容量的选择、风机容量的选择、热风的循环工艺等。

三、干燥过程中压敏胶层残余溶剂的分析

1. 残余溶剂的形成

干燥的主要对象是压敏胶中的溶剂（或水），但是干燥结束后，压敏胶中仍然存在有残余溶剂（或水）。这是因为，压敏胶在结构上存在有未被占据的空间、孔隙，溶剂分子通过这些空间、孔隙进行扩散。大分子溶剂扩散速率低，同时也会有压敏胶结构上的位阻效应，这样会使一些溶剂（或水）分子被束缚在结构的周围，形成残余溶剂（或水）。所以，溶剂分子为直链结构者比侧链结构者扩散速度快，不容易被压敏胶结构束缚，从而形成残余溶剂。例如，乙酸正丁酯分子结构是直链的，其残余量较之摩尔体积相同的、带支链的溶剂就要少。另外，溶剂分子的大小也有影响，如平面分子（甲苯）比非平面分子（环己烷）更容易挥发，残余量也少。软树脂中残余的溶剂量比硬树脂中少。

干燥较好的压敏胶中的残余溶剂量，可达到 $0.05\% \sim 0.2\%$，也有的高达 $1\% \sim 5\%$。

2. 残余溶剂的影响和分析

（1）残余溶剂（或水）量对压敏胶性能的影响　例如天然橡胶型压敏胶使用正己烷与少量的高沸点溶剂（正壬烷、环辛烷或正己醇）制作，涂布干燥之后残余溶剂达到 0.05% 时，其剥离力和快黏力的数值为最大。

（2）使用溶解度好的溶剂有利于聚合物分子和树脂分子分散均匀　这种情况易于达到压敏胶较好的特性功能。如果有一个组分溶解度差，则干燥时这一组分易于沉积出来，使压敏胶的

性能下降。

（3）良性溶剂效果甚好　良性溶剂使聚合物分子伸展得好些，功能团与粘接面的接触概率大，压敏胶的性能也好。使用不良性溶剂时，聚合物分子卷曲率高，与粘接面的接触概率小，压敏胶的性能也不理想。

总之，使用良性溶剂完成涂布的干燥程度高，有利于压敏胶性能的提高。

● 第二节　乳液压敏胶的干燥工程

一、乳液压敏胶的干燥特点

各种形式压敏胶的干燥过程情况各不相同。溶剂型压敏胶、水溶型压敏胶前面已经描述过，而乳液压敏胶的干燥过程也具备其特点。

（1）乳液压敏胶在降速干燥阶段，水分通过压敏胶中的毛细管现象升到表面而挥发。此时它比溶剂型压敏胶干燥快，干燥速率高。这种现象与表面活性剂、乳液粒子大小、压敏胶中水的扩散、乳液粒子间的运动和融合性能有关。

（2）乳液压敏胶在降速干燥阶段干燥速率高，这种作用引起压敏胶的收缩并产生应力，应力的影响会导致基材产生卷翘等现象。压敏胶的收缩也会造成涂胶层的表面结皮。

（3）压敏胶的收缩意味着乳液压敏胶在干燥过程中表面积逐渐减小，表面张力和毛细管力起到作用，使乳液颗粒凝聚在一起。所以，这种现象与乳液颗粒的大小有关，颗粒的粒径小于 $200 \times 10^{-10}\,\mathrm{m}$ 时，其表面张力就有足够的力使乳液颗粒凝聚在一起。但是表面张力形成的压挤力不能使粒径 $10000 \times 10^{-10}\,\mathrm{m}$ 以上的大颗粒聚集，例外者较少。

二、乳液压敏胶的干燥过程

乳液压敏胶的干燥过程可分为三个阶段。

1. 第一阶段

第一阶段是表面蒸发阶段，即恒速干燥阶段。恒速干燥的蒸发速度与传热速率成正比关系。当压敏胶在涂胶层中的浓度达到 $65\%\sim75\%$，即涂胶层中水分的含量为 25% 左右时，恒速干燥阶段结束。乳液颗粒呈菱形排列，它占有 74% 的体积分数。如果排列不是菱形结构，颗粒聚集不完整，体积分数就大。

所以，恒速干燥阶段的干燥速率 E 有定量关系式，如下式所示：

$$E = \frac{h_{\mathrm{a}}(T_{\mathrm{da}} - T_{\mathrm{w}}) + h_{\mathrm{c}}(T_{\mathrm{bc}} - T_{\mathrm{w}})}{\lambda} \tag{4-3-9}$$

式中，E 为干燥速率，$\mathrm{kg/(m^2 \cdot s)}$；$h$ 为传热系数，$\mathrm{kg/(m^2 \cdot K)}$；$T$ 为温度，K；λ 为蒸发潜热，$\mathrm{J/kg}$；a 表示基材背面，w 表示基材涂胶面，b 表示空气中含有的水分，c 表示涂布面，d 表示压敏胶（干）。

由公式(4-3-9)可以定性地了解到，保持基材背面温度大于基材涂胶面温度和涂胶层温度为宜，二者温差越大，越有利于恒速干燥阶段干燥速率的提高。这一点在实际工程运行中，从工艺和设备上是可行的。但是基材背面温度过高时，由公式可见会有不利影响。

2. 第二阶段

胶层的表面蒸发逐渐变少,乳液颗粒开始接近而聚集,颗粒粒径变化不大,降速干燥阶段开始。当乳液颗粒结合在一起时,由于表面张力的作用,残余水分通过毛细现象和聚合物自身的多孔性进行扩散。这种渗透扩散速率控制着压敏胶表面的蒸发速率。

在微观上,聚合物此时开始形成无定形胶体颗粒网。颗粒大则它们之间的缝隙也大,使水分的毛细作用增强。如果颗粒太大,则不能形成毛细现象;颗粒太小,则颗粒网紧密,缝隙被颗粒的松弛体积所占据,进而形成膜。这种情况就是混合型干燥动力学,也是第三阶段——降速干燥阶段的开始。

3. 第三阶段

乳液颗粒聚集开始紧密,颗粒近似呈六边形的排列结构,最后聚合物形成膜状,这就是降速干燥阶段。压敏胶表面的水分蒸发,由压敏胶内部水分扩散而穿过聚合物膜,水分到达压敏胶表面之后进行挥发。所以,干燥速度由压敏胶层内部水分的扩散速率所控制。

通过以上这三个干燥阶段的分析可知,溶剂型压敏胶和乳液型压敏胶相比,主要区别在于:乳液型压敏胶的恒速干燥阶段较长,溶剂型压敏胶的降速干燥阶段较长。其示意见图4-3-18及图4-3-19。

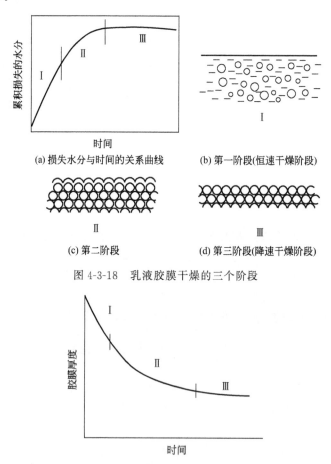

(a) 损失水分与时间的关系曲线

(b) 第一阶段(恒速干燥阶段)

(c) 第二阶段

(d) 第三阶段(降速干燥阶段)

图 4-3-18　乳液胶膜干燥的三个阶段

图 4-3-19　三个阶段的干燥过程中胶膜厚度与时间的关系
Ⅰ、Ⅱ、Ⅲ表征含义同图 4-3-18

4. 高频加热和微波三个干燥阶段的定量关系

如式(4-3-9)～式(4-3-19)所示：

$$R = R_e = AK_e \text{（第一干燥阶段）} \tag{4-3-9}$$

$$R = (1 - Q)R_e + QR_d \text{（第二干燥阶段）} \tag{4-3-10}$$

$$R = R_d = \left[(C_0 - C)D/h^\circ \right] \frac{AM}{\rho_1} \text{（第三干燥阶段）} \tag{4-3-11}$$

式中　R——干燥速率，$g/(m^2 \cdot s)$；

R_e——胶层表面蒸发速率，$g/(m^2 \cdot s)$；

K_e——胶层表面蒸发常数，$g/(m^2 \cdot s)$；

R_d——扩散控制的干燥速率，$g/(m^2 \cdot s)$；

Q——压敏胶乳液颗粒已聚集在表面的百分数，%；

C——胶层外面的水分浓度，g/m^3；

A——胶层表面蒸发面积，m^2；

C_0——胶层内部的水分浓度，g/m^3；

D——胶层内部的水分扩散系数，$g/(m^2 \cdot s)$；

h°——胶层乳液颗粒已聚集的厚度，m；

M——水的相对分子质量；

ρ——液体水的密度。

三、乳液压敏胶涂层中的残余水分与干燥器长度的关系

1. 压敏胶涂层离开干燥器时，涂层中的残余水分可用如下定量关系式计算：

$$W_{\text{末}} = W_{\text{始}} - \frac{1}{\lambda} \left[h_a(T_{da} - T_w) + h_c(T_{bc} - T_w) \right] \frac{L}{U} \tag{4-3-12}$$

2. 干燥时间和涂布速度之比即是干燥器的长度 L，如下式所示：

$$L = (W_{\text{始}} - W_{\text{末}})\lambda U \div \left[h_a(T_{da} - T_w) + h_c(T_{bc} - T_w) \right]^{[3]} \tag{4-3-13}$$

式中　E——蒸发速率，$kg/(m^2 \cdot s)$；

T——温度，K；

h——传热系数，$kg/(m^2 \cdot K)$；

λ——蒸发潜热，kcal/kg；

U——涂布速度，m^2/min；

$W_{\text{末}}$——胶层离开干燥器时的水分含量，kg/m^3；

$W_{\text{始}}$——胶层进入干燥器时水分含量，kg/m^3。

下角含义如下：a 表示胶层，w 表示基材表面，c 表示涂胶层表面，d 表示干胶层表面，b 表示空气中所含有的水分。

根据上述各关系式和经典的物料水分干燥用热焓图等资料，可以进行动态干燥过程的计算。

四、乳液压敏胶的其他干燥特点

1. 多孔性基材的乳液压敏胶干燥

乳液压敏胶在多孔性基材（如纸）表面上涂布后进行干燥时，有一部分水被基材吸收，

有较大量的填料时可以缓解这种现象。

2. 乳液型压敏胶固含量和干燥速率的关系

从经验上可以论证，在降速干燥过程中，固含量高的乳液压敏胶比固含量低者的干燥速率慢。固含量低的乳液型压敏胶虽然水分挥发得多，但是它的干燥速率快。所以，在干燥过程中，一方面要试验出适宜干燥速率的胶液固含量，另一方面要注意其因干燥速率的不同而呈现出干燥过热的现象，这种现象会导致损害基材。

3. 乳液型压敏胶和溶剂型压敏胶干燥的区别

从乳液型压敏胶三个阶段的干燥过程可知，溶剂型压敏胶的干燥过程与乳液型压敏胶的不同点在于，溶剂者的第一阶段和第二阶段干燥过程比较短，如图4-3-4所示。而乳液者的第一阶段和第二阶段干燥过程比较长，如图4-3-18所示。

五、乳液压敏胶干燥温度的选择

乳液压敏胶的干燥早期必须在100℃以下的温度进行干燥，这样可以避免早期压敏胶表面的结皮和形成气泡等弊病。供给的热量可以比溶剂型压敏胶高些。一般，乳液压敏胶的早期干燥要控制其挥发速率，不可挥发太急。当压敏胶层干燥度达到70％以后可以将给热量进一步加大，促使其尽快完成干燥过程和交联反应。

六、乳液压敏胶涂层和干燥过程的关系

乳液压敏胶涂层和干燥过程的关系如图4-3-20及图4-3-21所示。三个曲线图反映了不同厚度的乳液压敏胶涂层在温度升高时，干燥速率都有快速的提高，使干燥时间缩短，这样便于选择适当厚度的胶涂层，和相应的最佳干燥温度和最佳干燥时间。

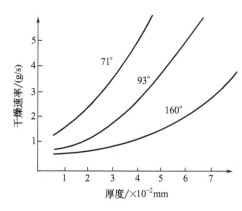

图4-3-20　一种水性丙烯酸酯聚合物的干燥速率与涂层厚度的关系

七、乳液压敏胶的分段干燥工程

① 为了达到合理干燥的目的，干燥过程都采取分段进行。第一段为较低水平的干燥速率，延长恒速干燥段避免了结皮和气泡的产生。以后几段分别采用快速干燥的控制。如曲线

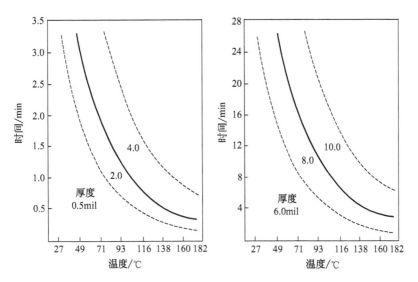

图 4-3-21　一种丙烯酸酯聚合物不同胶膜厚度干燥时间与烘箱温度的关系(1 mil＝25.4×10⁻⁶m)

图 4-3-22 表示两段干燥的曲线图。

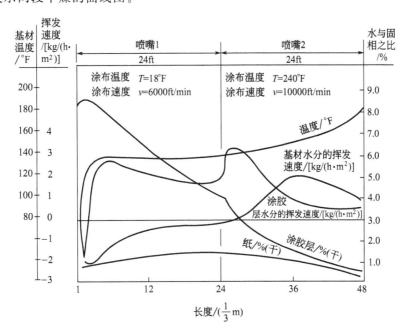

图 4-3-22　一种水性压敏胶涂层的单面干燥蒸发曲线

$$1℉=\frac{5}{9}(1-32)℃；ft=0.3048m$$

图 4-3-22 是指 55％乳液压敏胶在涂布量为 23g/m² 、基材为纸（65.0g/m²）以及涂布速度为 106m/min 时与挥发速度、基材温度和水与固相之比的关系。该图可以表明涂胶层的干燥速率。由于开始时空气中有水分，所以有时会形成一点负增长的干燥速率，然后会急速升高并进入恒速干燥阶段。当温度升高至涂胶层的干燥度达 72％时，进入第二段干燥过程。此时干燥速率快速上升，然后到达降速干燥阶段，并且不会产生结皮或气泡现象。

涂层含水率的曲线中第一段的下降比第二段缓慢。湿基材的干燥速率在第一段是平稳的，并且略有上升。进入第二段时，干燥速率快速升高，达到与压敏胶涂层的挥发速度曲线趋于平衡的状态。

② 由图 4-3-23 可看出，分段干燥是有益的。同样，对涂胶层和基材的上下两侧均进行

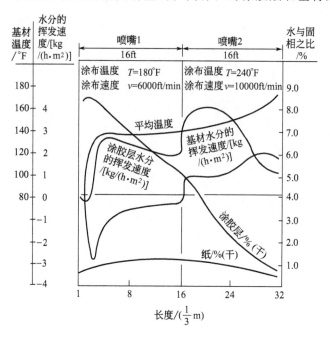

图 4-3-23　一种水性压敏胶涂层的两侧干燥蒸发曲线

$[1ft=0.3048m，1ft/min=5.08×10^{03}m/s，t/℃=\dfrac{5}{9}(t/°F-32)]$

干燥时，压敏胶涂层的上下两面受热后水分的挥发加快，干燥效率可提高 30％。如曲线图 4-3-23 所表明的情况，涂胶层和基材在上层和底层的干燥速率，其前期和后期各不相同。

③ 建立三段或多段式干燥曲线会更有利于干燥速率的提高，如图 4-3-24～图 4-3-26 所

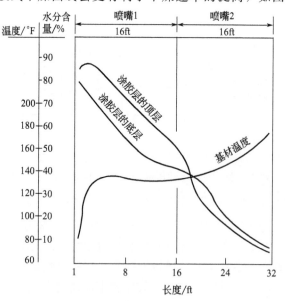

图 4-3-24　一种水性压敏胶涂层的上部和底部水分含量图

$[1ft=0.3048m，t/℃=\dfrac{5}{9}(t/°F-32)]$

示。可看出，第一段上层的挥发速度快于下层的挥发速度。如果情况相反，则在第一区段（即交叉点）就会产生结皮气泡。

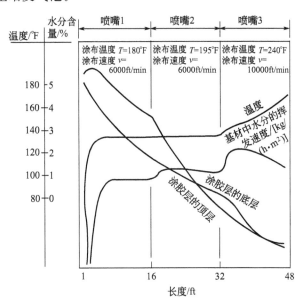

图 4-3-25　一种水性压敏胶涂层在干燥箱的三个区域中，
其两侧的干燥蒸发曲线图

$[1ft=0.3048m，t/℃=\frac{5}{9}(t/℉-32)]$

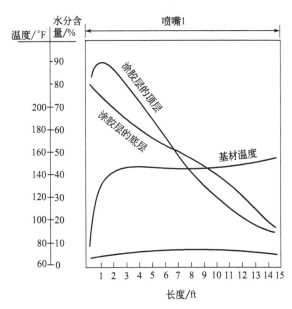

图 4-3-26　一种水性压敏胶涂于基材两侧时在干燥箱中
观察到的涂胶层起泡时上部和底部水分含量图

$[1ft=0.3048m，t/℃=\frac{5}{9}(t/℉-32)]$

④ 在乳液型压敏胶干燥时，加入少量有机溶剂可以改善涂布适性，改进乳液颗粒在干燥时的凝聚，也使其表面张力下降，可以提高压敏胶对低能表面的润湿性。例如，有机硅防粘纸上的压敏胶涂布工程就可以采用这种优势工艺。

利用电磁波的能量对压敏胶涂层进行干燥是新发展起来的技术。针对有机溶剂和水这类液体物质，电磁波能促进其分子的活动，在一般温度下液体的挥发就加快。因此，利用电磁波的这种能量，实现了紫外线照射、电子线照射、红外线照射、高频加热等干燥工程和固化反应。电磁波的波长不同，它们具备的能量也不同。电磁波的波长越短，作用在波及物体上的能量越强，从而可以引起物质的各种化学反应。当波长在800nm以上时，其能量就较弱，不能起到作用。

一般情况下，干燥工程多采用耗费传统能源的热风为干燥介质。如果将上述各种电磁波直接作用于空气，并直接达到物体上，则可以节省相当的能源。同时，干燥装置也可以小型化。目前出现有红外线辐射加热装置、紫外线固化装置、电子线固化装置以及高频电感加热干燥装置等。

一、红外线辐射加热装置

1. 原理

红外线的波段是非可视光波段，波长比可见光的波长更长。可见光波长为 $400 \sim 760nm$。红外线的波长为 $760nm \sim 1mm$，其中近红外线波长为 $760nm \sim 2\mu m$，中红外线波长为 $2 \sim 4\mu m$，远红外线波长为 $4\mu m \sim 1mm$。红外线放射能量最高的波段为 $4 \sim 5.5\mu m$，它照射到物体上被吸收之后有波段振幅的吻合。能量转换后就形成加热的效果，红外线放射能量约 $0.01 \sim 1.24eV$。

在某一温度下可以放射红外线的物体不尽相同，黑色物体的放射率为 100%，而一般物体的放射率较小。某些金属和它们的氧化物放射红外线的波长范围较广，从可视波段到短波长的红外波段放射率较大。同时，水、有机材料在 $3 \sim 5\mu m$ 波段的吸收率很高，因此可以很好地使用这种远红外线的加热能源。

2. 应用

金属氧化物（如铝、铁、锰、镁、钴等氧化物）放射体在 $313℃$ 时，波长 $4.9\mu m$ 的放射率为 80%，而 $125\mu m$ 时的放射率为 90%。因此，利用金属氧化物本身的耐热性和较高的温度（例如用导热油等加热放射体），得到远红外的加热方法是非常可行的。所以，红外线放射加热方法和热风加热方法并用干燥效果更好，应用者较多。但其干燥工程也存在着不能大面积干燥、加热被热体表面困难以及放射物体的表面温度高时有着火的危险等不足之处。

二、紫外线固化装置

紫外线的波段为 $400 \sim 1nm$。其中近紫外线的波段为 $400 \sim 315nm$，中紫外线的波段为 $315 \sim 280nm$，远紫外线的波段为 $280 \sim 1nm$。它们的放射能量为 $10 \sim 1200eV$。各种压敏胶黏剂，涂布成胶膜及其固化方法的比较如表 4-3-2 所示。

表 4-3-2　压敏胶固化方法参数表

名称	热交联式压敏胶	紫外线交联式压敏胶	电子线交联式压敏胶
消耗能量/eV	0.04~0.6	3~6	150~300
胶层穿透能力	深	浅	深
交联、干燥时间	若干分钟	若干秒	<1s
交联场所温度	80~200℃	40~80℃	室温
设备造价	中	低	高
设备体积	大	小	小
作业环境	热、溶剂气存在	紫外线、臭氧存在	X射线、臭氧存在
环保措施	多	少	无需

1. 工艺原理

① 利用紫外线放射的能量可以使压敏胶系统完全固化。但是，这种压敏胶树脂属于紫外线固化型，树脂中含有光聚合性高分子物、光聚合性单体、光引发剂、光促进剂等组分。在紫外线的照射下，紫外线的能量传递到光引发剂，使之在数秒内引发光聚合物和光聚合性单体，完成聚合和固化反应。

② 紫外线的波长和光引发剂的吸收波长要尽量一致，这样才能达到需要的效果。光引发剂的品种有：二苯甲酮类、苯乙酮衍生物类、苄基二烷基缩酮类、苯偶姻醚类等。光聚合性高分子物如聚酯类、聚醚类、聚丙烯酸酯类等。光聚合性单体以丙烯酸酯类居多。光促进剂以α-酸类化合物为主。

③ 紫外线固化的特点

a.200nm 以下的紫外线波长能量较大，空气中的氧会发生离子化作用。

b. 光源有高压水银灯等。水银灯的表面温度为700~1000℃。所以，在光化学反应的同时，热化学反应也会产生，树脂有解聚现象产生。

c. 紫外线固化型压敏胶组成复杂，成本高，配制环境要求严格，操作时间有限制。

2. 紫外线固化(交联)装置

压敏胶制品用紫外线固化的技术进展较慢，它不如涂料行业的进展快。紫外线固化装置使用的紫外线波长为250~400nm，装置的中心环节是具有可以辐射各种波长的光源灯具，此外还有阻隔红外线的装置和光反射机构、聚光装置等。

(1) 紫外线照射光源

① 高压水银灯（标准紫外线灯具）　在石英玻璃管中封入水银和氩气制成灯具，发射的紫外线波长为220~400nm，主要是365nm的波长。与此同时伴随有400~800nm以上的热光线。

② 金属卤化物灯　在灯具中封入金属卤化物，可以改变发射紫外线的波长。此种灯具可见光部分发射的较多。

③ 离子灯　利用短波长的紫外线使空气中的氧离子化，短波长紫外线一般在245nm以下的区域较多，以此促进树脂类的固化。短波长紫外线的产生大多采用石英玻璃中加入必要的组分制成。

④ 高能灯　标准紫外线灯的能力一般在80W/cm左右，而高能灯的能力则为120~160W/cm。

⑤ 水冷灯　标准紫外线灯中，石英管可以通入纯水制冷。

⑥ 无电极紫外灯　一般紫外线灯都有电极。此种灯只要将电压加在灯丝上，即可从外

部激起微波能量，实现紫外线放射。这种灯寿命长，发射紫外线的效率高。

（2）红外线的抑制　紫外灯在发射出紫外线的同时，总有较强的红外线（热线）发射出来，这样极易损伤物料。为了防止这种情况的发生，多采用水冷灯。其他冷却装置都处于新的开发当中，如图 4-3-27 所示。

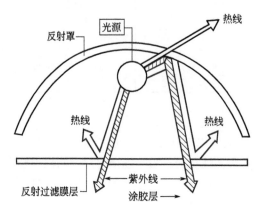

图 4-3-27　低温紫外线反射过滤装置结构[1]

（3）反射聚光装置　它分为固定集光型、可变集光型（照射距离可变化）及平行光线型。一般树脂和涂料的固化反应，多采用可变集光型。也有的装置对紫外线进行选择性反射，而其中的热线不反射，也有的装置从光源开始将紫外线直接射到物料表面上。

紫外灯中心部分发射的紫外线强度最大，端侧部相对较弱。所以应该设法避免这种现象，否则会出现物料中部固化过于完全、端侧固化不足等现象。如图 4-3-28 所示。

（4）紫外线的固化时间和完成固化的胶层厚度　紫外线固化型压敏胶及其树脂的固化时间，视与树脂配合之增感剂种类的不同而不同。一般固化时都在数秒时间内完成。紫外线透过的深度各有不同，树脂层厚度在 $10\mu m$ 就可达到很好的固化，即涂布量为 $120g/cm^2$。所以，可以采用薄涂装置，形成高速薄涂胶量的有效涂布。

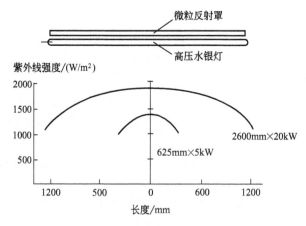

图 4-3-28　紫外灯长度方向上的紫外线强度[1]

三、电子线固化装置

1. 原理

电子线是放射能量非常强的电磁波，大约是紫外线的 $10^4 \sim 10^6$ 倍。波长一般在 0.1nm

以下，如 γ 射线的波长在 0.1～0.001nm 以下。它们的能量为 12000～1200000eV。β 射线比 γ 射线的波长更短，能量更强。因此，压敏胶在紫外线放射作用下和光引发剂作用下，可发生聚合反应、固化反应，并且可以在 1s 之内完成。所以，电子线放射能量更高，使被照射的压敏胶分子活化后，除引发化学反应外，还产生相应的热能、X 射线能(波长 1～0.1nm，能量 1240～12400eV)及光能(波长 1000～100nm，能量只有 1～10eV)等。

一般电子线能量的区分界限为：低能量为 150～300kerg，中能量为 300～500kerg；高能量为 500kerg(1kerg＝10^{-4}J)以上。目前开发低能量的实际应用较多。

2. 电子线固化的优缺点

(1) 优点

① 能量利用率高，设备的干燥设施体积小。

② 它在室温条件下可以进行各类化学反应和固化工艺，避免了热能在工艺中的影响。

③ 能应用于 100～200μm 厚度的膜类等基材制品。

④ 可以避免使用光引发剂。

(2) 缺点

① 容易产生 X 射线和发生空气的离子化，因此需要在装置中建立厚的遮蔽壁。例如，500kerg 者要求装置的壁厚为 85cm；150kerg 者可以建设 0.5cm 厚的铅壁。

② 电子线照射对环境中的氧更能引起离子化。氧对固化反应也有妨碍。因此环境中必须经常使用充氮保护或用其他惰性气体保护。

③ 涂层容易产生残余应力，并且密实性差。

④ 装置费用及操作费用高。

3. 电子线固化(交联)装置

该装置是由中心环节——电子线照射头、能量加速器和附属设备组成。同位素放射源在能量加速器中接受高电压下的轰击，同位素放射出的电子线经过照射头的作用照射到涂胶层上。电子线穿透涂胶层和基材被加速器的接收电极等部分接收。这个过程由装置的中心完成。装置的附属设备与其他胶液涂布机的各种装置相同（干燥装备除去）。

一般情况下，150～300keV 的电子线照射在涂胶膜上就可以完成压敏胶的固化工艺。这种装置使压敏胶有吸收率高、照射处于常温状态、高分子物和低分子物都可以达到固化过程的目的等特点。它广泛应用于印刷油墨、涂料、胶黏剂行业中。在压敏胶行业中，在有机硅隔离剂的固化工艺上都能得到应用。热熔压敏胶和无溶剂型聚丙烯酸酯压敏胶的电子线固化工艺也处于扩大试验阶段或试生产阶段，也有投入批量生产的厂家。

电子线装置种类很多，现针对压敏胶上的应用情况简述如下。

(1) 电子线照射头的形状　低能量的电子线照射装置，其电子线发射的形状有伞状散射型和垂直向或顺向的直射型两类。

散射型　从射线源放射出高真空的热电子，经加速器加速后形成电子线，呈伞状射向被照射物，其最大范围是 1800mm。其能量有中等、高等之分。目前对于低能量的使用也逐渐推向生产。其原理如图 4-3-29 所示。

直射型　多数是 300keV 以下的低能量装置，多用于涂料、树脂的固化工程。它有垂直向的直射型和顺向的直射型两类。主要是被照射物行进方向与电子线射向的垂直式和顺式。在顺式中又有气流型和喷嘴型两种。这种装置要求照射范围宽一些，装置小一些。

(2) 能量加速器　电子线的透过深度与加速器电压和被照射物的密度有关。当加速电压

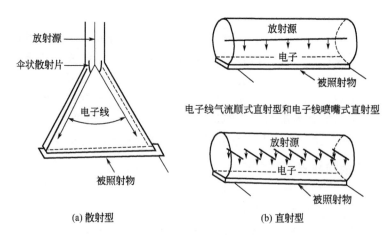

电子线气流顺式直射型和电子线喷嘴式直射型

(a) 散射型　　　　　　　　　(b) 直射型

图 4-3-29　加速器的种类

大、被照射物密度小时，其电子线的穿透深度大，或者说同一深度下的能量要小。压敏胶的密度一般为 $1g/cm^3$，胶层厚度为 $50\mu m$ 时，加速电压约为 140keV。如果胶层厚度为 $200\mu m$ 时，加速电压可用到 250keV。一般，这样的程度可以达到完全的交联反应。

（3）电子线　树脂类物质的固化要求是有一定的电子线量 $D(20\sim100kGy)$。它与电子线的电流量 $I(mA)$、照射幅宽 $W(m)$、基材运行速度 $v(m/s)$ 有一定的关系。当装置系数为 K 时，可用下式表示：

$$Dv = KI/W \qquad (4-3-15)$$

因此，当其他各因素固定时，可以计算出 v 值。当电子线量选定时，电子线的电流就是电子线固化（交联）装置的工艺操作指标，其实验机可采用 $20\sim30mA$ 电子线的电流，小型机可采用 $50\sim100mA$。实际生产可采用到 $100\sim500mA$。

（4）附属设备　电子线装置安置在涂布设备中。除烘箱外，其他的放卷机构、收卷机构、复合机构、涂布机构等都是附属设备。由于电子线运作过程中的氧有妨碍作用，所以照射环境要通氮气保护，氮气保护装置是必需的附属设备。

（5）安全　电子线装置有 X 射线发生，同时这种高能量装置要进行屏蔽，需要建立屏蔽室。一般屏蔽室的壁厚和电子线的能量有关系。在低能量电子线装置中，采用一般的铅板屏蔽室即可，配用防爆电机即可满足安全操作的要求。

（6）装置种类如表 4-3-3 所示。

表 4-3-3　电子线装置种类表

装置	照射幅宽	电子线能量	运行速度
实验机	150～300mm 连续运行	约 300keV	1000m/min 以上
小型机	450mm 以上连续运行	约 1000keV	1000m/min 以上
生产机	2500mm 连续运行	约 5000keV	1000m/min 以上

四、高频加热和微波加热

1. 原理

利用高速变化的交流电压频率，促使在高频电压范围内的介质分子运动加剧，从而使介质温度升高，达到加热目的。这种装置就是高频加热装置和微波加热装置。

高频加热是指利用 $1\sim300MHz$ 频率的电能进行加热应用。微波加热是指利用

300MHz～300GHz 的频率电能进行加热应用。高频加热的原理图如图 4-3-30 所示。

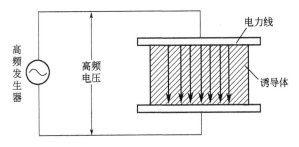

图 4-3-30　高频加热原理图

在两个电极之间加上高频电压，电极之间安置非导体材料和诱导体材料作介质。这样，在电极之间按高频定向产生电力线，诱导体内的分子极性按磁域方向重排，相邻分子间产生摩擦热（诱导体损失），从而产生发热现象。

压敏胶材料吸收电能与诱导体的性质、电流强度的平方、交流电压频率大小有比例关系。利用诱导体和介质不同的性质可使装置直接加热，也可使局部含水率高的地方发热多，从而达到均匀干燥的目的。但是这种加热方法损失系数大，材料端面能量集中有局部受热之弊。

2. 应用

高频加热一般使用 13.56Hz、27.12Hz 和 40.68Hz 的频率。电子管使用三极管、四极管和多极管，电极有平行板型，格子型等。

微波加热有微波发生器等部件，使用频率为 915MHz，2450MHz。微波加热一般都将被加热物放入金属炉体中进行，被加热物会产生不定形加热状态。其放电、电磁泄漏等影响较少。

第四章

热熔压敏胶制品的制造设备

崔汉生　谭宗焕

第一节　概述

目前用于压敏胶制品生产的压敏胶黏剂（PSAs）基本上可分为溶剂型、水剂型和热熔型三大类。溶剂型压敏胶是传统的压敏胶制品生产原料，应用最为普遍，但它对环境的污染很严重，随着人们环境意识的提高及相关法律的建立和完善，溶剂型压敏胶的应用每年正以一定的速度下降。与溶剂型压敏胶相比，水溶型压敏胶既有成本低、存放使用安全、污染小等优点；也有耐水性差、电气特性不良、干燥时间长、能量消耗大等缺点，它的应用每年正以一定的速率增长。热熔型压敏胶的发展速度最快。20 世纪 70 年代初，当热熔压敏胶进入市场时，没有人能预料到它能在胶带、标签、装配、医疗和卫生等行业产生巨大的影响。热熔型压敏胶具有性能稳定、原料利用率高、生产速度快、成品率高、设备占地面积小和投资小等优点，有逐渐代替溶剂型压敏胶的趋势。

一、热熔压敏胶制品的制造工艺

热熔压敏胶在常温下一般都是固体。因此，将热熔压敏胶加工成胶带、胶膜等压敏胶制品时，必须经过熔胶（将固体压敏胶加热熔融成黏稠液体）、输胶（将压敏胶熔融体输送到涂胶系统）、涂布（将压敏胶熔融体涂布在基材上）和固化、复合、收卷等工艺过程。其中涂布工艺是热熔压敏胶制品制造中最重要的环节。

热熔压敏胶融体的流变特性本质上与溶液型压敏胶相似，其黏度一般都要比压敏胶溶液的黏度大得多。在高温熔融状态下容易氧化变质。因此，涂布操作过程中必须控制涂布温度，使压敏胶具有适当的熔融黏度，同时采取一些措施防止压敏胶氧化。20 世纪 80 年代以来，热熔压敏胶的研究开发工作非常活跃，不断有新产品投放市场。热熔压敏胶材料的发展，对涂布提出了相应的要求，促进了涂布工艺和涂布设备的不断更新。

热熔压敏胶制品的涂布工艺多种多样，因具体的应用条件（如基材、热熔胶的种类、特性等）和应用要求（如生产效率、产品性能指标等）的不同而有所不同，或直接涂布，或转移涂布；或单层涂布，或多层复合；或接触式涂布，或非接触式涂布；或连续涂布，或间断涂布；或满幅涂布，或透气涂布；或固定胶型涂布，或非固定胶型涂布等。

二、热熔压敏胶制品的制造设备

热熔压敏胶是热熔胶黏剂的一类，适合于热熔胶制品的制造设备基本上都能用于热熔压敏胶制品的生产。热熔压敏胶制品的制造一般都在一种通常被称为"热熔（压敏胶）涂布机"的专用设备上进行。

一套完整的热熔压敏胶制品制造设备（热熔涂布机）包括：熔胶系统、输胶系统、涂胶系统、基材及辅材放卷系统、复合系统、固化系统、成品收卷系统，如图 4-4-1 所示。其中涂胶系统的涂布设备是最重要的设备。

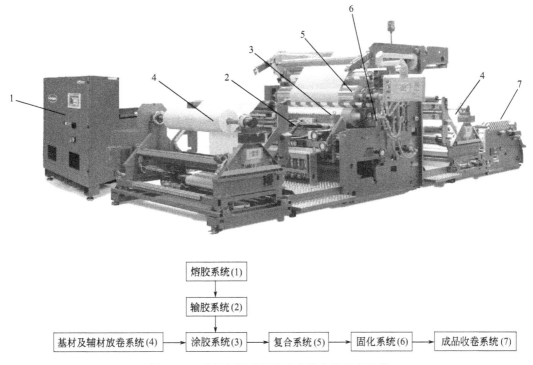

图 4-4-1　热熔压敏胶制品生产设备的基本组成

热熔压敏胶制品制造设备的基本工作原理是：通过一个加热器把固态的热熔胶加热成能流动的黏稠液体，熔融的热熔胶液由输胶系统输送到涂胶系统，涂胶系统把胶液涂布于基材上，再由固化系统把基材上的胶液固化成压敏胶层。

热熔压敏胶制造设备按不同要素有多种分类方法，常用的分类方法有下列几种：

（1）按生产规模分　根据生产规模的大小，热熔压敏胶制造设备可分成实验型设备、小型设备、中型设备和大型设备。

（2）按设备与生产线的关系分　根据制造设备是否在生产线上，可分成离线设备和在线设备两种。

（3）按涂布工艺分　热熔压敏胶的涂布工艺，可分为辊压涂布设备、花纹辊涂涂布设备、喷涂涂布设备、狭缝涂布设备、挤出涂布设备和丝网涂布设备等。

（4）按设备的结构分　根据设备结构的特点，可分成单臂设备和双支架设备等。

下面将分节较详细介绍热熔压敏胶制品制造中各个系统的具体设备情况。

第二节　熔胶系统和输胶系统的设备

一、熔胶系统的设备

熔胶系统的设备是一种加热保温装置，固体状态的热熔胶在该装置中被加热到能流动的熔化状态，并保持在某一要求温度，以满足输胶和涂胶对黏度的要求。熔胶系统的具体结构视机型的不同而不同，常见的有三种：螺旋式、箱式和桶式。这里主要介绍箱式和桶式熔胶系统，螺旋式熔胶系统将在螺旋式涂布方法中介绍。

1. 箱式熔胶系统

箱式熔胶系统用于熔化块状或粒状热熔胶。熔胶系统由机械和电子控制两部分组成。机械部分起熔胶、存胶和支承的作用，其核心是一个金属槽体，槽体的上部有一个进料口，固态的热熔压敏胶从这个进料口加入槽体，进料口上装有封盖，防止异物落入槽内。槽体可分为预热区、加热区和保温区三个工作段，温度从进料到出料逐渐递增并可控。槽体的四周及底部装有电加热元件，控制电加热元件上的电压就能控制槽体中胶熔体的温度。槽体的内表面有光滑和栅条隔板两种形式。光滑槽体的四壁和底面都是光滑的平面，槽底面有一斜度，最低点设有出胶口，这种槽体的结构较简单，可熔化多种固体形态的热熔胶。栅条隔板槽体的上部和侧壁也是光滑的平面，但槽底铸有一些栅条隔板，隔板间构成汇流通道与出胶口相连，这种结构增加了传热面积，提高了槽体的热效率。槽体的外部装有绝热材料，减小热量的散失。整个槽体安装在一个机箱内。电子控制系统可与槽体做成一体式，即槽体与电子控制系统安装在同一箱内；也可做成分体式，电子控制器单独安装在一个控制箱中成为一个单元，再与槽体所在的箱体组合成一整体。这两种结构各有优缺点：整体式结构紧凑，空间利用率高，缺点是维修较困难；分体式结构槽体很容易与电子控制箱分离，维修方便，但空间利用率低。

电子控制系统的功能是检测、控制和显示温度，以及对温度传感器故障、超温和其他故障的诊断和报警。温度控制是电子控制器的主要功能，其工作原理可用图 4-4-2 说明。温度

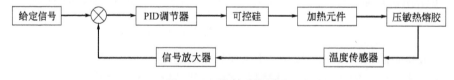

图 4-4-2　控温系统框图

传感器把热熔压敏胶的温度转变成电信号，经信号放大器放大后与给定信号进行比较，其差值作为比例、积分和微分（PID）调节器的输入信号，PID 控调节器的输出信号用于控制电子电气元件（如可控硅 SCR、大功率三极管 GTR、场效应管 MOSFT 以及绝缘门极三极管 IGBT 等），再由电子电气元件控制加热元件，从而形成一个闭环控温系统。PID 调节器是控温系统的核心，通过调节比例常数、积分时间和微分时间三个参数，可使系统既具有较快的响应速度，又有较高的动态和静态精度。PID 调节器既可用硬件来实现，也可用软件实现。目前，熔胶系统的电子控制器一般采用微机控制，微机控制的硬件结构如图 4-4-3 所示。微机控制系统的特点是硬件结构简单，PID 调节器等功能可用软件实现，具有一定的智

能，可对故障进行自诊断，便于机内外的通信，容易实现其他的附加功能，如工休时使槽中的胶保持在低于正常工作的温度，既可防止胶体凝固，防止胶因长时间处于高温而氧化，又可节约电能。

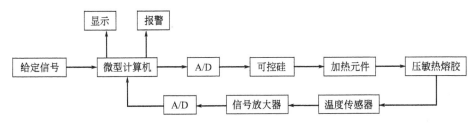

图 4-4-3　箱式熔胶系统微机控制器的硬件结构方框图

随着应用需求的不断发展，如今市场上的箱式熔胶系统无论在功能的多样性、操作的友好性，还是维护的方便性上都达到了一个很高的水平。例如，美国诺信公司在 2012 年针对中国市场需求推出的新一代 AltaBlue Touch 型箱式熔胶机采用触摸屏进行显示和操作，可用于高精度热熔胶喷涂应用。

2. 桶式熔胶系统

桶式熔胶系统用于对桶状热熔胶的熔化，适合于大批量压敏胶制品的生产。桶式熔胶系统的基本原理与箱式熔胶系统相同，也由机械和电子两部分组成。与箱式熔胶系统的区别是，桶式熔胶系统的加热元件和出胶口位于熔胶罐体的上部，仅对胶体表面进行局部加热，而且加热盘是随动的，熔化的胶体随时被输胶系统抽走，加热盘随之连续下降并连续加热胶体，直至整桶胶熔化抽走，因此在机械结构上增加了气动系统，用于调节桶内的压力。桶式熔胶系统仅对胶体进行局部加热，大部分胶体仍处于冷态，故能减小对温度敏感材料的热应力，保持胶的黏结性能，防止胶体因过热而产生的老化及氧化。桶式熔胶系统的电子控制系统除了具有箱式熔胶系统的功能外，还有胶体位置控制、桶空报警等功能。桶式熔胶系统结构如图 4-4-4 所示。桶式熔胶系统一般与一个箱式熔胶系统或泵站系统联合使用，即桶式熔胶系统抽出的热熔胶先进入一个箱式熔胶系统或泵站系统，然后再输送到涂胶系统。箱式熔胶系统或泵站系统起精确温控和精确计量的作用。桶式熔胶系统可以根据箱式熔胶系统内胶面位置的高低或泵站进口处胶压的大小来决定供胶速度的快慢。

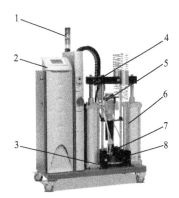

图 4-4-4　桶式熔胶系统
1—信号灯；2—电气控制柜；
3—置放胶桶位置；4—横梁；
5—电动机；6—支架；
7—齿轮泵；8—加热盘

二、输胶系统的设备

典型的输胶系统，由输胶泵和输胶管路两部分组成。输胶泵是胶体输送的动力源，输胶管路是输胶泵与涂胶系统之间的连接件。近年来，随着应用需求的不断提高，以及设备技术的不断进步，泵站系统随之诞生，并越来越广泛地成为输胶系统的一个重要环节。

1. 输胶泵

适于输送热熔胶的泵有气动电动机驱动的活塞泵和电机驱动的齿轮泵两种。输胶泵一般与熔胶系统组合成一体，泵的入口端与熔胶系统的出胶口相连接，泵的出口端与集流腔连接。熔胶系统中的胶体，经输胶泵增压后，进入集流腔，再通过流量控制阀送到输胶管。活塞泵是一种往复直线运动泵，这种工作特性决定了通过活塞泵的胶是以脉动的形式输出的。采用双动式活塞泵，通过保持均匀的压力，可使泵的出胶特性得以改善，但不能完全消除出胶的脉动性。活塞泵比较适用于恒定线速度条件下的应用。齿轮泵是一种回旋运动泵，由泵体和安装在泵体中的啮合齿轮对组成。其工作原理可用图4-4-5说明。

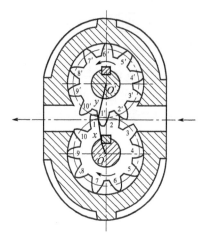

图 4-4-5　齿轮泵工作原理

齿轮泵工作时，有吸胶和压胶两个工作过程。图4-4-5中 x、y 是啮合点处的啮合半径，运动过程中这两个值是不断变化的。当齿轮按图示箭头方向回转时，由轮齿 4、3、2、1、$1'$、$2'$、$3'$ 的表面与泵壳、端盖的内表面形成吸胶腔。由图可见，轮齿 4 和 $3'$ 所扫过的容积比正处于啮合的轮齿 1 和 $1'$ 所扫过的容积大，即在齿轮旋转时，吸胶腔的容积不断变大，从而形成部分真空，熔胶罐中的胶体在大气压的作用下，进入腔内，这就是齿轮泵的吸胶过程。压胶腔由轮齿 10、1、$1'$、$10'$、$9'$ 的表面与泵壳、端盖的内表面组成。由于轮齿 10 和 $9'$ 所扫过和容积比正处于啮合的轮齿 1 和 $1'$ 所扫过的容积大，即压胶腔的容积随着齿轮的运动变小，胶体被挤压出泵，这就是齿轮泵的压胶过程。齿轮在电机的带动下回转时，齿轮泵就连续不断地吸胶和压胶。齿轮泵的轮齿设计成直齿的较多，齿轮和轴常做成一体，这种结构在高扭矩工况下更为可靠，两齿轮之间的中心距通常等于齿面宽度。齿轮泵泵胶量的稳定性与泵的转速有直接关系，转速由直流或交流驱动系统控制。驱动系统由直流或交流电机、减速机构和电子控制系统组成。电子控制系统以微机为核心，由压力或流量传感器检测的信号为反馈量构成闭环控制系统，可精确控制泵胶量。

2. 泵站系统

泵站系统，也叫泵站供胶系统，或简称泵站。简单地说，是由两个或两个以上的高精度齿轮泵相互串联而组成的一个输胶系统，且每个齿轮泵均有主动控制电动机来驱动，如图4-4-6所示。在结构上，它与熔胶系统相对独立，处于熔胶系统和涂胶系统之间，并与它们通过输胶管彼此相连。泵站系统的工作原理和单个的齿轮泵没有本质的区别，都是通过电机的驱动，实现胶的泵入和泵出。但在功能上，它可以实现胶的一路输入和多路同时输出。泵站具有加热和温控功能，保证胶在设定的温度下工作；也具有输入输出端压力检测和在线调整齿轮泵转速功能，保证胶压和胶量输送的稳定。

在大型生产线（如纸尿裤生产线）的应用上，需要同时给多个工位供胶，而且工位与工位之间距

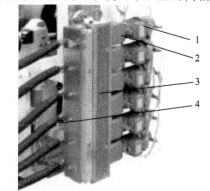

图 4-4-6　泵站系统

1—驱动电动机；2—齿轮泵；

3—分歧座；4—输出端热熔胶管

离较远，传统的做法是采用多个带泵的熔胶系统长距离供胶。其缺点有二：其一，采用多个熔胶系统，设备费用相对较高；其二，长距离输送导致胶压损耗和供胶响应迟缓，特别是在生产线升降速的时候涂胶精度不高，导致大量废品的产生。而泵站系统的诞生则很好地解决了这个问题。其通常的设备配置是采用一个大型的熔胶系统，通过较长的输胶管将胶输送到一个或几个泵站，再由泵站通过较短的输胶管给各个工位供胶。泵站的采用减少了熔胶系统的数量，降低了设备投资成本；同时也缩短了供胶系统与涂胶系统的距离，提高了涂胶效果。

除此之外，泵站系统还常应用于宽幅涂胶系统（单个工位）的供胶，这有助于显著提供涂布精度，特别是低上胶量情况下的涂布精度。在此应用中，泵站系统由于提供了更多的流道供胶，使得单个流道所覆盖的涂胶宽度大大缩短，有助于调节和控制整个涂胶系统各个位置的胶压和输出胶量，使其平衡一致。一般来说，每200～300mm涂布宽度采用一个流道供胶较为理想。理论上讲，单位流道覆盖涂布宽度越窄，涂布效果越好。

3. 计量系统

计量技术的出现，是为了用较经济的解决方案来改善传统设备的输送精度以及做到涂布系统的快速响应，同时可以实现对热熔胶涂胶量的实时监测及控制。其原理是，通过输入端喉管产生的胶压来推动齿轮泵内的多组啮合在一起的齿轮片旋转，从而可以将一个输入的胶流分配到2、3、4、6、8路独立的流路上输出，每一路的胶量完全一致，可实现一个胶机为多个胶量一致的喷胶点精确供胶。例如，纸尿裤的左右两侧粘条的涂胶量通过该设备就可以达基本一致，使产品外观更加漂亮。而连接在齿轮泵上的高精度编码器每一转可以产生1500个脉冲信号给控制系统，从而可以实时监测胶量的输出情况，并且也可以做实时的胶量输出调节。

从婴儿纸尿裤到妇女卫生巾，从手帕纸、卫生纸到成人失禁用品床垫等卫生用品的生产制造商，都可以通过采用计量喷胶系统，实现对热熔胶涂胶量的实时监测及控制，减少涂胶量波动，改善产品质量。计量系统还有助于生产制造企业提高生产效率，降低原材料消耗，减少浪费，为热熔胶喷涂工艺提供更多更全面的保障。在使用目前生产线上的热熔喷胶系统情况下，也能将胶量偏差控制在±5％以内。

当然，计量技术也常运用在胶枪上，与胶枪合二为一，如在2011年市场上出现的TrueFlow计量胶枪系统（如图4-4-7所示），从而使胶枪在材料的横向和纵向上的涂布均匀度大幅度提高，同时也可对胶枪的胶量输出进行监测和控制。

4. 输胶管路

输胶管路有刚性和柔性两类，刚性管路用于固定式大型设备，柔性管路因其安装方便，应用灵活，得到了广泛的应用。柔性管路的内管由金属或聚四氟乙烯制成，金属软管内壁不光滑，节缝处容易滞留热熔胶，这些胶长时间受高温作用会导致质量变化。聚四氟乙烯管内壁光滑，摩擦阻力小，输胶效果好，已在热熔胶设备中广泛应用。典型的输胶软管结构由以下几部分组成（如图4-4-8所示）：耐高温的特氟龙内管、编织不锈钢加强层、加热元件及热电阻检测层、保温层、接地保护层和耐磨外管等。这种结构的软管输胶阻力小，强度高，能承受热熔胶的工作压力，保温绝热性能好，可通过加热元件和测温热电阻，实行单独的温度控制，保证管道中胶体维持某一合适的黏度。

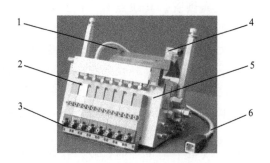

图 4-4-7　计量胶枪系统

1—齿轮泵组与编码器；2—控制模块；3—喷嘴；
4—电磁阀；5—枪体；6—加热线

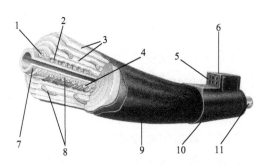

图 4-4-8　输胶管结构图

1—不锈钢加强网；2—加热导线；3—保温层；
4—面积传感器；5—电气插座；6—快速连接器；
7—聚四氟乙烯内管；8—接地线；9—外管；
10—高强度外壳；11—出胶口

● 第三节　涂胶系统的设备

随着热熔压敏胶的发展，其涂布系统也逐渐发展起来。目前工业上适于热熔压敏胶的涂布系统有辊压涂布系统、花纹辊涂涂布系统、喷涂涂布系统、狭缝涂布系统、挤出涂布系统和丝网涂布系统，下面分述之。

一、辊压涂布系统

辊压涂布系统常用于黏度较高的热熔压敏胶涂布，可用于木材、金属、塑料、装饰材料、纸板以及其他基材的涂布。该系统的工作原理如图 4-4-9 所示。热熔压敏胶在熔胶系统中熔化后，通过输胶系统输送到涂胶系统的贮胶器中，贮胶器中装有液位传感器，传感器产生的信号反馈给输胶系统用于控制泵胶量的大小，贮胶器中的胶体被送入操作辊和涂布辊之间，操作辊由控温系统控制一定的温度，保证胶体具有合适的黏性，逆向转动的两辊间的压力将胶体从两辊间的缝隙中呈薄片状挤出并由操作辊涂布于基材上，调节涂布辊与操作辊间的距离即可调节胶涂层的厚度，辊压涂可以进行单面涂布也可双面涂布。

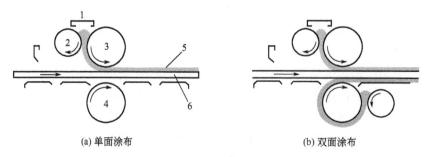

(a) 单面涂布　　　　　　　　　　(b) 双面涂布

图 4-4-9　辊压涂布系统

1—贮胶器；2—涂布辊；3—操作辊；
4—支承辊；5—胶膜；6—基材

二、花纹辊涂涂布系统

花纹辊涂涂布系统可适用于不同宽度的基材，在基材上、下或两侧涂胶，见图4-4-10。输胶系统把熔化后的胶体送到带有辊筒或涂布装置的贮胶槽中，由于A辊的转动将熔融的压敏胶体带起并在与C辊的间隙中与基材复合；B辊转动很慢，实际上只起到定量辊的作用。由于基材的行进速度远大于A辊的表面速度，即使黏度很大的胶黏剂也能涂得比较均匀，辊筒表面可根据需要设计不同的图案。花纹辊涂系统的缺点在于胶体直接暴露于空气中，容易引起热氧老化，使压敏胶的性能发生变化；改变涂布图形或更换胶体必须更换辊轮，增加了设备投资，停机时间较长。

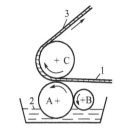

图4-4-10 花纹辊涂涂布系统
1—基材；2—压敏胶；
3—压敏胶制品

三、喷涂涂布系统

热熔压敏胶喷涂涂布系统吸取了油漆喷涂技术的特点，设计出热熔胶专用喷头，通过压缩气体可使热熔胶从喷头上呈纤维状喷出，沉积到被涂基材上，改变喷头的结构，可得到各种涂布的效果（如图4-4-11所示）。喷涂工艺属于非接触涂布，对基材的热影响较小，特别适用于薄膜等热敏感材料的涂胶。同时由于喷涂的胶丝细而均匀，具有很好的透气性，且喷涂制品的手感柔软，所以该工艺也常用于无纺布与无纺布或无纺布与薄膜之间的复合。

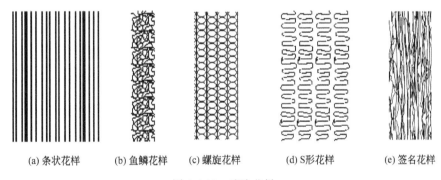

(a) 条状花样　　(b) 鱼鳞花样　　(c) 螺旋花样　　(d) S形花样　　(e) 签名花样

图4-4-11 喷涂花样

1. 可控平面喷涂系统

常用于一次性产品的制造，胶体呈纤维状均匀涂布，可精确控制涂布边缘尺寸、图案宽度以及喷胶起停时间。该系统应用小流量、高速度热模气体（65～200℃），当熔化的胶体通过喷嘴的窄缝时，热空气从两面切割胶体，产生一种拉伸和破碎作用，使胶变成很细的纤维精确沉积到基材上，这种结构不需要大量的出胶针孔，可降低因针孔堵塞而产生的非正常停机时间。这种涂布系统对基材损伤小，即使在孔状或不规则的基材上也能得到均匀涂层。

另一类平面喷涂系统由若干个喷嘴组成，每一个喷嘴单独成一单元，可通过不同喷嘴的组合控制喷涂宽度、喷涂图案以及涂层厚度。胶体的纤维化由热空气实现。已加热的空气先由分配器均匀地分配到各个喷嘴。因气流的流动，喷嘴中局部区域形成负压区，从而把熔化的胶体呈纤维状吸出，这种喷涂方法涂胶量控制精确，涂胶量可小至$1.5g/m^2$，涂布速度达300m/min，适合于薄膜和其他热敏感材料的涂布。图4-4-12为两种喷枪的结构。

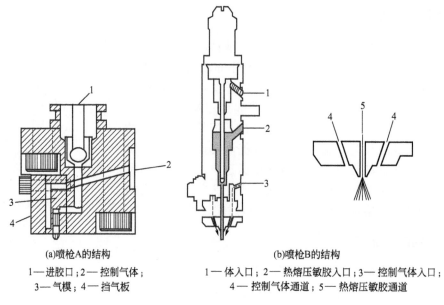

(a)喷枪A的结构
1—进胶口；2—控制气体；
3—气模；4—挡气板

(b)喷枪B的结构
1—体入口；2—热熔压敏胶入口；3—控制气体入口；
4—控制气体通道；5—热熔压敏胶通道

图 4-4-12　两种喷枪的结构

2. 螺旋纤维喷涂系统

该方法属可控纤维化喷涂，既可连续涂布，又可间断涂布，喷胶控制精确，喷胶量小，最低可至 $1.5g/m^2$；涂布速度快，最高可达 300m/min。螺旋喷枪结构如图 4-4-13 示。喷枪中高速气流把胶体以纤维状从喷嘴中吹出，并控制吹出纤维的方向，使纤维旋转以螺旋状涂布于基材。气体都是经过加热的空气，并由气体分配器精确分配以保证螺旋花样的均匀性。这种喷涂系统既可单枪点状或带状涂胶，也可多枪组合进行平面涂胶。改变喷嘴上控制方向气道的形状和方向可改变喷涂纤维的图案，改变输胶量可改变涂胶量，纤维直径可达 $10\sim100\mu m$。

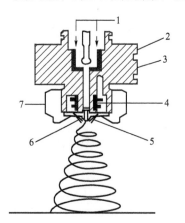

图 4-4-13　螺旋喷枪示意图
1—进胶口；2—枪座；3—控制气体入口；
4—控制气体分配器；5—喷嘴；
6—气体通道；7—喷嘴夹紧螺母

3. 签名式纤维喷涂系统

这是一种全新的喷涂技术，同属可控纤维化喷涂，既可实现连续喷涂，又可实现间断喷涂，喷胶控制精确，上胶量最小可至 $1.5g/m^2$，涂布速度最快可达 600m/min，同时，它具有边缘控制效果好、操作维护方便等特点。签名式纤维喷枪结构如图 4-4-14 所示，喷枪中有两路高速气体，分别通过压缩空气膜片把胶体以纤维状向下从喷嘴（出胶膜片）中振荡吹出，使纤维胶体以签名状花样涂布于基材。这两路气体都是经过加热的热空气，并由气体分配膜片精确分配以保证签名花样的均匀性。改变喷嘴上控制出胶的膜片的胶体流道，可以改变喷涂纤维的图案宽度。改变输胶量可改变涂胶量，纤维直径可达 $10\sim100\mu m$。

另外，还有一些手持喷枪，其形状大致与油漆喷枪类似，可喷条状、螺旋状或雾状，适合手工操作。

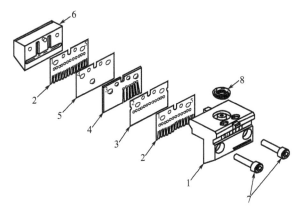

图 4-4-14　签名式纤维喷枪示意图

1—喷嘴基座；2—压缩空气膜片；3—胶/气隔离膜片；

4—控制出胶膜片；5—胶/气隔离膜片；6—喷嘴固定底座；

7—螺栓；8—密封圈

四、狭缝涂布系统

狭缝涂布属于刮涂的一种变型。狭缝涂布系统在涂布过程中是封闭式的，胶不与空气直接接触。熔融的胶体通过一条狭窄的缝隙挤出涂布头，涂布头的唇口与基材接触，胶直接涂布于基材；或涂布头的唇口与背衬的防粘材料接触，胶涂布于防粘材料上，再通过层压把胶转敷于基材。这种设备广泛应用于胶带产品的制造。最简单的狭缝涂布头，结构上仅有一个贮胶腔。贮胶腔一端与输胶管相连，另一端与涂胶狭缝相连。这种涂布头只能进行连续涂布，为了防止狭缝被凝块和杂质堵塞，涂布头上一般装有过滤器。涂布的宽度和图案可通过添加或减少狭缝中的嵌片来调节。嵌片的作用是把不需涂布位置的狭缝堵上，起到调节涂布宽度和效果的目的。涂布头中装有电子控温系统，对涂布头进行分区控温，以保证胶体的黏度。

除了最基本的形式，狭缝涂布器还有各种变化与发展。在涂布头上装上气动或电子控制阀既可随时中断或开通狭缝，进行连续或间隙涂布，控制涂布图案。

根据不同的应用，狭缝涂布头可靠在涂布辊上进行正心涂布，如图 4-4-15(a)所示；也可不靠在涂布辊上实现偏心涂布，如图 4-4-15(b)所示。偏心涂布时，涂布头与涂布辊间没

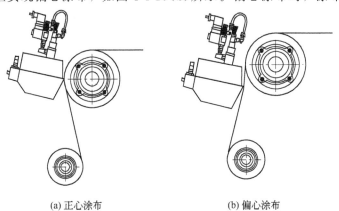

(a) 正心涂布　　　　　　　　　　(b) 偏心涂布

图 4-4-15　狭缝涂布系统

有固定的间隙，靠稳定的张力保证基材与涂布头连续接触，胶体可离散地涂布于基材，得到良好的结合性能以及最小的用胶量。不管是正心涂布，还是偏心涂布，涂布头与涂布辊之间的相对位置对于实现最终的涂胶效果都是至关重要的，不同的相对位置可以实现不同的胶形效果。所以涂布头常常固定在一个可以自由调节位置的头架上，随着头架的位置调整而实现对涂布辊不同的相对位置。

近年来，随着市场需求的不断发展，我国狭缝式涂布技术和应用得到了长足的发展。但国外设备制造商在新技术的研发、产品的制造工艺及流程管理方面仍然具有明显的优势，它们通过合理的腔形流道设计、优化的表面处理工艺，辅以精确的温度控制和胶量输送，甚至在高温环境下研磨和硬化涂布头唇口，使得狭缝式涂布技术向着精度更高、速度更快、可靠性更好、耐用性更优、应用更广的方向迅速发展。根据日益细分的应用市场的需求，狭缝式涂布系统又逐步发展、派生出多种涂布系统，如高速间断"反抽"涂布系统、无刮痕涂布系统、透气涂布系统、帘式涂布系统、Slice 型高精度计量涂布系统等。下面逐一作简单的介绍。

1. 高速间断"反抽"涂布系统

该系统应用于间断涂布，尤其是高速状态下的间断涂布。目前最前沿的技术是具有"反抽"功能的高速间断反抽刮涂技术。"反抽"功能消除了断胶时胶面"拖尾"的现象，实现了卓越的断胶效果。其原理及结构如图 4-4-16 所示：热熔胶通过通道进入控制模块，弹簧带动阀针上下移动来实现热熔胶的开与断。当压缩空气通道打开时，驱动阀针向下运动，实现开的控制；当压缩空气通道关闭时，阀针受到弹簧的牵引力向上运动，实现关的控制。由于阀针向上的运动过程中，会在枪唇内形成一定的负压，枪唇内的热熔胶会被阀针"抽"回控制模块腔体内，从而实现非常卓越的断胶效果。该系统常用于生产一次性卫生用品等的高速自动化生产线上。随着卫生用品生产线的速度越来越快，间断"反抽"涂布系统也趋于高速化，如近年来在一次性卫生用品生产设备上广泛使用的 SpeedCoat 型系统，其间断反应时间最短可达 3ms/次，大幅度提升了间断刮胶的响应速度，结构如图 4-4-17 所示。

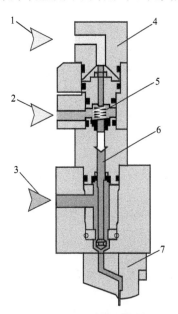

图 4-4-16　反抽间断刮枪示意图

1、2—压缩空气；3—热熔胶；4—控制模块；
5—弹簧；6—阀针；7—枪唇

2. 无刮痕涂布系统

狭缝涂布一般为接触式涂布，涂布唇口直接与基材接触。由于热熔胶内或多或少会含有一些杂质或碳化物，经常会在胶膜上产生拉痕，影响了产品质量。为了克服这种缺点，在狭缝之后增加了一个旋转辊，该旋转辊由电机独立驱动，相当于一个涂布括辊，综合了狭缝涂布与括辊涂布的优点，可得到无拉痕的涂布效果，故而称之为无刮痕涂布系统，或无刮痕涂布头。各种无刮痕涂布系统的工作原理虽然没有本质的区别，但设计细节却各有特点。比如在 2009 年出现的应用于透明标签生产的新一代 TCHP 型无刮痕涂布头（如图 4-4-18 所示），旋转辊"嵌"在可"插入"式枪唇上，可以实现与普通枪唇的替代互换，且操作方便。通过更换不同类型的枪唇实现不同胶型的涂布，从

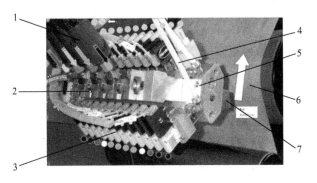

图 4-4-17　高速间断反抽刮枪

1—热熔胶管；2—控制进胶膜块；3—电磁阀；

4—驱动压缩空气通道；5—枪体；6—基材；7—涂布刮头

图 4-4-18　无刮痕涂布系统

1—加热线；2—枪体；3—旋转辊；

4—控制模块；5—过滤器；6—枪唇

而实现"一头多用"。无刮痕涂布系统广泛应用于各种胶带、标签的生产。

3. 透气涂布系统

透气涂布系统（图 4-4-19）是狭缝涂布系统新的发展方向之一，其技术核心是通过独特的涂布头腔形设计，采用泵站系统实现就近、多路同时供胶，在上胶量极低的情况下，仍然

图 4-4-19　透气涂布系统

1—涂布机架；2—基材；3—涂布辊；4—电磁阀；5—控制模块；6—涂布头

能实现热熔胶均匀离散地分布在基材上，实现卓越的透气效果。与喷涂工艺相比，狭缝式透气涂布工艺具有以下技术特点和优势：①生产线速度快，可达 $300m/min$，因采用接触式涂胶，无飞丝现象；②涂胶均匀且上胶量低，最低上胶量可达 $0.5g/m^2$；③同等上胶量的情况下，剥离（粘接）强度更高，用胶更省；④对胶的黏度适应性更好，适用黏度范围在 1～

50Pa·s；⑤可通过控制安装在涂布系统上的电磁阀的开关，实现在线涂胶宽度的调节，减少停机时间。狭缝式透气涂布工艺，因其良好的技术优势和上佳的涂胶效果，被越来越广泛地应在各种卫材和工业防护用品的涂胶加工上。

4. 帘式涂布系统

帘式涂布系统源于传统的狭缝式涂布头，因其出胶呈帘状而得名。典型的帘式涂布头系统如图4-4-20所示，其设计理念是将输胶系统（泵站）和涂布系统合二为一，即在涂布系统（涂布头）上直接安装一排数量不等的高精度齿轮泵，可以理解为泵站与涂布头之间的输胶距离为零，因此，可通过调节泵的转速，瞬间改变胶压，易于实现涂布系统各个位置的出胶均匀一致。帘式涂布头的涂胶精度高，尤其擅长极低上较量的涂胶，且因其出胶方式类似流延法，涂胶唇口与基材、涂布辊不直接接触，故对基材表面平整度、涂布辊的硬度和精度没有很高的要求，其应用前景广阔。

图 4-4-20　帘式涂布系统
1—泵站系统；2—枪体；3—涂布头；4—基材

5. Slice 型高精度计量涂布系统

如何使热熔胶的涂布技术更加精确更加完美，是研究的主要方向之一。近年来诺信公司首创的 Slice 型高精度计量涂布技术，代表了目前喷涂技术的最高水平。它适用于在涂布基材的横向和纵向上保持高度均匀一致的上胶量，达到卓越的涂胶效果，同时也适用于高速的生产线，提升涂布系统的响应速度，维持恒定的输出胶压。如图4-4-21所示，每一个控制模块后面安装了一组精密计量齿轮泵，通过安装在枪体上的驱动电机来推动齿轮泵旋转控制

图 4-4-21　Slice 型高精度计量涂布系统
1—涂布机架；2—过滤网；3—齿轮泵组件；4—电磁阀；5—控制模块；6—驱动电机；7—喷嘴

出胶量。其枪体通过一枪多配的技术产生不同的喷/刮胶效果，扩展了柔性生产能力。其先进的压力控制技术可以提供单独的气压，让每一个控制模块单独施胶，因此，该涂布系统可以同时适用于多个不同的工位，如复合工位、结构工位、橡皮筋工位以及魔术贴等。用计量泵的方式来控制模块的出胶，可以显著提高施胶的精确性、降低热熔胶的使用量，并可在更薄的热敏感材料上施胶从而进一步降低原材料的成本。

该涂布系统可以兼容各种工艺的喷嘴，单独或组合使用都可产生优异的涂胶效果，满足客户的特殊需求。此外，枪体设计成斜面可以降低在高速生产中产生的湍流干扰，保证喷胶的稳定性。枪体的表面经过加硬及防粘处理，可以快速清洁。枪体内部均匀的加热特性提高了热传递效率，减少对能源的消耗，确保生产的稳定。

五、挤出涂布系统

1. 螺杆挤出涂布系统

螺杆挤出式涂布系统是由一个螺杆挤出机将熔融的压敏胶送到基材上的，因而也属于密闭型，没有胶黏剂的氧化问题。螺杆挤出机是其中的关键设备，详见图4-4-22。压敏胶各组分在挤出机里一面前进一面混合，同时加热熔融。由于胶黏剂很容易粘到螺杆的叶片上，一般的塑料挤出机在这里不适用。为此发展了一种专门的螺杆挤出机，这种挤出机在前面的原料混合部分装有一个辅助的清扫螺杆，可以不断地清除可能粘到主螺杆上的任何物料。为了使胶黏剂的各组分充分混合，挤出机需要设计得足够长而且细，其长度和直径比一般约为40∶1。由于混料、熔融和挤出在螺杆挤出机中一次完成，压敏胶在挤出机中总的停留时间只有数分钟，在高温下

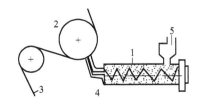

图 4-4-22　挤出型涂布设备
1，4—压敏胶；2—操作辊；
3—基材；5—加料斗

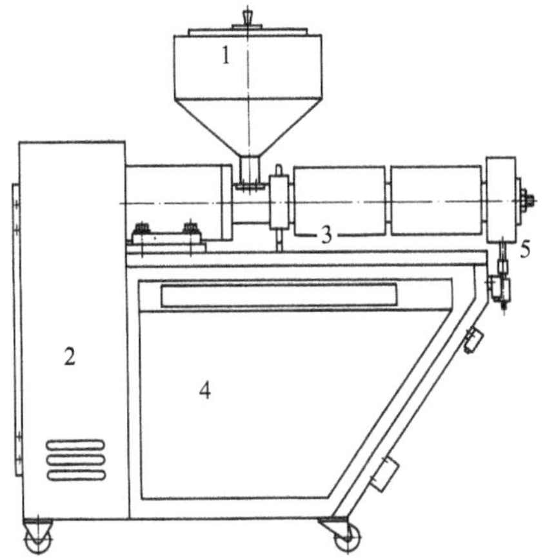

的时间更短，因而热分解问题不严重。用这种涂布系统，能够涂布的胶黏剂黏度范围较宽，其至可以涂布熔融黏度为20～2000Pa·s的压敏胶。另外，这种涂布器并不要求基材耐高温，因此，可以用它来涂布像聚氯乙烯和聚丙烯那样的塑料基材，这种挤出式热熔涂布器有一定的应用领域，其外观如图4-4-23所示。

图 4-4-23　螺杆挤出设备
1—料斗；2—动力装置；3—螺杆工作区；
4—控制器；5—出胶口

2. 针孔挤出涂布系统

针孔挤出涂布是挤出涂布的一种，其工作原理是，加热成液态的有一定压力的热熔压敏胶，通过针孔辊上的针孔实施对基材的涂布。单面针孔挤出涂布设备的结构如图4-4-24所示，由加热器、过滤器、计量泵、数控计量泵驱动器、基材速度检测反馈系统、三通阀、针孔辊、涂布辊、支承辊、供胶管路和回胶管路组成。热熔压敏胶在加热器中加热成液体，经过滤器进入计量泵，由计量泵增压后通过三通阀进入针孔涂布辊。涂层厚度由计量泵的泵胶量和通过三通阀的回胶量两者控制。基材送进速度为计量泵的反馈信号，由它通过控制泵胶量以保证泵胶量与基材送进速

度同步。

针孔挤出涂布设备可涂布一般设备无法涂布的高黏度热熔胶，最高黏度可高达10000mPa·s。对于黏度低于5000mPa·s的热熔胶，涂布厚度可精确控制到大约$30\mu m$。随黏度的增加，针孔孔径应作相应的变化。针孔挤出涂布可根据需要进行花样涂布以及双面涂布，双面针孔挤出型涂布设备的方框图如图4-4-25所示。

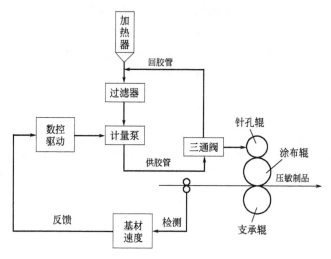

图 4-4-24　单面针孔挤出型涂布设备框图

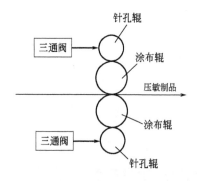

图 4-4-25　双面针孔挤出型涂布设备框图

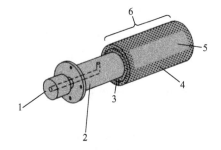

图 4-4-26　针孔辊的结构图
1—供胶口及旋转机构；2—内部供胶辊；
3—贮胶孔；4—不锈钢烧结金属外壳；
5—决定于图案的针孔分布；6—辊宽

针孔辊的结构如图4-4-26所示。由三层复合而成，外层为布满了很小针孔的不锈钢罩，具体在什么位置设孔由需要涂布的图案决定；内层由进胶口、旋转机构和供胶辊组成；中间层上也开满小孔，作用是贮胶，使辊的四周出胶均匀。

六、丝网涂布系统

丝网涂布与丝网印刷类似，主要部件为一丝网辊筒，其结构与针孔辊的结构有相似之处，胶也送到辊筒内部，但具体细节有差别。针孔挤压涂布，胶体送入针孔辊，靠压力从辊的整个四周挤出，而丝网辊筒内部紧贴丝网有一贮胶器，工作时，辊筒旋转，贮胶器不动，胶体从与贮胶器接触的局部区域渗出。涂布的图案可在丝网上设置。

第四节　其他生产设备

一、层压复合系统

层压复合是压敏胶制品生产过程中的另一个环节，其目的是把隔离材料与已涂胶的基材贴覆到一起；对于转移涂布来说，层压的另一个作用是把涂布到隔离纸上的胶层转移到基材上。层压系统的结构相对比较简单，由一对轧辊组成，如图4-4-27所示。下面的为支承辊，上面的为加压辊，两辊相向转动，压敏胶制品从两辊之间通过，加压辊对其施压，使已涂胶的基材与隔离纸复合成一体。

二、固化系统

固化工艺是由压敏胶制品所用压敏胶的性质决定的。不同的固化工艺其固化设备也不同，常见的有冷却固化和辐射固化。

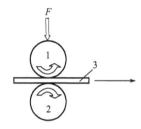

图4-4-27　层压系统
1—加压辊；2—支承辊；3—胶制品

1. 冷却固化

冷却固化的主要设备是冷却辊，通过冷却水进行冷却。固化过程中，涂有胶膜、有一定温度的基材从冷却辊上通过，使胶膜得到冷却固化。

2. 辐射固化

对于反应性热熔胶，其固化是胶膜接受电子束（EB）或紫外线（UV）照射实现的。

产生电子束的设备比较复杂，涉及真空和高电压技术，投资大，维护困难。紫外线固化设备相对比较简单，理论上只要在涂布工序后增加一个紫外灯即可实现，如图4-4-28所示。研究表明：

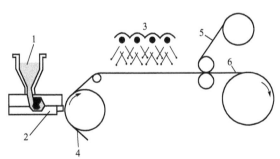

图4-4-28　紫外线（UV）固化系统
1—熔融的热熔压敏胶；2—涂布头；3—UV灯；
4—基材；5—隔离纸；6—压敏胶制品

① 热熔压敏胶最终的性能与固化过程所接受紫外线辐射的剂量有关，剂量过小则固化不完全，胶的黏性不足；剂量过大则固化过头，胶体变硬，性能变差。

② 紫外线的辐射强度起到更为关键的作用。紫外线的强度越高，穿透效果越好，更能加速其交联效果，固化更为完全。尤其针对涂层较厚的工艺，高强度的紫外线对底层的固化起到决定性的作用。

目前较好的紫外线固化系统，采用精细或者无级电子控制其能量。一方面，把基材的输送速度作为反馈信号进行闭环控制，补偿生产速度的变化对固化的影响；另一方面，设置紫外线传感器，对紫外线剂量进行实时检测，补偿紫外灯泡的自然衰减。但此种功能也会加速紫外灯的衰减，传统紫外灯泡大约每运行1000h衰减10%～15%，而无极灯的输出在3000h内可维持在90%，6000h内仍可维持在75%。中压汞弧灯和镓弧灯是常用的紫外灯，中压汞弧灯的波长范围为230～366nm，适合一般涂层的应用；镓弧灯的波长范围为400～445nm，波长较长，穿透能力强，适合于较厚涂层的应用。为了在整个固化宽度上得到均匀的紫外线强度和剂量，结构上必须采取一定的措施。一种方法是把较短的灯泡在固化宽度方向串接起来，在两灯泡的接头处，紫外线的均匀性会相差10%～15%，而传统的汞灯在均匀性方面也会有20%～25%的差异；另一种方法，应用光学原理，采用凹面反射镜使紫外线均匀地集中在固化宽度上，这种方法效果较好，已有专门的灯具可供选择。

三、基材和辅材送给系统、成品处理系统

压敏胶制品的基材从其形态上可分成两种基本形式：片状材料和成卷的卷状材料（简称片材和卷材）。这两类制品的基材和辅材送给系统以及成品处理系统有较大的差别。原因在于，对于片材，单个制品的尺寸是有限的，这就意味着基材和辅材的送给是间隙式，不连续运动的，成品处理也必然是间隙式的，因此，送料和成品处理相对比较复杂。而对于卷材，由于每卷材料的量相对较大，可进行连续送料，连续收料，一般称为开卷和收卷系统。

1. 间隙式基材和辅材的送给系统和成品处理系统

间隙式基材和辅材的送给系统的核心是上料机和物料传输线，需涂布的基材通过上料机进行排序后被送上传输线，传输线上安装有传感器检测有无基材通过，并将该信号反馈给涂布系统。若有基材通过，则当该基材到达涂布工位时进行涂胶，涂胶时间根据制品的尺寸预先设定；若无基材通过，则涂布工位不作涂布操作。隔离纸等辅材通过类似的送给系统输送到工作区。最后的成品也是通过传输线送到成品处理工位，对成品进行包装等处理。

2. 开卷和收卷系统

开卷装置的功能是把卷材从料筒上均匀地解放出来。对于胶带类涂布设备，一般配置两个自动开卷装置，一个用来解放被涂的卷材，另一个用来解放防粘复合材料。开卷装置由装料轴、磁粉离合器、动力源、控制器和张力检测仪组成。张力检测仪将测到的开卷物料的张力信号输送给控制器，控制器根据该信号的大小来控制磁粉离合器和动力源，从而使物料从开卷装置上均匀、稳定地解放出来。

收卷装置的作用与开卷装置恰好相反，是把经涂胶复合后的压敏胶制品重新卷缠起来。收卷装置同样由磁粉离合器、动力源、控制器和张力检测仪组成。由于不同的材料在收卷时要求的张紧程度不同，因此，收卷装置的张力一般是可调的，以便选择合适的张力。当设定某一张力时，装置通过自动控制，得到均匀的张力，保证卷缠的松紧度。

磁粉离合器是以磁粉为工作介质，依靠激磁电流来传递、调节转矩，而最终实现基材张力的调节和控制的。磁粉在使用过程中因不断摩擦而有所损耗，使得磁粉离合器具有一定的使用寿命。此外，磁粉离合器操作的方便性、性能的稳定性、张力控制的精度也有待提高。随着伺服电机的广泛使用，磁粉离合器逐渐被淘汰。目前主要用在中低速涂布机上。

在开卷或收卷作业时，材料很可能偏离运行中心，影响产品质量。为此系统中一般设置有自动纠偏装置，以保证开卷或收卷时材料按预定的轨迹输送。自动纠偏装置由传感器、调

节器和执行机构组成。传感器有 CCD 传感器和超声波传感器两种，用来检测物料的偏移量，通过调节器和执行机构随时调整物料的传输方向，达到纠偏的目的。开卷、收卷和纠偏装置为通用设备，不但适用于热熔压敏胶涂布设备，而且也适于其他涂布设备。这部分内容将在本篇的其他有关章节中详细介绍。

参 考 文 献

[1] 福尺敬司. 压敏胶技术. 吕凤亭译. 北京：新时代出版社，1985.

[2] 杨玉昆. 合成胶粘剂丛书：第八册，压敏胶粘剂. 北京：科学出版社，1991.

[3] www.nordson.com.

第五章

压敏胶制品制造中的其他工厂设备

吕凤亭

本篇第二章已详细介绍了压敏胶制品制造厂的主要设备，即涂布机生产线设备。本章主要介绍电晕处理设备、裁切和包装机械设备、溶剂回收设备以及工厂安全设备等其他设备。对于大中型压敏胶制品制造厂来说，这些设备也是十分重要的。

第一节 基材表面的电晕处理设备

塑胶薄膜和涂塑纸等基材，由于要在表面进行印刷或涂布压敏胶黏剂，为了提高油墨或压敏胶在基材表面的润湿性和黏基力，有时需要改善其表面性质，尤其是极性很小的塑胶表面和聚合物结晶化程度高的塑胶表面（如聚乙烯、聚丙烯塑胶薄膜）。由于这些基材表面的表面能很小，不易进行印刷或涂布压敏胶等作业。为了提高其表面的极性，加大其表面能，多数都采用电晕的方法进行表面处理。这种方法简单易行，操作方便，比其他改变塑胶表面性能的方法（如强酸处理法等）简便，所以应用较广泛。

一、电晕处理方法的原理

两个电极之间加上高频电压可以形成电晕，或称为火花（晖光）放电。当塑胶表面在两个电极之间加上高频电压时，电晕照射到塑胶表面，在此高能量的放电状态下，电晕的电子对和离子对撞击塑胶表面，使其表面产生带电离子。同时电晕也使环境中的氧、氮和水等分子发生离子化，然后与表面的塑胶分子反应生成羟基、羧基和烷氧基等极性基团。这些极性基团和塑胶表面的带电离子使塑胶基材表面的极性大大增加，表面能得到提高，从而增强了油墨或压敏胶在基材表面的润湿性和黏基力，满足了塑胶表面的印刷或黏合等作业要求。

二、电晕处理的设备

1. 高频电源

交流电通过稳压和整流电路转变成直流电，直流电再通过电子管或半导体管等高频转换器形成高电压的高频能源。两个电极之间加上这样的高频电压即可产生火花放电，即电晕现象。

电晕的质量和电压在电极上的均匀性有关，也与电压值和电频率值有关。常使用的高频有$(5\sim7)\times10^3$Hz、9.6×10^3Hz、15×10^3Hz、$(30\sim50)\times10^3$Hz、710×10^3Hz等多种。实用高电压值有$6\sim15$kV多种。电源容量一般为$1\sim40$kW。由于在工厂中应用时，大多为24h连续运转，因此其稳定性非常重要。还有操作简单、效率高和维修容易等实用性的要求。

2. 电晕处理设备的结构

高压高频电源提供电力使电极和处理辊之间发生放电火花，产生电晕。当基材通过时，放电火花照射到基材表面，达到电晕处理的效果。电晕处理设备的结构视基材的电性能分为绝缘型材料用设备和导电性材料用设备两种。这两种设备的结构示意如图4-5-1所示。

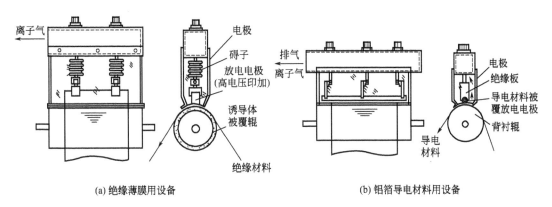

(a) 绝缘薄膜用设备　　　　　　　　(b) 铝箔导电材料用设备

图 4-5-1　电晕处理设备的结构示意图

前者采用诱导导电材料作处理辊的被覆材料，适于绝缘薄膜的处理用。后者则采用诱导导电材料作放电电极，适于铝箔等导电基材的处理用。这种电极可保持放电电晕的均一性和持续性，但是铝箔类和真空镀铝膜类等导电性基材仍然容易在放电电极之间产生放电短路，影响电晕的持续性。电晕处理的工装流程见图4-5-2。处理辊和放电电极之间的距离一般为$2\sim3$mm。

3. 处理辊

处理辊的性能与辊面被覆材料的导电率、厚度、表面硬度、表面粗糙度、辊筒的直径公差、耐热状况、耐电压状况以及耐离子流状况等有关。这些因素影响着处理效果和处理辊的使用寿命。被覆材料多为硅橡胶，厚度为$3\sim4$mm，使用寿命约$3\sim4$年。也有使用氟橡胶和乙丙橡胶者。

4. 诱导导电材料

放电电极的诱导导电材料大多采用硅橡胶加金属辊，也可采用其他各种橡胶。运转机构有大尺寸的，也有小型的。辊的形状分为圆形和角形。应用时，需要固定其转动速度，并避免发生热膨胀现象。因为热膨胀后会引起部分集中放电，导致绝缘破坏，所以要注重温度升高状况。大多采用离子流排气方法，增大排气量，形成冷却效果。也有应用电极内部通水冷却的方法。

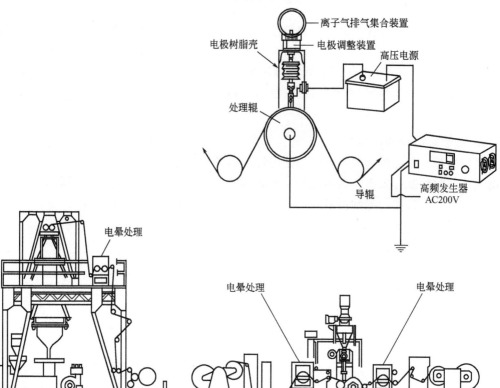

电晕处理参考图

离子气排气集合装置

电极树脂壳　　电极调整装置　　高压电源

处理辊

导辊

高频发生器
AC200V

(a) 吹塑薄膜工艺的电晕处理工程

电晕处理

电晕处理　　　　　　　　　　　　　电晕处理

(b) 复合工艺的电晕处理工程

图 4-5-2　电晕处理工装流程

处理辊结构的放电电极有各种形状，如图 4-5-3 所示。

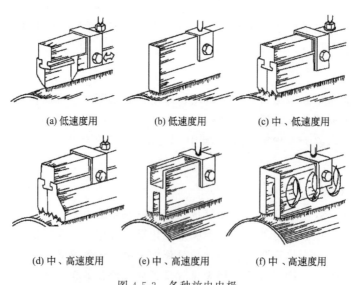

(a) 低速度用　　　(b) 低速度用　　　(c) 中、低速度用

(d) 中、高速度用　　(e) 中、高速度用　　(f) 中、高速度用

图 4-5-3　各种放电电极

电极的幅宽可以调节，以适应低速和高速的运转。电极形状可选择，按基材运行的速度和放电照射时间、放电面积进行设计。目前最大电极长度为 8m。其他辅助功能与一般结构者相同。

5. 操作环境

需要注重电极部分离子气流和氧化氮气的发生，还需注意泄漏和排放的结构设计。另外，在电极刃上的冷却系统也是结构设计的一个重要环节。需要对操作者进行保护的，主要是高电压部分。其工装实例如图 4-5-4 所示。

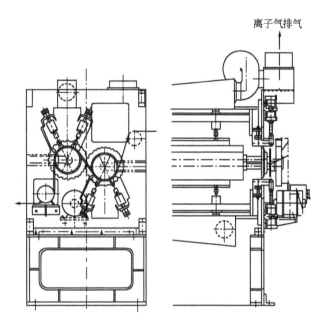

图 4-5-4　电晕处理工装实例

三、电晕处理的效果

实际处理效果的评判多以印刷后油墨的剥离程度和涂胶复合后的剥离强度来做实用性测量。其测试方法有润湿液体的接触表面张力法、接触角法、回转落角法等。

快速简易的测试多采用表面张力实验液（标准液）的方法测定，测试条件为：温度 25℃、相对湿度 50％。测试时用棉签蘸上标准液（液内加入染料以示明显），按一个方向涂于表面上。涂覆面积约 6cm²。涂覆液的量要适当，不可过剩或不足。涂覆要在 0.5s 内完成。涂完 2s 之后观察表面的润湿状态，润湿的液膜没有收缩时标准液的浓度所对应的表面张力值即为实测结果，稍有收缩状态者和全部收缩者为多个液点的严重不润湿现象。其标准液和表面张力的对照如表 4-5-1 所示。

这些方法的实测值与电晕处理的放电量 $[W/(m^2/min)]$ 有关：

$$放电量 = \frac{p}{s \times L} \qquad (4\text{-}5\text{-}1)$$

式中，L 为电极长度，m；s 为基材运行速度，m/min；p 为放电能力，W。

各种薄膜的放电量和表面张力值的关系如图 4-5-5 所示。

表 4-5-1　标准液和表面张力对照表

甲酰胺 体积分数/%	乙二醇-乙醚 体积分数/%	表面张力 /(×10⁻³N/m)	甲酰胺 体积分数/%	乙二醇-乙醚 体积分数/%	表面张力 /(×10⁻³N/m)
0	100	30	67.5	32.5	41
2.5	97.5	31	71.5	28.5	42
10.5	80.5	32	74.7	25.3	43
19.0	81.0	33	78.0	22.0	44
26.5	73.5	34	80.3	19.7	45
35.0	65.0	35	83.0	17.0	46
42.5	57.5	36	87.0	13.0	48
48.5	51.5	37	90.7	9.3	50
54.5	45.5	38	93.7	6.3	52
59.0	41.0	39	96.5	3.5	54
63.5	36.5	40	99.0	1.0	56

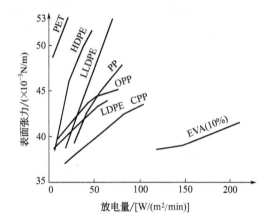

图 4-5-5　各种薄膜的表面张力与电晕放电量的关系

同一种材质其所含助剂（如防老剂、防静电剂等）情况不同，需要的电晕处理放电量也不同。并且随着放电量的增大，其表面张力值的增大不呈正比关系。如 BOPP 薄膜，当放电量增大到一定数值以后，表面张力值还有减弱的趋势，如图 4-5-6 所示。

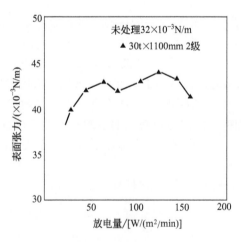

图 4-5-6　BOPP 薄膜的表面张力与电晕放电量的关系

电极的放电强度用单位面积上的电力值（W/cm²）表示。如 BOPP 薄膜放电强度在

$25W/cm^2$ 以上就出现饱和现象。过度的电晕处理不仅会使薄膜的表面张力降低，而且会使薄膜透明度消失、发生变形等，如图 4-5-7 所示。

基材的润湿性经过长时间作用和物理摩擦时会自然降低。其原因主要是由于基材材质内部的添加剂迁移到表面上，使特性恶化。如图 4-5-8 所示为聚乙烯基材的经时变化情况。

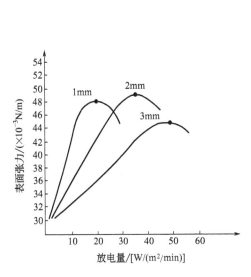

图 4-5-7　电晕放电量和表面张力

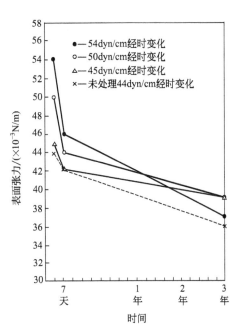

图 4-5-8　聚乙烯薄膜电晕处理后其表面张力的经时衰减变化情况

$(1dyn/cm=10^{-3}N/m)$

四、电晕放电后的带电及其消除

电晕处理后的塑胶薄膜处于带静电状态，对制品的制作会有质量上的影响。尤其是复合作业，两个单层薄膜的不同会使所带电位增加，造成收卷时出现质量问题，操作人员也有触电的危险，尤其是对于 $40\sim50kV$ 的高电位。有如下几种消除电位的方法：

① 交流电的消除电位方法　靠升高交流电电压使环境空气离子化来中和带电电位。

② 直流单电极的消除电位方法　将直流电荷充入带电电压使电位下降。

③ 直流双电极的消除电位方法　用异性直流电荷充入带电电压使电位下降。

④ 高频方法　利用高频电生成基材成分的离子，使基材内部的电位下降。

⑤ 综合方法　高频法和直流法并用的方法。

第二节　裁切机械

胶黏带卷和胶黏制品片材都需要按照规定的尺寸裁切之后才能制成产品。可根据压敏胶制品的品种、材质以及客户的要求采用各种功能的裁切机械进行裁切。一般，经常应用的裁切机械有直裁式裁切机、复卷机、分裁复卷机（分条机）等。

一、直裁式裁切机

这是一种裁切刀具固定不转动的裁切机。被裁切的压敏胶制品长卷处于转动状态，不转动的刀具作横向移动完成被裁卷宽度的尺寸定位。然后，刀具做纵向或弧形方向的移动裁入被裁切卷，通过这样的动作原理来完成裁切工作。这是直裁式裁切机的特点，根据其功能又分为单轴型和多轴型两种。

1. 单轴型

将一支被裁切的胶黏制品长卷通过手动或自动的卡具装卡在裁切台上。通过电机和减速机构做运转运动，转速约 300r/min。裁切台上装有与长卷垂直的各种形状的刀具，如圆片刀具等。刀具在裁切台上往复移动，并有定位尺寸，可裁定各种幅宽的制品。定位可以手动和自动。裁切精度可达 0.01mm，被裁切的长卷可达到直径 300mm 的容量。这种机型多用于少量生产的场合，如图 4-5-9 所示。

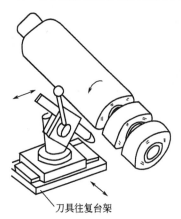

刀具往复台架

图 4-5-9　单轴直裁机

2. 双轴型

将两支被裁切的压敏胶制品长卷同时装卡在裁切台上，装卡具可以做行星式回转，装卡具上的一支长卷被裁切完成后被运转到另一侧卸下并装卡上新的长卷，另一支长卷同时运转到裁切位置开始裁切。如此往复循环，以提高生产效率。刀具则如同单轴型一样，做横向移动，对准裁切幅的尺寸。可以自动进行，也可以手动进行。做纵向往复移动就是进刀，裁切毕再退回，如此往复进行。如图 4-5-10 所示。

3. 四轴型

四轴型的结构和双轴型类似。装卡具可以装卡 4 支胶黏制品长卷，一副刀具同时裁切上下两支长卷。裁切完成后装卡具行星运转到位，再进行另两支长卷的裁切，同时完成长卷的装卸。也有用双刀具裁切四轴型的直裁式机械。同样道理，也可制成六轴型直裁式自动化程度高的裁切机。

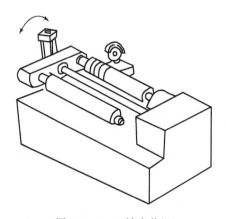

4. 水平型

一般是装卡二支长卷，并同时处于转动状态。此装卡具可以按被裁卷宽度定位尺寸向前移动。移动到规定尺寸后，两支圆片刀具自上而下地垂直落

图 4-5-10　双轴直裁机

下，完成裁切动作。裁切后的产品落入接盘中进行包装工序。这种形式的直裁机自动化程度高，提高了效率，多用于直径 100mm 长卷的裁切，如 PVC 绝缘胶带的裁切等。如图 4-5-11 所示。

上述各种装卡具大多是由规定直径尺寸的杠和传动系统组成。杠是一根悬轴，便于长卷套入杠中。长卷芯内径和杠外径要有一定间隙，如果间隙太大，则裁切时容易造成径向跳动和双刀痕。如果间隙太小，则长卷装卸困难。同时，杠外层要有保护层（软质 PE、PVC 等

管材或布基带类），以防刀刃的磨损，一般保护层和杠的直径要小于长卷芯内径 0.5mm 为宜。如图 4-5-12 所示。

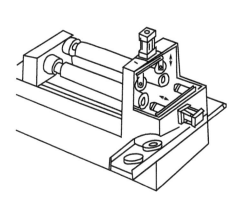

图 4-5-11　双轴水平切落式直裁机

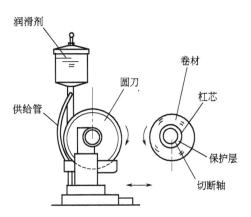

图 4-5-12　圆刀单轴直裁机和保护层

5. 刀具

刀具的选择直接影响着裁切产品的质量。由于这种裁切属于无削切割，所以主要考虑刀具的刀刃选择和长卷转数的选择。考虑到利于剥离裁切完的产品卷，利于刀刃不发热，避免被裁切材料的侧面发生胶熔黏着现象，一般情况下，不使用冷却液冷却刀具，而只使用润滑剂来润滑刀刃。常使用的润滑剂有水、有机硅乳液和有机硅树脂类等。

(1) 圆片刀　这种刀具有各种直径尺寸，但是装卡具要有一定的精度。圆片刀具一般不做转动，有时也做一定的转动，使刀具和长卷在同时转动情况下完成裁切。随被裁切制品的不同，应采用不同的圆片刀。选择高碳合金钢圆片刀最好。同时，研磨的刀刃要垂直精度高而平，否则容易产生制品侧面的凹状或污残现象。双面胶带、薄膜胶带、布基胶带和金属箔胶带的裁切一般都选用高强度合金钢圆片刀。

(2) 剑刃带片刀　带片刀的刀刃形状各有不同，有尖刀状，也有刀刃尖处理成弧状的，使用何种形状要由被裁物的材质决定。一般的胶黏制品多采用带片刀或刀尖呈剑弧状的刀刃，而玻璃纸胶带等胶带则多采用尖刀状刀刃。带片刀的研磨同样重要，除了磨床研磨外，还有在生产过程中用油石调整式的研磨刀刃。刀体的强度要好，并有一定的韧性，这样利于拨散被裁制品。

6. 螺旋裁切机

(1) 原理和结构　多把刀具安装在一根轴上并按螺旋线排列，排列角度依被裁卷的粗细而定，刀具以抹切的弧形运动切开被切卷，上把刀切完被裁卷的同时下把刀切入被裁卷，此时两把刀之间的运行弧度即为刀具的排列角度。刀具的间隔为被裁卷的规定宽度尺寸。刀具轴以 1r/min 的速度转动，每转动 1 周所有刀具都裁切完毕。被裁卷以 300r/min 的速度转动，需与刀具轴调整好间距。其刀具轴如图 4-5-13 所示。

(2) 特点　主要应用于大批量生产场合和 ϕ90mm 以下的被裁卷。较长的被裁卷不宜应用。

二、复卷机

该机是将长度达数千米或近万米的长卷胶黏制品（一般长卷制品的直径在 800～

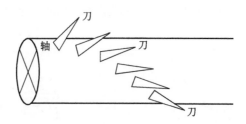

图 4-5-13　螺旋裁切机刀具轴示意

1000mm 左右）按客户需求再复卷成较短长度的机械。

复卷机的行进速度较快。一般，每分钟可达几十米甚至几百米。复卷机有放卷轴系一支、收卷轴系一支、两支或多支，并配备有纠偏机构、张力机构、记米器、无级调速系统、自动切断机构及轴和机架组合等。其工艺流程大多按制品的材质确定。最大的复卷机幅宽可达 8～12m。

三、分裁复卷机

在复卷机的基础上，于收卷机构之前加装上裁切刀具就形成分裁复卷系统。收卷机构可以使单轴或双轴分别卷取为成品。有时要配备装纸芯的专用穿纸芯机械。分裁精度达到 0.1mm 的误差，可以满足普通的客户要求。高精度者可达到 $10\mu m$ 的分裁误差。

分裁机的刀具有三种类型。其原理如图 4-5-14 和图 4-5-15 所示。各种分裁机的材料走向、路径和流程如图 4-5-16～图 4-5-19 所示。

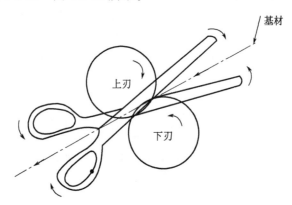

图 4-5-14　分裁切原理图

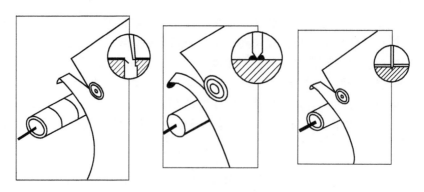

图 4-5-15　圆刀分裁切原理

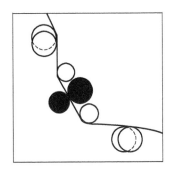

图 4-5-16　卷材通过牵引剪切式分切机路径

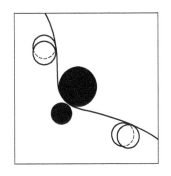

图 4-5-17　卷材通过抱合剪切式分切机路径

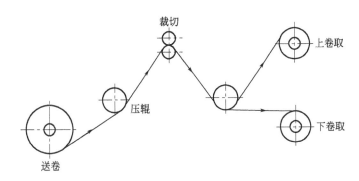

图 4-5-18　双轴分条复卷机中卷材路径示意

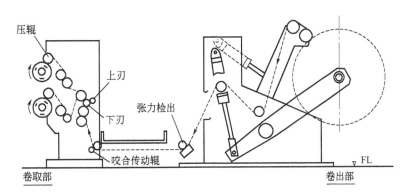

图 4-5-19　双轴分条复卷机流程示意

1. 铰式刀具

其原理如同剪刀裁剪布料一样,如图 4-5-14 所示,它可以作直线式裁切。有一种是上刀和下刀都用圆形刃,上刀圆片刀是可以转动的,转速与基材行进速度同步而行,下刀圆刀则是固定不转的。如图 4-5-20～图 4-5-24 所示。这种刀具有刀刃寿命长、裁切精度高、切口较锐利等特点。还有一种是下刀也是转动的,这种铰式刀具裁切基材更深,利于铅箔等金属箔类压敏胶制品的裁切。

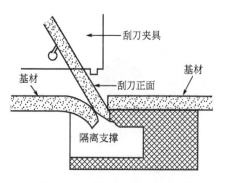

图 4-5-20　剪切式分切横断面

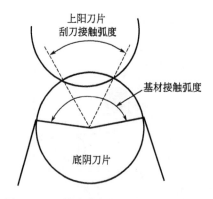

图 4-5-21　剪式分切阳刀与阴刀接触弧度

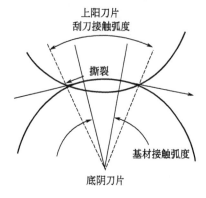

图 4-5-22　剪切式分切机上基材的撕裂

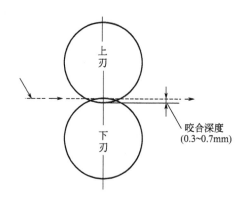

图 4-5-23　圆刀刃的咬合

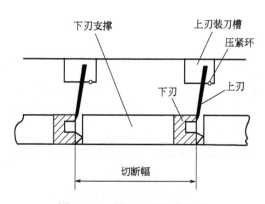

图 4-5-24　圆刀刃的切断构造

　　另一种是上刃圆片刀转速比下刃刀转速快，基材先进入下刃刀再进入铰合分裁。这样虽然上刃刀寿命短，但更有利于金属箔类制品的分裁。这种刀具要避免铰合调整不好，出现压痕条纹而分裁不开的现象，还要避免因铰合深度太大而出现黏刀现象以及挤压出胶黏剂的现象。

　　上刃刀和下刃刀在研磨时要同时进行，这样有利于保证分裁的精度。为了保持其铰合深度，必须按照它们的外径尺寸进行研磨。铰合式刀具的缺点是裁切幅变化时刀具组合中心调整费时较多，劳动效率低。

2. 空切刀具

这种刀具结构比较简单，大多采用剃须刀片，在基材的两支支承辊之间或在支撑基材的凹槽辊上方进行无衬着的裁切。它多数适用于薄膜和较挺的塑胶类基材。

这种刀具的特点是，裁切幅尺寸变化时调整方便自由，而且结构简单。但是在分裁速度过快或过慢时容易出现蛇引现象，刀具寿命短，必须勤更换，否则刀刃锐性减小，会导致出现裁切断面的毛状现象。另外，分裁进行中，基材张力要大，否则不能获得裁切的成功。但在大张力下运行基材时，容易使基材拉伸以致产生破断等弊病。其运行原理如图4-5-25～图4-5-30所示。

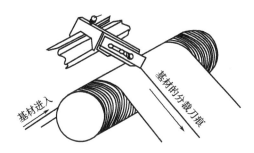

图 4-5-25　空切刀片分切卷材

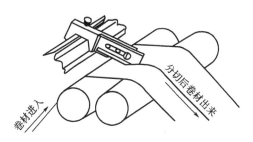

图 4-5-26　空切刀片分切无支承性卷材

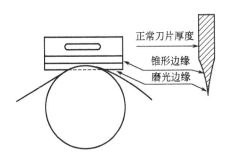

图 4-5-27　套筒上的空切刀片

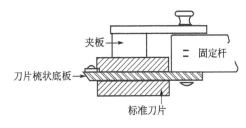

图 4-5-28　空切刀片梳状底板样

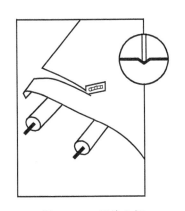

图 4-5-29　刀片空切

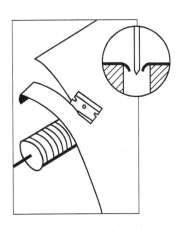

图 4-5-30　刀片沟托切

3. 押切式刀具

刀具为圆片刀具，而且直接压向基材的支承辊面。这种方法最简单，安全性高，也容易变更幅面尺寸。但有时基材不容易被切断，圆片刀刃也容易磨损，因为基材的支承辊要求有平滑精度，多采用硬铬表面。而有时圆片刀刃由空气压力压向支承辊面，基材、圆片刀和支承辊都同速运转，所以圆片刀刃要研磨好。在纸制品和硬质塑胶基材的分裁生产中这种刀具有较多的使用。

另外，上述刀具中的支承辊采用橡胶辊进行分裁，适用于张力较小、容易变形的基材。例如，橡胶板和泡沫塑料的裁切多利用此种刀具。但是橡胶辊成为消耗品有更换频繁之缺点。橡胶辊有分痕时则不易裁切出好产品。目前分裁复卷机还有待改进。

四、横切机

复卷机、分裁复卷机和涂布设备的收卷机在运行过程中，当压敏胶制品达到规定长度时，需要切断。为了实现自动化操作，节省停机切断的消耗时间，多采用横切机。

横切机有两类。一类是上下刀刀具押式结构，上刃刀和下刃刀上下动作，并且有铰切动作。这类横切机结构简单，适用于拉伸强度较大的材料，如纸类、硬塑胶类以及金属箔类等。横向切割动作时材料的纵向要有一定的张力，否则不易完成切割。

另一类是无活塞滑块式横向划切。它的结构是通过无活塞式滑块横向移动，滑块带有刀具（圆片刀或其他形式）。在基材背面辊和面的支撑下，刀具做横向运动完成切割。这类横切机适用于软质材料（如软 PVC 胶带等）。无活塞滑块在圆杆滑轨上运动是通过电磁原理来实现的，它有自动化程序，能做到定时定量地切割。

◎ 第三节　包装机械

压敏胶黏带的成品由于受到温度、湿度、紫外线等自然条件的影响，压敏胶黏性能及其他性能会下降。同时，如果受到外力的冲击或振动还会导致胶黏带卷状的变形。因此，成品的包装工序应予特别的重视。为了节省制造成本，包装材料不得奢华，并且要求利于回收，利于保护环境。

一般的包装分为单个小包装，一定的小数量、小包装集合成中包装，一定的中包装再集合成纸箱包装。所以，包装机械就分为小包装机械、中包装机械和外包装机械。

一、小包装机械

1. 袋状密封小包装机

它使用的材料一般都是 $15\sim100\mu m$ 的塑胶薄膜，一般为聚乙烯、聚丙烯、尼龙、聚氯乙烯等筒状薄膜，装入每个胶黏带成品小卷，一个个地截断，热合后包装成个体的包装产品。此类包装机械大约有 $15\sim250$ 枚/min 的包装能力。

2. 热收缩膜包装机

它使用的材料是聚氯乙烯热收缩性包装薄膜。这种机械和袋状包装机械相似，大多是在胶黏带小卷装入收缩性包装薄膜之后，进入烘箱加热，使薄膜收缩并紧包在产品上。

3. 菊折状包装机

它使用的包装材料是聚乙烯、聚丙烯、赛璐玢薄膜和薄纸等。每个胶黏带小卷通过模具将包装材料缩折成菊花瓣状的百折式样，达到包装产品的目的。这种包装方法大多使用于电工绝缘胶黏带、医疗胶黏带、透明纸胶黏带等产品的小型包装。

4. 方形纸盒包装机

与纸盒的通常包装方法相同。

5. 塑合状包装

胶黏带小卷装入成型后的硬质聚氯乙烯、聚酯、EVA 等薄膜制成的模碗状包装中，然后将它定位地热熔黏合到精美印刷的纸板上。这类包装适用于超市商店、零售商店等的消费。

二、中包装机械

中包装一般是将一定数量（5 枚、10 枚等）的胶黏带小包装集合在一起用塑胶薄膜（聚乙烯、聚丙烯等）包装。塑胶薄膜可以用筒状薄膜、筒状收缩薄膜等，也可用薄纸来包装。这种中包装机械单独使用者较少，大多与上述各种小包装机械连用。

三、外包装机械

将一定数量的胶黏带中包装集合起来进行外包装，一般是将它们装入印刷有商标的纸箱中。因此，外包装机械一般多为纸箱包装机。

◉ 第四节 溶剂回收装置

一、工作原理

在各种溶剂型压敏胶黏剂、底涂剂和隔离剂的涂布和干燥过程中，干燥箱内排出的有机溶剂气体需要回收。这一方面是环境保护的要求，另一方面也是降低成本的需要。

溶剂回收的方法有吸附法、冷凝缩法和催化燃烧法三种，它们的工作原理如下。

1. 吸附法

一般用活性炭作吸附剂，填充在吸附罐中。回收的溶剂气通过吸附罐时，被其中的活性炭所吸附。当吸附饱和后，用水蒸气法将活性炭中饱和吸附的有机溶剂吹出，脱附的溶剂随水蒸气进入油水分离和精制工序，最后得到回收的溶剂。

活性炭的表面有很多微孔，它们有较强的表面吸附力和毛细管吸附力。当回收的溶剂气接触到活性炭的表面微孔时，溶剂分子被吸附。从吸附开始，其单位时间的吸附量随吸附时间而下降。当出口处回收的溶剂气体浓度很快上升时，表明吸附饱和。这一点的浓度称为破过点。从此点以后需要切换为脱附。

常用的活性炭形状有碎杂状、颗粒状、纤维状等。活性炭的形状与吸附、脱附过程有很大的关系。

2. 冷凝缩法

需要回收的有机溶剂气体通过循环的惰性气体（如氮气）进行加热干燥，然后再使用液氮环境进行快速冷却、凝缩。这样就可以得到凝缩的有机溶剂。

由于有溶剂气体和氮气等惰性气体的存在，使混合可燃气的含氧量大大低于爆炸下限，这样就满足了安全干燥工艺的要求，并且有利于溶剂的回收，如图4-5-31所示。图4-5-32是用冷凝法回收溶剂时，惰性气体在干燥箱中的循环系统示例。

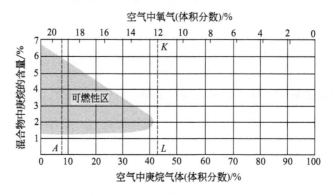

图4-5-31 在形成可燃性混合物时氧气、氮气和溶剂庚烷浓度之间的关系

KL线—气体中氧气浓度低于12%时，加入溶剂不会形成可燃性混合气；

A点—干燥箱中溶剂气浓度

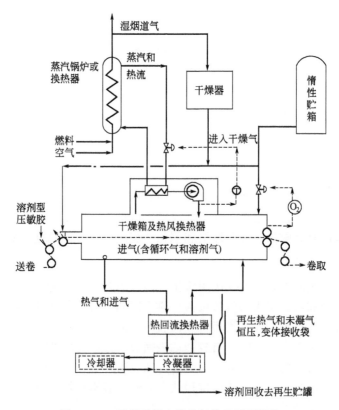

图4-5-32 干燥烘箱中惰性气体的循环系统

3. 催化燃烧法

此法实际上并不是将溶剂回收，而是通过催化燃烧的方法将需要回收的有机溶剂气体燃烧掉，并进一步将燃烧热再利用。

催化燃烧式溶剂气处理装置，其工艺流程简图如图 4-5-33 所示。涂布和干燥过程中排出的有机溶剂气体，直接采用燃烧的处理方法，它可以省去回收装置的后处理设施。

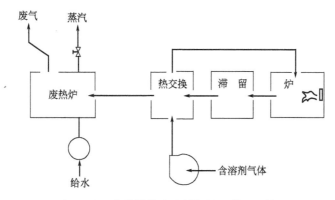

图 4-5-33　催化燃烧式溶剂气处理器流程简图

这种方法采用氧化性催化剂，含溶剂的气体在催化氧化式装置中进行低温燃烧，将溶剂等物质氧化分解掉，达到不污染大气的目的。

目前的发展是，含溶剂的气体作为助燃剂与燃料混合后燃烧，燃烧后的高温气体通过热交换器回收热量，热量用于产生热风、热水、蒸汽等。

二、吸附法溶剂回收装置

上述三种处理有机溶剂的方法中，用活性炭吸附的方法是工业上最常用的溶剂回收方法。此法的工艺流程和回收设备简介如下。

1. 工艺流程

工业上最常用的固定床吸附法溶剂回收装置和工艺流程如图 4-5-34 所示。此法的工艺流程包括如下几步。

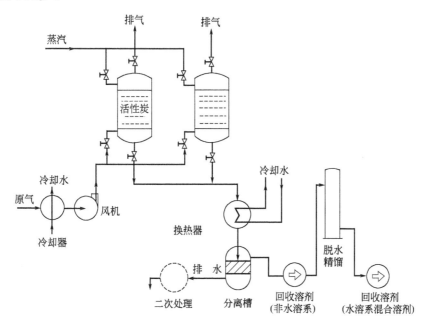

图 4-5-34　固定床吸附法溶剂回收装置和工艺流程

（1）预备过程　从干燥箱中排出的待回收有机溶剂气体，经过过滤除去其中的杂质（固体杂物、增塑剂等），然后流经阻火装置，同时冷却到适宜的温度。

（2）吸附操作　预处理过的气体输送进活性炭吸附罐中，含有机溶剂的气体被充分吸附之后排入大气中。当活性炭吸附的有机溶剂气体达到破过点时，活性炭的吸附达到饱和，吸附罐出口处的气体中，有机溶剂含量急速升高。此时必须切换至脱附操作。图4-5-35表示在吸附罐中不同高度的活性炭在不同时间的溶剂气吸附量。图中1、2、3、4、5表示不同的吸附时间，当达到5时底部的活性炭已达到饱和吸附状态。

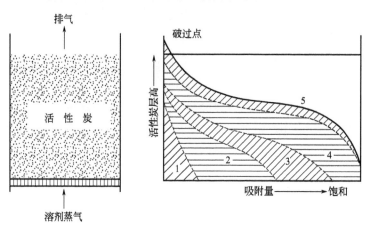

图4-5-35　吸附罐中活性炭在不同时间的溶剂气吸附量

（3）脱附操作　吸附过程完毕后，将近100℃的热空气和水蒸气一起通入活性炭吸附罐中，吹出吸附在活性炭中的溶剂，溶剂气随水蒸气一起进入回收阶段。

（4）精制过程　溶剂气和水蒸气一起经冷凝器冷凝成溶剂和水，并且一同被收集在接收槽中，非水溶剂与水分层，分离出溶剂层和溶有溶剂的水层都进行精馏精制。精制后的回收溶剂可以再利用。

（5）排水　上述回收槽中以及精馏残液中都含水，并且还含有微量溶剂。适当处理后再行排放。

2. 活性炭吸附罐

吸附法溶剂回收装置中，活性炭吸附罐是最重要的设备。工业上活性炭吸附罐有各种不同的形式。

（1）固定床吸附罐　罐中有分布层和隔板。将颗粒状或纤维状活性炭填充在隔板上，填充层高度一般为罐体的3/5。进口气经卵石分布层均匀地分布于多孔隔板并进入活性炭填充层。

颗粒状活性炭以椰壳活性炭为最好。纤维状活性炭表面积较大，充填量少，吸附和脱附的速度快、时间短。

（2）移动床吸附罐　活性炭填充在自上而下的隔板上，隔板做平行移动并循环往复。溶剂气体自下而上通过活性炭层，活性炭吸附饱和后，移动着进入脱附阶段。此法活性炭填充量少，脱附时需要的热量小。但由于活性炭处于移动床中，易于磨损。

（3）流动床吸附罐　流动床吸附罐的结构及流动床吸附法溶剂回收工艺如图4-5-36所示。含溶剂的气体自吸附罐下部进入，经高压风机以大流速输入气流。颗粒状活性炭被气流吹起而造成流动床形式。通过气流使气-固接触而达到吸附和脱附过程。

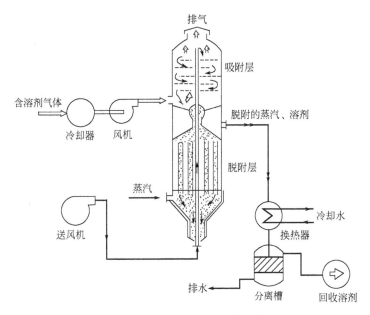

图 4-5-36　流动床吸附罐的结构及流动床吸附法溶剂回收的工艺流程

⇦气流向；←活性炭流向

　　这种吸附罐的优点是效率高，活性炭用量少，脱附时需要的热量小。缺点是活性炭损耗大，流态化工艺条件较多，操作较复杂。

　　(4) 氮气脱附式溶剂回收　一般的吸附法溶剂回收工艺都采用热空气和水蒸气进行脱附作业。此法则是采用热氮气进行脱附作业。吸附罐中填充的是球状活性炭，吸附作业和脱附作业连续地循环进行工作。含溶剂的气体和氮气一起进入吸附作业和脱附作业。脱附时外加热，经过冷却回收溶剂，氮气可以直接回收再用。因此，此法在回收作业中没有水排出，适用于水溶性溶剂的回收。

3. 装置的容量、运转工艺条件和回收率

　　小规模者采用小容量的一个吸附罐设计回收流程，处理风量约 $52m^3/min$。

　　大规模者采用中等或大容量的多个吸附罐，成对地连续循环使用，处理风量＞$2000m^3/min$。含溶剂的气体中溶剂气的浓度范围较大，浓度为 $15g/m^3$ 时，回收率较高，可达到 95%。

● 第五节　安全设备

　　胶黏带制造工艺现正在向无溶剂化、热熔化、水性化等方面发展，这就避免了有机溶剂作业。但在目前现实中仍无法回避有机溶剂的应用，溶剂型压敏胶黏剂、溶剂型底涂剂和防黏剂等方面的涂布应用面仍然较大。因此，有机溶剂的易燃、易爆、毒性等仍需要十分重视。在涂布和干燥工艺过程中，尽快尽早地检测出有机溶剂的危险点，及时采取安全措施，清除隐患，实现安全生产，这是压敏胶制品制造厂头等重要的事情。

一、有机溶剂气体浓度的检测装置

　　有机溶剂气体有可燃性气体和有毒性气体之分。有的气体则是既有可燃性，又有毒性。

一般认定爆炸下限在 10%（体积）以下，同时爆炸下限和爆炸上限的差值在 20% 以上的气体，为可燃性气体。有毒性气体的一般认定是空气中的允许浓度（体积分数）在 200×10^{-6} 以下。

可燃性气体与空气的混合后发生燃烧和爆炸时，可依据着火点的温度分为各种着火等级，依据爆炸时喷放火焰的最小值分为各种爆炸等级。涂布机中有机溶剂气体的设计安全等级，要定在爆炸界限以外的 30% 以上。因此，压敏胶生产厂和压敏胶制品制造厂实现安全生产的第一件事情就是检测生产厂房内，尤其是生产设备周围的有机溶剂气体的浓度。有机溶剂气体浓度的检测装置有许多种，但它们的主要功能指标都有下述一些共同之处：

① 测定对象为有机溶剂气体及其组成和浓度范围。

② 固定位置的连续检测或可移动便携式连续或定时定点检测。

③ 指示功能和报警功能，包括检测精度及性能、操作稳定性、温度特性、灵敏度等。

④ 有害气体的存在程度，包括使用环境、温度、湿度、压力、振动冲击等。

⑤ 功能性，包括检测浓度、报警、显示和计算、调节机构的使用以及防爆性和使用条件等。

1. 应用原则

甲苯、甲乙酮、乙酸乙酯、溶剂汽油、丙酮、甲醇等溶剂型压敏胶所用的有机溶剂是易燃品，被列为化工危险品第一类。在涂布机的干燥装置中，蒸发的有机溶剂气体和空气混合时，当混合比例达到一定值，就有可能发生爆炸。每一种溶剂都有其蒸气和空气混合比例的爆炸上限值和爆炸下限值。浓度在爆炸上限值和下限值范围内的有机溶剂气体，遇到静电火花及其他大小火源，都有可能发生爆炸和火灾。因此，利用浓度检测计测定干燥装置中有机溶剂气体的浓度，以此控制它们的浓度在爆炸下限值的 1/3 以下（安全警戒线），就可以做到安全运行。

安全警戒线以下的控制方法是指采用敞开干燥装置自由引入空气的措施或采用强制引入空气或非可燃性气体的措施。

2. 溶剂气体浓度检测计的原理

溶剂气体浓度检测计由敏感元件、密闭燃烧室、测温元件、电阻值转换器及电路组成。它的测量是通过敏感元件来实施的。敏感元件由白金或白金加钯等催化剂组成。当可燃性气体在某一浓度下遇到催化性白金等元件时，它们很容易发生燃烧反应，燃烧反应的反应热使元件的温度上升，电阻值加大。所以，不同浓度的可燃性气体流经催化性白金元件后，就会发生不同程度的催化燃烧，发生不同的温度变化和不同的电阻值变化。溶剂气体浓度、燃烧温度和电阻值之间是有一定的比例关系的，可以通过测定电阻值的变化而测知溶剂浓度的大小。

3. 检测计使用的注意事项

① 上述溶剂气体浓度检测计对于含有有机硅的可燃性气体不适用。因为它们燃烧后产生的二氧化硅覆盖在催化剂表面，从而使催化剂失活。对于含有有机硅的可燃性气体，一般利用它们的折射率进行检测，使用光波干涉式测定计进行。

② 有机溶剂气体的密度是空气的 2~3 倍，在干燥装置中的干燥气流流动过程中，有时会产生滞留现象。因此，在干燥箱的空气入口处浓度偏高，需要在涂布干燥的运行中随时注

意此种情况。

二、静电消除器

静电产生于物体间的摩擦、压力和分离时物理能量转换为电能的情况。压敏胶黏带制造过程中，橡胶、树脂等固体、液体之类绝缘体投入有机溶剂中时可以产生静电，薄膜类和纸类基材在运输和设备运转过程中，与设备金属辊之间摩擦、挤压和分离时都可能产生静电。

静电的产生和静电特性与物体的种类、物体内的配合剂以及物体的周围环境条件有密切的关系。电绝缘固体、橡胶、树脂、粉体或液体等物体的绝缘性越高，则带电的电荷量越大。带电的电荷量积累到较多，达到较高的电位时，就可能产生放电现象，形成电火花（即电晕）。如果此时在其周围的环境中有一定浓度的可燃气体或可燃物，当温度达到它们的着火点时就会产生火灾或爆炸。

1. 静电现象

静电是一种物质的物理现象，是由物体间的摩擦、冲击、压力、撞击等情况而发生的。尤其是压敏胶制品的制造过程中，许多场合是非导体（基材、胶料）和金属辊等导体发生接触、摩擦等情况，静电的发生是经常性的。产生的静电可以存在于物体的表面上，也可以从表面上泄漏掉或发生空间放电而消失。产生的静电是电位为 $10\sim100kV$ 的高电压，所以在发生静电的情况下都有火花放电、电晕放电的产生。静电产生时有火花的发生，压敏胶如遇有火花源就有火灾危险。高压静电产生时可以击穿基材薄膜，而且还有吸附尘埃等弊病。因此，压敏胶制品制造过程中产生的静电必须设法加以消除。

2. 静电消除的原理

一般的物体都带有等量的正电荷和负电荷，由于它们分布均匀，所以呈带电的中性平衡状态。这种平衡状态一旦被打破，物体上的正电荷或负电荷就呈现过剩状态，这样的物体就带有静电。如果设法将物体上产生过剩的正电荷或负电荷（一般是采用正负离子生成源产生带电离子），并使之靠近带静电的物体，带电离子将被吸附于物体上并中和掉带静电物体上的异性过剩电荷。这就是静电的消除，其原理图如图 4-5-37 所示。

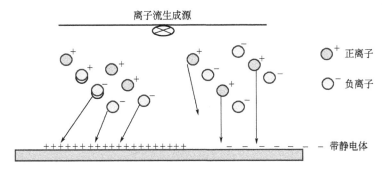

图 4-5-37　静电消除原理示意图

3. 静电消除器的种类

把形成的静电电荷通过电导体或电离子中和等方法将静电电荷导出和清除，就可以避免灾害的发生。正负离子生成源就是静电消除器。目前常用的静电消除器按其离子对的生成方法有自身放电式、外加电压式和放射线式三种。现分别叙述如下。

（1）自身放电式　它是利用带电物体本身的能量，通过接地针状导体与带静电物体接近到放电条件时形成瞬时电晕，使空气分子电离而产生离子对，中和掉物体表面所带的静电荷。消除静电的针状电极材料有直径为50mm的导电性纤维、锯齿形波状的薄膜或橡胶的钢丝细针等。但是，此法一般都不用于低电压的静电消除。

用细尖状电导体做吸收带电荷的电极时，电极材料的材质要求机械强度大，容易生成带电离子，并且导电性好。一般选用直径为$10\mu m$的细尖材料。此类静电消除器的工作原理如图4-5-38所示。按电极材料可分为导电性纤维放电电极式静电消除器、导电橡胶放电电极式静电消除器、导电塑胶放电电极式静电消除器和细尖金属放电电极式静电消除器四种。

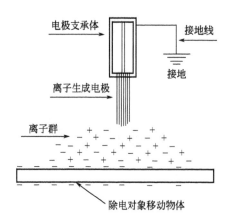

图4-5-38　放电式静电消除器的工作原理示意

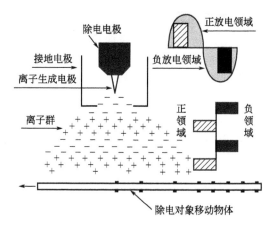

图4-5-39　外加电压输入式静电消除器

（2）外加电压式　它是将针状电极加上高电压，通过电晕放电使空气分子电离产生离子对，以此消除物体的静电。高压电的获取方法有交流、直流、高频等加强电压手段。所以有交流电晕放电式静电消除器、直流电晕放电式静电消除器、高频电晕放电式静电消除器等。它们中还有的在电极上安装风机的结构，依靠风力将生成的离子对吹向带静电物体，称为送风型静电消除器。也有防爆型静电消除器，它是将电极做成内压防爆结构，依靠送风装置防止易燃气体的流入。

用针状金属电极接地，电极上输入高压电（$50\sim60Hz$、$4\sim9kV$），高压电源变压器和限电流装置组成高压电路，通过针电极和接地电极进行放电，形成电力线使空气分子发生电离，产生正负带电离子，中和带静电物体的电荷。通过接地电极导出，接地电极有L形和圆环形，这样可以选择正负电效应。电压的输入有交流电压，通过正弦电压和负弦电压的交变，使形成的带电离子有正负之分，以中和带电物体的正负电荷。也有输入直流电压方式，可根据带静电荷物体的情况而定。也有高频电压输入式，高频电源采用$3\sim5kV$、$5\sim20kHz$的指标，可在高速运行工程中采用。如图4-5-39所示。

（3）放射线式　通过放射线的电离作用生成离子对，从而消除静电。目前的放射线主要是使用放射线同位素，而放射线同位素主要是使用电离能较大的α射线源、β射线源。放射源表面由一层薄膜保护，以确保安全。

三种静电消除器的比较如表 4-5-2 所示。

表 4-5-2　三种静电消除器的比较

静电消除器种类	原理	结构	特点和选择	应用
自身放电式	利用物体带静电时的静电能量使空气电离产生的离子对消除静电	较简单	对高电位者效果好,便于安装使用。其原理决定它不能消除低电位的静电	用于薄膜、纸类、布类的静电消除
电压外加式	外加高电压引起放电而产生离子对将静电消除	较复杂	能将任何物体的静电消除到安全电位;机型多,有附着吹风机等式样;它与带静电物体的形状、带电状态等无关。高电压装置保修管理严格,泄漏电易造成易燃物火灾	用于薄膜、纸类、布类的静电消除,粉体流态时的静电消除
放射线式	通过放射线的电离作用生成离子对以消除静电	最复杂	使用安全,不易打火成为火源。可用于对可燃物的静电消除,可在危险场所使用	用于储存于桶内的易燃液体产生的静电消除

4. 静电消除器的选择和安装

① 静电消除器的选择要根据静电的发生量和静电消除器的特性来决定。静电发生量 I (A) 一般情况下可采用下式:

$$I = Q_0 W v \tag{4-5-2}$$
$$Q_0 = CV$$

式中，Q_0 为带电量，C/m^2；W 为幅宽，m；v 为速度，m/s；C 为静电容量，F/m^2，纸和塑胶在空气中为 $10^{-10} F/m^2$；V 为带电电位，V。

所以，如果带电电位为 50kV，幅宽为 1m，速度为 2m/s 时，静电发生量 $I = 10^{-10} \times 50 \times 10^3 \times 1 \times 2 = 10^{-5} = 10\mu A$。据此可以选择静电消除能力为 $10\mu A$ 的静电消除器。根据安装的距离和位置，还应该有所不同，一般电极和带静电物体的安装间隔以 2~8cm 较好。电压外加式者，还应放宽这种距离。放射线式静电消除器需要采用空气的大距离照射。

易燃性溶剂型压敏胶在薄膜上进行涂布时发生的带静电情况，由于是表面带电，这时选择静电消除器可以是自由放电式和外加电压式的任何一种，例如选用安全有保证的自由放电式或防爆型外加电压式。而选择静电消除器的静电消除能力大小，也可以采用经验公式式 (4-5-2) 计算后确定。带静电物体在某一位置上产生静电时，随着时间的延长，它将于每单位时间内以一定比率往该位置上聚集静电。

一般认为，电压外加式静电消除器应具有每米 5~100μA 的离子对生成能力，自由放电式静电消除器应具有每米 1~30μA 的离子对生成能力。具体还要根据它们安装的位置和距离而定。

静电消除器的静电消除能力之测定，即静电消除性能的测定，可以按图 4-5-40 所示进行。测定仪器采用电位计、电流计、绝缘测定器、静电容量计等。

② 静电的消除效果和静电消除器的安装位置有关。薄膜类和纸类基材在运转工程中，静电的产生与材料和金属辊的接触以及它们之间的压力、运转方向有关，形成静电后的带电电位与电荷的移动有关。金属辊接地时能在瞬间将静电导入地下。如果金属辊未经接地处理，当薄膜类或纸类通过时容易产生静电，其电荷的漂移及其电位与运行方向、压力有关。当带电的薄膜或纸类物体上的静电荷容量大到一定程度时，会引起火花放电，如果有火源环境就极易发生火灾。

当采用静电消除器时，对静电的消除和导出跟它与带静电物体的安装距离有很大关系。

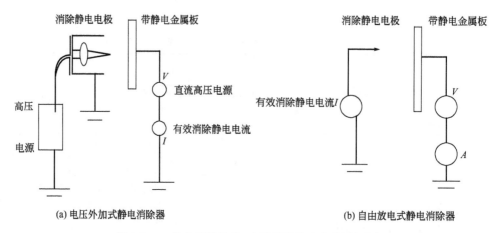

(a) 电压外加式静电消除器　　　　(b) 自由放电式静电消除器

图 4-5-40　静电消除性能(有效消除静电电流)的测定

一般，该距离在 20～80mm 为宜。

如果静电消除器带有吹风和照射装置，就可实时地消除静电和空气离子化的产物。其吹风照射装置与带静电物体的安装有效距离为 0.2～8m。如果静电消除器有高压电源部分，则需要离开带静电物体 4m 左右的距离。

静电消除器电极之间的间隔以 30～50mm 较好。静电消除器放置位置必须在带电物体的低电荷高电位处，有必要事先测量好带静电物体各处的电位。

如图 4-5-41 所示，当基材通过辊的运行时，1 和 2 处在辊上的静电容量较大、电位较低的位置，所以通过辊时，基材不带很大的电荷。当基材运行至脱离辊筒时，3 处的电位很快上升。当基材运转至 4 处位置时，基材的电容量变小，电位会达到最大值。电压外加式静电消除器要放置在电位较高、电容量较小的 4 处的位置。但是，有时需要在基材电位上升到最大值之前进行消除。所以 3 处也是很有必要安置静电消除器的位置。静电消除器要安置在基材没有托辊的地方才是适当的，不可安置在基材上有托辊的地方。

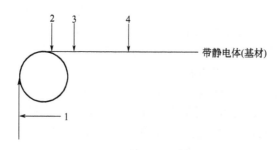

图 4-5-41　基材运行时的带电电位图

运行布类基材时安置的距离要在 10cm 之内。经验表明，运行塑胶薄膜类的涂胶作业时，其最佳距离为 6～10cm；运行塑胶薄膜类的裁切时，其距离为 2～5cm；运行纸类的涂胶裁切作业时，其距离为 3～5cm；运行压延涂胶布类作业时，其距离为 5～10cm。

③ 带静电物体电位的测量大多应用表面电位计和静电荷计量仪表。电位计的种类有振动式电位计、静电式电位计、表面集电式电位计等。这些电位计多数是单独安装测定。最近新发展出在线连续监测仪表，可同时具有带电物体表面的电位显示以及对静电消除器的启

动、关闭和调节等功能。

5. 其他消除和防止静电的措施

在压敏胶涂布过程中，不可避免地要有静电产生。除了静电消除器的应用之外，还可以采取一些其他措施来消除静电和防止产生静电。

（1）综合静电消除措施　涂布机中转动辊筒进行接地措施、利用防静电剂保持生产环境一定的湿度等，这些都是防止静电发生的措施。

（2）防静电措施　防止产生静电的措施包括防止电极的污染、注意接地以及电压的处理等。一般，使用溶剂的涂布环境应该使基材带电电压在 3000V 以下，水乳胶体的涂布环境应该使基材带电电压在 2000V 以下，制备半导体制品时应该使基材带电电压在 500V 以下。采用静电防止剂和加湿等措施也是静电的防止措施。对操作人员人体的带电现象也要引起注意，必要时要对人体的静电进行消除。

三、灭火器

1. 灭火器的安放

压敏胶黏带的生产过程中，火灾易发场所有：溶剂型压敏胶制造场所、底涂剂制造场所、压敏胶和底涂剂的涂布场所、有机溶剂和压敏胶贮罐、纸品库、易燃材料堆放场所等。这些场所应备有充足而合理的消防设备，根据各处所的易燃物的特点和性质，配备不同的消防灭火器。

2. 灭火器的种类

灭火器的种类很多，压敏胶黏剂行业适用的有：磷酸盐灭火器、粉末灭火器、泡沫灭火器。其种类和应用详见表 4-5-3。

表 4-5-3　灭火器的种类和应用情况

灭火器种类	灭火剂主成分	一般火灾	油火灾	电器火灾	拔安全栓操作	倒置操作	其他开阀操作	作用原理
磷酸盐灭火器	磷酸铵	☆	☆	☆	☆	☆		窒息、抑制作用
泡沫灭火器	硫酸铝、重铬酸钾	☆	☆				☆	窒息、冷却作用
泡沫灭火器	表面活性剂,压缩空气、氮气	☆	☆		☆		☆	窒息、冷却作用
粉末灭火器	碳酸氢钠		☆	☆	☆	☆		窒息、抑制作用
二氧化碳灭火器	干冰		☆	☆	☆	☆		窒息、冷却作用
水灭火器	水	☆			☆		☆	冷却作用

注：☆表示适于应用及需要某种操作。

（1）磷酸盐灭火器　灭火药剂是磷酸铵类药品，它对于有机溶剂类火灾、电器类火灾效果较好。其隔氧作用较明显，降温作用较好。另外，也有采用二氧化碳液体做此类灭火器者，它同样有较好的效果。

（2）泡沫灭火器　灭火药剂是硫酸铝类药品和表面活性剂组成的，它适用于有机溶剂类火灾，对于电器类火灾不适用，因为它有导电污染的弊病。

（3）粉末灭火器　粉末药剂是由碳酸钠和氯化物组成的。它是通过压缩气体喷射出粉末，对于有机溶剂类火灾隔氧作用优秀，但是对于电气设备和其他设施的火灾会导致污染。粉末灭火器有手动式和自动喷射式两种。自动喷射式粉末灭火器是由着火处所的火焰温度或烟雾作用于灭火器上的传感器，传感器将信号传递到到执行机构启动喷射机关，完成喷射粉末而灭火。

3. 火灾预防

着火及其延续必须具备三个要素：温度（引火点）、可燃物和氧气。对可燃物要避免温度过高，不要在场所有引火源。在火灾易发场所 10～100m 方圆范围之内，采取禁烟、禁电气焊打火、禁一切火种等措施。防火措施的硬件有：隔火墙、地下和半地下的易燃贮罐安置、厂房按防爆防火规范的防爆窗设计等。另外要采取隔氧措施，选用适当的灭火器。灭火器喷射出液体或泡沫，一方面起到降温作用，另一方面起到隔氧作用。

四、压敏胶和压敏胶制品制造厂的防火要点

① 压敏胶和压敏胶制品制造厂一般为火险一类企业。其中，压敏胶制造车间和压敏胶涂布车间要按照火险甲级规范进行建筑设计，房屋的窗户要按防爆窗规格设计，防爆面积要占防爆墙面的 30% 以上。建筑结构要采用混凝土结构和绝火材料结构，避免采用木结构、钢结构。

② 溶剂型压敏胶类的生产，其场所的气体浓度要保持在爆炸极限以下，要有充足的空气引入和排出装置。

③ 作业场所内有机溶剂类物品的存放要经常保持最小限量。各种物品的堆放有序整洁，防火疏散通道必须通畅。

④ 容易产生静电的场所要安装静电消除器，并且要经常测检它的有效性。在生产场所、各类库房的场地要保持湿度，借以消除静电。作业人员在必要的作业场所要有防静电工作鞋、工作服。

⑤ 电器设备要与有机溶剂类生产场所有隔离措施。生产场所的电机、照明等强电设备要有防爆措施。

参 考 文 献

［1］粘着ハンドブック编集委员会，柴野富四等编．粘着ハンドブック．第2版．日本粘着テ-プ工业会，1995．

［2］Satas D. Handbook of Pressure Sensitive Adhesive Technology，3rd ed. Satas & Associates，1997.

［3］李柏徽．涂布装置应用．韩国修书院，1983.

［4］吕凤亭．涂布装置的应用，2000.

［5］嵊昌机械股份有限公司编(中国台湾)．粘胶带制造设备简介及选用，1994.

［6］福沢敬司（日）．压敏胶技术．吕凤亭译．北京：新时代出版社，1985.

［7］杨玉昆．合成胶粘剂丛书：第八册，压敏胶粘剂．北京：科学出版社，1991.

第五篇

压敏胶制品及应用

第一章

包装胶黏带

曾宪家　金春明　齐淑琴

第一节　概述

一般将用于各种纸箱及纸盒的密封以及对物品进行捆扎和包装的压敏胶黏带统称为包装胶黏带。包装胶黏带是压敏胶黏带中用量最大的品种。据统计，20 世纪末全世界包装胶黏带的总产量就已达 $104\times10^8\,m^2$，其中亚洲产量最大（表 5-1-1）。亚洲主要生产国为中国及日本。欧洲包装胶黏带的主要生产国为意大利，意大利包装胶黏带产量占欧洲总产量的 75％左右。

表 5-1-1　包装胶黏带的世界各地年产量（20 世纪末）

地区	年产量/($\times10^8\,m^2$)	地区	年产量/($\times10^8\,m^2$)
亚洲	40	其他	2
欧洲	32	世界总量	104
美洲	30		

近十年来，包装胶黏带的产销量在我国得到了快速增长。据中国胶粘剂和胶粘带工业协会统计和估算，2010 年中国大陆包装胶带年产销量已达到 $70\times10^8\,m^2$，占我国压敏胶制品总产销量的 54.8％，稳居我国各类压敏胶制品之首，也稳居世界各国包装胶黏带产销量之首。

包装胶黏带的品种很多。按基材种类分有聚丙烯膜、聚氯乙烯膜（PVC）、牛皮纸、编织布等，见表 5-1-2。按压敏胶的种类又可分为橡胶压敏胶型、溶剂聚丙烯酸酯压敏胶型、乳液聚丙烯酸酯压敏胶型以及热熔压敏胶型等。早期遮蔽胶黏带主要用于包装，后来发展到使用玻璃纸、聚氯乙烯膜（欧洲）、聚酯膜及聚乙烯膜（美国）等做包装胶黏带。随着双向拉伸聚丙烯（BOPP）膜的诞生，BOPP 胶黏带逐渐成为包装胶黏带的主导产品。

在不同的国家和地区，包装胶黏带的基材种类也有一定差异。在美国，包装胶黏带约占整个胶黏带市场的 54％，而且以 BOPP 胶黏带为主，重包装主要采用纤维增强胶黏带，轻包装一般用 BOPP 及 PVC 类胶黏带。这些胶黏带以热熔压敏胶黏剂为主。这与美国的热熔胶涂布设备技术先进有关，同时热熔胶既能降低成本又能符合环保要求，而且操作安全。

在欧洲，包装胶黏带占整个欧洲胶黏带市场的 65％。其中大部分为 BOPP 胶黏带，PVC 胶黏带约占 30％左右。BOPP 胶黏带的生产主要集中在意大利，而 PVC 胶黏带则主要由德国生产。BOPP胶黏带价格低廉，其用量在逐年上升，但PVC胶黏带颜色丰富，而且易于印刷，这也是PVC胶黏带在欧洲得到广泛应用的主要原因之一。欧洲包装胶黏带主要使用溶剂型压敏胶，但在向水性和热熔型压敏胶转化。水性压敏胶比溶剂及热熔压敏胶的涂布量高，而且干燥成本也高。这是对热熔胶技术有利的因素。巴斯夫是欧洲水性压敏胶的推动者。

在日本，包装胶黏带占领了整个胶黏带市场的59%。牛皮纸胶黏带是包装胶黏带的主要品种，占包装胶黏带的64.8%。与其他国家及地区不同，BOPP胶黏带在日本的包装工业中应用并不广泛，只拥有包装胶黏带21%左右的市场。日本的重包装主要用布基胶黏带，而轻包装仍以玻璃纸胶黏带为主。

由于中国的压敏胶黏带工业发展较晚，而且是以BOPP胶黏带的大规模生产开始的。因此，BOPP胶黏带是中国压敏胶黏带的主要品种。目前中国包装胶黏带95%以上为BOPP胶黏带，只有约5%为牛皮纸胶黏带和PVC胶黏带。BOPP胶黏带几乎全部采用水性压敏胶制造，近几年用热熔压敏胶制造BOPP胶黏带受到了广泛关注。

表5-1-2　包装胶黏带的种类及性能

种　　类	胶黏带厚度/μm	拉伸强度/(N/cm)	伸长率/%	180°剥离强度/(N/cm)
薄膜类胶黏带				
BOPP,橡胶压敏胶	41～74	28～67	100～160	1.8～2
BOPP,热熔型压敏胶	41～76	28～81	100～160	4.8～5.7
BOPP,溶剂型聚丙烯酸酯压敏胶	41～66	28～67	100～160	2.4～3.1
BOPP,乳液型聚丙烯酸酯压敏胶	41～66	28～67	100～160	1.8～2.8
BOPP,无噪声	51	42	130	2.4
BOPP,易撕	41	25	20	1.9
MOPP,橡胶型压敏胶	124～130	236～271	38	7.1～7.7
MOPP,热熔型压敏胶	76～114	158～263	40	5.5
MOPP,聚丙烯酸酯压敏胶	71～119	148～263	35～40	3.2～3.9
PET,橡胶压敏胶	76～81	82～154	100～150	3.1～8.8
PET,热熔压敏胶	48～87	43～117	90～150	2.8～8.6
UPVC,天然橡胶压敏胶	50～61	43～66	40～80	2.0～2.6
UPVC,聚丙烯酸酯压敏胶	53～64	47～61	30～75	2.4～5.5
纸类胶黏带				
牛皮纸,橡胶压敏胶	152～200	56～87.5	3～8	4.4～11
皱纹纸,橡胶压敏胶	122～172	35～46	8～11	2.5～7.7
纸,可印刷	147～168	42～94.5	3～11	3.1～6.1
编织布类胶黏带				
棉布	304.8	66	—	6.6
涂塑棉布	292～229	38.5～47.3	10	4.7～5.5
PVC涂塑布	304.8	70～114	—	4.4～5.5
PE涂塑布	304.8	82.3	5	6.6
PTFE涂塑玻璃布	76～254	—	—	4.4～5
纤维增强类胶黏带				
PET膜/玻璃纤维	178～241	184～630	3～7	4.0～5
PET膜/双向增强	185.4	157.5	3.5	5.9
PP膜/玻璃纤维	96～140	175～502	4～5	5.3～9.3
纸/玻璃纤维	127～216	278～290	3～8	5.5～7.7
纸/双向玻璃纤维	295	220.5	4	8
双向玻璃纤维增强	203～315	500～567	4～5	4.4～5.8
单向玻璃纤维增强	274	346.5	4	6.2
单向尼龙增强	150	131.3	21	4.0

第二节 包装胶黏带的品种

一、聚丙烯包装胶黏带

作为胶黏带基材的聚丙烯膜有双向拉伸聚丙烯（BOPP）膜和单向拉伸聚丙烯（MOPP）膜两种。根据生产工艺的不同，双向拉伸聚丙烯膜有平膜法和管膜法两种。管膜法生产的BOPP膜具有几乎相同的纵向和横向拉伸强度，而平膜法生产的BOPP膜其横向（TD）拉伸强度比纵向（MD）拉伸强度大，见表5-1-3。MOPP膜的横向拉伸强度比纵向拉伸强度小，因而易沿横向撕裂。包装胶黏带大多数采用平膜法生产的BOPP膜。

1. BOPP 包装胶黏带

BOPP包装胶黏带的基材厚度一般为 $25\sim35\mu m$，只有较重纸箱的密封采用厚度为 $38\sim50\mu m$ 的BOPP膜，而且大多数为多层或共挤薄膜。

BOPP包装胶黏带可使用乳液型或溶剂型聚丙烯酸酯系压敏胶、合成橡胶系压敏胶及溶剂型天然橡胶系压敏胶。使用不同的压敏胶时，BOPP胶黏带的制造工艺、胶黏带的结构及性能都会有所不同。虽然BOPP胶黏带一般都是经过涂布和分切两道工序制成，但涂布橡胶系压敏胶时，必须先涂布底胶及防粘层。由于压敏胶、底胶及防粘剂的种类不同，BOPP胶黏带的可印刷性、解卷时的噪声及耐老化等性能会有一定差异。

（1）涂布聚丙烯酸酯系压敏胶的 BOPP 胶黏带　未处理的BOPP薄膜的表面张力很低，一般为 $(30\sim32)\times10^{-3}N/m$。聚丙烯酸酯系压敏胶的极性较大，未处理的BOPP膜对聚丙烯酸酯系压敏胶具有较好的防粘性能，因此采用聚丙烯酸酯压敏胶时一般不需要涂布防粘层。为了提高压敏胶在BOPP膜上的附着性，必须对BOPP膜的涂胶面进行电晕处理，使其表面张力达 $38\times10^{-3}N/m$ 以上。

涂布聚丙烯酸酯压敏胶的BOPP胶黏带所用的聚丙烯酸酯系压敏胶有乳液型和溶剂型两种。

表 5-1-3　两种 BOPP 性能的比较

性能		平膜法 BOPP 膜	管膜法 BOPP 膜
拉伸强度/MPa			
MD	≥	120	140
TD	≥	200	130
断裂伸长率/%			
MD	≤	180	120
TD	≤	65	120
热收缩率/%			
MD	≤	5	6
TD	≤	4	6

① 涂布乳液型聚丙烯酸酯压敏胶　中国大部分BOPP包装胶黏带涂布的是乳液型聚丙烯酸酯压敏胶。这种压敏胶一般由丙烯酸丁酯、丙烯酸-2-乙基己酯、醋酸乙烯酯及少量丙烯酸等功能性单体通过乳液聚合而成。固含量一般为 $50\%\sim55\%$，采用特殊的聚合技术也可获得固含量为 70% 的乳液，这种高固含量乳液目前在国内正在推广中。在聚合过程中，

通过调节各种软硬单体的比例、功能性单体的用量及种类，可获得具有不同性能的乳液。制作 BOPP 包装胶黏带时乳液压敏胶的涂布速度一般为 $100\sim150\mathrm{m/min}$。BOPP 包装胶黏带的干胶用量一般为 $25\sim30\mathrm{g/m^2}$。

一般直接将乳液压敏胶涂布在 BOPP 膜的电晕处理面上，从而制成透明包装胶黏带。如果将聚丙烯酸酯乳液压敏胶黏剂与水性色浆混合则可制成彩色乳液压敏胶，涂布后制成彩色 BOPP 包装胶黏带。在国内，乳液压敏胶及水性色浆一般均由胶黏带生产厂自行生产。也有少量厂家专门生产乳液压敏胶及各种色浆，供胶黏带涂布厂选用。最常见的彩色包装胶黏带为黄色。

乳液压敏胶在涂布过程中易产生很多质量缺陷，如缩孔、鱼眼、针眼及无胶线条等。尤其是涂布彩色乳液压敏胶时，这些缺陷十分明显。一旦产生这些缺陷，用户一般很难接受。因此，在调配彩色乳液压敏胶黏剂时必须十分小心。这些质量问题主要是由于乳液与 BOPP 膜的表面张力所引起的。BOPP 膜的表面张力过低或电晕处理不均会给乳液的润湿带来困难。乳液的表面张力比薄膜的表面张力高对涂布也十分不利。

用乳液聚丙烯酸酯压敏胶制作的压敏胶黏带，如果胶黏带背面不处理，低速解开胶黏带时易产生较高的噪声；但解卷力却很低，如以 $30\mathrm{m/min}$ 的速度解卷时，解卷力约为 $1\mathrm{N/cm}$。噪声与解卷速度有很大关系，解卷速度越高，噪声越大。这种噪声是由于在分离点已解开胶黏带的振动引起的。

乳液聚丙烯酸酯系压敏胶具有较高的内聚强度、耐温性及透明度。由于胶的主体为聚丙烯酸酯，因而胶体具有较高的耐紫外线及耐老化性。一般乳液聚丙烯酸酯型 BOPP 包装胶黏带具有较高的初黏力，能快速润湿普通纸箱的表面。如果纸箱是由再生箱板纸制造的，而且粘贴胶黏带时用力不足，胶黏带会粘贴不牢。由于乳液压敏胶在聚合过程中使用了大量乳化剂，因而胶的耐水性稍差。此外，用乳液压敏胶制作的 BOPP 包装胶黏带耐低温性能不及使用溶剂型聚丙烯酸酯压敏胶的胶黏带。典型的涂布乳液聚丙烯酸酯压敏胶的 BOPP 包装胶黏带的性能见表 5-1-4。

表 5-1-4　BOPP 包装胶黏带的性能

项目	涂乳液型压敏胶	涂溶剂型压敏胶
拉伸强度/(N/cm)	32	32
断裂伸长率/%	140	140
180°剥离强度(钢板)/(N/cm)	2.5	2.5
初黏力/号	20	22
持黏力/h　　　　　　　≥	24	24
涂布厚度/μm	27	24

② 涂布溶剂型聚丙烯酸酯压敏胶　所用的溶剂型聚丙烯酸酯压敏胶一般是将丙烯酸丁酯、丙烯酸-2-乙基己酯、丙烯酸等单体经过溶液聚合而成。由于一般以乙酸乙酯和甲苯为溶剂，因而溶剂型聚丙烯酸酯压敏胶比乳液型聚丙烯酸酯压敏胶的价格高。此外，溶剂型聚丙烯酸酯压敏胶的固含量一般只有 $40\%\sim50\%$，比乳液的固含量低。正因如此，溶剂型聚丙烯酸酯压敏胶在 BOPP 包装胶黏带中的应用并不普遍。但溶剂型聚丙烯酸酯压敏胶的耐低温性及透明性比乳液型压敏胶好，当 BOPP 包装胶黏带在较低温度下使用时或需要较高的透明度时一般仍选用溶剂型聚丙烯酸酯压敏胶。

涂布溶剂型聚丙烯酸酯压敏胶的 BOPP 包装胶黏带一般极易残留部分单体于胶中，因而根据胶中残留的极强的单体气味很容易判别这类胶黏带。

溶剂型聚丙烯酸酯压敏胶具有较优良的剥离力、持黏力及初黏力。一般其用量可比相应的乳液型压敏胶少。普通 BOPP 包装胶黏带的干胶涂布量一般为 $20\sim25g/m^2$。典型溶剂型聚丙烯酸酯 BOPP 包装胶黏带的性能指标见表 5-1-4。

（2）涂布合成橡胶系热熔压敏胶的 BOPP 胶黏带　近年来，热熔压敏胶在 BOPP 包装胶黏带上的应用有一定程度的上升。热熔压敏胶在包装胶黏带上应用较多的是北美，其次是欧洲和日本。我国目前采用热熔压敏胶制作 BOPP 包装胶黏带正在增多。

对合成橡胶系热熔压敏胶及乳液聚丙烯酸酯系压敏胶在 BOPP 包装胶黏带上应用时的各自优势，Exxon 公司进行了详细的对比。

包装胶黏带所使用的热熔胶主要由 SIS、SBS 等热塑性弹性体、增黏树脂及增塑剂等组成，同时也使用少量抗氧剂、着色剂及填料。一般至少需要使用两种以上增黏树脂。使用 SIS 弹性体时，由于其中间链段为聚异戊二烯，因此脂肪族石油树脂对其有很好的增黏效果。为了降低胶的硬度，一般同时加入另一种增黏树脂，如改性脂肪族石油树脂、松香酯及苯乙烯改性萜烯树脂等。一般采用软化点为 $90\sim100℃$ 的增黏树脂即可。表 5-1-5 为典型热熔压敏胶的配方。

在室温时，热熔压敏胶呈固态，使用时必须加热至 $140\sim200℃$ 使其熔化才能涂布。冷却后胶重新变成固态。由于涂布过程中不使用溶剂或水，因而涂布速度很高。据报道，最高涂布速度可达 $500m/min$。

表 5-1-5　包装胶黏带用热熔压敏胶配方（质量份）

组成	A	B	组成	A	B
SIS 弹性体	100	100	增塑剂	20	10
芳香改性 C_5 石油树脂	120	110	防老剂	2	—

热熔压敏胶的性能及涂布性与 SIS 的组成、树脂的种类、增塑剂的用量等有关。压敏胶一般使用苯乙烯链段含量为 $10\%\sim35\%$ 的 SIS 聚合物。苯乙烯末端链段含量太高，胶的硬度增大。市场上 BOPP 热熔包装胶黏带的涂胶量一般为 $18\sim24g/m^2$，也有少数只有 $16g/m^2$ 涂胶量的产品。热熔压敏胶一般具有优良的内聚强度及较高的初黏力，因而它对箱板纸有很好的润湿性及密封稳定性。由于热熔压敏胶的弹性体有热塑行为，一般不能在高温下使用。在涂布热熔压敏胶时，BOPP 膜的表面必须经过电晕处理或火焰处理，以增强热熔胶在薄膜上的附着性。一般不需要涂布底胶。但是，为了降低解卷力以及防止胶的转移，一般需要在胶黏带背面涂布防粘剂。常用的防粘涂层为硬脂酰基氨基甲酸聚乙烯酯。涂布防粘层后解卷力有所降低，但解卷时的噪声变大。人们正在努力寻找制造无噪声热熔型 BOPP 胶黏带的方法。

（3）涂布溶剂型橡胶系压敏胶的 BOPP 胶黏带　溶剂型天然橡胶系压敏胶可用于制作 BOPP 包装胶黏带。其结构见图 5-1-1。橡胶压敏胶的涂布量一般为 $18\sim24g/m^2$。一般需要涂布防粘层及底胶。防粘剂常采用硬脂酰基氨基甲酸聚乙烯酯，有时也可不涂防粘层。底胶一般用各种异氰酸酯。涂布防粘层后，在 $30m/min$ 的解卷速度下，解卷力约为 $1N/cm$ 左右。解卷力随压敏胶配方不同会有所变化。

几种 BOPP 包装胶黏带的性能各不相同，

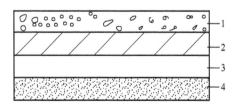

图 5-1-1　涂布溶剂型天然橡胶系压敏胶的 BOPP 胶黏带的结构

1—防粘层；2—BOPP 膜；3—底胶；4—压敏胶

见表 5-1-6。

表 5-1-6　几种 BOPP 包装胶黏带的比较

项目	聚丙烯酸酯乳液压敏胶	溶剂型天然橡胶压敏胶	热熔型压敏胶
基材	$28\mu m$BOPP	$28\mu m$BOPP	$28\mu m$BOPP
胶用量	$24g/m^2$	$20g/m^2$	$20g/m^2$
底胶	不需要	需要	需要
防粘层	不需要	需要	需要
初黏性	良	良	良
解卷噪声	高	低	高
印刷性	良	差	良
耐高温性	良	一般	差
耐 UV 性	优	一般	差
耐老化性	优	良	一般
透明度	良	一般	一般
符合环保性	优	一般	优

2. MOPP 包装胶黏带

单向拉伸聚聚丙烯膜（MOPP）也可用于制作包装胶黏带。MOPP 膜是经过挤出并在纵向上进行拉伸制作而成。拉伸过程使分子沿纵向排列，从而提高了纵向上的物理机械性能。其纵向的拉伸强度比普通 BOPP 膜大，但伸长率却很低，见表 5-1-7。由于只沿纵向上进行拉伸，分子在横向的定向程度不高，因而 MOPP 膜的横向机械强度很低。横向受力后，MOPP 膜极易断裂。解卷力过大时，胶黏带易发生薄膜分层现象。因此，以 MOPP 膜为基材的胶黏带一般需要涂布防粘涂层，以降低解卷力。

表 5-1-7　BOPP 膜与 MOPP 膜的比较

基材	厚度/μm	断裂伸长率/%	拉伸强度/(N/cm)
MOPP	55	30	190
	85	30	300
	120	30	420
BOPP	25	140	25
	28	140	32
	40	140	38

用于制作胶黏带的 MOPP 膜厚度一般为 $40\sim140\mu m$。由于 MOPP 膜纵向拉伸强度大，MOPP 胶黏带适于捆扎重型物品及运输过程中物体的固定。因此，MOPP 胶黏带又称为捆扎胶黏带（strapping tape）。

MOPP 胶黏带可采用多种压敏胶黏剂，但应用最多的是溶剂型天然橡胶系压敏胶以及合成橡胶系热熔压敏胶。采用天然橡胶系压敏胶时，不但要涂布防粘剂，而且还必须涂布底胶；而涂布橡胶系热熔压敏胶时，则不需要底胶，但必须涂防粘剂。胶黏剂的涂布量一般为 $20\sim40g/m^2$。

橡胶系压敏胶的 MOPP 胶黏带一般具有较高的黏合力及耐剪切性，而且从物体表面揭开后不会残留胶。在捆绑物品时，这一点也是十分重要的。在某些特殊物品的运输过程中，用 MOOP 胶黏带固定时，必须选用无污染的橡胶系压敏胶，防止胶黏带污染物品表面。

几种典型的 MOPP 捆扎胶黏带的性能见表 5-1-8。

表 5-1-8　几种商品化 MOPP 捆扎胶黏带的性能

胶黏剂	胶黏带厚度/μm	拉伸强度/(N/cm)	伸长率/%	180°剥离强度/(N/cm)
聚丙烯酸酯系	76	149	40	3.5
热熔型	91	166	30	5.7
橡胶系	106	271	35	7.5

由于 MOPP 胶黏带的横向强度小，易断裂，因此 MOPP 胶黏带也可作易撕胶黏带使用。在开箱时，较高的纵向强度确保撕裂只发生在横向上，而不会发生纵向断裂。

二、聚氯乙烯包装胶黏带

1. 硬质聚氯乙烯包装胶黏带

与电气胶黏带所用的聚氯乙烯膜不同，包装胶黏带所用的大多数是半硬质聚氯乙烯膜。这类 PVC 膜有单向拉伸及双向拉伸两种。包装胶黏带一般使用单向拉伸 PVC 膜。虽然双向拉伸的 PVC 膜横向拉伸强度大，但由于拉伸温度低，耐热性及耐溶剂性差，它在包装胶黏带中的应用并不广泛。

制造半硬质 PVC 膜的树脂对 PVC 膜的性能有一定影响，PVC 包装胶黏带的 PVC 膜大多采用乳液聚合型 PVC 树脂。用乳液型 PVC 树脂制造的 PVC 膜不但具有较好的透明度及光泽度，而且具有优良的耐化学品和耐溶剂性，同时还具有较高的挺度、较高的耐冲击强度及优良的耐老化性能。而悬浮聚合型 PVC 树脂制成的 PVC 膜具有十分优良的透明度，但其耐热性及耐溶剂性不及用乳液聚合型 PVC 树脂制成的膜。用悬浮聚合型树脂制作的 PVC 膜在普通包装胶黏带中应用很少，它只用于一些特殊的应用方面，如低的解卷力。在制作胶黏带时，这类膜需要涂布防粘层，因而胶黏带的解卷力较低；而用乳液聚合型树脂制成的膜一般不需要涂防粘层，所以胶黏带的解卷力高。

此外，单向拉伸的 PVC 膜表面还可进行压纹。压纹不但可降低解卷时的噪声，而且可降低解卷力。

用于胶黏带时，半硬质 PVC 膜的厚度一般为 28～50μm，重型包装也可采用 50μm 以上厚度的 PVC 膜。厚度越小，在压延过程中膜的表面越易产生孔眼，在高速涂布及分切过程中，孔眼会造成胶黏带断裂，从而影响生产效率。

硬质 PVC 包装胶黏带一般涂布溶剂型天然橡胶系压敏胶。压敏胶中橡胶与增黏树脂的比例一般为 1：1 左右。为了降低成本，一般采用价格低廉的石油树脂，通常在配方中采用几种增黏树脂。配方中也可加入少量液态增黏树脂或增塑剂，以改善解卷性能。压敏胶中加入钛白粉则可制作白色的包装胶黏带，同时钛白粉还可提高胶的内聚强度。加入防老剂则可改善胶的耐老化性能。这些胶的配方一般是企业的机密。

压敏胶的涂布量一般为 18～24g/m²。在涂布压敏胶之前，必须先在 PVC 膜上涂布一层底胶，以提高胶在 PVC 膜上的附着性。底胶一般采用异氰酸酯溶液。异氰酸酯不但起底胶的作用，而且它还会迁移至胶层中，使胶发生交联。除了异氰酸酯外，也可采用其他非交联性底胶。采用非交联性底胶时，胶的内聚强度没有改变。

半硬质 PVC 膜胶黏带的典型性能见表 5-1-9。

半硬质 PVC 包装胶黏带具有较高的初黏性、耐紫外性及耐老化性。解卷时噪声较低。

此外，半硬质 PVC 胶黏带无需经过电晕处理就可进行印刷。

表 5-1-9　半硬质 PVC 胶黏带的性能

胶黏带厚度/μm	拉伸强度/(N/cm)	伸长率/%	180°剥离强度/(N/cm)
53	51	60	3.5
56	43	60	2.0
59	61	45	3.3
61	61	75	3.5

硬质 PVC 膜对温度比较敏感，因此在涂布压敏胶时，烘箱温度不宜太高。正因如此，硬质 PVC 包装胶黏带的使用温度也不高。

2. 软质聚氯乙烯包装胶黏带

包装胶黏带所用的软质聚氯乙烯膜与电气胶黏带用的聚氯乙烯膜基本相同，都是通过压延法制作的，但用于制作包装胶黏带时，PVC 膜的表面一般必须压纹。PVC 膜的压纹不但可降低解卷力，而且胶黏带从纹路处易于撕裂。正因如此，软质 PVC 包装胶黏带又称为易撕 PVC 包装胶黏带。

同 PVC 电气胶黏带用 PVC 膜一样，包装用软质 PVC 膜主要由 PVC 树脂、增塑剂、着色剂、防老剂等组成。由于使用了大量增塑剂，必须精心调配膜及胶的配方，否则同样会产生与电气胶黏带类似的凸卷望远镜现象。

PVC 易撕包装胶黏带采用的大多数是天然橡胶系压敏胶。与 PVC 电气胶黏带一样，涂布压敏胶黏剂之前，必须先涂布底胶。所用压敏胶及底胶与 PVC 电气胶黏带所用的基本相同。PVC 易撕包装胶黏带的典型性能见表 5-1-10。

表 5-1-10　一种 PVC 易撕包装胶黏带的性能

项目	YS130	YS150	项目	YS130	YS150
厚度/μm	130	150	伸长率/%	130	150
拉伸强度/(N/cm)	18	20	180°剥离强度/(N/cm)	2.2	2.0

三、纸基包装胶黏带

纸是最早用于制作包装胶黏带的基材之一。目前纸基包装胶黏带的应用主要集中于美国和日本，尤其是日本。常用的纸基材有和纸、饱和纸和牛皮纸几种。作为包装胶黏带的基材时拉伸强度和伸长率是两个必须考虑的重要参数。为了获得足够的拉伸强度，一般将纸基用羧基化丁苯胶乳或聚丙烯酸酯类浸渍剂进行饱和处理。饱和处理的纸具有较高的拉伸强度、耐层离性、耐水性及柔性。

1. 饱和纸包装胶黏带

饱和纸胶黏带广泛应用于遮蔽用途。经过饱和处理的饱和纸胶黏带也是最便宜的纸基包装胶黏带。作为轻型物品的包装密封，最低可用 $35g/m^2$ 的饱和纸。一般饱和纸包装胶黏带的拉伸强度为 30N/cm 左右，伸长率为 8%～10%。

饱和纸胶黏带一般涂布溶剂型天然橡胶系压敏胶或合成橡胶系热熔胶。压敏胶的涂布量（干）为 25～50g/m² （图 5-1-2）。由于纸基的内聚强度低，当压敏胶的涂布量较高时，胶黏带具有防开启功能。当将纸箱打开时，纸基会发生层离或断裂，从而显示纸箱曾被打开过。饱和纸胶黏带的背面一般必须涂布防粘剂，以降低解卷力。乳液型防粘层不但能降低解卷力，而且具有可印刷性；而有机硅防粘层虽可降低解卷力，解卷过程中噪声小，但其表面不能印刷。

关于饱和纸胶黏带的详细内容，请参阅本篇第三章。

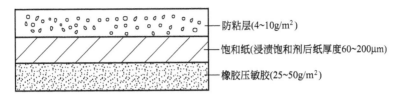

图 5-1-2 饱和纸胶黏带的结构

2. 牛皮纸包装胶黏带

用于制作包装胶黏带的牛皮纸的规格一般为 $55\sim150g/m^2$。牛皮纸有饱和型和不饱和型两种。饱和处理的牛皮纸具有较高的拉伸强度和伸长率。如一种经过饱和处理的牛皮纸的拉伸强度可高达 $50N/cm$，伸长率高达 10%，而普通牛皮纸的伸长率只有 4%。因此，饱和处理的牛皮纸包装胶黏带具有更好的耐短时冲击性。在日本，为了提高牛皮纸胶黏带的强度，有时在纸浆中加入少量黏结剂及增强型聚乙烯醇纤维。

国内普遍采用未经饱和处理的牛皮纸作为包装胶黏带的基材。这种牛皮纸一般通过挤出机单面流涎涂布了一层聚乙烯（PE）膜（图 5-1-3）。涂布 PE 膜的过程又称淋膜。PE 膜的厚度一般为 $15\sim20g/m^2$。将牛皮纸的表面进行底涂剂处理可提高 PE 膜在纸上的附着牢度。牛皮纸上的 PE 层不但可提高胶黏带的耐水性，同时可降低防粘涂层向纸基中的渗透，从而减少防粘剂的用量。由于 PE 膜不易在纸张回收中进行降解，故涂布 PE 膜的牛皮纸胶黏带不能回收循环使用。有些欧洲国家已禁止使用含 PE 膜的牛皮纸胶黏带。

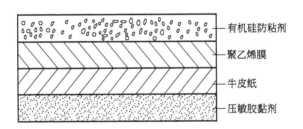

图 5-1-3 牛皮纸包装胶黏带的结构

制作胶黏带时，必须在牛皮纸的 PE 层上涂布防粘剂，一般涂布有机硅防粘剂。涂布 PE 层及防粘剂的操作一般由专门的厂家进行。

牛皮纸包装胶黏带一般采用溶剂型天然橡胶系压敏胶，见表 5-1-11，也可涂布热熔压敏胶或其他压敏胶。涂胶量一般为 $25\sim50g/m^2$。典型的牛皮纸包装胶黏带的性能见表 5-1-12。

表 5-1-11 牛皮纸胶黏带用压敏胶的配方

组成	用量/质量份	组成	用量/质量份
橡胶	100	填充剂	$0\sim100$
增黏树脂	$80\sim150$	防老剂	$0\sim5$
增塑剂	$0\sim50$		

表 5-1-12　几种商品化牛皮纸包装胶黏带的性能

项目	A	B	C
基材厚度/μm	90	100	—
总厚度/μm	125	130	152
胶涂布量/(g/m^2)	35	30	—
拉伸强度/(N/cm)	50	45	51
伸长率/%	10	4	3
180°剥离强度(对钢板)/(N/cm)	7	4	3.9
解卷力(30m/min)/(N/cm)	1	4	—
初黏力	极高	—	—
印刷性	良	差	良

3. 和纸包装胶黏带

和纸（Japanese paper）是日本生产的一种独特的纸，其主要原料是马尼拉麻。胶黏带所用的纸基比一般和纸的强度大，所以和纸胶黏带一般用于轻包装。用于制作包装胶黏带的和纸性能见表 5-1-13。

表 5-1-13　和纸的性能

性能名称	指标范围	性能名称	指标范围
厚度/μm	59～60	横向	6.3～7.6
定量/(g/m^2)	31～31.9	伸长率/%	
密度/(g/cm^3)	0.52～0.56	纵向	2.4～3.1
拉伸强度/(N/cm)		横向	2.9～3.5
纵向	33.3～39	撕裂强度/gf[①]	48～46

① 1gf＝9.80665×10^{-3}N。

同其他纸基一样，溶剂型天然橡胶系压敏胶是涂布和纸胶黏带最常用的压敏胶，见表5-1-14。和纸胶黏带的背面必须涂布防粘层（图 5-1-4）。防粘剂一般为醇溶性虫胶树脂。使用虫胶的和纸胶黏带因虫胶而呈褐色。涂布特殊的合成树脂防粘剂时，则呈白色。

表 5-1-14　和纸包装胶黏带用压敏胶配方

组成	用量/质量份	组成	用量/质量份
丁苯橡胶	50	氢醌	2
烟胶片	50	矿物油	20
松香酯	50	溶剂	适量

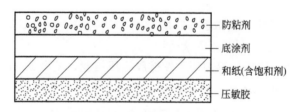

图 5-1-4　和纸包装胶黏带的结构

四、纤维增强包装胶黏带

虽然 MOPP 包装胶黏带具有很高的拉伸强度，但其横向撕裂强度小。对于某些特殊包装来说，MOPP 胶黏带仍不能满足要求。纤维增强胶黏带就是为了满足特殊包装用途而设计的。纤维增强胶黏带一般由基材、增强纤维、压敏胶、防粘层等组成（图 5-1-5）。常用的基材为 15～40μm 的聚酯膜、30～60μm 的 PVC 薄膜、25～40μm 的 BOPP 膜以及各种经过饱和处理的纸，有时也使用 MOPP 膜为基材。

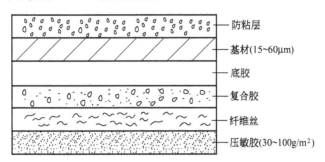

图 5-1-5　纤维增强胶黏带的结构

最常使用的增强纤维为玻璃纤维丝，有时也采用聚酯纤维、尼龙丝及聚聚丙烯纤维等。合成纤维丝虽具有较高的伸长率及柔韧性，但拉伸强度低。由于玻璃纤维的伸长率较低，所以用玻璃纤维增强的胶黏带，伸长率一般为 50％左右。一般采用玻璃纤维束进行增强。

纤维增强胶黏带一般采用溶剂型天然橡胶系或合成橡胶系压敏胶，有时也涂布橡胶系热熔胶。极少数纤维增强胶黏带是用压延法生产的。压敏胶黏剂的涂布量一般为 30～100g/m²，根据用途而定。

以 PVC 膜为基材的纤维增强胶黏带涂布天然橡胶系压敏胶黏剂时，必须先涂一层底胶，以增强压敏胶在 PVC 膜上的附着力。有时为了降低解卷力，胶黏带的背面还必须涂布一层防粘剂。

纤维丝在基材上的附着有多种方法。通常在基材上涂布一层很薄的复合用胶黏剂，然后将纤维复合在基材上。目前多采用合成橡胶系热熔胶或溶剂型橡胶系胶黏剂为复合胶。纤维复合之后，再涂布压敏胶。如果采用透明的压敏胶，则胶黏带中的纤维清晰可见。质量低的胶黏带也可不使用复合胶，而只涂布一次压敏胶。直接将纤维平铺在压敏胶之上，卷取后纤维被部分压入压敏胶黏剂中。也有的增强胶黏带是将纤维丝复合在两层薄膜之间。

表 5-1-15　纤维增强胶黏带与捆扎胶黏带的比较

胶黏带类型	基材	增强纤维	拉伸强度/（N/cm）	耐撕性	伸长率/％
普通捆扎胶黏带	55μmMOPP	无	190	差	30
高强度捆扎胶黏带	120μmMOPP	无	420	差	30
普通增强胶黏带	30μmBOPP	玻璃纤维,20EPI	180	良	5
普通增强胶黏带	30μmBOPP	玻璃纤维,15EPI	250	良	5
普通增强胶黏带	40μmPVC	玻璃纤维,35EPI	450	良	5
高强度增强胶黏带	20μmPET	玻璃纤维,80EPI	820	良	5

由于加入了增强纤维，所以纤维增强胶黏带比 MOPP 捆扎胶黏带的性能更好，尤其是横向耐撕性，见表 5-1-15。纤维增强胶黏带由于含有沿纵向定向排列的纤维丝，因而不会沿横向撕裂。即使胶黏带边缘出现破损，当撕裂达到纤维处时就会停止。而 MOPP 或其他薄膜胶黏带的边缘一旦被切或损坏，撕裂口会逐渐增大，直至完全断裂。MOPP 胶黏带的拉伸强度随膜厚度的增大而增大，但其柔顺性会逐渐下降。纤维增强胶黏带则是通过改变纤维丝的强度或纤维丝排列的密度及粗细来改变胶黏带的拉伸性能，而胶黏带的柔顺性不受影响。纤维丝的密度用 EPI(每英寸纤维头的数量，1in＝0.0254m)来表示。一般纤维密度为 15～80EPI 时，胶黏带的拉伸强度为 150～900N/cm。纤维丝的细度可用特（tex）、旦尼尔（denier）等表示。"特"为每 1000m 长纤维的质量（g），"旦尼尔"则为每 9000m 长纤维的

质量（g）。在美国，主要以每磅（lb，1lb＝0.4536kg）纤维的长度表示。普通增强纤维所用的玻璃纤维为33tex，有时也采用高达68tex的玻璃纤维。

在纤维增强胶黏带中，纤维一般沿纵向单向排列，以增强纵向的拉伸强度，也可通过玻璃纤维网达到双向增强的目的。

按拉伸强度分，纤维增强胶黏带有低拉伸强度型、中拉伸强度型和高拉伸强度型。它们的拉伸强度范围如下：低拉伸强度型160～200N/mm；中拉伸强度型300～450N/mm；高拉伸强度型450～850N/mm。

在包装应用中，低拉伸强度的纤维增强胶黏带逐渐被普通塑料包装胶黏带所代替。高拉伸强度型纤维增强胶黏带适用于胶黏带不可避免会发生破坏或安全系数要求特别高的场合。纤维增强胶黏带在美国和德国应用最为广泛。

五、布基包装胶黏带

很多编织布（fabrics）可用作胶黏带的基材。棉布作为胶黏带的基材已有100多年的历史。现在使用的各种编织布胶黏带都是从医用胶黏带衍生而来的，而且压延法是制造这类胶黏带的主要方法。通过改变编织布纱线的粗细及密度可获得具有不同拉伸强度的编织布胶黏带。包装胶黏带所用的编织布基材主要是合成纤维布，如聚酯纤维布及尼龙布等，有时也采用棉织布。为了提高胶黏带的防水性及防渗性，织物基材背面一般涂布一层PE膜。有时聚氯乙烯和聚丙烯酸酯类树脂涂塑的织物胶黏带也可用于包装用途。为了降低解卷力，PE层上可涂布防粘剂。当横向与纵向的纤维粗细及种类不同时，可获得横向易撕的编织布胶黏带，以便于使用。

天然橡胶、丁苯橡胶、再生橡胶及嵌段共聚物系压敏胶均可用于制作布基胶黏带，见表5-1-16。

编织布包装胶黏带的主要特点是密封性和防水性好。因此布基胶黏带主要用于密封及防水要求较高的用途。高强度的玻璃纤维布胶黏带则主要用于捆绑和包扎用途。几种商品化布基胶黏带的性能见表5-1-17。

表 5-1-16　布基包装胶黏带用压敏胶黏剂配方

组成	配方/质量份		组成	配方/质量份	
	1	2		1	2
再生天然橡胶	—	100	钛白粉	5	—
天然橡胶	100	10	碳酸钙	150	50
C_5 石油树脂	40	30	促进剂	5	—
松香酯	30	20	硬脂酸	0.5	—
低软化点松香树脂	15	—	氧化锌	5	—
环烷系操作油	10	10	抑酸剂	2	1

表 5-1-17　几种商品化布基包装胶黏带的性能

基材	总厚度/μm	拉伸强度/(N/cm)	伸长率/%	180°剥离强度/(N/cm)
棉布	279	66.5	83	1
棉布	279	77	6	4.4
棉布	305	66.5	—	6.6
PTFE 涂塑玻璃布	76～254	—	—	4.4～5.0
PE 涂塑棉布	190	31.5	8	4.95
PE 涂塑棉布	229	38.5	15	5.9
PVC 涂塑布	292	70	—	8.8
PVC 涂塑布	356	114	—	6.6

六、聚酯包装胶黏带

聚酯（PET）薄膜具有优良的物理机械性能，如透明性、耐磨、耐撕裂、耐溶剂等。因此，它不但可用于制造电气胶黏带，也可用于制作包装胶黏带。由于其价格一般比 BOPP 胶黏带高，因此用量很少。大多数 PET 胶黏带用于电气绝缘目的。

PET 包装胶黏带一般具有较高的拉伸强度，但其伸长率却不及 BOPP 胶黏带，见表 5-1-18。

作为包装用途时，PET 胶黏带一般涂布天然橡胶系压敏胶、热熔压敏胶或聚丙烯酸酯系压敏胶。

表 5-1-18　PET 包装胶黏带的性能

厚度/μm	拉伸强度/(N/cm)	伸长率/%	180°剥离强度/(N/cm)	备注
76	105	100	6.1	热熔压敏胶
76	82	100	3.1	天然橡胶压敏胶
51	43.8	90	6.6	—
76	87.5	90	7.5	—
48.3.	43.8	110	5.0	3M 产品
87	117.3	130	8.6	3M 产品
51	43.8	110	2.8	3M 产品,耐低温

七、玻璃纸胶黏带

玻璃纸胶黏带是第一种被开发出来的透明膜胶黏带，最早由 3M 公司的朱理查（Richard G. Drew）所发明。玻璃纸胶黏带的发明使 3M 在商界的地位及名声不断提高。3M "Scotch" 透明胶黏带由此声名远扬。

玻璃纸亦称赛璐玢或透明纸。它是由黏胶溶液制成的纤维素薄膜。通常在制膜过程中加入甘油作增塑剂。其拉伸强度及使用温度与聚酯膜相当，但伸长率只有 20% 左右。用于制作胶黏带的玻璃纸与普通玻璃纸不同，在制造过程中必须精心选择纤维素及增塑剂的用量，控制薄膜厚度均匀。

玻璃纸胶黏带有以下优点：①易撕断，便于使用；②透明性良好；③可印刷且图案文字鲜艳；④价格低廉；⑤外观好。正因如此，玻璃纸胶黏带曾在市场上普遍用作封箱胶带。但玻璃纸胶黏带也有很多致命的缺点：①玻璃纸怕水；②存放过程中，胶黏带会逐渐变色；③膜中增塑剂在老化过程中会逐渐逸失，从而使胶黏带变脆；④由于吸湿，在梅雨季节胶黏带易产生凸卷现象（望远镜现象）。目前，欧洲及美国等地玻璃纸胶黏带已被其他薄膜胶黏带所取代，只有日本等少数国家仍在使用玻璃纸胶黏带，但用量已在大幅度减少。一般只用于拼接，修补及轻包装的密封等。

玻璃纸胶黏带一般采用橡胶系压敏胶，而且需要涂底胶及防粘剂。底胶有乳液型和溶剂型。用乳液型底胶时，纸易产生皱纹及卷曲。大多数情况下使用溶剂型底胶。防粘剂一般采用长链的脂肪酸酯。

底胶与防粘剂采用凹版或钢丝棒进行涂布。压敏胶黏剂的涂布一般采用普通的逆转辊涂布法。在制作过程中必须注意干燥程度。适量的水分在胶黏带中起增塑剂的作用，干燥过度，胶黏带会发脆。一般涂布之后需进行加湿处理。

分切时必须注意环境的洁净及刀的形状及角度。尘土等杂物会导致胶黏带易断，而且会降低防粘性。为了防止胶黏带发生凸卷现象，有些厂家在纸管外先卷一层聚乙烯泡绵。

典型的轻包装用玻璃纸胶黏带的性能见表 5-1-19。

表 5-1-19 商品化玻璃纸胶黏带的性能

厚度/μm	拉伸强度/(N/cm)	伸长率/%	180°剥离强度/(N/cm)	初黏力/号	解卷力/(N/cm)
52	43	21	3.9	14	2.1
53	34.3	25	3.3	11	2.8
55	33.3	21	3.7	17	1.9
60	23.5	20	2.0	—	—

第三节 包装胶黏带的性能及评价

包装胶黏带用途多种多样，封箱是包装胶黏带最广泛最常见的用途。由于大多数包装胶黏带价格低廉而且应用广泛，因此大多数用户对其性能并未引起注意。然而作为包装链中的一环，包装胶黏带在确保包装箱中的货物从生产厂安全运达用户的过程中起着重要作用。虽然包装胶黏带大多数是低价值的产品，但为了满足不同的应用，包装胶黏带仍必须满足一定的技术要求。

包装胶黏带的性能不但与所用的压敏胶黏剂有关，而且取决于所用的基材。包装胶黏带的拉伸性能主要由基材所决定。一般薄膜及纸基类包装胶黏带的拉伸强度较低，MOPP 除外。高强度的包装胶黏带一般采用 MOPP 膜或纤维增强类基材。包装胶黏带的胶黏性能则完全取决于压敏胶黏剂。包装胶黏带一般需评价拉伸强度、伸长率、初黏力及持黏力。除此之外，有时还需要评价一些特殊的性能，如透湿性、对纸箱的黏合力等。

一、初黏性

包装胶黏带的胶黏剂层必须具有足够的初黏性，以保证在高速自动封箱操作中，胶黏带能迅速润湿纸箱纸板的表面，形成牢固的黏合。为了防止封箱之后，纸箱再开裂，包装胶黏带具有一定的初黏性和对纸箱表面的润湿能力十分重要。随着人们环保意识的增强，越来越多的纸箱采用循环利用的纸板。有时纸板的循环利用高达 8 次。由于多次重复加工，这种多次循环利用的纸板其纤维较短，而且这种纸板还含有其他的化学助剂（如黏结剂）及杂物等。这些因素不但降低了循环再生纸板的表面粗糙度，而且降低了其表面的极性。对用循环再生纸板制成的纸箱进行密封时，胶黏带的初黏性和润湿性会有所下降。

初黏性的评价有多种方法，具体请参阅本书第二篇第三章。最常见的初黏力测试方法有滚球平面停止法和滚球斜面停止法两种。美国采用的是第一种方法（PSTC-6）。我国则两种方法都采用，详见中国国家标准 GB/T 4852—2002。

用手指轻轻接触胶带表面所反映的手感黏性也是胶黏带初黏性能。虽然此方法不科学也不严格，但一定程度上它能真实反映胶黏带的初黏性。因此，采购及使用人员经常采用这种方法评价胶黏带的初黏性能。

二、持黏性

持黏性是包装胶黏带十分重要而且必须评价的指标。如果持黏性差，纸箱密封几天之后，由于胶黏剂的内聚破坏，纸箱会自动开裂。当纸箱内物品太多时，由于纸箱密封处应力很大，会加速纸箱从密封的胶黏带处开裂。

我国持黏性测试方法一直执行国家标准 GB/T 4851—1998，该标准仅采用不锈钢板进行测试。根据垂直测试中剪切破坏所需时间来判定胶黏带的持黏性大小。

直接采用纸箱测试包装胶黏带的胶黏性能及内聚性能比用钢板测试的效果会更好。但值得注意的是，必须保证所有试验用的纸箱是一样的。然而用循环再生纸板制作的纸箱的质量十分不稳定，评价的结果可比较性较差。

欧洲标准 AFERA 4012、美国标准 PSTC-7 及国际标准 ISO 29863：2007 等都描述了胶黏带对钢板、标准纸板和供需双方认可的其他纸板的垂直和水平剪切持黏力测试方法。最近我国全面参照国际标准 ISO 29863：2007 对现行国家标准进行了修订，且已完全与国际接轨。详见本书第二篇第四章。

大多数情况下，用于纸箱密封用途的包装胶黏带需承受连续的剪切作用以及低角度的剥离作用。包装胶黏带必须具有足够的耐蠕变性才能经受这种长期的负荷，为了衡量包装胶黏带的这种性能，ASTM D 2860 及 PSTC-14 描述了一种特殊的测试方法。它是直接将包装胶黏带粘贴在标准或某种特定的纸板上，在恒定的应力作用下，让胶黏带以 90°角从纸板上剥离（图 5-1-6），记录剥离所需时间。

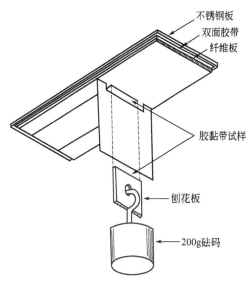

图 5-1-6　恒应力及 90°下胶黏带对
纸板的持黏力测试示意图

另一种模仿包装胶黏带，尤其是封箱胶黏带实际封箱时受力情况的测试装置见图 5-1-7。根据测试目的采用不同的纸板。作为生产厂及用户控制产品质量的检测方法，一般可采用普通纸箱用纸板。

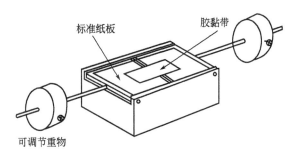

图 5-1-7　封箱胶黏带的应力测试装置

三、剥离强度

胶黏带对物体的黏合性能一般采用胶黏带对标准试验板的 90°或 180°剥离强度进行评价。剥离强度是评价胶黏带黏合强度最实用的方法。

剥离强度测试过程是在标准条件下，将胶黏带粘贴在试验板上，然后以 90°或 180°的角度将胶黏带从试验板上剥离下来。一般采用 180°剥离角，较厚及较硬的基材不能达到很好的弯曲，测试这类基材的胶黏带的黏合力时一般采用 90°剥离角。在 180°剥离中，胶黏带同时承受拉伸应力和剪切应力的作用，而在 90°剥离试验中，胶黏带只承受拉伸应力。因此，两种方法的测试结果不能直接进行比较。

胶黏带的剥离强度不但与胶黏带和被粘物本身有关，而且测试条件对测试结果也有很大影响。

由于剥离强度直接反映了胶黏带胶层对物体黏合作用的大小，因此，它几乎是所有胶黏带都必须评价的指标。除了特殊用途之外，一般胶黏带的剥离强度就能反映胶黏带的黏合性能。当测试剥离强度时，如果发生胶向试验板转移或拉丝的现象，说明胶层的内聚强度差，胶的持黏性会很低。使用这种胶黏带时必须十分小心。

各个国家都制定了标准的胶黏带剥离强度测试方法。我国的现行国家标准为 GB/T 2792—1998。最近已参照国际标准 ISO 29862：2007 对现行国家标准进行了修订，新修订的国家标准已完全与国际接轨。详见本书第二篇第二章。

更直接的判定包装胶黏带黏合强度大小的方法是将胶黏带直接粘贴在纸箱上，然后将胶黏带揭开，考察将胶黏带揭开时的难易强度以及胶黏带上所黏附纤维的多少。胶黏带上黏附的纤维越多（乃至将纸箱的纸板撕裂），说明包装胶黏带的黏合强度越大。

四、解卷强度

在胶黏带的使用过程中，解卷强度是将胶黏带解开时所需力大小的衡量指标。胶黏带的解卷行为十分重要，在全自动化的包装生产线上用包装胶黏带封箱时，要求包装胶黏带必须具有一定的解卷强度，而且要求胶黏带的解卷强度最好保持一恒定的水平。这样才能保证每次将同样长度的胶黏带以同样的压力封贴在纸箱上。如果胶黏带的解卷强度太低，则必须在自动包装线上增加控制胶黏带张力的系统，否则就不能达到完美的封箱效果。但胶黏带的解卷强度也不能太大，尤其是用手工封箱时，解卷强度过大会增加工人的操作难度。

解开胶黏带时发出的噪声除了与解卷速度有关外，与胶黏带的解卷强度也有一定关系。在相同解卷速度下，解卷强度越低，解卷时的噪声越大。在居民区使用胶黏带时一般要求胶黏带具有较低的解卷噪声，以免扰民。欧洲对胶黏带解卷时的噪声比较重视。

胶黏带的解卷强度与很多因素有关，如基材及压敏胶的种类、胶黏带背面是否涂布防粘剂以及解卷速度等。随着解卷速度的增大，解卷强度也会发生变化（图 5-1-8），解卷时的噪声也随之变化。当解卷速度小于 120m/min 时，涂布乳液型聚丙烯酸酯压敏胶的 BOPP 包装胶黏带解卷噪声较小。胶黏带背面涂布防粘剂可降低解卷强度。当解卷速度为 30m/min 时，

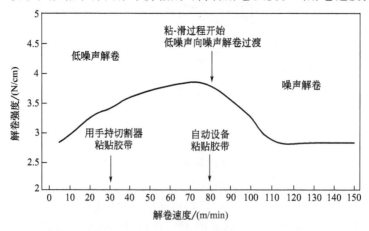

图 5-1-8　涂布乳液聚丙烯酸酯胶的 BOPP 胶黏带的解卷强度与解卷速度的关系

一种 PVC 胶黏带的解卷强度为 6N/cm，而涂布防粘剂后，其解卷强度下降为 1N/cm。

我国胶黏带解卷强度的标准测定方法为 GB/T 4850。它是利用特制的解卷夹具将整卷胶黏带固定在试验机上，测定以 300mm/min 解开胶黏带时所需的力。

五、拉伸性能

拉伸性能是所有胶黏带都必须评价的指标。市场上各式各样的胶黏带很多是为满足特殊用途所需要的拉伸性能而设计的。如纤维增强胶黏带就是为提高胶黏带的拉伸性能而在普通胶黏带中加入增强纤维丝制作而成。纤维增强胶黏带的开发满足了重型包装应用的要求。胶黏带的拉伸性能包括拉伸强度及伸长率。伸长率衡量的是胶黏带的延展性能，它也是胶黏带柔韧性的体现。

胶黏带的拉伸性能主要取决于胶黏带所采用的基材种类及厚度（见表 5-1-20）。一般，薄膜类基材的拉伸强度较低，但伸长率一般较高，如 PVC 及 PE 膜的伸长率可达 300% 以上。MOPP 膜、纤维增强型基材、编织布等具有较高的拉伸强度，但它们的伸长率却很低。此外，拉伸强度随基材厚度的增加而上升。

表 5-1-20　各种基材的拉伸性能

基材	厚度/μm	拉伸强度/(N/cm)	伸长率/%
聚乙烯膜	50~100	10~30	200~500
软质聚氯乙烯膜	100~200	20~40	100~300
硬质聚氯乙烯膜	30~80	30~50	30~80
OPP 膜	20~40	30~60	100~180
MOPP 膜	50~100	150~700	30~40
PET 膜	20~60	40~150	80~160
纤维增强膜	100~200	150~700	3~10
牛皮纸	100~200	50~90	3~8
皱纹纸	100~150	30~45	8~10
布基	200~300	40~100	3~10

拉伸性能是包装胶黏带十分重要的性能指标。包装胶黏带的拉伸性能决定了胶黏带的应用范围。普通薄膜及纸基胶黏带由于拉伸强度低，只能用在普通封箱及包装中。只有纤维增强胶黏带及布基胶黏带才能用于高强度包装用途。很多包装胶黏带就是根据其拉伸强度而加以分类的。如纤维增强胶黏带分为低强度型（拉伸强度为 160~200N/cm）、中强度型（拉伸强度为 300~450N/cm）及高强度型（拉伸强度为 450N/cm 以上）。

六、耐湿气渗透性

当用胶黏带密封的物品需要暴露在潮湿的环境中或者用胶黏带封箱的物品需严格阻隔湿气进入包装内时，此时封箱所用的包装胶黏带必须具有一定的耐湿气渗透性。

耐湿气渗透性测定方法是，在一标准试验盘中放入干燥剂（无水氯化钙），然后用被测试胶黏带将试验盘密封（图 5-1-9）。将密封后的试验盘于（38±1）℃ 及 90%~95% 相对湿度下进行处理。测定不同处理时间下试验盘的质量，并据此计算单位面积胶黏带每小时透过的水蒸气量。更详细的操作方法请参阅 GB/T 15331。

有时用包装胶黏带密封的物品会暴露在水中，在这种情况下，通过测定胶黏带的水渗透率可判定胶黏带是否符合应用要求。胶黏带水渗透率的测定与水蒸气透过率的测定有很多相似之处。唯一的区别是测定水渗透率时是将试验盘浸入水中而不是放置在潮湿环境中（见图

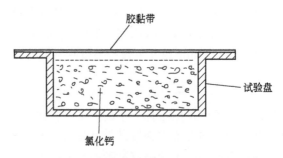

图 5-1-9　胶黏带水蒸气透过率测定示意图

5-1-10)，以试验盘浸入水中前后的质量变化来计算水渗透率的大小。详细的操作请参阅 GB/T 15330。

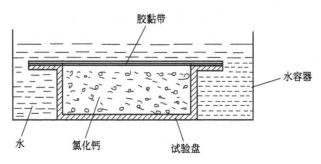

图 5-1-10　胶黏带水渗透率测定示意图

七、其他性能

可印刷性也是包装胶黏带一个十分重要的特性。大多数用户希望包装胶黏带不但起密封作用，同时能携带更多的起宣传或提示作用的文字。某些用途还必须考虑包装胶黏带的高温及低温使用性能。在低于室温的温度下使用包装胶黏带时，胶黏带的低温初黏性就显得格外重要。而当胶黏带在夏天的库房中存储时，由于气温很高，很容易发生内聚破坏，从而导致纸箱开裂。如果货物在室外条件下运输，应考虑包装胶黏带的耐紫外线性能及耐老化性能。随着人们对环境保护的重视，是否与环境相容也是选择包装胶黏带的标准之一。环境相容性包括生产过程是否污染环境、胶黏带是否易于回收再利用以及废物处理是否符合环境要求等。

◦ 第四节　包装胶黏带的生产

包装胶黏带的品种繁多。由于基材及胶黏剂的品种不同，生产工艺也会存在一定的差异。包装胶黏带中塑料薄膜胶黏带占重要地位，塑料薄膜类胶黏带的制作一般经过印刷、涂布、分切及包装等多道工序。生产工艺因基材种类及压敏胶种类不同会有所区别。

一、印刷

在包装胶黏带上，尤其是封箱胶黏带上印刷图案及文字不但能提高包装胶黏带的价值，而且能赋予包装胶黏带一定的宣传广告功能。大部分包装胶黏带的用户希望按他们的要求在包装胶黏带上印刷文字。

包装胶黏带的印刷可在涂布压敏胶黏剂之前或之后进行。在欧洲，PVC包装胶黏带一般是在涂布压敏胶黏剂之后才进行印刷。而在亚洲，BOPP包装胶黏带一般是涂布压敏胶黏剂之前进行印刷。由于BOPP透明性好，涂胶之前在可在其电晕处理面先印刷上各种图案及文字，然后再在图案及文字上面涂布压敏胶黏剂，一般涂布乳液聚丙烯酸酯压敏胶黏剂。压敏胶黏剂可以是彩色或透明的。使用彩色压敏胶黏剂时可获得各种色彩鲜艳的印刷包装胶黏带。彩色的包装胶黏带其文字及图案更加明显醒目。亚洲地区以黄色胶黏带用量最大。采用涂布压敏胶黏剂之前的印刷工艺时必须注意选择合适的油墨，油墨不当会影响压敏胶的涂布效果，有时会导致图案处压敏胶黏剂附着不牢固，解卷时发生胶转移现象。

BOPP包装胶黏带涂布压敏胶黏剂之后再印刷文字时必须考虑胶黏带背面是否涂布防粘剂，一般油墨在防粘剂上的附着性很差。背面没有防粘层的涂布乳液聚丙烯酸酯压敏胶的BOPP包装胶黏带可进行印刷加工，但胶黏带背面必须预先进行电晕或火焰处理，以提高油墨在胶黏带背面的附着力。即使如此也还需要采用特殊的油墨进行印刷，否则印刷之后还必须涂一层保护涂层。

除了研制特殊的油墨之外，人们也在研制可印刷的防粘涂层，以使聚聚丙烯胶黏带像PVC胶黏带一样，在涂布压敏胶之后可进行印刷。据报道，以改性氨基甲酸乙烯酯聚合物、氯化聚烯烃、乙烯-醋酸乙烯酯聚合物以及以聚酰胺树脂为主体材料的防粘涂层具有可印刷性。

不论是BOPP包装胶黏带还是PVC包装胶黏带，普通的凹版或柔版印刷机就可满足印刷要求，如图5-1-11所示。由于印刷设备价格低廉，所以普通聚聚丙烯印刷包装胶黏带的使用越来越普遍。

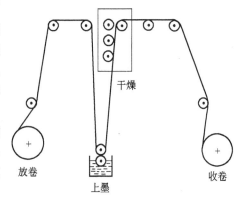

图5-1-11　压敏胶黏带凹版印刷

特殊的印字胶黏带必须采用特殊的制作过程。如牛皮纸印字的胶黏带，图案必须在淋PE膜之前印刷上去，然后经过淋膜、涂布压敏胶黏剂等工艺制作而成。

二、涂布

涂布是制作压敏胶黏带最重要的工序。所有压敏胶黏带的胶黏剂都是利用不同涂布工艺而施涂在基材上的。根据胶黏剂种类的不同，涂布有多种方式，如热熔涂布、压延涂布及转移涂布。热熔压敏胶黏剂只能用热熔法进行涂布。压延法也只适用于极少数特殊产品的制作。大多数胶黏带采用刮刀涂布和转移涂布法制作。

BOPP胶黏带最常用的涂布方法是逗点刮刀涂布法（刀对辊），尤其是涂布乳液型压敏胶黏剂时。涂布溶剂型压敏胶可采用刀对辊（逗点刮刀）或辊对辊的方式进行涂布如图5-1-12所示。

乳液型聚丙烯酸酯压敏胶黏剂的黏度较低，一般为$60\sim200\text{mPa·s}$。乳液型压敏胶常采用刀对辊或三辊转移涂布法进行涂布。最高涂布速度可达150m/min。涂布乳液型压敏胶时，由于沾胶辊在胶槽中的高速转动极易将空气带入胶中，从而产生大量气泡。增大沾胶辊在胶中的浸入深度可减少气泡的形成。

涂胶装置是涂布机的心脏，涂胶质量的好坏很大程度上取决于涂胶头的结构。BOPP胶

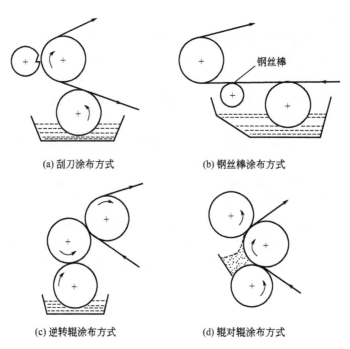

(a) 刮刀涂布方式 (b) 钢丝棒涂布方式

(c) 逆转辊涂布方式 (d) 辊对辊涂布方式

图 5-1-12　BOPP 胶黏带常见涂布方式

黏带的涂布机结构比较简单，除了涂胶装置外，主要由解卷装置、干燥烘箱及收卷装置构成，如图 5-1-13 所示。

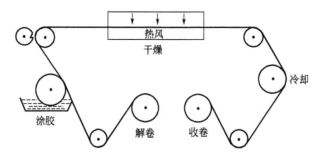

图 5-1-13　BOPP 胶黏带涂布机结构

三、分切

　　包装胶黏带使用时的宽度一般为 45mm、48mm、60mm 及 72mm 等，因此必须用特殊的设备将涂布的包装胶黏带分切成用户需要的尺寸。分切方式及设备多种多样，详细内容可参阅本书第四篇有关章节。

　　BOPP 包装胶黏带一般涂布成（1～3）m×4000m 的半成品，然后利用专门的分条机将半成品分切成用户所需要的规格。分条机的分切速度可达 200m/min。其分切原理见图 5-1-14。分切时，根据用户需要的尺寸，采用不同的模具收卷，并且在 1～3m 宽幅上间隔相应的位置安装切割刀片。

　　除了 BOPP 胶黏带等厚度较小的薄膜胶黏带之外，其他易拉伸或基材很厚的胶黏带不宜采用 BOPP 胶黏带专用的分条机。牛皮纸胶黏带、纤维增强胶黏带等一般需先用复卷机复卷成用户需要的长度，然后再用裁切机分切成所需要的宽度。

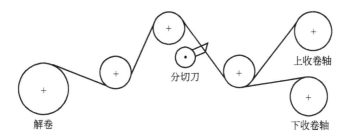

图 5-1-14　BOPP 包装胶黏带的分切

不论是哪一类分切，都必须保持分切刀的锋利，否则会造成胶黏带的边缘不齐。严重时导致胶黏带解卷时易撕裂。

四、包装

胶黏带的包装方式多种多样，一般根据用户的要求选择包装方式。BOPP 包装胶黏带有筒式收缩包装、盘式收缩包装、手工卷筒包装三种常见包装方式。筒式收缩是将胶黏带放入圆筒式收缩膜中，然后经过加热收缩而成。盘式收缩则是将胶黏带放在两片收缩膜之间，经过加热收缩而成。手工卷筒式包装是最简单的包装方式，利用普通的 BOPP 薄膜即可。除了上述三种包装方式外，最直接的方式是直接将胶黏带整齐地放入包装纸箱中。有时为了防止两层胶黏带的端面发生粘连，可在两层胶黏带之间加入一层塑料薄膜或防粘纸。

随着设备自动化程度的不断提高，市场上已有各种自动包装及自动收缩设备供选择，从而大大提高了包装的质量及效率。

◎ 第五节　包装胶黏带的应用

包装胶黏带的用途多种多样。不同性能及材质的包装胶黏带用于不同的用途。主要用途有以下几类：①各种各样包装箱的密封；②标签及单据的保护；③运输过程中货物的安全防护；④货物的内包装密封，尤其是食品包装；⑤其他用途。

一、包装箱的密封

包装胶黏带最大的用途是封箱，尤其是纸箱的密封。只要有纸箱的地方就需要使用包装胶黏带。封箱时，一般采用标准宽度为 45mm、48mm、60mm 或 72mm 的包装胶黏带，封箱方式有 U 型和 L 型两种。除了封箱，包装胶黏带还可用于包装箱的制作。

货物较重的包装箱的密封需要使用拉伸强度大、耐冲击以及压敏胶黏剂的内聚强度大且初黏力高的包装胶黏带。危险物品的封密也必须采用高强度的包装胶黏带，以确保物品在运输过程中的安全。

一般包装箱的密封是为了便于搬运及防止运输过程中尘土及湿气进入包装箱内。特殊的防盗包装胶黏带还能提示收货人，包装箱是否已被开启过。

使用封箱胶黏带最多的为烟酒制造厂、食品生产商以及服装业等。

由于包装胶黏带强度较大，除了易撕包装胶黏带外，一般不易撕裂，从而影响封箱速度。为了提高用包装胶黏带封箱的效率，很多厂家设计开发了一系列包装胶黏带的分割设备，有手持式切割器、半自动封箱机及全自动封箱机。

手持式包装胶黏带切割器价格低廉，操作简单，适于手工封箱用（图 5-1-15）。手工封箱时，解卷速度可高达 100m/min。用半自动封箱机封箱时必须手工将包装箱放入固定的位置，然后自动贴上包装胶黏带。在全自动封箱设备上，纸箱的传送及胶黏带的粘贴全部由设备自动完成（图 5-1-16）。在自动封箱设备上，胶黏带的解卷速度一般为 30m/min 左右。普通热熔胶黏带的解卷力较低，在封箱机上增加张力控制刹车可改善封箱效果及速度。使用易拉伸的包装胶黏带封箱时，必须注意控制胶黏带的拉伸情况。胶黏带过分拉伸后，胶黏带的机械松弛会导致纸箱开裂。

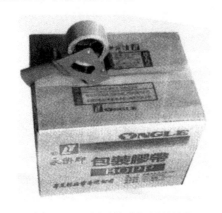

图 5-1-15 用手持式切割器封箱

图 5-1-16 用全自动封箱机封箱

二、标签及单据的保护

透明包装胶黏带除了封箱用途之外，还可用于保护标签。包装箱、信封以及各种运输容器都需要贴名址标签，透明包装胶黏带可用于固定及保护名址标签，防止它们在运输过程中被雨水淋湿、弄脏及损坏，从而造成货物无法送到收货人手中。

运输单据在运输过程中也极易被损坏。固定和保护运输单据也是包装胶黏带的用途之一。一般采用局部无胶的包装胶黏带固定和保护这些票据，使之在安全抵达收货人手中之前不被损坏。

三、运输防护

在圆形物品的运输过程中，需要使用高强度的包装胶黏带对圆形货物进行捆扎及固定，以确保运输过程中这些货物不会丢失或滚动。此时，一般采用捆扎胶黏带（MOPP 包装胶黏带或纤维增强胶黏带）。如金属及塑料管或桶在运输中的固定及捆扎。数个包装箱或桶放在一个托盘上形成一个小的包装以及金属线圈末端的固定都需要使用高强度包装胶黏带，尤其是纤维增强胶黏带。后者能提供更高的耐撕性能。

捆扎胶黏带还可用于门窗制品及某些电气设备内部物件的固定保护，防止它们在运输过程中因移动而相互碰撞。例如，冰箱在运输过程中内部构件需用高强度的捆扎胶黏带进行固定。但用于此目的的捆扎胶黏带不同于一般捆扎胶黏带，它必须由特殊的压敏胶黏剂制成。除去胶黏带时，不能在物体表面上留下残胶或使物体表面发生颜色变化等。

四、内包装的密封

食品工业是一个广泛使用各种包装设施与包装材料的领域。各种各样的食品需要采用独特的包装设计，以确保食品在顾客购买以前未被损坏，而且要求包装对顾客具有相当大的吸引力。因而食品工业需要使用各种包装胶黏带以满足用户对食品包装的要求。桶装、罐装及听装的食品有时采用包装胶黏带对单元包装进行密封，以防止落入灰尘及杂物，同时让食品的独特香味充满整个包装单元内。

包装咖啡、香烟及茶叶的小袋有时用包装胶黏带进行密封。此时，胶黏带对包装袋的黏附力必须足够强，使包装袋在运输过程中不受到任何损坏，打开包装袋时胶黏带又不能损坏包装材料。

五、其他用途

除了上述应用外，国外还经常使用手提胶黏带。一般，将一堆诸如饮料、冰冻食品或罐装食品之类物品用手提胶黏带捆绑在一起，以便于携带。手提胶黏带的两端涂布有高内聚强度的压敏胶，中间部分无胶。其基材大多采用 MOPP 膜。手提胶黏带的负荷可达 12kgf（1kgf＝9.8N）左右。这类胶黏带一般印刷有宣传广告语。

参 考 文 献

[1] Donatas S. Handbook of Pressure Sensitive Adhesive Technology，3rd ed. Rhode Island：Satas & Associates，1999.

[2] Johon J. Pressure Sensitive Adhesive Tapes，Pressure Sensitive Tape Council. USA，Illinois，2000，166.

[3] 2000 Tape Products Directory，Pressure Sensitive TaPe Council. USA，Illinois，2000.

[4] Test Method for Pressure Sensitive Adhesive Tape. 12th ed. Pressure Sensitive TaPe Council. USA，Illinois，1996.

[5] 曾宪家，吕凤亭. 中国压敏胶黏带标准的现状. 中国胶粘剂，2001，(6)：45.

[6] 曾宪家，段卫东. 影响压敏胶黏带 180°剥离强度因素的研究. 化学与粘合，2002，(3)：103.

[7] 全国胶粘剂标准化技术委员会. 关于对《胶粘带厚度试验方法》等 6 项国家和行业标准征求意见的函. 胶分标字（2012）3 号，2012.

第二章

电气胶黏带

曾宪家　金春明　齐淑琴

● 第一节　概述

　　压敏胶黏带广泛应用于电气设备及电气设备附件的制造和安装过程中，它们不但为某些生产过程提供了便利性，而且为设备的安全提供了保证。压敏胶黏带的品种据估计约有 500 种以上，其中一半以上可作为电气胶黏带使用。在世界范围内，电气胶黏带的用量在胶黏带中居第二位，仅次于包装胶黏带。据中国胶粘剂和胶粘带工业协会统计和估算，2010 年中国大陆电气胶黏带中聚氯乙烯（PVC）和聚酯（PET）两种胶黏带的年产销量总计达到 9.5 $\times 10^8 \, m^2$，仅次于包装胶带、压敏标签、表面保护胶带和双面胶带，居各类压敏胶制品第五位。

　　用于电气绝缘目的的胶黏带统称为电气胶黏带、绝缘胶黏带、电工胶黏带或电气绝缘胶黏带。电气胶黏带分为两大类：供设备制造商使用的电气胶黏带和供电工安装绝缘用的电气胶黏带。在电气设备的应用中，压敏胶黏带最主要的作用是绝缘。通过缠绕压敏胶黏带，确保电流在电气设备中只沿规定的导体路径传送。如果绝缘失败，电流就会发生泄漏，甚至发生短路。电气绝缘胶黏带属于电气及电子工业中所使用的介电材料的范畴。它对维持电气设备的连续正常使用十分重要。

　　汽车、变压器、电动机等都需要使用大量电气绝缘胶黏带。据不完全统计，一辆汽车在制造过程中要用 30 多种压敏胶黏带，其中大部分要求具备绝缘性。除了绝缘作用之外，电气胶黏带也可用于机械固定、安装、拼接、捆扎、包缠、遮蔽等许多其他用途。

　　电气应用要求胶黏带具有综合平衡的机械、电气、绝缘、化学及胶黏性能。这些性能主要取决于电气绝缘胶黏带的两个主要组成部分，即基材和压敏胶黏剂。由于所选用的基材及胶黏剂的种类多种多样，因此不同品种的电气绝缘胶黏带的性能也各不相同。其中基材决定了胶黏带的物理机械性能及电气性能，压敏胶黏剂只提供与黏合有关的性能。就重要性而言，基材最为重要，压敏胶黏剂其次。压敏胶只是为基材发挥绝缘及介电性能提供一种手段。胶黏带的绝缘水平主要取决于基材。即使胶黏剂由非导电性有机材料组成，由于胶层厚度一般只有 $10 \sim 30 \mu m$，胶黏带的绝缘性的主要贡献仍来自于基材。因此，在设计电气胶黏带时，应充分认识到这一点。多种基材可用于制作电气胶黏带，如表 5-2-1 所示。

　　电气绝缘胶黏带的生产与其他胶黏带的生产有相似之处，都需要经过涂布、分切等工艺。但基材种类不同，生产设备及工艺会有所区别。如软质的聚氯乙烯电气绝缘胶黏带就不宜采用普通胶黏带生产过程中的复卷工艺，也不宜使用分条机进行分切，否则会造成胶黏带的拉伸。聚酯膜的强度大，不易拉伸，因而可采用与 BOPP 胶黏带相似的涂布生产设备。有些布基电气胶黏带还会采用压延法进行涂布。

表 5-2-1　常见电气胶黏带的性能

基材	基材厚度 /mm	总厚 /mm	拉伸强度 /(N/cm)	伸长率 /%	击穿电压 /V	最高允许温度 /℃
薄膜类						
聚酯	0.013	0.025	22.5	100	3800	130
聚酯	0.025	0.063	44.1	100	5000	130
聚酯	0.050	0.089	87.2	100	6500	130
聚氯乙烯	—	0.178	35.3	200	9500	80
聚氯乙烯	—	0.254	51.9	190	11500	80
聚氯乙烯	—	0.381	103.9	250	15000	80
聚酰亚胺	0.025	0.075	51.9	60	7500	180
聚酰亚胺	0.025	0.100	96	80	11500	180
聚氯乙烯	0.050	0.089	24.5	45	600	130
布类						
棉布	—	0.267	87.2	5	3000	105
醋酸塔夫绸	—	0.203	78.4	10	3000	105
玻璃布(橡胶)	—	0.191	297	6	2500	130
玻璃布(硅胶)	—	0.191	314.6	7	3500	180
纸类						
牛皮纸(皱纹)	—	0.254	35.3	10	2500	105
牛皮纸(微皱)	—	0.152	78.4	10	2500	105
Nomex(美光)	—	0.089	38.2	8	2800	155
Nomex(皱纹)	—	0.381	51.9	50	2600	155
复合类						
铝箔/玻璃布	—	0.165	174.4	5	—	180
聚酯膜/纸	—	0.127	60.8	3	4500	105
聚酯膜/无纺布	—	0.152	69.6	35	5000	130
聚酯膜/醋酸布	—	0.203	87.2	10	5500	105

◎ 第二节　电气胶黏带用压敏胶黏剂

在前面的章节中已讨论过，压敏胶黏剂有很多种类，其中天然橡胶系、聚丙烯酸酯系及有机硅系压敏胶是电气胶黏带最常用的压敏胶；其次是合成橡胶、嵌段共聚物、聚异丁烯及其他类型压敏胶。电气胶黏带一般优先选用溶剂型压敏胶黏剂，某些电气胶黏带也可选用乳液型压敏胶黏剂，如 PVC 电气胶黏带。热熔压敏胶黏剂很少用于涂布电气胶黏带。

胶黏剂的选择要根据应用而定。当使用电气胶黏带的设备在制造过程中或在最终使用过程中，需要经历较高的温度时，压敏胶黏剂必须具备进一步交联固化的能力，这时选用热交联型胶黏剂比较有利。最常用的交联方法是在制造胶黏带过程中加入交联型物质（交联剂）。在高温下，交联剂与压敏胶弹性体或主体材料发生交联反应。常用交联剂有金属螯合物、异氰酸酯及过氧化物，也可采用 UV（紫外线）或 EB（电子束）进行辐射交联。用 UV 交联时，压敏胶中必须预先加入光敏剂及光引发剂。而用 EB 交联时，一般不需要加入其他特殊的添加剂。胶中加入少量的多官能团单体或低聚物可提高交联度，如三羟甲基丙烷三聚丙烯酸酯、己二醇二聚丙烯酸酯等。

一、天然橡胶系压敏胶黏剂

天然橡胶是第一个被用于压敏胶黏剂的弹性体。虽然随着聚丙烯酸酯、SBS 及 SIS 等合成共聚物的发展，天然橡胶在压敏胶中的应用在不断下降，但它至今仍是制造电气胶黏带用压敏胶黏剂的主要弹性体之一。天然橡胶系压敏胶主要由天然橡胶、增黏树脂、填料、稳定剂、交联剂及增塑剂等多组分组成。天然橡胶分子中含有不饱和双键，在高温、紫外线及臭氧作用下易发生降解，从而导致胶黏剂内聚强度下降、变软。为了弥补天然橡胶的这一缺陷，一般将天然橡胶与丁苯橡胶共混使用。丁苯橡胶在氧化老化过程中因发生交联而逐渐变硬，从而抵消了天然橡胶老化变软而造成的胶的内聚强度下降，使胶的性能仍维持在适于使用的水平。天然橡胶与丁苯橡胶共混使用，不仅改善了胶的耐老化性能，而且提高了胶的耐蠕变性能。

下面配方（质量份）就是天然橡胶与丁苯橡胶混用的一个例子：

烟胶片	36～38 份	2,6-二叔丁基苯甲酚	1.2 份
丁苯橡胶	24～26 份	甲苯	60～90 份
萜烯树脂	50～54 份	汽油	530～560 份

增黏树脂是天然橡胶系压敏胶不可缺少的组成成分之一。常用的增黏树脂有萜烯树脂、松香类树脂及各种石油树脂。增黏树脂的选择对电气胶黏带的性能有很大影响。一般尽量选择与配方中弹性体具有较好相容性的增黏剂树脂，以维持电气胶黏带性能的稳定。

对于某些应用，必须小心选择各组分。如电气胶黏带用于变压器中或缠绕电气胶黏带的电气元件需要用清漆处理时，压敏胶与变压器油及浸渍漆的相容性十分重要。添加剂（如稳定剂）与交联剂会相互反应，并可能向变压器油中迁移，从而急剧降低绝缘性能。添加剂向浸渍漆中迁移也会降低漆的固化能力。腐蚀性添加剂与裸电线接触会腐蚀导线。

天然橡胶系压敏胶具有优良的综合平衡的初黏力、剥离力和持黏力。由于天然橡胶在高温、紫外线及臭氧作用下会发生降解，因此其耐温级别最高只能达 130℃左右，采用适当的交联措施，天然橡胶系压敏胶的耐高温性、耐老化及耐化学品性能会有所提高。在必须经历浸漆处理的应用中，即使高度交联的橡胶系压敏胶在长时间浸漆过程中也会吸收一定量溶剂，从而使胶变软，失去其作用。为了弥补这一点，可在胶黏剂配方中加入一些会残留的交联剂。这类交联剂可以是过量的普通交联剂，也可以采用另一种交联速度慢的交联剂。这种胶黏剂又叫热固型胶黏剂。在线圈或变压器浸漆之前，将包缠这种热固型胶黏带的电气部件进行一定热处理，一般在 150℃下处理 1h，胶黏剂的耐溶剂性会大大提高。适当交联的天然橡胶压敏胶与合适基材配合时，胶黏带的使用温度可达到 150℃。下面的例子就是可用酚醛树脂进行交联的热固型胶黏剂的配方（质量份）：

生胶	100 份	矿物油	12 份
木松香	50 份	抗氧剂	2 份
酚醛树脂	30 份		

下面是一种用于制作 PVC 电气胶黏带的典型天然橡胶系压敏胶 YL-902 的主要技术指标：外观为淡黄色黏稠物；黏度 20000mPa·s；固含量 30%；180°剥离强度 3.0N/cm。

虽然溶剂型天然橡胶系压敏胶是一个较老的压敏胶品种，但它们的配方研究至今还在进行着[13]。将天然橡胶双键进行环氧化制成的环氧化天然橡胶引入压敏胶配方中，可以改善溶剂型天然橡胶压敏胶的胶黏性能和老化性能[14]。

二、聚丙烯酸酯系压敏胶黏剂

聚丙烯酸酯系压敏胶黏剂在电气胶黏带中的应用已相当成熟。聚丙烯酸酯系压敏胶具有透明、耐热及耐紫外线等多种性能。与橡胶系压敏胶不同，聚丙烯酸酯压敏胶的弹性体是饱和的，因而它具有特别优良的耐老化性。一般，聚丙烯酸酯压敏胶本身具有压敏性，因而无需使用增塑剂、增黏树脂及抗氧剂等，详细可参阅本书第三篇第六章。

聚丙烯酸酯系压敏胶一般被归为155℃的耐温级别。由于大多数聚丙烯酸酯胶具有交联性，而且加入反应性交联剂异氰酸酯、金属盐或用 UV 或 EB 辐射处理时，均可促进聚丙烯酸酯胶的交联。在聚合反应中加入适当的带功能性的共聚单体还可制得热固性产品。在电气元件浸漆处理过程中，交联的聚丙烯酸酯压敏胶很容易满足长时间浸漆处理的需要。一般，聚丙烯酸酯压敏胶也不需要浸漆前的再交联处理。当与耐高温基材配合时，交联聚丙烯酸酯系压敏胶的耐温级别可达到180°。此外，聚丙烯酸酯胶与清漆及树脂具有优越的相容性。

电气用途多采用溶剂型聚丙烯酸酯压敏胶，乳液型聚丙烯酸酯压敏胶也用于较低要求的电气胶黏带中。这主要是由于一般的乳液型压敏胶电绝缘性能较差以及软 PVC 基材中的增塑剂迁移使胶层变软的原因。由于环保的要求，近几年来人们一直在致力于开发适用于高级别电气胶黏带（尤其是高级别 PVC 电气胶黏带）的乳液型聚丙烯酸酯压敏胶。

三、有机硅压敏胶黏剂

有机硅压敏胶黏剂是由富有弹性及柔性的硅橡胶和有机硅树脂组成的。硅橡胶有甲基型和甲基苯基型，这两种类型的硅橡胶均可用于电气胶黏带中，但甲基苯基型更适于高温要求。由于硅氧键比其他有机压敏胶中的碳碳及碳氧键更稳定，因此，有机硅压敏胶具有较高的耐湿、耐化学品、耐温以及优良的介电性能。有机硅压敏胶的耐温级别达180℃，是所有电气压敏胶中耐温最高的。其使用温度范围也是所有压敏胶中最宽的，为$-75 \sim 260$℃，其短期使用温度甚至可达300℃。有机硅压敏胶黏剂的交联一般需要在150℃下进行，其交联与所用的过氧化物有关。交联也是制造热固型有机硅压敏胶的主要方法。胶黏带粘贴后，在205℃下处理4h，就可获得热固型有机硅压敏胶黏带所需的性能。

与聚丙烯酸酯系压敏胶相比，有机硅压敏胶的黏合性能较差，而且其价格通常比聚丙烯酸酯系压敏胶高3~4倍以上。有机硅压敏胶的一个优点是其表面能低，它是难粘的非极性表面（如 PTFE、涂硅防粘剂的表面以及未处理的聚乙烯表面）的优良胶黏剂。有机硅压敏胶使用后在粘贴表面上会留下极少量未交联的有机硅残胶，从而导致表面难以被液体润湿。用于印制电路板金手指的浸漆处理时，必须注意这一点。

鉴于有机硅压敏胶优良的电气绝缘性能以及很宽的使用温度范围，它主要被用于制作电气胶黏带，尤其适用于航空航天领域。有机硅压敏胶黏带能经受冷与热多次循环的变化，这是其他压敏胶黏剂不可比拟的。

近几年来，随着科技的进步和现代大、中型高压电机技术的发展，对电机的耐热等级和绝缘性能提出了越来越高的要求，采用有机硅压敏胶绝缘胶带的比例日益增加[15]。各种新的有机硅压敏胶及其电器胶黏带不断被研制出来并投入应用[16,17]。

第三节　电气胶黏带的品种

一、聚氯乙烯电气胶黏带

1. 聚氯乙烯基材

聚氯乙烯（PVC）是广为应用的绝缘材料。聚氯乙烯树脂本身很硬脆。为了适于制作胶黏带，必须选择具有合适聚合度的 PVC 树脂。低温使用时最好不要选择乳液法制成的 PVC 树脂。加工时必须使用大量的增塑剂使其变软才能制作成塑料薄膜。所以，适用于制造电气胶黏带的 PVC 膜基材实际上都是软聚氯乙烯（SPVC）薄膜。电气胶黏带适用的 PVC 膜的厚度一般为 $80\sim200\mu m$。电气级聚氯乙烯薄膜一般由 30%～50%聚氯乙烯树脂、30%～50%增塑剂、20%～30%其他添加剂（如润滑剂、填料、稳定剂、颜料、阻燃剂及填充料等）组成。邻苯二甲酯，尤其是邻苯二甲酸二辛酯（DOP）是价格最低而且最常用的增塑剂。用 DOP 制作的聚氯乙烯薄膜不适于制作高温及低温下使用的电气胶黏带。采用己二酸酯、癸二酸酯及偏苯三酸酯等增塑剂可提高薄膜的耐温性。

DOP 等单分子增塑剂与聚氯乙烯树脂的相容性有限，增塑剂会从薄膜中迁移至胶黏剂中，从而使胶的内聚强度下降。为了改善聚氯乙烯膜的性能，减少增塑剂的迁移，增塑剂的选择十分重要。聚合型增塑剂比单分子增塑剂在薄膜中更稳定，但聚合型增塑剂的价格都比较贵。

聚氯乙烯膜的其他成分对 PVC 电气胶黏带的性能也有很大影响。PVC 胶黏带在高湿环境中处理极短的时间，胶黏带的电气强度会显著下降，这就是由于填料、小分子增塑剂、阻燃剂等成分本身对湿气敏感、吸收水分而造成的。为了防止这些缺陷，必须仔细调节 PVC 膜的配方，正确进行混合及压延。

PVC 电气薄膜中另一种重要的成分是阻燃剂。普通 PVC 电气胶黏带的基材不含阻燃剂。虽然 PVC 树脂本身是完全不燃烧的，但由于配方中使用了大量可燃性增塑剂，不含阻燃剂的 PVC 膜耐燃性很差。出于对安全的考虑，对阻燃型 PVC 电气胶黏带的需求越来越多。PVC 电气胶黏带一般由 $80\sim200\mu m$ 的 PVC 膜及 $10\sim30\mu m$ 的压敏胶组成。在极薄的胶层中加入阻燃剂很容易导致胶的黏性下降，因此制造具有阻燃性的 PVC 薄膜十分重要。一般在 PVC 膜的配方中加入阻燃剂。阻燃剂的用量以不降低薄膜的基本性能为原则。常用的阻燃剂有含卤素的有机化合物（如氯化石蜡、十溴联苯醚等）、有机磷化合物（如磷酸三苯酯）及无机阻燃剂（如碳酸镁、三氧化二锑）。三氧化二锑与含卤素的阻燃剂共同使用时，阻燃效果更好。

2. 压敏胶黏剂

PVC 电气胶黏带最常采用的是溶剂型橡胶压敏胶，尤其以溶剂型天然橡胶系压敏胶为主。也可采用溶剂型聚丙烯酸酯压敏胶。然而，用溶剂型压敏胶制造的 PVC 电气胶黏带，在使用过程中会向周围环境慢慢释放胶层中残留的有毒有机溶剂，危害人们的健康。日益严格的环保要求希望用环境友好的乳液型压敏胶代替溶剂型压敏胶，制造具有低挥发性有机化合物（VOC）含量的 PVC 电气胶黏带。这就必须解决 PVC 基材的增塑剂迁移引起胶层变软的问题，研制新的能耐增塑剂迁移的乳液压敏胶；还必须解决乳液压敏胶耐湿性较差可能影响电绝缘性能的问题，虽然这后一个问题主要取决于基材。王凤等采用特殊的软单体和特殊的功能单体，并采用核-壳乳液共聚合的方法，合成了一种专用的聚丙烯酸酯乳液，再配以适量的其他树脂乳液和橡胶胶乳，制得了一种具有较好耐增塑剂迁移性能、适用于制造软聚氯乙烯（SPVC）电气胶黏带的乳液压敏胶。用这种乳液压敏胶制成的高级别、低VOC含量的SPVC电气胶黏带已成功地用于高级轿车电缆线束的生产线上。

3. 底胶

为了增强橡胶系压敏胶在PVC膜上的附着力，在涂布压敏胶之前，一般需要涂布一层底胶。底胶用量极少，一般每平方米1g干胶的用量即可满足要求。除了增强压敏胶的附着力之外，底胶还能阻挡PVC膜中的增塑剂向胶层中迁移。另一种延缓增塑剂向胶层迁移的方法是在胶中加入一定量的同种增塑剂。

PVC膜基材用的底胶有多种类型。底胶的选择必须依据所采用的压敏胶黏剂而确定。最常用的底胶有两种，即混合型底胶和单组分聚合型底胶。前者以橡胶为主，添加其他辅料。典型的配方为氯丁橡胶、氧化镁、氧化锌、防老剂D、甲苯，制成约2%的胶液。将此氯丁橡胶胶液与列克纳胶液（一种多异氰酸酯的溶液）混合使用。单组分聚合型底胶主要是甲基聚丙烯酸甲酯（或聚丙烯酸酯）与天然橡胶（或丁苯橡胶）的接枝共聚物溶液。上述溶剂型底胶都是一些极稀的溶液，含有大量有毒的有机溶剂。从环保和降低成本的角度，都需要用无环境污染的乳液型底胶替代。王凤等还研发了一种在SPVC薄膜基材上有很好的润湿能力和涂布性能，能够在现行的涂布机生产线上用以替代溶剂型底胶制造SPVC电气胶黏带的水性乳液型底胶。这种水性底胶由一种专门合成的烯类共聚物乳液与一种或几种橡胶胶乳和包括润湿剂在内的多种助剂按一定比例共混配制而成。

从PVC电气胶黏带解卷时是否背向移胶以及胶面对胶面粘接后迅速分离时是否脱胶，可以初步判断所用底胶的质量。

4. 制造工艺

PVC电气胶黏带一般是通过涂布、干燥、卷取、分切等工艺制造而成。其制造工艺与其他胶黏带有相似之处，但也有很多独特之处（图5-2-1）。由于PVC薄膜很柔软，易拉伸，

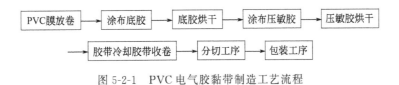

图 5-2-1　PVC电气胶黏带制造工艺流程

因此在生产过程中应尽量减少对薄膜的拉伸。很多胶黏带在涂布时都是以大卷的形式卷取，一般长度达几千米，然后利用复卷机或分切机将其制成用户需要的各种规格。PVC电气胶黏带由于易拉伸，不宜进行复卷操作。因此PVC胶黏带的长度必须在涂布时加以确定，即在涂布烘干后卷成一定长度的小轴，然后在分切工序将具有确定长度的小轴裁成一定宽度的小卷。溶剂型橡胶压敏胶的溶剂一般为甲苯。在干燥时要注意烘箱温度的设置，以保证胶层的干燥。此外，PVC电气胶黏带一般采用表面卷取技术，以提高产品的成品率及产品外观。

PVC电气胶黏带最常见的质量问题是凸卷现象（图5-2-2）。凸卷现象又称望远镜现象（telescoping），它与PVC薄膜和压敏胶的配方和质量以及胶黏带制造工艺有关。PVC薄膜、压敏胶及制作工艺三方面达到协调统一，才能制作出质量完美的PVC电气胶黏带。

图 5-2-2　PVC电气胶黏带凸卷现象（望远镜现象）

5. PVC 电气胶黏带的性能和优缺点

PVC 电气胶黏带是低廉的通用型电气胶黏带。但它具有优良的电气性能及物理机械性能，其电气强度高达 60kV/mm，体积电阻率一般为 $10^{12} \sim 10^{14} \Omega \cdot cm$。PVC 电气胶黏带还具有柔软且易拉伸等特点，其伸长率一般为 150%～300%，因而在使用过程中极易与不规则的表面形成良好的黏合。此外，它还具有耐酸碱、耐老化、耐寒、耐湿等特点。表 5-2-2 为商品化的 PVC 电气胶黏带的一般性能指标。由于 PVC 电气胶黏带有如此多的优点，因而它目前是电气胶黏带中用量最大的一种，几乎占整个电气胶黏带市场的 60%以上。据中国胶粘剂和胶粘带工业协会统计，2010 年中国大陆 PVC 电气胶黏带的年产销量为 $6.0 \times 10^8 m^2$。

表 5-2-2　永乐牌 PVC 电气胶黏带的性能

厚度 /mm	拉伸强度 /(N/cm)	伸长率 /%	180°剥离强度 /(N/cm)
0.12	21	200	3.0
0.13	23	217	3.0
0.15	27	240	3.0
0.18	29	210	2.5
0.19	30	280	2.5

PVC 电气胶黏带最大的缺点是耐温级别不够高。虽然天然橡胶型压敏胶的最高耐温级别可达到 130℃，但由于 120℃时 PVC 树脂就会发生热分解，放出氯化氢。因此 PVC 电气胶黏带的最高耐温级别为 105℃。PVC 电气胶黏带的耐温级别依据表 5-2-3 选择烘烤温度进行实验。此外，从环保角度看，PVC 电气胶黏带在废物燃烧处理过程中会放出对环境有害的氯化氢气体，有些国家已在寻找其替代品。

表 5-2-3　PVC 电气胶黏带的耐高温级别与烘烤温度

耐高温级别	烘烤温度		
	T_1	T_2	T_3
60℃	85℃	100℃	120℃
90℃	100℃	110℃	120℃
108℃	120℃	130℃	140℃

注：T_1、T_2 及 T_3 为评价电气胶黏带耐高温老化性能时的样品处理温度，具体测试方法见 IEC 60454-2。

PVC 电气胶黏带的主要应用领域是普通绝缘、汽车、摩托车、洗衣机及视听设备中各种线束的包缠。

二、聚酯电气胶黏带

聚对苯二甲酸乙二醇酯简称 PET，是聚酯的一种。PET 广泛应用于制造塑料薄膜。因最早生产 PET 膜的厂家（杜邦）将其注册为"Mylar"（迈拉），所以迈拉胶带几乎成了 PET 胶黏带的代名词。PET 膜具有优良的物理机械性能、耐化学品、耐热、耐撕裂及优良电气性能，被广泛应用于各种工业用途，大多数用于包装及电气用途。PET 电气胶黏带就是由 PET 薄膜及压敏胶黏剂组成的。用于制造电气胶带时，一般采用 $25\mu m$ 厚的双向拉伸 PET 膜。只有需要拉伸强度特别大而且质量特别高时，才使用 $50\sim120\mu m$ 的 PET 膜。PET 膜具有优良的电气性能、显著的拉伸强度及尺寸稳定性，而且它能耐大多数溶剂。PET 膜普遍作为电气胶黏带的基材。无胶 PET 膜还可用作柔性印刷版、电动机及变压器中各相及层间绝缘材料。

PET 电气胶黏带可采用各种胶黏剂，最常用的压敏胶为热固型天然橡胶系和聚丙烯酸酯系压敏胶。但压敏胶不同时，胶黏带的结构有所区别，如图 5-2-3 所示。涂布天然橡胶系压敏胶时，必须先涂布一层底胶，底胶涂布量一般为干胶 $2\sim10g/m^2$。胶带背面还需要涂布防粘层。采用自交联性聚丙烯酸酯系压敏胶时，压敏胶在交联过程中会牢固附着在 PET 膜上，故不需要涂布底胶，涂胶前只需进行适当电晕处理即可，但胶带背面必须进行防粘处理。使用有机硅压敏胶时，则刚好相反，底胶成为不可缺少的组成部分。底胶的用量需通过试验加以确定。底胶太少或太多都会影响胶带质量。对于普通底胶及压敏胶，将胶面与胶面黏合然后拉开，以胶黏剂不转移为宜。

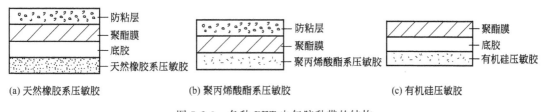

(a) 天然橡胶系压敏胶　　　(b) 聚丙烯酸酯系压敏胶　　　(c) 有机硅压敏胶

图 5-2-3　各种 PET 电气胶黏带的结构

PET 电气胶黏带的最高耐温级别为 130℃。涂布有机硅压敏胶时，可适当提高 PET 胶黏带的使用温度范围。有机硅 PET 电气胶黏带具有优良的耐化学品及耐热性，可用于印制电路板的电蚀及在化学侵蚀过程中起保护作用。用于保护印制电路板及 LED 显示屏的胶黏带在除去时不能留下残胶。PET 电气胶黏带的胶层厚度一般为 $20\sim30\mu m$。

PET 膜一般是透明的，因此制造彩色 PET 电气胶黏带时，胶中必须加入色料。也可采用另一种方法，即在涂压敏胶前先在 PET 膜上涂一层彩色底胶，从而获得各种颜色的胶黏带。目前有各种颜色的 PET 膜出售。用户一般对电气胶黏带的阻燃性有很高的要求。PET 膜本身不阻燃，而且薄膜的厚度也比 PE 膜和 PVC 膜薄。因此，PET 膜中加入阻燃剂的可能性较小。考虑到 PET 胶带的胶层厚度与薄膜厚度几乎相当，在胶中加入阻燃剂使 PET 电气胶黏带具有阻燃性是可行的，实际生产中一般采用这种方法。也可在薄膜上涂布一层阻燃剂制成阻燃性 PET 薄膜。

PET 胶黏带具有优良的电气性能及物理机械性能。其电气强度高达 $100\sim120kV/mm$。厚度一般为 $50\sim80\mu m$。这是 PVC 电气胶黏带与 PE 胶黏带所不能比拟的。表 5-2-4 为几种商品化 PET 电气胶黏带的性能指标。PET 电气胶黏带的主要缺点是，在高温及高湿条件下

PET 会水解，而且 PET 膜耐紫外线性能也较差。此外，PET 电气胶黏带柔性不及 PVC 电气胶黏带。

表 5-2-4　几种商品化 PET 电气胶黏带的性能

厚度/μm	拉伸强度/(N/cm)	伸长率/%	180°剥离强度/(N/cm)
50	40	80	4.8
75	80	80	6.4
82	80	80	5.6
100	136	80	4.4
200	168	70	3.2

PET 电气胶黏带的主要用途是作为线圈、变压器及电动机的绝缘包缠层。这些用途要求胶带厚度小，但需要较高的电气强度及拉伸强度，一般选择使用 $50\mu m$ 的 PET 胶带。用于印制电路板金手指保护时，一般选用 $50\sim100\mu m$ 的 PET 胶黏带。$100\mu m$ 厚的 PET 胶黏带常用于数字显示器及防焊汽车喷漆。磁带拼接用胶黏带是由 $10\sim15\mu m$ 的 PET 膜涂布一层底胶及一层内聚性极高的聚丙烯酸酯系压敏胶构成。这种胶黏带要求薄而且拉伸强度大。

据中国胶粘剂和胶粘带工业协会统计，2010 年中国大陆 PET 胶黏带的年产销量达 $3.5\times10^8 m^2$。在电气胶黏带中居第二位，仅次于 PVC 电气胶黏带。

三、布基电气胶黏带

最早的电气胶黏带是用棉布制造的。所采用的压敏胶为橡胶系压敏胶，而且为黑色。最终产品经压延制造而成，外观为黑色，压敏胶的黏性很小。根据制造工艺的不同，有两面挂胶和单面挂胶两种，俗称为黑胶布。其厚度可达 $300\sim400\mu m$。拉伸强度较大，最高可达 60N/cm；一般黏合力较小，只有 0.1N/cm 左右。由于棉布缝隙较大，因而电气强度较低，只能耐约 2kV 的电压。这种黑胶布的用量已很少，只有极少数小厂仍在生产。

醋酸纤维布又称醋酸塔夫绸或醋酸绸，是由醋酸纤维素制造而成。醋酸布具有较好的柔性和帖服性，它对电气绝缘清漆及浸渍剂有很好的吸收性。醋酸布涂布热固型天然橡胶压敏胶黏剂后，可制成耐热级别为 105℃ 或 120℃ 的电气胶黏带。醋酸布胶带可用手撕裂，表面粗糙而且可在背面印刷。它主要用于线圈及继电器的识别及捆扎。

现代的布基电气胶黏带已有很大改进。除棉布和醋酸纤维布外，各种合成纤维布、混纺布、无纺布和绒布等特种布都可作为基材，所用的压敏胶有溶剂型橡胶压敏胶、溶剂型聚丙烯酸酯压敏胶和热熔型压敏胶等。其性能也比早期的黑胶布和醋酸布胶黏带大为提高。现代布基电气胶带最早在欧美汽车工业中用于汽车线束的缠绕。它具有耐高温、耐腐蚀、耐磨、降噪等特殊的性能，其拉伸强度也明显优于 PVC 胶带。缺点是成本较高、胶带的回弹性较小。目前在各国的轿车生产上使用得较多。

近几年，用无纺布作为基材制备的布基电气胶黏带因具有许多优点而受到重视。中国发明专利 CN1469913A 公布了一种无纺布基电气胶黏带的制法[9]。中国发明专利 CN101423739B 公布的一种无纺布基电气胶黏带的基材由涤纶(聚酯)、尼龙、腈纶或棉麻等短纤维，经铺制成无纺布后再喷洒黏合剂进行化学加固，或/和经平行的单向(经向)丝线缝编进行机械加固制成；再将一种专用的 SIS 热塑弹性体热熔压敏胶，在普通的热熔涂布机上直接括涂涂布于上述无纺布基材，就可制得的这种电气胶黏带[12]。这些无纺布基胶黏带适用于电缆束的包覆和捆扎，尤其适用于汽车车体中的电缆束的包覆和捆扎，已在汽车车体电缆线束的生产线上得到了应用。目前在市场上销售的各种布基电气胶黏带的主要性能见表 5-2-5。

表 5-2-5　各种布基电气胶黏带及其主要性能

项目	HX9523	HX9523A	HX9523AX	HX9525	HX9531	HX9531D	HX9510	HX9595
基材	聚酯布	聚酯布	聚酯布	聚酯布/聚酯无纺布	聚酯无纺布	聚酯无纺布	人造纤维布	聚酯天鹅绒布
压敏胶	聚丙烯酸酯胶	橡胶型胶	聚丙烯酸酯胶	聚丙烯酸酯胶	SIS热熔胶	橡胶型胶	SIS热熔胶	聚丙烯酸酯胶
厚度/mm	0.25	0.18	0.17	1.2	0.30	0.30	0.22	1.5
拉伸强度/(N/cm)	200	70	70	300	37	30	70	120
伸长率/%	30	20	20	60	27	20	20	60
剥离力/(N/cm)	3.2	3.8~4.0	4.0	2.4	3.2	2.3	3.8	2.0
使用温度/℃	−40~150	−40~125	−40~150	−40~150	−40~105	−40~125	−40~105	−40~130

注：摘自河北华夏实业有限公司产品说明书。

四、聚烯烃电气胶黏带

随着人们对环境保护意识的加强，对新型无毒性的电气胶黏带的需求不断增长。聚烯烃胶黏带就符合这一需要。聚烯烃以聚乙烯基材为主，包括聚丙烯及其他烯烃聚合物。聚乙烯压敏胶黏带的使用温度较低，只有 80~90℃。人们正在研究提高 PE 胶黏带耐温性能的方法。PE 电气胶黏带主要用于电缆的包缠及电线的防潮绝缘。当 PE 电气胶黏带用于特殊用途时，可采用超高分子量的聚乙烯（UHMWPE）制造 PE 膜。这种膜具有优良的耐磨性及硬性，而且十分稳定，不易降解。

除聚乙烯之外，聚丙烯膜涂布热固性合成橡胶压敏胶或聚丙烯酸酯系压敏胶可制成特殊的电气胶黏带。这种电气胶黏带可用于电解电容器末端的固定。此时，压敏胶与聚丙烯膜必须经受极性溶剂（如二甲基甲酰胺）的侵蚀。

聚烯烃基膜一般具有优良的介电性能，对湿气敏感性小，燃烧后无毒性和腐蚀性气体放出，但使用温度低而且不耐燃烧。研究人员正在研究新的聚合途径和聚合方法，以提高聚烯烃的耐温性能；采用共混改性的方法以提高聚烯烃的耐燃性和物理机械性能。研制新的耐燃、耐温、物理机械性能与软聚氯乙烯相当的聚烯烃薄膜基材，并制成新的聚烯烃电气胶黏带来代替 SPVC 电气胶黏带，是目前电气胶黏带行业的重要课题。

五、纸基电气胶黏带

纸作为电气胶黏带的基材时必须经过处理。未处理纸的电气性能很低，几乎与空气相同，物理机械性能也很低，而且对湿气敏感。与聚合物薄膜复合或用树脂浸渍处理都可提高纸的物理及电气强度。电气级的纸一般用硫酸盐木浆制成，浸渍处理时，最好用溶剂型浸渍剂，乳液中含导电性及腐蚀性离子化合物时会降低电气强度。

皱纹纸是最常用的基材。由于具有皱纹结构，伸长率有所提高，在缠绕过程中以及缠绕不平整及不规则表面时，胶黏带发生破裂及撕裂的现象会大为减少。同时，由于皱折，基材会更致密。所使用的压敏胶、底胶及防粘剂都必须是电气级的制品。电气级的美纹纸胶黏带主要使用热固性天然橡胶压敏胶，一般用酚醛树脂交联。其耐温级别最高为 105℃。如需要较高的耐老化性及耐紫外线性能时，也可用聚丙烯酸酯压敏胶。

电气美纹纸胶黏带一般用于绝缘、固定以及其他与导体相接触的场合，如电线及电缆包缠，线圈外层的绝缘性包缠及最终捆扎，变压器及电动机的制造。

一种独特的纸为杜邦公司的"Nomex"（Polyaramid 纸）。它是由两种完全不同的聚酰亚胺纤维制成。这种纸具有耐高温、耐化学品的性能，而且电气性能优越。归为 220℃ 耐温级别，连续使用温度可达 220℃。

六、玻璃布基电气胶黏带

玻璃布属于无机材料，不燃烧，耐高温性能好，玻璃纤维布本身可在 500℃ 以上使用。它还具有较高的拉伸强度。其强度比 25μm 的 PET 膜高出 5 倍多。此外，玻璃布还具有优良的耐化学品性能及柔顺性。由于具有以上特性，玻璃纤维编织布常用作胶黏带的基材。一般胶黏带的基材使用的是 E 型玻璃纤维及具有高拉伸强度的 S 玻璃纤维。E 型玻璃纤维是专为电气应用而设计的特殊玻璃纤维。它们与普通玻璃纤维的区别在于所含的二氧化硅与其他氧化物的比例不同。玻璃纤维在编织前必须进行表面处理，以利于编织。但在用树脂处理前必须将聚乙烯醇、糊精及非离子活性剂等去除，然后再用树脂处理。否则树脂的固化会受到影响，树脂与玻璃纤维黏附不牢会带来腐蚀问题。

由于玻璃纤维布耐高温性好，一般用其制作耐高温胶黏带，常涂布热固型天然橡胶或聚丙烯酸酯系压敏胶黏剂。但这两类胶的耐热性稍低，天然橡胶耐温级别为 130℃，聚丙烯酸酯系压敏胶的耐温级别为 155℃。如果涂布有机硅压敏胶，胶黏带的耐温级别可达 180℃。有机硅玻璃布胶黏带阻燃性好，无需添加别的添加剂就能符合 UL-510 标准要求。涂布预交联热固型有机硅压敏胶黏剂时，进一步交联可减少自由有机硅对基材的污染。

玻璃布胶黏带用于绝缘、捆扎以及长久性保护线圈及变压器免受极端环境及使用温度的影响。此外，玻璃布胶带还用于粉末喷涂中的表面保护等。

七、聚酰亚胺胶黏带

聚酰亚胺胶黏带的基材为聚酰亚胺（PI）薄膜。聚酰亚胺膜是一种高性能电气用聚合物薄膜。杜邦公司于 1966 年首次将其商品化，其商品名为"Kapton"。Kapton 几乎成了聚酰亚胺的代名词。

聚酰亚胺膜本身具有阻燃性。它能耐大部分化学品及有机溶剂。它是所有聚合物塑料薄膜中耐温性能最高的一种，同时它还具有优良的电气性能。聚酰亚胺膜的使用温度范围也很宽，从 -265℃ 到 400℃。涂布预交联的热固型有机硅压敏胶黏剂后，聚酰亚胺膜可制成耐 180℃ 或更高温度的胶黏带，也可涂布聚丙烯酸酯系压敏胶，但耐热级别只有 155℃。聚酰亚胺胶黏带的缺点是价格昂贵，而且其基材易受碱及强酸的作用。

聚酰亚胺胶黏带主要用于在印制电路板的波峰焊或焊浸过程中保护镀金的多极接头。在波峰焊及热气整平过程中，有机硅会污染表面，此时可以用涂聚丙烯酸酯胶的聚酰亚胺胶黏带。

八、聚四氟乙烯胶黏带

聚四氟乙烯（PTFE）最早由杜邦公司发现并商品化，其商品名为"Teflon"（特氟隆）。特氟隆胶黏带已成为聚四氟乙烯胶黏带的代名词。聚四氟乙烯具有优良的耐溶剂、耐化学品及耐室外应力的性能。其使用温度范围为 -265~260℃。此外，聚四氟乙烯还具有优良的电气性能，而且具有极好的阻燃性，几乎不燃烧。聚四氟乙烯膜的表面能低，为了改善胶在膜上的附着性，涂胶之前必须对薄膜的表面进行处理。

聚四氟乙烯胶黏带具有优良的柔软性、柔顺性及易贴合性，特别适合于不规则表面的包缠，这一点与增塑型 SPVC 胶黏带相似。由于基材的价格昂贵，这类胶黏带一般只用于苛刻的温度及环境条件下。除了电气用途之外，用聚四氟乙烯胶黏带包缠辊筒可起到防粘作用；用于滑动槽、导向轨及加料斗等可减少摩擦，起到防磨、防擦及防刮伤的作用。

九、聚萘二甲酸乙二醇酯和聚醚醚酮电气胶黏带

1992 年市场上出现了一种新型的聚酯膜，即聚萘二甲酸乙二醇酯（PEN）。双向拉伸的 PEN 膜具有与 PET 膜相同的电气性能，其耐水解性及拉伸强度都比 PET 膜有所提高，但伸长率不及 PET 膜。PEN 膜的伸长率只有 65%～80%。PET 树脂的 T_g 为 80℃，而 PEN 树脂的 T_g 为 120℃，因此 PEN 膜可耐更高的温度。PEN 可在 155℃ 下长期使用，而 PET 可长期使用的温度为 130℃。20 世纪 90 年代中期，TESA 推出了第一个以 PEN 膜为基材的电气胶黏带（tesa 4400），其耐温级别达 180℃。PEN 胶黏带有可能成为价格昂贵的聚酰亚胺胶黏带的替代品。

近几年市场上推出了一种新的聚醚醚酮耐高温电气胶黏带，它在 220℃ 的高温和高湿条件下仍具有很高的综合性能，其耐温级别更高，达 220℃[19]。

十、复合基电气胶黏带

很多复合基材可用于制造电气胶黏带。PET 膜与无纺布组成的复合型基材具有良好的耐穿刺性，在使用中可以起衬垫的作用。该胶带拓宽了 PET 电器胶黏带的应用范围，主要用于焊接接头的保护以及线圈的绝缘包缠。PET 膜还可以用玻璃纤维及碳纤维进行增强以改善 PET 胶黏带的拉伸强度。纸与 PET 膜复合也可用作电气胶黏带的基材。除了以上复合基材之外，常见复合基材还有铝箔-玻璃布及聚酯纤维布-醋酸纤维膜等。

◎ 第四节　电气胶黏带的选择及设计原则

电气胶黏带都是用于电气绝缘目的，而电气方面的应用却多种多样。不同的电气用途对电气胶黏带性能的要求不完全相同。因此，为某种用途来选择或设计电气胶黏带的原则是：必须先考虑到电气胶黏带未来会经受何种加工和应用条件，根据加工和应用条件来确定产品所需要的各种性能，再根据下述各种性能来确定究竟使用何种基材和压敏胶。

一、根据物理机械性能

物理机械性能主要指拉伸强度、伸长率、柔顺性、弹性及厚度。胶黏带的物理机械性能主要由基材贡献，压敏胶黏剂对物理机械性能（厚度除外）的影响很小。厚度与拉伸强度有直接联系，在选择电气胶黏带的基材时，必须考虑基材厚度对性能的影响。一般随着基材厚度的增大，拉伸强度增大，但柔顺性降低。织物基材一般比较厚，而塑料薄膜相对比较薄。塑料膜又以 PVC 膜最厚，目前只能生产 80μm 以上的软质 PVC 膜。PET、BOPP 膜等则较薄，最薄可达十几微米。织物基材及纤维增强型基材的拉伸强度最大，而塑料薄膜的拉伸强度次之，但伸长率却相反。柔顺性以布基及软质 PVC 膜为最佳。

二、根据黏合性能

聚丙烯酸酯系压敏胶的黏合性能易调节，一般也容易获得较高的黏合力。其次是橡胶系

压敏胶。有机硅压敏胶黏合力相对较低，但有能黏合非极性的材料，这是其他压敏胶所不及的。

聚丙烯酸酯系压敏胶可通过调节含羟基、羧基等功能性基因的含量来提高其黏合性能。橡胶系压敏胶则必须通过改变橡胶及树脂的用量、品种来实现。

三、根据电气强度

选择合适的电气胶黏带，使其电气强度符合应用要求，这是最重要的。所选用的胶黏带不但要具有合适的初始电气强度，而且在使用条件下应始终具有一定的耐电压强度，以确保电气设备的安全持续运行。电气胶黏带的电气强度主要决定于基材。一般织物基材具有网格结构，这种结构易包留空气，因此织物胶黏带的电气强度比塑料薄膜胶黏带的电气强度低。各种塑料薄膜基材由于厚度、品种不同，电气强度也有差别，必须根据其他要求进行选择。有时电气胶黏带会成为电气设备结构的一部分，此时必须确保所用的电气胶黏带与漆包线的漆、浸渍树脂或隔离层，同时始终如一地具有适当的电气绝缘性能。

四、根据耐温性

电气设备一般是为长期使用而设计的。因此，电气设备的所有部件，甚至电气胶黏带，在产品的寿命期内都必须保持性能的稳定。很多电气设备如变压器、电动机、线圈等经常在高温下长时间运行，这些设备必须选用耐高温电气胶黏带。电气胶黏带的耐温性不但与基材有关，而且与所采用的压敏胶有关。就基材而言，玻璃纤维布耐温级别最高，能在 500℃ 以上的高温下使用。其次是聚酰亚胺膜及聚四氟乙烯膜，分别可在 400℃ 和 260℃ 以下使用。如果需要耐低温胶黏带，首先考虑聚酰亚胺及聚四氟乙烯膜，它们可在 -260℃ 低温下使用。软质 PVC 膜耐低温性最差。

除了考虑基材的耐温性外，还要注意压敏胶的耐温性。天然橡胶系压敏胶最高耐温级别只有 130℃，聚丙烯酸酯系压敏胶耐温级别可达 155℃。如需要更高的耐温级别，必须使用有机硅系列压敏胶。不论是哪一类压敏胶，通过交联都可适当提高胶的耐温程度。

五、根据阻燃性

有些特殊应用要求的电气胶黏带必须具有很好的阻燃性，尤其是在汽车、航空、航天及办公和住宅楼中应用时。除了阻燃性之外，有时还要求胶黏带具有较低的烟雾密度、燃烧产物无毒。除 PVC、聚四氟乙烯、芳香型聚酰亚胺、聚砜、玻璃纤维及有机硅之外，电气胶黏带常用的大多数原材料都是可燃烧性物质。因此，加入阻燃剂是必要的。PVC 膜中可加入阻燃剂。PET 膜中难以加入阻燃剂，一般只能在膜表面涂布阻燃剂层，或在胶中加入阻燃剂，但胶中加入阻燃剂会显著降低胶的黏合性能。含卤素的有机物（如十溴联苯醚）、无机盐（如三氧化二锑）及磷化合物（如磷酸三苯酯）等都是常用的阻燃剂。

六、根据耐浸渍剂的性能

电动机、变压器及继电器的线圈及绕组通常需要用浸渍剂进行浸透处理。处理的过程是将电气部件浸入浸渍剂中，抽真空，真空加压，然后让浸渍剂流淌。在浸渍浸透过程中，固定线圈及保护绕组的压敏胶黏带必须能耐浸渍剂的作用。压敏胶和基材都不能被浸渍剂所溶解。为此，必须对压敏胶进行交联，有时可采用热固型压敏胶。天然橡胶系压敏胶一般可用油溶性酚醛树脂进行交联，但浸渍剂会影响酚醛树脂的固化，从而导致绝缘性下降。聚丙烯酸酯压敏胶及有机硅压敏胶也可用多种方法进行交联，但用过氧化物进行交联时，必须注意过氧化物对浸渍剂中树脂的交联作用。

七、根据其他性能

除了上述几方面之外，还必须考虑应用条件对电气胶黏带耐化学品性能的要求，如各种溶剂、酸、碱等。在潮湿环境中使用时，尽量避免选用棉布及 PET 为基材的胶黏带。

其他的特殊要求，如缓冲或防震可选用厚度大或泡绵类胶黏带。胶黏带的颜色及可印刷性也是考虑因素之一。已经符合特定标准或产品规范的胶黏带是首选对象。

● 第五节　电气胶黏带的性能及评价

随着电气工业不断发展，电气设备以及仪器的使用越来越普遍，压敏胶黏带对电气工业的重要性越来越大。在电气工业中，压敏胶黏带与设备的安全性直接相关。为了确保电气设备使用者的安全，对电气绝缘胶黏带的性能进行严格的检测与控制是十分必要的。早在1948年，美国 ASTM 就发布了 ASTM D1000 的测试标准，以此来检验电气用压敏胶黏带的性能。鉴于电气绝缘胶黏带的重要作用，各国几乎都制定了相应的测试方法，见表 5-2-6。如美国国家标准 ASTM D1000、美国 UL 公司制定的 UL-510 标准、加拿大标准协会发布的 CSA C22.2 No.197-M1983，日本工业标准 JIS C 2107 以及国际电工委发布的 IEC 60454-2等。目前我国制定了 9 个可用于检测电气绝缘胶黏带性能的国家标准，见表 5-2-7。

表 5-2-6　各标准组织制定的电气绝缘胶黏带的性能测试标准

标准组织	测试标准
美国材料试验学会（ASTM）	ASTM D1000
美国 UL 公司（UL）	UL-510
国际电工委员会（IEC）	IEC-60454-2
加拿大标准协会（CSA）	CSA C22.2 No.197-M1983
欧洲电工委员会（EEC）	EN 60454
日本工业标准协会（JIS）	JIS C 2107
美国压敏胶带协会（PSTC）	PSTC 系列标准
中国胶粘剂标准化委员会	GB 系列标准

表 5-2-7　测试电气胶黏带性能的中国国家标准

标　准　号	名　　称
GB/T 2792	压敏胶粘带 180°剥离强度试验方法
GB/T 4850	压敏胶粘带低速解卷强度的测定
GB/T 7125	压敏胶粘带和胶粘剂带厚度试验方法
GB/T 7752	绝缘胶粘带工频击穿强度试验方法
GB/T 7753	胶粘带拉伸性能测定方法
GB/T 20631.2	电气用压敏胶粘带第 2 部分：试验方法
GB/T 15333	绝缘用胶粘带电腐蚀试验方法
GB/T 15331	压敏胶粘带水蒸气透过率试验方法
GB/T 15903	压敏胶粘带耐燃性试验方法　悬挂法

由于国家和地域的不同，各个国家和标准组织制定电气绝缘胶黏带的性能测试标准或多或少存在一些差异。因此，在对比测试结果时，应注意所采用标准之间的差别。随着国际贸

易的不断增加，世界范围内的商业活动越来越多。建立相互可以比较的统一标准是必要的。国际电工委员会（IEC）作为各国电气规范方面最具权威性的国际性组织机构，建立了一个广泛的网络，以将各国电气胶黏带的规范组合成一个大家认可的整体，IEC 60454 标准即是它们工作的结晶。这一标准由三部分组成：第一部分（IEC 60454-1）为一般要求；第二部分（IEC 60454-2）为测试方法；第三部分（IEC 60454-3）为每种电气绝缘胶黏带的规范。

国际电工委员会的标准在世界上被广泛采用。欧洲电工标准化委员会（CENELEC）于 1994～1998 年分别发布了欧洲标准：EN 60454-1、EN 60454-2 及 EN 60454-3。这些标准采用的都是 IEC 的相应标准。欧洲电工标准化委员会的 18 个成员国必须全部采用欧洲标准。日本于 1999 年修订其 JIS C2107 标准时也采用了 IEC 60454 系列标准。

电气绝缘胶黏带最主要的物理性能是拉伸强度及伸长率等，主要的电气性能是击穿强度、耐电压等。除此之外，电气绝缘胶黏带十分重要的性能还有耐湿性、耐腐蚀性以及耐温性等。剥离黏合力、初黏力和持黏力是衡量普通压敏胶黏带黏合性能的三大指标，对于电气胶黏带而言，剥离黏合力是最主要的。由于电气胶黏带的初黏力和持黏力一般较低，而且这两项指标对于电气胶黏带的使用并不十分重要，所以对初黏力和持黏力一般不进行测定。因此在许多标准方法中也没有这两项指标的测试方法。

下面详细介绍电气胶黏带的主要性能指标及测试方法，测试方法主要以国际电工委员会的标准 IEC 60454-2 为依据。

一、尺寸

1. 厚度

厚度是电气胶黏带一个十分重要的指标，例如击穿强度、拉伸强度等都与厚度存在着内在联系。同时厚度也是影响产品成本的因素之一。用户在购买电气胶黏带时，厚度是供销合同中必不可缺的一项。正因如此，各类标准都对厚度的测定作了详细描述。

在一般性生产检测中，对测量精度的要求不是十分苛刻，一般采用螺旋测微计进行测定即可满足要求。如需精确测定胶黏带厚度，则需要使用标准中规定的测厚仪进行测定，结果可精确到 1～3μm。IEC 规定的标准测厚仪为静压式测厚仪，它具备以下条件：读数准确至 0.002mm；接触面的平整度为 0.001mm 以内，上圆面的直径为 6～8mm，下圆面稍大。对试样的压力为（50±5）kPa。最近修订的我国的国家标准 GB/T 7125 的规定已与 IEC 基本相同[18]。

2. 宽度

IEC 标准描述了三种宽度测定方法。方法一是采用最小刻度为 0.5mm 的钢直尺进行测定。方法二则规定了使用游标卡尺的测定方法。如果希望测定值精确到 0.01mm，则可采用方法三显微镜法。

3. 长度

IEC 标准规定了两种长度测试方法。

（1）测量圈数法　测量圈数法是利用图 5-2-4 所示的装置测定胶黏带的圈数。利用下式计算胶黏带的长度：

$$L = N \times \frac{C_r + C_o}{2000}$$

式中，L 为胶黏带的长度值，m；N 为胶黏带的圈数；C_r 为胶黏带的外周长，mm；C_o

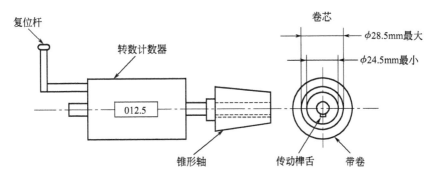

图 5-2-4　圈数法测定胶黏带的长度

为纸芯的周长，mm。

（2）长度传感器法　图 5-2-5 为长度传感器法的示意图。其操作类似于复卷操作。把胶黏带解开时，依靠与胶黏带相接触的传感器来测量胶黏带的长度。

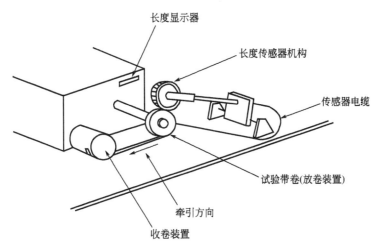

图 5-2-5　长度传感器法测定胶黏带的长度

（3）重量法　除了上述两种测量胶黏带长度的方法之外，ASTM D 1000 还描述了另一种更实用的方法——重量法。此方法是：准确称取去除纸芯的整卷胶黏带的质量（W_0）以及 1m 长该种胶黏带的质量（W_1），利用 W_0/W_1 计算出整卷胶黏带的长度。

二、腐蚀性

电气绝缘胶黏带在高温及电压作用下与金属部件接触时会腐蚀金属导体。这种腐蚀作用会通过降低导体的横截面而使细电线的电阻增大，甚至导致电流中断。这种现象主要是由胶黏带中的导电性离子引起的。因此，对电气绝缘胶黏带腐蚀性的评价十分重要。

IEC 标准规定了五种测试方法，最常见的测试方法为：绝缘电阻法、导线拉伸强度法和目测法。各种方法都有其优缺点。选择哪一种测试方法取决于实际应用的技术要求。

1. 水提取物 pH 值及电导率法

此方法是通过测定胶黏带水提取液的 pH 值及电导率间接测定腐蚀性。导电性离子一般易溶于水，从而影响水提取液的 pH 值及电导率。

2. 腐蚀性硫测试法

硫易与铜发生反应，导致铜变色。将缠有电气胶黏带的铜棒在（100±2）℃下处理16h，然后观察铜棒表面是否有深黑色硫化铜的污斑，以此判断胶黏带中是否含有腐蚀性硫。

3. 导线拉伸强度方法

这是一种直接测试胶黏带腐蚀行为的方法。将裸铜线作为阴极和阳极，间隔一定距离平行放在胶黏带上，在50℃及96％相对湿度下，对电线施加250V电压将样件处理20h。通过测定铜线的拉伸强度之比来确定胶黏带的腐蚀性。如果胶黏带中含有导电性离子组分，则铜线横截面由于腐蚀而发生改变，从而导致拉伸强度下降。

通过计算腐蚀系数来衡量胶黏带的腐蚀性大小。无腐蚀性胶黏带的腐蚀系数为1，有腐蚀性时系数小于1。我国国家标准GB/T 15333采用的就是拉伸强度法。

4. 绝缘电阻法

此方法通过测定电阻值间接评价胶黏带的腐蚀性。测试的样品被固定在两个铜制电极之间，电极的大小及电极之间的距离是固定的。试样在23℃及96％相对湿度的条件下处理24h。处理后测定施加100V直流电后的电阻值，结果以兆欧（MΩ）表示。装置见图5-2-6。

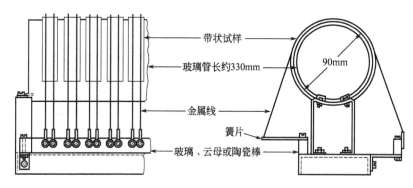

图 5-2-6　绝缘电阻法装置

5. 目测法

此方法是在标准的铜箔上直接再现胶黏带的腐蚀特性。将测试胶黏带放置在两个铜箔之间，在两铜箔之间通上100V直流电。将此样件于（40±2）℃及（93±2）％相对湿度下处理4天。之后用肉眼检测铜箔的腐蚀情况。如果胶黏带含有导电性离子组分，就能观察到铜箔的颜色变化。将阴极铜箔的外观颜色与参照表对比进行评价。腐蚀性小的胶黏带可达到1.0，而腐蚀性大的胶黏带可达到3.0。

在实际中，常采用下述简单实用的方法：将被测试胶黏带粘贴在一片高度光洁的铜板上，然后在100℃下处理72h。冷却至室温后，将胶黏带揭开，观察铜板表面的污染情况。

三、拉伸强度及断裂伸长率

拉伸强度及断裂伸长率是胶黏带最重要的物理性能之一。拉伸强度反映了胶黏带的均匀性以及在使用中抵抗拉伸应力的能力。伸长率则反映了胶黏带在不平整表面上的贴合能力。各类标准对拉伸强度和断裂伸长率测定方法的规定基本相同。影响测定值的主要因素为测定时的拉伸速度。拉力机的标准拉伸速度应为（300±30）mm/min。一般以 N/10mm 为单位表示拉伸强度的大小。

四、低温性能

将缠有胶黏带的电线在一定温度下（如－10℃下）处理 3h，然后在此低温下测试其柔性。处理温度依据表 5-2-8 进行选择。柔性的测试方法是：将缠有胶黏带的电线沿直径为 8mm 的手柄弯曲 180°，检查缠绕的胶黏带是否翘起、断裂或有细微裂痕。将试样的弯曲部分浸入（23±2）℃的自来水中处理 1h，然后在导体与水之间施加 150V 交流电压 1min，测试胶黏带是否被击穿，以此来检查胶黏带上是否存在细微的裂痕。

表 5-2-8　低温级别与样品调节温度

耐低温级别/℃	样品调节温度/℃	耐低温级别/℃	样品调节温度/℃
+10	+3±3		
0	－3±1	－18	－26±1
－7	－10±1	－26	－33±1
－10	－18±1	－33	－40±1

五、耐高温穿透性

此试验方法是为软质聚氯乙烯电气胶黏带而设计的。通过测定直径为 1.5mm 的小球在 10N 压力下将胶黏带压穿时的温度来衡量胶黏带耐高温穿透性。此试验于线性升温下在加热的室内进行。试验装置见图 5-2-7。

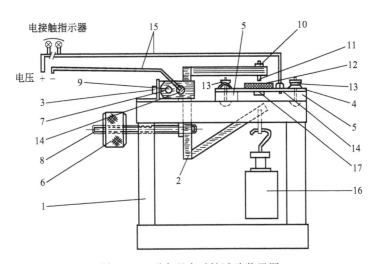

图 5-2-7　耐高温穿透性试验装置图

1—钢框架；2—钢轴臂；3—固定轴块于框架上的钢螺钉；
4—不锈钢板（易移动的）；5—绝缘块-酚醛层压板，使板与框架之间无电接触；
6—平衡带有可移动重物的轴臂的钢旋钮；7—钢轴块；8—调节旋钮 6 的钢轴销；
9—螺钉＋螺母，其螺纹尺寸与调节旋钮相匹配；10—钢螺母和钢装配杆；
11—固定在钢装配杆上的 1.5mm 不锈钢球；12—待试的带或薄膜试样；
13—便于移去不锈钢板的螺钉；14—电气连接螺钉；
15—炉外引线；16—1000g 砝码；17—热电偶插孔

六、黏合力

黏合力是电气胶黏带唯一需要测定的与黏合性有关的性能。将胶黏带试样粘贴在标准试验钢板或基材上，然后以 180°的角度及 (300 ± 30) mm/min 的速度将胶黏带从试验板上剥离，记录剥离时所需要的力。以 N/10mm 表示黏合力大小。测得的黏合力就是胶黏带的 180°剥离力。

测试时的温湿度、试样的粘贴方法、试验板的表面处理等实验条件对测试结果都会产生很大影响。测定胶黏带的低温黏合力时，将胶黏带样品在一定的低温下处理 2h，然后按上述方法测定胶黏带对基材或钢板的黏合力，即为胶黏带的低温黏合力。

我国测定剥离黏合力的国家标准方法为 GB/T 2792。

七、浸泡液体后对基材的剪切黏合力

此方法是衡量绝缘胶黏带在不同环境中，液体对胶黏带自身黏合的影响。具体方法是将胶黏带的胶黏剂面以搭接的方式粘贴在另一条胶黏带的背面，然后在规定的液体中浸泡 (16 ± 0.5) h，测定每个样件剪切拉开时的力。

八、热固性胶黏带的交联性能

交联性是热固性胶黏带的独特性能，尤其是某些耐高温电气胶黏带。这种胶黏带的胶黏剂中含有产生交联的基团或组分。在一定高温下，交联组分发生交联，从而获得耐热性能。一般，通过评价热处理过程中及热处理之后胶黏剂对基材的黏合力来衡量胶黏带的交联性能。

1. 热处理过程中黏合的分离

将电气胶黏带的胶黏剂与另一条胶黏带的背面黏合，黏合面积约 12mm×12mm。将黏合试样悬挂在一定温度的烘箱中，并挂 50g 的砝码，20min 后黏合不能分离为合格。

2. 热处理后黏合的分离

如上准备试样，并将其悬挂在一定温度的烘箱中，只是试样下面不挂任何重物。处理一定时间后，再在试样下面挂 500g 砝码，以 20min 不脱落为合格。

九、翘起试验

胶黏带的末端容易发生翘起现象，尤其是卷成螺旋状包缠在被粘产品时。翘起不仅影响产品外观，而且影响使用效果。在实际应用中，电气胶黏带有三种情况会发生翘起现象。

第一种情况是，当电气元件制造完成并用胶黏带包缠处理，但存放数周后才进行下道工序，在长时间存放中，粘贴包缠的胶黏带会翘起。这种情况下，检查胶黏带翘起性最简单的方法就是以半搭接的方式将胶黏带缠绕在直径为 3mm 的金属棒上，在室温下放置一周之后检查胶黏带的翘起情况。电视机消磁线圈就属于这种情况。

第二种情况是，胶黏带在热处理过程中会发生翘起。包缠胶黏带的电气设备或元件需要进行浸漆处理。一般电气元件在浸渍漆中需处理 20min 以上。这种情况下，胶黏带会受到浸渍漆中溶剂或单体的作用。为了克服这一点，常使用热交联型橡胶压敏胶，并在浸渍之前于 150℃下热处理 30～60min。聚丙烯酸酯类压敏胶可不需热交联过程。有机硅压敏胶的交联更慢，需要处理更长的时间，一般需要于 200℃下热处理 4h。在这种加热过程中，胶黏带易翘起。将 12.5mm 宽的胶黏带以一定搭接的方式缠绕在直径为 12.5mm 的金属棒上，然后在 150℃下处理 30min，检查这类胶黏带的翘起情况。

第三种情况是，上述包缠胶黏带的电气元件在浸漆过程中会发生翘起现象，检查方法是将上述样件在适当的浸渍漆中处理 20min，然后检查胶黏带的翘起情况。

以上三种情况一般允许最大翘起程度应小于 3mm，以 0～1.5mm 为最佳。电气胶黏带的厚度、硬度及黏合力达到最佳组合时，才能避免翘起现象的发生。

十、水蒸气渗透性

在一个金属盒子中放入一定量无水氯化钙。用需测试的胶黏带将金属盒子的开口处密封。将整个金属盒子放在 （38±0.5）℃及 （90±2）% 相对湿度的环境中处理 24h。称量金属盒子受潮前后的质量。以 g/m² 为单位表示胶黏带的水蒸气渗透性。

水蒸气渗透性大的电气胶黏带会影响电气绝缘效果以及胶黏带的黏附性。

十一、电气强度（击穿强度或击穿电压）

电气强度又称介电强度或击穿强度。它是在规定的试验条件下发生击穿时的电压与承受外施电压的两电极之间距离之比。对胶黏带而言，电极间的距离为胶黏带的厚度。电气强度的单位为 kV/mm。实际测定的是击穿电压，即对胶黏带施加正弦变化的电压，由于胶黏带的结构被破坏，胶黏带突然失去绝缘性时的电压。

一般采用快速升压的方式测定胶黏带的击穿电压，即以均匀的速度使电压从零开始升压，使试样在 10～20s 内发生击穿。一般标准升压速度为 500V/s。电压频率及升压速度是影响电气强度的主要因素。

在实际应用中，了解胶黏带对一定电压的长时间的稳定性更为重要。胶黏带的耐电压值就反映了这一点。耐电压是胶黏带在特定试验条件下以及在一定较长时间内未被击穿而能耐受的电压值。当然这种连续的电压值通常比相同试样的短时电压值要低得多。

一般情况下，击穿电压的测定是在 （23±2）℃及 （50±5）% 相对湿度的标准条件下进行的。但是对于某些应用，胶黏带很可能会暴露在潮湿的环境中。在这种情况下，测定胶黏带受潮处理后的电气强度十分重要。一般是将试样在 （23±2）℃及 （93±2）% 相对湿度的环境中处理 24h，然后测定其击穿电压。

中国国家标准 GB/T 7752 规定了胶黏带击穿强度的测试方法。

十二、燃烧试验

对于阻燃电气胶黏带来说，燃烧性能是一项重要的指标。电气胶黏带的燃烧行为有三种测试方法，即水平燃烧法、金属棒垂直燃烧法和胶带悬挂燃烧法。这三种方法各有其优缺点。以金属棒垂直燃烧法的仪器及操作最为复杂，而胶黏带悬挂燃烧法操作最简单。

1. 水平燃烧法

大多数标准将水平燃烧法称为可燃性试验法。ASTM、CSA 及 PSTC 的标准采用的都是这种方法。它是将电气胶黏带以一定方式缠绕在直径为 3mm 的铜棒上，然后将样件水平放置在支架上，用本生灯垂直燃烧铜棒上的胶黏带，30s 后熄灭本生灯。以胶黏带燃烧的时间作为衡量胶黏带可燃烧性的依据。

2. 金属棒垂直燃烧法

此方法是将胶黏带以一定方式缠绕在直径为 3.5mm 的钢棒上，然后按规定的方法以 20°角施加火焰。标有"阻燃"字样的胶黏带在 5 次施加试验火焰后，胶黏带的燃烧时间每一次均不应大于 60s，每次施加火焰的时间为 15s。记录每次施加火焰后，胶黏带继续燃烧的时间。

金属棒垂直燃烧法又称为"火焰试验"。其装置示意见图 5-2-8。UL-510 和 IEC 60454-2 对此方法都有详细的描述。

3. 胶黏带悬挂燃烧法

胶黏带悬挂燃烧法又称为耐火焰蔓延性测试法。详细的操作见我国标准 GB/T 15903 及 IEC 60454-2（图 5-2-9）。它是将胶黏带样品垂直悬挂在一个矩形的金属装置中，胶黏带末端连上引燃材料。点燃引燃材料后记录胶黏带燃烧时间并测定燃烧长度。根据胶黏带的燃烧长度及时间将胶黏带分为"不易燃烧"、"自熄"及"可燃烧"等不同级别。

十三、耐热性

出于对安全性的考虑，电气设备的制造商及用户越来越渴望了解他们所使用的材料在一

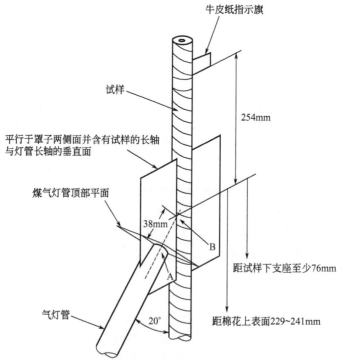

图 5-2-8　金属棒垂直燃烧法示意图

定温度下可连续运行的时间或连续长时间使用的最高温度。因此，确定温度与时间极限的方法变得越来越重要。通过测定胶黏带的温度与时间极限，可了解压敏胶黏带的最高耐热期望值。电气胶黏带的耐热系数与绝缘级别和耐热级别的关系见表 5-2-9。

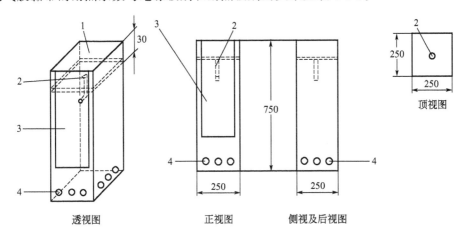

图 5-2-9　胶带悬挂燃烧法示意（单位为 mm）

1—敞开面；2—可拆卸夹子，置于距顶部边缘 30mm 的中心处；3—滑动玻璃窗（面板）；
4—直径 12mm 的孔，沿距底部 25mm 的水平线上均匀分布于四个面上

表 5-2-9　电气胶黏带的耐热系数与绝缘级别和耐热级别的关系

耐热系数(TI)/℃	绝缘级别	耐热级别/℃	耐热系数(TI)/℃	绝缘级别	耐热级别/℃
90～104	Y	90	180～199.9	H	180
105～119.9	A	105	200～219.9	200	200
120～129.9	E	120	220～239.9	220	220
130～154.9	B	130	≥240	240	240
155～179.9	F	155			

温度与时间极限是胶黏带能连续使用至少 2 万小时的最高温度。在这一时间内，胶黏带的电气及物理机械性能不能低于最低值。为测试起见，一般将击穿电压作为电气性能的代表，而质量损失作为所有物理机械性能的代表。在加热老化过程中，选择击穿电压或质量损失都可获得信息丰富的曲线。

1. 击穿电压法

击穿电压法是将击穿电压作为反映样件老化程度的指标。将大量直径为 8mm 的铜棒用胶黏带缠绕，缠绕时搭接 50%。铜棒末端裸露。将这些缠有胶黏带的铜棒分别放在三个不同温度的烘箱中老化（见表 5-2-3）。在老化 1 周、2 周、4 周、16 周及 32 周之后，分别从每个烘箱中拿出 5 根铜棒并将其冷却至室温。将铜棒的胶黏带上涂一层银，在铜棒与银涂层之间施加 50Hz 的正弦交流电压，以 500V/s 的均匀速度升高电压直至击穿，得击穿电压值。

将测得的击穿电压值与每个温度（T_1、T_2、T_3）下的老化时间的对数作曲线（图 5-2-10）。三条曲线分别与最低击穿电压在 P_1、P_2、P_3 处相交。从相交点得时间 t_1、t_2、t_3。将时间（t_1、t_2、t_3）的对数与温度（T_1、T_2、T_3）的倒数作图（图 5-2-11）。相应的点 X_1、X_2、X_3 几乎在一条直线上，然后将直线外推至 2 万小时。相交点 X_x 对应的温度就是所求的温度极限值（耐热系数）。

2. 质量损失法

此法与击穿电压法相似，只不过样件老化后测定的是质量而不是击穿电压。将所获得的

质量数据用与击穿电压相同的方法进行分析，可计算出相应的耐热系数。

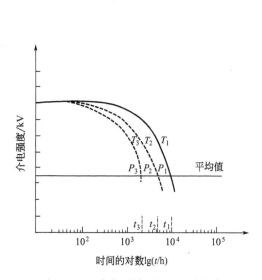

图 5-2-10　确定不同温度下达最小击
穿电压时的时间

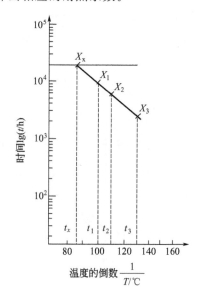

图 5-2-11　确定极限温度值

电气胶黏带的各种性能和各种测试方法的标准总汇于表 5-2-10 中。未提到的其他性能
和测试方法以及上述性能的详细测试方法，请参阅相关标准。

表 5-2-10　电气胶黏带性能的各种测试标准总汇

性能项目	测试标准及条款					
	IEC 60454-2	ASTM D1000	UL 510	CSA C22. 2No. 197	PSTC	GB
厚度	4	21～27	6	5.4	PSTC-33	GB 7125
宽度	5	11～20	—	—	PSTC-71	—
长度	6	28～36	—	—	PSTC-71	—
腐蚀性	7	91～96	15	—	—	GB/T 15333
拉伸强度及伸长率	8	37～45	7	5.5	PSTC-31	—
耐低温性	9	—	12	5.8	—	—
耐穿透性	10	—	—	—	PSTC-56	—
耐穿刺性	—	123～128	—	—	—	—
变形试验	—	—	13	5.10	—	—
黏合力	11,12	46～53	9	5.6	PSTC-1	GB/T 2792
剪切黏合力	13	—	—	—	—	—
固化:粘接强度	14	77～82	—	—	PSTC-53	—
剪切强度,浸入溶剂	—	110～115	—	—	PSTC-50	—
翘起试验	15	66～76	—	—	PSTC-54	—
水蒸气渗透率	16	—	—	—	PSTC-34	GB/T 15331
介电性能	17,18	83～90	8	5.7	PSTC-51	GB/T 7752
燃烧行为	19,20	104～109	4	5.11	PSTC-57	GB/T 15903
耐热性	21	97～103	11	5.7	—	—
解卷力						
快速	—	54～59	—	—	PSTC-13	—
慢速	—	60～65	—	—	PSTC-8	GB 4850
耐油性	—	116～122	—	—	PSTC-55	—
卷边与扭曲	—	140～146	—	—	—	—
耐候性	—	—	5	5.12	—	—
储存试验,老化	—	129～139	14	—	—	—
吸潮试验	—	—	10	5.9	—	—

第六节 电气胶黏带的产品规范

电气胶黏带在应用中常常成为电气设备结构的一部分，因此对电气胶黏带的质量要求应比其他胶黏带苛刻。大多数用途要求电气胶黏带必须满足某个标准组织的标准，如 UL-510、CSA C22.2 No197 等。按照这些标准生产出来的胶黏带一般具有较高的质量水平。对于无技术标准要求的电气用途，由于胶黏带是最终产品的一部分，因此同样需要使用高质量的电气胶黏带。很多国家及标准组织按其发布的有关电气胶黏带的标准进行第三方产品认证，为用户选择合适的产品提供依据。常见的电气胶黏带的认证有 UL 注册、CSA 认证及 CE 认证。

一、UL 注册

UL 公司按 UL-510 标准对电气胶黏带进行物理性能的测试，通过测试老化后的黏合力、拉伸强度及电气强度等来确定电气胶黏带的最高使用温度。每种胶黏带都必须单独进行评价。符合表 5-2-11 的指标要求后，UL 公司对此胶黏带进行"注册"，但 UL 公司不对其用户出示证书，只给注册的公司一个文件号，并提供 UL 印制的小黄卡。在商业活动中，这种小黄卡是生产商推销自己产品十分有用的资料。生产商还可以在其产品及产品说明书上印刷 UL 标志。一般制造商将 UL 标识印刷在电气标签上。

表 5-2-11 UL-510 对 PVC 电气胶黏带的基本要求

项目		技术要求	项目	技术要求
厚度/m	≥	0.15	耐寒性(−10℃×2h)	不开裂、移胶及失去黏性为合格
阻燃性		合格		
初始物理性能			变形实验(100℃×2h)	厚度大于初始值的 35%
拉伸强度/(N/cm²)	≥	1379	储存实验(65℃×240h)	
伸长率/%	≥	100	对钢板的黏合力/(N/cm)≥	1.75
电气强度/(kV/mm)	≥	39.37	基材的黏合力/(N/cm) ≥	1.75
黏合强度			腐蚀性间接测定:电阻/Ω ≥	10^{12}
对钢板/(N/cm)	≥	1.75		
对基材/(N/cm)	≥	1.75	耐候性试验(老化 100h)	
耐湿性(23℃×96%RH×96h)		电气强度大于初始值的 90%	拉伸强度	大于初始值的 65%
			伸长率	大于初始值的 65%
耐热性(113℃×168h)		不开裂及翘起为合格		

注册的生产商每年必须交付昂贵的维持费。除此之外，UL 公司会不定期对 UL 注册的胶黏带生产厂进行现场检查，以确保制造商的生产活动及产品始终符合 UL 标准的要求。检查频率一般为每年四次。所有这些检查生产商都必须付给 UL 昂贵的费用。

除了 UL 注册之外，UL 公司还实施"UL 零部件确认"。UL 零部件确认指的是将胶黏带与其他部件，如线圈、浸渍剂等组成的电气绝缘系统（EIS）一同进行评价。这种评价依据的是 IEC 85 或 UL-1446 标准。一般，胶黏带通过简单的封管试验进行测定。测定时所有的部件全部放在一个管中，同时管中放入五个特殊设计的磁线。将此管密封并在比目标温度高 25℃ 的条件下处理两周，绝缘性能不能下降。

二、CSA 认证

加拿大标准协会（CSA）按其发布的电气胶黏带的标准实施 CSA 认证。符合其标准要求的生产商可在其产品上使用特殊设计的 CSA 标志。同时 CSA 也为生产商发放 CSA 认证证书。PVC 电气胶黏带 CSA 认证依据的标准为 CSA　C22-2　No.197，其指标要求见表 5-2-12。通过 CSA 认证的电气胶黏带可销往加拿大及美国。

表 5-2-12　CSA 认证对 PVC 电气胶黏带的要求

项目		技术指标	项目		技术指标
厚度/mm	≥	0.15	对基材	≥	1.75
初黏物理性能			耐热性		
拉伸强度/(N/cm)	≥	21	柔软性		合格
伸长率/%	≥	100	电气强度(1.5kV/min)		合格
阻燃性		合格	耐湿性		
耐低温性能			柔软性		合格
柔软性		合格	电气强度(1.5kV/min)		合格
电气强度(1.5kV/min)		合格	耐候性		
黏合强度/(N/cm)			老化后拉伸强度		大于初始值的 65%
对钢板	≥	1.75	老化后伸长率		大于初始值的 65%

三、CE 认证

销往欧洲的电气胶黏带一般必须通过 CE 认证。CE 认证一般采用 IEC 60454-3 的标准。由于欧洲很多国家基本上采用的都是 IEC 的标准，因此 CE 认证是通往欧洲市场的金钥匙。欧洲很多国家都有自己的认证，如英国的 BS 认证，但其标准与 IEC 60454-3 是相同的，因此在欧洲 CE 认证与 BS 认证具有相同的作用。表 5-2-13 为 IEC 对 PVC 电气胶黏带的要求。

表 5-2-13　IEC 对 PVC 电气胶黏带的要求

项目		技术指标	项目		技术指标
厚度/mm		厂家标称值 0.025mm	电气击穿		不击穿
		×(1±15%)	耐高温穿透性/℃	≥	50
电解腐蚀性			黏合力/(N/10mm)		
绝缘电阻(23℃×93%RH×24h)	≥	1×10^{11}Ω/25mm 宽	对钢板	≥	1.8
或			对基材	≥	1.5
水提取物 pH 值		5.5~8.0	低温下对基材的黏合力/(N/10mm)	≥	1.5
和			浸水后对基材的剪切黏合力/N	≥	18
导电率/(mS/m)	≤	2.5	电气强度/(kV/mm)		
或			室温下	≥	40
目测法		至少 A/B=1.8 级	湿处理后	≥	35
拉伸强度/(N/cm)	≥	150mm 厚	耐火焰蔓延性		不燃或自熄
伸长率/%	≥	125	长期耐热性		符合耐热级别
柔软性		不开裂,不松开			

除了 UL 注册、CSA 及 CE 认证之外，欧洲比较有名的还有 VDE 认证，依据的标准为 VDE 0340。

产品认证虽然表明电气胶黏带的质量已达到相当高的水平，但对某些特殊用途来说还是不够的，尤其是汽车行业。用户还要求制造商的生产活动必须严格按 ISO/TS 16949 的标准进行，以确保高水平的产品质量是相当稳定的。

○第七节 电气胶黏带的应用

电气胶黏带的应用十分广泛，从普通电线的绝缘包缠到变压器绕组的捆扎，从日常生活中的普通电气绝缘到航天、航空工业中的特殊电气绝缘要求，无不需要使用电气胶黏带。对所有的应用不可能——描述，这里我们只简单介绍电气胶黏带某几方面的主要用途。

一、电气胶黏带在变压器中的应用

变压器的芯线及间层的绝缘常采用电气胶黏带。在这种应用中，胶黏带必须紧紧地粘贴在凸缘上。绝缘等级为 B 的聚酯胶黏带具有很好的柔软性、易帖服性及弹性，尤其适合用于此目的。对于不平整的绕组最好采用聚酯膜与聚酯纤维组成的复合膜的基材。

聚酯胶黏带、聚酰亚胺胶黏带及复合膜胶黏带的基材具有柔性且富有弹性，一般被用于捆扎绕组的始端及末端。当线圈在高温下使用时，可以使用玻璃纤维布胶带保护绕组的末端不发生振动，也可采用耐高温及伸长性小的布基胶黏带。

在制造过程中，线圈或变压器的线必须无机械应变，此时可采用高撕裂强度的聚酯胶黏带以达到松弛拉伸应力的作用。

为了保护绕组的外层结构，同时防止其与其他物品相接触，对变压器必须进行全面的捆扎。此时可根据使用温度选择所需等级的电气胶黏带。

PET 与纸的复合基材胶黏带不但具有优良的物理机械性能，而且具有优良的电气性能，常被用于作绕组外壳的绝缘包缠。

电气胶黏带在变压器中的应用实例见图 5-2-12。

图 5-2-12　电气胶黏带在变压器中的应用实例

二、电气胶黏带在电子工业中的应用

电子元件广泛应用于各种电子设备及仪器的制造中。胶黏带的主要作用是固定电子元件。用于固定电子元件的胶黏带必须满足以下条件：①整卷胶黏带解卷力均匀，解卷过程平稳。②胶黏剂耐老化性好，涂胶均匀；胶在基材上的附着力强，以防止胶黏带与导辊接触时，导辊上留下残胶；有较好的胶黏性能，确保电子元件牢固地黏附在胶黏带上。③胶黏带对纸及薄膜应具有优良的黏附性能。④胶黏带应具有高精度的分切尺寸，只有胶黏带的宽度

恒定才能保证操作万无一失。⑤胶黏带必须具有固定的伸长率与撕裂强度。⑥每卷胶黏带的长度最好达 5000m 以上，以节约生产成本。

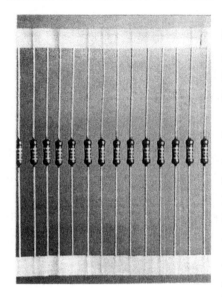

图 5-2-13　双端式固定电子元件

在很多情况下，电子元件被整齐规则地粘贴在胶黏带上，十分形似装上子弹的子弹带，因此又把此类胶黏带俗称为"子弹带"，而电子元件称为"子弹"。这种电子元件的固定方法又称为弹带式固定法。弹带式固定又分为双端式固定、单端式固定两种。

电阻等电子元件的两端被分别固定在弹带式胶黏带上时，称为双端弹带式固定（图 5-2-13）。橡胶型纸胶黏带一般用于双端式固定。对于较大的电子元件以及存放期较长的电子元件，每端两面分别用胶黏带固定，此时采用交联型橡胶系压敏胶。为了识别电阻，有时有必要采用不同颜色的胶黏带进行固定。普通的牛皮纸胶黏带也可用于较轻电子元件的固定。由于牛皮纸具有开孔结构，其长期储存性差。双端式固定用胶黏带的标准长度为 2000～5000m，标准宽度为 5mm 或 6mm。

电容器的两根线一般在一侧，此时用较厚的牛皮纸胶黏带固定一侧即可（图 5-2-14）。一般用聚丙烯酸酯系热活化型胶黏带。胶黏带的伸长率要求不低于 12%。标准尺寸为 200～2000m，标准宽度为 6mm 或 15mm。一般将电子元件固定在胶黏带上之后，在胶黏带上打上输送孔。

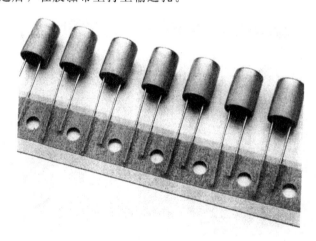

图 5-2-14　单端式固定电子元件

随着电子元件的微型化以及电子元件组装的自动化程度不断提高，表面安装技术（SMT）越来越普及。SMT 是将小电气元件放置在印制电路板上的技术。一般需要使用一种载体胶黏带固定电子元件，然后向机器人提供电子元件。一般用覆盖胶黏带与载体胶黏带相贴合以封住片状的电子元件。在使用时，覆盖胶黏带被慢慢揭开露出单个的电子元件，然后被机械手抓住并放置到仪器上。由于电子元件不能与胶黏剂接触，一般使用热活化型胶黏剂。

电子工业所使用的胶黏带必须具有较合适的黏合性能。黏合强度太大时，剥离覆盖胶黏带时，载体胶黏带会发生振动，电子元件会振掉。黏合强度太小时，在输送过程中，由于机械应力的作用，覆盖胶黏带会与载体胶黏带分开，从而使电子元件跌落下来。

三、电气胶黏带在汽车上的应用

汽车工业需要使用大量的电气胶黏带。一辆汽车在制造过程中需用到几十种胶黏带，其中大部分要求具有较好的电气性能。汽车电缆线束是使用电气胶黏带最多的地方。汽车所用的线束几乎全部用电气胶黏带进行包缠，一方面提高线束的绝缘性；另一方面防止线束与汽车其他部件的摩擦，以及外界物质对线束的腐蚀破坏，从而提高汽车运行的安全系数。汽车电缆线束大多采用PVC电气胶黏带。图5-2-15为用PVC电气胶黏带包缠的汽车电缆线束。用于汽车电缆线束包缠的PVC电气胶黏带的一般要求如下：厚度为$90\sim150\mu m$，拉伸强度大于15N/cm，伸长率大于100%，体积电阻率大于$7\times10^{12}\Omega\cdot cm$，击穿电压大于7kV，黏合强度大于2.7N/cm。

除PVC电气胶黏带之外，汽车还大量使用布基胶黏带、玻璃布胶黏带、纤维素膜胶黏带、美纹纸胶黏带等。

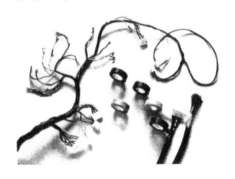

图5-2-15　PVC电气胶黏带包缠的汽车电缆线束

四、电气胶黏带的其他应用

电气胶黏带最简单也是最广泛的用途是对各种电线、电缆的线束及接头进行包缠（图5-2-16、图5-2-17）防止接头处导体外露。用于此用途的胶黏带不能有腐蚀性。

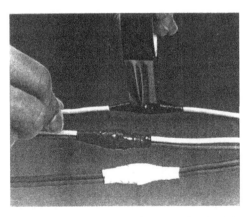

图5-2-16　用电气胶黏带包缠电线的接头

图 5-2-17　用电气胶黏带包缠电缆的线束

在半导体设备的制造过程中，电气胶黏带主要用于电路板的表面保护以及在半导体电路板切割时起固定作用。

很多家用电器中也需要使用大量电气胶黏带。最为重要的是电视机消磁线圈的包缠。消磁线圈由很多漆包线组成，消磁线圈必须全部用 PVC 电气胶黏带进行包缠。包缠方式有手工和机器包缠两种方式。机器包缠时要求胶黏带必须具有均匀的解卷力，同时解卷力的大小适当。解卷力太大，缠绕过程中会发生"拧麻花"现象。另一方面，包缠完成的消磁线圈在存放过程中，要求 PVC 胶黏带不能翘起。

此外，电气胶黏带还可用于电动机引线的绝缘包缠与识别（图 5-2-18）。

图 5-2-18　电气胶黏带在电动机上的应用例

参 考 文 献

[1] Donatas S. Handbook of Pressure Sensitive Adhesive Technology. 2rd ed. USA：Rhode Island，Satas & Associates，1989：684.

[2] Donatas S. Handbook of Pressure Sensitive Adhesive Technology. 3rd ed. USA：Rhode Island，Satas & Associates. 1999：748.

[3] Johon J. Pressure Sensitive Adhesive Tapes. Pressure Sensitive tape council. USA：Ilinnois，2000：169.

[4] 曾宪家. 聚氯乙烯电气胶粘带的性能测试标准及产品规范∥2001 北京国际粘接技术研讨会论文集. 北京，2001：39.

[5] Test Method for Pressure Sensitive Adhesive Tape. 12th ed，Pressure Sensitive Tape Council，1996.

[6] 欧洲电工委员会标准 IEC 604547.

［7］ 美国 UL 公司标准 UL-510.

［8］ 加拿大标准协会标准 CSA C22.2 No.197.

［9］ 蒂萨股份公司．用于仓裹细长材料特别是电缆束的包含织物基材的胶粘带．CN 1469913. 2004-01-21.

［10］ 王凤．适用于 SPVC 电气胶黏带的乳液压敏胶粘剂及其制造方法．CN 101372607. 2007-10-25.

［11］ 王凤．适用于 SPVC 压敏胶黏带的水性底胶及其制造方法．CN 101376796. 2008-09-08.

［12］ 王凤．一种无纺布基胶粘带及其制造方法．CN 101423739. 2008-11-20.

［13］ 胡家朋，熊联明．溶剂型橡胶压敏胶的研究．中国胶粘剂，2008，17（1）：24-26.

［14］ Poh B Y，Yong A T. Journal of Applied Polymer Science，2010，115（2）：1120-1124.

［15］ 黄文润．有机硅压敏胶．有机硅材料，2008，22（3）：179-182.

［16］ 张明艳．耐高温无卤阻燃绝缘多层复合材料的研制．绝缘材料，2010，43（5）：1-6.

［17］ 张明艳．纳米改性有机硅压敏胶的电性能研究．绝缘材料，2011，44（4）：32-34, 38.

［18］ 全国胶粘剂标准化技术委员会．关于对《胶粘带厚度试验方法》等 6 项国家和行业标准征求意见的函，2012.

［19］ 李小东．高性能压敏胶带新品推出．粘接，2009，（5）：12-14.

第三章

浸渍纸胶黏带

曾宪家　杨玉昆

第一节　概述

浸渍纸胶黏带（saturated paper tape）最早是由 3M 公司的技术人员开发出来的。当时，R. Drew 为了解决局部喷漆问题而发明了饱和纸遮蔽胶黏带。此后，浸渍纸胶黏带发展成为一种重要的工业用压敏胶黏带。虽然随着其他塑料胶黏带的诞生，浸渍纸胶黏带的市场在逐渐被这些新型而价格低廉的塑料胶黏带所占领，但在某些特殊用途方面，它仍然是主要的选择对象，尤其是在喷漆应用方面，是其他压敏胶黏带所不可替代的。

普通的纸强度很低，不适于制作压敏胶黏带。通常需要用类似橡胶的物质对原纸进行浸渍处理，以提高其物理性能，如拉伸强度、伸长率、撕裂强度、刺破强度、耐油性、耐水性、内聚强度以及多孔性等。浸渍纸胶黏带主要是以各种经过浸渍处理的纸为基材，涂布压敏胶黏剂而成。应用最多的基材是浸渍皱纹纸。皱纹纸胶黏带是浸渍纸胶黏带最主要的品种。浸渍纸胶黏带最重要的用途为喷漆遮蔽。因此，大多数情况下，浸渍纸胶黏带所指的就是遮蔽胶黏带（masking tape），尤其是指皱纹纸胶黏带（creped paper tape）。在中国，皱纹纸胶黏带被昵称为美纹纸胶黏带。据中国胶粘剂和胶粘带工业协会统计和估算，2010 年中国大陆仅美纹纸胶黏带的年产销量就达 $5.5 \times 10^8 \, \text{m}^2$，年产销值已达到 10.4 亿元。可见，浸渍纸胶黏带在目前仍然是压敏胶制品中一类较大的品种。

浸渍纸胶黏带一般需要经过浸渍、涂防粘剂、涂压敏胶黏剂及分切等工艺制成，如图 5-3-1 所示。市场上出售的有未经浸渍处理的原纸、经浸透处理的浸渍纸以及经浸渍处理并涂布防粘剂的浸渍纸。胶黏带生产商可根据自己的需要选择。目前国内的涂布设备已可满足进行浸渍处理、涂防粘剂及涂布压敏胶黏剂作业的需要。在国外，一般浸渍处理及涂防粘剂由专门的造纸厂进行。

原纸→饱和处理→涂布防粘剂→涂布底胶（可无）→涂布压敏胶黏剂→干燥
→回湿处理→半成品卷取→成品复卷→分切→包装

图 5-3-1　浸渍纸胶黏带的制造工艺流程

一、原纸

浸渍纸胶黏带一般由原纸、浸渍处理剂、防粘剂、底胶及压敏胶黏剂组成，如图 5-3-2 所示。其中原纸是决定最终胶黏带性能的一个重要组成部分。用于制作浸渍纸胶黏带的原纸有皱纹纸和无皱纹（光面）纸两种。大多数浸渍纸胶黏带是由皱纹纸制造的，只有极少数产品采用的是光面原纸。

皱纹原纸的生产技术主要集中于美洲。皱纹纸主要由美国及加拿大等国生产。中国目前尚无皱纹纸的生产技术及产品，所有美纹纸胶黏带的原纸均由国外进口。在国外也只有少数几个大公司可以生产用于制作浸渍纸胶黏带的皱纹纸。

皱纹纸一般采用纤维丝较长的针叶材的软木浆纤维，而不适宜采用阔叶材的木浆纤维，阔叶材的木浆纤维丝太短。原纸是依赖纤维之间的微弱氢键结合在一起的。因此，原纸的拉伸强度一般较低。浸渍纸胶黏带所使用的皱纹纸的拉伸强度一般为 13～18N/cm。

加工过程对皱纹纸的性能有一定影响。在木浆精炼过程中，纤维的长度会受到影响。由于纤维的分裂，产生很多头发状的细纤维丝，从而增大纤维之间接触点的数目，使原纸疏松。但过分的精炼会使纤维丝变短，导致原纸发硬。由短纤维丝制成的原纸的物理性能较差，尤其是拉伸强度及耐层离性差。

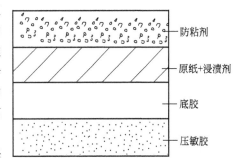

图 5-3-2　浸渍纸胶黏带的结构

皱纹纸的皱纹处理程度多种多样。一般以每 25cm 的纸上形成 18～20 条皱纹为宜。这样的皱纹原纸的断裂伸长率为 10%～12% 左右。原纸的定量一般为 39～50.5g/m²。

皱纹原纸制造过程中，一般需要加入一些增加纸张湿强度的添加剂，以满足浸渍处理过程的需要。通常采用酚醛树脂、脲醛树脂或氨基树脂。树脂的添加量以能提高皱纹纸的湿强度为宜，一般用量为 1% 左右。过量的树脂会影响皱纹纸的浸渍处理。

在造纸过程中，通常将纸进行定向处理。纤维的定向度对纸的纵-横向拉伸强度之比有一定影响。一般用纵向与横向的拉伸强度之比表示定向程度。通常定向后纸的纵向与横向拉伸强度比为 2∶1～2∶1.5。在纵向上高度定向的纸具有更高的拉伸强度。定量为 50g/m² 的普通皱纹纸的纵向拉伸强度为 31.4～43N/cm，而同样定量的高度定向的特殊纸，其拉伸强度可达 78.4～90.2N/cm。在纸成形之前，用机械或碱处理纤维，能使纤维产生卷曲，从而增大纸张的伸展性。也可用其他方法进行处理以获得具有独特性能的皱纹纸。

根据最终用途的需要，可以将纸张完全漂白、半漂白或不漂白。用作遮蔽胶黏带的纸通常为半漂白色至轻微褐色。印刷胶黏带及其他制品则可采用完全漂白的纸。

用于制作浸渍纸胶黏带的原纸一般需要经过浸渍处理。因此，原纸必须满足以下条件：①原纸必须具有一定的湿强度以经受饱和处理过程中的拉伸作用，最小湿强度为 0.9N/cm；②原纸必须具有一定的拉伸强度、撕裂强度及松度；③原纸中无污点及杂质等影响外观的缺陷；④具有快速吸收饱和剂的性能；⑤原纸的定量及厚度的偏差不能太大。

用于制作胶黏带的浸渍纸有皱纹型和光面型两种。皱纹饱和纸分轻定量级、中等定量级及重定量级；光面浸渍纸分中强度级、高强度大麻级及高强度木浆级，如表5-3-1所示。胶黏带一般采用皱纹纸，光面纸应用较少，只有少量用于制作印刷及封箱胶黏带。轻定量级和中定量级的皱纹纸有两面皱纹及光面与皱纹之分。就后者来说，其中一面有皱纸，而另一面为光面，无皱纹。这种皱纹纸仍具有较好的物理性能。除此之外，有时皱纹纸的皱纹相当细，因而纸的厚度小，但伸长率并未改变。

表 5-3-1　浸渍纸的级别

级　别	定量范围/(g/m²)	特点及用途
皱纹型		
轻定量级	39～42	制作普通及中温美纹纸胶黏带
中定量级	46～52	制作耐高温美纹纸胶黏带
重定量级	≥54	制作电气胶黏带及其他特殊用途
光面型		
中强度级	33～65	制作印刷及封箱胶黏带
高强度大麻级	≥29	纵向拉伸强度高，横向强度低
高强度木浆级	≥65	厚度大，柔性小

二、浸渍剂

未经浸渍处理的原纸结构疏松，若在显微镜下观察，纸就像一束平铺的稻草，纤维束之间有很多空隙，因而强度较低，不适于制作胶黏带。为了提高纸张的强度，必须将纸用浸渍剂进行浸渍处理，使纤维之间的空隙被浸渍剂充填，使纤维与浸渍剂形成一个整体，从而达到提高纸张性能的目的，尤其是纸的耐层离性得到改善。

浸渍剂最主要是封填纸纤维之间以及表面的空隙，从而使纸张表面平整。浸渍剂的另一个作用就是防止水分及溶剂渗入纸张内。在浸渍剂中加入适当的色料及稳定剂，还可赋予浸渍剂以抗紫外线的功能。这些功能要求浸渍剂必须具有一定的成膜性能。浸渍剂的成膜性通过将浸渍剂涂布在玻璃板上，干燥后考察所形成膜的性能而加以判定。除此之外，浸渍剂还必须具有较高的软化点。显然，浸渍剂的软化点必须高于最终胶黏带的耐温级别。同时，浸渍剂中必须不含易迁移性及易与压敏胶黏带中其他成分起化学反应的成分。

按形态分，浸渍剂有溶剂型和乳液型两种。最早使用的是溶剂型浸渍剂（胶水），然后逐渐转向乳液型浸渍剂。目前以乳液型浸渍剂的使用最为广泛。由于纸张对水敏感，所以采用乳液浸渍剂会遇到纸张吸水问题。一般光面纸在浸渍过程中由于各处浸渍程度不同，易产生变形。皱纹纸由于可进行拉伸，从而弥补了这一缺陷。

1. 溶剂型浸渍剂

溶剂型浸渍剂主要是天然橡胶及丁苯橡胶的溶液。一般是将橡胶切碎，加入适当的改性剂并溶解成溶液。为了便于橡胶溶液向纸张内渗透，必须尽量降低溶剂型浸渍剂的黏度。在保持一定浸渍剂浓度下，加入适量的溶剂，可达到降低黏度的目的。溶剂型浸渍剂在纸张上涂布很均匀，而且由于溶剂型浸渍剂中不含对水敏感的成分，最终的浸渍纸具有很好的耐水性。溶剂型浸渍剂操作复杂，而且品种较少，经溶剂型浸渍剂处理的纸强度也不高。目前只有电气级别的纸胶黏带仍使用溶剂型浸渍剂。浸渍纸胶黏带所使用的浸渍纸一般采用乳液型浸渍剂。

2. 乳液型浸渍剂

溶剂价格的上扬以及人们对环境保护意识的增强，促进了乳液型浸渍剂的应用。除此之外，乳液型浸渍剂的黏度低，极易向纸中渗透。但在聚合过程中必须控制乳液粒径的大小，一般要求乳胶粒在 $2\mu m$ 左右。乳液型浸渍剂的最大缺点是浸渍剂中含有大量乳化剂，经浸渍处理的纸耐湿性差，同时乳化剂也会显著降低浸渍纸的电气绝缘性能，因而用乳液型浸渍剂处理的浸渍纸不宜用于制作电气胶黏带。

与溶剂型浸渍剂相比，选择乳液型浸渍剂时必须注意以下几点：①在存放过程中，细菌极易在乳液中繁殖生长，从而导致乳胶变质。因此，生产时必须加入杀菌剂或缩短乳液生产后的存放期。②在浸渍过程中，乳胶会受到高速的搅拌作用，极易产生大量泡沫。因此要根据乳胶的使用情况添加适量的消泡剂，同时对设备加以改进以减少泡沫的产生。③在浸渍过程中，乳胶型浸渍剂会因搅拌作用而发生凝聚。在使用前必须对乳液浸渍剂的稳定性，尤其是机械稳定性进行评价。

早期曾采用天然橡胶胶乳、氯丁胶乳和丁腈胶乳作乳液型浸渍剂，现在主要采用丁苯胶乳和羧基丁苯胶乳。

（1）丁苯橡胶（SBR）胶乳　丁苯胶乳浸渍剂具有较好的综合性能。它能提高纸的各方面性能，而且它在所有浸渍剂中价格最便宜。在羧基丁苯胶乳出现之前，丁苯胶乳的使用最广泛。丁苯胶乳最大的缺点是，涂布橡胶系压敏胶时，由于压敏胶中的树脂易向浸渍剂中迁移，从而导致压敏胶的初黏力和黏合力下降。

（2）羧基丁苯胶乳　早在 20 世纪 60 年代，羧基丁苯胶乳就已商品化，它是丁苯胶乳的改进。目前，它是浸渍纸胶黏带所用的主要浸渍剂。由于羧基具有交联功能，从而提高了浸渍纸的物理性能，并且可以抵抗老化时橡胶型压敏胶中树脂的迁移作用。羧基丁苯胶乳比丁苯胶乳稍贵。羧基的含量对最终产品的性能和价格都有影响。因此，可通过调节羧基的引入量来平衡性能与价格之间的矛盾。

（3）聚丙烯酸酯乳液　聚丙烯酸酯乳液的性能与丁腈胶乳相似。它具有优良的耐老化性能及物理性能，而且经聚丙烯酸酯乳胶处理的浸渍纸的颜色较浅。但其价格仍比其他浸渍剂（如丁苯胶乳）高。

（4）其他乳液　除上述几类浸渍剂之外，羧基丁腈胶乳及丙烯酸酯共聚物乳液也可用作浸渍剂。此外，乳液的共混也是改变各种浸渍剂性能及价格的方法，但前提是几种乳液必须是相容的。

（5）可固化浸渍剂　为了降低浸渍剂的用量，人们在普通浸渍剂中加入可固化型树脂，从而获得可固化型浸渍剂。一般是在含氮的共聚物乳胶（如 NBR 胶乳）中加入酚类固化型树脂或在羧基丁苯胶乳中加入热反应型树脂，如酚醛树脂、脲醛树脂或三聚氰胺甲醛树脂。

固化效果随固化剂浓度的增大以及热处理效果的增加而提高。固化剂用量越大，浸渍纸的耐层离性越高，但边缘撕裂性及伸长率越低。要获得综合平衡的耐层离性及耐边缘撕裂性，必须选择合适的可固化树脂的用量。

3. 浸渍剂对浸渍纸性能的影响

除乳胶型浸渍剂会影响浸渍纸胶黏带的电气性能之外，浸渍剂主要作用是提高浸渍纸的物理性能。浸渍纸的大多数物理性能随着浸渍程度的增大而提高，尤其是拉伸性能及耐层离性能。

浸渍剂中聚合物的种类对浸渍纸的性能也有一定影响。浸渍剂的聚合物越硬，纸的拉伸强度越大，耐层离性越高，但浸渍纸会变硬，纸易从边缘撕裂；反之，浸渍纸的拉伸强度小，耐层离性差，但耐边缘撕裂性高。改变丁苯胶乳浸渍剂中聚苯乙烯的含量时就能证明这一点。

三、压敏胶黏剂

浸渍纸胶黏带大多数涂布橡胶系压敏胶及热熔压敏胶，也有少量涂布聚丙烯酸酯乳液压敏胶或溶剂型压敏胶。

普通浸渍纸胶黏带一般涂布天然橡胶系压敏胶黏剂（表 5-3-2）及热熔压敏胶黏剂（表 5-3-3）。普通浸渍纸胶黏带不需要在室外长时间经受自然老化的作用，一般是在短时间内于室内应用。天然橡胶系压敏胶黏剂及热熔压敏胶黏剂就能满足这些应用的需要。

表 5-3-2 天然橡胶系压敏胶黏剂配方例

组分	天然橡胶	C₅ 增黏树脂(SP 95℃)	氢氧化铝	矿物油	抗氧剂
用量/质量份	100	90	90	30	2

表 5-3-3 热熔压敏胶黏剂配方例

组分	热塑弹性体 Kraton 11071	增黏树脂 Escorez 5280	矿物油 Shelflex 371	抗氧剂 （丁基福美锌）
用量/质量份	100	125	25	2

有时，浸渍纸胶黏带需要在较高的温度下使用。尤其是在烤漆过程中，使用温度有时高达 180℃。对于这些特殊的应用，普通的压敏胶黏剂不能满足要求。此时一般采用交联型压敏胶黏剂(表 5-3-4)。利用压敏胶黏剂在干燥过程中的高温作用使胶黏剂产生交联作用，提高胶的内聚强度，从而达到提高胶黏带耐高温性的目的。

表 5-3-4 固化型压敏胶黏剂的配方例

组分	用量/质量份	组分	用量/质量份
天然橡胶	36.5	树脂酸锌	4.2
丁苯橡胶	12.2	甲苯二异氰酸酯	1.0
萜烯树脂(软化点 115℃)	36.1	2,5-二叔戊基氢醌	0.82
辛基酚醛树脂	4.2	2,6-二叔丁基对甲酚	0.8
改性酚醛树脂	4.2		

通过调节交联度可获得适于不同耐温级别要求的产品。此外，使用高软化点的树脂对提高耐温性也是有利的。一般采用软化点为 115℃的萜烯树脂。

压敏胶黏剂的涂布量依据最终产品的质量和应用而定。一般浸渍纸胶黏带的涂胶量为 15～30μm。当涂布量较低时，皱纹对涂胶会有影响。常用的皱纹纸为一面有皱纹而另一面没有皱纹。一般标准做法是将胶涂布在有皱纹的一面。虽然将胶涂布在没有皱纹的一面时，胶黏剂的用量会降低，但是使用胶黏带时会感觉到胶黏带发硬。同时，胶黏带背面的皱纹会降低压敏胶黏剂对基材的黏合力及解卷力。长时间手工粘贴这种胶黏带时，胶带的皱纹对手会有伤害。由于初黏性与涂胶量有关，当涂胶量低时，必须采用初黏性好的压敏胶以弥补因胶量下降而导致的黏合力不足。

在开发压敏胶黏剂配方时，最好首先试验并作出涂胶量与黏合性能的关系图，然后得出胶黏剂价格与性能的关系。考察是否已达到设计目标，据此确定涂胶标准，但要避免选用涂胶量微小的变化就导致性能产生巨大差异的情况或者涂胶量增大很多，但性能变化很小的情况。后者不但使成本上升，而且会降低胶黏带的持黏性。

浸渍纸胶黏带最大的缺点是耐紫外线性差。最好的解决方法是，用聚丙烯酸酯类乳液浸渍剂，同时采用聚丙烯酸酯系压敏胶黏剂。由于胶黏带有可能在室外使用，必须注意防水性，尤其是注意浸渍剂的质量。在浸渍剂中加入适量的紫外线稳定剂会更有助于提高产品的耐紫外线性能。

四、防粘剂

几乎所有的浸渍纸胶黏带都使用了防粘剂。防粘剂的主要目的是防止胶黏带的胶层与胶黏带背面发生不可分离的黏合作用。浸渍纸胶黏带经常发生解卷困难或根本解不开卷的现象，防粘剂用量少、涂布不均匀以及防粘剂防粘效果不佳是重要原因之一。由于遮蔽胶黏带的主要用途是用作遮蔽保护，在加工过程中使被保护表面不被污染。因此，防粘剂必须具有抵抗水及抗油漆中溶剂的性能。

在实际应用中，有时浸渍纸胶黏带会相互重叠，为了防止油漆从重叠处渗入，浸渍纸胶黏带对涂布防粘剂一面必须具有足够的黏合力。在汽车烤漆过程中，如果浸渍纸胶黏带在防粘层上黏合不牢，在强大的干燥气流下，浸渍纸胶黏带会从重叠处发生脱落。同时，浸渍纸胶黏带的防粘层不能影响胶黏带对油漆的吸附性（即油漆在防粘层上的润湿性），如果油漆不能润湿防粘涂层，在喷漆过程中，飞溅的油漆会发生凝聚并向下流淌，从而影响喷漆效果。此外，干的油漆在防粘层上必须附着牢固，否则在除去胶黏带时，胶黏带上干燥的油漆会裂成小块并到处飞扬，这些带有静电的漆块极易黏附在物体表面，给清洁工作带来困难。在防粘剂中加入少量黏合促进成分就可提高油漆在防粘层上的附着性。

浸渍纸胶黏带可采用各种各样的防粘剂。表 5-3-5 为一种混合型防粘剂，此防粘剂需要在 93℃下干燥并于 177℃下固化。目前应用最多的是聚聚丙烯酸酯乳液类防粘剂，很多公司都有这类产品供应，如国民淀粉与化学公司、罗姆哈斯公司等。乳液型防粘剂使用方便，涂布量一般为 $5\sim10g/m^2$。乳液型防粘剂最大的缺点是易产生气泡，从而导致涂布不均匀，一般需要加入适量的消泡剂。

表 5-3-5　防粘剂配方例

组分	用量/质量份	组分	用量/质量份
脲醛树脂	100	磷酸	0.45
醋酸乙烯酯与马来酸酯共聚物	13.6	甲苯	适量

五、底胶

浸渍纸胶黏带是否需要涂布底胶，取决于所采用的浸渍剂及用途。普通浸渍纸胶黏带一般不涂底胶，此时要求浸渍剂与胶黏剂有很好的相容性。即使如此，胶黏带的耐紫外线性仍很差，不能长时间粘贴在物体表面上。否则除去胶黏带时易有残胶。涂布底胶有助于改善胶黏带的性能。

底胶有两个作用：一是底胶能提高压敏胶在浸渍纸上的附着力；二是作为压敏胶黏剂与纸之间的屏障，底胶能防止压敏胶中的增黏树脂向浸渍剂中的迁移。

常用的底胶为天然橡胶与异氰酸酯的混合溶液，见表 5-3-6。也可采用丁苯橡胶与丁腈橡胶的混合物，以及天然橡胶与甲基丙烯酸甲酯的接枝共聚物，底胶中可加入少量其他树脂。底胶的最少用量一般为 $0.7\sim1.8g/m^2$。

表 5-3-6　浸渍纸胶黏带用底胶配方例

组分	用量/质量份	组分	用量/质量份
苍皱橡胶溶液（25％含量）	240	二苯甲烷二异氰酸酯溶液（50％含量）	20
甲苯	210		

　　对于耐高温遮蔽胶黏带，必须注意加热作用对底胶与压敏胶黏剂的影响。同时还必须注意在加热过程中，底胶与压敏胶黏剂或浸渍剂之间的相互作用。

第三节　浸渍与涂布工艺

　　浸渍纸胶黏带的生产涉及原纸的浸渍、防粘剂的涂布、压敏胶的涂布及分切等多道工序，其中，原纸的浸渍及压敏胶黏剂的涂布是最重要的两道工序，下面着重加以讨论。

一、浸渍工艺

　　大多数胶黏带生产商自己对原纸进行浸渍处理，以前中国进口的大多数是已涂布压敏胶的半成品。目前，已有专门的厂家购进外国的原纸，然后进行浸渍处理并涂布防粘剂。有时防粘剂的涂布是由胶黏带生产商自己完成的。

　　选择原纸时首先必须考察原纸吸收浸渍剂的性能。浸渍剂向纸内的渗透主要依赖毛细管作用。目前，我国尚没有标准的测定原纸吸收浸渍剂性能的方法。在美国，有两种常见的衡量原纸吸收浸渍剂性能的方法。一种方法是，将三滴水或浸渍剂滴在原纸上，测定液体被原纸完全吸收的时间，这种方法在 ASTM D824 中有详细描述。另一种方法是，将 2.5cm 长的原纸悬挂并让其底部浸入浸渍剂溶液中，测定因毛细管作用浸渍剂上升的速度。

　　对原纸进行浸渍处理有四种方式，即悬浮浸渍法（float saturation）、浸入浸渍法（dip saturation）、瀑布式浸渍法（cascade saturation）以及水平挤压浸渍法（horizental size press saturation），如图 5-3-3 所示。

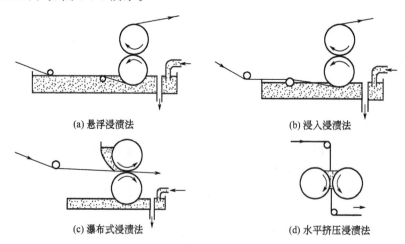

(a) 悬浮浸渍法　　　　　　　　　　　(b) 浸入浸渍法

(c) 瀑布式浸渍法　　　　　　　　　　(d) 水平挤压浸渍法

图 5-3-3　压敏胶黏带用纸的浸渍处理方法示意图

　　悬浮浸渍法［图 5-3-3(a)］是最常用的原纸浸渍法之一。其特点是，原纸在浸入浸渍剂之前先以悬浮的方式与浸渍剂溶液相接触，这不但有利于防止原纸将空气带入浸渍剂中，而且原纸可通过毛细管力的作用吸收浸渍剂。处理密度大而且难以浸渍的纸时，延长原纸在浸

且原纸可通过毛细管力的作用吸收浸渍剂。处理密度大而且难以浸渍的纸时，延长原纸在浸渍剂上的悬浮时间可提高浸透度。浸入浸渍剂溶液之后再通过挤压辊筒，调节两个挤压辊筒的压力可改变原纸吸收浸渍剂的量。采用这种方式进行浸渍时必须始终让浸渍剂的液面保持在恒定水平。

处理多孔而疏松的原纸时，由于原纸本身吸收浸渍剂的速度很快，所以原纸与浸渍剂接触的时间不需要很长。此时一般采用直接浸入浸渍法［图5-3-3(b)］、瀑布式浸渍法［图5-3-3(c)］及水平挤压浸渍法［图5-3-3(d)］。由于疏松的原纸吸收浸渍剂后强度下降，因此在浸渍过程中必须注意调节纸张的张力。张力过大不但易使原纸的皱纹消失而且易造成纸断裂。

除了上述原纸浸渍方法之外，浸渍剂也可在造纸过程中加入。在造纸过程中，先按常规方式将成型的纸脱水并部分干燥。将此未完全干燥的纸浸入浸渍剂乳液中，然后完全干燥，从而获得含浸渍剂的浸渍纸。这种方法将造纸及浸渍两个工序合二为一，不但减少了操作工序，而且降低了浸渍纸的成本。

第三种制造浸渍纸的方法是，用打浆法将浸渍剂加入到纸中。将乳液浸渍剂加入到纸浆中，让纸纤维吸收浸渍剂，然后用造纸机成型。

在对原纸进行浸渍处理时，干燥过程十分重要。一般采用一组温度不同的辊筒对纸张进行加热干燥（图5-3-4）。更先进的设备则采用垂吊式或悬浮式干燥箱。在干燥浸渍剂时，宜迅速用较高的温度使纸中大部分水分蒸发，从而使纸迅速恢复其拉伸强度。用垂吊式或悬浮式干燥箱干燥时，降低纸的张力，能保持浸渍纸原有的皱纹。

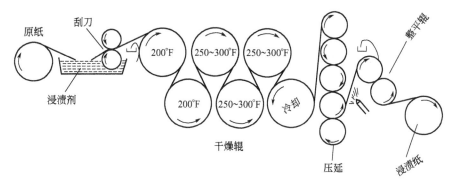

图5-3-4　原纸浸渍流程示意图

$$[t/℃=\frac{5}{9}(t/℉-32)]$$

二、涂布工艺

浸渍纸胶带大多使用溶剂型橡胶压敏胶黏剂，其压敏胶的涂布与PVC电气胶黏带的涂布有相似之处。一般采用辊对辊涂胶方式。由于浸渍纸不易变形，因而可以卷成大的母卷，然后利用复卷机复卷成所需要的长度，最后用裁切机进行分切。图5-3-5为浸渍纸胶黏带的涂布示意图。

压敏胶黏剂的干胶涂布量为$15\sim30g/m^2$。压敏胶在进烘箱干燥时应注意防止胶面产生气泡。最简单的方法就是合理设置烘箱的温度，防止胶面结皮。胶面结皮会形成假干燥，从而导致胶黏带不易干燥彻底，或者即使胶面完全干燥也会产生大量泡眼。胶面不干时，在胶带储存过程中胶中的溶剂会溶解防粘涂层，从而导致胶黏带无法解卷或解卷力过大。

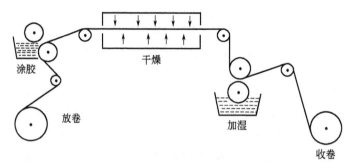

图 5-3-5　浸渍纸胶黏带的涂布示意图

浸渍纸胶黏带在收卷之前，必须调节纸的含水量。在胶黏剂干燥过程中，浸渍纸中的水分也会逸失。完全失去水分的纸变硬且发脆，没有柔性。这种过分干燥的胶黏带在储存过程中会吸收空气中的水分，从而导致胶黏带变形。因此，浸渍纸在收卷之前必须调节浸渍纸的含水量。调节浸渍纸含水量的方法就是对已涂布压敏胶并已干燥的胶黏带的基材进行加湿处理。加湿的方法有喷蒸气法、喷水雾法及转移法等。最简单且常用的方法为转移法，即通过辊筒将水分转移至浸渍纸上。加湿量可通过调节转移辊与橡胶衬辊之间的压力进行控制。

◎ 第四节　浸渍纸胶黏带的品种

根据不同最终应用的需要，胶带商开发了多种具有不同性能的浸渍纸胶黏带，见表 5-3-7。这些胶黏带的主要差别在于所使用的浸渍纸及压敏胶不同，有时仅仅只是改变浸渍纸的品种。按浸渍纸的类型分，浸渍纸胶黏带主要有皱纹浸渍纸（美纹纸）胶黏带和平面浸渍纸（美光纸）胶黏带两种。其中美纹纸胶黏带是浸渍纸胶黏带的主要品种。美纹纸胶黏带又以普通用途的美纹纸胶黏带为主，其次为耐高温美纹纸胶黏带。美光纸胶黏带则主要以高强度和中等强度的美光纸为基材。

表 5-3-7　浸渍纸胶黏带的品种及性能

品种	胶带厚度/μm	拉伸强度 /(N/cm)	伸长率/%	180°剥离强度 /(N/cm)
白色浸渍纸(保护用)	109	35	3	1.4
白色浸渍纸(低黏性,广告定位用)	140	28	5	0.7
白色浸渍纸(中黏性,广告定位用)	140	28	5	0.9
白色浸渍纸(高黏性,广告定位用)	140	28	5	1.1
白色浸渍纸(高黏性,广告定位用)	109	35	3	1.7
浸渍纸(保护用)	142	26.3	8.5	1.0
浸渍纸(保护用)	142	26.3	8.5	0.7
褐色浸渍纸(保护用)	114	36.8	2	0.22
美纹纸(遮蔽用)	119	28	6	5.0
未漂白美纹纸(遮蔽用)	140	35	10	5.0
未漂白美纹纸(封箱用)	140	35	10	7.7
美纹纸(室外遮蔽用)	165	35	8	2.1
普通美纹纸(遮蔽用)	112	19.3	6	3.0
美纹纸(包装及固定用)	140	45.5	9	3.5
美纹纸(电子元件用)	193	37	16	4.4
美纹纸(耐中温,喷漆用)	178	35	6	2.9

品种	胶带厚度/μm	拉伸强度/(N/cm)	伸长率/%	180°剥离强度/(N/cm)
美纹纸（耐高温，烤漆用）	178	38.5	8	3.9
美纹纸（耐高温，烤漆用）	190	38.5	8	3.9
平滑美纹纸（高温喷漆用）	193	42	6	3.8
平滑美纹纸（固定及轻包装用）	160	44	10	3.6
平滑美纹纸（制图用）	178	31.5	7	1.7
彩色美纹纸（标识用）	140	31.5	7	5.0
可印刷美纹纸（标识用）	160	42	8	5.3
美光纸（封箱用）	241	87.5	4.5	7.7
美光纸（标识用）	147	44	5	3.3
高强度美光纸（固定用）	210	147	4	8.3
高强度美光纸（喷砂用）	338	219	5	15.5
高强度美光纸（包装及标识用）	165	94.5	4	6.1
中强度美光纸（包装及标识用）	168	58	3.8	3.5
中强度美光纸（包装及标识用）	155	51	3.0	5.6

一、美纹纸胶黏带

1. 普通美纹纸胶黏带

普通美纹纸胶黏带一般用于轻包装及普通喷漆保护。这类胶黏带常使用价格低廉的浸渍纸为基材，因此必须注意调节胶黏带的黏合力及防粘水平，防止胶黏带在解卷时发生层离现象，尤其是在高速（60m/min）解卷时。普通美纹纸胶黏带自然老化储存期为一年。

普通美纹纸胶黏带的拉伸强度较低，一般为 30～40N/cm，伸长率为 7%～10%。典型的普通美纹纸胶黏带的性能见表 5-3-8。

表 5-3-8　商品化普通美纹纸胶黏带的性能

性能项目	总厚度/μm	胶层厚度/μm	拉伸强度/(N/cm)	伸长率/%	180°剥离强度/(N/cm)
胶带 A	120	15	30	6	2.5
胶带 B	120	15	35	7	2.5
胶带 C	142	—	36.8	8	5.3
胶带 D	132	—	31.5	6	5.1

普通美纹纸胶黏带一般都涂布了防粘层。是否使用底胶则取决于压敏胶黏剂与浸渍剂的相容性。表 5-3-2 及表 5-3-3 中所列举的天然橡胶系压敏胶与热熔压敏胶均可用于制作普通美纹纸胶黏带。

2. 耐高温美纹纸胶黏带

耐高温美纹纸胶黏带主要用于汽车喷漆。汽车在喷漆之前必须将不需要喷漆的玻璃及其他橡胶件等表面用美纹纸胶黏带加以保护，喷漆后的汽车经高温烘烤之后再将美纹纸胶黏带揭去。用于此目的美纹纸胶黏带必须具备以下条件。

① 胶黏带必须具备一定的耐温性，在烘烤过程中压敏胶黏剂不会软化脱落或导致在去除胶黏带时留下残胶。

② 纸和防粘涂层必须能抵抗溶剂对胶黏剂的浸湿及软化作用。胶黏剂的软化会导致在除去胶黏带时留下残胶。

③ 美纹纸的浸渍剂也必须能抵抗高温的作用而不软化或变硬。否则，去除胶黏带时会产生撕裂现象。

④ 浸渍纸及防粘层应具有一定油漆吸收性能，从而防止飞溅在胶黏带上的油漆因润湿困难而发生流淌现象。

⑤ 浸渍剂及压敏胶必须具有一定吸收溶剂的性能，但不能被溶剂所溶解，只发生溶胀。否则会显著影响纸的耐层离性及胶黏剂的内聚性能。

耐中等温度级别的美纹纸胶黏带也是如此。在应用过程中，虽然经受的烘烤温度稍低，但在烘烤箱中滞留的时间可能更长。有时需要将耐高温美纹纸胶黏带粘贴在已喷过漆的表面，进行第二遍喷漆处理。此时压敏胶黏剂不能污染油漆过的表面，也不能留下残胶。一般是在汽车冷却后将胶黏带揭去，有时也需要乘热时揭去胶黏带。无论哪一种方式去除胶黏带时，胶黏带都不能污染被遮蔽的表面。

压敏胶一般采用表 5-3-4 所示的固化型压敏胶。改变配方中弹性体、增黏树脂及固化剂的品种及用量，可得到具有不同耐温性能的压敏胶黏带。

耐高温美纹纸胶黏带耐温级别有 100℃、120℃、135℃、150℃、170℃ 及 180℃ 等级别。耐温级别的划分与选择取决于用户的使用要求。

耐高温美纹纸胶黏带的一般性能见表 5-3-9。耐高温美纹纸胶黏带一般比普通美纹纸胶黏带的厚度大。

表 5-3-9　商品化耐高温美纹纸胶黏带的性能

胶黏带品种 / 胶黏带特性	A	B	C	胶黏带品种 / 胶黏带特性	A	B	C
胶黏带厚度/μm	193	185	173	伸长率/%	6	10	10
拉伸强度/(N/cm)	42	45.5	42	180°剥离强度/(N/cm)	3.7	3.1	3.3

二、美光纸胶黏带

1. 中强度美光纸胶黏带

中强度美光纸(flat back)胶黏带目前主要在普通包装中应用，而且其用量很小。这类胶黏带的基材为光面浸渍纸，又称为美光纸。美光纸的颜色一般为浅褐色和深褐色。中强度美光纸胶黏带的拉伸强度应不低于 44N/cm，一般为 47～67N/cm，但伸长率很低，一般只有 3%～4%。作为包装用途，为便于解卷，中强度美光纸胶黏带需要采用更为有效的防粘涂层。比较而言，耐层离性并不十分重要。压敏胶黏剂对纤维板的黏合力及持黏性十分重要。

2. 高强度美光纸胶黏带

高强度美光纸胶黏带需要采用定量大且质量好的美光纸作为基材。常见的美光纸有特殊制作的牛皮纸及大麻纸(rope paper)。其纵向拉伸强度为 78.4～98N/cm，横向拉伸强度并不十分重要。

高强度美光纸胶黏带主要用于包装，因此要求压敏胶黏剂必须具有较高的持黏性。对于纺织等特殊用途，压敏胶黏剂还必须无污染性。高强度美光纸胶黏带的其他性能要求见表 5-3-10。

表 5-3-10　高强度美光纸胶黏带的性能要求

项目		指标要求	项目		指标要求
纵向拉伸强度/(N/cm)	≥	78.4	湿拉伸强度/(N/cm)	≥	20.6
横向埃尔曼多夫扯裂强度/gf[①]			180°剥离强度/(N/cm)		
初始值	≥	100	对钢板	≥	3.85
UV 灯老化后	≥	75	对基材	≥	1.1

① 1gf=9.8×10^{-3}N。

浸渍纸胶黏带的性能及评价

一、胶黏性能

同其他胶黏带一样，浸渍纸胶黏带的胶黏性能（剥离强度、初黏性及持黏性）也是十分重要的指标。浸渍纸胶黏带胶黏性能和测定方法与包装胶黏带相同，请参阅本篇第一章。

二、拉伸强度

拉伸强度通常是指 25mm 宽及 100mm 长的胶黏带样品以 300mm/min 的速度拉伸时，单位宽度胶黏带所承受的力的大小。浸渍纸胶黏带的拉伸强度根据胶黏带的用途而有所不同，一般为 30～45N/cm。浸渍纸胶黏带的拉伸强度主要取决于浸渍纸的种类，同时与浸渍原纸及浸渍剂也有一定关系。因此，不同厂家生产的相同厚度的浸渍纸胶黏带，拉伸强度也会有一定差异。除特殊用途之外，一般只要拉伸强度在上述范围内，浸渍纸胶黏带就可满足应用要求。

有时，浸渍纸胶黏带需要在潮湿的环境下使用，尤其是某些包装用途，胶黏带会与雨水或潮湿的空气接触。在这种情况下，测定浸渍纸胶黏带的湿拉伸强度较为重要。一般，湿拉伸强度值为干拉伸强度的 50％以上就可满足要求，如果湿拉伸强度能保持在干拉伸强度值的 75％以上，这种胶黏带就是十分优良的产品。湿拉伸强度的测定方法与干拉伸强度的测定方法相同，只是在测定拉伸强度之前先将样品在水中浸泡一定时间，湿拉伸强度不但能反映浸渍纸胶黏带耐水及耐潮湿的能力，而且它也间接反映了浸渍纸基材中浸渍剂以及背面处理剂的交联固化程度。

三、伸长率

伸长率是在测定拉伸强度时被同时测定的。浸渍纸胶黏带的伸长率不但与原纸的种类、浸渍剂的用量及类型有关系，而且与皱纹程度有关。对于喷漆应用来说，胶黏带的伸长率十分重要，因为胶黏带需要粘贴在弯曲的表面上。胶黏带的伸长率过低时，在除去胶黏带时会从边缘处撕裂。美纹纸胶黏带伸长率必须大于 6％，一般为 8％左右，质量好的美纹纸胶黏带伸长率可达 10％～12％。典型的包装用美光纸胶黏带的伸长率较低，一般只有 3％～4％，低伸长率有利于保持包装箱的密封。

四、耐层离性

浸渍纸胶黏带的耐层离性反映的是胶黏带所使用的基材的内聚强度。一般情况下，浸渍纸的内聚强度比胶黏带与其他被粘贴表面之间的黏合力大。否则，在除去胶黏带时，胶黏带的基材（浸渍纸）会发生分裂（层离）。因为解卷力随解卷速度的增大而增大，因此在高速解卷时也能可会发生基材的层离现象。

中国目前尚无纸基胶黏带耐层离性的标准测试方法。国外有两种测试方法。一种方法是由马特尔等创立的，将测试样品夹于两条特殊的地毯粘贴用胶带（Bondex BT7）之间，将此夹心结构样件于 135℃及 4N/cm² 的压力下处理 30s。用其他类似（Bondex BT7）胶黏带时，可适当调整夹心样件的处理条件。将夹心样件分切成 25mm 宽的条状，用手将表层胶黏带撕开直至浸渍纸发生层离。最后以 250mm/min 的速度在拉力机上测定浸渍纸继续层离时的力。另一种测试方法是铜块试验法。它是将浸渍纸胶黏带或浸渍纸用热熔胶黏合在两片 $25\text{mm} \times 25\text{mm} \times 10\text{mm}$ 的铜块之间。铜块上有便于夹持的舌状物。将铜块的舌状物夹持在拉力机上，测定铜块拉开时的力，以 N/cm^2 表示。这种方法大多用于测定较厚的浸渍纸及合成革等。

浸渍纸的耐层离性与浸渍纸所用的浸渍剂的种类及用量有关。一般浸渍纸中所含浸渍剂越多，耐层离性越好。浸渍纸胶黏带的耐层离性不但随胶黏带种类的不同而不同，而且它也随生产商的不同而存在差异。浸渍纸胶黏带的选择除了需要考虑胶黏剂与防粘层之间的作用外，还要考虑使用过程中会产生的应力，同时也必须考虑除去胶黏带时胶黏带会遇到的作用力。

五、耐高温性

在烤漆过程中，粘贴在物体表面的美纹纸胶黏带通常要经受高温处理。温度的高低取决于产品类型及用途。为了满足不同的使用要求，必须评价浸渍纸胶黏带的耐温性。

耐高温性的最简单测试方法是，将胶黏带样品粘贴在实际将要应用的材料表面上，于实际烤漆温度下烘烤 30min 或 1h，将样件取出并冷却至室温，以合适的速度剥离胶黏带，考察材料表面是否有残胶或被污染。

另一种方法是，将胶黏带样品以直线或圆弧的形式粘贴在各种类型的试验板上，见图 5-3-6。在粘贴胶带时，胶黏带的边缘不能有断裂的倾向。将粘贴有胶黏带的试验板在比胶黏带的最高耐温级别高 14℃ 的温度下处理 1h。如果最终用途对温度的要求不太苛刻，也可适当缩短处理时间。将试验板从烘箱中取出，首先查看胶黏带是否翘起，然后趁热以适当速度将其中一条胶黏带揭开。冷却至室温后再揭开一条胶黏带，检查是否发生脱胶现象。在室温除去胶黏带时，还要观察胶黏带是否存在撕裂倾向。这种试验可在已粘贴的胶黏带上喷上水性或溶剂型油漆，然后进行烘烤，从而考察油漆中的溶剂对胶黏剂的作用等。

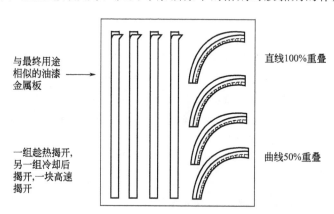

与最终用途相似的油漆金属板 →

一组趁热揭开，另一组冷却后揭开，一块高速揭开

直线100%重叠

曲线50%重叠

图 5-3-6　浸渍纸胶黏带耐温性测试示意图

六、污染性

浸渍纸胶黏带，尤其是喷漆遮蔽用美纹纸胶黏带，不能污染被遮蔽的表面，这一点十分重要。实际上，浸渍纸的耐高温性主要是考察浸渍纸胶黏带在一定的高温下对被粘贴表面是否产生污染。除此之外，也可将浸渍纸胶黏带粘贴在刚刚油漆过但已经彻底干燥的油漆面上，隔夜后以适当速度揭开胶黏带，检查在油漆面上是否有残胶，油漆面是否被破坏，或漆

面是否发生变色等，由此确定浸渍纸胶黏带是否对此漆面有污染性。

浸渍纸胶黏带对油漆面的污染有两种类型。一种是由于胶黏带与漆面直接接触而引起的残胶，另一种是潜在性的污染。虽然后一种污染开始并不能发现，但经紫外线照射后，这种潜在性的污染会加深。PSTC-21 及 PSTC-22 描述了这种潜在性污染的检测方法。将胶黏带贴在油漆过的试验板上，然后按油漆厂商的干燥方式进行加热，除去胶黏带后用溶剂清洗试验板，最后仔细对比试验板上粘贴胶黏带与未贴胶黏带的部位。将粘贴过胶黏带的部位部分覆盖住，然后在紫外光下照射 4h，对比覆盖部分与未覆盖部分的差异。

七、松度

松度（porosity）是用来测量浸渍纸胶黏带所用原纸或浸渍纸的致密性的指标。一般用 Gurley 密度计测定。松度反映了纸张抗防粘剂及涂层向纸中渗透的能力。原纸的松度可为浸渍工艺提供参考。原纸的松度高，浸渍剂易向纸中渗透，原纸在浸渍剂中的停留时间可缩短。浸渍纸的松度高，涂布防粘剂时，防粘剂向纸中的渗透会导致压敏胶黏剂在浸渍纸上的附着不牢。松度的检测方法可参考 TAPPI T460。

八、耐撕性

耐撕性，尤其是横向耐撕性，对于美纹纸胶黏带十分重要。优质喷漆用美纹纸胶黏带必须具有较高的耐撕强度。当从弯曲表面上除去美纹胶黏带时，胶黏带才不会发生断裂现象。耐撕性有多种测试方法。TAPPI T470 及 TAPPI T414 是其中的两种标准测试方法。

九、劲度

浸渍纸胶黏带的伸长率及劲度（stiffness）反映了胶黏带在物体表面上粘贴时的帖服性能。如果基材的硬度大，在已粘贴的胶黏带中会产生应力，从而导致胶黏带翘起。一般很少测定浸渍纸胶黏带的劲度。标准测试方法为 TAPPI T543。

十、耐溶剂性

在喷涂溶剂型油漆过程中，必须考虑美纹纸胶黏带的耐溶剂性。油漆中的溶剂会从纸胶黏带边缘进入，从而导致喷涂的油漆线不直。油漆所使用的溶剂多为溶解性极强的苯类溶剂，因此美纸纹胶黏带必须采用耐溶剂性好的背面处理剂。

十一、颜色

美纹纸胶黏带的颜色主要取决于所使用的原纸的颜色。美纹纸胶黏带大多数为原始木浆的颜色（自然色）。通过漂白可获得白度不同的胶黏带，从半漂色至白色。深色及彩色的胶黏带，所使用的原纸在造纸过程中一般加入了相应的色料，或在浸渍剂中加入了色料。

◎ 第六节　浸渍纸胶黏带的应用

一、遮蔽用途

浸渍纸胶黏带最早是为解决喷漆时遮蔽（masking）不需要进行喷漆处理的区域而开发的。目前喷漆遮蔽仍是浸渍纸胶黏带，尤其是美纹纸胶黏带最重要的用途。在喷漆操作时，对不需要喷漆的小区域可用胶黏带直接粘贴覆盖，对面积较大的区域则可用胶黏带将大张的纸贴在需油漆部分的边界上（图5-3-7）。由于喷漆遮蔽是美纹纸胶黏带的最主要用途，所以人们经常将遮蔽胶黏带与美纹纸胶黏带视为同一概念。

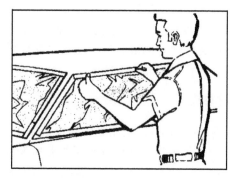

图 5-3-7   美纹纸胶黏带的遮蔽用途

美纹纸胶黏带在汽车喷漆及烤漆过程中应用十分广泛。烤漆过程中一般采用具有不同耐温级别的耐高温美纹纸胶黏带。

二、包装用途

包装用途一般要求胶黏带具有较高的拉伸强度，因此只有强度较大的美光纸胶黏带常用于包装用途，而且在包装捆扎及封箱应用中，浸渍纸胶黏带的用量也相当小。

三、电气绝缘用途

电气胶黏带必须具备较好的电气绝缘性能。由于乳液型浸渍剂中含有乳化剂，因而使纸的耐水性及耐湿性下降。在潮湿环境中，乳化剂吸收水分，从而导致胶黏带的电气绝缘性能下降；而且某些乳液型浸渍剂对细的裸铜导线有腐蚀作用。因此，作为电气胶黏带的浸渍纸胶黏带一般用溶剂型浸渍剂。

美光纸、高强度美纹纸及美光纸与聚酯膜的复合基材均可用于制作电气胶黏带。选择压敏胶黏剂时，必须注意胶中不能含有污染性或腐蚀性化学成分，如含卤素或硫的化合物。一般采用热交联型压敏胶黏剂以提高电气胶黏带的耐温级别。

四、表面保护用途

特殊的美光纸胶黏带可用作表面保护胶黏带。在各种金属板、塑胶板的加工制造及运输过程中保护材料表面，防止划伤及污染等。这类胶黏带的剥离强度较低，一般为0.5～1.0N/cm。在长期老化过程中，剥离强度的积累不能超过1.8N/cm。所涂布的压敏胶黏剂必须具有较高的内聚强度。

在玻璃喷砂、大理石雕刻等操作中，可采用厚度大的美光纸胶黏带作保护胶黏带，以抵抗飞溅砂粒的撞击。

五、标识用途

中等以下拉伸强度的彩色美纹纸胶黏带或美光纸胶黏带可用作识别及标识用途。胶黏带的颜色可通过制造工艺或在进行浸渍处理时加入色料而获得，也可通过背面处理赋予胶黏带以各种颜色。除此之外，对浸渍纸胶黏带进行印刷也可制作用于标识用途的胶黏带，但必须采用可印刷的防粘涂层，否则字迹会向胶层转移。

六、广告定位用途

在日常广告制作中，大多采用广告贴通过电脑刻字，制作出用户需要的文字及图案。将制作完成的图案粘贴在固定的位置而且保持图案及文字的各部分不发生偏移十分困难。利用特殊的浸渍纸胶黏带粘贴在已雕刻完成的广告贴的正面，去除多余部分，然后将广告贴的防粘纸揭去，并将文字及图案粘贴在目标位置上，最后将浸渍纸胶黏带揭掉，完成整个广告的制作。

用于广告定位的浸渍纸胶黏带的黏性一般较低。否则，在最后除去浸渍纸胶黏带时，它会破坏已固定好的广告文字或图案，或将已固定的文字再揭下来。

七、其他用途

浸渍纸胶黏带还可用于其他用途。如制图过程中可用胶黏带粘贴图纸。此时要求浸渍纸胶黏带在长时间粘贴之后仍能从制图纸上除去而不破坏制图纸或留下残胶。

参 考 文 献

［1］ Donatas S. Handbook of Pressure Sensitive Adhesive Technology. 3rd ed. USA：Rhode Island. Satas & Associates，1999：684.

［2］ Johon J. Pressure Sensitive Adhesive Tapes，Pressure Sensitive Tape Council. USA：Illinois，2000：166.

［3］ 2000 Tape Products Directory，Pressure Sensitive TaPe Council. USA：Illinois，2000.

［4］ Test Method for Pressure Sensitive Adhesive Tape. 12th ed. Pressure Sensitive TaPe Council. USA：Illinois，1996.

第四章

表面保护胶黏带

曾宪家　金春明　杨玉昆

第一节　概述

顾名思义，表面保护胶黏带主要是用于保护材料表面的一类压敏胶黏带，防止材料表面在加工、运输、储存及使用过程中被划伤、污染及腐蚀等。如各种塑胶板、涂装板、不锈钢板及铝合金材料，在出厂之前一般在其表面上粘贴一层表面保护胶黏带，以确保这些材料在以后的深加工及运输过程中不被尘土或其他污染物污染，以及防止搬运过程中划伤或碰伤表面。被保护的材料一般为高级的装饰材料或特殊行业用材料，如塑钢门窗及制造食品机械用的不锈钢板等。表面保护胶黏带具有使用方便、表面保护效果好等特点，因而被广泛应用于机械、建筑、电子、汽车等行业。据中国胶粘剂和胶粘带工业协会统计和估算，2010 年中国大陆表面保护胶带年产销量达 $11.5 \times 10^8 \, m^2$，仅次于包装胶带和压敏标签，位列压敏胶制品第三大类。

表面保护胶黏带的最大特点是将其从被保护表面上揭下来时，被保护的表面上不能留有任何残胶，也不能被保护胶黏带所污染而留下任何痕迹甚至"鬼影"（ghost）。保护胶黏带粘贴在材料的表面上之后，只有在被保护的材料加工完成或使用后才能将保护胶黏带作为废物除去。有时，这种保护时间可长达 1 年。当用于室外用材料的保护时，保护胶黏带还会长时间经受紫外线的作用。即使如此，在最后除去保护胶黏带时，被保护材料的表面上仍不能被胶黏带所污染。此外，在长时间的保护过程中，粘贴在材料表面上的胶黏带必须具有较好的耐候性，不能因气候环境的变化而使胶黏带发生松动、卷翘等现象，从而失去对材料的保护功能。由于被保护材料的加工及使用各不相同，因此在某一具体用途中，保护胶黏带必须能抵抗这些独特的加工操作而不污染材料的表面或失去保护功能。

由于保护胶黏带不能污染被保护材料的表面，所以保护胶黏带一般必须选用内聚强度高的压敏胶黏剂。一般优先选用耐老化性能好的交联型聚丙烯酸酯系压敏胶黏剂。如果被保护的材料尺寸较大，必须采用规格尺寸较大的保护胶黏带。此时，如果胶黏带的剥离强度很大，在除去尺寸较大的保护胶黏带时会十分困难。因此，表面保护胶黏带的剥离强度一般较低，而且几乎不存在黏合力积累现象。保护胶黏带对钢板的典型剥离强度一般为 $0.1 \sim 1.5 N/cm$，但更重要的是要考察保护胶黏带对被保护材料表面的黏合强度，尤其是黏合强度随时间的变化情况。减少涂胶层厚度是降低保护胶黏带黏合强度的重要措施。一般，表面保护胶黏带的涂胶量只有其他用途胶黏带涂胶量的一半左右，有时甚至更少，胶层只有 3～5μm 厚。

保护胶黏带，尤其是在室外使用时，需要具有一定耐紫外线功能。为此，一般选用饱和聚合物（如聚异丁烯及聚丙烯酸酯）作为压敏胶的主要成分。同时，考虑采用分子量较高的其他聚合物。加入增黏树脂时必须注意它们会降低压敏胶的内聚强度。不加入或只添加少量乳液增黏树脂的天然橡胶胶乳也可用作保护压敏胶黏剂。采用天然橡胶乳液压敏胶时，不需用机械法降低弹性体的分子量，但必须加入少量紫外线稳定剂。

保护胶黏带常以增塑型聚氯乙烯膜、聚乙烯膜、聚丙烯膜、聚酯膜及纸等为基材。基材的选择必须根据用途而定。某些金属片材加工时，在粘贴保护胶黏带之后需要进行冲压成形，此时最好选用纵向及横向均有一定拉伸性的基材，如高强度纸及塑料膜等。

◉ 第二节　表面保护胶黏带的品种

表面保护胶黏带的品种多种多样。按基材分，保护胶黏带有聚乙烯（PE）、聚氯乙烯（PVC）、聚酯（PET）、聚丙烯（PP）及纸基等常见类型，见表 5-4-1。其他如尼龙、EVA、聚偏氯乙烯、聚碳酸酯、聚酰亚胺、聚酰胺及其他聚烯烃等塑料膜，均可用于制作保护胶黏带。其中，以 PE 膜和 PVC 膜最为常用，尤其是 PE 膜。不同基材有不同的性能，如聚氯乙烯膜的耐紫外线性能差，一般只能用于制作室内用表面保护胶黏带，聚酰亚胺及聚酯膜具有较高的耐温性能，可用于制作高温下应用的保护胶黏带。黑色及内黑外白聚乙烯保护胶黏带则大多用于室外保护用途。

按所采用的压敏胶黏剂分，保护胶黏带有橡胶型及聚丙烯酸酯型等。按压敏胶的形态分，又有溶剂型和乳液型。压敏胶的选择必须根据基材种类及用途而定。一般聚氯乙烯基材使用橡胶系压敏胶。聚乙烯、聚丙烯及聚酯等基材常采用聚丙烯酸酯系压敏胶，有时也采用橡胶系或有机硅压敏胶。根据保护胶黏带黏性（剥离强度）大小，保护胶黏带又可分为超低黏、低黏、中黏、高黏及超高黏等类型。不同黏性保护胶黏带的180°剥离强度大致范围为：

超低黏＜0.2N/cm；

低黏 0.2～0.5N/cm；

中黏 0.5～1.2N/cm；

高黏 1.2～2.0N/cm；

超高黏＞2.0N/cm。

表 5-4-1　常见表面保护胶黏带的品种及性能

基材	胶型	厚度/μm	拉伸强度/(N/cm)	伸长率/%	180°剥离强度/(N/cm)
聚氯乙烯膜	橡胶	120	16	140	1.0
	橡胶	180	26	140	1.0
	橡胶	264	56	270	2.5

基材	胶型	厚度/μm	拉伸强度/(N/cm)	伸长率/%	180°剥离强度/(N/cm)
聚乙烯膜	聚丙烯酸酯	51	9	250	0.1(超低黏)
	聚丙烯酸酯	51	9	250	0.3(低黏)
	聚丙烯酸酯	76.2	10.5	325	0.6(中黏)
	聚丙烯酸酯	76.2	10.5	325	1.3(高黏)
	聚丙烯酸酯	76.2	14	325	2.4(超高黏)
	橡胶	76.2	14	300	0.3
	橡胶	127	24.5	450	0.17
聚酯膜	有机硅	165	—	—	0.7
	聚丙烯酸酯	51~70	52~70	70	0.2~0.7
	聚丙烯酸酯	64	31.5	100	2.2
聚丙烯膜	橡胶	114	33.3	580	0.6~0.9
	橡胶	41	42	90~100	3.0
	聚丙烯酸酯	41	42	90~100	1.9
聚烯烃膜	橡胶	76	17.5	575	0.33
	橡胶	58	24.5	400	1.3
	聚丙烯酸酯	76	17.5	550	0.2~1.4
纸	乳液压敏胶	110	35	3	1.4
	聚丙烯酸酯	84	68	2	4.4
	橡胶	114	37	2	0.2~0.4
橡胶		1250	9	300	2.8

在实际生产中，以上界限并不是十分明显。各厂家之间的规定也不完全相同。如何划分黏性等级并不重要，重要的是生产厂要弄清具体的用户究竟需要多大剥离强度的保护胶黏带。

一、聚乙烯保护胶黏带

1. 基材

聚乙烯（PE）薄膜具有许多其他塑料薄膜不可比拟的物理机械性能，尤其是聚乙烯膜具有优良的柔韧性及延伸性。聚乙烯膜的纵向伸长率可达 300%～700%。此外，聚乙烯膜的厚度最小可达 50μm，甚至更薄。这一点是聚氯乙烯膜所不及的。因此，聚乙烯薄膜被广泛应用于制作各种表面保护用胶黏带，PE 保护胶带是目前表面保护胶黏带中最大的品种。

保护胶黏带用聚乙烯膜大多数为多层共挤薄膜。主要品种有透明、乳白色及内黑外白膜（黑白膜）三种，有时也采用黑色的聚乙烯膜。透明聚乙烯膜较薄，一般厚度为 50μm。根据需要，可在薄膜制作过程中加入少量色料，制成蓝色透明或绿色透明的聚乙烯膜。加入一定量抗紫外线剂后，会提高透明聚乙烯膜的耐紫外线及耐候性。乳白色聚乙烯膜的厚度一般为 60～100μm。为降低成本，大多数情况下采用 60～70μm 的乳白色聚乙烯膜。由于黑色料，尤其是炭黑的抗紫外线能力强，所以某些需要高度耐紫外线性能的保护胶带，采用以黑色聚乙烯膜为保护胶黏带的基材，但黑色的视觉效果稍差。为了改善保护胶黏带的视觉效果，同时又具有黑色膜的抗紫外线性能，人们开发出了内黑外白聚乙烯薄膜。这种膜是将白色膜与黑色膜在成膜时共挤而成，将压敏胶涂布在黑色面。这种内黑外白的聚乙烯保护胶黏带既美观又有很好的抗紫外线性能，因而广受用户的欢迎。常用内黑外白聚乙烯膜的厚度为 70～100μm。

聚乙烯膜为难粘性材料，压敏胶在膜上的附着性较差。因此，在涂布压敏胶黏剂之前必须将其表面进行电晕处理，使其表面张力达到 38×10^{-3} N/m 以上；也可涂布特殊的底胶。

聚乙烯是软化点较低的聚合物。因此，在涂布过程中必须严格控制烘箱温度。一般烘箱温度必须控制在 90℃以内，最高不超过 100℃。否则，聚乙烯会发生严重的收缩变形，从而影响收卷效果及产品外观。

2. 压敏胶黏剂

对表面保护胶黏带最重要和最基本的要求是，在任何时候将其从被保护表面揭下时，被保护表面上不能留有任何残胶、也不能被胶黏带污染而留下任何痕迹甚至"鬼影"。这就对所用压敏胶黏剂提出了很高的要求，尤其是采用聚乙烯那样的难粘性基材时。首先，这种压敏胶必须属于再剥离型的，且必须具有很好的再剥离性能[7]；其次它们还必须有很好的耐老化性能，在经过使用环境的长期老化后仍具有很好的再剥离性能，其剥离强度随放置、使用或老化时间的延长不发生明显的变化；最后它们对聚乙烯那样的难粘性基材的涂布性能还必须十分好，即使涂胶量很少（10g/m² 以下）也能得到均匀而无缺陷的胶层。

压敏胶的选择视胶带的用途要求而定。聚丙烯酸酯系压敏胶是聚乙烯保护胶带最常采用的胶黏剂，溶剂型天然橡胶压敏胶也常采用，详见表 5-4-2。其中溶剂型聚丙烯酸酯系压敏胶最容易达到上述三点要求，因而它们的应用最为广泛。用于保护胶黏带时，压敏胶层必须具有很好的内聚强度和较高的弹性模量，这就必须设法提高其主体聚合物的分子量。但高分子量压敏胶溶液的黏度又太高，太高的黏度会影响涂布效果。因此，用溶剂型聚丙烯酸酯压敏胶时，一般都必须采用添加交联剂的方法或其他方法，使涂布干燥后的胶层发生分子之间的交联来增大分子量，以提高压敏胶的再剥离性能和老化性能[7]，就可得到综合性能很好的、能用于 PE 基材的溶剂型聚丙烯酸酯压敏胶。溶剂型压敏胶的最大缺点是在生产和使用过程中可对环境造成污染，制造成本也比较高[8]。

表 5-4-2　国外常见聚乙烯保护胶黏带的基材与压敏胶的搭配方式

PE 膜品种及厚度	压敏胶黏剂类型							
	溶剂型聚丙烯酸酯系			乳液型聚丙烯酸酯系		天然橡胶系		
	低黏	中黏	高黏	低黏	中黏	低黏	中黏	高黏
透明膜								
50μm	✓	✓	✓	✓	—	✓	—	✓
80μm	—	✓	✓	✓	—	—	✓	—
绿色透明膜								
50μm	✓	✓	✓	—	—	—	—	—
蓝色透明膜								
70μm	—	✓	—	—	—	—	✓	—
乳白色膜								
70μm	—	✓	—	—	✓	—	—	—
80μm	—	—	—	—	—	—	✓	—
100μm	—	—	✓	—	—	—	—	—
黑色膜								
80μm	—	—	—	—	—	—	✓	—
100μm	—	—	✓	—	—	—	✓	✓
120μm	—	—	—	—	—	—	—	✓
内黑外白膜								
80μm	—	—	—	✓	—	—	—	—
90μm	—	—	—	✓	—	—	—	—
100μm	—	—	—	—	—	—	✓	✓

注：✓表示常见品种

近几年来，用无环境污染而成本较低的乳液型聚丙烯酸酯压敏胶来制造 PE 保护胶黏带已成为本行业的一个重要发展动向。一般的乳液型压敏胶因涂布性能较差、干燥速度较慢和耐水老化性能不够好，很难用于制造 PE 保护胶带。精心制作的乳液型聚丙烯酸酯系压敏胶也只能用于制造低黏和中黏型 PE 保护胶带产品。但现在已采用交联、接枝、复合、可聚合乳化剂、无机纳米材料等新技术于聚丙烯酸酯乳液压敏胶的研究开发中[9,11]，使乳液压敏胶的性能不断提高，甚至出现了具有高剥离性能、可用于制作高黏型 PE 保护胶带的聚丙烯酸酯乳液压敏胶[10]。

大多数溶剂型橡胶压敏胶用于涂布聚乙烯薄膜时，只能制作中黏型和高黏型 PE 保护胶黏带。只有在用厚度小的透明聚乙烯膜作基材时，可以制作低黏型产品。

从表 5-4-3 可以看出，以溶剂型聚丙烯酸酯压敏胶的耐老化性及耐紫外线性最好，其次是内聚强度高的天然橡胶系压敏胶。乳液型聚丙烯酸酯压敏胶的耐老化性最差些。因此，制作耐老化性能要求很高的 PE 保护胶黏带时，必须采用黑色或内黑外白聚乙烯膜作基材，并涂布溶剂型聚丙烯酸酯压敏胶或溶剂型天然橡胶压敏胶。

表 5-4-3　聚乙烯保护胶黏带耐紫外线性能与基材颜色及压敏胶类型的关系

基材颜色	压敏胶黏剂类型		
	溶剂型聚丙烯酸酯系	乳液型聚丙烯酸酯系	天然橡胶系
透明	2	3	3
绿色透明	2	3	3
蓝色透明	2	3	3
乳白色	2	3	3
黑色	1	—	1
内黑外白	1	3	1

注：1 表示耐候性佳，耐紫外线达 12 个月；2 表示有一定耐候性，耐紫外线达 2 个月；3 表示无耐候性，只能供室内应用。

根据剥离强度的大小，聚乙烯保护胶黏带有超低黏、低黏、中黏及高黏等各种类型。超低黏产品一般以厚度小的透明膜为基材，涂布溶剂型或乳液型聚丙烯酸酯系压敏胶。低黏及中黏型产品的数量及应用皆最多，上述三类压敏胶都可以采用。高黏型产品一般以较厚的聚乙烯膜为基材，涂布溶剂型聚丙烯酸酯或溶剂型天然橡胶压敏胶。

二、聚氯乙烯保护胶黏带

聚氯乙烯（PVC）保护胶黏带是以软质聚氯乙烯膜为基材，涂布橡胶系压敏胶制作而成的。其结构及制造方法与聚氯乙烯电气胶黏带相似。与电气胶黏带用聚氯乙烯膜相比，保护膜的软硬度稍低，而且胶的品种及涂胶量也不一样。保护胶黏带常用厚度为 0.1mm 及 0.16mm 的白色和黄色聚氯乙烯膜。

聚氯乙烯膜最早用于制作保护胶黏带。与制造电气胶黏带所用的聚氯乙烯膜不同，保护胶黏带所用的增塑型聚氯乙烯膜一般增塑剂含量较低，薄膜相对硬一些。由于普通聚氯乙烯膜中常用的低分子量增塑剂（如 DOP）等易从膜中向胶层中迁移，不但易引起成品胶黏带产生凸卷现象，而且使压敏胶的内聚强度下降，在去除胶黏带时会发生残胶现象（胶残留在被保护材料的表面）。DOP 的含量越高，残胶会越严重。因此，DOP 等易迁移性增塑剂不适合用于保护胶黏带的基材中。磷酸三甲苯酯与邻苯二甲酸酯具有相同的作用。聚合型增塑剂可减少增塑剂的迁移性，但必须通过实验加以确认。解决低分子量增塑剂迁移的另一方法是在胶中加入与基材中相同的增塑剂，使胶层与基材中的增塑剂浓度一开始就趋于相同，从而减少增塑剂的迁移。但胶中加入增塑剂会降低胶的内聚强度。

耐老化性是保护胶黏带最重要的指标之一，尤其是耐候性及耐紫外线性能。提高耐老化性必须同时提高保护胶黏带基材和压敏胶的耐老化性。使用中，基材首先遭受各种不利条件的作用。因此，提高基材的耐老化性能十分重要。除了寻找合适的配方之外，在聚氯乙烯膜中加入少量抗紫外线剂也是十分必要的。我们发现，将未加抗紫外线剂的聚氯乙烯保护胶黏带粘贴在玻璃或铝合金板上，于60℃下处理15天后剥离胶黏带时，玻璃或铝合金上均不会有残胶。但是，这种保护胶黏带在室外让阳光照射7天或更短的时间，剥离胶黏带时胶就会污染被粘表面。这说明，紫外线对聚氯乙烯保护胶黏带的老化作用最为严重。

聚氯乙烯保护胶黏带一般涂布天然橡胶系压敏胶。为了提高耐老化性，一般尽量减少增黏树脂的用量，而且优先选用氢化型增黏树脂。另一方面，在配方中加入合适的交联剂，在干燥过程中使其与天然橡胶发生交联，从而提高耐老化性。与聚氯乙烯电气胶黏带的制作过程相同，在涂布橡胶型压敏胶黏剂之前，必须先涂布一层底胶。

聚氯乙烯保护胶黏带一般有中黏和高黏两种。由于聚氯乙烯膜厚度至少在0.1mm以上，再加上天然橡胶系压敏胶的初黏性较好，故聚氯乙烯保护胶黏带几乎没有低黏型产品。其典型性能指标见表5-4-1。

出于对成本的考虑，聚氯乙烯膜大多仍采用价格低廉的小分子型增塑剂，所以增塑剂的迁移就难以避免。正因如此，聚氯乙烯保护胶黏带的耐候性一般较差，尤其是耐紫外线性能差，不适合室外使用。一般只用于室内金属或塑胶材料表面的保护，以及玻璃喷砂雕刻过程中的保护等。

聚氯乙烯保护胶黏带以黄色及白色两种为主。虽然黑色膜的抗紫外线性能最好，但由于粘贴在被保护材料上时外观差，一般不使用黑色基材。也有少量用途使用透明或略带蓝色的透明聚氯乙烯膜保护胶黏带。

三、其他类别保护胶黏带

根据基材分类，除了应用最广泛的聚乙烯保护胶黏带及聚氯乙烯保护胶黏带之外，还有聚酯、聚酰亚胺、涂塑纸、涂塑布、铝箔等为基材制作的保护胶黏带。这些保护胶黏带主要用于特殊用途，用量不大。

纸基或涂塑纸可根据需要涂布聚丙烯酸酯系压敏胶或橡胶系压敏胶。聚酯膜及聚酰亚胺膜一般涂布耐高温的有机硅压敏胶，用于印制电路板制造过程中的表面保护。最近有报道采用以环氧树脂（E-5C）和苯二亚甲基二异氰酸酯（XDI）为复合交联剂、以偏苯三酸三辛酯（TDTM）为增塑剂合成的醋-丙共聚物溶液压敏胶，涂于PET膜，制成柔性印制电路板保护用耐温耐碱压敏胶带；当醋-丙共聚物：E-5C：XDI：TDTM为100：15：1.5：3.0（干质量份）和干胶层厚度为8～10μm时，该胶带的综合性能好，能满足使用要求[12]。有关这类胶黏带的其他指标及性能详见本篇第八章。

◎ 第三节　表面保护胶黏带的性能评价

同其他类型的压敏胶黏带一样，表面保护胶黏带也必须评价其物理机械性能（拉伸强度及伸长率）及黏合性能（剥离强度）。在评价大多数胶黏带的剥离强度时，一般采用180°剥离试验法。由于保护胶黏带的剥离强度一般很低，用180°剥离试验法评价它们的黏合性时，由于基材的弯曲作用，会导致结果不准确。此时，采用90°剥离试验法效果会更好。关于胶黏带黏合性能的具体测试方法，可参阅本书第二篇。保护胶黏带的初黏性一般较低，通常不需测定。由于保护用压敏胶的内聚强度高，其持黏性一般较高。

表面保护胶黏带的用途独特，在使用中保护的材料各不相同。但不论是保护哪种材料或在何种环境下使用，在被去除之前，保护胶黏带不能污染被保护材料的表面，同时也不能让其他化学品或脏物污染被保护表面。因此，只评价拉伸性能及黏合性能是不够的。为了评价一种保护胶黏带是否满足某一特定的用途，最直接的方法是在真实的使用条件下进行测试。在室内检测时一般通过测定耐老化性、耐热性及耐溶剂性等进行评价。在进行这些试验时，一般直接选用实际被保护的材料为被粘材料来进行试验。

一、耐老化性

耐老化性是保护胶黏带最重要的性能之一。耐老化性实际就是保护胶黏带的耐候性能。它体现的是保护胶黏带被粘贴在材料表面之后，能在室外放置多长时间不脱胶，不失去保护功能。保护胶黏带在室外应用时，最主要的老化作用是紫外线的照射。因此，保护胶黏带耐老化性的核心实际上就是其耐紫外线的性能。评价保护胶黏带耐紫外线性能主要有三种方法。

第一种是直接将胶黏带粘贴在被保护材料上，并于室外放置，让阳光直接照射。一定时间后，查看胶黏带是否失去保护功能，以此来确定保护胶黏带的耐老化性能。这种真实的耐老化性试验的试验周期太长，而且由于不同地区、不同时间及气候条件（如气温、湿度等）不同，结果可比较性差。

第二种方法是直接用紫外灯照射。这是一种室内检测、评价保护胶黏带耐紫外线性能的有效方法，仪器简单。一般先将保护胶黏带粘贴在被保护材料或其他试验板的表面上，然后用一定功率的紫外灯照射一定时间。通常用300W紫外灯照射240h。考察胶黏带是否开裂、变形，以及撕开胶黏带时被粘贴材料的表面是否有残胶。

第三种方法是在耐候仪中进行试验。在耐候仪中测定耐老化性的方法又称为加速耐候性试验。它是模仿自然气候条件的一种试验方法。一般，可根据需要设定试验条件。如让粘贴保护胶黏带的样品在耐候仪中光照1h，然后再喷水1h。反复循环直至达到规定时间。最后考察样品上的胶黏带是否脱落，剥离胶黏带时表面是否有残胶或被腐蚀等。一般室外用保护胶黏带，至少在耐候仪中处理240h后不脱胶。

二、耐加工性

保护胶黏带常被用于原材料的保护。被保护的对象只是制造某些产品的材料，如不锈钢板及塑胶板等。只有在最终产品制造完成或用户使用最终产品时，才将保护胶黏带剥离。在这种情况下，带有保护胶黏带的材料必须经过许多加工工艺，如冲压、模切及弯折等。这就要求保护胶黏带在这些加工过程中，不能发生破裂、脱落及脱胶等。

耐加工性一般需要在实际试用中进行测定。它与基材的拉伸性能有关。一般延伸性好的聚乙烯及聚氯乙烯保护胶黏带的耐加工性好。纸等伸长率低的基材则耐加工性差。

三、耐压性

被保护胶黏带所粘贴的材料，在生产及运输过程中常会堆叠在一起，要求这种重叠挤压不会造成胶黏带脱落。室内测定方法是，将粘贴有保护胶黏带的样品在室温或更高温度下施加0.2MPa(2kgf/cm^2)的压力，240h或360h后剥离胶黏带时，观察材料表面是否有残胶。

四、耐热性

保护胶黏带在应用过程中经常会遭遇高温的作用。如被保护的建筑材料夏天在阳光照射下，胶黏带经受的温度可达到 60～80℃。此时，不仅要考虑保护胶黏带的耐紫外线性，还要考虑胶黏带的耐热性。用于喷砂时进行表面保护的胶黏带，必须经受高温磨料的冲击。等离子喷涂过程中所用的保护胶黏带也存在类似的耐温性问题。

室内检测时，可将粘贴有保护胶黏带的样件放置在 60℃ 或更高温度的烘箱中处理 240h，剥离时被保护表面不能有残胶。测试玻璃喷砂或等离子喷涂及印制电路板制造中所使用的保护胶黏带时，可在更高的温度下测定，但测试时间可根据实际使用条件适当缩短。

五、耐化学品性

在某些应用中，保护胶黏带会受到各种化学品的作用。此时要求保护胶黏带必须具有较好的耐化学品腐蚀性能。常见腐蚀性液体有酸、碱及有机溶剂等。如在化学铣削时，保护胶黏带通常会遇到碱性电镀液的侵蚀。

耐化学品性能的测定一般采用与实际使用过程中相同的化学品进行处理。

除以上性能外，如果保护胶黏带被粘贴在油漆表面上时，还应测试胶黏带是否会污染油漆面，剥离时是否会损伤漆膜。

◎ 第四节　表面保护胶黏带的应用

一、保护胶黏带的选用原则

在实际应用中，影响保护胶黏带使用效果的因素很多。被保护材料表面的结构及处理方式、保护胶黏带的粘贴方法、胶黏带在材料表面的滞留时间、使用时的环境条件、加工方式及储存条件等都会影响保护胶黏带的性能。被保护的表面有高光洁表面、雾面及有纹理的表面等。表面的清洁处理方式会使表面上残留油渍、润滑剂或溶剂。常见的加工方式有剪切、割切、打孔、卷曲、弯曲、钻孔、压花、抛光、雕刻、浇铸、喷砂、组装、拉伸、冲切、模切及模压等。表面残留的油渍、润滑剂、清漆及溶剂也会影响保护胶黏带的性能发挥。总之，被保护材料的材质、表面条件及制造加工过程等组成的综合条件决定着需要选择的保护胶黏带的类型，如胶黏带的柔软性、黏合强度的大小、耐热性、伸长率及易剥离性等。

保护胶黏带要保护的材料很多，主要有金属、塑料、玻璃、油漆面等。保护胶黏带的品种也很多，而且使用方式及条件各不相同。为了达到最佳的保护效果，必须精心选择合适的保护胶黏带。保护胶黏带的选择一般遵循以下原则。

① 高光洁度的不锈钢板及铝合金板宜选用以聚乙烯膜为基材的保护胶黏带。由于表面光滑，易于粘贴，一般选用低黏型或中黏型产品即可。

② 室外装饰建材的保护，宜选用黑色或内黑外白型聚乙烯保护胶黏带。只有这两种基材才具有较高的耐紫外线功能，以满足室外长期日晒的要求。

③ 表面较为粗糙的材料优先选择高黏型产品。黏性过低时，胶黏带在表面上的附着性差，易脱落。

④ 室内保护时，可采用耐老化性差而价格便宜的产品，如聚氯乙烯保护胶黏带、透明或乳白色聚乙烯保护胶黏带等。

⑤ 需粘贴的面积大而且要求用规格尺寸大的胶黏带保护时，一般选用低黏型产品。如果选用的胶黏带尺寸大而且黏性高，如 1.2m 宽的高黏型保护胶黏带，粘贴时不但解卷困难，而且最后剥离胶黏带时也不容易。例如规格尺寸较大的彩色钢板一般采用低黏型透明聚乙烯保护胶黏带进行保护。

⑥ 金属制品的保护必须考虑压敏胶是否会腐蚀金属。因此，一般金属制品大多数采用涂布天然橡胶系压敏胶的保护胶黏带，但用于铜制品的保护时，必须小心。天然橡胶中的硫化物会与铜发生化学反应，从而造成表面产生黑点或黑斑。

⑦ 塑料制品一般用聚丙烯酸酯系压敏胶的保护胶黏带。

⑧ 有些被保护的材料需经过冲压、弯折等加工操作。用于此用途的保护胶黏带应具有较好的拉伸及延展性，以聚乙烯及聚氯乙烯为基材的保护胶黏带是首选对象。反之，则可选用以聚酯、聚丙烯甚至延伸性更差的纸为基材的保护胶黏带。

⑨ 当被保护材料须经过高温，甚至强酸碱作用时，只有有机硅压敏胶黏剂才能满足这一要求，而且基材也必须选择耐高温及耐酸碱的材料。印制电路板制造时的镀金、热风整平及波峰焊等操作过程中所使用的保护胶黏带就是很好的例子。

除了以上基本原则之外，选择保护胶黏带时还应考虑胶黏带的价格，被保护材料需要保护的时间长短等因素，同时还必须对所选用的保护胶黏带进行一定的试验及试用，这样才能确保所选保护胶黏带与被保护材料的搭配是合理的。选定了合适的型号之后，在使用中还必须注意以下几点。

① 出入库时，必须遵循"先进先出"的原则，确保保护胶黏带在 6 个月内使用。

② 在粘贴及剥离保护胶黏带时，被保护材料的温度最好不超过 20℃。

③ 为达到最佳保护效果，在粘贴保护胶黏带之前，先除去被保护表面上的油渍及尘土。

聚乙烯保护胶黏带应用最为广泛，品种也很多。表 5-4-4 列举了常见聚乙烯保护胶黏带的品种及与被保护材料之间的搭配关系。其他类型保护胶黏带的应用范围见表 5-4-5。

表 5-4-4　聚乙烯保护胶黏带与被保护材料的常见搭配方式

被保护材料种类	溶剂型聚丙烯酸酯压敏胶					乳液型聚丙烯酸酯压敏胶				天然橡胶系压敏胶						
	透明膜			乳白膜	黑色膜	透明膜		乳白膜	黑白膜	透明膜		乳白膜	黑色膜		黑白膜	
	低黏	中黏	高黏	高黏	高黏	低黏	低黏	中黏	低黏	中黏	高黏	中黏	中黏	高黏	中黏	高黏
铝合金材料																
精轧表面		●								○		○	○		●	●
抛光表面		○	○										○	○	●	●
雾面											●				●	●
阳极化面		●							●	●			●	○		○
硬质面											○			○		○
铭板										●						
不锈钢材料																
精轧表面	○							○	○	●	○		●		●	
抛光表面	○							○		●	○					
光亮退火面								●		○	○		○			
光洁油漆金属	●	●											○			
粉末及热喷涂面																
光洁表面		○	○	○	○								●			
雾面		○	●	●	●									●		●

被保护材料种类	溶剂型聚丙烯酸酯压敏胶					乳液型聚丙烯酸酯压敏胶			天然橡胶系压敏胶							
	透明膜			乳白膜	黑色膜	透明膜	乳白膜	黑膜	透明膜			乳白膜	黑色膜		黑白膜	
	低黏	中黏	高黏	高黏	高黏	低黏	低黏	中黏	低黏	中黏	高黏	中黏	中黏	高黏	中黏	高黏
铜/黄铜材料　光洁表面	○	○														
精轧表面		○														
聚丙烯酸酯板	○					•										
聚碳酸酯板　光洁表面	•	○				•	•		•							
抛光面		•	•													
雾面			•													
PVC 型材及板材		•	○									•	•		•	
蜜胺塑料　光洁面		•									•					
雾面			•								○	•				
人造大理石		○	○								○	○				
玻璃	•	○	○			•										
地毯			•													
木地板			○													

注：•表示优先选择对象；○表示在某些条件下适用。

表 5-4-5　其他类型保护胶黏带的应用选择指南

保护胶黏带的种类	压敏胶类型	应用范围
聚氯乙烯	橡胶	室内建筑装饰材料,玻璃喷砂
聚酯	聚丙烯酸酯	金属制品,塑料制品,玻璃及汽车镜的防碎
	有机硅	各种表面,印刷线路板
聚丙烯	聚丙烯酸酯	冰箱面板,油漆金属,标签及铭板
	橡胶	塑料铭板,聚碳酸酯板,汽车表面
聚烯烃	聚丙烯酸酯	光洁金属,油漆金属
	橡胶	光洁金属,油漆金属,汽车表面,玻璃
纸	聚丙烯酸酯	金属制品,油漆金属,复合材料,玻璃
	橡胶	高光洁金属(不锈钢),硬塑料(压克力板,聚碳酸酯板)
聚酰亚胺	有机硅	印刷线路板
橡胶	有机硅	热喷涂,等离子体喷涂
涂塑布	—	喷砂保护,等离子喷涂、焊接
铝箔	—	金属零件在化学铣削时的保护

二、保护胶黏带的应用

　　表面保护胶黏带具有使用方便、简捷及表面保护效果好等特点,因而广泛应用于机械、建筑、电子、汽车等行业,见表 5-4-6。

　　在使用过程中,保护胶黏带主要有以下几方面的用途。

　　① 保护胶黏带粘贴在各种金属材料表面,起短期防锈、防腐的作用。

　　② 保护各种金属、塑料及其他材料的表面不受损伤,尤其是防止材料表面在加工及运输过程中因摩擦及碰撞而引起的表面损伤及破坏。

表 5-4-6　表面保护胶黏带的基本用途

被保护材料		主要应用方向	主要性能要求	被保护材料		主要应用方向	主要性能要求
金属(不锈钢、铝合金、铜及其他)		汽车零部件 厨房设施 家电产品 建筑材料	机械加工性 冲压加工性 机械加工性 耐候性	塑料	塑料膜	铭板	耐候性
						建材(内装饰)	加工性
						家电产品	加工性
					树脂板	建材(内外装饰)	耐候性
						压克力板	加工性
						聚碳酸酯板	加工性
塑料	涂塑板	住宅、高层建筑 建材(内外装饰) 家电产品	耐候性 耐候性 加工性	玻璃		聚苯乙烯板 窗户、镜子等	加工性 耐候性

③ 在机械工业中，尤其是食品机械加工中，防止不锈钢及各种材料的表面在加工模切中被污染。

④ 在材料加工过程中，防止各种液体腐蚀或污染不需加工的材料表面。

下面分类详细介绍。

1. 金属材料和油漆金属材料的表面保护

金属材料被广泛用于建筑装饰及设备制造业。最常用的金属材料为不锈钢、铝合金及铜。这些金属材料在运输、加工过程中，其表面易被氧化及污染。因此，在出厂时一般在其表面粘贴一层保护胶黏带。

需要用保护胶黏带进行保护的不锈钢主要用于制作各种厨房制品、建筑装饰材料及食品机械等。在不锈钢加工、弯曲、打孔、拉伸、钻孔、等离子切割及运输等过程中，保护胶黏带保护表面不被划伤或污染。图 5-4-1 为表面粘贴有保护胶黏带的不锈钢板及不锈钢厨具。

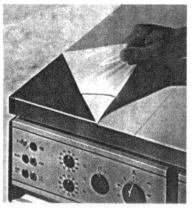

图 5-4-1　表面粘贴有保护胶黏带的不锈钢板及不锈钢厨具

铝合金材料有不同类型及不同处理表面类型，有精轧表面、镜面表面及雾面等，不同的表面应选用不同类型的保护胶黏带。保护胶黏带可以防止铝合金的表面在制造、加工、安装及运输过程中被磨损或刮伤。最常见的铝合金材料是铝合金门窗及铝卷材。它们在生产过程中都粘贴有一层保护胶黏带。由不锈钢及铝合金制作的边条，在加工及安装过程中也可用保护胶黏带保护表面。

表面被油漆的金属材料被广泛用作建筑装饰材料及制造各种仪器设备。这类材料在成型、制造及进一步加工过程中，也必须用胶黏带对表面进行保护（图 5-4-2）。由于油漆体系多种多样，而且油漆面有不同的光洁度及纹理。因此，对用于保护油漆金属表面的胶黏带必须先进行试验或请有经验的保护胶黏带的生产厂家推荐型号。

图 5-4-2　表面粘贴有保护胶黏带的油漆金属装饰材料

2. 塑料材料的表面保护

常见的聚丙烯酸酯板（压克力板）、聚碳酸酯板及聚苯乙烯板等塑胶板的表面在制造、运输及加工过程中易被擦伤。一般在成型后用机械法在这些材料的表面上粘贴一层保护胶黏带。表面粘贴透明保护胶黏带时，能看见塑料板的表面。此外，用带颜色的保护胶黏带时，还有对产品进行分类识别的作用。

复合材料的应用越来越广泛，很多家具常采用复合材料制作。这类材料表面主要是饱和纸、聚氯乙烯及其他固体表面材料。表面有时可能带有涂层。这类材料会经过弯曲、成型、油漆、胶合及运输等一系列作业。因此，表面保护是必不可少的手段。通常选用透明聚乙烯保护胶黏带。

许多日用设备，如手机、遥控器、键盘及小型收录音机等的外壳都是由塑料或复合材料制成，可用保护胶黏带保护它们的表面。音箱板一般是由层压板与聚氯乙烯膜复合而成。为了保护聚氯乙烯塑料面在日后的运输及加工中不被污染，一般在其表面上粘贴一层保护胶黏带。粘贴保护胶黏带的音箱板会经受高压处理。因此，用于音箱板表面保护的胶黏带必须能经受这种高压处理。在音箱制作过程中，大张的音箱板被切割成所需要的尺寸。保护胶黏带在切割中不能翘起。剥离时，胶黏带不能将聚氯乙烯贴面带起，也不能在其表面上留下残胶。

聚氯乙烯塑钢门窗是近些年发展起来的新型建筑材料。它具有封密性好、不易变形、耐老化及传热慢等优点，这种塑钢门窗在房屋装修中的使用越来越普及。为了保护塑钢型材及塑钢门窗在加工及安装过程中表面不被损伤，塑钢型材生产厂家一般在其表面上粘贴一层保护胶黏带。塑钢门窗上的保护胶黏带一般在整栋大楼完工后才被剥离掉，在此过程中，塑钢门窗会经受长时间的日晒雨淋。因此，塑钢型材一般选用具有抗紫外线功能的内黑外白聚乙烯保护胶黏带。为了起广告宣传作用，一般厂家要求在黑白聚乙烯保护胶黏带的背面印刷广告内容（厂家名称、电话及地址等）。这种印字保护胶黏带的结构见图 5-4-3。

3. 玻璃的表面保护

保护胶黏带还可用于保护玻璃桌面、镜子、玻璃窗及电脑、电视屏幕等。此时，一般选用透明保护胶黏带。它不但能防止玻璃被弄脏或划伤，而且能防止玻璃破碎时碎片四处飞溅。图 5-4-4 为透明保护胶黏带保护窗户玻璃。有控光、隔热和防爆等特殊功能的玻璃窗胶膜将在本篇第八章详细介绍。

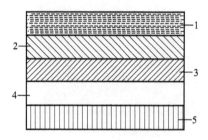

图 5-4-3　印字黑白聚乙烯保护胶黏带的结构
1—压敏胶黏剂；2—黑色聚乙烯；3—白色聚乙烯；
4—印刷内容；5—保护层

图 5-4-4　透明保护胶黏带在窗户玻璃上的应用

4. 地毯的保护

为了减少清洁工作，在搬家及装修过程中，一般可采用透明的胶黏带来保护地毯，以防止地毯被损坏或弄脏。用于此目的的保护胶黏带必须以耐磨、耐穿刺而且帖服性好的聚烯烃膜为基材。为了便于使用，大多以反卷的方式出售，即压敏胶面朝外。

5. 印制电路板制造中的表面保护

印制电路板制造过程中必须经过镀金、热风整平及波峰焊等过程。在这几个过程中，电路板会经受高温及强酸碱的作用。一般选用涂布有机硅压敏胶的保护胶黏带。有关内容请参阅本篇第八章有机硅胶黏带一节。

参 考 文 献

[1] Products Selection Guide. Main Tape Compny，Inc. USA.

[2] Product Application Guide. Poli film Group，Germany.

[3] John J. Pressure Sensitive Adhesive Tapes，Pressure Sensitive Tape Council，Illinois（USA），2000.

[4] 2000 Tape Products Directory. Pressure Sensitive Tape Council，Illinois（USA），2000.

[5] 孙国安．浅谈加工工艺用保护性压敏胶粘带．中国胶粘剂，2001，10（1）：29.

[6] 丁永忠．张伟东，硅酮压敏胶在电子工业中的应用．中国胶粘剂，2000，9（6）：3.

[7] 何敏．压敏胶（带）的可剥离性能的研究进展．中国胶粘剂，2008，17（1），44-49.

[8] 何敏．保护膜用耐高温溶剂型丙烯酸酯压敏胶的研究．中国胶粘剂，2006，15（12），35-38.

[9] 何敏．表面保护胶带用聚丙烯酸乳液压敏胶的研究，中国胶粘剂，2007，16（5），31-35.

[10] 毛胜华．保护膜用高剥离力丙烯酸酯乳液压敏胶的研制．化学与黏合，2009，31（4）：47-50.

[11] 王小兵，林中祥．丙烯酸酯类水基压敏胶研究进展．化学与黏合，2004，26（2）：90-94.

[12] 柳彬彬．FPC 保护膜用耐高温压敏胶带的研制．中国胶粘剂，2012，21（2）：44-49.

第五章

双面及转移胶黏带

曾宪家　金春明　杨玉昆

第一节　概述

一、双面胶黏带

　　包装胶黏带及电气胶黏带等普通胶黏带一般是由基材和一层压敏胶黏剂组成的，因而这类胶黏带只有一个黏性表面。双面胶黏带则不同，它是由两层压敏胶黏剂、一层双面防粘材料或两层单面防粘材料以及一层支持胶黏剂的基材所组成，见图 5-5-1。双面胶黏带这种独特的结构决定了这类胶黏带有两个可以利用的黏性表面。当将双面胶黏带的一个黏性面粘贴在物体上之后，剥去防粘材料，就会露出另一个黏性面。这样就可把另一个物体固定在这个物体的表面上。具有两个黏性面的双面胶黏带是其他胶黏带所不能替代的。正因如此，双面胶黏带在物体的固定、连接等方面的应用十分广泛。据中国胶粘剂和胶粘带工业协会统计和估算，2010 年中国大陆双面胶黏带的年产销量达 $11.3 \times 10^8 \mathrm{m}^2$，仅次于包装胶带、压敏标签和表面保护胶带，位列压敏胶制品第四大类；而 2010 年的年产销值则高达 39.55 亿元，远超表面保护胶带，居压敏胶制品第三位。

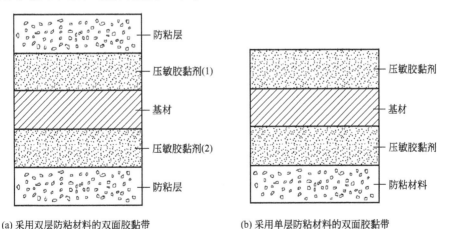

(a) 采用双层防粘材料的双面胶黏带　　　　(b) 采用单层防粘材料的双面胶黏带

图 5-5-1　双面胶黏带的结构

1. 基材

双面胶黏带所采用的基材多种多样，常见的基材有棉纸、各种塑料薄膜、泡绵、织物等。其中塑料薄膜包括聚酯（PET）薄膜、聚氯乙烯（PVC）薄膜、聚乙烯（PE）薄膜等。基材的选择主要取决于应用。不同的基材对双面胶黏带的应用效果会有一定影响。棉纸是双面胶黏带最常用的基材。棉纸具有质轻、厚度小等特点，广泛用于制作日常及办公用双面胶黏带。

特殊的应用则必须选用特殊的基材。当需要粘贴较为粗糙或不规则的表面时，一般选用厚度大而且易变形的泡绵类双面胶黏带。泡绵基材以辐射或化学交联的聚乙烯或乙烯共聚物泡绵为主，其次为聚氨酯泡绵、氯丁泡绵、聚丙烯酸酯泡绵及聚氯乙烯泡绵等。

对于透明的用途，常采用聚酯薄膜、聚丙烯薄膜以及其他透明的聚合物薄膜。

除了适应不同的使用要求外，基材还必须能经受双面胶黏带制作过程中的拉伸作用，操作中不会发生断裂或形成皱褶。

2. 防粘材料

由于胶黏带一般以卷成圆形胶带卷的方式出售，而双面胶黏带又具有两个黏性表面，因此双面胶黏带一般都必须采用两层防粘材料或采用两面均具有防粘功能的防粘材料。最常用的防粘材料是两面涂有防粘剂的纸或薄膜，有时也采用具有皱纹或压纹的纸或薄膜。

防粘材料的表面一般涂布有机硅类防粘剂。有机硅固化后在纸或塑料表面形成一层表面能低且极性小的薄层，一般压敏胶不能很好润湿这种薄层表面，但有机硅类压敏胶黏剂除外。压敏胶黏剂与有机硅表面之间只能形成十分弱的黏合作用，从而达到防粘的效果。

防粘材料两面的防粘效果可以完全相同，也可以有差别。两面防粘效果不同时，在涂布过程中应注意涂布的先后顺序。

防粘剂在干燥固化前一般是低分子量液体聚合物，在涂布之前需加入交联剂，在烘干过程中，交联剂与低分子量聚合物发生交联而转变成高分子量聚合物，并附着在纸与塑料膜表面，形成具有防粘功能的表面层。因此，防粘剂，尤其是有机硅防粘剂的完全固化十分重要。未完全固化的低分子有机硅聚合物与压敏胶黏剂接触时会转移至压敏胶的表面，从而降低压敏胶黏剂的黏性。防粘涂层很薄、一般不足 $1\mu m$。如果防粘层涂布不均，没有防粘剂的部分在与压敏胶接触时会形成十分牢固的黏合。在复卷及解卷时，双面胶黏带会从此处撕裂。因此，防粘材料的质量对双面胶黏带是十分重要的。

根据所涂布压敏胶黏剂的类型，也可选用具有皱纹或经过压纹处理的薄膜作为防粘材料。必要时，在压纹薄膜上涂布少量防粘剂。但这种不涂防粘剂或只涂少量防粘剂的压纹薄膜或皱纹材料不能用于十分软的压敏胶黏剂的防粘保护。压敏胶黏剂越软，其流动性越大。在储存过程中，十分软的压敏胶黏剂通过自身的流动能与压纹材料的不规则表面形成良好的黏合作用，从而使黏合力上升。在剥离防粘材料时，会发生胶黏剂的转移现象。

3. 压敏胶黏剂

双面胶黏带最常用的是聚丙烯酸酯系溶液或乳液压敏胶黏剂，有时也采用天然橡胶系、合成橡胶系或者天然橡胶与合成橡胶混合型压敏胶。最近几年，热熔胶及辐射固化型压敏胶黏剂在双面胶黏带中的应用在不断上升。尤其是热熔压敏胶的用量上升较快。热熔压敏胶不使用溶剂，也不需要干燥，因而制造成本较低。但热熔压敏胶的性能不能像聚丙烯酸酯类压敏胶黏剂那样可进行多方面调整。因此，热熔型双面胶黏带一般只适用于普通用途。辐射固化型压敏胶黏剂不含毒性物质，生产过程洁净，它是未来医用双面胶黏带的发展方向。

压敏胶黏剂的涂布量取决于双面胶黏带的用途。一般双面胶黏带的压敏胶黏剂厚度在 $50\sim200\mu m$。特殊的用途，胶层厚度甚至会超过 $200\mu m$。压敏胶黏剂涂布的均匀性是衡量双面胶黏带质量的一项重要指标。即使胶黏剂的涂布厚度只发生微小的变化，也会极大地影响双面胶黏带的黏合力。

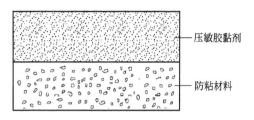

图 5-5-2　转移胶黏带的结构

二、转移胶黏带

转移胶黏带是一类结构独特的胶黏带，它是一种无基材的压敏胶黏膜，由压敏胶黏剂及双面防粘材料组成（图 5-5-2）。转移胶黏带是一种特殊的双面胶黏带，它又被称为无基材双面胶黏带。转移胶黏带的使用方法与普通双面胶黏带的使用类似。由于转移胶黏带的压敏胶黏剂层中不含基材，所以胶膜本身抗拉强度很小。转移胶黏带可代替一般胶黏剂使用，而且不需要干燥，并能保证胶黏剂的厚度均匀。正因如此，转移胶黏带的使用也相当广泛。

◎第二节　双面及转移胶黏带的品种

一、薄膜类双面胶黏带

各种塑料薄膜均可用于制造双面胶黏带。由于塑料薄膜的性能各不相同，因而双面胶黏带的性能也有差异。双面胶黏带常用的塑料薄膜有聚酯膜、硬质及增塑型 PVC 膜以及聚丙烯膜等（表 5-5-1）。由于塑料薄膜不具有渗透性，薄膜两面可分别涂布不同的压敏胶黏剂，从而获得两面性能不同的双面胶黏带。

表 5-5-1　塑料薄膜类双面胶黏带的品种及性能

基材种类	胶型	拉伸强度 /(N/cm)	剥离强度 /(N/cm)	胶带厚度/μm	伸长率/%	用途
PET	聚丙烯酸酯系	—	5.0	79	—	铭牌及普通固定用途
PET	聚丙烯酸酯系	—	7.2	200	—	塑料及金属的粘接
PET	聚丙烯酸酯系	—	9.4	210	—	难粘材料表面的粘接
PET	橡胶系	—	12.1	76	—	普通固定,粘接及拼接用
PET	橡胶系	—	(16.5/6.6)	96	—	临时固定用,可移动
PET	橡胶系	—	16.5	112	—	难粘材料表面的粘贴
PET	橡胶系	—	(5.5/13)	81	—	粘贴聚酯泡绵用
PET	橡胶/聚丙烯酸酯	—	4.8	89	—	内面适于粘贴 PE 等低能表面
PET	橡胶/聚丙烯酸酯	—	(10/13)	84	—	粘接海绵及氯丁泡绵用
PET	合成橡胶系	13.1	14.3	89	100	高性能固定,复合用
PET	聚丙烯酸酯系	—	7.7	79	100	消毒袋封口用
PET	聚丙烯酸酯系	13.1	18.7	165	100	塑料、金属及饰条的粘接
PET	橡胶系	13	9	89	100	金属建筑中的绝缘防护
PET	—	—	1.3	125	—	透明,医疗设备用、皮肤用
PET	—	—	5.5	64	—	可重新定位,制图用
UPVC	—	40.3	7.8	305	40	印刷版的固定

基材种类	胶型	拉伸强度/(N/cm)	剥离强度/(N/cm)	胶带厚度/μm	伸长率/%	用途
UPVC	—	89.3	6.1	203	40	印刷版的固定
UPVC	—	—	19.8	318	—	铭牌固定
PVC	—	—	—	254~508	—	印刷版的固定
PVC	橡胶系	32	5.5	150	150	织物及皮革固定、地毯固定
PP	聚丙烯酸酯系	61	18	213	200	粘贴不规则表面
PP	聚丙烯酸酯系	61	(11/5.5)	180	200	塑料、金属及饰条的固定
PE	—		1.3	125	—	医疗设备及皮肤用
PE	—		11	229	—	地毯固定
PE	—		3.3	100	—	海报及轻物的固定
塑料膜	有机硅系			25		柔性电路板的粘接
塑料膜	聚丙烯酸酯系	21	9.1	178	400	假发胶黏带

聚酯薄膜具有较好的拉伸及透明性能，被广泛用于制作双面胶黏带。常见厚度为12~50μm。聚酯膜的表面可涂布聚丙烯酸酯系或橡胶系压敏胶。用于粘贴极性小的表面时，一般涂布橡胶系压敏胶。

硬质聚氯乙烯膜（UPVC）和增塑型聚氯乙烯膜（SPVC）都可用于制作双面胶黏带。硬质聚氯乙烯膜一般较薄，伸长率小，多用于制作印刷版固定用双面胶黏带。增塑聚氯乙烯膜又称软质聚氯乙烯膜，其厚度一般较大，但伸长率高。软质聚氯乙烯膜适于制作织物、皮革及地毯固定用的双面胶黏带。

此外，聚丙烯膜、聚乙烯膜等也可用于制作具有独特性能的双面胶黏带。

二、纸类双面胶黏带

棉纸及皱纹纸是最常见的双面胶黏带的基材（表5-5-2）。棉纸以定量小且价格低廉成为普通双面胶黏带的首选基材。普通双面胶黏带常选用14g/m²的棉纸。其厚度一般只有30~40μm。在我国，棉纸类双面胶黏带几乎占双面胶黏带的90%以上。

表 5-5-2　纸类双面胶黏带的品种及性能

基材种类	胶型	拉伸强度/(N/cm)	剥离强度/(N/cm)	胶带厚度/μm	伸长率/%	用途
棉纸	聚丙烯酸酯系	14.4	13.2	135	7	拼接及固定用
棉纸	聚丙烯酸酯系	12.3	11	107	5	各种泡绵的复合
棉纸	聚丙烯酸酯系	12.3	11	130	5	各种泡绵的复合
棉纸	聚丙烯酸酯系	10.5	4.3	127	5	快速拼接用,耐热
棉纸	可浆化型	—	—	76	—	可再浆化,拼接用
棉纸	阻燃聚丙烯酸酯系	12.3	7.7	107	5	夹克型管道绝缘密封
棉纸	橡胶系	12.3	14.3	147	5	适于不规则表面固定复合
棉纸	热活化胶			180	—	玻璃纤维及纺织品的拼接
皱纹纸	聚丙烯酸酯系	26	17.8	190	18	耐湿,纸张拼接,铭牌固定
皱纹纸	橡胶系	30	10.3	170	9	铭牌固定,电路板固定
皱纹纸	—	52.5	5.5	127	3.5	固定,粘贴用
纸	可浆化型			89	—	可再浆化,拼接用
纸	可浆化型			114	—	可再浆化,拼接用

棉纸类双面胶黏带可以涂布橡胶系压敏胶或聚丙烯酸酯系压敏胶。我国产品以聚丙烯酸酯系压敏胶为主。采用不同的聚丙烯酸酯系压敏胶黏剂可以制作具有不同性能的双面胶黏带（表5-5-3）。由于棉纸的结构疏松，压敏胶黏剂会向棉纸中渗透。因此，棉纸类双面胶黏带

一般两面的性能相同，很少在棉纸两面复合不同种类的压敏胶。一般很难通过测定双面胶黏带的厚度来推测两面胶层的厚度，因为部分压敏胶已渗入棉纸中。胶层向棉纸中渗入的多少与压敏胶的分子量有关。压敏胶的分子量越低，就越容易渗入棉纸中。

表 5-5-3　永乐牌棉纸类双面胶黏带的性能

型号	胶型	180°剥离强度/(N/cm)	初黏力/号	持黏力/h
SM95-1	聚丙烯酸酯系	3.0	22	12
SM95-1B	聚丙烯酸酯系	2.5	18	>12
SM95-1C	聚丙烯酸酯系	2.3	15	>24
SM95-1D	聚丙烯酸酯系	6.0	15	≥24
SM95-2	乳液	2.0	15	>12

除了棉纸之外，皱纹纸（美纹纸）也可用于制作双面胶黏带。这类双面胶黏带的拉伸强度会比棉纸好。由于我国没有美纹原纸，因而也没有这类双面胶黏带的生产。

三、泡绵类双面胶黏带

泡绵是一类特殊的双面胶黏带用基材，它是经过发泡工艺制作而成的。泡绵内部有大量气泡。与其他基材不同的是，泡绵具有较好的可压缩性，其压缩性来自于内部大量的气泡。双面胶黏带所用泡绵的厚度一般在 0.5～5mm。常见的泡绵有聚乙烯泡绵、聚氨酯泡绵、氯丁泡绵、聚氯乙烯泡绵及聚丙烯酸酯泡绵等。

泡绵具有易变形等特点，在黏合过程中，泡绵胶黏带所受的应力可以通过泡绵的变形而加以分散。因此，泡绵适于制作需要承受较大应力的双面胶黏带。一般重物挂钩的固定以及物体在不规则表面上固定所用的胶黏带大部分是泡绵胶黏带（表 5-5-4）。

泡绵有开孔与闭孔两种类型。开孔型或闭孔型泡绵均可用于制作双面胶黏带。开孔型泡绵与压敏胶黏剂复合时，胶会渗入泡绵的孔隙中，从而增加胶的用量。最常用的开孔型泡绵是聚氨酯泡绵，人们常称之为海绵。常用的闭孔型泡绵是聚乙烯泡绵。聚乙烯泡绵在制造过程中，一般都经过化学交联或辐射交联处理。

表 5-5-4　泡绵双面胶黏带的品种及性能

基材种类	胶型	拉伸强度/(N/cm)	180°剥离强度/(N/cm)	胶带厚度/mm	用途
交联聚乙烯泡绵	聚丙烯酸酯系	—	撕裂	0.8	不规则表面上的固定
交联聚乙烯泡绵	橡胶系	—	撕裂	0.8	不规则表面上的固定
交联聚乙烯泡绵	橡胶系	—	撕裂	1.6	不规则表面上的固定
交联聚乙烯泡绵	橡胶系	—	撕裂	3.3	不规则表面上的固定
聚乙烯泡绵	橡胶系	—	14	0.8	固定、粘贴用
聚乙烯泡绵	聚丙烯酸酯系	—	14	0.8	不规则表面上的固定
聚乙烯泡绵	—	—	3.1	0.5	印刷用
低密度聚氨酯泡绵	—	—	撕裂	6.3	不规则表面上的固定
中密度聚氨酯泡绵	—	—	撕裂	1.1	不规则表面上的固定
高密度聚氨酯泡绵	—	—	撕裂	3.2	不规则表面上的固定
聚丙烯酸酯泡绵	—	—	35	3	金属及塑料表面的粘贴
聚丙烯酸酯泡绵	—	—	44	0.6	金属及塑料表面的粘贴
氯丁泡绵	—	—	撕裂	0.8	汽车内部件固定用
氯丁泡绵	—	—	撕裂	1.1	汽车外部件固定用
聚氯乙烯泡绵	橡胶系	—	撕裂	0.8	不规则表面上的固定
泡绵	橡胶系	10.5	11	3.2	防震、隔声、镜子的固定
泡绵	橡胶系	10.5	11	0.8	金属及塑料铭牌的固定
泡绵	聚丙烯酸酯系	10.5	9.9	3.2	耐候、防震隔离
泡绵	聚丙烯酸酯系	10.5	9.9	0.8	不规则表面上的固定

泡绵胶黏带的厚度偏差较小，一般为 0.05mm。相比之下，氯丁泡绵胶黏带的厚度偏差稍大，为 0.15～0.2mm。与氯丁泡绵、聚氨酯泡绵及聚乙烯泡绵类双面胶黏带相比，以 EVA 为基材的双面胶黏带具有更平整的表面，因此，双面胶黏带的初黏性也更高。硬泡绵胶黏带的初黏力低，在安装使用前必须将胶黏带及被粘物适当加热。

泡绵双面胶黏带最大的缺点是泡绵具有吸水性。此外，泡绵的耐温性差，尤其是聚乙烯泡绵。

四、无防粘材料的双面胶黏带

由于防粘材料的价格很贵，几乎占整个双面压敏胶带成本的 20%～30%，胶带应用时防粘材料又被丢弃、会污染环境，因此，制造无防粘材料的双面压敏胶带具有重要的意义。中国专利公布了这类胶黏带的制造技术[11]：在 PP 膜、PVC 膜、PET 膜、纸、布或玻璃纸等基材的两面，分别涂布两种交联密度不同或分子极性不同或不同种类（聚丙烯酸酯系、橡胶系或溶剂型、乳液型等）的压敏胶黏剂，只要这两种压敏胶的性质有足够的差别，胶层干燥后就能不用防粘材料而直接卷取成双面胶黏带制品。用这种技术应该可以制造那些性能要求不高的双面胶带制品。

五、其他双面胶黏带

除塑料、纸及泡绵等常用基材用于制作双面胶黏带之外，无纺布、玻璃纤维布及其他织物也可用于制作特殊用途的双面胶黏带，见表 5-5-5。

表 5-5-5　其他双面胶黏带的品种及性能

基材种类	胶型	拉伸强度 /(N/cm)	180°剥离强度 /(N/cm)	胶带厚度/mm	用　途
无纺布	聚丙烯酸酯系	7.3	9	110	纸与塑料的拼接
无纺布	聚丙烯酸酯系	7.3	11	110	快速拼接,铭牌固定
无纺布	聚丙烯酸酯系	7.3	6.6	110	瓦楞纸制造中用
无纺布	橡胶系	52	11/17.5	320	产品与地毯的固定
玻璃纤维布	橡胶系	117	8.8	240	室外地毯的固定
布	橡胶系	21	21	280	地毯的固定
导电铜箔	聚丙烯酸酯系	63	4	100	柔性电路板用

布基双面胶黏带主要用于地毯的固定。金属箔，尤其是铜箔可用于制作具有一定导电功能的双面胶黏带。

六、转移胶黏带

由于转移胶黏带没有支持基材，所以转移胶黏带的品种的差异主要决定于所用压敏胶种类及压敏胶层的厚度。

按压敏胶黏剂的种类分，转移胶黏带有橡胶型、聚丙烯酸酯型及有机硅型等，见表 5-5-6。如果按胶的性能分，转移胶黏带有普通型、耐高温型及耐低温型。胶的品种及性能的选择视用途而定。

表 5-5-6　转移胶黏带的性能及用途

胶类型	胶层厚度/μm	180°剥离强度/(N/cm)	用　途
聚丙烯酸酯系	25～127	5.5～17	普通粘接
聚丙烯酸酯系	75	7.5	铭牌固定
聚丙烯酸酯系	75	13	聚氨酯等低能表面的粘贴,高速粘贴
聚丙烯酸酯系(医用级)	50	6	医疗设备用
聚丙烯酸酯系(医用级)	38	1.3	药物透皮释放,医用电极与皮肤的固定
聚丙烯酸酯系(阻燃)	50	8.8	飞机内装饰板的固定
聚丙烯酸酯系(耐高温)	25～127	6.6～17	耐温 150℃
聚丙烯酸酯系	50	—	铭牌、饰条、泡绵及汽车内部用
橡胶系	20～50	5.5～14	泡绵、塑料、金属面的粘接
有机硅系	25	—	柔性电路板的粘接
热活化胶	25～75	—	泡绵、软木、金属及塑料的粘接
耐低温胶	50	4.4	低温固定、连接及复合
耐高温胶	50	4.4	高温固定及拼接
普通胶	25～75	4～5.5	普通粘接用
普通胶	100～127	7.2	不规则表面上的固定、适于隔声、防震产品的制造

◎ 第三节　双面及转移胶黏带的性能

一、黏合性能

同其他胶黏带一样,初黏性、持黏性和剥离强度是双面胶黏带和转移胶黏带最重要的黏合性能。所不同的是,双面及转移胶黏带有两个具有黏合性能的面。因此,对两个胶黏面的性能必须分别加以评价。当双面胶黏带的两面分别涂布不同的压敏胶时,这种细致的评价对正确使用双面胶黏带,充分发挥每个胶黏面的性能具有重要的指导作用。

1. 剥离强度

双面胶黏带有两个黏性表面。通常,将双面胶黏带解开时暴露在外面的胶黏表面称外黏性面(outer face),而把与防粘纸复合的一面称为内黏性面(inner face)。

把解开的双面胶黏带粘贴在 25μm 的聚酯膜上,除去防粘纸,双面胶黏带的内黏性面就会暴露在外面,按国标 GB/T 2792 方法可以测定双面胶黏带内黏性面的剥离强度,具体可参阅本书第二篇第二章。

当测定双面胶黏带外黏性面的性能时,先必须小心剥去防粘层。将与防粘层复合的内黏性面粘贴在 25μm 的聚酯膜上。然后按标准方法测定剥离强度。在剥去防粘层时必须防止胶面黏合在一起。与聚酯膜复合时,不能产生皱褶及气泡。

也可按美国 PSTC-3 标准测定双面胶黏带外黏性面的剥离强度。把解开的双面胶黏带样品直接粘贴在试验板上,用压辊来回压一次,除去防粘纸,用 25μm 的聚酯膜与胶面复合,再用压辊来回压一次,然后测剥离强度。

2. 持黏性

用于测定双面胶黏带持黏性的样品制作方法与剥离强度测定时的样件制作方法相似,只是两种试验板不同而已。其标准试验方法是国标 GB/T 4851,可参阅本书第二篇第四章。

当双面胶黏带用于特殊的用途时,需要评价高温下的持黏性,此时需要采用具有温度控制系统的持黏性测试仪。当双面胶黏带用于制作重物挂钩时，必须评价双面胶黏带在不同负荷下的持黏性。

3. 初黏性

初黏性也是双面胶黏带十分重要的性能指标，按国标 GB/T 4852 的试验方法可直接测定出双面胶黏带外黏性面的初黏性。将双面胶黏带与 $25\mu m$ 的聚酯膜复合，除去防粘层就可测定双面胶黏带内黏性面的初黏性。

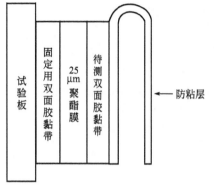

图 5-5-3　双面胶黏带防粘层剥离力的测定示意图

转移胶黏带虽然也具有两个黏性表面，但由于其胶层是由性能相同而均匀的压敏胶黏剂构成。因此，只要测定一个黏性面的黏合性能即可。将转移胶黏带与塑料膜复合，除去防粘层后，就可按标准方法测定剥离强度、持黏性及初黏性。

二、防粘层剥离力

防粘层剥离力是衡量双面胶黏带和转移胶黏带的防粘层与双面胶黏带黏合牢固程度的方法。将双面胶黏带与 $25\mu m$ 的聚酯膜复合，然后按如图 5-5-3 所示的方法将聚酯膜用双面胶黏带固定在试验板上，测定将防粘层以 180°剥离时所需力的大小。我国国家标准 GB/T 2792 中对此也作了具体的规定。

三、耐翘起性

耐翘起性是衡量胶带粘贴在不规则表面上时，双面胶黏带翘起的难易程度。测定方法在我国目前还没有被标准化。行业中一般采用下述方法：将双面胶黏带的两面分别与 0.4mm×25mm×180mm 的铝板及 1mm×30mm×200mm 的聚丙烯（PP）板复合，于室温下放置 24h；再将样件按图 5-5-4 的方式固定，测定 60℃时不同时间下双面胶黏带翘起的长度。

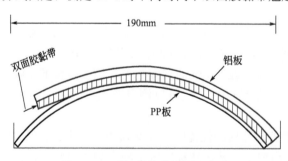

图 5-5-4　耐翘起性的测定示意图

四、残留溶剂率

大多数双面胶黏带涂布的是溶剂型压敏胶黏剂。有机溶剂对环境和人体是有害的。因此，必须对双面胶黏带中的溶剂含量进行评价。

将准确称重的聚酯片（100mm×100mm）粘贴在双面胶黏带上。将与聚酯片复合的双面胶黏带切下，剥去防粘层并称重，去除聚酯膜的重量得双面胶黏带的重量。于 120℃下将复合 PET 片的双面胶黏带烘烤 10min。冷却至室温后称重，减去聚酯片的重量得干燥后双面胶黏带的重量。由此可计算出双面胶黏带的残留溶剂率。

五、再浆化性

造纸及印刷行业广泛采用双面胶黏带进行纸张的拼接。用作此目的的双面胶黏带必须同废纸一样可进行循环利用。因此，纸张拼接用的双面胶黏带必须具备可再浆化性。

双面胶黏带再浆化性的定量测定方法可按 TAPPI UM204 及 213 标准进行。将 20cm× 2.54cm 的双面胶黏带夹在两张同样大小的吸墨纸片之间，并将其切成 1.5cm^2 的小方块，然后与相同尺寸的吸墨纸混合，使试样总量为 15g。将试样放在装有 500mL 水的混合机中，以低速混合 20s，然后停 1min。循环操作直至试样浆化彻底，记录循环次数。将浆化后的纸料制成手抄纸，并检查手秒纸中是否有未浆化的胶黏带颗粒。

更简单的衡量双面胶黏带再浆化性的方法是，将胶黏带用水冲洗，观察胶黏剂是否变成乳状或溶解。

第四节　双面及转移胶黏带的生产

双面胶黏带的生产较为复杂。一般需要经过两次涂布、两次烘干及两次复合过程。转移胶黏带由于只有一层压敏胶，其生产过程相对简单一些，只需要进行一次涂布烘干过程。除此之外，双面胶黏带所用的胶黏剂也多种多样，一般需要现场配制。

一、胶黏剂的配制

在中国，溶剂型丙烯酸酯系压敏胶在双面胶黏带中的应用十分广泛。丙烯酸酯系压敏胶的性能可以通过聚合反应及添加改性剂而加以调节。改性剂的加入一般需要在涂布前进行，否则会影响胶的性能及涂布过程。由于双面胶黏带的涂胶量一般很高，而且胶的黏度也很大。因此，在配制改性剂时应注意避免高速搅拌，否则产生的气泡无法在短时间内消除。气泡会使胶面不平整，严重时会影响胶黏带的性能。

二、涂布及干燥

双面胶黏带最常用的是溶剂型压敏胶。溶剂型胶黏剂常采用刮刀和逆辊式涂布方法。乳液型胶黏剂则采用逆辊、迈氏棒及空气刮刀法进行涂布。图 5-5-5 为常见的双面胶黏带的涂布流程，图 5-5-6 为转移胶黏带的涂布流程。双面胶黏带的涂布一般是将压敏胶涂布在防粘层上，经过干燥，然后与支持基材复合。通常又将这种涂胶方式称为转移涂布(transfer coating)。

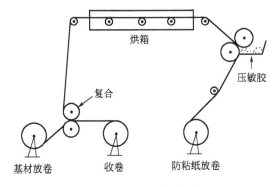

图 5-5-5　双面胶黏带的涂布流程

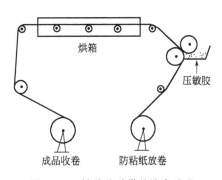

图 5-5-6　转移胶黏带的涂布流程

由于双面胶黏带的胶层较厚，必须十分小心地控制烘箱的温度、涂布速度及气流速度，这样才能得到没有气泡的胶面。烘箱温度的设置要先低后高，这样才能保证在干燥初期干燥温和，从而防止胶黏剂层的表面"结皮"。在干燥初期，胶黏剂表面过快形成膜（结皮）会使胶黏剂层内部的溶剂无法挥发出来，从而形成气泡。在涂布过程中，一般80%的溶剂在前1/3长的烘箱中就挥发掉了，其余的溶剂是在余下的2/3长的烘箱中且在更为苛刻的温度下挥发的。双面胶黏带的涂布速度一般只有3～60m/min。

三、复卷与分切

双面胶黏带的半成品一般必须放置至少一周，以使胶的性能达到稳定。最后用复卷机复卷成用户需要的长度，并根据用户的需要用分切机分切成不同的宽度，也可直接用分切机分切。一般最小宽度可达3mm，长度一般为10m、30m等。

复卷和分切需要特殊的设备，必须根据所生产的半成品的宽度及用户要求的产品长度来选择复卷机和分切机的型号。

分切机的选择必须根据双面胶黏带的基材和防粘材料的性能而定。分切机的分切方式有剪切、压切及裁切。剪切式分切的尺寸偏差小而且分切的质量好，分切的产品厚度范围较宽。剪切式分切的缺点是设备装配时间长，而且分切刀的成本高。

压切适于分切非脆性的材料。织物、纸、软质聚氯乙烯膜及泡绵类基材的双面胶黏带通常采用压切法进行分切。压切法一般采用锥形刀对硬质钢辊。压刀上的压力来自于弹簧或汽缸。分切的宽度取决于刀片固定架的宽度。与剪切式分切相比，压切法装置安装迅速，但它不适于高速分切。

第五节　双面及转移胶黏带的应用

一、使用条件

双面胶黏带粘贴的效果主要取决于胶的性能及被粘表面的状况，但粘贴双面胶黏带时的条件（如压力及温度）对胶黏带的粘贴效果也有十分重要的影响。

1. 压力

双面胶黏带的粘贴效果与所施加的压力直接相关，只有施加了足够大的压力，双面胶黏带与被粘物之间才能形成良好的黏合。这一点常被人们忽视。压力对双面胶黏带粘贴效果的影响又与胶黏剂的屈服性、基材的种类以及其他性能有关。

双面胶黏带粘贴后的剥离强度随粘贴压力的增大而增大。但是如果粘贴压力太大，剥离强度有时会有所下降。尤其是粘贴泡绵类双面胶黏带时，使用压力太大，胶会被压入基材中，从而导致胶黏剂厚度下降。因此，粘贴泡绵类双面胶黏带时，只需要施加较低的复合压力就足够了。

2. 温度

温度对双面胶黏带的粘贴效果也有很大影响。随着温度的升高，胶对被粘物表面的润湿程度上升。最有效的粘接温度为18～35℃。当粘接温度低于18℃时，胶黏带的初始粘接强度会下降。与橡胶系压敏胶相比，聚丙烯酸酯系压敏胶的初始粘接强度降低更明显。为了弥补聚丙烯酸酯压敏胶初始黏合力低的缺陷，通常将胶黏带与被粘表面加热至40℃。加热时应注意保持胶黏带与被粘表面处于同一温度。温度的差异会导致粘接部位存在应力，从而降低粘接强度。

3. 被粘物表面的清洁

保持被粘物表面的清洁是获得最大粘接强度的条件之一。尘土、防粘剂及湿气会显著降低双面胶黏带在被粘物表面上的粘接强度。

当双面胶黏带粘贴在模塑制品及金属制品上时，首先应以溶剂清除掉模塑制品上很薄的脱模剂层及金属上的润滑油。

二、在粘接方面的应用

1. 概述

在很多工业及其他应用领域，人们需要将不同的材料或部件固定在一起，形成一个整体。在这种情况下，双面胶黏带或转移胶黏带可代替普通液体胶黏剂或螺钉、铆钉等机械固定系统起粘接作用。通常又将这类胶黏带称为粘接胶带（bonding tape）。

用双面胶黏带粘接有很多优点。首先，由于胶黏带粘贴速度快，因此在生产过程中可节省时间。其次，用双面胶黏带粘接物品可实现自动化操作。一般双面胶黏带以大卷形式供应，因而可满足自动化连续粘贴的需要。使用双面胶黏带还可改善最终产品的质量，提高产品的防腐及防震动能力。用双面胶黏带替代液体胶黏剂还可避免使用有害的挥发性物质。此外，双面胶黏带还可使产品发生革新。例如老式的冰箱在冰箱内部安有散热器，清洁起来极为不便。新式的冰箱一般用双面胶黏带将散热器粘贴在内隔离层上，解决了清洁的难题。将大的图像广告用透明度极高而且耐老化的双面胶黏带固定在玻璃上也是广告的一种革新。

双面胶黏带采用不同的基材会有不同的性能，这是双面胶黏带的另一大优点。聚酯膜、聚丙烯膜及聚氯乙烯膜的耐撕性好，而布及玻璃纤维则会降低伸长率。塑料薄膜类基材适于制作大卷的胶黏带。而以棉纸或添加 3%～4% 纤维的转移胶黏带则具有易撕的特点。

双面胶黏带的粘接性能主要取决于所使用的胶黏剂配方及胶的涂布量。双面胶黏带的涂胶量比普通胶黏带高。选用双面胶黏带时必须考虑胶黏剂的黏合强度，见表 5-5-7。

表 5-5-7　双面胶黏带的性能及应用

胶　型	黏合性能	应　用
溶剂型或乳液型聚丙烯酸酯系、天然橡胶系压敏胶	低至中等剥离强度，可反复粘贴	封袋用，可重复使用，平滑及轻物品的固定，如展品、铭牌等
树脂改性聚丙烯酸酯系及天然橡胶、合成橡胶及热熔压敏胶	对粗糙及低能表面具有较高的剥离强度	家具表皮、装饰边、横条、重展示品及铭牌的粘贴，地毯的固定等，与布、泡绵、塑料复合
高性能、交联型树胶改性或纯聚丙烯酸酯压敏胶	在不同温度下具有牢固的黏合性能	汽车内部用的内装饰条、仪表板、制冷系统的散热器及装饰板等
高性能、交联型树脂改性或纯聚丙烯酸酯压敏胶	在不同温度下及室外老化条件下具有牢固的黏合性能	汽车外部用的汽车镜子、车体成型、木纹装饰、条纹装饰、标示牌、广告、大的字符标语等

2. 双面胶黏带在汽车中的应用

（1）装饰条、防擦条和防护板的安装　在汽车工业中，装饰条、防擦条及保护性防护板的安装是使用双面胶黏带最多的地方[6]。以 EVA 泡绵和聚乙烯泡绵最适合于这些用途。泡绵胶黏带的弹性及压缩性好，粘接后能保证立即形成较大的接触面积，从而弥补安装上的失误。

（2）标识牌及铭牌的固定　汽车在制造过程中需要使用大量的双面胶黏带来粘贴各种标志及铭牌，常采用模切或以卷的形式供应的双面胶黏带。由于标志及铭牌一般是由注塑ABS或者不锈钢或铝材组成，因此，压敏胶必须对这些材料有很好的附着性。

（3）汽车偏导器、门框的安装　在安装注塑聚氨酯门框及毂盖时，一般选用交联型且具有弹性的胶黏剂和双面胶黏带。双面胶黏带的作用是暂时固定门框，直至胶黏剂固化为止。粘接表面必须处理干净并涂布底胶，这样粘接才会牢固。偏导器的安装则采用聚氨酯泡绵复合材料。泡绵双面胶黏带不但起固定作用，而且能发挥防震及防潮的功能。

（4）在汽车上的其他用途　转移胶黏带及薄的双面胶黏带被粘贴在窗户的滑道中，用于固定窗户的密封条。最常用的是胶黏剂膜在防粘纸外的转移胶黏带。采用特制的手持式分割器时，转移胶黏带用完之后，防粘纸仍卷在分割器上。视镜的安装也常使用转移胶黏带或双面胶黏带。泡绵及薄的双面胶黏带还被广泛用于缓冲自黏片的粘接，尤其是电动机罩内聚酯或聚氨酯吸声泡绵的粘接。

3. 印刷版的固定

印刷方式多种多样，主要有轮转凹版印刷、柔性印刷、胶版印刷、丝网印刷及激光印刷等。柔性印刷是活版印刷的改进，它是高质量包装材料的主要印刷方式。

在利用柔性版印刷过程中，需要用双面胶黏带将橡胶板或其他感光聚合物版固定在印刷辊筒上，见图 5-5-7。与凹版印刷相比，柔性版印刷的制版费用低。由于柔性印刷版及相应双面胶黏带的开发，其印刷的质量得以不断提高。目前柔性印刷已占印刷市场的将近 1/3。柔性印刷适于对纸张、塑料及瓦楞纸板的印刷。

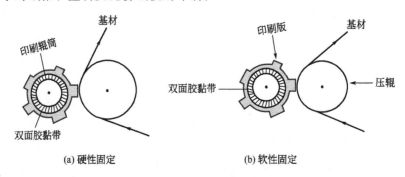

(a) 硬性固定　　　　　　　　(b) 软性固定

图 5-5-7　印刷版的固定

印刷版的安装可选用织物、塑料薄膜或泡绵双面胶黏带，其中泡绵类双面胶黏带的使用率在不断上升。以塑料和织物为基材的双面胶黏带主要用于线条等的印刷，而采用泡绵胶黏带时则可减少印刷点的形变。除此之外，双面胶黏带所采用的压敏胶对印刷质量也有很大影响。一般要求印刷版固定用双面胶黏带，在固定印刷版时必须易于操作，安装好的印刷版在储存过程中不翘头，在印刷过程中印刷版不会发生移动。印刷完成之后，印刷版易于拆除而不留残胶。这类双面胶黏带的剥离强度一般要求在 2.0～6.0N/cm 之间，而且必须具有较高的内聚强度[7]。

4. 建筑和装修中的应用

建筑和装修工程中也越来越多地使用双面胶带，尤其是在高档建筑和装修中。在玻璃幕墙的建筑安装中，最早是用垫片和螺钉将玻璃紧固在金属框架上的，后来则多数采用聚硅氧烷结构密封胶黏剂将玻璃黏结在金属框架上，大大改善了玻璃幕墙的密封性能。近几年来，采用高强度双面胶黏带把玻璃粘贴在金属框架上的方法安装玻璃幕墙的技术已经出现，并逐渐增多。这种技术不仅保持了胶黏剂的良好密封性，而且施工方便、安全、施工速度快、施工环境整洁。这是压敏胶制品在建筑结构上应用的一种革命性尝试。所用的胶黏带是一种专门设计制造的高性能聚丙烯酸酯泡绵双面胶黏带，以高强度聚丙烯酸酯泡绵为基材，涂布高性能溶剂型聚丙烯酸酯压敏胶。大量的试验数据表明[8~10]，这种双面胶黏带的性能十分优秀，完全能够满足建筑玻璃幕墙的使用要求。经过多年实际使用的考验后，双面胶黏带在建筑和装修中的应用将会出现新的局面。

三、在拼接方面的应用

1. 概述

在造纸工业、纸加工及塑料薄膜加工工业中，产品或原料是以成卷的方式生产或使用的。在加工过程中会经常遇到一卷材料与另一卷材料连接的问题。连接的方式有对接和搭接。用搭接方式拼接纸或塑料薄膜时可采用液体胶黏剂或双面胶黏带，但使用双面胶黏带则更快捷，效率更高。这种用于纸张或塑料膜拼接的双面胶黏带又被称为拼接胶黏带。

在现代化全自动生产线上，纸张或薄膜的拼接完全是自动化的（见图5-5-8），从而大大提高了生产效率。

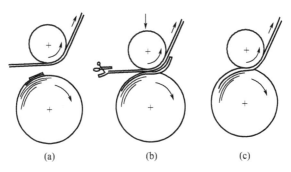

图 5-5-8　纸或薄膜的拼接示意图

造纸及纸张深加工业是应用双面胶黏带最多的领域。$18 \sim 150 \mathrm{g/m^2}$ 的纸加工都需要使用双面胶黏带。随着设备性能的提高，目前纸加工设备的速度高达 $800 \sim 1600 \mathrm{m/min}$，为了实现不停机拼接，生产者必须采用飞行拼接技术。加工的产品有轻定量级涂布纸（LWC）、凹版印刷纸及无碳复印纸等。而在上述纸的解卷及复卷过程中则常采用手工拼接的方式。手工拼接及飞行拼接主要用于纸张印刷、涂塑、涂硅及其他涂层加工业。

塑料薄膜、金属箔及其制品的厚度一般在 $5 \sim 1000 \mu\mathrm{m}$ 之间，这类产品在制造及加工过程中需要采用自动或手工拼接。最常见的加工为印刷及涂布。常见基材有聚烯烃膜、聚氯乙烯膜、聚酯膜及铝箔等。作为拼接用途的双面胶黏带必须薄而柔软，才能与柔软的基材粘贴密实。也只有很薄的双面胶黏带在拼接之后才能通过设备极窄的缝隙。此外，拼接用双面胶黏带还必须具有较高的初黏性，便于在瞬间与纸张黏合。一般采用交联型压敏胶以抵抗辊筒对胶产生的压力。同时，双面胶黏带的基材及压敏胶必须具备一定的耐温性，以满足干燥过程的需要。

拼接胶黏带一般选用定量为 $10 \sim 15 \mathrm{g/m^2}$ 的长纤维型棉纸及厚度为 $12 \sim 25 \mu\mathrm{m}$ 的聚酯膜

为基材。有时也采用无基材的转移胶黏带，但胶中一般加入 3%～4% 的玻璃纤维或其他有机纤维，以增加压敏胶的强度。

总之，拼接用途多种多样，必须根据用途确定拼接胶黏带的基材及压敏胶，见表 5-5-8。

表 5-5-8　拼接胶黏带的性能及用途

类　型	应　用
纸基材或转移胶黏带,高初黏性及可再浆化型压敏胶	涂布、整理、分切及压延等造纸过程中的手工拼接或飞行拼接;纸深加工如印刷、涂布、浸渍等领域中的飞行拼接、静态拼接或与纸芯固定
纸基材或转移胶黏带,高持黏性及可再浆化型压敏胶	造纸过程中的解卷、复卷、压延、整理等操作中的飞行拼接及手工拼接
纸基材或转移胶黏带,高初黏性及非再浆化型压敏胶	纸深加工,如印刷、涂布、浸渍操作中的飞行拼接、静态拼接及纸芯的固定
纸基材、塑料膜基材及转移胶黏带,高黏合力及非可再浆化型聚丙烯酸酯系压敏胶	纸印刷、涂布、分切及浸渍过程中的飞行拼接及静态拼接;适于特殊的拼接设备;塑料薄膜的印刷、复卷及分切等
塑料薄膜基材,有机硅压敏胶	防粘纸生产、复卷、分切及双面胶黏带涂布过程中的各种应用,适于自动或手动拼接

2. 可再浆化型双面胶黏带

随着人们环保意识的增强，对废纸的循环再利用越来越重视。为此，造纸及纸加工过程一般采用可再浆化型双面胶黏带。采用这种双面胶黏带拼接的纸在回收循环再制浆时，双面胶黏带会被分散开，对循环造纸不产生影响。相反，在制浆过程中，普通双面胶黏带的压敏胶会形成具有黏性的胶团，它对造纸过程及产品的外观会产生不利影响。

可再浆化型双面胶黏带必须采用水可分散或水溶性的压敏胶黏剂。因此，聚合物主链中必须含有大量亲水性链段。这类胶黏剂有溶剂型、热熔型或水乳液型。应用最多的是聚丙烯酸酯系压敏胶。制备可再浆化型压敏胶主要有两种方式。一种是制备含羟基的压敏胶共聚物，再将其酯化，使其具有亲水性。另一种方法是制备水溶性大分子单体，并将其与聚丙烯酸酯等单体共聚，制备可再浆化型压敏胶[5]。

完全水溶性的压敏胶有很多缺点。因此，一般可再浆化型双面胶黏带采用轻微交联但水可分散型压敏胶。经过轻微交联后，双面胶黏带的储存期更长，耐湿性及耐热性均有所提高。

四、其他方面的应用

除上述用途之外，双面胶黏带还广泛应用于其他商品标志牌的固定、医疗电极的固定以及邮政快递和信封的密封、纸的连接固定等家庭和办公用途。双面胶黏带还可用于改善行李箱和其他物品的装饰。将其他外观漂亮的材料用双面胶黏带固定在行李箱和其他物品的四壁和顶部，或者遮住有焊接、钉、销的地方，达到改变外观的作用。

参 考 文 献

[1] Donatas S. Handbook of Pressure Sensitive Adhesive Technoloy. 2nd ed. Rhode IlSand：Satas & Asasociates，1989：691.

[2] Donatas S. Handbook of Pressure Sensitive Adhesive Technology. 3rd ed. Rhode IlSand：Satas & Associates，1999：815.

[3] 2000 Tape Products Directory，Pressure Sensitive TaPe Council，2000.

[4] Test Method of Pressure Sensitive Adhesive Tape. 12th ed. Pressure Sensitive TaPe Council，1996.

［5］余立维，赵临五．可再浆化压敏胶的研究进展．中国胶粘剂，2001，10（3）：42.

［6］刘婷．双面压敏胶带在汽车防擦条上的应用．粘接，2010（5）：69-70.

［7］刘波，罗开清．耐高温丙烯酸酯压敏胶带在柔性电路板中的应用．电子工艺技术，2012（3）：169-171.

［8］王新，刘盈．VHBTM幕墙玻璃组装专用压敏胶带及其在幕墙工程中的应用．绿色建筑，2010，02（3）．

［9］刘盈．玻璃幕墙结构装配胶带的性能研究．建筑科学，2012，28（3）．

［10］Townsend B W. International Journal of Adhesion and Adhesives，2011，31（7）：636-649；2011，31（7）：650-659

［11］罗吉尔．无离型膜双面压敏胶带．CN 2901375. 2007-05-16.

第六章

压敏胶标签

曾宪家　金春明　杨玉昆

第一节　概述

压敏胶标签简称压敏标签，俗称不干胶标签纸。它是一种特殊的压敏胶黏制品。通常在其表面上印刷有各种图案及文字，主要起广告宣传、品种识别、信息提示及装饰等作用。它是推销商品及宣传商品的重要手段之一。压敏胶标签是由纸、塑料薄膜或金属箔等柔性材料经过涂胶、印刷及模切等工艺制作而成的。普通压敏标签由压敏胶、商标纸（基材）及单面防粘纸组成，见图5-6-1。

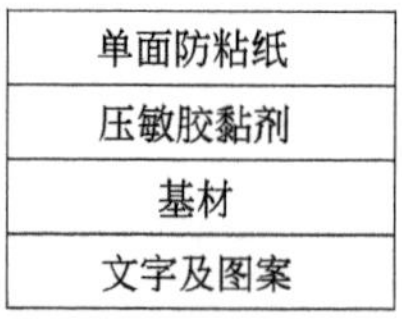

单面防粘纸
压敏胶黏剂
基材
文字及图案

图 5-6-1　压敏标签的结构

在压敏胶标签出现以前，商品品名及品牌等标签大多用胶水，尤其是用再湿性胶水进行粘贴，不但费时，而且粘贴效果及质量也差。用防潮性材料（如塑料薄膜及金属箔）制成的标签不能用水性胶黏剂粘贴。在塑料薄膜上，水性胶黏剂干燥慢，尤其是粘贴在非渗透性的基材上时，水分更不易挥发，被阻隔在两个无渗透性的表面上。采用压敏胶标签就可以克服这一缺点。压敏胶黏剂在塑料，尤其是在聚烯烃表面上，比水性胶黏剂粘贴效果更好，而且使用更方便快捷。从成本上讲，压敏胶标签的生产有专门的涂布、印刷及模切设备，而且压敏胶标签的粘贴也有各种各样价格低廉的设备可供选择。因此，使用压敏胶标签的总成本不一定比用普通胶水粘贴的成本高。正因如此，压敏胶标签的应用越来越广泛，它已渗透到各个工业和商业领域，尤其是日用品工业及轻工业领域。

由于压敏胶标签的应用广泛，其品种也越来越多。目前已有专门的防伪标签生产厂家生产各种具有防伪功能的压敏胶标签。也有人在开发无防粘纸的标签。这种标签是先在基材背面的防粘层上进行印刷，或在基材背面上印刷后再涂防粘层，再在基材正面涂压敏胶制作而成的。

在发达国家，压敏胶标签的使用极其普遍，如在美国和德国，压敏胶标签的年人均用量达 $3.5m^2$，而且压敏胶标签的销售量几乎与压敏胶黏带接近，见表5-6-1。尤其是在美国，压敏胶标签的产销值竟远远高于压敏胶黏带。

表 5-6-1　不同国家或地区压敏标签及胶黏带的产量（销售值）的比较

国别或地区	年产量或销售值	
	压敏标签	胶黏带
美国	88.4亿美元(2001年)	58.85亿美元(2002年)
西欧	28亿平方米(1996年)	48亿平方米(1996年)
日本	9.41亿平方米(1995年)	11.46亿平方米(1998年)
中国	4.3亿平方米(1998)	24.93亿平方米(1998年)

2000年我国市场对压敏胶标签的需求量超过5亿m^2，但与发达国家相比，需求量还很低。中国加入世界贸易组织（WTO）后，对压敏胶标签的需求量以较高的速度增加。据中国胶粘剂和胶粘带工业协会统计和估算，2010年中国大陆压敏胶标签的年产销量已达$26 \times 10^8 m^2$，仅次于包装胶带，稳居各类压敏胶制品的第二位。

第二节　压敏胶标签的组成

如图 5-6-1 所示，压敏胶标签一般由单面防粘材料、压敏胶黏剂及基材构成。其生产经过涂布、印刷及模切等三个步骤。涂布压敏胶黏剂但未进行印刷及模切的大卷原材料一般称为商标胶纸（label stock）。商标胶纸经过印刷及模切，最后成为压敏标签。

一、基材

压敏标签的品种繁多。按标签所用的基材分为纸压敏标签、薄膜压敏标签及金属箔压敏标签，见表 5-6-2。不同品种的基材性能不同，制作成的压敏标签具有不同的性能。

作为压敏标签的基材，除了提高最终产品的外观及为产品提供识别信息之外，它还必须具备以下性能：

① 基材必须具备足够的强度以满足各种加工过程的需要；
② 具有足够的硬度以便于分割使用；
③ 具有一定的帖服性，防止在曲面上粘贴时发生卷翘；
④ 如果是防伪标签，在被揭开时，基材应发生破坏；
⑤ 如果是可移动式标签，基材必须具有足够的内聚强度；
⑥ 能抵抗各种规定的恶劣条件的检验；
⑦ 粘贴之后，标签与被粘表面之间的应力尽可能小；
⑧ 储存或长期使用过程中，胶不能从基材上渗出。

从以上可见，要制作出性能优良的压敏标签，选择有特殊性能的基材是十分重要的。

表 5-6-2　压敏标签常用基材

类　型	品　　种
纸类基材	胶版纸、铜版纸、各色亮光纸、各色荧光纸及其他特种纸
薄膜类基材	
透明薄膜	聚丙烯膜、聚氯乙烯膜、聚乙烯膜及聚酯膜等
半透明膜	聚酯膜、聚乙烯膜
不透明膜	有光金色聚酯膜、亚光金色聚酯膜、有光银色聚酯膜、彩色薄膜(多为PVC膜)及其他特种薄膜
金属箔	有光金色铝箔、亚光金色铝箔、有光银色铝箔及亚光银色铝箔

1. 纸类基材

用于制作压敏标签的纸类基材又称为商标纸。常用的商标纸有胶版纸、铜版纸、各色亮光纸、各种荧光纸及其他特殊纸，其中铜版纸和胶版纸最常用。铜版纸由铜版原纸及涂布在原纸上的白色涂层经压光处理而成，具有表面光滑，白度较高等优点，有单面和双面两种。用来生产压敏胶标签的大多为单面铜版纸，有时也采用单面涂布的漂白牛皮纸。这些光面涂布纸在压敏标签中占有相当重要的地位。

一般需要用两维参数来评价商标纸的质量，即纵向（MD）和横向（CD）的性能。由于商标纸是幅状材料，在造纸过程中，纸纤维倾向于沿纵向进行排列。因此，一般纵向的强度比横向大。挺度及拉伸强度是最常测试的两项性能。

除了纵向及横向之外，纸还有第三维，即厚度。纸张沿厚度方向上的强度称为 Z-强度或内聚强度。纸张的内聚强度不但与纤维有关，而且与纸张的添加剂、饱和剂及加工操作（如压延）有关。纸张的厚度及密度对压敏标签的模切有很大影响。纸张的定量一定时，纸密度越大及厚度越小，模切越困难，容易发生未切穿现象。

用作压敏标签基材的纸同普通纸张一样，一般以单位面积的质量为定量基准，单位为 g/m^2，而塑料薄膜则是以厚度为定量基准。常用基材的规格见表 5-6-3。常见纸类基材的物理性能见表 5-6-4。

表 5-6-3　常用压敏标签的基材规格

品　名	规格	品　名	规格
纸类基材		聚氯乙烯膜	$80\sim100\mu m$
胶版纸	$55\sim104g/m^2$	聚丙烯膜	$20\sim40\mu m$
铜版纸	$73\sim104.7g/m^2$	聚酯金、银色膜	$25\sim250\mu m$
亮光纸	$73\sim104g/m^2$	聚乙烯膜	$16\sim38\mu m$
荧光纸	$104g/m^2$	金属箔类基材	
塑料薄膜类基材		铝箔	$71g/m^2$
聚酯膜	$12\sim250\mu m$		

表 5-6-4　常见纸类基材的物理性能

定量/(g/m^2)	厚度/μm	拉伸强度/(N/cm)	
		MD	CD
88	100	60	33
88	84	44	28
88	94	54	28
88	109	60	26
88	97	44	25
162	203	96	58
88	84	53	30
88	100	63	32
74	94	44	35
74	97	68	39
74	97	49	23

将压敏标签粘贴在曲面上时，任何纸类标签都有卷翘的倾向。曲面弧度越大，标签越易翘起。翘起的程度不但与压敏胶有关，而且与纸的性能有关。除此之外，纸的纵向及横向对卷翘性也有一定影响。一般，纸的纵向弯曲[图 5-6-2(b)]比横向弯曲[图 5-6-2(a)]更易引起纸的翘起。

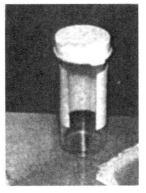

(a) 纸的纵向朝上　　　　　　　　(b) 纸的横向朝上

图 5-6-2　纸的纵横向对标签使用的影响

2. 薄膜类基材

与纸类基材相比，薄膜类基材有很多优点：①薄膜具有较高的柔性，易与直径小（弯曲度大）或不规则的表面贴合；②薄膜的耐水性好，可用于医疗及美容保健品；③薄膜具有较高的耐老化性，适于室外或其他需要耐候、耐油或耐高温的用途。

塑料薄膜类压敏标签最适于粘贴塑料容器，因为塑料柔软，它能与容器的曲面保持一致，不易产生皱褶。压敏标签常用的薄膜类基材主要有：聚丙烯（PP）膜、聚氯乙烯（PVC）膜、聚酯（PET）膜及聚乙烯（PE）膜等。其中，聚酯膜及聚氯乙烯膜应用最广泛。聚酯膜是很多用途优先选择的基材。聚氯乙烯膜易于印刷，因而常用于标签的制作。厚度大的增塑型聚氯乙烯膜用丝网印刷可制作永久性使用的符号及标牌，而厚度小的聚氯乙烯膜适于制作粘贴在弯曲表面上的标签。由于聚氯乙烯膜在制造及废物处理方面会产生有害物，不符合环保要求，因此其用量在逐步下降。大多数情况下，一般选择使用价格更便宜的聚乙烯及聚聚丙烯薄膜。经过改性的聚乙烯及聚丙烯膜能满足模切的要求。填充型聚氯乙烯膜具有良好的抗压性及硬度，适于制作用自动贴标机粘贴的压敏标签。聚烯烃及聚氯乙烯膜最大的缺点是水性油墨在这些薄膜上的附着性差。但是，通过调整油墨配方及对薄膜表面进行电晕处理或进行涂布处理可改善油墨的附着性。压敏标签常用塑料薄膜的性能见表 5-6-5。

表 5-6-5　压敏标签常用塑料薄膜的性能

品种	厚度/μm	拉伸强度/（N/cm）		品种	厚度/μm	拉伸强度/（N/cm）	
		MD	CD			MD	CD
彩色聚苯乙烯膜	74	32	28	醋酸纤维素膜	51	32	32
彩色聚丙烯膜	61	44	39	聚酯膜	51	>105	>105
透明聚苯乙烯膜	56	39	39				

3. 金属箔基材

铝箔及铜箔常被用作压敏标签的基材。金属箔基材具有优良的耐湿性及耐老化性，而且外观显眼。一般将金属箔与纸复合制成复合型基材。用复合型基材制作的压敏标签在各种饮料、啤酒及美容制品的容器上使用极为普遍。

二、防粘材料

1. 防粘材料的种类

压敏标签所使用的防粘材料与双面胶黏带用的防粘材料类似，都是由表面涂布防粘剂的纸或薄膜构成，但压敏标签对防粘材料的质量要求更高。

多种材料可用于制作防粘材料，其中纸占主导地位。纸具有压敏标签所需要的密度及硬度，而且价格最便宜。用于防粘的纸以超压光牛皮纸为主。超压光白牛皮纸又称格拉辛纸。一般商品化格拉辛纸的定量为 $50\sim80g/m^2$，厚度为 $47\sim81\mu m$。通常，在纸的表面上涂布一层有机硅防粘剂，即可制得防粘纸。涂布的防粘剂有溶剂型、乳液型或 100% 固体的热熔型。商品化格拉辛纸的性能见表 5-6-6。格拉辛纸的主要生产者有比利时的迪耐亚（Deneayer）公司及芬兰的 UPM 公司。

表 5-6-6　商品化格拉辛纸的性能

项　　目	定量/(g/m²)				
	50	58	60	62	78
厚度/μm	47	53	55	57	71
厚度偏差/μm	1.5	1.5	1.5	1.5	2.0
拉伸强度(MD)/(N/cm)	65	74	76	78	88
撕裂强度(MD)/mN	210	280	310	330	500

双面胶黏带中所使用的聚乙烯涂塑防粘纸在压敏标签中应用也相当广泛。这类防粘纸的表面光滑，能降低吸湿性，从而降低卷翘现象。商标纸的卷翘是经常会遇到的问题，尤其是片状印刷的标签。有时可采用双面涂塑纸以降低干燥后的吸湿性。国产的涂塑防粘纸厚度偏差大，从而给模切带来困难。因此，涂塑防粘纸一般只用于低档压敏标签。高档压敏标签大多数仍采用进口的格拉辛纸。

塑料薄膜类防粘材料越来越重要。透明膜压敏标签的需求在不断上升，而这种标签要求胶黏剂表面光滑，从而减少标签粘贴后带入空气。只有采用塑料薄膜类防粘材料才能达到这种要求。另一方面，压敏标签的粘贴大多已实现自动化，粘贴速度越来越快。在高速粘贴时，压敏标签与防粘纸的分离速度快，容易造成防粘纸撕裂，此时采用塑料类防粘材料最合适。最常用的塑料薄膜防粘材料有聚酯膜、聚乙烯膜及聚丙烯膜。聚酯膜的厚度通常为 $25\sim50\mu m$。聚酯膜拉伸强度大，但价格高。防粘性聚丙烯膜的价格与相应的聚乙烯膜及聚苯乙烯膜相近，比聚酯膜便宜。而聚苯乙烯膜的拉伸强度小，不适于高速粘贴的压敏标签。

2. 防粘材料的性能

防粘材料的性能，尤其是防粘水平对压敏标签的正常使用十分重要。防粘材料的防粘性能用防粘值来评价。防粘值（release value）又称防粘剥离值，它是衡量标准的测试胶黏带或特定的压敏胶黏制品与防粘材料分离时抵抗力大小的尺度，单位为 g/cm。标准的测试样品为 5.1cm（2in）宽。既可将防粘材料固定，剥离胶黏带或压敏标签的面纸；也可将面纸固定，剥离防粘材料。根据需要可采用 180℃、120℃或 90℃剥离角。与测试压敏胶黏带的剥离强度相比，测防粘值时的剥离速度一般较高，通常为 $0.3\sim30m/min$，高速防粘值测试仪的剥离速度可达 $30\sim300m/min$。国外有专门的厂家生产防粘值测试仪，见图 5-6-3。

防粘值的大小可通过调节防粘涂层的厚度及防粘剂中添加剂的用量来进行调节。通常，有机硅防粘剂通过调节高剥离添加剂（HRA）的用量来调节防粘值。高剥离添加剂又称为剥离控制剂（CRA）。剥离控制剂的作用是提高剥离力，从而防止在分切和模切过程中标签与防粘纸发生分离。

图 5-6-3　防粘值测试仪（TMI）

根据不同的用途，防粘材料应具有足够的防粘值。防粘值太低时，在模切、印刷及其他加工过程中，压敏标签会从防粘纸上自动脱落。如果防粘值太高，标签与防粘材料的分离困难。在自动化高速贴标过程中，剥离力太大会造成防粘纸撕裂现象。由于加工条件及所用的压敏胶各不相同，因此必须根据特定的用途来选择具有不同防粘水平的防粘材料。按剥离力分，防粘材料有超低剥离、低剥离、正常剥离、中剥离及高剥离等类型，见表 5-6-7。

表 5-6-7　防粘材料的防粘水平

防粘纸类型	180°剥离强度[①]/(N/cm)	防粘纸类型	180°剥离强度[①]/(N/cm)
超低剥离型	0.015～0.03	中剥离型	0.2～0.6
低剥离型	0.03～0.1	高剥离型	0.6～1.0
正常剥离型	0.1～0.2		

① 以 15m/min 的速度剥离 5.1cm 宽的样品。

防粘材料的尺寸，尤其是厚度的均匀性，对压敏标签的生产十分重要。尤其是在模切过程中，刀必须将面纸及压敏胶切穿，而不能将防粘材料切透。另一方面，防粘材料必须具有一定耐压缩性。防粘材料太软时，它能吸收模切时的压力，从而造成标签局部不能被切穿。挺度及拉伸强度也是防粘材料的重要性能。大多数 EDP 标签所采用的防粘材料必须具备一定的挺度及强度。在计算机打印之前或打印后，压敏标签是以折叠的形式存放的。如果强度不足，防粘材料会从打孔处断裂。在高速贴标时，防粘材料的断裂会造成停机，从而影响生产效率。因此，高速自动粘贴的标签必须采用塑料薄膜类防粘材料或复合了聚烯烃膜的防粘纸。随着环保意识的加强，防粘材料是否具有可循环再利用性变得越来越重要。防粘性聚酯膜可回收加工成绝缘材料或 PET 瓶。聚丙烯膜及聚苯乙烯膜可回收制成其他形式的塑料制品。涂塑防粘纸则不太容易回收再利用。

三、压敏胶黏剂

普通用途的压敏标签一般要求压敏胶具有较高的初黏力，以最小的压力就能将标签迅速粘贴上。由于标签在使用过程中很少承受负荷或承受剪切力的作用。因此，与大多数胶黏带相比，普通压敏标签的持黏性并不重要。压敏标签的涂胶量一般只有 $15\sim35g/m^2$。大多数压敏标签的涂胶量为 $20.8g/m^2$，特殊的可移动式标签的涂胶量只有 $17.8g/m^2$。在粗糙表面上使用的标签涂胶量达 $30 \sim 35 g/m^2$。涂胶量越大，分切边缘越黏，而且会降低模切及剥离的速度。

常见的各类压敏胶黏剂都可用于制作压敏标签。我国大部分普通压敏标签都采用乳液型聚丙烯酸酯系压敏胶。性能要求较高时，则采用溶剂型聚丙烯酸酯压敏胶。涂布乳液压敏胶时必须适当加以增稠，以提高乳液对防粘纸的润湿性，便于得到良好的涂布效果。可见，在我国市场上由铜板纸等光面涂层纸和聚丙烯酸酯乳液压敏胶制成的压敏胶标签占有重要地位。但近几年逐渐出现了这类压敏标签的黏性有时会随时间而下降的问题。经研究证明，这主要是由于纸涂层中的碳酸钙迁移到胶层中，引起了聚丙烯酸酯胶层的交联[6]。在涂布聚丙烯酸酯乳液压敏胶之前，先在纸涂层表面涂一薄层聚乙烯醇来阻挡钙离子的迁移，可大大改善胶的这种老化现象[7]。当然，若在纸的涂层中不采用含钙离子的白色无机填料，应该就不会发生这种老化问题。使用氧化还原引发体系和可聚合乳化剂，可以减少或消除水溶性电介质的存在，合成耐水白化性能较好的聚丙烯酸酯乳液压敏胶，用于压敏标签的制造[8]。

溶剂型橡胶系压敏胶也可用于制作压敏标签，其典型配方见表 5-6-8。与聚丙烯酸酯系压敏胶相比，橡胶系压敏胶对聚烯烃塑料表面的黏合强度高，但橡胶系压敏胶的耐溶剂性、耐老化性及模切加工性能却不及聚丙烯酸酯系压敏胶。

表 5-6-8　压敏标签用溶剂型橡胶系压敏胶的配方

组　成	用量/质量份	组　成	用量/质量份
苍皱橡胶	75	填料	25
丁苯橡胶	25	抗氧剂	2
萜烯树脂(软化点115℃)	50	溶剂	600
氢化松香季戊四醇酯	25		

现在热塑弹性体热熔压敏胶用于压敏标签的制造也逐渐增多。热熔压敏胶必须用热熔涂布机进行加工，设备制造厂家一般会给用户提供所需的热熔压敏胶。下面是通用型标签热熔压敏胶的配方和性能举例，性能更好的标签用热熔压敏胶还在不断的研发中[9]。

配方（质量份）：合成橡胶 SIS-1107 30；环烷油 20；萜烯树脂 50；抗氧剂 1。

性能：软化点 95℃；180℃熔融黏度 8000mPa·s；初黏性＞8 号球；180°剥离强度 5.2N/cm；持黏力＞5h。

由于压敏标签的用途多种多样，不同用途对压敏胶黏剂的性能要求也有差异。因此，选择压敏胶必须考虑用途以及被粘材料的性能。例如，用于汽车或其他与溶剂相接触的用途时，压敏标签必须具有一定的耐溶剂性；有些用途则要求压敏胶具有耐水性；当用于冷冻食品时，压敏标签必须具有耐低温及耐潮湿性；有时则要求压敏标签在商品用完之后能用水洗掉；将压敏标签直接粘贴在产品及水果上时，压敏胶必须无毒；等等。

按用途分，压敏标签有永久型、可移动型及耐低温型三种。大多数压敏标签涂布的是永久型压敏胶。一旦粘贴在物体表面后，这种标签就不能再移动，否则标签会发生破坏。当涂布可移动型压敏胶时，标签就可反复粘贴。可移动型压敏标签不但要求涂布特殊的可移动性压敏胶，而且标签的基材必须具有足够的拉伸强度及撕裂强度。除此之外，标签的可移动性还与标签的粘贴时间、标签的暴露环境等有关。

可移动性压敏胶黏剂有三种。一种是轻度增黏的天然橡胶系压敏胶。这种压敏胶的黏性低，对表面的润湿性及黏合性差，从而具有可移动性。但随着时间的延续，压敏胶对表面的黏合强度会逐渐上升。因此，粘贴时间过长时，标签就会失去可移动性。第二种是高度增塑型压敏胶。这种压敏胶具有较高的初黏性，但持黏性及剥离强度低。

因而它具有可移动性。第三种可移动性压敏胶是一种微球型聚丙烯酸酯乳液压敏胶，采用悬浮聚合的方法制得[10]。压敏胶以直径几到几十微米的黏弹性微球形式分散在乳液中，涂布干燥后压敏胶层仅以其黏弹性微球与被黏表面点状接触，避免了胶层的完全接触，从而使压敏标签具有可移动性。

耐低温型压敏标签必须涂布耐低温压敏胶。耐低温压敏胶具有较低的玻璃化温度，因而在低温下仍具有黏性。这种压敏标签适于粘贴在冷冻物品上。

除了上述三种常用的压敏标签外，还有一类特殊的压敏标签，即热活化型压敏标签。这类标签的胶黏剂在加热活化前没有黏性，因而这类标签也不需要防粘纸。当加热后，胶黏剂就会具有黏性，其黏性能保持几天甚至几个月。这类胶黏剂的特点是采用了固体类增塑剂，如邻苯二甲酸二苯酯。在室温下固体增塑剂与胶不相容，对胶不起增塑和增黏作用；加热后，增塑剂熔化，从而获得可涂布的压敏胶黏剂。随着时间的延续，增塑剂逐渐分层，从而使胶失去黏性。

压敏标签用压敏胶的性能评价指标有初黏性、剥离强度、持黏性及其他特殊要求的指标。剥离强度一般采用90°剥离方法进行测试。具体方法可参阅本书第二篇有关章节。

第三节　压敏标签的品种

压敏标签不论按胶黏剂还是按基材分都有多种类型。按用途分类则有价格标签、品名标签、条形码标签、使用说明标签等各种用途的压敏标签。虽然这些压敏标签的用途及形状多种多样，但它们的结构基本相同，只是印刷的文字及图案不同而已。除这些品种之外，还有口取纸、防伪标签、无防粘层压敏标签及热活化型压敏标签等。

一、普通压敏标签及口取纸

价格标签、品名标签等都是最普通的压敏标签，其应用最普遍，用量也最大。

口取纸是最普通，应用最广泛的一类压敏标签之一。与其他压敏标签不同的是，其面纸上印刷的只是框线（图5-6-4）。它是最低档的压敏标签。一般由普通胶版纸及最便宜的单面防粘纸制成。与其他压敏标签不同，口取纸模切后无废料，因而也不需排废工序。口取纸主要用于制作各种物品的品名及提示标签。提示内容需由使用者书写上去。作为空白压敏标签，口取纸在实验室及财务账目的分类标注方面应用最多。

图 5-6-4　口取纸框线的形状

二、防伪标签

防伪标签是一类具有防伪功能的压敏标签,其结构见图 5-6-5。当防伪标签粘贴之后,如果将其再剥离时,基材会发生破坏,一般是压敏胶及印刷图案与基材发生分离,从而达到防伪的目的。

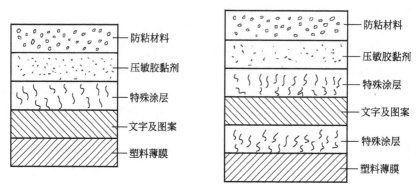

图 5-6-5　防伪标签的结构

最常见的具有防伪功能的基材为真空镀铝塑料薄膜(电化铝),如 BOPP 镀铝膜、PET 镀铝膜、PVC 镀铝膜等。

防伪标签用的压敏胶必须精心选择。一般要求压敏胶对被粘物体具有较强的黏合强度。压敏胶对被粘表面的黏合力应大于基材与涂层的黏合力。只有满足这一条件,在剥离防伪标签时,基材才会与涂层发生分离。

三、无防粘材料的压敏标签

普通压敏标签一般需要使用防粘材料。防粘材料的价格很贵,几乎占整个压敏标签成本的 1/3。而且应用时防粘材料被丢弃又会污染环境。因此,制造无防粘材料的压敏标签具有重要的意义。

去除防粘材料的方法之一是在基材背面涂布防粘剂。当然防粘剂必须在印刷之后进行涂布,虽然这种方法很有效,但产品的成本降低很少。

另一种方法是在基材背面涂布可印刷的防粘涂层。这种方法要求防粘涂层不但具有可印刷性,而且对压敏胶具有防粘性。要达到这一要求,防粘剂的配方和性能必须经过仔细的挑选。虽然这方面的研究报道不少,但目前只有少量应用。

四、热活化型压敏标签

如前所述,热活化型压敏标签采用的是含有固体增塑剂的胶黏剂。在加热时它才具有压敏黏合性能。这类标签主要用于药品、化妆品及食品的包装等方面。

● 第四节　压敏标签的生产

压敏标签的制作一般需要经过压敏胶黏剂的涂布、商标胶纸的印刷及模切等三个步骤。在国外,这三个工序通常分别由不同的厂家进行。在国内,压敏标签制作的这三个步骤通常由一个厂家完成。

一、涂布

压敏标签的涂布一般采用与双面胶黏带类似的涂布设备。在国外，一般以宽幅的卷状形式进行涂布，然后根据用户的要求，分切成不同宽度尺寸并进行印刷及模切。国内标签生产厂大多采用窄幅涂布机进行涂布。

涂布后的商标胶纸具有一定的含水量，必须在适当的条件下存放。环境温度过高会造成商标胶纸的水分丧失，从而造成最终产品在使用时易发生卷翘现象。

二、印刷

涂胶后的商标胶纸一般以卷状形式进行印刷，有时也可以片状进行印刷。卷状印刷可避免片状印刷易卷翘的缺陷。

在美国，压敏标签的印刷以凸版印刷为主，活版次之；而欧洲则相反。我国目前大多以凸版印刷为主，而且95％上采用平压平、圆压平等凸版印刷方式。

压敏标签纸的印刷有三种方式：单色印刷；印刷后再烫金；印刷、烫金后再覆膜。印刷工艺与普通凸版印刷工艺基本相同。为了提高印刷质量，通常采用亮光快干油墨并适当控制室温及印刷速度。印刷时应注意干燥度，过分干燥会造成标签易卷翘。印刷后的标签一般要上架干燥后才包装出厂。

压敏薄膜标签的印刷方法与普通塑料印刷基本相同，通常采用凸版、凹版、丝网及柔性版进行印刷，但以凹版印刷为主。

目前国内已能生产适于压敏标签印刷的多功能印刷机，除了具有印刷功能外，还能同时进行覆膜、烫金、模切及排废等工艺，见图5-6-6。

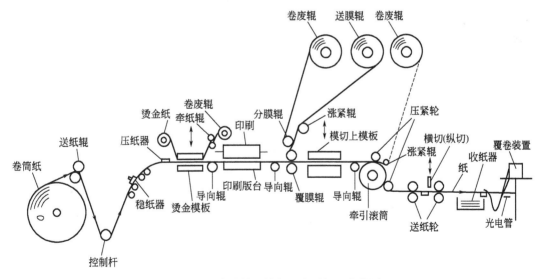

图 5-6-6　多功能压敏标签印刷机工艺简图

三、模切

模切是压敏标签生产过程中必不可少的工序之一。它是利用模切版上的模切刀片，将印刷完毕的标签按用户要求的几何形状在卷筒纸或片状纸上进行半切，使标签部分被切断，而防粘纸不被切断。模切的作用是能使用户很方便地获得所需要的特殊形状压敏标签。模切的好坏与模切版的质量、模切时的压力及压敏标签所用基材的质量有关。

模切之后，除了所需要的压敏标签被保留在防粘纸上之外，其他部分作为废料必须去掉，这种操作称为排废。模切后的排废操作见图5-6-7。排废质量的好坏与模切版的制造质量、印刷版面设计、印刷速度、排废辊的拉力等有关。

在多功能印刷机上（图5-6-6），印刷、模切及排废等工艺是同步进行的。从而提高了产品质量及生产效率。但也有单独的模切机可供选择。这种小型的模切机只适于对片状的材料进行模切（图5-6-8）。模切后的废料必须手工排除。

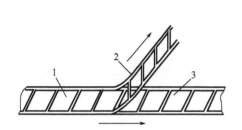

图 5-6-7　模切后的排废示意图

1—模切后的卷筒纸；2—废纸边；3—排废后的卷筒纸

图 5-6-8　小型模切机

压敏标签的制作除了涂布压敏胶、印刷文字和图案以及模切这三个必不可少的工序外，有时也需要进行烫金及覆膜处理。烫金就是将加热后带有图纹的金属版压印在卷筒纸上的电化铝上，在金属版的作用下，电化铝层将图纹转移到卷筒纸上的过程。烫金是为了改善标签的外观，使其更加有光泽、更加耀眼。覆膜则是将经过印刷的压敏标签的表面复合一层透明薄膜的过程。经过覆膜的标签不仅表面光洁有立体感，而且还具有防潮、防晒、防腐和保护印刷、保护图文的特点。烫金和覆膜适于制作高档和特殊的压敏标签，其成本比一般压敏标签高。

● 第五节　压敏标签的粘贴方法

压敏标签的使用方便简单，但随着标签用量的上升，手工粘贴已经不能满足使用需要。因此，研究如何快速而准确地粘贴压敏标签并制造相应的设备是压敏标签领域一个重要的问题。常见压敏标签的粘贴方式有手工粘贴、手持式贴标器粘贴及采用全自动贴标机粘贴三种。

一、手工粘贴

手工粘贴标签时，一般先将防粘纸弯曲，但压敏标签并不弯曲，从而在弯曲处标签与防粘纸分开。用手将标签从分离处剥离下来，然后粘贴在物品上。手工粘贴操作不适于连续化大批量生产的产品。用手工粘贴时标签的边缘易与被粘表面发生分离而翘起。当然，标签粘贴在潮湿的表面也会发生类似现象。

二、手持式贴标器

目前市场上有手持式贴标器可供选择。用手持式贴标器粘贴压敏标签，效率比用手工粘贴时高。手持式贴标器适用于贴标量较大的场合，如超市、商场中各种商品价格标签的粘贴。手持式贴标器的形状见图 5-6-9。

三、自动贴标机

自动贴标机有全自动和半自动两种。半自动贴标机能自动粘贴标签，但被粘贴的物品必须手持。全自动贴标机则不同，所有操作全是自动完成，操作更简便。

自动贴标机在粘贴标签之前，用剥离刀将标签从防粘纸上揭下来，然后用图 5-6-10 所示的方法将标签粘贴在物品表面上。自动贴标机主要由以下部分组成：压敏标签供应站、标签感应器、剥离刀、驱动系统、贴标器、复卷台、产品处理系统及产品感测系统等组成。为了实现不停机贴标，新型的贴标机一般配

图 5-6-9　手持式贴标器

有两个标签供给站，当一个标签用完时，另一个自动更换。标签感应器有直接扫描式和反射扫描式两种。直接扫描式感应器感应的是标签与防粘纸之间透明度的差异，而反射式扫描器感应的是十字印刷标记。透明型压敏标签一般用空气传感器，它感应标签之间所打上的孔洞。自动贴标机的形状见图 5-6-11。

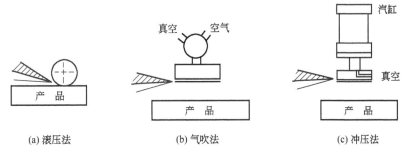

(a) 滚压法　　　　　　　(b) 气吹法　　　　　　　(c) 冲压法

图 5-6-10　自动贴标机的贴标方法

图 5-6-11　自动贴标机

压敏标签的应用多种多样，其中以印刷包装装潢行业使用最多，主要应用领域有食品包装、价格标签、办公装饰、医药、化妆品等。在德国和日本，压敏标签的用途见表 5-6-9。

表 5-6-9　压敏标签的用途

应用领域	德国	日本	应用领域	德国	日本
食品包装	27％	37％	服装纤维	3％	8％
价格标签	30％	25％	汽车	2％	2％
办公用品	10％	8％	铭牌	4％	2％
医药	10％	7％	其他	3％	5％
化妆品	11％	6％			

一、商品的主标签及次标签

压敏标签最主要的用途是作各种物品的主标签及次标签。主标签是粘贴在各种商品上的主要标签。这些标签上主要印刷有产品的品名、型号、内容物、产品成分、生产厂及产地等内容。尤其是品名、生产厂及产地等是每种产品都必须标明的内容。用作某些食品的主标签时，还提供与营养有关的信息。作为主标签，压敏标签主要应用于化妆品、卫生用品及药品等商品的包装上。在其他类型产品上的应用也在不断增长。

次标签不如主标签重要。它主要用于标明商品的价格、特殊的打折及推销用途等。在价格标签领域，压敏标签基本上已取代了其他方法，业已成为零售商品的主要价格标识方法，尤其是在各种超市及百货零售店。一般价格标签涂布初黏性好的压敏胶。涂布持黏性高的压敏胶时，标签一旦粘贴就不能再移动，否则会损坏标签，从而达到价格防伪的目的。餐碟及其他厨具制品则最好涂布水可清除的压敏胶。

二、EDP 型标签

随着电子计算机的普及，EDP（电子数据处理）型标签的使用越来越广泛。EDP 标签主要用于标明地址及内容物等。这种压敏标签通常以扇形折叠形式供应，便于堆放及计算机打印。

三、邮政及货物运输用标签

目前已有很少量的压敏标签式邮票出售。这种邮票虽然比未带胶或只带再湿性胶的邮票价格高，但它使用方便，黏着牢固。尤其是在塑料信封上，比用再湿性胶水的邮票粘贴效果好。货物在托运过程中一般采用具有重叠名称及地址的标签，便于不同的经手人留下可查依据，为货物准确送达收货人提供保证。经海关出口的货物一般要贴上带有品名及地址的压敏性船票，以确保货物安全抵达目的地，不至于错发及错运。邮政快递上的名址单也是这类标签。

四、电线标识用标签

电子及电器工业通常需要采用标签以标识各种电线。这类标签是一种标明数字或颜色的压敏性小条，用于识别电气端子和与此端子相连的电线。它主要由薄膜或涂塑布涂布压敏胶并与防粘纸复合而成。电线标识用标签广泛应用于计算机、飞机、轮船及各种工厂设备中。

五、汽车用标签

旅行车、货车及卡车等各种车辆的特殊部件及部位等常贴有带有各种信息的标签，这些标签上带有操作指南或产品规格以及与电池、发动机和起重机有关的警告语等。如汽车制造商在轮胎胎面上贴上特殊的薄膜标签以标明允许的气压等信息。汽车用标签由纸、膜、金属箔及复合膜等各种材料组成，有时需涂布耐溶剂或耐高温的胶黏剂。

汽车服务中心及汽车管理部门经常使用压敏标签以表明汽车服务的日期、性质以及是否经过年检等。

六、防伪用标签

防伪标签主要用于商品价值比较高的商品包装上，防止商品被更换及假冒。主要应用的产品有各种名烟、名酒及其他名牌产品。一旦防伪标签被破坏或没有防伪标签则证明此商品可能有假。

七、美工及装饰用标签

随着生活水平的提高，越来越多的人在家庭及办公场所大量使用带有压敏胶且模切成一定形状的压敏片材，起装饰作用。最常见的是各种年画、窗花及剪纸类作品。它们既采用了先进的压敏胶技术，又继承了中国的传统文化。用压敏胶代替过去的糨糊，粘贴方便而且牢固。

另一类具有特殊作用的压敏标签是专为幼儿学习知识而设计的。将激光膜或其他基材印刷上各种形状的图案及文字，并予以模切（图 5-6-12）。这种粘贴图画能方便家长及老师向

图 5-6-12　幼儿学习用透明膜粘贴画

幼儿传授知识，同时又具有一定的装饰功能。其使用在学校及家庭中越来越普及。

此外，美术设计及建筑业也需要使用大量的压敏性数字、字母及符号等。主要用于图表制作、产品展示及广告牌的设计等。

参 考 文 献

[1] Donatas S. Handbook of Pressure Sensitive Adhesive Technoloy. 2nd ed. Rhode Island：Satas & Associates，1989：745.

[2] Donatas S. Handbook of Pressure Sensitive Adhesive Technology. 3rd ed. Rhode Island：Satas & Associates，1999：858.

[3] Donatas S. Advances in Pressure Sensitive Adhesive Technology 1. Rhode Island：Satas & Associates，1992：169.

[4] 傅强编. 不干胶标签印刷. 北京：印刷工业出版社，1994.

[5] 张在新. 压敏胶与压敏制品的市场和技术动向（Ⅰ）. 中国胶粘剂，2000，9（3）：39.

[6] 刘琳，陈高兵. 纸标签压敏胶钙离子老化的研究. 工程塑料应用，2010，（9）：63-65.

[7] 王石花，陈又军. 铜版纸水性压敏胶标签老化机理的研究和改进方案，造纸科学与技术，2012，31（4）：31-34.

[8] 陈林. 耐水白化的丙烯酸酯乳液压敏胶的制备及应响因素[D]. 南京：南京林业大学，2010.

[9] 何琴玲. 标签用热熔压敏胶的研制及性能影响因素探讨[D]. 南京：南京林业大学，2010.

[10] 李耀仓. 悬浮聚合法制备微球型压敏胶的研究. 中国胶粘剂，2011，20（12）：38-41.

第七章

医用压敏胶制品

崔汉生

19世纪70年代，美国出现了由天然橡胶和树脂组成的压敏胶类医用制品。接着（1882年）德国药剂师P. Beierstorf制成天然橡胶-氧化锌医用橡皮膏，逐渐在世界范围内进入了医用压敏胶制品的工业生产时代。这是医用压敏胶的第一代制品，主要以天然橡胶-氧化锌压敏胶和棉布基医用橡皮膏（白胶布）制品为代表，采用压延涂布的技术制得。

进入20世纪中、下叶，聚丙烯酸酯系和有机硅系医用压敏胶的出现，使医用压敏胶制品得到了进一步的发展。除白胶布和膏药贴外，还出现了许多新的现代医用胶带、医用绷带、药物透皮释放制品和伤口贴等第二代医用压敏胶制品。

20世纪90年代后，新一代医用热熔压敏胶黏剂逐渐广泛应用于医疗领域的胶黏制品及一些医用复合材料。除了热熔压敏胶所具有的较良好的涂布性能及稳定性外，针对原医疗卫生领域的胶黏制品存在的问题和新型材料的出现，对医用热熔压敏胶提出了低过敏性、与皮肤更好的黏附性以及涂布后透气性等新的要求。

原先广泛应用于医疗卫生领域的布基氧化锌橡皮胶布、布基膏药贴、伤口贴等大都采用的是溶剂型压敏胶黏剂。为增加耐汗及黏附性，在胶内增加了较多的填充料和增黏树脂，极易引起皮肤过敏并产生胶的转移。医用热熔压敏胶较顺利地解决了这方面的问题，尤其是UV聚丙烯酸酯医用热熔压敏胶研制并投入应用后。

随着非织造布（即无纺布）及其复合制品普遍应用于医疗卫生领域，为保持医用非织造布胶黏制品的透气和柔软，医用热熔压敏胶借助于施胶设备的进步，使非织造布与其他材料制成各种医疗用复合制品，更加方便使用。

本章主要介绍新发展起来的医用热熔压敏胶及其各种医用热熔压敏胶制品。

第一节　医用热熔压敏胶及制品的特点、评价及比较

一、医用热熔压敏胶及制品的特点

医用热熔压敏胶除了热熔压敏胶一般的性能外，在胶的涂布操作性、对皮肤的低过敏性、黏附性、透气性等方面对其有特别要求。

1. 涂布操作性方面

（1）对胶的工作温度有一定的要求　在生产制作医用透气胶黏材料时，很容易发生溢胶

现象。热熔压敏胶在涂布时具有较高的流动性，很容易在涂布复合时渗入多孔的基材，即使采取冷却措施也来不及使胶凝固，经常产生溢胶到基材的反面。所以对胶的工作温度有一定的要求。用于医用透气胶黏材料，最好用涂布时温度在 120～140℃ 的胶，一般的热熔压敏胶涂布时胶的工作温度在 160℃ 左右。在冷却速度上前者显然快得多。有的涂布温度 120～140℃ 的热熔胶，可以直接施胶于多孔基材（如非织造布）上，而使胶尚未渗到基材的反面时已经固化。当然，胶的软化点也不能太低，要求在 80℃ 以上，保证在储存和长途运输过程中，或在高温气候下不会变质。

（2）对各种基材和各种涂布方式需采用不同的热熔压敏胶

基材有的有孔有的无孔，基材表面有的光滑有的粗糙，有棉质的基材，也有薄膜的基材；有耐温的基材也有不耐温的基材。所以涂布方式上有直接涂布也有转移涂布。涂胶设备有刮涂，也有非接触式的喷涂；有辊轮满涂的方式，也有凹印辊轮点状涂布方式。针对各种产品所用不同的基材，采用不同的涂胶工艺方法，也要选用各种不同的胶来适应这些涂布方法。

热熔压敏胶在一旦离开喷嘴喷出，即被空气瞬间冷却，迅速地降低了胶对基材的浸润、锚着力。涂完的成品经常出现胶与基材咬不住，使胶转移脱落或在皮肤上留有残胶。

这跟前面说到的渗胶问题是一对矛盾。

对于刮涂的涂布方式来说，胶在喷嘴挤出时直接将胶刮到基材上，相对来讲用胶的范围可以宽一些。工作时，胶的黏度从 2Pa·s 到 20Pa·s 都可以。根据基材不同，涂布的要求也不同。适当调整工作温度可以使胶的黏度起变化，对于粗糙不易渗漏的基材可以将温度升高一些，而使黏度低些，胶的流动性更好一些，锚住基材表面更牢一些。而对于一些空隙大，容易渗漏的材料，可以采取相反的措施。利用涂布头与涂布辊及基材之间的调节也能获得不同的良好的涂布效果。

对于喷胶工艺来说，因是非接触性的涂布，要求胶的工作黏度低一些，一般不能超过 10Pa·s，使喷出后的胶流动性较好，接触基材表面后尚有一定的浸润时间。

辊轮涂布是将计量、刮涂后留在辊轮面上的胶转移到基材上去。因离开加热槽后的辊轮面虽然有本身内部加热系统，但表面的胶已经暴露在空气中，为了使胶保持一定的流动性，胶的工作黏度也不能超过 10Pa·s。

可以说，一个好的产品其实是热熔压敏胶生产者、涂布操作者及设备设计者通力合作的结果。

2. 对皮肤的低过敏性方面

有些人在使用医用胶黏制品后，皮肤产生红、痒、小丘疹等过敏症状。应当改进医用胶黏制品的配方、制造工艺等，以尽量减少和避免这种情况。一些用于医疗目的的布基氧化锌橡皮膏及膏药贴、伤口贴等，使用了溶剂型天然橡胶压敏胶。为使涂层加厚来填补基材粗糙的空隙，增加黏性和减少因使用天然橡胶而引起的过敏，需要添加氧化锌粉。这样一方面氧化锌作为填料加入增加了胶的黏稠度，另一方面降低了对皮肤的过敏性，增进了胶的吸湿能力。近年来，针对溶剂型天然橡胶压敏胶过敏问题的解决采用了不少好的办法，也取得了一定的进展，但是还是有不少国家排斥含有天然橡胶的医用胶黏制品。

3. 对皮肤的黏附性方面

对皮肤的黏附性，即胶对皮肤的浸润和连续附着能力。医用胶黏制品使用在皮肤上尤其是粘贴在关节部位时不能起翘和脱落，即使在关节部位弯曲情况下或者在沐浴情况下也不会脱落。这要求胶本身的浸润性和柔软性好、与皮肤的附着力强。黏附性的指标与其他压敏胶指标，如与内聚力、表面黏性等指标不一样。黏附性是无法用标准仪器测试的，并无一标准指标，全靠多次实验和实际使用中鉴定。而实际上要提供一种适合各个地区各种人种皮肤都能用的胶确实是有困难，但要做到广泛适用还是可以下功夫的。近期一些公司研制的高品质的医用热熔压敏胶，比如紫外光固化聚丙烯酸酯热熔压敏胶的出现，就较为成功地解决了这个问题。

4. 与皮肤的兼容性

（1）剥离强度不宜大　粘贴皮肤的医用压敏胶制品，其剥离强度不宜过大。剥离强度高的胶黏制品粘贴在皮肤上有紧绷感，不舒服；将材料从皮肤上剥开时，有疼痛感并极易将汗毛拉起，损伤皮肤。特别是使用对象为儿童、老人和皮肤状况差的病人时，更应该着重注意这一点。180°剥离强度控制在 3N/cm 左右较好。

（2）与皮肤的黏合力好　对各种皮肤都要有好黏合力，尤其是初黏力必须很好，使胶黏制品在瞬间能粘贴住皮肤。一些制品需要用在伤口上或伤口周围，不宜用劲压按，但又要能在较长时期粘贴在皮肤上不起翘、不脱落。

（3）撕后应无残胶　在粘贴一定时间后将胶黏制品从皮肤上撕开时，不应有任何残胶遗留，尤其在胶黏制品的四周边缘。为此要求医用压敏胶必须具有足够大的内聚强度。

5. 适应消毒处理

应用于伤口的、伤口贴等医用制品必须经过消毒处理。不能因为消毒过程而使胶黏制品变质。目前采用 γ 射线及钴射线消毒对胶的影响较小，而采用热蒸汽消毒对压敏胶及其制品的要求更高。

6. 对皮肤的透气性方面

（1）涂布解决透气性　实现涂胶后让基材保持透气，这主要与涂布方法有关系。热熔压敏胶经过先进的热熔涂布设备可以涂布各种花纹、各种间隙的透气图案，使基材保持透气。如果用溶剂或水溶胶相对就比较困难。

皮肤上粘贴了胶黏制品后，在闷热的天气或运动时，会出大量的汗。一般情况下，粘贴在皮肤上的胶黏制品会受到汗液影响，甚至起翘脱落。这是因为一般医用压敏胶的原料无极性物质，无法起吸湿排汗的作用。通常的做法是，在满涂胶后，在涂后的胶黏材料上均匀排列打孔以解决透气。而如果用医用热熔压敏胶进行有规则地间隙透气式涂布，就很容易解决保持透气的问题。比如用获得专利的美国诺信热熔透气涂布头或改变热熔涂布头与涂胶辊的位置都能获得此类效果。透气性好的胶带能帮助排汗，更能降低皮肤的过敏反应。

（2）压敏胶对透气的影响　除了用透气涂布方法来解决透气性外，压敏胶本身的原材料对透气性也有影响。应该避免加入松香、萜烯树脂等增黏树脂，因为这些成分会对皮肤会造成过敏。

影响透气性的最重要的因素是湿气的传输量。人体皮肤的表面积为 $1.5\sim2.0m^2$，一般每天排出的汗液量为 $500\sim5000g/m^2$，最高可达 $15000g/m^2$。

使用聚丙烯酸酯系压敏胶的医用胶黏制品时每天的湿气传输量可达 $200\sim800g/m^2$，而用热塑性橡胶制成的胶黏制品每天的湿气传输量是 $20\sim200g/m^2$。可见，使用前者会取得更好的效果。

二、对医用热熔压敏胶的评价

医用热熔压敏胶可制成医用压敏胶带、弹性绷带、伤口贴、手术切口胶膜等各种制品，被广泛应用于手术、监护、诊断等各个医疗环节，主要发挥固定、黏结和保护等作用。从医患两方面考虑，要求此类产品不仅有良好的黏结性能，同时还必须考虑与皮肤接触而产生的各种问题。因此在安全性方面，要进行生物学评价。相关的国际标准有ISO10993，国家标准有GB/T 16886，主要包括刺激与致敏试验、毒性试验等。

在我国，医疗卫生粘贴材料必须通过国家指定的药品检验局检验，并由食品药品监督管理局对生产场所检查后颁发了批号及许可证方能生产。

三、医用热熔压敏胶与传统型医用压敏胶的比较

与传统的溶剂型和水基型医用压敏胶相比，热熔型医用压敏胶有如下优点：①剥离力相同时，用胶量较小；②对皮肤刺激性和过敏性低；③涂布速度快、效率高；④可进行透气涂布、间隙涂布和各种图案涂布；⑤能适应射线消毒。

几类医用压敏胶的相互比较列于表5-7-1中。

表 5-7-1　几类医用压敏胶的比较

项目	热熔压敏胶	溶剂型压敏胶		水基压敏胶
基本聚合物	热塑性橡胶	天然橡胶	丙烯酸酯	丙烯酸酯
与皮肤的初黏力	+++	++	++	++
与皮肤的持黏力	+	+++	+++	+
对皮肤的刺激性	++	++	+++	++
老化稳定性	++	+	+++	+++
用后无残余物	+++	+	+++	+++
生产设备成本	+++	+	+	++
生产线速度	+++	+	+	+
工作场地安全性	+++	—	—	+++
生产成本	++	+	+	+

注：+++为好；++为较好；+为中（或可）；—为差。

● 第二节　医用热熔压敏胶制品及其制造方法

一、医用热熔压敏胶制品的种类

常见医用压敏胶制品有以下几类：

① 医用胶带，非织造布透气压敏胶带、薄膜打孔压敏胶带、丝绸锯齿型压敏胶带。

② 伤口贴，含有吸水垫的输液贴、创可贴、敷料（岛状及条状）、留置针贴、免缝胶带和医撕非织布胶带、含药压敏膏药贴等。

③ 单向及双向弹性绷带、条状涂布透气棉布胶带、防水棉布胶带、运动胶带、医用洞巾等。

④ 手术薄膜，PE或PU切口薄膜。

⑤ 一次性非织造布复合材料，手术衣、防护服、口罩、鞋套、手术单等。

二、医用热熔压敏胶带

医用热熔压敏胶带以透气为主，使用低过敏的医用热熔压敏胶，胶带的标准卷宽度一般是0.5in(1in＝0.0254m)和0.5in的倍数；长度一般为10码，可根据客户需要，选择长度；

内芯直径为1英寸。

1. 非织造布透气压敏胶带

这类医用压敏胶带以非织造布（无纺布）为基材，基材背面需进行防粘处理，正面涂布医用热熔压敏胶制成。其外观见图5-7-1。

上海华舟压敏胶制品有限公司是第一家用热熔压敏胶生产非织造布透气压敏胶带的企业。中国发明专利ZL200320108735.3公布了这种医用胶带的制造方法。

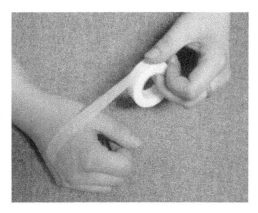

图 5-7-1　非织造布透气压敏胶带

（1）基材——非织造布　国产基材大多采用湿法（造纸法）非织造布，但较好的基材是采用干法（化学黏合法）非织造布。后者制成的胶带更柔软、膨松，黏附性更好。对医用非织造布材料的要求是：①手感柔软；②有一定的抗拉强度；③经得起普通的杀菌方法；④不会发黄；⑤不产生纤维绒；⑥不会造成皮肤过敏；⑦不会引起细胞中毒；⑧低气味；⑨可自动降解；⑩撕断时不会形成L形。用来涂布的非织造布已进行树脂补强处理，所用原料不能含甲醛成分。补强后的非织造布更适宜涂布防粘剂和胶黏剂，因为不会使涂上去的原料被纤维吸收而影响质量。

（2）紫外线（UV）防粘处理　为保持非织造布原有的透气空隙（见图5-7-2），涂胶可以用热熔透气涂布方法完成，而在有透气空隙的非织造布上涂布防粘层是一大难题。一般压敏胶黏带是涂布溶液型的有机硅防粘剂，经加热固化而成防粘层的；或直接用防粘纸复合，如双面胶带。要在非织造布的表面涂防粘剂，用溶液型防粘剂会使原料渗到非织造布的反面去，从而影响涂胶面。有人先对非织造布进行了树脂补强，然后再涂防粘剂，这样防粘剂涂

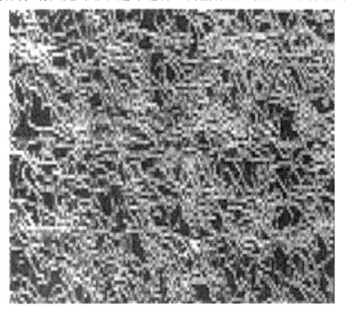

图 5-7-2　非织造布的放大照片

上了也不会渗漏。但结果却将非织造布纤维间的空隙堵死，非织造布失去了透气性，又影响了柔软性；防粘剂固化时要求的高温又改变了基材的物理性质，大幅度减少了基材的天然水分；有害的催化剂对要求高的卫生制品也不适宜。显然，用溶液型防粘剂经过加热固化的工艺不可采用。无溶剂辐射固化聚硅氧烷树脂的发展为解决这个问题提供了较好的方法。

辐射性固化处理包括电子束（EB）和紫外线（UV）两种。由于 UV 已进入我国的生产领域，用 UV 辐射固化的聚硅氧烷-丙烯酸酯树脂防粘涂层，已较好地解决了在非织造布表面的防粘处理问题。

在 UV 辐射下，这种防粘涂层可以在小于 1s 的时间里瞬间固化。将这种聚硅氧烷-丙烯酸酯树脂防粘剂涂布在非织造布表面的表层纤维上，并用 UV 进行瞬时固化，就使非织造布最上面的纤维表面覆盖了一层薄薄的防粘层（见图 5-7-3）。由于控制了防粘层的涂布量（0.7~1.0g/m²），恰到好处地让表面纤维都沾有了防粘剂，而又不形成膜状，纤维与纤维之间的空隙仍然存在，透气性依旧。

图 5-7-3　非织造布透气压敏胶带横截面示意

因为量少又在表面瞬间固化，所以防粘剂不易渗到反面的，不会影响到非织造布的涂胶面。

聚硅氧烷-丙烯酸酯树脂防粘剂的主体成分是聚硅氧烷-丙烯酸酯树脂。这是一种特殊的聚硅氧烷树脂，在它的有机基团上连接着带双键的聚丙烯酸酯官能团。当防粘涂层受到紫外线（UV）照射时，在涂层中的光引发剂的作用下，带双键的丙烯酸酯官能团能打开双键，从而发生分子间的偶合交联作用，使涂层得到快速固化。

此种防粘剂用于压敏胶制品已经多年，工艺性能稳定成熟。聚硅氧烷部分起到防粘作用，而聚丙烯酸酯部分起到固化并调节防粘效果的作用。如果防粘剂部分交联，偶合交联程度低于 70%，表面的深层处有明显的丙烯酸酯族的残余（如图 5-7-4 所示），与压敏胶复合后发生相互牵制作用，解卷力就较大。而有的防粘剂，在相同的固化处理条件下，丙烯酸酯的交联程度达到 90% 甚至更高（图 5-7-5），固化后几乎没有未反应的丙烯酸酯，则与压敏胶复合后无牵制作用，解卷力就较小。两种防粘剂涂层的解卷力如图 5-7-6 所示。

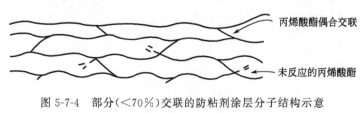

图 5-7-4　部分（<70%）交联的防粘剂涂层分子结构示意

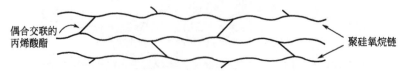

图 5-7-5　90% 以上交联的防粘剂涂层分子结构示意

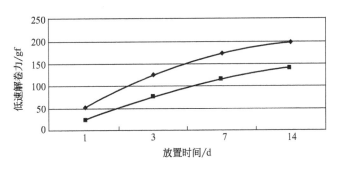

图 5-7-6 两种防粘剂涂层的解卷力(1gf＝0.01N)

◆—部分交联；■—90%以上交联

目前的产品经进一步优化，产生了新一代的聚硅氧烷-丙烯酸酯树脂防粘剂。它作为一个组合单元把聚丙烯酸酯组分与聚硅氧烷链有机地连接起来，提高了等级，具有防粘力范围宽、不用催化剂、冷态情况下固化、固化速度更快的优点。

不一样的混合型防粘剂可产生不同的防粘效果。通过对丙烯酸酯功能的调节可以获得不同防粘效果的涂层，而将两种不同防粘效果的防粘剂以一定比例混合可以得到从紧到松的不同的解卷力，以适应各种不同的需要。例如，将上述两种防粘剂以不同的比例混合，可以得到适应不同需要的各种程度的解卷力。

UV 防粘剂固化时一般需用惰性气体做保护。空气中的氧气对丙烯酸酯双键的聚合有明显的阻碍作用。为了保证防粘剂涂层进行快速有效的固化，必须用惰性气体（氮气）对 UV 辐射的反应室进行良好的保护。这是防粘涂层获得最终优良性能的重要措施。

另外，聚硅氧烷的用量、光敏剂的配合、紫外灯的波长、基材的表面处理、设备的性能及其调控措施，都会对防粘涂层的质量产生影响。对非织造布基材进行 UV 防粘处理的常用设备见图 5-7-7。

图 5-7-7 非织造布基材 UV 防粘处理的常用设备

上述防粘剂涂层的固化过程需要惰性气体做保护，给操作带来了不便。于是就开发并产生了不需要惰性气体做保护的 UV 防粘剂。这种防粘剂的主体聚硅氧烷树脂的分子中一般含有带环氧基团的有机官能团，经 UV 辐照后环氧基团能够发生阳离子开环反应，使防粘剂涂层交联并固化。这种阳离子开环反应是不受空气中氧的影响的。

用 UV 辐射使防粘剂在非织造布表面经瞬时固化后形成防粘层，是目前最好的防粘方法，既达到了防粘目的又保证了非织造布原有的柔软性和透气性。

这种方法速度快，效果好，质量稳定。但一次性设备投资较大，涂布时有的防粘剂在固化时还需用惰性气体驱氧。

（3）医用热熔压敏胶 常用的医用热熔压敏胶有以下几种。

① 美国公司所生产的 F171 型胶：180℃时黏度值 1100mPa·s，软化点 89℃，操作温度 120℃，所有原料均符合美国食品与药物管理局（FDA）规定 21CFR175.105（胶黏剂）。

② 国产的 2C 型胶：180℃时黏度值 2500mPa·s，软化点 90℃，操作温度 160℃，产品通过药检。

③ 德国进口胶：180℃时黏度值 8800mPa·s，软化点 110℃，操作温度 160～190℃，产品符合生物相容性要求。

这些压敏胶的涂布量一般为 28～30g/m²。

（4）透气涂布方式　用热熔压敏胶透气涂布专用喷头可以直接涂布出各种透气图案，见图 5-7-8。

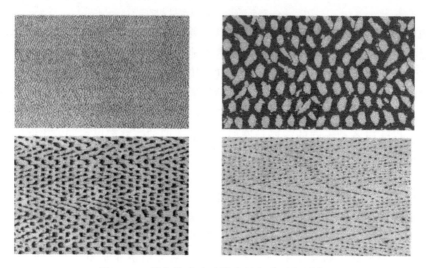

图 5-7-8　透气涂布方式涂出的各种透气图案

调整涂布头位置也可以达到透气涂布要求，但调整起来图案不可能完全一致。如图 5-7-9 所示。

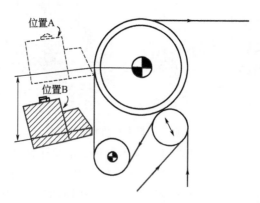

图 5-7-9　调整涂布头位置来达到透气涂布要求（从位置 A 调整到位置 B）

2. 薄膜打孔医用压敏胶带

该医用压敏胶带的基材大多采用 60～80g/m² 透明聚乙烯薄膜。由于 PE 薄膜不能承受涂布时的高温，必须采用转移法涂布。在防粘材料上涂完压敏胶并与 PE 膜复合后，再一起经过打孔辊筒进行打孔。孔数为 100 个/cm²。复卷成胶带时将防粘材料剥离。制成的 PE 胶带是透气透明的，且四个方向都可随意直线撕开，方便使用。这种医用压敏胶带的外观如图5-7-10所示。

因为采用转移涂布，压敏胶不容易与PE表面牢固结合。为防止胶转移到PE膜的反面，要对PE膜的反面进行防粘处理，以避免因胶的转移而造成质量问题。尤其是对5cm以上宽度的胶带来说，解卷时更要防止出现这种问题。

在PE薄膜上涂防粘剂既要防止干燥固化时PE膜产生变形和拉伸（不能用高于100℃的干燥温度!），又要解决防粘剂在较低温度下彻底固化的问题。否则，涂好的防粘层容易转移到胶面上，引起胶的黏性下降。

图 5-7-10　薄膜打孔医用压敏胶带

另外还要注意的是，要使防粘剂和PE膜以及胶和PE膜结合好，需对PE膜进行电晕处理，一般使PE膜的表面张力达到$3.8×10^{-4}$ N即可。

使用的医用压敏胶可以采用非织造布所用的医用热熔压敏胶。为解决打孔后接触面较小而影响粘贴质量的问题，一般需要加大涂布量使其达到$40\sim50g/m^2$。

上海华舟压敏胶制品有限公司近年生产的一款新的PE打孔医用压敏胶带，除解决了解卷不顺畅的问题，与市面上一般的医用胶带相比无反光、更具隐蔽性。

另外需要注意的是薄膜胶带必须四面易撕，所以对胶带打孔机的打孔辊筒要求很高。

3. 丝绸锯齿型压敏胶带

该医用压敏胶带采用的丝绸基材是人造丝和人造棉的合成织物，有单向可撕和双向可撕两种，见图5-7-11。

图 5-7-11　丝绸锯齿型医用压敏胶带

同样，在涂胶前要进行防粘处理，这种处理现大多在织布厂对织物进行后整理时同时进行。因为织物的表面毛糙，压敏胶无论直接涂布或转移涂布均可牢牢地铆住织物表面。虽然基材两面都经防粘处理，还是不易使压敏胶发生转移。因织物表面比较粗糙，压敏胶要首先填补粗糙的表面，所以涂胶量较多，一般在$50g/cm^2$左右。采用的压敏胶种与前两种胶带相同。

丝绸锯齿型医用胶带的两边是锯齿状的，所以胶带的切卷后加工与前两种胶带不一样。前两种胶带是采用切割的方法，锯齿型胶带则采用解卷后分切的方法，分切的刀是采用气压式锯齿型刀。

4. 医用胶带的新发展

目前，最新的医用胶带已经问世，它采用的是一种新型的有机硅压敏胶，已较好地应用在医疗领域，并典型地体现了医用胶带的所有特性。这种医用胶带既能和各种皮肤粘贴得很好，又能反复揭起并重复使用。揭起时并不撕扯皮肤，是一种皮肤友好型胶带。对于皮肤脆弱的人，特别是对于小孩和老人，或是那些需要在一个部位重复使用胶带的病人，例如透析病人，这种医用胶带尤其重要。它在考虑胶带的应有特性的同时，也着重为患者使用的舒适性考虑。

三、医用伤口贴类制品

1. 输液贴

输液贴已大量用于国内医院，主要用于人体静脉的滴注和穿刺时固定针头和导管等。可有效地防止穿刺部位感染，使用方便，解决了以前使用医用胶带时需要事先撕条准备的问题。

输液贴都有防粘纸作底衬。载胶基材一般采用 PE 打孔膜和网痕热轧无纺布，大多用 4cm×7cm 的单张或三条 1.2cm×7cm 组成。单张的制品中间有一层用水刺无纺布（1cm×1.5cm）制成的吸水垫。质量好的吸水垫用针刺棉表面复合一层可防止伤口粘连的网膜制成。三条的制品其中一条中间用吸水垫粘贴。吸水垫在输液时起压住针头和拨出针头后吸收血液的作用。各种输液贴制品如图 5-7-12 所示。

图 5-7-12　各种医用输液贴制品

输液贴的制造方法大多采用转移涂布法，涂胶并分条后在专用设备上制成成品。包装后也需经环氧乙烷消毒处理。

2. 创可贴

创可贴最初仅以弹性布为基材，发展到现在，还有 PE 膜、PU 膜、水刺布、泡绵等为基材的（见图 5-7-13(a)）。从仅考虑粘贴舒适性发展到现在兼具透气性和防水性；从单一的标准尺寸到适合各种部位使用的花样创可贴（见图 5-7-13(b)）。

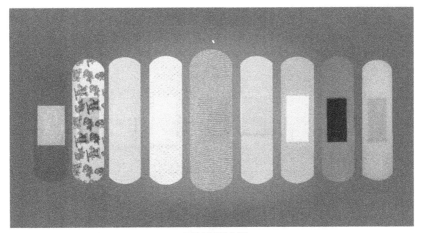

(a) 各种创可贴制品

(b) 各种花样创可贴制品

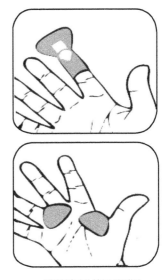

▲ 蝶型创可贴使用说明图

图 5-7-13　创可贴

透气性可通过打孔或采用透气膜来实现，防水性也可依靠防水基材（如采用 PE 膜和 PU 膜）来实现。采用 PE 薄膜的制品，一般要在膜上进行打孔透气处理。涂胶采用转移涂布法，涂胶量在 $30\sim40\mathrm{g/m^2}$ 不等，可根据需要调节胶量。中间的吸水垫同输液贴采用的差不多。创可贴制成品也是在胶带分条后，在专用设备上制成。包装后也需经环氧乙烷消毒处理。

随着高分子材料的发展，吸水垫也有了进一步的发展，有的棉芯里含有银离子、抗菌剂等，也有的以水胶体、水凝胶等功能性材料代替原来的吸水垫。但是评判它的好坏还是主要看吸水垫的吸水倍率和吸水速度。不同的材料应用于不同的伤口。

银离子具有很好的抗菌作用，能促进伤口的愈合。银离子作为一种对人体毒性最小的重金属离子，是一种具有广谱抗菌性的无机抗菌材料，几乎对所有的细菌都有抑制作用。它与细菌细胞中酶蛋白反应，使蛋白沉淀而失去活性，病原细菌的呼吸代谢被迫停止，这样就使细菌的生长和繁殖得到了抑制。

水胶体创可贴是以 PU 为基材，涂以医用压敏胶。再在中间复合了岛型水胶体垫，最后再复合离型纸，即可制成产品。水胶体实际上是将水溶性的高分子和橡胶混合在一起，水溶性高分子均匀地分布在橡胶结构中，然后通过挤压变成薄片。水胶体在吸收渗液后可形成白色的凝胶并覆盖在伤口表面，给伤口创造一个湿润的愈合环境，加快愈合速度，缓解疼痛。它们多用于慢性伤口，或用于对水泡的护理。水胶体创可贴制品详见图 5-7-14。

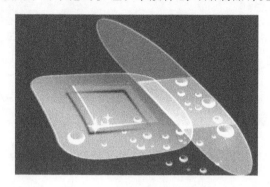

图 5-7-14　水胶体创可贴制品

水凝胶也可用于伤口护理，分为片状和无定形两种。片状的水凝胶通常复合在 PU 薄膜上。水凝胶也是由亲水性高分子组成，水凝胶的含水量达 90% 左右，其主要功能就是给伤口提供一个湿润的愈合环境，可以去除干燥伤口上的干痂，减少疤痕的产生。

3. 医用敷料

医用敷料与以上两种制品相似，主要用途是代替通常用的纱布片贴在伤口上，保护或医治伤口。但所用的吸水垫较前两种制品厚一些，约 270g/m²，在吸水垫上可以涂上药膏和药水之类的药物。

医用敷料的一般规格在 8cm×10cm 以上，吸水垫相应缩小 1.2cm。也有制成卷筒状的，用时根据需要剪下。所用的粘贴基材是 50g/m² 的水刺非织造布，比热轧非织造布更柔软、更有弹性，在关节部位粘贴后，运动起来可以很自如，不易起翘。这种水刺非织造布中一般人造棉占 50% 以上，使用时感觉比较舒适。医用敷料制品见图 5-7-15。

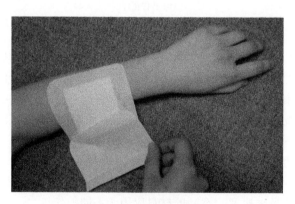

图 5-7-15　医用敷料制品

需要注意的是，水刺非织造布表面不易与热熔压敏胶黏合，所以在涂布时工作温度要略高一些，使压敏胶的流动性好一些，更容易浸润水刺非织造布表面。制造时采用转移涂布的方法涂胶，转移涂布时用的防粘纸由制成品用防粘纸替代。制成品的制造在专用设备上完成。为便于使用，制成品防粘纸的中间应开缝或做成重叠状。将片状的医用敷料做成圆角状，更能改变直角敷料易翘的缺点。也有的在吸水垫上浸渍药剂制成特种敷料，如浸渍中药或甲壳素等。

4. 留置针贴

留置针贴作为外用敷贴，为一次性使用的无菌产品。常用于留置针输液时对留置针的固定。这种产品多数是以高透气、透明的 PU 为基材。在基材上涂以医用压敏胶，复合棉芯后再复合离型纸。为了方便使用，该基材一般情况下都有背衬，如纸框型背衬、PET 背衬、PE 背衬。有的产品上还模切有留置针凹口。揭去离型纸后，将凹口对准留置针贴在皮肤上，然后沿着启口处撕去背衬。该产品有很强的顺应性，柔软舒适，防水透气。透过该产品能观察留置针的情况并减少反复穿刺的痛苦，且有利于保护血管和随时给药。留置针贴的制成品见图 5-7-16。

图 5-7-16　留置针贴的制成品

5. 医用免缝胶带

医用免缝胶带，也称伤口拉合胶带（见图 5-7-17）。为一次性使用无菌产品。主要适用于伤口、切口表面的拉合固定、伤口修复。可直接用于日常生活中割伤或是皮肤小型伤口的

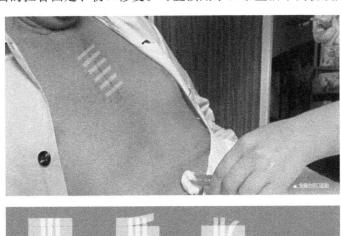

图 5-7-17　医用免缝胶带制品及其应用

闭合。通常采用的基材是非织造布，有的非织造布中还加入了弹力丝。通过在非织造布上涂一层医用热熔压敏胶，来达到固定的作用。由于其独特的拉合作用，所以要求产品要有很好的抗张强度和黏合强度。其剥离强度要比一般的医用胶带高。医用压敏胶采用的是低敏性压敏胶，它具有良好的生物相容性，在提供黏性、固定伤口的同时，又不刺激皮肤。所用材料均要符合医用级别要求。

6. 压敏膏药贴

压敏膏药贴，即药物透皮释放（transdermal drug delivery，TDD）制品。压敏膏药贴最早采用将药物拌混在溶剂型橡胶压敏胶中制成，现在较多采用聚丙烯酸酯压敏胶和有机硅压敏胶。用热熔压敏胶来制造膏药贴一直是近年来研究的课题。最关键的问题是热熔压敏胶涂布时的工作温度不能太高，不然拌混在胶层中的药物会汽化或氧化变质，从而失去效果。目前已经有工作温度在 120℃ 以下的医用热熔压敏胶，也已经有人将药物混拌在热熔压敏胶中涂布后制成压敏膏药贴。这是压敏膏药贴制作的一大进步。当然这个工作比较复杂，会牵涉药理等一系列问题。在经医用热熔压敏胶涂布的非织造布上，再粘上一块浸渍过中药的材料制成的压敏膏药贴已经较为普遍。

在涂布热熔压敏胶时，熔胶的方法最好采用桶状熔胶罐再接计量的熔胶罐。桶状熔胶罐在工作时，加热盘只加热桶状胶的表面，在将桶状胶表面熔化后再将流动的胶液输送到计量熔胶罐中，由计量熔胶罐根据产品的要求需多少喷多少。通常在热熔胶罐中熔胶，从胶块加入到熔化、胶液沉入罐底、再由输胶泵打出，需 2h 甚至更长的时间。所以用桶状溶胶罐使胶的加热过程大大缩短，减少了胶在加热时的老化程度。

四、单向和双向弹性绷带

弹性绷带有单向和双向两种。弹性绷带的涂胶现在也是用医用热熔压敏胶替代原来普遍采用的溶剂型橡胶压敏胶黏剂。制造时普遍采用转移涂布法。涂胶量较大，一般在 $50 \sim 70 g/m^2$。涂布过程最重要的是弹性布的放卷张力要控制好。

制成的无防粘底纸的胶带，反面一般不需做防粘处理。只要涂胶面浸润得好，胶层就不容易转移到另一面上。对于弹力较大的运动型弹性绷带，由于反面粗糙，接触面积较小，就更不需要防粘处理了。

目前，棉布胶带和防水胶带也较多地作为弹性绷带，用于运动防护。棉布胶带是在棉布基材上涂以医用热熔压敏胶制成。棉布基材多数是 $80 \sim 100 g/m^2$ 的纯棉布，透气性好。根据不同的工艺，可进行背面防粘处理，也可不用背面防粘处理。由于运动出汗较多，所以多数选用氧化锌的热熔压敏胶，涂胶量一般较多，在 $70 \sim 90 g/m^2$，以防止运动时脱落；防水胶带，多数要在基材背面进行涂塑处理，涂塑量一般在 $40 \sim 70 g/m^2$，然后再进行防粘处理。

五、手术薄膜

手术薄膜是一种粘贴型无菌外科手术材料。于手术前贴于开刀切口皮肤上，防止交叉感染，术后易剥离，无残留，适用于各类外科手术及穿刺。也有用于粘贴在小伤口上帮助愈合的薄膜胶贴。

手术薄膜采用 $2.8\mu m$ 厚的透明 PE 膜或透明 PU 膜作基材，用转移涂布法涂布 $25 \sim 30 g/m^2$ 医用热熔压敏胶即可制得。特别强调要有较好的黏附性和内聚力，剥离强度不宜大，使之从皮肤上剥开时不疼痛。成品手术薄膜尺寸有多种，均为片状，涂胶薄膜的顶端粘有一条 3～5mm 的防粘纸作为剥离口。眼科用及小伤口用的手术薄膜后期制作复杂，薄膜正反面根据需要压痕成各种形状，主要是为了方便使用。用于小切口皮肤上的手术薄膜如图 5-7-18 所示。

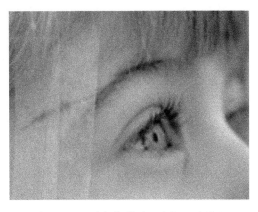

图 5-7-18　手术薄膜用于小切口皮肤上

六、一次性医用无纺布复合材料

一次性医用无纺布复合材料包括手术衣、防护服、口罩、鞋套、手术单、开刀用覆盖布等。此类材料的发展从单层无纺布到无纺布上淋 PE 膜，到 PE 膜与无纺布加热复合，到透气 PE 膜与无纺布加热复合，再到透气 PE 膜与无纺布通过透气涂热熔压敏胶复合。一次性医用无纺布复合材料在医疗中的应用见图 5-7-19。

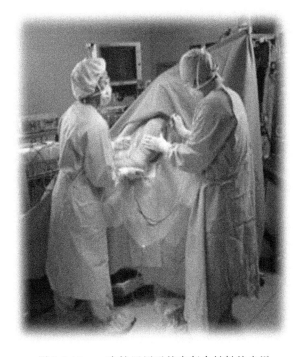

图 5-7-19　一次性医用无纺布复合材料的应用

为了保持原有的无纺布及透气薄膜的柔软、透气性，使用热熔压敏胶透气涂布是较好的方法。

防护服的材料用 25～30g/m² 的纺黏法非织造布作基材，透气喷涂 5～8g/m² 的热熔压敏胶，再复合 25～30g/m² 的透气 PE 薄膜制成。制成的一次性无纺布复合材料的防水性能为：在静水压为 1.67kPa 时材料不渗漏；透湿率＞2500g/(m²·d)；防护服材料的沾水等级＞GB3；断裂强度＞45N/5cm；对油性颗粒物的过滤数率＞70％。完全符合国家标准。

所用热熔压敏胶要求剥离强度较高，工作温度不宜过高，流动性较好，要求涂布设备的冷却效果要好。尤其是对定量（g/m²）较低的无纺布来说，涂胶后既要保持流动性以便与薄膜复合，又要防止压敏胶渗透到非常稀松的无纺布反面。

另外，因为制成的这种复合材料作为医疗成品时，有的需要长时间运输，有的需作为战略物资储存起来，因此对热熔压敏胶的热稳定性提出了较高的要求；所涂的压敏胶不能因时间过长、温度稍高而变色变质；胶料应该是无色透明的，不能因为这种胶不是涂于基材的表面而忽略颜色及耐老化的程度。

第三节　医用热熔压敏胶的新发展——UV 固化医用聚丙烯酸酯压敏胶

UV(紫外线)固化医用聚丙烯酸酯压敏胶是一个不同于上述传统医用热熔压敏胶的新胶种。

一、UV 固化聚丙烯酸酯压敏胶

此类压敏胶由各种丙烯酸酯单体先进行本体聚合或少量溶剂的溶液聚合，制成具有一定分子量的予聚体，再加入光敏剂和光敏助剂以及其他助剂，组成压敏胶组合物。它们有涂布的可行黏度，可以在较低的温度下热熔涂布，有的甚至可以在常温下涂布。涂胶量 15～50g/m²，由 265nm 的紫外线照射 2～5s 可完成固化和交联等多种化学反应，从而得到压敏胶制品。调节予聚体配方、光敏剂和其他助剂的用量以及紫外线强度，可以制得所需的不同性能的压敏胶制品。

关于 UV 固化聚丙烯酸酯压敏胶的详细介绍读者可参阅本书第三篇第八章。

二、传统热熔压敏胶的局限性

热熔压敏胶优点是公认的。除了良好的性能外，它们在环境、原材料成本、产品加工及投资回报等方面也有很大的优势。但是传统热熔压敏胶的主体原料（热塑弹性体）束缚了其优势的发展。如耐热性低，与溶剂型及水溶型压敏胶相比较，这就是一个很大的劣势。传统的热熔压敏胶虽然有较强的黏合性，但在耐温的范围上有很大的局限性，在高温下只能有较小的剪切力；在抗一些化学外力及抗紫外线方面也较差。

三、传统溶剂型聚丙烯酸酯压敏胶的局限性

目前，单从压敏胶的性能上看，溶剂型聚丙烯酸酯压敏胶总体上仍然很好。它具有以下优点：①均相反应，比水胶容易处理；②纯聚合物，适合医用；③性能调节参数多；④能将聚丙烯酸酯系胶的功能发挥到极致。但是由于其溶剂的环保和安全性问题、溶剂压敏胶涂布速度较低以及能耗高的问题，它将来势必还会被取代。UV 固化聚丙烯酸酯压敏胶就是将来发展的趋势。

四、UV 固化医用聚丙烯酸酯压敏胶的特点

目前的 UV 固化医用聚丙烯酸酯压敏胶已达到如下性能：100％固含量；180°剥离强度 2～20N/2.5cm；100℃持黏力＞24h；最大承受温度＞180℃；耐 UV 老化由适中到很好；耐化学性由适中到很好。

UV 固化医用聚丙烯酸酯压敏胶除了有一般热熔压敏胶的优点外，它能克服 SIS/SBS 原料制成胶的不足之处；如克服由于聚合物中残余双键的氧化而引起的泛黄变等不良老化；克服胶的透明度不够；克服耐温范围较窄等缺点。

用 UV 固化医用聚丙烯酸酯压敏胶涂布制成的医用胶黏制品，对皮肤有比较好的黏附性，能比较好地吸湿排汗，粘贴和揭掉时不导致疼痛，并无残胶留下。UV 固化医用聚丙烯酸酯压敏胶可以直接涂布在多孔粗糙的纺织品及非织造布上。

五、UV 固化医用聚丙烯酸酯压敏胶的发展方向

UV 固化医用聚丙烯酸酯压敏胶完全取代现在的溶剂和热熔压敏胶胶还言之尚早，但是这类 UV 固化的压敏胶为受溶剂之害的涂布厂商提供了可能的解决之道，也为受热熔压敏胶性能之苦的涂布厂商提供更优异的性能。UV 固化医用聚丙烯酸酯压敏胶的发展方向应是：

① 涂布工作温度低于 130℃。
② 能在常温下涂布或在热熔化期有更好的热稳定性。
③ 工作过程中的低挥发性及制品的低臭性。
④ 没有光敏剂的残留物析出。

参 考 文 献

[1] 谭宗烯. 一次性医用无纺布. 2002 中国生活用纸年会论文集. 中国轻工业协会，北京，2002.
[2] 崔汉生. 透气性压敏胶粘带. 2001 北京国际粘接技术研讨会论文集. 北京粘接学会，2001.
[3] 吕凤亭. UV 固化压敏胶及其制品工程. 北京粘结学会第二十一届学术年会暨粘接技术的创新与发展论坛论文集. 北京粘接学会，2010.

第八章

特种压敏胶制品

杨玉昆　曾宪家　吕凤亭

　　压敏胶制品的品种繁多。除了本篇前七章介绍的包装胶黏带、电气胶黏带、浸渍纸胶黏带、表面保护胶黏带、双面及转移胶黏带、压敏胶标签和医用压敏胶制品等几类已被大量生产和使用的通用压敏胶制品外，还有许多具有特殊构造、特殊性能或特殊用途的压敏胶黏带、压敏胶膜和压敏胶片等制品，这些制品被统称为特种压敏胶制品。与上述通用压敏胶制品相比，这些特种压敏胶制品往往具有新、特、高的特点，因而广受业界的重视和青睐，发展速度也更快些。

　　本章将分类介绍一些重要的特种压敏胶制品。

● 第一节　文具胶黏带

一、概述

　　文具胶黏带[1]被广泛应用于文教、办公、制图、绘图等领域。它是人们日常生活、学习及工作中常常使用的一类压敏胶黏带。普通文具胶黏带主要由塑料膜基材和一层压敏胶黏剂组成。常将其卷在 12mm 或 18mm 宽的塑料芯上，也可卷在不同尺寸的纸芯上，见图 5-8-1。

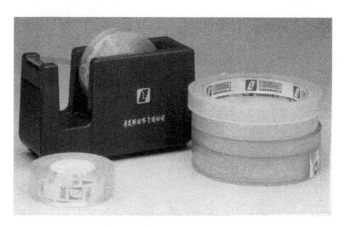

图 5-8-1　普通文具胶黏带及其切割器

　　多种基材可用于制作文具胶黏带（表 5-8-1），其中以聚丙烯膜最为常见。早期文具胶黏带也使用赛璐玢（玻璃纸）及醋酸纤维素膜等。对普通文具胶黏带而言，一般选用透明塑料膜作为基材。聚丙烯膜价格最便宜，广泛用于制作包装胶黏带，其最大缺点是不易撕断，通过采用特殊的分切刀具可达到易撕的目的。聚丙烯膜已成为文具胶黏带的首选基材。文具胶黏带常采用厚度为 $20\mu m$、$25\mu m$ 的聚丙烯膜，有时也采用 $28\mu m$ 的厚度。

表 5-8-1　常见文具胶黏带的种类

基材	总厚度/μm	拉伸强度/(N/cm)	伸长率/%	180°剥离强度/(N/cm)
聚丙烯膜(易撕)	45	28	50	2.2
聚丙烯膜(易撕)	53	35	14	2.75
聚丙烯膜	45	25	150	1.5
聚丙烯膜	55	30	150	2.0
赛璐玢(红色)	63.5	35	10	6.1
赛璐玢(透明)	58.4	40.3	15	4.7
赛璐玢	46	42	25	4.7
醋酸纤维素膜	58.4	26.3	40	2.8
醋酸纤维素膜	46	31.5	22	2.6
醋酸纤维素膜	61	47.3	35	2.9
镀铝聚酯膜	51	52.5	130	2.8

醋酸纤维素膜不但透明，而且易撕断。因此，也可用于制作文具胶黏带。用消光的醋酸纤维素膜制作文具胶黏带时，可在其背面进行书写。消光的聚丙烯膜及未增塑型聚氯乙烯膜也可制作类似的可书写文具胶黏带。这类文具胶黏带又称为隐形胶黏带。

赛璐玢价格低廉，具有较好的物理性能及易撕性，但它颜色发黄，而且耐湿性差，不适于在潮湿环境中使用。因此，赛璐玢文具胶黏带的应用越来越少。聚酯膜同聚丙烯膜的性能接近，也可用作文具胶黏带的基材。由于聚酯膜比聚丙烯膜价格贵，其作为文具胶黏带的基材并不广泛。

文具胶黏带可采用多种类型的压敏胶，如橡胶系压敏胶及聚丙烯酸酯系压敏胶。为了提高文具胶黏带的使用寿命，一般采用聚丙烯酸酯系压敏胶。市场上的聚丙烯酸酯文具胶黏带大多数采用的是水乳型聚丙烯酸酯压敏胶。胶层厚度一般为 $20\mu m$。透明性要求高的文具胶黏带必须采用颜色浅的白皱胶片橡胶系或聚异戊二烯系压敏胶，同时配以颜色浅的增黏树脂。即使这样，整卷胶黏带仍显淡黄色。如果采用完全氢化的树脂与苯乙烯-乙烯-丁烯-苯乙烯嵌段共聚物（SEBS）或聚异戊二烯组成的压敏胶，或采用纯聚丙烯酸酯系压敏胶，就可获得透明性好而且不带颜色的文具胶黏带。胶中加入少量云母或硅凝胶不会显著影响文具胶黏带的透明性。

纸张的拼接、文件及书籍的修补是文具胶黏带的主要用途。用作此目的时，胶黏剂及基材中的组分不能有迁移性，否则会破坏纸张。古籍书刊修补时，一般需经过亚硫酸盐漂白处理，此时常采用以碳酸盐为填料的文具胶黏带，以达到平衡酸碱度的目的。除此之外，文具胶黏带也可用于轻型物品的捆扎、包装及固定，如礼品盒的包装等。文具胶黏带的应用在不断扩大，许多为特殊用途而设计的文具胶黏带应运而生。目前应用最多的是为幼儿学习而设计的教育胶黏带。胶黏带上印刷了各种色彩鲜艳的图案，便于吸引儿童的注意力，提高它们学习相关知识的兴趣。除此之外，还有其他用途的文具胶黏带，如修正带，它是专门为代替涂改液而设计的。

二、透明文具胶黏带

透明文具胶黏带是由各种透明塑料膜制作而成，最常见的是 BOPP 透明文具胶黏带。这类文具胶黏带一般涂布价格便宜的水乳型聚丙烯酸酯系压敏胶。也可在压敏胶黏剂中加入少量色浆或染料，制成带有一定颜色的透明文具胶黏带，常见的颜色为淡黄色。

透明文具胶黏带主要用于纸张的粘贴和修补以及礼品盒等轻型物品的包装捆扎。其常见宽度为 12mm 和 18mm（见图 5-8-1）。

三、教育胶黏带

教育胶黏带是为适应儿童的学习而开发的一种特殊的文具胶黏带。一般也是以聚丙烯膜为基材。与透明文具胶黏带不同，教育胶黏带上印刷有各种图案及文字。这类文具胶黏带大多数为多色印刷，印刷的图案及色彩鲜艳。为了便于衬托图案及文字，一般需采用彩色的乳液压敏胶黏剂。

四、隐形胶黏带

普通的透明文具胶黏带其背面不能书写文字，所以不能用于修改用途。背面经过消光处理的醋酸纤维素膜或聚丙烯膜不但可以用钢笔、铅笔及圆珠笔进行书写，而且用此类胶黏带粘贴的部分在复印或传真时不会留下痕迹。正因如此，人们将此类特殊用途的文具胶黏带称为隐形胶黏带[2]。

常见隐形胶黏带有醋酸纤维素型、聚酯型及聚丙烯型。醋酸纤维素胶黏带韧性较差，老化后易撕碎，而且遇有机溶剂后易卷曲。相比之下，聚丙烯型隐形胶黏带的隐形效果、拉伸强度及耐溶剂性更好。

隐形胶黏带主要用于邮件的封贴、纸张的连接及文件的修补。将隐形胶黏带贴在纸张上不易察觉，复印或传真后不留痕迹。也可在隐形胶黏带上印刷上图案或其他文字，用作标志贴于礼物、信封以及儿童玩具之上。一般隐形胶黏带配有专用的切割器。

五、激光文具胶黏带

激光文具胶黏带是利用激光膜涂布压敏胶黏剂制作而成。激光膜有聚酯、聚丙烯及聚氯乙烯等种类。激光薄膜上印有各种图案，从而获得特殊的视觉效果。激光文具胶黏带主要用于装饰、礼品捆扎及礼品盒的包装密封等场合。

六、修正带

在日常办公及学习中，人们常采用涂改液来修改书写错误的地方。涂改液是一种白色液体涂料，其溶剂一般为易挥发的己烷或环己烷。溶剂的挥发不但污染环境，而且危害使用者的身体健康。为了避免涂改液的缺陷，人们开发了修正带（涂改带），其结构如图 5-8-2 所示。修正带是一种十分特殊的压敏胶黏带。它是将白色涂料涂布在防粘纸上，经过烘干，然后在白色涂料上涂布一层压敏胶黏剂而成。压敏胶的涂布量很少，而且黏性也很低。压敏胶的作用是便于将修正用涂料转移至纸张上。如果涂胶量太多，压敏胶会渗透整个涂料层。这样不但使转移至纸张上的涂料层因具有黏性而无法书写，而且纸张重叠时会发生粘连。修正带一般卷绕在特殊的装置上使用，用力涂抹

防粘纸(40μm)
修正用白色涂料(25μm)
压敏胶黏剂(2~3μm)

图 5-8-2　修正带的结构

修正带时，废防粘纸带会自动卷绕在另一轴上。

第二节 **管路胶黏带**

顾名思义，管路胶黏带（duct tape）就是用于包缠各种管道的压敏胶黏带。管路胶黏带又被称为管道包缠胶黏带（pipe wrapping tape）[1,4]。

按管路胶黏带在使用中所发挥的作用，可将其分为两大类。一类是胶黏带直接包缠在金属管道的表面，对金属管道起防腐作用，这类管路胶黏带通常被称为管路防腐胶黏带。另一类是除防腐作用之外在管道上所使用的压敏胶黏带，它们主要起防潮、防湿、隔热等作用。

管路防腐胶黏带是管路胶黏带的主要品种。在日常生活及工业生产中，各种液体、气体等物料的输送需大量使用金属管路。各种输水管、输油管、天然气管及各种化工原料输送管道等在各行各业起着十分重要的作用。然而，金属管道的腐蚀问题已成为影响管道使用寿命的主要因素。将压敏胶黏带用作金属管道的防腐层已有50多年的历史。我国在20世纪70年代就已开始研制聚乙烯防腐胶黏带，并将其应用于管道防腐。目前，管路防腐胶黏带已被广泛应用于各类金属管道上，尤其是地下管路，50%以上已采用胶黏带作为防腐层。

管路防腐胶黏带有聚乙烯型、聚氯乙烯型及其他类型。其中以聚乙烯防腐胶黏带的使用最为广泛。

除用于管路防腐之外，管路胶黏带还广泛用作其他各种管道的外包缠层。如铝箔胶黏带常用于包缠和固定取暖及制冷管道的外隔热层，防止冷气或热量散失。同时，铝箔又具有优良的耐水蒸气渗透性，防止外界水蒸气在空调管道上凝结。聚氯乙烯胶黏带、涂塑布基胶黏带也被广泛用于各种管道的密封包缠。

一、管路防腐胶黏带的品种

1. 聚乙烯防腐胶黏带

聚乙烯防腐胶黏带是以聚乙烯膜或片材为基材，涂布橡胶系压敏胶黏剂制作而成的[9,10]。聚乙烯防腐胶黏带具有防腐性能好、施工简便、使用寿命长、适用性广等特点，已被广泛应用于各种金属管道的防腐。

聚乙烯防腐胶黏带一般有两种制作方法。一种是将聚乙烯膜或片材进行电晕处理，然后在电晕处理面上涂布橡胶系压敏胶黏剂。电晕处理的目的是提高聚乙烯材料的表面张力。用这种方法制备聚乙烯防腐胶黏带时，工艺比较复杂，但胶黏带的致密度及均匀性较好。第二种方法是采用同步压延法（共挤热熔复合法）。这种方法是将经过充分混炼的热熔压敏胶黏剂与挤出的聚乙烯片料在多辊复合机中压延成厚度均匀的薄片，并在热熔状态下使两者复合在一起如图5-8-3所示。同步压延法工艺相对简单，但用这种方法生产的产品均匀度稍差。为了提高聚乙烯基膜的抗老化性能及拉伸性能，可用电子束对基膜进行辐射处理，使其发生交联。

聚乙烯基膜的配方（质量份）一般为40～60份低密度聚乙烯、20～30份高密度聚乙烯、10～20份线性低密度聚乙烯、0～5份乙烯共聚物、1～2份色料。聚乙烯基膜的厚度一

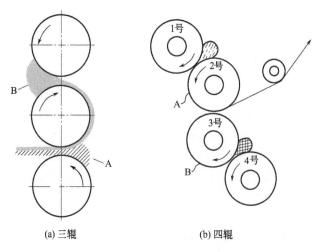

图 5-8-3 同步压延法生产聚乙烯防腐胶黏带示意图

A—压敏胶；B—聚乙烯

般为 0.1mm 以上，有时高达 1mm。典型的厚度为 0.27mm、0.33mm、0.4mm 等。典型胶黏带总厚度为 0.37mm、0.4mm 及 0.5mm 等。聚乙烯防腐胶黏带的常见宽度为 50mm、100mm、150mm、230mm 及 300mm 等。

聚乙烯防腐胶黏带一般采用橡胶系压敏胶黏剂。压敏胶所使用的弹性体有丁基橡胶、乙丙橡胶、天然橡胶及其他合成橡胶，以丁基橡胶的应用最为广泛。除弹性体外，还使用石油树脂、萜烯树脂、煤焦油及沥青等原料，以获得所需要的黏合性能。聚乙烯防腐胶黏带的涂胶量很大，干胶层厚度一般为 $10\sim30\mu m$，典型的接头包缠用胶黏带的胶层甚至达到 1mm以上。因涂胶量大，涂胶量允许偏差可稍大一些。为了降低成本，一般采用价格便宜的原材料。有时采用一种便宜的树脂与一种高质量的树脂混合使用。同时还可向胶中加入低成本的填料。一般胶中加入碳酸钙、滑石粉及炭黑等填料。采用同步压延法生产防腐胶黏带时，胶中加入硅酸盐类填料有利于将胶从压延辊筒上干净地剥离下来。为了防止因使用炭黑而带来的大量清洁工作，可考虑使用已混有炭黑的橡胶。

由于胶层较厚，胶黏带的耐剪切性差。将天然橡胶与嵌段共聚物或丁二烯与苯乙烯的无规共聚物配合使用可提高胶层的内聚强度。如果在胶中加入含硫的交联剂体系并严格控制生产过程，则可提高最终产品的耐老化性、耐剪切性及耐热性。

为了提高聚乙烯防腐胶黏带在金属管道上的附着性，一般在缠绕防腐胶黏带之前，必须先在管道上涂刷一层底胶，而且防腐胶黏带还分内带与外带。这种三层结构的防腐层有利于提高金属管道的防腐蚀功能。对于管道特殊的突出部位，有时采用特殊的接头包缠胶黏带。

（1）内带 聚乙烯防腐内带的厚度一般偏薄。其柔性比外带好。在包缠外带之前，一般先包缠一层内带。也可单独使用内带进行防腐，但其抗机械损伤的能力稍差。内带的一般性能见表 5-8-2。

（2）外带 用聚乙烯防腐胶黏带作防腐用途时，一般总是在内带包缠层外面包一层外带。外带一般厚度稍大，为整个防腐层提供机械保护，防止已包缠处理好的管道在入坑或运输中防腐层被破坏或碰伤。过去外带一般采用牛皮纸、石棉毡及塑料膜，随着对防腐要求的提高，目前外带一般采用较厚的胶黏带。聚乙烯防腐外带的性能指标见表 5-8-3。

表 5-8-2　聚乙烯防腐内带的性能

项　　目		A	B	测　试　方　法
基膜厚度/mm		0.27	0.3	GB　6672
胶黏带厚度/mm		0.37	0.4	GB　6672
拉伸强度/(N/cm)	≥	67	64	GB　1040
伸长率/%	≥	400	200	GB　1040
180°剥离强度/(N/cm)				
对有底漆的钢板	≥	10	10	GB　2792
对基膜	≥	5	—	GB　2792
体积电阻率/(Ω·cm)	≥	10^{14}	10^{14}	GB　1410
击穿强度/(kV/mm)	≥	30	30	GB　1408
吸水率/%	<	0.03	—	SY　4014
水蒸气透过率/[mg/(cm²·d)]	<	0.45	—	GB　1037
耐老化试验/%	<	25	—	SY　4014

表 5-8-3　聚乙烯防腐外带的性能

项　　目		A	B	测　试　方　法
基膜厚度/mm		0.33	0.45	GB　6672
胶黏带厚度/mm		0.40	0.55	GB　6672
拉伸强度/(N/cm)	≥	67	88	GB　1040
伸长率/%	≥	400	200	GB　1040
180°剥离强度/(N/cm)				
对基膜	≥	5	10	GB　2792
体积电阻率/(Ω·cm)	≥	10^{14}	10^{14}	GB　1410
击穿强度/(kV/mm)	≥	30	30	GB　1408
吸水率/%	<	0.035	—	SY　4014
水蒸气透过率/[mg/(cm²·d)]	<	0.45	—	GB　1037
耐老化试验/%	<	25	—	SY　4014

（3）接头包缠胶黏带　接头包缠胶黏带是最早被用于管道防腐的胶黏带。当时只是将这种胶黏带用于焊接接头等特殊区域的包缠。接头包缠胶黏带的早期成功应用为今天塑料防腐胶黏带的广泛使用和普遍认可奠定了基础。

接头包缠胶黏带的基材一般较薄，因而柔性好，适于特殊表面的包缠。其胶层较厚，一般为 0.6～1mm。接头包缠胶黏带正是通过其较薄的基材以及较厚的胶黏剂层来满足对不规则表面的包缠的。它主要用于包缠管道上突出的部位，如阀、弯头及管道转弯或弯曲处。

在我国，一般用内带替代接头包缠胶黏带，而没有专门特殊设计的接头包缠胶黏带。国外接头包缠胶黏带的性能指标见表 5-8-4。

表 5-8-4　接头包缠胶黏带的性能指标

性　　能		要　求　指　标	测　试　方　法
厚度			
Ⅰ型、Ⅱ型/mm	≥	0.508±5%	ASTM　D1000
Ⅲ型/mm		0.254±5%	ASTM　D1000
180°剥离强度(对底胶)/(N/cm)	≥	2.2	ASTM　D1000
击穿强度/(kV/mm)		15.7	ASTM　D1000
180°剥离强度/(N/cm)	≥	2.2	ASTM　D1000　方法A
绝缘性/×10¹¹Ω		5	ASTM　D1000
阴极失效试验		50.8mm 直径(平均五个样品)	ASTM　G8方法A,30 天

（4）底胶　金属管道的表面一般平整性较差，直接将内带缠在管道上时，内带与管道不能形成紧密的黏合。为了提高内带与管道表面的黏合程度，一般先在管道表面上涂布一层特殊的压敏胶，这种压敏胶常称为底胶或底漆。底胶一般是由合成橡胶，如丁基橡胶、增黏树脂、填料及溶剂组成。将底胶涂布在经过表面处理的管道表面上，既可填充凹凸不平之处，又可增加胶黏带的黏接强度。

底胶一般为黑色黏稠胶液，其固含量为 20%～30%，黏度为 0.65～1.25Pa•s。底胶的表干时间约为 1～5min，可在-30～80℃条件下使用。根据应用需要，可在底胶中加入阻燃剂制成阻燃型底胶。底胶的溶剂一般为汽油或甲苯等。因此，底胶过稠时，可加入 120 号或 90 号汽油进行稀释。

2. 聚氯乙烯防腐胶黏带

聚氯乙烯防腐胶黏带由增塑型聚氯乙烯膜及橡胶系压敏胶黏剂组成。它与普通聚氯乙烯电工胶黏带的结构及组成基本相同，但聚氯乙烯防腐胶黏带的基材厚度及基材的软硬度稍有不同。一般防腐胶黏带用聚氯乙烯膜厚度为 0.18mm、0.2mm 及 0.25mm，最厚达 0.30mm 以上。由于聚氯乙烯膜中含有增塑剂，因此胶黏带的柔韧性可以通过基膜中增塑剂的用量加以调节。与聚乙烯防腐胶黏带相比，PVC 防腐胶黏带的柔性更好，易于包缠。从理论上讲，增塑型聚氯乙烯基材的长期耐老化性不如聚乙烯基材。因此，大型的埋地管道一般多采用聚乙烯防腐胶黏带。即使如此，小的埋地管道、地面管道及配电电缆、通信电缆等仍大量采用聚氯乙烯防腐胶黏带。聚氯乙烯防腐胶黏带的典型指标见表 5-8-5。

表 5-8-5　永乐牌 PVC 防腐胶黏带技术指标

牌号	厚度/mm	180°剥离强度/(N/cm)	拉伸强度/(N/cm)	伸长率/%
GL130	0.13	1.51	20	130
GL150	0.15	1.51	23	130
GL170	0.17	1.51	25	130
GL190	0.19	1.20	28	130

3. 布基防腐胶黏带

除了聚乙烯膜及聚氯乙烯膜可用作防腐胶黏带的基材之外，各种布，尤其是涂塑布也可用于制作防腐胶黏带，其中以涂塑玻璃纤维布应用最多。聚乙烯膜及聚氯乙烯膜的抗磨性能及抗戳穿能力不如玻璃纤维布，而且玻璃纤维布的拉伸强度大。因此，用涂塑布为基材的防腐胶黏带主要作外带使用。这类防腐胶黏带耐老化性好，常将其与聚乙烯防腐内带配合使用。其典型指标见表 5-8-6。由于布基的致密性不如塑料膜，因而，布基防腐胶黏带的耐电强度较低。

表 5-8-6　玻璃纤维布防腐胶黏带的技术指标

指标	典型值	指标	典型值
基材厚度/mm	0.2～0.4	伸长率/%	1.5
胶带厚度/mm	0.3～0.5	击穿强度/(kV/mm)	20
拉伸强度/(N/cm)	≥240	体积电阻率/(Ω•cm)	10^{12}

4. 其他管路胶黏带

埋地金属管道及大部分露天管道，如天然气管、输油管等大多数已采用防腐胶黏带作主要的防腐层。小型管道，如供暖、通风及空气制冷（HVAC）管道的腐蚀性不如埋地管道严重，但这些管道必须作隔热、防潮、防湿等处理，因而也需要大量使用压敏胶黏带。用作此用途的压敏胶黏带一般通称为普通管路胶黏带。

常用的普通管路胶黏带有铝箔胶黏带、聚氯乙烯胶黏带及涂塑布基胶黏带（表5-8-7）。严格的用户一般要求所用的管路胶黏带必须通过 UL-723 或 UL181A 及 UL181B 的认证。

表 5-8-7　普通管路胶黏带的品种及其技术指标

基材	厚度/mm	拉伸强度/(N/cm)	伸长率/%	180°剥离强度/(N/cm)
聚氯乙烯膜	0.127	24.5	150	2.0
聚氯乙烯膜	0.254	52.5	350	1.5
聚氯乙烯膜	0.16	35	210	2.5
铝箔	0.114	44	5	7.7
铝箔	0.1	51	5	8.4
铝箔	0.09	31.5	2	8.3
PE 涂塑布（普通）	0.23	38.5	15	6.2
PE 涂塑布（耐寒）	0.3	44	14	5.5
PE 涂塑布（耐湿）	0.32	52.5	15	5.5
PE 涂塑布（高强度）	0.36	84	13	5.5
BOPP（镀铝或黑色）	0.07	37	130	4.6

铝箔胶黏带具有优良的耐老化性，对光线反射率高，特别适于室外制冷管道的包缠，是普通管路胶黏带中使用范围最广的。其次是涂塑布基胶黏带。聚氯乙烯管路胶黏带具有较好的柔性及贴合性，主要用于采用硬质 PVC 包覆的管道的密封及接头的包缠。

二、管路防腐胶黏带的使用规范

管路防腐胶黏带包缠的效果直接影响它对管道的防腐蚀性能。为了提高防腐性，对防腐胶黏带的包缠施工有严格的要求。在美国，除了在管路埋设现场包缠胶黏带之外，还有专门对管道进行防腐处理的工厂。图 5-8-4 为工厂施工包缠防腐胶黏带的示意图。

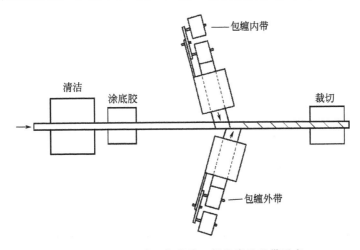

图 5-8-4　工厂施工包缠聚乙烯防腐胶黏带示意

1. 工厂施工包缠防腐胶黏带

在工厂施工包缠防腐胶黏带时，工序如下：

① 将金属管道放在支架上，必要时将管道进行干燥，然后通过自动装置送入清洁台。在清洁台上，用高速的钢丝刷、磨料或喷砂设备对管道作除锈处理。

② 经过除锈处理的干净管道被送进底胶涂布台。在此，管道表面被涂布上一层很薄的底胶。

③ 已涂底胶的管道经过干燥进入内带包缠台。在一定张力下，聚乙烯防腐胶黏带被包缠在管道上。

④ 已包缠内带的管道进入外带包缠台，在此包缠上一层防腐外带。

⑤ 包缠好的管道进入分切台，根据需要进行裁切。

由于工厂施工包缠防腐胶黏带比现场包缠施工的效率高，而且包缠效果也好。因此，在国外，工厂包缠防腐胶黏带的产量在显著上升。

2. 现场施工包缠防腐胶黏带

在我国，由于目前尚缺乏工厂包缠防腐胶黏带的设备，多数还采用现场包缠防腐胶黏带。现场施工包缠防腐胶黏带又有手工包缠和机械包缠两种方式（图 5-8-5）。

(a) 手工缠绕　　　　　　　　　　　　(b) 机械化自动缠绕

图 5-8-5　现场施工包缠防腐胶黏带

现场施工包缠防腐胶黏带的过程如下：

① 对金属管道的表面作除锈处理，除去管道上的铁锈、焊缝毛刺、油渍及其他污染物。手工除锈一般要求达到 St3 级，机械除锈要求达到 Sa2 级（SYJ4007 标准）。

② 手工或机械涂布底胶，并让其自然晾干。

③ 包缠防腐内带。

④ 包缠防腐外带。

⑤ 将包缠好的管道用电火花检查。检漏电压一般在 6000V 以上。对于不合格部位需重新进行包缠。

⑥ 将包缠好的管道放入沟中，并回填土料。

不论是以哪一种方式包缠防腐胶黏带，都必须以搭接的方式进行包缠。一般搭接一半。胶黏带必须包缠紧密，表面应平整无皱褶，否则会影响防腐效果。

除了用胶黏带作防腐层之外，也可用多种涂料作管道的防腐层，与现场涂布涂料相比，现场包缠胶黏带能节约 60% 的设备和人力。在大直径管道上包缠胶黏带时平均每天可包缠 2km。而且胶黏带的包缠可在 -30~50℃ 温度范围内进行。但涂料则不能在如此宽的温度范围内施工。现场包缠胶黏带的缺点是不能在湿度大及下雨天施工，否则会影响管道的防腐效果。

三、实际应用情况

这里介绍一下管路胶黏带的实际应用情况。我国于 20 世纪 70 年代开始研制防腐胶黏带，并少量应用于输油工程，见表 5-8-8。大庆油田曾于 1987 年对 1972 年使用的长城牌防腐胶黏带进行开挖检测，发现经过 15 年埋地后，胶黏带仍保持光亮，底胶仍有黏性。

表 5-8-8　中国防腐胶黏带的研制情况

研制年代	名称	特点
1970 年	长城牌聚乙烯防腐胶黏带	黑色压敏胶,无底胶
1972 年	长城牌聚乙烯防腐胶黏带	黑色热硬压敏胶
1977 年	长城牌聚乙烯防腐胶黏带	黑色热交联型压敏胶
1983 年	金盾牌聚乙烯防腐胶黏带	丁基橡胶型压敏胶
1992 年	永乐牌聚氯乙烯防腐胶黏带	合成橡胶压敏胶

1971 年有人同时采用聚乙烯防腐胶黏带和煤焦油作直径为 500mm 管道的防腐层，其中 159km 采用聚乙烯防腐胶黏带，76km 采用煤焦油涂层。3 年后，经过对比测试发现，如果要获得可接受的保护性，煤焦油涂层需要的阴极保护电流比防腐胶黏带层所需要的阴极保护电流高 4 倍。

1957 年至 1978 年间，美国肯达尔公司（Kendall）对用该公司的聚乙烯防腐胶黏带包缠的直径为 150mm、长 48km 的管道进行了长达 22 年的监测。测试数据（表 5-8-9）表明，22 年后防腐层的绝缘性仍然良好，胶黏带仍然具有良好的物理、化学、介电及耐温性能。

1986 年，有人报道了类似的结果。在 5000km 大直径原油管道的防腐处理中，聚乙烯防腐胶黏带显示了其优良的性能。经过 27 年的老化，管道防腐层的电导性上升甚微，只由最初的 $49\mu\Omega/m^2$ 上升至 $72\mu\Omega/m^2$。

表 5-8-9　聚乙烯胶黏带防腐层与煤焦油涂层的电导性的比较

埋地时间/年	防腐层的电导性/$(\mu\Omega/m^2)$		埋地时间/年	防腐层的电导性/$(\mu\Omega/m^2)$	
	聚乙烯防腐胶黏带	煤焦油涂层		聚乙烯防腐胶黏带	煤焦油涂层
1	—	80.2	9	108.9	1291.2
2	45.9	178.2	10	188.1	1527.9
3	70	467	11	239	2388.7
4	70	258.2	12	212.4	2238.1
5	78.3	903.8	16	320	—
6	70	1248.2	19	700	—
7	106.4	1635.0	22	845	—
8	98.3	1108.3			

◉ 第三节　广告用和美工用压敏胶制品

一、广告用压敏胶制品

广告用压敏胶制品是压敏胶黏剂技术向广告领域渗透的产物。在国内，这类产品的开发还仅仅只有十多年的时间。过去，公司的铭牌及门面广告通常采用纸、布等作为信息的支持体，广告的信息内容则必须用墨水或油漆书写上去。旧式的广告不但耐老化性差，易褪色，字迹易脱落，而且广告的视觉效果也不理想。专门用于广告制作的广告贴是一类新型的广告材料。广告贴一般由带压敏胶黏剂的聚氯乙烯膜所组成。广告贴所用的聚氯乙烯基材有多种颜色，色泽鲜艳，耐候性和耐老化性也好。采用先进的电脑设计并直接在广告贴上刻绘而成的广告图形及文字，不但规范、制作简便，而且视觉效果好。由于这类新型的广告材料具有独特的性能，因而在广告领域被迅速广泛采用。

广告用压敏胶制品主要有两大类，即广告贴和定位胶黏带。广告贴根据所制作广告的类型，又分为刻字贴及灯箱贴。刻字贴用于电脑刻字，广泛用于制作各种标语及门面广告等。灯箱贴则主要用于大型灯箱广告的制作。定位胶黏带是随着广告贴的推广而诞生的，它用于将用广告贴制作的图案及文字等广告内容转移到目标位置上。

1. 广告贴

如图 5-8-6 所示，广告贴主要由聚氯乙烯膜、压敏胶和用于保护压敏胶的单面防粘纸组成。聚氯乙烯膜的厚度一般为 $80\mu m$。通常采用聚丙烯酸酯系压敏胶黏剂，胶层厚度通常为

| 聚氯乙烯膜 |
| 压敏胶黏剂 |
| 单面防粘纸 |

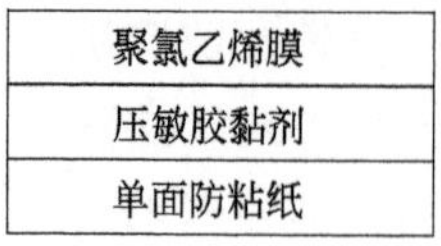

图 5-8-6　广告贴的组成示意

$20\mu m$ 左右。聚丙烯酸酯系压敏胶黏剂不但具有优良的耐老化性，而且胶层的透明性好，胶的性能可调节范围宽。

用于广告贴的聚氯乙烯膜为增塑型薄膜，但与普通聚氯乙烯电工胶黏带所用的薄膜相比，其增塑剂的用量较少。对广告贴而言，聚氯乙烯膜的压延质量是决定广告贴品质的重要因素。广告贴要求聚氯乙烯薄膜基材具有较好的表面平整性以及均匀的色泽。广告贴的基材最忌表面不平整，不得有斑马纹、水波纹以及色泽不均等缺陷。同时，批量生产的聚氯乙烯膜的色差要小。厚度均匀也是广告基材的必要条件，基材的厚度误差大时，会造成刻字时局部不能切断，从而影响广告的制作。聚氯乙烯膜的软硬度必须适当，膜太软或太硬都会影响电脑刻字及使用的效果。

（1）刻字贴　刻字贴主要用于制作各种普通广告，如商店及商场制作的各种门面广告，广告牌广告等。用刻字贴制作广告时，一般采用电脑刻字，去除多余的边料，然后用定位胶黏带将图案及文字固定，去掉防粘纸并将广告粘贴在目标位置上，最后除去定位胶黏带，广告即制作完毕。常见刻字贴的总厚度为 $100\mu m$，宽度为 45cm、60cm 及 90cm，用于大型刻字机时，最宽可达 120cm。

（2）灯箱贴　灯箱贴主要用于制作各类灯箱广告。用灯箱贴制作广告时，首先通过电脑刻字或其他手段用灯箱贴制作出所需要的广告内容，然后将这些广告信息粘贴在一定尺寸的灯箱布上。晚上灯箱内的灯光使灯箱贴呈现各种鲜艳的色彩及图案，从而达到最佳的视觉效果，因此灯箱贴必须具有一定的透光性。正因如此，与刻字贴不同，灯箱贴采用的是具有一定透光性的半透明聚氯乙烯膜。另一方面，灯箱广告大多数是在户外，因此灯箱贴必须具有较好的耐候性及耐老化性。通常在聚氯乙烯膜基材中加入抗紫外线剂以提高灯箱贴的耐紫外线性及耐老化性。表 5-8-10 为涂布聚丙烯酸酯系压敏胶的灯箱贴的典型性能指标。常见灯箱贴的规格为：106cm×50m 及 120cm×50m 等。

表 5-8-10　灯箱贴的性能指标

指标	典型值	指标	典型值
厚度/mm	0.1	180°剥离强度/(N/cm)	2.0
初黏力（球号数）	15	拉伸强度/(N/cm)	14
持黏力/h	>12	伸长率/%	130

由于大型喷绘机的推广，灯箱贴的使用已基本上被电脑喷绘所取代。喷绘机可制作各种

复杂的广告，尤其是在制作色调搭配复杂的广告时，广告贴就显得无能为力了。但由于广告贴造价便宜，一些小而简单的灯箱广告仍可选用灯箱贴进行制作。

2. 定位胶黏带

定位胶黏带（application tape）又被称为转移贴。它是广告制作过程中，为图形及文字的粘贴而专门设计的一类压敏胶黏带。

在用广告贴制作广告内容时，通过电脑雕刻并去除边料之后，要将图形及文字精确地从防粘纸上转移到目标位置上十分困难，往往会发生图形及文字的变形。定位胶黏带的开发解决了广告制作人员的苦恼。如果先用定位胶黏带粘贴在图形及文字的表面，则它们的位置就不会发生错位，然后去除防粘纸，广告信息就被暂时固定在定位胶黏带上。最后将粘贴有广告内容的定位胶黏带粘贴在目标位置上，去除定位胶黏带，广告信息就被精确无误地从防粘纸上转移到广告牌等目标位置上。

广告定位胶黏带独特的用途决定它必须具备以下三个特点。

（1）定位胶黏带必须具有较低的黏性　这类胶黏带在使用过程中只是起暂时的固定作用，广告信息被定位以后必须很容易将其除去。这就要求定位胶黏带对广告贴表面的黏合力必须小于广告贴与粘贴表面之间的黏合力。否则，在去除定位胶黏带时，广告信息也会被带下来。普通的压敏胶黏带很难做到这一点。在定位胶黏带没有被开发之前，人们常将包装胶黏带有意粘上尘土，以达到降低其黏性的目标，然后当作定位胶黏带使用。小的广告公司可能仍在沿用此法，但真正的定位胶黏带使用效果会更好，而且不会污染广告表面。

（2）定位胶黏带必须具备较低的变形性及一定的强度　这一点对于精确转移广告信息也是十分重要的，定位胶黏带的变形性及强度主要取决于所使用的基材。这就要求定位胶黏带必须采用变形性小的基材，如硬质聚氯乙烯膜、聚丙烯膜、纸等。反之，在操作过程中，定位胶黏带的变形会导致暂时固定在其上的广告信息发生形变，从而影响广告效果。

（3）定位胶黏带必须具有优良的内聚强度　在定位胶黏带被去除时，不能在广告图形及文字的表面，甚至是空白的广告支持体上留下残胶。因此，定位胶黏带必须采用高内聚强度的压敏胶，这一点与表面保护胶黏带有类似之处。定位胶黏带一般采用内聚强度高的聚丙烯酸酯系压敏胶，有时也采用内聚强度高的橡胶型压敏胶。

按所使用的基材分，广告定位胶黏带有聚丙烯型、饱和纸型及聚氯乙烯型。按胶的类型分有橡胶系及聚丙烯酸酯系两种。根据胶层的初黏性大小，又可分为超低黏、低黏、中黏、高黏及超高黏等类型（表5-8-11）。超低黏及低黏型产品用于小的图形及字符广告的转移。一般中黏型产品用于直径大约在5cm左右广告信息的固定转移，而高黏度定位胶黏带则用于直径在30cm以上的广告图表及文字的固定转移。

表5-8-11　常见广告定位胶黏带的种类和性能

基材	类型	总厚度/μm	拉伸强度/(N/cm)	伸长率/%	180°剥离强度/(N/cm)
聚丙烯膜	低黏	114	15.8	580	0.55
聚丙烯膜	中黏	114	33.3	580	0.88
聚丙烯膜	高黏	114	33.3	580	2.2
聚丙烯膜	高黏	178	49	600	1.54
饱和纸	超低黏	107	30	3	0.66
饱和纸	低黏	109	35	3	1.1
饱和纸	中黏	109	35	3	1.4
饱和纸	高黏	109	35	3	1.7
饱和纸	超高黏	137	28	10	3.0
聚氯乙烯	高黏	100	29	10	6.0

二、美工用压敏胶制品

压敏胶制品具有许多优良的性能，如重复性好、用途广泛、易于复制及使用等。在国外压敏胶制品曾被广泛应用于各种绘图行业中，用于各种广告、图形图表、直观教具及其他图片的制作。压敏胶制品的使用不但节省了绘图制图的成本，而且减少了许多重复性的绘图和排字工作。它们是出版商、设计师、商业美术师、图表绘制者及印刷者的最佳助手。然而，随着计算机技术的迅速发展，过去许多只能由手工完成的工作已完全由计算机去完成。因此，压敏胶制品在美工方面的应用在逐渐减少。在此仅介绍几种主要产品。

1. 胶片修补胶黏带

最早用黑色的纸胶黏带遮盖胶片中不需要的图形。随着照相业的发展，人们开发出了红色透明的胶片修补胶黏带。在修补胶片时，使用者能透过胶黏带看清他想要遮盖的图形，因而使用更加方便。

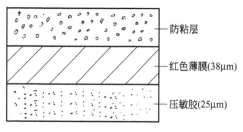

防粘层

红色薄膜(38μm)

压敏胶(25μm)

图 5-8-7　胶片修补胶黏带构成

胶片修补胶黏带是以纤维素、醋酸纤维素、聚酯及聚氯乙烯膜等透明材料为基材，涂布透明性压敏胶制作而成（图 5-8-7）。基材中加入了遮光性物质，如颜料、吸收剂等。这些物质对制正片时的拍照是透明的。从而便于对底片进行二次加工创作。

胶片修补胶黏带所用的压敏胶黏剂也必须是透明的，并且具有中等的初黏性及较高的内聚强度（表 5-8-12）。

如果以透明的 PVC 膜、玻璃纸、聚酯膜以及醋酸纤维素膜为基材，在基材一面或两面涂布染料，然后在其中一面上涂布透明性压敏胶黏剂，另一面涂防粘剂，则可制成用于字幕片和透明图制作的胶黏带。也可将两层透明膜与一层彩色胶膜复合，然后在膜的一面涂防粘剂，而另一面涂压敏胶。这种胶黏带的性能与胶片修补胶黏带相似。

表 5-8-12　几种常见的美工用压敏胶制品的性能

指标	180°剥离强度 /(N/cm)	初黏力 /cm	持黏力 /h	伸长率 /%	厚度/mm
胶片修补胶黏带	2.35	2.5	22	40	0.063
消光胶黏带	4.7	2.5	—	1～4	0.135
制图胶黏带	1.6	—	—	9	0.16

注：表中数据为按 PSTC 系列方法进行测试的结果。

2. 消光胶黏带及有光泽胶黏带

消光胶黏带适用于要求颜色及光线不反射的地方，如作讲座及复制照片时。很多普通的绘图胶黏带都是彩色的消光胶黏带和有光泽胶黏带。这些胶黏带通常是为视觉产品而设计的，如条形统计图、海报及地图等。

这类胶黏带通常以纸与塑料薄膜的复合物为基材（图 5-8-8）。一般采用彩色的复合胶黏剂。复合胶黏剂必须具有较好的耐老化性，以防止塑料膜与纸发生层离。薄膜通常采用聚酯膜或醋酸纤维素膜。纸一般用大麻纤维纸，这种纸纵向强度大，而横向强度小，因而横向易撕，为使用者提供方便。

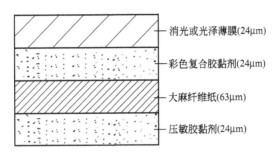

图 5-8-8　消光胶黏带及有光泽胶黏带的组成示意

3. 彩色压敏膜

彩色压敏膜是以带有颜色层的醋酸纤维素膜为基材，涂布可再定位型压敏胶黏剂而制成的一类特殊压敏胶制品（图 5-8-9）。选择醋酸纤维素膜为基材是因为它易于分切。彩色压敏膜主要用于粘贴图纸，而且从图纸上除去时不能将图纸撕裂或将纸的纤维带起，因此必须选用黏性小的可再定位型压敏胶。压敏胶必须具备较好的透明性及耐老化性。普通压敏胶老化时变黄，从而使蓝色的纸呈现绿色。

彩色压敏膜有消光和有光泽两种表面以及透明、不透明及彩色等多种颜色。

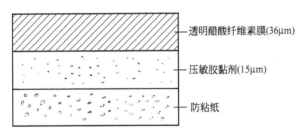

图 5-8-9　彩色压敏膜的组成示意

4. 制图胶黏带

制图胶黏带是一种天然色美纹纸胶黏带，此胶带用于在绘图桌上固定图样、蓝图及摹图等，在除去胶黏带时不能损坏图纸。因此，制图胶黏带必须采用低黏性可剥离压敏胶。其典型性能见表 5-8-12。

第四节　装饰和标识用压敏胶制品

一、装饰用压敏胶制品

装饰用压敏胶制品[4,5]是一种以装饰为目的的压敏胶制品，其装饰功能来源于所使用的基材。装饰用压敏胶制品的基材一般有各种装饰性图案、纹理及色彩，最常见的是仿天然树木纹理的木纹膜及各种镀铝材料。

1. 压敏木纹膜

压敏木纹膜的使用始于西方国家，尤其是美国。曾有一段时期，美国社会特别钟爱具有木质车身的汽车，这类汽车不但具有浓厚的家庭气氛，而且是社会地位的标志，但由于制造成本高而且耐用性差而逐渐被淘汰。后来，人们开发出了压敏木纹膜，用它装饰汽车能获得类似木质车身的效果。因而，用压敏胶膜作装饰材料曾十分流行。

流涎型聚氯乙烯膜和压延型聚氯乙烯膜是制造优质木纹装饰品的常用基材。以流延法生产的聚氯乙烯膜具有优良的尺寸稳定性，这一点对压敏木纹膜十分重要。流涎聚氯乙烯膜只能用乳液型聚氯乙烯树脂生产，因而成本较高。压延型聚氯乙烯膜是由悬浮聚氯乙烯树脂生产的。通过改进压延工艺，压延型聚氯乙烯膜的尺寸也可以制造得相当稳定，因而可用于制造压敏木纹膜。压延膜可具有多功能性，这是流延膜所不具备的。在压延过程中，通过选择合适的添加剂及悬浮树脂的类型可获得具有耐紫外线及耐热性的压延膜。

木纹膜的木纹外观是通过特殊的印刷技术制成的。其制作过程是，先将木块或木板的纹理进行拍照，挑选出木材特殊的纹理，再利用先进的印刷技术进行印刷。印刷后，木纹图案被转移至透明聚氯乙烯膜上，只有透过膜才能看见木纹效果。聚氯乙烯膜为图案及油墨提供保护。

压敏木纹膜一般采用转移法涂布压敏胶黏剂。首先将压敏胶黏剂涂在一层防粘纸上，干燥后将其与印刷图案一面复合。压敏木纹膜一般选择具有高内聚强度的聚丙烯酸酯系压敏胶。压敏木纹膜在汽车装饰上使用时有外木纹膜和内木纹膜之分。外木纹膜主要用于装饰汽车的防护板、门板及尾板等。外木纹膜的尺寸一般较大。外木纹膜在安装时一般采用湿粘贴法。即将木纹膜的防粘纸去除，用一种特殊的水溶液将整个胶黏剂表面喷湿，防止定位前压敏胶自身对粘住或粘住车身。手工将湿的装饰片贴在汽车上，然后用硬的橡胶辊将其中的水分压出。对汽车表面变化大的区域需要加热使木纹膜软化后再贴合。在使用中很容易区分压延膜及流延膜。压延膜贴合时可能要更多的热量，而且不易撕裂。流延膜则较软而且易贴合，但强度小，易撕裂。

木纹膜的油墨、压敏胶、聚氯乙烯膜以及三者与汽车表面的相互作用是评价木纹膜的重要内容。外木纹膜必须采用内聚强度高的聚丙烯酸酯系压敏胶黏剂才能满足要求。一般对外木纹膜有以下要求：

① 剥离强度，粘贴 1h 后为 3.5N/cm，粘贴 72h 后为 6.1N/cm 以上。

② 耐环境测试，在湿热交替循环的条件下处理两周，典型循环条件为：−30℃下处理 17h，80℃下处理 72h，38℃及 100%相对湿度下处理 24h。

③ 耐砂石撞击性，在冰点以下，以路面行驶速度撞击特定的砂石混合物。

④ 耐候性，一般要求在带有规定波长紫外灯的耐候仪中曝晒 1000～2000h。

⑤ 耐恶劣的环境，在规定的地点室外曝晒两年。

在以上试验中，木纹膜不能有显著的颜色变化、裂化、暴皮或其他薄膜降解的迹象。

内木纹膜主要用于汽车内部的装饰装修。直至今天，很多汽车的仪表盘仍流行使用内木纹膜进行装饰。内木纹膜主要是以聚氯乙烯膜或聚氯乙烯膜与 ABS 复合材料为基材。由于在汽车内部使用，产品的耐渗出性十分重要。在高温环境中，聚氯乙烯材料中的渗出物会导致玻璃上形成雾膜。

条纹膜是另一种汽车装饰用压敏胶制品。条纹膜常用于汽车及其他运输工具的装饰。条纹膜与木纹膜相似，以流延聚氯乙烯膜为主。条纹膜制作的关键是条纹的印刷及模切。丝网印刷及凹印是常用的印刷方式。条纹膜一般采用热模切进行生产。

2. 聚氯乙烯彩色装饰胶黏制品

除了木纹膜之外，聚氯乙烯膜也可制成具有各种鲜艳色彩，甚至具有荧光效果的薄膜。这类薄膜一般为硬质或半硬质聚氯乙烯膜，涂布压敏胶黏带后就成为具有装饰功能的装饰胶黏制品。常见颜色有红、黄、杏红、粉红及绿色等。同木纹膜一样，这类胶黏制品也是采用转移法涂布的，其典型性能见表5-8-13。这类装饰胶黏带被广泛应用于家庭及室内装修或广告制作。

表 5-8-13　PVC 装饰胶黏带的性能

项目	数值	项目	数值
胶带厚度/mm	0.12	伸长率/%	100
拉伸强度/(N/cm)	25	180°剥离强度/(N/cm)	2

3. 激光装饰胶黏带

激光装饰胶黏带是以各种激光材料为基材，涂布压敏胶黏剂制作而成的一类具有特殊视觉效果的压敏胶制品。

激光材料是普通的塑料膜或纸经过特殊的加工工艺制作而成的。光线在其表面上会产生不同角度的反射，从而获得独特的视觉效果。聚酯膜、聚氯乙烯膜、聚丙烯膜及纸等是激光材料常用的基材。

激光装饰胶黏带主要用于室内的装潢、装修以及改变物品表面的视觉效果。

4. 汽车装饰和改色压敏胶黏膜

近几年来，随着家用汽车的普及和大量使用，汽车车体表面的装饰、改变局部和整体的颜色以及翻新等要求逐渐增多。市场上出现了一种专门用于汽车车体表面装饰和改色的压敏胶黏膜。由于应用在汽车车体的外表面，对这种压敏胶制品的性能有很高的要求。不仅要求膜基材强而韧，其正面颜色的鲜艳和丰满度能与汽车表面涂层相当，膜的胶黏剂在汽车车体表面的粘贴牢度很大；而且要求膜的基材和胶黏剂的耐老化性能很好，将这种压敏胶黏膜粘贴在汽车车体表面经多年大气自然老化后，其表面颜色和整体外观应不发生明显变化，不翘边、不脱落，需要时还可被整体揭下，不留任何残胶。因此这种压敏胶制品制造难度较大。前几年我国市场上只有一些进口产品。一项中国发明专利公布了这种压敏胶膜及其制造方法[36]：在聚氯乙烯基材制造中采用了几乎无挥发和迁移性的聚酯型高分子增塑剂、抗冲改性剂、遮蔽力强且耐老化的着色剂以及采取了加入多种防老剂的防老化措施，在涂布时还采用了高性能溶剂型聚丙烯酸酯压敏胶，制得了这种高性能压敏胶制品。这种压敏胶黏膜有各种颜色，并根据需要都可以制成高光亮、哑光亮和特殊光亮（如闪光光亮）状态。

二、标识用压敏胶黏制品

标识胶黏制品被粘贴在适当物品上，对物品起标记、识别及提醒的作用。根据所起的作用，标识胶黏制品可分警示胶黏带和识别胶黏带两种。警示胶黏带起安全提示作用，表明被粘贴物品或其附近具有危险性，以引起人们的注意，因此它的颜色比较醒目。识别胶黏带则不同，它只是对各种物品起标记区分的作用。有时一种胶黏带同时起警示与识别两种作用，如用印有"天然气"字样的黄色聚氯乙烯胶黏带缠在天然气管道外面，既便于天然气管道与其他管道的识别，也具有一定警示作用。常见标识胶黏带的种类及性能见表5-8-14。

表 5-8-14　常见标识胶黏带的种类及性能

种类	厚度/mm	拉伸强度/(N/cm)	伸长率/%	180°剥离强度/(N/cm)
警示胶黏带				
印刷 PVC	0.13	38.5	160	1.4
印刷 PVC	0.18	31.5	200	1.8
印刷 PVC	0.19	28	170	4
PE 涂塑布	0.27	42	5	4.4
印刷 BOPP	0.048	49	100	2.1
识别胶黏带				
彩色 PVC	0.13	26.3	100	3.3
彩色 PVC	0.15	31.5	160	3.3
彩色 PVC	0.18	36.8	180	3.0
彩色 UPVC	0.088	51	60	4.7
彩色 PE	0.16	22	250	6.8
彩色 BOPP	0.048	24.5	20	2.1
彩色 BOPP	0.048	38.5	130	2.4
中强度纸	0.16	42	11	3.6
高强度纸	0.165	94.5	4	6.1
美纹纸	0.16	42	8	5.3
美纹纸	0.18	47.3	5	4.3

1. 警示胶黏带

警示胶黏带主要以增塑型聚氯乙烯膜为基材，涂布橡胶系压敏胶黏剂。为了达到醒目及引人注意的目的，一般在胶黏带背面上印刷不同颜色的条纹，制成条纹警示胶黏带。最常见的是黄与黑相间隔的条纹，它是在黄色的聚氯乙烯膜上印刷黑色的条纹。此外，常见的条纹颜色还有红与白、黑与白、白与绿等。印刷条纹时，必须注意选择油墨，以防止油墨层在解卷时向胶层表面转移。条纹警示胶黏带除了用于对危险物品及区域进行提示外，还被广泛用于工厂中各区域和通道的地面划线标识，这种地面划线操作可采用专门的设备。

虽然 BOPP 胶黏带主要用于包装用途，但印刷有"停止""易碎""勿靠近"等警示信息的 BOPP 彩色胶黏带也可用作警示胶黏带。

除此之外，在 PE 涂塑布上印刷上条纹，也可制作成具有黄色与黑色相间条纹的布基胶黏带，这种胶黏带也可用于警示目的。

2. 识别胶黏带

与警示胶黏带不同，识别胶黏带主要用于对物品进行分类标识或其他提示作用以及彩色编码，因此，一般具有多种颜色。可印刷各种颜色的基材可用于制作识别胶黏带。识别胶黏带常用基材有增塑或未增塑的聚氯乙烯膜、聚乙烯膜、双向拉伸聚丙烯膜以及纸。聚氯乙烯膜本身具有多种颜色，一般不需作印刷处理。双向拉伸聚丙烯膜则需要涂布各种彩色压敏胶或进行印刷。压敏胶的选择必须根据用途及基材而定。

◎ 第五节　泡绵胶黏带和附件固定胶黏带

一、泡绵胶黏带

泡绵胶黏带是以泡沫塑料为基材的一类压敏胶黏带，又被称为泡沫胶黏带。泡绵胶黏带的独特性能主要来自于泡沫塑料。泡沫塑料一般具有优良的回弹性、一定的力学强度、优异的隔热性及防水性、优良的耐老化性及耐化学腐蚀性等。根据需要，通过调整配方，还可赋予泡沫塑料不同程度的阻燃性与导电性。这些特点是其他胶黏带基材所不具备的。正因如此，泡沫塑料被广泛用于制作具有不同性能的压敏胶黏带。

用作胶黏带基材的泡沫塑料有：聚乙烯、聚丙烯、天然或合成泡沫橡胶（包括氯丁泡沫）、聚氯乙烯、聚丙烯酸酯、聚氨酯及有机硅橡胶等。其中最常用的是交联聚乙烯泡沫、聚氯乙烯泡沫及聚氨酯泡沫，其性能见表5-8-15。泡沫塑料还有开孔与闭孔之分。同种类型的泡沫还有不同的孔径、厚度、颜色及密度。

泡沫基材的选择必须根据胶黏带的最终用途而定。不同的泡沫基材赋予胶黏带以不同的性能。作密封材料时，一般选用闭孔结构的泡沫塑料为基材。除此之外，选择泡沫塑料时还应考虑最终胶黏带的使用环境、使用时间及使用温度。泡沫塑料的密度、种类及孔结构等对泡沫的压缩性也有影响。泡沫的回弹性很重要，当泡绵胶黏带用作门的密封材料时，经过多次循环挤压，泡沫必须仍然保持较高的回弹性。

表 5-8-15　常见泡沫塑料的性能

性能	PVC 泡沫	PE 泡沫	PU 泡沫
耐水性	好	优	好
耐久性	很好	中等	很好
剥离性	好	干净	好
减震性	很好	好	很好
密封类型	水和尘土	水和尘土	水和尘土
耐温性	$-40\sim70℃$	$-40\sim100℃$	$-40\sim120℃$

泡沫塑料一般厚度较大而且易变形，因而泡绵胶黏带尤其适合与不规则表面的粘贴。当将其从被粘表面上剥离时，由于泡沫的变形吸收了所施加的应力，因此一般需要施加较大的力。在这种情况下，一般发生泡沫基材的内聚破坏，而不是胶黏带与被粘表面的分离。

同样，在粘贴泡绵胶黏带时，所施加的力大部分被泡沫的压缩形变所吸收。因而，与粘贴普通胶带相比，必须施加更大的力。另一方面，为了提高泡绵胶黏带的耐剪切性，通常采用具有较高内聚强度的压敏胶。这类压敏胶的初黏性很低。这也会影响泡绵胶黏带的初始粘贴效果。为了弥补以上缺陷，在连续的工业化生产中，常用加热的方法加速胶黏带与被粘表面的黏合，但加热会使某些泡沫变形。

泡沫胶黏带分双面泡沫胶黏带和单面泡沫胶黏带。关于双面泡沫胶黏带的性能与应用详见本篇第五章。单面泡沫胶黏带一般带有防粘纸，这类产品主要用于密封、衬垫、隔热、隔声以及缓冲等用途，也可用作汽车内装饰材料（表5-8-16)[5]。

由于泡沫材料的厚度大而且易伸长变形，所以只能采用转移法进行涂布。在复合过程中，复合压力必须小心调节，不得让泡沫材料被拉伸。否则产品会卷翘。因此，最好在最小的压力下进行复合。

表 5-8-16　常见单面泡绵胶黏带的品种及性能

品种	胶带厚度/mm	拉伸强度/(N/cm)	伸长率/%	180°剥离强度/(N/cm)	应用
PE 泡绵	0.80~3.2	10.5~14	300	7.9~15	医用电极及接触垫用
PE 泡绵	0.80~3.2	—	—	3.7~14	密封材料
PE 泡绵	0.17~0.56	70	175	8.3~11	衬垫、汽车内装修及防震
低密 PU 泡绵	3.2~9.5	—	—	—	密封材料，易裁切
中密 PU 泡绵	1.1~12.7	—	—	6.6	衬垫及密封材料
高密 PU 泡绵	0.8~9.5	140	240	11	衬垫、吸声及密封材料
低密 PVC 泡绵	4.8	—	—	—	防气、防尘及密封
中密 PVC 泡绵	1.6~6.4	—	—	—	密封及隔声
高密 PVC 泡绵	1.6~6.4	—	—	—	耐紫外线，密封用
阻燃 PVC 泡绵	3.2~4.8	—	—	—	高性能密封及隔声

二、附件固定胶黏带

随着设备制造业的发展，压敏胶黏带在设备制造业中的应用在不断增加。作为包装材料，压敏胶黏带广泛用于家电、仪器及其他设备的包装。此外，压敏胶黏带还广泛应用于固定各种设备的附件，防止设备附件在运输过程中发生移动或与设备的其他部位发生撞击。用作此用途的胶黏带称为附件固定胶黏带（appliance tape）[1]。例如，冰箱中的隔板及储物抽屉在运输中容易来回移动。因此，必须用附件固定胶黏带将其固定在冰箱的内壁上。很多设备的门在运输中易开启，也必须用附件固定胶黏带加以固定。

附件固定胶黏带通常以纤维增强塑料膜或单向拉伸聚丙烯膜为基材（表 5-8-17），纤维增强型基材主要以玻璃纤维增强的聚酯膜为主。

表 5-8-17　附件固定胶黏带的性能指标

种类	厚度/mm	拉伸强度/(N/cm)	伸长率/%	180°剥离强度/(N/cm)
玻璃纤维增强聚酯膜	0.24	700	6.5	5
玻璃纤维增强聚酯膜	0.24	648	4	5.6
玻璃纤维增强聚酯膜	0.18	443	4	6
单向拉伸聚丙烯膜	0.15	350	25	7.7

附件固定胶黏带最重要的特点是无污染性，即当设备的用户将其从附件上剥离时，胶黏带不能在附件或其他粘贴的表面留下残胶。附件固定胶黏带在物品表面粘贴的时间有时可能很长。如胶黏带用于固定家电的附件时，只有当顾客购买产品后胶黏带才被剥离掉。从产品生产完毕到被购买也许长达几个月甚至 1~2 年。即使如此，胶黏带也必须能干净地从表面上剥离下来。因此，这类胶黏带必须采用具有高内聚强度的压敏胶，必要时可在基材上涂布高效的底胶，以增强压敏胶在基材上的附着力。这一点与表面保护胶黏带相似。不同的是，附件固定胶黏带在使用中起固定作用。因此，胶黏带必须采用具有较高拉伸强度的纤维增强膜及单向拉伸聚丙烯膜为基材，这样才能抵抗长时间的应力作用。有时用胶黏带固定的附件未经其他包装被放置在展品室中，胶黏带会长时间经受紫外线的作用。此时，最好在胶黏带中加入合适的抗紫外线剂，以提高其耐老化性能。

附件固定胶黏带在使用中会遇到各种被粘的表面，如表面经过处理的金属或塑料。表面的处理类型会影响胶黏带的黏合，尤其是当胶黏带贴在粉末喷涂的表面上时，胶黏带的黏合力会显著下降，因而必须使用剥离强度更高的附件固定胶黏带。用于设备外部附件的固定时

（如门的固定）在运输过程中会产生较高的应力，这时最好选用具有较高剪切强度及拉伸强度而伸长率小的胶黏带。此时玻璃纤维增强型胶黏带比单向拉伸聚丙烯膜胶带或合成纤维丝增强胶黏带更适合。很多设备的内部是用聚氯乙烯塑料制成的，此时如选用聚丙烯酸酯系压敏胶型胶黏带时必须十分谨慎。聚丙烯酸酯系压敏胶易粘贴在聚氯乙烯材料上，剥离时易在表面上留下残胶。

第六节 有机硅胶黏带

有机硅材料是一类兼有有机聚合物及无机聚合物特性的特殊高分子材料。它具有耐高低温、耐气候老化、电气绝缘、耐燃、憎水、耐溶剂等性能，因而应用十分广泛。用有机硅材料作胶黏带的原料时可制作成具有独特性能的有机硅胶黏带[8,11]。有机硅材料在胶黏带中的应用有两种方式：一是有机硅材料作为基材；二是有机硅材料作为压敏胶黏剂的主要成分。作为胶黏带的基材，有机硅的应用并不普遍。大多数情况下，有机硅胶黏带所指的是涂布有机硅压敏胶黏剂的胶黏带。

一、有机硅基材类胶黏带

用作胶黏带基材的有机硅材料主要是有机硅泡绵和有机硅橡胶（表 5-8-18）。通常涂布聚丙烯酸酯系或橡胶系压敏胶黏剂。以有机硅泡绵为基材的胶黏带主要用于特殊的密封，而以有机硅橡胶为基材的胶黏带则主要用作防粘材料。有机硅橡胶的表面能低，普通压敏胶对硅橡胶表面的润湿性差，因而硅橡胶具有防粘功能。这种以硅橡胶为基材的胶黏带常用于胶黏带生产设备中，包缠各种与压敏胶接触的辊筒。

表 5-8-18 有机硅基材类胶黏带的性能

基材	压敏胶类型	胶黏带厚度/mm	拉伸强度/(N/cm)	伸长率/%	180°剥离强度/(N/cm)
闭孔有机硅泡绵	聚丙烯酸酯	1.58	263	710	3.3
阻燃有机硅泡绵	聚丙烯酸酯	1.6～6.4	35	10	3.3
有机硅橡胶	橡胶	0.41	158	15	3.9
有机硅橡胶	橡胶	0.53	105	15	8.8
有机硅橡胶	聚丙烯酸酯	0.8	1225	650	3.3
有机硅橡胶	有机硅	0.27	263	5	5

二、有机硅压敏胶系胶黏带

关于有机硅压敏胶黏剂的特点及制造详见第三篇第九章。由于有机硅压敏胶黏剂具有耐温范围宽（−70～250℃）、绝缘性好、耐老化及耐腐蚀等特点，而且能与大多数低能难粘材料表面黏合，因而有机硅压敏胶黏剂被广泛用于制造具有特殊用途的压敏胶黏带。

1. 双面有机硅胶黏带

通常将有机硅压敏胶黏剂涂布在玻璃布、聚酰亚胺膜等基材的两面可制成双面胶黏带（表 5-8-19）。有机硅双面胶黏带主要用于特殊场合的拼接固定用途。有时甚至可以将有机硅压敏胶制成无基材的转移胶黏带。还有一类特殊的双面胶黏带，其中一面涂布有机硅压敏胶，另一面涂布聚丙烯酸酯系压敏胶。这种特殊结构的双面胶黏带适用于将两种不同的材料粘接在一起，尤其是将一种难粘材料与其他材料粘接在一起。

表 5-8-19　有机硅双面胶黏带的品种及性能

品种	胶黏带厚度/mm	拉伸强度/(N/cm)	伸长率/%	180°剥离强度/(N/cm)	应用
玻璃布	0.64	—	6.5	—	热喷涂用
聚酰亚胺	0.11	43.8	50	2.2	180℃电气绝缘
聚醚酰亚胺	0.025	—	—	—	柔性电路板用
双面有机硅拼接胶黏带	0.1	57.8	6.5	5.5	拼接固定
双面有机硅拼接胶黏带	0.06	43.8	142	3.3	防粘纸的拼接
有机硅压敏胶/聚丙烯酸酯压敏胶	0.12	54.3	124	6.1~7.3	不同材料的粘接
有机硅转移胶黏带	0.05	—	—	6.1	固定及粘接用

2. 单面有机硅胶黏带

各种基材都可涂布有机硅压敏胶制成单面有机硅胶黏带，简称有机硅胶黏带。但是为了发挥有机硅压敏胶黏剂的特点，一般采用聚酯膜、聚酰亚胺膜、玻璃布及各种复合材料为基材（表 5-8-20）。这些材料具有耐高温、耐老化、强度大等特点，用这些基材制作成的有机硅胶黏带具有特殊的耐电性、耐高温性及耐老化性。聚酰亚胺膜涂布有机硅压敏胶制成的胶黏带可用于高温电气绝缘及遮蔽，最高耐温可达 180℃；而玻璃布有机硅压敏胶黏带的耐温可达 200℃。由于有机硅压敏胶与基材的黏合力小，在涂布压敏胶之前一般需要对基材进行处理。聚酯和聚酰亚胺作基材时，通常以反应性有机硅聚合物为底胶。聚四氟乙烯为基材时，必须先进行电晕处理。

表 5-8-20　有机硅胶黏带的品种及性能

基材	胶带厚度/mm	拉伸强度/(N/cm)	伸长率/%	180°剥离强度/(N/cm)	应用
聚酯膜	0.25	35	100	3.3	印刷电路板制造
	0.064	40.3	100	3.7	耐高温遮蔽保护
	0.076	43.8	100	3.3	防粘纸连接
	0.076	96.3	171	4	相片连接胶黏带
	0.127	189	197	1.1	保护及遮蔽
聚酰亚胺膜	0.064	49	70	2.2	耐高温遮蔽
	0.064	43.8	50	2.2	电气绝缘(180℃)
聚四氟乙烯膜	0.051~0.25	17.5~105	300	2.8~5.5	电气绝缘
	0.114	35	350	3.9	防粘及电气绝缘
	0.165	52.5	450	3.9	电气绝缘(180℃)
玻璃布	0.18	263	5	3.9	电气绝缘(200℃),热喷涂用
	0.19	333	7	3.9	高温拼接及密封(200℃)
PTFE 涂塑玻璃布	0.076~0.25	—	—	4.4~5	包装用
硅橡胶涂塑玻璃布	0.89	—	8	3.9	热喷涂用
铝箔复合玻璃布	1.27	—	1	11	热喷涂用
	0.18	228	5	4.8	等离子体喷涂中静电屏蔽
硅橡胶涂塑尼龙布	0.54	102	14	8.6	胶带制造中辊筒防粘用
纸与聚酯复合	0.248	96.3	5	4.4	印刷电路板制作中金手指保护
PEN 膜	0.056	43.8	65	2.2	粉末喷涂中耐高温遮蔽
铝箔	0.09	53	10	7.7	特殊屏蔽

有机硅胶黏带最主要的用途为印制电路板的制造，其次是各种特殊的电气绝缘用途。印制电路板制造过程中的遮蔽保护常采用聚酯、聚酰亚胺、特殊纸及复合基材类有机硅胶黏带。高温电气绝缘常采用聚酯膜、聚酰亚胺及玻璃布等为基材。以聚酰亚胺、玻璃布、云母、聚四氟乙烯为基材的有机硅压敏胶黏带可用作 H 级绝缘材料。作为电气胶黏带时，有机硅胶黏带主要用于各种电动机、飞机引擎等电线的包缠。

有机硅胶黏带另一独特的应用就是对有机硅材料的黏合。表面能极低的硅橡胶及有机硅防粘涂层只能用有机硅胶黏带进行黏合。在普通纸基双面胶黏带制造过程中，防粘纸的连接常采用聚酯型有机硅胶黏带。除此之外，有机硅胶黏带也可用于聚四氟乙烯涂塑织物及有机硅涂布织物的连接。

由于有机硅胶黏带具有优良的耐高温性，通常用于各种热喷涂中，保护其他不需喷涂的表面。聚四氟乙烯涂塑玻璃布胶黏带常被用于包缠涂布机及复合机上的导辊及压辊，聚四氟乙烯的表面可防止黏性物质在导辊上积累，即使在 200℃ 高温下长时间使用，有机硅胶黏带仍具有压敏黏性，这有利于最后干净地去除胶黏带。

除此之外，有机硅压敏胶还可用于制造医用胶黏带，尤其是透皮药物释放体系。

我国目前也有少量有机硅压敏胶黏带产品出售，但品种还比较少。

三、有机硅胶黏带在印制电路板生产中的应用

印制电路板（PCB）是各种自动化控制的电子、电器设备中必不可少的组成部分。某种程度而言，印制电路板的质量决定着最终电子、电器产品的质量及性能。随着电子、通信及计算机工业的迅速发展，对印制电路板的需求不断增加。为了适应这种市场需求，各 PCB 生产厂家不断采用先进的生产技术。

PCB 的生产一般分 PCB 的制造及 PCB 的组装两大流程（图 5-8-10），其中镀金、热风整平及波峰焊等三个 PCB 生产步骤中需大量使用压敏胶黏带。下面详细介绍这三个工艺及各工艺常用的胶黏带。

设计→裁板→贴膜→曝光→腐蚀→复合→印刷→钻孔→镀金→热风整平→裁切→PCB 成品

(a) 常见 PCB 的制造流程

PCB 成品→自动插件→波峰焊→包装成品

(b) PCB 组装流程

图 5-8-10　PCB 的制造及组装流程

1. 镀金工艺中使用的胶黏带

印制电路板依靠其插脚与其他电子器件相连接。PCB 的插脚（接口部分）是由裸铜构成的。铜在空气中会缓慢氧化而形成氧化铜。氧化铜导电性差，从而导致接触不良。因此，必须在 PCB 裸铜插脚的表面镀一层黄金。黄金的氧化性差，从而达到保护插脚的作用，使其具有永久的良好导电性。表面电镀黄金的插脚俗称为金手指。

PCB 的镀金工艺流程如图 5-8-11 所示。其中镀镍溶液的温度为 $50\sim60℃$，pH 值为 $3\sim5$，镀镍厚度一般为 $3\sim6\mu m$。镀金溶液的温度为 $30\sim60℃$，pH 值为 $3\sim5$，镀金厚度为 $1\sim3\mu m$。

粘贴胶黏带→压辊热压→装板→酸洗→活化→镀镍→清洗

→镀金→清洗→卸板→剥离胶黏带→成品

图 5-8-11　PCB 的镀金工艺流程

由于镀镍及镀金溶液的酸性极强，而且黄金又非常昂贵，为了节省黄金及防止强酸性的电镀液腐蚀 PCB，在电镀之前必须用胶黏带将不需要电镀的区域遮蔽起来。镀金工艺所使

用的胶黏带必须具备以下条件：

① 胶黏带必须具有较强的耐酸腐蚀性，如是才能经受酸洗、镀镍及镀金三道工序中酸的腐蚀作用。

② 胶黏带必须具有较低的解卷力。胶黏带解卷力过大时不但影响胶黏带的粘贴，而且在 PCB 镀金过程中会发生翘边。

③ 胶黏带对 PCB 表面必须具有较高的黏合性。只有胶黏带与 PCB 黏合密实，在整个镀金过程中，各种酸性液体才不会透过胶黏带对 PCB 产生腐蚀。

④ 胶黏带必须具有较高的耐水性，在酸洗及清洗过程中，水不能渗入胶黏带的粘贴部位。

⑤ 在最后剥离去除胶黏带时，PCB 上不能存有残胶。

镀金工艺常用有机硅聚酯胶黏带，见表 5-8-21。有时也采用非有机硅压敏胶的聚酯、聚氯乙烯及铅箔胶黏带，见表 5-8-22。

2. 热风整平工艺中使用的胶黏带

在完成镀金之后，需要对印制电路板上电子器件的插脚处进行锡焊。一般是让 PCB 通过熔融的锡炉，然后用热风吹走 PCB 板上多余的锡。这一工艺过程被称为热风整平工艺。热风整平工艺流程如图 5-8-12 所示。

粘贴胶黏带→压辊压板→热处理→压辊压板→酸洗→水洗→涂助焊剂
→喷锡→清洗→干燥→剥离胶黏带→成品

图 5-8-12　热风整平工艺流程

热风整平工艺有水平式和垂直式两种方式。锡炉内的温度为 250～260℃。PCB 通过锡炉的时间约为 3～6s。

由于金与锡具有较好的亲和性，在热风整平过程中，必须对 PCB 的金手指加以保护，否则锡会附着在金手指的表面上，从而影响金手指的导电性。热风整平过程中保护金手指的胶黏带必须具备以下性能：

① 胶黏带必须具有一定耐温性，由于粘贴胶黏带的 PCB 需通过 250～260℃ 的锡炉，所用胶黏带必须能短时耐 260℃ 的高温。

② 胶黏带必须具备一定的耐酸、耐水及耐熔锡渗透性。在酸洗、水洗及喷锡过程中，粘贴在 PCB 上的胶黏带不能让酸、水及熔融的锡从边缘渗入。

③ 最终剥离胶黏带时，金手指上不能有残胶。

以聚酰亚胺膜及各种复合材料为基材的有机硅胶黏带常用于热风整平过程中的金手指保护，见表 5-8-22。由于聚酰亚胺膜价格昂贵，而且聚酰亚胺胶黏带厚度较薄，使用不方便。目前大多数采用以塑料薄膜复合材料为基材的有机硅胶黏带。

3. 波峰焊工艺中使用的胶黏带

在自动插件操作中，各种电子元器件，如电容器、二极管、三极管、电阻及各类集成块等，被安插在 PCB 上。为了确保这些电子元器件与 PCB 连接牢固，必须将电子器件与 PCB 接触部分进行焊接。通常是让插有电子元件的 PCB 的背面通过熔融的锡炉，将电子元件的管脚与 PCB 焊接在一起。这一工艺过程称波峰焊。波峰焊的工艺流程如图 5-8-13 所示。锡炉的温度为 250～260℃，PCB 经过锡炉的时间为 1～5s。

粘贴胶黏带→清洗→涂助焊剂→波峰焊→清洗→干燥→剥离胶黏带→成品

图 5-8-13　波峰焊工艺流程

同热风整平工艺相似，在波峰焊过程中，也必须对 PCB 的金手指及其他部位用胶黏带进行保护。通常采用以聚酰亚胺及特种纸为基材的有机硅胶黏带（表 5-8-21）。与热风整平过程相似，要求胶黏带能耐高温、耐水及耐熔融锡。剥离胶黏带时，PCB 上不能有残胶。除此之外，还要求胶黏带在粘贴和剥离时尽量不产生静电。静电的产生会影响 PCB 的质量。

表 5-8-21　印制电路板用有机硅胶黏带

基材	胶黏带厚度/mm	拉伸强度/(N/cm)	伸长率/%	180°剥离强度/(N/cm)	应用
聚酯膜	0.025	35	100	3.3	PCB 制造
	0.038	61.3	130	1.3	镀金
	0.064	43.8	100	2.8	镀金
	0.084	43.8	100	2.8	镀金
	0.10	43.8	90	3.9	镀金
聚酰亚胺膜	0.051	52.5	60	2.4	热风整平及波峰焊
	0.064	43.8	50	2.8	波峰焊
	0.067	61.3	100	3.3	波峰焊及热风整平
	0.089	123	60	2.2	热风整平
	0.165	105	50	2.2	波峰焊
聚四氟乙烯膜	0.51～0.254	17.5～105	300	2.8～5.5	PCB 制造
特种纸	0.16	70	3	5.0	波峰焊
	0.18	70	3.5	5.5	波峰焊
	0.19	46	3.5	4.4	波峰焊
	0.27	79	3.5	5.3	波峰焊
聚酯/纸	0.23	40.3	10	4.4	热风整平
	0.24	84	4	7.7	热风整平
	0.25	96.3	5	4.4	波峰焊
聚乙烯/纸	0.28	35	9	2.8	热风整平

表 5-8-22　印制电路板用非有机硅胶黏带

基材	胶型	胶黏带厚度/mm	拉伸强度/(N/cm)	伸长率/%	180°剥离强度/(N/cm)	应用
纸复合物	橡胶	0.216	—	—	4.4	波峰焊
聚酯	橡胶	0.038	43.8	90	1.8	PCB 制造
聚酯	橡胶	0.076	87.6	90	3.3	PCB 制造
聚酯	橡胶	0.102	43.8	90	2.4	PCB 制造
聚酯	混合胶	0.076～0.107	43.8～50.8	90～124	3.1～3.7	镀金
镀金铅箔	聚丙烯酸酯	0.165	40.3	30	2.9	镀金
镀金铅箔	橡胶	0.165	40.3	30	10.6	镀金
镀金聚氯乙烯	橡胶	0.18	35	180	2.9	镀金

◉ 第七节　传导性胶黏带和金属箔胶黏带

一、概述

通常可将传导性胶黏带分为导电性胶黏带和导热性胶黏带两类，分别用于导电、电磁屏蔽和导热等目的。此外，还可以有既能导电又能导热和只能导电或只能导热之分。进一步，传导性胶黏带又可分为只能在长度和宽度（X 和 Y）方向传导的胶黏带以及在长、宽和厚度（Z）方向都能传导的胶黏带两种。

传导性胶黏带主要由传导性基材和压敏胶黏剂组成。传导性基材主要采用导电和导热性能皆很好的铝箔、铜箔和铅箔等金属箔。除金属箔外，还可以用具有传导性的其他材料，如导电性塑料膜、导电性纤维和橡胶薄片等。压敏胶黏剂则有既能导电又能导热、能导电但不能导热、不能导电但能导热以及不能导热又不能导电等几种。用上述各种传导性基材和压敏胶黏剂，可以制得各种各样的传导性压敏胶黏带。例如，若用金属箔（如铜箔）作基材、用混合有金属粉末（如镍粉）的传导型胶黏剂作压敏胶，就可制得在 X、Y 和 Z 方向上既能导电又能导热的传导性胶黏带；若采用金属箔基材和混合有氧化铝的传导性压敏胶黏剂，则可制成在 X 和 Y 方向上既能导电又能导热，但在 Z 方向上只能导热而不能导电的传导性胶黏带；若采用金属箔基材和普通的非传导性压敏胶黏剂，则可制成在 X 和 Y 方向上能导电和导热，但在 Z 方向上既不能导电又不能导热的传导性胶黏带。

组成传导性胶黏带的金属箔等导电材料具有反射大部分入射在其上面的电磁波的能力。因此，传导性胶黏带也是一类电磁屏蔽材料。例如，将传导性胶黏带缠绕在高频电缆线上，既可防止电缆线发射的电磁波泄漏到外面，也可防止外部的电磁波噪声输入到电缆中。由于常用的铜箔和铝箔是非磁性金属，不能十分有效地反射电磁波。制造用于电磁屏蔽的传导胶黏带时，最好采用磁性金属铅箔作为基材。

金属箔胶黏带是一类以铝箔、铜箔和铅箔等金属箔为基材制成的压敏胶黏带。金属箔胶黏带除了用作导电、电磁屏蔽和导热等用途外，还有许多其他的应用，主要有电镀遮蔽、电路板的制造以及修补和管道的防潮密封等。因此，金属箔胶黏带应与传导性胶黏带分开作介绍。

二、导电性胶黏带

导电性胶黏带[4]有普通导电性胶黏带、导电性转移胶黏带及医用导电性胶黏制品等三种类型，见表 5-8-23。

表 5-8-23　导电胶黏带的品种及性能

品种	压敏胶类型	胶黏带厚度/mm	拉伸强度/(N/cm)	伸长率/%	180°剥离强度/(N/cm)
普通导电性胶黏带					
铜箔胶黏带	聚丙烯酸酯	0.089	61.3	6	4.4
铜箔胶黏带	聚丙烯酸酯	0.089	105	—	6.6
双面胶黏带	聚丙烯酸酯	0.127	—	—	—
铝箔胶黏带	聚丙烯酸酯	0.089	47.3	4.4	4
Z 方向导电胶黏带	—	0.05	—	—	4.4
XYZ 方向导电胶黏带	—	0.089	—	—	4.4
超导电性胶黏带	聚丙烯酸酯	0.11	75.3	—	7.9
导电性转移胶黏带					
转移胶黏带	聚丙烯酸酯	0.05	—	—	7.7
转移胶黏带	聚丙烯酸酯	0.05	—	—	5.5
阻燃转移胶黏带	聚丙烯酸酯	0.076	—	—	7.7
导电医用胶黏制品	—	—	—	—	—

1. 普通导电性胶黏带

具有导电性能的胶黏带有两种制造方式。一种是采用具有导电性的材料为基材。虽然压敏胶没有导电性，但通过基材而达到导电的目的。当胶黏带被用于接地目的时，只需要让电流从胶黏带的一端流向另一端，此时基材的导电性最重要。导电性基材可以是金属箔，也可以是由于加入炭黑或金属粉末而具有导电性的塑料。直接制造具有导电性的塑料基材是制备导电性胶黏带的方法之一，但至今未见成功的报道。将塑料薄膜喷涂导电性金属层或石墨层也是制备导电性基材的重要方法。用导电性基材制造的导电性胶黏带只在基材层有导电性，而胶黏剂层不能导电，但是如果将金属箔基材进行压纹，则可获得在 Z 方向上具有导电性的胶黏带（图 5-8-14）。

另一种制造导电性胶黏带的方法是采用具有导电性能的压敏胶黏剂。通常在非导电性压敏胶中混入导电性添加剂，如导电性金属纤维、金属细丝、金属粉末或者炭黑，以炭黑最常用。在添加导电性物质时

图 5-8-14　Z 方向具有传导性的金属箔胶黏带

必须注意它们会降低压敏胶的性能，尤其是初黏力和剥离强度。因此，必须选择用量小的导电性物质。导电性物质的添加量一般为 $20\%\sim35\%$，能够获得好的导电效果。用导电性基材及导电性压敏胶制备的胶黏带在 X、Y、Z 方向上均具有导电性。这类胶黏带主要用于电磁干扰及射频干扰的屏蔽。一种双面涂布导电性聚丙烯酸酯系压敏胶黏剂的聚氯乙烯双面胶黏带可用于粘接及复合电极。

2. 导电性转移胶黏带

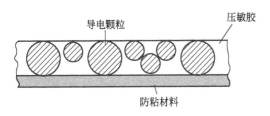

图 5-8-15　Z 方向具有导电性的转移胶黏带结构示意

在压敏胶中加入导电性物质的转移胶黏带也具有导电功能。某些用途只需要在 Z 方向具有导电性，此时在压敏胶中加入导电性球状物质就能达到这一要求。球状导电物质有导电金属球或外层涂布有金属的玻璃球。后者更便宜。球粒的大小依据胶层厚度而定，一般以球粒的直径与胶层厚度相当为宜（图 5-8-15）。这种导电性转移胶黏带的导电性好，电阻率很小。Z 方向具有导电性的转移胶黏带只在胶层厚度上具有导电性，通常用于电子元件的组装，印制电路板的制造以及薄膜开关的制造。这类胶黏带也可用于屏蔽电磁干扰及射频干扰。

此外，在聚丙烯酸酯系乳液压敏胶中加入 $25\%\sim35\%$ 的导电性炭黑及导电焦炭，也可制成具有导电性能的转移胶黏带，此种胶黏带可用于点焊密封用途。随着炭黑用量的增加，电阻直线下降。

3. 导电性医用胶黏制品

一次性电极在医疗仪器的诊断方面应用十分广泛。这种电极一般由导电胶体、压敏胶及基材组成，如图 5-8-16 所示。导电性胶体通常是由一种亲水性聚合物和大量离子性盐（如季铵盐）或导电性聚合物组成。导电凝胶的作用是在皮肤与金属箔基材之间建立导电性通道。通常用聚乙烯泡沫、多孔性无纺布及聚氯乙烯膜为胶黏带的基材。也可将导电性压敏胶黏剂直接涂布在导电性铝箔上制成导电性胶黏带。此时，压敏胶不但起导电介质的作用，而且还将基材牢固地固定在皮肤上。

4. 导电性胶黏带的应用

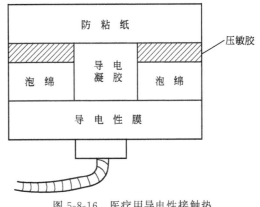

图 5-8-16　医疗用导电性接触垫

导电性压敏胶黏剂及胶黏带主要应用于航空、电子、医疗及运输等领域（表 5-8-24）。在实际应用中，导电性压敏胶黏带主要有三种作用：屏蔽电磁干扰及射频干扰（EMI/RFI）、静电耗散（ESD）及导电性连接。

（1）屏蔽作用　屏蔽材料通常采用高导电性的金属材料。干扰波被屏蔽反射掉或其能量通过导电压敏胶被转移至地面上，从而达到防止干扰波影响电路的目的。屏蔽胶黏带可用于对屏蔽材料的缝隙进行密封，以防干扰电磁及射频的泄漏，以及用于固定及连接屏蔽材料。用非导电性压敏胶制成的屏蔽胶黏带可用于包缠电缆。这类屏蔽胶黏带虽然能通过一般的屏蔽效果测试，但对更高要求的用途而言，最好选择涂布导电性压敏胶黏剂的屏蔽胶黏带。

表 5-8-24　导电性胶黏带的应用

应用领域	用途	作用
运输	电车电缆的屏蔽	屏蔽
航空	航空器窗户加热系统的汇流条	导电连接
	飞机彩色照相窗的遮光板用汇流条	导电连接
	卫星电缆的屏蔽	屏蔽
医疗	心电图的电极	导电连接
	经皮电神经刺激装置	导电连接
	仪器组装、多层薄膜制造	屏蔽、静电耗散及导电连接
	医疗仪器的屏蔽	屏蔽
电子	阴极射线管防静电外壳的安装	静电耗散
	屏蔽室的密封	导电连接
	屏蔽室的连接	屏蔽
	导电性平面与触摸屏的连接	导电连接
	高阻抗电路的电缆包缠	屏蔽
	静电控制区域及材料用防静电标签	屏蔽
	PCB 元件与柔性线的连接	导电连接
	PCB 防静电连接及除电荷装置屏蔽	屏蔽
	温度敏感膜的固定	导电连接
	仪器组装、多层薄膜的制造	导电连接、屏蔽
	手机及相关产品的局部屏蔽	屏蔽

1997 年，欧洲航天局及意大利航天局在它们发射的宇宙飞船上采用一种高性能的屏蔽胶黏带。这种屏蔽胶黏带由一种轻型的镀金属的编织布和一种导电性压敏胶黏剂组成。它具有重量轻、易于使用、可靠及性能好等特点。在飞船遨游太空的 7 年时间里，屏蔽胶黏带保护飞船上的关键系统不受干扰。在电视机、电脑、手机等电器普遍使用的今天，这类电磁屏蔽胶黏带显得越来越重要，对它们的要求也越来越高了[21]。

（2）静电耗散　静电耗散就是让静电荷缓慢通过大地消散，防止放电或发生静电事故。因此，静电耗散材料的导电性必须控制在一定水平。如果导电性太高，放电太快，同样会发生静电事故。

人体产生的静电有时可高达 2×10^4 V。静电耗散在人体中也时有发生，只是当静电大于 3500V 时，人体才能感觉到。对于电子工业而言，50V 的放电就可能损坏电路。因此，静电耗散对某些产品十分重要。

静电耗散材料需要具有一定可控制的导电性。最理想的静电耗散体的电阻为 $10^6 \sim 10^8 \Omega$。导电性压敏胶的导电性可通过改变导电物质的添加量而加以调节，因而导电性压敏胶适于作静电耗散材料。

（3）导电性连接　导电性胶黏带，尤其是转移型胶黏带，可代替电线用于导体的连接。

柔性电路就是典型的例子。它是用导电胶黏带代替螺钉及焊接料将很薄的电子元件粘贴在指定位置。柔性电路板及设备元件的微型化将进一步推动导电性压敏胶及胶黏带的应用。

（4）在医疗卫生方面的应用　导电胶黏带广泛用于一次性医疗电极的固定，减轻局部痛感的经皮神经刺激治疗等。无痛补牙技术是导电压敏胶在医疗上应用的一个例子。过去在补牙前先用针使牙齿的神经麻木，现在则可用一种带有小电线的导电性压敏胶垫粘贴在牙龈上，通过导电压敏胶施加很小的电流，即可使牙齿的神经麻木而失去痛感。

三、导热性胶黏带

导热性胶黏带主要用于要求在 Z 方向也能传导热量的地方，例如包缠在发热管道或容器的外面，使其更容易将热量散去。对于不要求电绝缘的地方，上述那些 Z 方向能导电的传导胶黏带就能用。但对于那些 Z 方向要求电绝缘的地方，就要采用专门的导热性胶黏带了。

最近，一项中国专利公布了一种电绝缘性能很好的导热性双面压敏胶黏带[12]。这种胶黏带的基材采用厚度为 0.012～0.10mm、电绝缘性能很好的聚酰亚胺薄膜和聚醚醚酮薄膜。在基材的两面涂布 0.01～0.05mm 厚的热传导较好的有机硅压敏胶并覆上隔离纸即可制得。基材膜和压敏胶中分别添加了 3%～30% 和 5%～40% 的氮化铝、碳化硅或氧化铝后，可使它们的热传导性能提高 3～5 倍。

四、金属箔胶黏带

与各种塑料薄膜基材相比，虽然金属箔的拉伸强度及伸长率较低，延伸性差，但金属箔具有塑料薄膜不可比拟的耐湿性、耐水汽渗透性、耐老化及导电等性能。因此，金属箔一般用于制作适于特殊用途的胶黏带。最常见的用途有电镀遮蔽、电路板的制造及修补、管道的防潮密封等。

铝箔、铜箔及铅箔是金属箔胶黏带最常用的品种，其中铝箔占了绝大多数[1]。据中国胶粘剂和胶粘带工业协会统计和估算，2010 年中国大陆铝箔胶黏带的产销量达 $3.30 \times 10^8 \mathrm{m}^2$，占压敏胶制品总量的 2.4%；而 2010 年产销值达 23.1 亿元人民币，占压敏胶制品总产销值的 8.4%。可见，金属箔胶黏带是一类很大的特种压敏胶制品。

金属箔可根据需要选择涂布聚丙烯酸酯系压敏胶或橡胶系压敏胶等。由于金属箔的两面性能相同，故金属箔胶黏带一般必须附在防粘纸上，否则必须在金属箔的背面作防粘处理（图 5-8-17）。金属箔胶黏带一般采用转移法进行涂布。

图 5-8-17　金属箔胶黏带的结构

1. 铝箔胶黏带

铝箔是金属箔胶黏带应用最广泛的基材。常用厚度为 $30\mu m$、$40\mu m$ 及 $50\mu m$，有时也采用更厚的铝箔。铝合金的型号对铝箔的性能有一定影响。用 1145 合金制作的铝箔柔软性好，适于制作普通铝箔胶黏带，而用 3003 合金制作的铝箔具有较高的拉伸强度。

铝箔胶黏带既可采用聚丙烯酸酯系压敏胶，也可采用天然或合成橡胶压敏胶，有时根据最终用途的需要还可涂布有机硅压敏胶。制造时一般都需要使用隔离纸，但为了降低成本也可不用隔离纸。中国发明专利近来公布了一种用于制冷设备，如冰箱和冷柜的冷却管，与设备内壁粘接固定的铝箔胶黏带的制造方法[19]：先在铝箔的一面涂一层由硅油和硅橡胶配制成的溶剂型有机硅隔离剂，干燥并放置后再在另一面涂布压敏胶，干燥后即可收卷制得胶带制品；该制品的180°剥离强度达16~24N/cm，剪切持黏性达10000h以上。

由于铝箔的厚度及所涂布的压敏胶不同，铝箔胶黏带的性能会有很大差别（表5-8-25）。

表5-8-25　金属箔胶黏带的种类及性能

基材	胶型	总厚度/μm	拉伸强度/(N/cm)	伸长率/%	180°剥离强度/(N/cm)
铝箔	聚丙烯酸酯系	58.4	22.8	7	7
铝箔	聚丙烯酸酯系	127	52.5	5	9
铝箔	橡胶系	76.2	37	4.4	16.5
铝箔	—	102	28	5	4
铝箔	—	152	35	—	5
铝箔	—	203	87.5	10	5
黄铜箔	聚丙烯酸酯系	63.5	37.4	12	6.7
铜箔	聚丙烯酸酯系	70	44	9	6.7
铜箔	聚丙烯酸酯系	76	52.5	7	6.7
铜箔	聚丙烯酸酯系	83	63	6	6.7
铜箔	聚丙烯酸酯系	165	44	5	4.4
铅箔	聚丙烯酸酯系	165	40	30	2.9
铅箔	聚丙烯酸酯系	165	40	30	6.2
铅箔	橡胶系	165	40	30	11

铝箔胶黏带主要用于制冷设备中管道的最外层包缠及密封，以达到隔热及隔湿的目的。在电镀过程中，还可用铝箔胶黏带起遮蔽作用。由于铝的导热性好，可用铝箔胶黏带将散热片固定在微型处理机中，以达到快速散热的目的。涂布导电性压敏胶的铝箔胶黏带还可用于屏蔽电磁干扰或射频干扰。

2. 铜箔胶黏带

铜箔胶黏带一般采用厚度为37.5μm的回火铜箔，有时也采用更厚的铜箔。铜箔胶黏带一般涂布聚丙烯酸酯系压敏胶，其性能见表5-8-25。

铜箔胶黏带主要用于电路板的制造及修补、静电屏蔽及彩色玻璃的制造，也可用于屏蔽电磁干扰及射频干扰（EMI/RFI）。黄铜箔胶黏带具有优良的耐紫外线性及耐水汽性，尤其适于需要用无腐蚀性金属装饰的场合。

3. 铅箔胶黏带

典型的铅箔胶黏带厚度一般为50μm、75μm及165μm。铅箔胶黏带既可涂聚丙烯酸酯系压敏胶，又可涂橡胶系压敏胶。其典型性能见表5-8-25。铅箔胶黏带主要用于在电镀中起遮蔽作用。也可用于表面装饰及电磁和收音机频率的屏蔽。

◉ 第八节　特殊光学胶黏制品

本节主要介绍几种具有特殊光学性能的压敏胶黏制品，包括具有逆反射（即反光）性能的反光胶黏膜（带）、能在黑暗中发出荧光的发光胶黏制品以及在LCD荧光屏制造中需用的具有特殊光学性能的胶黏制品等几种特种压敏胶制品。

一、反光胶黏制品

1. 概述

反光胶黏制品（包括胶黏膜和胶黏带）是一种新型功能性复合材料。它是根据光的反射原理制作而成。用其制作的反光标志能将入射光线按入射路线反射回来，从而提高人们夜间对标志的识别能力，达到警示的作用。因此，反光胶黏膜（带）被广泛用于制作道路交通标志、车辆牌照以及铁路、航空等领域应用的各种反光交通标志及标牌。反光胶黏膜（带）还被作为安全标志粘贴在地下矿区和黑夜施工人员的服装鞋帽以及建筑物、机械设备和其他物品上，使其能较容易地被工作人员的安全灯的微弱灯光所发现。反光胶黏膜还被用于制作一些特殊的广告标牌。

反光胶黏膜（带）一般都由基材、基材上面含反光物质的反光涂层、基材下面的压敏胶层以及压敏胶层下面的防粘纸（膜）所组成（图 5-8-18）。其中反光涂层和基材是反光胶黏膜（带）最重要的组成部分，它决定着反光胶黏膜（带）的级别及主要性能和用途。

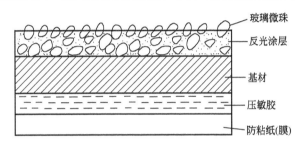

图 5-8-18　反光胶黏膜（带）的基本结构

根据机械强度、黏合性能和反光性能的差别，反光膜可分为钻石级、高强级、工程级和广告级。钻石级反光膜的机械强度、黏合性能和反光性能最好，价格也很昂贵。它主要应用于机场跑道及级别较高的高速公路等制作道路交通标线和标识。高强级反光膜的机械强度、黏合性能、反光性能和价格均较适中，常用于高速公路及设计级别较高的一、二级公路的交通标线和标识。工程级反光膜的机械强度、黏合性能和反光性能相对较低，常用于一般公路及市内道路的交通标志和标识、机动车车牌等。广告级反光膜的机械强度、黏合性能、反光性能及耐候性都较差，一般只能用于制作地下矿区和黑夜施工的安全标志以及一些特殊的广告标牌等。图 5-8-19 是用反光膜制作的交通标线和标识牌。

图 5-8-19　用反光胶黏膜（带）制作的交通标线和标识牌

2. 反光性基材

反光性基材是反光胶黏制品最重要的组成。制品的反光性能是由于在基材上面的反光涂层中镶嵌黏合着许多玻璃微球或陶瓷微球的缘故。有些微球体还外露在反光层的表面。车灯的入射光线照射到反光涂层的微球体时，会因微球表面与空气或涂层的折射率差别较大而像镜子一样将大部分光线反射回来，让驾驶员清楚地看到。微球的折射率和粒径的大小决定了反光性能的好坏。涂层的基体树脂决定了反光涂层的机械强度、耐磨性、与基材和微球体的黏合牢度以及耐老化性能等主要性能。一般可采用聚氨酯树脂、聚丙烯酸树脂、环氧树脂或乙烯-醋酸乙烯酯共聚树脂等作为基体树脂。根据需要反光涂层中还可加入一些颜料、填料、防滑颗粒以及其他添加剂。这种反光涂层一般是这样制造的：先将颜料、填料和其他添加剂加入基体树脂中搅拌均匀后制成涂料，并将其刮涂或喷涂在基材的上表面，紧接着就将玻璃微球或陶瓷微球和防滑颗粒的混合料，均匀地撒落在处于半干状态的涂层上，最后经烘道将涂层干燥固化即可。反光涂层的厚度一般在 0.2~0.8mm。

根据产品的等级和用途采用不同的基材。工程级以下或用于标牌和室内的产品，一般采用以聚酯膜、聚氯乙烯膜为主的塑料膜以及纤维织布或无纺布为基材即可。高强级以上的反光胶黏带主要在室外高速公路上用于制作路面反光交通标线，要求所用的基材不仅机械强度高、韧性、耐磨和耐冲击性好，而且耐气候老化、柔顺和帖服性好。因此早期产品常采用铝箔和在其上面或下面粘贴了一层稀松纤维织布或无纺布的复合铝箔作基材，厚度一般在 0.1~0.2mm 之间。后来的产品较多地采用橡胶以及橡胶和塑料，甚至橡胶和塑料、纤维等材料混合压延制成的复合橡胶薄片为基材。这种基材一般较厚，在 0.8~2.5mm 之间。近来出现了一种在表面被压延成高低（凹凸）不平花纹图案状的复合橡胶薄片基材。用这种基材制成的震荡型路面反光胶黏带，作为道路交通标线带被粘贴在公路路面上后，车辆压线行驶时会产生一定的震荡并被驾驶员感知，因而这种道路交通标线会更加安全。

3. 压敏胶黏剂

反光胶黏膜(带)主要在室外用作道路交通标线和其他交通标识，因此，一般采用耐老化性能较好和粘贴牢度较大的高性能压敏胶，溶剂型聚丙烯酸酯压敏胶、溶剂型橡胶压敏胶和热塑弹性体热熔压敏胶均可。一般是在基材上面涂好了反光涂层并固化后，再采用刮涂法将压敏胶涂布在基材反面的，固化后再复上隔离纸即可。

4. 性能和应用

部分国内外反光胶黏膜的性能见表 5-8-26。有代表性的国产公路反光胶带产品的性能详见表 5-8-27、表 5-8-28 和表 5-8-29。

表 5-8-26　部分反光胶黏膜(带)的性能

指标	中国产广告级	中国产工程级	美国产工程级	日本产高强级
总厚度/mm	0.15	0.16	0.17	0.27
胶厚度/mm	0.03	0.03	0.03	0.05
180°剥离强度/(N/cm)	3.6	5.7	10	5
初黏力/号	6	7	3	9
持黏力/h	>24	>24	>24	>24
拉伸强度/(N/cm)	50	7.5	10	46
伸长率/%	80	160	100	50

表 5-8-27　高性能铝箔公路反光胶带的性能

性质	典型数据		测试方法
	PL 2001	PL 2002	
颜色	白色	黄色	
厚度/mm	0.7	0.7	GB/T 7125
逆反射系数/[mcd/(lx·m²)]	200	150	GB/T 24717—2009
耐水性	通过	通过	
耐碱性	通过	通过	
耐磨性/mg	30	30	
粘结性/(N/25mm)	15	15	
抗滑值/BPN	45	45	

表 5-8-28　高性能复合橡胶公路反光胶带的性能

性质	典型数据		测试方法
	PL 7001	PL 7002	
颜色	白色	黄色	—
厚度/mm	2.0	2.0	GB/T 7125
逆反射系数/[mcd/(lx·m²)]	650	550	GB/T 24717—2009
耐水性	通过	通过	
耐碱性	通过	通过	
耐磨性/mg	30	30	
粘结性/(N/25mm)	20	20	
抗滑值/BPN	45	45	GB/T 24717

表 5-8-29　高性能震荡型公路反光胶带的性能

性质	典型数据		测试方法
	PL 10001/PL 10021	PL 10002/PL 10022	
颜色	白色	黄色	—
厚度/mm	2.5	2.5	GB/T 7125
逆反射系数/[mcd/(lx·m²)]	400	250	GB/T 24717—2009
耐水性	通过	通过	
耐碱性	通过	通过	
耐磨性/mg	30	30	
粘结性/(N/25mm)	20	20	

注：表 5-8-27～表 5-8-29 均摘自河北中胶国际胶带有限公司产品说明书。

由于道路表面多孔且不平整，为了尽可能增强胶带与路面的黏合力，施工时目前一般先要用低价格的涂料或胶料将被粘的路面进行处理，再进行胶带的粘贴。有些路面反光胶带不涂任何压敏胶，而是采用热熔胶黏剂、接触胶黏剂甚至接触水泥直接将胶带基材的背面粘贴在处理过的道路路面上的。

二、发光胶黏制品

发光胶黏制品一般由基材、基材上面的发光涂层、基材下面的压敏胶层和压敏胶层下面的隔离纸等组成。其中发光涂层和基材是关键材料。发光胶黏制品的特殊性能就是它的发光涂层能在黑夜发出各种颜色的荧光，起到标志、警示等作用。发光胶黏膜和发光胶黏带广泛用于制作道路、机场和公共场所的交通标识、指示或警示牌，甚至路面交通标线等。

发光涂层之所以能在黑夜中发光，一般是由于在涂层中加入了一些蓄光型发光材料的缘故。这些蓄光型发光材料经日光或灯光照射后，其分子会发生电子跃迁而将光能量储存起来。在光照停止的黑夜中，储存的光能量会以荧光的形式逐渐释放出来。这些蓄光型发光材料有：各种稀土离子激活的硫化物荧光粉、各种稀土离子激活的硅酸盐荧光粉、各种稀土离子激活的铝酸盐荧光粉，以及这些荧光粉经各种方法处理加工后制成的各种发光材料。将这些发光材料与聚氨酯、聚丙烯酸酯、环氧树脂等基体树脂以及颜料、填料和其他添加剂按一定比例混合均匀制成发光涂料，刮涂或喷涂在基材的上面，烘干后即制得发光涂层。所发出荧光的颜色、荧光辉度和余辉时间可根据用途由所选用的荧光材料及其用量决定。近几年来，各种长余辉、超长余辉和高辉度发光材料相继研发出来，使制造更好发光性能的发光胶黏制品成为可能[15]。除发光性能外，发光涂层的机械强度、耐磨性和耐老化性能也非常重要。这些都主要取决于基体树脂。

根据发光胶黏制品的使用要求来选择基材。一般要求时可选聚酯（PET）和聚氯乙烯（PVC）等塑料膜作基材。用于制作路面交通标线时，可采用机械强度更大的铝箔、复合铝箔以及各种复合橡胶薄片作基材。

基材背面的压敏胶一般都采用高性能溶剂型聚丙烯酸酯压敏胶黏剂，用直接刮涂的方法上胶；也可采用黏合强度很高的热熔型热塑弹性体压敏胶，用转移涂布的方法上胶。

最近有两个中国发明专利公布了一种新的能在黑夜发出荧光的路面反光胶黏带（即发光-反光胶黏带）及其制造方法。一个是采用与现有路面反光胶黏带相同的制造工艺，在其反光涂层及反光涂层和基材中直接加入了经精心选择的几种荧光粉制成的[13,14]。另一个是先将发光粉通过与有机硅胶混合，喷涂在反光玻璃微珠表面，晾干后再喷涂一层硅油并烘干，制成发光玻璃微珠，并将发光玻璃微珠和反光玻璃微珠一起加入基材中，制成既能发光又能反光的基材。还介绍了将发光粉经煅烧、球磨造粒、聚酯胶或玻璃水包覆和硅油分散、烘干而制成光致发光粒子，再将光致发光粒子加入到反光涂料中并涂在基材上制成发光-反光涂层，从而制得发光-反光道路交通标志胶带的方法[16]。

三、在液晶显示器（LCD）制造中所用的压敏胶制品

在电视机、计算机、手机、摄像机等电器产品的液晶显示器（LCD）制造中，采用了许多压敏胶制品，其中有些是具有特殊光学性能要求的特种压敏胶制品。这些压敏胶制品的性能和质量，直接影响了电器产品的最终性能和质量。

可以简单地认为，液晶显示器（LCD）是用几种双面压敏胶制品将 LCD 玻璃与光源系

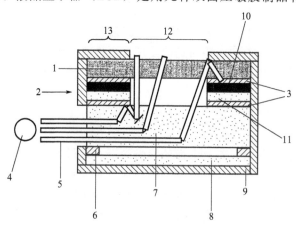

图 5-8-20　液晶显示器(LCD)基本构造

1—LCD 玻璃；2—双面黑白胶带；3—压敏胶黏剂；4—光源（LED）；5—光束；

6—双面胶带；7—光波导；8—反射膜；9—LCD 框架；10—胶带的黑色吸收面；

11—反射面；12—可见区；13—"盲"区

统（如 LED 光源）黏合起来制成的。液晶显示器的基本构造如图 5-8-20 所示。由图可知，除了光波导 7 与反射膜 8 之间用双面胶带 6 粘接外，更重要的是 LCD 玻璃 1 与光波导 7 之间还要用一种具有特殊光学性能的双面黑白胶带 2 粘接起来。这些特殊光学性能就是胶带的一面能吸收光而另一面能反射光，既要求这种粘贴在"盲"区 13 的双面黑白胶带的黑色面 10 能将 LED 光源照射到它上面的光全部吸收掉，不能有一点点光从"盲"区漏出；还要求它的另一个白色反射面 11 能将光源照射到它上面的光全部反射回来，尽可能不要有光能量的损失。

　　这种特殊的双面黑白胶带的结构示意见图 5-8-21。其关键材料是它的具有黑色和白色两个表面的基材。这种基材的主体材料最好采用 $12 \sim 36 \mu m$ 厚的聚酯（PET）薄膜。早期的 LCD 显示器采用两面都是黑色的双面胶带，其黑色基材是由上述 PET 薄膜涂了一或两层黑色涂层制成的。但这种黑色涂层在制造时常常可能会产生一些"针孔"，从而可能出现光线的泄漏现象，干扰显示器的画面质量；还由于胶带的另一面也是黑色，也会吸收大量的从光源射来的光，从而引起光能量的浪费。随着超薄 LCD 的出现和更严格的节能要求，这种具有特殊光学性能的双面压敏胶带得到不断改进。出现了在 PET 膜的另一面涂白色涂层的黑白基材。后来又出现了整张 PET 膜用石墨、炭黑等充填染黑制成的黑色 PET 膜基材，在其中一面蒸镀上一薄层银色的金属铝或银反射层[17]。这样不仅在黑色面不会产生任何"针孔"和漏光现象，而且在反射面还可产生更多的光反射从而节省能量。一项中国发明专利还提出[18]，采用在透明的 PET 膜两面都蒸镀一薄层金属铝或银反射层，再在其中的一面涂一白色涂层制成的基材也有类似的改进功能。对于另一种双面压敏胶带（见图 5-8-20 的 6）的基材虽然没有特殊的光学性能要求，但必须要有很好的透明性。常用高质量的聚酯（PET）薄膜。

| 压敏胶黏剂 |
| 黑色基材 |
| 白色涂层 |
| 压敏胶黏剂 |
| 隔离纸 |

图 5-8-21　液晶显示器（LCD）用双面黑白胶带结构示意

　　对这两种双面压敏胶带所用压敏胶黏剂的要求都很高，尤其是双面黑白胶黏带。耐老化性能和透明性都很好的溶剂型聚丙烯酸酯压敏胶当然是首选。除了胶层无色、透明性极佳（无任何微小气泡、凝胶粒和杂质等瑕疵）、粘接和老化性能优良等一般性要求外，还要求胶层不应在显示器制作和使用过程中，因冷热变化而产生较大的内应力从而导致显示器漏光。因此，在所用压敏胶的设计中，除了主体丙烯酸酯聚合物要有高的分子量和很好的内聚强度外，还要控制聚合物的分子量分布、玻璃化温度 T_g 和凝胶含量，并控制好压敏胶的模量[20,21]。

◉ 第九节　玻璃窗胶黏膜

一、概述

　　玻璃窗胶黏膜简称玻璃窗膜（glass window film），是一类专门用于粘贴在车辆和建筑物门窗玻璃上的压敏胶黏膜。早期有以减少或调节阳光照射为主要目的的太阳膜或称控光膜，以及以阻止和减少内外空间的热交换为主要目的的隔热膜，后来又出现了以玻璃的抗冲防爆为主要目的的防爆膜（或称安全膜）。

　　按其用途，玻璃窗胶黏膜又可分为汽车膜、建筑膜和安全膜等。这是一类兼有遮光、隔热和防爆功能的特殊压敏胶制品，它是 20 世纪中期开始开发的一类特殊的节能和防护材料。将其粘贴在各种建筑物和车辆的门窗玻璃上，能降低和调节太阳光的透过率，特别是减少其中紫外线和红外线部分的透过，从而减少因紫外辐射和热辐射而引起的不舒适感，改善建筑物和车辆内部的环境。隔热膜还能起到隔离内外空间的热交换，减少车辆和建筑物的能量损失，节约能耗的作用。同时，玻璃窗膜还能将所吸收的部分能量直接向周围的空气传递，防止玻璃因过热而爆裂，也能将因机械冲击而破裂的玻璃碎片粘住而不致飞溅，达到保护玻璃的安全目的。

二、玻璃窗膜的发展

20世纪60年代，美国首先开始研制以聚乙烯（PE）为基材的玻璃窗膜（俗称茶纸）。1966年美国3M公司公布了第一个关于太阳隔热膜的专利。由于一般窗玻璃的能耗占整个楼宇的1/3以上，20世纪70年代的能源危机促使玻璃窗膜的开发和应用得到快速发展；而染色和真空镀膜工艺成功地应用于聚酯（PET）基膜上，使玻璃窗膜技术得到很大发展。20世纪80年代初美国沉积技术公司把用于航天工业的先进磁控溅射技术应用于玻璃窗膜行业，使玻璃窗膜的隔热性能和可见光透过率均大幅提高，并于1985年生产出幅宽达1540mm的磁控溅射玻璃窗膜。20世纪80年代中期，美国韶华科技公司将源于航天器的XIR专利技术用于玻璃窗膜的生产。XIR技术使生产的玻璃窗膜既能高度透过可见光，又能选择性地阻隔几乎全部的紫外线和红外线。这些技术进步使玻璃窗膜的发展又跨出了一大步。20世纪90年代，以色列哈尼塔公司发展了现代防爆安全膜的生产技术，并将其转让给了美国和日本，使控光、隔热的玻璃窗膜兼备了优良的防爆安全性能。进入21世纪后，许多制造厂家掌握了薄膜的层叠技术。将不同功能的薄膜逐层黏合叠加起来，使玻璃窗膜在具有更好的控光和隔热性能的前提下，将玻璃的抗冲击性能提高百余倍，从而使玻璃窗膜进入了一个全新的发展时代。

我国玻璃窗膜的发展起步较晚。20世纪90年代前，尽管也有一些初级的车用太阳膜的开发和生产，但因技术落后和规模较小而没成气候。从1990年国外大厂商开始进入我国市场，促进了我国玻璃窗膜（尤其是车用玻璃窗膜）的应用和发展。目前大约有90％的小轿车车主已经选择粘贴车用玻璃窗膜（太阳膜）。

近些年来，除了在更多车辆的玻璃门窗上应用外，玻璃窗膜作为一类全新的建筑材料，已越来越多地应用于各种建筑物（尤其是高档建筑物）的玻璃门窗、幕墙、屋顶等的控光、隔热和防爆保护，以及银行、商场等的安全防护。目前在我国，玻璃窗膜已经形成了一个很大的行业，自主技术和民族产业也正在不断发展壮大。有人估计，我国玻璃窗膜的市场总量已达400亿元人民币，还在以年均8％的速度增长[22]。

三、玻璃窗膜的分类

1. 按用途分类

目前在我国市场上销售的玻璃窗膜多达2000多个牌号。按用途可将其分为汽车用、建筑用和安全用三大类。

（1）汽车玻璃窗膜　粘贴于汽车门窗玻璃的内表面，主要起隔热节能、防紫外线、保护私密和安全防盗等作用。外观以茶色为主，有深有浅。但不管颜色深浅，按我国有关标准GB 7258—2012，任何汽车玻璃窗膜都必须满足可见光透过率大于70％的要求。

（2）建筑玻璃窗膜　以隔热节能为主，兼有防紫外线和安全功能。这类膜又可分为热反射膜和低辐射膜两种。热反射膜能透过大部分可见光和近红外线，但不能透过远红外线，从而阻隔太阳光的热量，减少空调用电，达到节能效果。这种膜更适合我国南方地区。低辐射膜既能使部分太阳辐射热进入室内，又能反射室内大部分远红外线，阻隔室内热量向外辐射，从而起到保温节能的效果，更适合我国北方地区应用。

（3）安全玻璃窗膜　以安全防爆为主，兼有一定的隔热、防紫外线功能。主要要求基膜强韧、物理机械性能优异。一般都是用复合型，甚至多层叠合型基膜。也要求高性能胶黏剂，能牢固强力地粘贴在玻璃上。

2. 按制造工艺分类

可分为原色膜、有色膜和真空镀膜等三类。有色膜进一步又可分为普通有色膜、表层染色膜和夹层染色膜三种。真空镀膜按工艺又可分为真空蒸镀膜和真空磁控溅射镀膜两种，按所镀的材料又有金属膜和陶瓷膜之分。发展初期的、比较低档的或价格较低廉的玻璃窗膜一般都属于原色膜或有色膜产品。而目前市场上销售的比较高档的膜大多数都是真空镀膜产品。

四、玻璃窗膜的结构组成、特性及其制造方法

不同厂商生产的不同用途和不同性能的玻璃窗膜可以有不同的结构和组成，但一般都像普通的压敏胶制品那样是由基材（即具有各种功能的基膜）、压敏胶黏剂层和隔离膜组成的。先按要求制成各种基膜，再将压敏胶黏剂涂于基膜的背面，固化后再将隔离膜复上，即可制得各种玻璃窗膜制品。

1. 功能性基膜（基材）

功能性基膜是玻璃窗膜最关键的组成，玻璃窗膜的控光、隔热和抗冲防爆等重要功能主要是由它们的基膜决定的。不同种类玻璃窗膜的功能性基膜在结构组成、特性及其制造方法上有着很大的不同，但它们都必须满足透明度高、强而韧、表面光滑平整且耐磨性好、柔软且帖服性好等基本要求。原则上，一些透明塑料膜，如聚乙烯（PE）、聚丙烯（PP）、聚酯（PET）、聚碳酸酯（PC）、聚氯乙烯（PVC）等的薄膜，都可作为基膜的备选材料。但实际上最好的基膜材料是 PET 薄膜，尤其是特殊加工成的高透明双轴拉伸聚酯（BOPET）薄膜。目前市场上玻璃窗膜产品的基膜，大多数都是由高透明 BOPET 薄膜经进一步加工制得的。

（1）原色基膜（原膜）　原色高透明 BOPET 膜是制造玻璃窗膜的基膜最为基础的原材料，它本身也可作为某些窗膜的基膜。这种膜具有优秀的光学性能，可见光透过率大于 88.0%；突出的强韧性，拉伸强度是 PC 膜的 3 倍，抗冲击是 BOPP 膜的 3～5 倍；优良的耐热性和热稳定性，120℃加热 15min 后热收缩仅 1.25%。这种膜的制造技术要求很高，过去我国只能靠进口，近几年出现了自主的技术和产品。一项中国专利公布了在 BOPET 薄膜的制造中同时加入少量（100×10^{-6}～1000×10^{-6}）粒径为 20～50nm 的纳米级二氧化硅（SiO_2）和少量（5×10^{-6}～200×10^{-6}）微米级 SiO_2 的技术，生产出高透明 BOPET 薄膜[23]。另一项中国专利则公布了一种高透明的厚型（厚度为 125～500μm）BOPET 膜生产技术[24]，主要是采用低结晶速率的共聚聚酯作原料，还在其中加入了适量纳米级、亚纳米级和微米级 SiO_2 等不同粒径的混合无机添加剂粒子，生产出了符合窗膜要求的高透明 BOPET 膜。

这种高透明 BOPET 原色基膜目前只有无色和浅灰色两种产品。若在制造过程中加入 SnO_2 等浅色透明纳米级导电粉体，还可制成抗静电聚酯薄膜产品；利用 TiO_2、ZnO 等纳米颗粒吸收紫外线的特性，也可开发抗紫外聚酯薄膜。因为这些原色膜基本上都没有遮光和

隔热的功能，只能用作某些室内安全膜的基膜。用作别的玻璃窗膜的基膜，必须将其进一步加工。

（2）有色基膜　将透明的塑料膜着上各种不同的颜色，不仅是为了美观，主要还是为了阻隔部分太阳光辐射，也为了隐秘。染料也能吸收部分太阳光辐射热并通过扩散向外释放，起到部分隔热作用。将原色基膜着上深浅不同的颜色以阻隔太阳的光和热，是初期玻璃窗膜所采用的技术方法。按着色的方法不同，有色基膜有以下四种。

① 普通有色基膜　将混有有机染料的透明有色涂料均匀地涂于 PE、PET 和 PP 等透明塑料膜表面制成；也有将有机染料直接混在溶剂型压敏胶中制成有色胶黏剂，涂在上述基膜背面，再复上隔离膜就可制成有色玻璃窗膜。初期的"茶纸"和我国 20 世纪 90 年代前自主开发生产的太阳膜就是这一种。由于易老化褪色、不隔热，又因多了一较硬的涂层而使膜的柔软性变差等原因，现在已很少使用。

② 表层染色基膜　通过加热的方法将涂在基膜表面的染料均匀地迁移入基膜表层而使基膜染色。用染色的方法将基膜着色比涂层的方法好，可着色均匀，着色膜比较柔软，较不易老化褪色。具体的染色方法举例，如一项中国专利中公布的一种方法[25]：将用羧甲基纤维素钠等为增稠剂制得的、黏度小于 5Pa·s 的分散染料糊，用不锈钢绕丝辊均匀地涂覆在 PET 膜表面，染料层干燥后再将其加热到 200℃，染料分子就可通过扩散而进入 PET 膜的表层，使表层染色，而增稠剂和未进入的染料可用水洗掉。用此法可使膜的两表层分别染上不同的颜色，也可将紫外吸收剂引入基膜的表层中从而使基膜具有吸收紫外线的性能。此法也适用于聚碳酸酯膜的表层染色。用此法染色的 PET 基膜较不易褪色，但仍没有很好的控光和隔热性能，防爆性能也不甚满意。

③ 夹层染色基膜　将染料涂布在两层 PET 基膜之间而将复合基膜的中间层染色，就可以制得这种染色基膜。

④ 熔融挤出有色基膜　由高透明聚酯粒料与染料一起混合均匀后，熔融挤出再经双轴拉伸制得。与夹层染色基膜一样，由于染料不与空气直接接触，不易氧化变色。

虽然这几种染色基膜仍然没有很好的控光和隔热性能，防爆性能也不够好，一般都属于中低档产品，但由于制造工艺较简便、成本也较低，至今仍受到市场的欢迎，尤其受到我国广大中小企业的欢迎。

（3）镀金属层的基膜　将高透明的 BOPET 膜镀上一薄层铝、铜、金、银等高导电的金属镀层，可以根据所镀金属成分的不同、颗粒粗细的不同和金属镀层厚薄的不同，来选择性地透过和反射不同波长的太阳光线，从而实现较为理想的控光和隔热的目的。目前有两种镀金属层的方法和工艺。

① 真空蒸镀基膜　将置于真空室一端的金属加热气化，金属蒸气通过真空室在置于另一端较低温度处的 BOPET 膜表面上不断凝结，形成一层均匀而致密的金属镀层。这就是真空蒸镀镀膜的原理和全过程。上述金属、它们的合金以及金属氧化物等，原则上都可以进行真空蒸镀。纯铝是最常用于真空蒸镀的金属，镀铝膜已十分常见。关键的技术是如何使所得的金属镀层能达到所需要的控光、隔热效果。

② 真空磁控溅射镀基膜：在真空或极低压力的惰性气体环境中和电场的作用下，用带电粒子轰击各种金属靶材，有序地将金属离子溅射向安放在另一电极的聚酯膜表面，均匀地形成多层致密的低反射高隔热金属镀层。用此方法制成的基膜比真空蒸镀基膜的质量更高，更能实现选择性的控光和隔热。但此法的技术难度较大，设备投资也较多。

由于金属镀层在空气中较易被氧化变质，这类镀金属的基膜还常用另一透明 PET 膜与之复合，将金属层夹在中间保护起来，形成更牢固的复合镀金属基膜。

（4）有陶瓷薄层的基膜　由 SiO_2、TiO_2 和其他金属氧化物组成的陶瓷代替金属，镀或涂在聚酯膜的表面制成。这种基膜具有适中的透光率和隔热性能。但它们不含金属，因而不干扰车内卫星导航系统和无线电通信的信号；也比金属基膜更易维护，更耐用。

2. 耐磨（刮）涂层

不管上述何种基膜，在用作玻璃窗膜（尤其是外窗膜）的基材时，其外表面必须具有很好的耐磨和耐刮性能。因此还需要在上述各种 PET 基膜的外表面涂敷一层透明的耐磨（刮）涂层。对于玻璃窗膜来说，外表面的这层耐磨（刮）涂层是必不可少的。这种耐磨（刮）涂层一般是由聚氨酯-丙烯酸酯低聚体和多官能丙烯酸酯单体组成的涂料，经紫外线（UV）辐照固化制得[26,27]。在 PET 基膜的外表面先用一底涂剂处理，可增强耐磨（刮）涂层与基膜的结合力。有时最外面的这层耐磨（刮）涂层还可具有防雾的功能[28]。

3. 压敏胶黏剂和隔离膜

玻璃窗胶膜所用的压敏胶黏剂必须具有透明性好、高强度和高黏接性、耐老化性能好等优良的性能。这种压敏胶一般属于再剥离型，要求在任何时候将胶膜从玻璃上揭下时不能在玻璃表面留下残胶。目前最常用的是高性能溶剂型聚丙烯酸酯压敏胶。最近有两个中国发明专利公布了这种溶剂型聚丙烯酸酯压敏胶的组成和制备方法[29,30]。也可将紫外吸收剂和金属氧化物隔热材料等与聚丙烯酸酯压敏胶混合，制成具有功能性的压敏胶层。例如，有报道将 $6\%\sim$ 9% 的掺锑纳米二氧化锡隔热材料（ATO）与溶剂型聚丙烯酸酯压敏胶混合制得的功能性胶层具有较好的光谱选择性和隔热性能[31]。

玻璃窗胶膜所用的隔离膜几乎都是透明聚酯（PET）隔离膜，由一般的 PET 薄膜涂一薄层有机硅隔离剂或非硅隔离剂制成。一般皆可市售。要根据玻璃窗胶膜的具体要求选择不同的品种。

4. 玻璃窗膜的结构和组成举例

玻璃窗膜至少由耐磨（刮）涂层、基材（即功能性基膜）、压敏胶和隔离膜等四层构成，而功能性基膜一般又由高透明 BOPET 基膜和金属或金属氧化物控光和隔热层组成，有的则采用染色、紫外吸收剂涂层等来实现控光和隔热，有的则还要复合一层或多层 BOPET 膜来保护金属化层或增强玻璃窗膜的牢固度。因此，玻璃窗膜一般都由 4～8 层、甚至更多层构成。下面举几个实例进一步说明。

【例1】　美国 CP 菲林公司在中国发明专利 CN101918215（2009）中公布了一种外玻璃窗膜由六层组成，这六层自外至内分别为：①耐磨（刮）涂层，是一层 UV 固化的聚氨酯-聚丙烯酸酯低聚体和多官能丙烯酸酯单体混合组成的硬涂层；②丙烯酸酯底涂层，其主要作用是增加耐磨（刮）涂层与 BOPET 基膜之间的黏合牢度；③含有 UV 吸收剂的高透明 BOPET 基膜；④具有控光和隔热功能的金属化层；⑤高性能溶剂型聚丙烯酸酯压敏胶层；⑥PET 隔离膜。

【例2】　王舟浩等在中国发明专利 CN102229787（2011）中公布了一种隔热玻璃窗膜由下述六层组成：①耐磨（刮）涂层；②高透明 BOPET 基膜；③复合用隔热聚丙烯酸酯胶黏剂层，其胶黏剂由隔热物质（一种六氟锑酸盐）和丙烯酸酯共聚物、交联剂、UV 吸收剂、溶剂等混合组成；④能阻隔紫外线的透明 BOPET 基膜；⑤含有 UV 吸收剂的高性能溶剂型聚丙烯酸酯压敏胶层；⑥PET 隔离膜。据报道，该玻璃窗膜的红外光阻隔率为 96.7%，紫外光阻隔率为99.9%，可见光透过率可达71%。

五、玻璃窗膜的性能

评价汽车用玻璃窗膜（俗称太阳膜）性能的主要指标有：可见光透射率、近红外透射率、近红外反射率、近红外吸收率及水蒸气透过率等。目前我国汽车玻璃窗膜已制定了相关的行业标准 CAS 141—2007《汽车玻璃窗膜技术规范》，规定了汽车玻璃窗膜的主要技术性能要求和试验方法、汽车玻璃窗膜粘贴工艺技术条件、质量要求、标志、包装和储存。一种国产汽车玻璃窗膜的性能见表 5-8-30。高质量的太阳膜要求具有较高的可见光透射率，尽量降低对近红外线的透射率及遮阳系数，提高太阳光选择系数及水蒸气透过率。

表 5-8-30　一种国产太阳膜的性能指标

性能	指标典型值	性能	指标典型值
总厚度/μm	105	近红外反射率/%	50
胶层厚度/μm	25	近红外吸收率/%	25
防粘材料厚度/μm	38	太阳光选择系数	1.2
180°剥离强度/(N/cm)	1.6	遮阳系数	0.52
初黏力/号	15	水蒸气透过率	0.4
可见光透射率/%	65	抗划伤性	≥2H
近红外透射率/%	25		

建筑用玻璃窗膜的市场比车用玻璃窗膜更大，品种也更多。不同品种和用途的性能要求差别也很大。由中国建材装备有限公司和中国标准化协会联合起草的行业标准 CAS 142—2007《建筑玻璃窗膜技术规范》已正式发布实施。该行业标准规定了建筑玻璃窗膜的主要技术性能要求和试验方法、建筑玻璃窗膜粘贴工艺技术条件、质量要求、标志、包装和储存，其中技术性能要求包括外观质量、光学性能、节能性能、颜色、抗磨性、耐辐照性、耐温度和耐湿变化性、耐酸碱性和耐燃烧性等性能的要求。

● 第十节　胶黏便签记事本

一、概述

市场上销售的各种胶黏便签记事本，注册商品名有记事贴（post-it）、可再贴、N 次贴等，是一类特殊的压敏胶制品。先将纸张或塑料薄膜背面间隔条状地涂布一种特殊的压敏胶层，制成胶黏便签记事纸；再将它们层叠并黏合在一起，按要求进行裁切，即可制得胶黏便签记事本。这种胶黏便签记事本在日常生活、商务活动和办公事务中应用十分广泛。记事本每页的正面能书写各种文字图案，揭下后又能粘贴在各种表面上，而且可反复使用多次。其最重要的特点是可长时间粘贴在纸张上，再剥离时不会破坏纸张。因此，胶黏便签记事本被广泛用于阅读时作注解，办公文件的批复修改及各种备忘记录等。此外，记事本还可被印刷成各种广告或标签，制成各种商务广告贴或标签贴；也可印刷各种文字图案，供学生和孩子们学习和游戏用。

胶黏便签记事本的产品虽小，但它的产业却不小。据业内估计，目前我国有 3 亿多人在应用这种产品，其年产销值近 100 亿元人民币，其中约 80% 为纸张（包括少量塑料薄膜）

的成本，约10％为压敏胶的成本。

二、微球型压敏胶黏剂

胶黏便签记事本的可反复使用性能来源于它所使用的微球型压敏胶黏剂。这是一种典型的再剥离型压敏胶。普通压敏胶的胶层表面是平整的，因而与被粘表面黏合时，胶层能很好地润湿被粘表面，而且随着时间的延续，胶层对被粘表面的润湿作用越来越彻底，因而易产生黏合力积累现象，即黏合强度随时间而增大。胶黏便签记事本所使用的微球型压敏胶则不同，一般其微球直径在 $10\mu m$ 以上，有的微球直径可达 $50\mu m$ 甚至更大，而所涂压敏胶层的平均厚度仅 $3\sim5\mu m$。当将压敏胶涂布在纸上时，微球的一部分嵌入纸张的低凹处，表面只露出微球的另一部分，也就是说压敏胶层的表面是不平整的，见图 5-8-22。当胶黏便签记事纸粘贴在被粘表面时，它只通过胶层的微球体露出部分与被粘表面点状接触，而且微球体还具有一定的弹性。所以微球体压敏胶对被粘表面的接触面积是有限的，不存在黏合强度积累的现象，从而达到可反复使用的目的。

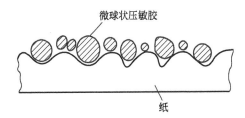

图 5-8-22　胶黏便签记事纸的结构示意

微球状压敏胶一般采用悬浮聚合方法制造。选择合适的分散剂及保持恒定的搅拌速度是制备具有合适尺寸大小且稳定的微球体压敏胶的关键[32～35]。

三、主要性能

压敏胶中微球体的尺寸对其黏合性能有很大影响。微球体尺寸太大时，不但涂布不便，而且容易出现胶粒转移现象，不能制得合格的胶黏便签记事本产品。微球体尺寸太小时，压敏胶的反复粘贴性和再剥离性能较差，也不能制得很好的产品。微球粒径（范围）对压敏胶性能的影响见表 5-8-31。

表 5-8-31　微球粒径对压敏胶性能的影响

微球粒径（范围）/(μm)	180°剥离强度/(N/25mm)	100 次粘贴后180°剥离强度/(N/25mm)	再剥离性能[①]/(N/25mm)	初黏性（球号数）
36～182	2.23	2.01	2.61(纸表面有轻微损伤无微球转移)	9
51～118	1.85	1.64	2.27(纸表面无损伤无微球转移)	7
31～76	1.21	1.06	1.58(纸表面无损伤无微球转移)	6
18～59	0.93	0.84	1.26(纸表面无损伤无微球转移)	3

① 将试样贴合于纸后，在 25℃ 和 2kg 压力下放置一周，测试其再剥离时的 180°剥离强度。

除微球体的粒径大小外，压敏胶的反复粘贴性和再剥离性能还取决于主体聚合物的黏弹性，要求压敏胶有一定的黏性和较好的弹性。为此，在悬浮聚合的配方设计中，主体聚合物要有适当低的玻璃化温度 T_g 和较高的凝胶含量[32]。因此，微球体压敏胶通常都需要适度交联：一般都在配方中采用适量的多官能单体来实现，也有采用紫外线（UV）交联的方法[33~35]。

第十一节　压敏胶制品在汽车方面的应用

压敏胶制品广泛地应用在汽车制造行业中。由于压敏胶制品具有优越的黏合特性，所以成为汽车制造业中不可缺少的辅助材料。汽车制造业对压敏胶制品的要求是：黏合性能好、耐用性强、压敏胶的化学特性显著等。其粘贴的部位遍及汽车全车身，多数是表面的粘贴。它们的应用概况介绍如下。

一、在汽车喷漆方面的应用

汽车车身的外喷漆面采用各种不同材料的油漆进行作业，因此，漆面有各种不同的特点，对它的粘贴也要采用不同性能的胶黏带。汽车车身的喷漆和高温烤漆作业中，需要有遮蔽保护的部位，如玻璃窗、玻璃灯、色漆条纹和画面等，它们都需要用常温用遮蔽胶黏带、中温用遮蔽胶黏带、高温用遮蔽胶黏带进行遮蔽。在汽车制造和汽车修配行业中，使用最多的是美纹纸遮蔽胶黏带。

汽车车身的喷漆和烤漆作业中，对胶黏带的性能要求，最主要的是耐温指标、无残胶污染指标、能够适应各种漆面的黏合特性等。由于各种油漆的成分（树脂、颜料、添加剂、溶剂等）不同，使车身漆表面有不同的被粘特性。采用压敏胶黏制品进行粘贴时，应特别注意使用胶黏制品的品种，尤其是它们在耐温、耐寒、耐作业环境等条件下的粘贴性能、黏合力的延滞积累特性（经时后黏合力的下降、内聚力的下降），尽量避免造成残胶的遗留污染和粘贴部位的脱黏。这方面的应用可参见本篇第三章。

二、在汽车抛光金属部件上的应用

汽车的很多表面是铝、铬、不锈钢。压敏胶制品在这些表面上应用时，由于表面类型的不同，使用的压敏胶制品也需要做不同品种的选择。同一种压敏胶制品在不同的车身部件表面上，其黏合强度有很大的差别。车身部件的金属处理如：电极氧化处理、电镀等，它们的作业批次与批次之间，其表面性能有很大的差异，所以它们粘贴的黏合力水平和老化性能也会有所不同。因此，将压敏胶制品（非反应性基材的制品）粘贴于不锈钢表面上观察、测试它们的黏合力、热老化性能、耐湿性能等数据，只代表汽车抛光金属某种部件的粘贴技术指标，不能概括全部。

三、在汽车塑料部件上的应用

汽车的结构件和表面材料很多是塑料材质的，如 ABS（丙烯腈-丁二烯-苯乙烯共聚物）、聚氯乙烯、玻璃纤维增强聚酯、聚碳酸酯、聚烯烃等。每种塑料材料都具有和压敏胶有关的亲和特性。它们大多数经过油漆处理，所以压敏胶制品对塑料的油漆表面粘贴和对金属的油漆表面粘贴，都需要从实验出发，进行不同的选择，并且任何汽车表面用压敏胶制品进行粘贴前，必须经过适当处理，如清洁、轻打磨、粘贴环境等。

四、在汽车美观和装饰方面的应用

汽车的饰条、图案、外顶棚、木纹贴膜、固定饰物等很多部位需要压敏胶的装饰制品。

木纹贴膜在汽车制造业中应用的非常普遍，通过凹版雕刻和印刷可以制得精美的图案式材料，并且有弹性、成本低廉。这种贴膜有两种类型：流延聚氯乙烯装饰膜和压延聚氯乙烯装饰膜。流延制膜工艺是熔化成液体的树脂按一定厚度铺展在具有隔离性的支承带上形成薄膜，薄膜在支承带上产生定型，所以它不存在引起薄膜收缩的残余应力问题。这一点对于装饰薄膜类制品非常重要，因为它们在汽车组装生产线上是以预切割的形式使用的，尺寸偏差必须非常小。另外，流延聚氯乙烯薄膜是用乳液型聚氯乙烯树脂生产的，所以成本偏高。成本相对较低的压延聚氯乙烯装饰膜的压延工艺是将熔软的树脂连续通过狭窄缝隙的热辊组压扎成薄片，再有一定的拉伸工艺形成薄膜并定型，所以它有一些薄膜的收缩性残余应力，这种应力对使用薄膜时的尺寸稳定性不利。但是它的优点是具有多功能性，可以在各种部件上使用。另外，压延聚氯乙烯装饰膜是采用悬浮型聚氯乙烯树脂生产，调配适当的压延加工工艺、选用特种添加剂和树脂型号可以制得具有一定的尺寸稳定性和紫外线、耐热降解性能的制品，并且价廉。

木纹贴膜的选用，除了对薄膜材质、压敏胶特性进行关注外，还应对印刷油墨的耐候性有所关注，因为颜色的褪变直接影响到装饰效果。

汽车中有装饰性的压敏胶类部件和有图案的装饰板压敏胶制品，多数采用转移印刷的方法制作，其工艺是将印刷的图案转移到聚氯乙烯透明膜上，通过透明膜其图案清晰可见，并且可以把油墨和图案进行保护。图案可以按顺序直接通过底涂剂印在薄膜上，然后涂布压敏胶；也可以在防粘纸上涂布一层压敏胶，然后复合到有图案的薄膜上。另外有些方法是利用光刻技术将图案直接成像到压敏胶层上，它们通过底涂剂再复合到薄膜上。这类工艺制成的汽车装饰板压敏胶制品，提高了汽车组装线的生产速度，降低了生产成本。

汽车内、外装饰板的压敏胶制品应具有综合平衡性能，使薄膜、油墨和压敏胶对汽车车身表面的相互作用都达到平衡的黏合、附着、耐环境条件等性能。经验表明高内聚性的聚丙烯酸酯类压敏胶能满足汽车制造业对必要性能的要求。

五、在汽车顶棚和其他方面的应用

汽车顶棚有各种制造方法，采用压敏胶制品施工的工效最好。已涂布压敏胶的顶棚用织布和聚氯乙烯塑料（或其他类塑料）制成的汽车顶棚，它具有很好的黏合力、耐腐蚀性、操作环境的安全性等优点。顶棚用的其他泡绵衬垫、泡绵密封接头等都是利用高黏合强度的双面胶带和压敏胶黏片等泡绵制品进行汽车部件、装饰板、顶棚结构的组装。因为它们具有吸收部件结构的弯曲、热震动、不规则变形的补偿等作用，也具有部件结构的组合、固定等作用。

六、在汽车电缆线束制造上的应用

汽车的电气控制线路组成各种电缆线束，线束的捆扎和固定都采用软聚氯乙烯胶黏带实现。这种用途对胶黏带的要求应该具备难燃性、强黏合力、耐老化性等特点，因为线束捆扎、固定之后的胶黏带不允许有翘起现象。中国大陆的汽车线束制造企业和各种家电产品用线束制造企业已经建成近百家，这个行业的发展非常迅速，因此对胶黏带性能和数量的需求也日益提高。

七、在汽车标牌、标识方面的应用

汽车的压敏胶类装饰牌、铭牌等多达 200 多种，例如轮胎胶黏标签、传动装置操作标识、商标标签、产品型号标签和铭牌等，它们都采用各种塑料薄膜（聚氯乙烯膜、聚酯膜）、金属片（铝片、铝箔、铜片、铜箔）、纸类等材料制成压敏胶类制品。这类制品的压敏胶多数采用聚丙烯酸酯类压敏胶，对于难粘贴表面（聚烯烃类表面等）采用耐用性橡胶型压敏胶和聚氨酯型压敏胶。

八、汽车制造过程中压敏胶制品的黏合方法和耐用性指标

汽车的防护板、门板及尾板有较大的面积，当汽车下生产线时必须在几分钟内有经验地将压敏胶片等制品永久性地粘贴在汽车车身上，并且尺寸、位置都要合适。这样的工序需要有一定的粘贴方法。通常使用一种湿粘贴法：将保护性防粘纸与压敏胶黏片剥开后，用一种温和的清洁水溶液将胶黏面用带水海绵或浸水敷湿（溶液能防止压敏胶黏面定位前自身的粘合或粘于其他车身部位），然后粘贴在装饰板或车身某部位上，再用橡皮辊将粘贴部位上的水分压出使之产生压敏性黏合。难粘部位的门把手、汽帽凹槽等区域要求用热枪与橡胶辊趁薄膜软化时贴合。在贴合过程中需要熟悉薄膜类压敏胶制品的特性，如流延薄膜类制品强度小、易撕裂等。压延薄膜类制品的拉伸强度好些但需要贴合的热量多，不易撕裂。

所以，汽车制造业使用压敏胶制品的技术指标主要是压敏胶的耐候性和耐路面有害物方面。这方面参考的性能指标有：

① 黏合力（180°剥离强度）　粘贴 1h 后为 8.89N/25mm，72h 后为 15.57N/25mm。

② 环境条件的循环交变性能　在高低温和湿热交替的环境中处理两周，即 $-30℃/17h$，$80℃/72h$，$38℃/24h$；再进一步在 100％相对湿度条件下，按上述处理方法重复处理两周。

③ 砂石路面条件下的黏合适性　在冰点以下的天气中以路面行驶速度的汽车撞击特定的砂石混合建筑物，观察各粘贴部位的黏合状况。

④ 耐候性能　按规定的紫外灯标准和具备湿、热老化性能的烘箱中试验 1000～2000h，观察和测试黏合性能的下降程度。一般的数据不应下降 10％～20％为宜。

⑤ 恶劣环境试验　按规定角度放置试件，于广东和哈尔滨地区进行曝晒试验两年，然后测试各种需求的技术指标。观察它们的数据下降情况。

⑥ 外观考察　观察显著的颜色变化、裂化、暴皮、塑料制品的降解等。

⑦ 其他测试　热老化测试、耐摩擦测试、耐潮湿性和渗水性测试、耐油性测试等均按有关材料的中国国家标准进行工作。

九、各种压敏胶制品在汽车行业中的应用及其要求的总结

各种压敏胶制品在汽车制造行业中的应用及其要求总结列于表 5-8-32 中，汽车的各粘贴部位示意见图 5-8-23。

表 5-8-32 各种压敏胶制品在汽车制造行业中的应用及其要求

用途	要求
汽车内发动机系统的防漏、防潮、密封,隔离热辐射以及固定构件	铝箔胶带,能够耐低温和高温
海绵、胶片、织物的粘连,金属、塑料铭牌等在汽车内的装饰粘贴	高强度基材的双面胶带
标牌、面板以及开关的粘贴固定,非金属材料与经油漆的车身之间的粘贴	无纺布芯材的双面胶带,初黏力要大
汽车保险杠饰条、门外表面防擦装饰条和立体标牌的粘贴,各种装饰件与曲率变化较大的车身及其构件的粘贴	泡沫塑料芯材的双面胶带
将装饰件永久地粘贴于各类油漆表面的车身上,汽车骨架与蒙皮及构架与构架之间的永久粘贴	特殊泡沫塑料芯材的双面胶带
粘贴薄或柔软的标牌,门柱或门外装饰件	没有芯材的较薄的胶膜
汽车内部隔热、隔振、密封	各种厚度的单面上胶的海绵胶带

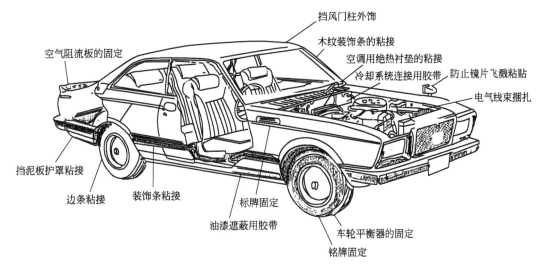

图 5-8-23 汽车各粘贴部位示意

参 考 文 献

［1］John J. Pressure Sensitive Adhesive Tapes，Pressure Sensitive TaPe Council，USA，Illinois，2000.

［2］吴伟卿. 隐形胶粘带. CN 1235181A. 1999-11-17.

［3］邓爱民,穆锐,王桂萍. 涂改笔用压敏胶粘剂的研制. 中国胶粘剂, 2001, (1): 26.

［4］Donatas Satas ed, Handbook of Pressure Sensitive Adhesive Technology. 3rd ed. Rode Island: Satas & Associates, 1999.

［5］Donatas S. Handbook of Pressure Sensitive Adhesive Technology. 2nd ed. New York: Van Nostrand Reinhold, 1989.

［6］刘方方,牛魁哲,杨群生. 点焊密封胶带的研制. 中国胶粘剂, 1998, (4): 19.

［7］穆税,邓爱民. 用悬浮聚合法制造再剥离性压敏胶的研究. 中国胶粘剂, 1997, (6): 10.

［8］丁永忠,张伟东. 硅酮压敏胶在电子工业中的应用. 中国胶粘剂, 2000, (6): 33.

［9］徐孟锦,徐行军,翁志忠. 复合型聚乙烯防腐胶粘带及制造方法. CN 1234422A, 1999-11-10.

［10］张志强,杨军伟. 防腐用压敏胶带及其制造方法. ZL 201110247793. 2011.

［11］卢儒. 有机硅耐高温压敏胶带. CN201241068Y. 2009-05-20.

［12］黄伟. 用于导热的压敏胶黏带. CN202272841U. 2012-06-13.

［13］王凤等,一种能发出荧光的路面反光胶粘带及其制造方法, CN 101875823. 2010-11-03.

［14］王凤等,一种用于道路交通标线的反光胶粘制造及其制造方法. CN 102261046. 2011-11-30.

［15］崔文秀,苑会林. 塑料工业, 2006, 34 (5): 284-286.

［16］ 衡磊，刘淑霞．发光-反光道路交通标志带及其制造方法．CN 100429352C．2008-10-29.

［17］ 马克·胡斯曼．用于液晶显示器的压敏胶粘带．CN 100513161C．2008-12-17.

［18］ 马克·胡斯曼．具有光反射和光吸收性能的用于生产液晶显示器的双面压敏胶带．CN 101326252A．2008-12-17.

［19］ 王振明．一种铝箔胶粘带的制造方法．CN 101250381．2008-08-27.

［20］ Irina N. International Journal of Adhesion and Adhesives，2011，31（7）：708-714.

［21］ Seiji Y. Presure Sensitive Adhesives for Optical Films，2012 年国际溶剂型胶粘剂研讨会论文集．上海：上海粘接学会，2012.

［22］ 吴悦．研发新一代陶瓷节能窗膜．建设科技，2009，1（11）：65-66.

［23］ 吴斌．一种高透明聚酯薄膜及其生产方法．CN 1482174．2004-03-17.

［24］ 高青．一种高透明厚型聚酯薄膜．CN 101851402．2010-10-06.

［25］ 威廉 S D．有色膜．CN1243133．2000-02-02.

［26］ 思尼斯 Z P．外窗膜．CN101918215．2010-12-15.

［27］ 金青松．一种窗膜及保护膜用 UV 固化耐刮涂料及其制备方法，中国发明专利 CN 102260453，2011-11-30.

［28］ 王舟浩．防雾剂组合物及用其形成的防雾隔热有色窗膜．CN102618101．2012-08-01.

［29］ 金青松．一种窗膜用高强度再剥离型压敏胶及其制备方法，CN 102260472．2011-11-30.

［30］ 宁伟．一种窗膜用聚丙烯酸酯压敏胶．CN 102492381．2012-06-13.

［31］ 高建宾．玻璃窗膜用聚丙烯酸酯/ATO 隔热压敏胶的性能研究．中国胶粘剂，2010，19（12）：31-34.

［32］ Kajtna J. International Journal of Adhesion and Adhesives，2008，28（7），382-390.

［33］ 罗凡．悬浮聚合制备微球压敏胶的研究．武汉生物工程学院学报，2011，（3）：36.

［34］ 李耀创．悬浮聚合法制备微球压敏胶的研究．中国胶粘剂，2011，20（12）：38-41.

［35］ 陈星，冯振刚．紫外交联对微球压敏胶粘接性能的影响研究．粘接，2011，（10）：90-93.

［36］ 王凤等，一种用于汽车改色的压敏胶粘膜，CN 101787248，2010-07-28.